KB160588

Engineer Concrete

콘크리트기사 시험 대비

2024 최신판

콘크리트 기사 [필기]

고행만 저

본 교재의 특징

- KDS, KCS 적용 | SI 단위 적용
- 다년간 실무 및 강의 경험이 풍부한 최상급 저자
- 시험에 자주 출제되는 내용을 요약정리
- 계산문제는 공식과 풀이 과정을 자세하게 정리
- 이론문제도 이해하기 쉽도록 상세하게 설명
- 정확한 답과 명쾌한 해설

CBT 모의고사 수록

질의응답 카페 운영
cafe.daum.net/khm116
(토목, 건설재료, 콘크리트)

머리말

건설공사에서 콘크리트 구조물에 관련한 전문 기술인의 필요성이 대두되어 어느 때보다 콘크리트 지식과 실무 경험을 가진 기술인이 요구되고 있습니다.

본 자격 직종은 토목 및 건축공사의 콘크리트 시공업체, 레미콘 2차 제품 등의 콘크리트 관련 제조업체, 설계업체, 감리업체, 구조물의 안전진단 및 유지관리기관 등에 종사하는 실무자들이 갖추어야 할 자격 직종입니다.

본 수험서는 짧은 시간에 핵심 포인트 문제를 최종 점검할 수 있도록 CBT 모의고사를 수록하게 되었습니다.

수험자 여러분! 여러분의 정진하는 모습이 아름답습니다.

수험자 여러분께 도움이 되도록 나름대로 심혈을 기울였습니다.

끝으로 교정 작업 담당자의 노고에 감사드립니다. 아울러 건기원 사장님과 임직원 여러분께 감사드리며 출판사의 무한한 발전을 기원합니다.

수험자 여러분! 합격의 영광을 함께하고 싶습니다. 감사합니다.

저자 올림

콘크리트기사 출제기준(필기)

과목	시험과목	출제 문제수	주요항목	세부항목
제1과목	콘크리트 재료 및 배합	20	1. 콘크리트용 재료	(1) 시멘트 (2) 물 (3) 골재 (4) 혼화재료 (5) 보강재료
			2. 재료시험	(1) 시멘트 관련시험 (2) 골재 관련시험 (3) 혼화재료 관련시험 (4) 기타 재료시험
			3. 콘크리트의 배합	(1) 배합설계의 기본원리 (2) 표준편차를 구하는 방법 (3) 콘크리트 표준시방서에 의한 배합설계 방법
제2과목	콘크리트 제조, 시험 및 품질관리	20	1. 콘크리트의 제조	(1) 콘크리트 제조의 일반사항 (2) 레디믹스트 콘크리트의 제조
			2. 콘크리트 시험	(1) 굳지 않은 콘크리트 관련시험 (2) 경화콘크리트 관련시험 (3) 내구성 관련시험
			3. 콘크리트의 품질관리	(1) 콘크리트 공사에서의 품질관리 · 검사 목적 및 원칙 (2) 통계적 수법의 기초 (3) 콘크리트 공사에서의 품질관리 및 검사의 실제
			4. 콘크리트의 성질	(1) 굳지 않은 콘크리트 (2) 경화된 콘크리트
제3과목	콘크리트의 시공	20	1. 일반 콘크리트	(1) 계량 및 비비기 (2) 운반, 치기 및 양생 (3) 이음, 표면마무리
			2. 특수 콘크리트	(1) 한중 및 서중 콘크리트 (2) 매스 콘크리트 (3) 유동화 및 고유동 콘크리트 (4) 해양 및 수밀 콘크리트 (5) 수중 및 프리플레이스트 콘크리트 (6) 경량골재 콘크리트 (7) 고강도 콘크리트 (8) 숏크리트 (9) 포장 및 댐 콘크리트 (10) 팽창 콘크리트 (11) 섬유보강 콘크리트 (12) 방사선 차폐용 콘크리트 (13) 프리스트레스트 콘크리트 (14) 순환골재 콘크리트 (15) 폴리머 시멘트 콘크리트

과목	시험과목	출제 문제수	주요항목	세부항목
제4과목	콘크리트 구조 및 유지관리	20	1. 콘크리트 제품	(1) 콘크리트 관련 제품
			2. 철근 콘크리트	(1) 철근 콘크리트 구조의 기초 (2) 철근 콘크리트 부재의 해석 (3) 철근 콘크리트 부재의 설계
			3. 열화조사 및 진단	(1) 외관조사 및 강도평가 (2) 콘크리트 결함조사 (3) 열화원인 및 성능평가 (4) 철근조사 및 부식조사 (5) 내하력 평가
			4. 보수 · 보강 공법	(1) 보수 · 보강 종류 및 방법 (2) 보수 · 보강 검사

콘크리트기사 출제기준(실기)

시험과목	출제 문제수	주요항목	세부항목
콘크리트 관련 전반적 사항		1. 콘크리트 관련 전반	(1) 콘크리트의 재료시험 (2) 배합 및 제조 (3) 각종 콘크리트 시공 (4) 콘크리트의 품질관리 (5) 콘크리트의 유지관리
		2. 콘크리트 시험관련 전반적인 내용	(1) 강도시험 (2) 슬럼프 및 공기량 시험 (3) 골재밀도, 흡수율, 표면수율 시험 (4) 골재의 유해물 함유량 시험 (5) 염화물이온 함유량 시험 (6) 기타 콘크리트 관련 시험

제 1 부

콘크리트 재료 및 배합

제 2 부

콘크리트 제조, 시험 및 품질관리

제 3 부

콘크리트의 시공

제 4 부

콘크리트 구조 및 유지관리

CBT 모의고사

효율적으로 공부하여 합격합시다!

1. 특정 과목을 선택하여 문제를 처음부터 끝까지 그 과목만 우선 마무리 진행합니다.
2. 해설의 풀이 과정을 이해하고 관련된 공식을 암기하도록 합니다.(연습장에 관련 공식을 10번 정도 반복하여 기재하면서 외웁니다. 그리고 기호와 숫자의 대입을 파악합니다.)
3. 해설이나 보충 내용은 아주 중요한 부분이므로 절대 소홀히 보시면 안 되겠습니다.(보충 내용은 시험에 많이 출제된 내용으로 편성되었습니다.)
4. 문제를 접하면서 어려운 부분이나 핵심이 되는 내용은 별도의 노트를 준비하여 요약을 간단히 합니다.
5. 또한, 다른 특정 과목을 선택하여 위 방법으로 진행하면서 앞에 공부했던 과목을 같이 병행해 나아가는데, 이때 어려운 부분이나 관련된 핵심의 공식을 점검합니다.
6. 위와 같은 방법으로 반복하여 3회 정도 하면 합격을 하실 수 있습니다.
7. 시험의 출제 경향을 살펴보면 문제가 과년도와 똑같거나 숫자만 약간 변경되어 나오고 있으므로 풀이 과정만 잘 이해하면 합격을 하실 수 있습니다.
8. 시험 보기 일주일 전에는 과목별로 노트에 요약된 내용을 총점검하면서 오전, 오후로 나누어 과목별 문제를 가볍고 빠르게 점검합니다.

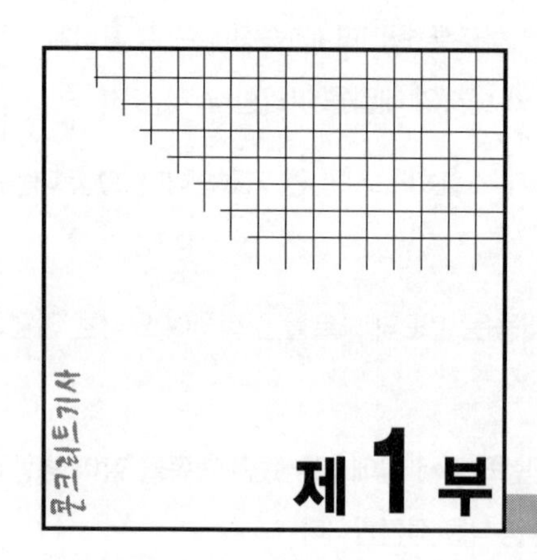
콘크리트기사
제 1 부

콘크리트 재료 및 배합

콘크리트용 재료

1-1 시 멘 트

1. 시멘트 제조

석회석과 점토를 혼합하여 1400~1500℃ 정도 소성하여 클링커를 만든 후 응결 지연제인 석고를 2~3% 정도 넣고 클링커를 분쇄하여 만든다.

2. 시멘트의 화학적 성분

(1) 주 성 분

① 석회(CaO) : 63%
② 실리카(SiO_2) : 23%
③ 알루미나(Al_2O_3) : 6%

(2) 부 성 분

① 산화철(Fe_2O_3)
② 무수황산(SO_3)
③ 산화마그네슘(MgO)

3. 시멘트 화합물의 특성

(1) 규산 삼석회(C_3S) (알라이트)

강도가 빨리 나타나고 중용열 포틀랜드 시멘트에서는 이 양을 50% 이하로 제한하고 있다.

(2) 규산 이석회(C_2S) (벨라이트)

수화작용은 늦고 장기강도가 크다.

(3) 알루민산 3석회(C_3A) (알루미네이트)

수화작용이 가장 빠르며 수화열이 매우 높아 중용열 시멘트에서는 8% 이하로 제한하고 있다.

(4) 알루민산철 4석회(C_4AF) (펠라이트)

수화작용이 늦고 수화열도 적어 도로용, 댐용 시멘트에 사용된다.

4. 시멘트의 일반적 성질

(1) 시멘트의 수화

① 시멘트와 물이 혼합하면 화학반응을 일으켜 응결, 경화 과정을 거쳐 강도를 내게 된다. 이런 반응을 수화작용이라 한다.

② 수화작용은 시멘트의 분말도, 수량, 온도, 혼화재료의 사용 유무 등 여러 가지 요인에 따라 영향을 받는다.

(2) 응결 및 경화

① 응 결

- 시멘트와 물이 혼합된 시멘트풀이 시간이 지남에 따라 유동성과 점성을 잃고 굳어지는 현상
- 응결은 초결 1시간 이후, 종결은 10시간 이내로 규정되어 있다.
- 시멘트의 응결시험은 비카침 및 길모어침에 의해 시멘트의 응결시간을 측정한다.

② 응결시간에 영향을 끼치는 요인

- 수량이 많으면 응결이 늦어진다.
- 석고량을 많이 넣을수록 응결은 늦어진다.
- 물-결합재비가 많을수록 응결은 늦어진다.
- 풍화된 시멘트를 사용할 경우 응결은 늦어진다.
- 온도가 높을수록 응결이 빨라진다.
- 습도가 낮으면 응결이 빨라진다.
- 분말도가 높으면 응결이 빨라진다.
- 알루민산 3석회(C_3A)가 많을수록 응결은 빨라진다.

③ 경　화

- 응결이 끝난 후 수화작용이 계속되면 굳어져서 강도를 내는 상태

(3) 수 화 열

① 시멘트가 수화작용을 할 때 발생하는 열을 말한다.

② 시멘트가 응결, 경화하는 과정에서 열이 발생한다.

③ 수화열은 콘크리트의 내부온도를 상승시키므로 한중콘크리트 공사에는 유효하지만 댐과 같이 단면이 큰 매스콘크리트 온도가 크게 상승하여 초기 경화 후 냉각하게 되면 내외 온도차에 의한 온도 응력이 발생하여 균열이 발생하는 원인이 된다.

④ 수화열은 물-결합재비가 클수록 낮고 양생 온도가 높을수록 조기 재령에서 높아진다.

(4) 시멘트의 풍화

① 시멘트가 저장중에 공기와 접하면 공기중의 수분을 흡수하여 수화 작용을 일으켜 굳어지는 현상

② 풍화된 시멘트의 성질

- 밀도가 작아진다.
- 응결이 늦어진다.
- 강도가 늦게 나타난다.
- 강열 감량이 증가된다.

참고

- **강열감량**
  시멘트의 풍화 정도를 나타내는 척도로 3% 이하로 규정되어 있다.

(5) 시멘트의 밀도

① 보통 포틀랜드 시멘트의 밀도는 3.14~3.16g/cm^3 정도이며 콘크리트 배합 및 단위용적질량 계산 등에 사용된다.

② 시멘트의 밀도 값으로 클링커의 소성상태, 풍화, 혼합 재료의 섞인 양, 시멘트의 품질, 시멘트의 종류 등을 알 수 있다.

③ 시멘트 밀도에 영향을 끼치는 요인

- 석고 함유량이 많으면 밀도가 작아진다.
- 저장기간이 길거나 풍화된 경우 밀도가 작아진다.
- 클링커의 소성이 불충분할 경우 밀도가 작아진다.
- 혼합 시멘트는 혼합재료의 양이 많아지면 밀도가 작아진다.
- 일반적으로 실리카(SiO_2), 산화철(Fe_2O_3) 등이 많으면 밀도가 크고, 석회(CaO), 알루미나(Al_2O_3)가 많으면 밀도가 작다.

(6) 시멘트의 분말도

① 시멘트 입자의 가는 정도를 나타내는 것으로 비표면적으로 나타낸다. 즉, 시멘트 1g이 가지는 전체 입자의 총 표면적(cm^2/g)이다.

② 보통 포틀랜드 시멘트의 분말도는 2800cm^2/g 이상이다.

③ 시멘트의 입자가 가늘수록 분말도가 높다.

④ 분말도 높은 시멘트의 성질

- 수화작용이 빠르고 초기강도가 크게 된다.
- 블리딩이 적고 워커빌리티가 좋아진다.
- 풍화하기 쉽다.
- 수화열이 많으므로 건조수축이 커져서 균열이 발생하기 쉽다.

⑤ 시멘트의 분말도 시험은 표준체에 의한 방법[No.325(44μ), No.170(88μ)]과 블레인 방법이 있다.

(7) 시멘트의 안정성

① 시멘트가 경화중에 체적이 팽창하여 균열이 생기거나 휨 등이 생기는 정도를 말한다.

② 보통 포틀랜드시멘트의 팽창도는 0.8% 이하이다.

③ 시멘트가 불안정한 원인은 시멘트 입자 안에 산화칼슘(CaO), 산화마그네슘(MgO), 삼산화황(SO_3) 등이 많이 포함되어 있기 때문이다.

④ 시멘트의 오토클레이브 팽창도시험으로 시멘트의 안정성을 알 수 있다.

5. 시멘트의 종류 및 특성

(1) 보통 포틀랜드 시멘트

① 일반적인 시멘트를 보통 포틀랜드 시멘트라 한다.
② 원료가 석회석과 점토로 재료 구입이 쉽고 제조 공정이 간단하여 그 성질이 우수하다.

(2) 중용열 포틀랜드 시멘트

① 수화열을 적게 하기 위해 알루민산 3석회(C_3A)의 양을 적게 하고 장기강도를 내기 위해 규산 이석회(C_2S)량을 많게 한 시멘트
② 수화열이 적다.
③ 조기강도는 작으나 장기강도는 크다.
④ 댐, 매스 콘크리트, 방사선 차폐용 등에 적합하다.
⑤ 건조수축은 포틀랜드 시멘트 중에서 가장 적다.

(3) 조강 포틀랜드 시멘트

① 보통 포틀랜드 시멘트의 28일 강도를 재령 7일 정도에서 나타난다.
② 수화속도가 빠르고 수화열이 커 한중공사, 긴급공사 등에 사용된다.
③ 수화열이 크므로 매스 콘크리트에서는 균열 발생의 원인이 되므로 주의해야 한다.
④ 수경률이 큰 시멘트이다.

(4) 고로 시멘트

① 수화열이 비교적 적다.
② 내화학약품성이 좋아 해수, 공장폐수, 하수 등에 접하는 콘크리트에 적당하다.
③ 댐공사에 사용된다.
④ 단기강도가 적고 장기강도가 크다.

(5) 실리카 시멘트(포졸란)

① 콘크리트 워커빌리티를 증가시킨다.
② 장기강도가 커진다.

③ 수밀성 및 해수에 대한 화학적 저항성이 크다.

(6) 플라이 애시 시멘트

① 콘크리트 워커빌리티를 증대시키며 단위수량을 감소시킬 수 있다.
② 수화열이 적고 건조수축도 적다.
③ 장기강도가 커진다.
④ 해수에 대한 내화학성이 크다.

(7) 알루미나 시멘트

① 1일 강도가 보통 포틀랜드 시멘트의 28일 강도와 같다.
② 발열량이 커 한중공사, 긴급공사에 적합하다.
③ 해수 및 기타 화학작용을 받는 곳에 저항성이 크다.
④ 내화용 콘크리트에 적합하다.
⑤ 보통포틀랜드 시멘트와 혼합하여 사용하면 순결성이 나타나므로 주의하여야 한다.

(8) 초속경 시멘트(jet cement)

① 2~3시간에 큰 강도를 얻을 수 있다.
② 응결시간이 짧고 경화시 발열이 크다.
③ 알루미나 시멘트와 같은 전이현상이 없다.
④ 보통시멘트와 혼합해서 사용하면 안 된다.
⑤ 강도발현이 매우 빨라 물을 가한 후 2~3시간에 압축강도가 약 10~20 MPa 달한다.
⑥ 재령 1일에 40MPa의 강도를 발현한다.

(9) 팽창시멘트

① 보통 포틀랜드 시멘트를 사용한 콘크리트는 경화 건조에 의해 수축, 균열이 발생하는데 이 수축성을 개선할 목적으로 사용한다.
② 초기에 팽창하여 그 후의 건조수축을 제거하고 균열을 방지하는 수축보상용과 크게 팽창을 일으켜 프리스트레스 콘크리트로 이용하는 화학적 프리스트레스 도입용이 있다.
③ 팽창성 콘크리트의 수축률은 보통 콘크리트에 비해 20~30% 작다.

④ 팽창성 콘크리트는 양생이 중요하며 믹싱시간이 길면 팽창률이 감소하므로 주의해야 한다.

6. 시멘트의 저장

① 방습된 사일로 또는 창고에 입하된 순서대로 저장한다.
② 포대 시멘트는 지상 30cm 이상 되는 마루에 쌓아 놓는다.
③ 포대 시멘트는 13포 이상 쌓아 놓지 않는다. 단, 장기간 저장시에는 7포 이상 쌓지 않는다.
④ 저장 중에 약간이라도 굳은 시멘트는 사용해서는 안 된다. 3개월 이상 장기간 저장한 시멘트는 사용하기에 앞서 재시험을 실시하여 그 품질을 확인한다.
⑤ 장기간 저장한 시멘트는 사용하기 전에 시험을 하여 품질을 확인해야 한다.
⑥ 시멘트의 온도가 너무 높을 때는 온도를 낮추어서 사용해야 한다.
⑦ 시멘트의 온도는 일반적으로 50℃ 정도 이하를 사용하는 것이 좋다.
⑧ 시멘트 저장고의 면적

$$A = 0.4\frac{N}{n}[\mathrm{m}^2]$$

여기서, N : 총 쌓을 포대 수
n : 높이로 쌓을 포대 수

1-2 혼화재료

제1부 콘크리트 재료 및 배합

1. 혼 화 재

사용량이 비교적 많아 그 자체의 부피가 콘크리트의 배합계산에 관계가 되며 시멘트 사용량의 5% 이상 사용한다.

(1) 포 졸 란

① 블리딩이 감소하고 워커빌리티가 좋아진다.
② 수밀성 및 화학 저항성이 크다.

③ 발열량이 적어지므로 강도의 증진이 늦고 장기강도가 크다.

④ 댐 등 단면이 큰 콘크리트에 사용된다.

(2) 플라이 애시

① 콘크리트의 워커빌리티를 좋게 하고 사용수량을 감소시켜 준다.

② 장기강도가 크다.

③ 수화열이 적어 단면이 큰 콘크리트 구조물에 적합하다.

④ 콘크리트의 수밀성을 크게 개선한다.

⑤ 플라이 애시의 품질 규정

항 목 \ 종 류		플라이 애시 1종	플라이 애시 2종
이산화규소(%)		45 이상	45 이상
수 분(%)		1 이하	1 이하
강 열 감 량(%)		3 이하	5 이하
밀 도(g/cm³)		1.95 이상	1.95 이상
분말도	45μm체 체잔분(망체 방법)(%)	10 이하	40 이하
	비표면적(브레인 방법)(cm²/g)	4500 이상	3000 이상
플로값비(%)		105 이상	95 이상
활성도 지수(%)	재령 28일	90 이하	80 이상
	재령 91일	100 이상	90 이상

- 시료의 수량 및 채취 방법은 인도·인수 당사자 사이의 협의에 따른다.
- 채취한 시료는 표준체 850μm로 체를 쳐서 이물질을 제거하고 통과분을 방습성의 기밀한 용기에 밀봉하여 보존한다.
- 시험용 시료는 시험하기 전에 시험실 안에 넣어 실온과 같아지도록 한다.

(3) 고로 슬래그

① 내해수성, 내화학성이 향상된다.

② 수화열에 의한 온도상승의 대폭적인 억제가 가능하게 되어 매스 콘크리트에 적합하다.

③ 알칼리 골재반응의 억제에 대한 효과가 크다.

④ 고로 슬래그 미분말 품질 규정

항 목		고로 슬래그 미분말		
		1종	2종	3종
밀 도 (g/cm^3)		2.8 이상		
비표면적 (cm^2/g)		8000~10000	6000~8000	4000~6000
활성도 지수(%)	재령 7일	95 이상	75 이상	55 이상
	재령 28일	105 이상	95 이상	75 이상
	재령 91일	105 이상	105 이상	95 이상
플로값비 (%)		95 이상		
산화마그네슘(MgO) (%)		10 이하		
삼산화황(SO_3) (%)		4 이하		
강열감량 (%)		3 이하		
염화물 이온 (%)		0.02 이하		

⑤ 고로 수쇄 슬래그 염기도(1.6 이상 사용)

$$\frac{CaO + MgO + Al_2O_3}{SiO_2}$$

여기서, CaO : 산화칼슘의 함유량(%)
MgO : 산화마그네슘의 함유량(%)
Al_2O_3 : 산화알루미늄의 함유량(%)
SiO_2 : 이산화규소의 함유량(%)

(4) 팽 창 재

① 교량의 지승을 설치할 때나 기계를 앉힐 때 기초부위 등의 그라우트에 사용한다.
② 콘크리트 부재의 건조수축을 줄여 균열의 발생을 방지할 목적으로 사용한다.
③ 혼합량이 지나치게 많으면 팽창균열을 일으키게 되므로 주의해야 한다.
④ 포틀랜드 시멘트에 혼합하여 팽창시멘트로 사용한다.
⑤ 물탱크, 지붕슬래브, 지하벽 등의 방수 이음부를 없앤 콘크리트 포장, 흄관 등에 이용한다.
⑥ 팽창재는 에트린가이트 및 수산화칼슘 등의 생성에 의해 콘크리트를 팽창시킨다.

⑦ 팽창재의 품질

항 목			규 정 값
화학성분	산화마그네슘 (%)		5.0 이하
	강열감량 (%)		3.0 이하
물리적 성질	비표면적 (cm^2/g)		2000 이상
	1.2mm체 잔유율 (%)		0.5 이하
	응 결	초결(분)	60 이후
		응결(시간)	10 이내
	팽창성 (%) (길이 변화율)	7일	0.03 이상
		28일	−0.02 이상
	압축강도 (MPa)	3일	6.9 이상
		7일	14.7 이상
		28일	29.4 이상

(5) 실리카 퓸

① 밀도가 2.1~2.2g/cm^3 정도이며 시멘트 질량의 5~15% 정도 치환하면 콘크리트가 치밀한 구조가 된다.

② 재료분리 저항성, 수밀성, 내화학약품성이 향상되며 알칼리 골재반응의 억제효과 및 강도 증진이 된다.

③ 단위 수량의 증가, 건조수축의 증대 등의 결점이 있다.

④ 물-결합재비(0.3 이하)를 낮추기 위하여 고성능 감수제의 사용은 필수적이며 고강도 콘크리트 제조에 효과적이다.

⑤ 백색에 가까운 회색이며 비표면적은 보통 포틀랜드 시멘트의 70~80배이다.

⑥ 마이크로 필러 효과 및 포졸란 반응이 동시에 작용하여 강도 증진 효과가 뛰어나다.

⑦ 실리카 퓸은 실리카질 미립자의 미세충진효과에 의해 콘크리트의 강도를 높인다.

⑧ 실리카 퓸의 품질

항 목	규 정 값
비표면적 (cm^2/g)	15 이상
활성도 지수 (%)	95 이상
이산화규소 (%)	85 이상
산화마그네슘 (%)	5.0 이하
삼산화황 (%)	3.0 이하
염화물 이온 (%)	0.3 이하
강열감량 (%)	5.0 이하
45μm체에 남는 양 (%)	5.0 이하

2. 혼 화 제

사용량이 비교적 적어 그 자체의 부피가 콘크리트의 배합계산에서 무시되며 시멘트 사용량의 1% 이하로 사용한다.

(1) 공기연행제

① 콘크리트 내부에 독립된 미세한 기포를 발생시켜 이 연행공기가 시멘트, 골재입자 주위에서 볼 베어링 작용을 함으로 콘크리트의 워커빌리티를 개선한다.
② 블리딩을 감소시킨다.
③ 동결융해에 대한 내구성을 크게 증가시킨다.
④ 공기량이 1% 증가함에 따라 슬럼프가 1.5cm 증가하고 압축강도는 4~6% 감소한다.
⑤ 단위수량이 적게 된다.
⑥ 철근과 부착강도가 저하되는 단점이 있다.
⑦ 알칼리 골재반응이 적다.

(2) 감수제, 공기연행 감수제, 분산제

① 시멘트 입자를 분산시키므로 콘크리트의 워커빌리티를 좋게 하고 소요의 워커빌리티를 얻기 위해 단위수량을 10~16% 정도 감소시킨다.
② 동결융해에 대한 저항성이 증대된다.
③ 단위 시멘트량을 감소시킨다.
④ 수밀성이 향상되고 투수성이 감소된다.
⑤ 내약품성이 커지고 건조수축을 감소시킨다.
⑥ **콘크리트용 화학혼화제 품질 규정**

항 목		공기연행제	감수제	공기연행 감수제	고성능 공기연행 감수제
감수율 (%)		6 이상	4 이상	10~8 이상	18 이상
블리딩 양의 비 (%)		75 이하	100 이하	70 이하	60~70 이하
길이 변화비 (%)		120 이하	120 이하	120 이하	110 이하
동결 융해에 대한 저항성 (상대 동탄성 계수 %)		80 이상	–	80 이상	80 이상
경시 변화량	슬럼프(mm)	–	–	–	60 이하
	공기량(%)	–	–	–	±15 이내

- 공기 연행제의 응결시간차(mm) : −60 ~ +60(초결 및 종결)
- 공기 연행제의 압축강도비(%) : 95 이상(재령 3일, 7일), 90 이상(재령 28일)
- 전체 알칼리량은 0.3kg/m^3 이하여야 한다.

(3) 유동화제

① 낮은 물-결합재비 콘크리트에 사용하여 반죽질기를 증가시켜 워커빌리티를 증진시킨다.

② 고강도 콘크리트를 얻을 수 있다.

(4) 경화 촉진제

① 시멘트의 수화작용을 촉진하는 혼화제로 시멘트 질량의 1~2% 정도 사용한다.

② 조기강도를 증가시켜 주나 2% 이상 사용하면 큰 효과가 없으며 오히려 순결, 강도저하를 준다.

③ 조기강도의 증대 및 동결온도의 저하에 따른 한중 콘크리트에 사용한다.

④ 경화 촉진제로 염화칼슘, 규산나트륨 등이 있다.

(5) 지 연 제

① 시멘트의 수화반응을 늦추어 응결시간을 길게 할 목적으로 사용한다.

② 서중 콘크리트 시공시 워커빌리티의 저하를 방지한다.

③ 레디믹스트 콘크리트의 운반거리가 멀어 운반시간이 장시간 소요되는 경우 유효하다.

④ 수조, 사일로 및 대형 구조물 등 연속 타설을 필요로 하는 콘크리트 구조에서 작업이음 발생 등의 방지에 유효하다.

(6) 급 결 제

① 시멘트의 응결시간을 빨리하기 위해 사용한다.

② 모르타르, 콘크리트의 뿜어붙이기 공법, 그라우트에 의한 지수공법 등에 사용된다.

③ 탄산소다, 염화 제2철, 염화알루미늄, 알루민산 소다, 규산소다 등이 주성분이다.

(7) 발 포 제

① 알루미늄 또는 아연 등의 분말을 혼합하여 모르타르 및 콘크리트 속에 미세한 기포를 발생하게 한다.

② 모르타르나 시멘트풀을 팽창시켜 굵은골재의 간극이나 PC강재의 주위를 채워지게 하기 위해 프리플레이스트 콘크리트용 그라우트나 PC용 그라우트에 사용된다.

③ 건축 분야에서는 부재의 경량화, 단열성을 증대하기 위해 사용한다.

(8) 방청제

① 콘크리트 중의 염화물에 의한 철근의 부식을 억제할 목적으로 사용한다.

② 주성분으로 아황산소다, 인산염, 염화제1주석, 리그닌설폰 염화칼슘염 등이 있다.

(9) 수축저감제

① 수분의 증발에 따른 건조수축을 감소시키는 효과를 갖는다.

② 모르타르나 콘크리트에 있어서 균열의 감소나 방지, 충전성의 향상, 박리 방지 등을 주목적으로 사용한다.

③ 수축저감제에 요구되는 성질

- 건조수축을 크게 감소시켜야 한다.
- 강알칼리 용액에서 표면활성 효과가 있어야 한다.
- 시멘트 입자에 흡착되지 않아야 한다.
- 시멘트 수화를 방해하지 않고 휘발성이 낮으며 이상한 공기연행성이 없어야 한다.

실전문제

제1장 콘크리트용 재료

시멘트, 혼화재료

문제 01 시멘트의 성질에 대한 설명 중 옳지 않은 것은?

가. 보통 포틀랜드 시멘트가 모든 분야에 걸쳐 가장 많이 사용된다.
나. 조강 포틀랜드 시멘트는 발열량이 많고 저온에서도 강도의 저하가 적다.
다. 플라이 애시 시멘트는 워커빌리티를 증가시킨다.
라. 알루미나 시멘트는 댐 등의 거대한 구조물에 적합하다.

해설 알루미나 시멘트는 수화열(발열량)이 많아 거대한 구조물에 적합하지 않다.

문제 02 조기 고강도를 요하는 공사, 공기를 급히 서두르는 공사에 효과적인 시멘트는?

가. 중용열 포틀랜드 시멘트
나. 조강 포틀랜드 시멘트
다. 고로 시멘트
라. 알루미나 시멘트

해설 조강 및 알루미나 시멘트가 사용되는데 알루미나 시멘트가 더 조기에 고강도를 낼 수 있다.

문제 03 조강 포틀랜드 시멘트 사용 시 옳지 않은 것은?

가. 거푸집을 단시일 내에 제거할 수 있다.
나. 수화열이 크므로 큰 콘크리트 구조물에 적당하다.
다. 양생기간을 단축시킨다.
라. 한중공사에 적합하다.

문제 04 다음은 시멘트를 조기강도 순으로 열거한 것이다. 옳은 것은?

가. 알루미나 시멘트 – 고로 시멘트 – 포틀랜드 시멘트
나. 포틀랜드 시멘트 – 고로 시멘트 – 알루미나 시멘트
다. 알루미나 시멘트 – 포틀랜드 시멘트 – 고로 시멘트
라. 포틀랜드 시멘트 – 알루미나 시멘트 – 고로 시멘트

정답 01. 라 02. 라 03. 나 04. 다

문제 05 시멘트가 수화작용을 할 때 발생하는 수화열이 가장 적은 것은 다음 중 어느 것인가?

가. 실리카 시멘트　　나. 보통 포틀랜드 시멘트
다. 고로 시멘트　　라. 중용열 포틀랜드 시멘트

해설 수화열이 작은 중용열 포틀랜드 시멘트는 댐 공사에 적합하다.

문제 06 다음 중에서 KS L 5201에 따른 포틀랜드 시멘트에 속하지 않는 것은?

가. 중용열 시멘트　　나. 저열 시멘트
다. 포졸란 시멘트　　라. 내황산염 시멘트

해설 포졸란 시멘트는 혼합 시멘트에 속한다.

문제 07 포틀랜드 시멘트가 풍화되었을 때 일어나는 성질의 변화에 관한 다음 설명 중 옳지 않은 것은?

가. 조기강도가 저하한다.
나. 밀도가 증가한다.
다. 비표면적이 감소한다.
라. 응결이 빠르게 할 경우도 있으나 일반적으로 응결시간은 늦어지는 경향이 있다.

해설 풍화된 시멘트는 밀도가 작아진다.

문제 08 다음은 슬래그(slag)에 대한 설명이다. 옳지 않은 것은?

가. 슬래그란 철을 생산하는 과정에서 부산물로 나오는 것이다.
나. 단열성, 부착력, 건조수축에 대한 저항성 등이 일반 골재보다 다소 떨어지나 골재로서 사용은 가능하다.
다. 콘크리트용, 포장용 등의 골재로 사용이 가능하다.
라. 워커빌리티는 일반 골재보다 불량하다.

해설 단열성이 크며 건조수축이 작고 부착력이 크다.

정답 05. 라　06. 다　07. 나　08. 나

문제 09 포졸란(pozzolan) 시멘트와 플라이 애시(fly-ash) 시멘트의 특성 설명 중 틀린 것은?

가. 수밀성이 크므로 댐(dam) 등의 큰 구조물에 사용한다.
나. 바닷물과 같은 염화물에 대한 저항성이 크다.
다. 장기강도는 낮으나 조기강도가 증대한다.
라. 균일한 콘크리트를 만들기가 어렵다.

해설
- 조기강도는 낮으나 장기강도가 크다.
- 포졸란 시멘트는 수화열이 낮아 댐 등 매시브한 구조물에 사용된다.

문제 10 다음과 같은 시멘트의 성분 중에서 가장 많이 함유하고 있는 것부터 순서대로 이루어진 것은 어느 것인가?

가. 석회-실리카-산화철-알루미나
나. 석회-실리카-알루미나-산화철
다. 실리카-석회-산화철-알루미나
라. 실리카-석회-알루미나-산화철

문제 11 시멘트의 저장 및 관리에 있어 다음 중 적당하지 않은 것은 어느 것인가?

가. 방습적인 구조로 된 사일로 또는 창고에 저장해야 한다.
나. 지상 30cm 이상 되는 마루바닥에 쌓아야 하며 13포 이상 쌓아서는 안 된다.
다. 저장기간이 길어질 때는 7포 이상으로 쌓아 올리지 않는 것이 좋다.
라. 장기 저장된 것은 품질시험을 하여야 하고, 단기 저장품으로 약간 굳은 것은 사용해도 좋다.

해설 약간 굳은 시멘트라도 사용해서는 안 된다.

문제 12 다음 시멘트 중 콘크리트 댐 시공에 적합한 것은?

가. 보통 포틀랜드 시멘트
나. 중용열 포틀랜드 시멘트
다. 조강 포틀랜드 시멘트
라. 백색 포틀랜드 시멘트

정답 09. 다 10. 나 11. 라 12. 나

문제 13 다음 설명이 올바르게 되어 있는 것은 어느 것인가?

가. 중용열 포틀랜드 시멘트 : 해수의 작용을 받는 곳이나 하수의 수로에 적당하다.
나. 플라이 애시 시멘트 : 댐 공사 등에 많이 사용된다.
다. 슬래그 시멘트 : 응결이 빠르므로 한중 콘크리트에 적당하다.
라. 조강 포틀랜드 시멘트 : 건축물의 표면 마무리 도장에 주로 사용된다.

문제 14 알루미나 시멘트의 특성에 관한 다음 사항 중에서 옳지 않은 것은 어느 것인가?

가. 포틀랜드 시멘트와 혼합하여 사용하면 빨리 응결하는 순결성을 가진다.
나. 응결 및 경화시 발열량이 작으므로 양생시와 별다른 주의를 요구하지 않는다.
다. 석회분이 적기 때문에 화학적 저항성이 크고 내구성도 크나 가격이 고가이다.
라. 초조강성 시멘트로 초기강도가 커서 보통 포틀랜드 시멘트의 28일 강도를 24시간에 낼 수 있다.

해설 응결 및 경화시 발열량이 많으므로 양생시 주의해야 한다.

문제 15 특수 시멘트 중에서 알루미나 시멘트에 관한 설명 중 옳지 않은 것은?

가. 해수 또는 화학작용을 받는 곳에서는 부적합하다.
나. 발열량이 대단히 많으므로 양생할 때 주의해야 한다.
다. 수화작용에 의한 수산화칼슘의 생성량이 작아 산에 강하다.
라. 열분해 온도가 높으므로 내화용 콘크리트에 적합하다.

해설 해수 또는 화학작용을 받는 곳에서는 적합하다.

문제 16 시멘트의 수화작용에 영향을 미치는 주요 화합물 중 알루민산3석회(C_3A)는 중용열 포틀랜드 시멘트에서 얼마 이하를 사용하도록 규정되었는가?

가. 2%　　나. 4%
다. 6%　　라. 8%

정답 13. 나　14. 나　15. 가　16. 라

문제 17 시멘트의 표준 계량에서 단위 용적질량(kg/m³)은 다음 중 어느 것인가?

가. 2100　　나. 1800
다. 1500　　라. 1400

문제 18 시멘트가 공기 중의 수분을 흡수하여 일어나는 수화작용이란?

가. 풍화　　나. 경화
다. 수축　　라. 응결

해설 시멘트가 공기 중의 수분을 흡수하여 덩어리가 된다.

문제 19 보통 포틀랜드 시멘트가 회색을 나타내는 이유는 무엇을 함유하고 있기 때문인가?

가. 무수황산　　나. 실리카
다. 산화철　　라. 석회

문제 20 시멘트 제조 공정 중 소성(burning)이 불충분한 경우 발생하는 현상이 아닌 것은?

가. 시멘트 비중이 작아진다.
나. 시멘트의 안정성이 떨어지고 장기강도가 저하된다.
다. 시멘트의 주원료인 석회성분의 분리현상이 생긴다.
라. 수화작용이 빨라 시멘트의 초기강도가 커진다.

문제 21 시멘트의 응결시간에 대한 설명이다. 다음 사항 중에서 옳은 것은 어느 것인가?

가. 분말도가 낮으면 응결이 빠르다.
나. 물의 양이 많으면 응결이 빨라진다.
다. 알루민산 3석회(C_3A)가 많으면 응결이 빠르다.
라. 온도가 낮을수록 응결이 빠르다.

해설
- 분말도가 낮거나 온도가 낮으면 응결이 늦어진다.
- 물의 양이 많으면 응결이 늦어진다.

정답 17. 다　18. 가　19. 다　20. 라　21. 다

문제 22 다음과 같은 시멘트의 강도에 영향을 주는 사항 중에서 옳지 못한 것은?

가. 분말도가 높으면 조기강도가 커진다.
나. 30℃ 이내에서 온도가 높을수록 강도가 커지며 재령에 따라 강도가 증가한다.
다. 물의 양이 적으면 강도가 커지나 반죽이 어렵다.
라. 풍화된 시멘트는 강도가 작아지며, 특히 장기강도가 현저히 작아진다.

해설 풍화된 시멘트는 강도가 작아지며 특히 조기강도가 현저히 작아진다.

문제 23 시멘트 모르타르의 압축강도 시험시 실험실의 상대습도는 몇 % 이상인가?

가. 30%　　나. 50%
다. 70%　　라. 90%

해설
- 상대습도 : 50% 이상
- 습기함의 습도 : 90% 이상

문제 24 시멘트 모르타르의 압축강도 시험에서 시멘트량이 450g일 때 표준사의 질량은?

가. 1250g　　나. 756g
다. 1350g　　라. 510g

해설 시멘트와 표준사 비율이 1 : 3이므로 450 × 3 = 1350g

문제 25 시멘트 모르타르의 압축강도 시험시 플로(flow) 값을 측정하여 이 값이 110~115 정도일 때 몰드를 제작한다. 이때, 플로 테이블(flow table)을 15초 동안 몇 회 낙하시키는가?

가. 5회　　나. 10회
다. 25회　　라. 50회

문제 26 다음 중 모르타르의 압축강도용 흐름시험에서 흐름값으로 적당한 것은?

가. 80~90　　나. 50~100
다. 100~115　　라. 95~105

정답 22. 라　23. 나　24. 다　25. 다　26. 다

문제 27 시멘트의 응결시험 방법 중 옳은 것은?

가. 길모어침에 의한 방법　　나. 오토클레이브 방법
다. 블레인 방법　　라. 비비시험

해설 시멘트의 응결 시험은 길모어침, 비이카침에 의한 방법이 있다.

문제 28 르샤틀리에 병에 0.5cc 눈금까지 광유를 주입하고 시료로 시멘트 64g을 가하여 눈금이 21.5cc로 증가되었을 때 이 시멘트의 밀도는 어느 것인가?

가. 3.0g/cm^3　　나. 3.05g/cm^3
다. 3.12g/cm^3　　라. 3.17g/cm^3

해설 시멘트 밀도$=\dfrac{64}{21.5-0.5} \fallingdotseq 3.05\,\text{g/cm}^3$

문제 29 시멘트의 밀도에 관한 다음 설명 중 옳지 않은 것은?

가. 소성이 불충분하면 밀도가 저하한다.
나. 풍화하면 밀도가 저하한다.
다. 실리카나 산화철을 많이 함유하면 밀도가 증가한다.
라. 혼화제를 첨가하면 밀도가 증가한다.

해설 혼화제를 첨가하면 밀도가 저하한다.

문제 30 다음 시멘트의 비표면적 시험에 관한 설명 중 틀린 것은?

가. 블레인 공기 투과장치를 사용하여 시험할 수 있다.
나. 시멘트의 분말도를 알아보는 시험이다.
다. 시멘트 내의 공기량을 측정하는 시험이다.
라. 초기강도는 비표면적이 큰 시멘트가 높다.

문제 31 시멘트의 분말도(fineness)는 수화속도에 큰 영향을 준다. 이 분말도는 어떻게 표시하는가?

가. 비중량 stoke(g/cm^2) 또는 표준체 44μ 의 잔분(%)
나. 비표면적 blaine($\text{cm}^2\text{/g}$) 또는 표준체 44μ 의 잔분(%)
다. 비중량 stoke(g/cm^2) 또는 표준체 66μ 의 잔분(%)
라. 비표면적 blaine($\text{cm}^2\text{/g}$) 또는 표준체 66μ 의 잔분(%)

정답 27. 가　28. 나　29. 라　30. 다　31. 나

문제 32 표준체에 의한 분말도 시험 결과 다음과 같을 때 분말도는 얼마인가? (단, 표준체의 보정계수 : −14%, 시험한 시료의 잔사량 : 0.095%)

가. 91.83%
나. 85.83%
다. 78.95%
라. 98.95%

해설
- 시험한 시료의 보정된 잔사량=(100−14)×0.095=8.17%
- 분말도=100−8.17=91.83%

문제 33 다음은 시멘트의 분말도(粉末度)에 설명이다. 맞지 않는 것은?

가. 분말도 시험방법에는 표준체(No.325)에 의한 방법과 비표면적을 구하는 블레인(blaine)방법이 있다.
나. 비표면적이란 시멘트 1g이 가지는 총 표면적을 cm^2으로 나타낸 것으로서 시멘트의 분말도를 나타낸다.
다. KSL 5201에 규정된 포틀랜드 시멘트의 분말도는 $2800cm^2/g$ 이상이다.
라. 시멘트의 품질이 일정한 경우 분말도가 클수록 수화작용이 촉진되므로응결이 빠르며 조기강도가 낮아진다.

해설 분말도가 클수록 수화작용이 촉진되므로 응결이 빠르며 조기강도가 높다(크다).

문제 34 다음은 시멘트의 분말도가 높을 때의 효과이다. 틀린 것은 어느 것인가?

가. 수화작용이 빠르다.
나. 조기강도가 높다.
다. 발열량이 약간 높아진다.
라. 풍화가 더디다.

해설 분말도가 높다는 것은 시멘트 입자가 가늘다는 뜻으로 풍화가 빨라진다.

문제 35 시멘트의 분말도에 관한 설명 중 옳은 것은?

가. 분말도가 높을수록 물에 접촉하는 면적이 작다.
나. 분말도가 높을수록 수화작용이 느리다.
다. 분말도가 높을수록 콘크리트에 내구성이 좋다.
라. 분말도가 높을수록 콘크리트에 균열이 발생하기 쉽다.

해설 분말도가 높은 시멘트는 입자가 가늘어 수화열이 높아 콘크리트 균열이 발생하기 쉽다.

정답 32. 가 33. 라 34. 라 35. 라

문제 36 다음 설명 중 틀린 것은?

가. 혼화재(混和材)에는 플라이 애시(fly ash), 고로 슬래그(slag), 규산백토 등이 있다.
나. 혼화제(混和劑)에는 공기연행제, 경화촉진제, 방수제 등이 있다.
다. 혼화재(混和材)는 그 사용량이 비교적 적어서 그 자체의 부피가 콘크리트 배합의 계산에서 무시하여도 좋다.
라. 공기연행제에 의해 만들어진 공기를 연행 공기라 한다.

해설
- 혼화재는 사용량이 비교적 많아 배합설계에서 용적계산에 고려되고 포졸란 등이 있다.
- 혼화제는 사용량이 적어 용적 계산에 고려되지 않는다.

문제 37 다음은 혼화재료에 대한 설명 중 틀린 것은?

가. 감수제라 함은 시멘트 입자를 분산시킴으로써 콘크리트의 단위수량을 감소시키는 작용을 하는 혼화제이다.
나. 촉진제라 함은 시멘트의 수화작용을 촉진하는 혼화제로서 보통 리그닌설폰산염과 그 염기를 많이 사용한다.
다. 지연제라 함은 시멘트의 응결을 늦게 할 목적으로 사용하는 혼화제로서 여름철에 레미콘(ready-mixed concrete)의 운반거리가 길 경우나 콜드 조인트(cold joint)의 방지 등에 효과가 있다.
라. 급결제라 함은 시멘트의 응결시간을 빠르게 하기 위하여 사용하는 혼화제이고 뿜어붙이기 공법, 물막이 공법 등에 사용한다.

해설
- 촉진제에는 염화칼슘과 규산나트륨이 사용된다.
- 리그닌설폰산염과 그 염기는 지연제에 사용된다.

문제 38 다음 시멘트 분산제에 관한 설명 중 잘못된 것은?

가. 분산제를 사용하면 콘크리트의 강도, 수밀성, 내구성을 증대시킬 수 있다.
나. 분산제에는 pozzolith와 darex 등이 있다.
다. 분산제를 사용한 콘크리트는 유동성이 많아지고, 블리딩이나 골재분리가 적게 일어난다.
라. 시멘트 분산제에는 시멘트 입자간의 표면활성의 성질을 부여하여 비교적 균일하게 분산시킬 목적으로 사용된다.

해설 다렉스(darex)는 공기연행제에 속한다.

정답 36. 다 37. 나 38. 나

문제 39 콘크리트의 경화를 촉진하는 화학약품이 아닌 것은?

가. 규산나트륨　　나. 염화칼슘
다. 염화알루미늄　　라. 포졸리스

해설 경화제로 규산나트륨, 염화칼슘, 염화알루미늄 등이 사용된다.

문제 40 다음 혼화재료 중 콘크리트의 워커빌리티를 개선하는 효과가 없는 것은?

가. 시멘트 분산제　　나. 공기연행제
다. 포졸란　　라. 응결경화 촉진제

해설 응결경화 촉진제는 경화속도를 촉진시키므로 워커빌리티가 감소된다.

문제 41 다음 혼화재료 중 사용량이 비교적 많아 콘크리트 배합 설계에서 고려해야 되는 혼화재료는?

가. 포졸란　　나. 공기연행제
다. 시멘트 분산제　　라. 응결경화 촉진제

해설 포졸란 혼화재에 속하여 혼합량을 배합 설계시 고려해야 한다.

문제 42 다음 중에서 혼화제에 속하지 않는 것은?

가. 공기연행제　　나. 포졸리스
다. pozzolan　　라. 염화칼슘

문제 43 공기연행제의 특성에 관한 다음 설명 중 틀린 것은?

가. 단위수량이 적고, 동결융해에 대한 저항성이 크다.
나. 콘크리트 내부에 공극이 많기 때문에 콘크리트의 투수계수가 크므로 수밀성 콘크리트에는 사용할 수 없다.
다. 단위 시멘트량이 같은 콘크리트에서 빈배합의 경우 공기연행 콘크리트 압축강도가 높다.
라. 알칼리 골재반응의 영향이 적고, 응결경화시에 있어서 발열량이 적다.

해설 콘크리트 내부에 무수히 많은 미세한 기포가 시멘트 입자를 분산시켜 투수성이 작아지며 수밀성 콘크리트에 사용될 수 있다.

정답 39. 라　40. 라　41. 가　42. 다　43. 나

문제 44 공기연행제를 사용한 콘크리트는 일반적으로 동결융해에 대한 저항성이 증가되는데, 이를 좌우하는 가장 큰 요인은?

가. slump
나. 연행 공기의 균일한 크기와 고른 분포
다. 물-결합재비
라. bleeding량

문제 45 다음 중 공기연행제를 사용한 콘크리트에 대한 설명으로 올바른 것은?

가. 워커빌리티 증대
나. 시멘트 절약
다. 수량의 감소
라. 모래 절약

문제 46 공기연행제를 사용하는 가장 큰 목적은 다음 중 어느 것인가?

가. 워커빌리티 증대
나. 시멘트 절약
다. 수량의 감소
라. 모래 절약

문제 47 공기연행제가 아닌 것은?

가. 빈졸레신 분말(vinsol resin)
나. 빈졸 NVX
다. 다렉스 원액(darex)
라. 포졸란

문제 48 다음 중 5% 이상의 감수율을 기대할 수 있는 혼화제(재료)는?

가. 공기연행제
나. 염화칼슘
다. 규산소다
라. 플라이 애시

문제 49 다음의 혼화제 중에서 슬럼프 값을 증대시키기 위해서 가장 좋은 것으로 짝지어진 것은?

가. 공기연행제, 유동화제
나. 감수제, 지연제
다. 분산제, 경화촉진제
라. 팽창제, 감수제

정답 44. 나 45. 가 46. 가 47. 라 48. 가 49. 가

문제 50 다음은 플라이 애시(fly ash)에 관한 사항이다. 옳지 않은 것은?

가. Workability가 좋아진다.
나. 단위수량이 감소된다.
다. 시멘트의 수화열이 증가된다.
라. 수밀성이 증대된다.

해설 시멘트의 수화열이 저하된다.

문제 51 플라이 애시(fly-ash)를 시멘트에 혼합하면 다음과 같은 효과가 있다. 이중 옳지 않은 것은?

가. 화학적 저항성의 향상
나. 골재의 절약
다. 유동성의 증가
라. 수화열의 저하

문제 52 공기연행제를 사용한 콘크리트에 있어 다음 중 옳지 못한 것은 어느 것인가?

가. 철근 콘크리트에서는 기포로 인하여 철근과 부착력이 떨어진다.
나. 동결융해에 대한 저항이 적어진다.
다. 수밀성, 내구성이 증가된다.
라. 알칼리 골재반응이 영향이 적다.

해설
- 동결 융해에 대한 저항이 커진다.
- 화학적인 침식에 대한 내구성이 증대된다.

문제 53 다음에서 인공산 포졸란(pozzolan)을 사용한 콘크리트의 특징으로 옳지 않은 것은?

가. 워커빌리티(workability)가 좋고 블리딩(bleeding) 및 재료의 분리가 적다.
나. 수밀성(水密性)이 크다.
다. 강도의 증진이 빠르고 단기강도가 크다.
라. 바닷물에 대한 화학적 저항성이 크다.

해설 조기강도는 작고 장기강도가 크다.

정답 50. 다 51. 나 52. 나 53. 다

문제 54 그라우팅(grouting)용 혼화재로서의 필요한 성질 중 옳지 않은 것은?

가. 단위수량이 작고, 블리딩이 적어야 한다.
나. 그라우트를 수축시키는 성질이 있어야 한다.
다. 재료의 분리가 생기지 않아야 한다.
라. 주입하기 쉬워야 하며 공기를 연행시켜야 한다.

해설 • 그라우트를 수축시키는 성질이 있어서는 안 된다.
• 유동성이 있어 구석을 채울 수 있어야 한다.

문제 55 시멘트 모르타르 인장강도 시험을 위해 시멘트와 표준사의 비율은?

가. 1 : 2.45　　나. 1 : 2.7
다. 1 : 3　　라. 1 : 2.54

문제 56 다음 중 시멘트 밀도 시험시 사용하지 않는 것은?

가. 광유　　나. 헝겊
다. 비카 장치　　라. 르샤틀리에 병

문제 57 블레인 공기투과장치가 사용되는 시험은?

가. 시멘트 분말도 측정　　나. 시멘트 비중 측정
다. 콘크리트 공기량 측정　　라. 시멘트 응결시간 측정

문제 58 모르타르 흐름 시험에서 흐름 몰드의 밑지름 100mm, 시험 후 퍼진 모르타르의 평균지름이 212mm일 때 흐름값은 얼마인가?

가. 66.6　　나. 86.6
다. 89.2　　라. 112

해설 $$\text{흐름값} = \frac{\text{모르타르의 퍼진 평균지름} - \text{몰드의 밑지름}}{\text{몰드의 밑지름}} \times 100$$
$$= \frac{212-100}{100} \times 100 = 112$$

정답 54. 나　55. 나　56. 다　57. 가　58. 라

문제 59 시멘트 모르타르의 압축강도 결정시 시험한 평균값보다 몇 % 이상 강도 차이가 나는 것을 압축강도 계산에 넣지 않는가?

가. 5%　　　나. 10%
다. 15%　　　라. 20%

문제 60 시멘트의 밀도 시험은 (a)회 이상 실시하여 그 차가 평균한 값과 측정값의 차가 (b) 이내일 때와 평균값으로 밀도를 취한다. 이때 (a)와 (b)의 값은 각각 얼마인가?

가. (a) 2 (b) $\pm 0.03 g/cm^3$　　　나. (a) 2 (b) $\pm 0.02 g/cm^3$
다. (a) 3 (b) $\pm 0.01 g/cm^3$　　　라. (a) 3 (b) $\pm 0.02 g/cm^3$

문제 61 시멘트 밀도와 분말도에 관한 설명 중 틀린 것은?

가. 분말도가 높으면 시멘트풀의 응결속도가 빠르고 시멘트의 강도는 커지며 조기강도가 크다.
나. 밀도는 시멘트 성분에 따라 다르며 풍화된 시멘트는 밀도가 작아진다.
다. 분말도 시험 방법에는 표준체에 의한 방법과 비표면적을 구하는 블레인 방법이 있다.
라. 고로 시멘트는 밀도가 크다.

해설 고로(slag) 시멘트는 밀도가 작다.

문제 62 시멘트 응결시간 측정시 길모어 장치에 의한 시험체를 조제할 경우 어느 정도 크기로 패트를 만드는가?

가. 지름 7.5cm, 중앙 두께가 1.3cm　나. 지름 9cm, 중앙 두께가 2.5cm
다. 지름 10cm, 중앙 두께가 1.6cm　라. 지름 13cm, 중앙 두께가 7.5cm

해설 시멘트 응결시간 측정법에는 비카 장치, 길모어 장치 등이 있다.

문제 63 콘크리트 흡수성, 투수성을 감소시키기 위해 사용하는 방수용 혼화제의 종류가 아닌 것은?

가. 염화칼슘　　　나. 탄산소다
다. 실리카질 분말　　　라. 고급지방산

해설
- 방수제 종류 : 염화 칼슘, 지방산, 파라핀, 고분자에멜션
- 탄산소다는 급결제에 속한다.

정답 59. 나　60. 가　61. 라　62. 가　63. 나

문제 64 시멘트 원료인 점토중의 산화철을 제거하거나 대용원료를 사용하여 제조하며 또한 소성연료로 석탄 대신 중유를 사용하여 제조하는 시멘트는?

가. 고로 시멘트 나. 백색 포틀랜드 시멘트
다. 조강 포틀랜드 시멘트 라. 중용열 포틀랜드 시멘트

해설 백색 포틀랜드 시멘트는 철분, 마그네시아가 적은 백색 점토와 석회석을 원료로 하고 소성연료는 석탄 대신 중유를 사용해서 만든다.

문제 65 시멘트의 강열감량에 관한 설명 중 틀린 것은?

가. 시멘트가 풍화되면 강열감량이 적어지며 풍화의 정도를 파악하는데 이용된다.
나. 강열감량은 시멘트에 1,000℃의 강한 열을 가했을 때 시멘트의 감량을 뜻한다.
다. 강열감량은 클링커와 혼합하는 석고와 결정수량과 거의 같은 양이다.
라. 강열감량은 시멘트 중에 함유된 H_2O와 CO_2의 양을 뜻한다.

해설 풍화된 시멘트는 강열감량이 증가되며 시멘트의 풍화의 정도를 파악하는데 강열감량이 사용된다.

문제 66 시멘트의 응결 경화 촉진제로 사용되는 혼화재료는?

가. 플라이 애시 나. 염화칼슘
다. 포졸리스 라. 리그닌설폰산염

해설
- 콘크리트 경화 촉진제로 염화칼슘과 규산나트륨이 사용된다.
- 염화칼슘은 시멘트량의 1~2% 사용한다.

문제 67 시멘트 클링커의 냉각과정에서 유리질 속에 포함되어 시멘트 특유의 암갈색을 띠게 하는 작용을 하며 장기간 경과 후 팽창성을 띠어 균열을 가져오는 화합물은?

가. 유리석회 나. 아황산
다. 마그네시아 라. 알칼리

해설 마그네시아가 시멘트 중에 많이 존재하면 팽창균열의 원인이 되며 장기 안정성을 해칠 우려가 있다.

정답 64. 나 65. 가 66. 나 67. 다

문제 68 콘크리트 시공 시 블리딩 방지 대책에 관한 설명 중 틀린 것은?

가. 분말도가 큰 시멘트를 사용한다.
나. 세립자가 많은 잔골재를 사용한다.
다. 가능한 한 단위수량을 적게 한다.
라. 굵은골재의 최대치수를 크게 한다.

해설 • 적당히 세립자가 포함된 잔골재를 사용한다.
• 부배합으로 시공한다.
• 분산제를 사용한다.

문제 69 염화칼슘($CaCl_2$)을 혼합한 콘크리트의 성질이 아닌 것은?

가. 시멘트량의 1~2% 사용하면 조기강도가 증대된다.
나. 건습에 대한 팽창수축이 작게 된다.
다. 적당량을 사용하면 마모에 대한 저항성이 커진다.
라. 슬럼프가 감소된다.

해설 • 건습에 대한 팽창수축이 크게 된다.
• 응결이 촉진되고 슬럼프가 감소하므로 시공에 주의한다.

문제 70 초속경 시멘트의 특성 중 틀린 것은?

가. 응결시간이 짧고 경화시 발열이 크다.
나. 2~3시간에 큰 강도를 발휘한다.
다. 알루미나 시멘트와 같은 전이현상이 발생한다.
라. 포틀랜드 시멘트와 혼합하여 사용하지 않아야 한다.

해설 알루미나 시멘트와 같은 전이현상(순결현상 : 강도가 발현 전에 응결하는 현상)이 없다.

문제 71 긴급 보수가 필요한 경우 다음의 시멘트 중 적당한 것은?

가. 실리카 시멘트　　나. 알루미나 시멘트
다. 중용열 포틀랜드 시멘트　　라. 고로 시멘트

해설 알루미나 시멘트는 발열량이 크기 때문에 긴급을 요하는 공사나 한중공사의 시공에 적합하다.

정답 68. 나　69. 나　70. 다　71. 나

문제 72 시멘트의 건조수축에 관한 설명 중 틀린 것은?

가. C_3A 함유량, 물-결합재비 등이 높은 경우 수축이 높아지는 경향이 있다.
나. 수축에는 수화에 따른 화학적 수축, 건조에 의한 수축, 탄산화에 의한 수축 등이 있다.
다. 시멘트 겔의 주위에 있는 미세한 모세관 속의 수분이 증발하며 모세관 수의 표면장력이 작아지게 되어 수축한다.
라. 습도가 커지면 모세관이 물을 흡수하여 표면장력이 작아지며 팽창한다.

해설 경화한 시멘트 풀은 건조시키면 시멘트 겔의 주위에 있는 미세한 모세관속의 수분이 증발하며 모세관 수의 표면장력이 커지게 되어 수축한다.

문제 73 알루미나 시멘트의 특성에 관한 설명 중 틀린 것은?

가. 발열량이 대단히 커 조기에 고강도를 발현한다.
나. 해수 기타 화학적 침식에 대한 저항성이 크다.
다. 열분해 온도가 높으므로(1,300℃) 내화 콘크리트용 시멘트로서 적합하다.
라. 포틀랜드 시멘트와 혼합하여 사용하면 순결하지 않는다.

해설
- 포틀랜드 시멘트와 혼합하여 사용하면 순결하므로 주의하여야 한다.
- 발열량이 대단히 크기 때문에 물-결합재비를 적게 하고(40%), 저온(25℃ 이하)으로 유지시켜 양생하지 않으면 장기강도가 상당히 저하한다.
- 수화한 알루미나 시멘트는 알칼리성에 약하므로 철근을 부식할 우려가 있다.

문제 74 혼화재료를 사용하므로 얻을 수 있는 효과가 아닌 것은?

가. 크리프가 감소된다.
나. 건조수축이 감소된다.
다. 발열량이나 발열속도가 감소된다.
라. 시공연도가 향상되어 마무리 작업량을 증대시킨다.

해설 혼화재료를 사용하면 워커빌리티가 개선되고 마무리 작업을 감소시킬수 있다.

문제 75 염화칼슘을 사용한 콘크리트의 성질로서 틀린 것은?

가. 적당량의 염화칼슘을 사용하면 마모 저항성이 커진다.
나. 건조수축과 크리프가 작아진다.
다. 알칼리 골재반응을 촉진시킨다.
라. 황산염에 대한 저항성이 적어진다.

해설 건조수축과 크리프가 커진다.

정답 72. 다 73. 라 74. 라 75. 나

문제 76 중용열 포틀랜드 시멘트의 장기강도를 높여 주기 위해 포함시키는 성분은?

가. MgO　　나. CaO
다. C_3A　　라. C_2S

해설
- C_2S(규산 2석회) : 수화가 늦고 장기강도가 커진다.
- C_3A(알루미나 3석회) : 가장 빨리 응결되며 수화작용이 매우 빠르다.

문제 77 고로 시멘트의 특징에 해당되지 않는 것은?

가. 비중이 작다.　　나. 장기강도가 크다.
다. 응결시간이 빠르다.　　라. 블리딩이 작아진다.

해설
- 수화열이 비교적 적다.
- 내화학약품성이 좋으므로 해수, 공장폐수, 하수 등에 접하는 콘크리트에 적당하다.

문제 78 염화칼슘을 응결경화 촉진제로 사용할 경우 다음 설명 중 옳지 않는 것은?

가. 조기강도를 증대시켜 주나 2% 이상 사용하면 큰 효과가 없으며 순결,강도 저하를 나타 낼수 있다.
나. 건습에 의한 팽창, 수축이 커지며 알칼리 골재반응을 촉진시킨다.
다. 염화칼슘을 사용한 콘크리트는 황산염에 대한 화학저항성이 크다.
라. 프리스트레스 콘크리트의 PC 강재에 접촉하면 부식 내지 PC 강재는 녹이 슬기 쉽다.

해설 염화칼슘을 사용한 콘크리트는 황산염에 대한 화학저항성이 적다.

문제 79 콘크리트의 연행 공기량에 대한 다음 설명 중 틀린 것은?

가. 콘크리트의 온도가 높으면 연행 공기량이 감소하고 온도가 낮으면 연행 공기량이 증가한다.
나. 잔골재 입도는 연행 공기량에 영향을 미치지 않는다.
다. 시멘트의 비표면적이 커지면 연행 공기량이 감소한다.
라. 플라이 애시를 혼화재로 사용할 경우 미연소 탄소함유량이 많으면 연행 공기량이 감소한다.

해설 연행 공기량의 변동을 적게 하기 위해서는 잔골재 입도를 일정하게 하는 것이 중요하며 조립률의 변동은 ± 0.1 이하로 억제하는 것이 바람직하다.

정답 76. 라　77. 다　78. 다　79. 나

문제 80 공기연행제를 사용했을 때 콘크리트에 미치는 영향 중 설명이 틀린 것은?

가. 단위수량이 감소된다.
나. 블리딩이 증가한다.
다. 콘크리트의 동결 저항성이 증대된다.
라. 워커빌리티가 개선된다.

해설 골재 분리 및 블리딩이 감소된다.

문제 81 블리딩의 대한 설명 중 틀린 것은?

가. 물-결합재비가 커지면 블리딩이 커진다.
나. 철근콘크리트에서 철근과 부착력이 감소된다.
다. 콘크리트 타설 후 보통 10시간 이내에 끝난다.
라. 블리딩 현상 이후에 레이턴스가 발생한다.

해설 콘크리트 타설 후 블리딩이 발생하며 보통 4시간 이내에 끝난다.

문제 82 콘크리트의 구성요소에 대한 설명 중 틀린 것은?

가. 시멘트와 물을 혼합한 것을 시멘트 풀이라 한다.
나. 모래와 자갈을 채움재로 사용한다.
다. 시멘트와 모래, 물 등을 혼합한 것을 모르타르라 한다.
라. 시멘트, 모래, 자갈, 물이 혼합된 것을 콘크리트라 한다.

해설 채움재란 석회암 분말, 화성암류를 분쇄하여 0.08mm체를 70% 이상 통과한 것을 뜻한다.

문제 83 블리딩에 대한 다음 설명 중 옳지 않은 것은?

가. 블리딩이 많은 콘크리트는 침하량도 많다.
나. 초속경 시멘트는 응결이 매우 빠르기 때문에 블리딩은 거의 발견되지 않는다.
다. 콘크리트 타설속도가 빠르면 블리딩이 적어진다.
라. 거푸집의 치수가 크면 블리딩이 크게 되는 경향이 있다.

해설 콘크리트 타설속도가 빠르면 블리딩이 많아지기 때문에 1회의 타설높이를 작게 한다.

정답 80. 나 81. 다 82. 나 83. 다

문제 84 포졸란을 사용한 콘크리트의 특징이 아닌 것은?

가. 수밀성이 크다.
나. 발열량이 적다.
다. 워커빌리티가 좋다.
라. 건조수축이 작다.

해설 • 건조수축이 크다. • 블리딩이 감소한다.
• 발열량이 적어 단면이 큰 콘크리트에 적합하다.

문제 85 콘크리트의 블리딩에 관한 설명 중 틀린 것은?

가. 블리딩이 심하면 투수성과 투기성이 커져서 콘크리트 중성화(탄산화)가 촉진된다.
나. 블리딩이 심하면 철근과 부착력 감소로 강도 및 내구성의 감소가 현저해진다.
다. 시멘트의 분말도가 작을수록, 잔골재 중의 미립분이 작을수록 블리딩 현상이 적어진다.
라. 블리딩은 보통 2~4시간에 끝나며 그 연속시간은 콘크리트 높이가 낮고 온도가 높으면 빨리 끝난다.

해설 시멘트의 분말도가 커지면 블리딩 현상이 적어진다.

문제 86 실리카 퓸을 사용한 콘크리트의 특징으로 옳지 않은 것은?

가. 블리딩 및 재료의 분리가 적다.
나. 알칼리 골재반응의 억제 효과를 낸다.
다. 건조 수축이 적다.
라. 내화학적 저항성이 크다.

해설 • 건조 수축이 크다. • 단위 수량이 커진다. • 장기강도가 크다.
※ 포졸란으로서 플라이 애시, 고로 슬래그 분말, 실리카 퓸, 규조토, 화산회 등이 있다.

문제 87 분말도가 큰 시멘트의 성질이 아닌 것은?

가. 블리딩이 적고 워커빌리티가 좋다.
나. 수화작용이 빠르다.
다. 건조수축을 억제하여 균열을 방지한다.
라. 강도 증진율이 높아진다.

해설 • 시멘트의 입자가 미세할수록 분말도가 크다.
• 분말도가 크면 균열이 커지고 내구성이 떨어진다.

정답 84. 라 85. 다 86. 다 87. 다

1-3 골 재

1. 골재의 특성별 분류

(1) 골재의 입경에 따른 분류

① 굵은골재 : 5mm체에 거의 남는 골재
② 잔골재 : 10mm체를 전부 통과하고 5mm체를 거의 통과하며 0.08mm체에 다 남는 골재

(2) 골재의 산출 방법에 따른 분류

① 천연골재 : 하천모래, 하천자갈, 바다모래, 바다자갈 등
② 인공골재 : 부순돌(쇄석), 부순모래, 고로 슬래그, 인공 경량 및 중량골재 등

(3) 골재의 중량에 의한 분류

① 경량골재 : 콘크리트의 중량을 줄이기 위해 사용하는 골재로 밀도가 2.50g/cm^3 이하
② 보통골재 : 밀도가 2.50~2.65g/cm^3 정도인 골재
③ 중량골재 : 댐, 방사선 차폐 콘크리트 등에 사용되는 골재로 밀도가 2.70g/cm^3 이상인 골재

2. 골재의 성질

(1) 골재의 필요 조건

① 깨끗하고 유해물이 함유하지 않을 것
② 물리, 화학적으로 안정하고 강도 및 내구성이 클 것
③ 입도 분포가 양호할 것
④ 모양은 구 또는 입방체에 가까울 것
⑤ 마모에 대한 저항성이 클 것

(2) 골재의 입도 및 입형

① 골재의 모양은 모난 것보다는 둥근 것이 콘크리트의 유동성, 즉 워커빌리티를 증대시켜 주므로 구 또는 입방체가 좋다.

② 골재의 입자가 크고 작은 것이 골고루 섞여 있는, 즉 입도가 양호한 것이 좋다.
③ 부순돌(쇄석)은 강자갈에 비해 워커빌리티는 나쁘고 잔골재율과 단위수량이 증대되며 골재의 표면이 거칠어 강도는 더 크다.
④ 굵은골재의 최대치수가 65mm 이상인 경우에는 대·소알을 구분하여 따로 저장한다.
⑤ 잔골재는 10mm 체를 전부 통과하고 5mm 체를 질량비로 85% 이상 통과하며 최대입자로부터 미립자까지 대소의 알이 적당히 혼합되어 있는 것이 좋다.
⑥ 굵은 알이 적당히 혼합되어 있는 잔골재를 쓰면 소요 품질의 콘크리트를 비교적 적은 단위수량 및 단위 시멘트량으로 경제적인 콘크리트를 만들수 있다.
⑦ 조립률이 2.0~3.3의 잔골재를 쓰는 것이 좋다. 조립률이 이 범위를 벗어난 잔골재를 쓰는 경우에는 2종 이상의 잔골재를 혼합하여 입도를 조정해서 쓰는 것이 좋다.
⑧ 빈배합 콘크리트의 경우나 굵은골재의 최대치수가 작은 굵은골재를 쓰는 경우에는 비교적 세립이 많은 잔골재를 사용하면 워커빌리티가 좋은 콘크리트를 얻을 수 있다.
⑨ 잔골재에 부순 잔골재나 고로 슬래그 잔골재를 혼합하여 사용할 경우 0.15mm 체 통과분의 대부분이 부순 잔골재나 슬래그 잔골재인 경우에는 15%로 증가시켜도 좋다.

(3) 알칼리 골재반응

① 포틀랜드 시멘트 속의 알칼리 성분이 골재 속의 실리카질 광물과 화학반응을 일으키는 것이다.
② 알칼리 골재반응을 일으키는 시멘트를 사용한 콘크리트는 타설 후 1년 이내에 불규칙한 팽창성 균열이 생긴다.
③ 콘크리트 속의 골재는 겔(gel) 상태의 물질을 형성한다.
④ 이백석, 규산질 또는 고로질 석회암, 응회암의 골재에서 이와 같은 반응을 일으킨다.
⑤ 알칼리 골재반응을 억제하기 위해 알칼리량을 0.6% 이하로 하는 것이 좋다.

(4) 굵은골재 최대치수

① 골재의 체가름 시험을 하였을 때 통과질량 백분율이 90% 이상 통과한 체 중에서 최소치수의 눈금을 말한다.

② 굵은골재 최대치수는 허용하는 범위 내에서 큰 것을 사용할수록 간극률이 적어서 단위수량과 단위시멘트량이 적어지고 잔골재율이 적어져서 경제적인 콘크리트가 된다.

③ 굵은골재 최대치수가 클수록 워커빌리티가 나빠지고 재료분리가 발생한다.

④ 구조물의 종류별 굵은골재 최대치수

<table>
<tr><th colspan="2">구조물의 종류</th><th colspan="2">굵은골재 최대치수</th></tr>
<tr><td colspan="2">무근 콘크리트</td><td colspan="2">40mm 이하, 부재 최소치수의 1/4 이하</td></tr>
<tr><td rowspan="2">철근 콘크리트</td><td>일반적인 경우</td><td>20mm 또는 25mm 이하</td><td rowspan="2">부재 최소치수의 1/5 이하, 피복두께 및 철근의 최소 수평, 수직 순간격의 3/4 이하</td></tr>
<tr><td>단면이 큰 경우</td><td>40mm 이하</td></tr>
<tr><td colspan="2">댐 콘크리트</td><td colspan="2">150mm 이하</td></tr>
<tr><td colspan="2">포장 콘크리트</td><td colspan="2">40mm 이하</td></tr>
</table>

(5) 부순 잔골재의 물리적 성질

시험항목	품질기준
절대 건조 밀도(g/cm³)	2.50 이상
흡수율(%)	3.0 이하
안정성(%)	10 이하
0.08mm체 통과량(%)	7.0 이하

(6) 부순 굵은골재의 물리적 성질

시험항목	품질기준
절대 건조 밀도(g/cm³)	2.50 이상
흡수율(%)	3.0 이하
안정성(%)	12 이하
마모율(%)	40 이하
0.08mm체 통과량(%)	1.0 이하

재료시험

2-1 시멘트 시험

1. 시멘트 밀도시험

① 르샤틀리에 병에 광유를 0~1ml 눈금사이 넣고 눈금을 읽는다.
② 병의 목 부분에 묻은 광유를 철사에 천을 감고 닦아낸다.
③ 시멘트 64g을 넣고 병을 가볍게 굴리거나 흔들어 내부 공기를 뺀 후 광유의 표면 눈금을 읽는다.
④ 시멘트 밀도 $= \dfrac{\text{시멘트의 질량(g)}}{\text{병 눈금의 차(ml)}}$

2. 시멘트의 분말도 시험

(1) 재　료

시멘트, 수은, 거름종이, 유리판

(2) 기계 및 기구

① 블레인 공기 투과 장치 : 투과셀, 다공 금속판, 플런저
② 초시계
③ 저울
④ 시료병, 숟가락, 붓, 깔때기

(3) 분말도 시험

① 시료를 약 20g 준비한다.

② 시멘트 베드의 부피를 측정한다.

$$V = \frac{W_a - W_b}{D}$$

여기서, W_a : 셀 안을 전부 채운 수은의 질량(g)
W_b : 셀 안에 시멘트 베드를 만들고 남은 공간을 채운 수은의 질량(g)
D : 시험하는 온도에서의 수은의 밀도 (g/cm^3)

③ 표준시료의 투과시험을 한다.

- 표준시료의 질량

$$W = P_s \cdot V(1-e)$$

여기서, P_s : 시료의 밀도(3.15)
V : 시멘트 베드의 부피(cm^3)
e : 시멘트 베드의 기공률(0.5)

- 다공 금속판 위에 거름 종이를 놓고 투과 셀에 시료를 넣고 거름종이를 덮는다.
- 플런저를 가볍게 누르면서 빼고 투과 셀을 마노미터관에 밀착시킨 후 마노미터 액을 제1표선까지 올린다.
- 마노미터액이 제2표선에서 제3표선까지 내려오는 데 소요되는 시간 T_s (초)를 측정한다.

④ 시험시료의 투과 시험

- 시험 시료 질량을 구한다.
- 시험시료를 이용했을 때 마노미터 액이 제2표선에서 제3표선까지 내려오는 데 소요되는 시간 T(초)를 측정한다.

⑤ 시멘트 비표면적 계산

$$S = S_s \sqrt{\frac{T}{T_s}}$$

여기서, S : 시험 시료의 비표면적(cm^2/g)
S_s : 표준 시료의 비표면적(cm^2/g)
T : 시험시료에 대한 마노미터액의 제2표선에서 제3표선까지 내려오는 시간(초)
T_s : 표준시료에 대한 마노미터 액의 제2표선에서 제3표선까지 내려오는 시간(초)

3. 시멘트의 응결시험

(1) 재 료

시멘트, 젖은 천, 유리판

(2) 기계 및 도구

① 비카장치
- 표준봉(질량 300g , 지름 10mm)
- 표준침(지름 1mm)
- 링(아랫 안지름 70mm, 윗 안지름 60mm, 높이 40mm)
- 눈금자(전체 길이에 50mm의 눈금 매겨진 것)

② 길모어 장치
- 초결침(113.4g, 지름 2.12mm)
- 종결침(453.6g, 지름 1.06mm)

③ 시료용 칼, 저울, 습기함, 온도계, 혼합기, 시계, 메스실린더, 고무 스크레이퍼, 흙손 등

(3) 응결시간 측정

① 시멘트 500g에 알맞은 물을 넣고 혼합기에서 1속도로 30초 동안 2속도로 60초 동안 혼합한다.

② 링에 시멘트 반죽을 넣고 미끄럼 막대를 30초 동안에 풀어놓아 표준봉이 10mm 들어갔을 때 반죽상태를 표준반죽질기로 한다.

③ 비카 침에 의한 응결시간 측정
- 비카 장치에 지름 1mm 표준침을 끼워 미끄럼 막대를 풀어놓고 30초 동안 표준침이 25mm 표준반죽된 시료 속에 들어갔을 때 시간을 초결시간으로 측정한다.

④ 길모어 침에 의한 응결시간 측정
- 표준 반죽된 시료를 밑면 지름이 7.5cm, 윗면지름이 5cm, 가운데의 높이가 1.3cm인 시험체를 만들고 습기함에 넣어둔다.
- 초결 침을 시험체 가운데 놓고 시험체가 흔적을 내지 않고 초결 침을 받치고 있을 때 시간을 초결시간으로 한다.
- 종결 침을 시험체가 흔적을 내지 않고 종결 침을 받치고 있을 때 시간을 종결시간으로 한다.

4. 시멘트의 오토클레이브 팽창도 시험

(1) 재　　료

시멘트, 광유, 고무장갑

(2) 기계 및 기구

① 오토클레이브
② 몰드(단면 25.4×25.4mm, 표점거리 254mm)
③ 콤퍼레이터(길이 측정용)
④ 시험체 걸이
⑤ 저울, 혼합기, 메스 실린더, 습기함, 온도계, 흙손 등

(3) 팽창도 시험

① 시료 500g을 표준 반죽 시료가 되게 하여 몰드에 2층으로 나눠 놓고 엄지 손가락으로 다진 후 편평히 고르고 습기함(상대습도 90% 이상)에 20시간 이상 넣어둔다.
② 성형 후 24시간에 시험체를 해체하고 콤퍼레이터로 시험체 길이(l_1)를 측정한다.
③ 시험체를 시험체 걸이에 끼워 오토클레이브에 넣고 45~75분 동안 증기압이 21kgf/cm^2 되게 3시간 동안 유지한다.
④ 가열을 멈추고 냉각시켜 1시간 30분 후에 압력이 1kgf/cm^2 이하가 되게 하며 압력을 천천히 낮춰 대기압과 같게 한다.
⑤ 시험체를 꺼내 90℃ 물 속에 넣고 시험체 주위에 찬물을 골고루 부어 15분 동안 23℃가 되게 냉각시킨다.
⑥ 시험체를 23℃ 물 속에 15분간 더 넣어 두었다가 꺼내 표면이 건조하면 다시 콤퍼레이터로 길이(l_2)를 측정한다.
⑦ 팽창도 계산

- 팽창도(%) $= \dfrac{l_2 - l_1}{l_1} \times 100$
- 길이는 0.001mm까지 측정한다.
- 길이의 차는 유효 표점 길이의 0.01%까지 계산한다.

(4) 유의사항

① 시험동안 오토클레이브는 부피의 7~10%의 물을 넣어둔다.
② 시험실 상대습도는 50% 이상이어야 한다.

5. 시멘트의 강도시험(KSL ISO 679)

① 모르타르는 시멘트와 표준모래를 1 : 3의 질량비로 한다.(시멘트 450g, 표준사 1350g, 물 225g, W/C=0.5)
② 흐름 몰드에 모르타르를 각 층마다 20회씩 2층을 다진 후 흐름판을 15초 동안에 25회 낙하시켜 흐름값을 구한다.
③ 흐름값은 100~115가 표준으로 모르타르 평균 밑지름의 증가를 거의 같은 간격으로 4개를 측정하여 합한 값으로 한다.
④ 압축강도 $= \dfrac{F_c}{A}$

여기서, F_c : 최대 파괴하중(N)
A : 가압판 면적(40mm×40mm=1600mm^2)
공시체 : 40mm×40mm×160mm 각주
재하속도 : 2400N/S±200N/S

⑤ 휨강도 $= \dfrac{1.5F_f \cdot l}{b^3}$

여기서, F_f : 파괴시 각주의 중앙에 가한 하중(N)
l : 지지물 사이 거리(mm)
b : 각 기둥의 직각을 이루는 절개면의 변(mm)
재하속도 : 50N/S±10N/S

6. 시멘트 모르타르의 인장강도시험

① 모르타르는 시멘트와 표준모래를 섞어 질량비가 1 : 2.7의 질량비로 한다.
② 시험체를 만들고 양생 후 2700 ± 100N/min 속도로 하중을 가해 인장강도 시험을 한다.
③ 인장강도 $= \dfrac{\text{최대 하중}}{\text{시험체의 단면적}}$

2-2 골재 시험

제1부 콘크리트 재료 및 배합

1. 골재의 체가름 시험

① 시료 분취기 또는 4분법으로 시료를 채취한다.

② 표준체 75mm, 40mm, 20mm, 10mm, 5mm, 2.5mm, 1.2mm, 0.6mm, 0.3mm, 0.15mm 체를 이용하여 체 진동기에 골재를 넣고 조립하여 1분동안 체가름하여 1% 이내의 통과가 될 때까지 체가름 한다.

③ 각 체에 남는 양 및 통과량을 측정하여 전질량에 대한 질량백분율로 나타낸다.

④ 입도곡선을 그리고 표준입도 범위 안에 입도곡선이 있으면 입도분포가 양호하다.

⑤ 조립률 계산은 표준체(75mm, 40mm, 20mm, 10mm, 5mm, 2.5mm, 1.2mm, 0.6mm, 0.3mm, 0.15mm)의 각 체에 남는 양의 누계 백분율의 합을 100으로 나눈 값을 말하며 골재의 입자가 크면 클수록 조립률이 크다.

⑥ 잔골재 조립률 : 2.0~3.3

⑦ 굵은골재 조립률 : 6~8

⑧ 체가름용 시료의 표준량

골 재	질량(g)
• 잔골재 1.2mm체를 95%(질량비) 이상 통과하는 것	100g
• 잔골재 1.2mm체를 5%(질량비) 이상 남는 것	500g
• 굵은골재 최대치수 20mm	4 kg
• 굵은골재 최대치수 25mm	5 kg
• 굵은골재 최대치수 40mm	8 kg

- 굵은골재의 경우 사용하는 골재의 최대치수(mm)의 0.2배를 kg으로 표시한 양을 시료의 최소건조질량으로 한다.
- 구조용 경량골재 시료의 최소건조질량은 일반골재 규정값의 1/2배로 한다.

⑨ 골재의 혼합시 조립률 계산

• 조립률 $x : y$인 골재를 $p : q$로 혼합한 경우

$$조립률 = \frac{p \cdot x + q \cdot y}{p+q}$$

⑩ 잔골재 입도가 표준에 벗어난 골재를 사용할 경우는 두 종류 이상의 잔골재를 혼합하여 입도를 조정해서 사용한다. 혼합 잔골재의 경우 천연골재의 입도 규정에 적합하여야 한다.

⑪ 잔골재의 표준입도에서 연속된 두 개의 체 사이를 통과하는 양의 백분율이 45%를 넘지 않아야 한다.

⑫ 잔골재 및 굵은골재 체가름 시험 예

체의 호칭(mm)	굵은골재				체의 호칭(mm)	잔골재			
	각 체에 남은 양의 누계		각 체에 남은 양			각 체에 남은 양의 누계		각 체에 남은 양	
	g	%	g	%		g	%	g	%
*75	0	0	0	0	*75				
50	0	0	0	0	50				
*40	270	2	270	2	*40				
30	2,025	14	1,755	12	30				
25	4,480	30	2,455	16	25				
*20	6,750	45	2,270	15	*20				
15	10,980	73	4,230	28	15				
*10	13,350	89	2,370	16	10	0	0	0	0
*5.0	15,000	100	1,650	11	*5.0	25	5	25	5
*2.5		100		0	*2.5	62	12	37	7
*1.2		100		0	*1.2	130	26	68	14
*0.6		100		0	*0.6	343	68	213	42
*0.3		100		0	*0.3	461	92	118	24
*0.15		100		0	*0.15	496	99	35	7
접시					접시	500	100	4	1
합계				100	합계				100

※ 조립률은 *표시가 있는 곳에 한하여 계산한다.

• 굵은골재의 조립률 $= \frac{2+45+89+100\times6}{100} = 7.36$

• 잔골재의 조립률 $= \frac{5+12+26+68+92+99}{100} = 3.02$

2. 골재의 함수분포 상태

① 절대건조상태(노 건조상태)
골재를 105±5℃의 온도로 24시간 건조로에서 완전히 건조한 상태

② 공기중 건조상태
골재의 표면은 건조하고 골재 내부의 일부분은 건조한 상태

③ 표면건조 포화상태(표건상태)
골재의 표면은 건조하고 골재 내부의 공극은 물로 포화된 상태

④ 습윤상태
골재의 표면이 젖어 있고 골재 내부의 공극이 물로 포화된 상태

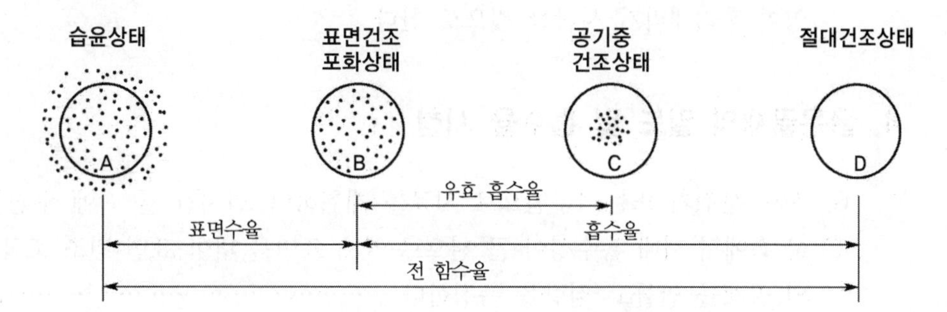

⑤ 표면수율 $= \dfrac{A-B}{B} \times 100$

⑥ 유효흡수율 $= \dfrac{B-C}{C} \times 100$

⑦ 흡수율 $= \dfrac{B-D}{D} \times 100$

⑧ 전 함수율 $= \dfrac{A-D}{D} \times 100$

3. 잔골재 밀도 및 흡수율 시험

① 시료 분취기 또는 4분법으로 시료를 채취하여 건조시킨 후 24시간 수침한다.

② 시료를 고르게 건조시켜 표면 건조 포화 상태의 500g 이상을 채취하여 질량을 측정한다. ······ (m)

③ 측정한 시료를 플라스크에 넣고 물을 90%까지 채운 후 플라스크를 편평한 면에 굴리어 흔들어서 공기를 없앤 후 검정선까지 물을 채우고 질량을 측정한다. ······ (C)

④ 시료를 플라스크에서 시료팬에 붓고 질량이 일정하게 될 때까지 105±5℃의 온도로 건조시킨다. ······ (A)

⑤ 빈 플라스크에 물을 검정선까지 채우고 질량을 측정한다. ······ (B)

⑥ 표면 건조 포화 상태의 밀도(표건밀도) = $\frac{m}{B+m-C} \times \rho_w$

⑦ 흡수율(%) = $\frac{m-A}{A} \times 100$

⑧ 시험은 두 번 하고 평균값과 차가 밀도값은 0.01g/cm³ 이하, 흡수율은 0.05% 이하일 것

⑨ 잔골재의 밀도는 보통 2.50~2.65g/cm³ 정도이다.

⑩ 잔골재의 밀도는 표면 건조 포화 상태의 밀도를 말한다.

⑪ 밀도가 큰 골재는 빈틈이 적어서 흡수량이 적고 강도와 내구성이 크다.

⑫ 잔골재의 표면 건조 포화 상태를 판단할 때는 원뿔형 몰드에 시료를 채워 넣고 다짐대로 25회 다진 후 원뿔형 몰드를 빼 올렸을 때 잔골재의 원뿔 모양이 흘러내리기 시작한 것으로 한다.

4. 굵은골재의 밀도 및 흡수율 시험

① 시료 분취기 또는 4분법으로 시료를 채취하여 24시간 물 속에 수침한다.

② 물 속에서 꺼내 흡수성이 큰 천으로 골재 표면을 닦아 표면 건조 포화 상태의 골재를 만들고 질량을 측정한다. ………………………………………… (B)

③ 철망태의 물 속 질량을 측정한다.

④ 철망태 속에 시료를 넣고 물속에서 질량을 측정한다.

⑤ 시료의 물 속 질량을 구한다. (④-③)………………………………………… (C)

⑥ 물 속에서 꺼낸 시료를 105±5℃의 온도로 질량이 일정할 때까지 건조시켜 질량을 측정한다. ………………………………………………………………… (A)

⑦ 표면 건조 포화 상태의 밀도(표건밀도) = $\frac{B}{B-C} \times \rho_w$

⑧ 흡수율(%) = $\frac{B-A}{A} \times 100$

⑨ 시험을 두 번 하며 평균값과 차가 밀도값은 0.01g/cm³ 이하, 흡수율은 0.03% 이하일 것

⑩ 골재의 밀도는 표면 건조 포화 상태의 밀도를 말한다.

⑪ 굵은골재의 밀도는 2.55~2.70g/cm³ 정도이다.

⑫ 굵은골재의 흡수율은 보통 0.5~4% 정도이다.

⑬ 골재의 밀도는 콘크리트의 배합설계를 할 때, 골재의 부피와 빈틈 등의 계산에 이용된다.

⑭ 밀도가 큰 골재는 조직이 치밀하여 강도가 크고 흡수량이 적다.

⑮ 시료의 양은 굵은골재 최대치수가 25mm인 경우 10kg(2회 시험) 이상, 40mm인 경우 20kg(2회 시험) 이상이다.

5. 골재의 단위 용적질량 시험

① 다짐대를 사용하는 방법

- 골재의 최대치수가 75mm 이하인 것에 적용한다.
- 시료를 용기에 $\frac{1}{3}$, $\frac{2}{3}$, 가득 채워 각각 골재의 최대치수에 따라 다진 후 용기 속 질량을 측정하여 계산한다.
- 골재의 단위용적질량 $= \frac{\text{용기 속의 시료의 질량(kg)}}{\text{용기의 용적}(m^3)}$

용기와 다짐횟수

<table>
<tr><th>굵은골재의 최대치수(mm)</th><th>용적(L)</th><th>안높이/안지름</th><th>1층당 다짐횟수</th></tr>
<tr><td>5(잔골재) 이하</td><td>1~2</td><td rowspan="4">0.8~1.5</td><td>20</td></tr>
<tr><td>10 이하</td><td>2~3</td><td>20</td></tr>
<tr><td>10 초과 40 이하</td><td>10</td><td>30</td></tr>
<tr><td>40 초과 75 이하</td><td>30</td><td>50</td></tr>
</table>

② 충격을 이용하는 방법

- 골재의 최대치수가 커서 봉 다지기가 곤란한 경우 및 시료를 손상할 염려가 있는 경우는 충격에 의한다.
- 시료를 용기에 넣고 $\frac{1}{3}$, $\frac{2}{3}$, 가득 채워 각각 용기의 한쪽을 5cm 가량 들어올려 25회 떨어뜨리고 반대쪽도 25회 떨어뜨린 후 용기 속 질량을 측정하여 계산한다.

③ 시료는 절건상태로 한다. 단, 굵은골재는 기건상태이어도 좋다.

④ 골재 알의 모양과 입도, 용기의 모양과 크기 및 채우는 방법에 따라 단위용적질량이 달라진다.

⑤ 실적률 $= \frac{\omega}{\rho} \times 100$, 또는 실적률 $= \frac{\text{골재의 단위용적 질량}}{\text{골재의 표건밀도}} \times (100 + \text{흡수율})$

⑥ 간극률(빈틈률) = 100 − 실적률 = $\left(1-\dfrac{\omega}{\rho}\right)\times 100$

여기서, ρ : 골재의 밀도(절건밀도)
ω : 골재의 단위용적질량

※ 고강도 콘크리트용 굵은골재의 실적률은 59% 이상을 기준한다.

6. 골재의 안정성 시험

① 골재의 내구성을 알기 위해 황산나트륨 용액으로 골재의 부서짐 작용에 대한 저항성을 시험하는 것이다.

② 기상 작용에 의한 골재의 균열 또는 파괴에 대한 저항성을 측정한다. 골재알의 크기에 따른 무더기로 나누어 각 무더기의 질량비(%)를 구하고 질량비가 5% 이상이 된 무더기의 일정 시료를 21℃의 황산나트륨 용액속에 16~18시간 수침 후 꺼내 건조시키는 과정을 5회 반복한다.

③ 골재의 손실 질량비를 구한다.
- 잔골재 : 10% 이하
- 굵은골재 : 12% 이하

④ 정해진 횟수로 시험한 시료를 깨끗한 물로 씻고 씻는 물에 염화바륨 용액을 떨어뜨려 흰색으로 탁해지지 않게 될 때까지 씻고 건조시켜야 한다.

⑤ 용액에 수침할 때는 용액이 시료의 표면보다 15mm 이상 올라오게 한다.

7. 잔골재의 표면수 시험

① 콘크리트의 배합설계는 골재의 표면건조 포화상태를 기준으로 한 것이므로 골재의 표면수를 측정하여 혼합 수량을 조절한다.

② 잔골재의 표면수 측정방법은 질량에 의한 측정법, 용적에 의한 측정법, 메스실린더에 의한 간이측정법이 있다.

8. 잔골재의 유기불순물 시험

① 표준색 용액 제조
- 10%의 알코올 용액으로 2%의 타닌산 용액을 만든다.
- 3%의 수산화나트륨 용액을 만든다.

• 타닌산 용액 2.5ml를 3%의 수산화나트륨 용액 97.5ml에 타서 표준색 용액을 만든다.

② 시험 용액 제조

• 시료를 무색 유리병에 130ml의 눈금까지 넣고 3%의 수산화나트륨 용액을 200ml의 눈금까지 넣는다.

• 병 마개를 닫고 잘 흔든 다음 24시간 동안 가만히 둔다.

③ 결과 판정 : 시험용액의 색깔이 표준색용액보다 연할 때는 사용 가능하다.

9. 굵은골재의 닳음시험(마모시험)

① 로스앤젤레스 시험기에 의한 굵은골재의 닳음 저항을 측정하는 것이다.

② 시료질량 및 철구수

입도구분	시료질량(g)	철구수
A	5,000	12
B	5,000	11
C	5,000	8
D	5,000	6
E	10,000	12
F	10,000	12
G	10,000	12
H	5,000	10

③ 입도구분에 따른 시료를 준비하여 A, B, C, D, H 입도의 경우 500회 회전시키고 E, F, G 입도의 경우는 1000회 회전시킨다.

④ 시료를 시험기에서 꺼내 1.7mm체로 체가름 한 후 물로 씻고 건조시켜 질량을 측정한다.

⑤ $\text{마모율} = \dfrac{\text{시험전 시료의 질량} - \text{시험후 1.7mm체에 남는 시료의 질량}}{\text{시험전 시료의 질량}} \times 100$

⑥ 보통 콘크리트용 골재의 마모율은 40% 이하, 댐 콘크리트는 40% 이하, 포장 콘크리트의 경우는 35% 이하이다.

⑦ 과거에는 데발시험을 시용했다.

10. 골재에 포함된 잔입자 시험(0.08mm체 통과량 시험)

① 골재에 잔입자인 점토, 실트, 운모질 등이 많이 함유하면 콘트리트의 혼합수량이 많아지고 건조수축에 의한 콘크리트에 균열이 생기기 쉽다. 그리고

블리딩 현상으로 레이턴스가 많이 생기며 시멘트풀과 골재와의 부착력이 약해져서 콘크리트 강도와 내구성이 작아진다.

② 일정한 시료를 준비하여 건조시켜 질량을 측정한 후 시료를 용기에 잠기게 넣고 0.08mm체 위에 1.2mm체를 얹어 시료를 붓는다.

③ 씻은 물이 맑을 때까지 계속 작업한다.

④ 건조시킨 후 질량을 측정한다.

⑤ $\text{통과율} = \dfrac{\text{씻기전 시료의 건조질량} - \text{씻은후 시료의 건조질량}}{\text{씻기전 시료의 건조질량}} \times 100$

⑥ 골재의 잔입자 함유량 한도

항 목	최 대 값(%)	
	잔골재	굵은골재
콘크리트의 표면이 닳음작용을 받는 경우	3.0(5.0)	1.0(1.5)
그 밖의 경우	5.0(7.0)	1.0(1.5)

※ ( ) 안의 숫자는 부순모래, 부순돌을 말하며 부순돌의 경우 0.08mm체를 통과하는 재료가 돌가루인 경우 최대값이 1.5%라는 것이다.

⑦ 골재중의 점토 덩어리 함유량의 한도

골재의 종류	최대값(%)
잔골재	1.0
굵은골재	0.25

⑧ 점토 덩어리량의 시험시 사용되는 체는 2.5mm 체 위에 0.6mm 체를 얹어 시험한다.

⑨ 부순골재 및 순환 잔골재의 경우 씻기시험에서 0.08mm체의 통과량은 7% 이하, 마모작용을 받는 경우 5% 이하이어야 한다.

실전문제

제2장 재료시험

시멘트 시험, 골재 시험

문제 01 굵은골재의 최대치수란 질량으로 전체 골재질량의 몇 % 이상을 통과시키는 체 눈의 최소 공칭치수를 의미하는가?

가. 75%　　나. 85%
다. 80%　　라. 90%

문제 02 보기와 같은 골재의 체가름 성과표에 의하면 굵은골재 최대치수는 어느 것으로 보아야 가장 적당한가?

[보기]

체 크 기	40mm	25mm	19mm	10mm	5mm	2.5mm
가적 통과율	100%	100%	91%	80%	30%	10%

가. 40mm　　나. 25mm
다. 19mm　　라. 10mm

해설 통과율 90% 이상 중 체 눈의 최소공칭치수를 선택한다.

문제 03 다음은 골재의 입도에 대한 설명이다. 적당하지 못한 것은 어느 것인가?

가. 입도시험을 위한 골재는 4분법이나 시료분취기에 의하여 필요한 양을 채취한다.
나. 입도란 크고 작은 골재알이 혼합되어 있는 정도를 말하며 체가름 시험에 의하여 구할 수 있다.
다. 입도가 좋은 골재를 사용한 콘크리트는 간극이 커지기 때문에 강도가 저하된다.
라. 입도 곡선이란 골재의 체가름시험 결과를 곡선으로 표시한 것이며, 입도곡선이 표준 입도곡선 내에 들어가야 한다.

해설 입도가 좋은 골재를 사용한 콘크리트는 간극이 적어 시멘트가 적게 소요되므로 경제적이며 강도가 증대된다.

정답 01. 라　02. 다　03. 다

문제 04 다음 골재의 입도에 대한 설명 중 옳지 않은 것은?

가. 골재의 입도는 콘크리트를 경제적으로 만드는 데 중요한 성질로서 시멘트, 물의 양과 관계가 있다.
나. 골재의 입도시험 결과는 보통 입도곡선이나 표로서 나타낸다.
다. 골재의 입경이 클수록 조립률은 작아진다.
라. 굵은 골재의 조립률은 6~8 범위에 들면 양호하다.

해설 골재의 입경이 클수록 조립률이 커진다. 잔골재의 조립률은 2.0~3.3 범위이다.

문제 05 굵은골재의 입도시험에서 저울의 감도로 맞는 것은?

가. 시료 질량의 0.001% 이상의 정도를 가져야 한다.
나. 시료 질량의 0.01% 이상의 정도를 가져야 한다.
다. 시료 질량의 0.1% 이상의 정도를 가져야 한다.
라. 시료 질량의 1% 이상의 정도를 가져야 한다.

문제 06 콘크리트용 굵은골재의 마모율을 구할 때 사용하는 체로 맞는 것은?

가. 2.0mm　　나. 5mm
다. 1.7mm　　라. 0.6mm

문제 07 로스앤젤레스 마모시험기에 의한 골재의 마모저항시험에서 사용시료의 등급 A에 의한 사용 철구수와 철구의 총 질량(g)의 조합이 맞는 것은?

가. 8개, 5000±25(g)　　나. 12개, 5000±25(g)
다. 15개, 10000±25(g)　　라. 12개, 10000±25(g)

문제 08 다음은 아래 조건시의 굵은골재의 마모시험 결과값이다. 이 중 맞는 것은?

[조건]
(1) 시험 전 시료질량 : 10,000g
(2) 시험 후 1.7mm 체에 남은 질량 : 6,700g

가. 마모율 : 33%　　나. 마모율 : 49%
다. 마모율 : 25%　　라. 마모율 : 32%

정답 04. 다 05. 다 06. 다 07. 나 08. 가

해설 $\frac{10,000-6,700}{10,000} \times 100 = 33\%$

문제 09 일반 무근 및 철근 콘크리트용 굵은골재가 몇 mm 이상인 경우에는 두 종류로 분리 저장하는가?

가. 55mm　　나. 65mm
다. 75mm　　라. 85mm

문제 10 밀도가 큰 골재를 사용했을 때의 일반적인 특성과 관계가 없는 것은 어느 것인가?

가. 내구성이 좋아진다.　　나. 흡수성이 증대된다.
다. 동결에 의한 손실이 줄어든다.　　라. 강도가 증가한다.

해설 밀도가 큰 골재는 흡수율이 적다.

문제 11 굵은골재의 밀도 및 흡수율시험에 사용되는 철망태의 규격은?

가. 5mm 체눈으로 된 지름 약 20cm, 높이 약 20cm
나. 5mm 체눈으로 된 지름 약 30cm, 높이 약 30cm
다. 2.5mm 체눈으로 된 지름 약 20cm, 높이 약 20cm
라. 2.5mm 체눈으로 된 지름 약 30cm, 높이 약 30cm

문제 12 골재의 표면건조 포화상태에 관한 설명 중 옳은 것은?

가. 건조로(oven) 내에서 일정 질량이 될 때까지 완전히 건조시킨 상태
나. 골재의 표면은 건조하고 골재 내부에는 포화하는 데 필요한 수량보다 적은 양의 물을 포화한 상태
다. 골재 내부는 물로 포화하고 표면이 건조된 상태
라. 골재 내부가 완전히 수분으로 포화되고 표면에 여분의 물을 포함하고 있는 상태

정답 09. 나　10. 나　11. 가　12. 다

문제 13 단위용적질량이 1.65t/m^{3}인 굵은골재의 밀도가 2.65g/cm^{3}일 때 이 골재의 간극률은 얼마인가?

가. 37.7%　　나. 34.3%
다. 37.1%　　라. 33.1%

해설 간극률 $= \left(1 - \frac{\omega}{\rho}\right) \times 100 = \left(1 - \frac{1.65}{2.65}\right) \times 100 = 37.7\%$

문제 14 골재의 단위용적질량이 1.6t/m^{3}이고, 밀도가 2.60g/cm^{3}일 때 이 골재의 실적률은 얼마인가?

가. 51.6%　　나. 61.5%
다. 72.3%　　라. 82.9%

해설 실적률 $= \frac{\omega}{\rho} \times 100 = \frac{1.6}{2.60} \times 100 = 61.5\%$

문제 15 다음 중 골재시험과 관계없는 것은?

가. 팽창도 시험　　나. 로스앤젤레스 마모시험
다. 0.08mm체 통과량 시험　　라. 유기불순물 시험

해설 팽창도 시험은 시멘트의 안정성 시험에 해당된다.

문제 16 굵은골재의 체가름 시험시 골재의 최대 공칭치수가 25mm일 때 시료의 최소 질량은?

가. 1,000g　　나. 2,500g
다. 5,000g　　라. 10,000g

해설 40mm의 경우 8,000g이다.

정답 13. 가　14. 나　15. 가　16. 다

문제 17 모래 및 자갈을 각각 체가름하여 잔류량(%)에 대한 누계를 구한 값은 250% 및 750%이었다. 이 모래와 자갈을 1 : 1.5의 비율로 혼합한 혼합골재의 조립률은? (단, 조립률을 구하는 표준 10개의 체를 사용한 결과임.)

가. 5.5　　나. 5.0
다 4.0　　라. 3.0

해설
- 모래의 조립률 2.5, 자갈의 조립률 7.5
- 혼합골재의 조립률 $= \dfrac{2.5\times1+7.5\times1.5}{1+1.5} = 5.5$

문제 18 골재를 체분석 시험에 사용되는 10개의 체에 해당되지 않는 것은?

가. 75mm　　나. 10mm
다. 5mm　　라. 0.42mm

해설 조립률에 이용되는 체는 75mm, 40mm, 20mm, 10mm, 5mm, 2.5mm, 1.2mm, 0.6mm, 0.3mm, 0.15mm, 10개를 이용한다.

문제 19 잔골재에 대한 체가름 시험을 실시한 결과 각 체의 잔류량은 다음과 같다. 조립률은 얼마인가? (단, 10mm 이상, 체의 잔류량은 0이다.)

체 구분	5mm	2.5mm	1.2mm	0.6mm	0.3mm	0.15mm	PAN
각 체의 잔류율 (%)	2	11	20	22	24	16	5

가. 2.60　　나. 2.75
다. 2.77　　라. 3.77

해설
- 각 체의 가적 잔유율 : 2%, 13%, 33%, 55%, 79%, 95%
- 조립률 $= \dfrac{2+13+33+55+79+95}{100} = 2.77$

문제 20 잔골재의 밀도시험시 저울의 감도는 얼마 이상이면 되는가?

가. 1g　　나. 0.01g
다. 0.1g　　라. 0.001g

해설
- 저울의 감도는 0.1g 이상으로 시료 질량의 0.1% 이내의 정밀도가 요구된다.
- 잔골재 밀도의 경우 평균값의 차가 0.01g/cm^3 이하, 흡수율은 0.05% 이하이어야 한다.

정답 17. 가　18. 라　19. 다　20. 다

문제 21 굵은골재의 밀도시험 결과 2회 평균값과 측정 범위 한계는 얼마인가?

가. $0.2g/cm^3$　　나. $0.01g/cm^3$
다. $0.5g/cm^3$　　라. $0.05g/cm^3$

해설 밀도값은 $0.01g/cm^3$, 흡수율은 0.03% 이내일 것

문제 22 다음 시험용 기구 중 잔골재의 밀도 및 흡수율 시험과 관계없는 것은?

가. 플라스크　　나. 철망태
다. 원추형 몰드와 다짐막대　　라. 데시케이터

해설 철망태는 굵은골재 밀도 및 흡수율 시험에 이용된다.

문제 23 잔골재의 밀도 및 흡수시험에서 끝이 잘린 원뿔형 몰드(mold)를 빼올렸을 때에 잔골재가 흘러내리기 시작하면 어떤 상태라고 보는가?

가. 포화상태　　나. 표면건조 포화상태
다. 건조상태　　라. 수중상태

문제 24 다음 설명 중 골재의 내구성이 가장 뛰어난 것은?

가. 밀도가 크고 흡수율이 큰 골재　　나. 밀도가 크고 흡수율이 작은 골재
다. 밀도가 작고 흡수율이 큰 골재　　라. 밀도가 작고 흡수율이 작은 골재

해설 밀도가 크고 흡수율이 작은 골재는 골재 속의 조직이 치밀하다는 뜻이다.

문제 25 다음은 골재 밀도 및 흡수율 시험의 결과이다. 진밀도와 흡수율은?

A. 공기 중에서 노 건조 시료의 질량 : 5,432g
B. 공기 중에서의 표면건조 포화상태 시료의 질량 : 5,625g
C. 물 속에서의 표면건조 포화상태 시료의 질량 : 3,465g, $\rho_w = 1g/cm^3$

가. 겉보기밀도 $2.51g/cm^3$, 흡수율 3.43%
나. 겉보기밀도 $2.56g/cm^3$, 흡수율 3.43%
다. 겉보기밀도 $2.60g/cm^3$, 흡수율 3.55%
라. 겉보기밀도 $2.76g/cm^3$, 흡수율 3.55%

정답 21. 나　22. 나　23. 나　24. 나　25. 라

해설
- 겉보기밀도 $= \frac{A}{A-C} \times \rho_w = \frac{5,432}{5,432-3,465} \times 1 = 2.76\text{g/cm}^3$
- 흡수율(%) $= \frac{B-A}{A} \times 100 = \frac{5,625-5,432}{5,432} \times 100 = 3.55\%$
- 표면건조 포화상태의 밀도 $= \frac{B}{B-C} \times \rho_w = \frac{5,625}{5,625-3,465} \times 1 = 2.60\text{g/cm}^3$

문제 26 다음은 잔골재의 조립률에 대한 사항이다. 설명 중 틀린 것은?

가. 조립률은 10을 넘을 수 없다.
나. 골재의 크기가 클수록 조립률은 크다.
다. 혼합 골재의 조립률은 가중평균을 이용하여 구한다.
라. 0.08mm체에 상당한 양이 남아 있을 경우에는 그 값도 고려해야 한다.

해설
- 조립률은 10개 체를 이용하여 각 체의 잔류율을 누계로 하여 100으로 나눠 10을 넘을 수 없다.
- 0.08mm체는 조립률 구하는 체와 관계없다.

문제 27 콘트리트용 골재에 요구되는 성질 중 옳지 않은 것은?

가. 물리적으로 안정하고 내구성이 클
나. 화학적으로 안정할 것
다. 시멘트 풀과 부착력이 큰 표면 조직을 가질 것
라. 낱알이 크기가 균일할 것

해설 크고 작은 낱알이 골고루 분포되어야 좋다.

문제 28 골재의 취급과 저장에 대한 설명 중 옳지 않은 것은?

가. 표면수가 균등하게 되도록 저장하여야 한다.
나. 굵은 골재를 취급할 때에는 대소알을 분리하여 저장한다.
다. 여름철에는 직사광선을 피할 수 있는 시설을 갖춘다.
라. 각종 골재는 따로 따로 저장하여야 한다.

해설 굵은골재의 크기가 65mm 이상인 경우 대소알을 분리하여 저장한다.

정답 26. 라 27. 라 28. 나

문제 29 다음은 골재의 함수 상태를 설명한 것이다. 이 중 틀리게 설명된 것은?

가. 노 건조상태 : 골재를 건조로에 넣어 105±5℃의 온도로 건조기 내에서 항량이 될 때까지 건조한 상태

나. 기건상태 : 공기중에서 질량이 일정할 때까지 건조시킨 상태로 골재알의 표면은 물론 내부도 일부 건조한 상태

다. 표면건조 포화상태 : 골재알의 표면은 수분이 부착하고 내부의 공극이 수분으로 포화되어 있는 상태

라. 습윤상태 : 골재 내부의 공극은 수분으로 포화되고 표면에도 수분이 부착하고 있는 상태

해설 표면건조 포화상태 : 골재의 표면에는 물이 없고 내부는 물로 포화된 상태

문제 30 다음은 알칼리 골재반응에 대한 말이다. 잘못된 것은 어느 것인가?

가. 알칼리 골재반응이 일어날 경우 콘크리트는 서서히 수축하고 약 1년 경과 후 방향성이 없는 균열이 생기게 된다.

나. 알칼리 골재반응이 생겼을 때 콘크리트를 절단해 보면 특수한 골재 겔 상태의 물질로 덮여져 있다.

다. 알칼리 골재반응은 포틀랜드 시멘트 중의 알칼리 성분과 골재 중의 어떤 종류의 광물이 유해한 반응작용을 일으키는 것이다.

라. 알칼리분이 많은 시멘트와 특수한 골재를 사용했을 때에 콘크리트에 생기는 팽창으로 인한 균열 붕괴를 알칼리 골재반응이라 한다.

해설 콘크리트 타설 후 1년 이내에 불규칙한 팽창성 균열이 생긴다.

문제 31 알칼리 골재반응에 대한 설명 중 잘못된 것은?

가. 포틀랜드 시멘트 속의 알칼리 성분이 골재 속의 실리카 광물과 화학반응을 일으키는 것을 말한다.

나. 알칼리 골재반응을 일으키는 시멘트는 팽창하므로 콘크리트 표면에 많은 균열이 발생하게 한다.

다. 알칼리 골재반응을 일으키는 골재로는 이백석, 규산질 또는 고로질 석회암, 응회암 등을 모암으로 하는 골재로 알려져 있다.

라. 우리나라 골재는 알칼리 골재반응이 자주 발생하므로 시멘트 내의 알칼리량을 0.6g 이하로 하는 것이 좋다.

해설 알칼리 골재반응을 억제하기 위해 알칼리량을 0.6% 이하로 하는 것이 좋다.

정답 29. 다 30. 가 31. 라

문제 32 굵은골재의 특성을 시험할 시료를 채취할 때 고려할 사항은 다음 중 어느 것인가?

가. 골재의 밀도　　나. 골재의 최대 입경
다. 조립률　　라. 골재의 단위 용적 질량

해설 골재의 최대치수를 고려하여 적정한 골재를 채취한다.

문제 33 골재의 봉다짐 시험 방법 중 옳은 것은?

가. 골재의 최대치수가 100mm 이하인 것에 사용한다.
나. 용기에 굵은골재의 최대치수가 10mm 초과 40mm 이하의 경우 시료를 3층으로 나누어 넣고 각 층을 다짐대로 30회 다진다.
다. 골재의 최대치수가 50mm 이상 100mm 이하인 것에 사용한다.
라. 시료를 용기에 3층으로 나누어 넣고 각 층을 용기의 한쪽을 50mm 가량 들어 올려 한쪽에 25번씩 양쪽 50번을 교대로 단단한 바닥에 떨어뜨려 다진다.

해설 봉다짐 시험 방법은 굵은골재의 최대치수 40~80mm 이하인 것을 사용하면 1층당 50회씩 다진다.

문제 34 골재가 필요로 하는 성질 중 틀린 것은?

가. 물리적으로 안정하고 내구성이 클 것
나. 모양이 입방체 또는 공모양에 가깝고 시멘트풀과의 부착력이 큰 약간 거친 표면을 가질 것
다. 크고 작은 낟알의 크기가 차이 없이 균등할 것
라. 소요의 질량을 가질 것

해설 크고 작은 낟알이 골고루 분포한 입도가 양호할 것

문제 35 25~30℃의 깨끗한 물 1l 당, 순도 99.5%의 무수황산나트륨(Na_2SO_4)을 350g의 비율로 가하여 잘 휘저으면서 용해시킨 후 21℃의 온도로 48시간 이상 보존한 후 시험골재를 16~18시간 담가 계량하는 시험은?

가. 골재의 유기불순물시험　　나. 골재의 마모시험
다. 골재의 안정성시험　　라. 골재의 수밀성시험

정답 32. 나　33. 나　34. 다　35. 다

문제 36 잔골재의 안정성 시험에서 황산나트륨을 사용할 경우 손실 질량 백분율은 몇 % 이하이어야 하는가?

가. 8% 나. 10%
다. 12% 라. 15%

해설 잔골재는 10% 이하, 굵은골재는 12% 이하이다.

문제 37 기상작용에 대한 골재의 저항성을 평가하기 위한 시험은 다음 중 어느 것인가?

가. 유해물 함량시험 나. 안정성 시험
다. 밀도 및 흡수율시험 라. 로스엔젤스 마모시험

문제 38 습윤상태의 굵은골재 5,035g이 있다. 굵은골재의 함수상태별 질량을 측정한 결과 표면건조 포화상태일 때 4,956g, 절대건조상태(노건조상태)일 때 4,885g이었을 때 표면수량과 흡수율은 얼마인가?

가. 표면수율 : 3.1%, 흡수율 : 1.4% 나. 표면수율 : 3.1%, 흡수율 : 1.5%
다. 표면수율 : 1.6%, 흡수율 : 1.5% 라. 표면수율 : 1.6%, 흡수율 : 1.4%

해설
- 표면수율 $= \dfrac{5035-4956}{4956} \times 100 \fallingdotseq 1.6\%$
- 흡수율 $= \dfrac{4956-4885}{4885} \times 100 \fallingdotseq 1.5\%$

문제 39 습윤상태의 질량이 625g인 모래를 절대 건조시킨 결과 598g이 되었다. 전함수율은 얼마인가?

가. 4.5% 나. 4.3%
다. 3.5% 라. 3.4%

해설 전함수율 $= \dfrac{625-598}{598} \times 100 = 4.5\%$

정답 36. 나 37. 나 38. 다 39. 가

문제 40 골재의 유효흡수율에 대한 다음 설명 중 옳은 것은?

가. 골재의 표면에 묻어 있는 물의 양
나. 골재의 안과 바깥에 들어 있는 물의 양
다. 공기 중 건조상태에서 골재의 알이 표면건조 포화상태로 되기까지 흡수된 물의 양
라. 노 건조상태에서 표면건조 포화상태로 되기까지 흡수된 물의 양

문제 41 습윤상태의 모래 1000g을 노건조할 때 절대건조질량이 950g으로 되었다. 이 모래의 흡수율이 2.0%이라면, 표면건조 포화상태를 기준으로 한 표면수율의 값은?

가. 2.3% 나. 3.2%
다. 4.3% 다. 5.3%

해설
- $\text{흡수율} = \dfrac{\text{표건상태} - \text{노건상태}}{\text{노건상태}} \times 100$

  $2 = \dfrac{x - 950}{950} \times 100$ $\quad \therefore x = 969\text{g}$
- $\text{표면수율} = \dfrac{\text{습윤상태} - \text{표건상태}}{\text{표건상태}} \times 100 = \dfrac{1000 - 969}{969} \times 100 \fallingdotseq 3.2\%$

문제 42 모래 A의 조립률이 3.43이고, 모래 B의 조립률이 2.36인 모래를 혼합하여 조립률 2.80의 모래 C를 만들려면 모래 A와 B는 얼마를 섞어야 하는가? (단, A : B의 질량비)

	A	B		A	B
가.	41(%)	59(%)	나.	59(%)	41(%)
다.	38(%)	62(%)	라.	62(%)	38(%)

해설 $A + B = 100$ ································ ①식

$\dfrac{3.43A + 2.36B}{A + B} = 2.80$ ······················ ②식

$(A+B)2.8 = 3.43A + 2.36B$

$2.8A + 2.8B = 3.43A + 2.36B$

$(2.8 - 2.36)B = (3.43 - 2.8)A$

$0.44B = 0.63A$

$A = 0.698B$

$\therefore A = \dfrac{0.698}{1.698} \times 100 = 41.1\% \fallingdotseq 41\%$

$B = \dfrac{1}{1.698} \times 100 = 58.9\% \fallingdotseq 59\%$

정답 40. 다 41. 나 42. 가

문제 43 잔골재의 밀도 및 흡수율 및 시험 결과 표면건조 포화시료의 질량 500g, 시료의 노건조질량 490g, 플라스크에 물을 채운 질량이 660g, 플라스크에 시료와 물을 채운 질량은 970g이었다. 표면건조 포화상태 밀도 및 흡수율은 얼마인가? (단, $\rho_w = 1\text{g/cm}^3$)

가. 2.58g/cm^3, 2.0%　　나. 2.63g/cm^3, 2.04%
다. 2.65g/cm^3, 2.0%　　라. 2.72g/cm^3, 2.04%

해설
- 표면건조 포화상태 밀도 $= \dfrac{500}{660+500-970} \times 1 = 2.63\text{g/cm}^3$
- 흡수율 $= \dfrac{500-490}{490} \times 100 = 2.04\%$

문제 44 다음 중 잔골재의 밀도는 얼마인가?

가. 2.0~2.50g/cm^3　　나. 2.50~2.65g/cm^3
다. 2.55~2.70g/cm^3　　라. 2.0~3.0g/cm^3

해설 굵은골재의 밀도는 2.55~2.70g/cm^3 범위이다.

문제 45 콘크리트용 굵은골재 마모율의 한도는 보통 콘크리트의 경우 몇 %인가?

가. 35%　　나. 40%
다. 50%　　라. 60%

해설
- 포장 콘크리트 : 35% 이하
- 댐 콘크리트 : 40% 이하

문제 46 다음 중 모래의 유기불순물 시험에 사용되는 시약은?

가. 염화나트륨　　나. 규산나트륨
다. 수산화나트륨　　라. 황산나트륨

해설 유기불순물 시험에는 알코올, 타닌산, 수산화나트륨이 사용된다.

문제 47 굵은골재의 유해물 함유량 한도는 0.08mm체 통과량 시험의 경우 몇 % 이하인가?

가. 0.25%　　나. 1.0%
다. 3.0%　　라. 5.0%

정답 43. 나　44. 나　45. 나　46. 다　47. 나

해설 • 잔골재의 유해물 함유량의 한도
① 점토 덩어리 : 1.0%
② 0.08mm체 통과량
㉠ 콘크리트의 표면이 마모작용을 받을 경우 : 3.0%
㉡ 기타의 경우 : 5.0%
③ 석탄, 갈탄 등으로 밀도 2.0의 액체에 뜨는 것
㉠ 콘크리트의 외관이 중요한 경우 : 0.5%
㉡ 기타의 경우 : 1.0%
④ 염화물(염화물 이온량) : 0.02%
• 굵은골재의 유해물 함유량의 한도
① 점토 덩어리 : 0.25%
② 연한 석편 : 5.0%
③ 0.08mm체 통과량 : 1.0%
④ 석탄, 갈탄 등으로 밀도 2.0의 액체에 뜨는 것
㉠ 콘크리트의 외관이 중요한 경우 : 0.5 %
㉡ 기타의 경우 : 1.0%

문제 48 콘크리트에 사용되는 잔골재의 조립률로서 적합한 것은?

가. 2.0~3.3　　나. 3.3~4.1
다. 6~8　　라. 8~9

해설 굵은골재의 조립률 : 6~8

문제 49 잔골재 밀도 시험시 표면건조포화상태의 시료의 양은 얼마인가?

가. 250g 이상　　나. 350g 이상
다. 500g 이상　　라. 650g 이상

문제 50 골재의 안정성 시험에 대한 설명 중 옳은 것은?

가. 시료를 금속제 망태에 넣고 시험용 용액에 24시간 담가둔다.
나. 백분율이 10% 이상인 무더기에 대해서만 시험을 한다.
다. 용액은 자주 휘저으면서 21±1.0℃의 온도로 24시간 이상 보존 후 시험에 사용한다.
라. 황산나트륨 포화용액의 붕괴작용에 대한 골재의 저항성을 알기 위해서 시험한다.

정답 48. 가　49. 다　50. 라

문제 51 골재의 안정성 시험을 할 경우 사용하지 않는 것은?

가. 황산나트륨　　나. 염화바륨
다. 물 1l　　라. 수산화나트륨

해설 수산화나트륨은 유기불순물 시험시 이용된다.

문제 52 골재의 단위용적질량 시험을 할 때 시료의 상태는?

가. 절건상태　　나. 표면건조포화상태
다. 공기 중 건조상태　　라. 습윤상태

해설 시료는 절건상태이며 단, 굵은골재는 기건상태여도 좋다.

문제 53 다음 중 골재의 체가름 시험시 필요하지 않은 것은?

가. 시료분취기　　나. 건조기
다. 체 진동기　　라. 곧은날

해설 곧은날은 주로 캐핑 및 흙의 다짐 시험시 이용된다.

문제 54 골재의 안정성 시험을 할 경우 황산나트륨 용액을 이용하여 실시한 후 흰 앙금이 없도록 물로 씻는데 어떤 용액으로 확인하는가?

가. 알코올　　나. 타닌산
다. 염화바륨　　라. 수산화나트륨

문제 55 굵은골재의 마모시험시 E 입도의 경우 얼마의 시료가 필요한가?

가. 2,500g　　나. 5,000g
다. 7,500g　　라. 10,000g

문제 56 콘크리트용 굵은골재의 마모율을 구할 때 마모시험 후 몇 mm체로 치는가?

가. 10mm　　나. 5mm
다. 1.7mm　　라. 0.6mm

해설 마모시험 후 1.7mm체를 사용하여 체를 친다.

정답 51. 라　52. 가　53. 라　54. 다　55. 라　56. 다

문제 57 콘크리트용 골재 시험과 관계없는 것은?

가. 0.08mm체 통과량, 굵은골재의 밀도
나. 잔골재의 밀도, 마모감량
다. 체가름, 유기불순물
라. 단위용적질량, 마샬 안정도

해설 마샬 안정도 시험은 아스팔트 시험이다.

문제 58 비카침에 의한 응결시간 측정시 비카장치에 지름 1mm 표준침을 끼워 미끄럼막대를 풀어 놓고 30초 동안 표준침이 몇 mm 침입을 할 때 초결시간을 측정하는가?

가. 10mm　　나. 20mm
다. 25mm　　라. 30mm

문제 59 굵은골재 중의 점토 덩어리 함유량의 최대값은 얼마인가?

가. 0.25%　　나. 1%
다. 3%　　라. 5%

문제 60 알칼리 골재반응을 방지하기 위한 사항 중 틀린 것은?

가. 저알칼리형 시멘트를 사용한다.
나. 공기연행제를 사용한다.
다. 단위시멘트량을 가능한 많이 사용하여 수밀성을 증대시킨다.
라. 플라이 애시를 사용한다.

정답 57. 라　58. 다　59. 가　60. 다

제3장 콘크리트의 배합

3-1 배합의 일반

1. 개 요

소요의 강도, 내구성, 균일성, 수밀성, 작업에 알맞은 워커빌리티 등을 가진 콘크리트가 가장 경제적으로 얻어지도록 시멘트, 잔골재, 굵은골재 및 혼화재료의 비율을 정한다.

2. 배합설계 선정방법

① 단위량은 질량 배합을 원칙으로 한다.
② 작업이 가능한 범위에서 단위수량을 최소로 한다.
③ 설계상 허용한도까지 가능한 최대치수가 큰 굵은골재를 사용한다.
④ 소요의 강도를 고려한다.
⑤ 내구성 및 수밀성을 고려한다.

3. 배합설계 순서

① 사용재료를 시험한다.
② 배합강도를 정한다.

③ 물-결합재비를 정한다.
④ 굵은골재 최대치수를 정한다.
⑤ 슬럼프값을 정한다.
⑥ 연행공기량을 정한다.
⑦ 잔골재율을 정한다.
⑧ 단위 수량을 정한다.
⑨ 단위 시멘트량을 정한다.
⑩ 단위 잔골재량을 구한다.
⑪ 단위 굵은골재량을 구한다.
⑫ 단위 혼화재량을 구한다.
⑬ 시방배합을 현장배합으로 보정한다.

3-2 시방 배합

1. 개 요

시방서 또는 책임기술자가 지시한 배합으로 골재는 표면건조 포화상태이고, 잔골재는 5mm체를 전부 통과하고 굵은골재는 5mm체에 전부 잔류한 골재를 사용했을 때의 배합

2. 배합강도(f_{cr})

(1) 구조물에 사용된 콘크리트의 압축강도가 설계기준강도보다 작지 않도록 현장 콘크리트의 품질 변동을 고려하여 콘크리트의 배합강도(f_{cr})를 품질기준강도(f_{cq})보다 크게 정하여야 한다.

(2) 콘크리트 배합강도는 다음의 두 식에 의한 값 중 큰 값으로 정한다.

① $f_{cq} \leqq 35\text{MPa}$인 경우

$$f_{cr} = f_{cq} + 1.34s$$
$$f_{cr} = (f_{cq} - 3.5) + 2.33s$$

큰 값

② $f_{cq} > 35\text{MPa}$인 경우

$$f_{cr} = f_{cq} + 1.34s$$
$$f_{cr} = 0.9f_{cq} + 2.33s$$
큰 값

여기서, 품질기준강도(f_{cq})는 설계기준 압축강도(f_{ck})와 내구성 기준 압축강도(f_{cd}) 중 큰 값이며 기온보정강도값을 더한다.

s =압축강도의 표준편차(MPa)

③ 콘크리트 압축강도의 표준편차

- 실제 사용한 콘크리트의 30회 이상의 시험실적으로부터 결정하는 것을 원칙으로 한다.
- 압축강도의 시험횟수가 29회 이하이고 15회 이상인 경우는 계산한 표준편차에 보정계수를 곱한 값을 표준편차로 사용한다.

[시험횟수가 29회 이하일 때 표준편차의 보정계수]

시험횟수	표준편차의 보정계수
15	1.16
20	1.08
25	1.03
30 이상	1.00

④ 콘크리트 압축강도의 표준편차를 알지 못할 때 또는 압축강도의 시험횟수가 14회 이하인 경우 콘크리트 배합강도

호칭강도(MPa)	배합강도(MPa)
21 미만	f_{cn} + 7
21 이상 35 이하	f_{cn} + 8.5
35 초과	$1.1f_{cn}$ + 5.0

3. 물-결합재비

① 소요의 강도, 내구성, 수밀성 및 균열 저항성 등을 고려하여 정한다.

② 콘크리트의 압축강도를 기준으로 물-결합재비를 정하는 경우

- 압축강도와 물-결합재비와의 관계는 시험에 의하여 정하는 것을 원칙으로 한다. 이때 공시체는 재령 28일을 표준으로 한다.
- 배합에 사용할 물-결합재비는 기준 재령의 시멘트-물비와 압축강도와의 관계식에서 배합강도에 해당하는 시멘트-물비 값의 역수로 한다.

③ 노출범주가 일반인 경우(등급 : E0)
- 물리적, 화학적 작용에 의한 콘크리트 손상의 우려가 없는 경우
- 철근이나 내부 금속의 부식 위험이 없는 경우
- 내구성 기준 압축강도 : 21MPa

④ 노출범주가 EC(탄산화)에 의한 철근 부식이 우려되는 노출환경
- EC1 등급 : 건조하거나 수분으로부터 보호되는 또는 영구적으로 습윤한 콘크리트
  - 공기 중 습도가 낮은 건물 내부의 콘크리트
  - 물에 계속 침지되어 있는 콘크리트
  - 내구성 기준 압축강도 : 21MPa
  - 최대 물-결합재비 : 0.60
- EC2 등급 : 습윤하고 드물게 건조되는 콘크리트로 탄산화의 위험이 보통인 경우
  - 장기간 물과 접하는 콘크리트 표면
  - 기초
  - 내구성 기준 압축강도 : 24MPa
  - 최대 물-결합재비 : 0.55
- EC3 등급 : 보통 정도의 습도에 노출되는 콘크리트로 탄산화 위험이 비교적 높은 경우
  - 공기 중 습도가 보통 이상으로 높은 건물 내부의 콘크리트
  - 비를 맞지 않는 외부 콘크리트
  - 내구성 기준 압축강도 : 27MPa
  - 최대 물-결합재비 : 0.50
- EC4 등급 : 건습이 반복되는 콘크리트로 매우 높은 탄산화 위험에 노출되는 경우
  - EC2 등급에 해당하지 않고, 물과 접하는 콘크리트(예를 들어 비를 맞는 콘크리트 외벽, 난간 등)
  - 내구성 기준 압축강도 : 30MPa
  - 최대 물-결합재비 : 0.45

⑤ 노출범주가 ES(해양환경, 제설염 등 염화물)로 염화물에 의한 철근 부식을 방지하기 위해 추가적인 방식이 요구되는 철근 콘크리트와 프리스트레스트 콘크리트

- ES1 등급 : 보통 정도의 습도에서 대기 중의 염화물에 노출되지만 해수 또는 염화물을 함유한 물에 직접 접하지 않는 콘크리트
  - 해안가 또는 해안 근처에 있는 구조물
  - 도로 주변에 위치하여 공기 중의 제빙화학제에 노출되는 콘크리트
  - 내구성 기준 압축강도 : 30MPa
  - 최대 물-결합재비 : 0.45
- ES2 등급 : 습윤하고 드물게 건조되며 염화물에 노출되는 콘크리트
  - 수영장
  - 염화물을 함유한 공업용수에 노출되는 콘크리트
  - 내구성 기준 압축강도 : 30MPa
  - 최대 물-결합재비 : 0.45
- ES3 등급 : 항상 해수에 침지되는 콘크리트
  - 해상 교각의 해수 중에 침지되는 부분
  - 내구성 기준 압축강도 : 35MPa
  - 최대 물-결합재비 : 0.40
- ES4 등급 : 건습이 반복되면서 해수 또는 염화물에 노출되는 콘크리트
  - 해상 환경의 물보라 지역(비말대) 및 간만대에 위치한 콘크리트
  - 염화물을 함유한 물보라에 직접 노출되는 교량 부위
  - 도로 포장
  - 주차장
  - 내구성 기준 압축강도 : 35MPa
  - 최대 물-결합재비 : 0.40

⑥ 노출범주가 EF(동결융해)에 의한 경우로 제빙화학제가 사용되거나 혹은 사용되지 않으며 수분에 접촉되면서 동결융해의 반복작용에 노출된 외부 콘크리트

- EF1 등급 : 간혹 수분과 접촉하나 염화물에 노출되지 않고 동결융해의 반복작용에 노출되는 콘크리트
  - 비와 동결에 노출되는 수직 콘크리트 표면
  - 내구성 기준 압축강도 : 24MPa
  - 최대 물-결합재비 : 0.55
- EF2 등급 : 간혹 수분과 접촉하고 염화물에 노출되며 동결융해의 반복작용에 노출되는 콘크리트
  - 공기 중 제빙화학제와 동결에 노출되는 도로 구조물의 수직 콘크리트 표면

- 내구성 기준 압축강도 : 27MPa
- 최대 물-결합재비 : 0.50

• EF3 등급 : 지속적으로 수분과 접촉하나 염화물에 노출되지 않고 동결융해의 반복작용에 노출되는 콘크리트
- 비와 동결에 노출되는 수평 콘크리트 표면
- 내구성 기준 압축강도 : 30MPa
- 최대 물-결합재비 : 0.45

• EF4 등급 : 지속적으로 수분과 접촉하고 염화물에 노출되며 동결융해의 반복작용에 노출되는 콘크리트
- 제빙화학제에 노출되는 도로와 교량 바닥판
- 제빙화학제가 포함된 물과 동결에 노출되는 콘크리트 표면
- 동결에 노출되는 물보라 지역(비말대) 및 간만대에 위치한 해양 콘크리트
- 내구성 기준 압축강도 : 30MPa
- 최대 물-결합재비 : 0.45

⑦ 노출범주가 EA(황산염)로 수용성 황산염 이온을 유해한 정도로 포함한 물 또는 흙과 접촉하고 있는 콘크리트

• EA1 등급 : 보통 수준의 황산염 이온에 노출되는 콘크리트
- 토양과 지하수에 노출되는 콘크리트
- 해수에 노출되는 콘크리트
- 내구성 기준 압축강도 : 27MPa
- 최대 물-결합재비 : 0.50

• EA2 등급 : 유해한 수준의 황산염 이온에 노출되는 콘크리트
- 토양과 지하수에 노출되는 콘크리트
- 내구성 기준 압축강도 : 30MPa
- 최대 물-결합재비 : 0.45

• EA3 등급 : 매우 유해한 수준의 황산염 이온에 노출되는 콘크리트
- 토양과 지하수에 노출되는 콘크리트
- 하수, 오폐수에 노출되는 콘크리트
- 내구성 기준 압축강도 : 30MPa
- 최대 물-결합재비 : 0.45

4. 단위수량

① 작업이 가능한 범위 내에서 될 수 있는 대로 적게 되도록 시험을 통해 정한다.

② 굵은골재 최대치수, 골재의 입도와 입형, 혼화재료의 종류, 콘크리트의 공기량 등에 따라 다르므로 시험 후 정한다. 부순돌이나 고로 슬래그 굵은 골재를 사용할 경우 자갈을 사용했을 경우에 비해 약 10% 증가한다.

5. 굵은골재의 최대치수

① 부재 최소치수의 1/5, 슬래브 두께의 1/3, 철근피복 및 철근의 최소 순간격의 3/4을 초과해서는 안 된다.

② 굵은골재의 최대치수 표준

구조물의 종류	굵은골재의 최대치수(mm)
일반적인 경우	20 또는 25
단면이 큰 경우	40
무근 콘크리트	40 부재 최소치수의 1/4 이하

6. 슬 럼 프

① 운반, 타설, 다지기 등의 작업에 알맞은 범위 내에서 될 수 있는 대로 작은 값으로 정한다.

② 슬럼프의 표준값

종 류		슬럼프 값(mm)
철근 콘크리트	일반적인 경우	80~150
	단면이 큰 경우	60~120
무근 콘크리트	일반적인 경우	50~150
	단면이 큰 경우	50~100

7. 잔골재율

① 소요의 워커빌리티를 얻을 수 있는 범위 내에서 단위수량이 최소가 되도록 시험에 의해 정한다.

② 콘크리트 배합을 정할 때 가정한 잔골재의 조립률에 비하여 조립률이 ±0.2 이상의 변화를 나타내었을 때는 배합을 변경하여야 한다. 공기연행 콘크리트를 사용할 경우에는 입도 변화의 허용값을 작게 규정하는 것이 좋다.

③ 콘크리트 펌프 시공의 경우에는 콘크리트 펌프의 성능, 배관, 압송거리따라 결정한다.

④ 유동화 콘크리트의 경우 유동화 후 콘크리트의 워커빌리티를 고려하여잔골재율을 결정할 필요가 있다.

⑤ 고성능 공기연행 감수제를 사용한 콘크리트의 경우로서 물-결합재비 및 슬럼프가 같으면 일반적인 공기연행 감수제를 사용한 콘크리트와 비교하여 잔골재율을 1~2% 정도 크게 하는 것이 좋다.

⑥ 공기량이 3% 이상이고 단위 시멘트량이 250kg/m^3 이상인 공기연행 콘크리트나 단위 시멘트량이 300kg/m^3 이상인 콘크리트 또는 0.3mm체와 0.15mm체를 통과한 골재의 부족량을 양질의 광물질 미분말로 보충한 콘크리트에서는 0.3mm체와 0.15mm체 질량 백분의 최소량을 각각 5% 및 0%로 감소시켜도 좋다.

8. 콘크리트의 단위 굵은골재 용적, 잔골재율 및 단위수량의 대략값

굵은 골재의 최대치수 (mm)	단위 굵은골재 용적 (%)	공기연행제를 사용하지 않은 콘크리트			공기연행 콘크리트				
		갇힌 공기 (%)	잔골재율 S/a (%)	단위수량 W (kg)	공기량 (%)	양질의 공기연행제를 사용한 경우		양질의 공기연행 감수제를 사용한 경우	
						잔골재율 S/a (%)	단위수량 W (kg)	잔골재율 S/a (%)	단위수량 W (kg)
13	58	2.5	53	202	7.0	47	180	48	170
20	62	2.0	49	197	6.0	44	175	45	165
25	67	1.5	45	187	5.0	42	170	43	160
40	72	1.2	40	177	4.5	39	165	40	155

※ 1) 이 표의 값은 보통의 입도를 가진 천연 잔골재(조립률 2.8 정도)와 부순 굵은골재를 사용한 물-결합재비 55% 정도, 슬럼프 80mm 정도의 콘크리트에 대한 것이다.
2) 사용재료 또는 콘크리트의 품질이 1)의 조건과 다를 경우에는 위의 표에 따라 보정한다.

[단위수량 및 잔골재율 보정 방법]

구 분	S/a의 보정(%)	W의 보정
잔골재의 조립률이 0.1만큼 클(작을) 때마다	0.5만큼 크게(작게)한다.	보정하지 않는다.
슬럼프 값이 10mm만큼 클(작을) 때마다	보정하지 않는다.	1.2%만큼 크게(작게) 한다.
공기량이 1%만큼 클(작을) 때마다	0.5~1.0만큼 작게(크게)한다.	3%만큼 작게(크게) 한다.
물-결합재비가 0.05 클(작을) 때마다	1만큼 크게(작게) 한다.	보정하지 않는다.
S/a가 1%클(작을)때마다	보정하지 않는다.	1.5kg만큼 크게(작게) 한다.
천연 굵은골재를 사용할 경우	3~5만큼 크게 한다.	9~15kg만큼 크게 한다.
부순 잔골재를 사용할 경우	2~3만큼 크게 한다.	6~9kg만큼 크게 한다.

※ 단위굵은골재 용적에 의하는 경우에는 잔골재의 조립률이 0.1만큼 커질(작아질) 때마다 단위굵은골재 용적을 1%만큼 작게(크게) 한다.

9. 공기연행 콘크리트의 공기량

① 공기연행 콘크리트 공기량의 표준값

굵은골재의 최대치수 (mm)	공기량(%)	
	심한 노출	일반 노출
10	7.5	6.0
15	7.0	5.5
20	6.0	5.0
25	6.0	4.5
40	5.5	4.5

② 운반 후 공기량은 공기연행 콘크리트 공기량의 표준값에서 ±1.5% 이내이어야 한다.

10. 배합 표시법

굵은골재의 최대치수 (mm)	슬럼프 범위 (mm)	공기량 범위 (%)	물-결합재비 W/B (%)	잔골재율 S/a (%)	단위량 (kg/m^3)						
					물 W	시멘트 C	잔골재 S	굵은골재 G		혼화재료	
								mm~mm	mm~mm	혼화재	혼화제

① 단위시멘트량

$$\frac{단위수량}{물-시멘트비}$$

② 단위 골재량의 절대부피(m^3)

$$1-\left(\frac{단위수량}{1000}+\frac{단위시멘트량}{물의\ 밀도\times 1000}+\frac{단위혼화재량}{시멘트의\ 밀도\times 1000}+\frac{공기량}{100}\right)$$

③ 단위 잔골재량의 절대부피(m^3)

단위 골재량의 절대부피×잔골재율

④ 단위 잔골재량(kg)

단위 잔골재량의 절대부피×잔골재의 밀도×1000

⑤ 단위 굵은골재량의 절대부피(m^3)

단위 골재량의 절대부피－단위 잔골재량의 절대부피

⑥ 단위 굵은골재량(kg)

단위 굵은골재량의 절대부피×굵은골재의 밀도×1000

3-3 현장 배합

1. 개 요

현장 골재의 입도 및 함수 상태를 고려하여 시방배합을 현장에 적합하게 보정한 배합

2. 골재의 입도에 대한 보정

① $x = \dfrac{100S - b(S+G)}{100-(a+b)}$

② $y = \dfrac{100G - a(S+G)}{100-(a+b)}$

여기서,
- x : 계량해야 할 현장의 잔골재량(kg)
- y : 계량해야 할 현장의 굵은골재량(kg)
- S : 시방배합의 잔골재량(kg)
- G : 시방 배합의 굵은골재량(kg)
- a : 잔골재 속의 5mm체에 남는 양(%)
- b : 굵은골재 속의 5mm체를 통과하는 양(%)

3. 골재의 표면 수량에 대한 보정

① $S' = x\left(1+\dfrac{c}{100}\right)$

② $G' = y\left(1+\dfrac{d}{100}\right)$

③ $W' = W - x \cdot \dfrac{c}{100} - y \cdot \dfrac{d}{100}$

여기서,
- S' : 계량해야 할 현장의 잔골재량(kg)
- G' : 계량해야 할 현장의 굵은골재량(kg)
- W' : 계량해야 할 현장의 물의 양(kg)
- c : 현장의 잔골재의 표면수량(%)
- d : 현장의 굵은골재의 표면수량(%)
- W : 시방 배합의 물의 양(kg)

3-4 콘크리트 배합 설계 예

제1부 콘크리트 재료 및 배합

1. 설계조건

① 콘크리트 호칭강도 : f_{cn} = 24MPa(기온보정강도값을 더한 값)
② 슬럼프 값 : 120±25mm
③ 공기량 : 4.5±1.5%
④ 굵은골재 최대치수 : 25mm
⑤ 공기연행제 사용량 : 시멘트 질량의 0.03%
⑥ 압축강도의 표준편차 : 3.6MPa

2. 재료시험

① 시멘트 밀도 : 3.15g/cm^3
② 잔골재의 표건밀도 : 2.60g/cm^3
③ 굵은골재의 표건밀도 : 2.65g/cm^3
④ 잔골재의 조립률 : 2.86

3. 배합강도($f_{cn} \leq 35$MPa이므로)

$f_{cr} = f_{cn} + 1.34s = 24 + 1.34 \times 3.6 = 28.8(\text{MPa})$

$f_{cr} = (f_{cn} - 3.5) + 2.33s = (24 - 3.5) + 2.33 \times 3.6 = 28.9(\text{MPa})$

$\therefore f_{cr} = 28.9(\text{MPa})$

4. 물-결합재비

(1) 강도를 기준으로 하여 정하는 경우

- 시험결과 : 시멘트-물비(C/W)와 f_{28} 관계에서 얻은 값

$f_{28} = -13.8 + 21.6C/W(\text{MPa})$

$\therefore 28.9 = -13.8 + 21.6C/W(\text{MPa})$

$$\frac{W}{C} = \frac{21.6}{28.9 + 13.8} = 0.505 \fallingdotseq 50\%$$

(2) 내동해성을 기준으로 하여 정하는 경우

- 물에 노출되었을 때 낮은 투수성이 요구되는 콘크리트 조건의 값
  $W/C = 50\%$

(3) 기타 수밀성, 황산염에 대한 내구성, 탄산화 저항성을 고려하는 경우

(4) 물-시멘트비 결정

물–시멘트비는 작은 값을 택하여 $W/C = 50\%$로 한다.

5. 단위수량 및 잔골재율 보정

보정항목	기존표 조건	배합조건	S/a = 42%	W = 170kg
			S/a의 보정량	W의 보정량
잔골재의 조립률	2.8	2.86	$\frac{2.86-2.8}{0.1} \times 0.5 = 0.3\%$	–
슬럼프(mm)	80	120	–	$\left(\frac{120-80}{10}\right) \times 1.2 = 4.8\%$
물–결합재비	0.55	0.5	$\frac{0.5-0.55}{0.05} \times 1 = -1.0\%$	–
공기량	5.0	4.5	$\frac{5.0-4.5}{1} \times 0.75 = 0.4\%$	$(5.0-4.5) \times 3 = 1.5\%$
합 계			-0.3%	6.3%
보정값			$S/a = 42 - 0.3 = 41.7\%$	$W = 170 \times 1.063 = 181\text{kg}$

① 단위 시멘트량$(C) = \dfrac{181}{0.5} = 362(\text{kg})$

② 단위 골재량의 절대부피 $= 1 - \left(\dfrac{181}{1 \times 1000} + \dfrac{362}{3.15 \times 1000} + \dfrac{4.5}{100}\right)$
$= 0.659(\text{m}^3)$

③ 단위 잔골재량의 절대부피 $= 0.659 \times 0.417 = 0.275(\text{m}^3)$

④ 단위 굵은골재량의 절대부피 $= 0.659 - 0.275 = 0.384(\text{m}^3)$

⑤ 단위 잔골재량 $= 0.275 \times 2.60 \times 1000 = 715(\text{kg})$

⑥ 단위 굵은골재량 $= 0.384 \times 2.65 \times 1000 = 1018(\text{kg})$

⑦ 단위 공기연행제량 $= 362 \times 0.0003 = 0.1086(\text{kg})$

6. 시험 비비기

(1) 시험배치의 양(1배치의 양을 30l로 하면)

① 물의 양 $= 181 \times \dfrac{30}{1000} = 5.43(\text{kg})$

② 시멘트의 량 $= 362 \times \dfrac{30}{1000} = 10.86(\text{kg})$

③ 잔골재량 $= 715 \times \dfrac{30}{1000} = 21.45(\text{kg})$

④ 굵은골재량 $= 1018 \times \dfrac{30}{1000} = 30.54(\text{kg})$

⑤ 공기연행제량 $= 0.1086 \times \dfrac{30}{1000} = 0.003258(\text{kg})$

(2) 제 1 배치

슬럼프 : 140mm, 공기량 : 5.5%를 얻었다.

(3) 제 2 배치

① 슬럼프의 보정 $= 181 \times \left[1 - \left(\dfrac{140-120}{10}\right) \times 0.012\right] = 177(\text{kg})$

② 공기량의 보정 $= 177 \times \left[1 + \left(\dfrac{5.5-4.5}{1}\right) \times 0.03\right] = 182(\text{kg})$

$\therefore$ 물의 양$(W) = 182$kg로 한다.

③ 잔골재율의 보정 $= \dfrac{5.5-4.5}{1} \times 0.75 = 0.75(\%)$

$\therefore$ 잔골재율$(S/a) = 41.7 + 0.75 = 42.5(\%)$

④ 단위량 재료의 단위량을 구하고 30l로 환산하여 비빈 결과 슬럼프, 공기량, 워커빌리티가 양호한 것으로 판단(적합하게 판단이 안 될 때는 S/a을 1%씩 변경하고 판단)

(4) $W/C - f_{28}$ 관계식을 구하기 위해 공시체 제작

① W/C를 0.05(5%)씩 증감하여, 즉 45%, 50%, 55%로 변경시켜 공시체를 제작 후 f_{28}과 C/W관계에서 W/C를 결정한다.

② 시험 결과 단위수량 182kg, 물-결합재비 51%, 잔골재율 42.5%로 단위량을 계산하고 시방배합을 결정한다.

- 단위 시멘트량(C) $= \dfrac{182}{0.51} = 357(\mathrm{kg})$
- 단위 골재량의 절대부피 $= 1 - \left(\dfrac{182}{1 \times 1000} + \dfrac{357}{3.15 \times 1000} + \dfrac{4.5}{100}\right)$
  $= 0.66(\mathrm{m}^3)$
- 단위 잔골재량의 절대부피 $= 0.66 \times 0.425 = 0.281(\mathrm{m}^3)$
- 단위 굵은골재량의 절대부피 $= 0.66 - 0.281 = 0.379(\mathrm{m}^3)$
- 단위 잔골재량 $= 0.281 \times 2.60 \times 1000 = 731(\mathrm{kg})$
- 단위 굵은골재량 $= 0.379 \times 2.65 \times 1000 = 1004(\mathrm{kg})$
- 단위 공기연행제량 $= 357 \times 0.0003 = 0.1071(\mathrm{kg})$

7. 현장배합

(1) 현장 골재의 상태

- 잔골재 속의 5mm체에 남는 양(a) : 5%
- 굵은골재 속의 5mm체를 통과하는 양(b) : 3%
- 잔골재의 표면수율(c) : 3.1%
- 굵은골재의 표면수율(d) : 1%

(2) 입도에 대한 조정

① $x = \dfrac{100S - b(S+G)}{100 - (a+b)} = \dfrac{100 \times 731 - 3(731 + 1004)}{100 - (5+3)} = 738(\mathrm{kg})$

② $y = \dfrac{100G - a(S+G)}{100 - (a+b)} = \dfrac{100 \times 1004 - 5(731 + 1004)}{100 - (5+3)} = 997(\mathrm{kg})$

또는 $\begin{cases} x + y = 731 + 1004 \\ 0.05x + (1 - 0.03)y = 1004 \end{cases}$

연립하여 계산하면 $\therefore\ x = 738\mathrm{kg} \quad y = 997\mathrm{kg}$

(3) 표면수량에 대한 조정

① $S' = x\left(1+\frac{c}{100}\right) = 738\left(1+\frac{3.1}{100}\right) = 761(\text{kg})$

② $G' = y\left(1+\frac{d}{100}\right) = 997\left(1+\frac{1}{100}\right) = 1007(\text{kg})$

③ $W' = W - x \cdot \frac{c}{100} - y \cdot \frac{d}{100}$

$= 182 - 738 \times \frac{3.1}{100} - 997 \times \frac{1}{100} = 149(\text{kg})$

실전문제

제 3 장 콘크리트의 배합

제3장 콘크리트의 배합

문제 01 시방 배합시 단위 잔골재량 705kg/m^3, 단위 굵은골재량 1101kg/m^{3}이다. 현장의 입도에 대한 골재 상태는 5mm체에 남는 잔골재량은 4%이고 5mm체를 통과하는 굵은골재량은 3%이다. 현장 배합의 잔골재량(Xkg)과 굵은골재량(Ykg)은?

가. $X=740$kg, $Y=1,066$kg　　나. $X=720$kg, $Y=1,086$kg
다. $X=700$kg, $Y=1,106$kg　　라. $X=680$kg, $Y=1,126$kg

해설 $X=\dfrac{100S-b(S+G)}{100-(a+b)}=\dfrac{100\times705-3(705+1101)}{100-(4+3)}=700\text{kg}$

$Y=\dfrac{100G-a(S+G)}{100-(a+b)}=\dfrac{100\times1101-4(705+1101)}{100-(4+3)}=1,106\text{kg}$

문제 02 시방 배합 결과 물 170kg/m^3, 시멘트 350kg/m^3, 굵은골재 1,000kg/m^3, 잔골재 700kg/m^{3}이다. 잔골재 및 굵은골재의 표면수가 3%와 1%일 경우 현장 배합시 단위수량은 얼마인가?

가. 139kg/m^3　　나. 145kg/m^3
다. 163.2kg/m^3　　라. 165kg/m^3

해설 단위 수량(W)$=170-(700\times0.03+1000\times0.01)=139$kg

문제 03 시험 결과 결합재-물비(C/W)와 f_{28}관계에서 얻은 값이 $f_{28}=-13.8+21.6C/W$ (MPa)이다. 물-시멘트 비는 얼마인가? (단, 배합강도는 36MPa이다.)

가. 41.3%　　나. 43.3%
다. 44.3%　　라. 45.3%

해설 $f_{28}=-13.8+21.6C/W$

$36=-13.8+21.6C/W$

$\therefore\ W/C=\dfrac{21.6}{36+13.8}=0.433=43.3\%$

정답 01. 다 02. 가 03. 나

문제 04 콘크리트의 배합 설계에서 단위 수량이 156kg, 단위 시멘트량이 300kg일 때 물-결합재비는 얼마인가?

가. 50%　　나. 52%
다. 54%　　라. 56%

해설 $W/C = \frac{156}{300} = 0.52 = 52\%$

문제 05 시방서의 배합 기준표에서 표준 잔골재율 $S/a = 42\%$은 조립률이 2.8일 때를 기준으로 한다. 실제로 사용하는 모래의 조립률은 2.99일 경우의 S/a값은 얼마인가?

가. 40.25%　　나. 41.05%
다. 42.04%　　라. 42.95%

해설 $\frac{2.99 - 2.8}{0.1} \times 0.5 = 0.95\%$
$\therefore S/a = 42 + 0.95 = 42.95\%$

문제 06 콘크리트 배합에 관하여 다음 설명 중에서 틀린 것은?

가. 현장 배합은 현장 골재의 조립률에 따라서 시방 배합을 환산하여 배합한다.
나. 콘크리트 배합은 질량 배합을 사용하는 것이 원칙이다.
다. 콘크리트 배합강도는 설계기준강도보다 충분히 크게 정한다.
라. 시방 배합에서는 잔·굵은 골재는 모두 표면건조 포화상태로 한다.

해설 현장배합은 입도 및 표면수를 고려하여 환산한다.

문제 07 콘크리트 $1m^3$를 만드는데 필요한 골재의 절대 용적이 $0.689m^3$이라면 단위 굵은 골재량은? (단, 잔골재율은 41%, 굵은골재의 밀도는 $2.65g/cm^3$이다.)

가. 749kg　　나. 1077kg
다. 1120kg　　라. 1155kg

해설
- 단위 굵은골재의 용적 $= 0.689 \times 0.59 = 0.40651m^3$
- 단위 굵은골재량 $= 0.40651 \times 2.65 \times 1000 = 1077kg$

정답 04. 나　05. 라　06. 가　07. 나

문제 08 설계기준 강도(f_{ck})가 24 MPa이며 내구성 기준 압축강도(f_{cd})가 21MPa일 때 배합강도는? (단, 표준편차는 3.6MPa이다.)

가. 24.5MPa　　나. 25MPa
다. 28.9MPa　　라. 30MPa

해설
- f_{ck}와 f_{cd} 중 큰 값인 24MPa을 품질기준강도(f_{cq})로 한다.
- $f_{cq} \le 35\,\text{MPa}$
  ① $f_{cr} = f_{cq} + 1.34s = 24 + 1.34 \times 3.6 = 28.8\text{MPa}$
  ② $f_{cr} = (f_{cq} - 3.5) + 2.33s = (24 - 3.5) + 2.33 \times 3.6 = 28.9\text{MPa}$
  ①, ② 중 큰 값을 적용한다.　$\therefore$ 28.9MPa

문제 09 콘크리트 배합에 관한 설명 중 옳은 것은?

가. 단위 수량은 작업이 가능한 범위에서 되도록 크게 정한다.
나. 잔골재율은 소요의 워커빌리티를 얻는 범위에서 단위수량이 최대가 되게 정한다.
다. 시방 배합을 현장 배합으로 고칠 때 혼화제를 희석시킨 희석수량은 고려하지 않는다.
라. 기상작용이 심하지 않는 곳에서 공기연행 콘크리트를 사용하는 경우 소요의 워커빌리티를 얻는 범위에서 될 수 있는 대로 적은 공기량으로 한다.

해설
- 단위수량 작업이 가능한 범위에서 적게 한다.
- 잔골재율은 워커빌리티 범위에서 단위수량이 최소가 되도록 한다.
- 혼화제를 희석시킨 희석수량은 고려해야 한다.

문제 10 콘크리트 배합 설계시 굵은골재의 최대치수를 선정하는 기준 중 잘못된 것은?

가. 철근콘크리트용 굵은골재의 최대치수는 부재 최소치수의 1/5을 초과해서는 안 된다.
나. 철근콘크리트의 일반적인 구조물의 경우 굵은골재의 최대치수는 40mm로 한다.
다. 무근콘크리트의 굵은골재 최대치수는 부재 최소치수의 1/4을 초과해서는 안 된다.
라. 철근콘크리트의 굵은골재 최대치수는 철근피복 및 철근의 최소 순간격의 3/4을 초과해서는 안 된다.

해설 철근콘크리트의 일반적인 구조물의 경우는 굵은골재 최대치수가 20mm 또는 25mm이며 단면이 큰 경우에는 40mm이다.

정답 08. 다　09. 라　10. 나

문제 11 잔골재의 조립률(FM)이 시방배합 기준표의 값보다 얼마만큼 차이가 있을 때 잔골재율을 보정하는가?

가. 0.1　　나. 0.2
다. 0.3　　라. 0.4

해설 잔골재의 조립률이 기준값(2.80)보다 0.1만큼 크면 잔골재율(S/a)를 0.5% 크게 하고 적으면 적게 한다.

문제 12 단위수량 $W=175$kg, 단위 굵은골재량, $G=1150$kg, $S/a=35\%$, 물-결합재비 $W/C=60\%$로 할 때 단위 잔골재량 S는? (단, 각 재료의 밀도는 물 : 1g/cm^3, 골재 : 2.65g/cm^3, 시멘트 밀도 : 3.15g/cm^{3}이다. 공기량은 무시함.)

가. 750 kg　　나. 810 kg
다. 633 kg　　라. 791 kg

해설 $W/C=0.6$

$\therefore C=\frac{175}{0.6}=291.7\text{kg}$

• 잔골재의 부피 $=1-$(굵은골재+시멘트+물)

$$=1-\left(\frac{1150}{2.65\times1000}+\frac{291.7}{3.15\times1000}+\frac{175}{1\times1000}\right)$$

$$=0.2984\text{m}^3$$

$\therefore$ 단위 잔골재량 $=2.65\times0.2984\times1000=791\text{kg}$

문제 13 다음 중 사용량이 많아 콘크리트의 배합 설계에 고려하여야 하는 혼화재료는?

가. 슬래그　　나. 감수제
다. 지연제　　라. 공기연행제

해설 포졸란, 플라이 애시, 고로 슬래그 등의 혼화재는 사용량이 시멘트 질량의 5% 이상 되므로 그 자체의 부피를 고려해야 한다.

문제 14 콘크리트 배합 설계에서 슬럼프 값이 1cm만큼 클 경우 단위 수량은 몇 % 크게 조정하는가?

가. 0.5%　　나. 1.0%
다. 1.2%　　라. 1.5%

해설 슬럼프 값이 1cm만큼 클(작을) 때마다 1.2%만큼 크게(작게) 한다.

정답 11. 가　12. 라　13. 가　14. 다

문제 15 콘크리트 배합에서 굵은골재 최대치수를 증가시켰을 때 발생되는 다음 설명 중 틀린 것은?

가. 단위 시멘트량이 증가될 수 있다.
나. 단위 수량을 줄일 수 있다.
다. 잔골재율이 작아진다.
라. 공기량이 작아진다.

해설
- 콘크리트를 경제적으로 제조한다는 관점에서 될 수 있는 대로 최대치수가 큰 굵은골재를 사용하는 것이 좋다.
- 굵은골재 최대치수를 증가시키면 단위 시멘트량을 줄일 수 있다.

문제 16 콘크리트의 배합설계의 순서로서 적합한 것은 어느 것인가?

A : 잔골재율(S/a)의 결정	B : 단위수량(W)의 결정
C : 슬럼프(slump) 값의 결정	D : 물-결합재비(W/B)의 결정
E : 현장배합으로 수정	F : 굵은골재의 최대치수 결정
G : 시방배합 산출 및 조정	

가. D-B-A-F-C-E-G
나. B-D-C-A-F-G-E
다. B-D-C-F-E-A-G
라. D-F-C-A-B-G-E

해설
- 콘크리트 배합설계 순서

① 물-결합재비 결정
② 굵은골재 최대치수 결정
③ 슬럼프 값의 결정
④ 잔골재율(S/a) 결정
⑤ 단위수량(W) 결정
⑥ 시방배합 산출 및 조정
⑦ 현장 배합 수정

문제 17 콘크리트의 배합 결과 물-결합재비가 50%, 잔골재율이 35%, 단위수량이 160kg을 얻었다. 단위 시멘트량은 얼마인가?

가. 295kg
나. 300kg
다. 320kg
라. 457kg

해설 $\frac{W}{C}=50\%$이므로 $\frac{160}{C}=0.5$

$\therefore\ C=\frac{160}{0.5}=320\text{kg}$

정답 15. 가 16. 라 17. 다

문제 18 콘크리트의 배합설계에 관한 다음 설명 중 틀린 것은?

가. 모래의 조립률이 0.1만큼 클 때마다 잔골재율은 0.5%만큼 크게 보정한다.
나. 슬럼프 값이 1cm 만큼 증가시키기 위해서는 단위수량을 1.2%만큼 크게 보정한다.
다. 공기량을 1% 증가하는 경우에는 잔골재율은 1% 정도 증가시킨다.
라. 물-결합재비가 0.05만큼 클 때마다 잔골재율은 1% 정도 증가시킨다.

해설 공기량을 1% 증가시키는 경우에는 잔골재율을 0.5~1% 정도 감소시킨다.

문제 19 단위 수량 $W=175$kg, 단위 굵은골재량 $G=1120$kg, $S/a=34\%$, 물-결합재비 $W/C=55\%$로 할 때 단위 잔골재량은 얼마인가? (단, 굵은골재의 밀도는 2.62 g/cm^3, 잔골재의 밀도는 2.60g/cm^3, 시멘트의 비중은 3.14, 공기량은 무시한다.)

가. 760kg
나. 766kg
다. 770kg
라. 776kg

해설 • 잔골재의 부피 $=1\text{m}^3-$(굵은골재$+$시멘트$+$물)부피

$$=1-\left(\frac{1120}{2.62\times1000}+\frac{318}{3.14\times1000}+\frac{175}{1\times1000}\right)$$

$$=0.2962\text{m}^3$$

여기서, 시멘트 질량을 구하면

$$\frac{W}{C}=0.55 \qquad \therefore C=\frac{175}{0.55}=318\text{kg}$$

• 단위 잔골재량=잔골재의 부피×잔골재 밀도×1000
$=0.2962\times2.60\times1000=770$kg

문제 20 콘크리트를 배합할 때 잔골재 275 l, 굵은골재를 480 l를 투입하여 혼합한다면 이때 잔골재율(S/a)은 얼마인가?

가. 27.5%
나. 36.4%
다. 48.0%
라. 63.5%

해설 $S/a=\frac{275}{275+480}\times100=36.4\%$

정답 18. 다 19. 다 20. 나

문제 21 콘크리트의 배합에 관한 설명 중 틀린 것은?

가. 질량 배합이 원칙이다.
나. 시방 배합에서는 표면건조 포화상태의 골재를 기준한다.
다. 현장 배합은 현장 골재의 조립률에 따라 시방 배합을 환산한 것이다.
라. 콘크리트 배합강도는 설계기준강도보다 큰 강도여야 한다.

해설 현장 배합은 시방 배합을 현장 골재의 입도 및 표면수를 고려하여 수정한 것이다.

문제 22 콘크리트 배합 설계에서 잔골재율(S/a)을 작게 하였을 때 나타나는 현상 중 옳지 않은 것은?

가. 소요의 워커빌리티를 얻기 위해서 필요한 단위시멘트량이 증가한다.
나. 소요의 워커빌리티를 얻기 위해서 필요한 단위수량이 감소한다.
다. 재료 분리가 발생하기 쉽다.
라. 워커빌리티가 나빠진다.

해설 잔골재율을 작게 하면 소요의 워커빌리티를 얻기 위해 필요한 단위수량은 적게 되어 단위시멘트량이 적어지므로 경제적이다.

문제 23 콘크리트 배합시 단위수량이 감소되므로 얻는 이점이 아닌 것은?

가. 압축강도와 휨강도를 증진시킨다.
나. 철근과 다른 층의 콘크리트간의 접착력을 증가시킨다.
다. 투수율을 증가시킨다.
라. 건조수축이 줄어든다.

해설 투수율이 감소된다.

문제 24 콘크리트의 시방 배합을 현장 배합으로 수정할 때 고려해야 할 것은?

가. 골재의 입도 및 표면수　　나. 조립률
다. 단위시멘트량　　라. 굵은골재 최대치수

해설 시방 배합은 골재의 상태가 표면건조 포화상태이며 굵은골재와 잔골재가 5mm체로 구분되어 적용되므로 현장의 골재 표면수와 입도를 고려하여 수정한다.

정답 21. 다　22. 가　23. 다　24. 가

문제 25 시방 배합에서 사용되는 골재는 어떤 상태인가?

가. 습윤상태　　　　나. 공기 중 건조상태
다. 표면건조 포화상태　　　　라. 절대건조상태

해설 시방 배합에 사용되는 골재는 표면건조 포화상태이며 5mm체 통과 또는 남는 골재를 사용한다.

문제 26 콘크리트 시방 배합의 각 재료량의 설명 중 옳은 것은?

가. 질량 배합으로 계산된 각 재료의 $1m^3$의 단위용적질량을 말한다.
나. 질량 배합으로 콘크리트 $1m^3$를 만드는 데 필요한 각 재료의 질량을 말한다.
다. 용적 배합으로 계산된 각 재료의 $1m^3$의 단위용적질량을 말한다.
라. 용적 배합으로 콘크리트 $1m^3$를 만드는 데 필요한 각 재료의 질량을 말한다.

문제 27 굵은골재의 최대치수가 크면 콘크리트에 어떤 영향을 미치는지 다음 설명 중 틀린 것은?

가. 소요수량이 적게 된다.　　　　나. 물-결합재비가 적어진다.
다. 빈배합의 경우 강도가 감소된다.　라. 경제성이 향상된다.

해설
- 부배합의 경우 : 강도가 감소한다.
- 빈배합의 경우 : 강도가 증가한다.

문제 28 콘크리트 배합시 물-결합재비를 적게 할 수 있는 대책에 관한 설명 중 틀린 것은?

가. 굵은골재의 최대치수를 크게 한다.
나. 잔골재율을 크게 한다.
다. 실리카 퓸을 사용한다.
라. 양호한 입도의 골재를 사용한다.

해설
- 잔골재율을 적게 한다.
- 골재는 흡수율이 적은 것을 사용한다.
- 고성능 감수제를 사용한다.

정답 25. 다　26. 나　27. 다　28. 나

문제 29 콘크리트 배합시 사용 수량을 증가시키지 않고 슬럼프를 증가시키는 방법이 아닌 것은?

가. 공기연행제를 사용해서 공기량을 증가시킨다.
나. 감수제를 사용한다.
다. 잔골재율(S/a)을 작게 한다.
라. 유동화제를 사용한다.

해설 잔골재율(S/a)을 증가시킨다.

문제 30 콘크리트 배합시 단위 수량이 적을 때 효과라고 볼 수 없는 것은?

가. 콘크리트의 재료분리가 적다.
나. 내구성, 수밀성이 커진다.
다. 건조수축이 커진다.
라. 수화열에 의한 균열 발생이 적어진다.

해설 건조수축이 적고 경제적이다.

문제 31 시방배합에 따르는 일반적인 콘크리트 배합설계 순서 중 제일 먼저 실시해야 할 것은?

가. 구조물의 종류와 용도를 고려하여 물–결합재비를 결정한다.
나. 굵은골재의 최대치수를 결정한다.
다. 사용할 재료의 품질시험을 실시한다.
라. 잔골재율을 결정한다.

해설 시멘트 및 골재의 밀도, 골재의 입도분석, 흡수율, 단위용적질량 및 마모율 등 사용, 재료의 품질시험을 먼저 실시한다.

문제 32 콘크리트 배합강도 $f_{cr} = (f_{cn} - 3.5) + 2.33s$ 에서 시험값이 호칭강도 f_{cn} 보다 몇 MPa 이하로 내려갈 확률을 몇 %로 하여 정하는가?

가. 3MPa, 0.13%　　나. 3MPa, 0.15%
다. 3.5MPa, 1%　　라. 4.5MPa, 1%

해설 3.5MPa 이하로 내려갈 확률을 1/100로 하여 정한다.

정답 29. 다　30. 다　31. 다　32. 다

문제 33 현장으로 운반된 레미콘을 인수한 즉시 인수자가 해야 할 굳지 않은 콘크리트의 품질 시험이 아닌 것은?

가. 슬럼프 시험 나. 공기량 시험
다. 염화물 함유량 시험 라. 압축강도 시험

해설 압축강도 시험을 하기 위해 소정의 압축강도 몰드에 공시체를 제작한다.

문제 34 콘크리트 배합에 관한 다음 설명 중 옳지 않은 것은?

가. 콘크리트 단위 수량은 작업할 수 있는 범위 내에서 적은 것이 좋다.
나. 단위 시멘트량은 단위 수량과 물-결합재비에서 정한다.
다. 콘크리트 배합에 쓰이는 압축강도는 설계기준강도보다 적은 강도로 하여야 한다.
라. 슬럼프는 기온이 높을 때 특히 저하된다.

해설 배합강도는 설계기준강도보다 크게 하여야 한다.

문제 35 콘크리트 배합 선정의 기본 방침으로 옳지 않은 것은?

가. 균일한 콘크리트를 만들기 위해서는 최소 슬럼프의 콘크리트로 한다.
나. 경제적인 배합설계를 위해서는 시공상 허용되는 최소 치수의 잔골재를 사용한다.
다. 소요의 강도를 가지도록 한다.
라. 기상작용, 화학적 작용 등에 저항할 수 있는 내구성을 가지도록 한다.

해설 시공이 가능한 굵은골재의 크기는 큰 것으로 사용해야 경제적이다.

문제 36 시방배합에서 규정된 배합의 표시법에 포함되지 않는 것은 어느 것인가?

가. 물·결합재비(W/B) 나. slump의 범위
다. 잔골재의 최대치수 라. 물, 시멘트, 골재의 단위량

해설 굵은골재 최대치수를 표시한다.

정답 33. 라 34. 다 35. 나 36. 다

문제 37 콘크리트 배합설계에 대한 다음 설명 중 틀린 것은?

가. 굵은골재의 최대치수가 적을수록 워커빌리티가 좋고 단위수량이 적어진다.
나. 단위수량은 공사가 허용하는 한 가급적 적게 한다.
다. 배합설계에서 쓰여지는 슬럼프 값을 표준시방서에서는 규정하고 있다.
라. 포장 콘크리트인 경우에는 댐 콘크리트보다 슬럼프 값을 적게 한다.

해설 굵은골재의 최대치수가 클수록 워커빌리티가 나빠지고 단위수량이 적어진다.

문제 38 콘크리트의 배합에서 허용되는 범위 내에서 굵은골재의 최대치수를 증가시켰을 때 발생되는 다음 사항 중 잘못된 것은?

가. 단위 시멘트량이 증가될 수 있다.
나. 단위 수량을 줄일 수 있다.
다. 잔골재율이 작아진다.
라. 공기량이 작아진다.

해설 단위 시멘트량의 사용량이 작다.

문제 39 일반적인 철근 콘크리트 공사에 있어서 입도가 적당한 골재를 사용한 경우, 워커빌리티가 좋은 콘크리트 배합의 일반적 경향에 관한 설명 중 잘못된 것은?

가. 동일 슬럼프 값이면 물·결합재비가 클수록 시멘트 사용량이 작다.
나. 물·결합재비가 같으면, 슬럼프 값이 작을수록 시멘트 사용량은 작다.
다. 모래알이 적을수록 시멘트 사용량은 작다.
라. 자갈이 클수록 시멘트 사용량은 작다.

해설 모래알이 적을수록 공극 양이 많아 시멘트량이 많이 사용된다.

문제 40 모래의 조립률 2.8, 공기연행 콘크리트에 있어서 굵은골재의 최대치수를 25mm라고 했을 때 잔골재율 $S/a = 38\%$이면, S/a의 수정 값이 다음에서 옳은 것은? (단, 체가름 시험에서 조립률(FM) = 2.75이다.)

가. 38.50%　　나. 28.30%
다. 37.75%　　라. 35.32%

해설 $S/a = 38 + \left(\dfrac{2.75 - 2.8}{0.1}\right) \times 0.5 = 37.75\%$

정답 37. 가　38. 가　39. 다　40. 다

문제 41 굵은골재의 공칭 최대치수에 대한 설명 중 틀린 것은?

가. 거푸집 양 측면 사이의 최소거리의 1/5을 초과하지 않아야 한다.
나. 슬래브 두께의 1/4을 초과하지 않아야 한다.
다. 개별 철근, 다발 철근, 프리스트레싱 긴장재 또는 덕트 사이 최소 순간격의 3/4을 초과하지 않아야 한다.
라. 콘크리트를 공극 없이 타설할 수 있는 시공연도나 다짐방법을 사용할 경우 책임기술자의 판단에 따라 적용하지 않을 수 있다.

해설 슬래브 두께의 1/3을 초과하지 않아야 한다.

정답 41. 나

제1부
콘크리트 재료
및 배합

제1장
콘크리트용 재료

제2장
재료시험

제3장
콘크리트의 배합

제3부
콘크리트의 시공

제1장
일반 콘크리트

제2장
특수 콘크리트

제4부
콘크리트 구조
및 유지관리

제1장
프리캐스트 콘크리트

제2장
철근 콘크리트

제3장
열화조사 및 진단

제4장
보수 · 보강 공법

제5부
CBT 모의고사

콘크리트 제조, 시험 및 품질관리

콘크리트의 제조

1-1 레디믹스트 콘크리트의 제조

1. 개 념

정비된 콘크리트 제조설비를 갖춘 공장으로부터 수시로 구입할 수 있는 굳지 않는 콘크리트

2. 일반사항

(1) 공기연행 콘크리트의 공기량은 굵은골재의 최대치수 기타에 따라 콘크리트 체적의 4.5~7.5%로 한다.

(2) 레디믹스트 콘크리트의 배출지점에서 공기량은 굵은골재 최대치수 20, 25, 40mm에 대하여 4.5%를 표준으로 한다.

3. 공장의 선정

(1) KS 표시허가 공장으로부터 레디믹스트 콘크리트를 구입한다.

(2) KS 표시허가 공장이 공사현장 근처에 없으면 규정 및 심사기준을 참고하여 사용재료, 제설비, 품질관리상태 등을 고려하여 공장을 선정한다.

(3) 비비기로부터 타설을 종료할 때까지의 시간을 외기온도가 25℃ 초과할 때 1.5시간 이내, 25℃ 이하일 때 2시간 이내를 표준으로 하고 있으며 공장을 선정할 때에는 타설에 걸리는 시간도 고려하여 1.5시간에서 타설을 종료할 수 있는 거리에 있는 공장을 선정한다.

(4) 운반시간은 되도록 짧은 것이 좋으며 운반로의 교통혼잡 상황이나 기후 등에 따라 변동하므로 이를 고려하여 선정한다.

(5) 콘크리트의 제조능력, 운반능력 등을 고려하여 선정한다.

4. 품질의 지정

(1) 레디믹스트 콘크리트의 종류는 보통 콘크리트, 경량골재 콘크리트, 포장 콘크리트, 고강도 콘크리트로 하고 구입자는 굵은골재의 최대치수, 슬럼프 및 호칭강도를 지정한다.

(2) 강도시험에서 공시체의 재령은 지정이 없는 경우 28일로 한다.

① 1회의 시험결과는 호칭강도의 85% 이상

② 연속 3회 시험결과의 평균치는 호칭강도의 값 이상

- 여기서, 1회의 압축강도 시험결과는 임의의 1개 운반차로부터 채취한 시료로 3개의 공시체를 제작하여 시험한 평균값으로 한다.

③ 1회(3개) 및 3회(9개) 시험값을 모두 만족하여야 한다.

(3) 공기량은 보통 콘크리트의 경우 4.5%이며 경량골재 콘크리트의 경우 5.5%, 포장 콘크리트 4.5%, 고강도 콘크리트 3.5%로 하여 그 허용오차는 ±1.5%로 한다.

(4) 슬럼프 및 슬럼프 플로

슬럼프(mm)	슬럼프 허용차(mm)
25	±10
50 및 65	±15
80 이상	±25

※ 여기서, 슬럼프 30mm 이상 80mm 미만인 경우 허용오차 ±15mm를 적용한다.

슬럼프 플로(mm)	슬럼프 플로의 허용차(mm)
500	± 75
600	±100
700	±100

※ 여기서, 슬럼프 플로 700mm는 굵은골재의 최대치수가 15mm인 경우에 한하여 적용한다.

(5) 구입자가 생산자와 협의하여 지정할 사항

① 시공할 구조물의 종류, 시공방법 등을 고려하여 시멘트의 종류를 지정한다.

② 자갈, 모래, 부순돌, 부순모래, 고로 슬래그 굵은골재, 고로 슬래그 잔골재, 경량골재 등의 구별을 지정한다.

③ 굵은골재의 최대치수를 지정한다.

④ 콘크리트 및 강재에 해로운 영향을 주지 않는 혼화재료를 사용한다.

⑤ 경량골재 콘크리트의 경우 굳지 않는 콘크리트의 단위용적질량을 지정한다.

⑥ 한중 콘크리트, 서중콘크리트 및 매스콘크리트 등의 경우에 콘크리트의 최고 온도 또는 최저 온도를 지정한다.

- 한중 콘크리트의 경우는 반입시 최저온도는 5℃ 이상이 되도록 유지한다.
- 서중 콘크리트의 경우는 반입시 최고온도가 35℃ 이하가 되도록 유지한다.

⑦ 물-결합재비의 상한치, 단위수량의 상한치, 단위시멘트량의 하한치 또는 상한치 등을 지정한다.

⑧ 유동화 콘크리트의 경우는 유동화하기 전 베이스 콘크리트에서 슬럼프의 증대량을 지정한다.

⑨ 그 외 필요한 사항은 생산자와 협의하여 지정한다.

(6) 레디믹스트 콘크리트의 받아들이기

① 타설에 앞서 납품일시, 콘크리트의 종류, 수량, 배출장소, 트럭 애지데이터의 반입, 속도 등을 생산자와 충분히 협의해 둔다.

② 타설 중단이 없도록 상호 연락을 취한다.

③ 콘크리트 배출장소는 운반차가 안전하고 원활하게 출입할 수 있는 장소일 것

④ 콘크리트 배출 작업은 재료분리가 일어나지 않도록 해야 한다.

⑤ 트럭 애지테이터나 트럭 믹서를 사용할 경우, 콘크리트는 혼합하기 시작하고 나서 1.5시간 이내에 공사 지점에 배출할 수 있도록 운반한다.

⑥ 덤프트럭으로 콘크리트를 운반할 경우, 콘크리트는 혼합하기 시작하고 나서 1시간 이내에 공사 지점에 배출할 수 있도록 운반한다.

1-2 레디믹스트 콘크리트의 일반 기준

1. 염화물 함유량

(1) 콘크리트 중에 함유된 염소이온의 총량으로 표시한다.

(2) 굳지 않은 콘크리트 중의 전 염소이온량은 원칙적으로 0.3 kg/m^3 이하로 한다.

(3) 상수도 물을 혼합수로 사용할 때 여기에 함유되어 있는 염소이온량이 불분명한 경우에는 혼합수로부터 콘크리트 중에 공급되는 염소이온량을 250mg/L 이하로 한다.

(4) 염소이온량이 적은 재료의 입수가 곤란한 경우는 책임기술자의 승인을 얻어 콘크리트 중의 전 염소이온량의 허용 상한값을 0.6 kg/m^3로 할 수 있다.

(5) 재령 28일이 경과한 굳은 콘크리트의 수용성 염화물 이온량

부재의 종류	콘크리트 속의 최대 수용성 염소이온량 [시멘트 질량에 대한 비율(%)]
프리스트레스트 콘크리트	0.06
염화물에 노출된 철근 콘크리트	0.15
공기 중 습도가 매우 낮은 건물 내부의 콘크리트	1.00
기타 철근 콘크리트(탄산화, 동결융해, 황산염)	0.30

(6) 철근이 배근되지 않은 무근 콘크리트의 경우는 염화물 함유량의 규정을 적용하지 않는다.

2. 콘크리트 강도

(1) 표준양생을 실시한 콘크리트 공시체의 재령 28일의 시험값으로 한다.

(2) 콘크리트 구조물은 주로 콘크리트의 압축강도를 기준한다.

(3) 콘크리트의 강도시험 횟수는 450m^3를 1로트로 하여 150m^3당 1회의 비율로 한다. 다만, 인수 · 인도 당사자간의 협정에 따라 검사 로트를 조정할 수 있다.

3. 콘크리트의 내구성

(1) 콘크리트의 물-결합재비는 원칙적으로 60% 이하로 한다.

(2) 콘크리트는 원칙적으로 공기연행 콘크리트로 한다.

4. 재　　료

(1) 재료의 저장설비

① 골재는 콘크리트 최대 출하량의 1일분 이상에 상당하는 골재를 저장할 수 있을 것

② 바닥은 콘크리트로 하고 배수 시설을 한다.

③ 인공 경량 골재를 사용하는 경우에는 살수 설비를 갖춘다.

(2) 배치 플랜트

① 계량기는 연속적으로 계량할 수 있는 장치가 구비되어야 한다.

② 믹서는 고정식 믹서로 한다.

③ 믹서의 성능은 콘크리트 중 모르타르와 단위용적질량의 차가 0.8%, 콘크리트 중 단위 굵은골재량의 차가 5% 이상의 오차가 생겨서는 안 된다.

(3) 재료의 계량 오차

재료의 종류	1회 계량 오차
시멘트, 물	시멘트(−1%, +2%), 물(−2%, +1%)
혼화재	±2%
골재, 혼화제	±3%

5. 시　　공

(1) 콘크리트의 운반차는 트럭믹서 또는 트럭애지데이터의 사용을 원칙으로 하고 슬럼프가 25mm 이하의 낮은 콘크리트를 운반할 때는 덤프트럭을 사용할 수 있다.

(2) 콘크리트 운반 및 부어 넣었을 때에는 콘크리트에 가수(加水) 해서는 안 된다.

(3) 콘크리트의 압송에 앞서 부배합의 모르타르를 압송하여 콘크리트의 품질변화를 방지한다.

(4) 콘크리트 펌프를 사용할 경우 굵은골재의 최대치수에 대한 압송관의 최소 호칭 치수

굵은골재의 최대치수(mm)	압송관의 호칭(mm)
20	100 이상
25	100 이상
40	125 이상

6. 품질관리

(1) 시멘트의 품질관리

공사 시작전, 공사중 1회/월 이상 및 장기간 저장한 경우

(2) 혼합수의 품질관리

① 상수도수 : 공사 시작 전

② 상수도수 이외의 물 : 공사 시작 전, 공사중 1회/년 이상 및 수질이 변한 경우

③ 콘크리트 제조시의 혼합용수는 기름, 산, 염류, 유기물 등의 콘크리트 품질에 영향을 주는 품질의 유해량을 함유하지 않는 깨끗한 물이라야 한다.

④ 하천수는 상수돗물 이외의 물에 대한 품질규정에 적합하지 않으면 사용할 수 없다.

⑤ 상수돗물은 시험하지 않고 사용할 수 있으나 그 이외의 물은 시험을 하여야 한다.

⑥ 슬러지수는 시험을 해야 하며 슬러지 고형분율은 3% 이하이어야 한다.

⑦ 배합설계시 슬러지수에 포함된 슬러지 고형분은 물의 질량에는 포함되지 않는다.

⑧ 배합수의 수질에 의심이 가는 경우에는 화학 분석이나 모르타르의 시험을 실시할 필요가 있다.

⑨ 현장 사정에 따라 슬러지수를 정제하여 배합수로 사용할 수 있다.

⑩ 슬러지 고형분이 많은 경우에는 잔골재율을 감소시킨다.

⑪ 슬러지수는 콘크리트의 세척 배수에서 굵은골재, 잔골재를 분리 회수하고 남은 현탁수이다.

• 회수수의 품질

항 목	품 질
염소이온(Cl^-)량	250mg/l 이하
시멘트 응결시간의 차	초결은 30분 이내, 종결은 60분 이내
모르타르의 압축강도비	재령 7일 및 28일에서 90% 이상

단, 고강도 콘크리트의 경우 회수수를 사용해서는 안 된다.

• 상수돗물(수돗물의 품질)

시험항목	허 용 량
색 도	5도 이하
탁도(NTU)	0.3 이하
수소이온농도(pH)	5.8~8.5
증발 잔류물(mg/l)	500 이하
염소이온(Cl^-)량(mg/l)	250 이하
과망간산칼륨 소비량(mg/l)	10 이하

• 상수돗물 이외의 물의 품질

항 목	품 질
현탁물질의 양	2 g/l 이하
용해성 증발 잔류물의 양	1 g/l 이하
염소 이온(Cl^-)량	250 mg/l 이하
시멘트 응결시간의 차	초결은 30분 이내, 종결은 60분 이내
모르타르의 압축강도비	재령 7일 및 재령 28일에서 90% 이상

(3) 잔골재의 품질관리

종 류	항 목	시기 및 횟수
천연모래	절대건조밀도	공사 시작 전, 공사중 1회/월 이상 및 산지가 바뀐 경우
	흡수율	
	입 도	
	점토 덩어리	
	0.08mm체 통과량	
	염화물이온량	
	유기불순물	

종 류	항 목	시기 및 횟수
천연모래	물리 화학적 안정성 (알칼리 실리카 반응성)	공사 시작 전, 공사 중 1회/6개월 이상 및 산지가 바뀐 경우
	골재에 포함된 경량편	공사 시작 전, 공사중 1회/년 이상 및 산지가 바뀐 경우
	내동해성(안정성)	
부순모래	KS F 2527의 품질항목	공사 시작 전, 공사중 1회/월 이상 및 산지가 바뀐 경우
고로 슬래그 잔골재	KS F 2544의 품질항목	공사 시작 전, 공사중 1회/월 이상 및 산지가 바뀐 경우

(4) 굵은골재의 품질관리

종 류	항 목	시기 및 횟수
강자갈	절대건조밀도	공사 시작 전, 공사중 1회/월 이상 및 산지가 바뀐 경우
	흡수율	
	입 도	
	점토 덩어리	
	0.08mm체 통과량	
	물리 화학적 안정성 (알칼리 실리카 반응성)	공사 시작 전, 공사중 1회/6개월 이상 및 산지가 바뀐 경우
	석탄, 갈탄 등으로 밀도 2.0g/cm³의 액체에 뜨는 것	공사 시작 전, 공사중 1회/년 이상 및 산지가 바뀐 경우
	내동해성(안정성)	
부순 골재	KS F 2527의 품질항목	공사 시작 전, 공사중 1회/월 이상 및 산지가 바뀐 경우
고로 슬래그 굵은골재	KS F 2544의 품질항목	공사 시작 전, 공사중 1회/월 이상 및 산지가 바뀐 경우

(5) 혼화재의 품질관리

종 류	시기 및 횟수
플라이 애시	공사 시작 전, 공사중 1회/월 이상 및 장기간 저장한 경우
콘크리트용 팽창재	
고로 슬래그 미분말	
실리카 퓸	
그 밖의 혼화재	

(6) 혼화제의 품질관리

종 류	시기 및 횟수
공기연행제, 감수제, 공기연행 감수제, 고성능 공기연행 감수제	공사 시작 전, 공사중 1회/월 이상 및 장기간 저장한 경우
유동화제	
수중 불분리성 혼화제	
철근콘크리트용 방청제	
그 밖의 혼화재	

(7) 제조 설비의 검사

종 류		항 목	시험 및 검사방법	시기 및 횟수
재료의 저장 설비		필요한 항목	외관 관찰, 설비의 구조도 확인, 온도 및 습도 측정	공사 시작 전, 공사전
계량설비	계량기	계량 정밀도	분도, 전기식 검사기	공사 시작 전 및 공사중 1회/6개월 이상
	계량제어장치	계량 정밀도	지시치와 설정치의 오차 측정	
믹서	가경식	성능	KS F 2455 및 KSF 8008의 방법	공사 시작 전 및 공사중 1회/6개월 이상
	중력식	성능	KS F2455 및 KS F 8009의 방법	

(8) 제조 공정에 있어서의 검사

종류	항 목	시험 및 검사방법	시기 및 횟수
배합	시방배합	시방배합을 하고 있는 것을 나타내는 자료에 의한 확인	공사중 적절히 실시함.
	잔골재 조립률	KS F 2502의 방법	1회/일 이상
	잔골재 표면수율	KS F 2550 및 KS F 2509의 방법	2회/일 이상
	굵은골재 조립률	KS F 2502의 방법	1회/일 이상
	굵은골재 표면수율	KS F 2550의 방법	
계량	계량설비의 계량 정밀도	임의의 연속된 10배치에 대하여 각 계량기별, 재료별로 실시	공사 시작 전 및 공사중 1회/6개월 이상
비비기	재료의 투입 순서	외관 관찰	공사중 적절히 실시함.
	비비기 시간	설정치의 확인	
	비비기량	설정치의 확인	

제1장 콘크리트의 제조

콘크리트의 제조

문제 01 콘크리트를 어느 정도 비빈 후 트럭믹서 또는 교반트럭에 투입하여 공사현장에 도달 할 때까지 운반시간 동안 혼합하여 도착시 완전히 혼합된 콘크리트로 공급하는 레디믹스트 콘크리트는?

가. 센트럴 믹스트 콘크리트
나. 쉬링크 믹스트 콘크리트
다. 트랜싯 믹스트 콘크리트
라. 프리 믹스트 콘크리트

해설
- **센트럴 믹스트 콘크리트** : 각 재료를 완전하게 혼합하여 콘크리트를 트럭믹서나 트럭애지데이터로 운반하는 방법
- **트랜싯 믹스트 콘크리트** : 계량된 각 재료는 직접 트럭믹서 속에 투입하고 운반 도중에 소정의 물을 첨가하여 혼합하면서 공사현장에 도착하면 완전한 콘크리트로 공급하는 방법

문제 02 콘크리트 구조물의 설계에서 사용하는 콘크리트의 강도는?

가. 압축강도
나. 인장강도
다. 휨강도
라. 전단강도

해설 포장 콘크리트의 경우는 휨강도를 기준으로 한다.

문제 03 압축강도에 의해 콘크리트 품질관리를 할 경우에 대해 설명한 것 중 잘못된 것은?

가. 일반적인 경우 조기재령의 압축강도에 의한다.
나. 압축강도의 1회 시험값은 동일 배치에서 취한 공시체 3개에 대한 평균값으로 한다.
다. 시험값에 의해 품질을 관리할 경우 관리도 및 산포도 곡선을 이용하는 것이 좋다.
라. 시험용 시료채취 시기 및 횟수는 하루에 치는 콘크리트마다 적어도 1회, 구조물별 120m^3마다 1회로 한다.

해설 시험값에 의해 품질을 관리할 경우 관리도를 이용하는 것이 좋다.

정답 01. 나 02. 가 03. 다

문제 04 콘크리트의 내동해성을 기준으로 보통골재 콘크리트의 최대 물-결합재비를 정할 경우 몇 % 이하를 원칙으로 하는가?

가. 45%　　나. 50%
다. 55%　　라. 60%

문제 05 굵은골재의 최대치수는 부재의 최소치수의 ( ), 철근피복 및 철근의 최소순간격의 ( )을 초과해서는 안 되는가?

가. 3/4, 1/5　　나. 1/5, 3/4
다. 1/4, 1/5　　라. 1/5, 1/4

문제 06 무근 콘크리트의 경우 굵은골재의 최대치수는 몇 mm인가?

가. 20mm　　나. 25mm
다. 40mm　　라. 50mm

해설 • 굵은골재의 최대치수

구조물의 종류	굵은골재의 최대치수(mm)
일반적인 경우	20 또는 25
단면이 큰 경우	40
무근 콘크리트	40 부재 최소치수의 1/4을 초과해서는 안됨

문제 07 단면이 큰 경우 철근 콘크리트의 슬럼프 값은?

가. 80~85mm　　나. 60~120mm
다. 50~150mm　　라. 50~100mm

해설 • 슬럼프의 표준값

종 류		슬럼프 값(mm)
철근 콘크리트	일반적인 경우	80~150
	단면이 큰 경우	60~120
무근 콘크리트	일반적인 경우	50~150
	단면이 큰 경우	50~100

정답 04. 나　05. 나　06. 다　07. 나

문제 08 콘크리트 비비기 시간은 가경식 믹서의 경우 얼마인가?

가. 1분 이상　　나. 1분 30초 이상
다. 2분 이상　　라. 2분 30초 이상

해설 강제혼합식의 경우는 1분 이상을 표준으로 한다.

문제 09 비비기는 미리 정해 둔 비비기 시간의 몇 배 이상 계속해서는 안되는가?

가. 1배　　나. 2배
다. 3배　　라. 4배

문제 10 콘크리트 비비기에 관한 설명 중 틀린 것은?

가. 비비기를 시작하기 전에 미리 믹서 내부를 모르타르로 부착시킨다.
나. 믹서 안의 콘크리트를 전부 꺼낸 후에 다음 재료를 넣는다.
다. 비벼놓아 굳기 시작한 콘크리트는 되비비기하여 사용한다.
라. 재료를 믹서에 투입할 때 일반적으로 물은 다른 재료보다 먼저 넣는다.

해설 물을 더 넣지 않고 되비비기를 하면 콘크리트 압축강도는 증가하나 시공시에 되비비기를 허용하면 충분히 되비비기를 하지 않은 콘크리트를 치거나 물을 넣어 되비비기를 할 우려가 있어 되비비기한 콘크리트를 사용하지 않도록 한다.

문제 11 콘크리트 재료의 계량에 관한 설명 중 틀린 것은?

가. 혼화제를 녹이는 데 사용하는 물은 단위수량과 별도로 고려한다.
나. 재료는 시방배합을 현장배합으로 고친 후 현장배합에 의해 계량한다.
다. 각 재료는 1회의 비비기 양마다 질량으로 계량한다.
라. 시멘트의 1회 계량오차는 1% 이내가 되도록 한다.

해설
- 혼화제를 녹이는 데 사용하는 물은 단위수량 일부로 본다.
- 물과 혼화제 용액은 용적으로 계량해도 좋다.

정답 08. 나　09. 다　10. 다　11. 가

문제 12 콘크리트 운반에 대한 설명 중 틀린 것은?

가. 운반거리가 50~100m 이하의 평탄한 운반로를 만들어 콘크리트의 재료분리를 방지할 수 있는 경우는 손수레차를 사용해도 좋다.
나. 운반 중에 재료분리가 발생한 경우는 충분히 거듭비비기를 해서 균등질의 콘크리트로 한다.
다. 슬럼프가 50mm 이하의 된반죽 콘크리트를 10km 이하의 거리를 운반하는 경우나 1시간 이내에 운반 가능한 경우는 덤프트럭을 이용해도 좋다.
라. 보통 콘크리트를 펌프로 압송할 경우 굵은골재의 최대치수는 25mm 이하를 표준으로 한다.

해설 콘크리트 펌프로 압송할 경우 굵은골재의 최대치수는 40mm 이하를 표준으로 한다.

문제 13 콘크리트 운반 시공에 관한 설명 중 틀린 것은?

가. 콘크리트 플레이서 수송관의 배치는 굴곡을 적게 하고 수평 또는 하향경사로 설치한다.
나. 벨트컨베이어는 운반거리가 길거나 경사가 있어서는 안 된다.
다. 슈트를 사용할 경우는 연직슈트를 사용한다.
라. 부득이 경사슈트를 사용할 경우는 수평 2에 대하여 연직 1정 도가 적당하다.

해설
- 콘크리트 플레이서 수송관의 배치는 굴곡을 적게 하고 수평 또는 상향으로 하며 하향경사로 해서는 안 된다.
- 경사슈트는 가능한 사용하지 않는 것이 좋다.

문제 14 경사슈트의 출구에서 조절판 및 깔때기를 설치하여 재료분리를 방지하는데 이 경우 깔때기의 하단과 콘크리트를 치는 표면과의 간격은?

가. 0.5m 이하　　나. 1m 이하
다. 1.5m 이하　　라. 2.0m 이하

정답 12. 라　13. 가　14. 다

문제 15 콘크리트 치기에 관한 설명 중 틀린 것은?

가. 친 콘크리트를 거푸집 안에서 내부 진동기를 써서 유동화시키며 콘크리트를 이동시킨다.
나. 한 구획 내의 콘크리트 치기는 끝날 때까지 연속해서 콘크리트를 쳐야 한다.
다. 콘크리트는 그 표면이 한 구획 내에서는 거의 수평이 되도록 친다.
라. 벽 또는 기둥과 같이 높이가 높은 곳을 쳐 올라가는 속도는 30분에 1~1.5m 정도가 적당하다.

해설
- 내부진동기는 콘크리트의 다짐에 사용되는 기구이므로 콘크리트를 이동시키는 데 사용해서는 안 된다.
- 콘크리트 칠 때는 목적하는 위치에 콘크리트를 내려서 치고 횡방향으로 이동시켜서는 안 된다.

문제 16 내부 진동기는 가능한 연직으로 일정한 간격으로 찔러 넣는데 그 간격은?

가. 0.2m 이하　　나. 0.3m 이하
다. 0.5m 이하　　라. 1m 이하

문제 17 진동다짐을 할 때에는 진동기를 아래층의 콘크리트 속에 몇 m 정도 찔러 넣는가?

가. 0.05m　　나. 0.1m
다. 0.15m　　라. 0.2m

해설
- 2층 이상으로 콘크리트를 칠 경우 각 층의 콘크리트가 일체가 되도록 하층의 콘크리트가 굳기 전에 다진다.
- 진동기를 뺄 때 천천히 빼내 구멍이 남지 않도록 한다.

문제 18 1대의 내부진동기로서 다지는 콘크리트 용적은 2명이 취급하는 대형의 경우 1시간에 몇 m^3 정도인가?

가. $10m^3$　　나. $20m^3$
다. $30m^3$　　라. $40m^3$

해설 일반적으로 소형은 1시간에 $4 \sim 8m^3$ 정도이다.

정답 15. 가　16. 다　17. 나　18. 다

문제 19 콘크리트 침하 균열에 대한 조치의 설명 중 틀린 것은?

가. 벽 또는 기둥의 콘크리트 침하가 거의 끝난 후 슬래브, 보의 콘크리트를 쳐야 한다.
나. 콘크리트 단면이 변하는 위치에서 치기를 중지한 다음 그 콘크리트의 침하가 생긴 다음 내민 부분 등의 상층 콘크리트를 친다.
다. 콘크리트의 침하가 끝나는 시간은 1~2시간 정도가 일반적이다.
라. 침하 균열이 발생할 경우에는 탬핑을 실시해서는 안 된다.

해설
- 콘크리트가 굳기 전에 침하 균열이 발생한 경우에는 즉시 탬핑을 하여 균열을 적게 한다.
- 침하 균열은 콘크리트의 침하가 철근이나 매설물에 구속되는 경우에도 발생한 경우가 있다.

문제 20 레디믹스트 콘크리트 믹서는 콘크리트 중 모르타르와 단위용적질량의 차가 몇 % 이하이면 콘크리트를 균등하게 혼합시킬 성능을 갖고 있다고 볼 수 있는가?

가. 0.5% 나. 0.8%
다. 1% 라. 5%

해설
- 레디믹스트 콘크리트의 믹서는 가경식 믹서를 사용해서는 안되고 고정식 믹서를 사용한다.
- 믹서의 성능이 콘크리트 중 단위굵은골재량의 차가 5% 이상의 오차가 생겨서는 안 된다.

문제 21 레디믹스트 콘크리트로 발주할 경우 품질에 대한 지정 중 공기량은 보통 콘크리트의 경우 몇 %로 하는가?

가. 4.5% 나. 5%
다. 6% 라. 7%

해설
- 경량골재 콘크리트의 경우 5.5%이다.
- 허용오차는 ±1.5%이다.

정답 19. 라 20. 나 21. 가

문제 22 콘크리트를 버킷으로 운반할 경우 다음의 설명 중 틀린 것은?

가. 버킷의 배출구가 버킷 바닥 모서리에 있는 것이 좋다.
나. 배출구의 개폐가 쉽고 닫았을 때 콘크리트나 모르타르가 새지 않아야 한다.
다. 버킷은 믹서로부터 받아 즉시 콘크리트를 칠 장소로 운반하는 방법을 현재로서는 가장 적합한 운반방법이라고 본다.
라. 버킷을 타워 크레인으로 운반하는 방법은 콘크리트에 진동을 적게 주기 때문에 좋다.

해설
- 버킷의 배출구는 중앙부 아래쪽에 있는 것이 좋다.
- 버킷을 타워 크레인으로 운반하는 방법은 콘크리트에 진동을 적게 주기 때문에 좋다.

문제 23 콘크리트 펌프의 기종을 선정할 경우 고려해야 할 사항 중 관계가 가장 먼 것은?

가. 콘크리트의 종류　　나. 배관조건
다. 콘크리트의 치기량　　라. 기후조건

해설
- 콘크리트 펌프의 기종은 콘크리트의 종류, 품질, 관의 지름, 배관조건, 치기장소, 1회의 치기량, 치기속도 등을 고려하여 선정해야 한다.
- 경우에 따라 압송시험을 실시하여 콘크리트 펌프의 기종을 결정하는 것이 좋다.

문제 24 콘크리트 펌프 기종의 관경을 정할 때 고려할 사항이 아닌 것은?

가. 콘크리트의 종류　　나. 배관조건
다. 압송조건　　라. 굵은골재의 최대치수

해설 콘크리트의 품질 등을 고려하여 관경을 정한다.

문제 25 콘크리트 펌프의 기종에 관한 설명 중 틀린 것은?

가. 관경이 클수록 관내의 압력손실이 적고 압송이 쉽다.
나. 콘크리트 펌프의 관경의 크기는 100~150 A (4 B~6 B)가 사용된다.
다. 100 A와 4 B는 관의 지름이 각각 100mm와 4inch를 의미한다.
라. 펌프의 형식은 스퀴즈(squeeze)식의 사용을 원칙으로 한다.

해설 펌프의 형식은 피스톤식과 스퀴즈(squeeze)식의 사용을 원칙으로 한다.

정답 22. 가　23. 라　24. 나　25. 라

문제 26 콘크리트 펌프의 기종에 관한 설명 중 틀린 것은?

가. 펌핑 시의 최대 소요 압력은 P_{max} = (수평관 1m당 관내 압력의 손실)×경사거리
나. 콘크리트 펌핑이 원활한 것으로 한다.
다. 콘크리트 펌핑 시의 소요 압력은 펌프의 허용 최대 압송압력 이상이 되어서는 안 된다.
라. 펌핑 시의 최대 소요 압력은 유사한 현장의 실적이나 펌핑 시험을 통하여 결정해야 한다.

해설 P_{max} = (수평관 1m당 관내 압력의 손실)×(수평 환산거리)

문제 27 콘크리트 강도에 영향을 주는 요인이 아닌 것은?

가. 양생온도　　나. 물–결합재비
다. 거푸집 크기　　라. 골재의 조립률

해설
- 물–결합재비가 콘크리트 강도에 가장 큰 영향을 미친다.
- 골재의 입도가 적합하면 강도가 증가된다.

문제 28 유동화 콘크리트 시험을 위해 트럭 애지테이터를 30초간 고속으로 휘저은 후 최초로 배출되는 콘크리트 약 몇 l를 제외한 후 시료를 채취하는가?

가. 50l　　나. 10l
다. 15l　　라. 20l

문제 29 콘크리트를 운반할 경우 운반용 자동차의 사용에 관한 설명 중 틀린 것은?

가. 운반거리가 먼 경우나 슬럼프가 큰 콘크리트의 경우에는 애지테이터를 붙인 트럭믹서를 사용하여 운반해야 한다.
나. 슬럼프가 50mm 이하의 된반죽 콘크리트를 10km 이하의 거리를 운반하는 경우에는 덤프트럭을 이용하여 운반해도 좋다.
다. 1시간 이내에 운반 가능한 경우 재료분리가 심하지 않으면 덤프트럭에 의해 운반해도 좋다.
라. 운반거리가 짧은 경우에는 애지테이터 등의 설비를 반드시 갖추어야 한다.

해설 운반거리가 긴 경우에는 애지테이터 등의 설비를 갖추어야 한다.

정답 26. 가　27. 다　28. 가　29. 라

문제 30 벨트컨베이어를 사용하여 콘크리트를 운반할 경우의 설명이다. 틀린 것은?

가. 콘크리트를 연속적으로 운반하는 데 편리하다.
나. 재료분리 방지를 위해 조절판(baffle plate) 및 깔때기를 설치한다.
다. 벨트컨베이어는 원칙으로 운반거리가 길거나 경사가 있어서는 안 된다.
라. 벨트컨베이어에 덮개를 설치하여 사용하지 않도록 한다.

해설 운반거리가 길면 콘크리트의 햇빛이나 공기 중 노출되는 시간이 길어 반죽질기가 변화될 우려가 있으므로 적당한 위치에 덮개를 설치하여 사용한다.

문제 31 콘크리트 플레이서를 사용할 경우 다음의 설명 중 틀린 것은?

가. 콘크리트를 압축공기로서 압송하는 것으로 터널 등의 좁은 곳에 운반하는 데는 불편하다.
나. 수송관의 배치는 굴곡을 적게 하고 수평 또는 상향으로 설치한다.
다. 수송관의 배치는 하향경사로 설치하여 사용해서는 안 된다.
라. 잔골재율을 크게 한 콘크리트를 사용하는 것이 좋다.

해설
- 콘크리트를 압축공기로서 압송하는 것으로 콘크리트 펌프와 같이 터널 등의 좁은 곳에 콘크리트를 운반하는데 편리하다.
- 콘크리트 플레이서를 사용하면 콘크리트의 재료분리가 매우 심한 경우가 발생하므로 점성이 풍부한 콘크리트가 되게 잔골재율을 크게 한 단위 모르타르량이 많은 콘크리트를 사용하는 것이 좋다.

문제 32 슈트를 사용하여 콘크리트를 운반할 경우 다음 설명 중 틀린 것은?

가. 원칙적으로 연직슈트를 사용해야 한다.
나. 슈트는 사용 전후에 충분히 물로 씻어야 한다.
다. 경사슈트에 의하여 운반된 콘크리트는 재료분리를 일으키기 쉽다.
라. 부득이 경사슈트를 사용할 경우에는 수평 3 에 대하여 연직 1 정도가 적당하다.

해설
- 부득이 경사슈트를 사용할 경우에는 수평 2 에 대하여 연직 1 정도가 적당하다.
- 콘크리트 유하에 앞서 모르타르를 유하시키는 것이 좋다.
- 연직슈트는 깔때기 등을 이어대어 만들어 재료분리가 적게 일어나도록 해야 한다.
- 콘크리트가 한 장소에 모이지 않도록 콘크리트 투입구의 간격, 투입 순서 등을 검토해야 한다.

정답 30. 라 31. 가 32. 라

문제 33 콘크리트의 치기에 대한 설명 중 틀린 것은?

가. 미리 정해진 작업구획 내에서는 치기가 끝날 때까지 연속해서 콘크리트를 친다.
나. 콘크리트 치기의 1층 높이는 다짐 능력을 고려하여 결정한다.
다. 콘크리트는 그 표면이 한 구획 내에서는 거의 수평이 되도록 치는 것을 원칙으로 한다.
라. 콘크리트 표면의 고인 물은 도랑을 만들어 흐르게 하여 제거시키고 콘크리트를 친다.

해설 고인 물을 제거하기 위해 콘크리트 표면에 도랑을 만들어 흐르게 하면 시멘트 풀이 씻겨서 골재만 남게 되므로 절대로 해서는 안 된다.

문제 34 믹서를 이용하여 콘크리트를 혼합할 경우 다음의 설명 중 틀린 것은?

가. 콘크리트를 너무 오래 비비면 골재가 파쇄되어 미분의 양이 많아 강도가 저하될 수 있다.
나. 혼합시간이 길어지면 공기량이 점차 감소하여 배출시의 콘크리트의 워커빌리티가 나빠진다.
다. 콘크리트는 비비기 시간이 길수록 일반적으로 강도가 작아진다.
라. 혼합시간이 너무 길면 콘크리트의 워커빌리티가 나빠지며 배출 후의 시간경과에 따라 슬럼프 저하량이 커진다.

해설
- 혼합시간이 길어지면 처음에는 공기량이 증가하나 그 후 혼합시간이 연장되면 점차 감소한다.
- 콘크리트는 비비기 시간이 길수록 시멘트와 물과의 접촉이 좋게 되기 때문에 일반적으로 강도가 커진다. 그러나 비비는 시간이 너무 길면 오히려 강도가 떨어진다.

문제 35 콘크리트 타설시 진동기를 사용하는 가장 큰 이유는?

가. 된반죽 콘크리트 다짐을 하기 위해
나. 거푸집의 구석까지 잘 채워 밀실한 콘크리트를 만들기 위해
다. 조기 응결을 촉진시키기 위해
라. 단위수량을 적게 하기 위해

해설 진동기를 사용하여 콘크리트 내부를 다질 경우 공극을 적게 해서 밀도를 크게 할 수 있다.

정답 33. 라 34. 다 35. 나

문제 36 굵은골재의 최대치수가 40mm인 경우 콘크리트 펌프 압송관의 호칭치수는 몇 mm 이상인가?

가. 80mm　　　나. 100mm
다. 125mm　　　라. 150mm

해설 굵은골재의 최대치수가 20mm인 경우는 압송관의 호칭치수가 100mm 이상이다.

문제 37 콘크리트의 비빔 시작부터 부어넣기 종료까지의 시간의 한도는? (단, 외기 기온이 25℃ 미만인 경우)

가. 60분　　　나. 90분
다. 120분　　　라. 150분

해설
- 외기 기온이 25℃ 미만인 경우 : 120분 이내
- 외기 기온이 25℃ 이상인 경우 : 90분 이내

문제 38 일반 콘크리트 생산시 각 재료의 계량 오차의 허용 범위가 틀린 것은?

가. 혼화제 : ±3%　　　나. 골　재 : ±3%
다. 시멘트 : ±2%　　　라. 혼화재 : ±2%

해설
- 시멘트 : −1%, +2%
- 물 : −2%, +1%

문제 39 레디믹스트 콘크리트 운반에 관한 설명 중 틀린 것은?

가. 슬럼프가 25mm 이하의 낮은 콘크리트를 운반할 때는 덤프트럭을 사용할 수 있다.
나. 운반 및 부어넣을 때에는 콘크리트에 가수(加水)를 할 수 있다.
다. 콘크리트 펌프로 압송을 수행하는 자는 자격이 있는 기술자 또는 동등 이상의 기능을 가진자로 한다.
라. 굵은골재의 최대치수가 25mm인 경우 압송관의 호칭치수는 100mm 이상이어야 한다.

해설 콘크리트의 운반 및 부어넣을 때에는 콘크리트에 가수(加水)를 해서는 안 된다.

정답 36. 다 37. 다 38. 다 39. 나

문제 40 레디믹스트 콘크리트 구입자가 생산자와 협의하여 지정하는 사항이 아닌 것은? (보통 콘크리트의 경우)

가. 시멘트 종류
나. 굵은골재의 최대치수
다. 혼화재료의 종류
라. 굳지 않은 콘크리트 단위용적질량

해설
- 경량골재 콘크리트의 경우는 굳지 않은 콘크리트의 단위용적질량을 지정한다.
- 한중, 서중 콘크리트 및 매스콘크리트 경우에는 콘크리트의 최고온도 또는 최저온도를 지정한다.
- 유동화 콘크리트의 경우 유동화하기 전 베이스 콘크리트에서 슬럼프의 증대량을 지정한다.

문제 41 콘크리트 표준시방서에서 압축강도시험은 몇 m^3당 1회의 비율로 공시체를 제작하는가?

가. $50m^3$
나. $120m^3$
다. $150m^3$
라. $200m^3$

해설 1회 강도시험은 임의의 1개 운반차에서 채취한 시료로 3개의 공시체를 제작하여 시험한 평균값으로 한다.(KS F 4009 기준 : $150m^3$마다)

문제 42 비빈 콘크리트를 현장의 거푸집까지 운반해 공사하는데 운반 방법이 아닌 것은?

가. 슈트
나. 콘크리트 펌프
다. 드래그 라인
라. 벨트 컨베이어

해설 드래그 라인은 토공 기계로 흙을 굴착, 싣기에 이용된다.

문제 43 콘크리트의 운반 및 치기에 관한 설명 중 틀린 것은?

가. 콘크리트의 재료 분리가 될 수 있는 대로 적게 일어나도록 해야 한다.
나. 신속하게 운반하여 치고 충분히 다져야 한다.
다. 비비기로부터 치기가 끝날 때까지의 시간은 외기 온도가 25℃를 넘을 때, 1.5시간 미만이다.
라. 운반 중에 현저한 재료 분리가 인정될 때에는 폐기해야 한다.

해설 운반 중에 재료 분리가 인정될 때에는 충분히 거듭 비비기를 해서 균등질의 콘크리트로 한다.

정답 40. 라 41. 나 42. 다 43. 라

문제 44 콘크리트 비비기에 관한 설명 중 틀린 것은?

가. 재료를 믹서에 투입하는 순서는 여러 시험 결과와 실적율 참고로 해서 정한다.
나. 비비기는 미리 정해둔 비비기 시간의 3배 이상 계속해서는 안 된다.
다. 콘크리트는 거듭 비비기하여 사용하지 않는 것을 원칙으로 한다.
라. 믹서 안에 재료를 투입한 후 가경식 믹서일 경우에는 1분 30초 이상 비빈다.

해설 비벼 놓아 굳기 시작한 콘크리트는 되비벼서 사용하지 않는 것을 원칙으로 한다.

문제 45 비빌 때 콘크리트 중의 전 염화물 이온량은 원칙적으로 얼마 이하로 하는가?

가. $0.3kg/m^3$
나. $0.4kg/m^3$
다. $0.5kg/m^3$
라. $0.6kg/m^3$

해설 바다 잔골재를 사용할 경우 2회/일 품질검사를 실시한다.

문제 46 콘크리트 시공에 대한 설명 중 틀린 것은?

가. 콘크리트를 직접 지면에 치는 경우에는 미리 깔기 콘크리트를 깔아두는 것이 좋다.
나. 콘크리트 친 후 굵은골재가 분리되어 모르타르가 부족한 부분이 생길 경우에는 분리된 굵은골재를 긁어 올려서 모르타르가 많은 콘크리트 속에 묻어 넣는다.
다. 콘크리트 치기 중 및 다진 후에 블리딩에 의한 고인 물은 도랑을 만들어 흐르도록 즉시 조치한다.
라. 콘크리트 치기 작업 중 철근의 배치, 매설물의 변형이나 손상을 입힐 경우에 대비하여 치기 작업 중에도 철근공을 배치해 두는 것이 좋다.

해설 콘크리트 표면에 고인 물을 흐르게 하면 시멘트 풀이 씻겨서 골재만 남게 되므로 절대 해서는 안 된다.

정답 44. 다 45. 가 46. 다

문제 47 콘크리트 다지기에 대한 설명 중 옳지 않은 것은?

가. 거푸집 진동기를 사용하는 경우에는 진동기를 거푸집에 확실히 부착시킨다.
나. 거푸집이 콘크리트와 접촉하는 면은 표면이 매끈해야 한다.
다. 재진동을 적절한 시기에 하면 공극, 수극이 줄어들고 철근과의 부착강도가 증가된다.
라. 봉 다지기를 하면 거푸집 판에 작용하는 콘크리트 압력이 증가되므로 진동에 의하여 다지는 경우보다 거푸집이 상당히 견고해야 한다.

해설
- 진동에 의하여 다지기를 하면 거푸집 판에 작용하는 콘크리트의 압력은 증가하므로 거푸집은 봉 다지기보다 상당히 견고해야 한다.
- 재진동을 적절한 시기에 하면 콘크리트 강도가 증가되며 침하 균열의 방지 등에 효과가 있다.

문제 48 콘크리트 다지기에 대한 설명 중 틀린 것은?

가. 진동 다짐을 할 때에는 상·하층이 일체가 되도록 진동기를 아래층의 콘크리트 속에 0.1m 정도 찔러 넣는다.
나. 진동기의 형식, 크기 및 개수는 한 번에 다질 수 있는 콘크리트의 전 용적을 충분히 진동 다지기를 하는데 적당한 것이어야 한다.
다. 재진동을 실시할 경우에는 가급적 늦게 할수록 좋다.
라. 다지기에는 내부 진동기를 원칙으로 사용하나 얇은 벽 등 내부 진동기의 사용이 곤란한 장소에서는 거푸집 진동기를 사용해도 좋다.

해설 재진동을 할 경우에는 콘크리트에 나쁜 영향이 생기지 않도록 초결이 일어나기 전에 실시해야 한다.

문제 49 콘크리트의 슬럼프가 100mm인 경우 슬럼프의 허용차는 몇 mm인가?

가. ±10mm　　나. ±15mm
다. ±25mm　　라. ±30mm

해설
- 슬럼프의 허용차

슬럼프(mm)	슬럼프 허용차(mm)
25	±10
50 및 65	±15
80 이상	±25

정답 47. 라　48. 다　49. 다

문제 50 보통 콘크리트의 경우 공기량은 4.5%로 하며 그 허용오차는 얼마인가?

가. ±1.0% 나. ±1.5%
다. ±2.0% 라. ±2.5%

해설 공기량은 보통 콘크리트의 경우 4.5%, 경량골재 콘크리트의 경우 5.5%로 하며 그 허용오차는 ±1.5%로 한다.

문제 51 레디믹스트 콘크리트의 염화물 이온(Cl^-)량은 배출지점에서 몇 kg/m^3 이하인가?

가. $0.1kg/m^3$ 나. $0.3kg/m^3$
다. $0.5kg/m^3$ 라. $0.6kg/m^3$

해설 구입자의 승인을 얻은 경우에는 $0.6kg/m^3$ 이하로 할 수 있다.

문제 52 콘크리트의 강도시험 3회의 결과 공시체의 압축강도 평균값은?

가. 호칭강도의 85% 이상 나. 호칭강도의 90% 이상
다. 호칭강도 이상 라. 호칭강도의 110% 이상

해설
- 호칭강도로부터 배합을 정한 경우 : 연속 3회 시험값의 평균이 호칭강도 이상
- 품질기준강도로부터 배합을 정한 경우 : 연속 3회 시험값의 평균이 품질기준강도 이상

문제 53 콘크리트 표면의 마감처리에 관한 내용 중 틀린 것은?

가. 콘크리트 노출면은 반드시 매끈하게 처리하여 오염된 공기나 물의 침투가 최소화되게 한다.
나. 블리딩, 들뜬 골재, 콘크리트의 부분침하 등의 결함은 콘크리트 응결 전에 수정처리를 완료한다.
다. 기둥, 벽 등의 수평이음부의 표면은 소정의 물매와 거친면으로 마감한다.
라. 흙손으로 마감할 때 표면에 있는 골재가 떠오르지 않도록 하고 흙손에 힘을 주어 약간 누르는 힘이 적용되게 한다.

해설 콘크리트가 경화하기 전에 설계 도서에 따른 표면 물매로 하며 특별한 목적으로 요구하는 사항을 제외하고는 매끈하게 처리하여 오염된 공기나 물의 침투를 최소화되게 한다.

정답 50. 나 51. 나 52. 다. 53. 가

문제 54 굵은골재 최대치수가 25mm일 경우 압송관의 최소 호칭치수는 몇 mm 이상인가?

가. 80mm 나. 100mm
다. 125mm 라. 150mm

해설 • 굵은골재 최대치수에 따른 압송관의 최소 호칭치수

굵은골재의 최대치수(mm)	압송관의 호칭치수(mm)
20	100 이상
25	100 이상
40	125 이상

문제 55 콘크리트 운반 계획 수립시 검토해야 할 사항이 아닌 것은?

가. 전 공정 중의 콘크리트 작업의 공정
나. 1일 쳐야 할 콘크리트량에 맞춰 운반, 치기방법 등의 설비 및 인원 배치
다. 양생 방법의 선정
라. 운반로, 운반 경로

해설 • 운반 계획 수립시 검토해야 할 사항
① 치기구획, 시공이음의 위치, 시공이음의 처치방법
② 콘크리트의 치기순서
③ 콘크리트의 비비기에서 치기까지 소요시간
④ 기상조건(온도, 습도, 풍속, 직사광선)

문제 56 일반 콘크리트 제조시 혼화재의 계량오차는 몇 % 이내인가?

가. ±1% 나. ±2%
다. ±3% 라. ±4%

해설 • 시멘트 : −1%, +2%
• 물 : −2%, +1%
• 혼화재 : ±2%
• 골재, 혼화제 : ±3%

문제 57 콘크리트 펌프의 단위시간당 압송량에 영향을 미치는 요인이 아닌 것은?

가. 콘크리트의 타설량 나. 압송능력
다. 압송작업조건 라. 콘크리트의 워커빌리티

해설 다짐 작업 효율에도 영향을 받는다.

정답 54. 나 55. 다 56. 나 57. 가

문제 58 콘크리트 펌프의 관내 압력손실에 관한 설명 중 틀린 것은?

가. 슬럼프 값이 작을수록 관내 압력손실이 커진다.
나. 수송관의 직경이 클수록 관내 압력손실이 커진다.
다. 토출량이 많을수록 관내 압력손실이 커진다.
라. 수평관 1m당 관내 압력손실은 콘크리트의 종류, 품질, 토출량, 수송관의 직경에 의해서 결정된다.

해설
- 수송관의 직경이 작을수록 관내 압력손실이 커진다.
- 최대압력이 콘크리트 펌프의 최대 이론토출압력의 80% 이하이면 압송이 가능하다.

문제 59 콘크리트 펌프를 이용하여 압송시 다음 설명 중 틀린 것은?

가. 압송을 수월하게 하기 위해 유동화 콘크리트를 사용하며 슬럼프 값을 아주 높게 한다.
나. 보통 콘크리트를 펌프로 압송할 경우 굵은 골재의 최대 치수는 40mm 이하, 슬럼프는 100~180mm의 범위가 적절하다.
다. 펌프의 호퍼(hopper)에 콘크리트 투입시의 슬럼프를 120mm 이상으로 할 경우에는 유동화콘크리트를 원칙으로 한다.
라. 일반적으로 안정하게 압송할 수 있는 최소의 슬럼프 값은 굵은골재의 최대 입경이 20~40mm이며 사용할 관의 지름이 150mm 이하의 경우 80mm 정도이다.

해설
- 압송을 수월하게 고성능 공기연행 감수제 또는 유동화 콘크리트를 사용한다.
- 유동화 콘크리트라도 슬럼프 값을 너무 높게 해서는 안 된다.
- 수송관의 배치는 가능한 굴곡을 적게 하고 수평 또는 상향으로 압송한다.

문제 60 콘크리트 치기 전에 준비 사항 중 틀린 것은?

가. 철근, 매입철골, 거푸집 기타 시공 상세도면 및 철근 가공 조립도에 맞게 배치 되어 있는지 확인한다.
나. 콘크리트가 닿았을 때 흡수할 염려가 있는 곳은 건조시켜 놓았는지 확인한다.
다. 치기 작업이나 치기 중에 철근이나 거푸집이 이동될 염려가 있는지 확인한다.
라. 콘크리트 치기 중에 여러 가지 공정이 치기 계획에 정해진 조건에 만족하는지 확인한다.

해설 콘크리트가 닿았을 때 흡수할 염려가 있는 곳은 미리 습하게 하여 둔다.

정답 58. 나 59. 가 60. 나

문제 61 콘크리트 치기 작업 내용 중 옳지 않은 것은?

가. 거푸집 안의 콘크리트는 내부진동기를 써서 유동화시키면서 어떤 경우라도 이동시켜서는 안 된다.
나. 콘크리트 치기 중 거푸집의 변형, 손상에 대비해서 거푸집공을 배치해 두는 것이 좋다.
다. 시공계획에 의해 콘크리트 치기해야 하는데 부득이 계획한 치기 방법을 변경할 경우 책임감리자의 지시에 따른다.
라. 콘크리트 치기 도중에 심한 재료분리가 생겼을 경우에는 거듭비비기를 하여 균등질의 콘크리트를 만든다.

해설 콘크리트 치기 도중에 심한 재료분리가 발생할 경우에는 거듭비비기를 하여 균등질의 콘크리트를 만드는 작업이 어렵다.

문제 62 레디믹스트 콘크리트에 관한 설명 중 옳지 못한 것은 어느 것인가?

가. 짧은 시간에 많은 양의 콘크리트를 시공할 수 있다.
나. 콘크리트 반죽을 위한 현장설비가 필요 없고 치기가 능률적이다.
다. 콘크리트 품질은 염려할 필요가 없으며 워커빌리티를 단시간에 조절할 수 있다.
라. 운반 중 콘크리트의 품질이 저하되기 쉽다.

해설 운반도중 콘크리트 품질이 변동될 우려가 있고 워커빌리티를 단시간에 조절할 수 없다.

문제 63 콘크리트의 비비기에 관한 다음 설명 중에서 잘못된 것은 어느 것인가?

가. 거듭비비기한 콘크리트는 슬럼프, 압축강도, 부착강도 등이 증가하나 초기의 침하나 수축이 크다.
나. 되비비기한 콘크리트는 부착강도가 저하되므로 철근 콘크리트에서는 사용을 금한다.
다. 콘크리트의 비비기는 원칙적으로 배치 믹서(batch mixer)에 의한 기계 비비기로 해야 한다.
라. 연속식과 배치식이 있으나 배치식이 더 많이 사용된다.

해설 거듭비비기한 콘크리트는 아직 응결이 시작되지 않았는데 비빈 후 상당한 시간이 경과되었을 때 비비는 경우로 콘크리트 성질이 좋아진다.

정답 61. 라 62. 다 63. 가

문제 64 콘크리트를 타설할 때 다짐을 실시하는 주목적은 어느 것인가?

가. 콘크리트 속의 여분의 수분을 없애기 위해서
나. 콘크리트를 균등하게 혼합하기 위해서
다. 콘크리트 거푸집 내부에 잘 채우기 위해서
라. 콘크리트 속의 공극을 줄여 주기 위해서

문제 65 콘크리트 품질관리상 주의사항에 대한 설명으로 틀린 것은?

가. 품질관리가 잘된 레미콘은 현장에서 다시 슬럼프 시험 등을 할 필요가 없다.
나. 콘크리트 강도 시험은 적어도 3개의 공시체로 시험하여 그 평균치를 취해야 한다.
다. 골재의 품질 시험을 기준으로 콘크리트의 현장 배합을 조정한다.
라. 콘크리트 양생에서 습도는 높을수록 좋고 온도는 적정 온도에서 양생하여야 한다.

해설 현장에 도착한 레미콘은 슬럼프, 공기량, 염화물함유량, 공시체 제작 후 압축강도 등의 시험을 한다.

문제 66 콘크리트를 운반할 때에 가급적 그 운반횟수를 적게 하여야 하는 이유는?

가. 운반 도중에 분실되기 쉬우므로
나. 공비가 많이 들므로
다. 재료 분리가 일어나기 쉬우므로
라. 건조하기 쉬우므로

해설 운반횟수가 많으면 재료분리가 일어나기 쉽다.

문제 67 콘크리트 비비기 할 경우 강제식 믹서를 사용하기에 부적당한 것은?

가. 된(굳은)비빔할 경우
나. 부배합할 경우
다. 소규모 공사의 무른 비빔할 경우
라. 경량골재를 사용할 경우

정답 64. 라 65. 가 66. 다 67. 다

제2장 콘크리트 시험

2-1 굳지 않은 콘크리트 시험

1. 슬럼프 시험(slump test)

(1) 목 적

굳지 않은 콘크리트의 반죽질기를 측정하는 것으로 워커빌리티를 판단한다.

(2) 시험기구

① 슬럼프 콘 : 밑면의 안지름 200mm, 윗면의 안지름 100mm, 높이 300mm, 두께 1.5mm인 금속제

② 다짐대 : 지름 16mm, 길이 500～600mm인 원형 강봉

③ 슬럼프 측정자, 수밀한 평판

④ 흙손, 작은 삽

(3) 시험방법

① 비비기가 끝난 콘크리트에서 시료를 채취한다.

- 비소성이나 비점성이 아닌 콘크리트 재료
- 40mm를 넘는 굵은골재는 제거한다.
- 시료의 양은 필요한 양보다 5*l* 이상 채취

② 슬럼프 콘 속을 젖은 걸레로 닦아 수밀한 평판위에 놓는다.

③ 시료를 슬럼프 콘 부피의 약 1/3 되게 넣고 다짐대로 25번 다진다.
④ 시료를 슬럼프 콘 부피의 약 2/3까지 넣고 다짐대로 25번 다진다. 이때 다짐대는 그 앞층에 거의 도달할 정도의 깊이로 한다.
⑤ 마지막으로 슬럼프 콘에 넘칠 정도로 넣고 다짐대로 25번 다진다.
⑥ 시료의 표면을 슬럼프 콘의 윗면에 맞추어 편평하게 한다.
⑦ 슬럼프 콘을 위로 들어 올린다.
⑧ 콘크리트가 내려앉은 길이를 콘크리트의 중앙부에서 5mm 단위로 측정한다.

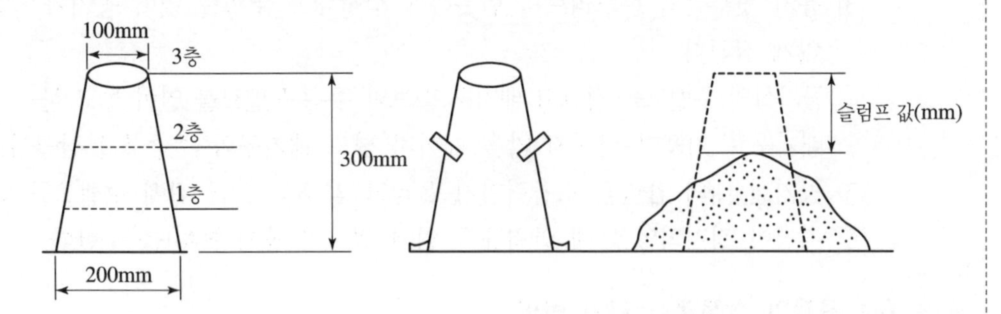

(4) 결　과

① 콘크리트가 내려앉은 길이를 슬럼프 값(mm)으로 한다.
② 슬럼프 시험은 두 번 이상 시험하여 평균값을 취한다.
③ 슬럼프 콘에 시료를 채우고 벗길 때까지 전 작업시간은 3분 이내로 한다.
④ 슬럼프 콘을 들어올리는 시간은 높이 30cm에서 2~5초로 한다.(전 작업시간에 포함)

2. 공기 함유량 시험

(1) 목　적

콘크리트의 워커빌리티, 강도, 내구성, 수밀성 및 단위용적질량 등에 공기량이 영향을 미치므로 콘크리트의 품질관리 및 적절한 배합설계에 이용한다.

(2) 시험기구

① 공기량 측정기(워싱턴형)
• 5l 용기(주수법)　• 공기실　• 압력계　• 검정용 기구

② 다짐대(지름 16mm, 길이 600mm 원형 강봉)

③ 고무망치, 작은 삽

(3) 겉보기 공기량 시험 방법

① 대표적인 시료를 용기에 3층으로 나누어 넣고 각 층을 다짐대로 25번씩 다진다.

② 용기의 옆면을 고무망치로 가볍게 두들겨 빈틈을 없앤다.

③ 용기 윗부분의 콘크리트를 반듯하게 깎아내고 뚜껑을 얹어 공기가 생기지 않게 잠근다.

④ 공기실의 주밸브를 잠그고 배기구 밸브와 주수구 밸브를 열어 놓고 물을 넣어 배기구로 기포가 나오지 않을 때까지 넣고 배기구와 주수구를 잠근다.

⑤ 공기실 내의 압력을 초압력까지 올리고 약 5초 지난 뒤에 주밸브를 연다.

⑥ 지침이 정지되었을 때 압력계를 읽어 겉보기 공기량(A_1)을 구한다.

(4) 골재의 수정계수 시험 방법

① 사용하는 잔골재와 굵은골재의 질량

$$F_s = \frac{S}{B} \times F_b$$

$$C_s = \frac{S}{B} \times C_b$$

여기서, F_s : 사용하는 잔골재의 질량(kg)
C_s : 사용하는 굵은골재의 질량(kg)
S : 콘크리트 시료의 부피(l, 용기의 부피와 같다.)
B : 1배치의 콘크리트의 부피(l)
F_b : 1배치에 사용하는 잔골재의 질량(kg)
C_b : 1배치에 사용하는 굵은골재의 질량(kg)

② 시험방법

- 잔골재(F_s)와 굵은골재(C_s)를 채취한다.
- 시료를 따로 5분간 물에 담가둔다.
- 공기량 시험기 용기에 물을 1/3 채운다.
- 용기에 잔골재를 한 삽 넣고 다짐대로 10번 다진다.
- 용기에 굵은골재를 두 삽 넣고 골재가 완전히 물에 잠기게 한다.
- 용기의 옆면을 고무망치로 두들겨 공기를 뺀다.
- 위 방법으로 골재를 모두 넣고 겉보기 공기량 시험 방법과 같이 밸브조작을 하고 공기량을 측정한다.

(5) 결　과

$$A = A_1 - G$$

여기서, A : 콘크리트의 공기량(%)
A_1 : 겉보기 공기량(%)
G : 골재의 수정계수(%)

3. 프록터 관입 저항침에 의한 콘크리트 응결시간 시험

(1) 시료는 콘크리트를 4.75mm체로 쳐서 모르타르로 시험한다.

(2) 다짐대로 다지는 경우는 시료의 위 표면적 645mm²당 1회의 비율로 다진다.

(3) 보통 배합인 경우 20~25℃ 온도의 실험실에서 시험한다. 관입시험 직전에 피펫으로 블리딩수를 제거한다.

(4) 침의 관입길이가 25mm가 될 때까지 소요된 힘을 침의 지지면으로 나누어 관입저항을 계산한다.

(5) 6회 이상 시험하며 관입저항 측정값이 적어도 28MPa 이상이 될 때까지 시험을 계속한다.

(6) 관입저항이 3.5MPa, 28MPa이 될 때의 시간을 각각 초결시간과 종결시간으로 결정한다.

(7) 응결시간을 시, 분으로 5분까지 기록한다.

(8) 초결시간 시험 결과의 평균값이 그 평균값의 15%, 종결시간의 경우 13% 이상 달라서는 안 된다.

2-2 굳은 콘크리트 시험

제 2 부 콘크리트 제조, 시험 및 품질관리

1. 콘크리트 압축강도 시험

(1) 목　적

① 필요한 성질을 가진 콘크리트를 가장 경제적으로 만들기 위한 재료를 선정한다.

② 공사현장의 콘크리트가 필요한 성질을 가진 콘크리트인지 확인한다.

③ 압축강도로 휨강도, 인장강도, 탄성계수 등의 대략값을 추정한다.

④ 콘크리트 품질관리를 한다.

(2) 공시체 제작 방법(ϕ150×300mm의 경우)

① 공시체는 지름의 2배 높이인 원기둥형이며 지름은 굵은골재 최대치수의 3배 이상, 100mm 이상으로 한다.

② 비비기가 끝난 콘크리트에서 시료를 20l 이상 채취한다.

③ 몰드의 내부와 이음매에 그리스를 엷게 바르고 조립한다.

④ 콘크리트를 몰드에 2층 이상으로 채워 층당 1000mm^{2}마다 1회 비율로 다진다.(각 층의 채우는 두께는 75~100mm로 채운다.)

⑤ 몰드 옆면을 고무망치로 두들긴 후 흙 손으로 콘크리트의 표면을 고른다.

⑥ 2~4시간 지나서 된반죽의 시멘트풀(W/C=27~30%)로 시험체의 표면을 캐핑한다.

(3) 공시체의 양생

① 몰드를 제작한 후 16시간 이상 3일 이내에 해체한다.

② 공시체를 20±2℃에서 습윤상태로 양생한다.

(4) 압축강도 시험방법

① 수조에서 공시체를 꺼내 습윤상태로 시험기 가압판 중앙에 놓는다.

② 일정한 속도(매초 0.6±0.4MPa)로 하중을 가한다.

③ 공시체가 파괴될 때의 최대 하중을 기록한다.

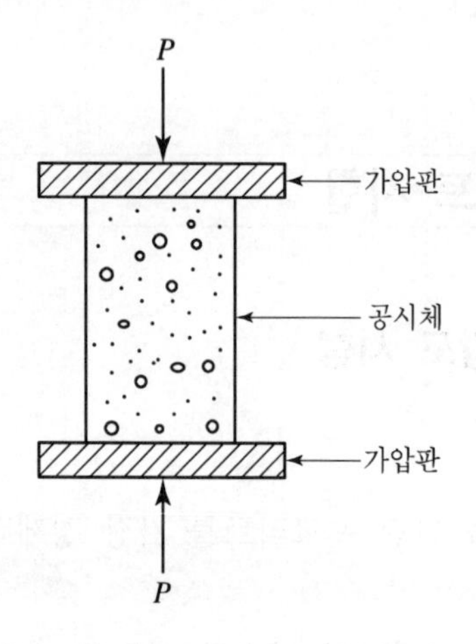

(5) 결　과

① 압축강도(f_{cu}, MPa) = $\dfrac{\text{최대 하중(N)}}{\text{공시체의 단면적(mm}^2\text{)}}$

② 3개 이상의 공시체를 평균값으로 나타낸다.

2. 콘크리트 인장강도 시험

(1) 목　적

① 콘크리트 포장 슬래브, 물탱크 등과 같이 인장력을 받는 구조물에서 인장강도가 중요하므로 시험을 한다.

② 직접 인장시험 방법은 시험체의 모양과 시험장치 등에 어려움이 있어 할렬 시험 방법을 표준으로 한다.

③ 할렬 시험은 콘크리트의 압축강도용 원주형 공시체를 옆으로 뉘어 놓고 위, 아래 방향으로 압력을 가해 파괴한다.

(2) 인장강도 시험방법

① 공시체 제작과 양생은 압축강도 시험과 동일하게 한다.
- 공시체 지름은 굵은골재 최대치수의 4배 이상이며 150mm 이상으로 한다.
- 공시체 길이는 그 지름 이상, 2배 이하로 한다.(일반적으로 지름 100mm의 경우 길이는 200mm가 적절하다.)

② 공시체의 길이를 0.1mm까지 두 곳 이상을 재어 평균값을 구한다.

③ 공시체를 가압판 위에 중심선에 일치시키고 옆으로 뉘어 놓는다.

④ 매초 0.06±0.04MPa의 일정한 비율로 증가시켜 하중을 준다.

⑤ 공시체가 파괴될 때 최대하중을 기록한다.

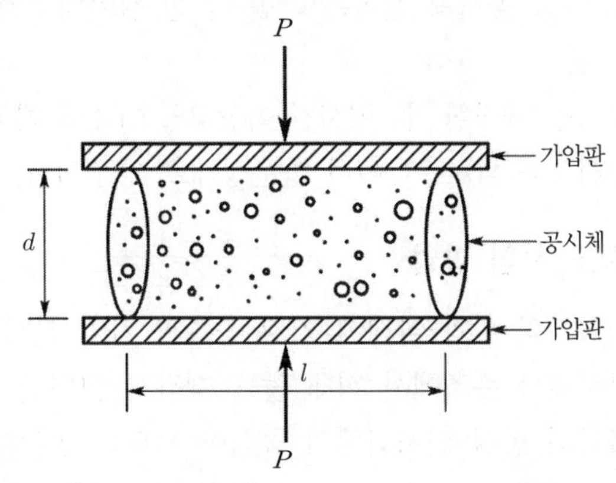

(3) 계 산

① 인장강도(f_{sp}, MPa) $= \dfrac{2P}{\pi dl}$

P : 공시체가 파괴될 때 최대하중(N)
d : 공시체의 지름(mm)
l : 공시체의 길이(mm)

② 3개 이상의 공시체의 평균값으로 나타낸다.

3. 콘크리트 휨강도 시험

(1) 목 적

① 도로, 공항 등 콘크리트 포장 두께의 설계나 배합설계를 위한 자료로 이용한다.

② 콘크리트 포장 슬래브, 콘크리트관, 콘크리트말뚝 등의 품질관리를 한다.

③ 콘크리트의 휨에 의해 균열이 생기는 것을 미리 알아낼 수 있다.

(2) 공시체의 제작방법(150×150×530mm)

① 비비기가 끝난 콘크리트에서 시료를 20l 이상 채취한다.

② 몰드의 내부와 이음매에 그리스를 엷게 바르고 조립한다.

③ 콘크리트를 몰드에 2층으로 나눠 채워 윗면적 1000mm^{2}에 대하여 1회 비율로 다진다.

④ 몰드 옆면을 고무망치로 두들긴 후 흙손으로 콘크리트의 표면을 고른다.

(3) 공시체의 양생

① 공시체 한 변의 길이는 굵은골재 최대치수의 4배 이상이며 100mm 이상으로 하고 공시체 길이는 단면 한 변 길이의 3배보다 80mm 이상 긴 것으로 한다.

② 몰드를 제작한 후 16시간 이상 3일 이내에 해체한다.

③ 공시체를 20±2℃에서 습윤상태로 양생한다.

(4) 휨강도 시험 방법

① 시험기의 위와 아래에 지지 블록과 가압 블록을 장치한다.

② 공시체를 수조에서 꺼내 몰드 제작시 옆면을 위 아래의 면으로 하여 지지 블록의 중심에 시험체의 중심이 오도록 놓는다.

③ 하중을 가할 때 블록이 두 지지 블록의 3등분점에서 공시체의 위쪽과 닿게 한다.
④ 최대 휨 압축응력의 증가가 매초 0.06±0.04MPa를 넘지 않도록 파괴한다.
⑤ 공시체가 파괴되었을 때 최대 하중을 기록한다.
⑥ 파괴단면에서의 평균 너비와 두께를 0.1mm 정도까지 측정한다.

(5) 결 과

① 공시체가 인장쪽 표면 지간 방향 중심선의 4점 사이에서 파괴되는 경우

$$휨강도(f_b,\ \text{MPa}) = \frac{Pl}{bd^2}$$

여기서, P : 시험기에 나타난 최대하중(N)
l : 지간의 길이
b : 평균 너비(mm)
d : 평균 두께(mm)

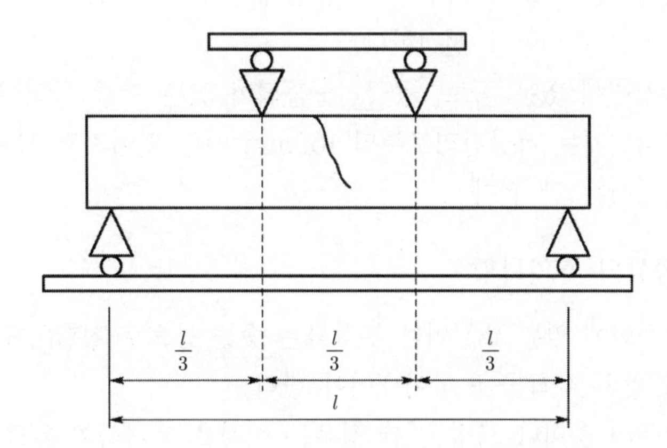

② 공시체가 인장쪽 표면 지간 방향 중심선의 4점의 바깥쪽에서 파괴되면 그 시험 결과는 무효로 한다.

4. 슈미트 해머에 의한 콘크리트 강도의 비파괴 시험

(1) 목 적

구조물을 파괴하지 않고 슈미트 해머로 콘크리트 표면을 타격하여 해머의 반발 정도로 콘크리트 압축강도를 추정하여 콘크리트 품질관리를 한다.

(2) 측정 개소의 선정

① 반발도의 측정은 두께 100mm 이하의 슬래브나 벽체, 한 변이 150mm 이하인 단면의 기둥 등 작은 치수, 지간이 긴 부재를 피한다.
② 배후에 지지하지 않은 얇은 슬래브 및 벽체에서는 되도록 고정변이나 지지변에 가까운 개소를 선정한다.
③ 보에서는 그 측면 또는 바닥면에서 한다.
④ 측정면은 되도록 거푸집 판에 접해 있었던 면으로서 표면 조직이 균일하고 평활한 평면부를 선정한다.
⑤ 측정면에 있는 곰보, 공극, 노출되어 있는 자갈 등의 부분은 피한다.
⑥ 타격위치는 가장자리로부터 100mm 이상 떨어지고 서로 30mm 이내로 근접해서는 안 된다.

(3) 측정상의 주의사항

① 측정면에 있는 요철이나 부착물은 숫돌 등으로 평활하게 갈아내고 분말이나 그 밖의 부착물을 닦아내어야 한다.
② 마무리 층이나 도장을 한 경우는 이것을 제거하여 콘크리트 면을 노출시킨 후 평활하게 갈아내고 실시한다.
③ 타격은 늘 측정면에 수직방향으로 실시한다.

(4) 시험 방법

① 측정할 콘크리트 구조물의 표면을 연삭재로 갈아 기포나 부착물을 없앤다.
② 측정할 곳을 3cm 간격으로 20점 이상을 표시한다.
③ 해머의 타격봉 끝을 콘크리트 표면의 측점에 대고 눌러 타격한다.

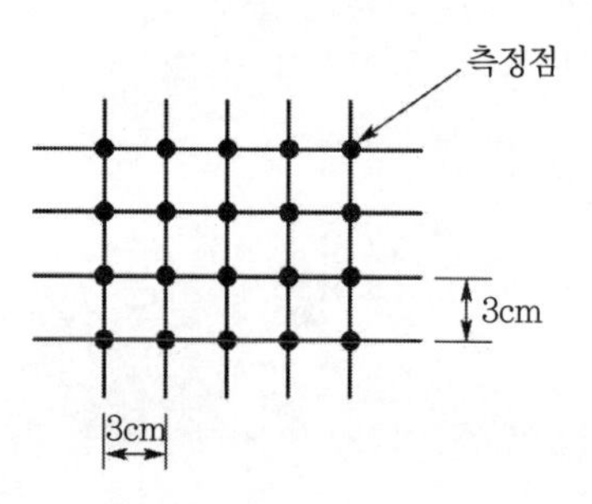

④ 멈춤 단추를 눌러 눈금 지침을 멈추게 하고 눈금을 읽는다.

⑤ 20점 이상을 측정하고 평균값을 반발 경도 R로 표시한다. 이때 측정치가 평균값의 ±20% 이상되는 값이 있으면 버리고 나머지 값들만으로 평균값을 구하여 반발 경도 R로 표시한다. 이때 범위를 벗어나는 시험값이 4개 이상인 경우에는 전체 시험값군을 버리고 새로운 위치에서 20개의 반발경도를 구한다.

(5) 결 과

① 반발 경도 보정

$$R_o = R + \Delta R$$

- 타격 방향과 경사각에 따라 ΔR를 구한다.
- 콘크리트가 타격 방향에 직각으로 압축응력을 받았을 때에는 그 압축 응력에 따라 ΔR를 구한다.
- 수중양생을 한 콘크리트를 건조시키지 않고 측정한 때에는 $\Delta R = +5$로 한다.

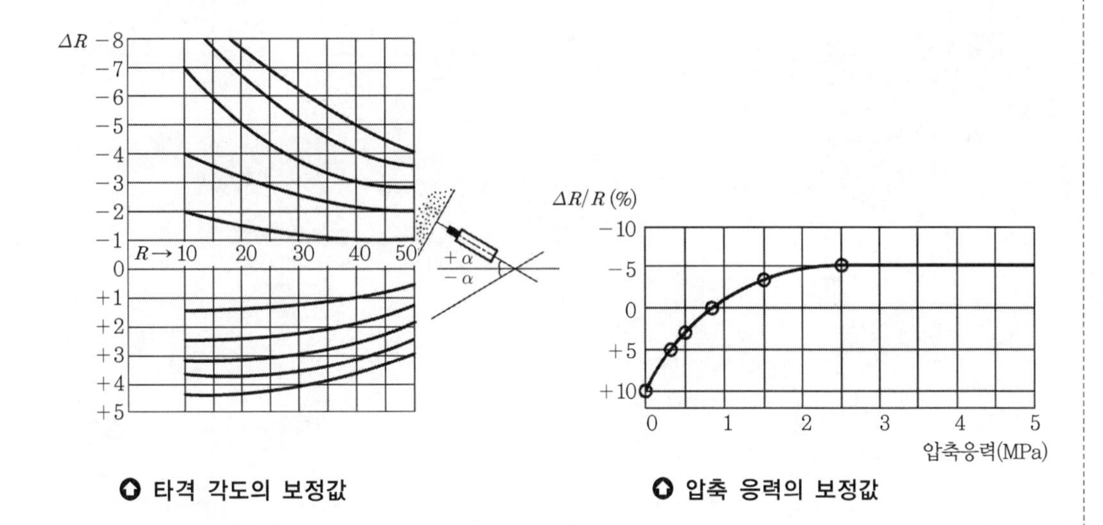

타격 각도의 보정값

압축 응력의 보정값

② 기준 반발도 R_o 로부터 테스트 해머 강도

$$F(\mathrm{MPa}) = -18.0 + 1.27R_o \quad [-184 + 13R_o(\mathrm{kg/cm^2})]$$

(6) 콘크리트 강도의 비파괴 시험의 종류

① 표면 경도법
- 반발 경도에 의한 방법(테스트 해머)
- 오목부분 지름 측정에 의한 방법(수동식 해머, 낙하식 해머, 회전식 해머)

② 음향적 방법
- 공진법(진동수 측정)
- 파동법(종파의 속도 측정)
- 초음파법(음파의 속도 측정)

③ 슈미트 해머의 종류
- N형(보통 콘크리트용)
- M형(매스 콘크리트용)
- L형(경량 콘크리트용)
- P형(저강도 콘크리트용)

※ 슈미트 해머는 사용 전에 테스트 앤빌($R=80\pm1$)을 사용하여 검교정을 한다.

실전문제

제 2 장 콘크리트 시험

콘크리트 시험

문제 01 콘크리트 압축강도 시험방법에 대한 설명 중 틀린 것은?

가. 몰드 높이가 30cm의 경우 2층 이상으로 나누어 채우고 각 층을 다짐막대로 $1000mm^2$에 1회 비율로 다져 만든다.
나. 공시체의 수는 재령에 따라 3개 이상씩 만든다.
다. 공시체의 지름을 최소 0.25mm까지 측정한다.
라. 공시체의 지름은 굵은골재 최대치수의 3배 이상이어야 한다.

해설 시험체의 지름은 최소 0.1mm까지 측정한다. 시험체의 높이는 지름의 2배인 원주형 몰드를 표준으로 한다.

문제 02 콘크리트의 워커빌리티(workability)를 측정하는 방법 중 옳지 않은 것은?

가. 흐름시험
나. 케리볼 시험
다. 리몰딩 시험
라. 봉다짐 시험

해설 봉다짐 시험은 골재의 단위용적질량시험에 속한다.

문제 03 콘크리트 구조물의 압축강도 측정을 슈미트 해머로 시험한 결과 측정치를 환산하는데 관련 없는 것은?

가. 타격방향에 따른 보정
나. 재령에 따른 보정
다. 콘크리트 종류에 따른 보정
라. 콘크리트 표면상태에 따른 보정

문제 04 콘크리트 블리딩 시험에서 단위 표면적의 블리딩량의 계산식은? (단, 콘크리트의 노출 면적(A), 규정된 측정시간 동안에 생긴 블리딩 물의 총량(V)이다.)

가. $B=\frac{A}{V}$
나. $B=A+V$
다. $B=A-V$
라. $B=\frac{V}{A}$

해설 블리딩 물을 처음 60분 동안은 10분 간격으로 그 후는 30분 간격으로 피펫을 이용하여 채취한다.

정답 01. 다 02. 라 03. 다 04. 라

문제 05 구조체가 경량 콘크리트인 경우 비파괴 압축강도 시험에 사용되는 슈미트 해머는?

가. N형　　나. L형
다. P형　　라. M형

해설
- N형 : 보통 콘크리트
- P형 : 저강도 콘크리트
- M형 : 매스 콘크리트

문제 06 콘크리트 비파괴 시험인 슈미트 해머에 의한 표면경도 측정 방법에 대한 설명 중 틀린 것은?

가. 1개소의 측정은 가로, 세로 3cm 간격으로 20점 이상 실시한다.
나. 두께가 200mm 이하의 슬래브는 측정하기 어렵다.
다. 슬래브에서는 가능한 한 지지변에 가까운 곳을 선정하여 측정한다.
라. 보에서는 그 아랫면에 실시하는 것을 원칙으로 한다.

해설 두께가 100mm 이하의 슬래브나 벽체는 측정하기 어렵다.

문제 07 콘크리트의 압축강도 시험 결과 최대 하중이 195,000N에서 공시체가 파괴되었다. 이 공시체의 압축강도는 얼마인가? (단, 공시체 지름은 100mm이다.)

가. 19.5MPa　　나. 22.5MPa
다. 24.8MPa　　라. 34.8MPa

해설 $f_{cu} = \dfrac{P}{A} = \dfrac{195000}{\dfrac{3.14 \times 100^2}{4}} = 24.8\text{MPa}$

문제 08 수중양생을 한 콘크리트를 건조시키지 않고 슈미트 해머에 의한 콘크리트 강도의 비파괴 시험 결과 반발경도 값이 32이다. 수정반발경도를 구하여 압축강도를 구하면 얼마인가?

가. 29MPa　　나. 30MPa
다. 31MPa　　라. 32MPa

해설 $R_o = R + \Delta R = 32 + 5 = 37$

$\therefore F = -18.0 + 1.27R_o = -18.0 + 1.27 \times 37 = 29\text{MPa}$

정답 05. 나　06. 나　07. 다　08. 가

문제 09 굳지 않은 콘크리트의 슬럼프 시험에 관한 설명 중 틀린 것은?

가. 전 작업시간을 3분 이내로 끝낸다.

나. 슬럼프 콘 규격은 윗면의 안지름 100mm, 밑면의 안지름 200mm, 높이는 300mm이다.

다. 슬럼프 측정은 콘의 높이에서 주저앉은 높이를 5mm 정밀도로 측정한다.

라. 철근 콘크리트에서 단면이 큰 경우 슬럼프 표준 값은 60~180mm이다.

해설 철근 콘크리트에서 일반적인 경우 80~150mm, 단면이 큰 경우는 60~120mm이다.

문제 10 다음 중 콘크리트 비파괴 시험 방법이 아닌 것은?

가. 반발 경도법　　　나. 충격 공진법

다. 초음파 탐사법　　　라. 리몰딩 시험

해설 리몰딩 시험은 굳지 않은 콘크리트의 워커빌리티 측정 시험이다.

문제 11 워싱턴형 에어미터를 사용해 공기량을 측정하는 방법은?

가. 진동 방법　　　나. 질량 방법

다. 압력 방법　　　라. 체적 방법

문제 12 콘크리트 강도 시험용 공시체의 양생에 적합한 온도는?

가. 10~15℃　　　나. 18~22℃

다. 26~28℃　　　라. 30~32℃

해설 수중 양생(표준 양생) : 20±2℃

문제 13 콘크리트 압축강도 시험용 공시체 제작시 캐핑(caping)이란 무엇을 말하는가?

가. 공시체 표면의 레이턴스를 제거하는 것

나. 공시체 표면을 긁어내는 것

다. 공시체 표면을 수평이 되게 다듬는 것

라. 공시체 표면을 물로 씻어 내는 것

해설 공시체 표면을 바르게 캐핑하므로 압축강도 시험시 편심을 방지하기 위해 시멘트 등을 이용하여 실시한다.

정답 09. 라　10. 라　11. 다　12. 나　13. 다

문제 14 콘크리트 슬럼프 시험은 얼마 이내로 완료하여야 하는가?

가. 1분　　나. 3분
다. 2분　　라. 4분

해설 콘 벗기는 시간 2~5초 포함하여 전 과정을 3분 이내로 할 것

문제 15 콘크리트 인장강도 시험 결과 최대 파괴하중이 152,000N이었다면 이 공시체의 인장강도는 얼마인가? (단, 공시체의 지름 : 150mm, 높이 : 300mm)

가. 10.8 MPa　　나. 2.15 MPa
다. 4.3 MPa　　라. 8.6 MPa

해설 인장강도 $= \frac{2P}{\pi dl} = \frac{2 \times 152000}{3.14 \times 150 \times 300} = 2.15\text{MPa}$

문제 16 다음 중 콘크리트 압축강도 시험시 공시체 캐핑 재료로 사용하지 않는 것은?

가. 석회　　나. 캐핑 콤파운드
다. 시멘트 페이스트　　라. 유황

문제 17 콘크리트 압축강도 시험용 공시체 파괴 시험에서 공시체에 하중을 가하는 속도는 매초 얼마를 표준하는가?

가. 0.6±0.4MPa　　나. 0.8±0.2MPa
다. 0.05±0.01MPa　　라. 1±0.05MPa

문제 18 휨강도 시험을 하였더니 최대 하중이 30,000N이었다. 지간의 가운데 부분에서 파괴되었다. 이때 휨강도는 얼마인가? (단, 지간거리는 450mm로 한다.)

가. 4MPa　　나. 4.4MPa
다. 4.6MPa　　라. 4.7MPa

해설 휨강도 $= \frac{Pl}{bd^2} = \frac{30000 \times 450}{150 \times 150^2} = 4\text{MPa}$

휨강도 시험용 공시체의 치수는 150×150×530mm이다.

정답 14. 나　15. 나　16. 라　17. 가　18. 가

문제 19 콘크리트 압축강도 시험시 고려할 사항 중 틀린 것은?

가. 공시체의 지름에 따라 다짐횟수가 달라진다.
나. 시험체는 양생이 끝난 뒤 건조상태에서 시험한다.
다. 시험체의 가압면에 0.05mm 이상 흠집이 있어서는 안 된다.
라. 시험체의 크기에 따라 다짐대의 선택과 다짐 층수는 다르다.

해설
- 강도 시험은 시험체의 양생이 끝난 뒤 특히 젖은 상태에서 시험한다.
- 캐핑은 가능한 얇게 하고 완성된 면의 평면도는 0.05mm 이내이어야 한다.
- 시험체의 지름은 굵은골재 최대치수의 3배 이상이어야 한다.

문제 20 콘크리트 유동성을 측정하기 위하여 흐름 시험을 한 결과 시험 후의 지름이 530mm가 되었다. 흐름값은 몇 %인가?

가. 100.5%　　나. 108.7%
다. 110.0%　　라. 112.5%

해설 $\text{흐름값}(\%) = \frac{\text{시험후 지름} - 254}{254} \times 100 = \frac{530 - 254}{254} \times 100 = 108.7\%$

문제 21 휨강도 공시체 150mm×150mm×530mm의 몰드를 제작할 때 각 층 몇 회씩 다지는가?

가. 25회　　나. 50회
다. 80회　　라. 92회

해설 2층 각각 80회씩 다진다. $(150 \times 530) \div 1000 \fallingdotseq 80$회

문제 22 공시체 규격이 150mm×150mm×530mm로 휨강도 시험을 한 결과 최대 하중이 24,500N일 때 파괴가 되었다. 이 공시체의 휨강도는? (단, 지간 거리는 450mm이다.)

가. 4MPa　　나. 3.3MPa
다. 5MPa　　라. 5.9MPa

해설 $\text{휨강도} = \frac{Pl}{bd^2} = \frac{24,500 \times 450}{150 \times 150^2} = 3.3\text{MPa}$

정답 19. 나　20. 나　21. 다　22. 나

문제 23 다음 중 슬럼프 테스트(slump test)의 목적은?

가. 콘크리트의 압축강도　　나. 콘크리트의 공기량 측정
다. 콘크리트의 시공연도　　라. 모르타르의 팽창시험

해설 굳지 않은 콘크리트의 반죽질기를 측정하여 워커빌리티를 판단할 수 있다.

문제 24 콘크리트 슬럼프 시험할 경우 시료를 거의 같은 양의 3층으로 나눠서 채우고, 각 층은 다짐봉으로 몇 회씩 똑같이 다지는가?

가. 15회　　나. 20회
다. 25회　　라. 30회

해설 콘크리트 슬럼프 시험시 슬럼프 콘을 들어올리는 시간은 높이 300mm에서 2~3초로 한다.

문제 25 콘크리트 압축강도 시험용 공시체의 탈형 시간은?

가. 5~10시간　　나. 10~20시간
다. 16~72시간　　라. 48~72시간

해설 16시간 이상 3일 이내

문제 26 콘크리트 압축강도 시험용 공시체의 표면을 캐핑하기 위한 시멘트 풀의 물-시멘트비는 어느 정도가 적합한가?

가. 17~26%　　나. 27~30%
다. 31~36%　　라. 37~40%

해설 공시체가 압축강도 시험시 편심을 받지 않도록 캐핑을 하는데 콘크리트를 채운 뒤 2~4시간 지나서 실시한다.

문제 27 콘크리트 구관입 시험을 할 때 먼저 시험한 곳에서 몇 cm 이상 떨어진 곳에서 시험을 하는가?

가. 10cm　　나. 20cm
다. 30cm　　라. 50cm

해설 구관입 깊이는 cm단위로 나타내며 30cm 이상 떨어진 곳에서 세 번 시험한다.

정답 23. 다　24. 다　25. 다　26. 나　27. 다

문제 28 슈미트 해머에 의한 콘크리트 강도의 비파괴 시험 결과 반발경도 값이 30이다. 타격방향이 수평일 때 수정반발경도를 구하여 압축강도를 구하면 얼마인가?

가. 20.1MPa　　나. 23.2MPa
다. 24.5MPa　　라. 25.8MPa

해설 $F = -18.0 + 1.27R_0 = -18.0 + 1.27 \times 30 = 20.1\text{MPa}$
여기서, $R_0 = R + \Delta R = 30 + 0 = 30$

문제 29 콘크리트의 슬럼프 시험의 슬럼프 값과 kelly ball의 관입값과의 관계는?

가. 관입값의 2.5~3.0배가 슬럼프 값이 된다.
나. 관입값의 $\frac{3}{10} \sim \frac{1}{4}$배가 슬럼프 값이 된다.
다. 관입값의 1.5~2.0배가 슬럼프 값이 된다.
라. 관입값과 슬럼프 값은 같다.

문제 30 굳지 않은 콘크리트의 단위용적질량 및 공기량 시험 방법에 대한 설명 중 틀린 것은?

가. 용기의 내경이 24cm의 경우 다짐봉에 의한 각 층의 다짐수는 25회로 한다.
나. 용기의 내경이 14cm의 경우 다짐봉에 의한 각 층의 다짐수는 10회로 한다.
다. 콘크리트 각 재료의 절대용적이란 각 재료의 질량(kg)을 각 비중의 1,000배 값으로 나눈 것이다.
라. 진동기로 다지는 경우에는 시료를 용기의 1/3까지 넣고 진동 다짐한다.

해설 진동기로 다지는 경우에는 시료를 용기의 1/2까지 넣고 진동기로 진동 다짐한다.

정답 28. 가　29. 다　30. 라

제3장 콘크리트의 품질관리

3-1 품질관리 검사 및 통계적 기법

1. 품질관리의 목적

① 설계 시방서에 표시된 규격을 만족시키면서 구조물을 가장 경제적으로 만들기 위해 통계적 기법을 응용하는 것이다.
② 품질 유지, 품질 향상, 품질 보증 등을 위해 실시한다.

2. 품질관리 4단계 사이클

① 계획(plan)
② 실시(do)
③ 검토(check)
④ 조치(action)

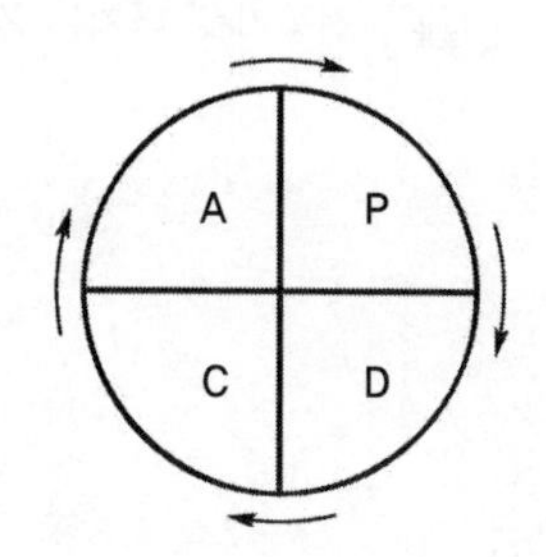

3. 품질관리의 효과

① 품질 향상, 불량품 감소
② 품질의 신뢰성 향상
③ 원가 절감

④ 불필요한 작업과 부수 작업의 감소
⑤ 품질의 균일화
⑥ 새로운 문제점과 개선방법의 발견
⑦ 신속한 처치와 작업의 효율성 증대

4. 품질관리의 순서

① 품질 특성 결정
② 품질 표준 결정
③ 작업 표준 결정
④ 작업 실시
⑤ 관리 한계 설정
⑥ 히스토그램 작성
⑦ 관리도 작성
⑧ 관리 한계 재설정

5. 통계적 기법에 의한 데이터 정리

(1) 평균값($\bar{x}$)

데이터의 평균 산술값, $\bar{x}=\dfrac{\Sigma x_i}{n}$

(2) 중앙값($\tilde{x}$)

데이터 크기 중 중앙값

(3) 범위(R)

데이터 중 최대값과 최소값의 차
즉, $x_{\max}-x_{\min}$

(4) 편차의 제곱합(S)

각 데이터(x_i)와 평균치($\bar{x}$)의 차를 제곱한 값의 합
즉, $S=\Sigma(x_i-\bar{x})^2$

(5) 분산(σ^2)

편차의 제곱합(S)을 데이터 수로 나눈 값

즉, $\sigma^2 = \dfrac{S}{n}$

(6) 표준편차(σ)

분산(σ^2)의 제곱근

즉, $\sigma = \sqrt{\dfrac{S}{n}}$

(7) 변동계수(V)

표준편차(σ)를 평균치($\overline{x}$)로 나눈 값

즉, $V = \dfrac{\sigma}{\overline{x}} \times 100$

변동계수 값과 품질 상태

변동계수	품질관리 상태
10% 이하	우수
10~15%	양호
15~20%	보통
20% 이상	불량

6. 품질관리 7가지 수법

(1) 파레토도

결과와 원인을 분석하고 주요 문제점을 발견하기 위한 그래프

(2) 특성 요인도

어떤 특성(결과)과 그 원인의 관계를 정리하기 위한 그래프

(3) 히스토그램

데이터를 일정한 폭으로 구분하고, 막대그래프로 표현하여 중심, 편차, 모양의 문제점을 발견하기 위한 그래프

(4) 그래프

데이터를 형식과 관계에서 문제점을 발견하기 위한 도구

(5) 층 별

데이터를 grouping하며 문제를 발견해 내기 위한 도구

(6) 산포도

한 쌍의 데이터가 대응하는 상태에서 문제를 발견해 내기 위한 도구

(7) 체크시트

계산치의 자료를 모아 그것에서 문제를 발견해 내기 위한 도구

(8) 관리도

데이터의 편차에서 관리 상황과 문제점을 발견해 내기 위한 도구

7. 히스토그램(histogram)

공사 또는 품질 상태가 만족한 상태에 있는지 여부를 판단하는데 이용한다.

(1) 히스토그램 작성법

① 데이터를 수집한다.
② 데이터 중 최대값과 최소값을 결정
③ 범위를 정한다.($R = x_{\max} - x_{\min}$)
④ 계급의 폭을 결정한다.
⑤ 데이터를 계급별로 분류하여 도수 분포도를 작성한다.
⑥ 히스토그램을 작성한다.

(2) 히스토그램 규격 값에 대한 여유

① 상한 규격값과 하한 규격값이 있을 때

$$\frac{SU - SL}{\sigma} \geq 6$$

② 한 쪽 규격값만 있을 때

$$\frac{|\,SU(\text{또는 } SL)-\bar{x}\,|}{\sigma} \geq 3$$

여기서, SU : 상한 규격값
SL : 하한 규격값
$\bar{x}$: 평균값
σ : 표준 편차

(3) 히스토그램의 모형 및 판독

① 규격치와 분산이 양호하고 여유도 있어 만족하다.

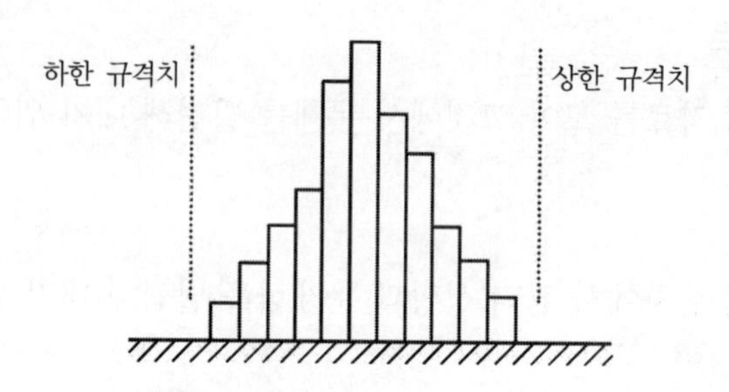

② 규격치에 가까운 자료가 있어 사소한 변동이 생기면 규격에 벗어나는 제품이 생산될 가능성이 있다.

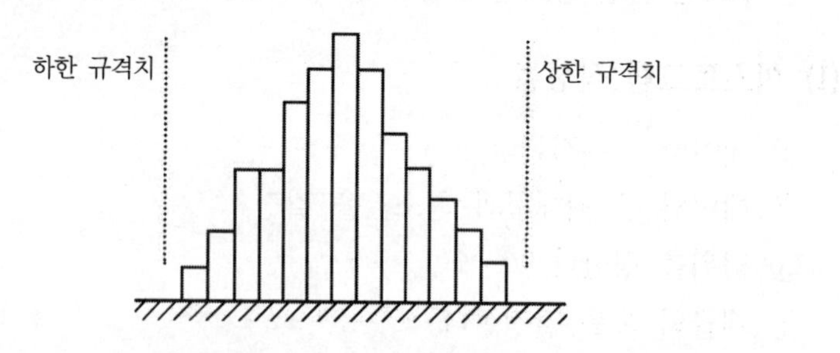

③ 피크(peak)가 두 곳에 있어 공정에 이상이 있다. 이때는 다른 모집단의 표본이 섞여 생길 수 있으므로 데이터 전체를 재조정해 볼 필요가 있다.

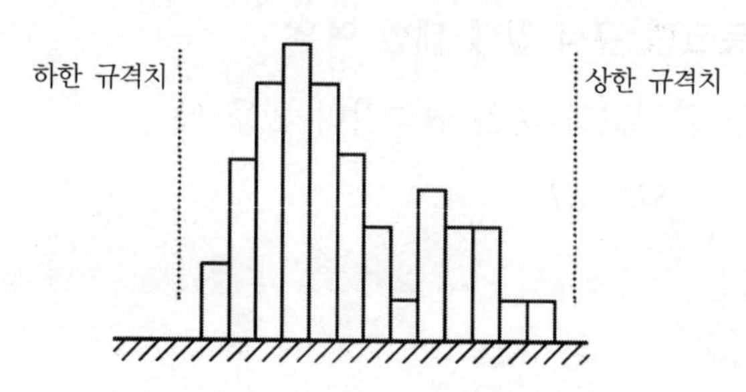

④ 하한 규격치를 벗어나므로 평균치를 큰 쪽으로 이동시키는 대책을 세운다.

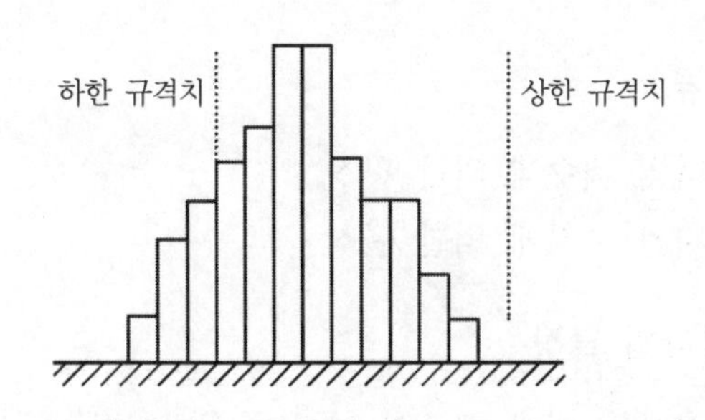

⑤ 상, 하한 규격치가 모두 벗어나므로 어떤 대책을 절대적으로 필요하다. 현재의 기술수준 또는 작업 표준에 문제점이 없는지 검토해 보고 근본적인 대책을 수립해야 한다.

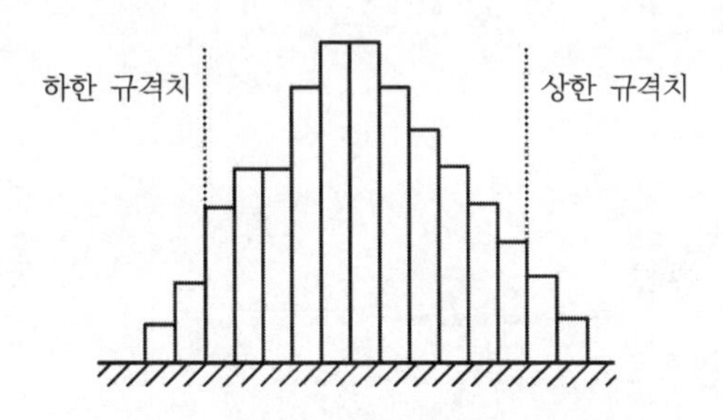

⑥ 제조 표본에 잘 나타나는 모형이다. 규격치에서 벗어나는 자료를 작위적으로 규격치 부근의 값으로 접근시킨 모형이다.

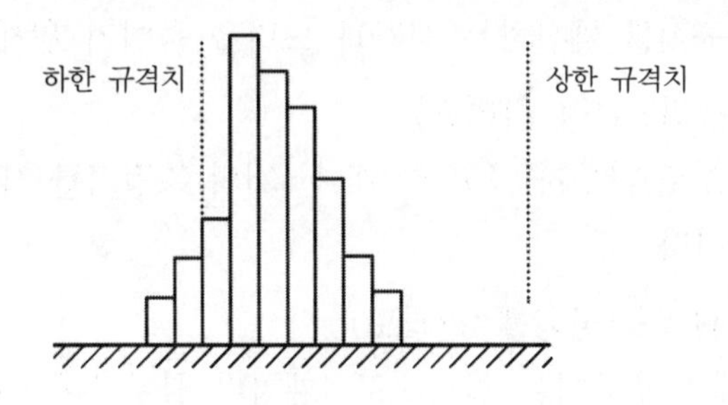

8. 발취검사

(1) 종 류

① 데이터의 개수에 의한 판정
② 측정치의 수치에 의한 판정

(2) 발취검사의 특징

① 발취검사는 개개 제품의 양부의 선별이다.
② 발취검사할 때는 시료 채취를 항상 규칙적으로 한다.
③ 발취검사에 불합격하면 시험한 그 집단의 시료만 불합격한 것으로 본다.
④ 발취검사시 집단의 크기를 너무 크게 취하면 품질이 나쁜 것이 합격으로 판정되기 쉽다.

9. 관 리 도

(1) 관리도의 종류

① $\bar{x}-R$ 관리도
시료의 길이, 질량, 강도 등과 같은 연속적으로 분포하는 계량값일 때 사용된다.

② $\tilde{x}$ 관리도(Median 관리도)
평균치를 계산하는 시간과 노력을 줄이기 위해 사용된다.

③ x 관리도(1점 관리도)
군으로 나누지 않고 한 개 한 개의 측정치를 사용하여 공정을 관리할 때 사용한다.

④ P 관리도(불량률 관리도)
1개씩 취급하는 물품으로 1개마다 불량품이 어느 정도 비율로 나오는지를 판단한다.

⑤ P_n 관리도(불량개수 관리도)
1개마다 양, 불량으로 구별할 경우 사용한다.

⑥ C 관리도(결점수 관리도)
취급하는 물품의 크기가 일정한 경우 사용한다.

⑦ U 관리도(결점 발생률 관리도)

1개의 물품 중에 흠이 몇 개인지를 알아내는 관리도로 단위당의 결점수 관리도라 한다.

(2) $\bar{x}-R$ 관리도의 작성법

① 평균치($\bar{x}$)

$$\bar{x}=\frac{\Sigma x}{n}$$

여기서, n : 조별 측정치 수
Σx : 조별 측정치 합계

② 범위(R)

$$R=x_{\max}-x_{\min}$$

여기서, $x_{\max}$, $x_{\min}$: 한 조에서의 측정치 중최대치와 최소치

③ 총 평균값($\bar{\bar{x}}$)

$$\bar{\bar{x}}=\frac{\Sigma \bar{x}}{n}$$

여기서, n : 조별 수
$\Sigma \bar{x}$: 조별 평균치 합계

④ 범위의 평균($\bar{R}$)

$$\bar{R}=\frac{\Sigma R}{n}$$

여기서, ΣR: 조별 범위 합계
n : 조별 수

⑤ $\bar{x}$ 관리도의 관리한계선

- 중심선 $CL=\bar{\bar{x}}$
- 상한 관리한계 $UCL=\bar{\bar{x}}+A_2\cdot\bar{R}$
- 하한 관리한계 $LCL=\bar{\bar{x}}-A_2\cdot\bar{R}$

⑥ R 관리도의 관리한계선

- 중심선 $CL=\bar{R}$
- 상한 관리한계 $UCL=D_4\cdot\bar{R}$
- 하한 관리한계 $LCL=D_3\cdot\bar{R}$

• $\overline{x}-R$ 관리도의 계수표

n	$\overline{x}$ 관리도	R 관리도	
	$UCL=\overline{\overline{x}}+A_2\overline{R}$ $LCL=\overline{\overline{x}}-A_2\overline{R}$	$UCL=D_4\overline{R}$ $LCL=D_3\overline{R}$	
	A_2	D_3	D_4
2	1.88	—	3.27
3	1.02	—	2.57
4	0.73	—	2.28
5	0.58	—	2.11
6	0.48	—	2.00
7	0.42	0.08	1.92
8	0.37	0.14	1.86
9	0.34	0.18	1.82
10	0.31	0.22	1.78

(3) 관리도의 판독

① 공정의 관리상태인 경우(안전한 관리상태)

- 관리한계선 밖에 분포하는 점이 없다.
- 점의 배열상태에 어떤 특이한 경향이 없다.
- 중심선의 상·하에 대체로 같은 수의 점이 분포한다.
- 중심선 부근일수록 많은 수의 점이 분포한다.
- 중심선에서 멀어질수록 점의 분포수가 감소하는 상태를 나타낸다.

② 공정의 관리상태가 아닌 경우(불안전한 관리상태)

- 점이 중심선의 어느 한 측에 연속으로 배열되는 경우
- 점의 배열이 상승 또는 하강하는 경향을 나타내는 경우
- 점의 배열에 주기적인 경향이 나타나는 경우
- 모든 점이 중심선 부근에 집중하는 경향을 나타내는 경우
- 점의 관리한계선 가까이에 배열되는 경우
- 관리한계선에 근접하는 점이 거의 없는 경우
- 중심선의 어느 한 편에 많은 수의 점이 배열되는 경우

실전 문제

제3장 콘크리트의 품질관리

품질관리 검사 및 통계적 기법

문제 01 히스토그램(histogram)으로 알 수 없는 것은 어느 것인가?

가. 측정치의 분포형
나. 공정에 이상이 생긴 일
다. 규격과의 관계
라. 측정치의 평균

해설 히스토그램은 품질규격의 만족 여부를 판단한다.

문제 02 콘크리트 압축강도 시험에서 10개의 공시체를 측정하여 평균값이 30MPa, 표준편차 1.5MPa일 때의 변동계수는 다음 중 어느 것인가?

가. 5%
나. 8%
다. 10%
라. 15%

해설 $\text{변동계수} = \dfrac{\text{표준편차}}{\text{측정값의 평균치}} \times 100 = \dfrac{1.5}{30} \times 100 = 5\%$

문제 03 다음 그림과 같은 품질관리 주상도 모형의 판독으로 옳은 것은?

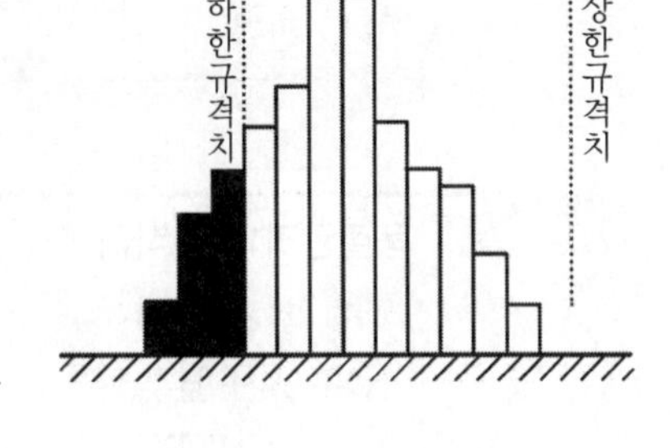

가. 공정에 이상이 있고 모집단의 표본이 섞여서 생길수도 있다.
나. 상한 한계치는 모두 벗어나 있으므로 어떤 대책을 강구하는게 절대적으로 필요하다.
다. 제조 표본에 잘 나타나는 형으로 규격에서 벗어나는 자료를 작위적으로 규격치 부근값에 접근시킨 형이다.
라. 하한 규격치를 벗어난 자료가 있으므로 평균치를 큰 쪽으로 이동시키는 대책이 필요하다.

해설 상한규격치와 하한규격치에 너무나 크게 벗어나게 설정되어 품질관리의 취지가 문제된다.

정답 01. 나 02. 가 03. 라

문제 04 품질관리 사항이 아닌 것은?

가. 불량품 발생의 사용의 예방개선
나. 품질평가를 위한 검사
다. 불량품 처리 및 재발 방지개선
라. 취로조건, 취로환경 및 인간관계의 개선

해설 불필요한 작업개선과 보수작업 등의 감소효과 증대

문제 05 어떤 공사에 있어서 하한 규격치 15MPa, 상한 규격치 23.4MPa로 정해져 있다. 측정결과 표준편차의 추정치 $\sigma = 1.2$MPa, 평균치 $x = 19.2$MPa이었다. 이때 규격치에 대한 여유는 얼마인가?

가. 0.7MPa　　나. 0.8MPa
다. 1.2MPa　　라. 1.5MPa

해설 양측규정치 $= \dfrac{SU-SL}{\sigma} = \dfrac{23.4-15}{1.2} = 7 \geq 6$

여유치 $= (7-6) \times 1.2 = 1.2$MPa

문제 06 품질관리 단계가 아닌 것은?

가. 계획　　나. 실행
다. 관찰　　라. 정리

문제 07 품질관리의 목적이 아닌 것은?

가. 품질 향상　　나. 품질 유지
다. 품질 보증　　라. 품질 고가

문제 08 품질관리를 위한 통계적 방법의 분포성질을 알기 위하여 알아야 할 값을 들었을 때 해당되지 않는 것은?

가. 평균값　　나. 범위
다. 표준편차　　라. 공차

해설 중앙값, 분산 등이 있다.

정답 04. 라　05. 다　06. 라　07. 라　08. 라

문제 09 품질관리의 의의에 대해서 가장 올바른 것은?

가. 좋은 물품을 만드는 것
나. 시방서에 따라서 빨리하여 이익을 남긴다.
다. 조건에 맞도록 빨리하는 것
라. 빨리 종료시키는 것

해설 공사 시방서에 의해 공기를 단축하여 이윤을 남긴다.

문제 10 건설현장에서 품질관리에 따른 이익이 아닌 것은?

가. 공사 재료에 대한 신뢰성이 커져 좋은 구조물을 기대할 수 있다.
나. 문제점이나 결함에 미리 대처할 수 있다.
다. 문제점이나 결함발생이 적어 경제적 시공관리가 가능하다.
라. 품질이 고가로 되어 유리하다.

해설 품질이 고가가 되면 유리하다고 볼 수 없다.

문제 11 품질관리의 목적과 기능에 대하여 옳지 않은 것은?

가. 품질표준을 결정한다.
나. 작업에 대해 표준을 정한다.
다. 기술표준을 정한다.
라. 작업표준에 대한 검사를 실시하지 않아도 좋다.

해설 작업표준을 정한다.

문제 12 건설공사 품질시험 기준에서 콘크리트 공사의 골재시험 빈도가 골재원마다, 1,000m^3마다 행하는 시험종목이 아닌 것은?

가. 밀도 및 흡수율　　나. 염화물 함유량
다. 마모　　라. 안정성

정답 09. 나　10. 라　11. 라　12. 나

문제 13 품질관리에 관한 다음 설명 중 틀린 것은?

가. 변동계수 : 표준편차를 평균값으로 나눈 값의 백분율
나. 범위 : 측정값 중 최대의 값과 최소의 값과의 차
다. 1점 관리도 : 공정의 변동을 1회마다의 측정값에 의해 관리하기 위한 관리도
라. 생산자 위험률 : 소정의 품질을 가지고 있지 않음에도 취급검사의 결과 합격으로 되는 비율

해설 • **생산자 위험률** : 공정에 이상이 없는데도 있는 것으로 판단하거나 품질이 규격에 합격인데도 불합격으로 판단하는 경우
• **소비자위험률** : 소정의 품질을 갖고 있지 않음에도 취급검사의 결과 합격으로 되는 비율

문제 14 3σ 관리도의 품질 특성에 관한 설명 중 틀린 것은?

가. 중심부근의 값이 가장 많다.
나. 분포곡선에 둘러싸인 면적을 분할하여 3σ 값에 의해 한계를 그으면 특정값이 99.7%의 확률로 포함한다.
다. 3σ 관리는 자료의 평균값에 의해 중심선을 긋고 3σ 값에 의하여 상하에 관리선을 긋는다.
라. 4σ로 하면 확률은 더욱 낮아지나 이상 원인에 의한 부정한 것이 포함되는 위험은 없어진다.

해설 정규분포곡선에서 $x=m\pm2\sigma$로 하면 95.5%, $x=m\pm3\sigma$로 하면 99.7%의 확률을 가지게 되고 일반적인 품질관리에서는 $x=m\pm3\sigma$로 한다. 4σ로 하면 확률은 더욱 높아지고 모든 변수를 다 포함하므로 판단기준이 되지 못한다.

문제 15 다음의 주상도는 데이터를 기본으로 횡축에 품질, 종축에 도수를 표시한 것이다. 다음 기술 중 옳은 것은 어느 것인가?

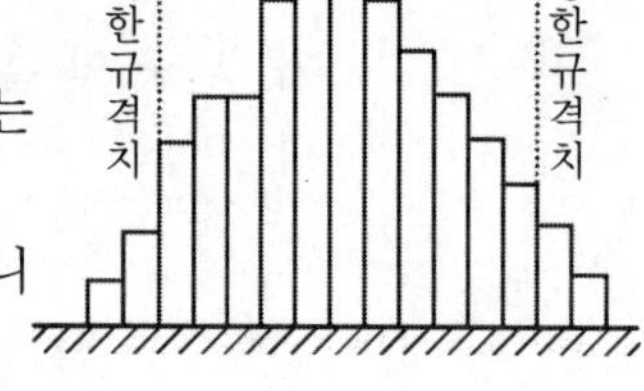

가. 전체에 산란이 없어서 좋다.
나. 현재의 기술수준 또는 작업표준에 문제점이 없는지 검토해 보고 근본적인 대책을 수립한다.
다. 규격하한을 넘고 있으나 상한에 여유가 있으니 좋다.
라. 평균을 적은 쪽으로 밀지 않으면 안 된다.

해설 상 · 하의 한계치를 모두 벗어나 있으므로 평균을 규격상한선 쪽으로 유도해야 한다.

정답 13. 라 14. 라 15. 나

문제 16 어떤 공사에 있어서 하한규격값 $SL=2.5$MPa로 정해져 있다. 측정결과 표준편차의 추정값 $\delta=0.14$MPa, 평균치 $\bar{x}=3.2$MPa이었다. 이때 규격값에 대한 여유값은 얼마인가?

가. 0.13MPa　　나. 0.28MPa
다. 0.42MPa　　라. 1.79MPa

해설 $\dfrac{|SU(SL)-\bar{x}|}{\delta}=\dfrac{|2.5-3.2|}{0.14}=5\geq 3$

여유치 $=(5-3)\times 0.14=0.28$MPa

문제 17 콘크리트 품질관리에 관한 설명 중 틀린 것은?

가. 압축강도 시험용 공시체는 한 배치에 3개를 만들어 시험해 평균치를 구한다.
나. 시험용 공시체는 수중양생을 원칙으로 한다.
다. 콘크리트의 양생은 적정온도에서 이루어져야 한다.
라. KS규격품인 레미콘은 현장에서 슬럼프 시험 등을 할 필요가 없다.

해설 공시체의 수중양생은 20±2℃ 온도에서 실시한다. 레미콘의 경우 운반도중에 품질이 변동될 수 있으므로 품질시험을 실시해야 한다.

문제 18 품질관리의 순서로 적당한 것은?

가. 계획-조치-검토 -실시　　나. 계획-실시-검토-조치
다. 계획-검토-조치-실시　　라. 계획-검토-실시-조치

해설 계획(plan)-실시(do)-검토(check)-조치(action)

- 품질관리의 순서
  ① 품질특성 결정
  ② 품질표준 결정
  ③ 작업표준 결정
  ④ 작업 실시
  ⑤ 관리한계 설정
  ⑥ 히스토그램 작성
  ⑦ 관리도 작성
  ⑧ 관리한계 재설정

정답 16. 나　17. 라　18. 나

문제 19 콘크리트 압축강도 측정치가 22.5MPa, 21.7MPa, 23.2MPa이다. 변동계수는 얼마인가?

가. 2.7%　　나. 4.4%
다. 5.5%　　라. 6.6%

해설 평균치 $\bar{x}=\dfrac{x_1+x_2+\cdots+x_n}{n}=\dfrac{22.5+21.7+23.2}{3}=22.5\text{MPa}$

표준편차 $\sigma=\sqrt{\dfrac{(x_1-\bar{x})^2+(x_2-\bar{x})^2+\cdots+(x_n-\bar{x})^2}{n}}$

$=\sqrt{\dfrac{(22.5-22.5)^2+(21.7-22.5)^2+(23.2-22.5)^2}{3}}$

$=0.61\text{MPa}$

$\therefore$ 변동계수 $V=\dfrac{\text{표준편차}}{\text{평균치}}\times 100=\dfrac{0.61}{22.5}\times 100=2.7\%$

문제 20 히스토그램을 이용하여 얻을 수 있는 효과가 아닌 것은?

가. 규격 또는 표준치와는 비교가 곤란하다.
나. 분포의 모양을 조사할 수 있다.
다. 공정 능력을 조사할 수 있다.
라. 층별을 비교 가능하다.

해설 히스토그램으로 측정값의 분포형, 측정값의 평균, 규격 또는 표준치와의 비교가 가능하다.

문제 21 품질관리의 기능에 속하지 않는 것은?

가. 품질의 보증　　나. 공정의 관리
다. 품질의 조사　　라. 원가의 절감

해설 • 품질관리의 기능
① 품질의 설계
② 품질의 보증
③ 공정의 관리
④ 품질의 조사

정답 19. 가　20. 가　21. 라

문제 22 다음 발취검사의 특징 중에서 틀린 것은?

가. 발취검사의 주목적은 각각의 제품의 양부 선별이다.
나. 발취검사에서 불합격이 되었을 때는 시험한 그 집단의 시료만 불합격으로 한다.
다. 발취검사에서 집단의 크기를 너무 크게 취하면 품질이 나쁜 것이 합격하기 쉽다.
라. 발취검사에 있어서 시료의 채취는 항상 불규칙으로 채취한다.

해설 발취검사에 있어서 시료의 채취는 일정하게 규칙적으로 채취한다.

문제 23 다음 그림과 같은 품질관리 주상도 모형의 판독으로 옳은 것은?

하한규격치 상한규격치

가. 공정에 이상이 있고 모집단의 표본이 섞여서 생길 수도 있다.
나. 상·하한계치는 모두 벗어나 있으므로 어떤 대책을 강구하는 게 절대적으로 필요하다.
다. 제조표본에 잘 나타나는 형으로 규격에서 벗어나는 자료를 작위적으로 규격치 부근값에 접근시킨 형이다.
라. 하한 규격치를 벗어난 자료가 있으므로 평균치를 큰 쪽으로 이동시키는 대책이 필요하다.

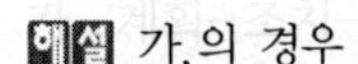
해설 가.의 경우

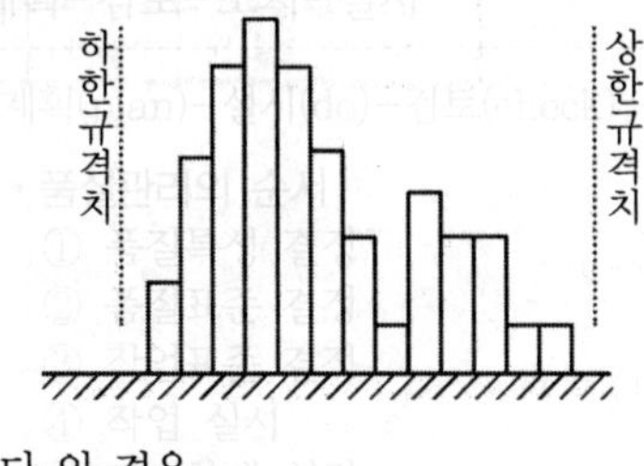

나.의 경우

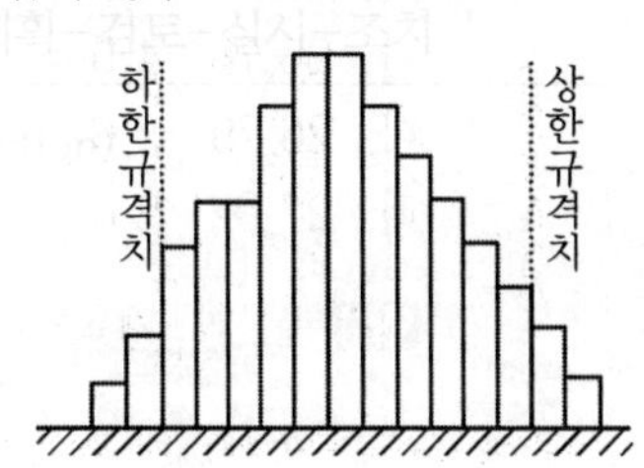

다.의 경우

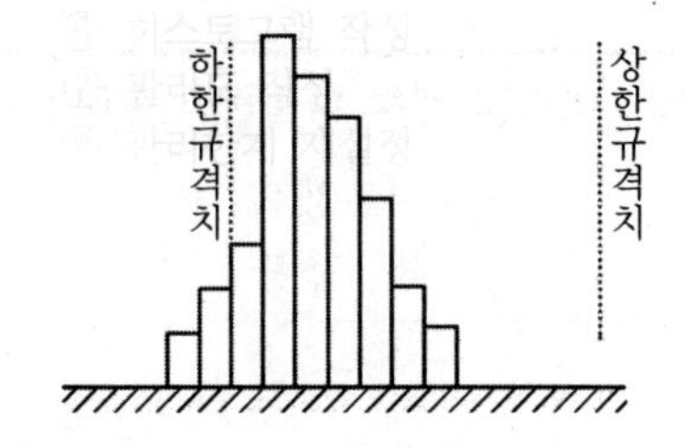

정답 22. 라 23. 라

문제 24 전수검사를 필요로 하는 경우가 아닌 것은?

가. 불량품이 조금이라도 혼입되는 것이 허용되지 않는 경우
나. 불량품이 발생하면 다음의 공정에서 중대한 손실을 받는 경우
다. 검사가 간단하여 경비도 들지 않고 전수검사가 용이하게 실시되는 경우
라. 합격 로트라도 약간의 불량품의 혼입이 허용되는 경우

해설 발취검사가 적용되는 경우 : 합격 로트라도 약간의 불량품의 혼입이 허용되는 경우

문제 25 콘크리트 압축강도 시험결과 조별 평균값이 22.4MPa , 21.4MPa , 22MPa , 23MPa 이다. $\bar{x}$ 관리도의 상한관리한계와 하한관리한계는 얼마인가? (단, $A_2 = 1.02$, $D_4 = 2.57$, $\bar{R} = 1.5$MPa)

가. 23.73MPa, 20.67MPa
나. 38.55MPa, 15.3MPa
다. 24.53MPa, 21.47MPa
라. 39.57MPa, 17.87MPa

해설 $\bar{x} = \dfrac{22.4+21.4+22+23}{4} = 22.2\text{MPa}$

$UCL = \bar{x} + A_2\bar{R} = 22.2 + 1.02 \times 1.5 = 23.73\text{MPa}$

$LCL = \bar{x} - A_2\bar{R} = 22.2 - 1.02 \times 1.5 = 20.67\text{MPa}$

문제 26 다음 시료의 압축강도를 보고 $\bar{x}$와 R를 각각 구한 값은?

	$\bar{x}$	R
가.	27.02	4.5
나.	26.78	4.5
다.	26.78	2.6
라.	27.02	2.6

1	2	3	4	5
29	24.5	28.1	27.8	24.5

해설 $\bar{x} = \dfrac{29+24.5+28.1+27.8+24.5}{5} = 26.78$

$R = x_{\max} - x_{\min} = 29 - 24.5 = 4.5$

문제 27 품질관리 결과 변동계수가 10% 이하일 경우 품질관리 상태는?

가. 우수
나. 양호
다. 보통
라. 불량

정답 24. 라 25. 가 26. 나 27. 가

해설

변동계수	품질관리 상태
10% 이하	우수
10~15%	양호
15~20%	보통
20% 이상	불량

문제 28 다음의 관리도 종류에서 불량률 관리도는 어느 것인가?

가. $\bar{x}-R$ 나. C
다. P 라. U

해설
- $\bar{x}-R$: 평균치와 범위 관리도
- $\tilde{x}-R$: 중위수와 관리도
- x : 1점 관리도(개개의 측정치 관리도)
- P: 불량률 관리도
- P_n : 불량개수 관리도
- C: 결점수 관리도
- U: 단위당 결점수 관리도

문제 29 데이터만으로 파악이 어려워 평균, 산포의 모양으로 파악이 가능한 품질관리 기법은?

가. 히스토그램 나. 파레토도
다. 특성요인도 라. 산포도

해설
- **특성요인도** : 결과에 대해 원인 파악이 쉽다
- **파레토도** : 결함시공 불량 결손항목을 구분하여 크기 순서로 표시한다.
- **산포도** : 두 개의 대응한 데이터로 상관관계를 파악한다.
- **관리도** : 공정의 이상 유무를 파악한다.

문제 30 전수검사와 발취검사에 관한 설명 중 틀린 것은?

가. 발취검사는 검사 항목이 적고 간단하게 검사 할 수 있다.
나. 전수검사는 로트의 크기가 작을 때 적합하다.
다. 발취검사는 치명적인 결점이 있을 때는 적합하지 않다.
라. 전수검사는 불량품이 조금이라도 섞이면 안 되는 경우 적합하다.

해설 발취검사는 검사항목이 많고 검사를 상세하게 실시해야 한다.

정답 28. 다 29. 가 30. 가

문제 31 품질관리의 목적이 아닌 것은?

가. 품질 확보　　나. 품질 변동의 최소화
다. 원가 절감　　라. 관리한계 설정

해설
- 품질에 대한 신뢰성을 증가시킨다.
- 하자 발생을 사전에 방지한다.
- 설계도에 정해진 규격의 구조물을 만들어 품질확보를 한다.

문제 32 통계적 품질관리의 원인이 되고 있는 산포 중 이상산포에 해당되지 않는 것은?

가. 규격 밖의 재료 사용　　나. 표준 작업 방법 외의 작업
다. 작업자의 기분　　라. 작업자의 변동

해설
- 이상산포 : 규격 밖의 재료사용, 표준작업방법 외의 작업, 작업자의 변동, 기계상태의 불량에 의해 생기는 것으로 수정조치하면 피할 수 있다.
- 우연산포 : 재료의 규격내의 변동, 표준작업방법 내의 변동, 작업자의 기분, 기계상태의 변동으로 생기는 것으로서 피할 수 없다.

문제 33 히스토그램을 이용하면 다음과 같은 도움이 있다. 틀린 것은?

가. 공정능력을 조사한다.　　나. 결과에 대한 원인 파악이 쉽다.
다. 분포의 모양을 조사한다.　　라. 층별을 비교한다.

해설 히스토그램을 이용하면 규격 또는 표준치과 비교 가능하고 전체의 분포상황, 누락 데이터의 유무 등을 알아볼 수 있다.

문제 34 품질관리도의 종류 중 계량값 관리도에 속하는 것은?

가. x 관리도　　나. P관리도
다. C관리도　　라. U관리도

해설
- 계량값 관리도 : $\bar{x}-R$관리도, $\bar{x}-\sigma$ 관리도, x 관리도
- 계수값 관리도 : P관리도, P_n 관리도, C관리도, U관리도

정답 31. 라　32. 다　33. 나　34. 가

문제 35 히스토그램(histogram)의 작성순서를 보기에서 골라 순서를 바르게 나타낸 것은?

[보기]
① 히스토그램과 규격값과 대조하여 안정상태인지 검토한다.
② 히스토그램을 작성한다.
③ 도수분포도를 만든다.
④ 데이터에서 최소값과 최대값을 구하여 전 범위를 구한다.
⑤ 구간 폭을 구한다.
⑥ 데이터를 수집하다.

가. ⑥ - ④ - ⑤ - ③ - ② - ① 나. ⑥ - ⑤ - ④ - ③ - ② - ①
다. ⑥ - ③ - ④ - ⑤ - ② - ① 라. ⑥ - ② - ⑤ - ④ - ③ - ①

해설 • 주상도의 작성법
① 자료의 수집
② 자료 중에서 최대치와 최소치의 결정
③ 전체의 범위의 결정
④ 계급(class)의 폭 결정
⑤ 자료를 계급별로 분류하여 도수분포표를 작성
⑥ 횡축에 품질특성치,종축에 도수를 취하여 주상도를 작성
⑦ 규격치를 기입하여 주상도가 정규분포를 하는가, 규격치의 중심에 평균치가 근접해 있는 가로 관리 상태를 판정

문제 36 콘크리트 품질을 검사하는 경우 검사 대상으로 하는 시험값의 검사로트(lot) 크기에 관한 설명 중 틀린 것은?

가. 검사로트가 너무 크면 좋은 품질을 포함하고 있어도 불합격으로 판정시 좋은 품질이 불량으로 판정 될 수 있다.
나. 콘크리트의 품질은 장기간에 걸친 공사이므로 품질의 변동이 작아 임의의 일부분을 각각 하나의 로트로 설정하여 검사할 필요가 없다.
다. 검사로트가 너무 크면 나쁜 품질이 포함되어 있어도 합격으로 판정시 나쁜 품질을 받아들이게 될 수 있다.
라. 검사로트가 너무 작으면 시험 회수가 많아져서 검사에 많은 경비가 든다.

해설 콘크리트의 품질은 품질의 변동이 커 임의의 일부분을 각각 하나의 로트로 설정하여 검사할 필요가 있다.

정답 35. 가 36. 나

문제 37 ISO 인증의 목적에 대한 설명 중 틀린 것은?

가. 기업 이익 확보
나. 잠재 또는 현존하는 품질 문제점의 파악 및 검출
다. 부적합 사항에 대한 적절하고 신속한 조치 강구
라. 제품 또는 서비스에 관련된 품질문제로부터 고객을 보호

해설 • ISO 인증 효과
① 대내·외적 신뢰도 확보
② 시장 점유율 상승
③ 국제 경쟁력 강화
④ 기업 이미지 쇄신
⑤ 고객 만족 실현
⑥ 기업 이익 확보

문제 38 품질관리 기법의 7가지 도구에 속하지 않는 것은?

가. 파레토도　　나. CPM기법
다. 특성요인도　　라. 산포도

해설 • 품질관리의 7가지 도구
① 파레토도　② 특성요인도　③ 히스토그램
④ 그래프　⑤ 산포도　⑥ 체크리스트
⑦ 층별 관리도

문제 39 히스토그램으로 품질관리를 하는 경우 측정할 수 없는 것은?

가. 규격과의 관계　　나. 측정치의 평균치
다. 측정치의 분포형태　　라. 공정에 이상이 생긴 일

해설 히스토그램은 도수분포표로 정리된 변수의 활동수준을 막대의 길이로 표시하여 수평이나 수직으로 늘어놓아 상호 비교가 쉽도록 만든 그림으로 공정에 이상원인을 알 수 없다.

정답 37. 가　38. 나　39. 라

3-2 콘크리트 공사에서의 품질관리 및 검사 제2부 콘크리트 제조, 시험 및 품질관리

1. 콘크리트의 품질관리 시험

(1) 슬럼프시험, 공기량시험, 강도시험, 염화물 함유량시험, 단위용적 질량시험, 콘크리트 온도 측정 등을 한다.

(2) 트럭 애지테이터에서 시료를 채취하는 경우에는 트럭 애지테이터를 30초간 고속으로 휘저은 후 최초로 배출되는 콘크리트 약 50l를 제외한 후 콘크리트의 전 횡단면에서 3회 이상 나누어 채취한 다음 전체를 다시 비비기하여 시료로 사용한다.

(3) 검사는 강도, 슬럼프, 공기량 및 염화물 함유량에 대하여 시험한다.

(4) 콘크리트 강도 시험용 시료는 콘크리트 표준시방서에서 1일 1회 이상, 120m^{3}마다 1회 이상, 슬래브나 벽체의 표면적 500m^{2}마다 1회 이상, 배합이 변경될 때마다 1회 이상 채취한다.

(5) 임의의 1개 운반차로부터 채취한 시료로 공시체를 제작하여 시험한 평균값으로 한다.

① 여러 개의 공시체 가운데 임의의 3개 공시체의 압축강도 평균값(3회의 연속 강도 시험의 경과 평균값)이 $f_{cn} > 35\text{MPa}$ 이상 되어야 한다.

② 동시에 각각의 공시체의 압축강도 값이 $f_{cn} \leq 35\text{MPa}$인 경우에는 $(f_{cn} - 3.5)\text{MPa}$ 이상이 되어야 한다. 그리고 $f_{cn} > 35\text{MPa}$인 경우에는 $0.9f_{cn}$ 이상이 되어야 한다.

2. 콘크리트의 관리

(1) 초기 재령의 압축강도에 의해 콘크리트를 관리한다.

(2) 시험값에 의해 관리도 및 히스토그램을 사용하여 품질 관리를 한다.

(3) 물-결합재비 1회 시험값은 동일 배치에서 취한 2개 시료의 물-결합재비의 평균값을 취하여 관리한다.

(4) 현장 양생 공시체 제작 및 강도

① 현장 양생된 공시체 강도가 동일 조건의 시험실에서 양생된 공시체 강도의 85%보다 작을 때는 콘크리트의 양생과 보호절차를 개선해야 한다. 만일 현장양생된 것의 강도가 설계기준 압축강도보다 3.5MPa을 초과하여 상회하면 85%의 한계조항은 무시할 수 있다.

② 현장 양생되는 공시체는 시험실에서 양생되는 공시체와 똑같은 시간에 동일한 시료를 사용하여 만든다.

(5) 시험 결과 콘크리트의 강도가 작게 나오는 경우

① 시험실에서 양생된 공시체의 연속 3회 시험값의 평균이 호칭강도보다 $f_{cn} \leq 35\text{MPa}$인 경우 3.5MPa 이상 작거나 $f_{cn} > 35\text{MPa}$인 경우 $0.1f_{cn}$ 이상 낮거나 또는 현장에서 양생된 공시체의 시험결과에서 결점이 나타나면 구조물의 하중지지 내력을 충분히 검토하여야 하며 적절한 조치를 취하여야 한다.

② 콘크리트의 압축강도 시험 결과 규정을 만족하지 못할 경우 시료의 적절성 및 시험기기나 시험 방법의 적절성을 검토하여 부적절한 경우를 제외하고 평가한다.

③ 시료의 적절성 및 시험기기나 시험 방법의 적절성을 검토하여 부적절한 경우가 없거나 부적절한 시험값을 제외하여도 강도가 부족할 경우 비파괴 시험을 실시한다.

④ 비파괴 시험 결과에서도 불합격될 경우 문제된 부분에서 코어를 채취하여 코어의 압축강도의 시험을 실시하여야 한다.

⑤ 코어 강도의 시험 결과는 평균값이 f_{ck}의 85%를 초과하고 각각의 값이 75%를 초과하면 적합한 것으로 판정한다.

3. 콘크리트의 검사

(1) 콘크리트의 운반검사

① 운반설비 및 인원배치

② 운반방법

③ 운반량

④ 운반시간

(2) 콘크리트 받아들이기 품질검사

<table>
<tr><th colspan="2">항 목</th><th>시험·검사 방법</th><th>시기 및 횟수</th><th>판정 기준</th></tr>
<tr><td colspan="2">굳지 않은 콘크리트의 상태</td><td>외관 관찰</td><td>콘크리트 타설 개시 및 타설 중 수시로 함.</td><td>워커빌리티가 좋고, 품질이 균질하며 안정할 것</td></tr>
<tr><td colspan="2">슬럼프</td><td>KS F 2402의 방법</td><td rowspan="5">압축강도 시험용 공시체 채취시 및 타설중에 품질변화가 인정될 때</td><td rowspan="2">• 30mm 이상 80mm 미만 : 허용오차±15mm
• 80mm 이상 180mm 미만 : 허용오차±25mm</td></tr>
<tr><td colspan="2">슬럼프 플로</td><td>KS F 2594의 방법</td></tr>
<tr><td colspan="2">공기량</td><td>KS F 2409의 방법
KS F 2421의 방법
KS F 2449의 방법</td><td>허용오차 : ±1.5%</td></tr>
<tr><td colspan="2">온도</td><td>온도 측정</td><td>정해진 조건에 적합할 것</td></tr>
<tr><td colspan="2">단위용적질량</td><td>KS F 2409의 방법</td><td>정해진 조건에 적합할 것</td></tr>
<tr><td colspan="2">염화물 함유량</td><td>KS F 4009 부속서 1의 방법</td><td>바닷모래를 사용할 경우 2회/일</td><td>원칙적으로 0.3kg/m³ 이하</td></tr>
<tr><td rowspan="6">배합</td><td rowspan="2">단위수량</td><td>굳지 않은 콘크리트의 단위수량 시험으로부터 구하는 방법</td><td>필요한 경우 별도로 정함</td><td>허용값 내에 있을 것</td></tr>
<tr><td>골재의 표면수율과 단위수량의 계량치로부터 구하는 방법</td><td>전 배치</td><td>허용값 내에 있을 것</td></tr>
<tr><td>단위 결합재량</td><td>결합재의 계량치</td><td>전 배치</td><td>허용값 내에 있을 것</td></tr>
<tr><td rowspan="2">물-결합재비</td><td>굳지 않은 콘크리트의 단위수량과 단위 결합재의 계량치로부터 구하는 방법</td><td>필요한 경우 별도로 정함</td><td>허용값 내에 있을 것</td></tr>
<tr><td>골재의 표면수율과 콘크리트 재료의 계량치로부터 구하는 방법</td><td>전 배치</td><td>허용값 내에 있을 것</td></tr>
<tr><td>기타, 콘크리트 재료의 단위량</td><td>콘크리트 재료의 계량치</td><td>전 배치</td><td>허용값 내에 있을 것</td></tr>
<tr><td colspan="2">펌퍼빌리티</td><td>펌프에 걸리는 최대 압송 부하의 확인</td><td>펌프 압송시</td><td>콘크리트 펌프의 최대 이론토출압력에 대한 최대 압송부하의 비율이 80% 이하</td></tr>
</table>

① 워커빌리티의 검사는 굵은골재 최대치수 및 슬럼프가 설정치를 만족하는지의 여부를 확인함과 동시에 재료 분리 저항성을 외관 관찰에 의해 확인하여야 한다.

② 강도검사는 콘크리트의 배합 검사를 실시하는 것을 표준으로 한다. 배합 검사를 하지 않은 경우에는 압축강도에 의한 품질검사를 실시한다. 이 검사에서 불합격된 경우에는 구조물에 대한 콘크리트의 강도 검사를 실시하여야 한다.

③ 내구성 검사는 공기량, 염소이온량을 측정하는 것으로 한다. 내구성으로부터 정한 물-결합재비는 배합 검사를 실시하거나 강도 시험에 의해 확인할 수 있다.

④ 검사 결과 불합격으로 판정된 콘크리트는 사용할 수 없다.

(3) 압축강도에 의한 콘크리트의 품질 검사

종 류	항 목	시험·검사 방법	시기 및 횟수	판정기준	
				$f_{cn} \leq 35\text{MPa}$	$f_{cn} > 35\text{MPa}$
호칭강도로부터 배합을 정한 경우	압축강도 (재령 28일의 표준양생 공시체)	KS F 2405의 방법	1회/일 또는 구조물의 중요도와 공사의 규모에 따라 120m^3마다 1회, 배합이 변경될 때마다	① 연속 3회 시험값의 평균이 호칭강도 이상 ② 1회 시험값이(호칭강도−3.5MPa) 이상	① 연속 3회 시험값의 평균이 호칭강도 이상 ② 1회 시험값이 호칭강도의 90% 이상
품질기준강도로부터 배합을 정한 경우				압축강도의 평균값이 품질기준강도 이상일 것	

※ 1회의 시험값은 공시체 3개의 압축강도 시험값의 평균값임.
※ 호칭강도는 레디믹스트 콘크리트이며 품질기준강도는 현장 배치플랜트를 구비하여 생산·시공하는 경우이다.
※ 품질기준강도는 설계기준 압축강도와 내구성 설계에 따른 내구성 기준압축강도 중에서 큰 값으로 하며 기온보정강도값을 더한다.

• 압축강도에 의한 콘크리트의 품질관리는 일반적인 경우 조기재령에 있어서의 압축강도에 의해 실시한다. 이 경우, 시험체는 구조물에 사용되는 콘크리트를 대표할 수 있도록 채취하여야 한다.

(4) 콘크리트 타설검사

① 타설설비 및 인원 배치
② 타설방법
③ 타설량

(5) 콘크리트의 양생검사

① 양생설비 및 인원 배치
② 양생방법
③ 양생기간
※ 양생의 적합성 여부, 거푸집 떼어내기 시기 등을 정할 필요가 있는 경우, 혹은 조기에 재하할 때 안전성 여부를 확인할 필요가 있는 경우에는 현장 콘크리트와 되도록 동일한 상태에서 양생한 시험체를 사용하여 강도시험을 실시하는 것이 좋다.

(6) 표면상태의 검사

① 노출면의 상태
② 균열
③ 시공이음

콘크리트의 성질

4-1 굳지 않은 콘크리트의 성질

1. 굳지 않은 콘크리트의 성질을 나타내는 용어

(1) 워커빌리티(workability)

반죽질기 여하에 따른 작업의 난이도 및 재료분리에 저항하는 정도를 나타내는 성질

(2) 반죽질기(consistency)

주로 물의 양이 많고 적음에 따라 반죽이 되고 진 정도를 나타내는 성질

(3) 성형성(plasticity)

거푸집을 쉽게 다져 넣을 수 있고 거푸집을 제거하면 천천히 형상이 변하기는 하지만 허물어지거나 재료분리하지 않는 성질

(4) 피니셔빌리티(finshability)

굵은골재의 최대치수, 잔골재율, 잔골재의 입도, 반죽질기 등에 따른 마무리하기 쉬운 정도를 나타내는 성질

2. 콘크리트의 워커빌리티 측정방법

(1) 슬럼프 시험

콘크리트의 반죽질기를 간단히 측정할 수 있어 많이 이용하고 있다.

(2) 흐름 시험(flow test)

① 콘크리트의 유동성을 측정하는 방법으로 콘크리트에 상하운동을 주어 콘크리트가 흘러 퍼지는 데에 따라 변형 저항을 측정한다.

② $\text{흐름값} = \dfrac{\text{시험 후의 지름} - \text{콘의 밑지름}(254\text{mm})}{\text{콘의 밑지름}(254\text{mm})} \times 100$

③ 대형 흐름판 위에 콘을 놓고 콘크리트를 각 층당 25회 다짐으로 2층 다짐을 하고 몰드를 제거한 후 흐름판을 10초 동안 15회 상하운동시킨다.

(3) Vee-Bee 시험(진동대식 시험)

포장 콘크리트와 같은 된반죽 콘크리트의 반죽질기를 측정하는 데 적합하다.

(4) 다짐계수 시험

(5) 리몰딩 시험

(6) 구 관입 시험

① 켈리볼 관입 시험이라 한다.

② 약 14kg(13.6kg) 구를 콘크리트 표면에 놓아 가라앉는 관입 깊이(값)를 측정한다.

③ 슬럼프 값은 관입값의 1.5~2배이다.

(7) 이리바렌 시험

3. 워커빌리티에 영향을 미치는 요인

(1) 단위수량

① 단위수량이 클수록 반죽질기가 크게 되나 단위수량이 너무 많으면 재료 분리를 일으키며 콘크리트 시공이 어렵다.

② 단위수량이 너무 적으면 콘크리트는 된반죽이 되며 유동성이 적게 되어 시공이 어렵다.

③ 단위수량이 1.2% 증감함에 따라 슬럼프는 1cm 증감한다.

(2) 시멘트

① 단위 시멘트량, 시멘트 종류의 분말도, 풍화 정도 등에 따라 워커빌리티가 달라진다.

② 단위 시멘트량이 큰 콘크리트일수록 성형성이 좋다.

③ 혼합시멘트는 일반적으로 보통 포틀랜드 시멘트보다 워커빌리티를 좋게 한다.

④ 비표면적이 2,800cm^2/g 이하의 시멘트를 사용하면 워커빌리티가 나빠지고 블리딩도 커진다.

⑤ 시멘트량이 많을수록(부배합) 콘크리트가 워커블하게 되며 시멘트량이 적으면(빈배합) 재료 분리의 경향이 생긴다.

(3) 골재의 입도 및 입형

① 잔골재의 입도는 콘크리트의 워커빌리티에 큰 영향을 준다.

② 0.3mm 이하의 미립은 콘크리트의 점성을 주고 성형성을 좋게 한다.

③ 미립분이 너무 많으면 컨스턴시가 작아지므로 골재는 대소가 적당한 비율로 혼합되어 있어야 한다.

④ 입도분포는 연속입도가 좋으며 공기연행 콘크리트의 경우에 공기연행제의 공기연행은 잔골재의 입경크기에 따라 달라진다.

⑤ 자연모래가 모나거나 편평한 것이 많은 부순모래에 비해 워커블한 콘크리트를 얻을 수 있다.

⑥ 잔골재율이 커지면 동일 워커빌리티를 얻기 위해 단위수량이 커지므로 시멘트량이 일정한 경우 강도가 저하된다.

⑦ 굵은골재 최대치수는 콘크리트 단면 치수, 배근상태에 의해 적당한 크기가 결정되어진다.

⑧ 둥글한 강자갈의 경우가 워커빌리티가 가장 좋고 편평하고 세장한 입행의 골재는 분리하기 쉽고 모진 것이나 굴곡이 큰 골재는 유동성이 나빠져 워커빌리티가 불량하게 된다.

⑨ 부순자갈이나 부순모래를 사용할 경우 워커빌리티가 나빠지므로 잔골재율과 단위수량을 크게 하여 워커빌리티를 개량할 필요가 있다.

(4) 공기량 및 혼화 재료

① 공기연행제나 감수제에 의해 콘크리트 중에 연행된 미세한 공기포는 볼 베어링 작용에 의해 콘크리트의 워커빌리티를 개선한다.

② 공기량 1% 증가에 대해 슬럼프가 1.5cm 정도 커지며 잔골재율을 0.5~1.0% 작게 할 수 있고 슬럼프를 일정하게 하며 단위수량을 약 3% 저감할 수 있다. 그 결과 골재분리가 억제되고 블리딩도 감소하게 된다.

③ 공기량의 워커빌리티 개선 효과는 빈배합의 경우에 현저하다.

④ 감수제는 공기량에 의한 효과 이외에도 반죽질기를 증대시키는 효과가 커 양질의 것은 일반적으로 8~15% 정도의 단위수량을 감소시킬 수 있다.

⑤ 양질의 포졸란을 사용하면 워커빌리티가 개선된다.

⑥ 플라이 애시는 구상의 미분이기 때문에 볼 베어링 작용에 의해 콘크리트의 워커빌리티를 개선한다.

⑦ 공기량은 일반적으로 골재 최대치수에 따라 콘크리트 용적의 4~7%로 하는 것을 표준으로 한다.

⑧ 굵은골재 최대치수가 작은 콘크리트일수록 공기량이 많이 필요하다.

⑨ 공기연행제를 일정량 사용한 경우 연행되는 공기량에 대한 영향

- 물 · 시멘트비가 클수록 공기량이 커진다.
- 슬럼프가 작을수록 공기량이 커진다.
- 시멘트의 분말도가 커질수록 공기량이 작아진다.
- 단위 잔골재량이 많을수록 공기량이 커진다.
- 콘크리트 온도가 낮을수록 공기량이 커진다.

⑩ 공기연행 콘크리트의 공기량이 비빔 후 취급에 따른 영향

- 진동 다짐에 따른 공기량의 감소는 콘크리트의 슬럼프가 클수록, 부재 단면이 작을수록, 콘크리트량이 작을수록 빠르다.
- 버킷이나 콘크리트 펌프에 의한 운반 중의 공기량의 감소는 그다지 많지 않다.
- 취급 중에 손실되는 공기량은 대부분이 기포경이 큰 것이며 기포경이 작은 것은 큰 것보다 감소하지 않는다.

(5) 비빔시간

① 비비기가 충분하면 시멘트풀이 골재의 표면에 고르게 부착되고 반죽이 워커블해지며 재료의 분리가 줄어들고, 강도가 높아지므로 가급적 비빔시간을 늘리는 것이 좋다.

② 비빔시간이 과도하게 길면 시멘트의 수화를 촉진하여 워커빌리티가 나빠진다.
③ 너무 오래 비비면 재료분리가 생기고 공기연행 콘크리트의 경우 공기량이 감소된다.

(6) 온 도

온도가 높을수록 슬럼프는 감소하고 수송에 의한 슬럼프의 감소도 현저하다.

(7) 배 합

콘크리트를 구성하는 재료의 사용량이나 물-결합재비, 잔골재율, 잔골재 및 굵은골재비 등 재료의 구성비율은 콘크리트의 워커빌리티에 큰 영향을 미친다.

4. 재료의 분리

(1) 콘크리트 작업중에 생기는 재료분리의 원인

① 굵은골재의 최대치수가 지나치게 큰 경우
② 입자가 거친 잔골재를 사용할 경우
③ 단위 골재량이 너무 많은 경우
④ 단위수량이 너무 많은 경우
⑤ 콘크리트 배합이 적절하지 않은 경우
⑥ 콘크리트 운반시 애지테이터의 회전이 정지되거나 속도가 맞지 않을 경우
⑦ 컨시스턴시가 적합하지 않아 과도한 진동다짐을 한 경우에는 굵은골재의 침하, 블리딩이 생기기 쉽고 슈트를 사용한 경우 굵은골재의 분리가 심해진다.

(2) 콘크리트 작업 중에 생긴 재료분리 현상을 줄이기 위한 대책

① 콘크리트의 성형성을 증가시킨다.
② 잔골재율을 크게 한다.
③ 진동다짐을 하면 콘크리트는 충전상태가 밀실하게 되어 경화 후 성질이 향상되며 진동다짐은 된반죽 콘크리트가 효과적이다.
④ 잔골재 중의 0.15~0.3mm 정도의 세립분을 많게 한다.
⑤ 부배합 콘크리트, 슬럼프가 50~100mm 정도인 콘크리트 및 공기연행 콘크리트를 사용한다.

⑥ 단위수량이 작고 물 · 시멘트비가 낮은 콘크리트가 분리에 대한 저항성이 크다.
⑦ 공기연행제 등의 혼화제를 사용하여 단위수량을 적게 하고 시멘트량이 너무 적지 않도록 하여 분리가 쉽지 않게 한다.
⑧ 골재는 세 · 조립이 알맞게 혼합되어 입도분포가 양호한 것을 사용한다.
⑨ 거푸집은 시멘트 페이스트의 누출을 방지하고 충분한 다짐작업에 견디도록 수밀성이 높고 견고한 것을 사용한다.
⑩ 분리를 일으킨 콘크리트는 균일하게 다시 비벼서 타설한다.
⑪ 콘크리트 타설시 부어 넣을 최종 위치에 정치하도록 타설한 것이 이상적이다.
⑫ 높은 곳에서의 자유낙하, 거푸집 내에서 장거리 흘러내림, 특히 콘크리트에 횡방향 속도가 붙은 채로 거푸집 속으로 부어 넣어서는 안 된다.
⑬ 펌프나 슈트를 사용해서 칠 때에는 먼저 용기에 받아 정지시킨 후 쳐야 한다.
⑭ 운반, 타설 방법에 주위를 기울려도 거푸집 내에 낙하, 유동할 때에 어느 정도의 분리를 피할 수 없다.
⑮ 굵은골재의 분리는 그 정도가 경미하면 내부 진동기로 충분히 다짐으로써 균질한 콘크리트로 할 수 있다.
⑯ 진동시간이 과대하게 하면 콘크리트는 재료분리를 일으키고 공기연행 콘크리트는 공기량이 감소한다. 특히 단위수량이 많은 콘크리트의 경우는 현저하다. 따라서 한 개소에서 오래 진동기를 쓰면 효과가 없다.

(3) 콘크리트 타설 후의 재료분리

① 블리딩의 발생으로 상부의 콘크리트가 다공질이 되며 강도, 수밀성 및 내구성이 감소되고 골재입자나 수평철근의 밑부분에 수막을 만들고 시멘트풀과의 부착을 저해하며 수밀성을 감소시킨다.
- 블리딩이란 콘크리트 타설 후 시멘트, 골재입자 등이 침하함으로써 물이 분리하여 상승하는 현상을 말한다.
- 시멘트의 분말도가 클수록 블리딩은 작아진다.
- 시멘트의 응결시간이 짧을수록 블리딩은 감소한다.
- 입자의 형상이 거친 쇄석을 사용한 콘크리트는 보통 골재를 사용한 콘크리트에 비해 블리딩이 크다.
- 공기연행제, 감수제 등 혼화제를 사용한 콘크리트는 단위수량이 감소되므로 블리딩을 줄일 수 있다.

- 배합조건에서 단위수량이 크거나 단위잔골재량이 적어지면 블리딩이 증가한다.
- 과도한 진동다짐을 하면 물이 분리되기 쉬워 블리딩이 증가하고 타설 속도가 빠르면 블리딩이 증가한다.
- 물이 새지 않는 합판이나 철판제의 거푸집을 사용하면 블리딩이 커진다.
- 블리딩을 적게 하기 위해서는 단위수량을 적게 하고 골재입도가 적당해야 한다.

② 레이턴스를 콘크리트의 작업 이음시 제거하지 않고 타설하면 이 이음부는 약점의 원인이 된다.

- 레이턴스란 블리딩에 의해 콘크리트 표면에 떠올라와 침전한 미세한 물질을 말한다.
- 레이턴스는 시멘트나 모래 속의 미립자의 혼합물로서 굳어져도 강도가 거의 없다.

5. 초기균열

- 콘크리트 타설 후 24시간 이내의 경화되기 이전에 균열이 발생하는 것을 말한다.
- 봄철 건조한 경우에 많의 발생하며 균열 길이가 짧으며 무방향성이다.
- 보통 유해하지는 않으나 외관상 문제나 경화 후 각종의 결합을 유발시키는 원인이 된다.

(1) 침하수축 균열

① 콘크리트 타설 후 콘크리트 표면 가까이 있는 철근, 매설물 또는 입자가 큰 골재 등이 콘크리트의 침하를 국부적으로 방해를 하기 때문에 철근의 상부 배근 방향으로 침하균열이 발생한다.

② 침하나 블리딩이 큰 콘크리트일수록 초기균열이 발생하기 쉽고 균열의 크기는 커진다.

③ 응결시간이 빠른 시멘트, 장시간 비빈 콘크리트, 하절기에 시공된 콘크리트, 타설높이가 큰 콘크리트, 거푸집이 불안전하여 모르타르가 누출된 콘크리트, 거푸집의 조임이나 동바리가 불안전한 경우 등에 많이 발생한다.

④ 콘크리트 침하에 영향을 주는 조건

- 물·시멘트비가 클수록 혹은 컨시스트가 커질수록 침하량은 많아진다.

- 골재의 최대치수가 클수록 적어진다.
- 공기연행제 및 공기연행 감수제는 블리딩량 및 침하량을 감소시키는 효과가 크다.
- 콘크리트를 타설할 부분의 수평 단면적이 클수록 빨리 그리고 많이 침하한다.
- 타설높이가 높을수록 침하의 절대량은 크지만 침하량의 비율은 적어진다.
- 타설높이가 일정한 높이 이상이 되면 타설높이가 변화해도 침하량에는 큰 변화가 없다.

⑤ 침하수축 균열의 방지대책

- 단위수량을 될 수 있는 한 적게 한다.
- 슬럼프가 작은 콘크리트를 배합하여 가능한 한 블리딩을 억제하도록 한다.
- 타설 종료 후에는 충분한 다짐을 한다.
- 너무 조기에 응결되지 않는 시멘트와 혼화제를 사용한다.
- 침하수축 균열이 발생하면 하계에는 타설 후 60~90분 이내, 기타 계절에는 90~180분 이내에 균열 부위의 콘크리트 표면을 각재 등으로 두드리거나 흙손으로 표면 마무리를 하여 균열을 없앤다.

(2) 초기 건조균열(플라스틱 수축균열)

① 콘크리트 표면의 물의 증발속도가 블리딩 속도보다 빠른 경우와 같이 급속한 수분 증발이 일어나는 경우에 콘크리트 마무리면에 가늘고 얇은 균열이 생긴다.

② 균열은 표면 전체에 촘촘한 망상의 형태로 발생하며 균열 폭은 0.02~0.5mm 정도이다.

③ 콘크리트 표면에만 균열이 생기고 내부까지는 진행되지 않는다.

④ 콘크리트 표면의 수분 증발량이 블리딩 양보다 많은 경우, 거푸집의 누수가 심하고 블리딩이 적어 초기에 콘크리트 표면에 수분이 급격히 손실될 경우에도 발생할 수 있다.

⑤ 건조한 봄철에 많이 발생하며 바람이 불고 일사 등에 의해 기온이 높고 건조가 심한 환경조건에서 균열이 발생하기 쉽다.

⑥ 건조 균열을 억제하려면 타설 구획의 주위를 시트로 감싸고 타설 종료후 콘크리트 표면을 피복한다. 그리고 여름철에 경우 일광의 직사나 바람에 노출되지 않도록 필요에 따라 적절한 살수를 하는 등 양생을 철저히 한다.

(3) 거푸집의 변형에 의한 균열

① 콘크리트 타설 후 굳어가는 시점에 거푸집의 조임상태 불량, 동바리의 불안정, 콘크리트의 측압 등에 의해 거푸집의 변형이 생겨 균열이 발생한다.

② 콘크리트 소성변형에 의한 균열보다 외력에 의한 변형으로 생긴 균열이 크다.

(4) 진동 및 재하에 따른 균열

① 타설 완료할 시기에 콘크리트 주변에서 말뚝을 항타하거나 기계류의 진동이 원인으로 균열이 생긴다.

② 콘크리트 초기 재령에 상부에 가설 재료를 쌓으면 지보공의 변형, 침하 등에 따라 균열이 생긴다.

(5) 수화발열에 의한 온도균열

① 콘크리트의 응결, 경화과정에서 시멘트의 수화열이 축적되어 콘크리트 내부온도가 상승하여 발생되는 균열이다.

② 댐과 같이 단면이 큰 매스콘크리트 등의 구조물에 타설한 콘크리트에서는 큰 문제가 된다.

③ 콘크리트의 온도가 상승된 후 이것이 식을 때 생기는 콘크리트의 수축이 어떤 힘에 구속되면 콘크리트에 균열이 생긴다.

④ 매스 콘크리트에서의 온도균열은 타설 후 1~2주 사이에 발생하는 경우가 많다.

⑤ 온도상승에 따른 온도균열의 방지대책

- 수화열이 적은 중용열 포틀랜드 시멘트를 사용한다
- 플라이 애시 등의 혼화재를 사용한다.
- 굵은골재 최대치수를 가능한 한 크게 하여 단위 시멘트량을 절감시킨다.
- 시공 측면에서는 재료 및 콘크리트의 냉각, 적당한 가격의 신축 줄눈, 콘크리트 타설속도 등을 고려한다.

4-2 굳은 콘크리트의 성질

제2부 콘크리트 제조, 시험 및 품질관리

1. 압축강도

(1) 콘크리트의 강도는 보통 압축강도를 말한다.

(2) 표준양생을 한 재령 28일의 압축강도를 기준으로 한다.

(3) 댐 콘크리트에서는 재령 91일 압축강도를 기준으로 한다.

(4) 포장용 콘크리트에서는 재령 28일의 휨강도를 기준으로 한다.

(5) 콘크리트 강도에 영향을 미치는 주된 요인

① 재료 품질의 영향

- 골재가 강경하고, 물-결합재비, 양생 등이 일정할 경우 콘크리트 압축강도는 시멘트의 종류와 시멘트의 강도에 의해 좌우된다.
- 골재 강도의 변화는 콘크리트 강도에 거의 영향을 미치지 않는다. 그러나 천연경량 골재나 약한 석편을 많이 포함한 경우에는 콘크리트 강도가 저하한다.
- 콘크리트의 강도가 고강도가 될수록 골재의 영향이 매우 커진다.
- 골재의 표면이 거칠수록 골재와 시멘트풀과의 부착이 좋기 때문에 일반적으로 부순돌을 사용한 콘크리트의 강도는 강자갈을 사용한 콘크리트보다 크다.
- 물-결합재비가 일정하더라도 굵은골재의 최대치수가 클수록 콘크리트의 강도는 작아지며 이러한 경향은 부배합일수록 더욱 커진다.
- 물은 콘크리트의 다른 재료에 비해 영향을 적게 받는 재료이나 수질은 콘크리트 강도, 시공시의 응결시간, 경화후의 콘크리트 성질에 영향을 미친다.

② 배합의 영향

- 콘크리트 강도에 가장 큰 영향을 미치는 것은 물-결합재비이다.

③ 공기량의 영향

- 물-결합재비가 일정할 때 공기량이 1% 증가하면 압축강도는 4~6% 감소한다.

④ 시공방법의 영향

- 혼합시간이 길수록 일반적으로 강도는 증대한다. 이런 경향은 빈배합일수록, 굵은골재 최대치수가 작을수록, 된반죽일수록 효과가 크다.
- 콘크리트를 혼합한 후 방치한 것을 물을 가하지 않고 다시 비비면 일반적으로 강도는 증대한다. 그러나 워커빌리티가 나쁘고 오히려 강도가 저하되는 경우도 있다.
- 콘크리트가 굳기 시작한 후에 다시 비비는 작업을 되비비기라고 하고 비빈 후 상당한 시간이 지났거나 또는 재료가 분리한 경우에 다시 비비는 작업을 거듭비비기라고 하는데 거듭비비기를 하면 콘크리트는 슬럼프, 철근과의 부착강도 등이 커지며 초기의 침하 및 경화수축이 작아진다.
- 진동기를 사용하여 다질 경우 된반죽의 콘크리트는 강도가 크게 되지만 묽은반죽은 그 효과가 작다.
- 응결 도중 적당한 시기(0.5~2시간)에 재진동을 하게 되면 강도가 오히려 증대하는 경우도 있다.
- 콘크리트 성형(成型)시에 가압을 하여 경화시키면 강도가 크게 된다. 특히 묽은반죽 콘크리트의 경우에 효과가 크다.

⑤ 양생방법 및 재령의 영향

- 콘크리트를 습윤양생 후 공기중 건조시키면 강도가 20~40% 증가한다. 이 강도는 일시적이며 그대로 건조상태를 두면 증가하지 않는다.
- 건조상태의 공시체를 다시 습윤상태에 두면 강도가 다시 증가한다.
- 양생온도가 4~40℃의 범위에 있어서는 온도가 높을수록 재령 28일까지의 강도는 커진다. 그러나 지나치게 온도가 높으면 오히려 강도발현에 나쁜 영향을 미친다.
- 양생온도가 −0.5~−2℃ 이하로 되면 콘크리트 속의 수분이 동결하므로 특히 초기 재령에서 심한 동해를 받는다.
- 콘크리트 강도는 재령에 따라 강도가 증가하고 증가비율은 재령이 짧을수록 현저하다.

⑥ 시험방법의 영향

- 원주형과 각주형 공시체는 직경 또는 한 변의 길이 D와 높이 H와의 비 H/D의 값이 작을수록 압축강도가 크게 된다.
- H/D가 동일하면 원주형 공시체가 각주형 공시체보다 압축강도가 크다.

- 15cm 입방체 공시체의 강도는 ϕ150×300mm의 원주형 공시체 강도의 1.16배 정도가 된다.
- 모양이 다르면 크기가 작은 공시체의 압축강도가 더 크다.
- 콘크리트 압축강도 시험은 공시체의 높이가 지름의 2배인 원주형 공시체를 사용하는 것을 표준으로 하며 표준 공시체를 사용하는 것을 표준으로 하며 표준공시체는 ϕ150×300mm를 채용하고 있다. 단, 굵은골재의 최대치수가 25mm 이하의 경우 ϕ100×200mm를 사용해도 좋다.
- 공시체의 캐핑 두께는 가능한 엷은 것이 좋으나 2~3mm정도가 적당하며 6mm를 넘으면 강도의 저하가 커진다.
- 압축강도 시험시 재하속도가 빠를수록 강도가 크게 나타난다.
- 압축강도 시험시 재하속도는 매초 0.6±0.4MPa로 규정하고 있으며 인장이나 휨강도 시험시 재하속도는 각기 다르게 규정되어 있다.

2. 인장강도

(1) 인장강도는 압축강도의 1/10~1/13 정도이다.

(2) 인장강도는 콘크리트를 건조시키면 습윤한 콘크리트보다 저하된다. 이런 경향은 흡수율이 큰 인공경량골재 콘크리트에 있어서 더욱 현저하다.

(3) 인장강도 시험방법은 할열시험이 일반적으로 사용된다.

3. 휨 강 도

(1) 휨강도는 압축강도의 1/5~1/8 정도이다.

(2) 휨강도는 인장강도의 1.6~2.0배 정도이다.

(3) 파괴하중 부근의 응력상태는 소성 성질을 나타내므로 응력이 직선분포로 나타나지 않는다.

(4) 휨강도는 도로, 공항 등의 콘크리트 포장의 설계기준강도, 콘크리트의 품질결정 및 관리 등에 사용된다.

4. 전단강도

(1) 전단강도는 압축강도의 1/4~1/6 정도이다.

(2) 전단강도는 인장강도의 2.3~1.5배 정도이다.

(3) 일반적으로 높이 또는 폭이 클수록, 또 지간이 커질수록 전단강도는 작아진다.

5. 부착강도

(1) 철근과 시멘트풀과의 순부착력, 철근과 콘크리트 사이의 마찰력 및 철근 표면의 요철에 의한 기계적 저항력 등에 의한다.

(2) 철근의 종류 및 지름, 콘크리트 속의 철근 위치 및 방향, 묻힌 길이, 콘크리트의 덮개 및 콘크리트의 품질 등에 따라 달라진다.

(3) 콘크리트 압축강도가 증가하는 데 따라 부착강도도 증가하며 이형철근의 부착강도가 원형철근의 약 2배 정도이다.

(4) 수평철근의 부착강도는 연직철근의 1/2~1/4 정도이다.

(5) 수평철근의 아래쪽의 콘크리트 두께가 클수록 부착강도는 작아진다.

(6) 공기량이 증가하면 부착강도는 작아진다.

6. 지압강도

교각의 지지부나 프리스트레스트 콘크리트의 긴장재 정착부 등에서 부재의 일부분만이 국부적인 하중을 받는 경우의 콘크리트 압축강도를 지압강도라 한다.

7. 피로강도

(1) 콘크리트가 소정의 반복하중에 견디는 응력의 한도를 피로강도라 한다.

(2) 일정한 하중을 지속적으로 받게 되면 피로 때문에 크리프 파괴가 발생한다.

(3) 피로에 의한 파괴강도는 작용하는 응력의 상한치와 하한치 범위와 반복 횟수에 의해 변화한다.

(4) 피로에 의한 강도 저하의 원인 중에서 중요한 것은 콘크리트 속의 미세한 균열 때문이다. 이 미세한 균열은 콘크리트의 응력이 $0.5f_c$ 정도일 때 발생하기 시작하여 반복 재하에 의해 파괴된다.

(5) 콘크리트의 크리프 파괴는 정적파괴 하중보다 70~80% 정도의 작은 하중에서 파괴된다.

(6) 콘크리트의 200만회 피로강도는 정적 파괴강도의 50~60% 정도이다.

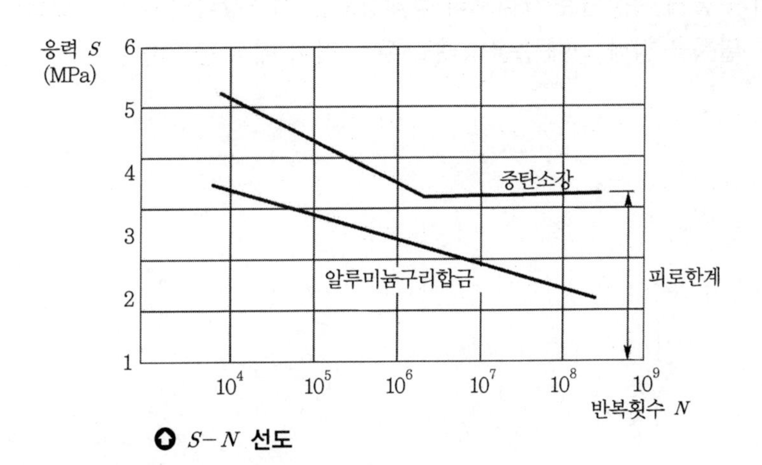

⊙ $S-N$ 선도

8. 충격강도

(1) 말뚝의 항타, 충격하중을 받는 기계기초, 프리캐스트 부재 취급하중의 충격에 대한 기준으로 콘크리트가 반복 타격에 견딜 수 있는 능력과 에너지를 흡수할 수 있는 것을 표시한 값이다.

(2) 정적 압축강도가 높을수록 균열 전에 1회 타격당 흡수되는 에너지는 적지만 콘크리트의 충격강도는 증가한다.

(3) 동일한 압축강도의 콘크리트일지라도 부순골재처럼 골재 표면이 거칠수록 충격강도는 높다.

(4) 콘크리트의 충격강도는 압축강도보다는 인장강도와 더 밀접한 관계가 있다.

(5) 부순돌보다는 강자갈로 만든 콘크리트의 충격강도가 낮다.

(6) 굵은골재 최대치수가 낮은 쪽이 충격강도를 개선할 수 있고 탄성계수와 푸아송비가 낮은 골재가 더 유리하다.

(7) 너무 가는 잔골재를 사용하면 오히려 충격강도를 다소 저하시키게 된다.

(8) 잔골재량이 증가하는 쪽이 충격강도에 유리하다.

(9) 콘크리트의 저장조건은 충격강도에 큰 영향을 준다.

(10) 수중에 저장된 콘크리트의 충격강도는 건조상태의 것보다 낮으므로 콘크리트 말뚝을 항타 전에 습윤상태로 두는 것이 매우 불리하다.

4-3 굳은 콘크리트의 변형

제 2 부 콘크리트 제조, 시험 및 품질관리

1. 응력 - 변형률 곡선

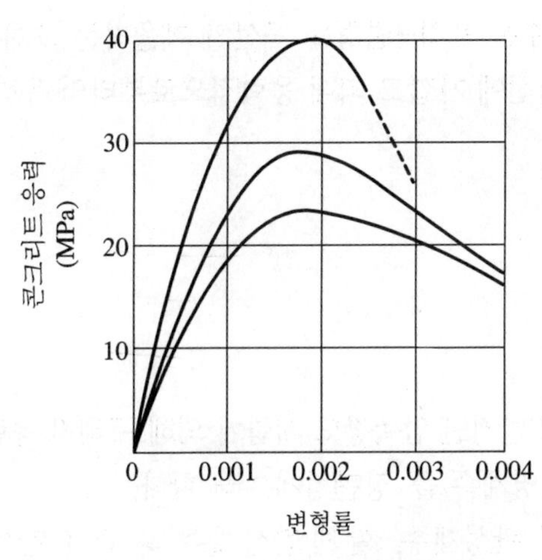

⬆ 콘크리트의 응력-변형률 곡선

⬆ 콘크리트의 응력-변형률과의 관계

(1) 초기에는 압축응력에 비례하여 변형이 거의 직선적으로 증가하지만 서서히 아래로 처지면서 곡선이 되고 응력이 최대값에 도달한 뒤 서서히 감소하다가 파괴된다.

(2) 압축응력과 변형이 비례하는 성질을 탄성이라 하며 콘크리트는 압축강도의 약 $0.3f_{cu}$ 정도의 낮은 응력의 영역에서는 거의 탄성거동을 나타내지만 압축강도의 $0.5f_{cu}$ 이상의 응력에서는 명확한 탄성 거동을 나타내지 않는다.

(3) 하중이 작은 초기에는 거의 직선에 가깝지만 하중이 증가와 더불어 점차 곡선이 되므로 콘크리트는 훅의 법칙이 성립되지 않는 비선형 재료에 속한다. 그러나 철근 콘크리트 부재를 허용응력설계법으로 설계할 경우에는 콘크리트를 탄성체로 가정한다.

(4) 고강도 콘크리트 쪽의 곡선의 기울기가 강도가 낮은 콘크리트 쪽의 기울기보다 급하다.

(5) 비교적 작은 하중을 가하더라도 원상이 회복되지 않는 변형률, 즉 영구 변형률 (ε_p : 잔류변형률)이 잔류하게 된다. 이것을 소성 변형률이라 한다.

(6) 전 변형률(δ)에서 잔류 변형률을 뺀 것을 탄성 변형률(ε_e)이라 하며 탄성 변형률은 하중을 제거하면 회복하는 변형률이다.

(7) 보통 콘크리트에서 잔류 변형률에 대한 전 변형률의 비는 응력이 클수록 크고 파괴강도의 50% 정도의 응력에서 약 10% 정도이다.

(8) 다른 조건이 동일하면 강도가 클수록 응력-변형률 곡선의 기울기는 크게 되며 고강도의 콘크리트일수록 더욱 직선에 가깝고 최대 응력점으로부터의 응력하강역의 기울기도 크다.

2. 탄성계수

(1) 정탄성계수

① 정적하중에 의하여 얻어진, 즉 일반적인 압축강도 시험에 의해 구해진 응력-변형률 곡선에서 구한 탄성계수(영계수)를 정탄성계수라 한다.

② 콘크리트의 정탄성계수는 초기 탄성계수, 할선 탄성계수 및 접선 탄성계수로 구하나 일반적으로는 할선 탄성계수로 나타낸다.

③ 할선 탄성계수를 구할 때의 응력은 파괴강도의 1/3~1/4(보통 압축강도의 30%~50%)로 한다.

④ 할선 탄성계수는 응력의 크기에 따라 달라지므로 응력의 크기를 지정하지 않으면 이 계수를 정할 수 없다.

⑤ 콘크리트의 탄성계수는 압축강도 및 밀도가 클수록 크다.

⑥ 압축강도가 동일할 경우 굵은골재량이 많을수록 탄성계수가 크다.

⑦ 재령이 길수록, 공기량이 작을수록 탄성계수가 크다.

⑧ 콘크리트의 탄성계수는 여러 가지 요인에 의하여 변화하지만 특히 콘크리트의 강도와 밀도의 영향을 가장 크게 받는다.

⑨ 콘크리트의 단위질량 m_c 의 값이 1,450~2,500kg/m^{3}인 콘크리트의 경우

$$E_c = 0.077 m_c^{1.5} \sqrt[3]{f_{cm}}\,(\text{MPa})$$

단, 보통 골재를 사용한 콘크리트($m_c = 2300\text{kg/m}^3$)의 경우

$$E_c = 8500 \sqrt[3]{f_{cm}}\,(\text{MPa})$$

여기서, 재령 28일에서 콘크리트의 평균 압축강도 $f_{cm} = f_{ck} + \Delta f$(MPa)이며 Δf는 f_{ck}가 40MPa 이하이면 4MPa, 60MPa 이상이면 6MPa이고 그 사이는 직선보간으로 구한다.

(2) 푸아송비

① 푸아송의 비 $\nu = \dfrac{\varepsilon_t}{\varepsilon_l} = \dfrac{\frac{\Delta d}{d}}{\frac{\Delta l}{l}}$

여기서, ε_l : 공시체의 축방향 변형률
ε_t : 축과 직각방향 변형률

② 푸아송 수(푸아송비의 역수) $m = \dfrac{1}{\nu}$

③ 푸아송비는 허용응력 부근에서는 1/5~1/7, 파괴응력 부근에서는 1/2~1/4 정도이다.

④ 경량골재 콘크리트의 푸아송비는 보통 콘크리트와 거의 같거나 약간 크다.

(3) 전단탄성계수

① $G = \dfrac{\tau}{\gamma}$

여기서, G : 전단탄성계수
τ : 전단응력(MPa)
γ : 전단변형률

② $G = \dfrac{E_c}{2} \cdot \dfrac{1}{(1+\nu)}$

$G = \dfrac{E_c}{2} \cdot \dfrac{m}{m+1}$

여기서, $m = 5 \sim 7$ 정도이므로 $G = (0.42 \sim 0.44)E_c$

(4) 동탄성계수

① 동탄성계수는 동결융해작용 등에 의한 콘크리트의 열화의 정도를 파악하는 척도로 사용된다.

② 콘크리트의 동탄성계수는 공명 진동수와 초음파와 같은 파장이 짧은 펄스(pulse)의 전달속도를 구하여 산출한다.

③ 콘크리트의 동탄성계수(E_d)는 정탄성계수(E_s)와 반드시 일치하지는 않는다.

④ 탄성계수의 관계 $E_d / E_s = 1.04 \sim 1.37$ 정도로 압축강도가 클수록, 장기재령일수록 이 비는 작아진다.

⑤ 동탄성계수도 정탄성계수와 마찬가지로 콘크리트의 강도에 의해서만 정해지는 것이 아니고 사용재료의 종류, 배합, 건습의 정도 등에도 관계가 있다.

⑥ 동탄성계수는 콘크리트가 부배합일수록, 건조되어 있을수록, 공기량이 많을수록 작다.

(5) 체적 변화

① 경화한 콘크리트는 수분의 변화, 온도의 변화에 따라 체적이 변화한다.

② 건조수축

- 콘크리트는 습윤상태에서 팽창하고 건조하면 수축한다.
- 콘크리트를 수중에서 양생하면 $100 \sim 200 \times 10^{-6}$ 정도의 팽창을 나타낸다.
- 물로 포화된 콘크리트 공시체를 완전히 건조시키면 $600 \sim 900 \times 10^{-6}$ 정도 수축한다.
- 건조수축은 분말도가 높은 시멘트일수록, 흡수율이 많은 골재일수록, 온도가 높을수록, 습도가 낮을수록, 단면치수가 작을수록 크다.
- 라멘 및 철근량이 0.5% 이상인 아치의 설계시 콘크리트의 건조수축 변형률은 0.00015이다. 그리고 철근량이 0.1~0.5%인 아치는 0.0002이다.
- 단위수량과 단위 시멘트량이 많으면 건조수축은 크게 일어난다.
- 시멘트의 화학성분 중 알루민산 삼석회(C_3A)는 수축을 증대시키고 석고는 수축을 감소시킨다.
- 건조수축의 진행속도는 초기에는 크고 시간이 경과함에 따라 감소한다.
- 수중양생을 하면 수화작용이 촉진되어 건조수축이 거의 없다.
- 철근을 많이 사용한 콘크리트는 건조수축이 작아진다.

③ 온도변화에 따른 체적변화

- 물-결합재비나 시멘트풀량 등의 영향은 비교적 적고 사용골재의 암질에 지배되는 경향이 크다.
- 콘크리트 온도가 올라가면 팽창하고 온도가 내려가면 수축한다.
- 콘크리트 열팽창계수는 재료, 배합 등에 따라 다르며 1℃당 $7 \sim 13 \times 10^{-6}$ 정도이고 경량골재 콘크리트의 경우 보통 콘크리트의 70~80% 정도이다.
- 설계 계산시 콘크리트의 열팽창계수는 1℃당 10×10^{-6}의 값을 사용한다.
- 라멘, 아치 등의 부정정 구조물에서의 온도변화로 인한 신축 때문에 온도응력이 크게 일어난다.

- 콘크리트 구조물의 온도변화는 구조물을 만드는 지역 및 장소의 기온변화, 콘크리트의 시공시기, 구조물의 단면 치수, 구조물의 피복 두께의 정도 등에 따라 다르다.

(6) 크리프(creep)

① 콘크리트의 일정한 하중이 지속적으로 작용하면 응력의 변화가 없어도 콘크리트의 변형은 시간의 경과와 함께 증가하는 성질을 말한다.

② 크리프 계수 $\phi_t = \dfrac{\varepsilon_c}{\varepsilon_e}$

- $E_c = \dfrac{f_c}{\varepsilon_e}$
- $\varepsilon_e = \dfrac{f_c}{E_c}$
- $\varepsilon_c = \phi_t \cdot \varepsilon_e = \phi_t \cdot \dfrac{f_c}{E_c}$

여기서,
- ε_c : 크리프 변형률
- ϕ_t : 크리프 계수
- ε_e : 탄성변형률
- f_c : 콘크리트에 작용하는 응력
- E_c : 콘크리트 탄성계수

- 대기중에 있는 실외의 경우 콘크리트의 크리프 계수는 2.0, 실내의 경우는 3.0, 경량골재 콘크리트는 1.5를 표준으로 한다.
- 인공경량골재 콘크리트의 크리프 변형률은 일반적으로 보통 콘크리트보다 크고 탄성 변형률도 크기 때문에 크리프 계수는 작다.

③ 크리프에 영향을 미치는 요인

- 재하기간 중의 대기의 습도가 낮을수록, 온도가 높을수록 크리프는 크다.
- 재하시 재령이 작을수록 크리프는 크다.
- 재하 응력이 클수록 크리프는 크다.
- 부재 치수가 작을수록 크리프는 크다.
- 단위시멘트량이 많을수록 크리프는 크다.
- 규산삼석회(C_3S)가 많고, 알루민산 삼석회(C_3A)가 적은 시멘트는 크리프가 작다.
- 조직이 밀실하지 않은 골재를 사용하거나 입도가 부적당하며 공극이 많은 것으로 만든 콘크리트는 크리프는 크다.

- 물 · 시멘트비가 클수록 크리프는 크다.
- 조강시멘트는 보통시멘트보다 크리프가 작고, 중용열시멘트나 혼합시멘트는 크리프가 크다.
- 콘크리트의 강도가 클수록 크리프는 작다.
- 콘크리트의 배합이 나쁠수록 크리프가 크다.
- 고온 증기 양생을 하면 크리프는 작다.
- 철근량을 효과적으로 배근하면 크리프가 작다.

④ 콘크리트 크리프 변형률은 공시체의 압축강도 f_{cu}의 1/2 이하의 응력에서는 가해진 응력에 비례한다.

⑤ 고강도콘크리트가 저강도콘크리트보다 작은 크리프 변형률을 나타낸다.

⑥ 크리프 변형률은 탄성 변형률의 1.5~3배 정도이다.

⑦ 크리프나 응력이완은 지속시간 3개월에서 50% 이상 발생되며 약 1년에 대부분이 끝난다.

실전문제

제4장 콘크리트의 성질

콘크리트의 성질

문제 01 보통 골재를 사용한 콘크리트의 단위 질량을 2300kg/m³이라 할 때 콘크리트의 탄성계수는?

가. $1,500\sqrt[3]{f_{cm}}$ 나. $4,270\sqrt[3]{f_{cm}}$
다. $8,500\sqrt[3]{f_{cm}}$ 라. $70,000\sqrt[3]{f_{cm}}$

해설 $m_c = 1450 \sim 2500\text{kg/m}^3$인 경우
$E_c = 8,500\sqrt[3]{f_{cm}}$ [MPa]
여기서, $f_{cm} = f_{ck} + \Delta f$

문제 02 콘크리트의 경우 탄성계수 E와 푸아송수 m을 사용하여 전단탄성계수를 구하는 식은?

가. $G = E \cdot \dfrac{m}{m+1}$ 나. $G = E \cdot \dfrac{1}{m+1}$
다. $G = \dfrac{E}{2} \cdot \dfrac{m}{m+1}$ 라. $G = \dfrac{E}{2} \cdot \dfrac{1}{m+1}$

해설 콘크리트 푸아송수 $m = 5 \sim 7$이므로 $G = (0.42 \sim 0.44) \cdot E$

$$G = \frac{E}{2(1+\upsilon)} = \frac{E}{2\left(1+\dfrac{1}{m}\right)} = \frac{E}{2} \cdot \frac{m}{m+1}$$

여기서, υ : 푸아송비$\left(\upsilon = \dfrac{1}{m}\right)$

문제 03 콘크리트 탄성계수에 관한 설명 중 틀린 것은?

가. 일반적으로 압축강도 및 밀도가 클수록 크다.
나. 콘크리트의 정탄성계수는 일반적으로 할선탄성계수로 나타낸다.
다. 콘크리트의 동탄성계수는 정탄성계수와 반드시 일치하지 않는다.
라. 동탄성계수는 콘크리트의 강도에 의해서만 정해진다.

해설
- 동탄성계수도 정탄성계수와 마찬가지로 콘크리트의 강도에 의해서만 정해지는 것이 아니고 사용재료의 종류, 배합 건습의 정도 등에도 관계가 있다.
- 동탄성계수는 동결융해작용 등에 의한 콘크리트의 열화 정도를 파악하는 데 좋은 척도로 사용된다.

정답 01. 다 02. 다 03. 라

문제 04 콘크리트의 건조수축에 관한 설명 중 틀린 것은?

가. 인공경량골재 콘크리트의 건조수축은 일반적으로 보통 콘크리트보다 크다.
나. 시멘트의 화학 성분중에서 C_3A의 함유량이 크면 수축이 크다.
다. 콘크리트의 건조수축은 단위수량과 단위 시멘트량의 영향을 크게 받는다.
라. 콘크리트의 건조수축을 적게 하려면 부배합을 피해야 한다.

해설 인공경량골재 콘크리트의 건조수축은 일반적으로 보통 콘크리트와 거의 같거나 약간 작다.

문제 05 크리프 계수가 3인 어떤 구조물의 초기 탄성 변형량이 2cm라면 크리프 변형을 포함한 최종 변형량은?

가. 2cm　　나. 4cm
다. 6cm　　라. 8cm

해설

$$\phi = \frac{\varepsilon_c}{\varepsilon_e} = \frac{\text{크리프 변형률}}{\text{탄성 변형률}}$$

$$3 = \frac{\varepsilon_c}{2}$$

$$\therefore \varepsilon_c = 3 \times 2 = 6\text{cm}$$

최종 변형량=크리프 변형량+탄성 변형량=6+2=8cm

문제 06 콘크리트의 건조수축률을 0.0002로 볼 때 이 값은 온도 강하 몇 ℃에 해당하는 변형률과 같은가? (단, 콘크리트의 온도팽창계수는 10×10^{-6}/℃)

가. 15℃　　나. 20℃
다. 25℃　　라. 30℃

해설 $\varepsilon_{sh} = \varepsilon_t \cdot ℃$

$$\therefore ℃ = \frac{\varepsilon_{sh}}{\varepsilon_t} = \frac{0.0002}{10 \times 10^{-6}} = 20℃$$

정답 04. 가　05. 라　06. 나

문제 07 다음은 콘크리트의 건조수축에 대한 설명이다. 틀린 것은?

가. 보통 콘크리트의 최종 수축량은 일반적으로 0.0002~0.0007의 범위에 있다.
나. 건조수축의 원인은 콘크리트가 수화작용을 하고 남은 물이 증발하기 때문이다.
다. 콘크리트의 단위수량이 많을수록 건조수축이 작게 일어난다.
라. 일반적으로 모르타르는 콘크리트의 2배 정도의 건조수축을 나타낸다.

해설
- 단위수량이 많을수록 건조수축이 크게 일어난다.
- 건조수축은 하중의 재하와 관계없이 수분 증발로 발생한다.
- 건조수축은 물-결합재비, 습도, 온도, 골재형태 및 구조물의 크기와 형상에 따라 다르다.
- 부정정 구조의 설계에 쓰이는 건조수축은 라멘에서 0.00015이다.
- 철근 콘크리트의 건조수축량은 0.0001~0.0003이다.

문제 08 콘크리트 탄성계수 $E_c = 21000$MPa이고 크리프 계수 $\Psi = 3$일 때 콘크리트 크리프에 의한 변형률은? (단, $f_c = 8$MPa이다.)

가. 0.00167　　나. 0.0020
다. 0.0022　　라. 0.00114

해설
- **콘크리트의 탄성변형률** : $\varepsilon_e = \dfrac{f_c}{E_c} = \dfrac{8}{21000} = 0.00038 \quad \Psi = \dfrac{\varepsilon_c}{\varepsilon_e}$

  $\therefore \varepsilon_c = \Psi \cdot \varepsilon_e = 3 \times 0.00038 = 0.00114$
- **크리프** : 일정한 응력을 장시간 받았을 때 시간 경과에 따라 변형이 증가하는 현상
- **크리프 계수** : 옥내의 경우 3.0, 옥외의 경우 2.0

문제 09 S-N곡선은 콘크리트의 어떤 성질을 나타내는 데 사용되는가?

가. 충격강도　　나. 피로
다. 정적강도　　라. 크리프

해설
- **피로 파괴** : 재료에 하중을 반복해서 작용할 때 재료가 정적강도보다 낮은 응력에서 파괴되는 현상
- **S-N곡선** : S-N곡선으로 이 재료의 피로특성을 알 수 있다. 여기서, S는 응력 또는 정적강도에 대한 응력의 비, N은 S에 대응하는 파괴까지의 반복횟수이다. 피로한계(披勞限界) 이하에서는 N을 증가시켜도 파괴가 일어나지 않으며 S-N곡선은 수평이 된다. 비철금속이나 콘크리트 등의 재료는 S-N곡선에 수평부가 생기지 않는다.

정답 07. 다　08. 라　09. 나

문제 10 f_{ck} = 21MPa인 보통콘크리트의 탄성계수는 몇 MPa인가? (단, 보통 골재를 사용한 콘크리트의 단위 질량은 2300kg/m^{3}이다.)

가. 2.08×10^4 나. 7.5×10^4
다. 2.48×10^4 라. 3.15×10^4

해설 $E_c = 8,500^3\sqrt{f_{cu}} = 8500^3\sqrt{25} = 24,854\text{MPa}$
여기서, $f_{cu} = f_{ck} + \Delta f = 21 + 4 = 25\text{MPa}$

문제 11 콘크리트의 탄성계수가 2.5×10^{4}MPa이고 푸아송비가 0.2일 때 전단탄성계수는?

가. 5.5×10^4 MPa 나. 7.5×10^4 MPa
다. 1.04×10^4 MPa 라. 12.4×10^4 MPa

해설 $G = \frac{E}{2(1+\upsilon)} = \frac{2.5\times10^4}{2(1+0.2)} = 1.04\times10^4\text{MPa}$

문제 12 보통 콘크리트의 최종 수축량은?

가. 0.002~0.007 나. 0.005~0.01
다. 0.0002~0.0007 라. 0.0005~0.001

해설 • 콘크리트의 건조수축 변형률

구조물의 종류		건조수축 변형률
라 멘		0.00015
아 치	철근량 0.5% 이상	0.00015
	철근량 0.1~0.5%	0.00020

문제 13 콘크리트의 건조수축에 관한 설명 중 틀린 것은?

가. 단위수량이 적을수록 건조수축은 적게 일어난다.
나. 단위 시멘트량이 적으면 건조수축은 커진다.
다. 양생 초기에 충분한 습윤양생을 실시한 콘크리트는 건조수축이 적다.
라. 흡수율이 큰 골재일수록 수축은 커진다.

해설 단위 시멘트량이 적으면 건조수축은 적다.

정답 10. 다 11. 다 12. 다 13. 나

문제 14 콘크리트의 건조수축에 대한 설명 중 잘못된 것은?

가. 탄성변형 외에 시간에 따라 생기는 변형으로 반드시 하중이 재하되어야만 한다.
나. 배합설계시 수화에 필요한 수량을 초과하여 워커빌리티를 위해 많은 수량을 넣기 때문에 생긴다.
다. 부재가 구속된 구조에서는 건조수축으로 인해 인장력이 발생되고 그 결과 균열이 생긴다.
라. 최종 건조수축의 크기는 물-결합재비, 상대습도, 온도, 골재형태 및 구조물의 크기와 형상에 따라 다르다.

해설 하중의 재하와는 관계없다.

문제 15 콘크리트의 크리프에 대한 설명 중 잘못된 것은?

가. 크리프 처짐은 탄성처짐의 2~3배가 되며 반드시 하중이 작용해야만 생긴다.
나. 콘크리트의 압축응력이 설계기준 강도의 50% 이내인 경우 크리프는 응력에 비례한다.
다. 크리프 계수는 옥내인 경우 2, 옥외인 경우 3으로 한다.
라. 크리프 변형은 철근이 더 많은 하중을 지지하도록 하는 효과를 나타낸다.

해설
- 옥내인 경우 : 3
- 옥외인 경우 : 2

문제 16 콘크리트의 건조수축에 대한 설명 중 옳지 않은 것은?

가. 건조수축량은 바람에 노출시키든가 습도가 낮으면 수축을 증가시킨다.
나. 수축변형은 수년간 계속되며 진행속도는 건조 초기에 크고 차차 완만해진다.
다. 철근에는 인장응력, 콘크리트에는 압축응력이 생기므로 균열이 생기는 일은 거의 없다.
라. 충분한 습윤양생을 하면 수축량은 적어진다.

해설 콘크리트가 건조수축하면 철근은 압축응력, 콘크리트는 인장응력이 생겨 균열이 발생한다.

정답 14. 가 15. 다 16. 다

문제 17 콘크리트의 크리프 변형에 대한 설명 중 옳지 않은 것은?

가. 작용응력의 크기에 비례한다.
나. 고강도의 콘크리트가 저강도의 콘크리트보다 크리프는 더 나타난다.
다. 하중을 가한 초기에는 갑자기 증가하나 시간이 지남에 따라 지수함수적으로 증가의 추세가 감소한다.
라. 하중의 증가없이 시간이 지남에 따라 처짐이 증가되는 원인이다

해설 저강도의 콘크리트가 고강도의 콘크리트보다 크리프량이 크게 나타난다.

문제 18 온도균열에 대한 설명 중 틀린 것은?

가. 균열의 방향, 위치, 폭은 일정한 규칙이 있다.
나. 급격한 노출상태의 건조 때 발생한다.
다. 재령이 짧을 때 시작하며 콘크리트 내부온도가 최대일 때 균열도 최대가 된다.
라. 온도철근을 배근하여 균열을 제어할 필요가 있다.

해설 급격한 노출상태와 건조 때는 수축균열이 발생한다.

문제 19 수축 균열에 관한 설명 중 틀린 것은?

가. 재령이 짧을 때 시작하여 콘크리트 내부 온도가 최대일 때 균열도 최대로 발생한다.
나. 수축 균열은 어느 기간 지나면 점차 감소하게 된다.
다. 가외 철근을 넣어 균열을 분산시키면 유지관리에 유리하다.
라. 표면의 노출시 바람, 습도에 의한 건조가 원인이 된다.

해설
- 온도상승의 원인이 되어 온도 균열이 발생하는데 온도 균열은 재령이 짧을 때 시작하고 콘크리트 내부 온도가 최대일 경우 균열도 최대로 발생한다.
- 수축균열은 급격한 노출 상태시 건조 때 발생한다.

정답 17. 나 18. 나 19. 가

문제 20 철근 콘크리트 구조물에서 건조수축에 관한 설명 중 틀린 것은?

가. 수중 구조물은 수축이 거의 없다.
나. 철근이 많이 사용된 구조물에서는 콘크리트의 건조수축이 크게 일어난다.
다. 라멘 구조에 쓰이는 건조수축 계수는 0.00015이다.
라. 부재의 철근 종단면의 도심이 콘크리트 도심과 일치하지 않은 때는 건조수축에 의하여 축방향력과 동시에 휨모멘트를 일으키게 되므로 휨응력이 발생한다.

해설 철근이 많이 사용된 구조물에서는 콘크리트의 수축이 작게 일어난다.

문제 21 콘크리트 크리프에 관한 설명 중 틀린 것은?

가. 대기 온도가 높을수록 크리프량이 증가한다.
나. 재하시 재령이 짧을수록 크리프량이 커진다.
다. 진동기 다짐을 한 콘크리트는 크리프량이 작다.
라. 콘크리트의 크리프 변형률은 탄성 변형률에 반비례한다.

해설
- 구조물 설계시 콘크리트의 크리프 변형률은 탄성변형률에 비례한다.
- 지속 응력이 클수록 크리프는 커진다.
- 재하기간이 길수록 크리프는 커진다.
- 습도가 높을수록 크리프는 작아진다.
- 고강도의 콘크리트 일수록 크리프 변형은 적다.

문제 22 콘크리트가 건조수축되는 경우 발생하는 인장응력의 크기에 영향을 미치는 요인 중 틀린 것은?

가. 콘크리트 압축강도
나. 콘크리트 크리프
다. 수축량
라. 콘크리트 탄성계수

해설 콘크리트 수축이 발생함에 따라 인장강도가 부족하게 되어 균열이 발생한다.

문제 23 다음의 콘크리트 건조수축에 대한 설명 중 틀린 것은?

가. 건조수축을 적게 하기 위해 단위수량을 적게 한다.
나. 철근 둘레의 콘크리트까지 건조가 되면 철근이 건조수축을 방해한다.
다. 콘크리트는 습기가 건조하면 수축한다.
라. 건조수축은 내부에서 외부로 건조한다.

해설 건조수축은 콘크리트 외부에서 내부로 건조한다.

정답 20. 나 21. 라 22. 가 23. 라

문제 24 크리프에 영향을 주는 요인에 맞지 않는 것은?

가. 재하되는 기간
나. 재하되는 하중의 크기
다. 재하되는 콘크리트의 공기연행제 첨가 여부
라. 부재의 치수

해설 • 크리프에 영향을 주는 요소
① 공기량을 많이 함유하면 크리프가 커진다.
② 부재의 치수가 작을수록 크리프는 커진다.
③ 물-결합재비가 클수록 크리프가 커진다.
④ 시멘트량이 많을수록 크리프가 커진다.
⑤ 양생기간이 길면 크리프는 감소한다.

문제 25 콘크리트의 건조수축에 관한 설명 중 틀린 것은?

가. 단위수량이 같은 경우 공기량이 많을수록 건조수축은 크다.
나. 시멘트 화학성분 중 C_3A가 많을수록 건조수축량은 작다.
다. 건조수축에 큰 영향을 주는 것은 단위수량이며 단위시멘트량이나 물-결합재비의 영향은 비교적 작다.
라. 물-결합재비가 일정한 경우 건조수축은 단위시멘트량이 많을수록 크다.

해설 • 시멘트 품질의 영향은 C_3A가 많을수록, SO_3가 적을수록, 분말도가 가늘수록 건조수축은 크다.
• 사용 골재의 강성이 작을수록 건조수축량은 커진다.

문제 26 콘크리트의 균열에 영향을 주는 사항 중에서 가장 큰 것은?

가. 콘크리트의 온도변화　　나. 콘크리트의 마모도
다. 콘크리트의 건조수축　　라. 콘크리트의 피로도

해설 단위수량을 적게 하여 건조수축을 줄인다.

문제 27 원주형 코어(core) 공시체의 콘크리트 압축강도 시험에 관한 설명 중 틀린 것은? (단, 공시체의 높이 : H, 공시체의 지름 : D)

가. H/D의 값이 작을수록 압축강도는 커진다.
나. 높이가 지름의 2배인 원주 시험체를 사용하는 것을 표준으로 한다.
다. 시험체에 가하는 하중 속도가 빠를수록 압축강도가 떨어진다.
라. 시험체의 가압면이 평탄하지 않으면 압축강도가 떨어진다.

정답 24. 다　25. 나　26. 다　27. 다

해설 • 시험체에 가하는 하중 속도가 빠를수록 일반적으로 콘크리트의 강도가 크다.
• 시험체 표면이 평탄하지 않으면 편심 하중에 의해 압축강도가 실제보다 작다.
• H/D의 값이 일정한 경우 공시체의 치수가 클수록 압축강도는 작아진다.

문제 28 수밀성과 내구성이 큰 콘크리트를 만드는 방법 중 설명이 틀린 것은?

가. 습윤 양생을 충분히 한다.
나. 분말도가 큰 시멘트를 사용한다.
다. 물-결합재비를 크게 결정한다.
라. 부배합의 공기연행 콘크리트를 사용한다.

해설 콘크리트의 수밀성을 기준으로 물-결합재비를 정할 경우 50% 이하로 한다.

문제 29 굳지 않는 콘크리트의 성질에 대한 설명 중 틀린 것은?

가. 콘크리트의 온도가 높을수록 슬럼프가 감소되고 수송에 의해 슬럼프의 감소도 현저하다.
나. 포졸란을 사용하면 콘크리트의 워커빌리티를 개선시킨다.
다. 잔골재의 세립분 함유량 및 잔골재율이 작으면 콘크리트의 재료분리가 커진다.
라. 단위시멘트량이 큰 콘크리트일수록 성형성이 나쁘다.

해설 단위시멘트량을 크게 하면 성형성이 좋고 혼합시멘트는 일반적으로 보통 포틀랜드 시멘트와 비교해서 워커빌리티를 좋게 한다.

문제 30 콘크리트의 압축강도에 영향을 미치는 요인 중 틀린 것은?

가. 물-결합재비가 클수록 압축강도는 떨어진다.
나. 콘크리트는 성형시 압력을 가하여 경화시키면 압축강도는 떨어진다.
다. 습윤양생이 공기 중 양생보다 압축강도가 증가된다.
라. 물-결합재비가 동일한 경우 부순돌을 사용한 콘크리트의 압축강도는 강자갈을 사용한 콘크리트보다 강도가 증가된다.

해설 • 성형압력
① 콘크리트는 성형시에 가압하여 경화시키면 일반적으로 강도는 크게 된다.
② 가압에 의하여 기포나 잉여수분이 배출됨으로써 강도가 증대한다.
③ 묽은 반죽 콘크리트의 경우에 효과가 크다.

정답 28. 다 29. 라 30. 나

문제 31 골재의 빈틈이 적을 경우에 대한 설명 중 옳은 것은?

가. 건조수축이 커진다.
나. 콘크리트 강도가 커진다.
다. 수밀성과 내마멸성이 적어진다.
라. 시멘트 양이 많이 들어 비경제적이다.

해설
- 시멘트량이 적게 들어 경제적이다.
- 건조수축이 작아지고 균열이 줄어든다.
- 강도, 수밀성, 내마모성 등이 커진다.

문제 32 콘크리트의 공기량에 밀접한 영향을 주는 내용중 틀린 것은?

가. 비비는 시간이 짧으면 공기량이 많아진다.
나. 포졸란을 사용하면 공기량이 증가된다.
다. 굵은골재 최대치수가 클수록 공기량은 줄어든다.
라. 부배합 콘크리트는 공기량이 줄어든다.

해설
- 포졸란 사용량이 많아지면 공기량이 감소한다.
- 잔골재율이 커지면 공기량이 증가된다.
- 물-결합재비가 커지면 공기량은 증가된다.
- 온도가 높아지면 공기량은 감소된다.

문제 33 콘크리트용 골재의 특성에 관한 설명 중 틀린 것은?

가. 중량골재란 방사선에 대해 차폐효과를 높이기 위해 철광석, 자철광, 중정석, 강철광 등의 밀도가 큰 골재를 말한다.
나. 전로나 전기로 등의 제강슬래그는 콘크리트용 골재로 사용된다.
다. 해사에 허용한도 이상의 염분이 있으면 철근을 부식시킬 위험이 있어 철근콘크리트 구조물에 사용해서는 안 된다.
라. 천연경량골재는 생긴 모양이 나쁘고 흡수율이 크기 때문에 고강도를 필요로 하는 콘크리트 구조물에는 부적당하다.

해설 고로 슬래그 쇄석은 콘크리트용으로 사용할 수 있으나 전로나 전기로 등의 제강슬래그는 콘크리트용 골재로 사용해서는 안 된다.

정답 31. 나 32. 나 33. 나

문제 34 콘크리트용 골재의 성질 중 굵은골재의 최대치수가 콘크리트 품질에 미치는 영향에 대한 설명으로 옳지 않은 것은?

가. 굵은골재의 최대치수가 클수록 단위수량 및 시멘트량이 감소하여 경제적이다

나. 압축강도가 40MPa 정도로 비교적 클 경우에는 최대치수를 크게 할수록 시멘트량이 증대된다.

다. 굵은골재 최대치수가 클수록 믹싱 및 취급이 곤란하며 재료분리가 생기기 쉽다.

라. 물-결합재비가 일정할 때 굵은골재의 최대치수가 클수록 압축강도는 증가한다.

해설 물-결합재비가 일정할 때 굵은골재의 최대치수가 클수록 압축강도는 감소한다.

문제 35 공기연행 콘크리트의 특성에 관한 설명 중 옳은 것은?

가. 콘크리트의 단위 질량이 감소하고 철근과의 부착강도가 약화된다.

나. 동결융해에 대한 저항성이 작아지고 수축성도 적게 된다.

다. 블리딩이 감소하고 수밀성도 감소한다.

라. 워커빌리티는 양호해지나 재료의 분리가 잘 일어난다.

해설
- 재료분리가 적고 표면의 마무리가 쉽다.
- 블리딩과 건조수축이 작아지고 강도가 작아진다.
- 수밀성, 화학적 저항성 및 동결융해에 대한 저항성이 커진다.

문제 36 다음 중 콘크리트의 워커빌리티를 증진시키기 위한 방법으로서 적당하지 않은 것은?

가. 일정한 슬럼프의 범위에서 시멘트량을 줄인다.

나. 일반적으로 콘크리트 반죽의 온도상승을 막아야 한다.

다. 입도나 입형이 좋은 골재를 사용한다.

라. 혼화재료로서 공기연행제나 분산제를 사용한다.

해설 시멘트량을 줄이면 유동성이 떨어지므로 작업이 힘들다.

정답 34. 라 35. 가 36. 가

문제 37 다음 중 굳지 않은 콘크리트의 성질을 나타내는 워커빌리티를 바르게 설명한 것은?

가. 반죽질기 여하에 따르는 작업의 난이성 정도 및 재료의 분리에 저항하는 정도를 나타내는 아직 굳지 않은 콘크리트의 성질
나. 주로 수량의 다소에 따르는 반죽이 질고 된 정도를 나타내는 굳지 않은콘크리트의 성질
다. 거푸집에 쉽게 다져넣을 수 있고 거푸집을 제거하면 천천히 형상이 변하기는 하지만 허물어지거나 재료가 분리하는 일이 없는 굳지 않은 콘크리트의 성질
라. 굵은골재의 최대치수, 잔골재율, 입도, 반죽질기 등에 의한 마무리의 하기 쉬운 정도를 나타내는 굳지 않은 콘크리트의 성질

문제 38 다음 중에서 콘크리트의 워커빌리티에 영향을 주는 요소가 아닌 것은?

가. 물과 골재
나. 혼합온도와 혼합시간
다. 시멘트의 사용량
라. 양생기간

문제 39 콘크리트의 타설시 공기량에 관한 설명 중 옳지 못한 것은?

가. 공기연행제의 사용량(콘크리트의 용적 4.5~7.5%)과 공기량과는 거의 정비례한다.
나. 포졸란 사용량이 많으면 공기량은 감소된다.
다. 공기연행 콘크리트의 공기량은 온도에 반비례한다.
라. 반죽질기가 좋아지면 공기량이 적어지고 부배합의 경우에는 공기량이 많아진다.

해설 부배합의 경우에는 공기량이 감소한다.

문제 40 다음 콘크리트의 재료분리에 관한 설명 중 틀린 것은?

가. 재료분리 현상은 운반, 다지기 작업 도중에도 계속 일어난다.
나. 공기연행제를 사용한 콘크리트는 재료분리 현상이 적게 일어난다.
다. 횡방향의 거푸집 안에서는 재료분리 현상은 일어나지 않는다.
라. 재료의 이동현상은 콘크리트가 응결할 때까지 계속된다.

해설 횡방향의 거푸집 안에서도 재료분리 현상이 일어난다.

정답 37. 가 38. 라 39. 라 40. 다

문제 41 콘크리트의 강도에 미치는 주요 사항이 아닌 것은?

가. 시공방법 나. 재료의 배합
다. 시공시의 기온 라. 재료의 품질

해설 시공시의 기온도 강도에 미치는데 다른 것에 비해 영향이 적다.

문제 42 공기연행 콘크리트에 진동을 주든지 보통 콘크리트의 슬럼프가 크면 공기량은 어떻게 되는가?

가. 감소한다.
나. 커진다.
다. 변하지 않는다.
라. 감소할 때도 있고 증가할 때도 있다.

문제 43 콘크리트의 강도 및 성질에 영향을 주는 가장 큰 요소는?

가. 골재의 입도 및 강도 나. 시멘트의 분말도 및 골재의 양
다. 시멘트와 골재의 질량비 라. 물과 시멘트의 질량비

해설 물-결합재비가 강도에 가장 큰 영향을 준다.

문제 44 공기연행 콘크리트에 관한 설명 중 옳지 않은 것은?

가. 시공 중 공기량은 air meter로 항상 측정하여 일정하게 하여야 한다.
나. 공기연행제에 의해서 발생된 공기는 볼 베어링과 같은 작용을 하여 콘크리트에 유동성을 준다.
다. 공기연행 콘크리트는 보통 콘크리트보다 염류 또는 동결융해에 대한 저항성이 저하된다.
라. 공기량은 혼합기간이 길수록 감소한다.

해설 보통 콘크리트보다 염류 또는 동결융해에 대한 저항성이 크다.

정답 41. 다 42. 가 43. 라 44. 다

문제 45 공기연행 콘크리트의 장점이 아닌 것은?

가. 콘크리트 경화에 따른 발열량이 많아진다.
나. 단위수량을 적게 할 수 있다.
다. 시공 연도를 좋게 하며 재료의 분리가 적어진다.
라. 동결융해에 대한 저항성을 크게 한다.

해설 발열량이 작아진다.

문제 46 다음의 공기연행 콘크리트의 장점을 열거한 것이다. 틀린 것은?

가. 재료분리가 적고 표면의 마무리가 쉽다.
나. 내구성이 크고 경제적인 콘크리트를 만들 수 있다.
다. 블리딩과 건조수축이 작아지고 강도가 커진다.
라. 수밀성, 화학적 저항성 및 동결융해에 대한 저항성이 커진다.

해설 블리딩과 건조수축이 작아지고 공기량 1% 증가에 강도가 5% 감소한다.

문제 47 콘크리트의 응력-변형률 곡선에서 탄성계수로 많이 쓰이는 계수는 어느 것인가?

가. 초기접선계수(initial tangent modulus)
나. 접선계수(tangent modulus)
다. 할선(割線)계수(secant modulus)
라. 크리프계수(creep modulus)

문제 48 콘크리트의 품질관리 중 매우 중요한 사항이 양생관리이다. 주의할 사항 중 틀린 것은?

가. 양생효과는 장기강도에 영향을 미치므로 28일 이후의 양생에 주의해야 한다.
나. 수밀성 콘크리트의 습윤양생 기간은 가능한 한 길게 할 필요가 있다.
다. 콘크리트를 타설 후 급격히 온도가 상승할 경우 콘크리트가 건조하지 않도록 주의한다.
라. 콘크리트를 친 후 경화를 시작하기까지 일광의 직사를 피해야 한다.

해설 28일 이후가 아니라 초기에 양생을 하여 보호해야 한다.

정답 45. 가 46. 다 47. 다 48. 가

문제 49 콘크리트 강도 시험용 시료의 채취 시험 빈도에 대한 설명 중 틀린 것은?

가. 하루에 1회 이상
나. 120m^3마다 1회 이상
다. 슬래브나 벽체의 표면적 1000m^2마다 1회 이상
라. 사용 콘크리트 전체량이 40m^3보다 적을 경우 책임 기술자의 판단으로 만족할 만한 강도라고 인정될 때는 강도시험을 생략할 수 있다.

해설 슬래브나 벽체의 표면적 500m^2마다 1회 이상 실시한다.

문제 50 콘크리트의 평가 및 사용에 대한 설명 중 틀린 것은?

가. 현장 양생되는 시험 공시체는 시험실에서 양생되는 시험 공시체와 똑같은 시간에 같은 시료로부터 몰드를 만들어야 한다.
나. 강도 시험값이 $f_{cn} \leq 35$MPa인 경우 호칭강도 f_{cn}에 3.5MPa 이상 부족한지 여부를 알아보기 위해 3개의 코어를 채취한다.
다. 구조물의 콘크리트가 습윤상태에 있으면 코어는 적어도 24시간 동안 물속에 담가 두었다가 습윤상태로 시험한다.
라. 3개의 코어 평균값이 f_{ck}의 85%를 초과하고 코어 각각의 강도가 f_{ck}의 75%를 초과하면 적합한 것으로 판정한다.

해설 코어 공시체는 시험할 때까지 40~48시간 물속(20±3℃)에 담가 두면 재하시의 공시체 건습 조건을 거의 일정하게 할 수 있다.

문제 51 콘크리트 공시체의 제작, 시험 및 강도에 대한 설명 중 틀린 것은?

가. 압축강도용 공시체는 ϕ150×300mm를 기준한다.
나. ϕ100×200mm 공시체를 사용할 경우에는 강도보정계수를 고려하지 않는다.
다. 똑같은 시료로 제작한 3개 공시체 강도의 평균값으로 강도시험을 한다.
라. 임의의 3개 공시체 시험결과 평균값이 f_{cn} 이상이며 개개의 강도시험값이 $f_{cn} \leq 35$MPa의 경우 f_{cn}보다 3.5MPa 이상 낮지 않아야 한다.

해설 ϕ100×200mm 공시체를 사용할 경우 강도보정계수 0.97을 적용한다.

정답 49. 다 50. 다 51. 나

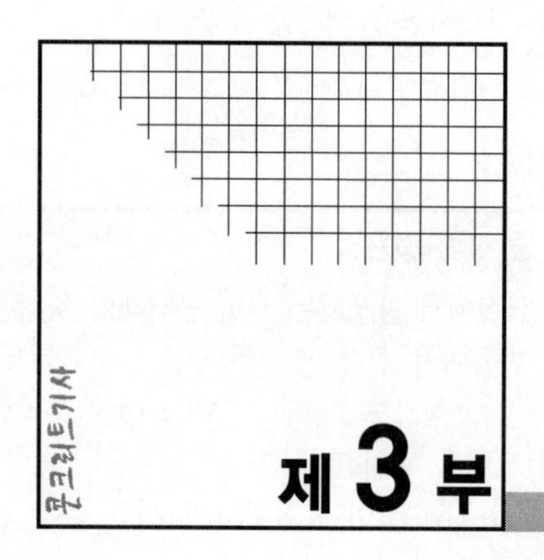

제 3 부

제1부
콘크리트 재료 및 배합

제1장
콘크리트용 재료

제2장
재료시험

제3장
콘크리트의 배합

제2부
콘크리트 제조, 시험 및 품질관리

제1장
콘크리트의 제조

제2장
콘크리트 시험

제3장
콘크리트의 품질관리

제4장
콘크리트의 성질

제4부
콘크리트 구조 및 유지관리

제1장
프리캐스트 콘크리트

제2장
철근 콘크리트

제3장
열화조사 및 진단

제4장
보수 · 보강 공법

제5부
CBT 모의고사

콘크리트의 시공

제 1 장 일반 콘크리트

1-1 콘크리트의 혼합

1. 개 념

균등질의 콘크리트를 만들기 위하여 각 재료를 계량 믹서 등의 의해 충분히 반죽하는 작업을 혼합이라 한다.

2. 재료의 계량

(1) 재료는 현장배합에 의해 계량한다.

(2) 각 재료는 1배치씩 질량으로 계량한다. 단, 물과 혼화제 용액은 용적으로 계량해도 좋다.

(3) 1배치량은 콘크리트의 종류, 비비기 설비의 성능, 운반방법, 공사의 종류, 콘크리트의 타설량 등을 고려하여 정한다.

(4) 골재의 유효흡수율은 보통 15~30분간의 흡수율로 본다.

(5) 혼화제를 녹이는 데 사용하는 물이나 혼화제를 묽게 하는 데 사용하는 물은 단위수량의 일부로 본다.

(6) 재료의 계량시 허용오차

여기서 고로 슬래그 미분말의 계량오차의 최대치는 1%로 한다.

재료의 종류	허용 오차(%)
물	−2, +1
시멘트	−1, +2
골 재	±3
혼화재	±2
혼화제	±3

(7) 연속 믹서를 사용할 경우, 각 재료는 용적으로 계량해도 좋다.

3. 비 비 기

(1) 재료의 믹서 투입 순서

① KS F 2455 믹서로 비빈 콘크리트 중의 모르타르와 굵은 골재량의 변화율 시험방법에 의한 시험, 강도 시험, 블리딩 시험 등의 결과 또는 실적을 참고하여 정하는 것이 좋다.

② 일반적으로 물은 다른 재료보다 먼저 넣기 시작하여 넣는 속도를 일정하게 하고 다른 재료의 투입이 끝난 후 조금 지난 뒤에 물을 넣는다.

③ 강제 혼합식 믹서 중 바닥의 배출구를 완전히 폐쇄시킬 수 없는 것은 물을 다른 재료보다 조금 늦게 넣는 것이 좋다.

④ 콘크리트 믹서에 재료를 넣는 순서는 모든 재료를 한꺼번에 넣는 것이 좋다.

⑤ 혼화제는 미량이 첨가되므로 전체적으로 균등히 분산될 수 있게 미리 물과 섞어 둔 상태에서 사용하는 것이 좋다.

(2) 비비기 시간

① 비비기 시간은 시험에 의해 정하는 것을 원칙으로 한다.

② 비비기 시간에 대한 시험을 하지 않은 경우

- 가경식 믹서 : 1분 30초 이상
- 강제식 믹서 : 1분 이상

③ 믹서의 용량이 큰 경우, 슬럼프가 작은 콘크리트, 혼화재료나 경량골재를 사용한 콘크리트의 경우에는 비비기 시간을 길게 하는 것이 적당한 경우가 많다.
④ 비비기는 미리 정해 둔 비비기 시간의 3배 이상 계속해서는 안 된다.
⑤ 비비기 전에 믹서 내부에 모르타르를 부착시킨다.
⑥ 믹서 안의 콘크리트를 전부 꺼낸 후가 아니면 믹서 안에 다음 재료를 넣어서는 안 된다.
⑦ 믹서는 사용 전후에 청소를 잘 하여야 한다.
⑧ 연속믹서를 사용할 경우, 비비기 시작 후 최초에 배출되는 콘크리트는 사용해서는 안 된다.
⑨ 비비기 시간이 짧으면 충분히 비벼지지 않기 때문에 압축강도는 작은 값을 나타낸다.
⑩ 공기량은 적당한 비비기 시간에 최대의 값이 얻어진다. 다시 장시간 교반하면 일반적으로 감소한다.
⑪ 비벼 놓아 굳기 시작한 콘크리트는 되비비기하여 사용하지 않는 것이 원칙이다.
⑫ 기계비비기는 콘크리트 재료를 1회분씩 혼합하는 배치 믹서를 사용한다.
⑬ 믹서의 회전 외주속도는 매초 1m를 표준으로 한다.

1-2 콘크리트의 운반

제3부 콘크리트의 시공

1. 개 요

콘크리트 배합 후 치기를 위해 소정의 위치까지 콘크리트를 이동하는 작업을 운반이라 한다.

2. 운 반

(1) 구조물의 요구되는 기능, 강도, 내구성 및 시공상 주의할 점 등을 고려하여 운반, 타설방법을 계획할 필요가 있으며 검토할 사항은 다음과 같다.

① 전 공정 중의 콘크리트 작업의 공정
② 1일 쳐야 할 콘크리트량에 맞추어 운반, 타설방법 등의 결정 및 인원배치
③ 운반로, 운반경로
④ 타설구획, 시공이음의 위치, 시공이음의 처치방법
⑤ 콘크리트 타설 순서
⑥ 콘크리트 비비기에서 타설까지 소요시간
⑦ 기상조건

(2) 콘크리트는 신속하게 운반하여 즉시 타설하고 충분히 다진다.

① 비비기로부터 타설이 끝날 때까지의 시간
- 외기온도가 25℃ 이상일 때 : 1.5시간 이내
- 외기온도가 25℃ 미만일 때 : 2시간 이내

(3) 운반할 때에는 콘크리트의 재료분리가 될 수 있는 대로 적게 일어나도록 한다.

(4) 운반 중에 현저한 재료분리가 일어났음이 확인되었을 때에는 충분히 다시 비벼 균질한 상태로 콘크리트를 타설한다.

3. 운반방법

(1) 운반차

① 운반거리가 먼 경우나 슬럼프가 큰 콘크리트의 경우에는 애지데이터 등의 설비를 갖춘 운반차로 사용한다.
② 운반거리가 100m 이하의 평탄한 운반로를 만들어 콘크리트의 재료분리를 방지할 수 있는 경우에는 손수레 등을 사용할 수 있다.
③ 콘크리트 운반용 자동차는 배출작업이 쉬운 것이라야 하며 트럭에지테이터가 가장 많이 사용하고 있다.
④ 슬럼프가 50mm 이하의 된반죽 콘크리트를 10km 이내 장소에 운반하는 경우나 1시간 이내에 운반 가능한 경우 재료분리가 심하지 않으면 덤프트럭이나 또는 버킷을 자동차에 실어 운반해도 좋다.

(2) 버 킷

① 믹서로부터 받아 즉시 콘크리트칠 장소로 운반하기에 가장 좋은 방법이다.
② 버킷은 담기, 부리기 할 때 재료분리를 일으키지 않고 부리기 쉬워야 한다.
③ 배출구가 한쪽으로 치우쳐 있으면 배출시에 재료분리가 일어나기 쉬워 중앙부의 아래쪽에 배출구가 있는 것이 좋다.

(3) 콘크리트 펌프

① 지름 100~150mm 수송관을 사용하여 펌프로 콘크리트를 압송하며 굵은골재 최대치수 40mm, 슬럼프 범위는 100~180mm가 알맞다.
② 수송관의 배치는 될 수 있는 대로 굴곡을 적게 하고 수평, 상향으로 해서 압송 중에 콘크리트가 막히지 않게 한다.
③ 배관상 주의사항
- 경사배관은 피하는 것이 좋다.
- 내리막 배관은 수송이 곤란하므로 곡관부에서는 공기빼기 콕을 설치한다.
- flexible한 호스는 5m 정도인 것을 사용한다.
- 수송 중 진동, 철근, 거푸집에 영향이 없도록 설치한다.

④ 콘크리트를 연속적으로 압송할 수 있어 재료분리의 우려가 없다.
⑤ 타설능력은 15~30m^3/hr인 것을 많이 사용한다.

⑥ 펌프 압송시 콘크리트 펌프의 최대 이론 토출압력에 대한 최대 압송부하의 비율이 80% 이하로 펌퍼빌리티를 설정한다.
⑦ 펌프의 압송능력은 시간당 최대 토출량과 최대이론 토출압력으로 나타낸다.
⑧ 수송관 직경의 최소치는 보통 콘크리트의 경우 100mm, 경량골재 콘크리트의 경우 125mm로 하며 또 굵은골재 최대치수의 3배 이상이 되어야 한다.
⑨ 시멘트량이 적게 되면 관내 저항이 증가하여 압송성이 저하한다. 보통콘크리트의 경우 290kg/m^3, 경량골재 콘크리트의 경우 340kg/m^3 이상의 단위시멘트량을 사용하는 것이 좋다.
⑩ 펌프를 사용하는 콘크리트의 잔골재율은 펌프를 사용하지 않는 경우에 비하여 2~5% 정도 크게 하는 것이 좋다. 슬럼프가 210mm인 콘크리트에서는 잔골재율을 45~48% 정도가 적당하다.
⑪ 인공 경량골재 콘크리트를 압송하는 경우 유동화 콘크리트를 하며 슬럼프가 80~120mm인 베이스콘크리트를 유동화시켜서 슬럼프를 180mm 정도로 하면 펌프운반이 가능하다.
⑫ 펌프의 실토출량은 이론 토출량에 용적효율을 곱한 값이며 슬럼프가 적을수록 효율은 저하한다.
⑬ 압송거리는 일반적으로 표준적인 배합의 콘크리트를 20~30m^3/h 정도의 비교적 적은 토출량으로 압송할 때의 압송거리로 한다.
⑭ 압송능력은 배합, 기종 등에 따라 다르나 수평거리로 80~600m, 수직거리로 20~140m, 압송량은 20~90m^3/h의 범위이다.

(4) 콘크리트 플레이서

① 콘크리트 펌프와 같이 터널 등의 좁은 곳에 콘크리트 운반하는 데 적합하다.
② 수송관의 배치는 굴곡을 적게 하고 수평 또는 상향으로 설치하며 하향경사로 설치 운용해서는 안 된다.
③ 관의 선단이 항상 콘크리트 중에 매립되지 않으면 큰 세력으로 분사되어 그 충격에 의해 굵은골재가 분리하는 점과 콘크리트 분사에 의하여 슬럼프의 감소가 대단히 커지므로 미리 시멘트 페이스트의 양을 크게 할 필요가 있으므로 단위시멘트량을 20kg 정도 증가시킨다.

(5) 벨트 컨베이어

① 콘크리트를 연속으로 운반하는 데 편리하다.
② 운반거리가 길면 반죽질기가 변하므로 덮개를 사용한다.
③ 재료분리를 막기 위해 벨트 컨베이어 끝부분에 조절판이나 깔때기를 설치한다.
④ 된반죽 콘크리트 운반에 적합하다.
⑤ 슬럼프가 25mm 이하 또는 180mm 이상인 콘크리트의 경우는 컨베이어의 운반능력을 현저히 저하시킨다.
⑥ 가장 효과적인 능력을 발휘하기 위해서는 콘크리트의 슬럼프 50~80mm의 범위가 적당하다.
⑦ 100mm를 넘는 굵은골재가 사용되는 경우에는 벨트 컨베이어의 허용각도를 크게 낮추어야 한다.

(6) 슈 트

① 연직 슈트

- 깔때기 등을 이어서 만들고 높은 곳에서부터 콘크리트를 칠 때 이용하며 원칙적으로 연직슈트를 사용해야 한다.
- 유연한 연직슈트를 사용하며 이음부는 콘크리트 치기 도중에 분리되거나 관이 막히지 않는 구조가 되도록 고려한다.

② 경사 슈트

- 재료분리를 일으키기 쉬워 될 수 있는 대로 사용하지 않는 것이 좋다.
- 부득이 경사슈트를 사용할 경우 수평 2에 연직 1 정도의 경사가 적당하다.
- 경사슈트의 출구에서는 조절판 및 깔때기를 설치해서 재료분리를 방지하는 것이 좋다. 이때 깔때기의 하단은 콘크리트 치는 표면과의 간격은 1.5m 이하로 한다.

1-3 콘크리트 타설 및 다지기, 양생, 이음

제 3 부 콘크리트의 시공

1. 타설준비

(1) 철근, 거푸집 및 그 밖의 것이 설계에서 정해진 대로 배치되어 있는가, 운반 및 타설설비 등이 시공 계획서와 일치하였는지 확인한다.

(2) 운반장치, 타설설비 및 거푸집 안을 청소하여 콘크리트 속에 잡물이 혼입되는 것을 방지한다.

(3) 콘크리트가 닿았을 때 흡수할 우려가 있는 곳은 미리 습하게 해야 하는데 이 때 물이 고이지 않게 한다.

(4) 콘크리트를 직접 지면에 치는 경우에는 미리 콘크리트를 깔아두는 것이 좋다.

(5) 터파기 안의 물은 타설 전에 제거한다.

(6) 콘크리트 타설 작업이나 타설 중 콘크리트 압력 등에 의해 철근이나 거푸집이 이동될 염려가 없는지 확인한다.

(7) 콘크리트 타설 계획에 정해진 설비 및 인원 등이 배치되었는지 확인한다.

(8) 콘크리트 타설시 먼저 모르타르를 쳐서 모르타르를 널리 펴고 그 위에 콘크리트를 치면 곰보의 방지, 시공이음이 일체화되는 효과가 있다.

(9) 콘크리트가 충분히 경화할 때까지 터파기 안에 유입한 물이 콘크리트에 접촉하지 않도록 배수설비 등을 갖추어야 한다.

2. 콘크리트 타설

(1) 원칙적으로 시공계획서에 따른다.

(2) 철근 및 매설물의 배치나 거푸집이 변형 및 손상되지 않도록 한다.

(3) 타설한 콘크리트를 거푸집 안에서 횡방향으로 이동시켜서는 안 된다.
① 콘크리트는 취급할 때마다 재료분리가 일어나기 쉬우므로 거듭 다루기를 피하도록 목적하는 위치에 콘크리트를 내려서 치는 것이 좋다.
② 내부 진동기를 이용하여 콘크리트를 이동시켜서는 안 된다.

(4) 한 구획 내의 콘크리트는 타설이 완료될 때까지 연속해서 타설해야 한다.

(5) 콘크리트는 그 표면이 한 구획 내에서는 거의 수평이 되도록 타설하는 것을 원칙으로 한다.

(6) 콘크리트 타설의 1층 높이는 다짐능력을 고려하여 결정한다.

(7) 콘크리트를 2층 이상으로 나누어 타설할 경우, 상층의 콘크리트 타설은 원칙적으로 하층의 콘크리트가 굳기 시작하기 전에 타설하여야 하며 상층과 하층이 일체가 되도록 해야 한다.

(8) 콜드 조인트가 발생하지 않게 하나의 시공구획의 면적, 콘크리트의 공급능력, 이어치기 허용시간 간격 등을 정해야한다.

① 허용 이어치기 시간간격의 표준

외기 온도	허용 이어치기 시간간격
25℃ 초과	2.0 시간
25℃ 이하	2.5 시간

② 허용 이어치기 시간간격은 콘크리트 비비기 시작에서부터 하층 콘크리트 타설 완료한 후, 정치시간을 포함하여 상층 콘크리트가 타설되기까지의 시간이다.

③ 콜드 조인트

연속하여 콘크리트를 타설할 때 먼저 친 콘크리트와 나중에 친 콘크리트 사이에 완전히 일체화가 되지 않은 시공불량에 의한 이음.

④ 콜드 조인트의 발생 원인

- 콘크리트 타설 장비의 고장
- 배치 플랜트의 갑작스런 고장
- 예기치 않은 기상 악화
- 콘크리트 운반로의 교통소통의 장해

(9) 거푸집의 높이가 높을 경우 거푸집에 투입구를 설치하거나 연속 슈트 또는 펌프 수송관의 배출구를 치기면 가까운 곳까지 내려서 콘크리트를 타설 해야 한다.

(10) 슈트, 펌프 수송관, 버킷, 호퍼 등의 배출구와 타설면까지의 높이는 1.5m 이하를 원칙으로 한다.

(11) 콘크리트 타설 중 블리딩에 의해 생긴 고인물을 제거한 후 그 위에 콘크리트를 쳐야 하며 고인 물을 제거하기 위하여 콘크리트 표면에 홈을 만들어 흐르게 해서는 안 된다.

(12) 벽 또는 기둥과 같이 높이가 높은 콘크리트를 연속해서 타설할 경우

① 콘크리트의 쳐 올라가는 속도를 너무 빨리하면 재료분리가 일어나기 쉽고, 블리딩에 의해 나쁜 영향을 일으키기 쉬우며 상부의 콘크리트 품질이 떨어지고 수평 철근의 부착강도가 현저하게 저하될 수 있다.

② 쳐 올라가는 속도는 단면의 크기, 콘크리트 배합, 다지기 방법 등에 따라 다르나 일반적으로 30분에 1~1.5m 정도로 하는 것이 적당하다.

(13) 콘크리트 타설 도중에 심한 재료분리가 생길 경우에는 이런 콘크리트는 사용하지 않는다.

(14) 콘크리트 타설 후 콘크리트의 굵은골재가 분리되어 모르타르가 부족한 부분이 생길 경우에는 분리된 굵은골재를 긁어 올려서 모르타르가 많은 콘크리트 속에 묻어 넣어야 한다.

3. 다 지 기

(1) 내부진동기 사용을 원칙적으로 한다.

① 특히 된반죽 콘크리트의 다지기에는 내부 진동기가 유효하다.

② 얇은 벽 등 내부 진동기의 사용이 곤란한 장소에서는 거푸집 진동기를 사용해도 좋다.

- 거푸집 진동기는 적절한 형식을 선택한다.
- 거푸집 진동기를 거푸집에 확실히 부착시킬 것
- 거푸집 진동기를 부착시키는 위치와 이동시키는 방법을 적절히 한다.

(2) 콘크리트 타설 직후 바로 충분히 다진다.

① 콘크리트가 철근 및 매설물 등의 주위와 거푸집의 구석구석까지 채워 밀실한 콘크리트가 되게 한다.

② 콘크리트가 노출되는 면은 표면이 매끈하도록 다진다.

(3) 거푸집 판에 접하는 콘크리트는 되도록 평탄한 표면이 얻어지도록 타설하고 다진다.

(4) 내부 진동기 사용 방법

① 내부 진동기를 하층 콘크리트 속으로 0.1m 정도 찔러 다진다.
② 연직으로 찔러 다지며 삽입 간격은 0.5m 이하로 한다.
③ 1개소당 진동시간은 5~15초로 한다.
④ 콘크리트 속에서 진동기를 천천히 빼 구멍이 생기지 않게 한다.
⑤ 콘크리트의 재료분리의 원인 때문에 내부 진동기는 콘크리트를 횡방향 이동에 사용해서는 안 된다.
⑥ 진동기의 형식, 크기 및 대수

- 한 번에 다질 수 있는 콘크리트의 전 용적을 충분히 진동 다지기를 하는데 적당해야 한다.
- 부재 단면의 두께와 면적, 한 번에 운반되어 오는 콘크리트 양, 한 시간 동안의 횟수, 굵은골재의 최대치수, 배합, 특히 잔골재율 콘크리트의 반죽 질기 등에 적절한 것을 선정한다.
- 1대의 내부 진동기로 다지는 콘크리트 용적은 소형의 경우 4~8m^3/hr, 대형은 30m^3/hr 정도
- 예비 진동기를 갖추어 놓고 적당한 시간에 교체하고 정비해서 사용한다.

(5) 콘크리트 타설 후 즉시 거푸집의 외측을 가볍게 두드려 콘크리트를 거푸집 구석까지 잘 채워 평평한 표면을 만든다.

(6) 거푸집 진동기는 거푸집의 적절한 위치에 단단히 설치한다.

(7) 재진동은 콘크리트를 한 차례 다진 후 적절한 시기에 다시 진동을 한다.

① 적절한 시기에 재진동을 하면 공극이 줄고 콘크리트 강도 및 철근의 부착강도가 증가되며 침하 균열의 방지에 효과가 있다.
② 재진동은 콘크리트가 유동할 수 있는 범위에서 될 수 있는 대로 늦은 시기가 좋지만 너무 늦으면 콘크리트 중에 균열이 남아 문제가 생길 수 있다.
③ 재진동은 초결이 일어나기 전에 실시한다.

(8) 침하균열에 대한 조치

① 슬래브 또는 보의 콘크리트가 벽 또는 기둥의 콘크리트와 연속되어 있는 경우에는 침하균열을 방지하기 위해 벽 또는 기둥의 콘크리트 침하가 거의 끝난 다음 슬래브, 보의 콘크리트를 타설한다. 내민 부분을 가진 구조물의 경우에도 동일한 방법으로 시공한다.

② 침하 균열이 발생할 경우에는 발생 직후에 즉시 다짐이나 재 진동을 실시한다.
③ 콘크리트는 단면이 변하는 위치에서 타설을 중지한 다음 콘크리트가 침하가 생긴 후 내민 부분 등의 상층 콘크리트를 친다.
④ 콘크리트의 침하가 끝나는 시간은 콘크리트의 배합, 사용재료, 온도 등에 영향을 받으므로 일정하지 않지만 보통 1~2시간 정도이다.

(9) 콘크리트 표면의 마감 처리

① 콘크리트 표면은 요구되는 정밀도와 물매에 따라 평활한 표면 마감을 한다.
② 흙손으로 마감할 때 표면에 있는 골재가 떠오르지 않도록 하고 흙손에 힘을 주어 약간 누르는 힘이 작용하도록 한다.
③ 블리딩, 들뜬 골재, 콘크리트의 부분침하 등의 결함은 콘크리트가 응결하기 전에 수정 처리를 완료한다.
④ 기둥 벽 등의 수평 이음부의 표면은 소정의 물매로 거친면으로 마감한다.
⑤ 콘크리트 면에 마감재를 설치하는 경우에는 콘크리트의 내구성을 해치지 않도록 한다.

4. 양 생

콘크리트를 타설한 후 소요기간까지 경화에 필요한 온도, 습도조건을 유지하며 유해한 작용의 영향을 받지 않도록 보호하는 작업을 양생이라 한다.

(1) 습윤양생

① 콘크리트는 타설한 후 경화가 시작될 때까지 직사광선이나 바람에 의해 수분이 증발되지 않도록 보호한다.
② 콘크리트 표면을 해치지 않고 작업될 수 있을 정도로 경화하면 콘크리트의 노출면은 양생용 매트, 모포 등을 적셔서 덮거나 또는 살수를 하여 습윤상태로 보호한다.
③ 습윤상태의 보호기간은 다음 표와 같다.

습윤양생기간의 표준

일평균기온	보통 포틀랜드 시멘트	고로 슬래그 시멘트(2종) 플라이 애시 시멘트(2종)	조강 포틀랜드 시멘트
15℃ 이상	5일	7일	3일
10℃ 이상	7일	9일	4일
5℃ 이상	9일	12일	5일

④ 거푸집판이 건조될 우려가 있는 경우에는 살수하여야 한다.
⑤ 막 양생제는 콘크리트 표면의 물빛이 없어진 직후에 실시하며 부득이 살포가 지연되는 경우에는 막 양생재를 살포할 때까지 콘크리트 표면을 습윤상태로 보호하여야 한다.

(2) 온도제어 양생

① 콘크리트는 경화가 충분히 진행될 때까지 경화에 필요한 온도조건을 유지하여 저온, 고온, 급격한 온도변화 등에 의한 유해한 영향을 받지 않도록 필요에 따라 온도제어 양생을 실시한다.
② 온도제어방법, 양생기간 및 관리방법에 대하여 콘크리트의 종류, 구조물의 형상 및 치수, 시공방법 및 환경조건을 종합적으로 고려하여 적절히 정한다.
③ 증기양생, 급열양생, 그 밖의 촉진양생을 실시하는 경우에는 양생을 시작하는 시기, 온도상승속도, 냉각속도, 양생온도 및 양생기간 등을 정한다.

(3) 유해한 작용에 대한 보호

① 콘크리트는 양생기간 중에 예상되는 진동, 충격, 하중 등의 유해한 작용으로부터 보호해야 한다.
② 재령 5일이 될 때까지는 물에 씻겨지지 않도록 보호해야 한다.

5. 이　음

(1) 시공이음

① 될 수 있는 대로 전단력이 작은 위치에 시공이음을 한다.
② 부재의 압축력이 작용하는 방향과 직각이 되게 한다.
③ 부득이 전단이 큰 위치에 시공이음을 할 경우 시공이음에 장부 또는 홈을 두거나 적절한 강재를 배치하여 보강한다.
④ 이음부의 시공에 있어 설계에 정해져 있는 이음의 위치와 구조는 지켜야 한다.
⑤ 설계에 정해져 있지 않은 이음을 설치 할 경우에는 구조물의 강도, 내구성, 수밀성 및 외관을 해치지 않도록 시공계획서에 정해진 위치, 방향 및 시공방법을 준수한다.
⑥ 외부의 염분에 의해 피해를 받을 우려가 있는 해양 및 항만 콘크리트 구조물 등에는 시공이음부를 되도록 두지 않는 것이 좋다. 부득이 시공이음부를

설치할 경우에는 만조위로부터 위로 0.6m와 간조위로부터 아래로 0.6m 사이인 감조부 부분을 피한다.

⑦ 수밀을 요하는 콘크리트는 소요의 수밀성이 얻어지도록 적절한 간격으로 시공이음부를 둔다.

(2) 수평 시공이음

① 거푸집에 접하는 선은 될 수 있는 대로 수평한 직선이 되게 한다.
② 콘크리트를 이어칠 경우 구 콘크리트 표면의 레이턴스, 품질이 나쁜 콘크리트, 꽉 달라붙지 않은 골재알 등을 제거하고 충분히 흡수시킨다.
③ 새 콘크리트를 타설할 때 구 콘크리트와 밀착되게 다짐을 한다.
④ 시공이음부가 될 콘크리트 면은 느슨해진 골재알 등이 없도록 마무리하고 경화가 시작되면 빨리 쇠솔이나 모래 분사 등으로 면을 거칠게 하며 습윤상태로 양생한다.
⑤ 역방향 타설 콘크리트의 시공시에는 콘크리트의 침하를 고려하여 시공이음이 일체가 되도록 콘크리트의 재료, 배합 및 시공방법을 선정한다.

(3) 연직 시공이음

① 시공이음면의 거푸집을 견고하게 지지하고 이음부분의 콘크리트는 진동기를 써서 충분히 다진다.
② 구 콘크리트 시공이음면을 쇠솔이나 쪼아내기를 하여 거칠게 하고 충분히 흡수시킨 후 시멘트풀, 모르타르, 습윤면용 에폭시 수지 등을 바르고 새 콘크리트를 타설한다.
③ 신·구 콘크리트가 충분히 밀착되게 다진다.
④ 새 콘크리트를 타설한 후 적당한 시기에 재진동 다지기를 하는 것이 좋다.
⑤ 시공이음면의 거푸집 철거는 콘크리트가 굳은 후 되도록 빠른 시기에 한다. 보통 콘크리트 타설 후 여름에는 4~6시간 정도, 겨울에는 10~15시간 정도로 한다.

(4) 바닥틀과 일체로 된 기둥, 벽의 시공이음

① 바닥틀과 경계부근에 시공이음을 둔다.
② 헌치는 바닥틀과 연속으로 콘크리트를 타설한다.
③ 내민 부분을 가진 구조물의 경우에도 마찬가지로 시공한다.

④ 헌치부 콘크리트는 다짐이 불량할 우려가 있으므로 다짐에 주의를 하여 수밀한 콘크리트가 되도록 한다.

(5) 바닥틀의 시공이음

① 슬래브 또는 보의 경간 중앙부 부근에 시공이음을 둔다.

② 보가 그 경간 중에서 작은 보와 교차할 경우에는 작은 보의 폭 약 2배 거리만큼 떨어진 곳에 보의 시공이음을 설치한다. 이 경우 시공이음에는 큰 전단력이 작용하므로 시공이음을 통하는 45° 경사진 인장철근을 사용하여 보강한다.

(6) 아치의 시공이음

① 아치축에 직각방향이 되게 시공이음을 한다.

② 아치축에 평행하게 연직 시공이음을 부득이 설치할 경우에는 시공이음부의 위치, 보강방법 등을 검토 후 설치한다.

(7) 신축이음

신축이음은 온도변화, 건조수축, 기초의 부등침하 등에 의해 생기는 균열을 방지하기 위해 설치한다.

① 양쪽의 구조물 혹은 부재가 구속되지 않는 구조라야 한다.

② 필요에 따라 줄눈재, 지수판 등을 배치한다.

참고

• 채움재가 갖추어야 할 조건

① 온도변화에 신축이 용이할 것

② 강성 및 내구성이 좋을 것

③ 구조가 간단하며 시공이 용이할 것

④ 방수 또는 배수가 가능할 것

참고

• 지수판의 종류

동판, 강판, 염화비닐판, 고무제

③ 신축이음의 단차를 피할 필요가 있는 경우에는 장부나 홈을 두던가 전단 연결재를 사용하는 것이 좋다.

④ 수밀을 요구하는 구조물의 신축이음에는 적당한 신축성을 가지는 지수판을 사용한다.

⑤ 신축이음의 간격
- 댐, 옹벽과 같은 큰 구조물 : 10~15m
- 도로 포장 : 6~10m
- 얇은 벽 : 6~9m

(8) 균열 유발 줄눈(수축이음)

① 콘크리트의 수화열이나 외기 온도 등에 의해 온도변화, 건주수축, 외력 등 변형이 생겨 균열이 발생하는데 이 균열을 제어할 목적으로 설치한다.

② 미리 어느 정해진 장소에 균열을 집중시켜 소정의 간격으로 단면 결속부를 설치하여 균열을 강제적으로 유발하게 한다.

③ 예정 개소에 균열을 확실하게 일으키기 위해 유발줄눈의 단면 감소율은 20% 이상으로 할 필요가 있고, 균열유발 후에 원칙적으로 보수한다.

(9) 표면 마무리

콘크리트의 균일한 노출면을 얻기 위해 동일 공장 제품의 시멘트, 동일한 종류 및 입도를 갖는 골재, 동일한 배합의 콘크리트, 동일한 콘크리트의 타설방법을 사용하며 정해진 구획의 콘크리트 타설을 연속해서 일괄 작업으로 한다.

시공이음이 미리 정해져 있지 않을 경우에는 직선상의 이음이 얻어지도록 시공한다.

① 거푸집 판에 접하지 않은 면의 마무리
- 콘크리트 다짐 후 윗면으로 스며 올라온 물이 없어진 후, 또는 물을 처리한 후 마무리를 해야 한다. 마무리할 때 쇠흙손을 사용하면 표면에 물이 모여들고 균열이 일어나기 쉽기 때문에 나무흙손을 사용한다.
- 마무리 작업 후 굳기 시작할 때까지의 사이에 일어나는 균열은 다짐 또는 재마무리에 의해 제거하며, 필요시 재진동을 해도 좋다.
- 매끄럽고 치밀한 표면이 필요할 때는 작업이 가능한 범위에서 될 수 있는 대로 늦은 시기에 쇠손으로 강하게 힘을 주어 콘크리트 윗면을 마무리 한다.

② 거푸집 판에 접하는 면의 마무리

- 노출면이 되는 콘크리트는 평활한 모르타르의 표면이 얻어지도록 치고 다져야 하며, 최종 마무리된 면은 설계 허용오차의 범위를 벗어나지 않아야 한다.
- 콘크리트 표면에 혹이나 줄이 생긴 경우에는 이를 매끈하게 따내야 하고, 곰보와 홈이 생긴 경우에는 그 부근의 불완전한 부분을 쪼아내고 물로 적신 후, 적당한 배합의 콘크리트 또는 모르타르로 땜질을 하여 매끈하게 마무리하여야 한다.
- 거푸집을 떼어낸 후 온도응력, 건조수축 등에 의하여 표면에 발생한 균열은 필요에 따라 적절히 보수하여야 한다.

③ 마모를 받는 면의 마무리

- 마모를 받는 면의 경우에는 콘크리트의 마모에 대한 저항성을 높이기 위해 강경하고 마모저항이 큰 양질의 골재를 사용하고 물-결합재비를 작게 하여야 한다.
- 마모에 대한 저항성을 크게 할 목적으로 철분이나 철립골재를 사용하거나 수지콘크리트, 폴리머콘크리트, 섬유보강콘크리트, 폴리머함침콘크리트 등의 특수콘크리트를 사용할 경우에는 각각의 특별한 주의사항에 따라 시공하여야 한다.

④ 콘크리트 마무리의 평탄성 표준 값

콘크리트 면의 마무리	평탄성
마무리 두께 7mm 이상 또는 바탕의 영향을 많이 받지 않는 마무리의 경우	1m당 10mm 이하
마무리 두께 7mm 이하 또는 양호한 평탄함이 필요한 경우	3m당 10mm 이하
제물치장 마무리 또는 마무리 두께가 얇은 경우	3m당 7mm 이하

1-4 거푸집 및 동바리

1. 거 푸 집

(1) 거푸집의 구비조건

① 형상과 위치를 정확히 유지되어야 할 것
② 조립과 해체가 용이할 것
③ 거푸집널 또는 패널의 이음은 가능한 한 부재축에 직각 또는 평행으로 하고 모르타르가 새어나오지 않는 구조가 될 것
④ 콘크리트의 모서리는 모따기가 될 수 있는 구조일 것
⑤ 거푸집의 청소, 검사 및 콘크리트 타설에 편리하게 적당한 위치에 일시적인 개구부를 만든다.
⑥ 여러 번 반복 사용할 수 있을 것

(2) 거푸집널의 재료

① 흠집 및 옹이가 많은 거푸집과 합판의 접착부분이 떨어져 구조적으로 약한 것은 사용하지 말 것
② 거푸집의 띠장은 부러지거나 균열이 있는 것은 사용하지 말 것
③ 제물치장 콘크리트용 거푸집널에 사용하는 합판은 내알칼리성이 우수한 재료로 표면처리된 것일 것
④ 제재한 목재를 거푸집널로 사용할 경우에는 한 면을 기계 대패질하여 사용할 것
⑤ 형상이 찌그러지거나 비틀림 등 변형이 있는 것은 교정한 다음 사용할 것
⑥ 금속제 거푸집의 표면에 녹이 많이 발생한 경우에는 쇠솔 또는 샌드페이퍼 등으로 제거하고 박리제를 엷게 칠하여 사용할 것
⑦ 거푸집널을 재사용할 경우에는 콘크리트에 접하는 면을 깨끗이 청소하고 볼트용 구멍 또는 파손 부위를 수선한 후 사용할 것
⑧ 목재 거푸집널은 콘크리트의 경화 불량을 방지하기 위해 직사광선에 노출되지 않도록 씌우개로 덮어씌울 것

(3) 거푸집의 시공

① 거푸집을 단단하게 조이는 조임재는 기성제품의 거푸집 긴결재, 볼트 또는 강봉을 사용하는 것을 원칙으로 한다.
② 거푸집을 제거한 후 콘크리트 표면에서 25mm 이내에 있는 조임재는 구멍을 뚫어 제거하고 표면에 생긴 구멍은 모르타르로 메운다.
③ 거푸집을 해체한 콘크리트의 면이 거칠게 마무리된 경우 구멍 및 기타 결함이 있는 부위는 땜질하고 6mm 이상의 돌기물은 제거한다.
④ 거푸집널의 내면에는 콘크리트가 거푸집에 부착되는 것을 방지하고 거푸집을 제거하기 쉽게 박리제를 칠한다.
⑤ 슬립 폼은 구조물이 완료될 때까지 연속해서 이동시킬 것
⑥ 슬립 폼은 충분한 강성을 가지는 구조로 부속장치는 소정의 성능과 안전성을 가질 것
⑦ 슬립 폼의 이동속도는 탈형 직후 콘크리트 압축강도가 그 부분에 걸리는 전하중에 견딜 수 있게 콘크리트의 품질과 시공조건에 따라 결정한다.
⑧ 측벽, 계단 외벽 등 외부에 사용하는 갱 폼은 이동에 대한 저항성도 고려하여 설계해야 하며 아래로 처지거나 밖으로 이탈되지 않도록 조립하고 아래층의 거푸집 긴결재 구멍을 이용하여 2열 이상 고정시킨다.

(4) 거푸집의 종류 및 특징

① 목재 거푸집
- 가공하기는 쉬우나, 건습에 의한 신축이 크고 파손되기 쉬워 여러번 반복하여 사용하기 힘들다.
- 합판 거푸집은 건습에 의한 신축변형이 작고 가공하기 용이하다.

② 강재 거푸집
- 강도가 크고 수밀성이 크다.
- 조립 및 해체가 쉽다.
- 여러 번 반복하여 사용할 수 있다.
- 콘크리트가 부착하기 쉽고 녹슬기 쉽다.

③ 슬립 폼(slip form)
- 콘크리트의 면에 따라 거푸집이 서서히 연직 또는 수평으로 이동하면서 콘크리트를 타설한다.
- 연직방향으로 이동하는 것은 주로 교각, 사일로 등에 사용된다.

- 수평방향으로 이동하는 것은 수로 및 터널의 라이닝 등에 사용된다.
- 슬라이딩 폼(sliding form) 공법이라 한다.

④ travelling form

- 구조물을 따라 거푸집을 이동시키면서 콘크리트를 계속 타설하며 수평으로 연속된 구조물에 이용한다.
- 터널의 복공, 교량 등에 쓰인다.

2. 동 바 리

(1) 동바리의 구비조건

① 하중을 완전하게 기초에 전달하도록 충분한 강도와 안전성을 가질 것

② 조립과 해체가 쉬운 구조일 것

③ 이음이나 접속부에서 하중을 확실하게 전달할 수 있는 것일 것

④ 콘크리트 타설 중은 물론 타설 완료 후에도 과도한 침하나 부등침하가 일어나지 않도록 한다.

(2) 동바리의 재료

① 현저한 손상, 변형, 부식이 있는 것은 사용하지 말 것

② 강관 동바리는 굽어져 있는 것을 사용하지 않는다.

③ 강관을 조합한 동바리 구조는 최대 허용하중을 초과하지 않는 범위에서 사용해야 한다.

(3) 기타 재료

① 긴결재는 내력시험에 의해 허용 인장력이 보증된 것을 사용한다.

② 연결재의 선정요건

- 정확하고 충분한 강도가 있을 것
- 회수, 해체가 쉬울 것
- 조합 부품수가 적을 것

(4) 동바리의 시공

① 동바리를 조립하기에 앞서 기초가 소요 지지력을 갖도록 하고 동바리는 충분한 강도와 안전성을 갖도록 시공하여야 한다.

② 동바리는 필요에 따라 적당한 솟음을 두어야 한다.

③ 거푸집이 곡면일 경우에는 버팀대의 부착 등 당해 거푸집의 변형을 방지하기 위한 조치를 하여야 한다.
④ 동바리는 침하를 방지하고 각부가 움직이지 않도록 견고하게 설치하여야 한다.
⑤ 강재와 강재와의 접속부 및 교차부는 볼트, 클램프 등의 철물로 정확하게 연결하여야 한다.
⑥ 특수한 경우를 제외하고 강관 동바리는 2개 이상 연결하여 사용하지 않아야 하며, 높이가 3.5m 이상인 경우에는 높이 2m 이내마다 수평연결재를 2개 방향으로 설치하고 수평연결재의 변위가 일어나지 않도록 이음 부분은 견고하게 연결하여야 한다.
⑦ 동바리 하부의 받침판 또는 받침목은 2단 이상 삽입하지 않도록 하고 작업원의 보행에 지장이 없도록 하며, 이탈하지 않도록 고정시켜야 한다.
⑧ 강관 동바리의 설치 높이가 4m를 초과하거나 슬래브 두께가 1m를 초과하는 경우에는 하중을 안전하게 지지할 수 있는 구조의 시스템 동바리로 사용한다.
⑨ 동바리를 해체한 후에도 유해한 하중이 재하될 경우에는 동바리를 적절하게 재설치하여야 하며 시공 중의 고층건물의 경우 최소 3개 층에 걸쳐 동바리를 설치하여야 한다.

(5) 이동 동바리

① 충분한 강도와 안전성 및 소정의 성능을 가질 것
② 이동 동바리의 이동은 정확하고 안전하게 해야 한다.
③ 필요에 따라 적당한 솟음을 둔다.
④ 조립 후 및 사용 중 콘크리트에 유해한 변형을 생기게 해서는 안 된다.
⑤ 이동 동바리에 설치되는 여러 장치는 조립 후 및 사용 중 검사하여 안전을 확인한다.

3. 거푸집 및 동바리의 구조계산

거푸집 및 동바리는 구조물의 종류, 규모, 중요도, 시공조건 및 환경조건 등을 고려하여 연직방향 하중, 수평방향 하중 및 콘크리트의 측압 등에 대해 설계하여야 하며 동바리의 설계는 강도뿐만 아니라 변형도 고려한다.

(1) 연직방향 하중

① 고정하중
- 철근콘크리트와 거푸집의 질량을 고려하여 합한 하중이다.
- 콘크리트 단위용적질량은 철근질량을 포함하여 보통 콘크리트 $24kN/m^3$, 제1종 경량골재 콘크리트 $20kN/m^3$, 제2종 경량골재 콘크리트 $17kN/m^3$를 적용한다.
- 거푸집의 하중은 최소 $0.4kN/m^2$ 이상을 적용한다.
- 특수 거푸집의 경우에는 그 실제의 질량을 적용한다.

② 활하중
- 작업원, 경량의 장비하중, 기타 콘크리트 타설시 필요한 자재 및 공구등의 시공하중, 충격하중을 포함한다.
- 구조물의 수평투영면적(연직방향으로 투영시킨 수평면적)당 최소 $2.5kN/m^2$ 이상으로 설계한다.
- 전동식 카트 장비를 이용하여 콘크리트를 타설할 경우에는 $3.75kN/m^2$ 활하중을 고려한다.
- 콘크리트 분배기 등의 특수장비를 이용할 경우에는 실제 장비하중을 적용한다.

③ 고정하중과 활하중을 합한 연직하중
- 슬래브 두께에 관계없이 최소 $5.0kN/m^2$ 이상, 전동식 카트 사용 시에는 최소 $6.25kN/m^2$ 이상을 고려한다.

(2) 수평방향 하중

① 고정하중 및 공사 중 발생하는 활하중을 적용한다.

② 동바리에 작용하는 수평방향 하중으로는 고정하중의 2% 이상 또는 동바리 상단의 수평방향 단위길이 당 1.5kN/m 이상 중에서 큰 쪽의 하중이 동바리 머리부분에 수평방향으로 작용하는 것으로 가정한다.

③ 옹벽과 같은 거푸집의 경우에는 거푸집 측면에 대하여 $0.5kN/m^2$ 이상의 수평방향 하중이 작용하는 것으로 본다.

④ 풍압, 유수압, 지진 등의 영향을 크게 받을 때에는 별도로 이를 하중을 고려한다.

(3) 굳지 않은 콘크리트의 측압(거푸집 설계시)

① 콘크리트의 측압은 사용재료, 배합, 타설속도, 타설높이, 다짐방법 및 타설시 콘크리트 온도에 따라 다르며 사용하는 혼화제의 종류, 부재의 단면치수, 철근량 등에 의해서도 영향을 받는다.

② 일반 콘크리트의 측압

- $P = W \cdot H$

여기서, P : 콘크리트의 측압(kN/m^2)
W : 생콘크리트의 단위중량(kN/m^3)
H : 콘크리트의 타설높이(m)

- 콘크리트 슬럼프가 175mm 이하, 1.2m 깊이 이하의 일반적인 내부 진동다짐으로 타설되는 기둥 및 벽체의 콘크리트 측압

$$P = C_w C_c\left[7.2 + \frac{790R}{T+18}\right]$$

단, 타설속도가 2.1m/h 이하, 타설높이가 4.2m 초과하는 벽체 및 타설속도가 2.1~4.5m/h인 모든 벽체의 경우

$$P = C_w C_c\left[7.2 + \frac{1160 + 240R}{T+18}\right]$$

여기서, P값은 최소 $30C_w$ 이상, 최대 $W \cdot H$이다.
C_w : 단위중량계수
C_c : 화학첨가물계수(1.0~1.4)
R : 콘크리트 타설속도(m/h)
T : 타설되는 콘크리트의 온도

③ 재진동을 하거나 거푸집 진동기를 사용할 경우, 묽은반죽의 콘크리트를 타설하는 경우 또는 응결이 지연되는 콘크리트를 사용할 경우에는 측압을 적절히 증가시킨다.

(4) 목재 거푸집 및 수평부재

목재 거푸집 및 수평부재는 등분포 하중이 작용하는 단순보로 검토한다.

4. 거푸집 및 동바리의 해체

(1) 콘크리트가 자중 및 시공 중에 가해지는 하중에 충분히 견딜만한 강도를 가질 때까지 해체해서는 안 된다.

(2) 고정보, 라멘, 아치 등에서는 콘크리트의 크리프 영향을 이용하면 구조물에 균열을 적게 할 수 있으므로 콘크리트가 자중 및 시공하중을 지탱하기에 충분한

강도에 도달했을 때 되도록 빨리 거푸집 및 동바리를 제거하도록 한다.

(3) 거푸집 및 동바리의 해체 시기 및 순서는 시멘트의 성질, 콘크리트의 배합, 구조물의 종류와 중요도, 부재의 종류 및 크기, 부재가 받는 하중, 콘크리트 내부온도와 표면온도의 차이 등의 요인을 고려하여 결정한다.

(4) 콘크리트의 압축강도 시험결과 다음 값에 도달했을 때는 해체할 수 있다.

부 재		콘크리트 압축강도
확대기초, 보 옆, 기둥, 벽 등의 측벽		5MPa
슬래브 및 보의 밑면, 아치 내면	단층 구조의 경우	설계기준 압축강도×2/3 다만, 14MPa 이상
	다층 구조의 경우	설계기준 압축강도 이상 (필러 동바리 구조를 이용할 경우는 구조계산에 의해 기간을 단축할 수 있음. 단, 이 경우라도 최소강도 14MPa 이상으로 함)

(5) 기초, 보의 측면, 기둥, 벽의 거푸집널은 특히 내구성을 고려할 경우에는 콘크리트의 압축강도가 10MPa 이상 도달한 경우 해체하는 것이 좋다.

(6) 거푸집널의 존치기간 중 평균 기온이 10℃ 이상인 경우 압축강도 시험을 하지 않고 기초, 보 옆, 기둥 및 벽의 측벽의 경우 다음 표에 주어진 재령 이상을 경과하면 해체할 수 있다.

시멘트의 종류 / 평균기온	조강 포틀랜드 시멘트	보통 포틀랜드 시멘트 고로 슬래그 시멘트(1종) 포틀랜드 포졸란 시멘트(1종) 플라이 애시 시멘트(1종)	고로 슬래그 시멘트(2종) 포틀랜드 포졸란 시멘트(2종) 플라이 애시 시멘트(2종)
20℃ 이상	2일	4일	5일
20℃ 미만 10℃ 이상	3일	6일	8일

(7) 보, 슬래브 및 아치 하부의 거푸집널은 원칙적으로 동바리를 해체한 후에 해체한다. 그러나 충분한 양의 동바리를 현 상태대로 유지하도록 설계 시공된 경우 콘크리트를 10℃ 이상 온도에서 4일 이상 양생한 후 책임기술자의 승인을 받아 해체할 수 있다.

(8) 해체순서는 하중을 받지 않는 부분부터 해체한다. 즉 연직부재는 수평부재의 거푸집보다 먼저 해체한다.

(9) 거푸집의 존치기간이 짧은 순서는 기둥, 푸팅 기초, 스팬이 짧은 보, 스팬이 긴 보, 콘크리트 포장 순이다.

실전문제

제1장 일반 콘크리트

일반 콘크리트

문제 01 콘크리트는 비비기부터 치기가 끝날 때까지의 시간은 35℃일 경우 원칙적으로 몇 시간 이내이어야 하는가?

가. 1시간　　나. 1.5시간
다. 2시간　　라. 2.5시간

해설 외기온도가 25℃ 이상일 때는 1.5시간, 25℃ 미만일 때에는 2시간 이하로 콘크리트를 운반하여야 한다.

문제 02 동바리 취급상의 주의사항 중 옳지 않은 것은?

가. 기둥은 연직으로 세워 편심이 생겨서는 안 된다.
나. 기둥에 휨응력이 작용하더라도 이는 고려하지 않고 설계해도 된다.
다. 허용응력은 강제의 파괴하중에 대하여 안전율 그 이상을 취해야 한다.
라. 변위량은 Span 중앙부에서 1/200 이하가 되어야 한다.

해설 기둥에 휨응력이 작용시 휨응력을 고려하여 설계한다.

문제 03 콘크리트를 운반할 때에 가급적 그 운반횟수를 적게 하여야 하는 이유는?

가. 운반 도중에 분실되기 쉬우므로
나. 공비가 많이 들므로
다. 재료 분리가 일어나기 쉬우므로
라. 건조하기 쉬우므로

해설 운반과정에서 그 횟수가 많으면 재료분리 등이 일어나기 쉽다.

문제 04 거푸집을 존치기간(存置期間)에 맞추어 해체할 때 다음 순서 중에서 가장 올바른 순서는?

가. 보–기둥–기초　　나. 기초–기둥–보
다. 기둥–기초–보　　라. 기초–보–기둥

해설 거푸집의 해체순서는 하중을 적게 받는 부위부터 해체한다.

정답 01. 나　02. 나　03. 다　04. 나

문제 05 거푸집 및 동바리의 구조계산에서 연직 방향 하중에 관한 설명 중 틀린 것은?

가. 활하중은 작업원, 경량의 장비하중, 기타 콘크리트 타설시 필요한 자재 및 공구 등의 시공하중, 충격하중을 포함한다.
나. 구조물의 수평 투영 면적당 최소 $2.5kN/m^2$ 이상으로 활하중을 설계한다.
다. 고정하중과 활하중을 합한 연직하중은 슬래브 두께에 관계없이 최소 0.5 kN/m^2 이상을 고려한다.
라. 콘크리트 단위용적질량은 철근 질량을 포함하여 제1종 경량골재 콘크리트의 고정하중은 $20kN/m^3$이다.

해설 고정하중과 활하중을 합한 연직하중은 슬래브 두께에 관계없이 최소 $5.0kN/m^2$ 이상을 고려한다.

문제 06 콘크리트에 시공이음을 두는 이유가 아닌 것은?

가. 댐과 같이 단면이 큰 경우 수화열의 피해를 줄이기 위한 경우
나. 기존에 타설된 콘크리트에 충분한 양생을 하기 위한 경우
다. 거푸집을 연속으로 쓰기 위해
라. 철근 조립을 일체로 할 수 없을 때

해설 시공이음을 두는 이유
① 거푸집 및 동바리를 반복하여 사용하기 위해
② 철근 조립을 쉽게 하기 위해

문제 07 콘트리트 펌프를 사용하는 타설 계획에 대해 다음 설명 중 틀린 것은?

가. 콘크리트 펌프의 타설 능력은 15~$30m^3/h$인 것을 많이 사용한다.
나. 콘크리트 펌프는 콘크리트 재료분리가 많은 것이 결점이다.
다. 콘크리트로 수송할 수 있는 최대 거리는 수평으로 일직선인 경우 300m 정도이다.
라. 높은 곳에 콘크리트를 수송하는 데는 콘크리트 펌프가 유리하다.

해설 콘크리트를 연속적으로 압송할 수 있어 재료분리의 우려가 없다.

문제 08 거푸집의 필요조건과 관계가 가장 없는 것은?

가. 재료의 강도　　나. 경제성
다. 가공조립의 용이도　　라. 기초의 부등침하

해설 거푸집은 견고하고 조립·해체가 용이하고 안전하며 위치, 치수, 형상이 정확하여야 한다.

정답 05. 다　06. 다　07. 나　08. 라

문제 09 거푸집의 모서리에 모따기를 하는 이유 중 옳지 않은 것은?

가. 콘크리트의 미관을 위해서
나. 화재 기상 작용의 해를 적게 하기 위해서
다. 미장공이 일하기 편리하도록 하기 위해서
라. 거푸집을 제거할 때 콘크리트 모서리의 파손을 방지하기 위해서

해설 모서리에 모따기를 하지 않으면 모서리가 생겨 파손의 우려가 크고 미관상 좋지 않아 설치한다.

문제 10 거푸집의 설계조건 중 옳지 않은 것은 어느 것인가?

가. 거푸집의 이음은 연직 또는 수평으로 한다.
나. 거푸집의 형상 및 위치를 정확하게 고정시켜야 한다.
다. 콘크리트를 치기 전에 일시적 개구는 없애야 한다.
라. 거푸집 철거시 구조물에 진동 충격을 받지 않는 구조라야 한다.

해설 콘크리트를 치기 전에 일시적으로 개구를 설치해 둬야 치기 및 검사가 용이하다.

문제 11 다음은 동바리 시공에 대한 설명이다. 틀린 것은?

가. 동바리는 필요에 따라 적당한 솟음을 두어야 한다.
나. 강관 동바리는 3개 이상 연결하여 사용하지 않아야 한다.
다. 동바리 하부의 받침판 또는 받침목은 2단 이상 삽입하지 않도록 한다.
라. 강관 동바리의 설치 높이가 4m 초과할 때에는 시스템 동바리를 사용한다.

해설 강관 동바리는 2개 이상 연결하여 사용하지 않아야 한다.

문제 12 거푸집 및 동바리의 구조계산에서 고정하중에 관한 설명 중 틀린 것은?

가. 철근 콘크리트와 거푸집의 질량을 고려하여 합한 하중이다.
나. 콘크리트 단위용적질량은 철근 질량을 포함하여 보통 콘크리트의 경우 $24kN/m^3$이다.
다. 거푸집의 하중은 최소 $0.5kN/m^2$ 이상을 적용한다.
라. 특수 거푸집의 경우에는 그 실제의 질량을 적용한다.

해설 거푸집의 하중은 최소 $0.4kN/m^2$ 이상을 적용한다.

정답 09. 다 10. 다 11. 나 12. 다

문제 13 콘크리트의 운반에 대해 다음 중 틀린 것은 어느 것인가?

가. 될 수 있는 대로 버킷(bucket)에 담아서 운반한다.
나. 인력 운반은 주로 손수레이다.
다. 먼거리를 운반하는 데는 덤프 트럭이 좋다.
라. 콘크리트 펌프로 운반하는 수도 있다.

해설 먼거리를 운반하는 데는 애지데이터 트럭믹서로 운반하는 것이 적당하다.

문제 14 다음은 강 아치 동바리공의 설치에 대한 시방 규정을 적은 것이다. 설명이 틀린 것은?

가. 강 아치 동바리공은 상호를 연결볼트 및 안버팀재로 충분히 조여야 한다.
나. 동바리공은 널판 등을 써서 원지반을 지지시킴과 동시에 쐐기로서 원지반과의 틈을 조여 아치 작용이 충분히 확보되도록 하여야 한다.
다. 동바리공은 최소 라이닝 두께선이 명시되어 있는 경우에는 이 선을 침범하여 시공해도 무방하다.
라. 설계 라이닝 두께선을 침범한 목재는 라이닝 시공시에 제거하여야 한다.

해설 동바리공은 최소 라이닝 두께선이 명시되어 있는 경우에는 이선을 침범하여 시공해서는 안 된다.

문제 15 거푸집 및 동바리를 떼어내는 시기에 대한 설명 중 옳지 않은 것은?

가. 콘크리트가 경화되어 거푸집이 압력을 받지 않을 때까지 둔다.
나. 확대기초, 보 옆, 기둥, 벽 등의 측벽은 콘크리트 압축강도가 5MPa 이상일 때 해체할 수 있다.
다. 거푸집 해체 순서는 하중을 받지 않는 부분부터 해체한다.
라. 기초, 보의 측면, 기둥, 벽의 거푸집널은 내구성을 고려할 경우 콘크리트 압축강도가 20MPa 이상 도달한 경우 해체하는 것이 좋다.

해설 기초, 보의 측면, 기둥, 벽의 거푸집널은 내구성을 고려할 경우 콘크리트 압축강도가 10MPa 이상 도달한 경우 해체하는 것이 좋다.

정답 13. 다 14. 다 15. 라

문제 16 콘크리트 타설 방법에 대한 설명 중 틀린 것은?

가. 슈트, 펌프 수송관, 버킷, 호퍼 등의 배출구와 타설면까지의 높이는 1.5m 이하를 원칙으로 한다.
나. 블리딩에 의해 생긴 고인물을 제거하기 위해 콘크리트 표면에 홈을 만들어 흐르게 한다.
다. 콘크리트 타설의 1층 높이는 다짐능력을 고려하여 결정한다.
라. 타설 속도는 일반적으로 30분에 1~1.5m 정도로 한다.

해설 블리딩에 의해 생긴 고인 물을 제거하기 위해 홈을 만들어 흐르게 하면 안 된다.

문제 17 일평균기온이 15℃ 이상의 경우 보통 포틀랜드 시멘트를 사용한 콘크리트의 습윤 양생기간의 표준은?

가. 3일　　나. 4일
다. 5일　　라. 7일

해설 조강 포틀랜드 시멘트를 사용할 경우 : 3일

문제 18 콘크리트의 시공 이음에 대한 설명 중 틀린 것은?

가. 헌치는 바닥틀과 연속으로 콘크리트를 타설한다.
나. 바닥틀과 일체로 된 기둥, 벽의 시공 이음은 바닥틀과 경계 부근에 둔다.
다. 아치축에 직각방향이 되게 시공 이음을 한다.
라. 될 수 있는 대로 전단력이 큰 위치에 시공 이음을 한다.

해설 될 수 있는 대로 전단력이 작은 위치에 시공 이음을 한다.

문제 19 거푸집 및 동바리의 시공에서 옳지 않은 것은?

가. 동바리 시공에 앞서 기초 지반을 정리하고 소요의 지지력을 얻도록 할 것
나. 동바리는 부등침하 등이 일어나지 않도록 보강 방법을 강구할 것
다. 거푸집은 콘크리트를 타설한 직후 설계도에 의한 소정의 치수를 검사할 것
라. 연직 부재의 거푸집은 수평 부재의 거푸집보다 먼저 떼어 낼 것

해설 거푸집 및 동바리는 콘크리트를 타설하기 전에 검측을 받는다.

정답 16. 나　17. 다　18. 라　19. 다

문제 20 콘크리트 치기 작업에 대한 설명 중 틀린 것은?

가. 콘크리트 치기는 시공 설비의 능력, 노동력, 천후를 고려하여 정한다.
나. 경사면에 콘크리트를 칠 때에는 높은 곳에서부터 시작하는 것이 보통이다.
다. 거푸집이 될 수 있으면 균등하게 침하할 수 있는 순서로 콘크리트를 쳐야 한다.
라. 일반적으로 콘크리트 표면은 한 작업 구획 내에서 대략 수평이 되게 한다.

해설 경사면에 콘크리트를 칠 때에는 낮은 곳에서부터 높은 곳으로 친다. 콘크리트 치기 작업은 다지기 두께와 다음 치기까지의 대기시간, 시공 속도 등은 시방서 규정을 준수해야 한다.

문제 21 강재 거푸집 사용 횟수는 몇 회를 기준으로 하는가? [단, 간단한 구조(측구, 기초, 수로 등) 강재의 두께 3.2mm가 기준임]

가. 20~40회
나. 30~40회
다. 40~100회
라. 150~200회

문제 22 콘크리트의 비비기에 대한 설명 중 잘못 된 것은?

가. 비비기가 좋아지면 강도가 좋아진다.
나. 비비기를 시작하기 전에 미리 믹서에 모르타르를 떼어내는 것을 원칙으로 한다.
다. 비비기가 과도할 때 콘크리트에서는 workability가 감소한다.
라. 콘크리트 비비기는 원칙적으로 믹서에 의한 기계 비비기를 원칙으로 한다.

해설 비비기 전에 미리 믹서 안에 모르타르를 부착시킨다.

문제 23 콘크리트 비비기에 관한 다음 설명 중 틀린 것은?

가. 콘크리트 믹서에 재료를 넣는 순서는 모든 재료를 한꺼번에 넣는 것이 좋다.
나. 비비기는 미리 정해둔 비비기 시간의 3배 이상 계속 해서는 안 된다.
다. 믹서 회전 외주 속도는 매초 1m를 표준으로 한다.
라. 중력식 믹서의 경우 1분 이상을 비빈다.

해설 강제식 믹서의 경우 1분 이상을 비빈다.

정답 20. 나 21. 라 22. 나 23. 라

문제 24 콘크리트의 운반 작업에 대한 설명 중 틀린 것은?

가. 높은 곳에서부터 콘크리트를 칠 경우 원칙적으로 경사슈트를 이용한다.
나. 된반죽 콘크리트 운반에 벨트 컨베이어가 적합하다.
다. 버킷은 믹서로부터 받아 즉시 콘크리트를 칠 장소로 운반하기에 가장 좋은 방법이다.
라. 콘크리트 펌프의 수송관 배치는 가능한 한 굴곡을 적게 하고 수평, 상향으로 압송한다.

해설 높은 곳에서부터 콘크리트를 칠 경우 원칙적으로 연직 슈트를 사용해야 한다.

문제 25 Batch Mixer란 다음 어느 것을 말하는가?

가. $1m^3$의 콘크리트를 혼합하는 기계이다.
나. 콘크리트 재료를 1회분씩 혼합하는 기계이다.
다. Batcher plant의 별명이다.
라. 콘크리트와 모르타르의 배합비를 측정하는 기계이다.

해설 콘크리트 재료를 1회분 혼합하여 비비는 것을 Batch Mixer라 한다.

문제 26 콘크리트 신축이음으로써 구비해야 할 주의사항 중 거리가 먼 것은?

가. 온도변화 등에 의한 신축이 자유로울 것
나. 평탄하고 주행성이 있는 구조가 되어야 한다.
다. 강성이 낮은 일체 구조로써 내구성이 있을 것
라. 구조가 단순하고 시공이 쉬울 것

해설 강성이 높은 일체 구조로 내구성이 있을 것

문제 27 콘크리트 신축 이음의 두께는 보통 어느 정도가 좋은가?

가. 1cm 이하　　나. 1~3cm
다. 3~4cm　　라. 4~5cm

정답 24. 가　25. 나　26. 다　27. 나

문제 28 Bleeding이 심하면 콘크리트에 끼치는 영향은?

가. 강도가 증가한다. 나. 다지기가 잘된다.
다. 재료분리가 일어나지 않는다. 라. 응결이 빨라진다.

해설 블리딩이 심하면 콘크리트 속의 수분이 적어지므로 응결이 빨라진다.

문제 29 콘크리트 양생에 관한 설명 중 틀린 것은?

가. 치기를 마친 콘크리트의 상부에는 시트 등으로 햇빛 막이나 바람막이를 설치하여 수분증발을 막는다.
나. 콘크리트의 강도 증진을 위해 가능한 오랫동안 습윤 상태로 유지하는 것이 좋다.
다. 거푸집 판이 건조할 우려가 있을 때는 살수하여 습윤 상태로 유지한다.
라. 막양생은 막양생재를 콘크리트 표면의 물빛이 있을 때 살포하며 살포 방향을 바꾸어서 2회 이상 실시한다.

해설 막양생은 콘크리트의 표면에 막을 만드는 막양생재를 살포하여 증발을 막는 양생으로 막양생재는 콘크리트 표면의 물빛이 없어진 직후에 살포하며 살포방향을 바꾸어서 2회 이상 실시한다.

문제 30 콘크리트의 양생 기간 중 양생의 기본 사항과 관계가 먼 것은?

가. 양생 기간 중 형틀을 존치시킨다.
나. 가열과 냉각을 반복한다.
다. 수분을 충분하게 공급한다.
라. 성형된 콘크리트에 충격이나 진동을 주지 않는다.

해설 콘크리트가 경화되도록 적당한 온도와 습도를 유지시켜 보호해야 한다.

문제 31 다음의 양생 방법 중 초기 재령에서 가장 강도를 크게 할 수 있는 방법은?

가. 고압 증기 양생 나. 습윤 양생
다. 수중 양생 라. 상압 증기 양생

해설 고압 증기 양생은 온도 180℃ 전후로 증기압 7~15기압의 고온 고압처리 방법으로 말뚝, 기포 콘크리트 제품등의 양생에 적용한다.

정답 28. 라 29. 라 30. 나 31. 가

문제 32 일평균기온이 15℃ 이상일 때 조강 포틀랜드 시멘트를 사용한 콘크리트의 양생시 습윤상태의 보호기간은 최소 며칠 이상으로 하는가?

가. 1일　　나. 3일
다. 5일　　라. 7일

문제 33 콘크리트의 상압 증기 양생에 대한 설명 중 틀린 것은?

가. 양생 시간은 24시간 이내가 좋다.
나. 보통 대기압에서 행한다.
다. 양생시 온도 상승 속도는 1시간에 20℃ 이하로 하고 최고 온도는 65℃로 한다.
라. 보통 콘크리트보다 경량 콘크리트는 높게 가열해도 된다.

해설 양생 시간은 18시간 이내가 되도록 하고 콘크리트를 비빈 후 3시간 이후부터 증기 양생을 한다.

문제 34 다음 중 상온에서 일반 콘크리트를 양생할 때 가장 높은 강도(28일 기준)를 확보할 수 있는 양생 방법은?

가. 습윤 양생　　나. 기중 양생
다. 피막 양생　　라. 급열 양생

해설 상온(20±2℃)이므로 온도제어 양생은 필요 없고 재령 28일 기준이므로 표준 양생인 습윤 양생방법이 가장 유효하다.

문제 35 거푸집 내부에 박리제를 칠할 때 효과로 볼 수 없는 것은?

가. 콘크리트의 거푸집면 부착방지　　나. 거푸집 해체 용이
다. 수분 흡수방지　　라. 콘크리트의 강도 증진

문제 36 동바리(받침기둥)의 시공에 관한 설명 중 틀린 것은?

가. 동바리는 필요한 경우 적당한 솟음을 둔다.
나. 강관 동바리는 2개 이상 이어서 사용하지 않는다.
다. 강관 동바리는 높이가 3.5m 이상의 경우 높이 2.0m 이내마다 수평연결재를 2개 방향으로 설치한다.
라. 동바리 하부의 받침판 또는 받침목은 2단 이상 삽입하지 않는다.

해설 강관 동바리는 3개 이상 이어서 사용하지 않는다.

정답 32. 나　33. 가　34. 가　35. 라　36. 나

문제 37 보 옆, 기둥, 벽 등의 측벽의 경우 콘크리트 압축강도가 몇 MPa 이상일 때 거푸집 널을 해체할 수 있는가?

가. 4MPa　　　나. 5MPa
다. 6MPa　　　라. 10MPa

해설 슬래브 및 보의 밑면, 아치 내면 거푸집 해체의 경우(단층 구조의 경우)
설계기준강도×2/3 이상인 경우 가능(단, 14MPa 이상이어야 한다.)

문제 38 거푸집 해체에 관한 설명 중 틀린 것은?

가. 거푸집 해체는 하중을 받지 않는 부분을 먼저하고 나중에 중요한 부분을 떼어낸다.
나. 기둥, 벽 등의 연직 부재의 거푸집은 보 등의 수평부재보다 늦게 떼어 낸다.
다. 보의 양 측면의 거푸집은 바닥판보다 먼저 떼어낸다.
라. 거푸집은 콘크리트의 강도가 소정의 값이 될 때까지 떼어내서는 안 된다.

해설 기둥, 벽 등의 연직 부재의 거푸집은 보 등의 수평부재의 거푸집보다 먼저 떼어 내는 것을 원칙으로 한다.

문제 39 다음은 거푸집 및 동바리 구조 계산시 연직방향 하중에 대한 설명이다. 틀린 것은?

가. 거푸집의 하중은 최소 0.4kN/m^2 이상을 적용한다.
나. 고정하중은 철근콘크리트와 거푸집의 질량을 고려하여 합한 하중이다.
다. 콘크리트 단위용적질량은 철근질량을 포함하여 보통 콘크리트는 24kN/m^{3}을 적용한다.
라. 고정하중과 활하중을 합한 연직하중은 슬래브 두께에 관계없이 최소 6.25kN/m^2 이상을 고려한다.

해설 고정하중과 활하중을 합한 연직하중은 슬래브 두께에 관계없이 최소 5.0kN/m^2 이상을 고려한다.

정답 37. 나　38. 나　39. 라

문제 40 옹벽과 같은 거푸집의 경우에는 거푸집 측면에 대하여 몇 kN/m^2 이상의 수평방향 하중이 작용하는 것으로 보는가?

가. $0.5kN/m^2$　　나. $1.0kN/m^2$
다. $2kN/m^2$　　라. $4kN/m^2$

문제 41 동바리에 작용하는 수평방향의 하중으로 고려하지 않는 것은?

가. 거푸집의 경사　　나. 작업할 때의 진동 및 충격
다. 풍압　　라. 콘크리트의 치기 속도

해설 횡방향 하중(수평방향 하중)으로는 거푸집의 경사, 작업할 때의 진동, 충격, 풍압, 유수압, 지진 등을 고려한다.

문제 42 콘크리트 측압 산정시 고려하지 않는 사항은?

가. 콘크리트 배합　　나. 콘크리트 치기 속도
다. 시공기계의 기구의 질량　　라. 칠 때의 콘크리트 온도

해설 콘크리트의 측압은 사용재료, 배합, 치기속도, 치기높이, 다지기 방법 및 칠때의 콘크리트 온도, 혼화제의 종류, 부재의 단면치수, 철근량 등에 의해 영향을 받는다.

문제 43 콘크리트 슬럼프가 175mm 이하, 1.2m 깊이 이하의 일반적인 내부 진동 다짐으로 타설되는 기둥 및 벽체의 콘크리트 측압 관계식은?

가. $P = C_w C_c \left[7.2 + \dfrac{790R}{T+18}\right]$　　나. $P = C_w C_c \left[7.2 + \dfrac{1160+240R}{T+18}\right]$

다. $P = C_w C_c \left[5.2 + \dfrac{790R}{T+18}\right]$　　라. $P = C_w C_c \left[5.2 + \dfrac{1160+240R}{T+18}\right]$

해설 "나" 관련 식은 타설속도가 2.1m/h 이하, 타설높이가 4.2m 초과하는 벽체 및 타설속도가 2.1~4.5m/h인 모든 벽체의 경우에 해당된다.

여기서,
- P값은 최소 $30C_w$ 이상, 최대 $W \cdot H$이다.
- C_w : 단위중량계수
- C_c : 화학첨가물계수(1.0~1.4)
- R : 콘크리트 타설속도(m/h)
- T : 타설되는 콘크리트의 온도

정답 40. 가　41. 라　42. 다　43. 가

문제 44 동바리에 작용하는 횡방향 하중은 설계 고정하중의 2% 이상 또는 동바리 상단의 수평방향 단위길이 당 몇 kN/m 이상 중에서 큰 하중이 동바리 머리부분에 수평방향으로 작용하는 것으로 가정하는가?

가. 0.5 kN/m　　나. 1 kN/m
다. 1.5 kN/m　　라. 2 kN/m

문제 45 콘크리트의 시공 이음에 관한 설명 중 틀린 것은?

가. 시공이음은 전단력이 작은 위치에 설치한다.
나. 시공이음을 부재의 압축력이 작용하는 방향과 직각되게 한다.
다. 시공이음부를 철근으로 보강하는 경우 정착길이는 철근 지름의 10배 이상으로 한다.
라. 시공이음부를 원형 철근으로 보강하는 경우 갈고리를 붙인다.

해설 시공이음부를 철근으로 보강하는 경우 정착길이는 철근 지름의 20배 이상으로 한다.

문제 46 콘크리트의 연직시공 이음부의 거푸집 제거 시기는 콘크리트를 치고 난 후 여름에는 몇 시간 정도인가?

가. 2~3시간　　나. 4~6시간
다. 8~10시간　　라. 10~15시간

해설 겨울에는 10~15시간 정도

문제 47 콘크리트 시공이음에 관한 설명 중 틀린 것은?

가. 헌치는 바닥틀과 연속해서 콘크리트를 쳐야 한다.
나. 바닥틀과 일체로 된 기둥 또는 벽의 시공이음은 바닥틀과의 경계부근에 설치하는 것이 좋다.
다. 바닥틀의 시공이음은 슬래브 또는 보의 지간 중앙부 1/3 이내에 두어야 한다.
라. 아치의 시공이음은 아치축에 직각방향으로 설치해서는 안 된다.

해설
- 아치의 시공이음이 아치축에 직각으로 설치한다.
- 아치의 폭이 넓을 때는 지간방향의 연직시공이음을 설치해야 한다.

정답 44. 다　45. 다　46. 나　47. 라

문제 48 콘크리트 신축이음에 관한 설명 중 틀린 것은?

가. 신축이음은 구조물이 서로 접하는 양쪽 부분을 절연시켜야 한다.
나. 구조물의 종류나 설치 장소에 따라 콘크리트만 절연시키고 철근은 연속시키는 경우도 있다.
다. 절연시킨 신축이음에서 신축이음에 턱이 생길 위험이 있을 경우는 장부 또는 홈을 만들어서는 안 된다.
라. 신축이음의 줄눈에 흙 등이 들어갈 염려가 있을 때는 이음 채움재를 사용해야 한다.

해설
- 절연시킨 신축이음에서 신축이음에 턱이 생길 위험이 있을 경우에는 장부 또는 홈을 만들거나 슬립바(slip bar)를 사용하는 것이 좋다.
- 수밀을 요하는 구조물의 신축이음에는 적당한 신축성을 가지는 지수판을 사용해야 한다.
- 지수판 재료는 동판, 스테인리스판, 염화비닐수지, 고무제품 등이 사용된다.

문제 49 균열유발 줄눈의 간격은 부재높이의 1배 이상에서 2배 이내 정도로 하고 단면의 결손율은 몇 %를 약간 넘을 정도로 하는 것이 좋은가?

가. 10% 나. 20%
다. 30% 라. 40%

해설 미리 어느 정해진 장소에 균열을 집중시킬 목적으로 소정의 간격으로 단면 결손부를 설치하여 균열을 강제적으로 생기게 하는 균열유발 줄눈을 설치한다.

문제 50 고정하중과 활하중을 합한 연직하중은 전동식 카트를 사용시 최소 몇 kN/m^2 이상을 고려하는가?

가. $2.5kN/m^2$ 나. $3.75kN/m^2$
다. $5.0kN/m^2$ 라. $6.25kN/m^2$

해설 고정하중과 활하중을 합한 연직하중은 슬래브 두께에 관계없이 최소 $5.0kN/m^2$ 이상, 전동식 카트 사용시에는 최소 $6.25kN/m^2$ 이상을 고려한다.

문제 51 기초, 보의 측면, 기둥, 벽의 거푸집널은 내구성을 고려할 경우 콘크리트 압축강도가 몇 MPa 이상 도달한 경우 해체하는 것이 좋은가?

가. 5MPa 나. 10MPa
다. 15MPa 라. 20MPa

정답 48. 다 49. 나 50. 라 51. 나

특수 콘크리트

2-1 경량골재 콘크리트

1. 경량골재

(1) 천연 경량골재

경석 화산자갈, 응회암, 용암 등이 있다.

(2) 인공 경량골재

팽창성 혈암, 팽창성 점토, 플라이 애시 등을 주원료로 한다.

(3) 부립률

① 경량골재 중 물에 뜨는 입자의 질량 백분율
② 경량골재의 밀도는 입경에 따라 다르며 입경이 클수록 가볍다.
③ 굵은골재 부립률은 10% 이하이어야 한다.

(4) 프리웨팅(pre-wetting)

골재를 사용하기 전에 미리 흡수시켜 콘크리트 비비기 및 운반중에 물을 흡수하는 것을 적게 하기 위해서 실시한다.

(5) 경량골재의 사용방법

① 잔골재와 굵은골재를 모두 경량골재로 사용
② 잔골재의 일부 또는 전부를 보통골재로 사용
③ 굵은골재의 일부 또는 전부를 보통골재로 사용

(6) 입 도

① 굵은골재 최대치수는 15mm 또는 20mm로 지정한다.
② 입경에 따라 밀도가 다르고 입경이 적을수록 밀도가 커진다. 이 경향은 잔골재의 경우에 특히 현저하다.
③ 동일한 입도를 질량 백분율로 표시한 경우와 용적 백분율로 표시한 경우 조립률이 잔골재에서 0.1~0.2 정도의 차이가 있다.
④ 용적 백분율로 표시하는 것이 합리적이지만 각 입경마다 골재의 밀도를 측정하는 것은 용이하지 않아 질량 백분율로 표시한다.
⑤ 골재의 씻기 시험에 의해 손실되는 양은 10% 이하로 한다.

(7) 단위용적질량

① 단위용적질량은 허용치에서 10% 이상 차이가 나지 않아야 한다.
② 경량골재의 단위용적질량

치 수	인공 · 천연 경량골재 최대 단위용적질량(kg/m^3)
잔 골 재	1120 이하
굵은골재	880 이하
잔골재와 굵은골재의 혼합물	1040 이하

③ 경량골재 콘크리트의 기건 단위용적질량은 1400~2100kg/m^3의 범위이다.

(8) 유해물 함유량의 한도

종 류	최 대 치
강열감량	5%
철 오염물	진한 얼룩이 생기지 않을 것
점토 덩어리량	2%
굵은골재의 부립률	10%

(9) 경량골재 취급

① 저장 시 항상 같은 습윤상태를 유지하도록 하고 햇볕이 안 들고 물 빠짐이 좋은 장소를 택한다.
② 골재에 때때로 물을 뿌리고 표면에 포장 등을 하여 항상 같은 습윤상태를 유지한다.
③ 균질한 콘크리트를 만들기 위해서는 골재의 입도 균등하게 해야 하고 잔골재와 굵은골재는 섞이지 않도록 각각 따로따로 운반하여 저장한다.

2. 경량골재 콘크리트의 배합

(1) 일반사항

① 경량골재 콘크리트는 공기연행 콘크리트로 하는 것을 원칙으로 한다.
② 소요의 강도, 단위용적질량, 내동해성 및 수밀성을 가지며 작업에 적합한 워커빌리티를 갖는 범위 내에서 단위수량 적게 한다.

(2) 물-결합재비

① 소정의 값보다 2~3% 정도 작은 값을 목표로 한다.
② 콘크리트의 수밀성을 기준으로 정할 때는 50% 이하를 표준으로 한다.
③ 단위결합재량의 최소값은 300kg/m^3로 한다.
④ 물-결합재비의 최대값은 60%로 한다.

(3) 강 도

설계기준 압축강도는 15MPa 이상, 인장강도는 2MPa 이상

(4) 슬럼프

① 작업에 알맞은 범위 내에서 가능한 한 작아야 한다.
② 80~210mm를 표준으로 한다.

(5) 공기량

① 보통 골재를 사용한 콘크리트보다 1% 크게 5.5%로 해야 한다.
② 기상 조건이 나쁘고 또 물로 포화되는 경우가 많은 환경 조건하에서 내동해성은 보통 골재 콘크리트에 비해 떨어지는 경우가 많아 개선하기 위해 공기량을 증대시킨다.

(6) 비비기

① 흡수율이 큰 건조한 경량골재를 사용할 경우 믹서 내에서 재료가 상당히 흡수하여 콘크리트의 슬럼프, 강도 등 품질 변동의 원인이 되므로 주의해야 한다.

② 비비는 시간의 표준은 믹서에 재료를 전부 투입한 다음 강제식 믹서 일 때는 1분 이상, 가경식 믹서일 때는 2분 이상으로 한다.(가경식 믹서 사용시 시험을 하지 않을 때는 보통 골재를 사용한 콘크리트보다 비비는 시간을 길게 하는 것이 좋다.)

(7) 품질 검사

① 함수율 시험은 1회/일 이상, 함수율은 ±2% 정도의 범위를 설정하여 관리한다.

② 굵은골재의 부립률은 공사 시작 전, 공사중 1회/월, 부립률 상한값 10%로 관리한다.

③ 단위용적질량은 시방배합으로부터 계산한 값과 실측치와의 차가 $50kg/m^3$ 이내로 관리한다.

3. 시 공

(1) 운 반

① 일반 레미콘용 에지데이터 트럭을 사용하는 것을 기준으로 한다.

② 흡수율이 큰 경량골재를 사용하여 내동해성을 확보할 경우에는 경량골재의 함수율을 낮게 하여 버킷 등으로 시공하여도 좋다.

(2) 다지기

① 경량골재 콘크리트를 내부진동기로 다질 때 그 유효범위는 보통골재콘크리트에 비해서 작고, 자중에 의해서 거푸집의 구석구석이나 철근의 둘레에 잘 돌지 않으므로 진동기를 찔러 넣는 간격을 작게 하거나 진동시간을 약간 길게 해 충분히 다져야 한다.

② 경량골재 콘크리트의 경우도 보통골재콘크리트의 경우와 같이 진동을 적게 주는 것보다 많이 주는 것이 좋은 결과를 얻을 수 있다. 그러나 너무 진동을 많이 주면 굵은골재가 위로 떠오르는 경우도 있으므로 주의해야 한다.

③ 고유동화 콘크리트 등과 같이 슬럼프 및 흐름값이 커서 다짐이 필요 없다고 판단되는 경우에는 책임기술자와 협의하여 다짐을 생략할 수 있다.

(3) 마무리

표면을 평평하게 마무리할 때는 적당한 시간 간격을 두고 다시 마무리하여야 하며, 경량골재 콘크리트를 바닥판에 사용한 경우 마무리한 지 30분 내지 1시간 후에 거북등 모양으로 미세한 균열이 생기는 경우가 많으므로, 표면을 마무리한 지 1시간 정도 경과한 후에 다짐기 등으로 표면을 가볍게 두들겨서 재마무리하여 균열은 없애는 것이 좋다.

실전문제

제2장 특수 콘크리트

경량골재 콘크리트

문제 01 경량골재 콘크리트의 설계기준 압축강도는 몇 MPa 이상인가?

가. 15MPa　　나. 18MPa
다. 21MPa　　라. 24MPa

문제 02 경량골재 콘크리트의 슬럼프 표준값은 몇 mm 이하로 하며 물-결합재비의 최대값은 몇 %로 하는가?

가. 100mm, 60%　　나. 120mm, 60%
다. 150mm, 60%　　라. 210mm, 60%

문제 03 경량골재 콘크리트의 기건 단위용적질량(kg/m^3)은?

가. 1100~1300kg/m^3　　나. 1300~1500kg/m^3
다. 1400~2100kg/m^3　　라. 2000~2200kg/m^3

문제 04 경량골재의 굵은골재 최대치수는 원칙적으로 몇 mm인가?

가. 13mm　　나. 40mm
다. 20mm　　라. 25mm

문제 05 경량골재에 관한 설명 중 틀린 것은?

가. 경량골재는 입경에 따라서 밀도가 다르고 일반적으로 입경이 적을수록 밀도가 커진다.
나. 잔골재의 씻기 시험에 의하여 손실되는 양은 12% 이하로 한다.
다. 조립률이 잔골재에서 0.1~0.2 정도 차이가 생긴다.
라. 경량골재의 단위용적질량시험은 지깅시험 방법에 의한다.

해설 잔골재의 씻기 시험에 의하여 손실되는 양은 5% 이하로 한다.

정답 01. 가　02. 라　03. 다　04. 다　05. 나

문제 06 경량골재의 단위용적질량시험을 할 경우 시료는 어떤 상태를 기준으로 하는가?

가. 노 건조상태　　나. 기건상태
다. 표면건조 포화상태　　라. 습윤상태

해설 • 단위용적질량은 허용치에서 10% 이상 틀려서는 안 된다.
• 단위용적질량시험은 기건상태의 값으로 표시한다.

문제 07 경량골재의 내구성 및 유해물 함유량의 한도에 관한 설명 중 틀린 것은?

가. 강열감량 : 5% 이하　　나. 잔골재 안정성 : 10% 이하
다. 점토 덩어리량 : 2% 이하　　라. 굵은골재 중의 부립률 : 5% 이하

해설 굵은골재 중의 부립률 : 10% 이하

문제 08 경량골재 취급에 관한 설명 중 틀린 것은?

가. 저장시에는 항상 같은 습윤상태를 유지한다.
나. 충분히 물을 흡수시킨 상태인 프리웨팅(pre-wetting)한 것을 사용한다.
다. 경량골재는 보통 골재를 사용한 경우보다 배합시 단위수량이 작아 내동해성에 좋다.
라. 동결융해를 반복해서 받는 경량 콘크리트 시공시에는 경량골재의 함수율을 적게 하여 사용하는 것이 좋다.

해설 경량골재는 단위수량이 보통 골재를 사용한 경우에 비하여 커지거나, 콘크리트의 내동해성이 나빠지는 경우가 있다.

문제 09 경량골재 콘크리트 배합에 관한 설명 중 틀린 것은?

가. 경량골재 콘크리트는 공기연행 콘크리트로 하는 것을 원칙으로 한다.
나. 최대 물-결합재비를 정할 경우에는 60% 이하를 표준으로 한다.
다. 슬럼프는 일반적인 경우 80~210mm를 표준으로 한다.
라. 경량골재 콘크리트의 공기량은 보통골재를 사용한 콘크리트보다 2% 크게 해야 한다.

해설 경량골재 콘크리트의 공기량은 보통 콘크리트보다 1% 정도 많은 공기량의 사용을 원칙으로 한다. 즉, 5.5±1.5%로 한다.

정답 06. 가 07. 라 08. 다 09. 라

문제 10 경량골재 콘크리트의 배합에 관한 설명 중 틀린 것은?

가. 골재는 질량으로 표시한다.
나. 단위시멘트량의 최소값은 $300kg/m^3$으로 한다.
다. 잔골재와 굵은골재 모두 경량골재로 하면 경량골재의 경량성이 보다 효과적이다.
라. 시방배합표에는 잔골재와 굵은골재를 경량골재와 보통골재로 구분하여 표시한다.

해설 경량골재 콘크리트의 시방배합을 표시하는 데는 골재의 질량을 절대용적으로 표시한다.

문제 11 경량골재의 품질 검사 시 굵은골재 부립률의 검사 시기 · 횟수는?

가. 공사 시작 전, 공사 중 1회/6개월
나. 공사 시작 전, 공사 중 1회/월
다. 공사 시작 전, 공사 중 2회/6개월
라. 공사 시작 전, 공사 중 2회/월

해설 굵은골재의 부립률 검사는 공사 시작 전, 공사 중 1회/월 실시한다.

문제 12 경량골재 콘크리트의 비비기 시간의 표준은 믹서에 재료를 전부 투입한 다음 강제식 믹서일 때는 몇 분 이상으로 하는가?

가. 1분　　나. 1분 30초
다. 2분　　라. 2분 30초

해설 가경식 믹서일 때는 2분 이상으로 한다.(보통 콘크리트의 경우 가경식 믹서일 때는 1분 30초 이상)

문제 13 경량골재 콘크리트의 시공방법 중 틀린 것은?

가. 슬럼프는 80~210mm를 표준으로 하고 공기연행 콘크리트를 사용하는 것이 좋다.
나. 골재의 함수량을 가능한 한 일정하도록 관리한다.
다. 양생 중 습윤상태를 오래 유지하도록 주의한다.
라. 다짐시 진동기의 사용을 피한다.

정답 10. 가　11. 나　12. 가　13. 라

해설 경량골재 콘크리트는 다짐효과가 떨어지므로 진동기의 찔러 넣는 간격을 작게 하며 진동시간을 약간 길게 하며 충분히 다져야 한다.

문제 14 구조물의 자중을 줄이기 위해 사용하는 경량골재는 다음의 어느 것을 말하는가?

가. 밀도가 $2.50g/cm^3$ 이하인 골재
나. 안산암, 석회암 등으로 만들어진 골재
다. 화강암, 편무암 등으로 만들어진 골재
라. 밀도가 $2.50 \sim 2.60g/cm^3$ 정도의 골재

문제 15 경량골재 콘크리트 속에 기포를 만드는 방법 중 틀린 것은?

가. 기포제를 혼합시키는 방법
나. 단위시멘트량을 크게 하여 콘크리트 속의 수분을 증발시키는 방법
다. 입도가 나쁜 굵은골재를 사용하는 방법
라. 경금속의 분말 등을 사용하여 가스를 발생시키는 방법

해설
- 단위수량을 크게 하여 콘크리트 속의 수분을 증발시키는 방법이 있다.
- 경량골재 콘크리트는 콘크리트의 질량 경감의 목적으로 만들어진 기건밀도 $0.002g/mm^3$ 이하인 콘크리트의 총칭이다.

문제 16 경량골재 콘크리트의 성질에 대한 설명 중 틀린 것은?

가. 내화성이 크고 음과 열의 전도율이 작다.
나. 강도와 탄성계수가 작으며 건조수축이 크다.
다. 골재의 공극으로 인한 흡수성과 투수성이 매우 작다.
라. 내구성이 보통 콘크리트보다 작으므로 가급적 물-결합재비를 줄여 공기연행제 등을 사용하는 것이 좋다.

해설
- 골재의 공극으로 인한 흡수성과 투수성이 매우 크다.
- 자중이 작아 사하중이 줄어들고 콘크리트의 운반과 치기가 간편하다.

문제 17 경량골재 콘크리트의 특징에 관한 설명 중 틀린 것은?

가. 고온 고압으로 양생시킨다.
나. 단열과 방음 효과가 크다.
다. 경화후 변형이 크다.
라. 흡수율이 크다.

해설 경화 후 변형이 적은 장점이 있다.

정답 14. 가 15. 나 16. 다 17. 다

문제 18 경량골재 콘크리트의 특징에 관한 설명 중 틀린 것은?

가. 경량골재 콘크리트는 가볍기 때문에 슬럼프가 일반적으로 작게 나오는 경향이 있다.
나. 운반중의 재료분리는 보통콘크리트와는 반대로 골재가 위로 떠오르고 시멘트 풀이 가라앉는 경향이 있다.
다. 진동을 많이 주거나 장거리 운반은 피한다.
라. 경량골재 콘크리트 배합시 단위수량을 크게 하는 것이 바람직하다.

해설 경량골재 콘크리트 배합시 단위수량을 크게 하는 것은 바람직하지 못하며 공기연행 콘크리트로 한다.

문제 19 다음 중 경량골재로 가장 많이 사용하는 골재는 어느 것인가?

가. 강자갈　　나. 바다자갈
다. 산자갈　　라. 화산자갈

해설 화산자갈, 응회암, 용암, 팽창성 혈암, 팽창성 점토, 플라이 애시 등이 사용된다.

문제 20 경량골재 콘크리트의 특징으로 옳지 않은 것은 어느 것인가?

가. 강도가 낮다.　　나. 탄성계수가 크다.
다. 열전도율이 적다.　　라. 흡수율이 크다.

문제 21 경량골재 콘크리트에만 판매자와 구매자가 약속해야 되는 것은?

가. 콘크리트의 강도　　나. 슬럼프
다. 공기량　　라. 골재 단위용적질량

정답 18. 라　19. 라　20. 나　21. 라

2-2 매스 콘크리트

제3부 콘크리트의 시공

1. 개　요

(1) 구조물의 부재치수는 일반적인 표준으로서 넓이가 넓은 평판 구조에서는 두께 0.8m 이상, 하단이 구속된 벽체에서는 두께 0.5m 이상으로 한다.

(2) 부재 혹은 구조물의 치수가 커서 시멘트의 수화열에 의한 온도 상승을 고려하여 설계 시공해야 한다.

2. 설계 및 시공시 유의사항

(1) 온도 균열 방지 및 제어

① 프리쿨링(pre-cooling)

콘크리트 타설 온도를 낮추기 위해 냉수나 얼음, 냉각한 골재, 액체질소를 사용하는 방법이 있다.

② 파이프 쿨링(pipe-cooling)

콘크리트 타설 후 미리 콘크리트 속에 묻은 파이프 내부에 냉수 또는 공기를 보내 콘크리트의 온도를 제어한다.

- 파이프의 지름은 25mm 정도의 얇은 관을 사용한다.
- 파이프 주변의 콘크리트 온도와 통수온도의 차이는 20℃ 이하이다.

(2) 균열 유발 줄눈

① 구조물의 길이방향에 일정간격으로 단면 감소부분을 만들어 그 부분에 균열이 집중하도록 한다.

② 균열 유발 줄눈의 단면 감소율은 35% 이상으로 한다.

③ 균열 유발 줄눈의 간격은 4~5m 정도를 기준으로 한다.

(3) 온도균열 발생 검토

① 온도균열지수에 의해 균열 발생의 가능성을 평가하는 것을 원칙으로 한다.

② 온도균열지수

$$I_{cr}(t) = \frac{f_{sp}(t)}{f_t(t)}$$

여기서, $f_t(t)$: 재령 t일에서의 수화열에 의하여 생긴 부재 내부의 온도응력 최대값(MPa)
$f_{sp}(t)$: 재령 t일에서의 콘크리트의 인장강도로서, 재령 및 양생온도를 고려하여 구함(MPa)

③ 온도응력 해석에 의한 온도균열지수

- 연질지반 위에 타설된 평판구조 등과 같이 내부 구속응력이 큰 경우

$$\text{온도균열지수} = \frac{15}{\Delta T_i}$$

여기서, ΔT_i : 내부온도가 최고일 때의 내부와 표면과의 온도차(℃)

- 암반이나 매시브한 콘크리트 위에 타설된 평판구조 등과 같이 외부구속 응력이 큰 경우

$$\text{온도균열지수} = \frac{10}{K_R \cdot R \cdot \Delta T_o}$$

여기서, ΔT_o : 부재평균 최고온도와 외기온도와의 균형시의 온도차(℃)
R : 외부 구속의 정도를 표시하는 계수로서
㉠ 비교적 연한 암반 위에 콘크리트를 타설할 때 : 0.5
㉡ 중간 정도의 단단한 암반 위에 콘크리트를 타설할 때 : 0.65
㉢ 경암 위에 콘크리트를 타설할 때 : 0.8
㉣ 이미 경화된 콘크리트 위에 타설할 때 : 0.6
K_R : 타설되는 콘크리트의 형상 및 온도균열지수를 산정하는 위치와 관련된 계수로서 최댓값은 1이다.

④ 구조물에서의 표준적인 온도균열지수

- 균열 발생을 방지하여야 할 경우 : 1.5 이상
- 균열 발생을 제한할 경우 : 1.2~1.5
- 유해한 균열 발생을 제한할 경우 : 0.7~1.2

(4) 배　합

① 단위 시멘트량을 적게 하여 발열량을 감소시킨다,

② 콘크리트의 온도 상승량을 단위 시멘트량 $10kg/m^3$에 대하여 대략 1℃정도의 비율로 증감한다.

③ 저열 포틀랜드 시멘트, 중용열 포틀랜드 시멘트, 고로 슬래그 시멘트, 플라이 애시 시멘트 등을 사용하면 수화열을 저감할 수 있다.

④ 저발열형 시멘트는 장기 재령의 강도 증진이 보통 포틀랜드 시멘트에 비해 크므로 91일 정도의 장기재령을 설계기준 강도의 기준 재령으로 한다.

⑤ 각 재료의 온도가 비빈 직후 콘크리트 온도에 미치는 영향은 대략 골재는 ±2℃, 물은 ±4℃, 시멘트는 ±8℃에 대해 ±1℃ 정도이다.

(5) 콘크리트 타설

① 콘크리트 표면이 거의 수평이 되도록 타설한다.

② 타설의 한 층 높이는 0.4~0.5m를 표준한다.

③ 콘크리트 친 후 침강 균열의 우려가 있을 경우에는 재진동다짐이나 다짐 등을 실시한다.

실전문제

제 2 장 특수 콘크리트

매스 콘크리트

문제 01 균열 유발 줄눈에 대한 설명 중 틀린 것은?

가. 균열 유발 줄눈의 간격은 4~5m 정도를 기준으로 한다.
나. 예정하고 있는 개소에 균열을 확실하게 유도하기 위해서는 유발 줄눈의 단면 감소율을 20~30% 이상으로 한다.
다. 수밀을 요하는 경우에는 균열 유발개소에 미리 지수판을 두는 것이 좋다.
라. 균열 유발 줄눈을 둘 경우에는 구조물의 길이방향에 일정 간격으로 증대부분을 만든다.

해설 균열 유발 줄눈을 둘 경우 구조물을 길이방향에 일정 간격으로 단면 감소부분을 만들어 균열을 유발시킨다.

문제 02 넓은 평판구조에서는 두께 몇 m 이상, 하단이 구속된 벽체에서는 두께가 몇 m 이상일 때 매스 콘크리트로 다루는가?

가. 1, 0.8　　나. 0.8, 0.5
다. 0.6, 0.4　　라. 0.5, 0.3

문제 03 매스 콘크리트의 온도 상승, 온도 응력 및 이에 따라 발생하는 균열 폭에 영향을 미치는 설계인자 중 관계가 가장 먼 것은?

가. 거푸집 사용횟수　　나. 부재 단면
다. 구조 형식　　라. 설계기준강도

해설 구조 형식, 부재 단면, 여러 가지 줄눈의 위치 및 구조, 배근(철근 배치), 콘크리트의 설계기준강도 등의 영향을 미친다.

문제 04 매스 콘크리트에서 예정 개소에 균열을 확실하게 유도하기 위해서 유발 줄눈의 단면 감소율은 몇 % 이상으로 하는가?

가. 10　　나. 35
다. 40　　라. 50

정답 01. 라　02. 나　03. 가　04. 나

해설 예정하고 있는 개소에 균열을 확실하게 유도하기 위해서는 유발줄눈의 단면 감소율을 35% 이상으로 한다.

문제 05 온도균열지수에 관한 설명 중 틀린 것은?

가. 온도균열지수는 재령에 따라 변하므로 재령을 변화시키면서 가장 작은 값을 구한다.
나. 균열 발생에 대한 안정성을 평가한다.
다. 원칙적으로 콘크리트의 인장강도와 온도응력의 비로 나타낸다.
라. 온도균열지수가 클수록 균열 발생 확률이 높다.

해설
- 온도균열지수가 작으면 균열의 수도 많고 균열 폭도 커진다.
- 온도균열지수가 클수록 균열이 생기는 확률이 낮다.

문제 06 철근이 배치된 일반적인 구조물에서의 균열을 방지할 경우 표준적인 온도균열지수의 값은?

가. 1.5 이상　　나. 1.5 미만
다. 0.7 이상 1.2 미만　　라. 1.2 이상

해설
- 균열발생을 제한할 경우 : 1.2 이상 1.5 미만
- 유해한 균열발생을 제한할 경우 : 0.7 이상 1.2 미만

문제 07 온도만으로 온도균열지수를 구하는 간이적인 방법에서 연질의 지반 위에 타설된 평판구조 등과 같이 내부구속 응력이 큰 경우에 해당하는 식은? (단, ΔT_i 내부온도가 최고일 때의 내부와 표면과의 온도차)

가. $\dfrac{20}{\Delta T_i}$　　나. $\dfrac{15}{\Delta T_i}$

다. $\dfrac{10}{\Delta T_i}$　　라. $\dfrac{5}{\Delta T_i}$

해설 암반이나 매시브한 콘크리트 위에 타설된 평판구조 등과 같이 외부 구속응력이 큰 경우

$$\text{온도균열지수} = \frac{10}{K_R \cdot R \cdot \Delta T_o}$$

R : 외부 구속의 정도를 표시하는 계수
ΔT_o : 부재 평균 최고온도와 외기 온도와의 균형시의 온도차(℃)
K_R : 타설되는 콘크리트의 형상 및 온도균열지수를 산정하는 위치와 관련된 계수로서 최댓값은 1이다.

정답 05. 라　06. 가　07. 나

문제 08 콘크리트의 재료 및 온도해석에 사용하는 열 특성치와 관계가 가장 먼 것은?

가. 수화열
나. 열전도율
다. 비열
라. 열확산율

해설 콘크리트 열 특성치인 열전도율, 열확산율, 비열은 콘크리트 밀도와 관련이 있다.

문제 09 콘크리트의 열계수 일반값 중에서 열전도율의 사용값은?

가. 1.2~1.4
나. 2.6~2.8
다. 3.2~3.4
라. 4.2~4.4

해설 • 콘크리트의 열계수 일반값

열계수	사용값
열전도율(W/m℃)	2.6~2.8
비열(J/kg℃)	1,050~1,260
열확산율(m^2/h)	$(0.83\sim1.10)\times10^{-6}$

문제 10 콘크리트의 온도 해석에서 열전도율에 관한 설명 중 틀린 것은?

가. 열전달 경계는 대기와 사이에 열의 출입이 있는 경계이며 그 특성은 열전도율로 표시한다.
나. 열전도율은 부재 표면부의 콘크리트 온도에 큰 영향을 주지는 않는다.
다. 열전도율은 거푸집의 유무, 종류, 두께, 존치기간, 양생방법, 주위의 풍속 등을 고려한다.
라. 시트 양생이 열전도율의 평균값은 6W/m^2℃이다.

해설 열전도율은 부재 표면부의 콘크리트 온도에 큰 영향을 미치며 부재 두께가 비교적 작을 경우에는 내부 온도 상승에도 영향을 미친다.

문제 11 매스 콘크리트 배합에 관한 설명 중 틀린 것은?

가. 콘크리트 온도 상승량을 감소시키기 위해 단위 시멘트량을 적게 한다.
나. 설계기준강도와 워커빌리티를 만족하는 범위 내에서 콘크리트의 온도상승이 최소가 되게 한다.
다. 일반적으로 콘크리트의 온도 상승량을 단위 시멘트량 10kg/m^3에 대해 대략 1℃ 정도의 비율로 증감된다.
라. 온도 상승량을 감소시켜 균열을 방지하기 위해 단위수량을 크게 한다.

정답 08. 가 09. 나 10. 나 11. 라

해설 단위수량을 작업에 적합한 범위 내에서 최소가 되도록 하므로 단위 시멘트량이 줄어들어 균열 발생 우려가 적다.

문제 12 매스 콘크리트의 거푸집 사용에 대한 설명 중 틀린 것은?

가. 거푸집 탈형 후 수화열을 발산시키도록 콘크리트 표면을 급냉하게 한다.
나. 보온성 거푸집을 사용할 경우는 보통 거푸집의 존치 기간보다 길게 한다.
다. 온도균열 제어를 하기 위해 온도 상승을 작게 하기 위해 방열성이 높은 거푸집이 좋다.
라. 콘크리트 친 후 폭우로 기온의 저하가 될 때나 겨울철에는 강재거푸집보다 보온성이 좋은 거푸집을 사용한다.

해설 거푸집 탈형 후의 콘크리트 표면의 급냉을 방지하기 위하여 시트 등으로 콘크리트 표면의 보온을 계속해 주는 것이 좋다.

문제 13 매스 콘크리트 치기 관련 사항이다. 설명이 틀린 것은?

가. 몇 개의 블록으로 나눠 칠 때 콘크리트 치기를 장시간 중지하는 일이 없도록 한다.
나. 암반 위에 몇 층으로 나눠 칠 때 치기 시간 간격을 너무 짧게 하면 콘크리트 전체의 온도가 높아져서 균열 발생의 우려가 있다.
다. 매스 콘크리트의 치기 온도는 온도 균열을 제어하기 위해 될 수 있는 대로 저온으로 한다.
라. 각 재료의 온도가 비빈 직 후 콘크리트 온도에 미치는 영향은 대략 골재는 ±1℃, 물은 ±4℃에 대해 ±2℃, 시멘트는 ±8℃에 대해 ±3℃ 정도이다.

해설
- 골재는 ±2℃에 대해 ±1℃
- 물은 ±4℃에 대해 ±1℃
- 시멘트는 ±8℃에 대해 ±1℃ 정도

문제 14 매스 콘크리트의 온도 제어 대책인 파이프 쿨링(pipe-cooling)은 콘크리트 내부에 묻어 넣은 파이프에 냉각수를 통수하는데 이때 파이프의 지름은 어느 정도 관을 사용하는가?

가. 25mm　　나. 20mm
다. 15mm　　라. 10mm

정답 12. 가　13. 라　14. 가

해설 • 파이프는 지름 25mm 정도의 얇은 관을 사용한다.
• 파이프 쿨링은 물에 의하지 않고 공기에 의한 방법도 있다.

문제 15 파이프 쿨링(pipe-cooling)을 할 때 파이프 주변의 콘크리트 온도와 통수온도와의 차이는 몇 ℃ 이하로 하는가?

가. 10℃ 나. 15℃
다. 20℃ 라. 30℃

해설 통수온도가 지나치게 낮아지면 부재간 및 부재 내부에서의 온도차가 커져 균열이 발생할 우려가 있다.

문제 16 매스 콘크리트 치기의 한 층의 높이는 얼마를 표준으로 하는가?

가. 0.2~0.3m 나. 0.4~0.5m
다. 0.6~0.7m 라. 0.8~1m

해설 콘크리트의 표면은 거의 수평이 되도록 하며 한층의 치기 높이는 0.4~0.5m를 표준으로 한다.

문제 17 일반적인 경우 외기 온도가 25℃ 미만일 경우 콘크리트 운반시간은?

가. 60분 나. 90분
다. 120분 라. 150분

해설 외기 온도가 25℃ 미만인 경우는 120분, 25℃ 이상인 경우는 90분으로 한다.

문제 18 상층의 콘크리트를 다질 때에는 상층 및 하층이 일체가 되도록 다짐기를 하층의 표면에서 어느 정도까지 찔러 넣어 다지는가?

가. 0.05m 나. 0.1m
다. 0.15m 라. 0.2m

문제 19 매스 콘크리트 치기를 끝마친 후 균열 측정시기는?

가. 1주 전후 나. 2주 전후
다. 3주 전후 라. 4주 전후

정답 15. 다 16. 나 17. 다 18. 나 19. 가

해설 • 여러 층으로 나누어 시공하는 경우 상층 콘크리트 치기 전에 하층 콘크리트의 균열 발생 유무를 측정한다.
• 온도 균열의 검사시기는 구조물의 구속 조건을 고려하여 결정한다.

문제 20 매스 콘크리트 제조용 시멘트로 가장 적합한 것은?

가. 보통 포틀랜드 시멘트　　나. 알루미나 시멘트
다. 중용열 포틀랜드 시멘트　　라. 내황산염 포틀랜드 시멘트

해설 매스 콘크리트에는 수화열이 적은 중용열 포틀랜드 시멘트, 고로 시멘트, 플라이 애시 등의 저발열 시멘트를 사용한다.

문제 21 넓이가 넓은 평판구조에서는 두께가 얼마 이상일 때 매스 콘크리트로 취급하는가?

가. 0.5m　　나. 0.8m
다. 1m　　라. 1.2m

문제 22 매스 콘크리트에 사용되는 다음 재료 중 적합하지 않는 것은?

가. 급결제　　나. 냉각수
다. 플라이 애시　　라. 중용열 시멘트

해설 수화열 때문에 급결제 사용은 부적합하다.

문제 23 매스 콘크리트에서 균열 유발 줄눈의 간격은 얼마를 기준으로 하는가?

가. 10~15m　　나. 8~10m
다. 5~8m　　라. 4~5m

문제 24 댐 콘크리트의 압축강도는 재령 며칠을 기준으로 하는가?

가. 7일　　나. 14일
다. 28일　　라. 91일

해설 매스 콘크리트에서는 중용열 포틀랜드 시멘트, 고로 시멘트, 플라이 애시 시멘트 등의 저발열 시멘트를 사용하는데 이 시멘트는 장기 재령의 강도 증진이 보통 포틀랜드 시멘트에 비해 크므로 91일 정도의 장기재령을 기준한다.

정답 20. 다　21. 나　22. 가　23. 라　24. 라

문제 25 매스 콘크리트 구조물의 온도 균열 폭에 대한 적절한 대책이 아닌 것은?

가. 온도균열지수를 높인다.
나. 철근비를 높인다.
다. 가는 철근을 분산시켜 배근한다.
라. 단위 시멘트량을 높여준다.

해설 단위 시멘트량이 많으면 수화열이 내부에 축적되어 내부의 온도가 상승하므로 균열이 발생할 가능성이 있다.

문제 26 매스 콘크리트 시공시 균열 방지를 위한 사항 중 틀린 것은?

가. 신구 콘크리트의 치기 시간 간격을 너무 길게 하지 않는다.
나. 콘크리트 타설 구획의 높이를 적게 한다.
다. 암반 위에 여러 층을 칠 경우 치기 시간 간격을 가급적 짧게 한다.
라. 인장 변형에 대한 저항이 큰 콘크리트를 사용한다.

해설 암반 등 구속도가 큰 것 위에 여러 층에 걸쳐서 콘크리트를 이어 칠 경우 치기 시간간격을 너무 짧게 하면 리프트(lift) 두께 등의 조건에 따라 콘크리트 전체의 온도가 높아지거나 균열 발생 우려가 클 수 있다.

문제 27 매스 콘크리트(mass concrete)의 시공에 있어서 유의해야 할 사항 중 옳지 않은 것은?

가. 단위 시멘트량을 적게 한다.
나. 수화열이 낮은 시멘트를 사용한다.
다. 1회의 치는 높이를 제한한다.
라. 양생 중에서 콘크리트의 보온을 철저히 한다.

해설 거푸집을 가능한 빨리 해체하여 방열시킨다.

정답 25. 라 26. 다 27. 라

2-3 한중 콘크리트

제 3 부 콘크리트의 시공

1. 개 요

(1) 하루 평균 기온이 4℃ 이하에서는 콘크리트가 동결할 염려가 있으므로 한중 콘크리트로 시공한다.

(2) 콘크리트가 동결하지 않더라도 5℃ 정도 이하의 저온에 노출되면 응결 및 경화 반응이 상당히 지연되어 소정의 강도 발현이 이루어지지 않는다.

2. 재 료

(1) 시멘트는 보통 포틀랜드 시멘트를 사용하는 것을 표준한다.

(2) 보통 포틀랜드 시멘트에서는 소요의 양생온도나 초기 강도의 확보가 어려워 수화열에 의한 균열이 없는 경우 조강포틀랜드 시멘트를 사용하면 효과적이다.

(3) 긴급 공사용의 특수 시멘트는 초속경 시멘트, 알루미나 시멘트 등이 있다.

(4) 골재가 동결되어 있거나 골재에 빙설이 혼입되어 있는 골재는 사용하지 않는다.

(5) 시멘트는 어떠한 경우라도 직접 가열해서는 안 된다.

(6) 골재를 65℃ 이상 가열하면 다루기가 어려워지며 시멘트를 급결시킬 우려가 있다.

(7) 물과 골재 혼합물의 온도는 40℃ 이하로 하면 시멘트가 급결하지 않는다.

(8) 재료를 가열했을 때 비빈 직후 콘크리트의 대체적인 온도(T ℃)

$$T = \frac{C_s(T_a W_a + T_c W_c) + T_m W_m}{C_s(W_a + W_c) + W_m}$$

여기서,
- T: 콘크리트 온도(℃)
- W_a 및 T_a : 골재의 질량(kg) 및 온도(℃)
- W_c 및 T_c : 시멘트의 질량(kg) 및 온도(℃)
- W_m 및 T_m : 비빌 때 사용되는 물의 질량(kg) 및 온도(℃)
- C_s : 시멘트 및 골재의 물에 대한 비열의 비로서 0.2로 가정해도 좋다.

3. 배 합

(1) 공기연행 콘크리트를 사용하는 것을 원칙으로 한다.

(2) 단위수량은 초기 동해를 적게 하기 위하여 소요의 워커빌리티를 유지할 수 있는 범위 내에서 되도록 작게 정한다.

(3) 물-결합재비는 60% 이하로 한다.

(4) 적산 온도 방식에 의한 배합강도 및 물-결합재비

① 적산온도가 210°D · D 이상일 경우 적용한다.

② 조강, 초조강 포틀랜드 시멘트 및 알루미나 시멘트를 사용하면 적산온도가 105°D · D 이상의 경우에도 적용할 수 있다.

③ 구조체 콘크리트의 강도관리 재령은 91일 이내에서, 또한 적산 온도는 420°D · D 이하가 되는 재령으로 한다.

④ 적산온도

$$M = \sum_{0}^{t}(\theta + A)\Delta t$$

여기서, M : 적산온도(°D · D (일), 또는 ℃ · D)
θ : Δt 시간중의 콘크리트의 일평균 양생온도(℃)
A : 정수로서 일반적으로 10℃가 사용된다.
Δt : 시간(일)

⑤ 물-결합재비

$$x(\%) = \alpha \cdot x_{20}$$

여기서, x : 적산 온도가 M(°D · D)일 때 배합강도를 얻기 위한 물-결합재비
α : 적산 온도 M에 대한 물-결합재비의 보정계수
x_{20} : 콘크리트의 양생온도가 20±2℃일 때 재령 28일에 있어서 배합강도를 얻기 위한 물-결합재비

(5) 비비기

① 운반 및 타설시간 1시간에 대하여 콘크리트 온도와 주위의 기온과의 차이는 15% 정도로 본다.

$$T_2 = T_1 - 0.15(T_1 - T_0) \cdot t$$

여기서, T_0 : 주위의 기온(℃)
T_1 : 비볐을 때 콘크리트의 온도(℃)
T_2 : 타설이 끝났을 때의 콘크리트의 온도(℃)
t : 비빈 후부터 타설이 끝났을 때까지의 시간(hr)

② 가열한 재료를 믹서에 투입하는 순서는 먼저 가열한 물과 굵은골재, 다음에 잔골재를 넣어서 믹서 안의 재료온도가 40℃ 이하가 된 후에 시멘트를 넣는 것이 좋다.

4. 시 공

(1) 타설할 때 콘크리트 온도는 5~20℃의 범위에서 한다.

(2) 기상조건이 가혹한 경우나 부재 두께가 얇을 경우에 칠 때의 콘크리트 최저 온도는 10℃ 정도로 한다.

(3) 소요 압축강도가 얻어질 때까지 콘크리트의 온도를 5℃ 이상으로 유지하며 그 후 2일간은 구조물의 어느 부분이라도 0℃ 이상이 되도록 유지한다.

(4) 초기 동해 방지를 위해 콘크리트의 최저 온도를 5℃로 하였지만 추위가 심한 경우 또는 부재두께가 얇은 경우에는 10℃ 정도로 한다.

(5) 강도를 얻기에 필요한 양생일수는 시험에 의해 정하는 것이 원칙이나 5℃ 및 10℃에 양생할 경우 표준은 아래 표와 같다.

구조물의 노출상태 \ 시멘트의 종류		보통 포틀랜트 시멘트	조강 포틀랜트 보통 포틀랜드+촉진제	혼합 시멘트 B종
(1) 계속해서 또는 자주 물로 포화되는 부분	5℃	9일	5일	12일
	10℃	7일	4일	9일
(2) 보통의 노출상태에 있고 (1)에 속하지 않는 부분	5℃	4일	3일	5일
	10℃	3일	2일	4일

(6) 단면의 두께가 얇고 보통의 노출상태에 있는 콘크리트는 초기 양생 종료 후 2일간 이상은 콘크리트 온도를 0℃ 이상으로 한다.

(7) 소요 압축강도의 표준(MPa)

구조물의 노출상태 \ 단면	얇은 경우	보통의 경우	두꺼운 경우
(1) 계속해서 또는 자주 물로 포화되는 부분	15	12	10
(2) 보통의 노출상태에 있고 (1)에 속하지 않는 부분	5	5	5

실전문제

제2장 특수 콘크리트

한중 콘크리트

문제 01 일평균기온이 얼마 이하가 될 경우 한중 콘크리트로 시공해야 하는가?

가. 4℃ 나. 0℃
다. −2℃ 라. −3℃

문제 02 콘크리트의 동결온도는 물−결합재비, 혼화재료의 종류 및 양에 따라 다르지만 대략 얼마인가?

가. 4~3℃ 나. 2~1℃
다. −0.5~−2℃ 라. −2.5~3.5℃

문제 03 한중 콘크리트 재료에 대한 설명 중 틀린 것은?

가. 시멘트는 포틀랜드 시멘트를 사용하는 것을 표준으로 한다.
나. 동결된 골재나 빙설이 혼입된 골재는 사용하지 않는다.
다. 시멘트는 특별한 경우 직접 가열할 수 있다.
라. 고성능 공기연행 감수제를 사용하며 물−결합재비를 작게 하는 것은 동결에 대한 저항성을 높이는 데 효과적이다.

해설 시멘트는 어떠한 경우라도 직접 가열해서는 안 된다.

문제 04 믹서에 넣은 가열한 재료의 온도가 얼마 이하가 된 후 시멘트를 넣는 것이 좋은가?

가. 10℃ 나. 20℃
다. 30℃ 라. 40℃

해설 먼저 가열한 물과 굵은골재, 잔골재를 넣은 후 시멘트를 넣는다.

문제 05 한중 콘크리트에서 표준으로 사용되는 시멘트는?

가. 포틀랜드 시멘트 나. 중용열 포틀랜드 시멘트
다. 초속경 시멘트 라. 조강 포틀랜드 시멘트

정답 01. 가 02. 다 03. 다 04. 라 05. 가

해설 포틀랜드 시멘트는 저온 양생했을 때 초기 재령의 강도 발현에 대한 지연 정도가 작고 콘크리트가 동해에 대한 염려를 적게 할 수 있다.

문제 06 한중 콘크리트에 대한 설명 중 틀린 것은?

가. 한중 콘크리트는 공기연행 콘크리트를 사용하는 것을 원칙으로 한다.
나. 단위 수량은 초기 동해를 작게 하기 위해 워커빌리티 범위 내에서 작게 한다.
다. 보통 운반 및 치기 시간 1시간에 대해 콘크리트 온도와 주위의 기온과의 차이는 25% 정도로 본다.
라. 칠 때의 콘크리트 온도는 구조물의 단면 치수, 기상조건 등을 고려하여 5~20℃의 범위로 한다.

해설 콘크리트 치기가 끝났을 때의 콘크리트 온도는 운반, 치기 도중의 열손실 때문에 믹서에서 비볐을 때의 온도보다 떨어지는데 그 차이는 15% 정도

문제 07 기상조건이 가혹한 경우나 부재 두께가 얇을 경우에 칠 때의 콘크리트 최저 온도는?

가. 40℃ 나. 6℃
다. 8℃ 라. 10℃

문제 08 압축강도가 얼마 이상이 되면 동해 받는 일이 비교적 적다고 볼 수 있는가?

가. 4 MPa 나. 5 MPa
다. 8 MPa 라. 10 MPa

문제 09 초기 동해 방지의 관점에서 양생할 경우 콘크리트의 최저온도를 얼마로 하는가?

가. 5℃ 나. 10℃
다. 15℃ 라. 20℃

해설 추위가 심한 경우 또는 부재 두께가 얇을 경우 : 10℃ 정도

정답 06. 다 07. 라 08. 나 09. 가

문제 10 한중 콘크리트는 소요 압축강도가 얻어질 때까지 콘크리트의 온도를 몇 ℃ 이상으로 유지하는가?

가. 5℃　　나. 10℃
다. 15℃　　라. 20℃

문제 11 한중 콘크리트의 양생방법으로 기온이 낮은 경우 또는 단면이 얇은 경우에 보온만으로는 동결온도 이상의 온도를 유지할 수 없을 때 양생하는 방법은?

가. 습윤양생　　나. 수중양생
다. 급열양생　　라. 보온양생

해설 • 한중 콘크리트의 양생방법으로는 보온 양생과 급열 양생 등이 있다.
• 보온양생은 단열성이 높은 재료로 콘크리트 주위를 덮어서 시멘트 수화열을 이용하여 소정강도가 얻어질 때까지 보온하는 것

문제 12 한중 콘크리트 시공에 관한 사항 중 틀린 것은?

가. 보온 양생 또는 급열 양생이 끝난 후에는 콘크리트 온도를 급격히 저하시켜도 된다.
나. 목재 거푸집은 강재 거푸집에 비해 열전도율이 적어 보온 효과가 크다.
다. 소정의 강도가 얻어진 후에도 콘크리트 표면이 급냉하지 않도록 거푸집을 남겨 두는 것이 좋다.
라. 콘크리트에 열을 가할 경우 콘크리트가 급격히 건조되거나 국부적으로 가열되지 않도록 한다.

해설 양생을 끝냈더라도 온도가 높은 콘크리트를 갑자기 한기(寒氣)에 노출시키면 콘크리트의 표면에 균열이 생긴다.

문제 13 한중 콘크리트의 타설시 가열한 재료를 믹서에 투입하는 순서로 옳은 것은?

① 물	② 시멘트	③ 잔골재	④ 굵은골재

가. ① - ③ - ② - ④　　나. ③ - ④ - ② - ①
다. ① - ③ - ④ - ②　　라. ① - ④ - ③ - ②

해설 믹서 안에 물, 굵은골재, 잔골재, 시멘트 순서로 넣는다.

정답 10. 가　11. 다　12. 가　13. 라

문제 14 한중 콘크리트 시공시 주의해야 할 사항 중 틀린 것은?

가. 조기 강도를 높이도록 한다.
나. 급격한 온도 변화를 방지한다.
다. 물-결합재비를 높인다.
라. 거푸집을 오래 거치하고 보온 양생한다.

해설 한중 콘크리트의 경우 물-결합재비를 높이면 초기에 동해에 걸리기 쉬우므로 공기연행제 또는 공기연행 감수제를 사용하는 것을 표준으로 한다.

문제 15 다음 중 콘크리트 강도를 예측하는 데 이용되는 적산 온도의 개념을 나타낸 식은 어느 것인가?

가. Σ(시간×강도)
나. Σ(시간×온도)
다. Σ(물-결합재비×온도)
라. Σ(강도×온도)

해설 콘크리트의 강도를 콘크리트 온도와 시간과의 함수로 나타내는 적산온도는

$$M=\Sigma(\theta+A)\Delta t$$

여기서,
- M: 적산온도[℃ · D(일)]
- θ : Δt 시간중의 콘크리트 온도(℃)
- A : 정수로서 일반적으로 10℃가 사용된다.
- Δt : 시간(일 또는 시)

문제 16 한중 콘크리트에 관한 다음 설명 중 틀린 것은?

가. 하루 평균 기온이 4℃ 이하가 되는 기상조건 하에서는 한중 콘크리트로 시공해야 한다.
나. 기온이 −3℃ 이하에서는 물, 시멘트 및 골재를 가열하여 콘크리트의 온도를 높여야 한다.
다. 한중 콘크리트에서는 공기연행 콘크리트를 사용하는 것을 원칙으로 한다.
라. 응결 경화의 초기에 동결되지 않도록 하며 예상되는 하중에 대해 충분한 강도를 가지게 해야 한다.

해설 시멘트는 어떤 경우라도 직접 가열해서는 안 된다.

문제 17 한중 콘크리트나 해중 공사에 가장 적합한 시멘트는?

가. 실리카 시멘트
나. 고로 시멘트
다. 알루미나 시멘트
라. 중용열 포틀랜드 시멘트

정답 14. 다 15. 나 16. 나 17. 다

해설 알루미나 시멘트
① 산, 염류, 해수 등의 화학적 침식에 대한 저항성이 크다.
② 발열량이 크기 때문에 긴급한 공사나 한중 공사시 시공에 적합하다.

문제 18 한중 콘크리트 시공시 주의할 사항 중 틀린 것은?

가. 초기에 충분한 강도를 발휘하도록 한다.
나. 초기 동해를 피한다.
다. 타설시 콘크리트의 온도는 4℃를 유지한다.
라. 적당한 온도, 습도를 유지관리한다.

해설 타설시 콘크리트 온도는 구조물의 단면 치수, 기상조건 등을 고려하여 5~20℃의 범위로 한다.

문제 19 한중 콘크리트 시공시 비볐을 때 콘크리트의 온도가 10℃이고 비비기할 때 주위의 온도가 −3℃였다. 비빈 후부터 2시간 후 타설 완료하였을 때 콘크리트 온도는?

가. 3.5℃ 나. 4.5℃
다. 6.1℃ 라. 7.1℃

해설 $T_2 = T_1 - 0.15(T_1 - T_0) \times t = 10 - 0.15[10 - (-3)] \times 2 = 6.1℃$

여기서,
- T_0 : 주위의 기온(℃)
- T_1 : 비볐을 때의 콘크리트의 온도(℃)
- T_2 : 치기가 끝났을 때의 콘크리트의 온도(℃)
- t : 비빈 후부터 치기가 끝났을 때까지의 시간(hr)

문제 20 한중 콘크리트 시공시 콘크리트 온도는 운반, 치기 도중의 열손실 때문에 믹서에서 비볐을 때의 온도보다 떨어지는데 운반 및 치기 시간 1시간에 대해 콘크리트 온도와 주위의 온도와의 차이는 몇 % 정도로 보는가?

가. 10% 나. 15%
다. 20% 라. 25%

해설 $T_2 = T_1 - 0.15(T_1 - T_0) \times t$

정답 18. 다 19. 다 20. 나

문제 21 한중(寒中) 콘크리트의 설명 중 틀린 것은?

가. 4℃ 이하에서 시공할 때는 공기연행 콘크리트를 사용하는 것이 좋다.
나. 골재에 눈이나 얼음이 있으면 이를 녹여 사용해야 한다.
다. 배합 단위 수량을 작업 가능 범위 내에서 적게 해야 한다.
라. 보통 시멘트에서 콘크리트 친 후 6일 이상 4℃ 이상을 유지해야 한다.

해설 구조물이 보통 노출상태에 있고 계속해서 또는 자주 물로 포화되지 않는 경우에 보통 포틀랜드 시멘트를 사용하여 5℃ 이하에서는 4일, 10℃ 이하에서는 3일 동안 양생한다.

문제 22 한중 콘크리트 양생시 단열성이 높은 재료로 덮어 시멘트의 수화열을 이용하여 소정의 강도를 얻게 하는 양생 방법은?

가. 보온 양생　　나. 급열 양생
다. 증기 양생　　라. 습윤 양생

문제 23 한중 콘크리트의 혼합 제조시 재료를 믹서 안에 넣는 순서는?

가. 물 → 잔골재 → 굵은골재 → 시멘트
나. 잔골재 → 물 → 굵은골재 → 시멘트
다. 물 → 굵은골재 → 잔골재 → 시멘트
라. 시멘트 → 물 → 잔골재 → 굵은골재

정답 21. 라　22. 가　23. 다

2-4 서중 콘크리트

1. 개 요

하루 평균 기온이 25℃를 초과할 경우에 서중 콘크리트로 시공한다.

2. 배 합

(1) 단위 수량은 일반적으로 185kg/m^3 이하로 한다.

(2) 기온 10℃의 상승에 대해 단위 수량은 2~5% 증가하므로 소요의 압축강도를 확보하기 위해서는 단위수량에 비례하여 단위 시멘트량의 증가를 고려한다.

(3) 소요의 강도 및 워커빌리티를 얻을 수 있는 범위 내에서 단위 수량 및 단위 시멘트량을 적게 한다.

3. 시 공

(1) 비빈 후 되도록 빨리 타설한다. 지연형 감수제를 사용한 경우라도 1.5시간 이내에 타설한다.

(2) 콘크리트 타설시 콘크리트의 온도는 35℃ 이하여야 한다.

(3) 타설 후 적어도 24시간은 노출면이 건조하는 일이 없도록 습윤상태로 유지한다. 또 양생은 적어도 5일 이상 실시한다.

(4) 거푸집을 떼어낸 후에도 양생기간 동안은 노출면을 습윤상태로 유지한다.

실전 문제

제 2 장 특수 콘크리트

서중 콘크리트

문제 01 하루 평균기온이 ( )℃를 초과하는 시기에 시공할 경우에는 서중 콘크리트로 시공한다. ( ) 안에 들어갈 온도는?

가. 20　　나. 25
다. 30　　라. 35

문제 02 서중 콘크리트 배합에 사용하여 단위수량을 감소시키는 효과를 낼 수 있는 혼화재료가 아닌 것은?

가. 유동화제　　나. 지연형의 감수제
다. 공기연행 감수제　　라. 기포제

해설 기포제는 기포의 작용에 의해 충전성을 개선하거나 중량을 조절하는 효과를 낸다.

문제 03 서중 콘크리트 배합에서 일반적으로 기온 10℃ 상승에 대해 단위수량을 어느 정도 증가하는가?

가. 2~5%　　나. 6~10%
다. 12~15%　　라. 16~20%

문제 04 서중 콘크리트는 배합에서 일반적인 대책을 강구한 경우라도 비빈 후 몇 시간 이내에 쳐야 하는가?

가. 1시간　　나. 1.5시간
다. 2시간　　라. 2.5시간

문제 05 서중 콘크리트를 칠 때의 콘크리트 온도는 몇 ℃ 이하여야 하는가?

가. 25℃　　나. 30℃
다. 35℃　　라. 40℃

정답 01. 나　02. 라　03. 가　04. 나　05. 다

문제 06 서중 콘크리트의 양생은 적어도 며칠 이상 실시하는 것이 바람직한가?

가. 3일 나. 5일
다. 7일 라. 9일

해설 타설 후 적어도 24시간은 노출면이 건조하지 않도록 습윤상태로 유지해야 하며 또 양생은 적어도 5일 이상 실시하는 것이 좋다.

문제 07 서중 콘크리트의 타설시 저온의 재료를 사용하여 콘크리트의 온도를 낮추고자 하는 경우 가장 크게 영향을 미치는 재료는 어느 것인가?

가. 골재 나. 시멘트
다. 물 라. 혼화재료

해설 콘크리트의 온도를 1℃ 낮추기 위해서는 대략 시멘트 온도 8℃, 수온 4℃, 골재의 온도 2℃ 중 하나의 온도가 낮아져야 한다.

문제 08 다음은 서중 콘크리트의 관리에 주의할 사항이다. 이 중 적당하지 않은 것은?

가. 콘크리트를 쳐 넣을 때 콘크리트 온도는 40℃ 이하 유지
나. 비빈 콘크리트는 1시간 이내에 빨리 운반 타설
다. 콘크리트 타설 후 24시간 동안은 노출면을 반드시 습윤상태 유지
라. 기온이 높고 습도가 낮을 때에는 증발 건조가 빨라지므로 균열 방지에 주의

해설 콘크리트 타설시 콘크리트 온도는 35℃ 이하일 것

정답 06. 나 07. 가 08. 가

2-5 수밀 콘크리트

제3부 콘크리트의 시공

1. 개 념

(1) 각종 저장시설, 지하구조물, 수리구조물, 저수조, 수영장, 상하수도시설, 터널 등 압력수가 작용하는 구조물을 말한다.

(2) 균열, 콜드 조인트, 누수의 원인이 되는 결함이 생기지 않도록 해야 한다.

2. 배 합

(1) 공기연행제, 감수제, 공기연행 감수제, 포졸란 등을 사용한다.

(2) 팽창제를 사용하면 콘크리트의 수축균열을 방지하므로 누수의 원인이 작게 되므로 콘크리트 구조물의 수밀성을 증대시킨다.

(3) 방수제 등을 사용할 경우 성능 효과를 확인 후 사용한다.

(4) 블리딩이 적어지도록 일반적인 경우보다 잔골재율을 크게 하는 것이 좋다.

(5) 단위수량 및 물-결합재비는 되도록 적게 하고 단위 굵은골재량을 되도록 크게 한다.

(6) 슬럼프는 180mm를 넘지 않게 하며 콘크리트 타설이 용이할 때에는 120mm 이하로 한다.

(7) 공기연행제, 공기연행 감수제 또는 고성능 공기연행 감수제를 사용하는 경우라도 공기량은 4% 이하가 되게 한다.

(8) 물-결합재비는 50% 이하를 표준한다.

3. 시 공

(1) 적당한 간격으로 시공이음을 둔다.

(2) 콘크리트는 가능한 한 연속적으로 쳐서 균일하게 한다.

(3) 연속타설시간 간격은 외부 기온이 25℃ 이하일 때는 2시간 이내로 한다.

(4) 연직시공 이음판에는 지수판의 사용을 원칙으로 한다.

실전문제

제2장 특수 콘크리트

수밀 콘크리트

문제 01 수밀 콘크리트의 소요 슬럼프는 가급적 적게 하고 몇 mm를 넘지 않도록 하는가?

가. 80mm　　나. 120mm
다. 180mm　　라. 210mm

해설 콘크리트 치기가 용이할 때에는 120mm 이하로 한다.

문제 02 공기연행제, 공기연행 감수제 등을 사용하는 경우라도 수밀 콘크리트의 공기량은 몇 % 이하가 되게 하는가?

가. 3%　　나. 4%
다. 5%　　라. 6%

문제 03 수밀 콘크리트에서 물-결합재비는 얼마 이하를 표준으로 하는가?

가. 50%　　나. 55%
다. 60%　　라. 65%

문제 04 수밀 콘크리트 시공에 관한 설명 중 틀린 것은?

가. 콘크리트는 될 수 있는 대로 연속으로 친다.
나. 쳐 넣은 콘크리트의 온도는 30℃ 이하가 되게 한다.
다. 단위수량 및 물-결합재비를 적게 하고 단위 굵은골재량을 가급적 크게 한다.
라. 연직시공이음에 지수판을 사용하면 수밀성에 나쁘다.

해설 연직시공이음에는 지수판의 사용을 원칙으로 한다.

정답 01. 다 02. 나 03. 가 04. 라

문제 05 수밀 콘크리트에 대한 설명 중 틀린 것은?

가. 일반적인 경우보다 잔골재율을 어느 정도 크게 하는 것이 좋다.
나. 수밀을 요하는 콘크리트 구조물은 각종 저장시설, 지하구조물, 수리구조물, 저수조, 수영장, 상하수도시설, 터널 등을 말한다.
다. 팽창제를 사용하여 콘크리트의 수축균열을 방지하므로 누수의 원인을 작게 한다.
라. 배합이나 경화 후의 품질을 변치 않도록 유동화제 사용을 원칙으로 한다.

해설 공기연행제, 감수제, 공기연행 감수제, 고성능 공기연행 감수제 또는 포졸란 등을 사용하는 것을 원칙으로 한다.

문제 06 수밀 콘크리트의 설명 중 틀린 것은?

가. 수밀 콘크리트 경우 일반적인 경우보다 잔골재율을 어느 정도 작게 하는 것이 좋다.
나. 물-결합재비가 55% 이상 되면 수밀성이 감소하므로 50% 이하를 표준으로 한다.
다. 연직시공 이음에는 지수판을 사용함을 원칙으로 한다.
라. 재료분리가 적고 다짐을 충분히 하여야 수밀성이 커진다.

해설 수밀 콘크리트의 경우에는 일반적인 경우보다 잔골재율을 어느 정도 크게 하는 것이 좋다.

문제 07 다음은 수밀 콘크리트를 설명한 것이다. 옳지 않은 설명은?

가. 시공이음은 될 수 있는 대로 피해야 한다.
나. 물-결합재비는 50% 이하를 표준으로 한다.
다. 슬럼프 값은 210mm 이하로 하여야 한다.
라. 양질의 감수제 또는 공기연행제를 쓰는 것이 좋다.

해설 가급적 물-결합재비를 적게 한다. 슬럼프 값은 180mm 이하로 하여야 한다.

정답 05. 라 06. 가 07. 다

문제 08 수밀 콘크리트 설명 중 맞지 않는 것은?

가. 물-결합재비가 50% 이하, 55~60% 이상 되면 수밀성이 감소된다.
나. 수밀 콘크리트의 경우에는 일반적인 경우보다 잔골재율을 어느 정도 작게 하는 것이 좋다.
다. 재료분리가 적고 다짐을 충분히 하여야 수밀성이 된다.
라. 연직 시공이음에는 지수판을 사용함을 원칙으로 한다.

해설 단위 굵은골재량을 크게 하는 것이 좋다. 굵은골재 최대치수를 크게 하여 배합 시 단위수량을 적게 혼합할 수 있게 한다.

문제 09 수밀 콘크리트 제조에 관한 설명 중 틀린 것은?

가. 팽창제를 적당히 사용하면 수밀성을 증대시킨다.
나. 공기연행제를 사용하면 수밀성이 감소한다.
다. 굵은골재 최대치수는 너무 크지 않게 한다.
라. 콜드 조인트는 구조물의 수밀성을 손상시키는 중대한 결함이다.

해설 공기연행제에 의한 미세한 기포가 워커빌리티를 좋게 하므로 단위수량이 적게 사용되어 수밀성이 향상된다.

정답 08. 나 09. 나

2-6 유동화 콘크리트

제3부 콘크리트의 시공

1. 개　　요

믹서로 일반 비비기를 완료한 베이스 콘크리트에 유동화제를 첨가하여 유동성을 증대시켜 시공성을 향상시킨 콘크리트를 말한다.

2. 배　　합

(1) 슬럼프 증가량은 100mm 이하를 원칙으로 하며 50~80mm를 표준으로 한다.

(2) 유동화 콘크리트의 슬럼프(mm)

콘크리트의 종류	베이스 콘크리트	유동화 콘크리트
보통 콘크리트	150 이하	210 이하
경량골재 콘크리트	180 이하	210 이하

(3) 공장(콘크리트 플랜트)에서 첨가하여 저속으로 휘저으면서 운반하고 공사현장에 도착 후에 고속으로 휘젓는 유동화 방식

3. 콘크리트의 유동화 시공

(1) 유동화 콘크리트의 재유동화는 원칙적으로 하지 않는다.

(2) 유동화를 위한 교반시간은 애지테이터 트럭 또는 교반장치로부터 배출되는 유동화 콘크리트의 약 1/4과 3/4 위치로부터 시료를 채취하여 슬럼프 시험을 한 경우 슬럼프 차가 30mm 이내가 될 때까지 한다.

(3) 레미콘의 경우 교반시간은 총 30회 전후의 회전수로 한다. 즉 고속으로 3~4분, 중속으로 5~6분 정도 혼합해 준다.

(4) 유동화제는 원액으로 사용하고 미리 정한 소정의 양을 한꺼번에 첨가하여 계량오차는 1회에 ±3% 이내로 한다.

(5) 유동화제 첨가량은 보통 시멘트 질량의 0.5~1% 정도이므로 일반적으로 콘크리트를 비비는 용적 계산에서 무시해도 좋다.

(6) 유동화제량은 단위수량의 일부로 고려하지 않아도 좋다.

(7) 베이스 콘크리트 및 유동화 콘크리트의 슬럼프 및 공기량 시험은 50m^{3}마다 1회씩 실시한다.

4. 베이스 콘크리트를 유동화시키는 방법

(1) 현장 첨가 현장 유동화 방식

① 유동화에 가장 효과적이다.

② 베이스 콘크리트의 운반에 이용한 트럭 애지테이터를 그대로 사용하여 소정시간 고속회전시킨다.

(2) 공장(콘크리트 플랜트)첨가 공장 유동화 방식

① 시공현장과 레미콘회사 간의 거리가 가까울 때 효과적이다.

② 콘크리트 플랜트에서 베이스 콘크리트를 비빈 후 소정량의 유동화제를 첨가하고 출하시에 유동화시킨 후 운반한다.

제 2 장 특수 콘크리트

유동화 콘크리트

문제 01 유동화 콘크리트의 슬럼프 범위는 원칙적으로 몇 mm 이하인가?

가. 80mm 나. 150mm
다. 180mm 라. 210mm

해설 유동화 콘크리트의 슬럼프는 원칙적으로 210mm 이하로 하며 작업에 적합한 범위 내로 가능한 슬럼프가 작은 것이 바람직하다.

문제 02 슬럼프의 증가량은 유동화제의 첨가량에 따라 커지지만 몇 mm 이하를 원칙으로 하는가?

가. 40mm 나. 50mm
다. 100mm 라. 150mm

해설 슬럼프의 증가량은 50~80mm를 표준으로 한다.

문제 03 유동화 콘크리트 배합에 관한 설명 중 틀린 것은?

가. 일반 콘크리트의 베이스 콘크리트 슬럼프는 150mm 이하로 정하고 경량 콘크리트에서는 180mm 이하로 한다.
나. 혼화제를 녹이는 데 쓰이는 물 또는 희석시키는 데 사용되는 물은 단위수량의 일부로 간주한다.
다. 유동화제 첨가량은 보통 시멘트 질량의 2% 정도이다.
라. 유동화제 첨가량은 일반적으로 콘크리트를 비비는 용적계산에서 무시해도 좋다.

해설 유동화제 첨가량은 보통 시멘트 질량의 0.5~1% 정도, 유동화제량은 단위수량의 일부로서 고려하지 않아도 좋다.

정답 01. 라 02. 다 03. 다

문제 04 콘크리트 유동화 방법의 설명 중 틀린 것은?

가. 콘크리트 플랜트에서 운반한 콘크리트에 공사현장에서 유동화제를 첨가하여 균일하게 될 때까지 휘젓는다.

나. 콘크리트 플랜트에서 트럭애지테이터에 유동화제를 첨가하여 즉시 고속으로 휘젓는다.

다. 콘크리트 플랜트에서 트럭애지테이터에 유동화제를 첨가하여 저속으로 휘저으면서 운반하고 공사현장 도착 후 고속으로 휘젓는다.

라. 콘크리트 플랜트에서 운반한 콘크리트에 공사현장에서 타설 후 다짐 진행 중에 유동화제를 첨가하여 다진다.

해설 콘크리트 플랜트에서 운반한 콘크리트에 공사현장에서 유동화제를 첨가하여 트럭 애지테이터를 소정시간 고속회전하거나 공사현장에서 유동화제를 위한 교반시설(연속믹서)를 설치하여 유동화시킨다.

문제 05 베이스 콘크리트 및 유동화 콘크리트의 슬럼프 및 공기량 시험은 몇 m^3마다 1회씩 실시하는 것을 표준으로 하는가?

가. $50m^3$ 나. $100m^3$
다. $150m^3$ 라. $200m^3$

해설 일정량의 유동화제를 첨가하면 슬럼프 및 공기량이 크게 변동할 가능성이 있어 보통 콘크리트보다 시험횟수를 많이 한다.

문제 06 유동화제는 원액으로 사용하고 소정량을 한꺼번에 첨가하고 계량은 중량 또는 용적으로 하며 계량오차는 1회에 몇 % 이내로 하는가?

가. ±1% 나. ±2%
다. ±3% 라. ±4%

문제 07 유동화 콘크리트에 관한 설명 중 틀린 것은?

가. 유동화 콘크리트는 균열저감 효과가 있다고 볼 수 없다.

나. 단위시멘트량을 보통 콘크리트보다 적게 할 수 있다.

다. 유동화제는 고성능 감수제에 속해 다량을 혼입해도 이상응결지연, 경화불량, 과잉 공기연행 등을 발생하지 않는 성질을 갖는다.

라. 단위수량은 보통 콘크리트보다 적다.

해설 콘크리트의 유동화로 균열저감 효과가 있다고 볼 수 있다.

정답 04. 라 05. 가 06. 다 07. 가

2-7 고강도 콘크리트

제 3 부 콘크리트의 시공

1. 개 요

(1) 설계기준압축강도와 내구성이 큰 구조물 철근 콘크리트 공사에 적용한다.

(2) 고강도 콘크리트의 설계기준 압축강도는 보통 또는 중량골재 콘크리트에서 40MPa 이상이며 고강도 경량골재 콘크리트는 27MPa 이상으로 한다.

2. 재 료

(1) 고성능 감수제(고유동화제) 등을 시험 후 사용한다.

(2) 플라이 애시, 실리카 퓸, 고로 슬래그 미분말 등을 혼화재로 시험 후 사용한다.

(3) 굵은골재의 입도분포는 굵고 가는 골재알이 골고루 섞이어 공극률을 줄여 시멘트 페이스트가 최소가 되게 한다.

(4) 굵은골재 최대치수는 25mm 이하로 하며 철근 최소 수평 순간격의 3/4 이내의 것을 사용한다.

(5) 유동화 콘크리트로 할 경우 슬럼프 플로값을 설계기준 압축강도 40MPa 이상 60MPa 이하는 500, 600 및 700mm로 구분하여 정한다.

3. 배 합

(1) 물-결합재비는 45% 이하로 소요의 강도와 내구성을 고려하여 정한다.

(2) 단위수량, 단위시멘트량, 잔골재율, 슬럼프는 작업이 가능한 범위에서 적게 한다.

(3) 기상의 변화가 심하거나 동결융해에 대한 대책이 필요한 경우를 제외하고는 공기연행제를 사용하지 않는 것을 원칙으로 한다.

(4) 믹서에 재료 투입시 고성능 감수제는 혼합수와 동시에 투여해서는 안 된다.

4. 시 공

(1) 콘크리트 타설 낙하고는 1m 이하로 한다.

(2) 기둥 부재에 타설시 콘크리트 강도와 슬래브나 보에 타설하는 콘크리트 강도가 1.4배 이상 차이가 있는 경우에는 기둥에 사용한 콘크리트가 수평부재의 접합면에서 0.6m 정도 충분히 수평부재 쪽으로 안전한 내민 길이를 확보하면 타설한다.

(3) 고강도 콘크리트는 낮은 물-결합재비로 수분이 적기 때문에 반드시 습윤양생을 한다. 부득이한 경우 현장 봉합양생을 할 수 있다.

(4) 콘크리트는 운반 후 신속하게 쳐야 한다.

(5) 콘크리트를 칠 때는 받침 또는 투입구를 설치하며 치기 간격은 콘크리트 면이 거의 수평을 이루는 때로 정한다.

(6) 기둥, 벽의 콘크리트와 보, 슬래브의 콘크리트를 일체로 하여 칠 경우는 보 아래서 치기를 중지한 다음 기둥과 벽에 친 콘크리트가 침하한 후 보, 슬래브의 콘크리트를 친다.

실전문제

제 2 장 특수 콘크리트

고강도 콘크리트

문제 01 고강도 콘크리트는 일반적으로 설계기준강도가 얼마 이상인가?

가. 30MPa　　나. 35MPa
다. 40MPa　　라. 45MPa

해설 고강도 콘크리트의 강도는 표준양생을 한 콘크리트 공시체의 재령 28일의 강도를 표준으로 한다.

문제 02 고강도 콘크리트에 사용되는 굵은골재의 최대치수는 구조물의 단면 크기에 관계없이 가능한 몇 mm 이하로 규정하는가?

가. 19mm　　나. 25mm
다. 40mm　　라. 50mm

해설 굵은골재의 최대치수는 25mm 이하를 사용하며 철근 최소 수평순간격의 3/4 이내의 것을 사용한다.

문제 03 고강도 콘크리트에 포함된 염화물 함량을 염소이온량으로 몇 kg/m^3 이하가 되어야 하는가?

가. $0.1kg/m^3$　　나. $0.3kg/m^3$
다. $0.4kg/m^3$　　라. $0.6kg/m^3$

문제 04 고강도 콘크리트 시공에 관한 설명 중 틀린 것은?

가. 콘크리트 치기의 낙하고는 1.5m 이하로 한다.
나. 부재가 바뀌는 위치에 콘크리트를 칠 경우에는 콘크리트가 침하한 후 연속해서 타설한다.
다. 운반시간 및 거리가 긴 경우에 사용하는 운반차는 트럭믹서로 한다.
라. 치기에 사용하는 펌프는 높은 점성을 예상하여 강력한 기종을 선택한다.

해설 콘크리트 치기의 낙하고는 1m 이하로 한다.

정답 01. 다　02. 나　03. 나　04. 가

문제 05 기둥 부재에 쳐 넣은 콘크리트 강도와 슬래브나 보에 쳐 넣은 콘크리트 강도의 차가 1.4배 이상일 경우에는 기둥에 사용한 콘크리트가 수평부재의 접합면에서 몇 m 정도 충분히 수평재 쪽으로 안전한 내민 길이를 확보하는가?

가. 0.3m　　나. 0.4m
다. 0.5m　　라. 0.6m

문제 06 고강도 콘크리트 양생시 부재 두께가 몇 m 이상인 경우 매스 콘크리트 시방서에 따라 양생하는가?

가. 0.4m　　나. 0.6m
다. 0.8m　　라. 1m

문제 07 고강도 콘크리트 시공에 관한 설명 중 틀린 것은?

가. 수분이 적기 때문에 고강도 콘크리트는 습윤 양생을 한다.
나. 거푸집 및 받침기둥은 콘크리트를 쳐 넣기 전과 쳐 넣기 중에 검사를 받는다.
다. 거푸집판이 건조할 염려가 있을 때에는 살수를 한다.
라. 고강도 콘크리트와 비비기는 강제식 믹서보다 가경식 믹서가 좋다.

해설 가경식 믹서보다는 강제식 믹서가 좋다.

문제 08 고강도 콘크리트에 대한 설명 중 틀린 것은?

가. 강자갈 보다 쇄석이 적합하다.
나. 잔골재의 조립률이 작은 것이 좋다.
다. 굵은골재 최대치수는 약간 작은 것이 좋다.
라. 강도가 40MPa 이상이면 고강도로 간주한다.

해설 잔골재의 조립률 : 2.0~3.3

문제 09 고강도 콘크리트에 사용되지 않는 혼화재료는?

가. 플라이 애시　　나. 실리카 퓸
다. 고로 슬래그 미분말　　라. 경화 촉진제

정답 05. 라　06. 다　07. 라　08. 나　09. 라

해설 플라이 애시, 고로 슬래그 미분말, 실리카 퓸 등이 사용되는데 시험배합 후 사용한다.

문제 10 고강도 콘크리트 시공에 관한 설명 중 틀린 것은?

가. 콘크리트 치기의 낙하고는 1m 이하로 한다.
나. 수직부재와 수평부재의 콘크리트 강도의 차가 1.4배 이상일 경우 수평부재 쪽으로 안전한 내민 길이를 확보한다.
다. 운반시간 및 거리가 긴 경우는 트럭믹서를 이용해선 안 된다.
라. 콘크리트 운반 중 슬럼프 값 저하에 대비해 고성능 감수제 투여 장치 등 보조 장치를 준비한다.

해설 운반시간 및 거리가 긴 경우에 사용하는 운반차는 트럭믹서로 하여야 한다. 기둥부재에 쳐 넣은 콘크리트 강도와 슬래브나 보에 쳐 넣은 콘크리트 강도의 차가 1.4배 이상 날 경우에는 기둥에 사용한 콘크리트가 수평 부재의 접합 면에서 0.6m 정도 충분히 수평재 쪽으로 안전한 내민 길이를 확보해 부어 넣어야 한다.

정답 10. 다

2-8 수중 콘크리트

1. 개　　요

(1) 일반 수중 콘크리트, 수중 불분리성 콘크리트, 현장타설 말뚝 및 지하연속벽에 사용한다.

(2) 해양 및 수면 하의 비교적 넓은 곳이나 현장타설 말뚝 또는 지하연속벽과 같이 비교적 좁은 곳에 콘크리트를 타설하여 만드는 구조물이다.

2. 수중 콘크리트의 성능

(1) 수중분리 저항성

① 수중 콘크리트의 물-결합재비 및 단위 시멘트량

콘크리트 종류 / 항목	일반 수중 콘크리트	현장타설 말뚝 및 지하연속벽에 사용하는 수중 콘크리트
물-결합재비	50% 이하	55% 이하
단위 결합재량	370kg/m^3 이상	350kg/m^3 이상

② 수중 기중 강도비는 수중분리 저항성의 요구가 비교적 높은 경우 0.8 이상, 일반적인 경우에는 0.7 이상으로 한다.

③ 현탁 물질량은 50mg/l 이하, pH는 12.0 이하이어야 한다.

(2) 유동성

① 슬럼프의 표준값(mm)

시공방법	일반 수중 콘크리트	현장타설 말뚝 및 지하연속벽에 사용하는 수중 콘크리트
트레미	130~180	180~210
콘크리트 펌프	130~180	-
밑열림상자, 밑열림포대	100~150	-

② 현장타설 말뚝 및 지하연속벽에 사용하는 수중 콘크리트에서 설계기준강도가 50MPa를 초과하는 경우 슬럼프 플로는 500~700mm 범위로 한다.

③ 수중 불분리성 콘크리트의 슬럼프 플로

시 공 조 건	슬럼프 플로의 범위 (mm)
급경사면의 장석(1 : 1.5 ~ 1 : 2)의 고결, 사면의 엷은 슬래브 (1 : 8 정도까지)의 시공 등에서 유동성을 작게 하고 싶은 경우	350 ~ 400
단순한 형상의 부분에 타설하는 경우	400 ~ 500
일반적인 경우, 표준적인 철근콘크리트 구조물에 타설하는 경우	450 ~ 550
복잡한 형상의 부분에 타설하는 경우 특별히 양호한 유동성이 요구되는 경우	550 ~ 600

3. 배 합

(1) 수중 콘크리트의 배합은 설정된 소정의 강도, 수중분리저항성, 유동성 및 내구성 등의 성능을 만족하도록 시험에 의해 정하여야 한다.

(2) 일반 수중 콘크리트는 수중 시공시의 강도가 표준공시체 강도의 0.6~0.8 배가 되게 배합강도를 설정한다.

(3) 수중낙하높이 0.5m 이하, 수중 유동거리 5m 이하에서 타설한 수중불분리성 콘크리트 코어의 재령 28일 압축강도는 수중 제작 공시체의 압축강도를 기준으로 콘크리트 배합강도를 정한다.

(4) 현장타설 콘크리트 말뚝 및 지하연속벽 콘크리트는 수중 시공시 강도가 대기중 시공시 강도의 0.8배, 안정액 중 시공시 강도가 대기중 시공시 강도의 0.7배로 하여 배합강도를 정한다.

(5) 굵은골재의 최대치수는 수중 불분리성 콘크리트의 경우 20 또는 25mm 이하를 표준으로 하며 부재 최소치수의 1/5 및 철근의 최소순간격의 1/2를 초과해서는 안 되며 수중 불분리성 콘크리트는 수중 분리성을 가지며 다지지 않아도 시공이 될 정도의 유동성을 유지하고 강도 및 내구성을 가져야 한다.

(6) 현장타설 말뚝 및 지하연속벽에 사용하는 수중콘크리트에서 설계기준 압축강도 50MPa을 초과하는 경우에는 부배합의 콘크리트를 사용하기 위해 온도균열의 발생을 억제할 목적으로 저발열형 시멘트가 사용된다.

(7) 내구성으로부터 정해진 수중 불분리성 콘크리트 최대 물-결합재비(%)

콘크리트의 종류 / 환경	무근 콘크리트	철근 콘크리트
담수중 · 해수중	55	50

(8) 수중 불분리성 콘크리트는 공기량이 과다하면 압축강도가 저하하며 콘크리트의 유동중 공기포가 콘크리트로부터 떠오르게 되어 수질오탁 품질의 변동 등의 원인이 되기 때문에 공기량은 4±1.5% 이하로 한다.

(9) 현장타설 콘크리트 말뚝 및 지하연속벽의 콘크리트는 일반적으로 트레미를 사용하여 수중에서 타설하므로 슬럼프 값은 180~210mm를 표준으로 한다. 특히 철근 간격이 좁은 경우 등 슬럼프가 큰 콘크리트를 타설 할 필요가 있을 때는 유동화제를 사용한 부배합 콘크리트로서 슬럼프를 240mm 이하로 한다.

(10) 지하연속벽에 사용하는 수중 콘크리트의 경우 지하연속벽을 가설만으로 이용할 경우에는 단위 시멘트량은 300kg/m^3 이상으로 한다.

(11) 수중 불분리성 콘크리트의 비비기는 플랜트에서 물을 투입하기 전 건식으로 20~30초 비빈 후 전재료를 투입하여 비빈다. 1회 비비기량은 믹서 공칭 용량의 80% 이하로 하며 강제식 믹서의 경우 비비기 시간은 90~180초로 한다.

4. 시 공

(1) 일반 수중 콘크리트

① 물막이를 설치하여 물을 정지시킨 정수중에 타설한다. 완전히 물막이 할 수 없는 경우에는 50mm/초 이하의 유속을 유지한다.
② 콘크리트는 수중에 낙하시키지 않는다.
③ 콘크리트를 연속해서 타설한다.
④ 타설 도중에 가능한 콘크리트가 흐트러지지 않도록 물을 휘젓거나 펌프의 선단부분을 이동시켜서는 안 되며 콘크리트가 경화될 때까지 물의 유동을 방지해야 한다.
⑤ 한 구획의 콘크리트 타설을 완료한 후 레이턴스를 모두 제거하고 다시 타설하여야 한다.

⑥ 수중 콘크리트 시공시 시멘트가 물에 씻겨서 흘러나오지 않도록 트레미나 콘크리트 펌프를 사용해서 타설한다. 그러나 부득이한 경우 및 소규모 공사의 경우 밑열림 상자나 밑열림 포대를 사용할 수 있다.

(2) 트레미에 의한 타설

① 트레미의 안지름은 수심이 3m 이내에서 250mm, 3~5m에서 300mm, 5m 이상에서 300~500mm 정도가 좋으며 굵은골재 최대치수의 8배 정도가 필요하다.
② 트레미 1개로 타설할 수 있는 면적은 $30m^2$ 정도이다.
③ 트레미는 타설 동안 하반부가 항상 콘크리트로 채워져 트레미 속으로 물이 침입하지 않도록 하며 타설 동안 수평 이동해서는 안 된다.
④ 타설 동안 트레미 하단이 타설된 콘크리트 면보다 300~500mm 아래로 유지하면서 가볍게 상하로 움직여야 한다.

(3) 콘크리트 펌프에 의한 타설

① 콘크리트 펌프의 배관은 수밀해야 한다.
② 펌프의 안지름은 100~150mm 정도가 좋으며 수송관 1개로 타설할 수 있는 면적은 $5m^2$ 정도이다.
③ 타설 중에는 배관 속을 콘크리트로 채우면서 배관 선단부분을 이미 타설된 콘크리트 속으로 0.3~0.5m 묻어 타설한다.
④ 배관을 이동시 배관 속으로 물이 역류하거나 배관 속의 콘크리트가 수중 낙하하는 일이 없도록 선단부분에 역류 밸브를 붙인다.

(4) 수중 불분리성 콘크리트의 타설

① 타설은 유속이 50mm/sec 정도 이하의 정수 중에서 수중 낙하 높이가 0.5m 이하여야 한다.
② 펌프로 압송할 경우 압송 압력은 보통 콘크리트의 2~3배, 타설 속도는 1/2~1/3 정도로 한다.
③ 일반 수중콘크리트보다 트레미 1개 및 콘크리트 펌프 배관 1개당 콘크리트 타설 면적을 크게 하여도 좋다.
④ 수중 유동거리는 5m 이하로 한다.

(5) 현장 타설 말뚝 및 지하연속벽에 사용하는 수중콘크리트

① 철근망태의 비틀림을 방지하기 위해 철근을 외측으로 경사지게 하여 격자형으로 배치한다.

② 철근의 피복 두께를 100mm 이상으로 한다.

③ 외측 가설벽, 차수벽의 경우, 철근의 피복 두께를 80mm 이상으로 할 수 있다.

④ 간격재는 철근 망태를 넣을 때 이탈하든가 공벽을 깎아내지 않는 형상이어야 하며 깊이 방향으로 3~5m 간격, 같은 깊이 위치에 4~6개소 주철근에 설치한다.

⑤ 트레미의 안지름은 굵은골재 최대치수의 8배 정도가 적당하며 굵은 골재 최대치수 25mm의 경우 관지름이 200~250mm의 트레미를 사용한다.

⑥ 콘크리트 속의 트레미 삽입깊이는 2m 이상으로 한다. 타설 완료 직전에 콘크리트 면을 확인하기 쉬운 경우에는 삽입깊이를 2m 이하로 할 수 있다.

⑦ 지하 연속벽 타설시 트레미는 가로 방향 3m 이내의 간격에 배치하고 단부나 모서리에 배치한다.

⑧ 콘크리트 타설속도는 먼저 타설하는 부분의 경우 4~9m/hr, 나중에 타설하는 부분의 경우 8~10m/hr로 실시한다.

⑨ 콘크리트 상면은 설계면보다 0.5m 이상 높이로 타설하고 경화한 후 제거한다. 단, 가설벽, 차수벽 등에 쓰이는 지하 연속벽의 경우 여분으로 더 타설하는 높이는 0.5m 이하여야 한다.

실전 문제

제 2 장 특수 콘크리트

수중 콘크리트

문제 01 일반 수중 콘크리트에서 트레미를 이용하여 시공할 경우 슬럼프의 범위는?

가. 130～180mm　　나. 120～170mm
다. 100～150mm　　라. 80～120mm

해설 • 일반 수중 콘크리트의 슬럼프의 범위

시공방법	슬럼프 범위 (mm)
트레미, 콘크리트 펌프	130～180
밑열림 상자, 밑열림 포대	100～150

문제 02 현장 타설 말뚝 및 지하연속벽에 사용하는 수중 콘크리트의 배합설계시 단위 시멘트량은 몇 kg/m^3 이상인가?

가. 300 kg/m^3　　나. 350 kg/m^3
다. 370 kg/m^3　　라. 400 kg/m^3

문제 03 일반 수중 콘크리트의 물-결합재비는 몇 % 이하, 단위 시멘트량은 몇 kg/m^3 이상을 표준으로 하는가?

가. 45%, 370kg/m^3　　나. 50%, 400kg/m^3
다. 50%, 370kg/m^3　　라. 45%, 400kg/m^3

문제 04 수중 콘크리트 타설에 관한 설명 중 틀린 것은?

가. 물막이를 하여 정지시킨 정수중(靜水中)에서 치는 것을 원칙으로 한다.
나. 완전히 물막이를 할 수 없을 경우에는 유속이 1초간 50mm 이하일 때 칠 수 있다.
다. 콘크리트는 수중에 낙하시켜 타설한다.
라. 한 구획의 콘크리트 치기를 완료한 후 레이턴스를 모두 제거하고 다시 친다.

해설 콘크리트를 수중에 낙하시키면 재료분리가 일어나고 시멘트가 유실되기 때문에 낙하시켜선 안 된다.

정답 01. 가　02. 나　03. 다　04. 다

문제 05 수중 콘크리트 시공에 관한 설명 중 틀린 것은?

가. 트레미 또는 콘크리트 펌프를 사용하는 것을 원칙으로 한다.
나. 콘크리트 면을 가능한 수평으로 유지하면서 소정의 높이 또는 수면상에 이를 때까지 연속해서 친다.
다. 레이턴스를 적게 하기 위해 되비비기를 한 콘크리트를 사용하는 경우도 있다.
라. 레이턴스 발생을 적게 하기 위해 치면서 물을 휘젓거나 펌프 선단부분을 조금씩 이동시킨다.

해설 레이턴스 발생을 적게 하기 위해 도중에 가능한 물을 휘젓거나 펌프 선단부분을 이동시켜서는 안 되며 콘크리트가 경화될 때까지 물의 유동을 방지해야 한다.

문제 06 트레미를 이용한 콘크리트 치기에 관한 설명 중 틀린 것은?

가. 트레미의 안지름은 굵은골재 최대치수의 8배 정도가 좋다.
나. 트레미 1개로 칠 수 있는 면적은 $30m^2$ 정도가 좋다.
다. 트레미의 하단을 쳐놓은 콘크리트 면보다 0.3~0.4m 아래로 유지하면서 가볍게 상하로 움직이며 친다.
라. 트레미는 콘크리트를 치는 동안 수평으로 이동한다.

해설 트레미는 콘크리트를 치는 동안 하반부는 항상 콘크리트로 채워져 있어야 하며, 트레미는 콘크리트를 치는 동안 수평이동 시켜서는 안 된다.

문제 07 트레미의 안지름 수심(水深) 3m 이내에서는 몇 mm 정도가 적당한가?

가. 250mm　　나. 300mm
다. 400mm　　라. 500mm

해설 수심이 3~5m에서 300mm 정도, 수심이 5m 이상에서 300~500mm 정도

문제 08 콘크리트 펌프의 안지름은 몇 m 정도가 적당한가?

가. 0.1~0.15m　　나. 0.2~0.25m
다. 0.3~0.35m　　라. 0.4~0.45m

정답 05. 라　06. 라　07. 가　08. 가

문제 09 콘크리트 펌프로 수중 콘크리트를 칠 경우 수송관 1개로 칠 수 있는 면적은 몇 m^2 정도인가?

가. $20m^2$　　나. $15m^2$
다. $10m^2$　　라. $5m^2$

문제 10 콘크리트 펌프의 선단부분을 콘크리트의 상면부터 몇 m 아래로 유지하는가?

가. 0.1~0.25m　　나. 0.3~0.5m
다. 0.6~0.8m　　라. 1~1.2m

문제 11 수중 불분리성 콘크리트의 경우 굵은골재의 최대치수는 몇 mm 이하로 정하는가?

가. 15mm　　나. 25mm
다. 40mm　　라. 50mm

해설 굵은골재의 최대치수는 20 또는 25mm 이하, 부재 최소치수의 1/5를 표준으로 하며 철근 최소 순간격의 1/2을 넘어서는 안 된다.

문제 12 수중 콘크리트 시공에 관한 설명 중 틀린 것은?

가. 트레미보다 밑열림 포대를 이용하는 것이 좋다.
나. 프리플레이스트 콘크리트에 효과적으로 이용하면 좋다.
다. 정수중에 치는 것을 원칙으로 한다.
라. 콘크리트를 수중에 낙하시키지 않는 것이 좋다.

해설 트레미 또는 콘크리트 펌프를 사용하는 것을 원칙으로 한다.

문제 13 트레미 1개로 칠 수 있는 수중 콘크리트의 면적은 몇 m^2 정도가 좋은가?

가. $10m^2$　　나. $20m^2$
다. $30m^2$　　라. $50m^2$

정답 09. 라　10. 나　11. 다　12. 가　13. 다

문제 14 수중 불분리성 콘크리트의 유동성은 슬럼프 플로로 표시하는데 슬럼프 콘을 들어 올린 다음 몇 분 후에 측정하는가?

가. 3분　　나. 5분
다. 10분　　라. 15분

해설 유동성이 큰 범위에서는 슬럼프 값보다도 유동성의 크기를 정확히 표시할 수 있는 슬럼프 플로를 이용한다.

문제 15 수중 불분리성 콘크리트 치기는 유속의 50mm/sec 정도 이하의 정수(靜水) 중에서 수중 낙하높이 몇 m 이하라야 하는가?

가. 0.2m　　나. 0.3m
다. 0.5m　　라. 1m

문제 16 수중 불분리성 콘크리트를 유동시키는 것은 품질저하 및 불균일성을 발생시키므로 수중 유동거리는 몇 m 이하로 하는가?

가. 1m　　나. 2m
다. 3m　　라. 5m

문제 17 수중 불분리성 콘크리트의 비비기 시간은 강제식 믹서의 경우 몇 초를 표준으로 하는가?

가. 20~30초　　나. 40~60초
다. 70~80초　　라. 90~180초

문제 18 수중 불분리성 콘크리트를 비빌 때 1회 비비기 양은 믹서에 걸리는 부하 때문에 믹서 공칭 용량의 몇 % 이하로 하는가?

가. 50%　　나. 60%
다. 70%　　라. 80%

정답 14. 나　15. 다　16. 라　17. 라　18. 라

문제 19 수중 불분리성 콘크리트를 플랜트에서 비빌 경우 시멘트, 골재 및 혼화제를 투입하여 건식 비비기를 몇 초 정도 한 후 물과 고성능감수제를 투입하여 비비기를 하는가?

가. 20~30초　　나. 40~60초
다. 70~80초　　라. 90~180초

문제 20 지하 연속벽의 치기시에는 현장치기 말뚝의 치기와 비교해서 콘크리트의 유동거리가 길어져서 재료분리가 생기기 쉬우므로 트레미는 가로 방향 몇 m 이내의 간격에 배치하는가?

가. 2m　　나. 3m
다. 5m　　라. 6m

문제 21 현장치기 콘크리트 말뚝 및 지하 연속벽의 콘크리트를 수중에서 재료분리를 억제하기 위해 물-결합재비는 몇 % 이하를 표준으로 하며 단위시멘트량은 몇 kg/m^3 이상인가?

가. 50%, $350kg/m^3$　　나. 55%, $350kg/m^3$
다. 50%, $370kg/m^3$　　라. 55%, $370kg/m^3$

해설 현장치기 콘크리트말뚝 및 지하 연속벽 콘크리트의 설계기준강도는 24~30MPa 정도이다. 지하 연속벽을 가설(假設)만으로 이용할 경우 단위시멘트량을 $300kg/m^3$ 이상으로 한다.

문제 22 현장치기 말뚝 및 지하 연속벽 콘크리트는 철근의 피복두께를 몇 mm 이상으로 취하는가?

가. 50mm　　나. 65mm
다. 80mm　　라. 100mm

해설 외측 가설벽(假設壁), 차수벽의 경우, 철근의 피복두께를 80mm 이상으로 할 수 있다. 피복두께는 띠철근 외측에서 말뚝 또는, 벽의 설계 유효단면 외측까지의 거리를 말한다.

정답 19. 가　20. 나　21. 나　22. 라

문제 23 철근망태 시공에 대한 설명 중 틀린 것은?

가. 지하 연속벽과 같은 장방형의 철근망태에서는 비틀림을 방지하기 위해 철근을 외측에 경사시켜 격자형을 배치한다.
나. 철근망태 보강에는 지름이 작은 조립용 철근을 사용하는 것이 좋다.
다. 간격재는 보통 깊이 방향에 3~5m 간격, 같은 깊이 위치에 4~6군데 주철근을 배치한다.
라. 철근망태는 반드시 간격재를 써서 소정의 피복두께를 확보해야 한다.

해설 철근망태 보강에는 지름이 큰 조립용 철근이나 소요의 형상, 치수를 가진 철판 등을 사용하는 것이 좋다.

문제 24 현장치기 말뚝 및 지하 연속벽의 수중 콘크리트를 치는 경우 콘크리트 속의 트레미 삽입 깊이는 몇 m 이상으로 하는가?

가. 2m　　나. 3m
다. 4m　　라. 6m

해설 삽입 깊이가 지나치게 크면 콘크리트의 유출이 어려우며 트레미를 뽑기 어려워 트레미의 삽입 깊이는 6m 이하로 하는 것이 좋다.

문제 25 현장치기 말뚝 및 지하 연속벽의 수중 콘크리트 치기에 관한 설명 중 틀린 것은?

가. 진흙처리는 굴착완료 후와 콘크리트 치기 직전에 2회 하는 것이 가장 좋다.
나. 콘크리트 치기 완료 직전에 콘크리트면을 확인하기 쉬운 경우에는 삽입깊이를 2m 이하로 할 수 있다.
다. 복수의 트레미를 사용하여 콘크리트를 칠 경우 될 수 있는 대로 동시에 콘크리트면이 상승되도록 콘크리트를 치는 것이 좋다.
라. 콘크리트의 설계면보다 0.1m 이상 높이로 치고 경화한 후 제거한다.

해설 콘크리트의 설계면보다 0.5m 이상 높이로 치고 경화한 후 이것을 제거해야 한다. 단, 가설벽, 차수벽 등에 쓰이는 지하연속벽의 경우 여분으로 더 쳐 올리는 높이는 0.5m 이하라도 좋다.

정답 23. 나　24. 가　25. 라

문제 26 현장치기 말뚝 및 지하연속벽에 사용하는 수중콘크리트의 치기 속도는 미리 쳐 놓은 경우 시간당 몇 m로 실시하는가?

가. 0.5~1.5m/h　　나. 2~3m/h
다. 4~9m/h　　라. 8~10m/h

해설 나중에 치는 부분의 경우 8~10m/h로 실시해야 한다.

문제 27 현장치기 말뚝 및 지하 연속벽에 사용하는 수중 콘크리트의 굵은골재 최대치수는 얼마를 표준으로 하는가?

가. 철근 순간격의 1/2 이하 또는 25mm 이하
나. 철근 순간격의 3/4 이하 또는 40mm 이하
다. 철근 순간격의 1/2 이하 또는 40mm 이하
라. 철근 순간격의 3/4 이하 또는 25mm 이하

해설 철근 순간격의 1/2 이하 또는 25mm 이하

문제 28 현장치기 말뚝 및 지하 연속벽의 콘크리트 치기에 관한 설명 중 틀린 것은?

가. 굵은골재 최대치수 25mm의 경우 관지름이 200~250mm의 트레미를 사용한다.
나. 트레미의 안지름은 굵은골재 최대치수의 8배 정도가 적당하다.
다. 콘크리트 속의 트레미 삽입깊이는 3m 이상으로 한다.
라. 트레미의 삽입 깊이는 6m 이하로 하는 것이 좋다.

해설 콘크리트 속의 트레미 삽입 깊이는 2m 이상으로 한다. 트레미의 간격은 3m 이내가 적당하다.

문제 29 수중 콘크리트의 시공 방법 중 강관에 콘크리트를 채워 강관이 시공 위치에 도달하면 밸브(valve)를 열고 콘크리트를 배출시키는 공법을 다음 중 무엇이라 하는가?

가. 가 물막이　　나. 트레미(tremie)
다. 밑열림 포대　　라. 밑열림 상자

정답 26. 다　27. 가　28. 다　29. 나

문제 30 수중 콘크리트에 관한 설명 중 적당하지 않은 것은 어느 것인가?

가. 수중 콘크리트의 단위 시멘트량은 육상 시공의 경우보다 많게 한다.
나. 트레미관 시공시는 수중에서 재료의 분리를 막기 위하여 관 하단을 타설면과 밀착한다.
다. 굵은골재는 입도가 좋은 하천자갈이 쇄석보다 좋다.
라. 콘크리트는 정수 중에서 치는 것이 원칙이고 유수방지 시설을 하여 타설한다.

해설 트레미 하단이 타설된 콘크리트 면보다 0.3~0.4m 아래로 유지하면서 가볍게 상하로 움직이며 타설한다.

문제 31 수중 콘크리트에 관한 설명 중 옳지 않은 것은?

가. 수중 콘크리트는 정수(靜水) 중에서 타설해야 한다.
나. 수중 콘크리트는 트레미(tremie), 밑열림 상자 등을 사용한다.
다. 수중 콘크리트의 시공은 온도와는 관계가 없다.
라. 수중 콘크리트는 굳을 때까지 물의 유동을 방지해야 한다

해설 빙점의 2℃ 이하 수중에서 콘크리트 타설을 해서는 안 된다.

문제 32 수중 콘크리트 공사에 대한 설명 가운데 가장 맞는 것은?

가. 일반적으로 보통 포틀랜드 시멘트는 사용하지 않는다.
나. 트레미를 사용할 때 슬럼프 범위는 50~80mm이다.
다. 잔골재율은 60% 정도가 표준이다.
라. 항만 공사에는 프리플레이스트 콘크리트 공법이 많이 쓰인다.

해설
- 일반적으로 보통 포틀랜드 시멘트를 사용한다.
- 트레미, 콘크리트 펌프 사용시 슬럼프는 130~180mm이다.
- 잔골재율은 40~45% 정도이다.

정답 30. 나 31. 다 32. 라

문제 33 수중, 서중, 한중 콘크리트에 대한 다음 설명 중 잘못된 것은?

가. 일반 수중 콘크리트는 특히 그 점성이 풍부하고, 트레미를 이용할 경우 슬럼프가 130~180mm로 되게 한다.
나. 서중 콘크리트를 칠 때의 콘크리트의 온도가 35℃ 이하로 하고, 사용재료가 저온을 유지하도록 하여야 한다.
다. 한중 콘크리트를 칠 때는 콘크리트의 온도를 5~20℃ 범위가 되게 한다.
라. 한중 콘크리트는 −3~0℃에서는 모든 재료에 가열을 한다.

해설 어떤 경우라도 시멘트는 절대 가열해서는 안 된다.

문제 34 수중 불분리성 콘크리트와 보통 콘크리트의 성질을 비교했을 때 수중 불분리성 콘크리트의 특징이 아닌 것은?

가. 블리딩량은 감소한다.
나. 혼화제의 첨가량이 많을수록 응결이 지연된다.
다. 재령의 경과에 따라 건조수축은 작아진다.
라. 동결 융해에 대한 저항성이 작다.

해설 재령의 경과에 따라 건조수축이 커진다.

문제 35 수중 불분리성 콘크리트에 사용되는 혼화재료의 궁극적인 목적은?

가. 콘크리트 유동성을 증대시킨다.
나. 콘크리트 점성을 증대시킨다.
다. 콘크리트 배합시 단위수량을 감소시킨다.
라. 콘크리트의 공기량을 증대시킨다.

정답 33. 라 34. 다 35. 나

2-9 프리플레이스트 콘크리트

1. 개 요

(1) 특정한 입도를 가진 굵은골재를 거푸집에 채워놓고 그 공극 속에 특수한 모르타르를 적당한 압력으로 주입하여 만든 콘크리트이다.

(2) 대규모 프리플레이스트 콘크리트란 시공속도가 40~80m^3/hr 이상 또는 한 구획의 시공면적이 50~250m^2 이상의 경우로 정의한다.

(3) 고강도 프리플레이스트 콘크리트는 고성능 감수제에 의해 모르타르의 물-결합재비를 40% 이하로 낮추어 재령 91일에서 40MPa 이상의 압축강도를 얻을 수 있다.

2. 주입 모르타르의 품질

(1) 유하시간은 16~20초를 표준으로 한다. 고강도 프리플레이스트 콘크리트는 유하시간 25~50초를 표준으로 한다.

(2) 블리딩률은 시험 시작 후 3시간에서의 값이 3% 이하가 되게 한다. 고강도 프리플레이스트 콘크리트의 경우에는 1% 이하로 한다.

(3) 팽창률은 시험 시작 후 3시간에서의 값이 5~10%인 것을 표준으로 한다. 고강도 프리플레이스트 콘크리트의 경우는 2~5%를 표준으로 한다.

3. 재 료

(1) 혼화제에 포함되어 있는 발포제는 알루미늄 분말을 사용한다. 온도가 10 ~20℃의 경우 결합재에 대한 알루미늄 분말의 질량비로서 0.01~0.015%정도 사용할 수 있다.

(2) 잔골재의 조립률은 1.4~2.2 범위가 좋다.

(3) 굵은골재의 최소치수는 15mm 이상, 굵은골재의 최대치수는 부재단면 최소치수의 1/4 이하, 철근 콘크리트의 경우 철근 순간격의 2/3 이하로 한다.

(4) 굵은골재의 최대치수는 최소치수의 2~4배 정도가 좋다.

(5) 대규모 프리플레이스트 콘크리트를 대상으로 할 경우 굵은골재의 최소치수를 크게 하는 것이 효과적이며 40mm 이상이어야 한다.

(6) 잔골재의 표준입도

체의 호칭치수(mm)	체를 통과한 것의 질량 백분율(%)
2.5	100
1.2	90~100
0.6	60~80
0.3	20~50
0.15	5~30

4. 배 합

(1) 대규모 프리플레이스트 콘크리트에 사용하는 주입 모르타르는 시공 중에 재료분리를 작게 하기 위해 부배합으로 해야 한다.

(2) 팽창률은 블리딩의 2배 정도 이상이 바람직하지만 팽창률이 지나치게 크면 모르타르 속의 공극을 크게 하여 해롭다.

(3) 깊은 해수중에 시공할 경우에는 알루미늄 분말의 혼입량을 증가시켜야 한다.

(4) 프리플레이스트 콘크리트 배합의 표시법

굵은골재			주입모르타르									
							단위량(kg/m³)					
최소치수(mm)	최대치수(mm)	공극률(%)	유하시간범위(s)	물-결합재비(%) W/(C+F)	혼화재의 혼합률(%) F/(C+F)	모래결합재비(%) S/(C+F)	W	C	F	S	혼화제	알루미늄 분말

(5) 모르타르 믹서는 5분 이내에 비빌 수 있는 것으로 용량은 1배치가 0.2~1.5m^3 정도이다.

(6) 믹서는 일반적으로 애지테이터 날개의 회전수는 125~500rpm 정도이며 비비기 시간은 2~5분 정도일 것

(7) 기온이 높은 시기에 시공하는 경우나 주입시간이 걸릴 때 비비기를 끝낸 모르타르는 애지테이터에 옮기든가 믹서 내에서 저속으로 비비기를 한다.

(8) 애지테이터의 용량은 보통 믹서용량의 3~5배 정도로 한다.

(9) 고강도용 주입 모르타르는 약 1.5배의 고성능 모르타르 믹서를 사용한다.

5. 주입 및 압송작업

(1) 주입관은 안지름 25~65mm의 강관이 사용된다.

(2) 연직주입관의 수평간격은 2m 정도로 한다.

(3) 수평주입관의 수평간격은 2m 정도, 연직간격은 1.5m 정도로 한다. 단, 수평주입관에는 역류를 방지하는 장치를 한다.

(4) 대규모 프리플레이스트 콘크리트 주입관의 간격은 5m 전후가 좋다.

(5) 대규모 프리플레이스트 콘크리트 시공시 굵은골재 채우기 전에 지름이 0.2m 정도인 겉관을 배치하고 이 속에 길이가 3m 정도인 주입관을 넣어 설치하는 2중관 방식이 좋다.

(6) 보통 주입 모르타르에서는 피스톤식 펌프가 사용되나 고강도용 주입모르타르는 소성 점성이 크기 때문에 펌프의 압송 압력은 보통 주입 모르타르의 2~3배 되므로 피스톤식보다 스퀴즈식 펌프가 적합하다.

(7) 모르타르 펌프의 압송시 압력손실을 적게 해야 한다.

① 수송관의 연장을 짧게 한다.
② 수송관의 연장이 100m를 넘을 때는 중계용 애지테이터와 펌프를 사용한다.
③ 수송관의 급격한 곡률과 단면의 급변을 피한다.
④ 수송관의 이음은 수밀하며 깨끗하고 점검이 쉬운 구조일 것
⑤ 모르타르의 평균 유속은 0.5~2m/sec 정도로 한다.

(8) 모르타르 주입은 최하부로부터 시작하여 상부에 향하는 것으로 시행하며 모르타르면의 상승속도는 0.3~2.0m/hr 정도로 한다.

(9) 주입은 모르타르면이 거의 수평으로 상승하도록 주입장소를 이동하면서 실시한다. 이를 위해 펌프의 토출량을 일정하게 유지하면서 적당한 시간 간격으로 주입관을 순차로 바꿔가며 주입한다.

(10) 연직주입관은 관을 뽑아 올리면서 주입하되 주입관의 선단은 0.5~2.0m 깊이의 모르타르 속에 묻혀 있는 상태로 유지한다.

(11) 대규모 프리플레이스트 콘크리트의 모르타르 주입시 모르타르 면의 상승속도가 0.3m/hr 정도 이하가 되지 않게 한다.

(12) 한중 시공시 주입 모르타르의 온도를 올리기 위해서는 물을 가열하는 것이 좋으나 온수의 온도는 40℃ 정도 이하로 한다.

실전문제

제 2 장 특수 콘크리트

프리플레이스트 콘크리트

문제 01 프리플레이스트 콘크리트의 잔골재 조립률은?

가. 1.4~2.2　　나. 2.3~3.1
다. 2.5~3.5　　라. 6~8

해설 • 잔골재의 입도는 보통 콘크리트에 사용하는 것보다 조립률이 작은 가는 잔골재를 사용한다.
• 잔골재는 입경 2.5mm 이하가 적당하다.

문제 02 프리플레이스트 콘크리트에 사용되는 굵은골재의 최소치수는 몇 mm 이상인가?

가. 13mm　　나. 15mm
다. 19mm　　라. 25mm

해설 굵은골재 최대치수는 부재 단면 최소치수의 1/4 이하, 철근 콘크리트의 경우 철근의 순간격의 2/3 이하로 한다.

문제 03 프리플레이스트 콘크리트의 주입 모르타르 유동성은 유하시간(流下時間)이 몇 초를 표준으로 하는가?

가. 10~15초　　나. 16~20초
다. 21~25초　　라. 26~30초

해설 주입 모르타르의 유동성을 표준 유하시간의 범위로 나타낸다.

문제 04 프리플레이스트 콘크리트의 주입 모르타르 블리딩은 시험한 경우 시험 개시 후 3시간의 값이 몇 % 이하라야 하는가?

가. 1%　　나. 2%
다. 3%　　라. 4%

정답 01. 가　02. 나　03. 나　04. 다

문제 05 프리플레이스트 콘크리트의 주입 모르타르 팽창률은 시험한 경우 시험 개시 후 3시간의 값이 몇 %를 표준으로 하는가?

가. 5~10%　　나. 10~15%
다. 15~20%　　라. 20~25%

해설 팽창률은 블리딩의 2배 정도 이상이 적절하지만 팽창률이 너무 크면 모르타르 속의 공극이 커진다.

문제 06 프리플레이스트 콘크리트의 주입 모르타르 배합에 관한 설명 중 틀린 것은?

가. 주입 모르타르의 블리딩은 보통 콘크리트보다 일반적으로 크다.
나. 주입 모르타르의 유하시간이 15초 이하의 모르타르에서는 단위수량이 다소 변동하여도 유하시간에 그다지 영향을 주지 않으나 품질을 크게 저하시킬 수 있다.
다. 추울 때의 주입 모르타르 시공은 팽창률이 커지기 쉽다.
라. 깊은 수중 또는 압력을 크게 받는 구조물의 경우 팽창률이 작아지기 때문에 적절히 알루미늄 분말의 혼입량을 증가하도록 한다.

해설 한중 시공시는 팽창률이 작아지기 쉽고 서중 시공시는 팽창이 빠르게 커지기 쉬워 알루미늄 분말의 혼입량을 조절한다.

문제 07 프리플레이스트 콘크리트 시공시 수평주입관의 수평간격은 2m 정도이며 연직간격은 몇 m 정도를 표준으로 하는가?

가. 1m　　나. 1.5m
다. 2m　　라. 2.5m

해설 연직 주입관의 수평간격은 2m 정도를 표준으로 한다.

문제 08 프리플레이스트 콘크리트 시공시 모르타르 펌프의 압력손실이 적게 하려는 사항 중 틀린 것은?

가. 수송관의 연장을 짧게 한다.
나. 수송관의 연장이 100m를 넘을 때는 중계용 애지테이터와 펌프를 사용한다.
다. 수송관의 급격한 곡률과 단면의 급변을 피한다.
라. 모르타르의 평균유속을 3~5m/sec 정도 되게 정한다.

정답 05. 가　06. 다　07. 나　08. 라

해설 수송관의 지름은 펌프의 토출구 지름에 맞추어야 하며 관내 유속이 너무 작으면 모르타르의 재료분리에 의한 침강이 생기고 관내 유속이 크면 압력손실이 크므로 모르타르의 평균유속은 0.5~2m/sec 정도 되게 정한다.

문제 09 프리플레이스트 콘크리트 시공에 있어 모르타르 주입에 관한 설명 중 틀린 것은?

가. 주입은 거푸집 내의 모르타르면이 거의 수평으로 상승하도록 주입장소를 이동하면서 실시한다.

나. 주입관의 매입깊이는 쳐 올라가는 속도에 관계가 있으나 3~5m 정도가 적당하다.

다. 주입은 최하부로부터 시작하여 상부에 향하게 하며 모르타르면의 상승속도는 0.3~2m/h 정도로 한다.

라. 연직 주입관은 관을 뽑아 올리면서 주입하되 주입과 선단은 0.5~2m 깊이의 모르타르 속에 묻혀 있는 상태로 유지한다.

해설
- 주입관의 매입 깊이는 쳐 올라가는 속도에는 관계가 있으나 0.5~2m 정도가 적당하다.
- 연직 주입관은 관을 뽑아 올리면서 주입하는 것이 원칙이나 주입높이가 비교적 낮은 경우에는 뽑아 올리지 않고 주입할 수 있다.

문제 10 프리플레이스트 콘크리트를 기온이 높은 여름철에 시공할 경우 주입 모르타르의 과대팽창 및 유동성의 저하를 방지하려는 방법 중 틀린 것은?

가. 애지테이터 안의 모르타르 저류시간(貯留時間)을 길게 한다.

나. 비빈 후 즉시 주입한다.

다. 수송관 주변의 온도를 낮추어 준다.

라. 유동성과 유동구배의 관리를 엄격히 한다.

해설 애지테이터 안의 모르타르 저류시간을 짧게 한다.

문제 11 프리플레이스트 콘크리트 공사에 있어 주입 모르타르의 품질시험에 해당하지 않는 것은?

가. 주입 모르타르의 온도 측정　　나. 유동성 시험

다. 잔골재의 표면수의 변동 측정　　라. 블리딩률 및 팽창률 시험

해설 사용재료의 관리

① 잔골재 입도의 변동 측정

② 잔골재 표면수의 변동 측정

③ 각 재료 온도의 변동 측정

정답 09. 나 10. 가 11. 다

문제 12 프리플레이스트 콘크리트 공사에 있어 주입 모르타르의 소정의 품질을 확보하기 위해 주입 관리의 항목에 속하지 않는 것은?

가. 주입 모르타르의 압송압력의 측정
나. 주입량의 측정
다. 주입 모르타르의 온도 측정
라. 주입 모르타르의 유동구배 측정

해설 주입 모르타르 면의 높이 측정, 주입관 선단의 위치 측정 등이 주입관리 항목에 속한다.

문제 13 프리플레이스트 콘크리트에 대한 설명 중 잘못된 것은?

가. 장기간 양생이 곤란하거나 재령 91일 이내에 설계하중을 받는 구조물은 재령 28일의 압축강도를 기준한다.
나. 굵은골재의 최소치수는 20mm 이상이어야 한다.
다. 모르타르 주입은 최하부에서 시작하여 상부로 향하여 시행하며 모르타르 면의 상승속도는 0.3~2.0m/h 정도로 해야 한다.
라. 굵은골재의 최대치수는 최소치수의 2~4배 정도가 좋다

해설 굵은골재의 최소치수는 15mm 이상이어야 한다.

문제 14 거푸집 속에 특정한 입도를 가진 굵은골재를 넣고 그 공극 속에 특수한 모르타르를 적당한 압력으로 주입하여 만든 콘크리트는?

가. 숏크리트
나. 프리플레이스트 콘크리트
다. 레디믹스트 콘크리트
라. 프리스트레스트 콘크리트

문제 15 프리플레이스트 콘크리트의 특성 중 틀린 것은?

가. 해수에 대한 저항성이 크고 물-결합재비를 작게 할 수 있다.
나. 내구성, 수밀성, 동결·융해에 대한 저항성이 크고 건조수축과 수중에서의 팽창이 작다.
다. 굳은 콘크리트와의 부착이 좋지 않아 파괴된 콘크리트의 수선 및 보강에는 적합하지 않다.
라. 레이턴스와 발열량이 작으며 콘크리트의 온도상승이 보통 콘크리트보다 30~40% 낮다.

정답 12. 다 13. 나 14. 나 15. 다

해설 • 굳은 콘크리트와의 부착이 좋아 부분적으로 파괴된 콘크리트의 수선 및 보강에 사용하면 효과적이다.
• 초기강도는 보통 콘크리트보다 약간 작으나 장기강도가 매우 크며 단위 시멘트량을 줄일 수 있다.

문제 16 프리플레이스트 콘크리트의 시공시 주의사항 중 틀린 것은?

가. 혼화재료로 사용되는 분산제, 알루미늄 분말, 플라이 애시 등은 균질이며 품질이 우수한 것을 사용해야 한다.
나. 모르타르는 균등하게 혼합하여 연속적으로 공급할 수 있어야 하며 주입펌프는 피스톤식이 좋다.
다. 모르타르의 주입은 위쪽에서 아래쪽으로 공극이 생기지 않도록 연속으로 실시한다.
라. 시멘트는 보통 포틀랜트 시멘트를 사용하여야 한다.

해설 • 모르타르의 주입은 아래쪽으로부터 위쪽으로 공극이 생기지 않도록 연속으로 실시한다.
• 굵은골재는 주입 전에 물로 충분히 포화시켜 놓아야 한다.
• 수평주입관은 필요에 따라 역류방지장치를 갖춘 주입관을 별도로 삽입하여 주입할 수 있도록 해야 한다.

문제 17 시공면적이 넓은 프리플레이스트 콘크리트를 대상으로 할 경우 굵은골재의 최소치수는 몇 mm 정도 이상인가?

가. 15mm　　나. 19mm
다. 25mm　　라. 40mm

해설 굵은골재 최대치수 및 최소치수를 주입 모르타르의 주입성을 개선하기 위해 일반적인 프리플레이스트 콘크리트용 굵은골재보다 큰 값을 취한다.

문제 18 대규모 프리플레이스트 콘크리트에서 주입 모르타르의 주입관의 간격은 몇 m 전후가 좋은가?

가. 1m　　나. 1.5m
다. 3m　　라. 5m

해설 주입관의 길이는 3m 정도가 좋다.

정답 16. 다　17. 라　18. 라

문제 19 대규모 프리플레이스트 콘크리트 시공시 모르타르의 주입은 연속적으로 하며 모르타르면의 평균 상승속도가 몇 m/h 정도 이하가 되지 않도록 하는가?

가. 0.3m/h　　나. 0.5m/h
다. 1.0m/h　　라. 1.5m/h

문제 20 대규모 프리플레이스트 콘크리트 시공시 주입 모르타르의 응결시발 시간의 규정은?

가. 1시간 이상, 3시간 이내　　나. 5시간 이상, 8시간 이내
다. 8시간 이상, 16시간 이내　　라. 10시간 이상, 24시간 이내

해설 응결의 시발이 지나치게 늦어지면 모르타르가 경화하기까지 블리딩이 많아져 재료분리가 발생하는 경향이 있으므로 응결시발 시간을 규정한다.

문제 21 고강도 프리플레이스트 콘크리트는 물-결합재비를 몇 % 이하로 낮추어 재령 91일 압축강도 몇 MPa 이상 얻어지는 프리플레이스트 콘크리트라 하는가?

가. 50% 이하, 30MPa 이상　　나. 45% 이하, 35MPa 이상
다. 40% 이하, 40MPa 이상　　라. 45% 이하, 45MPa 이상

문제 22 고강도 프리플레이스트 콘크리트 시공시 주입 모르타르용 잔골재의 조립률의 범위는?

가. 2.3~3.1　　나. 1.4~2.2
다. 1.8~2.2　　라. 1.4~3.1

문제 23 고강도 프리플레이스트 콘크리트 주입 모르타르의 팽창률은 시험 후 3시간에서 몇 %를 표준으로 하는가?

가. 2~5%　　나. 5~7%
다. 8~10%　　라. 5~10%

문제 24 고강도용 주입 모르타르의 블리딩률은 시험 개시 후 3시간에서 몇 %값 이하를 표준하는가?

가. 1%　　나. 2%
다. 3%　　라. 4%

정답 19. 가　20. 다　21. 다　22. 나　23. 가　24. 가

문제 25 고강도 프리플레이스트 콘크리트 시공시 주입 모르타르의 유동성은 유하시간 몇 초를 표준으로 하는가?

가. 10~15초　　나. 16~20초
다. 20~30초　　라. 25~50초

문제 26 프리플레이스트 콘크리트에 관한 다음의 기술 중 옳은 것은?

가. 프리플레이스트 콘크리트란 거푸집 속에 잔골재 및 굵은골재를 채워 넣고 여기에 시멘트 풀을 주입한 것이다.
나. 프리플레이스트용 혼화제로서 발포제 대신에 팽창성 시멘트 혼화제를 사용한다.
다. 프리플레이스트 콘크리트에 사용하는 굵은골재의 최소 치수는 15mm 이상으로 한다.
라. 프리플레이스트 콘크리트의 압축강도는 7일 강도를 기준으로 하고 있다.

해설
- 거푸집 속에 굵은골재를 채워 넣고 모르타르를 주입한다.
- 발포제 대신에 플라이 애시를 사용한다.
- 강도는 재령 28일 혹은 91일 기준으로 한다.

문제 27 프리플레이스트 콘크리트의 성질 중에서 옳지 않은 것은?

가. 동결, 융해에 대한 저항성이 크다.
나. 수밀성은 낮으나, 염류에 대한 내구성이 크다.
다. 조기강도는 보통 콘크리트보다 적으나 장기 강도는 상당히 크다.
라. 암반이나 낡은 콘크리트와의 부착력이 크다.

해설 수밀성이 높고, 염류에 대한 내구성이 크다.

문제 28 프리플레이스트 콘크리트에 관한 다음 설명 중 틀린 것은?

가. 조기강도는 보통 콘크리트보다 작으나 장기강도는 커진다.
나. 수축률은 보통 콘크리트보다 적다.
다. 수중 콘크리트 시공에는 적합하지 않다.
라. 굵은골재의 최소치수는 15mm 이상으로 하여야 한다.

해설 수중 콘크리트 시공에 적합하다.

정답 25. 라　26. 다　27. 나　28. 다

문제 29 프리플레이스트 콘크리트에 관한 다음 설명 중 틀린 것은?

가. 수중 콘크리트나 터널의 복공 교대 등의 수선이나 개조 등에 사용한다.
나. 굵은골재를 거푸집에 채우고 그 공극에 특수 모르타르를 주입시킨다.
다. 특수 모르타르는 보통 포틀랜드 시멘트와 모래, 플라이 애시 시멘트 등을 포함하고 있다.
라. 공기연행 콘크리트를 사용할 수 있다.

해설 공극이 없어야 하므로 공기연행 콘크리트를 사용할 수 없다.

문제 30 프리플레이스트 콘크리트에 대한 설명 중 옳지 않은 것은?

가. 동결융해에 대하여 강한 저항성을 가진다.
나. 수축률은 보통 콘크리트의 1/2 이하이다.
다. 수중 콘크리트에 부적당하다.
라. 초기강도가 보통 콘크리트보다 작다.

문제 31 프리플레이스트 콘크리트의 특성 중 옳지 않은 것은?

가. 조기강도는 보통 콘크리트보다 작으나 장기강도는 크다.
나. 수밀성이 높고 부착력은 좋으나 건조 수축이 적다.
다. 내구성이 높고 동해에 대한 저항성도 강하며 수축침하가 거의 없다.
라. 배치 플랜트(batcher plant)가 필요하다.

해설 굵은골재를 거푸집에 채우고 그 공극에 모르타르를 주입하므로 배치 플랜트가 필요하지 않다.

문제 32 다음은 프리플레이스트 콘크리트에 대한 설명이다. 옳지 않은 것은?

가. 보통 콘크리트에 비해 건조 수축이 적다.
나. 수중 콘크리트에 적합하다.
다. 잔골재를 사용하면 질이 좋은 콘크리트를 수평이 되도록 쳐올라 가야 한다.
라. 주입 모르타르는 아래쪽에서부터 수평이 되도록 쳐올라 가야 한다.

해설 잔골재를 사용하면 모르타르 주입시 충분한 충전이 어려워 굵은골재의 최소치수를 15mm 이상으로 한다.

정답 29. 라 30. 다 31. 라 32. 다

문제 33 프리플레이스트 콘크리트에 관한 다음 설명 중에서 옳지 않은 것을 고르시오.

가. 거푸집의 강도는 주입되는 모르타르의 압력에 견딜 수 있어야 하며 거푸집의 이음부에서 모르타르가 새어 나오지 않아야 한다.
나. 주입용 모르타르는 균등하게 혼합하여 지속적으로 공급할 수 있어야 하며 주입속도는 관내 유속 0.5~2m/hr 정도로 공극을 충분히 메꿀 수 있어야 한다.
다. 공극에 주입되는 모르타르는 인트루존 모르타르(intrusion mortor) 또는 인트루존 에이드(intrusion aid)라 하고 모르타르에 플라이 애시(fly ash), 분산제, 알루미늄 등을 혼합한 것이다.
라. 사용되는 골재는 깨끗해야 하며 굵은골재의 최소치수 25mm 이상이어야 하고 천연사로서 2.5mm체를 100% 통과하는 것이어야 한다.

해설
- 굵은골재의 최소치수는 15mm 이상
- 굵은골재의 최대치수는 최소치수의 2~4배 정도가 좋다.

문제 34 고강도 프리플레이스트 콘크리트의 정의에 대한 설명 중 옳은 것은?

가. 재령 28일에서 압축강도 40MPa 이상
나. 재령 91일에서 압축강도 40MPa 이상
다. 재령 28일에서 압축강도 350MPa 이상
라. 재령 91일에서 압축강도 350MPa 이상

문제 35 대규모 프리플레이스트 콘크리트의 시공 속도 규정은?

가. 10~20m^3/h 이상　　나. 20~30m^3/h 이상
다. 30~40m^3/h 이상　　라. 40~80m^3/h 이상

정답 33. 라　34. 나　35. 라

2-10 해양 콘크리트

제3부 콘크리트의 시공

1. 개 요

(1) 직접 해수의 작용을 받는 구조물에 사용되는 콘크리트뿐만 아니라 육상 혹은 해면 상에 건설되어 파랑이나 해수 조풍의 작용을 받는 구조물에 사용되는 콘크리트

(2) 방파제, 계선안, 호안, 해상교량, 둑, 해저터널, 해상 공항, 해상발전소, 해상도시 등의 해양 콘크리트 구조물이 있다.

2. 재 료

(1) 시멘트와 폴리머를 사용한 폴리머 시멘트 콘크리트와 결합재를 폴리머만 사용한 수지 콘크리트 또는 시멘트 콘크리트의 공극 속에 합성수지를 함침시킨 폴리머 함침 콘크리트 등이 사용된다.

(2) PS강재와 같은 고장력강에서 작용응력이 인장강도의 60%를 넘을 때에는 응력부식 및 강재의 부식피로에 대하여 검토해야 한다.

3. 배 합

(1) 노출범주가 ES(해양환경, 제설염 등 염화물)로 염화물에 의한 철근 부식을 방지하기 위해 추가적인 방식이 요구되는 철근 콘크리트와 프리스트레스트 콘크리트

① ES1 등급 : 보통 정도의 습도에서 대기 중의 염화물에 노출되지만 해수 또는 염화물을 함유한 물에 직접 접하지 않는 콘크리트
- 해안가 또는 해안 근처에 있는 구조물
- 도로 주변에 위치하여 공기 중의 제빙화학제에 노출되는 콘크리트
- 내구성 기준 압축강도 : 30MPa
- 최대 물-결합재비 : 0.45

② ES2 등급 : 습윤하고 드물게 건조되며 염화물에 노출되는 콘크리트
- 수영장
- 염화물을 함유한 공업용수에 노출되는 콘크리트
- 내구성 기준 압축강도 : 30MPa
- 최대 물-결합재비 : 0.45

③ ES3 등급 : 항상 해수에 침지되는 콘크리트
- 해상 교각의 해수 중에 침지되는 부분
- 내구성 기준 압축강도 : 35MPa
- 최대 물-결합재비 : 0.40

④ ES4 등급 : 건습이 반복되면서 해수 또는 염화물에 노출되는 콘크리트
- 해상 환경의 물보라 지역(비말대) 및 간만대에 위치한 콘크리트
- 염화물을 함유한 물보라에 직접 노출되는 교량 부위
- 도로 포장
- 주차장
- 내구성 기준 압축강도 : 35MPa
- 최대 물-결합재비 : 0.40

(2) 내구성으로 정해지는 최소 단위결합재량(kg/m³)

굵은골재 최대치수(mm) / 환경 구분	20	25	40
물보라 지역, 간만대 및 해상 대기중(노출등급 ES1, ES4)	340	330	300
해중(노출등급 ES3)	310	300	280

(3) 공기연행 콘크리트 공기량의 표준값

굵은골재의 최대치수(mm)	공기량(%)	
	심한 노출 (노출등급 EF2, EF3, EF4)	일반 노출 (노출등급 EF1)
10	7.5	6.0
15	7.0	5.5
20	6.0	5.0
25	6.0	4.5
40	5.5	4.5

① 동결융해 작용을 받을 염려가 없는 경우는 항상 해중에 있는 구조물로서 기온이 0℃ 이하 되는 일이 거의 없는 경우를 말한다.

② 설계기준 압축강도가 35MPa 이상인 경우 공기량은 표준값에서 1% 감소한 값으로 할 수 있다.

(4) 해양 콘크리트 구조물에 쓰이는 콘크리트의 설계기준 압축강도는 30MPa 이상으로 한다.

4. 시 공

(1) 해양 구조물에서는 시공 이음부를 피해야 한다. 특히 만조위로부터 위로 0.6m, 간조위로부터 아래로 0.6m 사이의 감조부분에는 시공 이음이 생기지 않게 한다.

(2) 콘크리트가 충분히 경화되기 전에 직접 해수에 닿지 않도록 보통 포틀랜트 시멘트를 사용할 경우 대개 5일간 보호한다.(고로 슬래그 시멘트 등 혼합 시멘트를 사용할 경우에는 이 기간을 설계기준 압축강도의 75% 이상의 강도가 확보 될 때까지 연장하여야 한다.)

(3) 강재와 거푸집판과의 간격은 소정의 덮개를 확보되도록 한다.

(4) 간격재의 개수는 기초, 기둥, 벽 및 난간 등에는 2개/m^2 이상, 보, 주 거더 및 슬래브 등에는 4개/m^2 이상을 표준한다.

(5) 해안선으로부터 250m 이내의 육상지역은 콘크리트 구조물이 염해를 입기 쉬우므로 해안으로부터 거리에 따라 구분하여 내구성 향상 대책을 수립하여야 한다.

실전문제

제2장 특수 콘크리트

해양 콘크리트

문제 01 해양 철근 콘크리트 구조물에서 굵은골재 최대치수 25mm이며 물보라 지역 및 해상대기 중의 경우 내구성으로 정해지는 최소 단위결합재량은 얼마 이상으로 하는가?

가. 280 kg/m^3　　나. 300 kg/m^3
다. 330 kg/m^3　　라. 350 kg/m^3

해설 • 내구성으로 정해지는 최소 단위결합재량(kg/m^3)

환경구분 \ 굵은골재의 최대치수(mm)	20	25	40
물보라 지역, 간만대 및 해상 대기중(노출등급 ES1, ES4)	340	330	300
해중(노출등급 ES3)	310	300	280

문제 02 해양 구조물에서 시공이음부분은 가능한 피해야 하는데 최고조위로부터 위로 몇 m, 최저조위로부터 아래로 몇 m 사이의 감조부분에는 시공이음이 생기지 않도록 시공계획을 세우는가?

가. 0.3m, 0.3m　　나. 0.4m, 0.4m
다. 0.5m, 0.5m　　라. 0.6m, 0.6m

문제 03 해양콘크리트 구조물을 축조할 때 거푸집에 접하는 간격재의 설치 수는 기초, 기둥, 벽 및 난간 등에는 얼마 이상을 표준으로 하는가?

가. 1개/m^2　　나. 2개/m^2
다. 3개/m^2　　라. 4개/m^2

해설 보, 주 거더 및 슬래브 등에는 4개/m^2 이상을 표준으로 한다.

정답 01. 다 02. 라 03. 나

문제 04 해양 환경하에 있는 콘크리트 구조물의 염해에 위한 강재부식을 방지하기 위한 대책 중 틀린 것은?

가. 콘크리트의 피복두께를 증가시킨다.
나. 콘크리트 중의 염소이온량을 작게 한다.
다. 수지도장 철근을 사용하거나 콘크리트 표면에 라이닝을 한다.
라. 물-결합재비를 가능한 적게 하고 고로 슬래그 미분말 등의 포졸란 재료의 사용을 피한다.

해설 고로 슬래그 시멘트, 플라이 애시 시멘트 등의 혼합계 시멘트를 사용하면 내해수성 이외에도 장기재령의 강도가 크고 수화열이 적은 이점이 있다.

문제 05 해수에 의한 콘크리트의 열화를 방지하기 위한 대책 중 틀린 것은?

가. 양질의 감수제 또는 공기연행제를 사용한다.
나. 물-결합재비는 작게 한다.
다. 콘크리트는 재령 7일 이전에 해수에 영향을 받지 않도록 보호한다.
라. 배합은 부배합의 콘크리트를 사용한다.

해설 콘크리트는 재령 5일 이전에 해수에 영향을 받지 않도록 보호해야 한다.

문제 06 해양 콘크리트에 대한 설명 중 옳지 않은 것은?

가. 해중에서 25mm 골재를 사용시 시멘트는 300kg/m^3으로 한다.
나. 해양 구조물에서는 시공 이음부를 둘 경우 성능 저하가 생기기 쉬우므로 될 수 있는 대로 피해야 한다.
다. 콘크리트 타설 후 대개 5일간은 직접 해수면에 직접 닿지 않도록 한다.
라. 항상 해수에 침지되는 콘크리트의 물-결합재비는 45% 이하로 정한다.

해설 항상 해수에 침지되는 콘크리트의 물-결합재비는 40% 이하로 정한다.

문제 07 해양 콘크리트에서 공기량의 표준값 중 틀린 것은?

가. 일반 노출의 경우 25mm 골재에서는 4.5%이다.
나. 심한 노출의 경우 25mm 골재에서는 6%이다.
다. 심한 노출의 경우 40mm 골재에서는 5.5%이다.
라. 일반 노출의 경우 40mm 골재에서는 5%이다.

해설 일반 노출의 경우 40mm 골재에서는 4.5%이다.

정답 04. 라 05. 다 06. 라 07. 라

문제 08 해양 콘크리트 구조물 시공시 간격재의 설치 수량이 맞는 것은?

가. 보, 주 거더 및 슬래브 : 4개/m^2 이상
나. 보, 슬래브 : 5개/m^2 이상
다. 기초, 기둥 : 3개/m^2 이상
라. 벽, 난간 : 6개/m^2 이상

해설 • 기초, 기둥, 벽, 난간 : 2개/m^2 이상
• 보, 주 거더 및 슬래브 : 4개/m^2 이상

문제 09 해양 콘크리트에서 사용되는 결합재가 아닌 것은?

가. 폴리머 시멘트 콘크리트(Polymer Cement Concrete)
나. 수지 콘크리트(Resin Concrete)
다. 폴리머 함침 콘크리트(Polymer impregnated Concrete)
라. 섬유보강 콘크리트

문제 10 해양 환경에서 철근 콘크리트의 수용성 염소이온량(결합재 중량비 %)은?

가. 1.0　　나. 0.30
다. 0.45　　라. 0.15

해설 해양 환경에서 철근 콘크리트의 수용성 염소이온량(결합재 중량비 %)은 0.15이며 프리스트레스 콘크리트는 0.06이다.

문제 11 해양 콘크리트에 대한 설명 중 옳지 않은 것은?

가. 항상 해수에 침지되는 콘크리트는 물-결합재비를 40% 이하로 한다.
나. 콘크리트는 재령 5일까지 해수에 직접 닿지 않게 한다.
다. 감조 부분에는 시공이음을 두어서는 안 된다.
라. 해상 환경의 물보라 지역(비말대) 및 간만대에 위치한 콘크리트의 내구성 기준 압축강도는 30MPa 이상으로 한다.

해설 해상 환경의 물보라 지역(비말대) 및 간만대에 위치한 콘크리트의 내구성 기준 압축강도는 35MPa 이상으로 한다.

정답 08. 가 09. 라 10. 라 11. 라

2-11 팽창 콘크리트

제3부 콘크리트의 시공

1. 개 요

(1) 팽창재를 시멘트, 물, 잔골재, 굵은골재 및 기타의 혼화재료와 같이 비빈 것으로 경화 후에도 체적 팽창을 일으키는 모든 콘크리트를 가리킨다.

(2) 수축보상용 콘크리트, 화학적 프리스트레스용 콘크리트 및 충전용 모르타르와 콘크리트로 크게 나눌 수 있다.

2. 특 징

(1) 수축보상용 콘크리트는 콘크리트의 수축으로 인한 체적 감소를 억제시킨다.

(2) 화학적 프리스트레스용 콘크리트는 수축보상용 콘크리트보다 큰 팽창력을 가져야 한다.

(3) 충전용 모르타르 및 콘크리트는 팽창력의 이용에 의한 충전효과를 주목적으로 한다.

3. 팽 창 률

(1) 재령 7일에 대한 시험치를 기준한다.

(2) 수축보상용 콘크리트는 150×10^{-6} 이상, 250×10^{-6} 이하로 한다.

(3) 화학적 프리스트레스용 콘크리트는 200×10^{-6} 이상, 700×10^{-6} 이하로 한다.

(4) 공장 제품에 사용하는 화학적 프리스트레스용 콘크리트는 200×10^{-6} 이상, $1,000\times10^{-6}$ 이하로 한다.

4. 재료의 취급과 저장

(1) 팽창재는 풍화하지 않도록 저장한다.

(2) 팽창재는 습기의 침투를 막을 수 있는 사일로 또는 창고에 시멘트 등 다른 재료와 혼입되지 않도록 저장한다.

(3) 포대 팽창재는 12포대 이상 쌓아서는 안 된다.

(4) 포대 팽창재는 지상 0.3m 이상의 마루 위에 쌓아 운반이나 검사에 편리하게 저장한다.

(5) 포대 팽창재는 사용 직전에 포대를 여는 것을 원칙으로 하며 저장중에 포대가 파손된 것은 공사에 사용해서는 안 된다.

(6) 저장기간이 긴 경우에는 시험하여 확인 후 사용한다.

(7) 팽창재의 운반 또는 저장중에 직접 비에 맞지 않도록 한다.

(8) 벌크 상태의 팽창재 및 팽창재와 시멘트를 미리 혼합한 것은 양호한 밀폐 상태에 있는 사일로 등에 저장하여 다른 재료와 혼합되지 않게 한다.

5. 배 합

(1) 화학적 프리스트레스용 콘크리트의 단위 시멘트량은 단위 팽창재량을 제외한 값으로서 보통 콘크리트인 경우 260kg/m^3 이상, 경량골재 콘크리트인 경우 300kg/m^3 이상으로 한다.

(2) 공기량은 공기연행제, 공기연행 감수제, 또는 고성능 공기연행 감수제를 사용한 콘크리트는 4.5~7.5%로 하며 보통 콘크리트는 4.5%, 경량골재 콘크리트는 5.5%를 표준한다.

6. 시 공

(1) 팽창재는 다른 재료와 별도로 질량으로 계량하며 그 오차는 1회 계량분량의 1% 이내로 한다.

(2) 포대 팽창재를 사용하는 경우는 포대수로 계산해도 된다. 1포대 미만의 경우 반드시 질량으로 계량한다.

(3) 믹서에 투입된 팽창재가 호퍼 등에 부착되지 않게 하고 부착시 굳기 전에 털어 낸다.

(4) 팽창재는 다른 재료와 동시에 믹서에 투입한다.

(5) 강제식 믹서로 1분 이상, 가경식 믹서로 1분 30초 이상으로 비빈다.

(6) 비비고 나서 타설을 끝낼 때까지의 시간은 1~2시간 이내로 한다.

(7) 한중 콘크리트의 경우 타설시 콘크리트 온도는 10℃ 이상 20℃ 미만으로 한다.

(8) 서중 콘크리트인 경우 비비기 직후의 콘크리트 온도는 30℃ 이하, 타설할 시는 35℃ 이하로 될 수 있는 한 낮은 온도로 한다.

(9) 내·외부 온도차에 의한 온도균열의 우려가 있으므로 팽창 콘크리트에 급격한 살수를 해서는 안 된다.

(10) 콘크리트 타설 후 습윤상태를 유지하고 적당한 양생을 하며 콘크리트 온도는 2℃ 이상을 5일간 이상 유지한다.

(11) 콘크리트 거푸집 널의 존치기간은 평균기온 20℃ 미만인 경우에는 5일 이상, 20℃ 이상인 경우에는 3일 이상으로 한다.

실전문제

제2장 특수 콘크리트

팽창 콘크리트

문제 01 팽창 콘크리트의 팽창률은 일반적으로 재령 며칠에 대한 시험치를 기준으로 하는가?

가. 1일　　나. 3일
다. 5일　　라. 7일

문제 02 팽창 콘크리트의 팽창률에 대한 설명 중 틀린 것은?

가. 수축보상용 콘크리트의 팽창률은 150×10^{-6} 이상, 250×10^{-6} 이하인 값을 표준한다.
나. 화학적 프리스트레스용 콘크리트의 팽창률은 200×10^{-6} 이상, 700×10^{-6} 이하를 표준한다.
다. 공장제품에 사용하는 화학적 프리스트레스용 콘크리트의 팽창률은 200×10^{-6} 이상, $1,000\times10^{-6}$ 이하를 표준한다.
라. 수축보상용 콘크리트는 화학적 프리스트레스용 콘크리트보다도 큰 팽창력을 가져야 한다.

해설 화학적 프리스트레스용 콘크리트는 수축보상용 콘크리트보다도 큰 팽창력을 가져야 한다.

문제 03 팽창 콘크리트에 사용되는 팽창재의 재료 취급 및 저장에 관한 설명 중 틀린 것은?

가. 팽창재는 풍화되지 않도록 저장한다.
나. 포대 팽창재는 지상 0.5m 이상의 마루 위에 쌓아 운반이나 검사가 쉽도록 저장한다.
다. 포대 팽창재는 12포대 이상 쌓아서는 안 된다.
라. 팽창재의 운반 또는 저장중에 직접 비에 맞지 않도록 한다.

해설
- 팽창재는 시멘트에 비해 풍화되기 쉬운 재료이다.
- 포대 팽창재는 지상 0.3m 이상의 마루 위에 쌓아 저장한다.

정답 01. 라　02. 라　03. 나

문제 04 팽창 콘크리트 배합에 관련 사항이다. 틀린 것은?

가. 수축보상을 목적으로 하여 30kg/m^3 정도의 팽창재를 사용하는 경우에는 특별히 팽창률 시험을 할 필요는 없다.

나. 구조물에서 팽창 콘크리트의 수축보상 효과 및 화학적 프리스트레스의 효과는 팽창률이 크면 클수록 우수하다.

다. 화학적 프리스트레스용 콘크리트의 단위 시멘트량은 단위 팽창재량을 제외한 값으로서 보통 콘크리트인 경우 260kg/m^3 이상으로 한다.

라. 팽창재는 다른 재료와 별도로 질량으로 계량하며 그 오차는 1회 계량분량의 1% 이내로 한다.

해설
- 팽창률이 너무 커지면 콘크리트의 압축강도는 팽창재를 쓰지 않은 동일 배합의 콘크리트보다 떨어진다.
- 포대 팽창재를 사용하는 경우에는 포대수로 계산해도 된다.
- 경량골재 콘크리트인 경우 300kg/m^3 이상으로 한다.

문제 05 팽창 콘크리트 시공에 관한 설명 중 틀린 것은?

가. 한중 콘크리트의 경우 칠 때의 콘크리트 온도는 10℃ 이상, 20℃ 미만으로 한다.

나. 서중 콘크리트인 경우 비빔 직후의 콘크리트 온도는 30℃ 이하, 칠 때는 35℃ 이하로 한다.

다. 팽창재는 원칙적으로 다른 재료를 투입하고 나서 믹서에 투입한다.

라. 콘크리트를 비비고 나서 치기를 끝낼 때의 시간의 한도는 기온·습도 등의 기상조건과 시공에 따라 1~2시간 이내로 한다.

해설 팽창재는 원칙적으로 다른 재료 투입할 때 동시에 믹서에 투입한다.

문제 06 팽창 콘크리트 시공에 있어 콘크리트의 거푸집널의 존치기간은 평균기온이 20℃ 이상인 경우에는 며칠 이상을 원칙으로 하는가?

가. 1일　　나. 2일
다. 3일　　라. 5일

해설 평균기온이 20℃ 미만의 경우 : 5일 이상

정답 04. 나 05. 다 06. 다

문제 07 팽창성 시멘트를 사용한 팽창성 콘크리트의 특성 중 틀린 것은?

가. 팽창성 콘크리트의 수축률은 보통 콘크리트에 비해 20~30% 작다.
나. 응결, 블리딩 및 워커빌리티가 보통 콘크리트보다 우수하다.
다. 수축성을 개선할 목적으로 개발된 것이 팽창 시멘트이다.
라. 믹싱시간이 길어지면 팽창률이 감소한다.

해설 응결, 블리딩 및 워커빌리티는 보통 콘크리트와 비슷하다.

문제 08 팽창 콘크리트 시공에 관한 설명 중 틀린 것은?

가. 강제믹서의 경우 1분 이상, 가경식 믹서의 경우 1분 30초 이상으로 비빈다.
나. 팽창재는 다른 재료를 투입할 때 동시에 믹서를 투입한다.
다. 내·외부 온도차에 의한 온도균열의 우려가 있을 경우는 급격히 살수를 실시해야 한다.
라. 포대 팽창재를 사용하는 경우에는 포대수로 계산해도 된다.

해설 내·외부 온도차에 의한 온도균열의 우려가 있으므로 팽창 콘크리트에 급격한 살수를 해서는 안 된다.

문제 09 팽창 콘크리트의 습윤양생에 관한 설명 중 틀린 것은?

가. 콘크리트 온도는 2℃ 이상을 5일간 이상으로 습윤상태를 유지하도록 한다.
나. 적당한 시간 간격으로 직접 노출면에 살수한다.
다. 노출면을 시트로 빈틈없이 덮는다.
라. 소요의 팽창률을 얻기 위해서는 막양생을 해서는 안 된다.

해설 막양생제를 도포해야 한다.

문제 10 팽창 콘크리트 배합에 관한 설명 중 틀린 것은?

가. 공기연행제 또는 공기연행 감수제를 사용한 콘크리트의 소요 공기량은 4.5~7.5%로 한다.
나. 일반적으로 공기량은 노출등급에 따라 다르게 적용한다.
다. 경량골재 콘크리트는 5.5%를 표준으로 한다.
라. 단위 팽창재량은 화학적 프리스트레스용 콘크리트의 경우 30~60kg/m^3 정도이다.

해설 단위 팽창재량은 화학적 프리스트레스용 콘크리트의 경우 35~50kg/m^3 정도, 공장제품에 쓸 경우에는 30~60kg/m^3 정도이다.

정답 07. 나 08. 다 09. 라 10. 라

2-12 숏크리트

제3부 콘크리트의 시공

1. 개 요

(1) 터널이나 큰 공동구조물의 라이닝, 비탈면, 법면 또는 벽면의 풍화나 박리, 박락의 방지, 터널, 댐 및 교량의 보수·보강 공사에 적용한다.

(2) NATM(숏크리트와 록볼트 및 강재 지보공에 의한 원지반을 보호하는 산악터널 공법)에 의한 산악터널에서 사용되는 숏크리트를 대상한다.

2. 뿜어 붙이기 성능 및 강도

(1) 분진 농도의 표준 값

갱내 환기, 측정방법, 측정위치	분진농도(mg/m^3)
갱내 환기를 정지한 환경, 뿜어 붙이기 작업 개시 5분 후로부터 원칙적으로 2회 측정, 뿜어 붙이기 작업 개소로부터 5m 지점	5 이하

(2) 숏크리트 초기강도의 표준 값

재 령	숏크리트의 초기강도(MPa)
24시간	5.0~10.0
3시간	1.0~3.0

(3) 리바운드율의 상한치는 20~30%로 한다.

(4) 숏크리트 장기 설계기준 압축강도는 재령 28일에서 21MPa 이상으로 한다.

(5) 영구 지보재 개념으로 숏크리트를 타설할 경우에는 설계기준 압축강도를 35MPa 이상으로 한다.

(6) 영구 지보재로 숏크리트를 적용할 경우 재령 28일 부착강도는 1.0MPa 이상으로 한다.

3. 보 강 재

(1) 강섬유는 숏크리트에 적합한 길이 30mm 이하, 지름 0.3~0.6mm, 아스팩트비(길이/지름)가 40~60 정도의 것을 사용하며 혼입률은 용적비로 0.5~1.0% 범위의 것을 사용한다.

(2) 철망을 사용할 경우에는 용접 철망으로 하고 철망눈 치수는 100~150mm인 것을 사용한다.

4. 배　　합

(1) 건식 방식의 숏크리트 배합을 정할 때 선정 항목

① 굵은골재 최대치수
② 잔골재율
③ 단위 시멘트량
④ 물-결합재비
⑤ 혼화재료의 종류 및 단위량

(2) 습식 방식에 있어서 급결제 첨가 전의 베이스 콘크리트는 굵은골재의 최대치수, 슬럼프 및 배합강도에 기초하여 정한다. 베이스 콘크리트를 펌프로 압송할 경우 슬럼프는 120mm 이상을 표준으로 한다.

5. 제　　조

(1) 급결제는 혼화제 계량오차 최댓값을 적용하지 않는다.

(2) 굵은골재 최대치수는 13mm 이하이며, 골재의 조립률은 3.4~4.1 범위 것이 바람직하다.

(3) 건식 방식의 경우 잔골재의 표면수율은 3~6% 정도가 적당하다.

6. 시　　공

(1) 절취 면이 비교적 평활하고 넓은 법면에 대해서는 수축에 의한 균열 발생이 많으므로 세로 방향으로 적당한 간격으로 신축줄눈을 설치한다.

(2) 보강재는 뿜어 붙일 면과 20~30mm 간격을 둔다.

(3) 급결제를 첨가 후 바로 뿜어 붙이기 작업을 한다.
① 급결제는 시멘트의 응결을 현저히 빠르게 하는 혼화제이며 탄산소다, 알루민산 소다, 규산소다 등을 주성분으로 한 것이다.
② 실리케이트계 급결제는 장기강도에 불리하다.
③ 알루미네이트계는 인체에 유해하므로 취급시 유의한다.
④ 액상형 급결제는 분말형 급결제에 비하여 반응성, 혼합성이 우수하고 분진 발생량이 적은 장점이 있다.

(4) 노즐은 항상 뿜어 붙일 면에 직각을 유지한다.

(5) 건식 숏크리트는 배치 후 45분 이내, 습식 숏크리트는 배치 후 60분 이내에 뿜어 붙인다.

(6) 숏크리트 타설장소의 대기온도가 32℃ 이상이 되면 건식 및 습식 숏크리트의 뿜어 붙이기는 할 수 없다.

(7) 숏크리트는 대기온도가 10℃ 이상일 때 뿜어 붙이기를 실시한다.

(8) 숏크리트 작업시 리바운드된 재료는 혼합되지 않게 한다.

(9) 숏크리트 1회 타설 두께는 100mm 이내가 되게 타설한다.

(10) 숏크리트 작업환경은 $3mg/m^3$ 이하이다.

(11) 숏크리트에 사용하는 재료는 10~32℃ 범위에 있도록 한 후 뿜어붙이기를 실시한다.

실전문제

제2장 특수 콘크리트

숏크리트

문제 01 숏크리트 배합설계에 관련된 사항 중 틀린 것은?

가. 배합은 노즐에서 토출되는 토출 배합으로 표시한다.
나. 굵은골재 최대치수는 13mm 이하인 것을 사용한다.
다. 공칭길이가 30mm 이하인 강섬유를 혼입하여 사용한다.
라. 잔골재율이 커지면 리바운드량이 많아진다.

해설 • 잔골재율이 커지면 시멘트량이 많아지고 비경제적이다.
• 잔골재율이 적어지면 리바운드가 많아지고, 호스의 막힘 현상을 일으킨다.

문제 02 숏크리트의 건식공법에 사용되는 잔골재는 표면수율이 어느 정도가 적당한가?

가. 1~2%
나. 2~6%
다. 10~12%
라. 13~15%

문제 03 숏크리트 작업에 관한 설명 중 틀린 것은?

가. 노즐은 항상 뿜어붙일 면에 직각이 되도록 유지한다.
나. 건식공법으로 시공시 노즐에서 첨가하는 물의 압력은 재료 토출압력보다 0.1MPa 이상 높고 또 일정 압력으로 유지해야 한다.
다. 철근, 철망은 가능한 한 뿜어 붙일 면과 20~30mm 간격을 두고 근접시켜 설치한다.
라. 숏크리트 표면의 마무리는 특별한 경우에만 숏크리트만으로 마무리한다.

해설 숏크리트의 표면은 특별히 필요한 경우를 제외하고는 숏크리트만으로 마무리하는 것을 원칙으로 한다.

문제 04 뿜어 붙이기 콘크리트(Shotcrete)에 대한 설명 중 틀린 것은?

가. 배합은 노즐에서 토출되는 토출배합으로 표시한다.
나. 굵은골재 최대치수는 25mm로 사용한다.
다. 숏크리트 강도는 일반적으로 재령 28일에서의 압축강도를 기준으로 한다.
라. 분진 발생을 억제하기 위해서 습식 숏크리트 방식을 쓴다.

정답 01. 라 02. 나 03. 라 04. 나

해설 • 굵은골재 최대치수 : 13mm 이하
• 잔골재율 : 55 ~ 75%
• 물-결합재비 : 40 ~ 60%

문제 05 뿜어붙이기 콘크리트(Shotcrete)의 배합 결정시 잘못된 것은?

가. 물-결합재비는 40 ~ 60% 정도가 적당하다.
나. 굵은골재 최대치수는 13mm 이하인 것을 사용한다.
다. 잔골재율은 55 ~ 75% 정도가 적당하다.
라. 혼화재료는 급결제로서 시멘트 질량의 10 ~ 15% 정도가 적당하다.

해설 • 혼화재료는 급결제로서 시멘트 질량의 5 ~ 8% 정도가 적당하다.
• 단위시멘트량은 콘크리트의 경우 300 ~ 400kg/m^3, 모르타르의 경우 400 ~ 600 kg/m^3 정도가 적당하다.

문제 06 숏크리트 시공에 관한 설명 중 틀린 것은?

가. 숏크리트 두께는 검측핀에 의해 시험 · 검사한다.
나. 재료의 계량은 질량계량장치를 사용하는 것을 원칙으로 한다.
다. 절취면이 비교적 평활하고 넓은 법면에 대해서는 신축줄눈을 설치하지 않는다.
라. 숏크리트 기계는 소정의 배합재료를 연속적으로 반송하면서 뿜어 붙일 수 있어야 한다.

해설 절취면이 비교적 평활하고 넓은 법면에 대해서는 수축에 의한 균열 발생이 많으므로 세로방향으로 적당한 간격의 신축줄눈을 설치하여야 한다.

문제 07 숏크리트 장기 설계기준 압축강도는 재령 28일에서 얼마 이상으로 하는가?

가. 10 MPa　　나. 15 MPa
다. 18 MPa　　라. 21 MPa

정답 05. 라 06. 다 07. 라

문제 08 숏크리트 시공에 대한 내용 중 틀린 것은?

가. 리바운드율의 상한치는 20~30%로 한다.
나. 숏크리트는 단면적이 $30m^2$ 이하인 터널에 있어서는 인력에 의해 뿜어붙이기를 실시한다
다. 베이스 콘크리트를 펌프로 압송할 경우 슬럼프는 120mm 이상을 표준한다.
라. 숏크리트의 재령 3시간 초기강도는 5~10MPa가 표준값이다.

해설 숏크리트의 재령 3시간 초기강도는 1.0~3.0MPa로 표준한다.

문제 09 다음은 뿜어 붙이기 콘크리트의 적용 효과를 설명한 것으로 틀린 것은?

가. 휨압축 또는 출력에 의한 저항을 주는 효과는 갈라진 틈이 많은 경암 등에 작용 효과가 크다.
나. 뿜어 붙이기 콘크리트의 작용 효과 중에는 암반과의 부착력, 전단력에 의한 저항이 있다.
다. 뿜어 붙이기 콘크리트는 외력의 배분 효과가 있다.
라. 뿜어 붙이기 콘크리트는 약층의 보강 효과가 있다.

해설 휨압축 또는 출력에 의한 저항을 주는 효과는 연암 또는 토사의 원지반 등에 작용 효과가 크다.

문제 10 다음은 숏크리트의 특징에 관한 사항이다. 옳지 않은 것은?

가. 임의 방향으로 시공 가능하나 리바운드 등의 재료 손실이 많다.
나. 용수가 있는 곳에도 시공하기 쉽다.
다. 노즐 맨의 기술에 의하여 품질, 시공성 등에 변동이 생긴다.
라. 수밀성이 적고 작업시에 분진이 생긴다.

해설 용수가 있는 곳은 숏크리트 부착이 곤란하여 시공하기 어렵다.

정답 08. 라 09. 가 10. 나

2-13 섬유보강 콘크리트

1. 개　요

불연속의 단섬유를 콘크리트 중에 균일하게 분산시킴에 따라 인장강도, 휨강도, 균열에 대한 저항성, 인성, 전단강도 및 내충격성 등의 개선을 도모한 복합재료를 말한다.

2. 재　료

(1) 강섬유는 길이가 20~60mm, 지름이 0.3~0.9mm로서 형상비(l/d)가 30~80 정도의 것을 표준한다.(강섬유의 평균인장강도 : 700MPa 이상)

(2) 콘크리트에 대한 강섬유 혼입률의 범위는 용적 백분율로 0.5~2.0%이며 단위량으로는 약 40~100kg/m^3에 상당한다.

(3) 인장강도, 휨강도, 전단강도 및 인성은 섬유 혼입률에 거의 비례하여 증대하지만 압축강도는 그다지 변화하지 않는다.

(4) 섬유보강 콘크리트의 보강효과는 강섬유가 길수록 크며 섬유의 분산 등을 고려하면 굵은골재 최대치수의 1.5배 이상의 길이가 좋다.

(5) 섬유보강 콘크리트용 섬유로서 갖추어야 할 조건

① 섬유와 시멘트 결합재 사이의 부착성이 좋을 것
② 섬유의 인장강도가 충분히 클 것
③ 섬유의 탄성계수는 시멘트 결합재 탄성계수의 1/5 이상일 것
④ 형상비가 50 이상일 것
⑤ 내구성, 내열성 및 내후성이 우수할 것
⑥ 시공성에 문제가 없을 것
⑦ 가격이 저렴할 것

(6) 섬유의 형상은 단섬유와 연속섬유가 있다. 단섬유는 지름이 4μ~1.0mm, 길이는 3~65mm이다.

(7) 강섬유의 품질

① 강섬유는 표면에 유해한 녹이 있어서는 안 된다.
② 강섬유의 평균 인장강도는 700MPa 이상이 되어야 하며 각각의 인장강도 또한 650MPa 이상이어야 한다.
③ 강섬유는 콘크리트 내에서 분산이 잘 되어야 한다.
④ 강섬유는 16℃ 이상의 온도에서 지름 안쪽 90° 방향으로 구부렸을 때 부러지지 않아야 한다.

3. 배　　합

(1) 단위수량은 강섬유의 혼입률에 거의 비례하여 증가하고 그 증가량은 강섬유의 용적 혼입률 1%에 대하여 약 20kg/m^3 정도이다. 따라서 소요의 품질을 만족하는 범위 내에서 단위수량을 적게 한다.

(2) 비빌 때 믹서는 강제식 믹서를 사용하는 것을 원칙으로 한다.

(3) 소요의 품질이 얻어지도록 충분히 비벼야 하며 비비기 시간은 시험에 의해 정한다.

4. 품질검사

(1) 휨강도 및 휨인성계수

설계할 때에 고려된 휨인성지수 값에 미달할 확률이 5% 이하일 것

(2) 압축인성

설계할 때에 고려된 압축인성 값에 미달할 확률이 5% 이하일 것

실전문제

제 2 장 특수 콘크리트

섬유보강 콘크리트

문제 01 섬유보강 콘크리트의 특성에 대한 설명 중 틀린 것은?

가. 균열에 대한 저항이 크다.
나. 철근 콘크리트와 병용하면 전단내력을 증대시킬 수 있다.
다. 내진성이 작은 것이 약점이다.
라. 섬유 혼입률을 증대할수록 포장의 두께나 터널 라이닝의 두께를 감소시킬 수 있다.

해설 인성이 우수하여 내진성이 요구되는 철근 콘크리트 구조물에 효과적이다.

문제 02 섬유보강 콘크리트 시공에 관한 설명 중 틀린 것은?

가. 믹서는 강제식 믹서를 사용하는 것을 원칙으로 한다.
나. 타설하는 강섬유보강 콘크리트의 경우에는 길이가 30mm 이상인 강섬유를 이용하는 것이 좋다.
다. 강섬유가 길수록 섬유보강 콘크리트의 보강효과는 커지고 굵은골재 최대치수의 1.5배 이상의 길이인 것이 좋다.
라. 섬유보강 콘크리트용 섬유의 탄성계수는 시멘트 결합재 탄성계수의 1/4 이상일 것

해설 섬유의 탄성계수는 시멘트 결합재 탄성계수의 1/5 이상일 것

문제 03 섬유보강 콘크리트의 배합에 관한 설명 중 틀린 것은?

가. 소요 단위수량은 강섬유의 혼입률에 거의 비례하여 증가한다.
나. 강섬유의 용적혼입률 1%에 대해 약 20kg/m^3 정도 단위수량이 크다.
다. 섬유보강 콘크리트에서는 잔골재율을 작게 해야 한다.
라. 강섬유 혼입률 및 강섬유의 형상비를 증가시켜야 한다.

해설
- 잔골재율을 크게 할 필요가 있다.
- 강섬유의 혼입량은 콘크리트 용적의 0.5~2% 정도
- 섬유보강 콘크리트의 압축강도는 물-결합재비로 정해지고 강섬유 혼입률로는 결정이 되지 않는다.

정답 01. 다 02. 라 03. 다

문제 04 다음 중 콘크리트의 인장강도와 균열에 대한 저항성을 높이고 인성을 대폭 개선시키는 것을 주목적으로 하는 특수 콘크리트는?

가. 중량 콘크리트　　　나. 고강도 콘크리트
다. 섬유보강 콘크리트　　　라. 경량골재 콘크리트

문제 05 섬유보강 콘크리트용 섬유로서 갖추어야 할 조건이 아닌 것은?

가. 섬유와 시멘트 결합재 사이의 부착성이 좋을 것
나. 섬유의 인장강도가 충분히 클 것
다. 섬유의 탄성계수는 시멘트 결합재 탄성계수의 1/5 이상일 것
라. 형상비(l/d)는 40 이상일 것

해설
- 형상비는 50 이상일 것
- 내구성, 내열성 및 내후성이 우수할 것
- 시공성에 문제가 없을 것
- 가격이 저렴할 것

문제 06 시멘트계 복합 재료용 섬유로서 무기계 섬유에 속하지 않는 것은?

가. 강섬유　　　나. 유리섬유
다. 비닐론섬유　　　라. 탄소섬유

해설 유기계 섬유의 종류
아라미드 섬유, 폴리프로필렌 섬유, 폴리비닐・알코올계(비닐론), 폴리아미드 섬유(나일론), 폴리에스테르 섬유(테트론), 셀룰로즈계(레이온)

정답 04. 다　05. 라　06. 다

2-14 방사선 차폐용 콘크리트

제3부 콘크리트의 시공

1. 개 요

(1) 생물체의 방호를 위하여 X선, γ선 및 중성자선 등의 방사선을 차폐할 목적으로 사용되는 콘크리트를 말한다.

(2) 소규모의 방사선 의료용, 방사선 연구용 시설, 원자력 발전소 시설, 핵연료 재처리, 저장시설 등에 필요하다.

2. 배 합

(1) 중정석, 갈철광, 자철광, 적철광 등의 중량 골재를 사용한다.

(2) 감수제, 고성능 공기연행 감수제, 플라이 애시의 혼화재를 사용하며 이외 철분 등을 혼화재로 첨가한다.

(3) 콘크리트의 슬럼프는 150mm 이하로 한다.

(4) 물-결합재비는 50% 이하를 원칙으로 하며 실제로 사용되고 있는 차폐용 콘크리트의 물-결합재비는 대개 30~50% 범위이다.

(5) 밀도, 압축강도, 설계허용온도, 결합수량, 붕소량 등을 확보하여야 한다.

3. 시 공

(1) 설계에 정해져 있지 않은 이음은 설치할 수 없다.

(2) 방사선 차폐용 콘크리트에 사용하는 굵은골재나 잔골재 등이 보통골재와 혼입되지 않도록 저장하거나 계량할 수 있는 장치를 갖추어야 한다.

실전 문제

제 2 장 특수 콘크리트

방사선 차폐용 콘크리트

문제 01 차폐용 콘크리트에서는 소요밀도를 확보하기 위해 일반구조용 콘크리트보다 슬럼프를 작게 하는데 몇 mm 이하로 규정하는가?

가. 80mm　　나. 120mm
다. 150mm　　라. 180mm

해설 물-결합재비는 50% 이하로 한다.(타설이 곤란한 경우 등을 고려하여 정한 값)

문제 02 차폐용 콘크리트의 주요한 성능 항목이 아닌 것은?

가. 결합수량　　나. 밀도
다. 콘크리트 두께　　라. 설계허용온도

해설 차폐용 콘크리트의 주요한 성능 항목에는 밀도, 압축강도, 설계허용온도, 결합수량, 붕소량 등이 있다.

문제 03 중량 콘크리트 재료로 사용되는 굵은골재가 아닌 것은?

가. 철편　　나. 자철광
다. 중정석　　라. 팽창혈암

해설 중량 콘크리트를 만들기 위해 갈철광, 동광재, 철골재 등이 사용되며 콘크리트 단위용적질량이 3~5t/m^3 범위이다.

문제 04 방사선 차폐용 콘크리트의 배합시 물-결합재비는 몇 % 이하를 원칙으로 하는가?

가. 40%　　나. 45%
다. 50%　　라. 55%

해설 실제로 사용되고 있는 차폐용 콘크리트의 물-결합재비는 거의 30~50% 범위이다.

정답 01. 다　02. 다　03. 라　04. 다

2-15 포장 콘크리트

1. 콘크리트 슬래브

- 콘크리트 포장도로에서 직접 교통 하중을 지지하는 층이다.
- 교통하중에 의한 응력이나 온도응력에 충분히 저항할 수 있어야 한다.

(1) 재료 및 배합

① 시멘트는 보통 포틀랜드 시멘트, 고로 슬래그 시멘트, 플라이 애시 시멘트 등을 사용한다.

② 혼화제는 공기연행제, 감수제, 공기연행 감수제를 사용한다.

③ 골재는 모래, 자갈, 부순돌골재 등을 사용한다.

④ 콘크리트의 배합은 필요한 품질, 작업에 알맞은 워커빌리티 및 피니셔빌리티를 가지는 범위 내에서 단위수량이 될 수 있는 대로 적게 정한다.

⑤ 포장 콘크리트의 배합

설계기준 휨 호칭강도(MPa)	단위수량 (kg)	단위시멘트량 (kg)	굵은골재 최대치수 (mm)	슬럼프 (mm)	공기량 (%)
4.5MPa 이상	150kg 이하	280~350kg	40mm 이하	40mm 이하	4~6%

⑥ 인력 타설이 불가피한 경우 슬럼프 값이 75~100mm 이하가 되게 한다.

(2) 비비기

① 배치 플랜트(batcher plant)를 설치하거나, 레디믹스트 콘크리트를 이용하거나, 계량된 재료를 현장에서 비비는 경우가 있다.

② 된비빔 콘크리트에 알맞은 설비를 갖춘다.

③ 비비기 시간은 강제식 믹서의 경우 1분, 가경식 믹서의 경우 1분 30초를 표준으로 한다.

④ 현장에서 비빌 때는 인력혼합, 고정식 배치 플랜트 및 트럭믹서를 사용한다. 단, 소규모 공사의 경우 이동식 배치 플랜트도 사용 가능하다.

⑤ 비빈 후 경화되기 시작한 콘크리트를 되비벼 사용할 수 없으며 또한 믹서 내에서 30분 이상 경과한 콘크리트도 사용할 수 없다.

(3) 운 반

① 재료의 분리를 막기 위해 가능한 빨리 운반하고 비빔 후부터 치기가 끝날 때까지의 시간은 1시간 이내로 한다.
② 애지테이터 트럭을 사용하여 운반하는 것을 원칙으로 한다.
③ 덤프트럭을 사용할 경우에는 운반 중 콘크리트가 건조하지 않고 재료가 분리하지 않도록 한다.

(4) 콘크리트 부설(깔기)

① 콘크리트가 분리되지 않고 밀도가 고르게 되도록 부설하여야 한다.
② 전 층을 한번에 부설하거나 철망을 경계로 아래층과 위층을 나누어 2층으로 부설한다.
③ 콘크리트 스프레더를 많이 사용하여 부설한다.
④ 콘크리트 피니셔를 사용할 경우에는 콘크리트를 슬래브 두께의 15% 정도 더돋기를 하여 부설한다.
⑤ 콘크리트 슬립 폼 페이버를 사용하면 거푸집을 설치하지 않고 콘크리트 슬래브를 연속적으로 부설하고 다질 수 있어 큰 공사에 효율적이다.
⑥ 슬립 폼 페이버에 의한 포설
- 콘크리트를 깔 때 슬럼프 값은 50mm 이하이어야 하며 가능한 연속적으로 한다.
- 슬립 폼 페이버의 진행이 정지된 경우에는 모든 진동 및 다짐 장치의 가동을 중단한다.
- 콘크리트를 친 후 종방향 가장자리를 제외한 부분에 6mm 이상의 처짐이 발생하였을 때는 콘크리트의 초결이 시작되기 전에 수정한다.

⑦ 기층 표면에 분리막을 설치할 경우에는 가능한 전 폭으로 깔아 겹침 이음부가 없게 하며 부득이 겹침 이음부가 생길 경우에는 세로방향으로 100mm 이상, 가로방향으로 300mm 이상 겹치게 한다. 단, 연속 철근 콘크리트 포장에는 분리막을 설치할 수 없다.
⑧ 거푸집 설치시 이격 허용오차는 거푸집용 강재 두께 이하가 되게 한다.
⑨ 거푸집의 측면은 브레이싱으로 저판에 지지되어야 하고 이때 저판에서의 브레이싱 지지점은 측면으로부터 높이의 $\frac{2}{3}$지점 이상으로 한다.
⑩ 거푸집은 윗면의 높이 변화가 길이 3m당 3mm 이하, 측면의 변화는 6mm 이하로 한다.

⑪ 곡선반경 50m 이하의 곡선부에는 목재 거푸집을 사용할 수 있으며 600mm 마다 강재 지지말뚝을 설치한다.
⑫ 철망은 하부 콘크리트를 포설한 후에 설치하고 그 후 상부 콘크리트를 포설한다.
⑬ 하부 콘크리트의 포설부터 상부 콘크리트를 포설까지 30분 이상 경과했을 때에는 그 부분의 하부 콘크리트를 제거하고 재시공해야 한다.
⑭ 철망은 설치 중 또는 설치 후에 이동하지 않도록 한다.
⑮ 다웰바는 방청제 및 활동제로 도장한다.
⑯ 타이바는 이형 봉강으로 한다.
⑰ 철근의 이음개소는 동일 단면에 집중시킬 수 없으며 이음개소가 서로 엇갈리도록 한다.
⑱ 철근의 이음길이는 직경의 30배 이상 또는 400mm 이상으로 한다.
⑲ 콘크리트를 비빈 후부터 치기가 끝날 때까지 시간은 1시간을 초과하지 않아야 하며 애지테이터가 붙은 트럭으로 운반하는 경우에는 90분을 초과하지 않아야 한다. 단, 높은 기온의 경우 허용시간을 감안하여 줄여야 한다.
⑳ 콘크리트는 비빈 후 운반과정에서 굳지 않아야 하며 조금이라도 굳은 콘크리트는 사용할 수 없다.
㉑ 덤프트럭으로 운반시 수분 증발 및 이물질의 혼입을 막기 위해 덮개를 설치한다.
㉒ 기온이 4℃ 이하이거나 35℃ 이상인 경우 또는 우천시에는 시공을 중지한다.
㉓ 콘크리트 포설 후 가능한 콘크리트를 다시 이동하지 않아야 한다.
㉔ 동결된 기층에 콘크리트를 포설할 수 없다.
㉕ 콘크리트 깔기를 중단해야 할 경우에는 이음위치에서 최소한 500mm 이상 깔기를 하여 시공이음으로 자르고 다짐 후 마무리를 한다.
㉖ 콘크리트 깔기가 1시간 이상 지연되거나 우천에 의해 현저한 손상을 입었을 경우에는 이음부 또는 손상부위를 제거하고 재시공한다.

(5) 다지기

① 콘크리트를 부설하고 고른 후 피니셔나 슬립 폼 페이버로 고르게 다진다.
② 경우에 따라서는 내부 진동식 다짐 장비로 다진다.
③ 콘크리트 다지기는 아래층과 위층 콘크리트의 전 두께를 한 층으로 해서 다지는 것이 좋다.

④ 다질 수 있는 1층 두께는 350mm 이하이며 혼합물의 다짐은 포설 후 1시간 이내에 완료한다.

⑤ 진동기는 한 자리에 20초 이상 머물러 있을 수 없다.

(6) 표면 마무리

① 초벌 마무리

기계로 부설할 경우에는 콘크리트 피니셔 또는 콘크리트 슬립 폼 페이버로 마무리한다.

② 평탄 마무리

초벌 마무리를 한 후 표면 마무리 기계 또는 마무리판으로 가로 및 세로 방향의 울퉁불퉁한 곳을 평탄하게 한다.

③ 거친 마무리

평탄 마무리를 하면 노면이 너무 미끄러워지므로 콘크리트 슬래브의 표면에 물기가 없어지면 즉시 솔 등을 사용해서 표면에 가는 줄을 그어 미끄럼을 방지한다.

(7) 양 생

① 표면 마무리를 끝내고 차량을 통과시킬 때까지 햇빛의 직사, 바람, 기온, 하중 및 충격 등에 대하여 보호하고 일정기간 동안 습윤상태를 유지한다.

② 습윤양생기간은 보통 포틀랜드 시멘트를 사용한 경우 14일간, 조강 포틀랜드 시멘트를 사용한 경우 7일간, 중용열 포틀랜드 시멘트를 사용한 경우 21일간을 표준한다.

③ 초기양생

- 초기의 건조수축으로 인한 콘크리트 슬래브 균열을 방지하기 위하여 표면 마무리 후 즉시 표면을 잘 덮어 보호한다.
- 피막양생을 할 경우에는 콘크리트 표면의 물기가 없고 건조하기 직전에 피막 양생제를 살포한다.

④ 후기양생

- 콘크리트를 빨리 굳게 하기 위해 실시한다.
- 수분의 증발을 막고 수분을 공급해 주기 위해 덮개, 마대, 가마니 등을 콘크리트 슬래브 표면에 덮고 물을 뿌린다.
- 거푸집을 떼어낸 후 옆면에도 실시한다.

⑤ 피막 양생제는 콘크리트 슬래브 표면에 물기가 없어진 직후 초기응결이 시작되기 전에 종·횡 방향으로 2회 이상 나누어 얼룩이 없게 충분히 살포한다.
⑥ 습윤양생기간은 시험에 의해서 정하며 현장 양생을 시킨 공시체의 휨강도가 배합강도의 70%를 도달할 때까지의 기간으로 한다.

(8) 이음 설치

① 콘크리트 슬래브의 이음부에 인접한 양쪽 슬래브의 높이 차이는 2mm 이하로 한다.
② 가로 시공이음은 치기 작업이 30분 이상 중단되었을 때 설치하며 시공이음은 맞댐이음으로 한다. 그리고 시공이음을 홈이음 위치에 설치할 경우에는 다웰바를 사용하고 그 이외에는 타이바를 사용한다.
③ 가로 팽창이음은 슬래브 전폭에 걸쳐서 양쪽 슬래브가 분리되도록 설치하며 시공이음 또는 구조물과 접속되는 부분에 위치하게 한다.
④ 가로 수축이음은 이음이 설치될 위치를 한 칸씩 건너면서 절단을 한 후 나머지를 절단하며 연속철근콘크리트 포장의 경우는 가로 수축이음을 생략할 수 있다.
⑤ 세로이음은 홈이음 및 맞댐이음으로 하며 슬래브면과 연직으로 정해진 깊이의 홈을 만들고 주입 이음재로 홈을 채운다.

(9) 품질관리 및 검사

① 평탄성 측정은 7.6m 프로파일미터를 사용한다.
② 요철의 차는 5mm 이하, 임의의 위치와 계획고의 차는 ±30mm 이하로 한다.
③ 7.6m 프로파일미터를 사용하여 측정시 본선 토공부 및 편도 4차선 이상 터널은 P_{rI}=160mm/km 이하로 한다. 단, 현장 여건상 대형 조합장비의 투입이 불가능한 경우와 종단구배 5% 이상 및 평면 곡선반경 600m 이하의 구간은 240mm/km 이하로 한다.
④ 포장 슬래브의 두께는 타설 후 측면에서 300m마다 측정한다. 그리고 측정한 평균두께가 설계두께보다 5% 이상 얇을 경우에는 재시공을 한다.

2. 포장 콘크리트의 특징

(1) 내구성이 크며 방수성이다.

(2) 표면 마찰이 크다.

(3) 초기의 공사비가 비싸다.

(4) 재료를 구하기 쉽고 유지 보수비가 적게 든다.

실전문제

제2장 특수 콘크리트

포장 콘크리트

문제 01 포장용 콘크리트의 품질 및 배합에 대한 설명이다. 옳지 않은 것은 어느 것인가?

가. 단위 시멘트량은 280~350kg을 기준으로 한다.
나. 재령 28일의 휨 호칭강도는 4.5MPa 이상이어야 한다.
다. 포설시의 슬럼프 값은 40mm 이하를 표준으로 한다.
라. 감수제나 공기연행제 등의 혼화제를 사용하지 않는 것을 원칙으로 한다.

해설 감수제, 공기연행제, 공기연행 감수제 등을 사용하는 것을 원칙으로 한다.

문제 02 시멘트 콘크리트 포장 시공에 있어서 초기 균열을 방지하는 대책에 대하여 틀린 것은?

가. 고온의 시멘트를 사용하지 않는다.
나. 노반 마찰을 적게 할 것
다. 건조에 견딜 수 있게 단위 수량을 다소 많게 콘크리트를 칠 것
라. 가로이음한 슬립 바는 도로 중심선에 평행하게 똑바로 매설한다.

해설 단위수량을 적게 사용하여 건조수축에 의한 초기 균열을 방지한다.

문제 03 콘크리트 포장의 설계기준 강도로 사용하는 것은?

가. 압축강도　　나. 인장강도
다. 휨 호칭강도　　라. 전단강도

해설 재령 28일에서의 휨 호칭강도 4.5MPa 이상을 기준으로 한다.

문제 04 콘크리트 포장에서 콘크리트 슬래브의 표면 마무리의 종류가 아닌 것은?

가. 초벌 마무리　　나. 중벌 마무리
다. 평탄 마무리　　라. 거친면 마무리

해설 초벌 마무리 → 평탄 마무리 → 거친면 마무리 순으로 콘크리트 슬래브의 표면 마무리를 한다.

정답 01. 라 02. 다 03. 다 04. 나

문제 05 시멘트 콘크리트 포장의 시공에 관한 설명 중 적당하지 않은 것은?

가. 단위 시멘트량을 될 수 있으면 적게 하고, 발열량과 수축성이 적은 시멘트를 사용한다.
나. 초기양생은 신중하고 표면이 건조하지 않도록 주의하여야 한다.
다. 가로 이음에 놓는 slip bar는 도로 중심선에 평행하게 매설한다.
라. 슬립 폼 페이버(slip form paver)는 시공능력이 적어 소규모 공사에 적합하다.

해설 슬립 폼 페이버는 대규모에 적합하다.

문제 06 콘크리트 포장에서 slip form paver로 콘크리트를 포장하려고 할 때 다음 중 가장 문제가 되는 것은 어느 것인가?

가. 시멘트량
나. 골재의 규격
다. Slump 값
라. 포설시의 온도

해설 슬립 폼 페이버로 포장하면 거푸집을 설치하지 않고 연속하여 타설하므로 슬럼프 값의 변동시 성형에 문제가 된다.

문제 07 연속된 종 방향의 철근을 사용하여 콘크리트 포장의 횡줄눈을 생략시켜 주행성을 좋게 하는 포장공법을 무엇이라 하는가?

가. 아스팔트 포장
나. 시멘트 콘크리트 포장
다. 투수 콘크리트 포장
라. 연속 철근 콘크리트 포장

문제 08 다음 진공 콘크리트 포장의 특징이다. 이 중 옳지 않은 것은?

가. 조기강도가 크고, 양생기간이 짧아도 되며 교통 개방시기가 단축된다.
나. 동결 융해에 대한 저항이 적다.
다. 표면이 강경하고 마찰저항이 크다.
라. 경화 수축이 작다.

해설 동결융해에 대한 저항이 크다.

정답 05. 라 06. 다 07. 라 08. 나

문제 09 포장 콘크리트의 배합기준에 맞지 않는 것은?

가. 설계기준 휨 호칭강도 : 4.5MPa 이상
나. 단위수량 : 150kg/m^3 이하
다. 굵은골재의 최대치수 : 25mm 이하
라. 슬럼프 : 40mm 이하

해설 굵은골재의 최대치수 : 40mm 이하

문제 10 포장 콘크리트 시공시 사용되는 믹서에 대한 설명 중 틀린 것은?

가. 드럼 날이 제작 당시보다 20mm 이상 닳았을 때는 수선하거나 교체한다.
나. 믹서는 매일 검사한다.
다. 시험한 결과 슬럼프 및 공기량의 값이 규정된 허용값을 초과할 경우에는 믹서 가동을 중지하고 조정한다.
라. 콘크리트 반죽질기 시험은 믹서 가동 중간 무렵에 반죽된 콘크리트 시료를 채취하여 실시한다.

해설 믹서의 가동 초기, 중간, 마무리 무렵에 반죽된 콘크리트 시료를 채취하여 반죽질기 시험을 실시한다.

문제 11 포장 콘크리트에 관련된 설명 중 틀린 것은?

가. 골재나 시멘트의 계량장치에 붙어 있는 저울의 최소 눈금은 저울 전체 용량의 1/200 이하이어야 한다.
나. 믹서 드럼 속에 한 배치분 이상의 재료가 투입되었을 경우에는 그 재료를 전부 버려야 한다.
다. 인력 포설 구간의 거푸집 재료는 두께 5mm 이상, 길이 2m 이하, 깊이는 포장두께 이상이어야 한다.
라. 강제식 믹서는 1분, 가경식 믹서는 1분 30초를 표준으로 비비는데 어떠한 경우라도 위의 시간을 3배 이상 할 수 없다.

해설 인력포설 구간의 거푸집 재료는 두께 6mm 이상, 길이 3m 이하, 깊이는 포장두께 이상이어야 한다.

정답 09. 다 10. 라 11. 다

문제 12 포장 콘크리트 시공에 관련된 내용 중 틀린 것은?

가. 횡방향 거친면 마무리에서 홈은 깊이 3mm 이상, 폭 3mm를 표준으로 하고 홈의 간격은 20~30mm로 한다.
나. 슬로폼 페이버 장비는 정비를 하는 경우 이외에는 다른 장비에 의해 견인할 수 없다.
다. 진동기는 전기 또는 압축공기를 이용한 회전형이며 10~20초간 다지는 동안 혼합물을 충분히 다질 수 있는 진동횟수를 갖춰야 한다.
라. 종방향 거친면 마무리에서 홈의 간격은 40mm 이내로 관리한다.

해설 종방향 거친면 마무리에서 홈의 간격은 20mm 이내로 관리한다.

문제 13 포장 콘크리트 시공에 관련된 설명 중 틀린 것은?

가. 팽창이음은 콘크리트 슬래브와 구조물이 접하는 부분에 설치한다.
나. 피막 양생시 온도 변화를 적게 하기 위하여 백색 안료를 혼합해서는 안 된다.
다. 콘크리트를 칠 때 일 평균기온의 4℃ 이하가 예상되면 한중 콘크리트 양생을 따른다.
라. 주입 이음재 시공은 이음재 상면이 포장 슬래브의 표면보다 3mm 정도 낮은 높이가 되도록 한다.

해설 피막 양생시 온도 변화를 적게 하기 위하여 백색 안료를 혼합할 필요가 있다.

정답 12. 라 13. 나

2-16 댐 콘크리트

제3부 콘크리트의 시공

1. 콘크리트 재료 및 배합

(1) 시멘트는 수화열이 작은 보통 포틀랜드 시멘트, 중용열 포틀랜드 시멘트, 저열 포틀랜드 시멘트, 고로 슬래그 시멘트, 플라이 애시 시멘트 등을 사용한다.

(2) 콘크리트 배합은 소요의 강도, 내구성, 수밀성을 가지고 경화시 온도 상승이 작아야 한다.

(3) 작업에 알맞은 워커빌리티를 가지는 범위 내에서 될 수 있는 대로 단위수량을 적게 정하여 된반죽으로 한다.

(4) 댐 콘크리트 배합의 표준

굵은골재의 최대치수 (mm)	슬럼프 (mm)	공기량 (%)	잔골재율 (%)	단위수량 (kg/m^3)	단위 시멘트의 양 (kg/m^3)
150 이하	20~50	5	23~28	120 이하	140 이상

(5) 단위시멘트량을 되도록 적게 한다.

(6) 롤러 다짐용 콘크리트의 반죽질기를 나타내는 값으로서 진동대식 반죽질기 시험방법에 의해 얻어지는 시간값을 초로 나타내는 VC값이 20±10초를 표준한다.

(7) 댐 콘크리트에서의 설계기준 압축강도는 재령 91일을 기준한다.

(8) 댐 콘크리트는 매스 콘크리트, 서중 콘크리트, 한중 콘크리트 규정을 따른다.

2. 비비기 및 운반

(1) 콘크리트 비비기에는 배치믹서를 사용한다.

(2) 믹서 비비기 시간 표준

믹서의 용량(m^3)	비비는 시간(분)
3~2	2.5분 이상
2~1.5	2분 이상
1.5 이하	1.5분 이상

(3) 비비기의 소정시간의 3배 이상이 되면 안 된다.

(4) 콘크리트의 운반은 버킷으로 한다.

(5) 버킷의 구조는 재료의 분리를 일으키지 않고 콘크리트의 부리기가 빠르고 쉬워야 한다.

3. 타설 및 다지기

(1) 콘크리트를 타설할 때에는 여러 블록으로 나누어 타설한다.

(2) 콘크리트 1회 타설 높이는 0.75~2.0m 정도가 표준이다.

(3) 먼저 콘크리트를 타설한 후 5일이 지난 다음에 새로운 콘크리트를 타설한다.

(4) 콘크리를 타설한 후 진동 다지기를 한다.

(5) 진동기는 내부진동기를 사용하며 진동시간은 5~15초 정도로 한다.

(6) 콘크리트 표면 차수벽은 프린스에서 댐 정상까지 수평시공이음 없이 한 번에 타설한다.

(7) 콘크리트 표면 차수벽은 균열의 발생을 최대한 억제하여야 하며 연속 타설시 배부름이 발생하지 않게 슬럼프 관리를 한다.

4. 콘크리트의 냉각방법

(1) 시멘트의 수화열 때문에 온도가 상승하여 유해한 균열이 발생하는 것을 방지하기 위해 콘크리트를 냉각시킨다.

(2) 프리쿨링(pre-cooling) (선행냉각)

콘크리트를 비비기 전에 물, 골재 등을 얼음이나 찬바람 등으로 미리 냉각시켜 콘크리트의 온도를 낮추는 방법이다.

(3) 파이프 쿨링(pipe-cooling) (관로식 냉각)

콘크리트 타설 후에 콘크리트의 표면에 지름 25mm의 냉각관을 1~2m 간격으로 냉각수를 보내서 콘크리트의 온도를 낮추는 방법이다.

5. 양　생

(1) 보통 포틀랜드 시멘트와 중용열 포틀랜드 시멘트를 사용할 경우에는 14일 이상 양생한다.

(2) 플라이 애시 시멘트 또는 고로 슬래그 시멘트를 사용할 경우에는 21일 이상 양생한다.

(3) 콘크리트 양생이 끝난 후에도 될 수 있는 대로 오랫동안 그 표면을 습윤상태로 하는 것이 좋다.

(4) 콘크리트 타설 후 살수양생 또는 담수양생을 실시하여 표면을 습윤상태로 유지한다.

(5) 콘크리트 타설 후 표면이 저온이 되거나 급격한 온도 변화가 예상되는 경우에는 보온양생을 실시한다.

(6) 콘크리트를 타설하는 암반의 표면이나 수평시공이음은 습윤상태로 한 후에 모르타르를 부설한다.

실전문제

제 2 장 특수 콘크리트

댐 콘크리트

문제 01 콘크리트 댐에 사용되는 콘크리트의 슬럼프 값은 어느 정도인가?

가. 20~50mm 나. 50~80mm
다. 80~100mm 라. 100~120mm

해설 40mm 이상 되는 굵은골재는 제거하고 측정한 슬럼프 값이 20~50mm 범위를 표준으로 한다.

문제 02 댐 콘크리트에서 보통 포틀랜드 시멘트를 사용하면 며칠간의 습윤 양생 기간을 두어야 하는가?

가. 21일 나. 18일
다. 10일 라. 14일

문제 03 콘크리트 댐의 시공상 주의할 점에 대한 설명이다. 틀린 것은 다음 중 어느 것인가?

가. 콘크리트를 칠 때는 진동다지기로 다지는 것이 효과적이다.
나. 콘크리트를 치는 장소를 깨끗이 청소하고 기초 암반과의 접촉부는 모르타르를 바른다.
다. 콘크리트의 재료 분리가 예상될 때는 거듭비비기를 하여 균질의 콘크리트가 되게 한다.
라. 거푸집 내의 콘크리트를 이동시키면서 치면 양호한 콘크리트가 된다.

해설 콘크리트를 이동시키면 재료분리가 발생한다.

문제 04 다음은 댐 콘크리트의 시공에 대해서 설명한 것이다. 이 중 옳지 않은 것은?

가. 시멘트는 수화열의 발생이 큰 것을 사용하는 것이 좋다.
나. 댐 콘크리트의 혼화재료에는 플라이 애시(fly ash), 공기연행제를 사용한다.
다. 단위 시멘트량은 내부 콘크리트보다 외부 콘크리트가 많다.
라. 댐 콘크리트는 보통 콘크리트보다 내구성과 수밀성이 커야 한다.

해설 시멘트는 수화열이 적은 것을 사용하여야 한다.

정답 01. 가 02. 라 03. 라 04. 가

문제 05 댐 콘크리트의 재료에 대해 기술한 다음 항목 중에서 틀린 것은?

가. 보통 시멘트보다 발열이 작은 저열 또는 중용열 시멘트를 많이 쓴다.
나. 굵은골재의 최대치수는 75mm까지 되는 것을 써서 시멘트를 절약하는 한편 수축이 적고 또한 발열이 적게 하고 있다.
다. 조골재는 입도가 맞아야 하며, 강경하고 6면체나 구형에 가까워야 하고, 유기물이 접하지 않아야 한다.
라. 댐 콘크리트에 몇 가지의 혼화제를 섞어 성질을 개선한다.

해설 굵은골재의 최대치수는 150mm까지 사용한다.

문제 06 댐 콘크리트에 관한 설명 중 틀린 것은?

가. 굵은골재 밀도는 $2.5g/cm^3$ 이상, 골재 최대치수 150mm 이하를 표준한다.
나. 시멘트는 플라이 애시가 적합하다.
다. 댐 콘크리트의 단위수량은 $120kg/m^3$ 이하를 표준한다.
라. 부배합 시공을 한다.

해설 빈배합 시공을 한다.

문제 07 댐 콘크리트에 대한 설명 중 틀린 것은?

가. 잔골재율은 단위 결합재량을 낮게 정한다.
나. 압축강도를 기준으로 물-결합재비를 정하는 경우에 그 값은 시험에 의해서 정한다.
다. 롤러 다짐용 콘크리트의 반죽질기 평가는 VC 시험을 사용할 수 있다.
라. 진동롤러로 다짐 후 다짐면의 반죽상태의 정도를 판단하기 위해 RI 시험을 이용한다.

해설 진동롤러로 다짐 후 다짐면의 다짐 정도를 판단하기 위해 RI 시험을 이용하여 다짐도를 판정한다.

문제 08 댐 콘크리트의 설계기준 압축강도는 재령 며칠을 기준하는가?

가. 7일　　나. 28일
다. 72일　　라. 91일

정답 05. 나 06. 라 07. 라 08. 라

문제 09 댐 콘크리트 시공에 관련된 내용 중 틀린 것은?

가. 단위결합재량은 필요한 물-결합재비를 확보하고 작업이 가능한 범위 내에서 적게 한다.
나. 골재의 저장은 표면수가 일정하게 하도록 한다.
다. 롤러 다짐 콘크리트의 반죽질기는 VC 시험으로 50±10초를 표준한다.
라. 선행 냉각은 냉각한 물, 냉각한 굵은골재, 얼음 등을 사용해서 한다.

해설 롤러 다짐 콘크리트의 반죽질기는 VC 시험으로 20±10초를 표준한다.

정답 09. 다

2-17 프리스트레스트 콘크리트

1. 개 요

(1) 콘크리트 부재 속에 배치된 긴장재에 기계적으로 인장력을 주어 그 반작용으로 프리스트레스를 주는 방법이다.

(2) PSC의 장점

① 강재의 부식 위험이 적고 내구성이 좋다.
② 탄력성과 복원성이 우수하다.
③ 콘크리트의 전단면을 유효하게 이용할 수 있다.
④ 철근 콘크리트보다 경간을 길게 할 수 있다.
⑤ 프리캐스트를 사용할 경우 시공성이 좋다.
⑥ PSC 구조물은 인장응력에 의한 균열이 방지되고 안전성이 높다.

(3) PSC의 단점

① 내화성에 있어 불리하다.
② 변형이 크고 진동하기 쉽다.
③ 공사비가 많이 든다.

(4) PSC의 기본 개념

① 응력 개념(균등질 보의 개념)
프리스트레스가 도입되면 콘크리트 부재가 탄성재료로 전환되어 이에 대한 해석이 탄성이론으로 가능하다.
② 강도 개념(내력 모멘트 개념)
RC와 같이 압축력은 콘크리트가 받고 인장력은 PS 강재가 받는 것으로 하여 두 힘에 의한 내력 모멘트가 외력 모멘트에 저항한다.
③ 하중 평형 개념(등가하중 개념)
프리스트레싱에 의한 작용과 부재에 작용하는 하중을 평형이 되게 한다.

2. 재　료

(1) 골 재

① 굵은골재 최대치수는 보통 25mm를 표준한다.
② 부재치수, 철근간격, 펌프압송 등의 사정에 따라 20mm를 사용할 수 있다.

(2) PS 강재

① 인장강도가 클 것
② 항복비가 클 것
③ 릴랙세이션이 작을 것
④ 부착강도가 클 것
⑤ 응력 부식에 대한 저항성이 클 것
⑥ 곧게 잘 펴지는 직선성이 좋을 것
⑦ 구조물의 파괴를 예측할 수 있게 어느 정도의 연신율이 있을 것

(3) 덕트 내의 충전

① 블리딩률은 기준값은 3시간 경과시 0.3% 이하로 한다.
② 그라우트 체적 변화율 기준값은 24시간 경과시 −1~5%의 범위이다.
③ 프리스트레스트 콘크리트 그라우트의 물-결합재비는 45% 이하로 한다.
④ 그라우트 압축강도는 7일 재령에서 27MPa 이상 또는 28일 재령에서 30MPa 이상으로 한다.
⑤ 염화물 함유량은 단위시멘트량의 0.08% 이하로 한다.

(4) 마찰 감소재

① 프리스트레싱을 실시할 때 마찰을 감소시키거나 부착시키지 않는 구조에 사용한다.
② 쉬스와 PS 강재와의 마찰을 감소시키기 위하여 사용하는 마찰 감소재는 긴장이 끝난 후 반드시 제거한다.

(5) 재료의 저장

① PS 강재는 습기에 의한 녹이나 부식을 막고 기름, 먼지, 진흙 등의 부착에 의해 콘크리트와의 부착강도의 저하를 막기 위해 창고 내에 저장한다.
② 접착제는 6개월 이상 저장하지 않아야 한다.

3. 시 공

(1) 쉬스, 보호관 및 긴장재의 배치

거푸집 내에서 허용되는 긴장재의 배치오차는 도심위치 변동의 경우 부재치수가 1m 미만일 때에는 5mm를 넘지 않아야 하며 1m 이상인 경우에는 부재치수의 1/200 이하로서 10mm를 넘지 않도록 한다. 어떤 경우라도 10mm를 넘는 경우에는 수정하여야 한다.

(2) PSC 그라우트 주입구, 배기구, 배출구의 배치

① 그라우트 캡은 충전을 확인할 수 있는 구조로 비철재가 좋다.
② 그라우트 호스는 보의 면보다 약 1m 정도 수직으로 유지하는 것이 좋다.
③ 그라우트 호스를 분산 배치한다.
④ 케이블의 길이가 50m 정도를 초과할 경우에는 중간에도 주입구를 설치하여 단계별로 주입하는 것이 좋다.
⑤ 그라우트 호스의 지름은 15mm, 19mm가 많이 사용하고 있다.

(3) 프리스트레싱

① 프리텐션 방식
공장에서 동일 종류의 제품을 대량으로 제조하는 경우가 많다.
㉠ 롱라인 공법(연속식)
㉡ 인디비주얼 몰드 공법(단독식)
② 포스트텐션 방식
현장에서 프리스트레스를 도입하는 경우가 많다.
㉠ 쐐기식 공법
- 프레시네(Freyssinet) 공법
- CLL 공법
- 마그넬(Magnel) 공법

- VSL 공법

㉡ 지압식 공법

- BBRV 공법
- 디비닥(Dywidaq) 공법

㉢ 루프식 공법

- 바우어 레몬하르트(Baur-Leonhart) 공법
- 레오바(Leoba) 공법

(3) 프리스트레스의 도입

① 프리스트레싱을 할 때의 콘크리트 압축강도는 프리스트레스를 준 직후 콘크리트에 일어나는 최대 압축응력의 1.7배 이상일 것

② 프리텐션 방식에 있어서의 콘크리트 압축강도는 30MPa 이상일 것. 단, 실험이나 기존의 적용 실적 등을 통해 안전성이 증명된 경우 25MPa 이상으로 할 수 있다.

③ 프리스트레스 도입시 일어나는 손실

- 콘크리트의 탄성변형(탄성수축)에 의한 손실
- 강재와 쉬스의 마찰에 의한 손실
- 정착단의 활동에 의한 손실

④ 프리스트레스 도입 후 손실

- 콘크리트의 건조수축
- 콘크리트의 크리프
- 강재의 릴랙세이션

(4) 그라우트 시공

① PS 강재를 부착시키는 포스트텐션 방식의 경우에는 그라우트에 의한 긴장재의 녹막이를 실시한다.

② 그라우트 시공은 프리스트레싱이 끝난 8시간이 경과한 다음 가능한 한 빨리하며 어떤 경우에도 프리스트레싱이 끝난 후 7일 이내에 실시한다.

③ PSC 그라우트의 비비기는 그라우트 믹서로 한다. 그라우트 믹서는 5분 이내에 그라우트를 충분히 비빌 수 있어야 한다.

④ PSC 그라우트는 그라우트 펌프에 넣기 전에 1.2mm의 체로 걸러야 한다.

⑤ 그라우트 주입시의 주입압력은 최소 0.3MPa 이상으로 한다. 압력을 높이고 나서 약 10분 후에 압력을 제거하고 블리딩에 의한 물이 자유로이 이동할 수 있게 한다.
⑥ 배기구 끝에는 1m 이상의 굵은 파이프를 연직으로 설치하여 블리딩에 의한 물이 상승하게 한다.
⑦ 그라우트 주입압은 2MPa 이하로 한다.
⑧ 한중에 시공시 주입 전에 덕트 주변의 온도를 5℃ 이상으로 한다. 또한 주입시 그라우트의 온도는 10~25℃를 표준하며 그라우트의 온도는 주입 후 적어도 5일간은 5℃ 이상을 유지한다.
⑨ 긴장재에 도입하는 인장력은 소정의 값 이하가 되지 않도록 관리한다.
⑩ 프리스트레싱 중 위험 예방을 위해 인장장치 또는 고정장치 뒤에 사람이 서 있지 않도록 한다.
⑪ 프리스트레싱 작업 중에는 인장력과 신장량의 관계가 직선이 되어 있음을 확인한다.

실전문제

제 2 장 특수 콘크리트

프리스트레스트 콘크리트

문제 01 프리스트레스트 콘크리트의 그라우트 품질 중 틀린 것은?

가. 그라우트 체적 변화율은 24시간 경과시 −1~5%의 범위이다.
나. 블리딩률은 3시간 경과시 0.3% 이하로 한다.
다. 그라우트 유하시간은 15~30초의 범위로 한다.
라. 팽창성 그라우트의 압축강도는 20MPa 이상이어야 한다.

해설 팽창성 그라우트의 압축강도는 재령 28일에서 30MPa 이상이어야 한다.

문제 02 프리스트레스트 콘크리트의 그라우트는 반죽질기를 해치지 않는 범위에서 물-결합재비는 몇 % 이하로 하는가?

가. 43%　　나. 45%
다. 46%　　라. 48%

해설 그라우트의 물-결합재비는 45% 이하로 한다.

문제 03 프리스트레스트 콘크리트의 굵은골재 최대치수는 보통의 경우 몇 mm를 표준으로 하는가?

가. 13mm　　나. 20mm
다. 25mm　　라. 40mm

해설 굵은골재 최대치수를 25mm 정도로 하는 것이 좋지만, 부재치수, 철근간격, 펌프압송 등의 사정에 따라서는 20mm를 사용하는 경우도 있다.

문제 04 프리스트레스트 콘크리트에 사용되는 긴장재의 가공 및 조립에 대한 설명 중 틀린 것은?

가. PS 강봉의 나사로 이음하는 부분은 가열에 의해 절단을 한다.
나. 긴장재를 쐐기에 의해 정착장치에 고정하는 경우에는 기름, 뜬녹, 기타 이물질을 제거한다.
다. PS 강재의 휨가공은 필히 기계를 사용하여 냉간에서 원활한 곡선으로 가공한다.
라. 아주 심하게 구부러진 PS 강재는 다시 펴서 사용하지 않는다.

정답 01. 라　02. 나　03. 다　04. 가

해설 PS 강봉의 나사로 이음이 되는 부분은 열의 영향에 의한 재질의 변화 및 시공이 불가능하게 되기 때문에 가열에 의한 절단을 해서는 안 된다.

문제 05 프리스트레스트 콘크리트 시공시 덕트, 쉬스, 긴장재 배치 등의 설명 중 틀린 것은?

가. 덕트는 콘크리트와 긴장재를 절연하기 위해 둔다.
나. 거푸집 내에서 허용되는 긴장재의 배치오차는 도심 위치 변동의 경우 부재 치수가 1m 미만일 때는 5mm 이하로 한다.
다. 여러 개의 PS 강선 혹은 PS 스트랜드를 하나의 쉬스 안에 수용하는 경우 서로 잘 꼬이게 배치한다.
라. 긴장재 또는 쉬스 및 보호관의 배치오차는 PS 강재 중심과 부재 가장자리와의 거리가 1m 이상인 경우에는 10mm를 넘지 않게 한다.

해설 적당한 간격재를 사용하여 PS 강재가 쉬스 안에서 서로 꼬이지 않도록 배치한다.

문제 06 프리스트레스트 콘크리트 정착장치 및 접속장치의 조립과 배치에 대한 설명 중 틀린 것은?

가. 정착장치와 긴장재가 정확히 수직이 되게 한다.
나. 정착장치 부근의 긴장재에는 적당한 길이의 직선부를 두는 것이 좋다.
다. 정착장치 및 접속장치의 배치가 끝나면 반드시 검사하여 위치 변동이 생긴 것은 바로 잡는다.
라. 긴장재를 이을 경우 인장력을 줄 때 접속장치 이동량을 미리 산정하여 여유가 있는 공간을 압축측에 둔다.

해설 긴장재를 이어댈 경우 인장력을 줄 때의 접속장치의 이동량을 미리 산정하여 이에 대한 충분한 여유가 있는 공간을 인장측에 두어야 한다.

문제 07 프리스트레스트 콘크리트 시공시 거푸집 및 동바리 작업에 관한 설명 중 옳지 않은 것은?

가. 프리스트레싱이 끝난 후 자중 등의 반력을 받는 부분의 거푸집 및 동바리는 떼어내는 것이 좋다.
나. 거푸집 및 동바리는 프리스트레싱할 때 콘크리트 부재가 자유롭게 수축할 수 있도록 거푸집의 일부를 긴장작업 전에 떼어내는 것이 좋다.
다. 프리스트레싱 후 동바리가 많이 떠오를 때는 프리스트레싱과 동시에 동바리를 침하시킨다.
라. 거푸집은 프리스트레싱에 의한 콘크리트 부재의 변형을 고려하여 적절한 솟음을 준다.

정답 05. 다 06. 라 07. 가

해설 프리스트레싱이 끝난 후에 자중 등이 반력을 받는 부분의 거푸집 및 동바리는 떼어내서는 안 된다.

문제 08 프리스트레스트 콘크리트 그라우트의 품질관리 및 검사 항목이 아닌 것은?

가. 유동성　　나. 블리딩률
다. 체적 변화율　　라. 인장강도

문제 09 PSC 프리스트레싱 작업시 설명이 잘못된 것은?

가. 프리텐션 방식의 경우 긴장재에 주는 인장력은 고정장치의 활동에 의한 손실을 고려한다.
나. PS 강재에 소정의 인장력을 설계값 이상으로 주었다가 다시 설계값으로 낮춘다.
다. 프리텐션 방식에 있어 미리 PS 강재를 고정하기 전에 각각의 PS 강재를 적당한 힘으로 인장해 둬야 한다.
라. 프리스트레스를 도입할 때 긴장재의 고정장치를 풀 때에는 천천히 해야 한다.

해설
- 긴장재로 동시에 인장할 경우 각 PS 강재에 균등한 인장력이 주어지도록 하는데 인장력을 설계값 이상으로 주었다가 다시 설계값으로 낮추는 식의 시공을 해서는 안 된다.
- 프리스트레스를 도입할 때 긴장재의 고정장치를 급격히 풀면 콘크리트에 충격을 주어 긴장재와 콘크리트의 부착을 해칠 우려가 있어 고정장치를 풀 때에는 천천히 해야 한다.

문제 10 프리스트레싱할 때 프리텐션 방식에 있어서 콘크리트의 압축강도는 얼마 이상인가?

가. 25MPa　　나. 30MPa
다. 35MPa　　라. 40MPa

해설
- 프리스트레싱을 할 때의 콘크리트의 압축강도는 프리스트레스를 준 직후 콘크리트에 일어나는 최대 압축응력의 1.7배 이상이어야 한다.
- 짧은 부재, 부재 끝부분에서 큰 휨모멘트 또는 전단력을 받는 부재 등에 있어서 프리스트레스를 줄 때의 콘크리트의 압축강도는 35MPa 이상으로 하는 것이 좋다.

정답 08. 라　09. 나　10. 나

문제 11 프리스트레싱의 관리에 대한 설명 중 틀린 것은?

가. 긴장재에 주어지는 인장력 설계에서 고려한 긴장재의 인장력에 대해 2~3% 정도 큰 인장력이 되도록 한다.
나. 긴장재에 주는 인장력은 하중계가 나타내는 값과 긴장재의 늘음량 또는 빠짐량에 의하여 측정하여야 하며 두 가지 조건이 만족해야 한다.
다. 프리스트레싱 작업중에는 인장력과 늘음량 또는 빠짐량 사이의 관계는 직선이 되어야 한다.
라. 마찰계수 및 긴장재의 겉보기 탄성계수는 공장제작 과정의 시험에 의하여 구한다.

해설 마찰계수 및 긴장재의 겉보기 탄성계수는 현장에서 시험을 실시하여 구하는 것을 원칙으로 한다.

문제 12 프리스트레스트 콘크리트의 그라우트 시공에 대한 설명 중 틀린 것은?

가. 프리스트레싱이 끝난 후 될 수 있는 대로 신속히 PSC 그라우트를 주입한다.
나. 그라우트 펌프는 압축공기로 직접 그라우트 면에 압력을 가하는 방식을 사용한다.
다. 애지테이터는 그라우트를 천천히 휘저을 수 있을 것
라. 그라우트 믹서는 강력하며 5분 이내에 그라우트를 충분히 비빌 수 있는 용량일 것

해설 그라우트 펌프는 PSC 그라우트를 천천히 주입할 수 있어야 하며 공기가 혼입되지 않게 주입할 수 있는 것을 사용한다.

문제 13 프리스트레스트 콘크리트의 그라우트 주입압력은 최소 몇 MPa 이상으로 하는 것이 좋은가?

가. 0.1MPa　　나. 0.2MPa
다. 0.3MPa　　라. 0.5MPa

해설 그라우팅시 압력을 높이고 나서 약 10분 지난 후 이 압력을 제거하고 블리딩에 의한 물이 자유로이 이동할 수 있게 해야 한다.

정답 11. 라 12. 나 13. 다

문제 14 PSC 그라우트 주입에 대한 설명 중 틀린 것은?

가. 그라우트 펌프로 주입을 천천히 하여야 한다.
나. 그라우트는 그라우트 펌프에 넣기 전에 1.2mm의 체로 걸러야 한다.
다. 낮은 곳에서 높은 곳을 향해 그라우트를 주입한다.
라. 한중에 사용하는 경우 주입시 그라우트의 온도는 5~10℃를 표준으로 한다.

해설
- 한중 시공시 주입하는 그라우트의 온도는 10~25℃를 표준으로 한다.
- 그라우트의 온도는 주입 후 적어도 5일간은 5℃ 이상을 유지한다.
- 한중 시공시 주입 전에 덕트 주변의 온도를 5℃ 이상으로 유지한다.

문제 15 프리스트레스 콘크리트 시공시 정착장치 또는 접속장치를 긴장재와 조합시킬 때 긴장재의 길이는 몇 m를 표준으로 하는가?

가. 1m　　나. 2m
다. 3m　　라. 5m

해설 정착한 PS 강재의 길이가 불균일하거나 긴장시 세트 때문에 극히 일부의 PS 강재에 인장력이 집중하여 먼저 파단되는 것을 방지하여 적절한 시험결과가 얻어지도록 긴장재의 길이를 3m로 한다.

문제 16 프리스트레스 콘크리트의 원리에 대한 3가지 방법이 아닌 것은?

가. 응력 개념　　나. 강도 개념
다. 하중 개념　　라. 모멘트 분배 개념

해설
- 응력 개념(균등질 보의 개념)
  RC는 취성재료이므로 인장측의 응력을 무시했으나 PSC는 탄성재료로 인장측 응력도 유효한 균등질 보로 본다.
- 강도 개념(내력 개념=내력 모멘트 개념)
  압축력은 콘크리트가 받고 인장력은 PS 강재가 받아 두 힘의 우력이 외력 모멘트에 저항하도록 한다.
- 하중 개념(하중 평형 개념=등가 하중 개념)
  긴장력과 외력(하중)이 같다는 개념이다. 부재에 작용하는 외력의 일부 또는 전부를 프리스트레스 힘으로 평형시킨다.

정답 14. 라　15. 다　16. 라

문제 17 PSC 부재의 프리스트레스 감소 원인 중 프리스트레스를 도입한 후 생기는 것은?

가. 정착장치의 활동
나. PS 강재와 덕트(시스)의 마찰
다. PS 강재의 릴랙세이션
라. 콘크리트의 탄성변형

해설 • 프리스트레스 도입 후 손실
① 콘크리트의 크리프
② 콘크리트의 건조수축
③ PS 강재의 릴랙세이션

문제 18 콘크리트에 프리스트레스가 가해지면 콘크리트는 탄성체로 전환되고 따라서 프리스트레스트 콘크리트는 탄성이론에 의한 해석이 가능한 개념은?

가. 변형도 개념　　나. 내력 개념
다. 응력 개념　　라. 하중 평형 개념

해설 응력 개념(균등질 보의 개념)
콘크리트에 프리스트레스가 가해지면 콘크리트는 탄성재료로 전환되고 따라서 프리스트레스 콘크리트는 탄성이론에 의한 해석이 가능하다는 개념.

문제 19 프리스트레스 콘크리트에서 콘크리트에 프리스트레스 600,000N을 도입하는데 여러 가지 원인에 의해 120,000N의 프리스트레스 감소가 생겼다. 이때의 프리스트레스 유효율은?

가. 20%　　나. 40%
다. 80%　　라. 125%

해설
• 유효율 $= \dfrac{\text{유효 프리스트레스}}{\text{초기 프리스트레스}} \times 100 = \dfrac{P_i - \Delta P}{P_i} \times 100$

$= \dfrac{600,000 - 120,000}{600,000} \times 100 \fallingdotseq 80\%$

• 감소율 $= \dfrac{120,000}{600,000} = 0.2 = 20\%$

정답 17. 다　18. 다　19. 다

문제 20 PS 강재가 갖추어야 할 일반적인 성질 중 옳지 않은 것은?

가. 인장강도가 높아야 하고 항복비가 커야 한다.
나. 릴랙세이션이 커야 한다.
다. 파단시의 늘음이 커야 한다.
라. 직선성이 좋아야 한다.

해설
- 릴랙세이션이 작아야 한다.
- 콘크리트와 부착력이 클 것
- 응력 부식에 대한 저항성이 클 것
- 피로 강도가 클 것

문제 21 PC 강선을 현장 작업장이나 운반중 강선지름의 350배가 넘는 큰 드럼(drum)에 감아두는 이유와 가장 관계가 깊은 것은?

가. PS 강재와 콘크리트의 부착　　나. 릴랙세이션(relaxation)
다. PS 강선의 직선성　　라. PS 강선의 편심

해설 PS 강선에 요구되는 성질 중 직선성을 갖게 소정의 지름을 갖는 드럼에 감아둔다.

문제 22 다음 PSC 부재의 프리텐션 공법의 제작 과정으로 맞는 것은?

① 콘크리트 치기 작업 ② PS 강재와 콘크리트를 부착시키는 그라우팅 작업 ③ PS 강재를 긴장하여 인장응력을 주는 작업 ④ PS 강재를 준 인장응력을 콘크리트에 전달하는 작업

가. ③-①-④-②　　나. ①-③-②-④
다. ①-③-④-②　　라. ③-①-②-④

해설
- 프리텐션 공법 순서
  ① 거푸집 조립
  ② PS강재 배치, 긴장, 정착
  ③ 콘크리트 치기
  ④ PS 강재의 긴장해제
- 포스트텐션 공법 순서
  ① 거푸집 조립, 시스 배치
  ② 콘크리트 치기
  ③ 콘크리트 경화 후에 PS 강재 긴장, 정착
  ④ 그라우팅

정답 20. 나　21. 다　22. 가

문제 23 PS 콘크리트에 대한 다음 사항 중 옳지 않은 것은?

가. 포스트텐션은 정착부의 정착에 의해 응력을 전달한다.
나. 프리텐션은 철근과 콘크리트의 부착에 의해 응력을 전달한다.
다. 시스는 프리텐션 공법에 사용한다.
라. 그라우팅시 압축공기로 시스관을 붙여내는 것이 좋다.

해설 포스트텐션 공법에서 콘크리트 중에 PS 강재를 배치할 구멍(duct)을 만들기 위해 시스를 사용한다.

문제 24 PSC에서 롱라인 공법(long-line system)에 관한 설명 중 틀린 것은?

가. 프리텐션 방식에 속한다.
나. 여러 개의 부재를 동시에 제작할 수 있다.
다. 일반적으로 프리캐스트(precast) 부재의 공장제품에 사용되는 방법이다.
라. 거푸집 비용이 너무 많이 들기 때문에 많이 사용되지 않는다.

해설 거푸집 비용이 많이 소요되는 방식은 단독 거푸집 방식이다.

문제 25 프리텐션 공법상 주의할 점 중 옳지 않은 것은?

가. PS 강재에는 균일한 인장력을 주어야 한다.
나. PS 강재의 인장력은 한쪽에서 차례로 풀어서 충격이 일어나지 않도록 해야 한다.
다. 긴장력을 풀기 전에 측면의 거푸집을 떼어 가급적 마찰을 적게 한다.
라. PS를 준 부재를 운반할 때는 PS의 분포를 고려하여 지지점을 정한다.

해설 PS 강재의 인장력을 풀 때는 양쪽을 동시에 서서히 풀어 이상응력의 발생과 충격을 적게 해야 한다.

문제 26 포스트텐션 공법에 대한 기술 중 틀린 것은?

가. 콘크리트가 경화된 후에 PS 강재에 인장력을 푼다.
나. PS 강재를 먼저 긴장한 후에 콘크리트를 타설한다.
다. 그라우트를 주입시켜 PS 강재와 콘크리트를 부착시킨다.
라. PS 강재 긴장이 완료됨과 동시에 프리스트레스 도입이 완료된다.

해설 PS 강재를 먼저 긴장한 후 콘크리트를 타설하는 공법이 프리텐션 공법이다.

정답 23. 다 24. 라 25. 나 26. 나

문제 27 그라우팅(grouting)에 관한 설명 중 옳지 않은 것은?

가. 프리텐션에서 사용한다.
나. 팽창제로서 알루미늄 분말을 소량 사용하면 좋다.
다. 콘크리트와의 부착과 PS 강재의 부식을 방지하기 위하여 사용한다.
라. W/C는 45% 이내의 범위에서 가급적 작은 것을 사용한다.

해설 그라우팅은 포스트텐션 공법에서 시스 내에 시멘트풀 또는 모르타르를 주입시켜 PS 강재의 부식 방지, 부착력 증진의 목적이 있다.

문제 28 다음 중 PSC의 프리스트레스 손실량이 가장 큰 것은?

가. 콘크리트의 탄성수축
나. 콘크리트의 크리프
다. 콘크리트의 건조수축
라. 강선의 릴랙세이션

해설
- 프리스트레스의 손실 중 가장 큰 것은 건조수축이다.
- 콘크리트의 건조수축과 크리프에 의한 프리스트레스의 손실량은 프리텐션 방식의 경우가 포스트텐션 방식보다 일반적으로 크다.

문제 29 시스(sheath)에 대한 다음 설명 중 틀린 것은?

가. 시스는 변형을 막고 탄성을 크게 하기 위해 파형으로 만든다.
나. 콘크리트를 칠 때 전동기와 시스를 충분히 접촉시켜 공극을 없애야 한다.
다. 이음부는 모르타르의 침입을 막기 위해 테이프 등으로 감는다.
라. 그라우팅(grouting)을 하기 직전 덕트(duct) 내부는 압축공기로 깨끗이 청소해야 한다.

해설 진동기에 의해 콘크리트를 타설할 경우 충격으로 시스가 쉽게 변형되어서는 안 된다.

문제 30 PS 강재의 탄성계수는 시험에 의하지 않을 때는 얼마로 보는가?

가. 1.96×10^5 MPa
나. 2.0×10^5 MPa
다. 2.1×10^5 MPa
라. 2.04×10^5 MPa

정답 27. 가 28. 다 29. 나 30. 나

문제 31 PS 강재의 종류가 아닌 것은 다음 중 어느 것인가?

가. 강선 나. 강봉
다. 강연선 라. 도관

문제 32 PS 강재에 관한 사항 중 틀린 것은?

가. 프리텐션 공법에서는 PS 강봉은 사용치 않는다.
나. PS 강선이 PS 강연선보다 부착력이 강하다.
다. PS 강선의 표면에 약간 녹이 슬면 부착력이 향상된다.
라. 이형 PS 강선은 보통 PS 강선보다 부착력이 크다.

해설 PS 강연선은 여러 개의 강선을 꼬아 만든 것으로 PS 강선에 비해 부착력이 크다.

문제 33 프리스트레스트 콘크리트에서 PS 강재의 배치에 관한 설명 중 틀린 것은?

가. 프리텐션 부재의 경우 부재 단부에서 긴장재의 순간격은 강선의 경우 $4d_b$ 이상, 강연선(strand)의 경우 $3d_b$ 이상이어야 한다.
나. 프리텐션 부재의 경우 경간의 중앙부에서는 긴장재의 수직간격이 부재의 단면부보다 좁아도 되며 또한 강선과 강연선을 다발로 사용해도 된다.
다. 포스트텐션 부재의 경우 콘크리트를 타설하는 데 지장이 없고 긴장시에 긴장재가 덕트로부터 튀어나오지 않는다면 덕트를 다발로 사용해도 된다.
라. 포스트텐션 부재의 경우 일반적인 덕트의 순간격은 5cm 이상, 굵은골재 최대치수의 3/4배 이상이어야 한다.

해설 덕트(시스)의 순간격은 굵은골재 최대치수의 4/3배 이상, 또는 2.5cm 이상으로 한다.

문제 34 그라우팅(grouting)용 혼화제로서 필요한 성질 중 옳지 않은 것은?

가. 단위수량이 작고 블리딩이 작아야 한다.
나. 그라우트를 수축시키는 성질이 있어야 한다.
다. 재료의 분리가 생기지 않아야 한다.
라. 주입하기 쉬워야 하며 공기를 연행시켜야 한다.

해설 그라우팅용 혼화제는 적당한 팽창성이 있어야 충전성과 유동성이 확보된다.

정답 31. 라 32. 나 33. 라 34. 나

문제 35 다음 PC 강재 중에서 프리텐션 부재에 사용하지 않는 것은?

가. 원형 PC 강선 나. 이형 PC 강선
다. PC 스트랜드 라. PC 강봉

해설 PC 강봉은 마찰력이 문제가 있어 포스트텐션 방식에 사용한다.

문제 36 PSC 구조의 장점에 해당되지 않는 것은 다음 중 어느 것인가?

가. 같은 하중에 대한 단면은 부재 자중이 경감되어 그 경간장을 증대시킬 수 있다.
나. 구조물은 가볍고 강하며 복원성이 우수하다.
다. 부재에는 확실한 강도와 안전율을 갖게 할 수 있다.
라. PSC판에는 화재시에 폭발할 염려가 없다.

해설 내화성이 약하다.

문제 37 프리스트레스트 콘크리트를 사용하는 가장 큰 이점은 다음 중 어느 것인가?

가. 고강도 콘크리트의 이용 나. 고강도 강재의 이용
다. 콘크리트의 균열 감소 라. 변형의 감소

해설 복원성이 우수하여 균열을 최소화시킨다.

정답 35. 라 36. 라 37. 다

2-18 고유동 콘크리트

제3부 콘크리트의 시공

1. 개 요

굳지 않은 상태에서 재료분리 없이 높은 유동성을 가지면서 다짐작업 없이 자기 충전성이 가능한 콘크리트를 말한다.

2. 품질관리

(1) 제조방법은 분체계, 증점체계, 병용계 등이 있다.

(2) 적 용

① 보통 콘크리트로 충전이 곤란한 구조체
② 균질하고 정밀도가 높은 구조체
③ 타설시간 단축의 효과를 얻기 위할 경우
④ 다짐시 소음, 진동을 억제할 경우

(3) 굳지 않은 콘크리트의 유동성은 슬럼프 플로 600mm 이상으로 한다.

(4) 슬럼프 플로 시험 후 콘크리트 중앙부에 굵은골재가 모여 있지 않고 주변부에는 페이스트가 분리되지 않아야 한다.

(5) 재료분리 저항성은 슬럼프 플로 500mm, 도달시간 3~20초 범위이어야 한다.

(6) 유동성은 슬럼프 플로 시험을 관리한다.

(7) 재료분리 저항성은 500mm 플로 도달시간 또는 깔때기 유하시간으로 관리한다.

(8) 자기 충전성은 충전장치를 사용한 간극 통과성 시험으로 관리한다.

(9) 고유동 콘크리트의 자기충전 등급

① 1등급 : 최소 철근 순간격 35~60mm의 복잡한 단면 형상을 가진 철근 콘크리트 구조물, 단면 치수가 작은 부재 또는 부위에서 자기 충전성을 가지는 성능
② 2등급 : 최소 철근 순간격 60~200mm의 철근 콘크리트 구조물 또는 부재에서 자기 충전성을 가지는 성능

③ 3등급 : 최소 철근 순간격 200mm 이상으로 단면 치수가 철근량이 적은 부재 또는 부위, 무근 콘크리트 구조물에서 자기 충전성을 가지는 성능

④ 일반적인 철근 콘크리트 구조물 또는 부재는 자기 충전성 등급을 2등급으로 정하는 것을 표준으로 한다.

3. 시 공

(1) 거푸집

① 측압은 액압이 작용하는 것으로 본다.

② 폐쇄공간에 타설할 경우에는 거푸집 상면의 적절한 위치에 공기빼기 구멍을 설치한다.

(2) 타 설

① 펌프 압송시 관 직경은 100~150mm를 사용한다.

② 콘크리트의 최대 자유낙하 높이는 5m 이하로 한다.

③ 콘크리트의 최대 수평 유동거리는 15m 이하로 한다.

④ 애지테이터 트럭으로 운반하는 경우에는 배출 직전에 10초 이상 고속으로 혼합한 다음 배출한다.

(3) 양 생

① 표면 마무리할 때까지 습윤양생이나 방풍시설 등 표면건조를 방치해야 한다. 부득이한 경우 현장 봉함양생을 한다.

② 부재 두께가 0.8m 이상인 경우에는 콘크리트 온도를 가능한 천천히 외기온도에 가까워지도록 보온 및 보호조치 등을 한다.

제 2 장 특수 콘크리트

고유동 콘크리트

문제 01 굳지 않은 고유동 콘크리트의 유동성은 슬럼프 플로 몇 mm 이상인가?

가. 500mm　　나. 600mm
다. 700mm　　라. 800mm

해설 굳지 않은 콘크리트의 유동성은 슬럼프 플로 600mm 이상으로 한다.

문제 02 슬럼프 플로 도달시간은 슬럼프 플로가 몇 mm 도달하는 데 요하는 시간인가?

가. 500mm　　나. 600mm
다. 700mm　　라. 800mm

해설 슬럼프 플로가 500mm 도달하는 시간을 슬럼프 플로 도달시간이라 한다.

문제 03 고유동 콘크리트의 설명 중 틀린 것은?

가. 자기 충전성 등급은 타설 대상 구조물의 형상, 치수, 배근 상태를 고려하여 설정한다.
나. 굳지 않은 콘크리트의 재료분리 저항성을 증가시키는 작용을 갖는 혼화제를 증점제라 한다.
다. 철근콘크리트 구조물 또는 부재는 자기 충전성 등급을 1등급으로 정하는 것을 표준한다.
라. 굳지 않은 콘크리트의 재료분리 저항성은 슬럼프 플로 500mm 도달시간 3~20초 범위를 만족해야 한다.

해설 일반적인 철근콘크리트 구조물 또는 부재는 자기 충전성 등급을 2등급으로 정하는 것을 표준한다.

정답 01. 나　02. 가　03. 다

2-19 순환골재 콘크리트

1. 개 요

건설 폐기물인 콘크리트를 크러셔로 분쇄하여 인공적으로 만든 순환골재를 사용하여 콘크리트를 개조한 것을 말한다.

2. 품질관리

(1) 순환골재를 사용할 경우에는 천연골재와 혼합하여 사용하는 것을 원칙으로 한다.

(2) 순환골재 최대치수는 25mm 이하로 하며 가능한 20mm 이하의 것을 사용한다.

(3) 순환골재의 1회 계량분 오차는 ±4%로 한다.

(4) 콘크리트 설계기준 압축강도는 27MPa 이하로 한다.

(5) 콘크리트 설계기준 압축강도가 27MPa 이하의 경우 순환 굵은골재의 최대 치환량은 총 굵은골재 용적의 60%, 순환 잔골재의 최대 치환량은 총 잔골재 용적의 30% 이하로 한다.

(6) 콘크리트 설계기준 압축강도가 27MPa 이하의 경우 순환골재의 최대 치환량은 총 골재용적의 30%로 한다.

(7) 공기량은 보통 골재를 사용한 콘크리트보다 1% 크게 한다.

(8) 순환골재의 품질

항목 \ 골재 종류		굵은골재	잔골재
절대건조밀도(g/cm³)		2.5 이상	2.3 이상
흡 수 율(%)		3.0 이하	4.0 이하
마모감량(%)		40 이하	–
입자 모양 판정 실적률(%)		55 이상	53 이상
0.08mm체 통과량(%)		1.0 이하	7.0 이하
알칼리 골재 반응		무해할 것	
점토 덩어리량(%)		0.2 이하	1.0 이하
안 정 성(%)		12 이하	10 이하
이물질 함유량(%)	유기 이물질	1.0 이하(용적)	
	무기 이물질	1.0 이하(질량)	

(9) 순환골재 품질관리 시기 및 횟수

항 목		시기 및 횟수	
		굵은골재	잔골재
입 도		공사 시작 전, 공사 중 1회/월 이상 및 산지(순환골재 제조 전의 폐콘크리트)가 바뀐 경우	공사 시작 전, 공사 중 1회/월 이상 및 산지(순환골재 제조 전의 폐콘크리트)가 바뀐 경우
절대건조밀도			
흡수율			
입도 모양 판정 실적률			
0.08mm체 통과량 손실된 양			
점토 덩어리량			
마모감량			해당사항 없음
알칼리 골재 반응		공사 시작 전, 공사 중 1회/6개월 이상 및 산지가 바뀐 경우	공사 시작 전, 공사 중 1회/6개월 이상 및 산지가 바뀐 경우
안정성			
이물질 함유량	유기 이물질	공사 시작 전, 공사 중 1회/월 이상 및 산지가 바뀐 경우	공사 시작 전, 공사 중 1회/월 이상 및 산지가 바뀐 경우
	무기 이물질		

실전문제

제2장 특수 콘크리트

순환골재 콘크리트

문제 01 순환골재의 품질관리 시기 및 횟수가 매월 1회 이상인 항목이 아닌 것은?

가. 입도　　　　　　　　나. 흡수율
다. 굵은골재 마모감량　　라. 알칼리 골재 반응

해설 알칼리 골재 반응 : 매 6개월마다 1회 이상

문제 02 순환 잔골재의 절대건조밀도 및 흡수율은?

가. 2.3g/cm^3 이상, 4.0% 이하　　나. 2.5g/cm^3 이상, 3.0% 이하
다. 2.6g/cm^3 이상, 3.0% 이하　　라. 2.2g/cm^3 이상, 3.0% 이하

해설
- 일반 콘크리트의 잔골재 : 2.5g/cm^3 이상, 3.0% 이하
- 순환골재 콘크리트의 굵은골재 : 2.5g/cm^3 이상, 3.0% 이하

문제 03 순환골재 콘크리트에 대한 설명 중 틀린 것은?

가. 순환골재의 저장시설은 프리웨팅이 가능하도록 살수설비를 갖추고 배수가 용이해야 한다.
나. 순환 굵은골재의 최대치수는 40mm 이하로 한다.
다. 순환골재 콘크리트의 공기량은 보통 골재를 사용한 콘크리트보다 1% 크게 한다.
라. 순환골재를 사용할 경우 책임기술자의 승인을 받아야 한다.

해설 순환 굵은골재의 최대치수는 25mm 이하로 한다.

정답 01. 라　02. 가　03. 나

2-20 폴리머 시멘트 콘크리트

제3부 콘크리트의 시공

1. 개 요

결합재로 시멘트와 시멘트 혼화용 폴리머(또는 폴리머 혼화제)를 사용한 콘크리트를 말한다. 결합재로 열경화성 또는 열가소성 수지 등을 사용하여 골재를 결합한다.

2. 배 합

(1) 물-결합재비는 플로 값 또는 슬럼프 값으로 정한다.

(2) 물-결합재비는 30~60% 범위에서 가능한 적게 한다.

(3) 폴리머-시멘트비는 5~30% 범위로 한다.

(4) 비비기는 기계비빔을 원칙으로 한다.

(5) 비비기 시간은 시험에 의해서 정한다.

3. 시 공

(1) 시공온도는 5~35℃를 표준한다.

(2) 타설 후 흙손 마감은 수회에 걸쳐 누르며 필요 이상의 흙 손질은 피한다.

(3) 시공 후 1~3일의 습윤양생을 한 후, 시공장소가 사용될 때까지의 양생기간은 7일을 표준한다.

실전문제

제2장 특수 콘크리트

폴리머 시멘트 콘크리트

문제 01 폴리머 시멘트 모르타르의 시험시 시멘트 혼화용 폴리머의 품질규정값이 틀린 것은?

가. 굽힘강도 : 5.0 MPa 이상　　나. 압축강도 : 15 MPa 이상
다. 부착강도 : 1.0 MPa 이상　　라. 흡수율 : 10% 이하

해설
- 흡수율 : 15% 이하
- 투수량 : 20g 이하
- 길이 변화율 : 0∼0.15%

문제 02 폴리머 시멘트 콘크리트의 물-결합재비의 범위는?

가. 0∼5%　　나. 10∼15%
다. 20∼25%　　라. 30∼60%

해설 물-결합재비는 30∼60% 범위로서 가능한 적게 한다.

문제 03 폴리머 시멘트 콘크리트에 대한 설명 중 틀린 것은?

가. 타설시 바탕이 건조한 경우 물로 촉촉하게 하여 시공한다.
나. 시공온도는 5∼35℃를 표준한다.
다. 폴리머 시멘트 페이스트 혼합은 기계혼합으로 해서는 안 된다.
라. 폴리머-시멘트비는 5∼30% 범위로 한다.

해설 폴리머 시멘트 페이스트, 모르타르 및 콘크리트 혼합은 기계혼합으로 한다.

정답 01. 라　02. 라　03. 다

MEMO

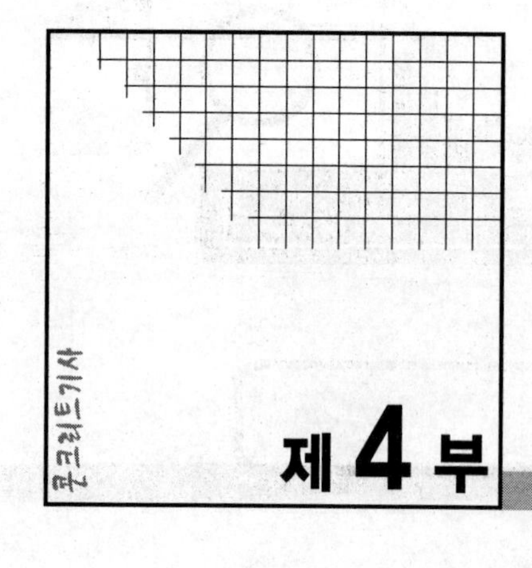

제4부

콘크리트 구조 및 유지관리

제1장 프리캐스트 콘크리트

1-1 프리캐스트 콘크리트 제품

1. 개 요

(1) 제조 공정이 일관되게 관리되어 있는 공장에서 연속적으로 제조되는 프리캐스트 및 프리스트레스 콘크리트 제품에 요구되는 품질, 또는 성능을 실현하기 위해 표준을 나타낸다.

(2) 무근 및 철근 콘크리트 외에 프리스트레스트 콘크리트도 포함한다.

2. 재 료

(1) 콘크리트 강도

① 일반적인 프리캐스트 콘크리트는 재령 14일에서의 압축강도 시험 값이다.

② 오토클레이브 양생 등의 특수한 촉진 양생을 하는 프리캐스트 콘크리트에서는 14일 이전의 적절한 재령에서의 압축강도 시험 값이다.

③ 촉진 양생을 하지 않은 프리캐스트 콘크리트나 비교적 부재 두께가 큰 프리캐스트 콘크리트에서는 재령 28일에서의 압축강도 시험 값이다.

(2) 골 재

① 고강도 콘크리트의 경우 굵은골재의 최대치수는 25mm 이하이고 철근 최소

수평 순간격의 3/4 이내의 것을 사용한다.

② 프리스트레스트 콘크리트 제품의 경우 재생골재를 사용해서는 안 된다.

(3) 배 합

① 슬럼프가 20mm 이상인 콘크리트에 대하여는 슬럼프 시험을 원칙으로 한다.

② 슬럼프가 20mm 미만인 된반죽의 콘크리트는 다짐계수 시험, 관입시험, 외압 병용 VB시험 등의 방법에 의한다.

③ 프리캐스트 콘크리트에서는 물-결합재비가 작은 된반죽의 콘크리트가 사용되며 이와 같은 콘크리트 비빌 때에는 강제식 믹서가 적합하다.

3. 시 공

(1) 다지기

① 진동 다지기

- 콘크리트를 거푸집에 투입한 후 진동대, 거푸집 진동기와 같은 외부 진동이나 삽입식 봉형 진동기 등의 진동에 의해 다짐하는 방법이다.

② 원심력 다지기

- 고속 회전에 의해 얻는 원심력을 이용하여 다짐하는 방법이다.
- 말뚝, 전주, 흄관 등을 생산하는 데 능률적이다.
- 물-결합재비를 낮게 하여 고강도 콘크리트를 쉽게 제조할 수 있다.
- 다짐 후 물-결합재비는 5~10%가 낮아지며 압축강도는 15~25% 정도 높아진다.

③ 가압 다지기 (프레스 성형)

- 제품 형상의 금형에 콘크리트를 투입한 후 프레스로 압력을 가하여 물과 기포를 짜내서 공극이 적고 치밀한 고강도 콘크리트 제품을 찍어내는 방법이다.
- 0.8~1MPa 정도로 가압한 상태에서 100℃에서 고온 양생하거나 가압하면서 진공 탈수하여 재령 7일에 60~75MPa의 조기 고강도 제품에 이용하는 경우도 있다.
- 슬래브, 교량용 세그먼트, 널말뚝, 기와 등 판상 제품의 제조에 사용하고 있다.

④ 압출 성형

- 된 배합의 모르타르나 콘크리트를 스크루나 피스톤으로 압력을 가하여 압출기를 이용하여 단면이 동일한 제품을 연속적으로 뽑아내는 방법이다.
- 창문 프레임, 중공 경량 벽체에 사용되고 있다.

(2) 양 생

① 증기 양생

- 보통 35℃ 이상의 온도로 실시한다.
- 거푸집과 함께 증기 양생실에 넣어 양생 온도를 균등하게 올린다.
- 비빈 후 2~3시간 이상 경과된 후에 증기 양생을 실시한다.
- 온도 상승 속도는 1시간당 20℃ 이하로 하고 최고 온도는 65℃로 한다.
- 양생실의 온도는 서서히 내려 외기의 온도와 큰 차가 없도록 하고 나서 제품을 꺼낸다.

② 오토클레이브 양생 (고온 고압 양생)

- 콘크리트를 고온 고압의 증기에서 양생하면 시멘트 중의 실리카와 칼슘이 결합하여 강고한 토베르모라이트 또는 준결정을 형성해 수열 반응이 일어난다.
- 증기압 0.5~1.8MPa(7~15기압), 온도 150~200℃(180℃ 전후)가 필요하고 실리카분은 시멘트량의 30~40% 치환 할 필요가 있다.
- PSC 말뚝 등의 제조에 쓰인다.

③ 가압 양생

- 성형된 콘크리트에 0.5~1.0MPa의 압력을 가한 상태에서 약 100℃의 고온으로 양생한다.

④ 증기양생 혹은 그 밖의 촉진양생을 실시한 후에 습윤양생을 하면 강도, 수밀성, 내구성 등이 향상된다.

4. 콘크리트 품질검사

(1) 프리캐스트 콘크리트에 사용하는 콘크리트가 소정의 품질을 가지고 있는 것을 확인하기 위해 콘크리트의 강도 시험 및 기타 시험에 의하여 품질관리 및 검사를 실시한다.

(2) 양생온도, 탈형할 때의 강도, 프리스트레스 도입할 때의 강도의 품질관리 및 검사를 실시한다.

제1장 프리캐스트 콘크리트

프리캐스트 콘크리트

문제 01 일반적인 프리캐스트 콘크리트에 사용되는 콘크리트의 강도는 재령 며칠의 압축강도 시험값을 기준하는가?

가. 3일 나. 7일
다. 14일 라. 28일

해설 촉진양생을 하지 않은 프리캐스트 콘크리트나 비교적 부재 두께가 큰 프리캐스트 콘크리트에서는 재령 28일에서의 압축강도 시험값을 기준한다.

문제 02 프리캐스트 콘크리트에 사용되는 고강도 콘크리트의 경우 굵은골재 최대치수의 규격은?

가. 25mm 이하
나. 40mm 이하
다. 공장제품 최소두께의 2/5 이하
라. 강재의 최소간격의 4/5 이하

문제 03 증기양생 방법의 규정 중 틀린 것은?

가. 거푸집과 함께 증기양생에 넣어 양생실의 온도를 균등하게 올린다.
나. 비빈 후 4~5시간 경과된 이후부터 증기양생을 실시한다.
다. 온도상승 속도는 1시간당 20℃ 이하로 하고, 최고온도는 65℃로 한다.
라. 양생실의 온도는 서서히 내려 외기의 온도와 큰 차가 없을 정도로 하고 나서 제품을 꺼낸다.

해설
- 비빈 후 2~3시간 경과된 이후부터 증기양생을 실시한다.
- 오토클레이브 양생은 7~12 기압의 고온 고압의 증기솥에 의해 양생한다.
- 가압양생은 성형된 콘크리트에 0.5~1.0MPa를 가한 상태에서 약 100℃의 고온으로 양생한다.

정답 01. 다 02. 가 03. 나

문제 04 프리캐스트 콘크리트 양생의 관한 설명 중 틀린 것은?

가. 보통 프리캐스트 콘크리트에서는 촉진양생을 한 후에도 습윤양생을 한다.
나. 콘크리트의 경화 촉진을 목적으로 하는 상압증기 양생이 널리 사용되고 있다.
다. 콘크리트를 비빈 후 증기양생까지의 시간은 물-결합재비가 작으면 짧아져서 좋다.
라. 증기양생을 할 경우 성형 후 즉시 증기를 보내거나 온도를 급속히 상승시키면 수밀성 있는 품질을 얻을 수 있다.

해설 증기 양생을 할 경우 성형 후 즉시 증기를 보내거나 온도를 급속히 상승시키거나 매우 높은 온도에서 양생하면 프리캐스트 콘크리트에 나쁜 영향을 끼친다.

문제 05 프리캐스트 콘크리트 품질에 관한 설명 중 틀린 것은?

가. 일반적인 프리캐스트 콘크리트는 재령 14일에서의 압축강도의 시험치를 기준으로 한다.
나. 오토클레이브 양생은 1차 양생을 하고 일정한 강도를 얻은 후 2차 양생을 한다.
다. 프리캐스트 콘크리트에는 된반죽이고 부배합인 콘크리트가 많이 사용된다.
라. 즉시 탈형제품의 경우 단위수량이 매우 적으며 된반죽 콘크리트가 사용되므로 보통 콘크리트에 비교하여 잔골재율을 다소 적게 취한다.

해설
- 즉시 탈형제품의 경우 단위수량이 매우 적으며 슬럼프 값이 0인 매우 된반죽 콘크리트가 사용되므로 보통 콘크리트에 비교하여 잔골재율을 다소 크게 취하는 것이 일반적이다.
- 즉시 탈형을 하더라도 해로운 영향을 받지 않는 프리캐스트 콘크리트에 대해서는 콘크리트가 경화되기 전에 거푸집의 일부 또는 전부를 해체해도 좋다.
- 촉진양생을 하지 않는 프리캐스트 콘크리트나 비교적 부재 두께가 큰 프리캐스트 콘크리트에서는 재령 28일에서는 압축강도의 시험치를 기준으로 한다.
- 오토클레이브 양생 등의 특수한 촉진양생을 하는 프리캐스트 콘크리트에서는 14일 이전의 적절한 재령의 압축강도 시험치를 기준으로 한다.

정답 04. 라 05. 라

문제 06 프리캐스트 콘크리트의 양생방법에 대한 설명 중 틀린 것은?

가. 증기양생은 보통 35℃ 이상의 온도로 실시한다.

나. 오토클레이브 양생시 증기압은 0.5~1.8MPa, 온도는 150~200℃가 필요하다.

다. 가압양생은 성형된 콘크리트에 2~5MPa의 압력을 가한 상태에서 약 100℃의 고온에서 양생하는 것이다.

라. PSC말뚝 등의 제조에 오토클레이브 양생이 쓰인다.

해설 가압양생은 성형된 콘크리트에 0.5~1.0MPa의 압력을 가한 상태에서 약 100℃의 고온에서 양생한다.

정답 06. 다

제 2 장 철근 콘크리트

2-1 철근 콘크리트 구조와 기초

1. 철근 콘크리트의 정의

- 콘크리트는 압축에 강하지만 인장에는 약하여 인장을 받는 부분이 큰 변형이 생기기 전에 쉽게 균열이 발생하면서 순간적으로 붕괴되어 취성 파괴가 일어난다.
- 콘크리트의 취성파괴를 방지하면서 보의 강도를 증대시키기 위해 인장을 받는 구역에 철근을 배근하여 콘크리트와 철근이 일체되어 압축은 콘크리트가 받고 인장은 철근이 받는 구조

(1) 철근 콘크리트의 특성

① 철근과 콘크리트는 부착강도가 크다.
② 콘크리트 속에 묻힌 철근은 구조 수명 동안 부식하지 않는다.
③ 콘크리트와 철근의 팽창률은 거의 동일하다.

(2) 철근 콘크리트의 장·단점

① 내구성, 내화성이 크다.
② 형상이나 치수에 제한을 받지 않는다.
③ 보수, 보강, 해체가 어렵다.
④ 유지 관리비가 적게 든다.

2. 탄성계수

(1) 콘크리트의 할선탄성계수(E_c)

① 콘크리트의 단위질량 $m_c = 1,450 \sim 2,500 \text{kg/m}^3$인 경우

$$E_c = 0.077 m_c^{1.5} \sqrt[3]{f_{cm}} (\text{MPa})$$

② 보통 중량골재를 사용한 콘크리트의 단위질량 $m_c = 2,300 \text{kg/m}^3$인 경우

$$E_c = 8,500 \sqrt[3]{f_{cm}}$$

여기서, 재령 28일에서 콘크리트의 평균 압축강도
$f_{cm} = f_{ck} + \Delta f$(MPa)이다.
Δf는 f_{ck}가 40MPa 이하이면 4MPa,
f_{ck}가 60MPa 이상이면 6MPa이며
그 사이는 직선보간한다.

(2) 철근의 탄성계수

$$E_s = 200,000 (\text{MPa})$$

(3) 긴장재의 탄성계수

$$E_{ps} = 200,000 (\text{MPa})$$

(4) 형강의 탄성계수

$$E_{ss} = 205,000 (\text{MPa})$$

3. 콘크리트의 크리프

(1) 정 의

구조물에 하중을 재하하면 순간적으로 탄성 변형을 일으킨다. 이때 하중을 제거하지 않고 계속 재하하면 탄성 변형 외에 소성 변형이 발생하는데 이와 같이 시간의 증가에 따라 일정 하중 하에서 서서히 소성 변형이 발생하는 것

(2) 크리프에 영향을 주는 요인

① 재하응력이 클수록 크리프가 증가한다.
② 콘크리트 강도 및 재령이 클수록 크리프가 적게 발생한다.
③ 습도가 클수록 적게 발생한다.
④ 많은 철근량을 효과적으로 배근하면 크리프가 감소한다.
⑤ 콘크리트 체적이 클수록 크리프는 감소한다.
⑥ 시멘트량이 많으면 많을수록 크리프량이 증가한다.
⑦ 물-결합재비가 클수록 크리프는 증가한다.
⑧ 입도가 좋은 골재를 사용한 치밀한 콘크리트는 크리프가 작다.
⑨ 고온 증기 양생한 콘크리트는 크리프가 적게 발생한다.
⑩ 부재 치수가 작을수록 크리프가 크다.

(3) 크리프 계수(ϕ)

① $\phi = \frac{\varepsilon_c}{\varepsilon_e} = \frac{\text{크리프 변형률}}{\text{탄성 변형률}} = \frac{\varepsilon_c}{\frac{f_c}{E_c}}$

여기서, $E = \frac{f}{\varepsilon}$

② 옥내의 경우 3.0, 옥외의 경우 2.0이다.
③ 콘크리트의 크리프 변형률은 탄성 변형률의 1~3배이다.

4. 콘크리트의 건조 수축

(1) 정 의

- 콘크리트 배합시 수화작용에 필요한 W/C=25% 정도지만 콘크리트 타설시 다짐이 잘되게 하기 위해서는 W/C=35~40% 이상이 소요된다. 이때 수화작용 이외의 물로 인해 콘크리트의 체적이 수축하게 되는 현상
- 보통 콘크리트의 건조수축량은 0.0002~0.0007 정도이다.
- 일반적으로 모르타르는 콘크리트의 2배 정도의 건조수축을 나타낸다.

(2) 구조물 종류별 건조수축 계수

① 라멘 : 0.00015
② 아치 ┌ 철근량이 0.5% 이상 : 0.00015
└ 철근량이 0.1~0.5% : 0.0002

(3) 건조수축의 특성 및 영향을 주는 요인

① 부정정 구조물에서는 건조수축에 의한 변형을 억제하므로 내부 인장응력이 발생되어 균열이 생길 우려가 크다.
② 수중 구조물은 수축이 거의 없고 아주 습한 대기중의 구조물은 건조수축이 적다.
③ 철근이 많이 사용된 구조물은 콘크리트 수축이 작게 일어난다.
④ 시멘트와 수량이 많을수록 건조수축이 크다.
⑤ 고강도 시멘트와 저열시멘트는 보통 포틀랜드 시멘트보다 건조수축이 크다.
⑥ 분말도가 높은 시멘트는 건조수축이 크다.
⑦ 굵은골재 최대치수가 클수록 건조수축이 작다.
⑧ 골재량이 많을수록 건조수축이 적다.
⑨ 경량골재 콘크리트의 건조수축은 보통 콘크리트보다 크다.
⑩ 습도가 증가하면 건조수축이 감소한다.
⑪ 고온이면 건조수축이 증가한다.
⑫ 부재의 체적에 대한 표면적비가 증가함에 따라 건조수축이 증가한다.

5. 철 근

(1) 철근의 강도

항복응력 f_y를 말하며 SD300이란 항복강도가 300MPa 이상의 이형봉강을 뜻한다.

(2) 철근 배근에 따른 특성

① 정철근
보에서 정(+)의 휨모멘트에 의해 인장응력을 받도록 배치한 주철근

② 부철근
보에서 부(−)의 휨모멘트가 발생하면 단면 상부에 인장응력이 생기는데 이때 단면 상부에 배치한 주철근

③ 배력철근
• 응력을 분포시킬 목적으로 정(+)철근 또는 부(−)철근에 직각 또는 직각에 가까운 방향으로 배치한 보조철근

- 주철근의 간격을 유지하기 위해 배근한다.
- 콘크리트의 건조수축이나 온도 변화에 의한 콘크리트의 신축을 억제하기 위해 배근한다.

④ 굽힘철근

정철근 또는 부철근을 굽혀 올리거나 내린 철근이며 전단철근의 일종

⑤ 주철근

설계하중에 의하여 그 단면적이 정해지는 철근

⑥ 띠철근

축방향 철근을 소정의 간격마다 둘러싼 횡방향의 보조적 철근

⑦ 스터럽(stirrup)

- 전단 보강을 위한 철근
- 정철근 또는 부철근을 둘러싸고 이 주철근에 직각 또는 경사지게 배근하는 전단철근
- 사인장 응력에 의해 생기는 보의 파괴를 방지하기 위해 사용하는 철근

⑧ 사인장 철근(복부철근)

- 전단응력에 저항하기 위해 전단력이 크게 작용하는 곳에 배치하는 철근
- 복부철근을 사인장 응력에 대하여 배치하는 철근
- 절곡철근과 스터럽이 해당
- 응력에 대항하는 보강철근

6. 강도설계법

(1) 정 의

① 안정성에 중점을 둔 설계법으로 콘크리트의 파쇄, 철근의 항복으로 구조물을 파괴상태로 만든 극한하중에서 구조물의 파괴형상을 예측하는데 기초를 둔다.

② 파괴상태에서 부재 단면이 발휘할 수 있는 설계강도를 예측할 수 있지만 사용하중 작용시의 사용성 문제는 알 수 없으므로 처짐과 균열 등은 검토하여야 한다.

(2) 설계의 기본 가정

① 압축측 연단의 최대 변형률은 0.0033으로 가정한다.($f_{ck} \le 40\text{MPa}$)

② 철근의 항복 변형률은 f_y/E_s로 본다.

③ 철근 및 콘크리트의 변형률은 중립축으로부터의 거리에 비례한다.

④ 항복강도 f_y 이하에서의 철근의 응력은 그 변형률의 E_s배로 한다. ($f_y \leq 600\text{MPa}$)

⑤ 휨응력 계산에서 콘크리트의 인장강도는 무시한다.

⑥ 콘크리트의 압축응력 크기는 $\eta(0.85 f_{ck})$로 균등하고 이 응력은 압축 연단에서 $a = \beta_1 c$ 까지의 부분에 등분포한다. 여기서, 계수 β_1 은 $f_{ck} \leq 40\text{MPa}$에서 0.8이며 40MPa 초과할 경우 10MPa씩 증가할 때마다 0.0001씩 감소시킨다.

⑦ 콘크리트의 압축응력은 등가 직사각형 분포를 나타낸다.

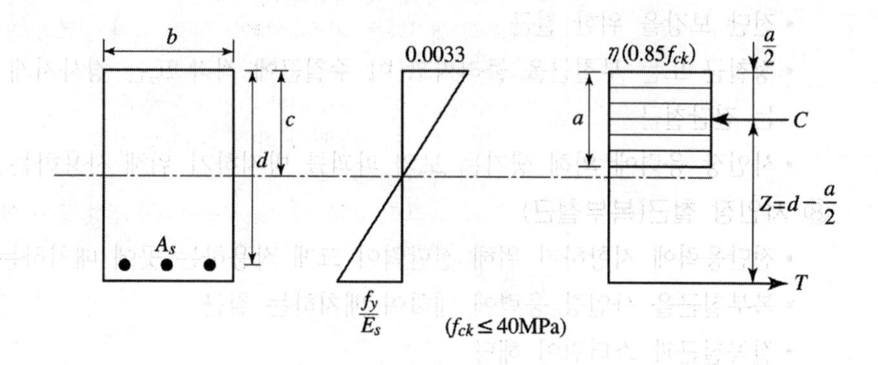

(3) 소요강도

① $U = 1.4(D+F)$

② $U = 1.2(D+F+T) + 1.6(L + \alpha_H H_v + H_h) + 0.5(L_r$ 또는 S 또는 $R)$

③ $U = 1.2D + 1.6(L_r$ 또는 S 또는 $R) + (1.0L$ 또는 $0.65W)$

$U = 1.2D + 1.3W + 1.0L + 0.5(L_r$ 또는 S 또는 $R)$

$U = 1.2D + 1.0E + 1.0L + 0.2S + (1.0H_h$ 또는 $0.5H_h)$

여기서, 차고, 공공집회장소 및 L이 5kN/m^2 이상인 모든 장소 이외에는 활하중 L에 대한 하중계수를 0.5로 감소시킬 수 있다.

④ $U = 1.2(D+H_v) + 1.0E + 1.0L + 0.2S + (1.0H_h$ 또는 $0.5H_h)$

⑤ $U = 1.2(D+F+T) + 1.6(L + \alpha_H H_v) + 0.8H_h + 0.5(L_r$ 또는 S 또는 $R)$

단, α_H는 연직방향 H_v에 대한 보정계수로 $h \leq 2\text{m}$에 대해 $\alpha_H = 1.0$, $h > 2\text{m}$에 대해 $\alpha_H = 1.05 - 0.025h \geq 0.875$이다.

⑥ $U = 0.9(D + H_v) + 1.3W + (1.6H_h$ 또는 $0.8H_h)$

$U = 0.9(D + H_v) + 1.0E + (1.0H_h$ 또는 $0.5H_h)$

⑦ 구조물에 충력의 영향이 있는 경우 활하중(L)을 충격효과(I)가 포함된 ($L + I$)로 대체하여 적용하여야 한다.

여기서,
- D : 고정하중
- L : 활하중
- L_r : 지붕 활하중
- W : 풍하중
- E : 지진하중
- S : 적설하중
- R : 강우하중
- F : 유체의 중량 및 압력에 의한 하중
- H_v : 흙의 연직하중, 지하수의 연직하중, 기타 재료의 연직하중
- H_h : 흙의 횡압력에 의한 수평방향 하중
  지하수의 횡압력에 의한 수평방향 하중
  기타 재료의 횡압력에 의한 수평방향 하중
- α_H : H_v에 대한 보정계수
- T : 온도, 크리프, 건조수축 및 부등침하의 영향 등에 의해 생기는 단면력
- I : 충격

(4) 강도 감소계수(ϕ)

① 인장지배 단면(휨부재) ·· 0.85

② 압축지배 단면

㉠ 나선철근 규정에 따라 나선철근으로 보강된 철근콘크리트 부재 ·· 0.70

㉡ 그 외의 철근콘크리트 부재 ·· 0.65

㉢ 공칭강도에서 최외단 인장철근의 순인장변형률 ε_t가 압축지배와 인장지배 단면 사이일 경우에는, ε_t가 압축지배 변형률 한계에서 0.005로 증가함에 따라 ϕ값을 압축지배 단면에 대한 값에서 0.85까지 증가시킨다.

- 철근 및 프리스트레스 강재에 대한 최외단 인장철근의 순인장변형률 ε_t와 C/d_t에 따른 ϕ값의 변화

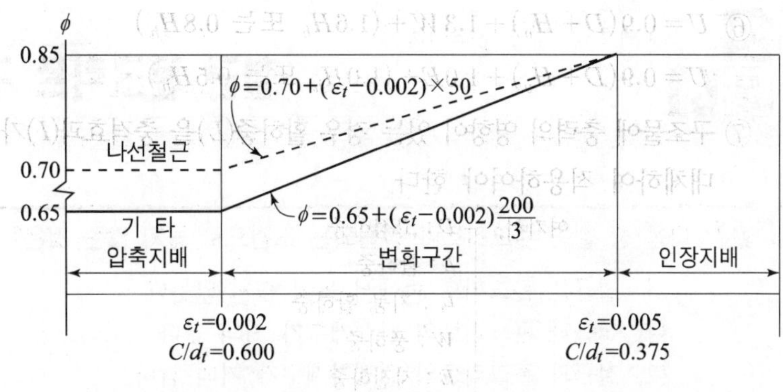

C/d_t 에 대한 보간 : 나선 $\phi = 0.70 + 0.15[(1\ /\ C/d_t) - (5/3)]$

기타 $\phi = 0.65 + 0.20[(1\ /\ C/d_t) - (5/3)]$

③ 전단력과 비틀림모멘트 ········ 0.75

④ 콘크리트의 지압력(포스트텐션 정착부나 스트럿-타이 모델은 제외) ········ 0.65

⑤ 포스트텐션 정착구역 ········ 0.85

⑥ 스트럿-타이 모델

㉠ 스트럿, 절점부 및 지압부 ········ 0.75

㉡ 타이 ········ 0.85

⑦ 긴장재 묻힘길이가 정착길이보다 작은 프리텐션 부재의 휨단면

㉠ 부재의 단부에서 전달길이 단부까지 ········ 0.75

㉡ 전달길이 단부에서 정착길이 단부 사이의 ϕ 값은 0.75에서 0.85까지 선형적으로 증가시킨다. 다만, 긴장재가 부재 단부까지 부착되지 않은 경우에는, 부착력 저하 길이의 끝에서부터 긴장재가 매입된다고 가정하여야 한다.

⑧ 무근콘크리트의 휨모멘트, 압축력, 전단력, 지압력 ········ 0.55

(5) 설계강도(M_d)

$$M_d = \phi \cdot M_n \geq M_u$$

여기서, M_n : 부재의 공칭강도
ϕ : 강도 감소계수
M_u : 계수하중에 의한 소요강도

실전문제

제2장 철근 콘크리트

철근 콘크리트 구조와 기초

문제 01 다음 중 철근 콘크리트가 성립되는 조건으로 옳지 않는 것은?

가. 철근은 콘크리트 속에서 녹이 슬지 않는다.
나. 철근과 콘크리트의 탄성계수가 거의 같다.
다. 철근과 콘크리트의 열팽창계수가 거의 같다.
라. 철근과 콘크리트와의 부착력이 크다.

해설 콘크리트는 철근에 비해 탄성계수가 상당히 작다.

문제 02 보통 골재를 사용한 콘크리트의 단위질량 $m_c = 2{,}300\text{kg/m}^3$의 경우 콘크리트의 탄성계수는?

가. $E_c = 8{,}500\sqrt[3]{f_{cm}}$　　나. $E_c = 9{,}500\sqrt[3]{f_{cm}}$
다. $E_c = 100{,}000\sqrt[3]{f_{cm}}$　　라. $E_c = 150{,}000\sqrt[3]{f_{cm}}$

해설 $E_c = 0.077 m_c^{1.5}\sqrt[3]{f_{cm}}$

문제 03 콘크리트의 크리프에 대한 설명 중 잘못된 것은?

가. 크리프 처짐은 탄성처짐의 2~3배가 되며 반드시 하중이 작용해야만 생긴다.
나. 콘크리트의 압축 응력이 설계기준강도의 50% 이내인 경우 크리프는 응력에 비례한다.
다. 크리프 계수는 옥내인 경우 2, 옥외의 경우 3으로 한다.
라. 크리프 변형은 철근이 더 많은 하중을 지지하도록 하는 효과를 나타낸다.

해설 옥내인 경우 3, 옥외인 경우 2이다.

문제 04 철근의 탄성계수 값은?

가. 150,000MPa　　나. 180,000MPa
다. 200,000MPa　　라. 210,000MPa

정답 01. 나 02. 가 03. 다 04. 다

문제 05 콘크리트의 건조 수축에 대한 설명 중 잘못된 것은?

가. 탄성 변형 외에 시간에 따라 생기는 변형으로 반드시 하중이 재하되어야만 한다.

나. 수화에 필요한 수량을 초과하여 배합 설계시 워커빌리티를 위해 많은 수량을 넣기 때문에 생긴다.

다. 부재가 구속된 부정정 구조에서는 건조 수축으로 인해 인장력이 발생되고 그 결과 균열이 생긴다.

라. 최종 건조 수축 크기는 W/C(물-시멘트비), 상대습도, 온도, 골재형태 및 구조물의 크기와 형상에 따라 다르다.

해설 반드시 하중이 재하되지 않아도 수화하고 남은 물이 증발하면서 건조수축이 발생한다.

문제 06 어떤 재료가 초기 탄성 변형량이 1.5cm이고 크리프(creep) 변형량이 3.0cm라면 이 재료의 크리프 계수는 얼마인가?

가. 1.0　　나. 2.0
다. 3.0　　라. 4.0

해설

$$\phi = \frac{\text{크리프 변형률}}{\text{탄성 변형률}} = \frac{\frac{3.0}{l}}{\frac{1.5}{l}} = 2.0$$

문제 07 다음과 같은 철근의 설명 중에서 틀린 것은?

가. 정철근 : 보에서 정(+)의 휨 모멘트에 의해 인장 응력을 받도록 배치한 주철근

나. 배력 철근 : 응력을 분포시킬 목적으로 정(+)철근 또는 부(-)철근과 직각 또는 직각에 가까운 방향으로 배치하는 보조적인 철근

다. 부철근 : 보에서 부(-)의 휨 모멘트가 작용할 때 부재의 하단에 배치하는 주철근

라. 가외 철근 : 주철근, 배력철근, 띠철근, 조립용 철근 이외의 철근으로 예비적으로 사용되는 보조적인 철근

해설 보에서 부(-)의 휨모멘트가 작용할 때 부재의 상부에, 즉 인장응력을 받도록 배치한다.

정답 05. 가　06. 나　07. 다

문제 08 철근콘크리트 보에서 사인장철근(복부철근)을 배근하는 이유는?

가. 휨 인장응력을 받게 하기 위하여
나. 전단응력에 저항시키기 위하여
다. 부착응력을 늘리기 위하여
라. 저압응력을 늘리기 위하여

해설 절곡철근과 스터럽이 사인장 철근(복부철근)에 해당된다.

문제 09 휨 부재의 강도 설계에서 철근을 인장 시험하기 위해 강재에 규정된 응력 f_y 를 가하였을 때 그 변형를 감소시키지 않고 그냥 쓸 수 있다. 이때 최대로 사용할 수 있는 f_y의 값은 얼마인가?

가. 480MPa　　나. 500MPa
다. 520MPa　　라. 600MPa

문제 10 설계기준 압축강도 $f_{ck}=50$MPa일 때 β_1 은 얼마인가?

가. 0.78　　나. 0.72
다. 0.68　　라. 0.8

해설
- $f_{ck} \leq 40$MPa인 경우 $\beta_1 = 0.8$
- $f_{ck} = 50$MPa인 경우 $\beta_1 = 0.8$

문제 11 부재의 설계강도를 구할 때 강도 감소계수를 고려하는 목적이 아닌 것은?

가. 재료의 공칭강도와 실제 강도와의 차이
나. 부재를 제작 또는 시공할 때 설계도와의 차이
다. 부재 강도의 추정과 해석에 관련된 불확실성
라. 구조물에서 차지하는 부재의 중요도는 반영하지 않는다.

해설
- 구조물에서 차지하는 부재의 중요도 등을 반영하기 위한 것이다.
- 부재의 설계강도란 공칭강도에 강도 감소계수 ϕ를 곱한 값이다.

정답 08. 나　09. 라　10. 라　11. 라

2-2 철근 콘크리트 보의 휨 해석과 설계

1. 단철근 직사각형 보

(1) 균형단면

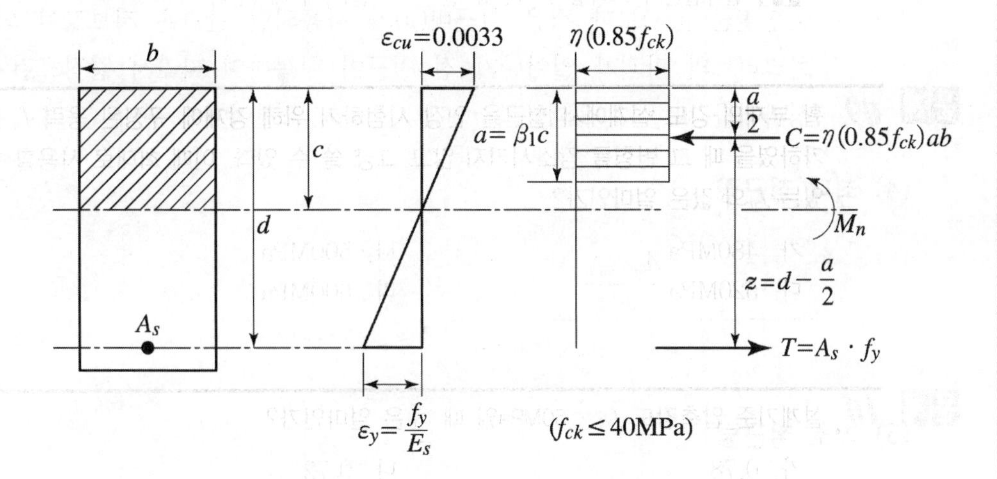

$$c : \varepsilon_{cu} = (d-c) : \varepsilon_y$$

$c : 0.0033 = (d-c) : \dfrac{f_y}{E_s}$에서

$\therefore\ c = \dfrac{0.0033}{0.0033+\dfrac{f_y}{E_s}} \cdot d = \dfrac{660}{660+f_y} \cdot d$ 또는 $c = \dfrac{\varepsilon_{cu}}{\varepsilon_{cu}+\varepsilon_y} \cdot d,\ \varepsilon_y = \dfrac{f_y}{E_s}$

(2) 균형철근비(ρ_b)

$$C = T$$

$$\eta(0.85f_{ck}) \cdot a \cdot b = A_s \cdot f_y$$

여기서, $a = \beta_1 \cdot c$, $\rho_b = \dfrac{A_s}{bd}$를 대입하면

$$\eta(0.85f_{ck}) \cdot \beta_1 \cdot c \cdot b = b \cdot d \cdot \rho_b \cdot f_y$$

$$\therefore\ \rho_b = \frac{\eta(0.85f_{ck}) \cdot \beta_1}{f_y} \cdot \frac{660}{660+f_y}$$

(3) 최대철근비

① $\rho_{max} = \dfrac{\varepsilon_{cu} + \varepsilon_y}{\varepsilon_{cu} + \varepsilon_t} \cdot \rho_b$

$$= \frac{\varepsilon_{cu} + \frac{f_y}{E_s}}{\varepsilon_{cu} + \varepsilon_t} \cdot \rho_b$$

② 균형철근비(ρ_b)보다 작은 철근비(ρ)가 사용되면 단면은 저보강이 되고 콘크리트의 파괴가 일어나기 전 철근이 항복하며 따라서 갑작스런 취성파괴를 피할 수 있다. 즉 $\rho < \rho_{max} < \rho_b$ 조건이어야 한다.

(4) 최대 철근량

$$\rho_{max} = \frac{A_{s\ max}}{bd}$$

$$\therefore\ A_{s\ max} = \rho_{max} \cdot b \cdot d$$

(5) 최소 철근량

$$\phi M_n \geq 1.2 M_{cr}$$

$$\phi A_s f_y d = 1.2 f_r \frac{I_g}{y_t}$$

$$\therefore\ A_{s\,min} = 1.2 \frac{0.63\lambda\sqrt{f_{ck}}}{\phi\ 6\ f_y} b_w d$$

여기서, $I_g = \dfrac{b_w h^2}{12}$, $y_t = \dfrac{h}{2}$, $h \fallingdotseq d$, a는 매우 작아 팔거리 d 적용

(6) 등가사각형 깊이(a)

$$C = T$$

$$\eta(0.85 f_{ck}) \cdot a \cdot b = A_s \cdot f_y$$

$$\therefore\ a = \frac{A_s \cdot f_y}{\eta(0.85 f_{ck}) \cdot b}$$

여기서, $a = \beta_1 c$이므로

중립축의 위치 $c = \dfrac{a}{\beta_1} = \dfrac{A_s \cdot f_y}{\eta(0.85 f_{ck}) \cdot b \cdot \beta_1}$

(7) 공칭 휨강도(M_n) : 공칭 모멘트

$$\begin{aligned} M_n &= C \cdot Z = T \cdot Z \\ &= A_s \cdot f_y\left(d - \frac{a}{2}\right) \\ &= A_s \cdot f_y \cdot d\left(1 - 0.59\rho\frac{f_y}{f_{ck}}\right) \\ &= f_{ck}qbd^2(1 - 0.59q) \end{aligned}$$

(8) 설계 휨강도(M_d) 및 철근량(A_s)

① $M_d = \phi \cdot M_n \geq M_u$

② $M_u = M_d = \phi M_n = \phi A_s \cdot f_y\left(d - \dfrac{a}{2}\right)$

$$\therefore\ A_s = \frac{M_n}{f_y\left(d - \dfrac{a}{2}\right)} = \frac{M_u}{\phi f_y\left(d - \dfrac{a}{2}\right)}$$

2. 복철근 직사각형 보

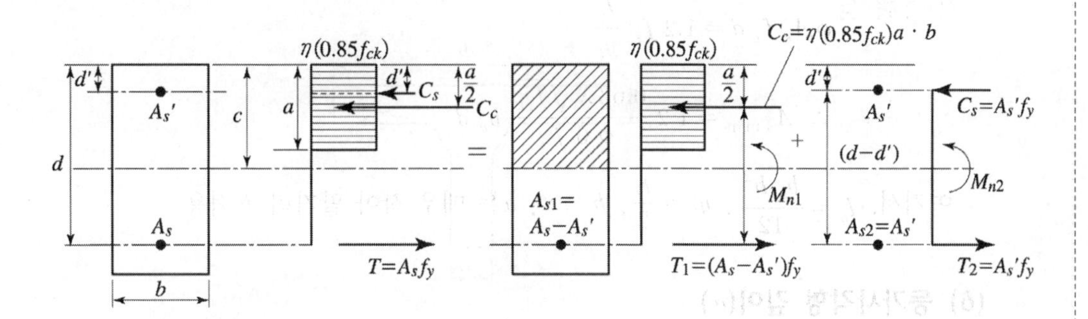

(1) 압축철근이 항복하는 경우

① 인장철근비 $\rho = \dfrac{A_s}{bd}$

② 압축철근비 $\rho' = \dfrac{A_s{}'}{bd}$

③ $(\rho - \rho') \geq \eta(0.85f_{ck})\dfrac{\beta_1}{f_y} \cdot \dfrac{d'}{d} \cdot \dfrac{\varepsilon_{cu}}{\varepsilon_{cu} - \varepsilon_y}$

④ $(\rho-\rho') \leqq \rho_{\max}$ 관계식이 되어야 콘크리트의 급작스런 파괴를 피할 수 있다.

⑤ $M_u = \phi[(A_s - A_s')f_y(d-\dfrac{a}{2}) + A_s'f_y(d-d')]$

여기서, $a = \dfrac{(A_s - A_s')f_y}{\eta(0.85f_{ck})b}$

(2) 압축철근이 항복하지 않는 경우

① $(\rho-\rho') < \eta(0.85f_{ck})\dfrac{\beta_1}{f_y} \cdot \dfrac{d'}{d} \cdot \dfrac{\varepsilon_{cu}}{\varepsilon_{cu}-\varepsilon_y}$

② A_s'는 무시하고 단철근처럼 A_s만 생각한다.

③ $M_u = \phi A_s f_y\left(d-\dfrac{a}{2}\right)$

여기서, $a = \dfrac{A_s f_y}{\eta(0.85f_{ck})b}$

3. T형 단면 보

(1) 플랜지 유효 폭의 결정

① T형 보

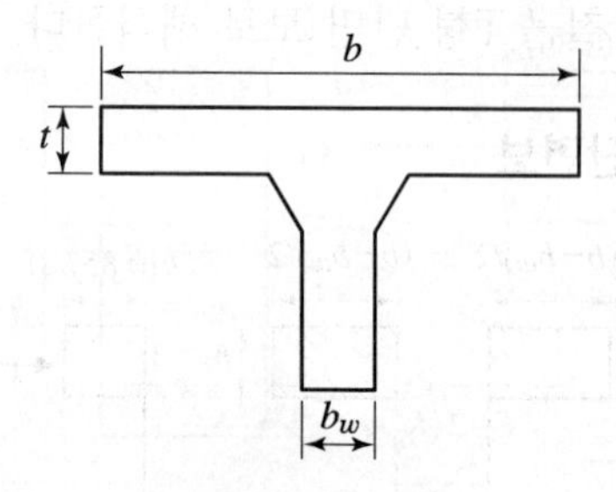

- (양쪽으로 각각 내민 플랜지 두께의 8배)+ b_w
- 양쪽 슬래브의 중심간 거리
- 보의 경간의 $\dfrac{1}{4}$

중에서 가장 작은 값

② 반 T형 보

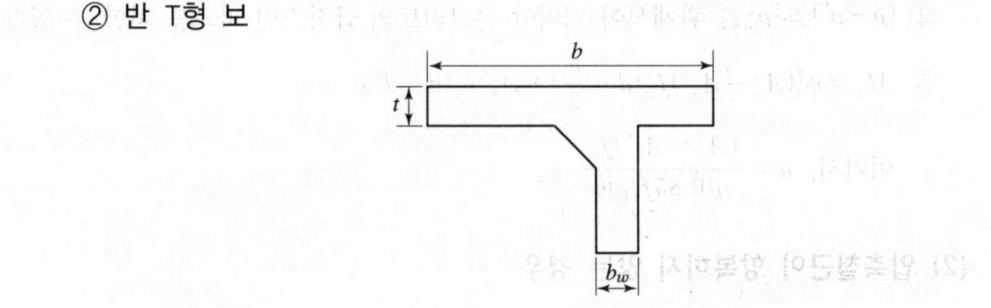

- (한쪽으로 내민 플랜지 두께의 6배)+ b_w
- (보의 경간의 $\frac{1}{12}$)+ b_w
- (인접보와의 내측거리의 $\frac{1}{2}$)+ b_w

중에서 가장 작은 값

(2) T형 보의 판별

① 폭 b인 직사각형 단면 보를 보고 등가 사각형 깊이 a를 계산한 다음 판별한다.

$$a = \frac{A_s \cdot f_y}{\eta(0.85 f_{ck}) \cdot b}$$

② $a \leqq t$ 이면 폭이 b인 단철근 직사각형 단면 보로 보고 해석한다.

③ $a > t$ 이면 단철근 T형 단면 보로 해석한다.

(3) 단철근 T형 단면보

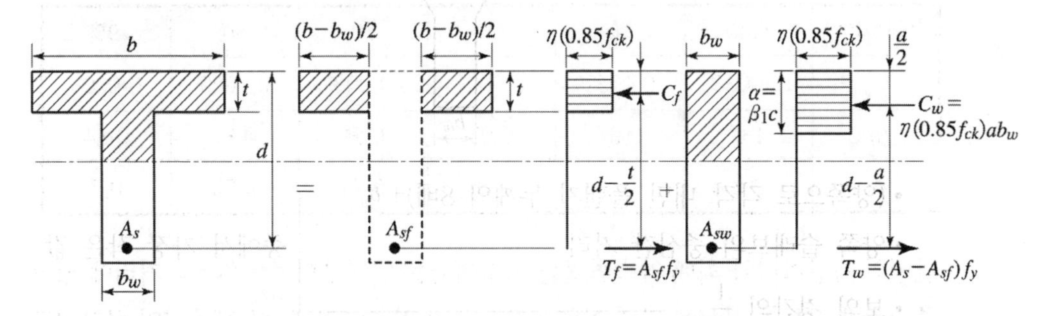

① 플랜지 내민부분에 대응하는 인장철근의 단면적(A_{sf})

$$C_f = T_f$$

$$\eta(0.85 f_{ck}) \cdot (b - b_w) t_f = A_{sf} \cdot f_y$$

$$\therefore A_{sf} = \frac{\eta(0.85 f_{ck})(b - b_w) \cdot t_f}{f_y}$$

② 등가 직사각형의 깊이(a)

$$C_w = T_w$$

$$\eta(0.85 f_{ck}) \cdot a \cdot b_w = (A_s - A_{sf}) \cdot f_y$$

$$\therefore a = \frac{(A_s - A_{sf}) \cdot f_y}{\eta(0.85 f_{ck}) \cdot b_w}$$

③ 공칭 휨강도(M_n)

$$M_n = M_{nf} + M_{nw} = A_{sf} \cdot f_y\left(d - \frac{t}{2}\right) + (A_s - A_{sf}) f_y\left(d - \frac{a}{2}\right)$$

또는

$$M_{nf} = \eta(0.85 f_{ck}) \cdot t(b - b_w)\left(d - \frac{t}{2}\right)$$

$$M_{nw} = \eta(0.85 f_{ck}) a \cdot b_w\left(d - \frac{a}{2}\right)$$

④ 설계 휨강도(M_d) 및 철근량

$$M_u = M_d = \phi M_{nf} + \phi M_{nw}$$

$$\phi M_n = 0.85\left\{A_{sf} \cdot f_y\left(d - \frac{t}{2}\right) + (A_s - A_{sf}) \cdot f_y\left(d - \frac{a}{2}\right)\right\}$$

4. 등가직사각형 응력분포 변수값

f_{ck}(MPa)	≤40	50	60	70	80	90
ε_{cu}	0.0033	0.0032	0.0031	0.003	0.0029	0.0028
η	1.0	0.97	0.95	0.91	0.87	0.84
β_1	0.8	0.8	0.76	0.74	0.72	0.7

단면의 가장자리와 최대 압축변형률이 일어나는 연단부터 $a = \beta_1 \cdot c$ 거리에 있고 중립축과 평행한 직선에 의해 이루어지는 등가 압축영역에 $\eta(0.85 f_{ck})$인 콘크리트 응력이 등분포하는 것으로 가정한다.

실전문제

제 2 장 철근 콘크리트

철근 콘크리트 보의 휨 해석과 설계

문제 01 강도설계법에서 $f_{ck}=21\text{MPa}$, $f_y=240\text{MPa}$일 때 단철근 직사각형 보의 균형철근비는 얼마인가?

가. 0.039　　나. 0.044
다. 0.053　　라. 0.056

해설

$$\rho_b=\eta(0.85f_{ck})\frac{\beta_1}{f_y}\cdot\frac{660}{660+f_y}=1.0\times(0.85\times21)\times\frac{0.8}{240}\times\frac{660}{660+240}=0.044$$

여기서, $f_{ck}\le 40\text{MPa}$이므로 $\eta=1.0$, $\beta_1=0.8$

문제 02 콘크리트의 설계기준 압축강도가 40MPa, 철근의 항복강도가 400MPa, 폭이 300mm, 유효깊이가 500mm인 단철근 직사각형 보의 최소 철근량은?

가. 515.5mm^2　　나. 487.6mm^2
다. 450.5mm^2　　라. 351.6mm^2

해설 휨부재의 최소 철근량(인장철근 배치)

$$\phi M_n\ge 1.2M_{cr}$$

$$\phi A_s f_y d=1.2 f_r\frac{I_g}{y_t}$$

$$\therefore A_{s\min}=1.2\frac{0.63\lambda\sqrt{f_{ck}}}{\phi 6 f_y}b_w d=1.2\frac{0.63\times1.0\times\sqrt{40}}{0.85\times6\times400}\times300\times500=351.6\text{mm}^2$$

여기서, $I_g=\dfrac{b_w h^2}{12}$, $y_t=\dfrac{h}{2}$, $h\fallingdotseq d$, a는 매우 작아 팔거리 d적용

문제 03 다음 단면에서 중립축까지의 거리 c는 얼마인가? (단, 강도설계법에 의하며 $f_{ck}=24\text{MPa}$, $f_y=400\text{MPa}$, $\rho<\rho_{\max}$이다.)

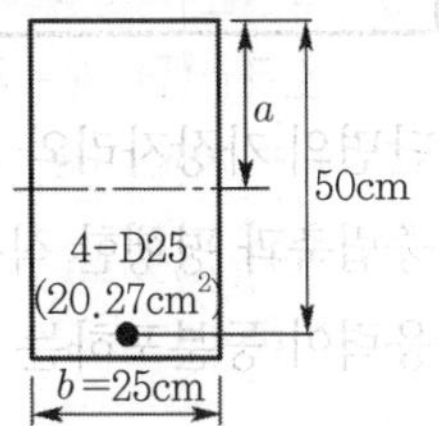

가. 151mm
나. 159mm
다. 181mm
라. 199mm

정답 01. 나　02. 라　03. 라

해설 $\eta(0.85f_{ck})\cdot a\cdot b=A_s\cdot f_y$

$$a=\frac{A_s\cdot f_y}{\eta(0.85f_{ck})\cdot b}=\frac{20.27\times10^{-4}\times400}{1.0\times(0.85\times24)\times0.25}=0.159\text{m}=15.9\text{cm}$$

여기서 $a=\beta_1\cdot c$

$$\therefore c=\frac{a}{\beta_1}=\frac{15.9}{0.8}=19.9\text{cm}=199\text{mm}$$

문제 04 그림과 같은 단면에서 최대철근량과 설계 휨강도 ϕM_n은 약 얼마인가? (단, 인장지배단면으로 $f_{ck}=21$MPa, $f_y=350$MPa, $\phi=0.85$)

$d=50$cm, A_s, $b=30$cm

가. 31cm^2, 0.490MN·m
나. 42cm^2, 0.366MN·m
다. 28cm^2, 0.339MN·m
라. 42cm^2, 0.490MN·m

해설

$$\rho_{\max}=0.692\rho_b=0.692\left(\frac{\eta(0.85f_{ck})\cdot\beta_1}{f_y}\cdot\frac{660}{660+f_y}\right)$$

$$=0.692\left(\frac{1.0\times(0.85\times21)\times0.8}{350}\cdot\frac{660}{660+350}\right)$$

$$=0.0184$$

$$\rho_{\max}=\frac{A_{s\max}}{bd}$$

$$\therefore A_{s\max}=\rho_{\max}\cdot b\cdot d=0.0184\times0.3\times0.5=0.00276\text{m}^2\fallingdotseq28\text{cm}^2$$

$$\phi M_n=\phi T\cdot Z=\phi A_s\cdot f_y\left(d-\frac{a}{2}\right)$$

$$=0.85\times0.00276\times350\left(0.5-\frac{0.18}{2}\right)$$

$$=0.336\text{MN}\cdot\text{m}$$

여기서, $a=\dfrac{A_s\cdot f_y}{\eta(0.85f_{ck})\cdot b}=\dfrac{0.00276\times350}{1.0\times(0.85\times21)\times0.3}\fallingdotseq0.18\text{m}$

문제 05 복철근 직사각형 보에서 다음 주어진 조건에 대하여 등가압축응력의 깊이 a는 얼마인가? (단, $b=35$cm, $d=55$cm, $A_s=19.35\text{cm}^2$, $A_s'=8.6\text{cm}^2$, $f_{ck}=21$MPa, $f_y=300$MPa)

가. 39mm　　나. 45mm
다. 52mm　　라. 64mm

해설 $$a=\frac{(A_s-A_s')f_y}{0.85f_{ck}\cdot b}=\frac{(19.35-8.6)\times10^{-4}\times300}{0.85\times21\times0.35}=0.052\text{m}=5.2\text{cm}=52\text{mm}$$

정답 04. 다　05. 다.

문제 06 다음 식 중 복철근 직사각형 보의 설계 모멘트 강도 ϕM_n을 구하는 식으로 옳은 것은?

가. $\phi M_n = \phi\left[(A_s - A_s')f_{ck}\left(d - \frac{a}{2}\right) + A_s' f_y (d - d')\right]$

나. $\phi M_n = \phi\left[(A_s - A_s')f_y\left(d - \frac{a}{2}\right) + A_s' f_y (d - d')\right]$

다. $\phi M_n = \phi\left[(A_s - A_s')f_{ck}(d - d') + A_s' f_y\left(d - \frac{2}{a}\right)\right]$

라. $\phi M_n = \phi\left[(A_s - A_s')f_y(d - d') + A_s' f_y\left(d - \frac{2}{a}\right)\right]$

해설 압축철근이 항복하는 경우에 해당된다.

문제 07 슬래브와 보가 일체로 타설된 반 T형 보의 유효폭은 얼마인가? (단, 플랜지 두께 = 10cm, 복부폭 = 30cm, 인접보와의 내측거리 = 160cm, 보의 경간 = 6.0m)

가. 80cm　　나. 90cm
다. 100cm　　라. 110cm

해설
- $6t + b_w = 6 \times 10 + 30 = 90\text{cm}$
- 보의 경간의 $\frac{1}{12} + b_w = \frac{600}{12} + 30 = 80\text{cm}$
- 인접보와의 내측거리의 $\frac{1}{2} + b_w = \frac{160}{2} + 30 = 110\text{cm}$

위에 3가지 중 작은 값 80cm

문제 08 그림과 같은 T형 보에 계수 설계 하중(+의 휨모멘트)이 작용할 때 이 보의 안정성을 검토한 사항 중 옳은 것은? (단, f_{ck} = 21MPa, f_y = 280MPa)

가. b_w를 폭으로 하는 직사각형 보로 취급한다.
나. b를 플랜지 폭으로 하는 T형 보로 취급한다.
다. b를 폭으로 하는 직사각형 보로 취급한다.
라. $c = t_f$로 보아서 극한 저항 모멘트를 계산한다.

100cm
8cm
50cm
A_s = 30cm²
30cm

해설

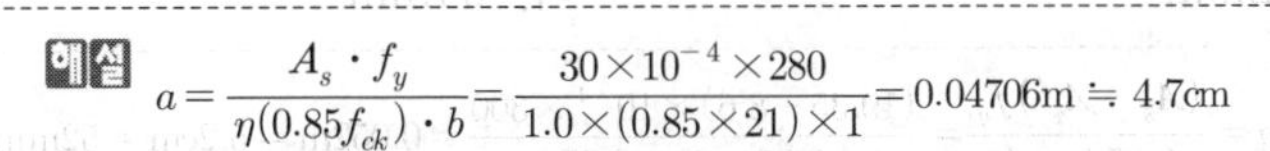

$$a = \frac{A_s \cdot f_y}{\eta(0.85 f_{ck}) \cdot b} = \frac{30 \times 10^{-4} \times 280}{1.0 \times (0.85 \times 21) \times 1} = 0.04706\text{m} ≒ 4.7\text{cm}$$

$\therefore a \leq t$에 해당하여 (4.7cm 〈 8cm)폭이 b(100cm)인 단철근 직사각형 보로 취급한다.

정답 06. 나　07. 가　08. 다

문제 09 극한강도설계법에서 그림과 같은 T형 보의 사선 친 플랜지 단면에 작용하는 압축력과 평형이 되는 가상 철근 단면은? (단, $f_{ck}=24$MPa, $f_y=280$MPa)

가. 57.3cm^2
나. 60.3cm^2
다. 59.3cm^2
라. 58.3cm^2

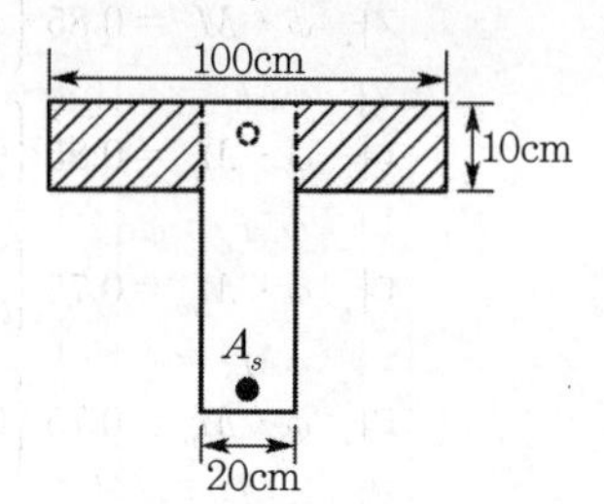

해설 $C_f = T_f$

$$\eta(0.85f_{ck})\cdot(b-b_w)\cdot t_f = A_{sf}\cdot f_y$$

$$\therefore A_{sf}=\frac{\eta(0.85f_{ck})(b-b_w)\cdot t_f}{f_y}$$

$$=\frac{1.0\times(0.85\times24)(1-0.2)\times0.1}{280}\doteqdot 0.00583\text{m}^2\doteqdot 58.3\text{cm}^2$$

문제 10 강도 설계시 T형 보에서 $b=80$cm, $d=30$cm, $t=5$cm, $A_s=20\text{cm}^2$, $b_w=20$cm, $f_{ck}=20$MPa, $f_y=420$MPa일 때 응력 사각형의 깊이 a [cm]는?

가. 5.0cm
나. 5.7cm
다. 9.0cm
라. 9.7cm

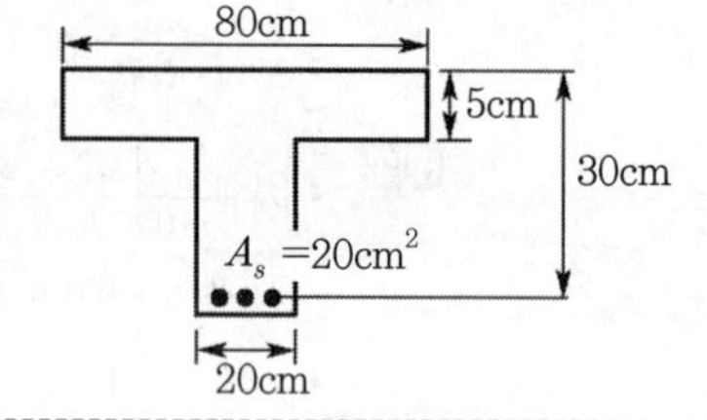

해설 ① T형 보 판별

$$a=\frac{A_s\cdot f_y}{\eta(0.85f_{ck})\cdot b}=\frac{20\times10^{-4}\times420}{1.0\times(0.85\times20)\times0.8}\doteqdot 0.06176\text{m}\doteqdot 6.18\text{cm}$$

$a>t$ 에 해당하여 (6.18cm 〉 5cm) T형 보로 해석한다.

② $C_f=T_f$ 에서 A_{sf} 을 구하면

$$\eta(0.85f_{ck})(b-b_w)\cdot t_f = A_{sf}\cdot f_y$$

$$\therefore A_{sf}=\frac{\eta(0.85f_{ck})(b-b_w)t_f}{f_y}=\frac{1.0\times(0.85\times20)\times(0.8-0.2)\times0.05}{420}$$

$$=0.0012143\text{m}^2=12.143\times10^{-4}\text{cm}^2$$

③ $C_w=T_w$ 에서

$$\eta(0.85f_{ck})\,a\cdot b_w=(A_s-A_{sf})\cdot f_y$$

$$\therefore a=\frac{(A_s-A_{sf})\cdot f_y}{\eta(0.85f_{ck})\cdot b_w}=\frac{(20-12.143)\times10^{-4}\times420}{1.0\times(0.85\times20)\times0.2}=0.097\text{m}=9.7\text{cm}$$

정답 09. 라 10. 라

문제 11 강도설계법으로 단철근 T형 보의 설계 휨강도 $\phi \cdot M_n$을 구하는 바른 식은?

가. $\phi \cdot M_n = 0.85 \left\{A_{sf} \cdot f_y \left(d - \frac{t}{2}\right) + (A_s - A_{sf}) f_y \left(d - \frac{a}{2}\right)\right\}$

나. $\phi \cdot M_n = 0.85 \left\{(A_s - A_{sf}) \cdot f_y \left(d - \frac{t}{2}\right) + (A_s - A_{sf}) f_y \left(d - \frac{a}{2}\right)\right\}$

다. $\phi \cdot M_n = 0.75 \left\{A_{sf} \cdot f_y \left(d - \frac{t}{2}\right) + (A_s - A_{sf}) f_y \left(d - \frac{a}{2}\right)\right\}$

라. $\phi \cdot M_n = 0.75 \left\{(A_s - A_{sf}) \cdot f_y \left(d - \frac{t}{2}\right) + A_{sf} \cdot f_y \left(d - \frac{a}{2}\right)\right\}$

문제 12 그림과 같은 T형 보에서 f_{ck} = 21MPa, f_y = 300MPa일 때 설계휨강도 ϕM_n을 구하면? (단, 인장지배단면으로 과소철근보이고, b = 100cm, t = 7cm, b_w = 30cm, d = 60cm, A_s = 40cm^2)

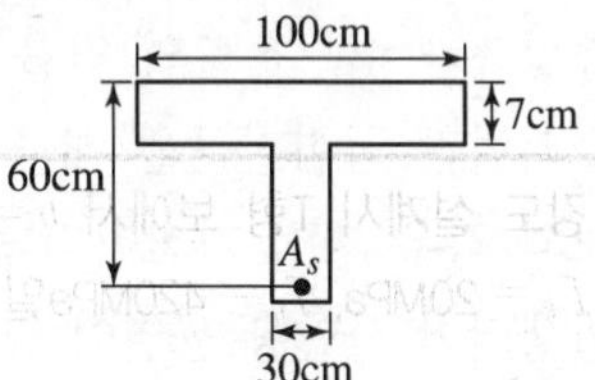

가. 0.613 MN·m
나. 0.578 MN·m
다. 0.653 MN·m
라. 0.690 MN·m

해설

- $a = \frac{A_s f_y}{\eta(0.85 f_{ck}) b} = \frac{40 \times 10^{-4} \times 300}{1.0 \times (0.85 \times 21) \times 1.0} = 0.0672\text{m} = 6.72\text{cm} < 7\text{cm}\ (a < t)$이므로

∴ 폭 $b = 100\text{cm}$ 인 직사각형 보로 해석한다.

- $\phi M_n = \phi A_s f_y \left(d - \frac{a}{2}\right) = 0.85 \times 40 \times 10^{-4} \times 300 \left(0.6 - \frac{0.0672}{2}\right) = 0.578\text{MN} \cdot \text{m}$

정답 11. 가 12. 나

2-3 전단과 비틀림

1. 전단응력

(1) 철근 콘크리트보의 평균 전단응력(ν)

$$\nu = \frac{V}{b_w \cdot d}$$

여기서, V : 지점에서 d만큼 떨어진 곳의 전단력
b_w : T형 단면일 경우 복부의 폭(보의 폭)
d : 보의 유효 높이

(2) 사인장 응력

① 인장철근이 충분히 배치된 부재에서도 사인장 응력으로 인하여 부재단면에 중립축과 45° 정도의 각을 이루는 사인장 균열이 발생한다.
② 스터럽과 굽힘철근을 배근하여 사인장 균열을 방지한다.
③ 보의 경우 지점 가까이의 중립축 부근에서 휨응력은 작고 전단응력은 크게 발생되어 사인장 균열이 발생하며 이 균열을 복부 전단 균열이라고도 한다.
④ 사인장 철근(복부철근)은 전단응력에 저항하기 위하여 배근한다.

(3) 전단철근의 종류

① 부재축에 직각으로 설치하는 스터럽
② 부재축에 직각으로 배치한 용접철망
③ 나선철근, 원형 띠 철근 또는 후프 철근
④ 주인장 철근에 45° 이상의 각도로 설치되는 스터럽
⑤ 주인장 철근에 30° 이상의 각도로 구부린 굽힘 철근
⑥ 스터럽과 굽힘 철근의 조합

2. 전단강도

(1) 콘크리트의 전단강도

① 간편식

$$V_c = \frac{1}{6}\lambda \sqrt{f_{ck}}\, b_w \cdot d$$

② 정밀식

$$V_c = \left(0.16\lambda\sqrt{f_{ck}} + 17.6\rho_w \frac{V_u\, d}{M_u}\right) b_w d \le 0.29\lambda\sqrt{f_{ck}}\, b_w d$$

여기서, $\rho_w = \dfrac{A_s}{b_w d}$, $\dfrac{V_u d}{M_u} \le 1.0$을 취한다.

(2) 전단철근에 의한 전단강도

① 부재축에 직각인 전단철근

$$V_s = \frac{A_v f_{yt} d}{s}$$

② 경사스터럽을 전단철근으로 사용하는 경우

$$V_s = \frac{A_v f_{yt}(\sin\alpha + \cos\alpha)d}{s}$$

③ 전단강도 $V_s = 0.2\left(1 - \dfrac{f_{ck}}{250}\right) f_{ck}\, b_w d$ 이하로 하여야 한다.

만일 초과할 경우에는 보의 단면을 크게 늘려야 한다.

④ 종방향 철근을 절곡하여 전단철근으로 사용할 때에는 그 경사 길이의 중앙 3/4만이 전단 철근으로 유효하다.

⑤ 전단철근이 1개의 굽힘철근 또는 받침부에서 모두 같은 거리에서 구부린 평행한 1조의 철근으로 구성될 경우 전단강도

$$V_s = A_v f_{yt} \sin\alpha$$

단, $V_s = 0.25\sqrt{f_{ck}}\, b_w d$를 초과할 수 없다.

3. 전단철근의 설계

(1) 전단을 휨 부재의 소요전단강도(V_u)

① $V_u \le \phi V_n$

② $V_n = V_c + V_s$

여기서, V_n : 공칭 전단강도
V_c : 콘크리트가 부담하는 전단강도
V_s : 전단철근이 부담하는 전단강도

(2) 전단철근의 배치

① $V_u \le \frac{1}{2}\phi V_c$의 경우

- 전단철근이 필요하지 않다.

② $\frac{1}{2}\phi V_c < V_u \le \phi V_c$의 경우

- 최소전단철근을 배근한다.
- $A_{v\min} = 0.0625\sqrt{f_{ck}}\frac{b_w \cdot s}{f_{yt}}$

  단, 최소전단철근량은 $0.35\frac{b_w \cdot s}{f_{yt}}$보다 작지 않아야 한다.

  여기서 b_w와 s의 단위는 mm이다.

③ $V_u > \phi V_c$

- 전단철근을 배치한다.
- $V_u = \phi(V_c + V_s)$

  $\therefore\ V_s = \frac{A_v \cdot f_{yt} \cdot d}{s}$

(3) 전단철근의 상세

① 전단철근의 설계기준 항복강도는 500MPa를 초과하여 취할 수 없다. 단, 용접 이형 철망을 사용할 경우는 전단철근의 설계 기준 항복 강도는 600MPa를 초과하여 취할 수 없다.

② 전단철근의 간격

- 부재 축에 직각으로 스터럽을 사용할 경우 철근 콘크리트 부재일 경우는 $d/2$ 이하, 프리스트레이트 콘크리트 부재일 경우는 $0.75h$ 이하이어야 하고 또 어느 경우이든 600mm 이하
- 경사 스터럽과 굽힘 철근은 부재의 중간 높이 $0.5d$에서 반력점 방향으로 주 인장 철근까지 연장된 45° 방향선과 한번 이상 교차되도록 배치해야 한다.
- $V_s > \lambda\frac{1}{3}\sqrt{f_{ck}}\,b_w d$인 경우에는 위의 규정된 최대 간격을 1/2로 감소시킨다. 즉, $d/4$ 이하, 300mm 이하로 배치한다.

4. 전단 마찰

(1) 전단 마찰 설계 방법

① 전단 마찰철근이 전단면에 수직한 경우

$$V_n = A_{vf} \cdot f_y \cdot \mu$$

여기서, V_n : 공칭전단강도
A_{vf} : 전단 마찰철근의 단면적
μ : 전단마찰 계수

② 전단 마찰철근이 전단면과 경사를 이루어 작용 전단력에 의해 전단 마찰철근에 인장력이 일어날 경우

$$V_n = A_{vf} \cdot f_y (\mu \sin\alpha_f + \cos\alpha_f)$$

여기서, α_f : 전단 마찰철근과 전단면 사이의 각

③ 전단강도(V_n)는 $0.2 f_{ck} \cdot A_c$ 또는 $5.5 A_c$ 이하로 한다. 여기서, A_c는 전단 전달을 저항하는 콘크리트 단면의 면적이다.

④ 전단 마찰철근의 설계 기준 항복강도는 500MPa 이하로 한다.

⑤ 전단면상에 순인장력이 작용할 때는 이에 저항하기 위해서 철근을 추가로 두어야 한다.

5. 비틀림 설계

(1) 비틀림 모멘트에 필요한 보강철근 배치(철근 콘크리트 부재)

$$T_u \geq \phi \lambda \frac{\sqrt{f_{ck}}}{12}\left(\frac{A_{cp}^2}{P_{cp}}\right)$$

(2) 비틀림 모멘트에 저항하기 위한 수직철근

$$T_n = \frac{2A_o \cdot A_t \cdot f_{yt}}{s} \cot\theta$$

(3) 비틀림 모멘트에 저항하기 위한 추가적인 종방향 철근

$$A_l = \frac{A_t}{s} P_h \left(\frac{f_{yt}}{f_y}\right) \cot^2\theta$$

여기서, T_u : 계수 비틀림 모멘트
T_n : 공칭 비틀림 모멘트 강도
A_o : $0.85A_{oh}$
θ : 압축 경사재의 경사각(30° 이상, 60° 이하)
A_t : 간격 s 내의 비틀림에 저항하는 폐쇄 스터럽 1 가닥의 단면적
f_y: 철근의 설계 기준 항복강도
f_{yt} : 횡방향 철근의 설계 기준 항복강도
P_h : 가장 바깥의 횡방향 폐쇄 스터럽의 중심선의 둘레
s : 비틀림 철근의 간격

직사각형 단면에서

$$A_{cp}^{\ 2} = b^2 \cdot h^2, \quad P_{cp} = 2(b+h)$$

(4) 비틀림 철근의 상세

① 종방향 비틀림 철근은 양단에 정착되어야 한다.

② 비틀림 모멘트를 받는 철근의 중심선에서 단면 내벽까지의 거리가 $0.5\dfrac{A_{oh}}{P_h}$ 이상이 되어야 한다.

③ 횡방향 비틀림 철근의 간격은 $\dfrac{P_h}{8}$보다 작아야 하고 또한 300mm보다 작아야 한다.

④ 비틀림에 요구되는 종방향 철근은 폐쇄 스터럽의 둘레를 따라 300mm 이하의 간격으로 분포시켜야 한다.

⑤ 종방향 철근이나 긴장재는 스터럽의 내부에 배치시켜야 한다.

⑥ 종방향 철근의 직경은 스터럽 간격의 $\dfrac{1}{24}$ 이상이어야 하며 D10 이상의 철근이어야 한다.

⑦ 비틀림 철근은 계산상으로 필요한 위치에서 (b_t+d) 이상의 거리까지 연장시켜 배치한다.

⑧ 경사 균열폭을 제어하기 위해 비틀림 철근의 설계기준 항복강도는 400MPa를 초과해서는 안 된다.

(5) 비틀림 보강철근

① 부재축에 수직인 폐쇄 스터럽 또는 폐쇄 띠철근

② 부재축에 수직인 횡방향 강선으로 구성된 폐쇄 용접철망

③ 철근 콘크리트 보에서 나선철근

실전문제

제2장 철근 콘크리트

전단과 비틀림

문제 01 강도 설계에서 부재의 공칭 전단응력 V_n은? (단, V_u은 단면의 총 작용 전단력이다.)

가. $V_n = \dfrac{V_u}{\phi \cdot b_w \cdot d}$ 나. $V_n = \dfrac{V_u \phi}{b_w \cdot d}$

다. $V_n = \dfrac{V_u \cdot d}{\phi \cdot b_w}$ 라. $V_n = \dfrac{V_u \cdot b_w}{\phi \cdot d}$

문제 02 직사각형 보($b = 30\text{cm}$, $d = 55\text{cm}$)에서 콘크리트가 부담할 수 있는 공칭 전단강도는? (단, 설계강도법 $f_{ck} = 24\text{MPa}$, $\lambda = 1.0$)

가. 63900N 나. 74130N

다. 96750N 라. 135000N

해설 $V_c = \dfrac{1}{6}\lambda\sqrt{f_{ck}}\,b_w d = \dfrac{1}{6} \times 1.0 \times \sqrt{24} \times 0.3 \times 0.55 = 0.135\text{MN} = 135000\text{N}$

문제 03 폭이 50cm, 유효깊이가 80cm인 철근 콘크리트 보에서 f_{ck}가 28MPa인 콘크리트를 사용할 때 위험 단면에 작용하는 계수 전단력 V_u이 얼마 이하라야 전단철근이 필요 없는 부재가 되는가? (단, $\lambda = 1.0$)

가. 124200N 나. 141100N

다. 132287N 라. 150700N

해설 $\phi V_n \leq \dfrac{1}{2}\phi \cdot \dfrac{1}{6}\lambda\sqrt{f_{ck}}\,b_w \cdot d$

$\leq \dfrac{1}{2} \times 0.75 \times \dfrac{1}{6} \times 1.0\sqrt{28} \times 500 \times 800$

$\leq 132287\text{N}$

정답 01. 가 02. 라 03. 다

문제 04 이론상 전단 보강 철근이 필요 없지만 최소 전단 철근량 $A_s = 0.35\frac{b_w \cdot s}{f_{yt}}$를 배치하도록 규정하고 있다. 계수 전단력(factored shear) V_u의 범위가 맞는 것은? (단, 강도설계법이고, V_c는 콘크리트가 부담하는 전단 강도이다.)

가. $V_u \leq \phi \cdot V_c$
나. $\frac{V_c}{2} < V_u \leq V_c$
다. $\frac{\phi \cdot V_c}{2} < V_u \leq \phi \cdot V_c$
라. $V_u \leq V_c$

문제 05 강도설계법에서 그림과 같은 단철근 직사각형 보에서 수직 스터럽(stirrup)의 간격을 30cm로 할 때 최소 전단 보강 철근의 단면적은 얼마 이상이면 좋겠는가? (단, f_{ck} = 28MPa, f_y = 300MPa)

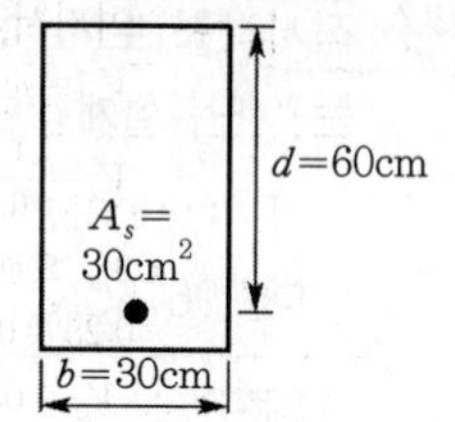

가. 0.5cm²
나. 1.90cm²
다. 1.05cm²
라. 2.25cm²

해설 $A_{v\min} = 0.35\frac{b_w \cdot s}{f_{yt}} = 0.35\frac{0.3 \times 0.3}{300} = 0.000105\text{m}^2 = 1.05\text{cm}^2$

문제 06 철근 콘크리트 보에서 전단철근의 설계에 대한 설명 중 틀린 것은?

가. 계수 전단강도 V_u가 ϕV_c보다 적으면 전단보강이 필요 없다.
나. 용접이형철망을 제외한 전단철근의 f_y는 항상 500MPa 이하라야 한다.
다. $V_s \leq \frac{1}{3}\lambda\sqrt{f_{ck}}\, b_w d$인 경우 수직 스터럽의 간격은 $\frac{d}{2}$ 이하, 60cm 이하라야 한다.
라. 전단철근이 받아야 할 전단강도 V_s는 $0.2\left(1-\frac{f_{ck}}{250}\right) f_{ck}\, b_w d$ 이하라야 한다.

해설
- $V_u \leq \frac{1}{2}\phi V_c$의 경우 전단철근이 필요하지 않다.
- $V_s > \frac{1}{3}\lambda\sqrt{f_{ck}}\, b_w d$인 경우 수직 스터럽의 간격은 $\frac{d}{4}$ 이하, 300mm 이하로 배치한다.

정답 04. 다 05. 다 06. 가

문제 07 전단 보강 철근의 설계 항복 강도는 다음 어느 값을 초과할 수 없는가?

가. 400 MPa　　나. 420 MPa
다. 500 MPa　　라. 520 MPa

문제 08 길이가 3m인 캔틸레버 보의 자중을 포함한 설계하중이 0.1MN/m일 때 위험 단면에서 전단철근이 부담해야 할 전단력을 강도설계법으로 구하면? (단, $f_{ck}=24$MPa, $\lambda=1.0$, $f_y=300$MPa, $b=30$cm, $d=50$cm)

가. 0.13MN　　나. 0.19MN
다. 0.21MN　　라. 0.25MN

해설
- $V_u \le \phi V_n$
  여기서, $V_n = V_c + V_s$
  $V_u = w \cdot l - w \cdot d = 0.1\times3 - 0.1\times0.5 = 0.25\text{MN}$
  $V_c = \frac{1}{6}\lambda\sqrt{f_{ck}}\,b_w\,d = \frac{1}{6}\times1.0\times\sqrt{24}\times0.3\times0.5 = 0.12247\text{MN}$
- $V_u \le \phi V_n$
  $0.25 = 0.75(0.12247 + V_s)$
  $\therefore V_s = 0.21\text{MN}$

문제 09 D13 철근을 U형 스터럽으로 가공하여 30cm 간격으로 부재축에 직각이 되게 설치한 전단 보강 철근의 강도 V_s는? (단, $f_{yt}=400$MPa, $d=60$cm, D13 철근의 단면적은 1.27cm^{2}로 계산하며 강도 설계임.)

가. 101600N　　나. 203200N
다. 406400N　　라. 812800N

해설 $V_s = \dfrac{A_v \cdot f_{yt} \cdot d}{s} = \dfrac{2.54\times10^{-4}\times400\times0.6}{0.3} = 0.2032\text{MN} = 203200\text{N}$

여기서, U형 스터럽 $A_v = 2\times1.27 = 2.54\times10^{-4}\text{m}^2$

정답 07. 다　08. 다　09. 나

2-4 철근의 정착과 이음

1. 철근의 정착

(1) 인장 이형철근 및 이형철선의 정착

① 정착길이 $l_d = 300\text{mm}$ 이상이어야 한다.

② 기본 정착길이 $l_{db} = \dfrac{0.6\,d_b \cdot f_y}{\lambda\sqrt{f_{ck}}}$

③ 필요한 정착길이 $l_d = l_{db} \times$ 보정계수(α, β, λ)

(2) 압축 이형철근의 정착

① 정착길이 $l_d = 200\text{mm}$ 이상이어야 한다.

② 기본 정착길이 $l_{db} = \dfrac{0.25\,d_b \cdot f_y}{\lambda\sqrt{f_{ck}}} \geq 0.043\,d_b \cdot f_y$

③ 필요한 정착길이 $l_d = l_{db} \times$ 보정계수

(3) 표준 갈고리를 갖는 인장 이형철근의 정착

① 정착길이 l_{dh} = 기본 정착길이(l_{hd}) × 보정계수

② 정착길이 l_{dh}는 $8d_b$ 이상, 150mm 이상일 것

③ 기본 정착길이

$$l_{hb} = \frac{0.24\beta\,d_b\,f_y}{\lambda\sqrt{f_{ck}}}$$

④ 표준갈고리를 갖는 인장 이형철근의 기본 정착길이 l_{hb}에 대한 보정계수

- D35 이하 철근에서 갈고리 평면에 수직방향인 측면 피복 두께가 70mm 이상이며 90° 갈고리에 대해서는 갈고리를 넘어선 부분의 철근 피복 두께가 50mm 이상인 경우 ························ 0.7
- D35 이하 90°, 180° 갈고리 철근에서 정착길이 l_{dh} 구간을 $3d_b$ 이하 간격으로 띠철근 또는 스터럽이 정착되는 철근을 수직으로 둘러싼 경우 또는 갈고리 끝 연장부와 구부림부의 전 구간을 $3d_b$ 이하 간격으로 띠철근 또는 스터럽이 정착되는 철근을 평행하게 둘러싼 경우 ························ 0.8

2. 정착 철근의 상세

(1) 휨철근의 정착

① 휨철근은 휨 모멘트를 저항하는데 더 이상 철근을 요구하지 않는 점에서 부재의 유효깊이 d 또는 $12d_b$ 중 큰 값 이상 더 연장한다.

② 연속철근은 구부려지거나 절단된 인장철근이 휨을 저항하는 데 더 이상 필요하지 않은 점에서 정착길이 l_d 이상의 묻힘길이를 확보한다.

③ 인장철근은 구부려서 복부를 지나 정착하거나 부재의 반대측에 있는 철근 쪽으로 연속하여 정착시킨다.

④ 휨철근은 인장구역에서 절단할 수 없으며 전체 철근량의 50%를 초과하여 한 단면에서 절단하지 않아야 한다.

⑤ 휨철근은 압축구역에서 끝내는 것을 원칙으로 한다.

⑥ 휨철근을 인장측에서 절단할 수 있는 경우

- D35 이하의 철근이며 연속철근이 절단점에서 휨모멘트에 필요한 철근량의 2배 이상 배치되어 있고 전단력이 전단강도의 3/4 이하인 경우
- 절단점의 전단력이 전단철근에 의해 보강된 전단강도를 포함한 전체 전단강도의 2/3 이하인 경우
- 절단점에서 부재 유효깊이의 3/4 까지 구간 이상으로 절단된 철근 또는 철선을 따라 전단과 비틀림에 대해 필요한 양을 초과하는 스터럽이 배치되어 있는 경우 이때 초과되는 스터럽의 단면적 A_v는 $0.42\dfrac{b_w \cdot s}{f_y}$ 이상이고 스터럽 간격 s는 $\dfrac{d}{8\beta_b}$ 이내로 한다. 여기서 β_b는 그 단면에서 전체 인장철근량에 대한 절단 철근량의 비이다.

(2) 정모멘트 철근의 정착

① 단순 부재에서 정철근의 1/3 이상, 연속 부재에서 정철근의 1/4 이상을 부재의 같은 면을 따라 받침부까지 연장한다. 보의 경우는 이러한 철근을 받침부 내로 150mm 이상 연장하여야 한다.

② 깊은 휨부재의 단순 받침부에서 정철근은 받침부 전면에서 f_y를 발휘할 수 있도록 정착되어야 한다. 또한 깊은 휨부재의 내부 받침부에서 정철근은 연속되거나 인접 경간의 정철근과 이어져야 한다.

(3) 부모멘트 철근의 정착

① 연속되거나 구속된 부재, 캔틸레버 부재 또는 강결된 골조의 어느 부재에서나 부철근은 묻힘길이, 갈고리 또는 기계적 정착에 의하여 받침부 내에 정착되거나 받침부를 지나서 정착한다.

② 받침부에서 부 휨모멘트에 대해 배치된 전체 인장 철근량이 1/3 이상은 반곡점을 지나 부재의 유효깊이, $12d_b$, 또는 순경간의 1/16 중 제일 큰 값 이상의 묻힘길이가 필요하다.

③ 깊은 휨부재의 내부 받침부에서 부철근은 인접 경간의 부철근과 연속되어야 한다.

(4) 복부 철근의 정착

① 피복두께 요구조건과 다른 철근과의 간격이 허용하는 한 부재의 압축면과 인장면 가까이까지 연장한다.

② 한 가닥 U형 또는 복 U형 스터럽의 단부는 정착되어야 한다.

- D16 이하 철근 또는 지름 16mm 이하 철선으로 종방향 철근을 둘러싸는 표준 갈고리로 정착한다.
- f_y가 300MPa 이상인 D19, D22, D25 스터럽은 종방향 철근으로 둘러싸는 표준 갈고리 외에 추가로 부재의 중간 깊이에서 갈고리 단부의 바깥까지 $0.17\dfrac{d_b \cdot f_y}{\sqrt{f_{ck}}}$ 이상의 묻힘길이를 확보하여 정착한다.
- U형 스터럽을 구성하는 용접원형철망의 각 가닥은 U형 스터럽의 가닥 상부에 50mm 간격으로 2개의 종방향 철선을 배치한다.
- U형 스터럽을 구성하는 용접 원형철망의 각 가닥 정착하는 데 있어 종방향 철선 하나는 압축면에서 $d/4$ 이하, 두 번째 종방향 철선은 첫 번째 철선으로부터 50mm 이상의 간격으로 압축면에 가까이 배치한다. 이때 두 번째 종방향 철선은 굴곡부 밖에 두거나 또는 굴곡부 내면지름이 $8d_b$ 이상일 경우는 굴곡부상에 둘 수 있다.
- 용접 원형 또는 이형 철망 한 가닥 스터럽에서 각 단부의 정착은 2개의 종방향 철선을 50mm 이상 떨어지도록 배치하되, 안쪽의 철선은 부재의 중간길이 $d/2$에서 $d/4$ 또는 50mm 중 큰 값 이상 떨어지도록 배치한다.
- 장선구조에서 D13 이하 철근 또는 지름 13mm 이하의 철선 스터럽의 경우 표준 갈고리를 두어야 한다.

③ U형 또는 복U형 스터럽의 양 정착단 사이의 연속구간 내의 굽혀진 부분은 종방향 철근을 둘러싸야 한다.

④ 전단철근으로 사용하기 위해 굽혀진 종방향 주철근이 인장구역으로 연장되는 경우에 종방향 주철근과 연속되어야 하고 압축구역으로 연장되는 경우는 응력 f_{yt}을 대신 사용하여 부재의 중간 깊이 $d/2$을 지나서 정착한다.

⑤ 폐쇄형으로 배치된 한 쌍의 U형 스터럽 또는 띠철근은 겹침 이음길이가 $1.3l_d$ 이상일 때 적절하게 이어진 것으로 본다.

⑥ 깊이가 450mm 이상인 부재에서 스터럽의 가닥들이 부재의 전 깊이까지 연장된다면 폐쇄 스터럽의 이음이 적절한 것으로 본다. 이때 한 가닥의 이음부에서 발휘할 수 있는 인장력 $A_b f_y$는 40kN 이하이어야 한다.

2. 철근의 이음

(1) 겹침이음

① D35를 초과하는 철근은 겹침이음을 하지 않고 용접에 의한 맞댐 이음을 한다.

② 다발철근의 겹침이음은 다발 내의 개개 철근에 대한 겹침이음길이를 기본으로 결정한다. 한 다발 내에서 각 철근의 이음은 한 군데에서 중복하지 않아야 한다. 또한 두 다발 철근을 개개 철근처럼 겹침이음을 하지 않아야 한다.

③ 휨 부재에서 서로 직접 접촉되지 않게 겹침이음된 철근은 횡 방향으로 소요 겹침이음길이의 1/5 또는 150mm 중 작은 값 이상 떨어지지 않아야 한다.

(2) 용접이음과 기계적 연결

① 용접이음은 f_y의 125% 이상 발휘할 수 있게 용접한다.

② 기계적 연결은 f_y의 125% 이상 발휘할 수 있게 기계적 연결을 한다.

(3) 인장 이형 철근 및 이형 철선의 이음

① 겹침이음길이는 300mm 이상이어야 한다.

- A급 이음 : $1.0l_d$
- B급 이음 : $1.3l_d$

여기서, l_d : 인장 이형 철근의 정착길이

② 이음부에 배치된 철근량이 해석 결과 요구되는 소요 철근량의 2배 미만인 경우에 용접이음 또는 기계적 연결은 요구조건에 만족해야 한다.

③ 겹침이음의 분류

- A급 이음 : 배치된 철근량이 이음부 전체 구간에서 해석결과 요구되는 소요 철근량의 2배 이상이고 소요 겹침이음길이 내 겹침이음된 철근량이 전체 철근량의 1/2 이하인 경우
- B급 이음 : A급 이음에 해당되지 않는 경우

④ 인장 부재의 철근 이음은 완전 용접이나 기계적 연결로 이루어져야 한다. 이때, 인접 철근의 이음은 750mm 이상 떨어져서 서로 엇갈려야 한다.

(4) 압축 이형 철근의 이음

① 겹침이음길이는 f_y가 400MPa 이하인 경우는 $0.072 f_y d_b$ 이상, f_y가 400MPa를 초과할 경우는 $(0.13 f_y - 24) d_b$ 이상이어야 한다.

② 겹침이음길이는 300mm 이상이어야 한다.

③ 콘크리트의 설계기준강도가 21MPa 미만인 경우는 겹침이음길이를 1/3 증가시켜야 한다.

④ 서로 다른 크기의 철근을 압축부에서 겹침이음하는 경우 이음길이는 크기가 큰 철근의 정착길이와 크기가 작은 철근의 겹침이음길이 중 큰 값 이상으로 한다. 이때 D41과 D51철근은 D35 이하 철근과의 겹침 이음이 허용된다.

⑤ 단부 지압 이음은 폐쇄 띠철근, 폐쇄 스터럽 또는 나선 철근을 배치한 압축부재에서만 사용한다.

⑥ 철근이 압축력만을 받을 경우는 철근과 직각으로 절단된 철근의 양 끝을 적절한 장치에 의해 중심이 잘 맞도록 접촉시킨다. 이때 철근의 양 단부는 철근축의 직각면에 1.5° 이내의 오차를 갖는 평탄한 면이 되어야 하고 조립 후 지압면의 오차는 3° 이내여야 한다.

3. 철근의 피복두께

콘크리트 표면에서 가장 바깥쪽 철근의 표면까지의 최단거리를 피복두께라 한다.

(1) 목 적

① 철근의 부식을 방지한다.

② 철근과 콘크리트의 부착력을 확보한다.

③ 화재 시 철근이 고온이 되는 것을 방지한다.

(2) 현장치기 콘크리트의 최소 피복두께

① 수중에 타설하는 콘크리트 : 100mm
② 흙에 접하여 콘크리트를 친 후 영구히 흙에 묻혀 있는 콘크리트 : 75mm
③ 흙에 접하거나 옥외의 공기에 직접 노출되는 콘크리트
- D25 이하 철근 : 50mm
- D16 이하 철근 : 40mm

④ 옥외 공기나 흙에 직접 접하지 않는 콘크리트
- 슬래브, 벽체, 장선 구조 : 40mm(D35 초과), 20mm(D35 이하)
- 보, 기둥 : 40mm

4. 철근의 간격

(1) 나선 및 띠철근 기둥

① 축방향 철근의 순간격 40mm 이상
② 철근 지름의 1.5배 이상
③ 굵은골재 최대치수의 4/3배 이상

(2) 보의 주철근 수평 순간격

① 25mm 이상
② 철근의 공칭지름 이상
③ 굵은골재 최대치수의 4/3배 이상

(3) 보의 주철근 2단 이상 배치

① 상하 철근을 동일 연직선 내에 둔다.
② 연직 순간격은 25mm 이상

(4) 다발철근

① 2개 이상의 철근을 묶어서 사용하는 다발철근은 그 수가 4개 이하로 묶어야 한다.
② 각 철근다발의 철근단은 철근 모두를 지점에서 끝나게 하지 않는다면 철근 지름의 40배 이상 길이로 서로 엇갈리게 끝내야 한다.

실전문제

제 2 장 철근 콘크리트

철근의 정착과 이음

문제 01 강도설계법에서 인장을 받는 이형철근의 정착길이 l_d는 얼마 이상이어야 하는가? (단, 갈고리가 없는 경우이다.)

가. $l_d = 300$mm 이상　　나. $l_d = 400$mm 이상
다. $l_d = 200$mm 이상　　라. $l_d = 0.008 d_b f_y$

문제 02 인장철근 D32($d_b = 3.18$cm, 공칭 단면적 $A_b = 7.942$cm^2)를 정착시키는 데 소요되는 기본 정착길이는? (단, 여기서 $f_{ck} = 21$MPa, $f_y = 350$MPa, $\lambda = 1.0$)

가. 120cm　　나. 125cm
다. 146cm　　라. 156cm

해설 $l_{db} = \dfrac{0.6 d_b \cdot f_y}{\lambda \sqrt{f_{ck}}} = \dfrac{0.6 \times 0.0318 \times 350}{1.0 \times \sqrt{21}} = 1.457\text{m} \fallingdotseq 146\text{cm}$

문제 03 기본 정착길이(l_{db})의 계산값이 730mm이고, 고려해야 할 보정계수가 1.3과 1.2인 부재에서의 철근의 소요 정착길이(l_d)는?

가. 949mm　　나. 876mm
다. 1138.8mm　　라. 790.8mm

해설 소요 정착길이 $l_d = l_{db} \times$ 보정계수(α, β, λ)
$\therefore l_d = 730 \times 1.3 \times 1.2 = 1138.8$mm

문제 04 $f_{ck} = 24$MPa, $f_y = 400$MPa으로 된 부재에 인장을 받는 표준 갈고리를 둔다면 기본 정착길이는 얼마인가? (단, $\beta = 1.0$, $\lambda = 0.85$, 철근의 공칭 지름은 2.54cm(D25)인 경우이다.)

가. 530mm　　나. 585mm
다. 450mm　　라. 410mm

정답 01. 가 02. 다 03. 다 04. 나

해설 $l_{hb} = \dfrac{0.24\beta d_b f_y}{\lambda\sqrt{f_{ck}}} = \dfrac{0.24\times1.0\times25.4\times400}{0.85\times\sqrt{24}} = 585\text{mm}$

문제 05 휨 철근을 인장측에서 끊을 경우에 대한 설명 중 옳지 않은 것은?

가. 끊는 점의 전단력이 복부 철근의 전단강도를 포함하여 허용강도의 3/4 이하인 경우

나. 전단과 비틀림에 필요한 양 이상의 스터럽이 끊는 점에서 부재 유효깊이의 3/4 구간에 촘촘하게 배치된 경우

다. 보강된 스터럽의 간격은 $\dfrac{d}{8\beta_b}$ 이내이어야 한다.

라. D35 이하의 철근에 대해서는 연장된 철근량이 끊는 점에서의 휨에 필요한 철근 단면적의 2배가 되고 전단력이 허용강도의 3/4 이하인 경우

해설 절단점의 전단력이 전단철근에 의해 보강된 전단강도를 포함한 전체 전단강도의 2/3 이하인 경우에 휨철근을 인장측에서 절단할 수 있다.

문제 06 철근콘크리트 부재의 철근이음에 관한 설명 중 옳지 않는 것은?

가. D35를 초과하는 철근은 겹침이음을 하지 않아야 한다.

나. 인장을 받는 이형철근의 겹침이음 길이는 A급, B급, C급으로 분류한다.

다. 압축이형철근의 이음에서 콘크리트의 설계기준강도가 21MPa 미만인 경우에는 겹침이음길이를 1/3 증가시켜야 한다.

라. 용접이음과 기계적 연결은 철근의 항복강도의 125% 이상을 발휘할 수 있어야 한다.

해설 인장 이형철근의 겹침이음은 A급, B급으로 분류한다.

문제 07 철근의 겹침이음길이에 대한 다음 기술 중 틀린 것은?

가. A급 이음 : $1.0l_d$

나. B급 이음 : $1.3l_d$

다. C급 이음 : $1.5l_d$

라. 어떠한 경우라도 300mm 이상

해설 인장 이형철근의 정착길이(l_d)는 기본 정착길이에 보정계수를 고려한다.

정답 05. 가 06. 나 07. 다

문제 08 휨 부재에서 $f_{ck}=24\text{MPa}$, $f_y=350\text{MPa}$일 때 인장철근(D32 : $d_b=3.18\text{cm}$, $A_s=7.92\text{cm}^2$)의 이음길이는? (단, $\lambda=1.0$, 보정계수 1.3, 이음은 B급이고 강도설계임.)

가. 2303mm　　나. 1270mm
다. 1077mm　　라. 688mm

해설
$$l_{db}=\frac{0.6d_bf_y}{\lambda\sqrt{f_{ck}}}=\frac{0.6\times31.8\times350}{1.0\times\sqrt{24}}\fallingdotseq1363\text{mm}$$
$$l_d=1363\times1.3=1771.9\text{mm}$$
$\therefore$ 이음길이$=1.3l_d=1.3\times1771.9=2303\text{mm}$

정답 08. 가

2-5 처짐과 균열(사용성 및 내구성)

1. 처 짐

(1) 1방향 구조

① 처짐 계산시 하중작용에 의한 순간처짐은 부재 강성에 대한 균열과 철근의 영향을 고려하여 탄성 처짐공식을 사용하여 계산한다.

② 균열 모멘트(M_{cr})

$$M_{cr} = \frac{f_r \cdot I_g}{y_t}$$

여기서, f_r : 콘크리트 파괴계수$=0.63\lambda\sqrt{f_{ck}}$
I_g : 총단면 2차 모멘트
y_t : 중립축에서 인장측 연단까지의 거리
λ : 경량 콘크리트 계수

③ 연속부재인 경우에 정 및 부 휨모멘트에 대한 위험 단면의 유효 단면 2차 모멘트를 구하고 그 평균값을 사용할 수 있다.

④ 일반 또는 경량 콘크리트 휨부재의 크리프와 건조수축에 의한 추가 장기처짐은 순간처짐에 장기처짐계수를 곱한다.

- 장기추가처짐계수 $\lambda_\Delta = \dfrac{\xi}{1+50\rho'}$
- 장기처짐=순간처짐(탄성처짐)×장기추가처짐계수
- 최종처짐=순간처짐(탄성처짐)+장기처짐

여기서, ξ : 시간경과계수
ρ' : 압축철근비$\left(\dfrac{A_s'}{bd}\right)$

- 지속하중에 대한 시간경과계수(ξ)
  - 5년 이상 : 2.0
  - 12개월 : 1.4
  - 6개월 : 1.2
  - 3개월 : 1.0

⑤ 처짐을 계산하지 않는 경우의 보 또는 1방향 슬래브의 최소두께

부 재	최소두께(h)			
	단순지지	1단연속	양단연속	캔틸레버
	큰 처짐에 의해 손상되기 쉬운 칸막이 벽이나 구조물을 지지 또는 부착하지 않은 부재			
1방향 슬래브	$l/20$	$l/24$	$l/28$	$l/10$
• 보 • 리브가 있는 1방향 슬래브	$l/16$	$l/18.5$	$l/21$	$l/8$

• 표의 값은 보통콘크리트(w_c=2300kg/m^3)와 설계기준항복강도 400MPa 철근을 사용한 부재에 대한 값이며 다른 조건에 대해서는 그 값을 다음과 같이 수정한다.
  – 1,500~2,000kg/m^3 범위의 단위질량을 갖는 구조용 경량콘크리트에 대해서는 계산된 h 값에 $(1.65-0.00031w_c)$를 곱해야 하나, 1.09보다 작지 않아야 한다.
  – f_y 가 400MPa 이외인 경우는 계산된 h 값에 $(0.43+f_y/700)$를 곱한다.

⑥ 도로교 상부구조 부재의 최소두께

상부구조 형식	최소두께(h)	
	단순경간	연속경간
주철근이 차량 진행방향에 평행한 교량 슬래브	$\frac{1.2(l+3000)}{30}$	$\frac{(l+3000)}{30}$
T형 거더	$0.070\,l$	$0.065\,l$
박스 거더	$0.060\,l$	$0.055\,l$
보행구조 거더	$0.033\,l$	$0.033\,l$

• 깊이가 변하는 부재의 경우 위의 값은 정휨모멘트와 부휨모멘트 단면의 상대적 강성변화를 고려하여 조정될 수 있다.

(2) 2방향 구조

① 테두리보를 제외하고 슬래브 주변에 보가 없거나 보의 강성비(α_m)가 0.2 이하일 경우 슬래브의 최소두께
  • 지판이 없는 슬래브의 경우는 120mm 이상으로 한다.
  • 지판을 가진 슬래브의 경우는 100mm 이상으로 한다.

② 보의 강성비(α_m)가 0.2를 초과하는 보가 슬래브 주변에 있는 경우 슬래브의 최소두께
  • 강성비(α_m)가 0.2 초과 2.0 미만의 경우는 120mm 이상으로 한다.
  • 강성비(α_m)가 2.0 이상인 경우는 90mm 이상으로 한다.

- 불연속단을 갖는 슬래브에 대해서는 강성비(α_m)의 값이 0.8 이상을 갖는 테두리 보를 설치하거나 최소 소요두께를 적어도 1% 이상 증대시켜야 한다.

③ 최대 허용 처짐

부재의 형태	고려해야 할 처짐	처짐 한계
과도한 처짐에 의해 손상되기 쉬운 비구조 요소를 지지 또는 부착하지 않은 평지붕 구조	활하중 L에 의한 순간 처짐	$\frac{l}{180}$
과도한 처짐에 의해 손상되기 쉬운 비구조 요소를 지지 또는 부착하지 않은 바닥구조	활하중 L에 의한 순간 처짐	$\frac{l}{360}$
과도한 처짐에 의해 손상되기 쉬운 비구조 요소를 지지 또는 부착한 지붕 또는 바닥구조	전체 처짐 중에서 비구조 요소가 부착된 후에 발생하는 처짐 부분(모든 지속하중에 의한 장기 처짐과 추가적인 활하중에 의한 순간 처짐의 합	$\frac{l}{480}$
과도한 처짐에 의해 손상될 염려가 없는 비구조 요소를 지지 또는 부착한 지붕 또는 바닥구조		$\frac{l}{240}$

2. 균　열

(1) 허용 균열폭

① 철근 콘크리트 구조물의 허용 균열폭(w_a(mm))

강재의 종류	강재의 부식에 대한 환경조건			
	건조 환경	습윤 환경	부식성 환경	고부식성 환경
철　근	0.4mm와 $0.006c_c$ 중 큰값	0.3mm와 $0.005c_c$ 중 큰값	0.3mm와 $0.004c_c$ 중 큰값	0.3mm와 $0.0035c_c$ 중 큰값
프리스트레싱 긴장재	0.2mm와 $0.005c_c$ 중 큰값	0.2mm와 $0.004c_c$ 중 큰값	–	–

여기서, c_c는 최외단 주철근의 표면과 콘크리트 표면 사이의 콘크리트 최소 피복두께(mm)

② 수처리 구조물의 내구성과 누수방지를 위하여 허용되는 균열폭(w_a(mm))

구분	휨인장 균열	전 단면인장 균열
오염되지 않은 물	0.25	0.20
오염된 액체	0.20	0.15

※ 오염되지 않은 물은 음용수(상수도) 시설물이다.

③ 물을 저장하는 수조 등과 같은 수밀성을 요구하는 구조물의 허용 균열폭은 0.3mm 이하이다.

(2) 균열 폭의 최소화 대책

① 이형 철근을 배근한다.
② 철근의 지름과 간격을 가능한 작게 한다.
③ 인장측의 철근을 부재 단면의 주변에 분산시켜 배치한다.
④ 콘크리트 덮개를 가능한 얇게 한다.
⑤ 균열폭은 철근의 응력과 지름에 비례하고 철근비에 반비례한다.

3. 피　　로

(1) 적용범위

① 변동하중이 차지하는 비율이 크거나 작용 빈도가 크기 때문에 검토가 필요하다.
② 보 및 슬래브의 피로는 휨 및 전단에 대하여 검토한다.
③ 기둥의 피로는 검토하지 않아도 좋다. 단, 휨모멘트나 축인장력의 영향이 특히 큰 경우 보에 준하여 검토한다.

(2) 피로에 대한 검토

① 피로의 검토가 필요한 구조 부재는 높은 응력을 받는 부분에서 철근을 구부리지 않도록 한다.
② 피로를 고려하지 않아도 되는 철근과 프리스트레싱 긴장재의 응력 범위(MPa)

강재의 종류	설계기준 항복강도 혹은 위치	철근 또는 긴장재의 응력 범위(MPa)
이형철근	300 MPa	130
	350 MPa	140
	400 MPa	150
프리스트레싱 긴장재	연결부 또는 정착부	140
	기타 부위	160

실전문제 제2장 철근 콘크리트

처짐과 균열(사용성 및 내구성)

문제 01 $b=30$cm, $d=55$cm, $h=60$cm인 콘크리트 단면의 균열 모멘트 M_{cr}를 구하면? (단, $f_{ck}=21$MPa, 전경량 콘크리트이다.)

가. 25 kN·m　　나. 36 kN·m
다. 42 kN·m　　라. 39 kN·m

해설

$$M_{cr}=\frac{f_r \cdot I_g}{y_t}=\frac{2.165\times0.0054}{0.3}=0.03897\text{MNm}=38.97\text{kN·m}$$

$$f_r=0.63\lambda\sqrt{f_{ck}}=0.63\times0.75\sqrt{21}=2.165\text{MPa}$$

$$I_g=\frac{bh^3}{12}=\frac{0.3\times0.6^3}{12}=0.0054\text{m}^4$$

$$y_t=\frac{h}{2}=\frac{0.6}{2}=0.3\text{m}$$

문제 02 장기추가처짐계수 값으로 옳은 것은? (단, ξ는 지속하중의 재하기간에 따른 계수이고, ρ'는 압축철근비를 의미한다.)

가. $\lambda_\Delta=\dfrac{\xi}{1+50\rho'}$　　나. $\lambda_\Delta=\dfrac{1+50\rho'}{\xi}$

다. $\lambda_\Delta=\dfrac{1+\rho'}{50}\xi$　　라. $\lambda_\Delta=\dfrac{\xi}{50+\rho'}$

문제 03 지속하중으로 인해 발생되는 장기처짐을 계산하는 식 중에서 지속하중 재하기간에 따르는 계수 ξ 값 중 틀린 것은?

가. 5년 또는 그 이상일 때 $\xi=2.8$
나. 12개월일 때 $\xi=1.4$
다. 6개월일 때 $\xi=1.2$
라. 3개월일 때 $\xi=1.0$

해설 5년 이상의 경우 $\xi=2.0$

정답 01. 라 02. 가 03. 가

문제 04 복철근 콘크리트 단면에 압축철근비 $\rho' = 0.01$이 배근된 경우 순간처짐이 2cm일 때 1년이 지난 후 처짐량은? (단, 작용하는 모든 하중은 지속하중으로 보며 지속하중의 1년 재하기간에 따르는 계수 ξ는 1.4이다.)

가. 4.22cm　　나. 4.00cm
다. 3.87cm　　라. 3.99cm

해설
- 장기추가처짐계수 $\lambda_\Delta = \dfrac{\xi}{1+50\rho'} = \dfrac{1.4}{1+50\times0.01} = 0.933$
- 장기처짐 = 순간처짐 × 장기추가처짐계수 $= 2\times0.933 = 1.87$cm

∴ 최종처짐 = 순간처짐 + 장기처짐 $= 2 + 1.87 = 3.87$cm

문제 05 보통 골재로 만든 철근콘크리트보에서 처짐 계산을 하지 않을 경우에 단순 지지된 보의 최소 높이는 경간을 l 이라 할 때 얼마인가? (단, f_y가 400MPa인 철근으로 만든 보이다.)

가. $\dfrac{l}{11}$　　나. $\dfrac{l}{16}$
다. $\dfrac{l}{27}$　　라. $\dfrac{l}{32.5}$

해설 f_y가 400MPa 이외인 경우는 계산된 h 값에 $\left(0.43+\dfrac{f_y}{700}\right)$를 곱한다.

문제 06 피로에 대해 기술한 것 중 잘못된 것은?

가. 보 및 슬래브의 피로에 대하여는 휨 및 전단에 대하여 검토하는 것이 일반적이다.
나. 기둥의 피로에 대해서도 검토하는 것이 원칙이다.
다. 피로의 검토가 필요한 구조 부재에서는 높은 응력을 받는 부분의 철근은 구부리지 않는다.
라. 충격을 포함한 사용 활하중에 의한 철근의 응력범위가 130MPa에서 150 MPa 사이에 들면 피로에 대해 검토할 필요가 없다.

해설 기둥의 피로는 검토하지 않아도 좋다. 단, 휨 모멘트나 축인장력의 영향이 특히 큰 경우 보에 준하여 검토한다.

정답 04. 다　05. 나　06. 나

2-6 휨과 압축을 받는 부재(기둥)의 해석과 설계

1. 설계의 일반

(1) 압축부재의 설계단면치수

① 띠철근 압축부재 단면의 최소치수는 200mm이고 그 단면적은 $60,000mm^2$ 이상이어야 한다.

② 나선철근 압축부재 단면의 심부 지름은 200mm이고 콘크리트의 설계기준강도는 21MPa 이상이어야 한다.

③ 콘크리트 벽체나 교각구조와 일체로 시공되는 나선철근 또는 띠철근 압축부재의 유효 단면의 한계는 나선철근이나 띠철근 외측에서 40mm보다 크지 않게 취한다.

④ 둘 이상의 맞물린 나선철근을 가진 독립 압축부재의 유효 단면의 한계는 나선철근의 최외측에서 요구되는 콘크리트 최소 피복 두께에 해당하는 거리를 더하여 취한다.

⑤ 정사각형, 8각형 또는 다른 형상의 단면을 가진 압축부재 설계에서 전체 단면적을 사용하는 대신에 실제 형상의 최소 치수에 해당하는 지름을 가진 원형단면을 사용할 수 있다.

⑥ 하중에 의해 요구되는 단면보다 큰 단면을 가진 압축부재의 경우 감소된 유효 단면적(A_g)을 사용하여 최소 철근량과 설계강도를 결정하여도 좋다. 이때, 감소된 유효 단면적은 전체 단면적의 1/2 이상이어야 한다.

(2) 압축부재의 철근량 제한

① 비합성 압축부재의 축방향 주철근 단면적은 전체 단면적(A_g)의 0.01배 이상 0.08배 이하로 한다. 축방향 주철근이 겹침이음되는 경우의 철근비는 0.04를 초과하지 않아야 한다.

② 압축부재의 축방향 주철근의 최소 개수는 직사각형이나 원형 띠철근 내부의 철근의 경우 4개, 삼각형 띠철근 내부의 철근의 경우 3개, 나선 철근으로 둘러싸인 철근의 경우 6개로 한다.

③ 나선철근비(ρ_s)는 다음 값 이상으로 한다.

$$\rho_s = 0.45\left(\frac{A_g}{A_{ch}} - 1\right)\frac{f_{ck}}{f_{yt}}$$

여기서, f_{yt}는 나선철근의 설계기준 항복강도이고 700MPa 이하로 한다.

(3) 압축부재에 사용되는 띠철근의 규정

① D32 이하의 종방향 철근은 D10 이상의 띠철근으로, D35 이상의 종방향 철근과 다발철근은 D13 이상의 띠철근으로 둘러싸야 하며 띠철근 대신 등가 단면적의 이형철선 또는 용접 철망을 사용할 수 있다.

② 띠철근의 수직 간격은 종방향 철근 지름의 16배 이하, 띠철근이나 철선 지름의 48배 이하, 또한 기둥단면의 최소치수 이하로 한다.

③ 띠철근은 모든 모서리에 있는 종방향 철근과 하나 건너 있는 종방향 철근이 135° 이하로 구부린 띠철근의 모서리에 의해 횡지지 되도록 배치되어야 하며 어떤 종방향 철근도 띠철근을 따라 횡지지 된 종방향 철근의 양쪽으로 순간격이 150mm 이상 떨어지지 않아야 한다. 또한 종방향 철근이 원형으로 배치된 경우에는 원형 띠철근을 사용할 수 있다.

④ 확대 기초판 또는 기초 슬래브의 윗면에 배치되는 첫 번째 띠철근 간격은 다른 띠철근 간격의 1/2 이하로 한다.

⑤ 슬래브나 지판에 배치된 최하단 수평철근 아래에 배치되는 첫 번째 띠철근도 다른 띠철근 간격의 1/2 이하로 한다.

⑥ 보 또는 브래킷이 기둥의 4면에 연결되어 있는 경우에 가장 낮은 보 또는 브래킷의 최하단 수평철근 아래에서 75mm 이내에서 띠철근을 끝낼 수 있다. 단, 이때 보의 폭은 해당 기둥면 폭의 1/2 이상이어야 한다.

(4) 압축부재에 사용되는 나선철근의 규정

① 균등한 간격을 갖는 연속된 철근이나 철선으로 이루어진다.

② 현장치기 콘크리트 공사에서 나선철근 지름은 10mm 이상으로 한다.

③ 나선철근의 순간격은 25mm 이상, 75mm 이하로 한다.

④ 나선철근의 정착은 나선 철근의 끝에서 추가로 심부 주위를 1.5회전만큼 더 확보한다.

⑤ 나선철근의 이음은 철근 또는 철선 지름의 48배 이상, 또한 300mm 이상의 겹침이음 또는 용접이음을 한다.

⑥ 나선철근은 확대 기초판 또는 기초 슬래브의 윗면에서 그 위에 지지된 부재의

최하단 수평철근까지 연장해야 한다.

⑦ 보 또는 브래킷이 기둥의 모든 면에 연결되어 있지 않을 때에는 나선철근의 끝나는 지점 위에서부터 슬래브 또는 지판 밑면까지 띠철근을 연장해야 한다.

⑧ 기둥머리가 있는 기둥에서 기둥머리의 지름이나 폭이 기둥 지름의 2배가 되는 곳까지 나선철근을 연장해야 한다.

(5) 축방향 주철근 철근비

① 최소 1% 한도의 제한 이유

- 예상 이외의 편심하중에 의한 휨모멘트를 대비하기 위해
- 콘크리트의 크리프 및 건조수축의 영향을 감소시키기 위해
- 시공시 콘크리트의 부분적인 결함을 보완하기 위해

② 최대 8% 한도의 제한 이유

- 철근량이 많으면 콘크리트 시공에 지장을 초래하게 된다.
- 비경제적이다.

2. 기둥의 설계

(1) 단주와 장주의 반별

① 단주

- $\lambda \leqq 34 - 12\left(\frac{M_1}{M_2}\right)$: 횡방향 변위가 구속된 경우
- $\lambda < 22$: 횡방향 변위가 구속되지 않은 경우

여기서,
- λ : 기둥의 세장비$\left(\lambda = \frac{k \cdot l_u}{r}\right)$
- l_u : 압축부재의 비지지 길이
- r : 회전반경$\left(r = \sqrt{\frac{I}{A}}\right)$
  - 직사각형 압축부재의 경우 $r = 0.3t$ (t는 단면의 짧은 변의 길이)
  - 원형 압축부재의 경우 $r = 0.25t$ (t는 단면 지름)
- k : 유효길이의 계수
- M_1 : 압축부재의 계수 단모멘트 중 작은 값
- M_2 : 압축부재의 계수 단모멘트 중 큰 값

② 장주

- $\lambda > 100$

(2) 단 주

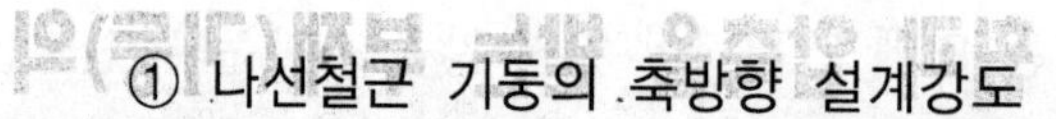

① 나선철근 기둥의 축방향 설계강도

$$P_u = \phi P_n = 0.7 \times 0.85\{\eta(0.85 f_{ck})(A_g - A_{st}) + f_y \cdot A_{st}\}$$

② 띠철근 기둥의 축방향 설계강도

$$P_u = \phi P_n = 0.65 \times 0.8\{\eta(0.85 f_{ck})(A_g - A_{st}) + f_y \cdot A_{st}\}$$

③ 편심축 하중을 받는 단주

- $e = e_b(P_u = P_b)$: 균형 파괴
- $e < e_b(P_u > P_b)$: 압축 파괴
- $e > e_b(P_u < P_b)$: 인장 파괴

여기서, e : 편심, e_b : 균형 편심

(3) 장 주

① 좌굴 하중

$$P_c = \frac{\pi^2 \cdot E \cdot I}{(k \cdot l)^2} = \frac{n \cdot \pi^2 \cdot E \cdot I}{l^2} = \frac{\pi^2 \cdot E \cdot A}{\lambda^2}$$

② 좌굴 응력

$$f_{cr} = \frac{P_c}{A} = \frac{\pi^2 \cdot E \cdot I}{A(k \cdot l)^2} = \frac{\pi^2 \cdot E}{\left(k \frac{\cdot l}{r}\right)^2} = \frac{\pi^2 \cdot E}{\lambda^2}$$

③ 기둥 단부지지 조건에 따른 계수

	1단 고정, 타단 자유	양단 힌지	1단 고정, 타단 힌지	양단 고정
지지 조건에 따른 기둥의 분류	P, l, $kl = 2l$	P, $kl = l$	P, l, $kl = 0.7l$	P, l, $kl = 0.5l$
유효 길이 계수(k)	2	1	0.7	0.5
좌굴계수(n) $n = \frac{1}{k^2}$	$\frac{1}{4}$	1	2	4

제 2 장 철근 콘크리트

휨과 압축을 받는 부재(기둥)의 해석과 설계

문제 01 철근 콘크리트의 기둥에 관한 구조세목으로 틀린 것은?

가. 비합성 압축부재의 축방향 주철근 단면적은 전체 단면적의 0.01배 이상 0.08배 이하로 하여야 한다.

나. 축방향 부재의 주철근의 최소 개소 개수는 나선철근으로 둘러싸인 철근의 경우는 6개로 하여야 한다.

다. 나선철근 압축부재 단면의 심부지름은 200mm 이상으로 하여야 한다.

라. 띠철근 압축부재 단면의 최소치수는 300mm이고 그 단면적은 60,000 mm^2 이상이어야 한다.

해설 띠철근 압축부재 단면의 최소 치수는 200mm이고 그 단면적은 60,000mm^2 이상이어야 한다.

문제 02 그림과 같은 띠철근 기둥의 단면의 크기와 철근량을 결정하였다. D10 철근을 띠철근으로 사용한다면 띠철근 간격은? (단, 축방향 철근으로서 4개의 D29를 사용한다.)

A_s = 4개의 D29

30cm

40cm

가. 46cm

나. 40cm

다. 30cm

라. 48cm

해설
- 종방향 철근 지름의 16배 이하 : 2.9×16=46.4cm
- 띠철근 지름의 48배 이하 : 1.0×48=48cm
- 기둥 단면의 최소 치수 이하 : 30cm

∴ 띠철근의 수직 간격은 최소값인 30cm 이하로 한다.

문제 03 30cm×50cm의 단면을 가진 띠철근 기둥에서 단주의 한계 높이는 얼마인가? (단, 양단이 고정되어 있고, 횡방향 변위가 구속되지 않을 경우)

가. 6.4m　　나. 5.4m

다. 3.9m　　라. 3.5m

정답 01. 라　02. 다　03. 다

해설 • $\lambda = \dfrac{k \cdot l_u}{r}$에서

$k = 0.5$

$r = 0.3t = 0.3 \times 0.3 = 0.09\text{m}$

• $\lambda < 22$의 경우 단주로 판별한다.

$22 = \dfrac{0.5 \times l_u}{0.09}$

$\therefore\ l_u = 3.96\text{m}$

문제 04 나선철근 기둥(단주)의 강도 이론에 의한 축방향 설계강도는? (단, 기둥의 총 단면적 $A_g = 2000\text{cm}^2$, $f_{ck} = 21\text{MPa}$, $f_y = 300\text{MPa}$, $A_{st} = 6-\text{D35} = 57.0\text{cm}^2$)

가. 2.95MN　　나. 3.08MN
다. 3.30MN　　라. 3.45MN

해설 $P_u = \phi P_n = 0.7 \times 0.85\{\eta(0.85 f_{ck})(A_g - A_{st}) + f_y A_{st}\}$

$= 0.7 \times 0.85\{1.0 \times (0.85 \times 21)(2000 - 57) \times 10^{-4} + 300 \times 57 \times 10^{-4}\}$

$= 3.08\text{MN}$

[보충] 공칭 압축강도 $P_n = 0.85\{\eta(0.85 f_{ck})(A_g - A_{st}) + f_y A_{st}\}$

문제 05 다음 그림과 같은 띠철근 기둥의 설계강도($\phi_c P_n$)는 얼마인가? (단, $f_{ck} = 21\text{MPa}$, $f_y = 300\text{MPa}$, $A_{st} = 31.77\text{cm}^2$, $\phi_c = 0.65$이다.)

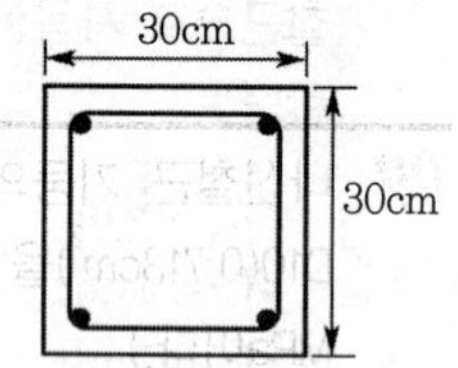

가. 1.627MN
나. 1.544MN
다. 1.402MN
라. 1.302MN

해설 $P_u = \phi P_n = 0.65 \times 0.8\{\eta(0.85 f_{ck})(A_g - A_{st}) + f_y A_{st}\}$

$= 0.65 \times 0.8\{1.0 \times (0.85 \times 21)(30 \times 30 - 31.77) \times 10^{-4} + 300 \times 31.77 \times 10^{-4}\}$

$= 1.302\text{MN}$

[보충] 공칭 압축강도 $P_n = 0.8\{\eta(0.85 f_{ck})(A_g - A_{st}) + f_y A_{st}\}$

문제 06 기둥에서 편심(e)이 균형편심(e_b)보다 작을 때 일으키는 파괴의 형태는?

가. 압축 파괴　　나. 인장 파괴
다. 휨 파괴　　라. 전단 파괴

정답 04. 나 05. 라 06. 가

문제 07 양단이 힌지로 단순지지된 그림과 같은 단면을 갖는 기둥의 오일러 좌굴하중은 얼마인가? (단, 기둥의 길이는 $L=6$m이며, 탄성계수 $E=2.0\times10^{-5}$MPa이다.)

가. 3.56MN
나. 4.54MN
다. 4.96MN
라. 5.40MN

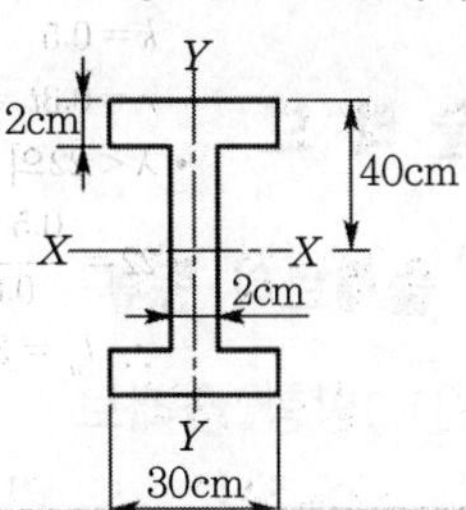

해설 $I_Y = 2\times\dfrac{2\times30^3}{12}+\dfrac{76\times2^3}{12}=9051\text{cm}^4$

$k=1$

$\therefore P_c = \dfrac{\pi^2\cdot E\cdot I}{(kl)^2} = \dfrac{3.14^2\times2.0\times10^{-5}\times9051\times10^{-8}}{(1\times6)^2} = 4.96\text{MN}$

문제 08 기둥의 양단이 고정되고 횡방향 상대변위(side sway)가 방지되어 있는 경우의 유효 길이는 얼마인가? (단, 기둥 길이는 l이다.)

가. $0.5l$ 나. $0.7l$
다. $1.0l$ 라. $2.0l$

문제 09 나선철근 기둥의 심부 지름 35cm, 기둥 단면의 지름 45cm인 단면에 나선철근 D10(0.713cm^2)을 배근할 때 피치를 구하면 얼마인가? (단, $f_{ck}=28$MPa, $f_{yt}=400$ MPa이다.)

가. 3.0cm 나. 3.5cm
다. 4.0cm 라. 4.5cm

해설 $\rho_s = \dfrac{\text{나선철근의 전체적}}{\text{심부체적}} \geq 0.45\left(\dfrac{A_g}{A_{ch}}-1\right)\dfrac{f_{ck}}{f_{yt}}$

$\dfrac{35\times\pi\times0.713}{\dfrac{\pi\times35^2}{4}\times p} = 0.45\left(\dfrac{\pi\times45^2/4}{\pi\times35^2/4}-1\right)\times\dfrac{28}{400}$

$\therefore p=3.95\text{cm} \fallingdotseq 4.0\text{cm}$

정답 07. 다 08. 가 09. 다

2-7 슬래브, 확대기초, 옹벽의 설계

1. 슬 래 브

(1) 슬래브의 종류

① 1방향 슬래브

- 마주보는 두 변에만 지지되는 슬래브로 주철근이 1방향에 배근
- $\frac{L}{S} \geq 2.0$

여기서, L : 장변의 길이, S : 단변의 길이

② 2방향 슬래브

- 네 변으로 지지되는 슬래브로 서로 직교하는 그 방향으로 주철근을 배치
- $1 \leq \frac{L}{S} < 2$, $0.5 < \frac{S}{L} \leq 1$

(2) 1방향 슬래브

① 휨모멘트

- 활하중에 의한 경간 중앙의 부휨모멘트는 산정된 값의 1/2만 취한다.
- 경간 중앙의 정휨모멘트는 양단 고정으로 보고 계산한 값 이상으로 취한다.
- 순경간이 3.0m를 초과할 때 순경간 내면의 휨모멘트를 사용할 수 있다. 그러나 이 값들이 순경간을 경간으로 하여 계산한 고정단 휨모멘트 이상으로 하여야 한다.

② 구조 상세

- 1방향 슬래브의 두께는 최소 100mm 이상이어야 한다.
- 슬래브의 정철근 및 부철근의 중심간격은 최대 휨모멘트가 일어나는 단면에서는 슬래브 두께의 2배 이하, 또는 300mm 이하로 한다. 기타 단면은 슬래브 두께의 3배 이하, 또한 400mm 이하로 한다.
- 1방향 슬래브에서는 정철근 및 부철근에 직각방향으로 수축·온도 철근을 배치한다.
- 슬래브 끝의 단순 받침부에서도 내민 슬래브에 의하여 부휨모멘트가 일어나는 경우에는 이에 상응하는 철근을 배치한다.

- 슬래브의 장변방향과 직교하는 보의 상부에 부휨모멘트로 인해 발생하는 균열을 방지하기 위하여 슬래브의 장변방향 상부에 철근을 배치한다.
- 수축·온도 철근으로 배치되는 이형철근의 철근비
  - 어떤 경우에도 0.0014 이상
  - 설계기준항복강도가 400MPa 이하인 이형철근을 사용한 슬래브는 0.002 이상
  - 0.0035의 항복변형률에서 측정한 철근의 설계기준항복강도가 400MPa를 초과한 슬래브는 $0.002 \times \frac{400}{f_y}$ 이상
- 수축·온도 철근의 간격은 슬래브 두께의 5배 이하, 또한 450mm 이하로 하여야 한다.
- 수축·온도 철근은 설계기준항복강도 f_y를 발휘할 수 있도록 정착한다.

③ 전단 설계

- 폭이 1m인 직사각형 단면보로 보고 전단을 검토한다.
- 1방향 슬래브 또는 보는 지점에서 d만큼 떨어진 단면에서 최대전단응력이 발생한다.

(3) 2방향 슬래브

① 하중 분배

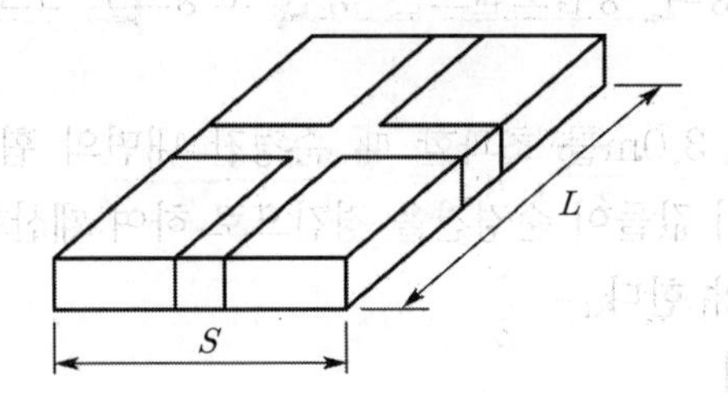

- 집중하중(P)이 작용하는 경우

$$P_L = \frac{S^3}{L^3 + S^3} P, \; P_S = \frac{L^3}{L^3 + S^3} P$$

• 등분포하중(w)이 작용하는 경우

$$w_L = \frac{S^4}{L^4 + S^4} w, \quad w_S = \frac{L^4}{L^4 + S^4} w$$

여기서, P_L, w_L : 긴 변이 부담하는 하중
P_S, w_S : 짧은 변이 부담하는 하중

• 지지보가 받는 하중(슬래브가 등분포 하중을 받을 때)

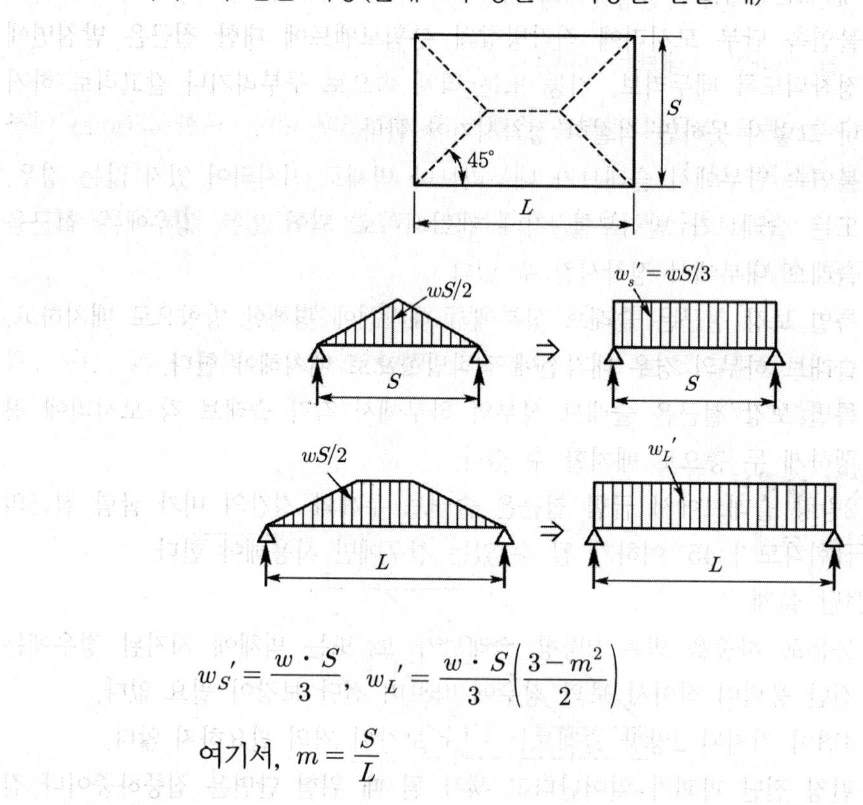

$$w_{S}' = \frac{w \cdot S}{3}, \quad w_{L}' = \frac{w \cdot S}{3}\left(\frac{3 - m^2}{2}\right)$$

여기서, $m = \dfrac{S}{L}$

② 구조 상세

• 2방향 슬래브 시스템의 각 방향 철근 단면적은 위험 단면의 휨모멘트에 의해 결정되지만 수축·온도 철근에서 요구되는 최소 철근량 이상이어야 한다.

• 수축·온도 철근으로 배치되는 이형철근의 철근비

－어떤 경우에도 0.0014 이상

－설계기준항복강도가 400MPa 이하인 이형철근을 사용한 슬래브는 0.002 이상

–0.0035의 항복변형률에서 측정한 철근의 설계기준항복강도가 400MPa를 초과한 슬래브는 $0.002 \times \frac{400}{f_y}$ 이상

- 위험 단면에서 철근 간격은 슬래브 두께의 2배 이하 또한 300mm 이하로 한다. 단, 와플 구조나 리브 구조로 된 부분은 예외로 한다.
- 짧은 경간 방향의 철근을 긴 경간 방향의 철근보다 슬래브 바닥에 가깝게 배근한다.
- 불연속 단부 모서리에 직각방향의 부휨모멘트에 대한 철근은 받침면에 정착되도록 테두리보, 기둥 또는 벽체 속으로 구부리거나 갈고리로 하거나 그렇지 못하면 적절히 정착시켜야 한다.
- 불연속 단부에서 슬래브가 테두리보나 벽체로 지지되어 있지 않는 경우, 또는 슬래브가 받침부를 지나 캔틸레버로 되어 있는 경우에는 철근을 슬래브 내부에서 정착시킬 수 있다.
- 특별 보강 철근은 슬래브 상부에서 대각선에 평행한 방향으로 배치하고, 슬래브 하부의 경우 대각선에 직각방향으로 배치해야 한다.
- 특별 보강 철근은 슬래브 상부와 하부에서 각각 슬래브 각 모서리에 평행하게 두 층으로 배치할 수 있다.
- 2방향 슬래브에서 굽힘 철근은 슬래브 두께와 경간의 비가 굽힘 철근의 굽힘각도가 45° 이하가 될 수 있는 경우에만 사용해야 한다.

③ 전단 설계

- 등분포 하중을 받는 2방향 슬래브가 보 또는 벽체에 지지된 경우에는 전단 응력이 작아서 보의 경우에 따르며 전단 보강이 필요 없다.
- 4변이 지지된 2방향 슬래브는 전단 보강이 거의 필요하지 않다.
- 펀칭 전단 파괴가 일어난다고 생각 될 때 위험 단면은 집중하중이나 집중반력을 받는 면의 주변에서 $d/2$만큼 떨어진 주변 단면이다.

④ 직접설계법

- 각 방향으로 3경간 이상이 연속되어야 한다.
- 슬래브판들은 단변 경간에 대한 장변 경간의 비가 2 이하인 직사각형이어야 한다.
- 각 방향으로 연속한 받침부 중심간 경간 길이의 차이는 긴 경간의 1/3 이하이어야 한다.

- 연속한 기둥 중심선으로부터 기둥의 이탈은 이탈 방향 경간의 최대 10% 까지 허용된다.
- 모든 하중은 연직하중으로서 슬래브판 전체에 등분포되는 것으로 간주한다. 활하중은 고정하중의 2배 이하이어야 한다.
- 보가 모든 변에서 슬래브 판을 지지할 경우 직교하는 두 방향에서 해당되는 보의 상대강성은 0.2 이상 5.0 이하이어야 한다

⑤ 정 및 부 계수 휨모멘트

- 정 계수 휨모멘트 : $0.35M_o$
- 부 계수 휨모멘트 : $(-)0.65M_o$

여기서, M_o : 전체 정적 계수 휨모멘트

2. 확대기초

(1) 정 의

① 벽, 기둥, 교각 등의 하중을 안전하게 지반에 전달하기 위해 저면을 확대하여 만든 기초

② 독립 확대기초, 벽의 확대기초, 연결 확대기초, 전면기초 등이 있다.

③ 확대기초의 저면을 설계할 때는 주로 캔틸레버로 보고 설계한다.

④ 연결 확대기초는 기둥과 기둥 사이를 단순보나 연속보로 보고 설계한다.

⑤ 기초 저면에 일어나는 최대 압력이 지반의 허용지지력을 넘지 않도록 기초 저면을 확대하여 만든 기초

(2) 확대기초의 설계를 위한 가정

① 확대기초 저면의 압력분포를 직선으로 한다.

② 확대기초 저면과 기초지반 사이에는 압축력만 작용한다.

③ 연결 확대기초에서는 휨모멘트의 일부 또는 전부를 연결보에 부담시키고 확대기초는 연직하중을 받는 것으로 한다.

(3) 기초판(확대기초)의 저면적(A_f)

$$A_f = \frac{P}{q_a}$$

여기서, P : 하중, q_a : 지반의 허용 지지력

(4) 압축하중과 휨모멘트가 작용시 확대기초의 최대 지반반력

$$f = \frac{P}{A} \pm \frac{M}{I} \cdot y$$

(5) 위험 단면에서의 휨모멘트

$$M = \text{응력} \times \text{단면적} \times \text{도심까지의 거리}$$
$$= q \cdot \left\{ \frac{(L-t)}{2} \times S \right\} \times \left\{ \frac{(L-t)}{2} \times \frac{1}{2} \right\}$$
$$= \frac{1}{8} q \cdot S(L-t)^2$$

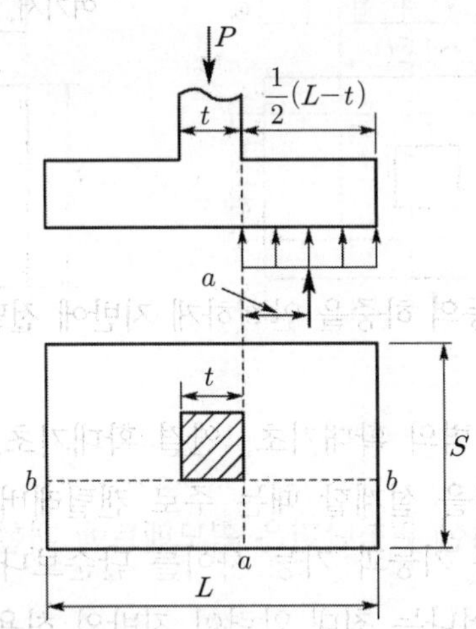

(6) 전단설계

① 1방향 작용일 경우

- 위험단면이 기둥의 전면으로부터 유효깊이 만큼의 거리에서 전체 폭에 해당된다고 볼 수 있는 경우 전단설계를 보와 같이 한다.
- $V = q_u \cdot S\left\{ \frac{(L-t)}{2} - d \right\}$

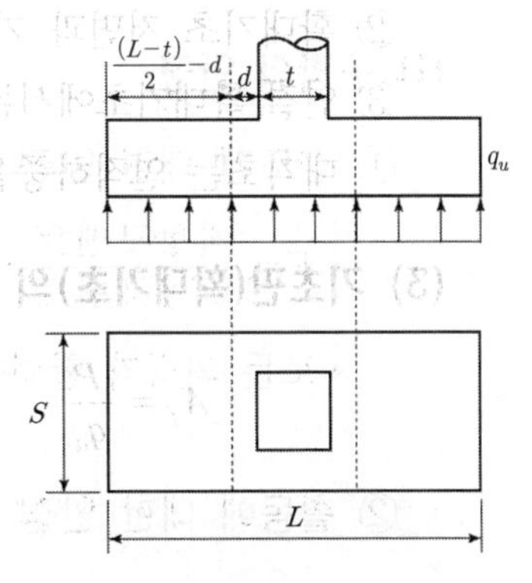

② 2방향 작용일 경우

- 펀칭 전단이 발생한다고 볼 수 있는 경우에는 집중하중을 받는 2방향 슬래브와 같이 전단설계를 하고 위험단면은 기둥 전면으로부터 $d/2$만큼 떨어진 단면으로 본다. 이때 기둥에서 $0.75d$ 내에 재하되는 등분포 지반력의 영향을 무시할 수 있다.
- 위험단면 둘레길이 $b_o = 4(t + 1.5d)$
- 전단력 $V = q_u\{S \cdot L - (t + 1.5d)^2\}$

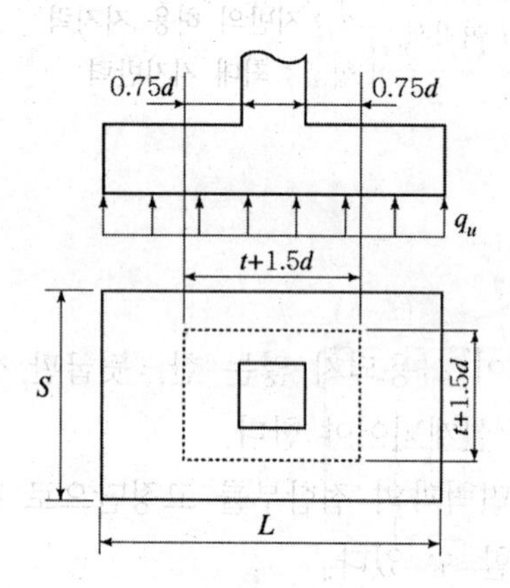

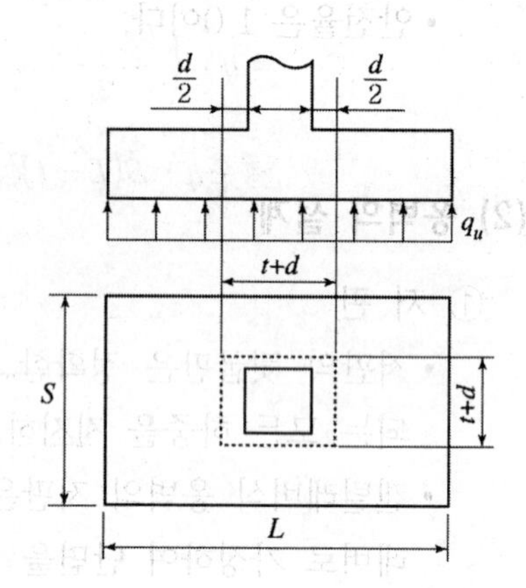

(7) 구조 상세

① 철근의 정착에 대한 위험단면은 휨모멘트에 대한 위험단면과 같은 위치로 정한다.

② 기초판 상단에서부터 하단 철근까지의 깊이는 흙에 놓이는 기초의 경우는 150mm 이상, 말뚝기초의 경우는 300mm 이상으로 하여야 한다.

3. 옹 벽

(1) 옹벽의 안정

① 전도에 대한 안정

- $F = \dfrac{\text{저항모멘트}}{\text{활동모멘트}} = \dfrac{M_r}{M_o} \geq 2.0$
- 모든 외력의 합력이 $x \geq d/3$에 있어야 한다.

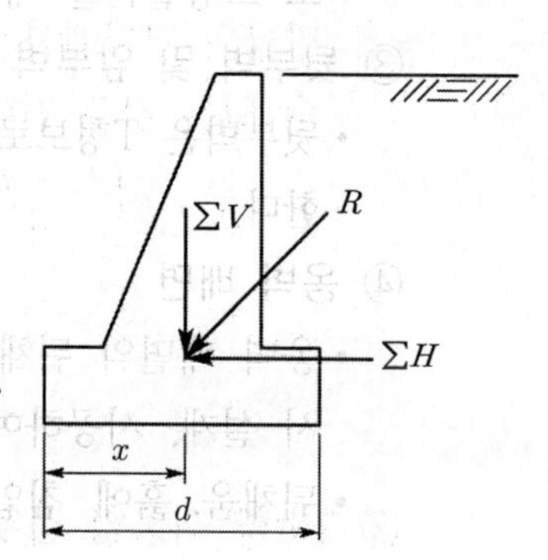

② 활동에 대한 안정

- $F = \dfrac{\text{수평저항력}}{\text{수평력}} = \dfrac{\sum V}{\sum H} \geq 1.5$
- $\sum V = f \cdot W$

여기서, f : 콘크리트 저판과 지반과의 마찰계수

③ 침하에 대한 안정(지반 지지력에 대한 안정)

- $q_{max} < q_a$
- 안전율은 1.0이다.

여기서, q_a : 지반의 허용 지지력
q_{max} : 최대 지지반력

(2) 옹벽의 설계

① 저 판

- 저판의 뒷굽판은 정확한 방법이 사용되지 않는 한, 뒷굽판 상부에 재하되는 모든 하중을 지지하도록 설계되어야 한다.
- 캔틸레버식 옹벽의 저판은 전면벽과의 접합부를 고정단으로 간주한 캔틸레버로 가정하여 단면을 설계할 수 있다.
- 뒷부벽식 옹벽 및 앞부벽식 옹벽의 저판은 정확한 방법이 사용되지 않는 한, 뒷부벽 또는 앞부벽 간의 거리를 경간으로 가정하여 고정보 또는 연속보로 설계할 수 있다.

② 전면벽

- 캔틸레버 옹벽의 전면벽은 저판에 지지된 캔틸레버로 설계할 수 있다.
- 뒷부벽식 옹벽 및 앞부벽식 옹벽의 전면벽은 3변 지지된 2방향 슬래브로 설계할 수 있다.
- 전면벽의 하부는 벽체로서 또는 캔틸레버로서도 작용하므로 연직방향으로 보강철근을 배치하여야 한다.

③ 뒷부벽 및 앞부벽

- 뒷부벽은 T형보로 설계하여야 하며, 앞부벽은 직사각형보로 설계하여야 한다.

④ 옹벽 배면

- 옹벽 배면의 뒤채움은 특별히 양질이고 충분히 다져지는 재료를 사용해서 설계, 시공하여야 한다.
- 뒤채움 흙에 침입된 물은 실질적인 방법에 의하여 조속히 배수되도록

시공하여야 한다.

(3) 구조 상세

① 부벽식 옹벽은 전면벽과 저판에 의해서 부벽에 전달되는 응력을 지탱할 수 있도록 필요한 철근을 부벽에 정착시켜야 한다.

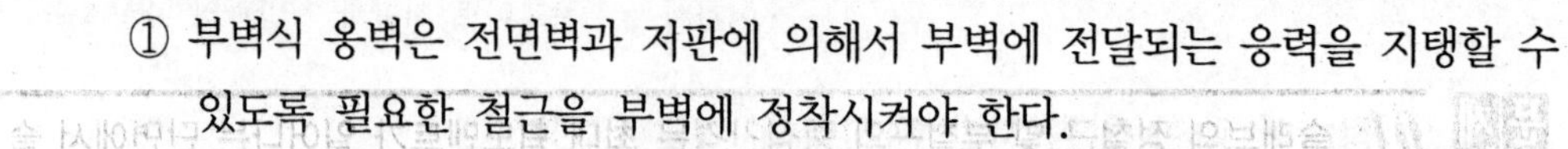

② 활동에 대한 효과적인 저항을 위하여 저판의 하면에 활동방지벽을 설치하는 경우 활동방지벽과 저판을 일체로 만들어야 한다.

③ 옹벽 설계시 콘크리트의 수화열, 온도변화, 건조수축 등 부피변화에 대한 별도의 구조해석이 없는 경우 신축이음을 설계할 수 있으며, 부피변화에 대한 구조해석을 수행한 경우는 신축이음을 두지 않고 종방향 철근을 연속으로 배치할 수 있다.

실전문제

제 2 장 철근 콘크리트

슬래브, 확대기초, 옹벽의 설계

문제 01 슬래브의 정철근 및 부철근의 중심간격은 최대 휨모멘트가 일어나는 단면에서 슬래브 두께의 몇 배 이하 또는 몇 mm 이하로 하는가?

가. 2배 이하, 300mm 이하　　나. 2배 이하, 400mm 이하
다. 3배 이하, 300mm 이하　　라. 3배 이하, 400mm 이하

문제 02 슬래브의 단경간 $S=3$m, 장경간 $L=5$m에 집중하중 $P=0.12$MN이 슬래브의 중앙에 작용할 경우 장경간 L이 부담하는 하중은 얼마인가?

가. 21300N　　나. 31300N
다. 88200N　　라. 98700N

해설 $P_L=\dfrac{S^3}{L^3+S^3}P=\dfrac{3^3}{5^3+3^3}\times 0.12=0.0213\text{MN}=21300\text{N}$

문제 03 그림과 같은 2방향 연속 슬래브에서 활하중과 고정하중을 포함한 등분포 하중 $\omega=12{,}000\text{N/m}^2$(폭 1m당)이 작용할 때 짧은 지간에 작용하는 하중을 환산 등가 등분포 하중으로 구한 것은? (단, 보의 자중은 무시한다.)

가. 32,000 N/m
나. 24,000 N/m
다. 16,000 N/m
라. 12,000 N/m

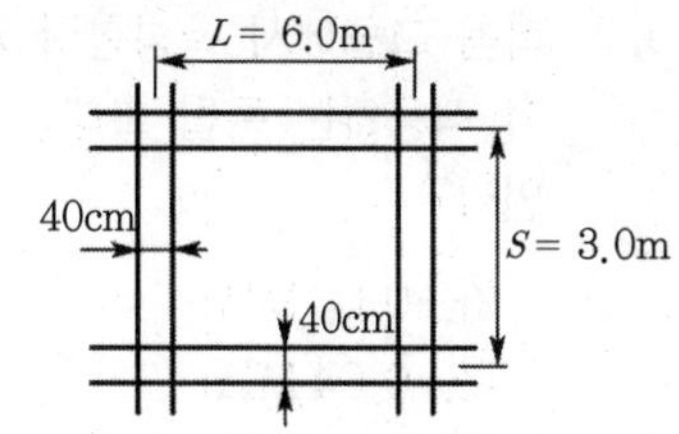

해설 $w_s'=\dfrac{w\cdot S}{3}=\dfrac{12000\times 3}{3}=12{,}000\text{N/m}$

문제 04 2방향 슬래브의 전단력에 대한 위험 단면은 다음 중 어느 곳인가? (단, d : 유효길이)

가. 받침부　　나. 받침부에서 d인 곳
다. 받침부에서 $d/2$인 곳　　라. 슬래브 경간의 1/8인 곳

정답 01. 가　02. 가　03. 라　04. 다

해설 부재의 높이가 일정한 경우 휨에 의한 보 또는 1방향 슬래브에서 최대 전단 응력은 받침부에서의 유효깊이 d만큼 떨어진 단면에서 일어난다.

문제 05 2방향 슬래브를 직접설계법에 의해 설계할 때 단변방향으로 정역학적 총 모멘트가 3.394×10^5N·m일 때 내부 패널의 양단에서 지지해야 할 휨모멘트는?

가. 2.036×10^5N·m　　나. -2.036×10^5N·m
다. 2.206×10^5N·m　　라. -2.206×10^5N·m

해설 • 부계수 휨모멘트
$M=(-)0.65M_o=(-)0.65\times3.394\times10^5\text{N·m}=-220610\text{N·m}$

문제 06 축방향 압축력 $P=1.8$MN, 흙은 허용지지력 $q_a=0.2$MPa인 정사각형 확대기초의 저판의 한 변의 길이는 얼마인가?

가. 2m　　나. 3m
다. 4m　　라. 5m

해설 $A_f=\dfrac{P}{q_a}=\dfrac{1.8}{0.2}=9\text{m}^2$

∴ 한 변의 길이는 3m

문제 07 다음 그림에서 축방향력 $P=0.2$MN, $M=0.02$MN·m가 작용하는 독립 확대기초의 최대 지반반력은 얼마인가?

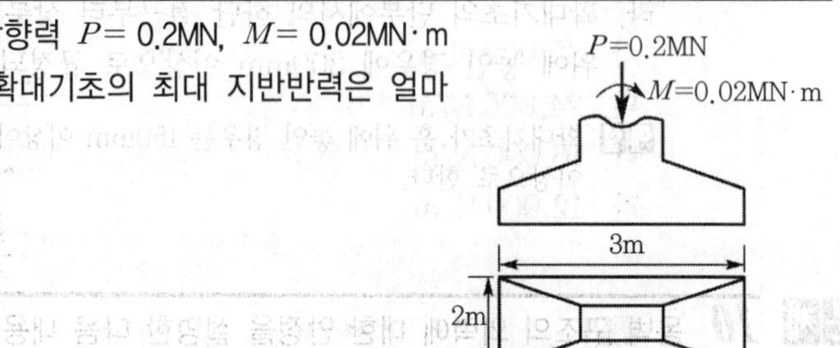

가. 0.03 MPa
나. 0.04 MPa
다. 0.05 MPa
라. 0.06 MPa

해설

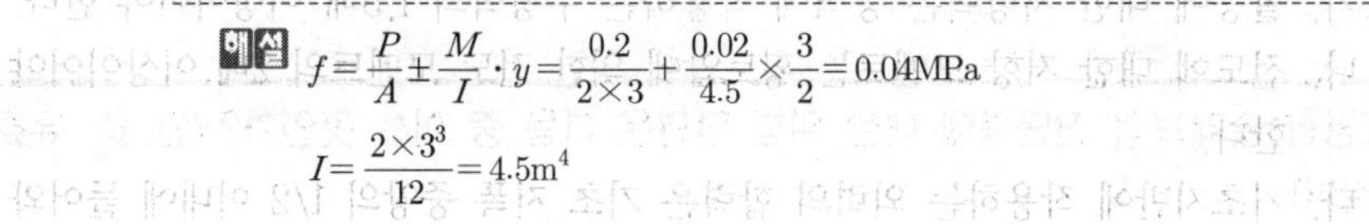

$f=\dfrac{P}{A}\pm\dfrac{M}{I}\cdot y=\dfrac{0.2}{2\times3}+\dfrac{0.02}{4.5}\times\dfrac{3}{2}=0.04\text{MPa}$

$I=\dfrac{2\times3^3}{12}=4.5\text{m}^4$

정답 05. 라　06. 나　07. 나

문제 08 그림과 같은 정사각형 기둥 독립 확대기초 저면에 작용하는 지압력 $q=0.16\text{MPa}$일 때 휨에 대한 위험 단면의 모멘트는?

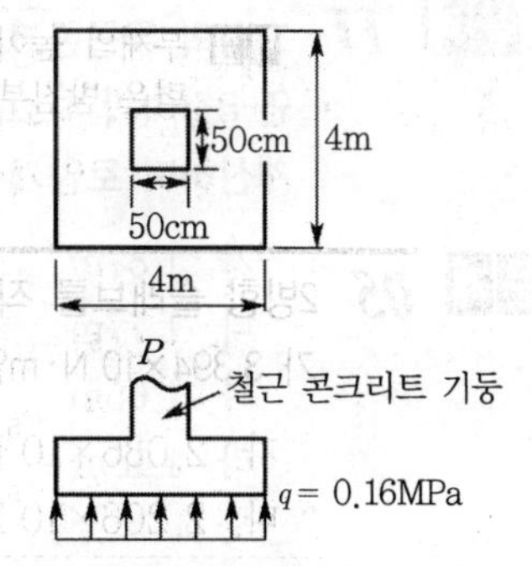

가. 0.98 MN·m
나. 0.72 MN·m
다. 0.70 MN·m
라. 0.64 MN·m

해설 $M=(\text{응력})\times(\text{단면적})\times\text{도심까지의 거리}$

$$=q\cdot\left\{S\times\frac{(L-t)}{2}\right\}\times\left\{\frac{(L-t)}{2}\times\frac{1}{2}\right\}=0.16\times\left\{4\times\frac{(4-0.5)}{2}\right\}\times\left\{\frac{(4-0.5)}{2}\times\frac{1}{2}\right\}$$

$$=0.98\text{MN}\cdot\text{m}$$

문제 09 확대기초에 관한 설명 중 틀린 것은?

가. 확대기초의 종류에는 독립 확대기초, 연결 확대기초, 캔틸레버 확대기초, 벽 확대기초 등이 있다.
나. 확대기초는 일반적으로 단순보, 연속보, 캔틸레버 또는 이들이 결합된 것으로 보고 설계해야 한다.
다. 확대기초에 작용하는 외부의 축하중, 전단력, 휨모멘트는 모두 지반에 안전하게 전달되어야 한다.
라. 확대기초의 단부에서의 하단 철근부터 상부까지의 높이는 확대기초가 흙 위에 놓인 경우에 300mm 이상으로 규정되어 있다.

해설 확대기초가 흙 위에 놓인 경우는 150mm 이상이고 말뚝 기초의 경우에는 300mm 이상으로 한다.

문제 10 옹벽 구조의 외력에 대한 안정을 설명한 다음 내용 중 잘못된 것은?

가. 활동에 대한 저항력은 옹벽에 작용하는 수평력의 1.5배 이상이어야 한다.
나. 전도에 대한 저항 모멘트는 횡토압에 의한 전도 모멘트의 2배 이상이어야 한다.
다. 기초지반에 작용하는 외력의 합력은 기초 저폭 중앙의 1/2 이내에 들어와야 한다.
라. 지지지반에 작용하는 최대 압력이 지반의 허용지지력을 넘어서는 안 된다.

해설 기초 저폭 중앙의 1/3 이내에 있어야 안정하다.

정답 08. 가 09. 라 10. 다

문제 11 그림의 무근콘크리트 옹벽(단위용적질량 2,300kg/m³)이 활동에 대하여 안전하려면 B길이의 최소값은? (단, 흙의 단위용적질량 1,800kg/m³, 토압을 랭킨 공식으로 계산하며 토압계수 0.3, 마찰계수 0.5)

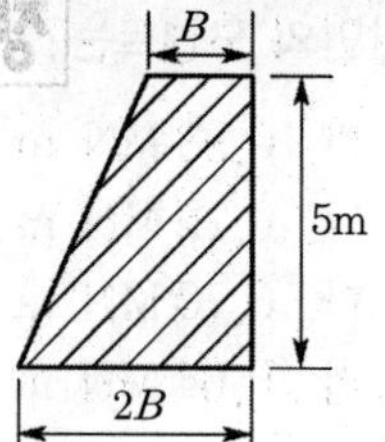

가. 1.87m
나. 1.77m
다. 1.65m
라. 1.18m

해설 $F=\dfrac{\Sigma V}{\Sigma H}\geq 1.5$

$\Sigma V=f\cdot W=0.5\times\left\{\dfrac{B+2B}{2}\times 5\right\}\times 2300=8625B$

$\Sigma H=P_a=\dfrac{1}{2}\gamma\cdot H^2\cdot K_a=\dfrac{1}{2}\times 1800\times 5^2\times 0.3=6750$

$1.5=\dfrac{8625B}{6750}$ $\therefore\ B\geq 1.174\text{m}$

문제 12 옹벽 설계에서 철근 배치의 그림이 역학적으로 가장 좋은 것은?

가.
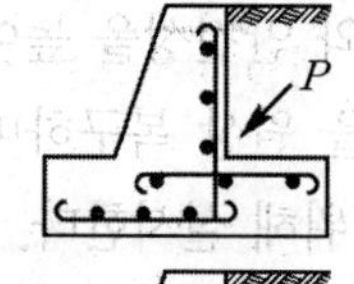

나.
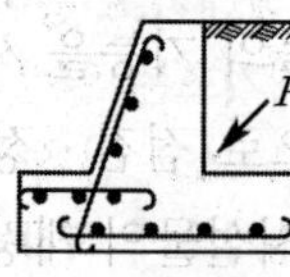

다.
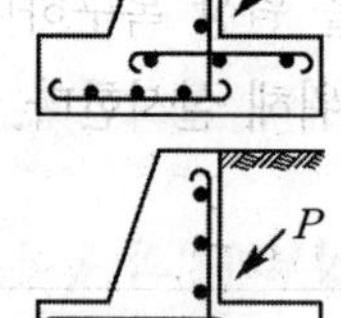

라.
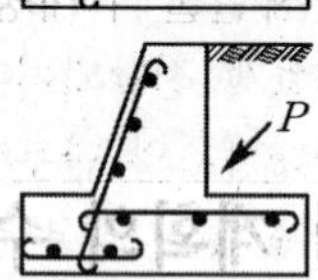

해설 하중에 의해 인장응력을 받는 부분에 철근을 배근한다.

문제 13 옹벽의 토압 및 설계 일반에 대한 설명 중 옳지 않은 것은?

가. 토압은 공인된 공식으로 산정하되 필요한 계수는 측정을 통하여 정해야 한다.
나. 옹벽 각부의 설계는 슬래브와 확대 기초의 설계방법에 준한다.
다. 뒷부벽식 옹벽은 부벽을 T형 보의 복부로 보고 전면벽과 저판을 연속 슬래브로 보고 설계한다.
라. 앞부벽식 옹벽은 앞부벽을 T형 보의 복부로 보고 전면벽을 연속 슬래브로 보아 설계한다.

해설 앞부벽식 옹벽은 부벽을 직사각형보의 복부로 보고 설계한다.

정답 11. 라 12. 가 13. 라

제 3 장 열화조사 및 진단

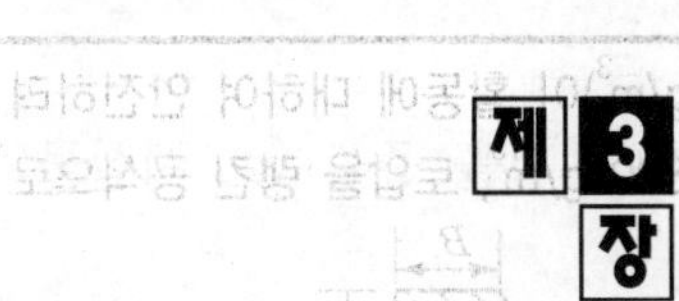

3-1 유지관리

완성된 시설물의 기능을 시설물 이용자의 편의와 안전성을 높이기 위하여 시설물을 일상적으로 점검·정비하고 손상된 부분을 원상 복구하며 경과시간에 따라 요구되는 시설물의 개량, 보수, 보강을 하기 위해 실시한다.

3-2 유지관리 계획의 수립

1. 일반사항

(1) 시설물의 상태평가를 위한 점검과 진단 및 그 결과에 기초한 보수·보강 및 안정화조치 여부나 그 작업 등을 포함하며 이에 대한 자료정리 및 축적, 기록 등도 포함한다.

① 예방 유지관리(예방보전)
시설물의 열화가 발생하지 않는 것을 목적으로 한 유지관리

② 사후 유지관리(사후보전)
시설물의 열화가 발생한 후 유지관리 대책을 행하는 유지관리

③ 관찰 유지관리

육안 관찰(균열, 침하, 철근 노출 등)로 인한 점검을 중심으로 시설물의 열화가 발생하는 것을 허용하는 유지관리

④ 무점검 유지관리(보전 불가능)

점검을 실시하기가 매우 곤란하거나 실제로 실시할 수 없는 상태

(2) 시설물 관리 대장에 점검과 진단 및 그 결과를 기록, 유지한다.

(3) 유지 관리의 흐름도

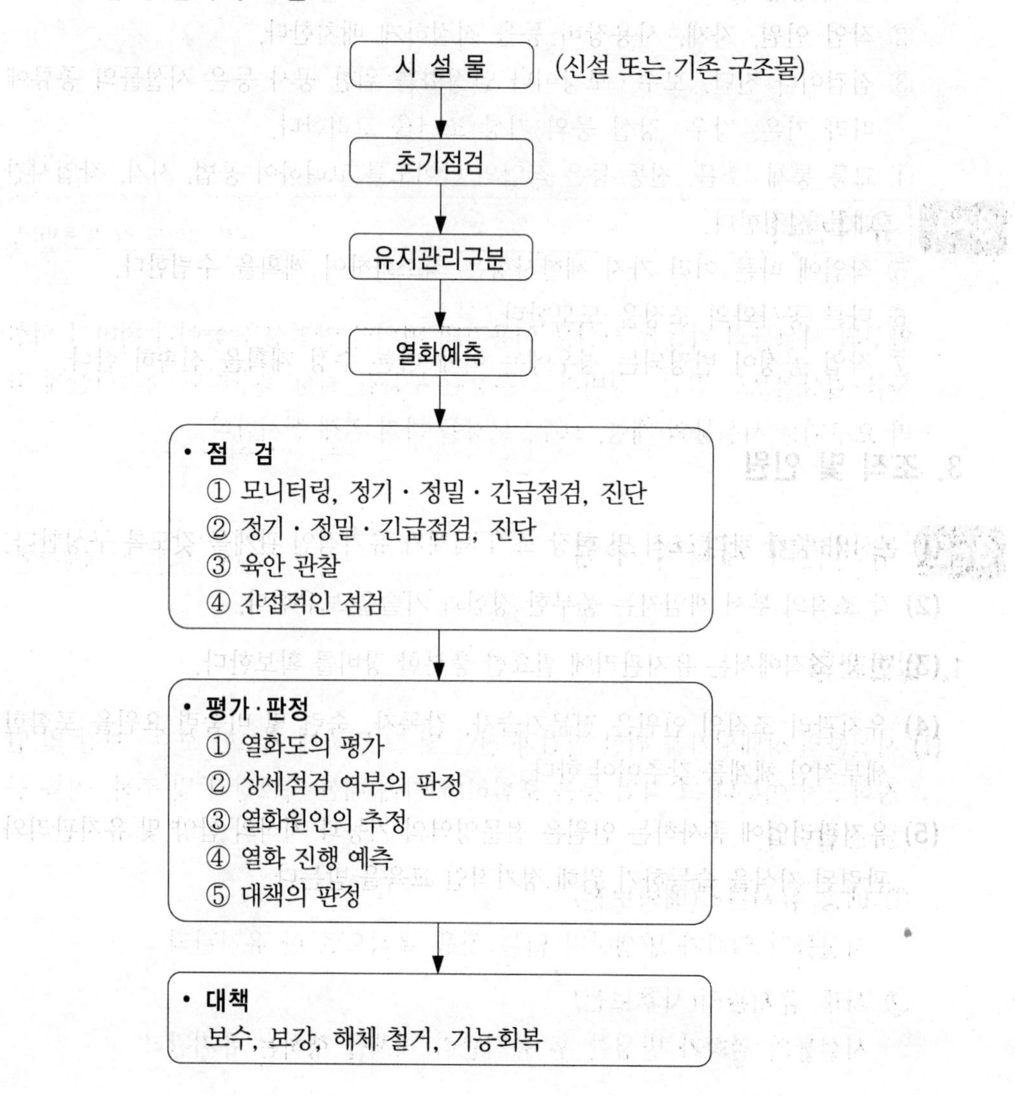

2. 계획 수립

(1) 시설물의 성격, 규모 및 중요도에 따라 준공시의 설계도서, 유지관리 이력, 시설물 관리대장, 관계 자료를 이용한다.

(2) 작업량의 적절한 배분 및 시기 등을 고려하며 작업이 특정 시기에 집중되지 않도록 한다.

① 작업시기는 작업의 특수성, 교통 상황, 사용기간 등을 고려하여 최적의 시기를 결정한다.
② 작업 인원, 자재, 사용장비 등을 적절하게 배치한다.
③ 점검이나 진단, 보수·보강이나 안정화를 위한 공사 등은 시설물의 종류에 따라 기온, 강우, 강설 등의 기상 조건을 고려한다.
④ 교통 통제, 소음, 진동 등은 작업의 난이도를 고려하여 공법, 시기, 작업시간대를 선정한다.
⑤ 작업에 따른 여러 가지 제한사항은 최소화하여 계획을 수립한다.
⑥ 다른 공사와의 조정을 도모한다.
⑦ 작업 공정이 변경되는 경우에는 이에 따른 수정 계획을 신속히 한다.

3. 조직 및 인원

(1) 본사와 중간 관리 조직 및 현장 조직 체계가 유기적인 관계를 갖도록 구성한다.

(2) 각 조직의 부서 책임자는 풍부한 경험과 기술을 보유한다.

(3) 현장 조직에서는 유지관리에 필요한 충분한 장비를 확보한다.

(4) 유지관리 조직의 인원은 전문기술자, 감독자, 숙련 및 비숙련 요원을 포함한 세부적인 체계를 갖추어야 한다.

(5) 유지관리업에 종사하는 인원은 전문영역의 기능과 지식의 함양 및 유지관리와 관련된 지식을 습득하기 위해 정기적인 교육을 받는다.

3-3 안전점검 및 정밀안전진단

1. 점검계획 및 방법

(1) 고려할 사항

① 점검의 범위 및 내용, 장비에 관한 사항
② 시설물의 기초와 주위지반에 대한 조사 여부, 조사항목 및 범위
③ 점검대상 시설물의 설계자료, 관리이력
④ 개개의 시설물에 대한 독특한 구조적 특성 및 특별한 문제 여부
⑤ 시설물의 규모 및 점검의 난이도
⑥ 최근의 점검기술 및 장비 등의 적용
⑦ 점검자의 자격 및 안전관리에 관한 사항
⑧ 기상조건, 현장여건 및 주변 환경

(2) 점검계획 수립시 고려할 사항

① 점검형식의 결정
② 점검을 수행하는 데 필요한 인원, 장비 및 기기의 결정
③ 기 발생된 결함의 확인을 위한 기존 점검자료의 검토
④ 점검기간과 계획된 작업시간의 예측
⑤ 타 기관 또는 주민과의 협조체제
⑥ 현장기록의 서식을 취합하고 대표부위에 대한 적절한 사전 스케치
⑦ 비파괴 시험을 포함한 기타 재료시험 실시에 대한 적정성 여부의 판단
⑧ 시설물의 주변환경에 대한 조사여부, 조사항목 및 범위의 판단

(3) 점검방법

시설물별 점검 실시 세부지침에 따라 현장조사와 구조물의 특성을 고려하여 필요한 현장조사 현장 및 실내시험을 실시한다.

2. 안전점검

- 안전점검이란 경험과 기술을 갖춘 자가 육안 또는 점검기구 등에 의하여 검사를 실시하여 시설물에 내재되어 있는 위험요인을 조사하는 것이다.

- 안전점검에는 초기점검, 정기점검, 정밀점검, 긴급점검 등이 있다.
- 안전점검 항목은 균열, 박락, 보수, 누수, 처짐, 층분리, 침하, 기울기, 해체, 박리 등으로 한다.
- 안전점검 방법에는 점검내용에 따라 외관 또는 적절한 점검 장비를 사용하며 필요시 근접 장비를 이용하여 근접점검을 실시한다.
- 안전점검 항목은 시설물이나 부재의 중요도, 제삼자 영향도, 예정 사용기간, 환경조건, 유지관리의 난이도 등을 반영한 유지관리 구분과 열화 예측에 맞추어 선정한다.

(1) 초기점검

① 시설물 관리대장에 기록되는 최초로 실시되는 정밀 점검을 말한다.
② 신설 구조물은 준공 전에 시행한다.
③ 구조 변경이 있을 때에도 초기점검이 필요하다.
④ 전문지식과 경험을 갖춘 자에 의하여 수행되어야 하며 필요한 경우 구조해석 검토를 실시해야 한다.
⑤ 시설물의 초기 거동을 바탕으로 설계, 시공, 구조 재료상의 하자 여부 확인 및 향후 유지관리에 필요한 초기 기준치를 설정하려는 데 그 목적이 있다.
⑥ 초기점검의 목표는 시설물 관리대장 및 평가자료, 관리주체가 수집하는 관련 자료를 얻기 위함이다.

(2) 정기점검

① 육안 관찰이 가능한 개소에 대하여 성능 저하나 열화 및 하자의 발생부위 파악을 위해 실시한다.
② 점검자는 시설물의 전반적인 이관조사를 통하여 심각한 손상인 결함의 유무를 발견할 수 있도록 하며 이상 거동이 발견되면 정밀진단을 의뢰한다.
③ 1종 및 2종 시설물에 대해서는 반기별 1회 이상 실시한다. 공동주택의 경우에는 공동주택관리령에 의해 안전점검을 갈음한다.

(3) 정밀점검

① 안전진단기관에 의해 정기적으로 시설물의 거동을 심도 있게 파악하기 위해 실시한다.
② 시설물의 거동을 외관조사와 현장조사 및 설계도서 등을 검토하여 평가한다.

③ 시설물의 상태평가 및 내진설계 여부 판단과 필요시 시설물의 안전성 평가가 포함된다.

④ 사진 및 유지관리 혹은 보수기록, 필요한 경우 정밀안전진단 계획에 관한 사항과 함께 보관한다.

⑤ 구조상태 및 외력의 조건이 변화되어 안전성 평가에 영향을 주는 경우에는 필요한 구조해석 및 구조 계산을 다시 하여 보관한다.

⑥ 정밀점검은 1종 및 2종 시설물에 대해서는 2년에 1회 이상 실시하여 건축물에 대해서는 3년에 1회 이상, 항만시설물 중 썰물시 바닷물에 항상 잠겨 있는 부분에 대해서는 4년에 1회 이상 실시한다.

⑦ 계획된 정기적 점검으로 시설물의 현 상태를 정확히 판단하고 최초 또는 이전에 기록된 상태로부터의 변화를 확인하여 시설물이 현재 사용요건을 계속 만족시키고 있는지 확인하기 위하여 육안검사와 간단한 측정 기구에 의한 측정이 이루어진다.

(4) 긴급점검

① 지진이나 풍수해 등과 같은 천재, 화재, 부력 및 차량 및 선박의 충돌등 긴급사태에 대해 시설물의 손상 정도에 관한 정보를 신속히 위해 점검한다.

② 고도의 전문적 지식을 기초로 실시한다.

③ 손상 점검과 특별 점검으로 나눌 수 있다.

④ 점검항목과 범위 및 방법은 시설물의 중요도, 긴급사태의 정황 등에 따라 정한다.

⑤ 손상점검

- 비계획적인 점검
- 재해나 사고에 의해 구조적 손상을 평가
- 긴급한 사용제한이나 사용금지의 필요성이 있는지 판단
- 보수를 하는 데 필요한 작업량의 정도 결정
- 정밀점검의 보완수단으로 손상의 정도와 보수의 긴급성 보수작업의 규모 파악이 가능해야 하며 시험장비에 의한 현장 측정 및 사용제한 기간에 대한 해석이 필요

⑥ 특별점검
- 관리 주체가 판단하여 행하는 정밀점검 수준의 점검
- 기초침하 또는 세굴과 같은 결함이 의심되는 경우나 하중제한 중인 시설물의 지속적인 사용 여부를 판단하기 위한 점검
- 점검 시기는 결함의 심각성을 고려하여 결정

3. 정밀안전진단

(1) 점검 결과나 시설물에 이상거동이 나타날 때 시설물의 안전성에 관한 보다 상세한 정보를 얻기 위해 실시한다.

① 정밀안전진단의 책임 기술자의 자격을 갖춘 자가 실시함을 원칙으로 한다.
② 열화에 관한 고도의 전문적 지식에 기초하여 초기점검, 정기점검, 정밀점검이나 지금까지 실시된 안전점검의 평가, 판정을 기초로 하여 실시한다.

(2) 점검 이상의 범위나 수준에서 외관조사나 구조 재료의 성능조사 및 재구조해석 등을 통해 시설물의 안전성을 평가하며 필요시 재하 시험을 실시한다.

① 평가 항목은 내구성, 내화성, 기능성 및 주변 환경에 대한 영향성과의 연관성이 강한 것을 조합한다.
② 시설물의 환경조건이 열화의 진행에 큰 영향을 미친다고 생각하는 경우에는 외관상의 손상 형상이나 콘크리트의 품질열화, 보강용 강재의 부식 형상 등의 항목을 조합한다.
③ 진단에 있어 검사항목
- 균열 폭, 길이, 깊이, 진행상황
- 박리, 박락, 스케일링
- 강재 부식 상황
- 강재의 노출정도, 강재 위치, 배근상태
- 콘크리트의 물성, 중성화 깊이
- 염화물 이온량, 잔존 팽창량
- 콘크리트 단면적, 이상한 변위 및 변형
- 진동 특성, 지지상태
- 유리석회, 누수
- 표면의 변색

• 화학적 부식인자의 침투깊이 등

(3) 정밀안전진단은 정밀점검 또는 긴급점검 결과에 따라 실시하며 1종 시설의 경우 5년에 1회 실시한다.

4. 평가 및 판정

(1) 일반사항

① 안전점검 및 정밀안전진단의 결과에 따라 실시한다.
② 콘크리트 시설물의 계속 사용 여부 및 보수·보강의 필요성 여부는 시설물의 안전성과 사용성 및 내구성 등을 고려하여 종합적으로 판정한다.

(2) 상태평가

① 시설물의 열화상태에 대한 평가
시설물에 발생한 과도한 균열이나 콘크리트의 박락, 철근의 부식, 층 분리, 누수, 해체, 재료분리, 처짐, 변형, 박리 등의 증상에 대해 실시한다.
② 시설물의 성능저하 상태에 대한 평가
과하중이나 지진, 진동 및 화재 등의 손상부위에 대해 실시한다.
③ 시설물의 하자 상태에 대한 평가
설계나 시공, 재료 및 상세에 대해 실시한다.
④ 상태평가 기준

상태평가등급	시설물의 상태
A	문제점이 없는 최상의 상태
B	보조 부재에 경미한 결함이 발생하였으나 기능 발휘에는 지장이 없으며 내구성 증진을 위하여 일부의 보수가 필요한 상태
C	주요부재에 경미한 결함 또는 보조부재에 광범위한 결함이 발생하였으나 전체적인 시설물의 안전에는 지장이 없으며, 주요 부재에 내구성, 기능성 저하 방지를 위한 보수가 필요하거나 보조 부재에 간단한 보강이 필요한 상태
D	주요 부재에 결함이 발생하여 긴급한 보수·보강이 필요하며 사용 제한 여부를 결정하여야 하는 상태
E	주요 부재에 발생한 심각한 결함으로 인하여 시설물의 안전에 위험이 있어 즉각 사용을 금지하고 보강 또는 개축을 하여야 하는 상태

(3) 종합판정

① 시설물에 대한 종합판정은 시설물의 중요도에 따라 안전성과 사용성 및 내구성 등을 고려하여 실시한다.

- 유지관리의 구분을 염두하고 내구성, 내화성, 기능성 및 주변환경에 대한 영향 등의 평가결과에 시설물의 중요도 등을 고려하여 실시한다.

② 보수·보강 및 안정화 등을 실시한 시설물에 있어서 소정의 효과가 있는지의 여부에 대한 확인은 일정기간 동안의 정기점검으로 평가·판정한다.

실전문제

제 3 장 열화조사 및 진단

유지관리, 유지관리 계획의 수립, 안전점검 및 정밀안전진단

문제 01 유지관리 계획을 수립하기 위한 기초자료에 해당하지 않는 것은?

가. 준공시 설계도서　　나. 유지보수 이력
다. 작업인원　　라. 구조물 대장

해설 • 작업인원은 유지관리 계획에 따른 작업시 배려할 사항이다.
• 교통량 조사표, 기상자료, 부속자료 등의 기초자료를 이용하여 유지관리 계획을 수립한다.

문제 02 유지관리 평가 판정에 관한 항목이 아닌 것은?

가. 열화도의 평가　　나. 열화원인의 추정
다. 상세점검 여부의 판정　　라. 간접적인 점검

해설 간접적인 점검은 유지관리 점검항목에 속한다.

문제 03 유지관리 점검의 종류에 해당되지 않는 것은?

가. 정기점검　　나. 일상점검
다. 초기점검　　라. 긴급점검

해설 점검에는 초기점검, 정기점검, 정밀점검, 긴급점검 등이 있다.

문제 04 유지관리의 구분에 속하지 않는 것은?

가. 예방유지관리　　나. 절차유지관리
다. 사후유지관리　　라. 무점검유지관리

해설 유지관리의 구분은 예방유지관리, 사후유지관리, 관찰유지관리, 무점검유지관리의 4가지로 한다.

정답 01. 다　02. 라　03. 나　04. 나

문제 05 구조물의 유지관리계획 수립시 작업이 특정 시기에 집중되지 않도록 배려하는 사항 중 틀린 것은?

가. 작업시기는 작업의 특수성, 교통상황, 사용기간 등을 고려하여 최적의 시기를 선정한다.
나. 작업인원, 자재, 사용장비 등을 적절하게 배치한다.
다. 작업에 따른 여러 가지 제한사항을 최대화하여 계획을 수립한다.
라. 다른 공사와의 조정을 도모한다.

해설
- 작업에 따른 여러 가지 제한사항을 최소화하여 계획을 수립한다.
- 구조물의 종류에 따라 구조진단에는 기온, 강우, 강설 등의 기상조건을 고려한다.
- 교통통제, 소음, 진동 등 작업의 난이도를 고려하여 공법시기, 작업시간대를 선정한다.
- 작업 공법이 변경되는 경우에는 이에 따른 계획의 수정을 신속히 해야 한다.

문제 06 시설물의 기능적 상태를 판단하는 점검은?

가. 정기점검　　나. 정밀점검
다. 긴급점검　　라. 정밀 안전진단

해설 정기점검은 경험과 기술을 갖춘 자에 의한 세심한 육안검사 수준의 점검으로서 시설물의 기능적 상태를 판단하고 시설물의 현재 사용 요건을 계속 만족시키고 있는지를 확인한다.
- 시설물의 현상태 판단 : 정밀점검
- 재해나 사고에 의한 구조적 손상 평가 : 긴급점검
- 결함의 유무 및 범위 파악 : 정밀 안전진단

문제 07 신설 시설물의 경우 초기점검은 언제 완료하는가?

가. 준공 후 3개월 이내　　나. 준공 후 4개월 이내
다. 준공 후 5개월 이내　　라. 준공 전에

해설
- 신설 구조물과 구조형태가 변화된 구조물은 준공 직전에 초기점검을 완료해야 한다.
- 구조물의 여러 성능에 관한 초기상태를 파악하므로 정밀점검 수준 이상으로 수행한다.

정답 05. 다　06. 가　07. 라

문제 08 유지관리 점검에 대한 설명 중 틀린 것은?

가. 직접점검이 곤란한 것은 주변의 구조물과 부위·부재의 점검결과에 기초하여 간접적으로 실시한다.
나. 필요시 접근장비를 이용하여 근접점검을 실시한다.
다. 정기점검은 구조물을 손상시키지 않도록 비파괴 검사 등을 이용한다.
라. 초기점검은 공사완료 후 구조물과 관련된 시험자료 및 검사 결과를 바탕으로 내구성 평가를 실시한다.

해설 초기점검은 구조물을 손상시키지 않도록 비파괴 검사 등을 이용하여 가능한 자세하게 실시한다.

문제 09 유지관리 직원 혹은 손상에 관한 전문지식이 있는 자가 점검 매뉴얼을 바탕으로 실시하는 점검은?

가. 초기점검 나. 정기점검
다. 정밀점검 라. 긴급점검

문제 10 정밀점검은 1종 및 2종 시설물에 대해서는 몇 년에 1회 이상 실시하는가?

가. 2년 나. 5년
다. 7년 라. 10년

해설
- 건축물에 대해서는 3년에 1회 이상
- 항만 시설물 중 썰물시 바닷물에 항상 잠겨 있는 부분에 대해서는 4년에 1회 이상 한다.

문제 11 일반적으로 특수한 검사기구를 사용하지 않지만 열화의 현상이나 발생위치를 가능한 정확히 실시하는 점검은?

가. 초기점검 나. 정기점검
다. 정밀점검 라. 긴급점검

해설
- 정기점검은 육안관찰, 사진, 비디오, 쌍안경 등을 사용하여 실시하며 차를 타고 다니면서 그 승차감에 의해 실시하기도 한다.
- 정기점검은 외관점검이나 간단한 측정장비에 의한 점검을 주로하고 필요에 따라 비파괴 조사나 코어 채취에 의한 조사 등을 포함한다.

정답 08. 다 09. 다 10. 가 11. 나

문제 12 콘크리트 구조물의 평가 및 판정을 할 경우 종합적인 평가 기초 대상이 아닌 것은?

가. 내구성　　나. 내하성
다. 기술성　　라. 기능성

해설 내구성, 내하성, 기능성, 주변환경에 대한 영향, 구조물의 중요도 등을 고려한다.

문제 13 구조물의 유지관리 조직 및 인원에 관한 사항 중 틀린 것은?

가. 인원은 전문기술자, 감독자, 숙련 및 비숙련 요원을 포함하여 구성한다.
나. 인원은 전문영역의 기능과 지식의 향상 및 유지관리와 관련된 지식의 습득을 위해 정기적으로 교육을 받아야 한다.
다. 조직의 부서 책임자는 풍부한 경험과 기술로 효과적인 유지관리를 해야 한다.
라. 조직은 현장조직체계로 운영되도록 구성한다.

해설 유지관리조직은 본부, 중간단계, 관리조직과 실제의 유지관리업무를 수행하는 현장조직체계가 효율적인 유지관리를 위하여 유기적인 관계를 가지도록 구성한다.

문제 14 구조물의 유지관리 점검에 관한 설명 중 틀린 것은?

가. 신설 시설물의 경우는 사용검사 후 6개월 이내에 초기점검을 한다.
나. 점검은 초기점검, 정기점검, 정밀점검, 긴급점검이 있다.
다. 정밀점검은 육안 관찰이 가능한 개소에 대해 성능저하나 열화 및 하자 발생 부위 파악을 위해 실시
라. 초기점검은 건설 중 및 공사완료 후 구조물에 관련된 시험자료 및 검사결과를 바탕으로 내구성 평가를 한다.

해설
- 정기점검은 육안 관찰이 가능한 개소에 대해 성능저하나 열화 및 하자의 발생 부위 파악을 위해 실시한다.
- 정밀점검은 구조물이나 부위·부재의 상태를 상세하게 파악하는 것을 목적으로 수행한다.

정답 12. 다　13. 라　14. 다

문제 15 구조물의 유지관리 상태평가에서 건습의 반복작용, 염화물이온의 침투, 내부 팽창압, 화학작용, 하중강도, 하중의 반복작업 등에 대한 평가항목은?

가. 구조물의 시공 평가
나. 구조물의 구조특성 평가
다. 구조물에 작용하는 열화외력의 평가
라. 구조물을 구성하는 재료의 평가

문제 16 구조물에 작용하는 열화 외력의 평가항목에 속하지 않는 것은?

가. 건습의 반복작용　　나. 염화물 이온의 침투
다. 내부 팽창압　　라. 피복두께

해설 화학작용, 하중강도, 하중의 반복작용 등이 열화외력의 평가항목에 속한다.

문제 17 상태평가 중 구조물의 시공시의 평가항목에 속하지 않는 것은?

가. 피복두께　　나. 내부결함
다. PS강재의 종류　　라. 재료분리

해설 구조물의 시공시 평가에는 배근 등이 속한다.

문제 18 구조물을 구성하고 있는 재료의 평가에 속하는 항목 중 틀린 것은?

가. 염화물 함유량　　나. 철근의 종류
다. PS강재의 종류　　라. 내하력

해설 사용재료, 콘크리트의 배합, 등가알칼리량 등에 기초를 두어 실시한다.

문제 19 구조물 구조특성 평가항목에 속하지 않는 것은?

가. 하중강도　　나. 내하력
다. 진동　　라. 강성

해설 구조물 구조특성 평가항목에는 소음특성 등이 속한다.

정답 15. 다　16. 라　17. 다　18. 라　19. 가

문제 20 구조물의 유지관리에 포함되지 않는 것은?

가. 구조물의 상태 파악을 위한 점검 및 진단
나. 구조물의 손상원인의 파악
다. 구조물의 사용 여부, 보수·보강 여부의 판단
라. 작업량의 적절한 배분 및 적절한 시기 고려

해설
• 보수·보강작업도 유지관리에 포함되어야 한다.
• 유지관리계획에는 작업량의 적절한 배분 및 적절한 시기 등을 고려해야 한다.

문제 21 구조물 유지관리의 점검이 끝나고 판정시 고려할 사항이 아닌 것은?

가. 열화의 진행 여부 나. 하중의 제거와 작용
다. 손상의 정도와 진행 라. 기상자료

해설
• 안정성을 검토하여 보수, 보강으로 사용 가능 여부를 판정한다.
• 구조물이 사용할 수 있는 수준의 사용성을 검토하여 판정한다.
• 유지관리 계획을 수립하기 위해 준공시 설계도서, 유지보수이력서, 구조물 관리대장, 교통량 조사표, 기상자료 등의 자료가 필요하다.

문제 22 구조물의 안전성 평가에서 재하시험은 하중을 받는 구조부분의 재령이 최소한 며칠이 지난 다음에 재하시험을 시행하는가?

가. 28일 나. 56일
다. 74일 라. 112일

해설 재하할 시험하중은 해당 구조부분에 작용하고 있는 고정하중을 포함하여 설계하중의 85%, 즉 0.85(1.4D+1.7L) 이상이어야 한다.

문제 23 동해에 의한 표면박리 등이 발생할 때까지의 열화과정을 무엇이라고 하는가?

가. 잠재기 나. 진전기
다. 촉진기 라. 한계기

해설 동해가 진행하여 강재부식이 발생되기 전까지는 진전기이다.

정답 20. 라 21. 라 22. 나 23. 가

3-4 외관 조사 및 강도 평가

1. 외관 조사

(1) 변위 및 변형 조사

① 변형 · 변위 조사
- 작용하중의 조사
- 지반침하, 지하수위 저하 및 환경조건 변화의 조사
- 구조물 부근의 지형조사
- 구조물의 기초조사
- 인접 시공의 영향조사

② 구조물 변형 조사
- 구조물의 변위나 변형을 측정할 때는 작용하중에 의한 처짐 측정 및 침하량을 측정한다.
- 전기저항방식의 변위계를 사용하여 측정한다.

③ 철근 응력 조사
- 콘크리트의 균열 폭 및 균열 간격을 측정하여 철근의 신장량을 구한 다음 철근응력을 계산한다.
- 필요시 철근을 노출시켜 스트레인 게이지로 응력을 측정할 수 있다.

④ 변형 · 변위 진행성 조사
- 변위나 변형이 진행되는 경우에는 그 원인을 빨리 제거시킨다.

(2) 박리 및 철근 노출 조사

① 박리부의 콘크리트 면적과 위치 조사
② 철근노출 부위 면적 조사
③ 철근의 부식상태 조사
④ 철근 노출 부위와 위치 조사

(3) 콘크리트 균열 조사

① 균열 폭
- 균열 폭을 측정할 때는 스케일, 게이지, 현미경을 사용한다.
- 균열 변동 측정은 전기적인 측정방법, 클립 게이지를 사용하는 방법, 전

기식 다이얼 게이지를 사용하는 방법 등이 있다. 또 표점간을 콘택트 게이지를 사용해서 측정해도 된다.

- 보수·보강 여부의 판정 자료로 사용할 경우에는 최대 균열폭에 중점을 둔다.
- 균열폭의 변동을 장기적으로 측정하는 경우에는 그 측정시의 온도 및 습도 조건은 되도록 같도록 한다.
- 측정시각은 되도록 일정하게 하며 오전 10시 전후에 하는 것이 좋다.
- 토목 구조물이나 건축물의 외벽 및 지붕 슬래브 등의 부재는 강우 후 적어도 3일 이상 경과하고 측정한다.

② 균열 길이

- 균열 폭이 0.05mm 정도 이상 되는 구간의 길이를 측정한다.
- 자를 사용하여 측정하며 균열의 굴곡까지 고려하여 엄밀하게 측정할 필요는 없다. 적당히 선정된 구간의 직선거리를 더하여 균열길이를 구한다.
- 균열 길이가 문제가 되는 것은 주로 보수·보강시 규모를 파악하여 공사비를 산출할 때이다.

③ 균열의 관통 유무

- 물이나 공기가 통과되는가의 여부에 따라 판정한다.
- 콘크리트 양면을 관찰할 수 있는 경우는 표면과 안쪽면의 균열 패턴이 일치하는가에 따라 확인한다.

④ 균열부분의 상황

- 균열부분의 상태로부터 이물질의 충진 유무, 백화 현상의 유무, 철근의 발청 유무 등을 관찰한다.

2. 강도 평가

(1) 간접법

① 반발경도법

- 슈미트 해머로 콘크리트의 표면을 타격한 후 해머의 반발경도로 강도를 추정한다.
- 측정한 부위를 3cm 간격으로 격자망을 구성하고 교차점 20개소 이상을 해머로 타격하여 평균반발경도 R을 구한다. 이때 차이가 평균값의 20% 이상인 경우는 계산에서 제외시킨다.
- 콘크리트 표층부의 품질에 영향을 받기 때문에 내부의 콘크리트 강도를

높은 정밀도로 구하는 것은 어렵다.

② 초음파 속도법

- 콘크리트의 밀도 및 탄성계수에 따라 초음파의 투과속도가 변화하는 것을 이용한 것이다.
- 추정강도의 정밀도는 그다지 높지 않다.
- 콘크리트에 밀착된 단자에서 발진한 초음파 펄스(20~200kHz의 도달속도)가 콘크리트 속에 전달되어 수신 단자에 가장 빨리 도달하는 시간을 전달시간으로 해서 양 단자간의 거리를 구하고 그 속도를 얻는다.
- 음속 $V_p = \dfrac{L}{t}$(km/s, m/s)
- 강도 추정은 미리 구한 음속과 압축강도와의 상관관계 도표 및 식을 이용하여 구한다.
- 철근 콘크리트가 일반적으로 무근 콘크리트보다 펄스 속도가 빠르다.
- 초음파 투과속도로 균열의 깊이를 추정할 수 있다.
- 금속은 균질한 재료로 신뢰성이 매우 높지만 콘크리트의 경우는 재료의 비균질성으로 인해 신뢰성이 상대적으로 낮다.

③ 조합법

- 반발경도법과 초음파 속도법을 조합하여 압축강도 추정에 대한 정밀도를 향상시키기 위해 실시한다.

④ 인발법

- 가력 헤드를 지닌 앵커볼트와 원뿔형의 콘크리트를 뽑아내는 반력링을 사용하여 소요되는 최대 인발력으로 압축강도를 추정한다.
- 콘크리트를 칠 때 인발용 장치를 콘크리트 속에 미리 묻어 넣는 프리세트법과 콘크리트 경화 후 홀인앵커(hole in anchor)나 케미컬 앵커(chemical anchor) 등을 이용하여 인발볼트를 정착하는 포스트 세트법으로 분류한다.

(2) 직접법

① 코어 채취에 의한 압축강도 시험

- 비파괴 시험법과 국부 파괴 시험법에 비해 가장 신뢰도가 높다.
- 대부분의 경우 비파괴 시험과 아울러 실시하는 것이 보통이다.
- 비파괴 시험법 등을 실시하여 보충하는 것이 통상적인 방법이다.
- 코어 채취의 비용이 들고 채취 후 보수를 요하므로 개수를 가급적 적게 한다.

3-5 콘크리트의 결함 조사

1. 개 요

(1) 구조물에 발생하는 결함의 원인 추정

① 구조물의 기능으로 되돌아가 보수·보강의 필요성을 검토하기 위한 것이다.

② 결함의 원인을 쉽게 추정할 수 있는 것과 간단한 조사만으로 추정이 불가능한 것이 있다. 또한 결함의 진행성에 있어서도 동일하다고 할 수 있다.

③ 결함 발생의 원인은 복잡하며 여러 가지 원인에 의해, 상호 다른 원인에 영향을 끼치며 결함과 결부된다.

④ 조사는 전 항목에 걸쳐 빠짐없이 실시하는 것이 원칙이다.

⑤ 경험이 많은 기술자라면 원인의 대략적인 범위를 추측할 수 있어서 중점적인 조사항목이 좁혀지는 경우가 많다.

(2) 보수·보강의 필요성 판정 및 그 방법에 관한 한 선정 자료

① 보수·보강의 필요성을 판정할 때는 결함으로 인해 어떠한 기능이 저하되었는지가 문제로 된다.

- 보통 구조물의 기능이라면 구조 내력, 방수성, 내구성, 미관 등을 들 수 있다.
- 피로를 고려한 내력, 투기성, 변형, 진동성 등의 기능도 있다.
- 결함이 구조물의 기능에 미치는 영향은 구조물의 종류, 사용환경, 사용목적, 결함 상태 등에 따라 다르다.

② 보수·보강의 필요성 판정과 보수·보강방법의 선정은 여러 기능 중 어느 것에 착안점을 두느냐에 따라 그 판정 방법, 선정 기준이 달라진다.

(3) 결함과 구조물의 기능 관계를 사전에 염두에 두고 조사의 중점사항을 선정한다.

2. 예비조사

(1) 콘크리트 구조물의 특성 및 작용하중 조건을 조사하여 구조물의 성능저하 원인을 추정하며 외관상 구조물의 기능 장애를 판단하기 위한 조사

(2) 예비조사에 포함되는 사항

① **결함의 현장조사** : 패턴, 폭, 길이, 관통의 유무, 이물질 충전 유무 등
② **결함의 부위주변 조사** : 표면의 건습상태, 오염, 박리, 박락 등
③ **결함의 경과 조사** : 발생 또는 발견시기, 성장경과 등
④ **장해의 현상조사** : 누수, 백화현상, 철근의 녹, 부재의 변상, 미관의 손상 등
⑤ **장해의 경과 조사** : 장해의 발생 또는 발견의 시기, 변화 상황 등
⑥ **설계도서류의 조사** : 설계도, 구조계산서 등
⑦ **시공 기록의 조사** : 사용재료, 배합, 치기 및 다짐, 양생방법, 공정, 관리시험 데이터, 지반상황, 거푸집의 종류, 환경조건 등
⑧ **구조물의 사용·환경상태의 조사** : 사용시의 하중조건, 온도 및 습도조건의 변화, 입지조건 등과 그들의 경과

3. 본 조 사

(1) 원인의 추정, 보수·보강의 필요성 판정 및 그의 방법 선정을 실시할 수 없는 경우에 실시한다.

(2) 예비조사에서 구조물의 결함이 발견되면 구조성능, 설비성능, 열성능, 거주성능 및 주변 환경에 대하여 파괴검사와 비파괴검사, 화학적 검사 등을 한다.

(3) 정기점검, 정밀 점검 및 긴급점검에서 손상이 발견되어 그 원인을 규명하고 보수 여부를 판정할 필요가 있는 경우에 실시한다.

(4) 육안에 의한 관찰과 구조물의 중성화 정도 및 철근의 위치와 피복 두께 그리고 코어 샘플을 채취하여 정확한 성능 저하를 판단하기 위해 현지에서 현장조사를 한다.

(5) 구조물의 성능 저하 진행을 예측하기 위해 진행성 균열의 판단이나 코어의 촉진 팽창 시험 등을 한다.

(6) 본조사에 필요한 사항과 장비

① 결함 상황 조사

- 구조물 표면에 방안눈금을 기입
- 결함 위치, 형상, 분포의 조사
- 결함분포도 작성

② 준비

- 구조물 도면 : 일반도, 평면도, 측면도, 단면도, 철근 배근도 등
- 줄자
- 균열 측정기
- 카메라
- 분필, 매직펜
- 결함 기입도면
- 철근탐지기

③ 조사 항목

- 각 부재의 단면 치수, 배근 형상
- 작용하중 조건, 지반조건, 환경조건
- 결함발생 상태
- 구조물 전체상태 또는 콘크리트 상태
- 결함발생 또는 발견시기
- 콘크리트의 시공 상황

④ 시료 분석

구조물의 성능저하를 예측하기 위하여 현지조사에서 채취한 코어샘플과 드릴분말 등을 물리적·화학적으로 분석한다.

3-6 열화 원인

1. 개 요

콘크리트 구조물이 장기간 동안 외부로부터의 물리적·화학적 작용에 저항하는 콘크리트의 성능을 말한다.

2. 알칼리 골재반응

콘크리트 중에 존재하는 수산화 알칼리를 주성분으로 하는 용액과 골재 중의 알칼리 반응성 광물이 장기간에 걸쳐 반응하여 콘크리트에 균열을 발생시킨다.

(1) 알칼리 실리카 반응(ASR : alkali silica reaction)

① 보통 알칼리 골재반응이라고 하며 이상팽창을 일으킨다.
② 콘크리트 중의 알칼리 이온이 골재 중의 실리카 성분과 결합하여 알칼리 실리카겔을 형성하고 이 겔이 주변의 수분을 흡수하여 콘크리트 내부에 국부적인 팽창으로 구조물에 균열(거북등 모양)이 생긴다.
③ 알칼리 총량 : $Na_2O + 0.658K_2O$

(2) 알칼리 탄산염 반응

① 돌로마이트질 석회암이 알칼리 이온과 반응하여 그 생성물이 팽창하거나 암석 중에 존재하는 점토 광물이 수분을 흡수, 팽창하여 콘크리트에 균열을 일으킨다.
② 겔의 형성을 볼 수는 없다.
③ 포졸란으로 팽창 억제의 효과는 없다.
④ 반응을 보이는 골재 입자는 적다.

(3) 알칼리·실리케이트 반응

① 암석 중의 층상구조가 알칼리와 수분의 존재하에 팽창하여 발생한다.
② 알칼리 실리카 반응에 비해 장기간에 걸쳐 반응이 진행된다.
③ 콘크리트의 상태는 팽창이 매우 완만하고 반응고리가 형성된 골재 입자가 드물며 과대한 팽창을 나타낸 콘크리트에서 생성된 겔의 양은 적다.

(4) 알칼리 골재반응의 손상

① 골재 주면이 팽창하여 망상 형태의 균열 발생
② 콘크리트 부재의 뒤틀림, 단차, 국부 파괴
③ 균열부에서 백화현상
④ 피복이 두꺼울수록 알칼리성 반응에 의한 균열은 커진다.
⑤ 구조물 내구성 저하, 미관 손상

(5) 방지 대책

① 반응성 골재(석영, 화산유리, 트리다마이트) 사용 금지
② 고로 시멘트, 플라이 애시 시멘트, 고로 슬래그를 사용한다.
③ 방수제, 방청재료 콘크리트 표면 마감
④ 콘크리트 중의 수분은 알칼리 골재반응을 촉진하므로 구조물의 수밀성을 높인다.
⑤ 콘크리트가 다습하거나 습윤상태에 있을 때 알칼리 반응이 증가하므로 항상 건조상태를 유지한다.
⑥ 단위 시멘트량이 너무 많은 배합은 알칼리 골재반응에 약하므로 단위시멘트량을 최소로 한다.
⑦ 저알칼리형의 시멘트(Na_2O당량 0.6% 이하)를 사용한다.
⑧ 콘크리트 $1m^3$당 알칼리 총량을 3kg 이하로 한다.

3. 염 해

철근 콘크리트 구조물이 해양 환경에 장기간 노출되면 해수중의 화학적 작용에 의한 콘크리트 침식과 콘크리트 속의 철근이 부식된다.

(1) 해수 중 염류에 의한 콘크리트 열화

① 해수 중 황산염 이온은 시멘트 수화물과 반응하여 팽창성 물질을 생성함으로써 콘크리트를 팽창, 붕괴시킨다.
② 염소 이온은 시멘트 중의 수산화칼슘과 반응하여 생성된 가용성의 염화칼슘을 생성 및 용출에 따른 콘크리트의 다공화 현상으로 콘크리트내 함수율이 높을수록 열화가 크다.

(2) 염화물에 의한 철근의 부식

콘크리트가 해양 환경에 노출되면 콘크리트 중에 염화물이 침입하여 염소 이온량이 축적되어 철근 표면의 결손이 생겨서 부식하는데 강재 체적의 2.5배까지 팽창하여 철근 배근방향과 같은 방향으로 균열이 발생하거나 콘크리트 피복층이 들떠 부식이 가속화된다.

(3) 염해의 손상

① 콘크리트의 강도 저하
② 콘크리트의 내구성 저하
③ 균열

(4) 염해 대책

① 청정수 사용
② 중용열 포틀랜드 시멘트 사용
③ 해사 사용시 염분함량 준수(0.04% 이내), 해사 세척, 제염제 사용
④ 공기연행제 사용
⑤ 철근의 아연도금 및 에폭시 도장
⑥ 철근 표면에 방청제 사용
⑦ 철근의 부동태막 보호
⑧ 물-결합재비 감소, 슬럼프 저하, 굵은골재 최대치수는 가능한 큰 것 사용, 잔골재율은 가능한 작게 한다.

4. 중성화(탄산화)

(1) 개 요

① 콘크리트중의 수산화칼슘이 공기중의 탄산가스와 접촉하여 서서히 탄산칼슘으로 변화하여 콘크리트가 알칼리성을 상실하는 것을 말한다.
② 일반적으로 pH가 8.5~10 정도로 낮아진다.
③ 중성화에 의해 pH가 11보다 낮아지면 철근에 녹이 발생하고 이런 녹에 의해 철근이 2.5배까지 팽창하고 콘크리트의 내부에 균열을 발생시켜 철근과의 부착강도의 저하, 피복 콘크리트의 박리, 철근 단면적의 감소에 의한 저항 모멘트 저하 등이 초래된다.

(2) 중성화의 진행

① 중성화 속도
- 중성화가 콘크리트 내부로 진행해가는 속도.
- 일정 피복두께를 가진 철근까지 중성화가 도달하는 시간을 알 수 있다.
- 중성화 진행속도는 중성화 깊이와 경과한 시간의 함수로 나타낸다.

$$X = A\sqrt{t}$$

여기서, X : 기준이 되는 콘크리트 중성화 깊이(mm)
t : 경과년수(년)
A : 중성화 속도계수로서 시멘트, 골재의 종류, 환경조건, 혼화재료, 표면 마감재 등의 정도를 나타내는 상수(mm/$\sqrt{\text{년}}$)

- 중성화 속도는 실내가 실외보다 빠르다.

(3) 중성화 속도에 영향을 미치는 요인

① 혼합시멘트 혹은 실리카질의 혼화제를 사용하면 빠르다.
② 조강 포틀랜드 시멘트가 보통 시멘트보다 늦고 더욱 좋은 효과가 있다.
③ 경량골재 콘크리트가 보통 콘크리트보다 빠르다.
④ 중성화 속도는 골재의 밀도가 작을수록 빨라진다.
⑤ 경량골재를 이용한 콘크리트는 강모래, 강자갈을 이용한 콘크리트의 3배 정도 중성화가 빠르게 진행된다.
⑥ 수화반응이 빠른 시멘트일수록 늦다.
⑦ 수중 양생한 콘크리트는 늦다.
⑧ 콘크리트의 물-결합재비는 중성화 진행속도에 가장 큰 영향을 미친다.
⑨ 물-결합재비가 클수록 빨라진다.
⑩ 콘크리트 온도가 상승하면 빨라진다.
⑪ 습도가 높을 경우 늦어진다.
⑫ 옥외는 옥내보다 탄산가스 농도가 낮기 때문에 늦다.
⑬ 콘크리트의 표면 마감재는 중성화 속도를 효과적으로 지연시킬 수 있다.
⑭ 공기중의 탄산가스의 농도가 높을수록 빨라진다.

(4) 중성화의 방지대책

① 조강, 보통 포틀랜드 시멘트 및 밀도가 큰 골재를 사용한다.
② 물-결합재비, 공기량 등이 낮게 되도록 한다.

③ 충분한 초기 양생을 한다.
④ 콘크리트의 피복 두께를 크게 한다.
⑤ 표면 마감재를 에폭시, 혹은 아크릴 수지 등 고분자 계통으로 하여 불투수성 막을 실시한다.
⑥ 일반적인 타일에 의한 마감도 억제 효과가 높다.
⑦ 콘크리트를 부배합으로 한다.

(5) 중성화 판별방법

공시체의 파단면에 1% 페놀프탈레인-알코올용액을 분무하여 변색 여부를 관찰하는 방법이 가장 일반적이다. 무색으로 변화하면 중성화된 것으로 판단한다.

5. 동 해

(1) 개 요

① 콘크리트 중의 수분이 외부 온도의 저하에 의해 동결과 융해의 반복작용으로 균열이 발생하거나 표면부가 박리하여 콘크리트 표면층에 가까운 부분부터 파괴되는 현상을 말한다.
② 콘크리트 중의 수분(모세관 수)이 동결하면 체적이 팽창하여 미세한 균열이 발생한다.
③ 콘크리트가 동해를 받게 되면 균열, 표면 박리, 팝아웃, 박리, 박락 등이 발생하며 더욱 진전되어 콘크리트 내부의 약화, 강도 저하, 탄산화의 촉진, 철근 부식 등이 발생한다.

(2) 동해에 영향을 주는 요인

① 굳지 않은 콘크리트가 초기동해를 입게 되면 체적팽창에 따라 주위 조직의 이완이나 파괴가 발생한다.
② 콘크리트 중의 공극이 물로 포화된 정도(포수도)가 한계 포수도 이상에서는 급격히 동해를 받는다.
③ 콘크리트 내부에 수분의 동결에 의해 발생되는 팽창량 이상의 공기가 들어 있는 공간. 즉, 기포와 기포의 공간이 멀리 떨어져 있는 경우에 미동결수의 이동이 기포에 도달하기 전에 큰 압력이 발생되어 파괴가 발생한다.

(3) 동해의 방지대책

① 압축강도가 4MPa 이상이 되면 동해를 받지 않는다.
② 한계 포수도 이하로 건조되어 있을 때에는 그 정도에 따라 동해를 피할 수 있다.
③ 콘크리트 속의 기포와 기포의 간격이 가까울수록 미동결수 이동이 쉽고 이동에 따른 압력이 작아지므로 콘크리트를 동해로부터 보호할 수 있다.
④ 물-결합재비를 작게 한다.
⑤ 기포간격계수가 200μm 이하가 되도록 공기연행제 또는 공기연행 감수제를 사용하여 적정량의 공기를 연행시킨다.
⑥ 동절기 강우, 강설수가 콘크리트 속에 침투하지 않게 흘러내리게 한다.
⑦ 흡수율이 적은 양질의 골재를 사용하며 습윤양생을 충분히 한다.

(4) 동결 융해의 저항성 판정

① 내구성 지수(DF : Durability Factor)

$$DF = \frac{PN}{M}$$

여기서, P : 동결융해 N사이클에서의 상대 동탄성계수(%)
N : P값이 시험을 단속시킬 수 있는 소정의 최소값이 된 순간의 사이클 수
M : 사전에 결정된 동결 융해에의 노출이 끝날 때의 사이클 수(300)

② 내구성 지수가 클수록 내구성이 좋다.
- DF 〈 40 : 내구성이 낮다.
- DF 〉 60 : 내구성이 좋다.

③ 동결융해 N사이클에서의 상대동탄성계수

$$P = \frac{f_N^2}{f_o^2} \times 100$$

여기서, f_o : 동결융해 0사이클에서의 가로 1차 진동주파수
f_N : 동결융해 N사이클에서의 가로 1차 진동주파수

(5) 급속 동결융해에 대한 콘크리트의 저항시험

- 동결융해 1사이클은 공시체 중심부의 온도를 원칙으로 하며 4℃에서 −18℃로 떨어지고 다음에 −18℃에서 4℃로 상승되는 것으로 한다.
- 각 사이클에서 공시체 중심부의 최고 및 최저 온도는 각각 4±2℃ 및 −18±2℃의 범위 내에 있어야 하고 언제나 공시체의 온도가 −20℃ 이하 또는 6℃ 이상이 되어서는 안 된다.
- 동결융해 1사이클의 소요시간은 2시간 이상, 4시간 이하로 한다.
- 시험방법의 종류는 2종류로 수중 급속동결 융해시험 방법(A방법), 기중 급속 동결 후 수중 융해시험 방법(B방법)이 있다.
- A방법에서는 융해시간을 총 시간의 25%, B방법에서는 총 시간의 20%보다 적게 사용하여서는 안 된다.
- 공시체의 중심과 표면의 온도차는 항상 28℃를 초과해서는 안 된다.
- 동결융해에서 상태가 바뀌는 순간의 시간이 10분을 초과해서는 안 된다.
- 시험의 종료는 300사이클로 하며 그때까지 상대 동탄성계수가 60% 이하가 되는 사이클이 있으면 그 사이클에서 시험을 종료한다.

6. 화학적 침식

(1) 개 요

① 콘크리트 결합재인 시멘트 수화물이 화학물질과 반응하여 조직이 다공화되거나 팽창하여 열화현상이 생긴다.
② 주로 산과 염에 의해 발생한다.

(2) 산

① 포틀랜드 시멘트 경화체는 산과 접하면 중화하여 각종의 염류를 생성하게 되며 이런 염의 용축이나 결정화에 의해 콘크리트 내부가 다공화하거나 염의 결정성장 압력으로 균열이 발생한다.
② 황산, 염산 등 강한 무기산은 유기산보다 침식작용이 크다.
③ 강산은 약산보다 침식작용이 크다.
④ 수산은 콘크리트를 침식시키지 않는다.

(3) 염

① 산류만큼 침식의 정도가 심하지 않다.

② 황산염은 시멘트의 수화에 의해 발생한 수산화칼슘과 반응하여 황산칼슘(석고)을 생성하여 체적을 증대시키고 알루미산 삼석회(C_3A)와 반응하여 체적 팽창이 더욱 커진다.

③ 해수 중의 황산마그네슘, 염화마그네슘과 암모늄계 및 알루미늄계 질산염 등이 시멘트 중의 수산화칼슘과 반응하여 염분이 침투되어 철근이 부식된다.

(4) 유류(기름), 부식성 가스

① 야자유나 유채유 등은 콘크리트를 현저하게 침식시킨다.

② 유류에 의한 콘크리트의 성능 저하는 단기간 내에 진행하며 산류에 의한 침식보다 오히려 현저한 경향이 있다.

③ 콘크리트를 침식하는 부식성 가스에는 황화수소, 이산화황, 불화수소, 염화수소 및 질소산화물 등이 있다.

(5) 화학적 침식에 대한 방지 대책

① 무기산이나 황산염에 대해서는 적당한 보호공을 한다.

② 내황산염 포틀랜드 시멘트, 중용열 포틀랜드 시멘트, 고로 시멘트, 플라이애시 시멘트 등은 해수의 작용에 대해 내구성이 있다.

③ 피복 두께를 충분히 확보하여 철근을 보호한다.

④ 물-결합재비가 작은 수밀성이 큰 콘크리트를 사용하며 다짐과 양생을 잘 한다.

7. 손　　식

(1) 개 요

경화한 콘크리트가 차량 등에 의한 마모작용이나 유수에 의한 공동현상으로 표면의 손상받는 것

(2) 마 모

차량이나 유수 중의 모래 등이 충돌작용으로 인해 콘크리트 표면의 손상이 발생한다.

(3) 공동현상(空洞現狀 : Cavitation)

수공 구조물의 표면에 요철과 굴곡이 있는 경우 유수가 표면으로 떨어지면서 공기가 발생하여 부압·고압이 가해져 콘크리트가 손상이 된다.

(4) 손식에 대한 방지대책

① 물-결합재비를 45% 이하로 배합한다.
② 42MPa 이상의 고강도, 고밀도 콘크리트로 한다.
③ 슬럼프는 75mm 이하의 된반죽으로 한다.
④ 마모 저항이 큰 골재를 사용한다.

8. 내 화 성

(1) 개 요

① 화재로 1,000℃ 정도의 고온에 노출되는 경우 이에 저항하는 성질을 내화성이라 하며 콘크리트가 고온을 받으면 강도 및 탄성계수가 저하하며 철근과 콘크리트와의 부착력이 저하된다.
② 60~70℃ 정도의 온도에서 콘크리트는 악영향을 받지 않으나 그 이상의 온도에서는 온도 상승에 따라 강도는 감소하고 특히 인장강도나 탄성계수의 감소는 현저하다.
③ 인공 경량골재 콘크리트가 고온을 받았을 때 압축강도의 감소는 일반적으로 보통 콘크리트보다 작다.
④ 석회석이나 화강암 골재는 특히 내화성을 필요로 하는 장소의 콘크리트에 사용하지 않도록 한다.

(2) 열화과정

① 시멘트 수화물은 가열에 의하여 결정수를 방출하며 500℃ 전후에서 수산화칼슘[$Ca(OH)_2$]가 분해하여 석회(CaO)가 된다.
② 750℃ 전후에서 탄산칼슘(석회석)[$CaCO_3$]의 분해가 시작되면서 수산화칼슘의 분해에 의하여 콘크리트 강도는 급격하게 감소한다.
③ 화강암, 사암계의 암석은 석영의 변태점 전의 약 500℃에서 급격히 팽창하며 575℃의 변태점에서 붕괴한다. 또 석회암계의 암석은 750℃ 정도에서 석회석의 분해가 시작된다.

(3) 열화현상

① 콘크리트는 탈수나 단면 내의 열응력에 의해 균열이 생긴다.

② 콘크리트의 가열로 인한 정탄성계수의 감소에 의해 바닥슬래브나 보의 처짐이 증가한다.

③ 화재 발생시 급격한 가열, 부재 단면이 얇거나 콘크리트 함수율이 높은 경우는 피복 콘크리트의 폭렬이 발생하기 쉽다.

(4) 화재에 대한 열화방지 대책

① 콘크리트 표면을 단열재료나 내화재료로 피복한다.

② 골재는 내화적인 화산암, 슬래그 등이 좋다.

③ 철근콘크리트의 외측이 벗겨지는 것을 방지하기 위하여 팽창성 금속을 콘크리트 표층부에 넣는다.

④ 내화성이 작은 철근을 충분히 보호하기 위해서는 슬래브는 2.0~2.5cm 이상, 기둥 및 보는 4.0~4.5cm 이상의 피복두께를 충분히 한다.

실전문제

제3장 열화조사 및 진단

외관 조사 및 강도 평가, 콘크리트의 결함 조사, 열화 원인

문제 01 중성화에 대한 설명 중 옳지 않은 것은?

가. 시멘트 속의 알칼리 성분이 골재 속의 실리카 성분과 반응하여 발생하는 화학반응이다.
나. 물-결합재비를 작게 하고 공기연행제, 감수제를 사용하면 중성화가 억제된다.
다. 중성화시험 방법은 페놀프탈렌 용액을 사용하여 붉은 색으로 변하지 않는 부분은 중성화된 것으로 하여 그 두께를 측정한다.
라. 콘크리트가 중성화가 되면 철근이 부식하기 쉽다.

해설 시멘트 속의 알칼리 성분이 골재 속의 실리카 성분과 반응하여 발생하는 화학반응을 알칼리 골재반응이라 한다.

문제 02 콘크리트의 동결융해의 반복작용에 대한 내구성을 향상시키기 위한 방법 중 틀린 것은?

가. 공기연행제를 사용하여 적정량의 연행공기를 연행시킨다.
나. 물-결합재비를 작게 하여 치밀한 콘크리트를 만든다.
다. 동일한 공기량일 경우 기포의 크기가 큰 콘크리트를 만든다.
라. 제설제 등이 콘크리트 중에 스며들지 않도록 한다.

해설 기포의 크기가 미세한 콘크리트를 만든다.

문제 03 콘크리트의 중성화 대책이 아닌 것은?

가. 피복 콘크리트 두께를 크게 한다.
나. 물-결합재비를 작게 한다.
다. 콘크리트를 빈배합으로 한다.
라. 양생을 철저히 한다.

해설
• 콘크리트를 부배합으로 한다.
• 콘크리트 면에 불투수성 막을 실시한다.

정답 01. 가 02. 다 03. 다

문제 04 콘크리트용 골재로 사용할 바다모래가 염분의 허용한도를 넘을 경우에 대한 대책 중 틀린 것은?

가. 아연도금을 한 철근을 사용한다.
나. 방청제를 콘크리트용 혼화제로 사용한다.
다. 바다모래를 살수법, 침전법 및 자연방치법 등으로 제염한다.
라. 콘크리트를 빈배합으로 하여 치밀하게 다진다.

해설 콘크리트 피복두께를 크게 하며 콘크리트를 부배합으로 하여 치밀하게 다짐한다.

문제 05 구조물 표면이 하얗게 얼룩지는 현상으로 비에 젖었다 말랐다 하면서 염분용해와 수분증발이 되풀이되며 생기는 현상을 무엇이라 하는가?

가. 블리딩
나. 건조수축
다. 백화
라. 레이턴스

해설 백화는 시멘트의 가수분해에 의해 생기는 수산화석회 때문에 발생한다.

문제 06 다음의 알칼리 골재반응에 대한 설명 중 틀린 것은?

가. 시멘트 속의 알칼리 성분과 골재중에 있는 실리카와 결합되어 화학반응을 일으킨 것이다.
나. 콘크리트에 균열, 파괴를 일으키게 하는 현상을 말한다.
다. 골재에 포함된 반응성 성분에 의해 알칼리 실리카 반응, 알칼리 탄산염 반응, 알칼리 실리게이트 반응으로 대별된다.
라. 알칼리 함유량이 0.8% 이하인 저알칼리형 시멘트를 사용하여 알칼리 실리카 반응을 억제한다.

해설
- 저알칼리형 시멘트는 알칼리 함유량을 0.6% 이하로 한다.
- 콘크리트 속의 알칼리 총량을 3.0kg/m^3 이하로 한다.

정답 04. 라 05. 다 06. 라

문제 07 콘크리트 재료에 염화물이 함유되어 구조물이 염해를 받을 경우가 생길 때 조치할 사항 중 틀린 것은?

가. 덮개를 두껍게 하여 열화에 대비한다.
나. 물-결합재비를 작게 한다.
다. 단위수량을 증가시켜 염분을 희석시킨다.
라. 가능한 슬럼프 값이 작은 콘크리트를 만든다.

해설 단위수량을 적게 하고 깨끗한 물로 대체한다.

문제 08 콘크리트의 중성화 반응에 대한 설명 중 틀린 것은?

가. 공기중의 탄산가스의 농도가 높을수록 중성화 속도가 빠르다.
나. 중성화 반응으로 시멘트의 알칼리성이 상실되어 철근을 부식시킨다.
다. 콘크리트 표면은 공기중 탄산가스의 작용을 받아 수산화칼슘이 서서히 탄산칼슘으로 변화되며 알칼리성을 잃어가는 반응이다.
라. 보통 포틀랜드 시멘트는 혼합 시멘트의 중성화 속도보다 빠르다.

해설 혼합 시멘트의 중성화 속도는 보통 포틀랜드 시멘트를 사용한 경우의 약 1.2~1.8배가 된다.

문제 09 콘크리트 동결융해 저항성에 영향되는 요인 중 틀린 것은?

가. 물-결합재비는 60% 이하를 원칙으로 한다.
나. 공기연행제를 사용하여 적정량의 공기량을 연행시킨다.
다. 기포간의 거리를 좁게 한다.
라. 기포의 지름이 큰 콘크리트가 되게 한다.

해설 미세한 기포가 많이 분산되어 기포의 간격이 좁을수록 유수압은 작으며 내구성의 개선에 유효하다.

정답 07. 다 08. 라 09. 라

문제 10 콘크리트의 중성화에 대한 설명 중 틀린 것은?

가. 공기연행제나 감수제를 사용한 콘크리트는 보통 콘크리트보다 중성화 속도가 느리다.
나. 실내에서는 대기 중에 비해 2~3배 정도 중성화 속도가 느리다.
다. 콘크리트가 탄산가스와 화합하여 수산화칼슘을 잃고 탄산칼슘으로 변하는 것을 중성화라 한다.
라. 골재의 흡수율이 작은 단단한 골재를 사용하면 중성화를 방지할 수 있다.

해설
- 실내에서는 대기 중에 비해 2~3배 정도 중성화 속도가 빠르다.
- 콘크리트가 중성화하면 철근이 부식되기 쉽다.
- 콘크리트의 중성화 깊이는 대기에 접한 기간의 대략 1/2승에 비례한다.

문제 11 알칼리 골재반응의 종류에 해당하지 않는 것은?

가. 실리카 반응　　나. 탄산염 반응
다. 실리게이트 반응　　라. 황산 반응

해설 보통 알칼리 골재반응이라 부르는 경우는 알칼리-실리카 반응을 말한다.

문제 12 구조물의 균열 원인 중 환경에 따른 화학적 작용에 의한 균열발생 원인이 아닌 것은?

가. 산·염류의 작용　　나. 동결융해 작용
다. 중성화의 영향　　라. 염화물의 함량

해설 동결융해 작용은 물리적 원인으로도 온도, 습도에 의한 영향을 받아 균열 발생의 원인이 된다.

문제 13 콘크리트 시공시 균열발생 원인에 해당되지 않는 것은?

가. 콘크리트 중의 염화물　　나. 불충분한 다짐
다. 경화전 진동 또는 하중 재하　　라. 부적당한 타설 순서

해설 콘크리트 중의 염화물은 사용재료의 원인에 속한다.

정답 10. 나　11. 라　12. 나　13. 가

문제 14 염분이 콘크리트에 미치는 영향에 관한 설명 중 틀린 것은?

가. 염분 함유량이 증가하면 동결융해에 대한 변화는 무시해도 좋다.
나. 염분 함유량이 증가하면 건조수축은 증가한다.
다. 콘크리트에 염분 함유량이 많으면 응결시간을 촉진시켜 준다.
라. 해사 사용시 모래의 입경이 세립할수록 함유량이 적다.

해설 일반적으로 해사의 염분함유량은 모래의 입경이 세립할수록, 표면이 클수록 함유량이 많다.

문제 15 콘크리트 동결융해에 대한 대책 중 관계가 먼 것은?

가. 동결 가능한 수분함량의 최소화
나. 동결시 팽창에 대한 충분한 여유공간 확보
다. 콘크리트 중의 알칼리량을 감소시킨다.
라. 보호피막 및 덧씌우기 작업

해설 알칼리 골재반응에 의한 손상을 방지하기 위해서는 콘크리트 중의 알칼리량을 감소시킨다.

문제 16 콘크리트의 중성화에 대한 설명 중 틀린 것은?

가. 물-결합재비가 커질수록 중성화 속도가 빠르다.
나. 온도가 낮을수록 중성화가 빨라진다.
다. 경량골재는 중성화를 촉진시킨다.
라. 중성화 속도는 조강 포틀랜드 시멘트가 보통 포틀랜드 시멘트보다 작다.

해설 온도가 높을수록, 습도가 낮을수록, 중성화가 빨라지며 골재의 밀도가 작을수록 크다.

문제 17 콘크리트의 내구성 열화원인 중 기상작용에 속하지 않는 것은?

가. 동결융해　　나. 중성화
다. 온도변화　　라. 건조수축

해설 중성화는 물리, 화학적 작용에 속한다.

정답 14. 라　15. 다　16. 나　17. 나

문제 18 탄산가스, 산성비 등의 영향으로 콘크리트가 수산화칼슘 상태에서 탄산칼슘 상태로 변화하는 현상은?

가. 염해　　나. 중성화
다. 알칼리골재반응　　라. 동결융해

문제 19 콘크리트 중성화의 원인 중 틀린 것은?

가. 탄산가스의 농도가 클 경우　　나. 시멘트의 분말도가 클 경우
다. 습도가 높을 경우　　라. 경량골재를 사용할 경우

해설 중성화 원인
① 습도가 낮을 경우
② 물-결합재비가 클 경우
③ 혼합 시멘트를 사용할 경우
④ 온도가 높을수록

문제 20 중성화 속도 계수가 4mm / $\sqrt{년}$ 인 콘크리트 구조물이 25년 경과한 시점의 중성화 깊이는?

가. 0.8mm　　나. 80mm
다. 20mm　　라. 200mm

해설 $X = A\sqrt{t} = 4 \times \sqrt{25} = 20\text{mm}$

문제 21 콘크리트 동해에 대한 설명 중 틀린 것은?

가. 건조된 콘크리트는 동해 영향이 전혀 없다.
나. 내구성 지수로 동결 융해 저항성을 평가한다.
다. 한계 포수도 이하에서 동해 저항성이 높다.
라. 내구성 지수가 클수록 내구성이 불량하다.

해설 내구성 지수가 클수록 내구성이 좋다.

정답 18. 나　19. 다　20. 다　21. 라

3-7 열화 조사 및 성능 평가

1. 콘크리트의 열화 조사

(1) 콘크리트의 배합비 분석

① 골재량, 시멘트량, 결합수량 등을 추정한다.

② 콘크리트 구조물이 비교적 빠른 시기에 열화하거나 강도 부족으로 변형이 생긴 경우 등 그 원인을 조사하거나 내구성을 진단하기 위해 한다.

(2) 콘크리트의 조직검사

① 시멘트 수화생성물의 정상적인 조성 및 열화에 대한 콘크리트의 저항성을 평가하기 위하여 실시한다.

② 측정 항목은 구조물의 중요도 및 사용환경을 고려하여 정한다.

③ 수산화칼슘의 정량 및 그 결정의 관찰, 세공경 분포의 측정, 산소 및 염화물 이온의 확산계수, 세공용액의 조성분석, 공기량 및 기포분석 등을 실시한다.

④ 조직검사에는 X선회절, 전자주사 현미경, 세공경측정장치, 확산계수측정기, 시차열분석, 질량분석 등이 사용된다.

(3) 중성화 검사

① 콘크리트의 중성화 시험은 페놀프탈레인 1% 용액을 사용하여 평균 중성화 깊이 및 최대 중성화 깊이를 측정한다.

② 중성화 깊이 측정 순서

- 콘크리트 측정면을 청결히 한다.
- 시약을 측정면에 스프레이로 분무한다.
- 측정시기를 정하고 중성화 깊이를 측정한다. 이때 적색으로 착색되었다가 퇴색해 버리는 영역도 중성화 영역으로 한다.
- 중성화 깊이는 1개의 조사위치마다 평균 중성화 깊이 및 최대 중성화 깊이를 측정하고 mm단위를 취한다. 그러나 평균치가 위치에 따라 크게 다를 경우는 평균하지 않고 중성화 상태를 상세히 스케치한다.

(4) 백화상태 검사

① 탄산이온, 유산이온, 알칼리 및 알칼리 토류성분 등이 백화현상을 일으킨다.
② 백화현상을 일으키는 성분이 시멘트에 함유되어 탄산이온이 반응하여 가용성 염류가 생성되고 콘크리트 표면에 용액으로 이동하여 습윤증발 후 결정체로서 백화가 생성된다.
③ 수화조직 내부에서도 유산염이 생성되고 외부로부터 다량의 유산염이 침입하여 에트링가이드를 조성하기도 하여 조직이 형성되어 팽창되므로 균열이 발생한다.
④ 백화의 위치 및 면적, 백화현상이 균열을 수반하고 있는지의 여부 등을 확인하며 필요시 백화물의 조직분석을 한다.

(5) 염해조사

① 허용한도 이상의 가용성 염화물 이온이 콘크리트의 세공 속에 존재하면 철근이 발청한다.
② 철근이 발청되면 체적의 팽창으로 콘크리트의 균열이 발생하고 반복되면 철근에 단면 결손을 가져와 콘크리트 구조물의 열화를 촉진시켜 내화력이 저하된다.
③ 염해는 철근부식을 유발하는 요인이지만 염분량 및 수분과 산소 공급이 없으면 일어나지 않는다.
④ 레드믹스트 콘크리트의 염화물 이온의 한계치를 Cl으로 0.3kg/m^3로 규정하고 있지만 일반적으로 철근의 발청을 유발시키는 염화물 이온의 한계치는 1.2kg/m^3로 사용하고 있다.
⑤ 주의할 점은 염화물 이온의 측정방법보다 시료 채취 및 이온의 추출조건이다.
⑥ 추출조건으로서는 탄산나트륨을 용제로써 800℃에서 용해시키는 것으로부터 20℃에서 용출시키는 것까지 있으므로 시험목적에 맞춰 선택한다.
⑦ 콘크리트에 존재하는 염화물은 해사로 인한 혼입염분과 해안지역 혹은 해양구조물일 경우, 대기중이나 비말대에서 들어오는 침입염분으로 구분한다.
⑧ 해사를 사용하지 않더라도 해양구조물과 같은 경우에는 침입염분으로 인한 철근발청이 발생되어 구조물의 열화를 촉진시키는 경우가 있다.

2. 성능평가

(1) 초음파법에 의한 내부결함 위치측정

① 투과법

- 발진자 및 수진자를 탐사 대상면에 설치하여 탄성파의 도달시간과 파형을 분석하므로 강도 추정이나 내부결함 등을 검사한다.

② 반사법

- 발진자 및 수진자를 동일 평면상에 설치하고 공동부에서 반사파를 검출하여 균열깊이, 내부결함, 두께 등을 검사한다.

③ $T_c - T_o$법

- 종파용 발·수진자를 개구부를 중심으로 등간격 $L/2$로 설치하였을 때, 균열 선단부를 회절한 초음파의 전달시간 T_c와 균열이 없는 부분에서의 발·수진자의 거리 L에서의 전파시간 T_o로부터 균열의 심도를 구하는 방법이다.
- 균열깊이(d)

$$d = \frac{L}{2}\sqrt{(T_c/T_o)^2 - 1}$$

여기서, L : 발진자와 수진자 거리
T_c : 균열을 사이에 두고 측정한 전파시간
T_o : 건전부 표면에서의 전파시간

④ T법

- 종파형 발신자를 고정하고 종파용 수신자를 일정 간격으로 이동시킬 때 전파시간의 관계로부터 균열의 위치에서의 불연속 시간 t를 도면상에서 구하여 균열의 심도를 구한다.
- 균열깊이(d)

$$d = \frac{t\ \cos(t\ \cot\alpha + 2L)}{2(t\ \cot\alpha + L_{1)}}$$

여기서, L_1 : 발진자에서 균열까지의 거리

⑤ BS-4408에 규정한 방법

- 균열 개구부를 중심으로 종파용 발진자와 수진자를 150mm와 300mm 간격으로 배치한 때의 각 전파시간을 구하는 방법으로서 균열의 심도를 구하는 방법이다.

- 균열깊이(d)

$$d = 150\sqrt{(4t_1 - t_2)/(t_2 - t_1)}$$

여기서, t_1 : 150mm 간격시의 전파시간
t_2 : 300mm 간격시의 전파시간

⑥ 레슬리법(Leslie)
- 종파 진동자를 사용하여 사각법과 표면법(반사법)을 병용하여 각 측점간의 전파시간에서 표면 개구 균열 깊이를 측정한다.

⑦ 위상 변화를 이용하는 방법
- 균열 개구부를 중심으로 발·수진자의 거리를 변화시키고 균열 선단에서 회절한 파동의 연직방향 변위 위상이 회전각에 의하여 변화시켜 균열 깊이를 결정한다.

⑧ SH파를 이용하는 방법
- 표면파 음속, 횡파의 음속을 알고 전파시간을 계측하여 균열 깊이를 구한다.

(2) 써모그래피법

① 벽면에 대한 온도차를 열화성 정보로 화상처리를 하여 들뜸부(박리부)를 면적으로 검출한다.
- 측정장치 및 특성
  - 적외선 열화상 촬영장치는 물체의 표면 온도를 비접촉식으로 영상화시키는 장치이다.
  - 적외선을 감지하는 검출기, 적외선 신호를 영상화하는 신호처리부, 열화상을 화면으로 보여주는 영상표시부 등으로 이루어져 있다. 부속장치로 VCR, PC 등과 연계구성이 가능하다.
- 측정원리
  - 자연계에 존재하는 모든 물체는 절대온도 0°K 이상에서 그 물체의 온도와 방사율에 대응하는 적외선 에너지를 표면으로부터 일정하게 방출한다.
  - 물체로부터 방출되는 적외선 에너지량을 정밀하게 측정하면 물체의 표면온도를 알 수 있다.
  - 적외선 열화상 촬영장치는 대상물체가 방출하는 적외선 에너지를 적정

파장대에 따라 검출하고 열화상으로 대상물의 표면온도 분포를 가시화 해 주는 장치이다.

- 진단방법 및 활용범위
  - 사전 예비조사로 구조물의 진단위치를 정확히 파악한 후 촬영 및 화상 데이터의 분석을 통해 구조물의 보수·보강을 결정한다.

② 화상처리는 1차, 2차 화상 처리로 나눈다.

- 화상처리는 들뜸부를 판별하기 쉽도록 칼라 화상으로 표시하는 일련의 처리를 말한다.
- 1차 화상처리는 화상의 형상 변형 보정, 위치 조정, 합성 등의 기하학적 보정을 한다.
- 2차 화상 처리는 화상의 특징 영역 추출, 배경제거 등 일련의 과정을 거쳐 들뜸부의 출력, 특정 영역의 면적 및 추정 박리 도면을 출력한다.

③ 적외선 열화상 촬영장치의 활용범위

- 구조물의 노후화 및 성능저하 위치의 판단이 가능하고 인공위성의 지상 관측에도 이용된다.
- 자외선과 가시광선을 비교하여 파장이 길고 공기 중에 잘 투과하고 먼 거리에도 관측이 가능하다.

④ 적외선 열화상 촬영장치를 이용한 비파괴 진단시 유의사항

- 구조물과 통상 15~20m 정도의 거리에서 측정해야 한다.
- 풍속 5m/sec 이내에서 측정한다.
- 일교차가 5℃ 이상일 경우에 효과적이다.
- 측정대상 구조물에 일사가 사입되고 30분 이상 경과한 후(일사량 120 kcal/m^2℃ 이상) 실시한다.

(3) 음향방출시험(AE : Acoustic Emission)

콘크리트 결함 평가방법으로 결함 부위에서 방출되는 에너지 중 청각적인 효과를 평가하여 콘크리트 내부 결함을 측정한다. 시험체에 하중을 가하면 재료의 소성변형, 균열의 생성 및 성장 등의 발생으로 주파수 범위가 50kHz에서 10MHz 정도인 고주파수의 응력파가 외부로 방출된다. 구조체의 변형 또는 파괴 시에 발생하는 음을 탄성파로 방출하는 현상이며, 이 탄성파를 AE 센서로 검출하고 비파괴적으로 평가하는 방법을 AE법이라 한다. AE는 재료가 파괴되기 이전부터 작은 변형이나 미세한 크랙(crack)의 진행과정에서 발생하기 때문에

AE의 발생 경향을 진단하여 재료와 구조물의 결함 및 파괴를 발견 및 예상할 수 있다.

- 초음파 탐상법과 비슷하지만 재료의 결함 자체가 방출하는 동적 에너지를 감지하는 점이 다른 비파괴검사 방법과 다르다.
- 가소성에 의한 변형이나 미세한 파괴의 진행 과정을 실시간으로 관측이 가능
- 여러 개의 AE 센서를 사용하여 결함의 위치 파악 가능
- 시험체가 불안전한 상태에 있을 때 결함이 발생, 성장하는 과정에서 생기는 음향을 검출하는 데 적합하며 시험체를 사용중에 검사가 가능하다.
- 검사자가 시험체에 계속 접근할 필요가 없으며, 대형 구조물도 한 번의 시험만으로 동시에 전 구조물의 검사가 가능하다.
- 기계적 소음, 진동 등에 의한 외부요인으로 발생한 신호들의 제거 및 구분이 어려워 결과 해석이 매우 까다롭다.
- 실시간으로 결함의 진원지와 결함의 상태를 추적할 수 있다.
- 국부적인 결함의 검출 이외의 전체 구조물의 상태를 조사할 수 있다.
- 진행이 멈춘 균열은 검출할 수 없다.
- 센서의 감도에 따라 결함의 검출결과가 좌우된다.
- 음향방출이 구조물의 여러 구조상세에 따라 전달될 때 결함의 정확한 위치를 찾기 어렵다.
- 콘크리트에 대한 과거의 재하 이력을 추적할 수 있다.
- 재하에 따른 콘크리트의 균열 발생음을 계측할 수 있다.
- 측정부위는 콘크리트의 표층에 국한하지 않는다.

3-8 철근 조사 및 부식 조사

1. 철근 배근상태 조사

철근의 위치, 방향, 덮개 등 철근의 배근상태에 대한 조사는 구조물의 상태조사 내하력 평가, 보수 보강 등에 사용할 수 있는 자료를 얻기 위해 실시한다.

(1) 전자유도법

① 병렬공진회로의 진폭 감소에 의한 물리적 현상을 이용한다.
② 가해진 진동수의 교류 전류는 탐사자에 내장된 코일을 통해 흐르고 여기서 교류 자장이 생겨 콘크리트 두께와 철근 단면적을 함수로 하여 변화량 탐지로 철근의 존재와 위치, 방향, 피복 두께를 추정한다.
③ 측정방법
- 측정기의 0점을 조정한다.
- 사용 중 온도차 등에 의해 미터의 편차가 생기는 경우 0점의 위치로 미터 바늘을 조정하여 보정한다.
- 프로브(Probe)가 구조체 내의 철근에 근접하면 미터 바늘이 100눈금의 방향으로 움직이기 시작하는데 이때 프로브의 방향을 90° 변경하고 전과 동일하게 하여 수치를 읽어 철근의 위치와 방향을 결정하게 된다.

(2) 전자 레이더법

① 콘크리트 표면에서 내부로 전자파를 방사하여 대상물로부터 반사되는 신호를 받고 철근의 배근상태나 공동 등의 위치 및 깊이를 화상으로 표시한다.
② 측정 대상물의 재질이 금속 및 비금속에 측정이 가능하다.
③ 측정 결과를 현장에서 바로 얻을 수 있다.
④ 5m 분의 데이터를 기억하여 표시할 수 있다.
⑤ 데이터 번호 등의 동시 기록이 가능하고 안테나가 소형 경량이므로 현장 측정이 용이하다.
⑥ 콘크리트 내부는 전파의 감쇄가 작고(도전율이 작고 전기가 잘 통하지 않고) 측정 대상물이 전파를 반사하는 물체(콘크리트와 유전율이 달라)이므로 반사 펄스가 충분히 수신 가능해야 한다.

(3) 철근조사(철근탐사법)

① 개 요
철근콘크리트 구조체 내부에 배근되어 있는 철근의 위치, 방향, 피복두께 등을 추정하기 위해 구조체 내부로 송신된 전자파가 전기적 특성이 다른 물질인 철근의 경계에서 반사파를 일으키는 성질을 이용하여 측정한다.

② 측정 기기의 종류 및 특징

• RC-Radar

- 콘크리트의 얕은 부분을 높은 분해능으로 탐사하는 것을 목적으로 한다.
- 콘크리트 중의 전자파의 속도를 측정한다.

$$V = \frac{C}{\sqrt{\varepsilon}}$$

여기서, C: 공기중 전자파의 속도
ε : 콘크리트의 비유전율

- 측정심도 20cm 이내, 철근의 지름이 6mm 이상, 콘크리트의 질이 대부분 균일한 곳, 철근이 안테나 진행방향에 직교한 곳 등이 적용 가능하다.

• Ferroscan 철근 배근 검사

- 피복두께, 철근 간격 및 직경을 구하는 자극 유도 원리에 의해 작동하며 이것이 모니터에서 그래픽으로 나타낸다.

• Profometer 4

- 주어진 진동수의 교류감지기의 교류가 코일을 타고 흐를 때 전자장이 발생되어 철근의 피복두께와 직경에 따라 감지기의 전압이 달라지는 특성을 이용한 평행 공진 회로의 탬핑원리를 이용한다.
- 측정부위는 가급적 콘크리트 반발경도 시험부위와 동일하게 설정하여 실시한다.

2. 철근의 부식

(1) 부식의 원인

① 콘크리트 속의 철근은 알칼리성인 콘크리트가 싸고 있어 녹이 잘 슬지 않는다.

② 공기 중의 탄산가스에 의해 콘크리트의 중성화가 철근의 위치까지 도달하면 알칼리성이 상실되어 철근은 부식하게 된다.

(2) 부식 후 상태

① 철근이 부식되면 철산화물과 수산화물이 만들어지는데 이것은 원래의 금속철의 체적보다 훨씬 커다란 체적을 갖게 되어 철근의 반경 방향으로 밀치는 응력이 유발되며 이것은 국부적인 균열을 발생하게 한다.

② 반경 방향의 균열은 철근 길이를 따라 계속 연결되어 콘크리트가 떨어져 나가

는 현상이 나타난다.

③ 미세한 할렬 균열은 산소와 수분의 접촉을 쉽게 하여 부식을 촉진하게 되므로 균열이 더 커진다.

(3) 부식에 의한 균열 방지 방법

① 흡수성이 낮은 콘크리트를 사용한다.
② 콘크리트의 덮개를 늘린다.
③ 철근을 코팅하여 사용한다.
④ 콘크리트의 표면을 추가로 덧씌우기한다.
⑤ 부식을 막는 혼화제를 사용한다.

3. 철근의 부식상태 조사

- 철근 부식은 균열에 의한 피복 콘크리트의 손상, 부착강도 저하, 단면 결손 등을 유발시켜 콘크리트 구조물의 내하력을 저하시킨다.
- 부식 속도의 비파괴 조사로는 분극 저항법, AC임피던스법 등이 있다.
- 구조물의 내구성, 내하력, 기능성 등을 평가하는 데 그 목적이 있다.

(1) 자연전위 측정법

① 철근과 조합 전극을 도선으로 전압계의 단자에 접속하고 콘크리트 표면에 조합 전극을 이동시켜 여러 점에서 철근의 전위를 측정한다.
② 콘크리트 표면이 건조한 경우에는 물을 뿌려 표면을 습윤상태로 만든 후 전위 측정을 한다.

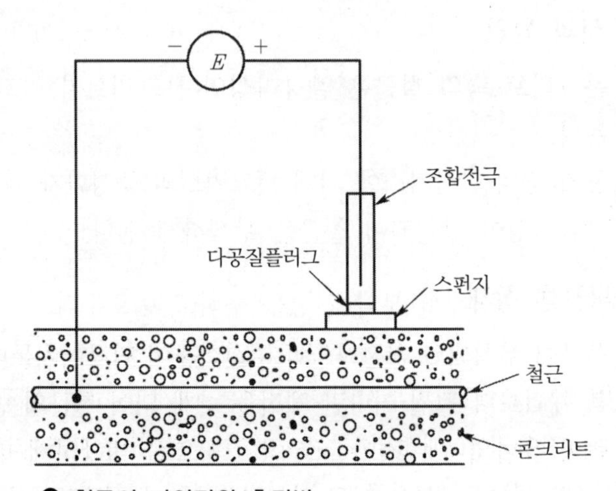

⬆ 철근의 자연전위 측정법

③ 정상적인 콘크리트는 강알칼리성을 나타내어 철근을 부동태화하고 있으며 그 전위는 −100~200mV를 나타내지만 염화물의 침투와 중성화로 철근이 활성태로 되어 부식이 진행하면 그 전위는 −방향으로 변화한다.

④ 전위차를 이용한 부식 평가기준

ASTM 기준	부식 확률
−200mV < E	90% 이상 부식 없음
−350mV < E ≤ −200mV	불확실
E ≤ −350mV	90% 이상 부식 있음

(2) 표면 전위차 측정법

① 두 개의 조합 전극을 사용하여 콘크리트 표면에 한쪽의 조합 전극을 고정하고 다른 쪽의 조합 전극을 이동시켜 표면 전위차를 측정하고 전위경사를 구한다.

② 콘크리트 일부를 파괴시켜 철근에 측정 단자를 설치할 필요가 없다.

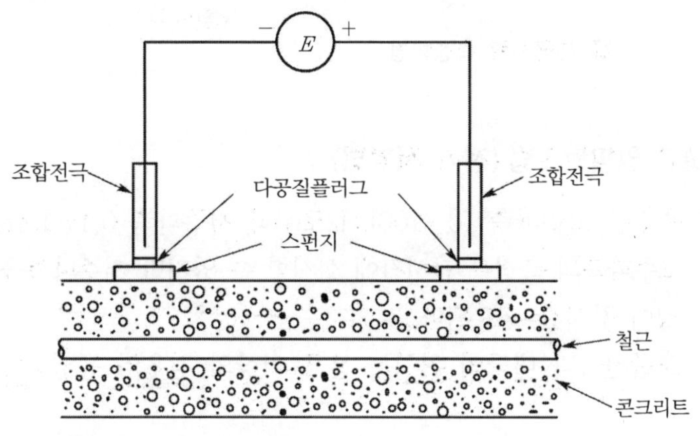

표면 전위차 측정법

(3) 분극 저항법

① 콘크리트 속의 철근에 외부로부터 미소한 직류 전류를 가하여 생기는 전위 변화를 측정해서 분극 저항을 구하고 이로부터 부식 속도를 산출한다.

② 미리 수산화칼슘 포화 수용액으로 콘크리트를 충분히 적신 후 콘크리트 표면에 접촉액을 침투시킨 스펀지를 매개로 하여 대극과 조합 전극을 설치한다. 작용극은 매설된 철근이며 철근을 노출시켜 리드선을 접속한다.

③ 부식이 진행되면 철근과 철근 접촉부의 저항이 커지기 때문에 측정할 철근마

다 리드선을 교체할 필요가 있다.

④ 콘크리트 표면에 50~100cm 간격의 격자점을 설치하고 격자점마다 분극저항 측정결과를 사용하여 지도화하므로 철근의 부식 속도를 추정한다.

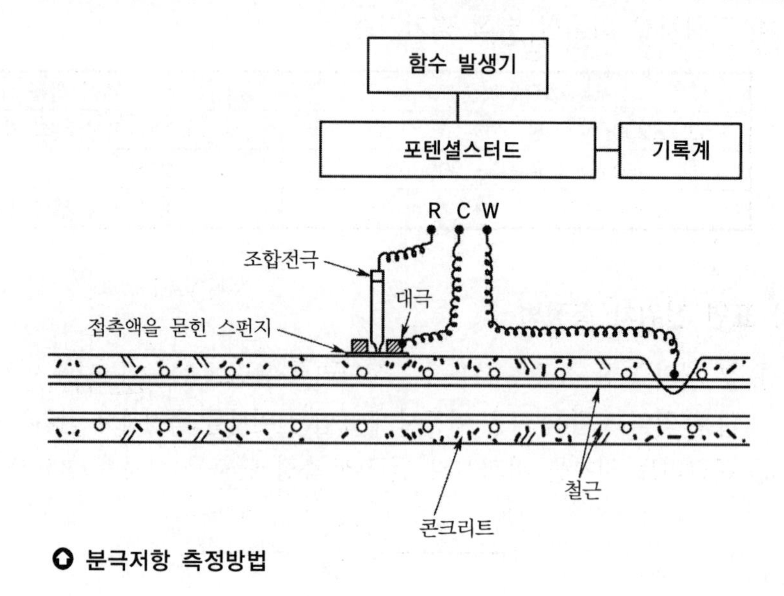

분극저항 측정방법

(4) AC 임피던스법(전기 저항법)

① 측정은 고주파측 10~100kHz로부터 저주파측 0.1~10mHz까지 실시한다.

② 고주파측의 측정은 단시간에 실시할 수 있지만 저주파측을 측정할 때에는 측정이 장시간 소요된다.

③ 조합전극과 대극의 위치는 분극 저항의 경우와 동일하다.

3-9 내하력 평가

제4부 콘크리트 구조 및 유지관리

1. 구조계산에 의한 평가

(1) 콘크리트 구조물에 균열이 발생하여 균열 진행이 확인된 경우와 하중으로 박리 중 단면의 결손도가 커진 경우, 휨이 설계 값에 비하여 큰 경우에는 단면 상태를 파악하여 내하력을 검토한다.

(2) 구조물의 설계도면이 없거나 시공상 이유로 설계 단면과 차이가 있으면 구조물을 실측하여 단면을 구한다.

2. 재하시험에 의한 방법

(1) 완공된 철근 콘크리트 구조물이 콘크리트 강도시험에 불합격된 경우에 시험을 한다.

(2) 시공상의 결함이 인정된 경우에 시험을 한다.

(3) 구조물이 노후화가 진행되었거나 설계하중을 초과하는 하중이 통상적으로 작용하는 경우 및 예기치 않은 손상을 입은 경우에 시험을 한다.

(4) 재하시험은 하중을 받는 구조부분의 재령이 최소한 56일이 지난 다음에 시행하여야 한다.

(5) 재하할 시험하중은 해당 구조 부분에 작용하고 있는 고정하중을 포함하여 설계 하중의 85%, 즉 0.85(1.2D+1.6L) 이상이어야 한다.

(6) 처짐, 회전각, 변형률, 미끄러짐, 균열 폭 등 측정값의 기준이 되는 영점 확인은 시험 하중의 재하직전 한 시간 이내에 최초 읽기를 시행하여야 한다.

(7) 측정값은 최대 응답이 예상되는 위치에서 얻어야 하며, 추가적인 측정값은 필요에 따라 구할 수 있다.

(8) 시험하중은 4회 이상 균등하게 나누어 증가시켜야 한다.

(9) 시험 대상 부재에 하중이 불균등하게 전달되는 아치 현상은 피하여야 한다.

(10) 응답 측정값은 각 하중단계에 따라 하중이 가해진 직후 시험 하중이 적어도 24시간 동안 구조물에 작용된 후에 측정값을 읽어야 한다.

(11) 최종 잔류 측정값은 시험 하중이 제거된 후 24시간 경과하였을 때 읽어야 한다.

(12) 등분포 시험하중은 재하되는 구조물이나 구조부재에 등분포 하중을 충분히 전달할 수 있는 방법으로 작용시켜야 한다.

3. 진동계측에 의한 방법

- 바닥 슬래브나 보와 같은 수평부재는 휨 진동을 실측하여 탄성진동을 검토한다.
- 휨 진동은 사람이 걷는다든가 모래주머니를 떨어뜨리는 등 쉽게 할 수 있다.

(1) 강제진동시험

① 1차 및 2차 진동수, 모드, 감쇠를 조사하는 데 적당하다.

② 기진기의 회전수를 일정하게 지지하면서 슬래브면 각 개소의 진폭을 측정하여 진동 모드를 알 수 있다.

(2) 상시미동시험

건물, 지반은 교통기관, 기계 등이 일으키는 진동의 영향을 받아 발생하는 미소 진폭의 진동을 측정한다.

(3) 충격진동시험

① 1차 고유진동수와 진폭, 감쇠정수를 조사하는 데 적당하다.

② 강제진동시험에 비해 훨씬 간편하게 실시할 수 있다.

4. 공용 내하력 평가(허용 응력법 적용)

(1) 내하율

사하중과 활하중에 의한 응력은 대상 부재 단면에 있어서 철근 및 강재 부식, 콘크리트의 중성화, 염해, 동해 등에 의한 강도 저하와 단면 손실 등을 고려한다.

(2) 기본 내하율

내하율×설계활하중

(3) 공용 내하력

응력보정계수×내하율×설계활하중

제3장 열화조사 및 진단

열화조사 및 성능평가, 철근조사 및 부식조사, 내하력 평가

문제 01 수산화칼슘의 정량 및 그 결정관찰, 세공경분포의 측정, 산소 및 염화물 이온의 확산계수 등을 이용 분석하는 콘크리트 열화조사 방법은?

가. 콘크리트의 배합비 분석　　나. 콘크리트의 조직검사
다. 중성화 검사　　라. 백화상태 검사

문제 02 콘크리트의 열화조사에 대한 설명 중 틀린 것은?

가. 콘크리트의 배합비 분석은 골재량, 시멘트량, 결합수량 등을 추정한다.
나. 콘크리트 조직 검사에는 X선회절, 전자주사 현미경, 세공경 측정장치 등이 사용된다.
다. 콘크리트의 중성화 시험은 페놀프탈레인 3% 용액을 사용하여 평균 중성화 깊이 및 최대 중성화 깊이를 측정한다.
라. 탄산이온, 유산이온, 알칼리 및 알칼리 토류, 성분 등이 백화현상을 일으킨다.

해설 콘크리트의 중성화 시험은 페놀프탈레인 1% 용액을 사용한다.

문제 03 적외선 열화상 촬영장치를 이용한 비파괴 진단시 유의사항 중 옳지 않은 것은?

가. 구조물과 통상 15~20m 정도의 거리에서 측정해야 한다.
나. 풍속 5m/sec 이내에서 측정한다.
다. 일교차가 5℃ 이상일 경우에 효과적이다.
라. 측정대상 구조물에 일사가 사입되고 1시간 이상 경과 후 실시한다.

해설 측정 대상 구조물에 일사가 사입되고 30분 이상 경과한 후 실시한다.

정답 01. 나　02. 다　03. 라

문제 04 철근 부식에 의한 균열 방지 방법 중 틀린 것은?

가. 흡수성이 높은 콘크리트를 사용한다.
나. 콘크리트의 덮개를 늘린다.
다. 철근을 코팅하여 사용한다.
라. 콘크리트의 표면을 추가로 덧씌우기 한다.

해설 흡수성이 낮은 콘크리트를 사용한다.

문제 05 철근의 자연전위측정법을 이용하여 철근의 부식 상태를 조사하는 과정에 대한 설명 중 틀린 것은?

가. 콘크리트 표면이 건조한 경우에는 표면을 습윤상태로 만든 후 전위 측정을 한다.
나. 정상적인 콘크리트는 그 전위가 −100~200mV를 나타낸다.
다. 염화물의 침투와 중성화로 철근이 활성태로 되어 부식이 진행하며 그 전위는 −방향으로 변화한다.
라. 전위가 E≤−350mV이면 부식이 90% 이상 없다.

해설 E≤−350mV이면 90% 이상 부식이 있다.

문제 06 철근의 부식상태 조사 방법 중 설명이 틀린 것은?

가. 부식 속도의 비파괴 조사로서는 분극 저항법, AC임피던스법 등이 있다.
나. 표면 전위차 측정법은 콘크리트 일부를 파괴시켜 철근에 측정 단자를 설치해야 한다.
다. AC임피던스법의 측정은 고주파를 10~100kHz로부터 저주파측 0.1~10mHz까지 실시한다.
라. 분극 저항 측정방법은 콘크리트 표면에 50~100cm 간격의 격자점을 설치한다.

해설 표면 전위차 측정법은 콘크리트 일부를 파괴시켜 철근에 측정 단자를 설치할 필요가 없다.

정답 04. 가 05. 라 06. 나

제4장 보수·보강 공법

4-1 유지관리 대책

1. 개 요

(1) 일반사항

① 시설물의 평가·판정 결과에 따라 유지관리 대책이 필요한 경우 유지관리의 구분을 고려하여 보수·보강 및 안정화, 사용제한 혹은 철거 가운데 적절한 것을 선정한다.

② 열화 원인이나 손상의 정도에 따라 적절한 방법과 시기에 실시한다.

(2) 보수·보강 및 안정화

① 보수는 열화를 일으킨 시설물의 내구성 등 주로 내력 이외의 기능을 회복시키기 위해 실시한다.

② 보수할 경우 내구성이 좋은 보수공법으로 한다.

- 균열이나 박리된 콘크리트 시설물의 손상 회복
- 염화물 이온의 침입이나 중성화에 의해 열화된 콘크리트의 제거
- 유해물질의 재침투 방지를 위한 표면 피복 등

③ 보강할 경우 보강공법은 내구성이 좋고 저하된 내력을 회복시킬 수 있는 것으로 한다.

- 균열이나 박리된 콘크리트 시설물의 손상 보수

- 열화된 부재의 교체나 교환 설치
- 콘크리트나 강판 등 보강을 위한 부재의 증설
- 프리스트레스의 도입
- 내구성 향상을 위한 개수 등

④ 보수·보강의 수준은 위험도, 경제성 등을 고려하여 현상유지(진행억제), 실용상 지장이 없는 성능까지 회복, 초기 수준 이상으로 개선, 개축 중에서 선택한다.

⑤ 구조체에 진행하고 있는 바람직하지 않는 상황이나 원인을 중지 또는 제거시키기 위하여 그라우팅이나 디워터링 등의 안정화 조치를 한다.

(3) 사용제한

① 지진, 화재, 충돌 등의 돌발적인 현상에 의한 손상을 입은 시설물은 응급조치와 동시에 하중규제, 통행금지, 속도제한을 실시한다.

② 점검결과 성능저하가 현저하면 정밀안전 진단을 실시하여 적절한 조치를 한다.

③ 시설물의 사용을 제한할 경우 시설물의 잔존수명 확보 가능성이 분명하다고 판단될 때에는 보수·보강 대신 사용제한 조치를 취하여도 좋다.

(4) 철 거

① 환경조건, 안전성, 해체 후의 처리, 공사기간 등을 고려한 후 대상 시설물에 적합한 공법으로 선정한다.

② 단독공법이 아니라 2~3종류의 해체 공법이 조합되는 것이 일반적이며 환경과의 관계, 안전성, 해체 폐기물의 처리공기, 경제성 등에 충분한 배려를 한다.

2. 보 수

(1) 일반사항

① 열화와 손상 및 하자를 충분히 조사하고 구조의 특성, 중요도, 시공성, 유지관리, 내구성 등을 고려해서 그 시설물의 중요도에 따라 적절한 보수 수준을 정하여 실시한다.

② 유지관리의 구분, 시설물의 중요도, 잔존설계 내용기간, 경제성 등을 고려하여 적절한 보수수준을 정한다.

③ 보수수준은 보수 후의 시설물에 기대되는 내용기간, 보수 후에 필요한 점검방법이나 빈도 등을 고려하여 설정할 필요가 있다.

(2) 보수의 기본

① 열화나 손상 및 하자 원인을 규명하여 상황에 적합한 보수를 실시한다.
② 열화원인을 제거해야 하지만 제거 못할 경우에는 열화 방지 대책을 마련한다.

(3) 보수계획

① 열화원인에 적합한 보수공법을 선정함과 동시에 소요의 보수 수준을 정하여 보수의 방침, 보수 재료의 사양, 보수 후의 단면치수, 시공방법 등을 결정한다.
② 보수의 요구수준은 시설물의 현상태 수준 이상으로 한다.
③ 열화기구별 보수계획

열화기구	보수방침	보수공의 구성	보수수준을 만족시키기 위해 고려하여야 할 요인
염 해	• 침입한 Cl^{-}의 제거 • 보수후의 Cl^{-}, 수분, 산소의 침입 억제	• 단면복구공 • 표면보호공	Cl^{-} 침입부제거의 정도 철근의 방청처리 단면복구재의 재질 표면보호공의 재질과 두께
	• 철근의 전위제거	• 양극재료 • 전원 장치	양극재의 품질 분극량
중성화	• 중성화된 콘크리트의 제거 • 보수후의 CO_2, 수분의 침입 억제	• 단면복구공 • 표면보호공	중성화부분 제거의 정도 철근의 방청처리 단면복구재의 재질 표면보호공의 재질의 두께
동 해	• 열화한 콘크리트의제거 • 보수후의 수분침입억제 • 콘크리트의 동결융해저항성의 향상	• 단면복구공 • 균열주입공 • 표면보호공	단면복구재의 동결융해저항성 균열주입재의 재질과 시공법 표면보호공의 재질과 두께
알칼리골재 반응	• 수분의 공급억제 • 내부수분의 산화촉진	• 균열주입공 • 표면보호공	균열주입제의 재질과 시공법 표면보호공의 재질과 두께
화학적 콘크리트 침식	• 열화한 콘크리트의 제거 • 유해화학물질의 침입억제	• 단면복구공 • 표면보호공	단면복구공의 재질 표면보호공의 재질과 두께 열화콘크리트 제거의 정도
피로(도로교철근콘크리트 상판의 경우)	• 경미할 경우에는 균열진전의 억제(대부분은 보강에 해당한다)		

(4) 시공 및 검사

① 보수는 보수계획에 따라 확실한 시공을 한다.

② 시공 환경이나 시공기간을 고려한다.

③ 시공 중의 관리항목
- 하자처리의 정도
- 배근상황
- 단면복구재의 두께
- 표면 보호공의 두께나 곰보의 유무

④ 보수방침과 보수 수준을 고려하여 관리항목을 정해 시공중의 검사를 한다.

⑤ 공정마다 관리항목과 그 기준을 설정한 뒤에 시공관리를 한다.

⑥ 필요에 따라 재료검사 및 시공검사를 한다.
- 보수에 사용하는 재료는 보수 계획에 적합한 역학적 성능 등의 제성능과 내구성을 갖추어야 한다.
- 보수의 시공관리는 보수재료에 필요한 품질을 규격화하고 관리기준을 정하여 재료 검사를 한다.

3. 보 강

(1) 일반사항

① 보강 수준은 대상 작용 하중에 대한 내하력 회복의 정도 및 요구 수준의 향상 정도이다.

② 보강시 고려할 사항
- 평가, 판정결과
- 열화원인
- 시설물의 특성
- 중요도
- 하중조건
- 시공성
- 유지관리
- 잔존설계 내용기간

③ 열화요인과 보강방법

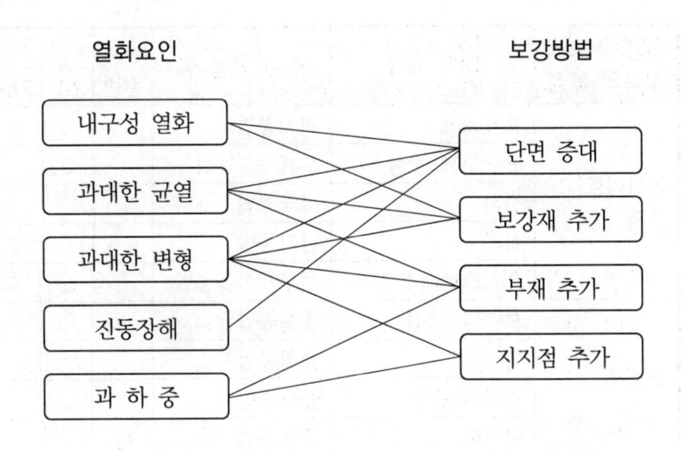

④ 보강

열화와 손상 및 하자에 대하여 충분한 조사를 하고 구조의 특성, 중요도, 시공성, 유지관리, 내구성 및 내하력 등을 고려해서 적절한 보강 수준을 정하여 실시한다.

(2) 보강의 기본

① 콘크리트 시설물의 보강은 보강수준을 만족하는 적절한 방법에 의해 실시한다.

② 보강 공법의 종류

목 적		보 강 공 법
보강·사용성 회복 또는 향상	콘크리트 부재 교체	교체공법
	콘크리트 단면 증가	두께증설공법
		콘크리트 감기공법
	부재 추가	종방향 거더 증설공법
	지지점 추가	지지공법
	보강재 추가	연속섬유시트 접착공법(FRP접착공법)
		강판감기공법
		FRP감기공법
	프리스트레스 도입	프리스트레스 도입공법

③ 보강방법으로부터 대상-교량의 보강 방법을 선정하는 경우에는 발생하고 있는 열화기구, 열화정도, 부위·부재, 보강효과, 시공성, 경제성 및 공사 중 주변환경에의 영향 등에 대해서도 고려하는 것이 중요하다.

④ 보강 공법별 적용 부재

보강·사용성 회복의 목적	대책 개요	주된 공법 예	적 용 부 재					
			전반	보	기둥	슬래브	벽2	슈
콘크리트 부재	부재교체	교체공법		○	○	◎	◎	
	단면두께 증설	두께증설공법		○		◎		
	접착	접착공법		◎	○	◎	○	
	감기	감기공법			◎		○	
	프리스트레스 도입	외부케이블공법		◎	○	○		
구조체	보(거더)증설	증설공법		◎		◎		
	벽 증설	증설공법					◎	
	지지점 증설	증설공법		◎		◎		
	면진화	증설공법	◎					◎

※ 보충

1) 두께증설공법 : 상부 면두께 증설공법, 하부 면두께 증설공법
   접착공법 : 강판접착공법, 연속섬유시트접착공법(FRP접착공법)
   감기공법 : 강판감기공법, 연속섬유시트감기공법, RC감기공법, 모르타르뿜칠공법, 프리캐스트패널감기공법
   프리스트레스도입 : 외부케이블공법, 내부케이블공법
   증설공법 : 보(거더)증설공법, 내진벽 증설공법, 지지점 증설공법
2) 벽식교각을 포함함
   ◎ : 실적이 비교적 많은 것
   ○ : 적용이 가능하다고 사료되는 것

(3) 보강계획

① 해당 시설물에 적용된 시방서나 진단보고서 결과 등에 기초를 두어 실시한다.
② 점검, 진단, 판정에 기초하여 소정의 보강수준을 만족시키는 방법 중에서 재료, 구조, 시공, 내구성 등을 고려하여 경제적인 것을 선택한다.

(4) 시공 및 검사

① 기존 시설물을 손상시키지 않도록 한다. 예를 들어 철근 콘크리트 시설물의 보강을 하기 위하여 시설물에 천공을 실시하는 경우에는 사전에 철근이나 PS콘크리트 부재 등의 검사를 통해 배근상태를 확인한다.
② 기존 시설물에 대한 바탕처리는 설계조건을 만족하게 한다.
③ 사용 재료는 KS 규정에 의하여 설계조건을 만족하게 한다.
- 역학적 성능이나 내구성을 갖출 것
- 재료의 품질을 규격화하고 적절한 관리 기준을 정하여 검사할 것

- KS 규격 재료는 기존 규격의 적절한 것을 사용하고 규격이 없는 재료는 규격을 정할 것

④ 보강 후 설계에 부합된 시공이 되었는지 검사한다.

4. 안 정 화

(1) 콘크리트 시설물이 내 · 외적 상황이나 원인에 의하여 이상 거동이 일어나는 것을 중지 또는 제거시키기 위하여 적절한 안정화 조치를 취한다.

(2) 안정화 조치는 정밀안전진단의 결과에 따라야 한다.

(3) 콘크리트 시설물의 안정화 방법은 이상 거동의 상황이나 원인을 제거하는 수준에서 실시한다.

(4) 안정화 조치의 요구 수준은 균열의 진행이나 변형 및 지반 침하 등을 중지시키는 것으로 한다.

(5) 안정화 조치가 소정의 조건에 부합된 것인가를 확인하기 위하여 일정기간 동안 정기 검사를 실시한다.

5. 기 록

(1) 콘크리트 시설물의 유지관리를 적절히 실시하기 위해 점검, 진단, 판정, 보수 · 보강, 안정화 조치 등의 결과를 필요에 따라 기록 · 보존한다.

① 기록이란 시설물의 제원, 점검의 내용이나 결과, 점검결과의 평가 · 판정, 보수 · 보강 등의 대책의 실시내용 등 시설물의 유지관리에 필요한 내용을 이후의 유지관리의 자료로 참조하기 위해 보존하는 것을 말한다.

② 기록은 콘크리트 시설물의 유지관리를 효율적, 합리적으로 실시하기 위한 자료를 얻는 것을 목적으로 하며 그 결과를 보존함으로써 유지관리 기술의 타당성을 확인하는 것이 가능하다.

③ 기록은 시설물의 제원, 점검 내용이나 결과, 평가 · 판정, 보수 · 보강 등의 내용을 참조하기 쉬운 형태로 보존한다.

④ 항상 최근의 내용이 기록될 수 있도록 한다.

(2) 기록의 내용과 보존기간은 유지관리의 구분에 따라 정한다.

① 유지 관리를 연속하여 실시할 필요가 있는 기간 동안 보존한다.
② 사용 완료 후 해당 시설물의 유지관리에는 필요 없지만 유사한 타 시설물의 유지관리에 도움을 주기 때문에 보존한다.

(3) 기록방법은 내용이 적절히 표현 가능하며 필요한 기간, 용이하게 표현된 내용을 판독할 수 있는 방법으로 한다.

① 기록은 정확하고 객관적인 데이터를 사용하고 점점방법, 평가, 판정 방법을 일정하게 실시하며 시설물에 따라 기록 방법을 미리 정해 둔다.
② 유지관리 기록은 유지관리의 구분, 종류 내용 및 시설물의 종류에 따라 알기 쉬운 데이터 시트를 사용하여 실시한다.
③ 기록은 플로피디스크, 광디스크, 마이크로필름 등 이용하기 쉬운 상태로 보존할 필요가 있다.

4-2 보수·보강 종류 및 방법

1. 보수공사

(1) 표면처리 공법

① 콘크리트 표면에 피막층 형성 방법
- 0.2mm 이하의 미세한 결함에 대해 방수성, 내화성을 확보할 목적으로 한다.
- 균열의 성장이 정지된 상태나 미세한 균열시 주로 적용한다.

② 어느 정도 넓은 범위로 콘크리트 표면 전체를 피복하는 방법
- 일반 구조물의 마감공법 중 콘크리트의 내구성, 방수성, 미관성을 확보하기 위해 이용된다.
- 구조 성능을 회복할 목적으로는 효과가 없다.

③ 표면처리공법은 결함 내부의 처리가 가능하지 않으며 결함이 계속 진행되는 경우에는 결함의 움직임을 추종하기 어렵다.
④ 재료는 도막 탄성 방수재, 폴리머 시멘트 페이스트 보수재, 시멘트계 충전재 등이 쓰인다.

⑤ 시공시 콘크리트 표면을 와이어 브러쉬, 그라인더 등으로 문질러 거칠게 하며 표면 미물질을 제거하고 물 등으로 청소한 후 충분히 건조시킨다. 그리고 콘크리트 표면의 기공 등을 수지 모르타르로 메우고 적절한 보수 재료로 결함부를 피복한다.

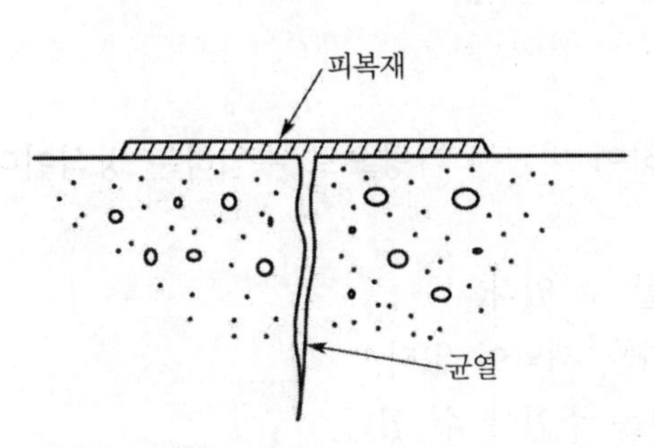

표면처리공법

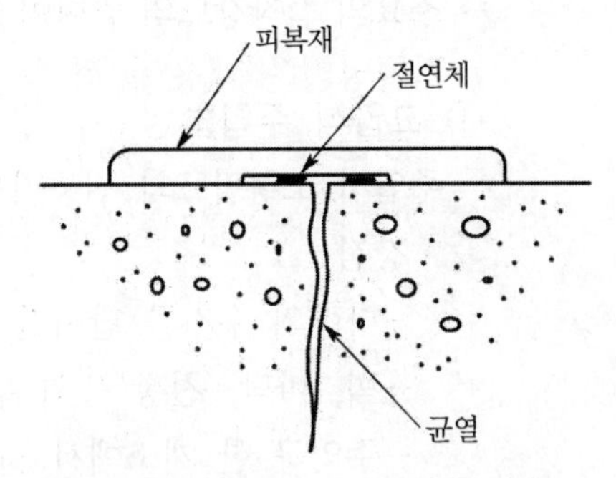

결함폭의 변동이 큰 경우의 표면처리공법

⑥ 결함부 표면처리 공법

- 비교적 간단한 보수 공법으로 균열 폭의 거동이 적은 경우는 에폭시 수지, 균열 폭의 변동이 큰 경우에는 유연성 에폭시, 폴리우레탄 등이 이용된다.
- 간단한 보수에는 시멘트 모르타르, 폴리머 시멘트계 보수재 등을 이용한다.

⑦ 전면 처리 공법

- 마감 공법과 유사하며 콘크리트 구체의 내구성, 방수성을 향상시키는 효과가 큰 마감재료·공법을 보수 효과를 목적으로 이용한다.
- 결함이 콘크리트의 표층 전 부위에 걸쳐서 발생했을 때 실시한다.
- 보수 공법을 시공한 후 미관상의 이유에서 실시하는 경우는 많다.
- 콘크리트 표면의 내구성, 방수성 특히 미관성 향상을 위해 실시한다.

(2) 주입공법

균열 폭이 0.2mm 이상의 경우에 결함 부분에 수지계 또는 시멘트계, 혼합계의 재료를 주입하여 강도보강, 방수성, 내구성을 향상시키는 공법이다.
외장 마감재(모르타르, 타일, 판넬 등)가 콘크리트의 구체에서 들떠 있는 경우의 방수에도 사용된다.

[이 공법의 특징]

- 내력 복원의 안전성을 기대할 수 있다.
- 내구성 저하 방지 및 누수 방지를 기대할 수 있다.
- 미관의 유지가 용이하다.
- 소요의 접착강도의 발현이 단기간에 완료된다.

① 고압식 주입법

주입시 소형펌프와 전동기를 사용하여 비교적 다량으로 주입하는 방식이다.

- 장점
  - 다량의 수지를 단시간에 주입할 수 있다.
  - 벽, 바닥, 천장 등의 부위에 따른 제약이 없다.
  - 주입구 한 개소에서 넓은 면적을 주입할 수 있다.
  - 들뜸이 매우 적은 부위, 모재와 접착되어 있지 않은 부위와 박리 직전의 부위에도 주입이 가능하다.
  - 주입량을 정확히 알 수 있다.
  - 주입압이나 속도를 정확히 알 수 있다.
- 단점
  - 결함 폭 0.5mm 이하의 경우에는 주입이 매우 곤란하다.
  - 공극부에 압력이 가해진다.
  - 주입시 압력펌프를 필요로 한다.
  - 경우에 따라 압착 양생을 필요로 한다.
  - 주입조작, 기기취급시 숙련도가 요구되어 관리상의 문제점이 있다.

② 저압 지속식 주입법

결함위에 주입수지가 들어 있는 용기를 설치하여 고무압, 용수철압, 공기압 등으로 서서히 수지를 주입하는 방식이다.

- 수지가 들어 있는 기구를 결함 위에 설치하면 사람의 손을 필요로 하지 않으며 기구에 걸려 있는 압력에 의해 자동으로 주입되며 저압력이므로 실(seal)부의 파손도 적으며 확실성이 높아 시공관리가 용이하다.
- 기구가 투명하고 볼록하므로 수지의 양을 육안으로 관찰이 용이하며 수지의 주입량과 상황을 정확하게 파악할 수 있다.
- 주입되는 수지의 거동은 동심원상으로 확대되므로 주입압력에 의한 결함이나 들뜸이 조장되지 않는다. 주입압력은 균열종류, 시공 종류에 따라

달라져야 하고, 그 압력은 3~4 kgf/cm^2 범위로 한다.
- 주입되는 수지는 다양한 점도의 것을 사용할 수 있다.
- 주입재는 에폭시수지 이외에도 무기질제의 슬러리로 사용할 수 있어 습윤부에도 사용이 가능하다.
- 주입기에 여분의 주입재료가 남아 재료의 손실이 크다.

③ 주입공법은 콘크리트 표층 상부만에 존재하는 결함, 망상결함, 길이가 작고 불연속으로 분산한 결함에 적용이 곤란하다.

④ 경량기포 콘크리트판(ALC판), 현장 발포 콘크리트 등 경량 콘크리트의 보수에는 보수재료가 콘크리트 중의 세공구조 중에 분산하여 주입 압력을 향상시킬 수 없는 것이 많으며 주입 완료 후 콘크리트 중에 이동하여 충분히 주입할 수 없는 것이 많다.

⑤ 주입 보수의 예
- 비 진행형 균열의 에폭시 수지 주입재에 의한 보수
  - 구조물의 강성 향상을 위한 결함 보수 공법이다.
  - 주입재는 주제와 경화제의 2액 혼합경화형 에폭시 수지를 이용한다.
  - 우레탄계 수지 재료는 습윤환경의 결함보수에 사용이 가능하다.
- 진행형 균열의 보수
  - 반응성 골재에 의한 결함에 대한 보수 공법이다.
  - PSC 구조물에서는 0.2mm 이상, RC 구조물에서는 0.3mm 이상의 결함을 대상으로 주입재를 주입한다.
  - 시공은 저압 주입 공법을 이용하고, 주입재는 결함의 추종성을 고려하여 신율이 큰 유연형을 표준으로 한다.
  - 유연형 에폭시 수지계, 시멘트 혼입 폴리머계, 발포우레탄계 주입재가 사용된다.
- 누수 진행 균열의 보수
  - 지하 구조물의 외벽체 및 천정슬래브, 건축물의 누름층과 슬래브 등에서는 배면 그라우팅형의 주입공법 및 재료가 필요하다.
  - 배면 그라우팅 방법으로는 기존의 방수층 및 보호층과 콘크리트 구체의 틈새에 점착·팽창성 유연형의 보수재를 주입하는 방수층 재형성 주입방법이 가장 바람직하다.
  - 누수의 진행을 차단하고 콘크리트 내부로 물의 침입을 차단하기 위해 구체 배면을 우선 차단시킨다.

- 무기 및 유기 결정형 분말형 도포 방수재에 의한 표면 도포 보수
  - 무기질계는 균열 폭이 0.2mm 이하의 결함에 적용하며 균열 폭이 크거나 진행성 균열, 거동 균열에는 부적당하다.
  - 유기질계는 균열 폭이 0.2mm 이하의 결함에 적용하며 균열 폭이 다소 크더라도 정적 거동(미세 거동) 균열에는 균열 폐쇄 효과가 있다.
- 기타 방수재에 의한 표면 도포 보수
  - 건축물의 옥상 슬래브를 대상으로 한 비진행형 균열에서의 누수시 보수 방법은 표면에 방수재를 도포하거나 기존의 방수층을 주입재에 의해 재형성시킨다.

(3) 충전공법

0.5mm 이상의 큰 폭의 결함 보수에 적용한다. 결함에 따라 콘크리트를 U형 또는 V형으로 잘라내고 그 부분에 보수재를 충진한다.

① 철근이 부식하지 않는 경우

- 약 10mm의 폭으로 콘크리트를 U형 또는 V형으로 잘라낸 후 실(seal)재, 탄성형(유연형)에폭시 수지 및 폴리머 시멘트 모르타르 등을 충진한다.
- U형으로 잘라내는 경우는 결함을 따라 양측에 커터로 구조물을 절단한 후 그 사이의 콘크리트를 떼어낸다.
- V형으로 잘라내는 경우는 전동 드릴 끝에 원추형 다이아몬드 비트를 부착하여 결함에 따라 잘라낸다.
- 폴리머 시멘트 모르타르를 충진하는 경우에는 충진한 모르타르의 박리, 박락이 일어나기 쉽기 때문에 U형으로 잘라내는 것이 좋다.

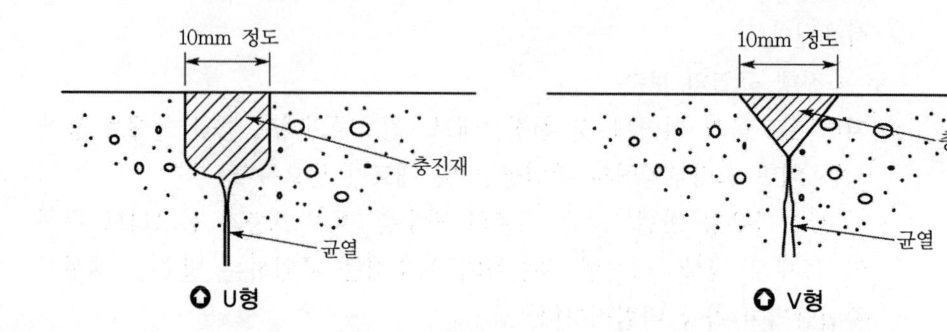

U형　　V형

② 철근이 부식되어 있는 경우

- 시공 순서
  - 철근이 부식되어 있는 부분을 처리할 수 있을 정도로 콘크리트를 제거한다.
  - 철근의 녹을 제거한 후 방청도료를 바른다.
  - 콘크리트에 프라이머를 도포한다.
  - 폴리머시멘트 모르타르나 에폭시 수지 모르타르 등의 보수재료를 충진한다.
- 보수방법
  - 보수재료에 의해 물리적으로 부식을 방지하는 방법
  - 콘크리트에 알칼리성을 부여하여 화학적으로 억제하는 방법
- 보수시 유의사항
  - 부식한 철근의 녹을 완전히 제거하는 것을 원칙으로 한다.
  - 콘크리트에 결함이 발생하지 않은 부분도 포함하여 보수한다.
  - 결함은 진행성으로 균열 폭이 확대하는 것이 많기 때문에 변형 추종성이 큰 보수 재료를 사용한다.

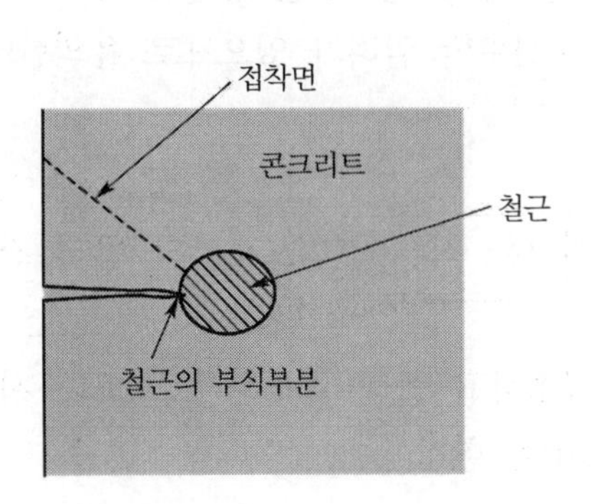

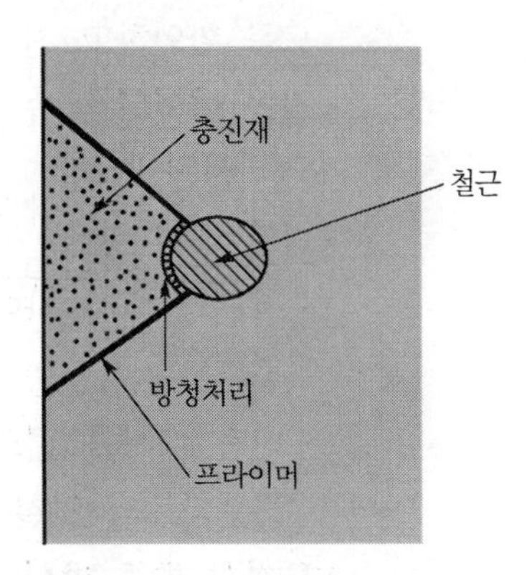

③ 결함면은 습윤상태가 많아 에폭시 수지계 보수재료를 사용하는 것이 좋다.

④ 시멘트계 보수 재료는 주입성능이 합성수지계에 비해 떨어지나 수경성이므로 습윤면 시공에 적합하고 내구성, 내화성이 커 화재 발생시 유리하다.(에폭시계는 내화성이 떨어진다.)

(4) 전기 방식에 의한 공법

① 염해구조물의 적용

- 철근의 부식이 시작하고 있지만 아직 콘크리트가 건전한 경우
  - −0.2V 이상 : 녹 발생 없음(90% 이상의 확률)
  - −0.2∼−0.35V : 불확정
  - −0.35V 이하 : 녹 발생 있음(90% 이상의 확률)
- 콘크리트의 소규모 복구를 하는 경우 불건전 또는 성능 저하 콘크리트부를 제거 복구하여 전기 방식을 한다.
- 콘크리트의 대규모 복구를 하는 경우 전면적인 콘크리트의 복구를 하여 전기 방식을 한다.
- 철근 콘크리트의 전기 방식의 방식 전류밀도(초기)는 약 $20mA/m^2$이다.
- 필요하면 방식 대상 구조물에 대해서 현지 통전 실험을 행하고 초기치를 구한다.
- 유지 방식 전류 밀도는 초기치의 절반 이하로 감소한다.
- 전기 방식에서 양극이 되는 철근이 모두 전기적으로 접촉해야 하므로 전극을 붙이기 전에 전압 강하 측정법에 따라 철근 사이의 저항을 측정하고 전기전도를 확인하고 전기 전도가 불충분할 때는 철근간을 용접한다.
- 철근 이외의 금속 부속물이 전극과 접촉할 염려가 있으므로 유의한다.

② 외부 전원 방식

- 티탄 매시 방식
  - 철근과 매시 사이에 외부에서 설치한 직류 전원으로부터 방식 전류를 공급한다.
  - 티탄 매시를 콘크리트 표면에 고정하고 폴리머 모르타르 또는 시멘트 모르타르의 덧칠(두께 20∼25mm)을 한다.
- 도전성 도료 방식
  - 외부 전원에서 방식 전류를 1차 전극(백금 피복 티탄선)에 전하고 1차 전극을 고정하는 도전성 퍼티와 1차 전극에 접촉하는 2차 전극에 전달하고 콘크리트를 통하여 철근에 방식 전류를 유입시킨다.
- 내부 양극 방식
  - 전극계는 전극봉(백금 피복 티탄선)과 채움재로 한다.
  - 콘크리트 면에 뚫린 드릴구멍(직경 12mm) 중에 채움재와 전극봉을 삽입한다.

–덧칠을 하지 않기 때문에 전위 측정시 영향이 없고 시공시간이 짧다.

③ 유전 양극 방식

- 철보다 전위가 낮은 금속을 전극으로 하여 방식 전류를 콘크리트를 통해 철근에 흘린다.
- 전극에는 일반적으로 아연이 이용된다.
- 외부 전원이 필요 없다.

(5) 단면 복구 공법

철근의 부식의 유무, 결손의 크기(깊이, 면적), 보수면의 방향(수직면, 상단면, 하단면, 경사면) 등에 따라 대책을 세운다.

① 손상부의 제거 및 바탕처리

- 떼어내기
  - –구조 내력에 영향을 주지 않는 범위 내에서 손상부(성능 저하 및 취약부)를 모두 제거한다.
  - –단부가 얇은 층으로 되는 것을 피하고 수직으로 절단하여 각이 예각으로 되지 않도록 하여 복구재의 박리·박락을 막을 수 있게 한다.
  - –철근 주위를 떼어내는 경우에는 철근의 녹 제거 작업 및 방청처리가 용이하고 복구재가 확실히 충진되도록 철근의 뒤쪽까지 떼어낸다.

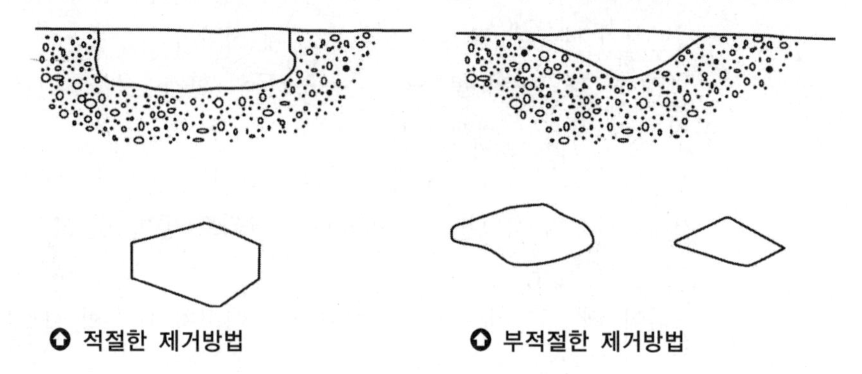

적절한 제거방법 / 부적절한 제거방법

- 철근의 녹 제거
  - –완전히 녹을 제거해야 하지만 현실적으로 불가능한 경우가 많다.
  - –녹 제거 작업에서는 적어도 들뜬 녹은 제거하여야 한다.
- 세정(물세척)
  - –보수면의 이물질 및 떼어내기 작업시의 파편을 제거하기 위해 충분히 한다.

–물 세척이 반드시 필요할 경우에는 고압수 세정기(수압 약 200kgf/cm^2)를 사용하는 것이 좋다.

② 철근의 방청처리

- 방청 처리재는 폴리머 시멘트계 및 합성 수지계가 있다.
- 처리는 스프레이 또는 붓으로 철근에 0.1~2mm 두께로 바른다.
- 합성수지계에서는 에폭시 수지가 많이 쓰인다.
- 폴리머 시멘트 페이스트는 1~2mm 두께로 도포하나 가능한 2회로 나누어 도포하고 줄을 치는 듯이 철근 위에 페이스트를 붙이도록 한다.
- 철근을 뒤쪽까지 떼어내어 처리하는 경우는 스프레이로 처리하는 것이 쉽다.

③ 단면복구처리

- 비교적 단면 복구 규모가 적은 경우에는 미장 공법으로 폴리머 시멘트 모르타르 혹은 경량에폭시 수지 모르타르가 사용된다.
  –폴리머 시멘트 모르타르에 의한 미장공법은 1회 도포두께가 1mm 이하로 하고 두꺼운 경우는 수회로 나누어 시공한다. 단, 결손 면적이 적고 깊은 경우에는 시험시공에 문제가 없는 것으로 확인된 경우에는 1회의 바름 두께를 10mm 정도로 하여도 좋다.
  –경량 에폭시 수지 모르타르에 의한 미장공법은 경화가 빠르고 취급이 간단하기 때문에 경미한 신축 보수에 적합하다.
- 규모가 큰 대단면의 복구공법은 구조물의 환경, 용도, 긴급도, 부위, 시공의 정도 등으로 선택한다.
  –속경성이 요구되는 경우에는 건식 숏크리트 공법이 적용된다.
  –거더 및 보의 하단부는 프리팩트 콘크리트 공법 및 모르타르의 주입공법이 선택된다.
  –드라이 팩 콘크리트 공법, 콘크리트 이어치기 공법, 모르타르의 습식 숏크리트 공법 등이 적용된다.
  –재료는 폴리머 시멘트 모르타르, 무수축 모르타르, 보통 콘크리트, 폴리머 시멘트 콘크리트가 사용된다.

④ 바탕조정

- 보수할 때의 바탕 조정은 성능 저하 표면 및 요철 등의 결함부가 있는 경우가 많으므로 비교적 두껍게 시공하는 경우가 있다.

- 표면의 요철이 작은 경우에는 1~2mm의 두께가 필요하고 요철이 큰 경우에는 4~5mm의 두께가 필요하게 된다.

(6) 표층 취약부의 보수공법

① 바탕처리

- 표면의 취약부, 마감재의 들뜸 제거
  - 침투성의 알칼리 회복재 도포시 침투효과를 증대시키기 위해 성능이 저하된 부분이나 기존의 마감재층(도막, 도장 등)을 제거한다.
- 노출 철근 주면의 콘크리트 들뜸 제거
  - 무기질계 보수공법은 콘크리트의 들뜸 부위를 제거하여 차후 공정인 부식 철근에 대한 녹 제거 작업에 효율성을 증대시킨다.
- 부식 철근의 녹 제거
  - 와이어 브러시 또는 전동 공구 등을 이용하여 제거한다.
- 세정 및 청소
  - 고압수(20MPa 정도)를 이용하여 표면에 남아 있는 열화된 콘크리트나 마감재 등을 효과적으로 제거한다.
  - 압축공기나 진공청소기 등을 이용하여 표면에 남아 있는 오염물질을 제거한다.
- 결함 처리
  - 무기질계 보수 공법에서는 결함 폭이 0.5mm 이하인 경우에는 표면처리만 하며 0.5mm 이상일 경우에는 폭 10mm, 깊이 10mm 정도로 U컷 또는 V컷을 하여 알칼리 회복재 혼입 모르타르 또는 방청 페이스트를 충진한다.

② 시공 순서

- 바탕의 건조 확인
  - 수분이 남아 있으면 알칼리 회복재 도포의 효과가 떨어진다.
- 알칼리 회복제 도포
  - 1회 도포 후 건조상태를 확인하고 2회 도포한다.
- 도포형 방청제 도포
  - 염분이 허용치 이상인 경우 알칼리 회복재와 함께 철근의 방청에 효과적이다.
  - 2회 롤러 브러시 등으로 도포한다.

• 노출 철근 방청처리
 – 방청 시멘트와 혼화재를 배합한 방청 페이스트를 철근 및 콘크리트에 도포한다.
• 단면수복(콘크리트 제거 부위 및 U컷 부위)
 – 배합한 알칼리 회복재를 혼입한 모르타르를 사용한다.
 – 여러 회 나누어 도포하여 접착성을 증가시킨다.
 – 양생시 급격한 건조는 강도의 저하가 우려된다.
• 바탕 조정
 – 방청 페이스트를 사용한다.
 – 손상 부위가 비교적 적은 경우와 구조체 본래의 의장을 유지할 필요가 있는 경우는 제외한다.
 – 평활한 면을 형성하여 무기질계 보수공법의 효과와 마감재의 효과를 더욱 증진시키기 위해 전면에 걸친 바탕 조정을 한다.
• 마감
 – 외부의 수분을 차단하고 내부의 수증기를 발산하는 성질의 마감재를 사용한다.

2. 보강공법

(1) 콘크리트 단면 증설공법

기존 콘크리트에 콘크리트를 덧붙여 단면을 증가시킴으로써 내하력을 증진시키는 공법으로서 신·구 콘크리트가 확실히 일체화되어야 한다.

[이 공법의 특징]

① 신·구 콘크리트의 접합이 확실하면 보강효과가 높다.
② 시공법이 간단하다.
③ 가설을 위한 공간이 필요하다.
④ 도로교 상판 등에서는 교통통제가 필요하다.
⑤ 일반포장용 기계로 시공이 가능하고 공기가 짧다.
⑥ 상판의 강성이 증가하고 균열에 대한 저항성이 크게 증가한다.
⑦ 철근을 사용하면 한층 더 신뢰성 있는 상판 보강이 이루어진다.

(2) 강판 보강(접착) 공법

기존의 콘크리트에 강판을 부착하고 그 사이에 에폭시 수지를 주입하여 일체화 시켜 구조물을 보강하는 공법이다.

[이 공법의 특징]

① 보나 기둥의 내력 증대 효과가 우수하다.
② 시공이 간단하고 강판의 제작, 조립도 쉬워서 현장 작업에는 복잡하지 않다.
③ 강판과 콘크리트 사이의 에폭시 접착제를 주입하여 그라우트한다.
④ 철근에 상당하는 강판을 접착시켜 내하력 증강
⑤ 강력한 접착력을 가지며 경화 후 수축이 없다.
⑥ 시설물 사용중에도 시공이 가능하다.
⑦ 강판을 사용하므로 모든 방향의 인장력에 대응할 수 있다.
⑧ 강판의 분포, 배치를 똑같이 할 수 있으므로 균열 특성이 좋다.
⑨ 접착제의 내구성 및 내피로성이 불확실하다.
⑩ 현장 타설 콘크리트, 프리캐스트 부재 모두에 적용할 수 있으므로 응용범위가 넓다.
⑪ 시공 순서
콘크리트 접착면 표면처리 → 앵커볼트 설치 → 강판 접착면 처리 → 강판에 수지 도포 → 강판 압착 → 양생 → 마감

(3) 연속 섬유 시트 접착공법

시공이 단순하고 경량이고 가공성이 우수하고 부식되지 않는 보강섬유(FRP : Fiber Reinforced Plastics)를 이용한 공법이다.

[이 공법의 특징]

- 보강효과로서 균열의 구속효과와 내화성능의 향상효과가 있다.
- 내식성이 우수하고 염해지역의 콘크리트 구조물 보강에 적용 가능하다.
- 섬유시트는 현장성형이 용이하여 작업공간이 한정된 장소에서 작업이 편리하며 격자모양의 접착으로 균열 진전 상태 관찰이 용이하다.
- 단면 강성의 증가가 크지 않다.

① 유리섬유
- 전기적 저항성이 강재 및 탄소섬유보다 우수하다.
- 불연성이며 화학적 내구성이 우수하다.
- 비흡수성이다.

- 내열성이 우수하다.
- 탄성한도 내의 변형도가 크고 인장강도가 대단히 높으므로 충격에너지의 흡수량이 크다.
- 투명성이 양호하다.

② 탄소섬유

- 비중이 강재의 1/4~1/5 정도로 경량이다.
- 인장강도는 강재의 10배 정도이며 인장 탄성계수는 강재와 같거나 그 이상이다.
- 내구성이 우수하며 피로강도가 높고 부착성이 양호하다.
- 유지관리가 비교적 간편하다.

③ 아라미드섬유

- 방수효과와 함께 콘크리트 열화, 철근의 부식 진행을 막을 수 있다.
- 취급과 시공이 간편하다.
- 전기가 통하지 않는 비전도체이다.
- 습기부분 및 수중작업이 가능하다.
- 각진 모서리 처리에도 용이하다.

④ 섬유가 갖추어야 할 조건

- 섬유의 인장강도가 충분해야 한다.
- 섬유와 시멘트 결합재와의 부착이 우수해야 한다.
- 시공이 용이하고 가격이 저렴해야 한다.
- 내구성, 내열성, 내후성 등이 우수해야 한다.

(4) 외부 케이블에 의한 프리스트레싱 공법

프리스트레스력을 부여해 부재에 발생하고 있는 인장응력을 감소시켜 균열을 복귀시키고 압축응력을 부여하는 공법이다.

[이 공법의 특징]

① 보강효과가 확실하다.
② 설계법이 복잡하다.
③ 넓은 작업공간을 요하며 시공이 복잡하다.
④ 부재의 강성을 현저히 향상시키는 효과는 얻기 힘들다.
⑤ 보강효과가 역학적으로 명확하다.
⑥ 보강 후 유지관리가 비교적 쉽다.

⑦ 콘크리트의 강도가 부족하거나 열화가 발생한 경우는 부적절한 방법이다.
⑧ 편향부를 전단보강부에 설치하고 외부 케이블의 연직분력을 고려함으로써 설계전단력을 크게 감소시킬 수 있다.

3. 보수 · 보강공법에 사용되는 재료

(1) 폴리머 시멘트

① 내마모성, 내충격성은 양호하나 내화, 내열성은 불량하고 슬럼프는 50mm 이내이다.
② 휨강도 10MPa 이상, 압축강도 20MPa 이상, 부착강도 1MPa 이상이다.
③ 내화학 저항성이 크며 양생일수가 1일 이내이다.
④ 취급이 용이하지 않다.
⑤ 염분차단성, 부착성, 방수성이 우수하다.

(2) 에폭시 수지

① 내수성, 내약품성, 가소성, 내마모성이 우수하다.
② 경화에 있어 반응수축이 매우 작고 또한 휘발물질이 발생하지 않으며 기계적 성질, 전기전열성이 매우 우수하다.
③ 각종 충진재 등을 다량 첨가할 수 있다.
④ 황변현상(변색)이 일어난다.
⑤ 경화시간이 길다.(단축은 가능하나 작업성이 문제)
⑥ 주재 및 부자재(경화제)를 혼용하여야만 한다.
⑦ 결정성 폴리머(polymer)나 극성이 없는 폴리머(PE, PP, Silicon, Acryl)에는 접착이 불량하다.
⑧ 콘크리트와의 접착성과 시멘트에 대한 내알칼리성 등이 우수하다.
⑨ 경질형(신장률 10% 이하) 및 연질형(신장률 50% 이상)이 있다.
⑩ 균질해야 하며 접착에 유해한 이물질이 혼입되어서는 안 된다.
⑪ 균열부나 들뜸부에 주입할 수 있어야 하며 경화 후 균질한 경화물이 되어야 한다.
⑫ 온도 5~35℃, 습도 45~85% 상태에서 유효기간(기한)까지 보존한다.
⑬ 점성, 접착강도, 경화수축률, 가열변화, 인장강도, 인장파괴시 신장률, 압축강도의 규정에 적합해야 한다.

(3) 고무 아스팔트계 누수 보수용 주입형 실링재

① 개 요

콘크리트 지하구조물, 건축물 등의 지붕, 외벽, 바닥 등에서 누수가 발생한 균열 및 접합부 조인트의 보수를 목적으로 기존 방수층의 계면 혹은 균열 및 조인트의 틈새에 주입하여 방수층을 재형성한다.

② 실링재의 성능 기준

<table>
<tr><th colspan="2">항 목</th><th>성 능 기 준</th></tr>
<tr><td colspan="2">투수 저항 성능</td><td>투수되지 않을 것</td></tr>
<tr><td colspan="2">습윤면 부착 성능</td><td>60초 이내에 시험체 밑판이 탈락하지 않을 것</td></tr>
<tr><td colspan="2">구조물 거동 대응 성능</td><td>투수되지 않을 것</td></tr>
<tr><td colspan="2">수중 유실 저항 성능</td><td>질량변화율이 −0.1% 이내일 것</td></tr>
<tr><td rowspan="3">내화학 성능</td><td>산 처리</td><td rowspan="3">질량변화율이 −0.1% 이내일 것</td></tr>
<tr><td>염화나트륨 처리</td></tr>
<tr><td>알칼리 처리</td></tr>
<tr><td colspan="2">온도 의존 성능(내열/내한성)</td><td>투수되지 않을 것</td></tr>
</table>

(4) 시멘트 혼입 폴리머계 방수재

① 개 요

철근 콘크리트 구조물의 방수 또는 보수공사를 위한 폴리머 혼화액과 시멘트계 수경성 무기분체를 주성분으로 하고 방수 성능 및 시공성 향상을 위한 첨가제 등을 혼합하여 사용한다.

② 품질기준

<table>
<tr><th colspan="2">항 목</th><th>성 능 기 준</th></tr>
<tr><td colspan="2">부착강도(N/mm²)</td><td>0.8 이상</td></tr>
<tr><td colspan="2">내잔갈림성</td><td>방수층 표면에 잔갈림이 없을 것</td></tr>
<tr><td colspan="2">흡수량(g)</td><td>2.0 이하</td></tr>
<tr><td rowspan="2">인장 성능</td><td>인장강도(N/mm²)</td><td>1.0 이상</td></tr>
<tr><td>신장률(%)</td><td>50 이상</td></tr>
<tr><td colspan="2">내투수성</td><td>0.3N/mm² 수압에서 투수되지 않을 것</td></tr>
<tr><td colspan="2">흡기 투과성(m)</td><td>4 이하</td></tr>
<tr><td rowspan="2">내균열성</td><td>실내용(0~20℃)</td><td rowspan="2">파단되지 않을 것</td></tr>
<tr><td>실외용(−10~20℃)</td></tr>
<tr><td colspan="2">내알칼리성</td><td>이상 없을 것</td></tr>
</table>

※ 등가 공기층 두께 흡기 투과성 값 4m는 시험편 두께를 2mm로 적용하여 나타낸 값이다.

(5) 콘크리트 구조물 보수용 에폭시 수지 모르타르

① 품질기준

항 목	성 능 기 준
작업 가능 시간(분)	표시값의 ±20% 이내
휨강도(N/mm^2)	10.0 이상
압축강도(N/mm^2)	40.0 이상
부착강도(N/mm^2)	1.5 이상
투수량(g)	0.5 이하
염화물 이온 침투 저항성(Coulombs)	1000 이하
길이 변화율(%)	±0.15 이내

(6) 콘크리트 구조물 보수용 폴리머 시멘트 모르타르

① 품질기준

시 험 항 목	품 질 기 준
시멘트 혼화용 폴리머의 고형분(%)	표시값의 ±1(%) 이내
휨강도(N/mm^2)	6.0 이상
압축강도(N/mm^2)	20.0 이상
부착강도(N/mm^2)	1.0 이상
내알칼리성	압축강도 20.0N/mm^2 이상
중성화 저항성(mm)	2.0 이하
투수량(g)	20.0 이하
물흡수계수[$kg/(m^2 \cdot h^{0.5})$]	0.5 이하
습기투과저항성(S_d)	2m 이하
염화물 이온 침투 저항성(Coulombs)	1000 이하
길이 변화율(%)	±0.15 이내

4-3 보수·보강 검사

1. 보수공사의 검사

(1) 표면처리 공법, 주입공법(균열보수공법 등), 충전공법, 철근 방청공법, 표면취약부 보수공법(단면 복구, 표면 보호 및 도포, 함침공법 등) 등을 적용하여 보수 공사를 진행하는 과정 또는 완료한 후 보수 부위에 대해 외관 상태, 형상치수 부착상태 등을 적정한 방법으로 확인한다.

(2) 균열의 누수방지를 위한 보수는 외관검사로 그 효과를 확인하기 쉽지만 내구성 향상 등을 목적으로 한 보수의 경우는 그 효과를 확인이 쉽지 않다.

(3) 작업시의 사용재료, 배합비, 시공기간, 품질관리 등에 대한 기록 유무를 확인하고 향후 유지관리를 위해 마무리 상태를 사진 촬영 등으로 확인 기록하여 둔다.

(4) 결합부를 갖는 구조물의 표층부 및 균열에 대한 보수는 장기간 보수재가 양호하게 부착 또는 충전되어 있어야 하는데 그 효과는 보수층에 대해 현장 부착력 시험을 한다.

(5) 누수에 대한 보수의 효과는 가스압력 누수진단기, 빗물 누수 측정기 등에 의해 평가한다.

(6) 철근 등의 부식 방지 효과에 대해서는 전기화학적 분극 저항 측정법으로 평가한다.

(7) 대규모 보수공사 혹은 특히 주요 구조부위(교각, 기둥, 벽, 보)의 보수공사는 구조상 문제가 되지 않는 부분을 대상으로 작은 지름의 코어를 채취하여 보수 효과를 확인한다.

2. 보강 공사의 검사

(1) 단면증설공법, 강판접착공법, 섬유시트공법 및 외부케이블에 의한 프리스트레싱공법 등을 적용하여 보강한 콘크리트 구조물에 대하여는 공사 중 또는 공사 직후에 보강부위에 대하여 외관 상태 및 형상치수, 부착상태 등을 적정한 방법으로 검사한다.

(2) 외관검사는 보강 후 기존 보의 상태(균열)를 육안에 의해 검사한다.

(3) 강판 접착 공법은 강판 전면을 두드려 접착재의 주입상태를 확인한다.

(4) 섬유보강 공법은 기포가 있는지 여부를 육안 또는 송곳 등으로 찔러 확인하며 현저한 변형(처짐, 단부 박리 등)에 대해서도 검사한다.

(5) 섬유보강의 경우에는 평면부, 끝단부, 연결부분 등에서의 에폭시 수지의 합침 상태, 들뜸상태 등을 육안 또는 타진봉 확인으로 검사한다.

(6) 외부 케이블에 의한 프리스트레싱 공법은 정착 브래킷의 채움재 및 주변실(seal)재의 시공 후 상태 등을 육안으로 검사한다.

(7) 형상 치수 검사는 보강재인 강판, 외부 케이블, 정착 브래킷 및 새들 등이 소정 위치에 배치되어 있는지 확인한다.

3. 기타 보수 · 보강 효과 확인 방법

(1) 균열 주입공법

① 시공 중에는 주입용 주사기, 저압식 주입용 고무막 등이 수축되어 있으면 주입된 것으로 판단한다.

② 시공 후에는 형광 도료를 섞은 수지를 주입하여 경화 후 그 부분의 코어를 채취한 후 블랙라이트를 비추어 확인한다.

③ 주입 부분에 구멍을 뚫어 내시경을 사용하여 주입상태를 확인한다.

(2) 강판 접착공법

시공 전후에 재하시험을 하여 확인한다.

(3) 섬유 보강공법

① 타진 점검방법으로 들뜸부분이 있는지를 확인한다.

② 보강재의 부착 성능을 부착력 시험에 의해 확인한다.

(4) 외부 케이블공법

① 외부 케이블의 장력 저하는 변형 게이지를 부착하여 확인한다.

② 보강 전후에 재하시험을 하여 확인한다.

(5) 단면 증설공법

재하시험을 하여 확인한다.

(6) 표면 보호공법

① 샘플을 현장조건과 같은 환경에서 폭로시켜 그 효과를 평가한다.
② 부착력 시험을 통해 표면 보호재 성능을 확인한다.

(7) 철근 방청공법

샘플을 현장조건과 같은 환경에서 폭로시켜 그 효과를 평가한다.

4. 보수·보강공사 후 정기검사(추적검사)

(1) 검사의 빈도

① 정기적 검사는 연 2회 이상을 표준한다.
② 외부 케이블에 의한 프리스트레싱 공법은 프리스트레스 힘이 저하할 가능성을 고려하여 6개월 후에 재검사한다.
③ 프리스트레스트 콘크리트 보의 경우 보강 후의 사용 상태 결과를 토대로 검사 간격을 연장해도 타당하다는 판단이 나올 경우에는 기간을 연장하여 검사한다.

(2) 검사내용

① 외관검사는 보강 후 기존 보의 상태(균열 등)를 육안 검사 한다.
② 정착 브래킷, 새들의 변형 및 활동, 이동상태, 횡방향 체결강봉, 외부 케이블의 변형상태 등을 육안 검사한다.
③ 강판 접착 보강 부위는 강판 전체면의 변형(이완), 주입재 및 실(seal)재의 상태(박리 등), 강판 표면의 녹발생 상태를 육안 검사한다.
④ 강판 전체면에 대해 강판의 접착 상태를 검사한다.
⑤ 섬유 시트재 보강 부위는 들뜸 상태를 육안 혹은 타진봉으로 검사하고 불확실한 부분 및 장기 부착성능 보유 유무를 확인하기 위해 부착력 시험을 한다.
⑥ 외부 케이블에 의한 프리스트레싱 공법은 횡방향 체결 강봉의 프리스트레스 힘이 콘크리트 및 에폭시 수지의 크리프 영향으로 저하될 가능성이 있으므로 잭 등에 의해 횡방향 체결 강봉을 소정의 도입 프리스트레스로 긴장시켜

너트의 이완 현상이 없는지를 검사하여 만일 이완 현상이 있는 경우에는 재긴장한다.

5. 보수 · 보강 공사의 평가

(1) 보수 · 보강 작업의 각 단계별 검사 계획을 세우고 계획서에 따라 소정의 검사 작업 결과를 바탕으로 평가한다.

(2) 보수 · 보강을 요구하는 구조물의 환경 조건, 적정한 재료 및 공법의 선정, 시공 및 품질 관리 방안, 유지 관리 계획 등이 시스템적으로 연계하여 보수 · 보강 자체에 대한 신뢰도를 평가한다.

(3) 보수 · 보강 공사를 완료한 후 결합 조사 방법 및 얻은 결과의 기록, 결함 발생의 원인 추정과 보수 · 보강 필요 여부 판정의 경위, 보수 · 보강설계서, 보수 · 보강 재료의 선정, 공사 및 평가 기록, 유지관리 계획 등 각종 자료를 정리하고 보존하여 장기적인 안전관리 차원에서 반드시 필요한 참고 자료가 되게 한다.

실전 문제

제4장 보수·보강 공법

보수·보강 공법

문제 01 콘크리트 구조물의 보수에 대한 설명 중 틀린 것은?

가. 열화 원인은 일반적으로 중성화, 염해, 알칼리 골재반응, 화학적 침식 등이 있다.
나. 철근의 침식에 의해 생긴 균열과 알칼리 골재반응에 의해 생긴 균열은 보수 방법을 일치시킨다.
다. 보수 공법은 균열 보수 공법, 철근 방청 공법, 단면 복구 공법, 표면 보호 공법 등이 있다.
라. 단면복구공이란 열화된 콘크리트 부분을 없애고 단면을 복구하는 것을 나타낸다.

해설
- 철근의 침식에 의해 생긴 균열과 알칼리 골재반응에 의해 생긴 균열은 원인이 다르므로 균열을 보수하는 방법도 완전 다르다.
- 보수에 있어서는 열화원인을 제거하는 것이 원칙이지만 제거할 수 없는 경우에는 이후의 열화방지 대책을 마련해야 한다.

문제 02 구조물의 보강에 관한 사항 중 다른 것은?

가. 균열이나 박리된 콘크리트 구조물의 손상의 보수
나. 열화된 부재의 교체나 교환 설치
다. 콘크리트나 강판 등 보강을 위한 부재의 증설
라. 염화물 이온의 침입이나 중성화에 의해 열화된 콘크리트의 제거

해설 보강 공법으로 프리스트레스의 도입, 내구성 향상을 위한 파괴 등이 구성된다.

문제 03 구조물의 보수에 관한 사항 중 다른 것은?

가. 균열이나 박리된 콘크리트 구조물의 손상 회복
나. 염화물 이온의 침입이나 중성화에 의해 열화된 콘크리트의 제거
다. 콘크리트나 강판 등 보강을 위한 부재의 증설
라. 유해 물질의 재투입 방지를 위한 표면 피복

정답 01. 나 02. 라 03. 다

문제 04 콘크리트 구조물의 보강 수준을 정하기 위해 고려해야 할 사항이 아닌 것은?

가. 평가 판정 결과　　나. 경제성
다. 구조물의 특성　　라. 유지 관리

해설 • 보강 수준을 정하기 위해 고려할 사항
① 평가 판정 결과　② 열화 원인
③ 구조물의 특성　④ 중요도
⑤ 하중 조건　⑥ 시공성
⑦ 유지관리　⑧ 잔존 설계 내용기간

문제 05 콘크리트 구조물의 균열 보강 공법에 해당 되는 것은?

가. 에폭시(epoxy) 주입공법　　나. 표면처리 공법
다. 강재 anchor 공법　　라. prestress 공법

해설 • 구조물의 균열 보강 공법
Prestress 공법, 강판 부착공법, 단면 증설 공법
• 구조물의 균열 보수 공법
표면 처리 공법, 충진 공법, 주입 공법, 강재 anchor 공법

문제 06 열화원인과 보수계획의 관계에 대한 설명 중 틀린 것은?

가. 염해-단면복구공, 표면보호공　　나. 중성화-단면복구공, 표면보호공
다. 동해-균열주입공　　라. 알칼리 골재반응-단면복구공

해설 알칼리 골재반응 : 균열주입공, 표면보호공

문제 07 다음 중 콘크리트 구조물의 보수 범위 결정시 필요 없는 항목은?

가. 콘크리트 배합표　　나. 콘크리트 강도 분포
다. 염화량 이온량　　라. 중성화 깊이

해설 외관조사도, 철근 부식 측정에 의한 전위지도 등을 고려한다.

정답 04. 나　05. 라　06. 라　07. 가

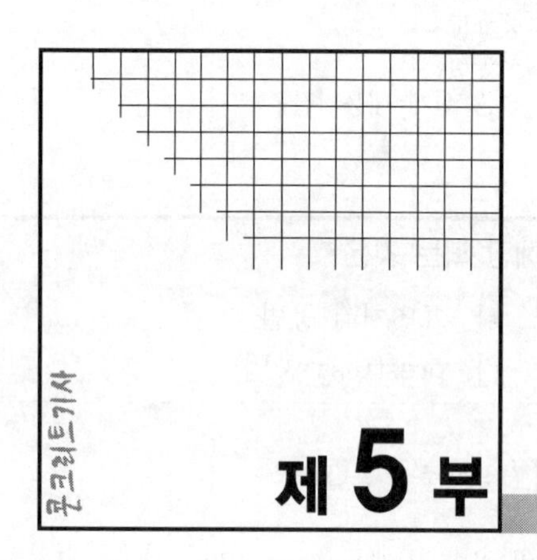
콘크리트기사
제 5 부

CBT 모의고사

효율적으로 정답을 선택합시다!

(정답을 모르는 문제는 이렇게 골라보면 어떨까요?)

1. 우선 본인이 공부를 하고 50% 정답을 맞힐 수 있는 능력을 갖도록 해야 합니다.

2. 과목별 과락은 넘고 평균 60점이 안 되는 분을 위해 적용하는 것입니다.

3. 확실히 아는 문제의 답만 답안지에 표시합니다.

4. 확실히 정답을 모르는 문제 중 정답이 아닌 지문 2개를 선택합니다.
(예 ① ② ~~③~~ ~~④~~)

5. 다시 모르는 문제의 지문 2개를 연구하여 선택합니다. 이때 확신이 없으면 정답으로 선택해서는 안 됩니다. (절대 추측은 금물입니다.)

6. 답안지에 확실히 정답을 표시한 문제 10개의 정답 분포를 나열합니다.
(예 ① ② ③ ④)
3 0 2 5

7. 나머지 정답을 모르는 문제 10개를 나열해 봅니다.

1번 ① ② ~~③~~ ~~④~~
⋮
5번 ① ~~②~~ ~~③~~ ④
⋮
7번 ~~①~~ ② ③ ~~④~~
⋮
10번 ~~①~~ ~~②~~ ③ ④
⋮
12번 ① ~~②~~ ③ ~~④~~

14번 ~~①~~ ~~②~~ ③ ④
⋮
15번 ① ② ~~③~~ ~~④~~
⋮
17번 ~~①~~ ② ~~③~~ ④
⋮
19번 ① ~~②~~ ~~③~~ ④
⋮
20번 ~~①~~ ② ~~③~~ ④

8. 위와 같이 정답을 모르는 문제들 중에 2개 지문이 정답이 아닌 것을 사전에 알 정도로 공부가 되어 있어야 합니다.

9. 이제 정답을 모르는 문제의 답을 확실한 정답 분포와 비교하여 선택해 봅니다.
1번 ②, 5번 ①, 7번 ②, 10번 ③, 12번 ③, 14번 ③, 15번 ②, 17번 ②, 19번 ①, 20번 ②

10. 공부를 하시고 이 방법으로 적용하여야 합니다.

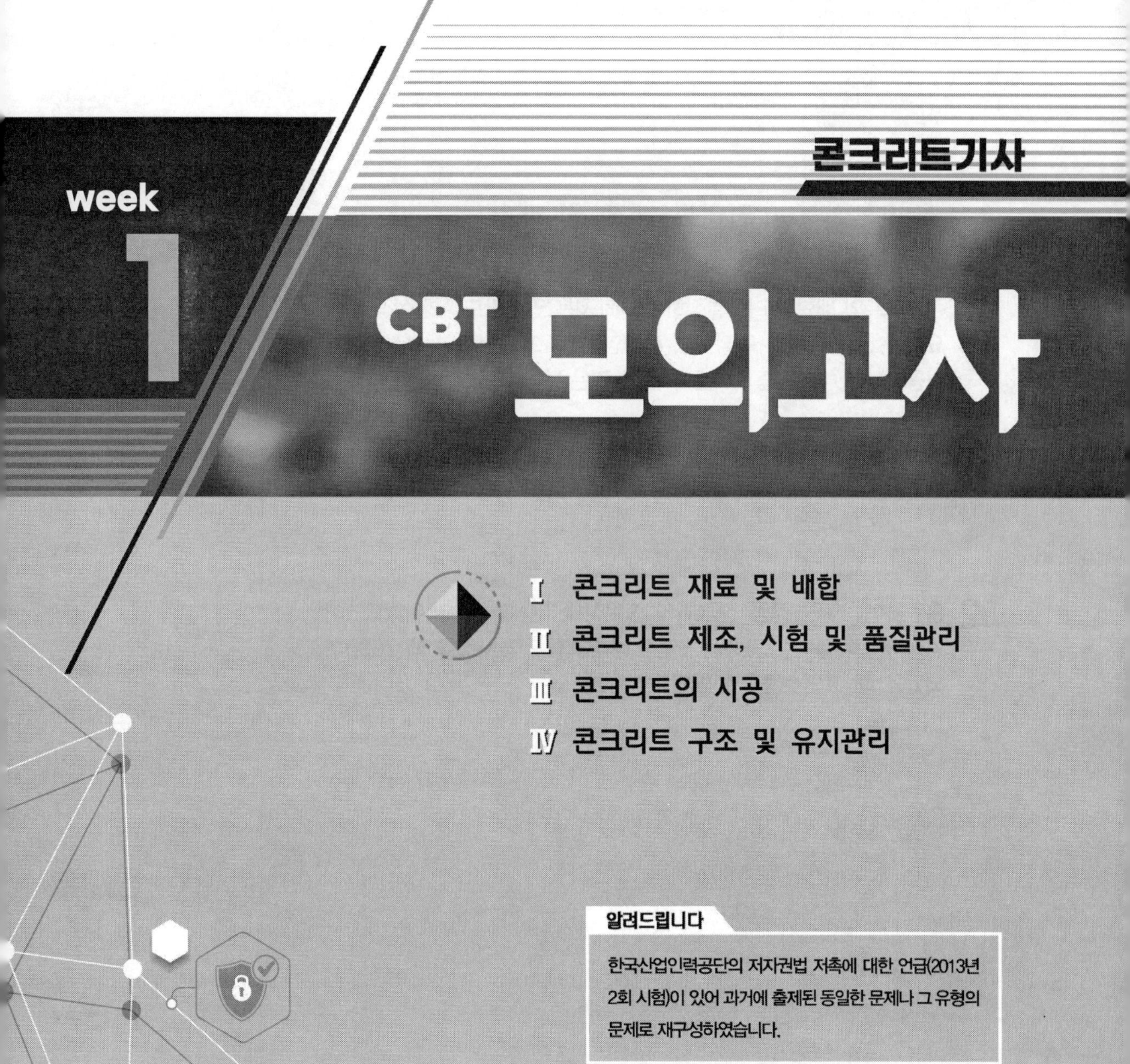

콘크리트기사

week 1 CBT 모의고사

Ⅰ 콘크리트 재료 및 배합

Ⅱ 콘크리트 제조, 시험 및 품질관리

Ⅲ 콘크리트의 시공

Ⅳ 콘크리트 구조 및 유지관리

알려드립니다

한국산업인력공단의 저자권법 저촉에 대한 언급(2013년 2회 시험)이 있어 과거에 출제된 동일한 문제나 그 유형의 문제로 재구성하였습니다.

01회 CBT 모의고사

• 수험번호:
• 수험자명:

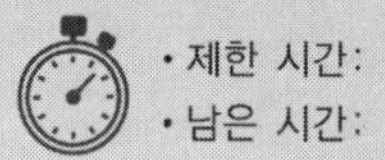

• 제한 시간:
• 남은 시간:

글자 크기 100% 150% 200% | 화면 배치 | • 전체 문제 수: • 안 푼 문제 수:

1과목 콘크리트 재료 및 배합

답안 표기란				
01	①	②	③	④
02	①	②	③	④
03	①	②	③	④

01 콘크리트의 배합강도를 결정하기 위해서는 압축강도 시험실적이 필요하다. 시험횟수가 규정횟수 이하인 경우 표준편차의 보정계수를 사용하는데, 다음 중 그 값이 틀린 것은?

① 시험횟수 30회 이상 : 1.00 ② 시험횟수 25회 : 1.04
③ 시험횟수 20회 : 1.08 ④ 시험횟수 15회 : 1.16

해설 시험횟수 25회 : 1.03

02 흡수율이 6%인 경량 잔골재의 습윤상태 무게가 800g이었고, 이 경량 잔골재를 건조로에서 노건조상태까지 건조시켰을 때 700g이 되었을 때 표면수율은 얼마인가?

① 1.11% ② 3.46%
③ 5.94% ④ 7.82%

해설
• 흡수율 $= \dfrac{\text{표건무게} - \text{노건무게}}{\text{노건무게}} \times 100$

$6 = \dfrac{\text{표건무게} - 700}{700} \times 100$

$\therefore$ 표건무게 $= 742\text{g}$

• 표면수율 $= \dfrac{800 - 742}{742} \times 100 = 7.82\%$

03 레디믹스트 콘크리트 제조에 사용할 수 있는 물의 품질기준에 대한 설명으로 틀린 것은? (단, 상수돗물 이외의 물의 품질)

① 현탁물질의 양 : 2g/L 이하
② 용해성 증발 잔류물의 양 : 1g/L 이하
③ 염소 이온(Cl^-)량 : 200mg/L 이하
④ 시멘트 응결시간의 차 : 초결은 30분 이내, 종결은 60분 이내

해설 염소 이온(Cl^-)량 : 250mg/L 이하

04 시멘트의 응결에 대한 설명으로 틀린 것은?

① 분말도가 크면 응결은 빨라진다.
② 온도가 높을수록 응결은 빨라진다.
③ 물-시멘트비가 클수록 응결은 늦어진다.
④ 풍화된 시멘트는 일반적으로 응결이 빨라진다.

해설
- 풍화된 시멘트는 일반적으로 응결이 늦어진다.
- 시멘트의 응결 시간은 비카트 장치에 의하여 측정한다.
- C_2S가 많을수록 응결은 늦어진다.

05 아래의 표와 같이 콘크리트 시방배합을 하였다. 잔골재의 표면수량이 3.5%이고, 굵은골재의 표면수량이 1.5%일 때 현장배합으로 수정할 경우 단위수량은?

물 (kg/m³)	시멘트 (kg/m³)	잔골재 (kg/m³)	굵은골재 (kg/m³)
175	369	788	1,074

① 130.3 kg/m³ ② 131.3 kg/m³
③ 132.3 kg/m³ ④ 133.3 kg/m³

해설 $W = 175 - (788 \times 0.035 + 1,074 \times 0.015) = 131.3\text{kg/m}^3$

06 레디믹스트 콘크리트에서 회수수 중 슬러지수를 혼합수로 사용하는 경우에 대한 설명 중 옳지 않은 것은?

① 슬러지수에 포함된 슬러지 고형분은 배합설계시 물의 질량에 포함되지 않는다.
② 슬러지수는 시험을 해야 하며 슬러지 고형분율이 3% 이하이어야 한다.
③ 슬러지 고형분이 많은 경우에는 단위수량을 감소시킨다.
④ 슬러지 고형분이 많은 경우에는 잔골재율을 감소시킨다.

해설
- 슬러지 고형분이 많은 경우에는 단위수량을 증가시킨다.
- 슬러지 고형분이 많은 경우에는 공기연행제 사용량을 증가시킨다.

07 콘크리트 압축강도의 시험횟수가 30회일 경우 배합강도는? (단, 설계기준 압축강도(f_{ck})=24MPa, 내구성 기준 압축강도(f_{cd})=21MPa, 표준편차(s)=2.5MPa)

① 23.3 MPa ② 23.5 MPa
③ 27.35 MPa ④ 24.85 MPa

답안 표기란

04	①	②	③	④
05	①	②	③	④
06	①	②	③	④
07	①	②	③	④

week 01

정답 01. ② 02. ④ 03. ③ 04. ④ 05. ② 06. ③ 07. ③

답안 표기란				
8	①	②	③	④
9	①	②	③	④
10	①	②	③	④

해설
- f_{ck}와 f_{cd} 중 큰 값인 24MPa가 품질기준강도(f_{cq})이다.
- $f_{cq} \le$ 35MPa인 경우이므로

$f_{cr} = f_{cq} + 1.34s = 24 + 1.34 \times 2.5 = 27.35\text{MPa}$

$f_{cr} = (f_{cq} - 3.5) + 2.33s = (24 - 3.5) + 2.33 \times 2.5 = 26.3\text{MPa}$

∴ 큰 값인 27.35MPa

08 르샤틀리에 병의 0.4cc까지 광유를 주입하였다. 여기에 시멘트 시료 64g을 가하여 공기포를 제거한 후의 병의 눈금이 21cc가 되었다면 이 시멘트의 밀도는?

① 3.15g/cm^3
② 3.11g/cm^3
③ 3.01g/cm^3
④ 2.98g/cm^3

해설

시멘트 밀도 $= \dfrac{64}{21 - 0.4} = 3.11\,\text{g/cm}^3$

09 철근콘크리트에 이용되는 길이 300mm이고 직경이 20mm인 강봉에 인장력을 가한 결과 2.34×10^{-1}mm가 신장되었다면 이 때 강봉에 가해진 인장력은 얼마인가? (단, 강보의 탄성계수$=2.0 \times 10^5\text{N/mm}^2$)

① 20 kN
② 37 kN
③ 40 kN
④ 49 kN

해설

$$E = \frac{f}{\varepsilon} = \frac{\dfrac{P}{A}}{\dfrac{\Delta l}{l}} = \frac{Pl}{A\,\Delta l}$$

$$\therefore\ P = \frac{EA\,\Delta l}{l} = \frac{2.0 \times 10^5 \times \dfrac{3.14 \times 20^2}{4} \times 2.34 \times 10^{-1}}{300} = 48,984\text{N} = 49\text{kN}$$

10 골재의 안정성 시험에 사용되지 않는 재료는?

① 염화바륨
② 잔골재
③ 황산나트륨
④ 수산화나트륨

해설

콘크리트용 모래에 포함되어 있는 유기불순물 시험에 사용되는 약품으로는 수산화나트륨, 탄닌산, 메틸알코올이 있다.

11 철근콘크리트보에서 스터럽과 굽힘철근을 배근하는 주된 목적은?

① 압축측의 좌굴을 방지하기 위하여
② 콘크리트의 휨에 의한 인장강도가 부족하기 때문에
③ 보에 작용하는 사인장응력에 의한 균열을 막기 위하여
④ 균열 후 그 균열에 대한 증대를 방지하기 위하여

해설
- 응력을 분포시켜 균열 폭을 최소화하기 위함이다.
- 주철근 간격을 유지시킨다.

12 콘크리트용 화학혼화제(공기 연행제, 감수제, 공기연행 감수제, 고성능 공기연행 감수제)의 성능을 확인하기 위한 콘크리트 시험에 관한 설명으로 옳지 않은 것은?

① 화학혼화제는 혼합수를 넣은 다음 이어서 믹서에 투입한다.
② 공기 연행제 및 공기연행 감수제의 동결융해 저항성 시험에는 슬럼프 80mm의 콘크리트를 적용한다.
③ 고성능 공기연행 감수제의 동결융해 저항성 시험 및 경시변화량 시험에는 슬럼프 180mm의 콘크리트를 적용한다.
④ 압축강도 시험은 재령 3일, 7일 및 28일의 각 재령별로 3개씩 공시체를 만들어 시험하며 그 평균값을 콘크리트 압축강도로 한다.

해설 화학혼화제는 미리 혼합수에 혼입하여 믹서에 투입한다.

13 콘크리트의 배합설계에서 굵은 골재의 최대치수에 대한 설명으로 옳지 않은 것은?

① 단면이 큰 구조물인 경우 굵은 골재의 최대치수는 40mm를 표준으로 한다.
② 일반적인 구조물인 경우 굵은 골재의 최대치수는 20mm 또는 25mm를 표준으로 한다.
③ 무근 콘크리트 구조물인 경우 굵은 골재의 최대치수는 50mm를 표준으로 하고, 또한 부재 최소치수의 1/3을 초과하지 않아야 한다.
④ 거푸집 양 측면사이의 최소거리의 1/5, 슬래브 두께의 1/3, 개별철근, 다발철근, 긴장재 또는 덕트 사이 최소 순간격의 3/4을 초과하지 않아야 한다.

해설 무근 콘크리트 구조물인 경우 굵은 골재의 최대치수는 40mm를 표준으로 하고, 또한 부재 최소치수의 1/4을 초과하지 않아야 한다.

답안 표기란				
11	①	②	③	④
12	①	②	③	④
13	①	②	③	④

week 01

정답 08. ② 09. ④ 10. ④ 11. ③ 12. ① 13. ③

답안 표기란				
14	①	②	③	④
15	①	②	③	④
16	①	②	③	④

14 시멘트의 화학성분에 관한 설명으로 옳지 않은 것은?

① 강열감량 : 950±50℃의 강한 열을 가했을 때의 감량으로서 시멘트 중에 함유된 H_2O와 CO_2의 양으로 시멘트가 풍화한 정도를 판정하는데 이용된다.

② 불용해잔분 : 시멘트를 염산 및 탄산나트륨 용액으로 처리하여도 녹지 않는 부분을 말하며, 일반적으로 불용해잔분은 0.1~0.6% 정도이다.

③ 수경률 : 시멘트 원료의 조합비를 정하는데 가장 일반적으로 사용되며, 수경률이 크면 알루민산3석회(C_3A)양이 많아져 초기강도가 높고 수화열이 큰 시멘트가 된다.

④ 마그네시아(MgO) : MgO의 양이 많으면 클링커 중에 미반응된 상태인 유리마그네시아로 남게 되며, 수화반응에 의해 서서히 팽창하여 콘크리트 경화체에 균열을 일으키는 원이 되어 시멘트 중의 MgO 함량을 3% 이하로 제한하고 있다.

해설 마그네시아(MgO) : MgO의 양이 많으면 클링커 중에 미반응된 상태인 유리마그네시아로 남게 되며, 수화반응에 의해 서서히 팽창하여 콘크리트 경화체에 균열을 일으키는 원이 되어 시멘트 중의 MgO 함량을 5% 이하로 제한하고 있다.

15 물을 가한 후 2～3시간 정도 경과 후 압축강도가 10MPa 정도에 달하며 분말도가 5000cm²/g 정도인 시멘트는?

① 팽창 시멘트 ② 슬래그 시멘트
③ 초속경 시멘트 ④ 초조강 포틀랜드 시멘트

해설 초속경 시멘트는 강도 발현이 매우 빠르기 때문에 물을 가한 후 2~3시간에 압축강도가 10MPa 정도에 달한다.

16 콘크리트용 응결 지연제에 대한 설명으로 옳지 않은 것은?

① 콘크리트의 연속 타설이 진행될 경우 작업이음의 발생을 방지할 수 있다.

② 시멘트의 수화반응을 지연시키므로 응결과 경화의 진행 속도가 느리게 된다.

③ 콘크리트의 응결 경화 불량을 방지시키므로 공사 시 거푸집의 회전율을 높일 수 있다.

④ 서중 콘크리트나 운반시간이 긴 레디믹스트 콘크리트의 경우 워커빌리티의 저하를 어느 정도 방지할 수 있다.

해설 지연제의 첨가량을 과도하게 사용하면 콘크리트의 경화불량이 발생하기 쉽다.

17 다음 중 온도균열지수에 대한 설명으로 옳지 않은 것은?

① 온도균열지수는 그 값이 클수록 균열이 발생하기 어렵고 값이 작을수록 균열이 발생하기 쉽다.
② 온도균열지수는 재령 t에서의 콘크리트 인장강도와 수화열에 의한 온도응력의 비로서 구한다.
③ 철근이 배치된 일반적인 구조물에서 균열 발생을 방지하여야 할 경우 표준적인 온도균열지수는 1.5 이상이어야 한다.
④ 철근이 배치된 일반적인 구조물에서 유해한 균열 발생을 제한할 경우 표준적인 온도균열지수는 1.7~2.2로 하여야 한다.

해설
- 유해한 균열 발생을 제한할 경우 온도균열지수 : 0.7~1.2
- 균열 발생을 제한 할 경우 온도균열지수 : 1.2~1.5

18 콘크리트용 잔골재에 대한 설명 중 옳지 않은 것은?

① 잔골재의 표면은 매끄러운 것이 좋다.
② 잔골재의 형상은 구형에 가까운 것이 좋다.
③ 잔골재는 크고 작은 알갱이가 골고루 혼합된 것이 좋다.
④ 콘크리트 중에서 골재는 보강재 역할을 하므로 시멘트 풀의 강도보다 강해야 한다.

해설 잔골재의 표면은 거친 것이 좋다.

19 콘크리트의 배합강도(f_{cr})를 정하는 방법에 대한 설명으로 옳지 않은 것은? (단, f_{cn} : 호칭강도)

① f_{cr}는 (20±2)℃ 표준양생한 공시체의 압축강도로 표시하는 것으로 한다.
② 압축강도의 시험 회수가 14회 이하이고, f_{cn}가 21MPa 미만인 경우, f_{cr}는 f_{cn}에 7MPa을 더하여 구할 수 있다.
③ 압축강도의 시험회수가 29회 이하이고 15회 이상인 경우, 계산한 표준편차에 보정계수를 나눈 값을 표준편차로 사용할 수 있다.
④ 콘크리트 압축강도의 표준편차는 실제 사용한 콘크리트의 30회 이상의 시험실적으로부터 결정하는 것을 원칙으로 한다.

해설 압축강도의 시험회수가 29회 이하이고 15회 이상인 경우, 계산한 표준편차에 보정계수를 곱한 값을 표준편차로 사용할 수 있다.

답안 표기란

17	①	②	③	④
18	①	②	③	④
19	①	②	③	④

week 01

정답 14. ④ 15. ③ 16. ③ 17. ④ 18. ① 19. ③

답안 표기란				
20	①	②	③	④
21	①	②	③	④
22	①	②	③	④

20 **콘크리트용 골재의 성질에 대한 설명으로 옳지 않은 것은?**

① 굵은 골재의 흡수율은 3.0% 이하로 한다.
② 굵은 골재의 절대건조밀도는 2.5g/cm^3 이상의 값을 표준으로 한다.
③ 부순골재 및 순환 잔골재의 0.08mm 체 통과량은 마모작용을 받는 경우 3% 이하로 하여야 한다.
④ 잔골재의 안정성은 황산나트륨으로 5회 시험으로 평가하며, 그 손실질량은 10% 이하를 표준으로 한다.

해설 부순골재 및 순환 잔골재의 0.08mm 체 통과량은 마모작용을 받는 경우 5% 이하로 하여야 한다.

2과목 콘크리트 제조, 시험 및 품질관리

21 **다음에서 콘크리트의 비비기에 사용되는 믹서 중 강제식 믹서가 아닌 것은?**

① 드럼 믹서(drum mixer) ② 팬형 믹서(pan type mixer)
③ 1축 믹서(one shaft mixer) ④ 2축 믹서(twin shaft mixer)

해설 드럼 믹서는 가경식 믹서에 해당한다.

22 **콘크리트 압축강도 추정을 위한 반발경도 시험방법(KS F 2730)에 대한 설명으로 틀린 것은?**

① 시험할 콘크리트 부재는 두께가 100mm 이상이어야 하며, 하나의 구조체에 고정되어야 한다.
② 미장이 되어 있는 면은 마감면을 완전히 제거한 후 시험을 해야 한다.
③ 타격 위치는 가장자리로부터 100mm 이상 떨어지고, 서로 30mm 이내로 근접해서는 안 된다.
④ 시험값 20개의 평균으로부터 오차가 10% 이상이 되는 경우의 시험값은 버리고 나머지 시험값의 평균을 구한다.

해설 시험값 20개의 평균으로부터 오차가 20% 이상이 되는 경우의 시험값은 버리고 나머지 시험값의 평균을 구한다. 이때 범위를 벗어나는 시험값이 4개 이상인 경우에는 전체 시험값군을 버리고 새로운 위치에서 다시 한다.

23 굳지 않은 콘크리트의 염화물 분석방법이 아닌 것은?

① 이온 전극법　　② 흡광 광도법
③ 질산은 적정법　　④ 분극 저항법

해설 철근의 부식상태 조사
- 자연전위 측정법
- 표면전위차 측정법
- 분극 저항법
- AC 임피던스법

24 일반 콘크리트의 비비기에 대한 설명으로 틀린 것은?

① 재료를 믹서에 투입하는 순서는 믹서의 형식, 비비기 시간, 골재의 종류 및 입도, 단위수량, 단위 시멘트량, 혼화재료의 종류 등에 따라 다르다.
② 강제혼합식 믹서 중 바닥의 배출구를 완전히 폐쇄시킬 수 없는 경우에는 물을 다른 재료보다 일찍 주입하여야 한다.
③ 비비기 시간에 대한 시험을 실시하지 않은 경우 그 최소 시간은 가경식 믹서일 때에는 1분 30초 이상을 표준으로 한다.
④ 비비기는 미리 정해둔 비비기 시간의 3배 이상 계속하지 않아야 한다.

해설
- 강제혼합식 믹서 중 바닥의 배출구를 완전히 폐쇄시킬 수 없는 경우에는 물을 다른 재료보다 조금 늦게 넣는 것이 좋다.
- 강제식 믹서일 때에는 1분 이상을 표준으로 한다.

25 압축강도 시험결과가 아래 표와 같을 때 변동계수를 구하면? (단, 표준편차는 불편분산의 개념에 의해 구하시오.)

23.5MPa, 21.3MPa, 25.3MPa, 24.6MPa, 25.4MPa

① 3%　　② 7%
③ 11%　　④ 15%

해설
- 평균값

$$\frac{23.5+21.3+25.3+24.6+25.4}{5}=24.02\text{MPa}$$

- 표준편차(불편분산의 경우)

$$\sqrt{\frac{\Sigma(x_i-\overline{x})^2}{n-1}}=\sqrt{\frac{\left\{\begin{matrix}(23.5-24.02)^2+(21.3-24.02)^2+(25.3-24.02)^2+\\(24.6-24.02)^2+(25.4-24.02)^2\end{matrix}\right\}}{5-1}}$$

$$=1.7\text{MPa}$$

- 변동계수

$$\frac{\text{표준편차}}{\text{평균값}}\times100=\frac{1.7}{24.02}\times100=7\%$$

답안 표기란

23	①	②	③	④
24	①	②	③	④
25	①	②	③	④

week 01

정답 20. ③ 21. ① 22. ④ 23. ④ 24. ② 25. ②

답안 표기란				
26	①	②	③	④
27	①	②	③	④
28	①	②	③	④

26 지름 150mm, 높이 300mm의 원주형 공시체를 사용하여 쪼갬인장강도 시험을 한 결과 최대하중이 250kN이라면 이 콘크리트의 쪼갬 인장강도는?

① 2.12 MPa　　② 2.53 MPa
③ 3.22 MPa　　④ 3.54 MPa

해설 쪼갬 인장강도 $= \dfrac{2P}{\pi dl} = \dfrac{2\times 250,000}{3.14\times 150\times 300} = 3.54\text{MPa}$

27 콘크리트의 초기 균열에 관한 설명으로 옳지 않은 것은?

① 침하에 의한 균열은 콘크리트 치기 후 1~3시간 정도에서 보의 상단부 또는 슬래브면 등에서 철근의 위치에 따라 발생한다.
② 침하균열은 슬럼프가 클수록, 콘크리트 치기속도가 빠를수록 증가한다.
③ 플라스틱 균열은 콘크리트 타설시 또는 직후에 표면에 급속한 수분증발로 인하여 콘크리트 표면에 생기는 미세한 균열이다.
④ 굳지 않은 콘크리트의 건조수축은 일반적으로 고온다습한 외기에 노출될 때 발생이 증가되며, 양생이 시작된 직후에 나타난다.

해설 건조수축 균열은 건조한 바람이나 고온 저습한 외기에 노출될 경우 일어나는 급격한 수분의 손실에 기인하며 양생이 시작되기 전이나 마감 직전에 주로 일어난다.

28 콘크리트 생산시 각 재료의 계량오차의 허용 범위로 옳은 것은?

① 물 : ±3%　　② 골재 : ±3%
③ 시멘트 : ±2%　　④ 혼화제 : ±2%

해설
- 물 : −2%, +1%
- 시멘트 : −1%, +2%
- 혼화재 : ±2%
- 골재, 혼화제 : ±3%

29 일정량의 AE제를 사용한 콘크리트의 공기량이 증가되는 요소에 대한 설명으로 틀린 것은?

① 단위 잔골재량이 작을수록 공기량은 증가한다.
② 콘크리트의 온도가 낮을수록 공기량은 증가한다.
③ 슬럼프가 클수록 공기량은 증가한다.
④ 시멘트의 분말도가 높을수록 공기량은 증가한다.

해설
- 단위 잔골재량이 많을수록 공기량은 증가한다.
- 물-결합재비가 클수록 공기량은 증가한다.
- 콘크리트의 온도가 높을수록 공기량은 감소한다.

30 콘크리트의 블리딩 시험에 대한 설명으로 틀린 것은?

① 시험 중에는 실온 20±3℃로 한다.
② 콘크리트를 채워 넣을 때 콘크리트의 표면이 용기의 가장자리에서 2cm 정도 높아지도록 고른다.
③ 기록한 처음 시각에서 60분 동안은 10분마다 콘크리트 표면에 스며나온 물을 빨아낸다.
④ 물을 빨아내는 것을 쉽게 하기 위하여 2분 전에 두께 약 5cm의 블록을 용기의 한쪽 밑에 주의 깊게 괴어 용기를 기울이고, 물을 빨아낸 후 수평위치로 되돌린다.

해설 콘크리트를 채워 넣을 때 콘크리트의 표면이 용기의 가장자리에서 30±3mm 낮아지도록 고른다.

31 다음은 레디믹스트 콘크리트의 슬럼프 및 슬럼프 플로 허용오차 범위를 나타낸 것이다. 잘못된 것은?

① 슬럼프 25mm : ±10mm
② 슬럼프 80mm 이상 : ±20mm
③ 슬럼프 플로 500mm : ±75mm
④ 슬럼프 플로 600mm : ±100mm

해설
- 슬럼프 80mm 이상 : ±25mm
- 슬럼프 50~65mm : ±15mm
- 슬럼프 플로의 허용오차(mm)

슬럼프 플로	슬럼프 플로의 허용오차
500	±75
600	±100
700	±100

답안 표기란				
29	①	②	③	④
30	①	②	③	④
31	①	②	③	④

정답 26. ④ 27. ④ 28. ② 29. ① 30. ② 31. ②

답안 표기란				
32	①	②	③	④
33	①	②	③	④
34	①	②	③	④

32 **압력법에 의한 굳지 않은 콘크리트의 공기량시험(KS F 2421)에 대한 설명으로 옳지 않은 것은?**

① 콘크리트 공기량은 콘크리트의 겉보기 공기량에서 골재수정계수를 뺀 값으로 구한다.
② 시험의 원리는 보일의 법칙을 기초로 한 것이다.
③ 물을 붓고 시험하는 경우(주수법) 공기량 측정기의 용적은 적어도 7L 이상으로 한다.
④ 골재수정계수 측정에 사용되는 시료는 공기량을 측정한 콘크리트에서 150μm의 체를 사용하여 시멘트 분을 씻어 내고 골재의 시료를 채취하여도 된다.

해설
- 공기량 측정기의 용적은 물을 붓고 시험하는 경우(주수법) 적어도 5L로 하고, 물을 붓지 않고 시험하는 경우(무주수법)는 7L 정도 이상으로 한다.
- 시료를 용기에 채우고 다지는 방법으로 다짐봉 또는 진동기를 사용하는 방법이 있으며 슬럼프가 80mm 이상의 경우에는 진동기를 사용하지 않는다.
- 이 시험은 최대치수 40mm 이하의 보통 골재를 사용한 콘크리트에 대하여 적용한다.

33 **콘크리트 받아들이기 품질검사의 항목에 대한 판정기준을 설명한 것으로 틀린 것은?**

① 공기량의 허용오차는 ±0.5%이다.
② 염화물 함유량은 원칙적으로 0.3kg/m^3 이하여야 한다.
③ 펌퍼빌리티는 콘크리트 펌프의 최대 이론토출압력에 대한 최대 압송부하의 비율이 80% 이하여야 한다.
④ 굳지 않은 콘크리트 상태는 외관 관찰로서 판단하여 워커빌리티가 좋고, 품질이 균질하며 안정하여야 한다.

해설 공기량의 허용오차는 ±1.5%이다.

34 **콘크리트 탄산화 깊이측정 시험에서 가장 많이 사용되는 용액은?**

① 염산 용액
② 페놀프탈레인 용액
③ 황산 용액
④ 마그네슘 용액

해설 1% 페놀프탈레인 용액을 분무하여 무색이면 중성화된 것으로 보며 적색으로 변하면 비중성화(알칼리)로 구분하게 된다.

답안 표기란				
35	①	②	③	④
36	①	②	③	④

35 시멘트의 저장에 대한 설명으로 옳지 않은 것은?

① 포대에 들어있는 시멘트를 장기간 저장할 경우에 15포대 이상 쌓으면 안 된다.
② 포대 시멘트는 지상 0.3m 이상 되는 마루 위에 적재하여야 한다.
③ 시멘트의 온도가 너무 높으면 그 온도를 낮춘 다음에 사용하는 것이 좋으며 일반적으로 시멘트의 온도는 50℃ 정도 이하의 것을 사용하는 것이 좋다.
④ 시멘트는 방습적인 구조로 된 사일로 또는 창고에 품종별로 구분하여 저장하여야 한다.

해설
- 포대에 들어있는 시멘트는 13포대 이상 쌓으면 안 되며 장기간 저장할 경우에는 7포대 이상 쌓으면 안 된다.
- 시멘트는 입하 순서대로 사용해야 한다.
- 3개월 이상 저장한 시멘트 또는 습기를 받았다고 생각되는 시멘트는 반드시 사용 전에 재시험을 하여야 한다.

36 굳지 않은 콘크리트의 성질에 대한 설명으로 옳지 않은 것은?

① 골재 중의 세립분, 특히 0.3mm 이하의 세립분은 콘크리트의 점성을 높이고 성형성을 좋게 한다.
② 일반적으로 분말도가 높은 시멘트를 사용한 경우에는 탁월한 점성을 보이나 오히려 유동성이 저하하는 경향도 있을 수 있다.
③ 단위 시멘트량이 많아질수록 콘크리트의 성형성이 증가하므로 일반적으로 빈배합의 경우는 부배합의 경우보다 워커빌리티가 좋다.
④ 단위수량이 많을수록 콘크리트의 반죽질기는 질게 되지만, 단위수량을 증가시키면 재료분리가 발생하기 쉬워지므로 워커빌리티가 좋아진다고는 말할 수 없다.

해설 단위 시멘트량이 많아질수록 콘크리트의 성형성이 증가하므로 일반적으로 빈배합의 경우는 부배합의 경우보다 워커빌리티가 안 좋다.

정답 32. ③ 33. ① 34. ② 35. ① 36. ③

week 01

• 수험번호:
• 수험자명:

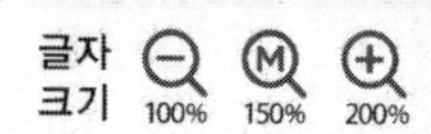

화면 배치

• 전체 문제 수:
• 안 푼 문제 수:

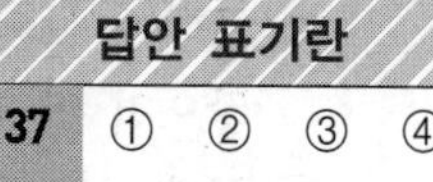

답안 표기란				
37	①	②	③	④
38	①	②	③	④
39	①	②	③	④

37 **콘크리트의 내구성에 관한 일반적인 설명으로 옳지 않은 것은?**

① 콘크리트는 자체가 강한 알칼리성이기 때문에 농도가 높은 황산이나 염산에 대해서는 침식이 된다.
② 콘크리트의 탄산화는 공기 중의 탄산가스의 농도가 높을수록 또한 온도가 낮을수록 탄산화 속도는 빨라진다.
③ 동결융해작용에 대한저항성을 증가시키기 위해 물-결합재비가 작은 콘크리트나 AE 콘크리트를 사용하는 것이 좋다.
④ 황산염은 각종 공업원료 및 비료로서 널리 사용되고 있고 온천 및 하천수에도 함유되어 있어 콘크리트를 열화시킨다.

해설 콘크리트의 탄산화는 공기 중의 탄산가스의 농도가 높을수록 또한 온도가 높을수록 탄산화 속도는 빨라진다.

38 **콘크리트 품질관리의 기본 4단계를 순차적으로 나열한 것은?**

① 계획 - 검토 - 실시 - 조치 ② 검토 - 계획 - 실시 - 조치
③ 계획 - 실시 - 검토 - 조치 ④ 검토 - 실시 - 계획 - 조치

해설 품질관리의 기본 4단계
계획(P) - 실시(D) - 검토(C) - 조치(A)

39 **콘크리트의 길이 변화 시험(KS F 2424)에 대한 설명으로 옳지 않은 것은?**

① 공시체의 측면 길이 변화를 측정하는 방법으로 다이얼 게이지 방법이 사용된다.
② 콤퍼레이터 방법의 시험에는 표선용 젖빛유리, 각선기, 측정기 등의 기구가 사용된다.
③ 콘크리트 히험편의 길이 변화 측정 방법에는 콤퍼레이터 방법, 콘택트 게이지 방법 또는 다이얼 게이지 방법이 있다.
④ 시험편의 치수는 콘크리트의 경우 너비는 높이와 같게 하되, 굵은 골재의 최대치수의 3배 이상이며, 길이는 너비 또는 높이의 3.5배 이상으로 한다.

해설
• 공시체의 측면 길이 변화를 측정하는 방법으로 콤퍼레이터 방법, 콘택트 게이지 방법이 사용된다.
• 공시체 중심축의 길이 변화를 측정하는 방법으로 다이얼 게이지 방법이 사용된다.

40 **동결융해에 대한 콘크리트의 저항정도를 알아보기 위하여 내구성 지수(Durability Factor)를 구하고자 한다. 동결융해시험 공시체가 상대동탄성계수 60%에 도달했을 때 230 사이클이 되었다면, 이 콘크리트의 내구성 지수는? (단, 동경융해에의 노출이 끝날 때의 사이클 수(M)는 300 사이클을 적용한다.)**

① 46 ② 50
③ 56 ④ 60

해설 내구성 지수 $DF = \frac{PN}{M} = \frac{60 \times 230}{300} = 46$

3과목 콘크리트의 시공

41 **콘크리트 부재의 표면에 발생하는 기포에 대한 다음의 기술 내용 중 잘못된 것은?**

① 단위 시멘트량이 증가하면 콘크리트 부재 표면의 기포는 감소하는 경향이 있다.
② 경사면의 윗면은 수직면의 경우보다 더 많은 기포가 발생하는 경향이 있다.
③ 거푸집 표면 부근의 진동 다짐은 부재 표면의 기포를 증가시킬 수도 있다.
④ 목재 거푸집의 경우 거푸집이 건조하면 기포가 감소하고, 강재 거푸집의 경우 온도가 높으면(여름철) 기포가 감소하는 경향이 있다.

해설 목재 거푸집의 경우 거푸집이 건조하면 기포가 증가한다.

42 **팽창 콘크리트의 시공에 관한 설명으로 틀린 것은?**

① 제조시 포대 팽창재를 사용하는 경우에는 포대수로 계산해도 되나, 1포대 미만의 것을 사용하는 경우에는 반드시 질량으로 계량하여야 한다.
② 팽창재는 원칙적으로 다른 재료를 투입함과 동시에 믹서에 투입한다.
③ 한중 콘크리트의 경우 타설할 때의 콘크리트 온도는 10℃ 이상, 20℃ 미만으로 한다.
④ 팽창 콘크리트의 비비기 시간은 강제식 믹서를 사용하는 경우는 2분 이상으로 하여야 한다.

답안 표기란				
40	①	②	③	④
41	①	②	③	④
42	①	②	③	④

정답 37. ② 38. ③ 39. ① 40. ① 41. ④ 42. ④

해설
- 팽창 콘크리트의 비비기 시간은 강제식 믹서를 사용하는 경우는 1분 이상으로 하여야 한다.
- 팽창재는 다른 재료와 별도로 질량으로 계량하며 그 오차는 1회 계량분량의 1% 이내로 하여야 한다.

답안 표기란				
43	①	②	③	④
44	①	②	③	④

43 콘크리트 이음에 대한 설명으로 틀린 것은?

① 바닥틀의 시공이음은 슬래브 또는 보의 경간 중앙부 부근은 피해서 배치하여야 한다.

② 바닥틀과 일체로 된 기둥 또는 벽의 시공이음은 바닥틀과의 경계 부근에 설치하는 것이 좋다.

③ 아치의 시공이음은 아치축에 직각방향이 되도록 설치하여야 한다.

④ 신축이음은 양쪽의 구조물 혹은 부재가 구속되지 않는 구조이어야 한다.

해설
- 바닥틀의 시공이음은 슬래브 또는 보의 경간 중앙부 부근에 두어야 한다.
- 헌치는 바닥틀과 연속해서 콘크리트를 타설하여야 한다.

44 일반 콘크리트의 다지기에 대한 설명으로 옳지 않은 것은?

① 콘크리트는 타설 직후 바로 충분히 다져서 콘크리트가 철근 및 매설물 등의 주위와 거푸집의 구석구석까지 잘 채워져 밀실한 콘크리트가 되도록 한다.

② 재진동을 할 경우에는 콘크리트에 나쁜 영향이 생기지 않도록 초결이 일어난 후에 실시하여야 한다.

③ 내부진동기는 콘크리트로부터 천천히 빼내어 구멍이 남지 않도록 하여야 한다.

④ 진동다지기를 할 때에는 내부진동기를 아래층의 콘크리트 속으로 0.1m 정도 찔러 넣어야 한다.

해설
- 재진동을 실시할 경우에는 초결이 일어나기 전에 하여야 한다.
- 콘크리트 다지기에는 내부진동기의 사용을 원칙으로 한다.
- 내부진동기는 천천히 빼내어 구멍이 나지 않도록 사용해야 한다.
- 내부진동기는 연직으로 찔러 넣으며 삽입간격은 일반적으로 0.5m 이하로 하는 것이 좋다.

45 콘크리트의 양생에 대한 일반적인 설명으로 옳은 것은?

① 초기재령에서의 급격한 건조는 강도발현을 지연시킬 뿐만 아니라 표면균열의 원인이 된다.
② 시멘트의 수화반응은 양생온도에 크게 좌우되지 않는다.
③ 고로 슬래그 미분말을 50% 정도 치환하면 보통 콘크리트에 비해서 습윤양생 기간을 단축시킬 수 있다.
④ 콘크리트 표면이 건조함에 따라 수밀성이 향상되기 때문에 수밀 콘크리트는 가능한 한 빨리 건조될 수 있도록 습윤양생 기간을 일반보다 짧게 한다.

해설
- 시멘트의 수화반응은 양생온도에 크게 좌우된다.
- 수밀 콘크리트는 가능한 한 습윤양생 기간을 일반보다 길게 한다.
- 고로 슬래그 미분말을 사용한 경우 천천히 경화되는 성질을 가지고 있어 슬래그 치환율이 커지면 수화열이 낮아지게 되어 매시브 콘크리트에 적합하다.

46 콘크리트의 비비기로부터 타설이 끝날 때까지의 제한시간으로 옳은 것은?

	외기온도가 25℃ 이상	외기온도가 25℃ 미만
①	90분	120분
②	120분	90분
③	60분	90분
④	120분	150분

해설 일반 콘크리트 허용 이어치기 시간 간격의 한도
- 외기온도가 25℃ 이상 : 2시간
- 외기온도가 25℃ 미만 : 2.5시간

47 숏크리트의 강도에 대한 설명으로 틀린 것은?

① 일반적인 경우 재령 3시간에서 숏크리트의 초기강도는 1.0~3.0MPa를 표준으로 한다.
② 일반적인 경우 재령 24시간에서 숏크리트의 초기강도는 5.0~10.0MPa를 표준으로 한다.
③ 일반 숏크리트의 장기 설계기준압축강도는 28일로 설정하며 그 값은 21MPa 이상으로 한다.
④ 영구 지보재로 숏크리트를 적용할 경우 재령 28일의 부착강도는 4.0MPa 이상이 되도록 관리하여야 한다.

답안 표기란				
45	①	②	③	④
46	①	②	③	④
47	①	②	③	④

week 01

정답 43. ① 44. ② 45. ① 46. ① 47. ④

해설
- 영구 지보재로 숏크리트를 적용할 경우 재령 28일의 부착강도는 1.0MPa 이상이 되도록 관리하여야 한다.
- 영구 지보재 개념으로 숏크리트를 타설할 경우 설계기준 압축강도는 35MPa 이상으로 한다.
- 영구 지보재로 숏크리트를 적용할 경우 절리와 균열의 거동에 저항하기 위하여 휨인성 및 전단강도가 우수하여야 한다.

답안 표기란				
48	①	②	③	④
49	①	②	③	④
50	①	②	③	④

48 **철근이 배치된 일반적인 매스 콘크리트 구조물에서 균열 발생을 방지하여야 할 경우 표준적인 온도 균열지수는?**

① 1.5 미만　② 1.5 이상
③ 0.7~1.2　④ 1.2~1.5

해설
- 균열 발생을 제한할 경우 : 1.2~1.5
- 유해한 균열 발생을 제한할 경우 : 0.7~1.2

49 **해양 콘크리트 배합에서 내구성으로 정해지는 공기연행 콘크리트의 최대 물-결합재비는? (단, 해중 노출등급 ES3이다.)**

① 40%　② 45%
③ 50%　④ 60%

해설
- 해안가 또는 해안 근처 구조물(ES1) : 45%
- 습윤하고 드물게 건조되며 염화물에 노출되는 콘크리트(ES2) : 45%

50 **슬럼프가 20mm 이하의 된반죽 프리캐스트 콘크리트의 반죽질기를 측정하는 시험으로 가장 적합하지 않은 것은?**

① 슬럼프 시험
② 다짐계수 시험
③ 관입시험
④ 외압 병용VB 시험

해설 슬럼프가 25mm 이하의 된반죽 콘크리트의 경우 슬럼프 시험은 적합하지 않다.

51 **한중 콘크리트 시공시 비빈 직후 콘크리트의 온도 및 주위 기온이 아래의 조건과 같을 때, 타설이 완료된 후 콘크리트의 온도를 계산하면?**

- 비빈 직후의 콘크리트 온도 : 25℃, 주위 온도 : 4℃
- 비빈 후부터 타설 완료시까지의 시간 : 1시간 30분

① 19.8℃ ② 20.3℃
③ 21.6℃ ④ 22.5℃

해설 $T_2 = T_1 - 0.15(T_1 - T_0)t = 25 - 0.15(25-4) \times 1.5 = 20.3°$

52 **일반 수중 콘크리트 타설의 원칙으로 틀린 것은?**

① 한 구획의 콘크리트 타설을 완료한 후 레이턴스를 모두 제거하고 다시 타설하여야 한다.
② 콘크리트를 수중에 낙하시키면 재료 분리가 일어나고 시멘트가 유실되기 때문에 콘크리트는 수중에 낙하시키지 않아야 한다.
③ 완전히 물막이를 할 수 없이 타설할 경우에는 유속 500mm/s 이하로 하여야 한다.
④ 콘크리트가 경화될 때까지 물의 유동을 방지하여야 한다.

해설 완전히 물막이를 할 수 없이 타설할 경우에는 유속 50mm/s 이하로 하여야 한다.

53 **고성능 콘크리트의 배합 및 비비기에 관한 설명으로 틀린 것은?**

① 비비기 시간은 시험에 의해서 정하는 것을 원칙으로 한다.
② 믹서에 재료를 투입할 때 고성능 감수제는 혼합수와 동시에 투여해야 한다.
③ 단위 시멘트량은 소요의 워커빌리티 및 강도를 얻을 수 있는 범위 내에서 가능한 한 적게 되도록 시험에 의해 정하여야 한다.
④ 기상의 변화가 심하거나 동결융해에 대한 대책이 필요한 경우를 제외하고는 공기연행제를 사용하지 않는 것을 원칙으로 한다.

해설 믹서에 재료를 투입할 때 고성능 감수제는 혼합수와 동시에 투여해서는 안 된다.

답안 표기란				
51	①	②	③	④
52	①	②	③	④
53	①	②	③	④

week 01

정답 48. ② 49. ① 50. ① 51. ② 52. ③ 53. ②

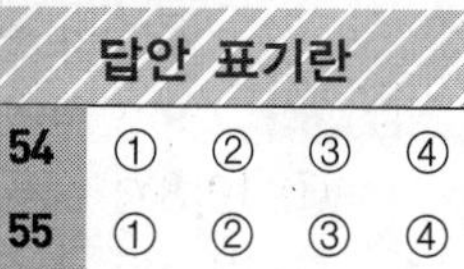

54 해양 콘크리트에 대한 설명으로 틀린 것은?

① 습윤하고 드물게 건조되며 염화물에 노출되는 콘크리트의 내구성 기준 압축강도는 30MPa 이상으로 한다.
② 해양 콘크리트는 열화 및 강재의 부식에 의해 그 기능이 손상되지 않도록 해야 한다.
③ 초기 강도가 작은 중용열 포틀랜드 시멘트는 해양 구조물의 재료로 적합하지 않다.
④ 콘크리트가 충분히 경화되기 전에 해수에 씻기지 않도록 보호하여야 하며, 이 기간은 보통 포틀랜드 시멘트를 사용할 경우 대개 5일간이다.

해설 해수 작용에 대하여 내구적인 고로 시멘트, 중용열 포틀랜드 시멘트, 플라이 애쉬 시멘트가 적합하다.

55 차폐용 콘크리트로서 중성자의 차폐를 필요로 하지 않는 경우 시방서에 명기하지 않아도 되는 성능항목은?

① 밀도 ② 붕소량
③ 압축강도 ④ 설계허용온도

해설 중성자의 차폐를 필요로 하지 않는 경우에는 결합수량과 붕소량 등은 명기하지 않아도 된다.

56 콘크리트의 배합강도를 예측하는데 이용되는 적산온도의 적용으로 틀린 것은?

① 양생 종료 시기 ② 거푸집 해체시기
③ 동바리 해체시기 ④ 프리텐셔닝 시기

해설 한중 콘크리트에서 적산온도를 이용하여 거푸집 및 동바리 해체시기, 콘크리트 양생기간 등을 검토한다.

57 방사선 차폐용 콘크리트의 시공에 관한 설명 중 틀린 것은?

① 이어치기에 주의를 기울이지 않을 경우 방사선 유출의 위험성이 상존하다.
② 콘크리트의 슬럼프는 작업에 알맞은 범위 내에서 가능한 한

작은 값이어야 한다.

③ 콘크리트 타설 시 재료분리가 발생되지 않도록 과도한 진동기 사용은 자제한다.

④ 차폐용 콘크리트 경화 후의 밀도와 결합수량은 차폐 설계상 상온 조건하에서 규정값을 만족해야 한다.

해설 차폐용 콘크리트 경화 후의 밀도와 결합수량은 차폐 설계상 최고온도 조건하에서 규정값을 만족해야 한다.

58 한중 콘크리트에 관한 내용으로 틀린 것은?

① 일평균기온 4℃ 이하가 예상되는 조건에서 시공하여야 한다.

② 응결이 시작되기 전의 초기동해는 녹는 시점에서 잘 다져주면 강도나 내구성에는 거의 문제가 없다.

③ 빠른 수화반응 유도 및 동결방지를 위하여 시멘트를 포함한 모든 재료를 직접 가열하여 소요 온도가 얻어지도록 한다.

④ 콘크리트가 동결하지 않더라도 5℃ 이하의 저온에 노출된 경우 응결 및 경화반응이 상당히 지연되므로 균열, 잔류변형 등의 문제가 생기기 쉽다.

해설 시멘트는 어떠한 경우라도 직접 가열해서는 안 된다.

59 숏크리트 코어 공시체(ϕ100×100mm)로부터 채취한 강섬유의 질량이 61.2g일 때, 강섬유 혼입률은? (단, 강섬유의 밀도는 7.85g/cm^3)

① 0.5% ② 1%

③ 3% ④ 5%

해설 • 채취한 강섬유의 밀도

$$\gamma=\frac{W}{V}=\frac{61.2}{\frac{3.14\times10^2}{4}\times10}=0.077\,\text{g/cm}^3$$

• 강섬유 혼입률

$$\frac{0.077}{7.85}\times100=1\%$$

60 단위 시멘트량 200kg, W/B(물-결합재비) 50%, 공기량 2%, 잔골재율 34%, 시멘트 밀도 3.17g/cm^3, 잔골재 밀도 2.6g/cm^{3}일 때, 콘크리트 1m^{3}를 만드는데 필요한 잔골재량은?

① 722.02kg ② 856.6kg

③ 1012.5kg ④ 1482.8kg

답안 표기란

58	①	②	③	④
59	①	②	③	④
60	①	②	③	④

week 01

정답 54. ③ 55. ② 56. ④ 57. ④ 58. ③ 59. ② 60. ①

답안 표기란				
61	①	②	③	④
62	①	②	③	④

해설

- $\frac{W}{C}=0.5 \quad \therefore W=200\times0.5=100\text{kg}$
- $V=1-\left(\frac{100}{1\times1000}+\frac{200}{3.17\times1000}+\frac{2}{100}\right)=0.817\text{m}^3$
- $S=2.6\times0.817\times0.34\times1000=722\text{kg}$

4과목 콘크리트 구조 및 유지관리

61 단면의 도심에 PS 강재가 배치되어 있다. 초기 프리스트레스 힘 120kN을 작용시켰다. 이때 15% 손실을 가정해서 콘크리트의 하연 응력이 0이 되도록 하려면 이때의 휨모멘트는 얼마인가?

① 8.2 kN · m
② 9.2 kN · m
③ 10.2 kN · m
④ 11.2 kN · m

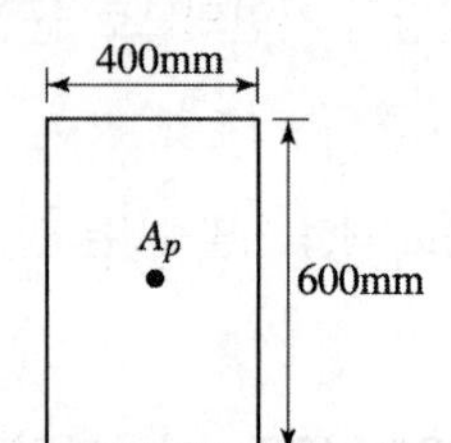

해설

- $Z=\frac{bh^2}{6}=\frac{0.4\times0.6^2}{6}=0.024\text{m}^3$
- $\frac{P}{A}-\frac{M}{Z}=0$

$\frac{P}{A}=\frac{M}{Z}$

$\therefore M=\frac{P\cdot Z}{A}=\frac{120\times0.85\times0.024}{0.4\times0.6}=10.2\text{kN}\cdot\text{m}$

62 계수 전단력 V_u=75kN을 전단보강철근 없이 지지하고자 할 경우 필요한 단면의 유효깊이 최소값은 얼마인가? (단, b_w = 350mm, f_{ck} = 24MPa, f_y = 350MPa, λ = 1.0)

① 700mm ② 650mm
③ 525mm ④ 350mm

해설 전단철근이 필요하지 않는 경우

$V_u \le \frac{1}{2}\phi V_c=\frac{1}{2}\phi\frac{1}{6}\lambda\sqrt{f_{ck}}\,b_w d$

$75000=\frac{1}{2}\times0.75\times\frac{1}{6}\times1.0\times\sqrt{24}\times350\times d$

$\therefore d=700\text{mm}$

63 그림과 같은 T형 단면에 3-D35($A_s=2870\text{mm}^2$)의 철근이 배근되었다면 설계휨강도 ϕM_n의 크기는? (단, 인장지배단면으로 $f_{ck}=21\text{MPa}$, $f_y=400\text{MPa}$이다.)

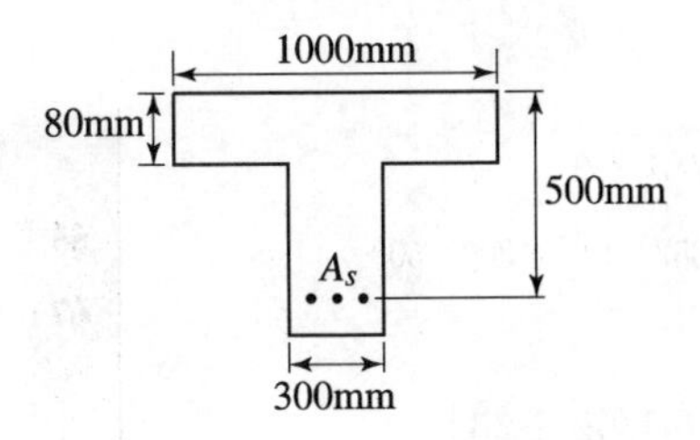

① 357.8 kN · m ② 383.3 kN · m
③ 445.1 kN · m ④ 456.5 kN · m

- $a=\dfrac{A_s f_y}{\eta(0.85 f_{ck})b}=\dfrac{2870\times400}{1.0\times(0.85\times21)\times1000}=64.3\text{mm}$
- $a\leq t$이므로 폭이 1000mm인 직사각형 보로 해석한다.
- $\phi M_n=\phi A_s f_y\left(d-\dfrac{a}{2}\right)=0.85\times2870\times400\left(500-\dfrac{64.3}{2}\right)$
  $=456,528,030\text{N}\cdot\text{mm}=456.5\text{kN}\cdot\text{m}$

64 코아 채취한 콘크리트의 샘플을 이용하여 측정이 가능하지 않은 것은?

① 인장강도 ② 고유진동수
③ 염화물 이온량 ④ 중성화의 깊이

해설 콘크리트 구조물을 대상으로 안정성의 저하 상태를 알기 위해 고유진동수를 측정한다.

65 그림과 같은 단면에 $A_s=4$-D25($2,028\text{mm}^2$)이 배근되어 있고, 계수전단력 $V_u=200\text{kN}$, 계수휨모멘트 $M_u=40\text{kN}\cdot\text{m}$가 작용하고 있는 보가 있다. 콘크리트가 부담할 수 있는 전단강도(V_c)를 정밀식을 사용하여 구하면? (단, $f_{ck}=21\text{MPa}$, $f_y=400\text{MPa}$, $\lambda=1.0$, M_u는 전단을 검토하는 단면에서 V_u와 동시에 발생하는 계수휨모멘트이다.)

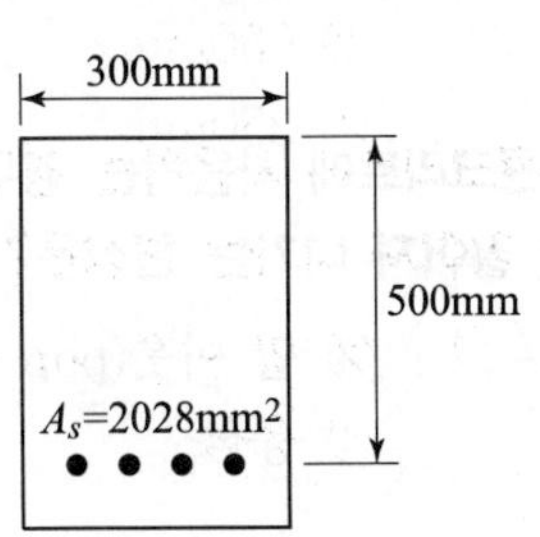

① 237.6 kN
② 199.3 kN
③ 145.7 kN
④ 107.6 kN

답안 표기란				
63	①	②	③	④
64	①	②	③	④
65	①	②	③	④

week 01

정답 61. ③ 62. ① 63. ④ 64. ② 65. ③

해설

$$V_c = \left(0.16\lambda\sqrt{f_{ck}} + 17.6\rho_\omega \frac{V_u d}{M_u}\right) b_\omega d \le 0.29\lambda\sqrt{f_{ck}}\, b_\omega d$$

$$= (0.16 \times 1.0 \times \sqrt{21} + 17.6 \times 0.01352 \times 1.0) \times 300 \times 500$$

$$= 145{,}674\text{N} = 145.7\text{kN}$$

여기서, $\rho_\omega = \frac{A_s}{b_\omega d} = \frac{2{,}028}{300 \times 500} = 0.01352$, $\frac{V_u d}{M_u} \le 1.0$을 취한다.

답안 표기란				
66	①	②	③	④
67	①	②	③	④
68	①	②	③	④

66 다음 중 알칼리 골재반응을 억제하기 위한 대책으로 옳지 않은 것은?

① 충분하게 수분을 공급해 준다.
② 혼합 시멘트를 사용한다.
③ 저알칼리형 시멘트를 사용한다.
④ 콘크리트 중의 알칼리 이온 총량을 규제한다.

해설 알칼리 골재반응 억제 대책
쇄석 대신에 강자갈을 사용하고, 저알칼리 시멘트를 사용하며, 구조체의 습기를 방지하고 건조상태를 유지한다.

67 철근콘크리트 구조물에서 균열 폭을 줄일 수 있는 방법에 대한 설명으로 틀린 것은?

① 같은 철근량을 사용할 경우 굵은 철근을 사용하기보다는 가는 철근을 많이 사용한다.
② 철근에 발생하는 응력이 커지지 않도록 충분하게 배근한다.
③ 철근이 배근되는 곳에서 피복두께를 크게 한다.
④ 콘크리트의 인장구역에 철근을 골고루 배치한다.

해설 철근의 피복두께는 철근 부식의 방지, 부착강도의 증진 및 내화성 증진의 역할을 한다.

68 내동해성이 작은 골재를 콘크리트에 사용하는 경우 동결융해 작용에 의해 콘크리트 표면이 떨어져 나가는 현상은?

① 화학적 침식　　② 팝 아웃(pop out)
③ 침식　　④ 용식

해설 팝 아웃(pop out)
콘크리트 표층하에 존재하는 팽창성 물질이나 연석(軟石)이 시멘트나 물과의 반응 및 기상 작용에 의해 팽창하여 콘크리트 표면을 파괴해서 움푹 패인다.

	답안 표기란			
69	①	②	③	④
70	①	②	③	④
71	①	②	③	④

69 다음 그림과 같은 단철근 직사각형보의 균형철근량을 계산하면? (단, $f_{ck}=21\text{MPa}$, $f_y=300\text{MPa}$)

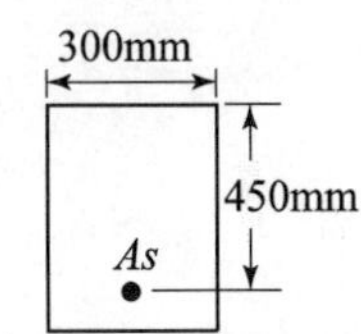

① 5090mm^2
② 5173mm^2
③ 4415mm^2
④ 5055mm^2

해설
$$\rho_b=\eta(0.85f_{ck})\frac{\beta_1}{f_y}\frac{660}{660+f_y}=1.0\times(0.85\times21)\frac{0.8}{300}\times\frac{660}{660+300}=0.0327$$
여기서, $f_{ck}\le 40\text{MPa}$이므로 $\eta=1.0,\ \beta_1=0.8$
$$\rho_b=\frac{As}{bd}$$
$$\therefore\ As=\rho_b\times b\times d=0.0327\times300\times450\fallingdotseq4415\text{mm}^2$$

70 콘크리트를 각종 섬유로 보강하여 보수공사를 진행할 경우 섬유가 갖추어야 할 조건으로 거리가 먼 것은?

① 섬유의 압축 및 인장강도가 충분해야 한다.
② 섬유와 시멘트 결합재와의 부착이 우수해야 한다.
③ 시공이 어렵지 않고 가격이 저렴해야 한다.
④ 내구성, 내열성, 내후성 등이 우수해야 한다.

해설 섬유의 인장강도가 충분해야 한다.

71 콘크리트의 건조수축으로 인한 균열을 제어하기 위한 설명 중 틀린 것은?

① 가능한 한 배합수량을 적게 한다.
② 실리카 퓸을 사용하여 강도를 높인다.
③ 단면 크기에 따라 골재의 크기를 적절히 조절한다.
④ 가급적 흡수율이 작고 입도가 양호한 골재를 사용한다.

해설
- 실리카 퓸을 사용하면 단위수량의 증가, 건조수축의 증대 등의 결점이 있다.
- 단위 골재량을 증가시킨다.

정답 66. ① 67. ③ 68. ② 69. ③ 70. ① 71. ②

답안 표기란				
72	①	②	③	④
73	①	②	③	④
74	①	②	③	④

72 다음 중 시험항목에 따른 점검방법으로 옳지 않은 것은?

① 내부균열 – 음향방출법
② 피복두께 – 열적외선법
③ 탄산화 – 페놀프탈레인법
④ 철근부식 – 분극저항 측정방법

해설 철근 탐사기를 이용하여 철근의 배근상태(위치, 방향, 피복두께 등)를 알 수 있다.

73 철근의 이음에 대한 설명으로 틀린 것은?

① D35를 초과하는 철근은 겹침이음을 할 수 없다.
② 다발철근의 겹침이음은 다발 내의 개개 철근에 대한 겹침이음길이를 기본으로 하여 결정하여야 한다.
③ 용접이음은 용접용 철근을 사용해야 하며 철근의 설계기준항복강도 f_y의 125% 이상을 발휘할 수 있는 완전용접이어야 한다.
④ 휨부재에서 서로 직접 접촉되지 않게 겹침이음된 철근은 횡방향으로 소요 겹침이음길이의 1/5 또는 150mm 중 큰 값 이상 떨어지지 않아야 한다.

해설 휨부재에서 서로 직접 접촉되지 않게 겹침이음된 철근은 횡방향으로 소요 겹침이음길이의 1/5 또는 150mm 중 작은 값 이상 떨어지지 않아야 한다.

74 1방향 슬래브의 구조상세에 대한 설명으로 틀린 것은?

① 1방향 슬래브의 두께는 최소 200mm 이상으로 하여야 한다.
② 수축 · 온도철근의 간격은 슬래브 두께의 5배 이하, 또한 450mm 이하로 하여야 한다.
③ 슬래브의 정모멘트 철근 및 부모넨트 철근의 중심 간격은 위험단면에서는 슬래브 두께의 2배 이하이어야 하고, 또한 300mm 이하로 하여야 한다.
④ 슬래브의 정모멘트 철근 및 부모멘트 철근의 중심 간격은 위험단면이 아닌 기타의 단면에서는 슬래브 두께의 3배 이하이어야 하고, 또한 450mm 이하로 하여야 한다.

해설 1방향 슬래브의 두께는 최소 100mm 이상으로 하여야 한다.

75 콘크리트 내에서 염소이온의 확산에 영향을 주는 인자가 아닌 것은?

① 양생조건 ② 물-결합재비
③ 철근의 부식여부 ④ 모세관 공극의 양

해설 온도, 습도, 피복두께 등이 영향을 준다.

76 콘크리트의 크리프에 대한 설명으로 틀린 것은?

① 고강도 콘크리트는 저강도 콘크리트 보다 크리프가 작다.
② 콘크리트 주위의 온도와 습도가 높을수록 크리프 변형은 커진다.
③ 물-결합재비가 큰 콘크리트는 물-결합재비가 작은 콘크리트 보다 크리프가 크게 일어난다.
④ 일정한 응력이 장시간 계속하여 작용하고 있을 때, 변형이 계속 진행되는 현상을 크리프라고 한다.

해설 콘크리트 주위의 온도가 높을수록 크리프 변형은 커지지만 습도가 높을수록 크리프 변형은 작아진다.

77 콘크리트 보강공법 중 상판 콘크리트 상면을 절삭 · 연마한 후 강섬유 보강콘크리트 등으로 상면의 두께를 증설하는 상면 두께 증설공법의 특징에 대한 설명으로 틀린 것은?

① 일반 포장용 기계로 시공이 가능하고, 공기가 짧다.
② 상판 상면에서의 작업이므로 비계 등을 구성할 필요가 없다.
③ 상판의 유효두께가 커져서 휨, 전단 및 비틀림 등에 대해서도 보강 효과가 얻어진다.
④ 증가되는 상판의 두께에 제한없이 적용 가능하므로, 기존 구조물 보다 상당히 큰 내하력을 얻을 수 있다.

해설 증가되는 상판의 두께에 제한을 받는다.

78 강교에서 피로균열의 진전을 일시적으로 방지하고 선단부의 국부적인 응력집중을 해소하기 위한 보수공법은?

① pull-out 공법 ② stop-hole 공법
③ 에폭시 주입공법 ④ 탄소섬유 시트 공법

해설 스톱 홀(stop-hole) 공법은 해당 부위의 피로강도를 높이거나 발생 응력을 저하 시키기 위해 피로균열 선단에 설치한다.

답안 표기란

75	①	②	③	④
76	①	②	③	④
77	①	②	③	④
78	①	②	③	④

정답 72. ② 73. ④ 74. ① 75. ③ 76. ② 77. ④ 78. ②

79 **철근 콘크리트의 역학적 해석을 위한 기본 가정 중 옳지 않은 것은?**

① 철근의 변형률은 중립축으로부터 거리에 비례하는 것으로 가정할 수 있다.

② 철근 콘크리트 보는 사용하중에 의해 휨을 받아 변형한 후에도 균열이 생기지 않는다.

③ 콘크리트의 압축응력의 분포와 콘크리트 변형률 사이의 관계는 직사각형, 사다리꼴 포물선형 또는 강도의 예측에서 광범위한 실험의 결과와 실적으로 일치하는 어떤 형상으로도 가정할 수 있다.

④ 철근의 응력이 설계기준항복강도 f_y 이하일 때, 철근의 응력은 그 변형률에 E_s를 곱한 값으로 하고, 철근의 변형률보다 큰 경우 철근의 응력은 변형률에 관계없이 f_y로 하여야 한다.

해설 철근 콘크리트 보는 사용하중에 의해 휨을 받아 변형한 후에도 균열은 생긴다.

80 b=400mm, d=600mm, f_{ck}=24MPa**인 철근 콘크리트 부재에 수직 스트럽을 배치하고자 한다. 스터럽이 받을 수 있는 전단강도** V_s=400kN**일 때 전단철근의 간격은 몇 mm 이하로 하여야 하는가? (단, 경량콘크리트 계수** λ=1.0**이다.)**

① 100mm　　② 150mm

③ 200mm　　④ 300mm

해설

- $\frac{1}{3}\lambda\sqrt{f_{ck}}\,b_w\,d = \frac{1}{3}\times 1.0\times\sqrt{24}\times 400\times 600 = 392\,\text{kN}$
- $V_s > \frac{1}{3}\lambda\sqrt{f_{ck}}\,b_w\,d$이므로 $\frac{d}{4}$ 이하, 300mm 이하이다.

∴ 전단철근의 간격 $= \frac{d}{4} = \frac{600}{4} = 150\,\text{mm}$

답안 표기란				
79	①	②	③	④
80	①	②	③	④

정답 79. ② 80. ②

02회 CBT 모의고사

• 수험번호:
• 수험자명:

• 제한 시간:
• 남은 시간:

글자 크기 100% 150% 200% 화면 배치

• 전체 문제 수:
• 안 푼 문제 수:

1과목 콘크리트 재료 및 배합

답안 표기란				
01	①	②	③	④
02	①	②	③	④

01 **콘크리트에 사용하는 혼화재료에 관한 다음의 일반적인 설명 중 적당하지 않은 것은?**

① 실리카 퓸은 실리카질 미립자의 미세충진 효과에 의해 콘크리트의 강도를 높인다.
② 플라이 애시는 유리질 입자의 잠재수경성에 의해 콘크리트의 초기강도를 증진시킨다.
③ 팽창재는 에트린가이트 및 수산화칼슘 등의 생성에 의해 콘크리트를 팽창시킨다.
④ 고로 슬래그 미분말은 수화반응 속도를 억제하여 콘크리트 강도발현을 지연한다.

해설 플라이 애시는 콘크리트의 간극을 채워 수화반응을 늦출 수 있어 균열을 방지할 수 있고 초기강도보다 장기강도가 커진다.

02 **콘크리트용 모래에 포함되어있는 유기불순물 시험방법에 대한 설명으로 틀린 것은?**

① 식별용 표준색용액은 2%의 탄닌산 용액과 3%의 수산화나트륨 용액을 섞어 만든다.
② 시험에 사용되는 모래시료의 양은 약 450g을 채취한다.
③ 시험시료에는 3%의 수산화나트륨 용액을 넣는다.
④ 시험이 끝난 시료의 용액색이 표준색 용액보다 연한 경우에는 콘크리트용 골재로 사용할 수 없다.

해설 시험 후 시료의 용액색이 표준색 용액보다 연한 경우에는 콘크리트용 골재로 사용 할 수 있다.

정답 01. ② 02. ④

week 01

03 일반 콘크리트의 배합에 관한 설명으로 틀린 것은?

① 해수에 노출되는 콘크리트의 물-결합재비를 정할 경우, 그 값은 50% 이하로 하여야 한다.
② 무근 콘크리트에서 일반적인 경우 슬럼프 값의 표준은 50~150mm이다.
③ 일반적인 구조물에서 굵은골재의 최대치수는 20mm 또는 25 mm를 표준으로 한다.
④ 제빙화학제가 사용되는 콘크리트의 물-결합재비는 55% 이하로 하여야 한다.

해설
• 제빙화학제가 사용되는 콘크리트의 물-결합재비는 45% 이하로 한다.
• 콘크리트의 탄산화 위험이 보통인 경우 물-결합재비는 55% 이하로 한다.

04 시방배합 설계 결과 잔골재량이 630kg/m^3, 굵은골재량이 1,170kg/m^{3}이었다. 현장의 골재 상태가 아래 표와 같을 때 현장배합의 잔골재량과 굵은골재량으로 옳은 것은?

[현장 골재 상태]
• 잔골재가 5mm체에 남는 양 : 6%
• 잔골재의 표면수 : 2.5%
• 굵은골재가 5mm체를 통과하는 양 : 8%
• 굵은골재의 표면수 : 0.5%

① 잔골재 : 579 kg/m^3, 굵은골재 : 1,241 kg/m^3
② 잔골재 : 551 kg/m^3, 굵은골재 : 1,229 kg/m^3
③ 잔골재 : 531 kg/m^3, 굵은골재 : 1,201 kg/m^3
④ 잔골재 : 519 kg/m^3, 굵은골재 : 1,189 kg/m^3

해설
• 입도 보정

$$잔골재 = \frac{100S - b(S+G)}{100-(a+b)} = \frac{100\times630 - 8(630+1170)}{100-(6+8)} = 565\text{kg}$$

$$굵은골재 = \frac{100G - a(S+G)}{100-(a+b)} = \frac{100\times1170 - 6(630+1170)}{100-(6+8)} = 1235\text{kg}$$

• 표면수 보정
잔골재 = 565 × 0.025 = 14 kg
굵은골재 = 1235 × 0.005 = 6 kg

• 골재의 단위량
잔골재량 = 565 + 14 = 579 kg
굵은골재량 = 1235 + 6 = 1241 kg

답안 표기란

03	①	②	③	④
04	①	②	③	④

05 굵은골재 체가름 시험을 실시한 결과 다음과 같은 성과표를 얻었다. 굵은골재 최대치수는?

체 크기(mm)	40	30	25	20	15	10
통과질량 백분율(%)	98	94	91	82	35	5

① 20mm ② 25mm
③ 30mm ④ 40mm

해설 굵은골재 치수는 골재의 체가름 시험을 하였을 때 통과질량 백분율이 90% 이상 통과한 체 중에서 최소치수의 눈금을 말한다.

06 아래 표와 같은 굵은골재의 표면건조 포화상태의 밀도(D_s)를 구하는 식에서 B의 값으로 옳은 것은?

$$D_s = \frac{B}{B-C} \times \rho_w$$

① 절대건조상태 시료의 질량(g)
② 시료의 수중 질량(g)
③ 표면건조 포화상태 시료의 질량(g)
④ 공기 중 건조상태 시료의 질량(g)

해설 C: 시료의 수중 질량(g)

07 콘크리트용 혼화재로 실리카 퓸을 혼합한 콘크리트의 성질에 대한 설명으로 틀린 것은?

① 실리카 퓸의 혼합량이 증가할수록 콘크리트에 소요되는 단위수량은 거의 선형적으로 감소한다.
② 콘크리트에 실리카 퓸을 혼합하면 콘크리트의 유동화 특성이 변화하여 블리딩과 재료분리를 감소시킨다.
③ 실리카 퓸의 혼합률이 5~15% 정도 이내에서는 실리카 퓸의 혼합률이 증가함에 따라 압축강도도 증가한다.
④ 실리카 퓸을 콘크리트에 혼합하면 수화열을 저감시키고, 강도 발현이 현저하며, 수밀성, 화학저항성 및 내구성을 향상시킬 수 있다.

해설 실리카 퓸의 혼합량이 증가할수록 콘크리트에 소요되는 단위수량은 증가, 건조수축의 증가 등의 결점이 있어 사용 시 고성능 감수제와의 병용 등의 고려가 필요하다.

답안 표기란

05	①	②	③	④
06	①	②	③	④
07	①	②	③	④

week 01

정답 03. ④ 04. ① 05. ② 06. ③ 07. ①

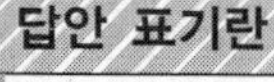

답안 표기란				
08	①	②	③	④
09	①	②	③	④
10	①	②	③	④

08 **물과 반응하여 콘크리트 강도 발현에 기여하는 물질을 생성하는 것의 총칭으로 시멘트, 고로 슬래그 미분말, 플라이 애시, 실리카 퓸, 팽창재 등을 함유하는 것은?**

① 감수제 ② 결합재
③ 촉매제 ④ 혼화제

해설 시멘트 외에 고로 슬래그 미분말, 플라이 애시, 실리카 퓸, 팽창재 등이 시멘트와 혼합하여 결합재 역할을 하는 분말형태의 재료를 결합재라 한다.

09 **콘크리트용 강섬유의 인장강도 시험방법(KS F 2565)에서 평균 재하속도로 옳은 것은?**

① 1~3MPa/s ② 5~6MPa/s
③ 10~30MPa/s ④ 40~50MPa/s

해설 강섬유의 인장강도 시험시 평균 재하속도는 10~30MPa/s이다.

10 **제빙화학제에 노출된 콘크리트에서 플라이 애시, 고로 슬래그 미분말 또는 실리카 퓸을 시멘트 재료의 일부로 치환하여 사용하는 경우, 이들 혼화재의 사용량에 대한 설명으로 틀린 것은? (단, 혼화재의 사용량은 시멘트와 혼화재 전체에 대한 혼화재의 질량 백분율로 나타낸다.)**

① 혼화재로서 실리카 퓸을 사용하는 경우 그 사용량은 10%를 초과하지 않도록 하여야 한다.
② 혼화재로서 플라이 애시 또는 기타 포졸란을 사용하는 경우 그 사용량은 25%를 초과하지 않도록 하여야 한다.
③ 혼화재로서 고로 슬래그 미분말을 사용하는 경우 그 사용량은 30%를 초과하지 않도록 하여야 한다.
④ 혼화재로서 플라이 애시 또는 기타 포졸란과 실리카 퓸을 합하여 사용하는 경우 그 사용량은 35%를 초과하지 않도록 하여야 한다.

해설 혼화재로서 고로 슬래그 미분말을 사용하는 경우 그 사용량은 50%를 초과하지 않도록 하여야 한다.

11 **콘크리트에 사용되는 부순 잔골재에 대한 설명으로 옳지 않은 것은?**

① 부순 잔골재를 사용한 콘크리트는 미세한 분말량이 많아짐에 따라 응결의 초결시간과 종결시간이 빨라지는 경향이 있다.
② 부순 잔골재를 사용한 콘크리트는 미세한 분말의 양이 많아져서 슬럼프가 증가되므로 잔골재율을 높여야 한다.
③ 부순 잔골재를 사용할 경우 강모래를 사용한 콘크리트와 동일한 슬럼프를 얻기 위해서는 단위수량이 5~10% 정도 더 필요하다.
④ 부순 잔골재를 사용한 콘크리트는 미세한 분말량이 많아지면 공기량이 줄어들기 때문에 필요시 AE제의 양을 증가시켜야 한다.

해설 부순 잔골재를 사용한 콘크리트는 미세한 분말의 양이 많아져서 슬럼프가 저하하기 때문에 그 양에 의하여 잔골재율을 낮춰줘야 한다.

12 **다음 중 콘크리트 배합에서 시멘트의 사용량을 가급적 줄이기 위해 고려해야 하는 것은?**

① 골재의 입도 ② 경량골재의 사용
③ 콘크리트의 수축 ④ 콘크리트 중의 염분량

해설 골재의 입도가 양호하면 빈틈(공간)이 적어 시멘트 사용량이 적게 든다.

13 **조강 포틀랜드 시멘트에 대한 설명으로 옳은 것은?**

① 물과 혼합하면 수 분 후에 경화가 시작되어 2~3시간에 압축강도는 10MPa에 달한다.
② 수화열의 발생이 적고 초기강도 및 장기강도가 보통 포틀랜드 시멘트보다 크다.
③ 1일 강도가 보통 시멘트의 28일 강도와 거의 같아 긴급공사나 공기 단축용으로 사용된다.
④ C_3S를 많게 하고 C_2S를 적게 하고 분말도를 4000~4500cm^2/g로 미분쇄하여 초기강도를 크게 한 시멘트이다.

해설
- 초속경 시멘트는 물과 혼합하면 수 분 후에 경화가 시작되어 2~3시간에 압축강도는 10MPa에 달한다.
- 조강 포틀랜드 시멘트는 수화열의 발생이 크고 초기강도가 보통 포틀랜드 시멘트보다 크다.
- 알루미나 시멘트는 1일 강도가 보통 시멘트의 28일 강도와 거의 같아 긴급공사나 공기 단축용으로 사용된다.

답안 표기란				
11	①	②	③	④
12	①	②	③	④
13	①	②	③	④

week 01

정답 08. ② 09. ③ 10. ③ 11. ② 12. ① 13. ④

• 수험번호:
• 수험자명:

글자 크기 100% 150% 200% | 화면 배치 | • 전체 문제 수:
• 안 푼 문제 수:

답안 표기란				
14	①	②	③	④
15	①	②	③	④
16	①	②	③	④

14 레디믹스트 콘크리트의 제조에 사용되는 물로서 상수돗물 이외의 물의 품질규정에 대한 설명으로 틀린 것은?

① 현탁 물질의 양은 5g/L 이하여야 한다.
② 염소 이온(Cl^-)의 양은 250mg/L 이하여야 한다.
③ 용해성 증발 잔류물의 양은 1g/L 이하여야 한다.
④ 모르타르의 압축 강도비는 재령 7일 및 재령 28일에서 90% 이상이어야 한다.

해설 현탁 물질의 양은 2g/L 이하여야 한다.

15 아래 표의 시험항목 중 KS F 2561(철근 콘크리트용 방청제)의 품질시험 항목으로 규정되어 있는 것으로 올바르게 나타낸 것은?

> ㉠ 콘크리트의 블리딩 시험
> ㉡ 콘크리트의 압축강도 시험
> ㉢ 콘크리트의 길이변화 시험
> ㉣ 전체 알칼리량 시험

① ㉠, ㉡　　② ㉠, ㉣
③ ㉡, ㉢　　④ ㉡, ㉣

해설 콘크리트의 응결시간 및 압축강도 시험, 염화물 이온량, 전체 알칼리량 시험을 한다.

16 시멘트 클링커의 주요 조성화합물인 엘라이트(C_3S)와 벨라이트(C_2S)의 수화물 특성에 대한 설명으로 옳은 것은?

① 수화열은 C_2S보다 C_3S가 크다.
② 화학저항성은 C_3S보다 C_2S가 작다.
③ 수화반응속도는 C_3S보다 C_2S가 빠르다.
④ 재령 28일 이내의 단기강도는 C_2S보다 C_3S가 작다.

해설
• 화학저항성은 C_2S보다 C_3S가 작다.
• 수화반응속도는 C_2S보다 C_3S가 빠르다.
• 재령 28일 이내의 단기강도는 C_3S보다 C_2S가 작다.

17 아래의 표는 어떤 2종 포틀랜드 시멘트의 화학성분 분석 결과이다. 이 2종 포틀랜드 시멘트 성분 중 C_3A의 조성비를 한국산업표준(KS)에 따라 구한 값은?

밀도 (g/cm^3)	화학성분(%)					
	CaO	SiO_2	Al_2O_3	Fe_2O_3	MgO	SO_3
3.14	62.16	21.61	4.71	3.52	2.55	2.04

① 6.5%　② 8.5%
③ 10.5%　④ 12.5%

해설 $C_3A = (2.65 \times Al_2O_3) - (1.69 \times Fe_2O_3)$
$= (2.65 \times 4.71) - (1.69 \times 3.52) = 6.5\%$

18 르샤틀리에 병에 의한 시멘트의 밀도 시험 결과가 아래의 표와 같을 때 시멘트의 밀도는?

〈밀도 시험 결과〉
- 사용한 시멘트양 : 64g
- 광유를 넣은 병의 눈금 : 0.83mL
- (광유+시멘트)를 넣은 병의 눈금 : 20.7mL

① $2.93g/cm^3$　② $3.17g/cm^3$
③ $3.22g/cm^3$　④ $3.47g/cm^3$

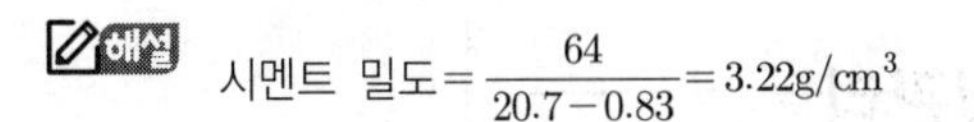
해설 시멘트 밀도 $= \frac{64}{20.7 - 0.83} = 3.22g/cm^3$

19 콘크리트 $1m^3$를 만드는 배합설계에서, 단위시멘트량이 320kg, 단위수량이 160kg, 공기량이 5%이었다. 잔골재율이 35%, 잔골재 표건밀도가 $2.7g/cm^3$, 굵은골재 표건밀도가 $2.6g/cm^3$, 시멘트의 밀도가 $3.2g/cm^3$일 때 단위잔골재량(S)은?

① 614kg　② 652kg
③ 685kg　④ 721kg

해설
$V = 1 - \left(\frac{160}{1 \times 1000} + \frac{320}{3.2 \times 1000} + \frac{5}{100}\right) = 0.69m^3$

$\therefore S = 2.7 \times 0.69 \times 0.35 \times 1000 = 652kg$

답안 표기란

17	①	②	③	④
18	①	②	③	④
19	①	②	③	④

정답 14. ① 15. ④ 16. ① 17. ① 18. ③ 19. ②

week 01

20 설계기준 압축강도(f_{ck})가 40MPa이며 내구성 기준 압축강도(f_{cd})가 35MPa인 콘크리트의 배합강도를 아래의 조건을 따라 구하면?

〈조 건〉

- 22회의 압축강도 시험에서 구한 압축강도의 표준편차 : 5MPa
- 시험횟수가 20회일 때 표준편차의 보정계수 : 1.08
- 시험횟수가 25회일 때 표준편차의 보정계수 : 1.03

① 47.11MPa ② 48.35MPa
③ 48.85MPa ④ 50.00MPa

해설
- f_{ck}와 f_{cd} 중 큰 값인 40MPa가 품질기준강도(f_{cq})이다.
- 배합강도(f_{cr})

$f_{cq} > 35\text{MPa}$이므로 $f_{cr} = f_{cq} + 1.34s = 40 + 1.34 \times (5 \times 1.06) = 47.1\,\text{MPa}$

$f_{cr} = 0.9 f_{cq} + 2.33s = 0.9 \times 40 + 2.33 \times (5 \times 1.06) = 48.35\,\text{MPa}$

∴ 두 식 중 큰 값은 48.35MPa이다.

여기서, 표준편차 보정계수가 20회 1.08, 25회 1.03이므로

직선 보간은 $\frac{1.08 - 1.03}{25 - 20} = 0.01$씩 고려하면

22회의 경우 $1.03 + (0.01 \times 3) = 1.06$이다.

2과목 콘크리트 제조, 시험 및 품질관리

21 콘크리트의 공기량 측정시 흡수율이 큰 골재의 경우 골재 낱알의 흡수가 시험결과에 큰 영향을 미치므로 골재의 수정계수를 측정하여야 한다. 다음과 같은 1배치 배합에 대하여 압력방법(워싱턴형 공기량 측정기, KS F 2421)에 의한 수정계수를 구할 때 필요한 잔골재 및 굵은골재량을 구하면? (단, 공기량 시험기의 용적은 6l로 한다.)

구 분	W/C (%)	S/a (%)	혼합수	시멘트	잔골재	굵은골재
1배치량(30l, kg)	51	43.9	5.55	18.15	22.47	29.19
밀도(g/cm³)	–	–	1.0	3.15	2.60	2.65

① 잔골재=3.5kg, 굵은골재=4.8kg
② 잔골재=4.5kg, 굵은골재=5.8kg
③ 잔골재=5.5kg, 굵은골재=6.8kg
④ 잔골재=6.5kg, 굵은골재=7.8kg

답안 표기란
20 ① ② ③ ④
21 ① ② ③ ④

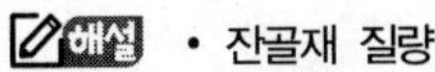

• 잔골재 질량

$$F_s = \frac{S}{B} \times F_b = \frac{6}{30} \times 22.47 = 4.5\text{kg}$$

• 굵은골재 질량

$$C_s = \frac{S}{B} \times C_b = \frac{6}{30} \times 29.19 = 5.8\text{kg}$$

답안 표기란				
22	①	②	③	④
23	①	②	③	④
24	①	②	③	④

22 보통 콘크리트와 비교할 때 AE 콘크리트의 특성이 아닌 것은?

① 워커빌리티(workability)의 증가
② 동결 융해에 대한 저항성 증가
③ 단위수량 감소
④ 잔골재율 증가

• 콘크리트의 블리딩이 감소되며 수밀성이 증대된다.
• 입형이나 입도가 불량한 골재를 사용할 경우에 공기 연행의 효과가 크다.
• 일반적으로 빈배합의 콘크리트일수록 공기연행에 의한 워커빌리티의 개선 효과가 크다.
• 단위 시멘트량 및 컨시스턴시가 일정한 경우 공기량 1%의 증가에 대하여 물-결합재비는 2~4% 정도 감소한다.

23 공기량이 콘크리트의 물성에 미치는 영향을 설명한 것으로 틀린 것은?

① 연행공기는 콘크리트의 워커빌리티를 개선하며, 공기량 1% 증가에 따라 슬럼프는 약 25mm 증가한다.
② 동결에 의한 팽창응력을 기포가 흡수함으로써 콘크리트의 동결 융해 저항성을 개선한다.
③ 동일한 물-시멘트비에서는 공기량이 증가할 때 압축강도가 증가한다.
④ 일반적으로 공기량이 증가하면 탄성계수는 감소한다.

해설 동일한 물-시멘트비에서는 공기량이 증가할 때 압축강도는 감소한다.

24 비파괴검사에 의하여 검사할 수 없는 것은?

① 콘크리트 강도
② 콘크리트 배합비
③ 철근 부식 유무
④ 콘크리트 부재의 크기

해설 비파괴검사로 콘크리트 강도, 철근 부식 유무, 철근의 피복두께 · 직경 · 배근 간격 등을 알 수 있다.

정답 20. ② 21. ② 22. ④ 23. ③ 24. ②

week 01

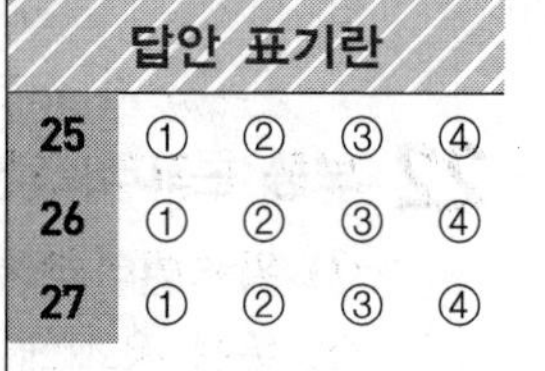

답안 표기란				
25	①	②	③	④
26	①	②	③	④
27	①	②	③	④

25 아래 그림은 초음파 속도법의 측정법 중 한 종류를 나타낸다. 이 측정법의 명칭으로 옳은 것은?

① 표면법
② 직접법
③ 간접법
④ 추정법

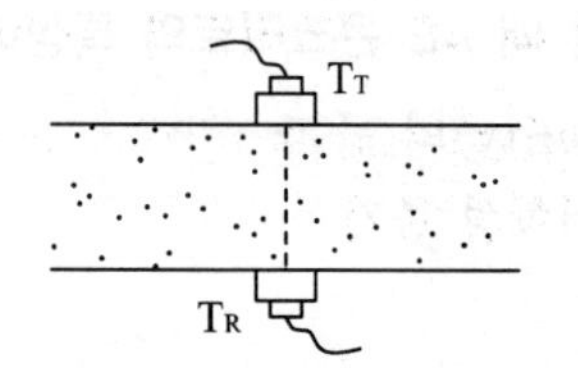

해설 초음파 시험은 물리적 성질을 알아보기 위한 시험으로 콘크리트의 강도 추정을 위한 비파괴 방법으로 콘크리트 내부의 결함이나 균열깊이를 추정한다.

26 레디믹스트 콘크리트(KS F 4009)에서 규정하고 있는 콘크리트 회수수의 품질기준으로 틀린 것은?

① 염소이온량 : 350mg/L 이하
② 시멘트 응결시간의 차 : 초결 30분 이내, 종결 60분 이내
③ 모르타르 압축강도비 : 재령 7일 및 28일에서 90% 이상
④ 단위 슬러지 고형분율 : 3.0% 초과하면 안 됨

해설 **염소이온량** : 250mg/L 이하

27 댐 건설 현장에서 콘크리트를 타설한 후 다음날 타설된 콘크리트를 확인하였더니 타설된 콘크리트 표면에 폭 2mm 이하의 균열이 여러 군데에서 발견되었다. 다음 중 가장 적정하게 처리한 것은?

① 균열이 생긴 부분을 사진으로 촬영하여 둔다.
② 댐에서 균열 폭이 2mm 이하인 균열은 관리하지 않고 다음 공정을 준비한다.
③ 타설한 콘크리트가 1일밖에 지나지 않았기 때문에 조치 없이 7일 후에 다시 와서 관리한다.
④ 균열이 생긴 부분을 연필 등으로 처음과 끝부분을 표시하고, 균열 발생 확인 날짜 등을 현장에 표시한 후 균열관리 대장에 기입하여 계측 관리한다.

해설 균열이 발생시 균열부위를 사진으로 촬영하고 균열의 원인분석, 진행여부 및 조치후 다음 공정을 준비해야 한다.

28 **레디믹스트 콘크리트 운반차와 운반시간에 대한 설명으로 옳지 않은 것은?**

① 덤프트럭은 포장 콘크리트 중 슬럼프 25mm의 콘크리트를 운반하는 경우에 한하여 사용할 수 있다.
② 덤프트럭으로 콘크리트를 운반하는 경우, 운반 시간의 한도는 혼합하기 시작하고 나서 1시간 이내에 공사 지점에 배출할 수 있도록 운반한다.
③ 트럭 애지테이터나 트럭 믹서로 콘크리트를 운반하는 경우, 콘크리트는 혼합하기 시작하고 나서 1.5시간 이내에 공사 지점에 배출할 수 있도록 운반한다.
④ 덤프트럭으로 운반 했을 때 콘크리트의 1/4과 3/4의 부분에서 각각 시료를 채취하여 슬럼프 시험을 하였을 경우 양쪽 슬럼프 차이가 30mm 이하여야 한다.

해설 덤프트럭으로 운반 했을 때 콘크리트의 1/3과 2/3의 부분에서 각각 시료를 채취하여 슬럼프 시험을 하였을 경우 양쪽 슬럼프 차이가 20mm 이하여야 한다.

29 **일반적으로 사용되는 굳은 콘크리트의 강도 특성 중 가장 중요시되는 것은?**

① 휨강도　　② 압축강도
③ 인장강도　　④ 전단강도

해설 콘크리트 강도는 일반적으로 압축강도를 말하며 콘크리트 압축강도는 콘크리트의 품질을 나타내는 기준으로서 가장 중요한 성질이고 재령 28일 강도를 설계 기준강도로 하고 있다.

30 **잔골재의 품질관리에 대한 사항 중 틀린 것은?**

① 잔골재의 시험횟수는 공사 초기에는 1일 2회 이상 시험하는 것이 바람직하다.
② 잔골재의 시험횟수는 주로 그 입도 및 함수율의 변화 정도에 따라 정할 필요가 있다.
③ 잔골재로 바닷모래를 사용할 경우는 염화물, 입도 및 함수율의 시험 빈도를 다른 잔골재보다 감소시킬 필요가 있다.
④ 잔골재의 저장 및 취급방법이 적절하고 입도 및 함수율의 변화가 적다고 판단됨에 따라서 시험횟수를 줄여가는 것이 좋다.

해설 잔골재로 바닷모래를 사용할 경우는 염화물, 입도 및 함수율의 시험 빈도를 다른 잔골재보다 증가시킬 필요가 있다.

답안 표기란

28	①	②	③	④
29	①	②	③	④
30	①	②	③	④

week 01

정답 25. ② 26. ① 27. ④ 28. ④ 29. ② 30. ③

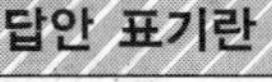

답안 표기란				
31	①	②	③	④
32	①	②	③	④
33	①	②	③	④

31 공사현장에서 양생한 공시체에 관한 내용으로 틀린 것은?

① 설계기준 압축강도보다 3.5MPa를 초과하면 85%의 한계조항은 무시할 수 있다.
② 현장 양생되는 공시체는 시험실에서 양생되는 공시체의 양생시간보다 길게 하고 동일한 시료를 사용하여 만들어야 한다.
③ 실제의 구조물에서 콘크리트의 보호와 양생이 적절한지를 검토하기 위하여 현장상태에서 양생된 공시체 강도의 시험을 요구할 수 있다.
④ 지정된 시험 재령일에 실시한 현장 양생된 공시체의 강도가 동일 조건의 시험실에서 양생된 공시체 강도의 85%보다 작을 때 콘크리트의 양생과 보호절차를 개선하여야 한다.

해설 현장 양생되는 공시체는 시험실에서 양생되는 공시체와 똑같은 시간에 동일한 시료를 사용하여 만들어야 한다.

32 콘크리트 현장 품질관리에서 재하 시험에 의한 구조물의 성능시험을 실시하여야 하는 경우로 틀린 것은?

① 공사 중에 콘크리트가 동해를 받았다고 생각되는 경우
② 공사 중 구조물의 안전에 어떠한 근거 있는 의심이 생긴 경우
③ 공사 중 현장에서 취한 콘크리트 압축강도 시험 결과를 보고 강도에 문제가 있다고 판단되는 경우
④ 콘크리트의 받아들이기 품질검사 항목에서 판정기준을 3가지 이상 벗어나는 콘크리트로 시공한 경우

해설
• 책임기술자가 필요하다고 인정했을 때 구조물의 안정성을 확인하기 위하여 실시하는 것이 재하시험이다.
• 재하 도중 및 재하 완료 후 구조물의 처짐, 변형률 등이 설계에 있어서 고려한 값에 대해 이상이 있는지 확인해야 한다.

33 거푸집 및 동바리의 해체에 대한 설명으로 틀린 것은?

① 보 등의 수평부재의 거푸집은 기둥, 벽 등 수직부재의 거푸집보다 일찍 해체하는 것이 원칙이다.
② 확대기초, 보 등의 측면 거푸집을 탈형하기 위해서 콘크리트 압축강도는 5MPa 이상이 되도록 하는 것이 좋다.
③ 거푸집널 존치기간 중 평균기온이 10℃ 이하인 경우에는 압축

강도 시험을 수행하여 확인한 후에 해체해야 한다.

④ 콘크리트 내부의 온도와 표면 온도차가 크면 균열발생의 가능성이 커지므로 주의해야 한다.

해설
- 기둥, 벽 등의 수직부재의 거푸집은 보 등의 수평부재의 거푸집보다 일찍 해체하는 것이 원칙이며 보의 양 측면의 거푸집은 바닥판보다 먼저 해체 하여도 좋다.
- 특히 내구성이 중요한 구조물에서는 콘크리트의 압축강도가 10MPa 이상일 때 거푸집을 해체할 수 있다.

답안 표기란

34	①	②	③	④
35	①	②	③	④

34 굳은 콘크리트의 압축강도에 영향을 미치는 요소에 대한 일반적인 설명으로 틀린 것은?

① 공기량이 적을수록 압축강도는 증가한다.

② 물-결합비비가 낮을수록 압축강도는 증가한다.

③ 시험체의 재하속도가 느릴수록 압축강도는 증가한다.

④ 단위수량이 동일한 경우 시멘트양이 증가하면 압축강도는 증가한다.

해설 시험체의 재하속도가 빠를수록 압축강도는 증가한다.

35 콘크리트 균열에 대한 검토 사항 중 옳지 않은 것은?

① 미관이 중요한 구조라 해도 미관상의 허용 균열폭이 없기 때문에 균열 검토를 하지 않는다.

② 콘크리트에 발생되는 균열이 구조물의 기능, 내구성 및 미관 등의 사용 목적에 손상을 주는가에 대하여 적절한 방법으로 검토해야 한다.

③ 균열 제어를 위한 철근은 필요로 하는 부재 단면의 주변에 분산시켜 배치하여야 하고, 이 경우 철근의 지름과 간격을 가능한 한 작게 하여야 한다.

④ 내구성에 대한 균열의 검토는 콘크리트 표면의 균열 폭을 환경조건, 피복두께, 공용기간으로부터 정해지는 강재부식에 대한 균열 폭 이하로 제어하는 것을 원칙으로 한다.

해설
- 미관이 중요한 구조는 미관상의 허용 균열 폭을 설정하여 균열을 검토할 수 있다.
- 특별히 수밀성이 요구되는 구조는 적절한 방법으로 균열에 대한 검토를 하여야 한다.

정답 31. ② 32. ④ 33. ① 34. ③ 35. ①

답안 표기란

36	①	②	③	④
37	①	②	③	④
38	①	②	③	④

36 **현장에서 타설하는 콘크리트를 대상으로 압축강도에 의한 콘크리트의 품질검사를 실시하고자 한다. 하루 $360m^3$의 콘크리트가 제조 및 타설된다면 실시해야 할 검사 횟수는? (단, 1회의 시험값은 공시체 3개의 압축강도 시험값의 평균값이다.)**

① 2회 ② 3회
③ 4회 ④ 5회

해설 콘크리트 표준시방서에서 압축강도 시험은 $120m^3$마다 실시하므로 3회이다.

37 **콘크리트 타설에 대한 설명으로 틀린 것은?**

① 콘크리트 표면에 고인 물은 홈을 만들어 흐르게 하는 것이 좋다.
② 외기온도가 높아질수록 허용 이어치기 시간 간격은 짧게 하는 것이 좋다.
③ 콘크리트를 쳐 올라가는 속도가 너무 빠르면 재료분리가 일어나기 쉽다.
④ 타설한 콘크리트는 거푸집 안에서 내부진동기를 이용하여 횡방향으로 이동시킬 수 없다.

해설 고인 물을 제거 시키기 위해 콘크리트 표면에 홈을 만들어 흐르게 해서는 안 된다.

38 **안지름이 25cm, 안높이가 28.5cm인 용기에 콘크리트를 넣고 2시간 동안 블리딩에 의한 물의 양을 측정했을 때 64.5mL이었다면, 이때 블리딩량은?**

① $0.13mL/cm^2$ ② $0.013mL/cm^2$
③ $0.92mL/cm^2$ ④ $0.092mL/cm^2$

해설 $$\text{블리딩량} = \frac{V}{A} = \frac{64.5}{\frac{\pi \times 25^2}{4}} = 0.13\,mL/cm^2$$

39 콘크리트의 품질변동을 정량적으로 나타내는데 있어서, 10개 공시체의 압축강도를 측정한 결과의 평균강도가 25MPa이고, 표준편차가 2.5MPa인 경우의 변동계수는?

① 10%　② 15%
③ 20%　④ 25%

해설 변동계수 $= \frac{표준편차}{평균강도} \times 100 = \frac{2.5}{25} \times 100 = 10\%$

40 현장에서 콘크리트 압축강도를 20회 측정한 결과 표준편차는 1.4MPa이었다. 품질기준강도가 30MPa일 때 배합강도(f_{cr})는? (단, 시험회수가 20회일 때의 표준편차의 보정계수는 1.08을 사용한다.)

① 28MPa　② 30MPa
③ 32MPa　④ 40MPa

해설 배합강도(f_{cr})

$f_{cq} \le 35\text{MPa}$ 이므로

- $f_{cr} = f_{cq} + 1.34s = 30 + 1.34 \times (1.4 \times 1.08) = 32.02\text{MPa}$
- $f_{cr} = (f_{cq} - 3.5) + 2.33s = (30 - 3.5) + 2.33 \times (1.4 \times 1.08) = 30.02\text{MPa}$

∴ 두 식 중 큰 값은 32MPa이다.

3과목 콘크리트의 시공

41 수밀 콘크리트의 공기량은 최대 몇 % 이하로 하여야 하는가?

① 2%　② 4%
③ 6%　④ 8%

해설 수밀 콘크리트에서 물-결합재비는 50% 이하를 표준한다.

42 먼저 타설된 콘크리트와 나중에 타설되는 콘크리트 사이에 완전히 일체화가 되어 있지 않음에 따라 발생하는 이음은?

① 겹침이음　② 균열유발줄눈
③ 콜드 조인트　④ 신축줄눈

해설 콜드 조인트는 예기치 않은 시공이음으로 날씨 변동이나 기계 고장 등으로 발생한다.

답안 표기란				
39	①	②	③	④
40	①	②	③	④
41	①	②	③	④
42	①	②	③	④

week 01

정답 36. ② 37. ① 38. ① 39. ① 40. ③ 41. ② 42. ③

43 매스 콘크리트의 온도균열 방지 및 제어방법으로 적당하지 않은 것은?

① 팽창 콘크리트의 사용에 의한 균열방지방법을 실시한다.
② 외부 구속을 많이 받는 벽체 구조물의 경우에는 수축이음을 설치한다.
③ 프리쿨링(pre-cooling)과 파이프 쿨링(pipe cooling)을 한다.
④ 프리웨팅(pre-wetting)을 한다.

해설 균열제어 철근의 배치에 의한 방법 등이 있다.

44 포장용 콘크리트의 배합기준에 대한 설명으로 틀린 것은?

① 휨 호칭강도(f_{28})는 3MPa 이상이어야 한다.
② 단위 수량은 150 kg/m^3 이하이어야 한다.
③ 공기연행 콘크리트의 공기량 범위는 4~6%이어야 한다.
④ 굵은골재의 최대치수는 40mm 이하이어야 한다.

해설
- 휨 호칭강도(f_{28}) : 4.5MPa 이상
- 슬럼프 : 40mm 이하

45 수중 불분리성 콘크리트의 시공에 대한 설명으로 틀린 것은?

① 유속이 50mm/s 정도 이하의 정수 중에서 수중낙하높이 0.5m 이하이어야 한다.
② 타설은 콘크리트 펌프 또는 트레미 사용을 원칙으로 한다.
③ 일반 수중콘크리트보다 트레미 및 콘크리트 펌프 1개당 타설면적을 크게 해도 좋다.
④ 콘크리트의 수중 유동거리는 8m 이하로 한다.

해설 콘크리트의 수중 유동거리는 5m 이하로 한다.

46 콘크리트의 경화나 강도 발현을 촉진하기 위해 실시하는 촉진양생 방법에 속하지 않는 것은?

① 전기양생　② 막양생
③ 상압증기양생　④ 고온고압양생

답안 표기란

43	①	②	③	④
44	①	②	③	④
45	①	②	③	④
46	①	②	③	④

해설 습윤양생에는 콘크리트에 수분을 공급하는 급습양생, 콘크리트 중의 수분의 증발을 방지하는 막양생 등이 있다.

답안 표기란				
47	①	②	③	④
48	①	②	③	④
49	①	②	③	④

47 서중 콘크리트에 대한 설명 중 틀린 것은?

① 일반적으로는 기온 10℃의 상승에 대하여 단위수량은 2~5% 증가하므로 소요의 압축강도를 확보하기 위해서는 단위수량에 비례하여 단위 시멘트량의 증가를 검토하여야 한다.

② 소요의 강도 및 워커빌리티를 얻을 수 있는 범위 내에서 단위수량 및 단위 시멘트량을 최대로 확보하여야 한다.

③ 콘크리트를 타설할 때의 콘크리트 온도는 35° 이하이어야 한다.

④ 콘크리트는 비빈 후 즉시 타설하여야 하며, 지연형 감수제를 사용하는 등의 일반적인 대책을 강구한 경우라도 1.5시간 이내에 타설하여야 한다.

해설
- 소요의 강도 및 워커빌리티를 얻을 수 있는 범위 내에서 단위수량 및 단위 시멘트량을 적게 한다.
- 타설 후 적어도 24시간은 노출면이 건조하는 일이 없도록 습윤상태로 유지한다. 또 양생은 적어도 5일 이상 실시한다.
- 하루 평균기온이 25℃를 초과하는 것이 예상되는 경우 서중 콘크리트로 시공하여야 한다.

48 ϕ100×200mm인 원주형 공시체를 사용한 쪼갬 인장강도시험에서 파괴하중이 120kN이면 콘크리트의 쪼갬 인장강도는?

① 1.91 MPa　　② 3.0 MPa

③ 3.82 MPa　　④ 6.0 MPa

해설 인장강도 $= \frac{2P}{\pi d l} = \frac{2\times 120000}{3.14\times 100\times 200} = 3.82\text{MPa}$

49 팽창 콘크리트의 팽창률에 대하여 기술한 것으로 틀린 것은?

① 수축 보상용 콘크리트의 팽창률은 150×10^{-6} 이상, 250×10^{-6} 이하인 값을 표준으로 한다.

② 화학적 프리스트레스용 콘크리트의 팽창률은 200×10^{-6} 이상, 700×10^{-6} 이하를 표준으로 한다.

③ 프리캐스트 콘크리트에 사용하는 화학적 프리스트레스용 콘크리트의 팽창률은 100×10^{-6} 이상, 700×10^{-6} 이하를 표준으로 한다.

④ 콘크리트의 팽창률은 일반적으로 재령 7일에 대한 시험값을 기준으로 한다.

정답 43. ④ 44. ① 45. ④ 46. ② 47. ② 48. ③ 49. ③

week 01

해설 프리캐스트 콘크리트에 사용하는 화학적 프리스트레스용 콘크리트의 팽창률은 200×10^{-6} 이상, $1,000\times10^{-6}$ 이하를 표준으로 한다.

50 매스 콘크리트로 다루어야 하는 구조물 부재치수의 일반적인 표준에 대한 아래 문장의 (　)에 알맞은 수치는?

> 넓이가 넓은 평판 구조에서는 두께 (㉠)m 이상, 하단이 구속된 벽조에서는 두께 (㉡)m 이상일 경우

① ㉠ 0.5, ㉡ 0.8　② ㉠ 0.8, ㉡ 0.5
③ ㉠ 0.5, ㉡ 1.0　④ ㉠ 1.0, ㉡ 0.5

해설 프리스트레스트 콘크리트 구조물 등 부배합의 콘크리트가 쓰이는 경우에는 더 얇은 부재라도 구속조건에 따라 매스 콘크리트로 다룬다.

51 한중 콘크리트에 대한 설명으로 틀린 것은?

① 하루의 평균기온이 4℃ 이하가 예상되는 조건일 때는 한중 콘크리트로 시공하여야 한다.
② 재료를 가열할 경우, 물 또는 골재를 가열하는 것으로 하며, 시멘트는 어떠한 경우라도 직접 가열할 수 없다.
③ 한중 콘크리트에는 공기연행 콘크리트를 사용하는 것을 원칙으로 한다.
④ 타설할 때의 콘크리트 온도는 구조물의 단면치수, 기상조건 등을 고려하여 2~10℃의 범위에서 정하여야 한다.

해설 타설할 때의 콘크리트 온도는 구조물의 단면치수, 기상 조건 등을 고려하여 5~20℃의 범위에서 정하여야 한다.

52 콘크리트 수평 시공이음의 시공에 있어서 일체성 확보를 위하여 채택될 수 있는 역방향 타설 콘크리트의 시공이음 방법이 아닌 것은?

① 간접법　② 주입법
③ 직접법　④ 충전법

해설 콘크리트 수평 시공이음의 시공에 있어서 일체성 확보를 위하여 채택될 수 있는 역방향 타설 콘크리트의 시공이음 방법에는 직접법, 충전법, 주입법이 있다.

답안 표기란				
50	①	②	③	④
51	①	②	③	④
52	①	②	③	④

53 숏크리트의 기능에 대한 설명으로 틀린 것은?

① 강지보재 또는 록볼트에 지반 압력을 전달하는 기능을 발휘하도록 하여야 한다.
② 굴착면을 피복하여 풍화방지, 지수, 세립자 유출 등을 방지하도록 한다.
③ 비탈면, 법면 또는 벽면 보호는 별도의 보강공법이 적용되기 때문에 숏크리트 설치로 인한 추가 안정성 확보는 필요 없다.
④ 지반과의 부착 및 자체 전단 저항효과로 숏크리트에 작용하는 외력을 지반에 분산시키고, 터널 주변의 붕락하기 쉬운 암괴를 지지하며, 굴착면 가까이에 지반 아치가 형성될 수 있도록 한다.

해설 비탈면, 법면 또는 벽면의 풍화나 박리, 박락을 방지하기 위해 숏크리트를 적용할 경우에는 철망 등의 보강재를 설치하고 뿜어붙이기 작업을 실시할 수도 있으며 섬유 보강재를 사용하여 뿜어붙이기 작업을 실시할 수도 있다.

54 콘크리트 타설 전에 검토해야 할 매우 중요한 시공 요인인 콘크리트의 측압에 영향을 미치는 요인에 대한 설명으로 틀린 것은?

① 콘크리트의 타설 속도가 빠르면 측압은 커지게 된다.
② 생콘크리트의 단위중량이 클수록 측압은 커지게 된다.
③ 콘크리트의 타설 높이가 높으면 측압은 커지게 된다.
④ 콘크리트의 온도가 높을수록 측압은 커지게 된다.

해설 콘크리트의 온도가 높을수록 측압은 작아지게 된다.

55 고강도 콘크리트에 대한 일반적인 설명으로 틀린 것은?

① 고성능 감수제(고유동화제)의 개발로 인해 고강도 콘크리트의 제조가 가능해졌다.
② 고강도 콘크리트는 믹서에 재료를 투입하는 순서에 따라서 강도 발현이 달라진다.
③ 고강도 콘크리트는 사용되는 굵은골재의 최대치수가 클수록 강도면에서 유리하다.
④ 고강도 콘크리트는 응집력이 강한 부배합 콘크리트이므로 재료들을 잘 섞을 수 있는 믹서사용이 효과적이며, 일반적으로 가경식 믹서보다는 강제식 팬 믹서가 좋다.

해설 고강도 콘크리트에 사용되는 굵은골재 최대치수는 25mm 이하로 하며 철근 최소 수평순간격의 3/4 이내의 것을 사용하도록 한다.

답안 표기란				
53	①	②	③	④
54	①	②	③	④
55	①	②	③	④

week 01

정답 50. ② 51. ④ 52. ① 53. ③ 54. ④ 55. ③

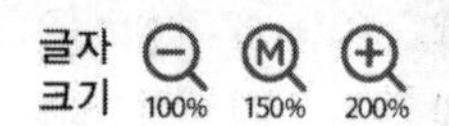

답안 표기란				
56	①	②	③	④
57	①	②	③	④
58	①	②	③	④

56 **일반 콘크리트의 시공에 대한 주의사항으로 옳지 않은 것은?**

① 넓은 장소에서는 콘크리트 공급원으로부터 가까운 쪽에서 시작해서 먼 쪽으로 타설한다.

② 타설까지의 시간이 길어질 경우에는 양질의 지연제, 유동화제 등의 사용을 사전에 검토해야 한다.

③ 비비기로부터 타설이 끝날 때까지의 시간은 외기온도가 25℃ 이상일 때는 1.5시간을 넘어서는 안 된다.

④ 콘크리트를 2층 이상으로 나누어 타설할 경우, 상층의 콘크리트 타설은 원칙적으로 하층의 콘크리트가 굳기 시작하기 전에 해야 한다.

해설 넓은 장소에서는 콘크리트 공급원으로부터 먼 쪽에서 시작해서 가까운 쪽으로 타설한다.

57 **방사선 차폐용 콘크리트의 제조 시 사용되는 혼화재료들에 관한 설명으로 옳지 않은 것은?**

① 수화발열량을 줄이기 위한 혼화재를 사용하기도 한다.

② 균질한 내부 밀도 형성이 중요하므로 AE제 사용을 원칙으로 한다.

③ 단위수량이나 단위시멘트량을 적게 할 목적으로 감수제를 사용하는 경우가 많다.

④ 콘크리트의 단위질량을 크게 하기 위하여 중정석이나 철광석 등의 미분말을 사용하기도 한다.

해설 균질한 내부 밀도 형성이 중요하므로 AE제 사용을 원칙으로 하지 않는다.

58 **굵은골재 최대치수 규정에 대한 설명으로 틀린 것은?**

① 슬래브 두께의 1/3 이하

② 일반적인 구조물의 경우 40mm

③ 거푸집 양 측면 사이의 최소 거리의 1/5 이하

④ 개별철근, 다발철근, 긴장재 또는 덕트 사이 최소 순간격의 3/4 이하

해설
- 일반적인 구조물의 경우 : 20mm 또는 25mm
- 단면이 큰 구조물의 경우 : 40mm

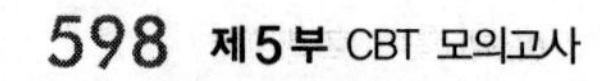

59 수중공사용 프리플레이스트 콘크리트의 주입 모르타르 제조에 사용하는 혼화재료로 적당하지 않은 것은?

① 감수제 ② 응결촉진제
③ 알루미늄 미분말 ④ 고로 슬래그 미분말

해설 프리플레이스트 콘크리트용 주입 모르타르에 사용되는 혼화재료는 유동성 향상, 재료 분리 저항성, 응결 조절성, 팽창성 등의 효과가 있어야 한다.

60 일반 숏크리트의 설계기준 압축강도는 재령 28일로 설정한다. 이때 설계기준 압축강도는 몇 MPa이상이어야 한는가? (단, 영구 지보재 개념으로 숏크리트를 타설한 경우는 제외한다.)

① 21MPa 이상 ② 24MPa 이상
③ 27MPa 이상 ④ 30MPa 이상

해설 일반 숏크리트의 설계기준 압축강도는 재령 28일로 설정하며 21MPa 이상으로 한다. 단, 영구 지보재 개념으로 숏크리트를 타설 할 경우에는 설계기준 압축강도를 35MPa 이상으로 한다.

4과목 콘크리트 구조 및 유지관리

61 콘크리트 중성화에 관한 설명 중 틀린 것은?

① 중성화 깊이는 일반적으로 구조물의 사용기간이 길어짐에 따라 깊어진다.
② 중성화 속도는 물-결합재비가 낮을수록 빨라진다.
③ 수중의 콘크리트보다 습윤의 영향을 받는 콘크리트가 중성화 진행이 빠르다.
④ 온도가 높은 쪽이 온도가 낮은 쪽보다 중성화 진행이 빠르다.

해설
- 중성화 속도는 물-결합재비가 클수록 빨라진다.
- 옥외는 옥내보다 탄산가스 농도가 낮기 때문에 늦다.

62 다음 중 콘크리트 구조물의 보강공법으로 보기 어려운 것은?

① 두께 증설공법 ② FRP 접착공법
③ 균열주입공법 ④ 프리스트레스 도입공법

해설 균열주입공법은 보수공법이다.

답안 표기란				
59	①	②	③	④
60	①	②	③	④
61	①	②	③	④
62	①	②	③	④

정답 56. ① 57. ② 58. ② 59. ② 60. ① 61. ② 62. ③

답안 표기란				
63	①	②	③	④
64	①	②	③	④
65	①	②	③	④

63 직사각형 단면을 가지는 단순보에서 콘크리트가 부담하는 공칭전단강도(V_c)는? (단, 직사각형 단면의 폭 300mm, 유효깊이 500mm, f_{ck}=27MPa, λ=1.0)

① 54.6 kN ② 72.6 kN
③ 89.6 kN ④ 129.9 kN

해설
$$V_c = \frac{1}{6}\lambda\sqrt{f_{ck}}\,b_w d = \frac{1}{6} \times 1.0 \times \sqrt{27} \times 300 \times 500 = 129.9\text{kN}$$

64 보의 폭이 400mm, 높이가 600mm, 보의 유효깊이가 500mm, 인장 철근량이 2336mm^2, 압축철근량이 1524mm^{2}인 복철근 직사각형 단면의 보에서 하중에 의한 탄성처짐량이 1.2mm이다. 하중 재하 1년 후 총 처짐량은?

① 1.2mm ② 2.4mm
③ 3.6mm ④ 4.0mm

해설
- $\rho' = \dfrac{A_s'}{bd} = \dfrac{1524}{400 \times 500} = 0.00762$
- $\lambda_\Delta = \dfrac{\xi}{1+50\rho'} = \dfrac{1.4}{1+50 \times 0.00762} = 1.01$
- 장기처짐량 = 탄성처짐량 × λ_Δ = $1.2 \times 1.01 = 1.2\text{mm}$
- 총처짐량 = 탄성처짐량 + 장기처짐량 = $1.2 + 1.2 = 2.4\text{mm}$

65 4변에 의해 지지되는 2방향 슬래브 중 1방향 슬래브로서 해석할 수 있는 경우는? (단, L : 슬래브의 장경간, S : 슬래브의 단경간)

① $\dfrac{L}{S}$이 2보다 클 때 ② $\dfrac{L}{S}$이 1일 때
③ $\dfrac{S}{L}$가 2보다 클 때 ④ $\dfrac{L}{S}$가 1보다 작을 때

해설
- 1방향 슬래브
  $\dfrac{L}{S} \geq 2.0$
- 2방향 슬래브
  $1 \leq \dfrac{L}{S} < 2, \quad 0.5 < \dfrac{S}{L} \leq 1$

66 다음 그림과 같은 단철근 직사각형 단면에서 윗부분의 인장철근은 2개의 철근 D22가 있고 아랫부분에 2개의 철근 D29가 두 줄로 배치되어 있다. 이 보의 공칭휨강도 M_n은? (단, 철근 D22 2본의 단면적은 774mm², 철근 D29 2본의 단면적은 1285mm², $f_{ck}=$ 24MPa, $f_y=350$MPa이다.)

① 224 kN · m
② 254 kN · m
③ 274 kN · m
④ 284 kN · m

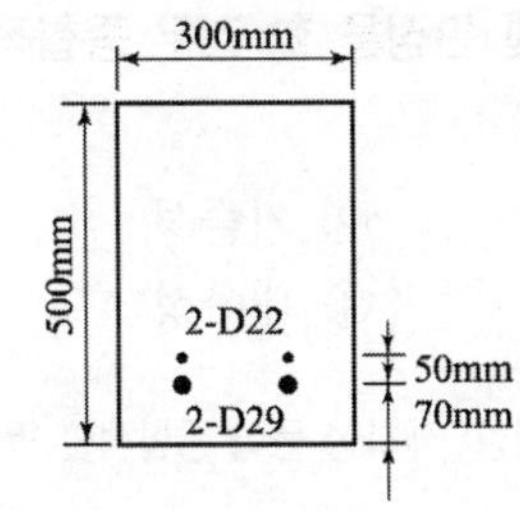

해설
- 유효깊이(d)
  바리뇽 정리에 의해
  $(774+1285)\times d = 774\times 380 + 1285\times 430 \quad \therefore d = 411\,\text{mm}$
- $a = \dfrac{A_s f_y}{\eta(0.85 f_{ck})b} = \dfrac{(774+1285)\times 350}{1.0\times(0.85\times 24)\times 300} = 118\,\text{mm}$
- $M_n = A_s f_y\left(d-\dfrac{a}{2}\right) = (774+1285)\times 350\times\left(411-\dfrac{118}{2}\right)$
  $= 253{,}668{,}800\,\text{N}\cdot\text{mm} = 254\,\text{kN}\cdot\text{m}$

67 아래의 표에서 설명하는 비파괴시험방법은?

콘크리트 중에 파묻힌 가력 Head를 지닌 Insert와 반력 Ring을 사용하여 원추 대상의 콘크리트 덩어리를 뽑아낼 때의 최대 내력에서 콘크리트의 압축강도를 추정하는 방법

① RC-Radar Test　② BS Test
③ Tc-To Test　④ Pull-out Test

해설 콘크리트 타설시에 매설하는 방법(pull out법)으로 이것을 인발시켜 그 반력을 이용하여 강도를 추정한다.

68 준공 후 25년 경과한 콘크리트 구조물의 탄산화 깊이가 25mm라 할 때 준공 후 100년 된 시점의 탄산화 깊이는? (단, $\sqrt{t}$ 법칙을 이용한다.)

① 40mm　② 50mm
③ 75mm　④ 100mm

해설
- 중성화(탄산화) 깊이 $x = A\sqrt{t}$ 관계식에서 중성화 깊이 x와 경과년수 $\sqrt{t}$와 비례관계이다.
- $25\text{mm} : \sqrt{25}$ 년 $= x : \sqrt{100}$ 년
  $\therefore x = 50\text{mm}$

답안 표기란				
66	①	②	③	④
67	①	②	③	④
68	①	②	③	④

정답 63. ④ 64. ② 65. ① 66. ② 67. ④ 68. ②

week 01

69 콘크리트 구조물의 평가 및 판정을 할 경우 종합적인 평가 기초 대상이 아닌 것은?

① 기능성 ② 기술성
③ 내구성 ④ 내하성

해설 기능성(사용성), 내구성(안전성), 내하성 등이 종합적인 평가 기초 대상이 된다.

70 피로에 관한 설명으로 틀린 것은?

① 기둥의 피로는 슬래브에 준하여 검토하여야 한다.
② 보 및 슬래브의 피로는 휨 및 전단에 대하여 검토하여야 한다.
③ 피로의 검토가 필요한 구조 부재는 높은 응력을 받는 부분에서 철근을 구부리지 않도록 하여야 한다.
④ 하중 중에서 변동하중이 차지하는 비율이 크거나, 작용빈도가 크기 때문에 안전성 검토를 필요로 하는 경우에 적용하여야 한다.

해설 기둥의 피로는 검토하지 않아도 좋다. 단, 휨모멘트나 축인장력의 영향이 특히 큰 경우 보에 준하여 검토하여야 한다.

71 간혹 수분과 접촉하고 동결융해의 반복작용에 노출되는 콘크리트는 노출등급 EF1에 해당된다. 이 경우, 굵은골재 최대치수(mm)에 따른 확보해야 할 공기량(%)의 관계가 틀린 것은?

① 10mm – 7.0% ② 15mm – 5.5%
③ 20mm – 5.0% ④ 25mm – 4.5%

해설 공기연행 콘크리트 공기량의 표준값

굵은골재의 최대치수(mm)	공기량(%)	
	심한 노출 (노출등급 EF2, EF3, EF4)	일반 노출 (노출등급 EF1)
10	7.5	6.0
15	7.0	5.5
20	6.0	5.0
25	6.0	4.5
40	5.5	4.5

답안 표기란				
69	①	②	③	④
70	①	②	③	④
71	①	②	③	④

72 기둥의 양단이 힌지일 때 이론적인 유효길이 계수 k의 값은?

① 0.5 ② 0.7
③ 1.0 ④ 2.0

해설 기둥의 유효길이 계수
- 1단 고정 1단 자유 : 2
- 양단 힌지 : 1
- 1단 고정 1단 힌지 : 0.7
- 양단 고정 : 0.5

73 콘크리트 구조물의 보수용 재료 선정에서 중요하게 고려되지 않는 물성은?

① 내화성 ② 투습성
③ 탄성계수 ④ 치수 안정성

해설 보수재료는 기존 콘크리트와 유사한 수치의 안정성, 열팽창계수, 탄성계수, 투수성, 내충격성 등이 고려되어야 한다.

74 상세조사는 표준조사의 자료로부터 원인추정, 보수보강 여부의 판정과 보수보강공법 선정이 불가능한 경우에 실시한다. 상세조사의 시험항목이 아닌 것은?

① 균열 폭 ② 강도 시험
③ 콘크리트 분석 ④ 탄산화 깊이 시험

해설 상세조사의 시험항목은 강도시험, 중성화(탄산화) 깊이 시험, 콘크리트 분석, 염화물 함유량 시험 등이 있다.

75 철근 콘크리트 부재의 비틀림철근 상세에 대한 설명으로 틀린 것은?

① 횡방향 비틀림철근은 종방향 철근 주위로 135° 표준갈고리에 의하여 정착하여야 한다.
② 종방향 비틀림철근은 폐쇄스터럽의 둘레를 따라 300mm 이하의 간격으로 분포시켜야 한다.
③ 종방향 비틀림철근의 지름은 스터럽 간격의 1/24 이상이어야 하며, 또한 D10 이상의 철근이어야 한다.
④ 횡방향 비틀림철근의 간격은 200mm 보다 작아야 하고, 또한 가장 바깥의 횡방향 폐쇄스터럽 중심선의 둘레의 1/6보다 작아야 한다.

해설 횡방향 비틀림철근의 간격은 300mm 보다 작아야 하고, 또한 가장 바깥의 횡방향 폐쇄스터럽 중심선의 둘레의 1/8보다 작아야 한다.

답안 표기란				
72	①	②	③	④
73	①	②	③	④
74	①	②	③	④
75	①	②	③	④

정답 69. ② 70. ① 71. ① 72. ③ 73. ① 74. ① 75. ④

76 프리스트레스트 콘크리트 휨부재의 비균열등급, 부분균열등급 및 완전균열등급에 대한 설명으로 틀린 것은?

① 완전균열등급은 인장연단응력 f_t가 $1.0\sqrt{f_{ck}}$를 초과하는 경우이다.
② 비균열등급은 인장연단응력 f_t가 $1.0\sqrt{f_{ck}}$를 이하인 경우이다.
③ 2방향 프리스트레스트 콘크리트 슬래브는 비균열등급으로 설계한다.
④ 부분균열등급 휨부재의 사용하중에 의한 응력은 비균열단면을 사용하여 계산한다.

해설 비균열등급은 인장연단응력 f_t가 $0.63\sqrt{f_{ck}}$를 이하인 경우이다.

77 2방향 슬래브를 직접설계법으로 설계할 때, 단변방향으로 정역학적 총모멘트가 200kN · m일 때, 내부 패널의 양단에서 지지해야 할 휨모멘트(㉠)와 내부 패널의 중앙에서 지지해야 할 휨모멘트(㉡)로 옳은 것은?

① ㉠ : −65kN · m, ㉡ : 35kN · m
② ㉠ : 130kN · m, ㉡ : 70kN · m
③ ㉠ : −130kN · m, ㉡ : 70kN · m
④ ㉠ : 130kN · m, ㉡ : −70kN · m

해설 내부 경간에서는 전체 정적 계수휨모멘트(M_0)를 부계수휨모멘트 : 0.65, 정계수휨모멘트 : 0.35 비율로 배분한다.
∴ ㉠ : $0.65 \times 200 = -130$kN · m
㉡ : $0.35 \times 200 = 70$kN · m

78 나선철근 기둥에서 나선철근 바깥선을 지름으로 하여 측정된 나선철근 기둥의 심부 지름이 250mm, f_{ck} =28MPa, f_y =400MPa일 때 기둥의 총 단면적으로 적절한 것은?

① 60000mm^2
② 100000mm^2
③ 200000mm^2
④ 300000mm^2

답안 표기란				
76	①	②	③	④
77	①	②	③	④
78	①	②	③	④

- $A_{ch} = \dfrac{\pi \times 250^2}{4} = 49087\,\text{mm}^2$
- 나선 철근비 $\rho_s = 0.45\left(\dfrac{A_g}{A_{ch}} - 1\right)\dfrac{f_{ck}}{f_y}$ 관련식에서

  기둥의 총 단면적 A_g가 100000mm^{2}일 경우 나선 철근비가 0.0326이므로 나선 철근비 $0.01 \le \rho_s \le 0.08$ 범위 한계에 적합하다.

답안 표기란				
79	①	②	③	④
80	①	②	③	④

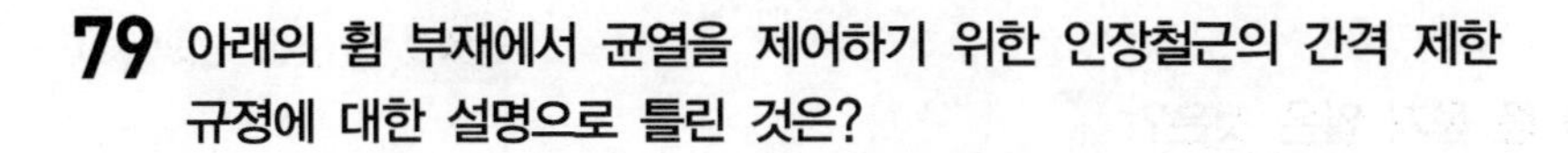

79 아래의 휨 부재에서 균열을 제어하기 위한 인장철근의 간격 제한 규정에 대한 설명으로 틀린 것은?

$$s = 375\left(\frac{k_{cr}}{f_s}\right) - 2.5\,c_c,\ \ s = 300\left(\frac{k_{cr}}{f_s}\right)$$

① c_c는 인장철근이나 긴장재의 표면과 콘크리트 표면 사이의 최소 두께이다.

② f_s는 설계기준 항복강도 f_y의 2/3를 근사적으로 사용할 수 있다.

③ k_{cr}은 철근의 노출조건을 고려한 계수로, 건조환경일 경우 210으로 한다.

④ f_s는 사용하중 상태에서 인장연단에서 가장 가까이에 위치한 철근의 응력이다.

해설 k_{cr}은 철근의 노출조건을 고려한 계수로, 건조환경일 경우 280이고 그 외의 환경에 노출되는 경우에는 210이다.

80 단부에 표준갈고리가 있는 도막되지 않은 인장 이형철근 D25(공칭지름 25.4mm)를 정착시키는데 필요한 기본정착길이(l_{hb})는? (단, 보통중량 콘크리트이고, f_{ck} =24MPa, f_y =400MPa이며, 보정계수는 고려하지 않는다.)

① 498mm ② 519mm

③ 584mm ④ 647mm

$$l_{hb} = \frac{0.24\beta\, d_b\, f_y}{\lambda\sqrt{f_{ck}}} = \frac{0.24 \times 1.0 \times 25.4 \times 400}{1.0\sqrt{24}} = 498\,\text{mm}$$

여기서, 도막되지 않는 철근이므로 $\beta = 1.0$, 보통중량 콘크리트이므로 $\lambda = 1.0$이다.

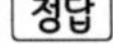
76. ② 77. ③ 78. ② 79. ③ 80. ①

03회 CBT 모의고사

• 수험번호:
• 수험자명:

• 제한 시간:
• 남은 시간:

글자 크기 100% 150% 200% | 화면 배치 | • 전체 문제 수: • 안 푼 문제 수:

1과목 콘크리트 재료 및 배합

답안 표기란

01 ① ② ③ ④
02 ① ② ③ ④

01 시멘트에 관한 설명 중 옳지 않은 것은?

① 시멘트가 풍화하면 탄산가스와 수분의 반응으로 인해 밀도가 높아진다.
② 시멘트 분말의 비표면적을 크게 하면 강도의 발현이 빨라진다.
③ 시멘트의 강도는 일반적으로 표준양생 재령 28일의 강도를 말한다.
④ 시멘트 제조 시 첨가하는 석고의 양을 늘리면 응결속도가 지연된다.

해설 시멘트가 풍화하면 밀도가 작아진다.

02 레디믹스트 콘크리트의 배합에서 사용하는 배합수 중 회수수의 사용에 있어 염소 이온(Cl^-)의 양은 얼마로 규정하고 있는가?

① 50mg/L 이하
② 100mg/L 이하
③ 150mg/L 이하
④ 250mg/L 이하

해설 • 회수수의 품질

항 목	품 질
염소이온(Cl^-)량	250mg/l 이하
시멘트 응결시간의 차	초결은 30분 이내, 종결은 60분 이내
모르타르의 압축강도비	재령 7일 및 28일에서 90% 이상

• 상수돗물(수돗물의 품질)

시험항목	허 용 량
색 도	5도 이하
탁도(NTU)	0.3 이하
수소이온농도(pH)	5.8~8.5
증발 잔류물(mg/l)	500 이하
염소이온(Cl^-)량(mg/l)	250 이하
과망간산칼륨 소비량(mg/l)	10 이하

03 공기연행제를 사용한 콘크리트에 대한 설명으로 틀린 것은?

① 분말도가 큰 시멘트를 사용하면 동일한 공기량을 얻는 데 필요한 공기연행제량이 감소한다.
② 공기연행제에 의해 연행된 공기포는 경화 콘크리트의 동결융해 저항성 향상에 도움을 준다.
③ 부순모래를 사용하면 강모래를 사용한 경우보다 동일한 공기량을 얻는 데 있어서 공기연행제가 더 소요된다.
④ 공기연행제에 의해서 연행된 공기포는 구형이고 볼베어링 역할을 하므로 콘크리트의 워커빌리티를 개선시킨다.

해설 시멘트의 분말도가 높을수록, 단위시멘트량이 많을수록 공기연행제의 사용량이 증가한다.

04 시멘트의 제조 방법 중 습식법에 대한 설명으로 옳지 않은 것은?

① 열량 손실이 많다.
② 원료를 미분말화하기가 쉽다.
③ 먼지가 적게 난다.
④ 원료 분쇄기에 물을 약 10% 정도 가한 후 분쇄한다.

해설
- 원료 분쇄기에 물을 약 40% 정도 가한 후 분쇄한다.
- 반습식법의 경우에는 원료 분쇄기에 물을 약 10% 정도 가한 후 분쇄한다.

05 골재의 저장 방법에 대한 설명으로 틀린 것은?

① 잔골재와 굵은골재는 분류하여 저장한다.
② 적당한 배수시설을 설치하고 지붕을 만들어 보관한다.
③ 빙설의 혼입 및 동결이 되지 않도록 하고 햇볕이 드는 곳에 보관한다.
④ 골재의 받아들이기, 저장 및 취급에 있어서 대소 알이 분리되지 않도록 한다.

해설 빙설의 혼입 및 동결이 되지 않도록 하고 일광의 직사를 피할 수 있는 적당한 시설에 저장한다.

06 플라이 애시의 품질시험에서 시험 모르타르 제조시 보통 포틀랜드 시멘트와 플라이 애시의 질량비는 얼마인가? (단, 보통 포틀랜드 시멘트 : 플라이 애시)

① 3 : 1　　② 2 : 1
③ 1 : 1　　④ 1 : 2

답안 표기란				
03	①	②	③	④
04	①	②	③	④
05	①	②	③	④
06	①	②	③	④

week 01

정답 01. ① 02. ④ 03. ① 04. ④ 05. ③ 06. ①

해설
- **시험 모르타르** : 플라이 애시의 품질시험에서 보통 포틀랜드 시멘트와 시험의 대상으로 하는 플라이 애시를 질량으로 3 : 1의 비율로 사용하여 만든 모르타르
- **기준 모르타르** : 플라이 애시의 품질시험에서 보통 포틀랜드 시멘트를 사용하여 만든 기준으로 하는 모르타르

답안 표기란

07	①	②	③	④
08	①	②	③	④

07 콘크리트용 골재시험에 대한 설명으로 틀린 것은?

① 체가름 시험에서 체 눈에 막힌 알갱이는 파쇄되지 않도록 주의하면서 되밀어 체에 남은 시료로 간주한다.
② KS F 2510에 의해 잔골재의 유기불순물 시험을 실시할 경우에 시료는 대표적인 것을 취하고 공기 중 건조 상태로 건조시켜서 4분법 또는 시료 분취기를 사용하여 약 450g을 채취한다.
③ 황산나트륨에 의한 안정성 시험을 할 경우, 조작을 5회 반복했을 때 굵은골재의 손실질량 백분율의 한도는 12%로 한다.
④ 부순 잔골재의 입자 모양 판정 실적률 시험은 2.5mm체를 통과하고 0.6mm체에 남는 시료를 사용한다.

해설 부순 잔골재의 입자모양 판정 실적률 시험은 2.5mm체를 통과하고 1.2mm 체에 남는 시료를 사용한다.

08 콘크리트에 부순 굵은골재 또는 부순 잔골재를 사용하는 경우에 대한 설명으로 틀린 것은?

① 부순 잔골재를 사용한 콘크리트는 강모래를 사용한 콘크리트와 동일한 슬럼프를 얻기 위해서 단위수량이 약 5~10% 정도 많이 요구된다.
② 부순 굵은골재를 사용한 콘크리트는 강자갈을 사용하고 동일한 물-결합재비를 적용한 콘크리트보다 약 10% 정도 강도가 감소된다.
③ 부순 굵은골재를 사용한 콘크리트는 수밀성, 내구성 등을 개선시키기 위해 공기연행제, 감수제 등을 적당량 사용하는 것이 좋다.
④ 부순 잔골재를 사용한 콘크리트의 건조수축률은 미세한 분말량이 많아질수록 증가한다.

해설 부순 굵은골재를 사용한 콘크리트는 강자갈을 사용하고 동일한 물-결합재비를 적용한 콘크리트보다 약 10% 정도 강도가 증가한다.

09 콘크리트 배합설계에서 실험으로부터 얻은 재령 28일 압축강도와 물-결합재비와의 관계식이 $f_{28}=-14.0+22.0\times\frac{B}{W}$(MPa)로 얻어졌다. 품질기준강도($f_{cq}$)를 30MPa로 할 경우 적당한 물-결합재비의 값은?

① 50%　　② 52%
③ 54%　　④ 56%

해설

$f_{28}=-14.0+22.0\times\frac{B}{W}$(MPa)

$30=-14.0+22.0\times\frac{B}{W}$

$\therefore \frac{W}{B}=\frac{1}{2}=50\%$

10 시방배합의 단위량과 현장골재의 입도가 다음과 같을 때, 현장배합의 단위 굵은골재량 및 단위 잔골재량은?

- 시방배합 : 잔골재 900kg/m^3, 굵은골재 1000kg/m^3
- 현장골재 조건 : 잔골재 중 5mm체에 남는 양 4%
  굵은골재 중 5mm체를 통과하는 양 2%

① 잔골재량=917 kg/m^3, 굵은골재량=983 kg/m^3
② 잔골재량=940 kg/m^3, 굵은골재량=960 kg/m^3
③ 잔골재량=883 kg/m^3, 굵은골재량=1017 kg/m^3
④ 잔골재량=880 kg/m^3, 굵은골재량=1020 kg/m^3

해설

- 잔골재량

$$x=\frac{100S-b(S+G)}{100-(a+b)}=\frac{100\times900-2(900+1000)}{100-(4+2)}=917\text{kg/m}^3$$

- 굵은골재량

$$y=\frac{100G-a(S+G)}{100-(a+b)}=\frac{100\times1000-4(900+1000)}{100-(4+2)}=983\text{kg/m}^3$$

11 르샤틀리에 병을 이용하여 고로 슬래그 미분말의 밀도를 측정하고자 한다. 병에 0.2mL 눈금까지 등유를 주입한 후 고로 슬래그 70g을 계량하여 병에 모두 넣었을 때 등유의 눈금이 25.6mL로 증가되었다면, 고로 슬래그의 밀도는?

① 2.54g/cm^3　　② 2.76g/cm^3
③ 2.92g/cm^3　　④ 3.03g/cm^3

해설

$$\text{밀도}=\frac{70}{25.6-0.2}=2.76\text{g/cm}^3$$

답안 표기란				
09	①	②	③	④
10	①	②	③	④
11	①	②	③	④

정답 07. ④ 08. ② 09. ① 10. ① 11. ②

week 01

• 수험번호:
• 수험자명:

• 제한 시간:
• 남은 시간:

글자 크기 100% 150% 200% | 화면 배치 | • 전체 문제 수: • 안 푼 문제 수:

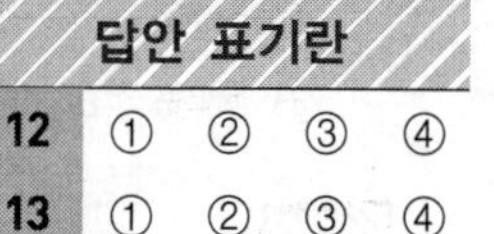

12 콘크리트의 배합설계 시 굵은골재의 최대치수에 관한 기준으로 틀린 것은?

① 단면이 큰 철근 콘크리트 구조물의 경우 40mm를 표준으로 한다.
② 무근 콘크리트의 경우 부재 최소 치수의 1/4을 초과해서는 안 된다.
③ 철근의 피복 및 철근의 최소 순간격의 3/5을 초과해서는 안 된다.
④ 굵은골재의 최대치수는 거푸집 양 측면 사이의 최소거리의 1/5을 초과해서는 안 된다.

해설 철근의 피복두께 및 철근의 최소 수평, 수직 순간격의 3/4을 초과해서는 안 된다.

13 콘크리트의 배합설계에서 잔골재율에 대한 설명으로 틀린 것은?

① 잔골재율이 적을수록 펌프로 압송하는 경우 압송성이 좋아진다.
② 잔골재율을 적게 하면 단위수량이 감소되고 단위시멘트량이 줄어 경제적이다.
③ 잔골재율이 너무 적으면 콘크리트는 거칠어지고 재료분리가 발생되는 경향이 있다.
④ 잔골재율은 소요 워커빌리티를 얻을 수 있는 범위 내에서 단위수량이 최소가 되도록 시험에 의하여 결정한다.

해설 잔골재율이 적을수록 펌프로 압송하는 경우 압송성이 나빠진다.

14 특수 콘크리트의 배합 시 고려해야 할 사항으로 틀린 것은?

① 경량골재 콘크리트는 공기연행 콘크리트로 하는 것을 원칙으로 한다.
② 서중 콘크리트는 수화열을 줄이기 위해 단위수량 및 단위시멘트량을 가능한 한 줄이는 것이 좋다.
③ 매스 콘크리트는 수화열을 줄이기 위해 플라이 애시 등이 혼합된 혼합형 시멘트를 사용하는 것이 좋다.
④ 한중 콘크리트는 초기 강도의 발현이 중요하므로, 강도를 저해할 수 있는 AE제 등 혼화제 사용은 피한다.

답안 표기란				
12	①	②	③	④
13	①	②	③	④
14	①	②	③	④

해설 한중 콘크리트는 초기 강도의 발현이 중요하므로 AE제, AE 감수제, 고성능 AE 감수제 등을 사용하여 동결에 의한 해를 적게 하는 것이 좋다.

답안 표기란				
15	①	②	③	④
16	①	②	③	④
17	①	②	③	④

15 **콘크리트용 순환골재의 유해물질 함유량의 허용값에 대한 설명으로 옳은 것은?**

① 잔골재에 포함된 점토 덩어리량 기준은 0.5% 이하이다.
② 굵은골재에 포함된 점토 덩어리량 기준은 1.5% 이하이다.
③ 0.08mm체 통과량(시험에서 손실된 량)은 잔골재의 경우 5.0% 이하이다.
④ 0.08mm체 통과량(시험에서 손실된 량)은 굵은골재의 경우 1.0% 이하이다.

해설
- 잔골재에 포함된 점토 덩어리량 기준은 1.0% 이하이다.
- 굵은골재에 포함된 점토 덩어리량 기준은 0.2% 이하이다.
- 0.08mm체 통과량(시험에서 손실된 량)은 잔골재의 경우 7.0% 이하이다.

16 **아래와 같은 조건의 잔골재의 실적률은?**

- 표면건조포화상태 밀도 : 2700kg/m^3
- 단위용적질량 : 1600kg/m^3
- 절대건조상태 밀도 : 2600kg/m^3
- 조립률 : 2.5

① 60.5% ② 61.5%
③ 62.5% ④ 63.5%

실적률 $= \frac{w}{\rho} \times 100 = \frac{1600}{2600} \times 100 = 61.5\%$

17 **레디믹스트 콘크리트의 혼합에 사용되는 물 중 상수돗물 pH의 허용 범위는?**

① pH 3.1 이하
② pH 3.5~5.3
③ pH 5.8~8.5
④ pH 8.7~11.2

해설
- 수소 이온 농도(pH)는 5.8~8.5 범위이다.
- 상수돗물은 시험을 하지 않아도 사용할 수 있다.

정답 12. ③ 13. ① 14. ④ 15. ④ 16. ② 17. ③

• 수험번호:
• 수험자명:

• 제한 시간:
• 남은 시간:

글자 크기 100% 150% 200% | 화면 배치 | • 전체 문제 수:
• 안 푼 문제 수:

답안 표기란				
18	①	②	③	④
19	①	②	③	④
20	①	②	③	④

18 **콘크리트 배합설계 결정의 일반적인 순서로 옳은 것은?**

① 호칭강도 확인 — 배합강도 결정 — 사용재료 선정 — 시험배합 실시 — 시방배합 결정 — 현장배합으로 수정
② 배합강도 확인 — 호칭강도 결정 — 사용재료 선정 — 시방배합 결정 — 시험배합 실시 — 현장배합으로 수정
③ 호칭강도 확인 — 사용재료 선정 — 배합강도 결정 — 시험배합 실시 — 시방배합 결정 — 현장배합으로 수정
④ 배합강도 확인 — 호칭강도 결정 — 시방배합 결정 — 시험배합 실시 — 사용재료 선정 — 현장배합으로 수정

해설 콘크리트 배합설계는 소요의 강도, 내구성 및 수밀성을 갖는 콘크리트를 만들기 위해서 작업에 적합한 워커빌리티를 얻는 범위 내에서 단위수량을 될수 있는대로 적게 한다.

19 **굳지 않은 콘크리트 중의 전 염소이온량을 원칙적으로 규정하는 값 (㉠)과 책임기술자의 승인을 얻어 허용할 수 있는 콘크리트 중의 전 염소이온량의 허용 상한값(㉡)으로 옳은 것은?**

① ㉠ : 0.2kg/m^3, ㉡ 0.4kg/m^3
② ㉠ : 0.2kg/m^3, ㉡ 0.6kg/m^3
③ ㉠ : 0.3kg/m^3, ㉡ 0.4kg/m^3
④ ㉠ : 0.3kg/m^3, ㉡ 0.6kg/m^3

해설 허용 상한 값을 0.6kg/m^{3}으로 증가시키는 경우 물-결합재비, 슬럼프 혹은 단위수량을 될 수 있는 한 적게하고 콘크리트를 밀실하게 치고, 피복두께를 크게 고려한다.

20 **강의 열처리 방법에 대한 설명으로 틀린 것은?**

① 뜨임(tempering) : 담금질한 강에 인성을 부여하기 위하여 A_1 변태점(723℃) 이하의 온도로 가열한 후 냉각처리하는 열처리 방법이다.
② 블루잉(blueing) : A_3 변태점(910℃)보다 약 30~50℃ 정도 높은 오스테나이트 영역까지 가열하여 노(爐) 안에서 서서히 냉각시키는 열처리 방법이다.
③ 담금질(quenching) : 강의 경도, 강도를 증가시키기 위하여 오스테나이트 영역까지 가열한 다음 급랭하여 마텐자이트 조

직을 얻는 열처리 방법이다.

④ 불림(normalizing) : 결정을 균일하게 미세화하고 내부응력을 제거하여 균일한 조직으로 만들기 위해 A_3 변태점 이상의 약 30~50℃의 온도로 가열하여 오스테나이트화 한 후 대기중에서 냉각시키는 열처리 방법이다.

해설
- 풀림 : A_3 변태점(910℃)보다 약 30~50℃ 정도 높은 오스테나이트 영역까지 가열하여 노(爐) 안에서 서서히 냉각시키는 열처리 방법이다.
- 블루잉(blueing) : 강을 250~370℃의 온도에서 가열하면 강의 표면에 청색의 산화피막이 생기는 것이다.

2과목 콘크리트 제조, 시험 및 품질관리

21 한중 콘크리트는 하루의 평균기온이 몇 ℃ 이하로 되는 것이 예상되는 기상조건하에서 시공하는 것이 원칙인가?

① −2℃　② 0℃
③ 2℃　④ 4℃

해설 한중 콘크리트 타설시 콘크리트 온도는 5~20℃의 범위에서 시공한다.

22 콘크리트의 슬럼프 시험방법을 설명한 것으로 틀린 것은?

① 시료를 거의 같은 양으로 3층으로 나누어 채우고 각 층은 다짐봉으로 고르게 25회 똑같이 다진다.
② 다짐봉의 다짐깊이는 앞 층에 거의 도달할 정도로 다진다.
③ 재료분리가 발생할 염려가 있는 경우에는 다짐수를 줄일 수 있다.
④ 슬럼프 콘을 들어 올리는 시간은 높이 300mm에서 4~5초로 한다.

해설 슬럼프 콘을 들어 올리는 시간은 높이 300mm에서 2~5초로 한다.

23 골재의 체가름 시험으로부터 파악할 수 없는 사항은?

① 입도 분포　② 조립률(fineness modulus)
③ 단위용적질량　④ 굵은골재의 최대치수

해설 골재의 단위용적질량 시험은 골재의 빈틈률을 계산하거나 콘크리트 배합에서 골재의 부피를 알기 위해서 시험을 한다.

답안 표기란				
21	①	②	③	④
22	①	②	③	④
23	①	②	③	④

정답 18. ① 19. ④ 20. ② 21. ④ 22. ④ 23. ③

답안 표기란				
24	①	②	③	④
25	①	②	③	④
26	①	②	③	④
27	①	②	③	④

24 다음 식 중 콘크리트 구조물의 중성화깊이를 예측할 때 일반적으로 적용되고 있는 식은? (단, X를 중성화깊이, A를 중성화 속도계수, t를 경과년수라 한다.)

① $X = A\sqrt{t}$ ② $X = At^3$

③ $X = \dfrac{\sqrt{t^3}}{A}$ ④ $X = At^2$

해설 중성화 진행속도는 중성화 깊이와 경과한 시간의 함수로 나타낸다.

25 콘크리트 휨강도 시험용 공시체를 4점 재하장치로 시험하였더니, 최대하중 35kN에서 지간 중심선의 4점 사이에서 파괴되었다. 이 콘크리트의 휨강도는 얼마인가? (단, 공시체의 크기는 150×150×530mm이며 지간은 450mm)

① 4.67 MPa ② 4.23 MPa

③ 4.01 MPa ④ 3.69 MPa

해설 휨강도 $= \dfrac{Pl}{bd^2} = \dfrac{35000 \times 450}{150 \times 150^2} = 4.67\text{MPa}$

26 ϕ100×200mm인 원주형 공시체를 사용한 쪼갬 인장강도시험에서 파괴하중이 120kN이면 콘크리트의 쪼갬 인장강도는?

① 1.91 MPa ② 3.0 MPa

③ 3.82 MPa ④ 6.0 MPa

해설 인장강도 $= \dfrac{2P}{\pi dl} = \dfrac{2 \times 120000}{3.14 \times 100 \times 200} = 3.82\text{MPa}$

27 콘크리트의 휨강도 시험방법(KS F 2408)에 대한 설명 중 옳지 않은 것은?

① 공시체에 하중을 가하는 속도는 가장자리 응력도의 증가율이 매초 0.6±0.4 MPa가 되게 조정한다.

② 4점 재하장치에 따른 지간은 공시체의 높이의 3배로 한다.

③ 공시체가 인장 쪽 표면의 지간 방향 중심선의 4점의 바깥쪽에서 파괴된 경우는 그 시험 결과를 무효로 한다.

④ 재하장치의 접촉면과 공시체 면과의 사이 어디에도 틈새가 있으면 접촉부의 공시체 표면을 평평하게 갈아서 잘 접촉할 수 있도록 한다.

해설 공시체에 하중을 가하는 속도는 가장자리 응력도의 증가율이 매초 0.06±0.04 MPa가 되도록 조정하고 최대하중이 될 때까지 그 증가율을 유지하도록 한다.

28 **콘크리트 타설 시 침하균열 방지 조치에 대한 설명으로 옳지 않은 것은?**

① 단위수량을 가능한 한 크게 하여 슬럼프가 큰 콘크리트로 시공한다.
② 콘크리트 타설 속도를 늦추고 1회의 타설 높이를 낮춘다.
③ 슬래브와 보의 콘크리트가 벽 또는 기둥의 콘크리트와 연속되어 있는 경우에는 벽 또는 기둥의 콘크리트 침하가 거의 끝난 다음 슬래브, 보의 콘크리트를 타설한다.
④ 콘크리트가 굳기 전에 침하균열이 발생할 경우 즉시 다짐이나 재진동을 실시한다.

해설 단위수량을 가능한 한 작게 하여 슬럼프가 작은 콘크리트로 시공한다.

29 **골재의 알칼리 잠재 반응 시험(모르타르봉 방법 KS F 2546)에 대한 설명으로 틀린 것은?**

① 이 시험방법은 알칼리-탄산염 반응을 검출해 내는 수단으로 적합하다.
② 모르타르의 배합은 질량비로서 시멘트 1, 물 0.475, 절건 상태의 잔골재 2.25로 한다.
③ 시험 공시체는 시멘트 골재 배합비가 다른 2개 이상으로 배치에서 각각 2개씩 최소한 4개를 만들어야 한다.
④ 모르타르봉 길이 변화를 측정하는 것에 의해 골재의 알칼리 반응성을 판정하는 시험방법이다.

해설 이 시험방법은 알칼리-탄산염 반응을 검출해 내는 수단으로 적합하지 않다.

답안 표기란

28	①	②	③	④
29	①	②	③	④

week 01

정답 24. ① 25. ① 26. ③ 27. ① 28. ① 29. ①

답안 표기란				
30	①	②	③	④
31	①	②	③	④
32	①	②	③	④

30 **콘크리트의 품질관리 중 받아들이기 품질검사에 대한 설명으로 틀린 것은?**

① 콘크리트의 받아들이기 품질관리는 콘크리트를 타설하기 전에 실시하여야 한다.

② 강도검사는 콘크리트 압축강도시험에 의한 검사를 실시한다.

③ 내구성 검사는 공기량 및 염화물 함유량을 측정하는 것으로 한다.

④ 워커빌리티의 검사는 잔골재율의 설정치를 만족하는지의 여부를 확인하고, 재료분리 저항성을 실험에 의하여 확인하여야 한다.

해설 워커빌리티의 검사는 굵은골재 최대치수 및 슬럼프가 설정치를 만족하는지의 여부를 확인함과 동시에 재료분리 저항성을 외관 관찰에 의해 확인하여야 한다.

31 **여름철에 현장에서 콘크리트를 타설하면서 받아들이기 품질검사 도중 기준에 미달되는 시험 항목에 대한 처리로 틀린 것은?**

① 콘크리트 제조 회사에 신속하게 연락을 취하여 콘크리트 생산을 중지시킨다.

② 여름철이므로 기준에 미달되는 시험 항목이 있더라도 그냥 콘크리트를 타설한다.

③ 현장에 도착한 레미콘 트럭을 생산공장으로 돌려보내 콘크리트를 폐기 처분한다.

④ 콘크리트 받아들이기 품질검사 항목으로 슬럼프, 공기량, 염소이온량, 펌퍼빌리티 등이 있다.

해설 받아들이기 품질검사 시 기준에 미달되는 시험 항목이 있는 경우에는 콘크리트를 타설해서는 안 된다.

32 **콘크리트용 잔골재의 표준입도에 대한 설명으로 틀린 것은?**

① 부순모래의 경우, 0.3mm 체를 통과한 것의 질량 백분율은 10~25%로 한다.

② 연속된 두 개의 체 사이를 통과하는 양의 백분율은 45%를 넘지 않아야 한다.

③ 시방배합을 정할 때는 5mm 체를 통과하고 0.08mm 체에 남는 골재를 의미한다.

④ 조립률이 배합설계 시 값보다 ±0.20 이상 변화되었을 때는 배합을 변경하여야 한다.

해설 부순모래의 입도

체(mm)	10	5	2.5	1.2	0.6	0.3	0.15
통과 질량 백분율(%)	100	95~100	80~100	50~90	25~65	10~35	2~15

33 고유동 콘크리트의 품질에 대한 설명으로 틀린 것은?

① 슬럼프 플로 도달시간은 콘크리트가 유동하기 시작하는 시점으로부터 500mm에 도달하는 시간으로 3~20초 범위를 만족하여야 한다.

② 최소 철근 순간격 60~200mm 정도의 철근 콘크리트 구조물 또는 부재에서 자기충전성을 가지는 성능은 3등급 고유동 콘크리트에 해당한다.

③ 굳지 않은 콘크리트의 유동성은 슬럼프 플로 600mm 이상으로 하고, 슬럼프 플로시험 후 콘크리트 중앙부에는 굵은골재가 모여 있지 않아야 한다.

④ 고유동 콘크리트의 유동성 및 재료 분리 저항성에는 사용할 결합재 용적의 영향이 크므로, 물-결합재비 이외에 물-결합재 용적비도 함께 표시한다.

해설 최소 철근 순간격 60~200mm 정도의 철근 콘크리트 구조물 또는 부재에서 자기충전성을 가지는 성능은 2등급 고유동 콘크리트에 해당한다.

34 거푸집 및 동바리의 구조계산 시 적용하는 연직하중에 대한 설명으로 틀린 것은?

① 거푸집 하중은 최소 0.4kN/m^2 이상을 적용한다.

② 고정하중은 철근 콘크리트와 거푸집의 중량을 고려하여 합한 하중이다.

③ 보통 콘크리트의 단위중량은 17kN/m^{3}이며 철근의 중량은 제외한 값이다.

④ 활하중은 구조물의 연직방향으로 투영시킨 수평면적당 최소 2.5kN/m^2 이상으로 하여야 한다.

해설 고정하중은 철근 콘크리트와 거푸집의 중량을 고려하여 합한 하중이며 콘크리트의 단위중량은 철근 중량을 포함하여 보통 콘크리트 24kN/m^3, 제1종 경량골재 콘크리트 20kN/m^3, 그리고 2종 경량골재 콘크리트 17kN/m^{3}를 적용한다.

답안 표기란

33	①	②	③	④
34	①	②	③	④

week 01

정답 30. ④ 31. ② 32. ① 33. ② 34. ③

• 수험번호:
• 수험자명:

• 제한 시간:
• 남은 시간:

글자 크기 100% 150% 200% | 화면 배치 | • 전체 문제 수: • 안 푼 문제 수:

답안 표기란				
35	①	②	③	④
36	①	②	③	④
37	①	②	③	④
38	①	②	③	④

35 AE 콘크리트의 성질로 가장 거리가 먼 것은?

① 콘크리트의 블리딩을 감소시킨다.
② 콘크리트의 워커빌리티 개선 효과가 있다.
③ 내부 공극이 증가하여 동결융해 저항성이 저하한다.
④ 공기량을 증가시키면 압축강도 및 휨강도는 저하하는 경향이 있다.

해설 적당한 공기량을 연행한 AE 콘크리트는 동결융해의 반복에 대한 저항성이 크게 개선된다.

36 콘크리트의 품질관리 기법 중 관리도에서 나열된 점들이 이상이 있는 경우로 옳지 않은 것은?

① 점이 위로 연속적으로 이동해 가는 경우
② 점들이 중심선 인근에 연속적으로 나타난 경우
③ 점들이 한계선에 접하여 자주 나타나는 경우
④ 연속한 20점 중 10점 이상 중심선 한쪽으로 변중된 경우

해설 연속한 11점 중 10점 이상, 14점 중 12점 이상, 17점 중 14점 이상, 20점 중 16점 이상이 중심선 한쪽으로 변중되어 나타난 경우에는 이상원인이 있는 것으로 판단한다.

37 배치 플랜트에서 콘크리트의 생산능력을 표시하는 기준은?

① 믹서의 용적
② 투입된 혼화제의 용량
③ 믹서의 시간당 혼합능력
④ 시멘트 저장 사이로의 용적

해설 레디믹스트 콘크리트 공장 선정 시 현장까지의 운반시간, 배출시간, 콘크리트 제조능력, 운반차의 수, 공장의 제조 설비, 품질관리 상태 등을 고려한다.

38 레디믹스트 콘크리트(KS F 4009)에 관한 설명으로 틀린 것은?

① 레디믹스트 콘크리트의 제조 설비로서 믹서는 고정 믹서로 한다.
② 일반적으로 레디믹스트 콘크리트의 염화물 함유량(염소 이온(Cl^-)량)은 $0.3kg/m^3$ 이하로 한다.

③ 덤프트럭으로 콘크리트를 운반하는 경우 운반시간의 한도는 혼합하기 시작하고 나서 1시간 이내에 공사 지점에 배출할 수 있도록 운반하다.

④ 트럭에지테이터로 운반했을 때 콘크리트의 1/3과 2/3의 부분에서 각각 시료를 채취하여 슬럼프 시험을 하였을 경우 슬럼프의 차이가 20mm 이하이어야 한다.

해설 트럭 에지테이터로 운반했을 때 콘크리트의 1/4과 3/4의 부분에서 각각 시료를 채취하여 슬럼프 시험을 하였을 경우 슬럼프의 차이가 30mm 이하이어야 한다.

39 **콘크리트 중에 사용되는 잔골재의 염화물(NaCl 환산량) 함유량의 허용 한도는?**

① 0.04% ② 0.06%
③ 0.09% ④ 0.35%

해설 염화물을 함유한 잔골재를 사용에는 콘크리트 중의 염화물 함유량이 강재 보호를 위한 허용한도 $0.3kg/m^3$ 이하이다.

40 **콘크리트 제조과정 중 혼화제 7kg을 계량할 때 허용오차의 최대 범위로 옳은 것은?**

① 6.72kg~7.28kg ② 6.79kg~7.21kg
③ 6.86kg~7.14kg ④ 6.93kg~7.07kg

해설 혼화제의 계량오차가 ±3%이므로
$7-(7\times0.03)=6.79\,\text{kg}$
$7+(7\times0.03)=7.21\,\text{kg}$

3과목 콘크리트의 시공

41 **매스콘크리트의 온도균열 발생에 대한 검토는 온도균열지수에 의해서 평가하는 것이 일반적이다. 다음 중 철근이 배치된 일반적인 구조물에서의 표준적인 온도균열지수가 1.2 이상 ~ 1.5 미만으로 규정하는 경우에 해당하는 것은?**

① 유해한 균열이 발생한 경우
② 유해한 균열 발생을 제한할 경우
③ 균열 발생을 제한할 경우
④ 균열 발생을 방지하여야 할 경우

답안 표기란

39	①	②	③	④
40	①	②	③	④
41	①	②	③	④

week 01

정답 35. ③ 36. ④ 37. ③ 38. ④ 39. ① 40. ② 41. ③

해설
- 균열 발생을 제한할 경우 온도균열지수를 1.2 이상~1.5 미만으로 한다.
- 균열 발생을 방지하여야 할 경우 온도균열지수는 1.5 이상으로 한다.
- 유해한 균열 발생을 제한할 경우 온도균열지수는 0.7~1.2로 한다.

답안 표기란				
42	①	②	③	④
43	①	②	③	④

42 다음 중 수평 및 연직시공이음에 관한 설명으로 옳지 않은 것은?

① 수평시공이음이 거푸집에 접하는 선은 될 수 있는 대로 수평한 직선이어야 한다.

② 역방향 타설 콘크리트의 시공 시에는 콘크리트의 침하를 고려하여 수평시공이음이 일체가 되도록 시공방법을 결정하여야 한다.

③ 연직시공 이음부의 거푸집 제거시기는 콘크리트를 타설하고 난 후 3일 이상이 경과하여야 한다.

④ 구 콘크리트의 연직시공 이음면은 쇠솔이나 쪼아내기 등에 의하여 거칠게 하고, 충분히 흡수시킨 후에 시멘트 페이스트, 모르타르 등을 바른 후 새 콘크리트를 타설하여 이어나가야 한다.

해설 연직시공 이음부의 거푸집 제거시기는 콘크리트가 굳은 후 되도록 빠른 시기에 한다. 보통 콘크리트 타설 후 여름에는 4~6시간 정도, 겨울에는 10~15시간 정도로 한다.

43 경량골재 콘크리트의 일반적인 사항에 대한 설명으로 잘못된 것은?

① 경량골재 콘크리트는 보통 골재를 사용한 콘크리트보다 가볍기 때문에 슬럼프가 크게 나오는 경향이 있다.

② 경량골재는 보통 골재에 비하여 물을 흡수하기 쉬우므로 이를 건조한 상태로 사용하면 비비기, 운반, 타설 중에 품질이 변동하기 쉽다.

③ 내부진동기로 다질 때 보통 골재 콘크리트에 비해 진동기를 찔러 넣는 간격을 작게 하거나 진동시간을 약간 길게 하여 충분히 다져야 한다.

④ 경량골재 콘크리트의 공기량은 보통 골재를 사용한 콘크리트보다 1% 크게 해야 한다.

해설 경량골재 콘크리트는 가볍기 때문에 슬럼프가 일반적으로 작게 나오는 경향이 있다. 슬럼프는 80~210mm를 표준한다.

44 거푸집 및 동바리 구조계산에 대한 설명 중 틀린 것은?

① 고정하중은 철근 콘크리트와 거푸집의 중량을 고려하여 합한 하중이다.
② 콘크리트의 단위중량은 철근의 중량을 포함하여 보통 콘크리트의 경우 $24kN/m^3$을 적용한다.
③ 거푸집 하중은 최소 $4kN/m^2$ 이상을 적용한다.
④ 거푸집 설계에서는 굳지 않은 콘크리트의 측압을 고려하여야 한다.

해설
- 거푸집의 하중은 최소 $0.4N/m^2$ 이상을 적용한다.
- 특수 거푸집의 경우에는 그 실제의 질량을 적용한다.
- 고정하중과 활하중을 합한 연직하중은 슬래브 두께에 관계없이 최소 $5.0kN/m^2$ 이상, 전동식 카트 사용시에는 최소 $6.25kN/m^2$ 이상을 고려한다.

45 프리캐스트 콘크리트의 경화를 촉진하기 위해 실시하는 촉진양생방법에 속하지 않는 것은?

① 증기양생
② 오토클레이브 양생
③ 습윤양생
④ 적외선 양생

해설 프리캐스트 콘크리트에는 오토클레이브 양생, 증기양생, 촉진양생 등이 사용된다.

46 수밀 콘크리트에 대한 설명으로 옳은 것은?

① 콘크리트의 소요 슬럼프는 되도록 적게 하여 100mm를 넘지 않도록 한다.
② 공기연행제, 공기연행 감수제 등을 사용하는 경우라도 공기량은 6% 이하가 되게 한다.
③ 물-결합재비는 50% 이하를 표준으로 한다.
④ 단위 굵은골재량은 되도록 작게 한다.

해설
- 콘크리트의 소요 슬럼프는 되도록 적게 하여 180mm를 넘지 않도록 하며 콘크리트 타설이 용이할 때에는 120mm 이하로 한다.
- 공기연행제, 공기연행 감수제 또는 고성능 공기연행 감수제를 사용하는 경우라도 공기량은 4% 이하가 되게 한다.
- 단위 굵은골재량은 되도록 크게 한다.
- 콘크리트의 소요의 품질이 얻어지는 범위 내에서 물-결합재비는 되도록 적게 한다.
- 콘크리트의 소요의 품질이 얻어지는 범위 내에서 단위수량은 되도록 적게 한다.

답안 표기란

44	①	②	③	④
45	①	②	③	④
46	①	②	③	④

week 01

정답 42. ③ 43. ① 44. ③ 45. ③ 46. ③

답안 표기란				
47	①	②	③	④
48	①	②	③	④
49	①	②	③	④

47 방사선 차폐용 콘크리트에 대한 설명으로 틀린 것은?

① 주로 생물체의 방호를 위하여 X선, γ선 및 중성자선을 차폐할 목적으로 사용되는 콘크리트를 방사선 차폐용 콘크리트라 한다.
② 콘크리트의 슬럼프는 작업에 알맞은 범위 내에서 가능한 한 적은 값이어야 하며, 일반적인 경우 150mm 이하로 하여야 한다.
③ 물-결합재비는 50% 이하를 원칙으로 한다.
④ 화학혼화제는 사용하지 않는 것을 원칙으로 한다.

해설
- 워커빌리티 개선을 위하여 품질이 입증된 혼화제를 사용할 수 있다.
- 물-결합재비는 단위 시멘트량이 과다가 되지 않는 범위 내에서 가능한 적게 하는 것이 원칙이다.
- 차폐용 콘크리트로서 필요한 성능인 밀도, 압축강도, 설계허용온도, 결합수량, 붕소량 등을 확보하여야 한다.

48 숏크리트의 강도에 대한 설명으로 틀린 것은?

① 일반적인 경우 재령 3시간에서 숏크리트의 초기강도는 1.0~3.0MPa를 표준으로 한다.
② 일반적인 경우 재령 24시간에서 숏크리트의 초기강도는 5.0~10.0MPa를 표준으로 한다.
③ 일반 숏크리트의 장기 설계기준압축강도는 28일로 설정하며 그 값은 21MPa 이상으로 한다.
④ 영구 지보재로 숏크리트를 적용할 경우 재령 28일의 부착강도는 4.0MPa 이상이 되도록 관리하여야 한다.

해설 영구 지보재로 숏크리트를 적용할 경우 재령 28일의 부착강도는 1.0MPa 이상이 되도록 관리하여야 한다.

49 서중 콘크리트에 대한 설명 중 틀린 것은?

① 일반적으로는 기온 10℃의 상승에 대하여 단위수량은 2~5% 증가하므로 소요의 압축강도를 확보하기 위해서는 단위수량에 비례하여 단위 시멘트량의 증가를 검토하여야 한다.
② 소요의 강도 및 워커빌리티를 얻을 수 있는 범위 내에서 단위수량 및 단위 시멘트량을 최대로 확보하여야 한다.
③ 콘크리트를 타설할 때의 콘크리트 온도는 35° 이하이어야 한다.
④ 콘크리트는 비빈 후 즉시 타설하여야 하며, 지연형 감수제를 사

용하는 등의 일반적인 대책을 강구한 경우라도 1.5시간 이내에 타설하여야 한다.

해설
- 소요의 강도 및 워커빌리티를 얻을 수 있는 범위 내에서 단위수량 및 단위 시멘트량을 적게 한다.
- 타설 후 적어도 24시간은 노출면이 건조하는 일이 없도록 습윤상태로 유지한다. 또 양생은 적어도 5일 이상 실시한다.
- 하루 평균기온이 25℃를 초과하는 것이 예상되는 경우 서중 콘크리트로 시공하여야 한다.
- 콘크리트 타설은 콜드 조인트가 생기지 않도록 적절한 계획에 따라 실시하여야 한다.
- 타설 전 거푸집, 철근 등이 직사일광을 받아 고온이 될 우려가 있는 경우 살수, 덮개 등의 적절한 조치를 하여야 한다.

50 **프리플레이스트 콘크리트에 사용되는 굵은골재에 대한 설명으로 잘못된 것은?**

① 일반적인 프리플레이스트 콘크리트용 굵은골재의 최소치수는 15mm 이상으로 하여야 한다.
② 일반적으로 굵은골재의 최대치수는 최소치수의 2~4배 정도로 한다.
③ 대규모 플리플레이스트 콘크리트를 대상으로 할 경우, 굵은골재의 최소치수가 클수록 주입 모르타르의 주입성이 현저하게 개선되므로 굵은골재의 최소치수는 40mm 이상이어야 한다.
④ 굵은골재의 최대치수와 최소치수와의 차이를 적게 하면 굵은골재의 실적률이 커지고 주입 모르타르의 소요량이 적어진다.

해설
- 굵은골재의 최대치수와 최소치수와의 차이를 적게 하면 굵은골재의 실적률이 적어지고 주입 모르타르의 소요량이 많아지므로 적절한 입도분포를 선정할 필요가 있다.
- 잔골재의 조립률은 1.4~2.2 범위가 좋다.
- 굵은골재의 최대치수는 부재단면 최소치수의 1/4 이하, 철근 콘크리트의 경우 철근의 순간격의 2/3 이하로 해야 한다.

51 **유동화 콘크리트의 배합에 대한 설명으로 틀린 것은?**

① 슬럼프의 증가량은 100mm 이하를 원칙으로 하며 50~80mm를 표준으로 한다.
② 베이스 콘크리트의 슬럼프에 적합한 잔골재율로 결정해야 한다.
③ 베이스 콘크리트의 슬럼프는 콘크리트의 유동화에 지장이 없는 범위의 것이어야 한다.
④ 공기연행제의 사용량은 유동화 후 목표 공기량이 얻어질 수 있도록 베이스 콘크리트 상태에서 약간 많은 공기량의 확보가 필요하다.

답안 표기란

50	①	②	③	④
51	①	②	③	④

week 01

정답 47. ④ 48. ④ 49. ② 50. ④ 51. ②

• 수험번호:
• 수험자명:

• 제한 시간:
• 남은 시간:

글자 크기 100% 150% 200% | 화면 배치 | • 전체 문제 수:
• 안 푼 문제 수:

해설 잔골재율 결정시 베이스 콘크리트의 슬럼프에 적합한 잔골재율보다는 유동화 시킨 후의 슬럼프 상태에 적합한 잔골재율이 베이스 콘크리트에서 결정되어야 한다.

답안 표기란				
52	①	②	③	④
53	①	②	③	④
54	①	②	③	④

52 아래 표와 같은 조건에서 한중 콘크리트의 타설이 종료되었을 때 온도를 구하면?

- 비빈 직후 온도 : 20℃
- 주위의 기온 : 5℃
- 비빈 후부터 타설 종료시까지의 시간 : 2시간
- 운반 및 타설시간 1시간에 대하여 콘크리트 온도와 주위의 기온과의 차이 : 15%

① 10.5℃ ② 12.5℃
③ 15.5℃ ④ 17.75℃

해설 $T_2 = T_1 - 0.15(T_1 - T_0) \cdot t = 20 - 0.15(20-5) \times 2 = 15.5$℃

53 포장 콘크리트의 휨 호칭강도(f_{28})는 얼마 이상을 기준으로 하는가?

① 3 MPa ② 3.5 MPa
③ 4 MPa ④ 4.5 MPa

해설 포장용 콘크리트의 배합기준
- 휨 호칭강도(f_{28}) : 4.5MPa 이상
- 단위수량 : 150kg/m^3 이하
- 굵은골재 최대치수 : 40mm 이하
- 슬럼프 : 40mm 이하
- 공기연행 콘크리트의 공기량 범위 : 4~6%

54 섬유보강 콘크리트에 관한 설명으로 틀린 것은?

① 강섬유보강 콘크리트의 보강효과는 강섬유가 길수록 크다.
② 보강용 섬유의 탄성계수는 시멘트 결합재 탄성계수의 1/10 이하이어야 한다.
③ 섬유보강 콘크리트의 비비기에 사용하는 믹서는 강제식 믹서를 사용하는 것을 원칙으로 한다.
④ 보강용 섬유를 혼입하여 주로 인성, 균열 억제, 내충격성 및 내마모성 등을 높인 콘크리트를 섬유보강 콘크리트라고 한다.

해설 섬유보강 콘크리트용 섬유로써 갖추어야 할 조건
- 섬유와 시멘트 결합재 사이의 부착성이 좋을 것
- 섬유의 인장강도가 충분히 클 것
- 섬유의 탄성계수는 시멘트 결합재 탄성계수의 1/5 이상일 것
- 내구성, 내열성 및 내후성이 우수할 것
- 형상비가 50 이상일 것
- 시공상에 문제가 없을 것
- 가격이 저렴할 것

답안 표기란				
55	①	②	③	④
56	①	②	③	④
57	①	②	③	④

55 **일평균 기온이 30℃ 이상인 하절기에 슬래브 콘크리트를 타설한 경우 콘크리트의 습윤 양생 기간의 표준은? (단, 보통 포틀랜드 시멘트를 사용한 경우)**

① 3일 ② 5일
③ 7일 ④ 9일

해설 일평균 기온이 15℃ 이상이며 보통 포틀랜드 시멘트를 사용한 경우이므로 5일간 습윤 상태로 보호한다.

56 **팽창 콘크리트의 시공에 대한 설명으로 틀린 것은?**

① 팽창 콘크리트의 강도는 일반적으로 재령 7일의 압축강도를 기준으로 한다.
② 팽창 콘크리트의 팽창률은 일반적으로 재령 7일에 대한 시험값을 기준으로 한다.
③ 팽창재는 다른 재료와 별도로 질량으로 계량하며, 그 오차는 1회 계량분량의 1% 이내로 하여야 한다.
④ 콘크리트를 비비고 나서 타설을 끝낼 때까지의 시간은 기온·습도 등의 기상조건과 시공에 관한 등급에 따라 1~2시간 이내로 하여야 한다.

해설 팽창 콘크리트의 강도는 일반적으로 재령 28일의 압축강도를 기준으로 한다.

57 **콘크리트 재료의 계량에 대해 설명으로 틀린 것은?**

① 각 재료는 1배치씩 질량으로 계량한다.
② 계량은 시방배합에 의해 실시하는 것으로 한다.
③ 골재의 유효 흡수율은 보통 15~30분 간의 흡수율로 본다.
④ 혼화제를 녹이는 데 사용하는 물은 단위수량의 일부로 본다.

해설
- 계량은 현장배합에 의해 실시하는 것으로 한다.
- 물과 혼화제 용액은 용적으로 계량해도 좋다.

정답 52. ③ 53. ④ 54. ② 55. ② 56. ① 57. ②

답안 표기란				
58	①	②	③	④
59	①	②	③	④
60	①	②	③	④

58 콘크리트 타설에 대한 설명으로 틀린 것은?

① 타설한 콘크리트를 거푸집 안에서 횡방향으로 이동시켜서는 안 된다.
② 콘크리트를 2층 이상으로 나누어 타설할 경우, 상층의 콘크리트 타설은 원칙적으로 하층의 콘크리트가 굳기 시작하기 전에 해야 한다.
③ 콘크리트 타설 도중 표면에 떠올라 고인 블리딩수가 있을 경우에는 적당한 방법으로 이 물을 제거한 후가 아니면 그 위에 콘크리트를 쳐서는 안 된다.
④ 외기온도가 25℃를 초과하는 경우 하층 콘크리트 타설 완료 후, 정차시간을 포함하여 상층 콘크리트가 타설 완료되기까지의 시간이 2.5시간을 넘어서는 안 된다.

해설 외기온도가 25℃를 초과하는 경우 하층 콘크리트 타설 완료 후, 정차시간을 포함하여 상층 콘크리트가 타설 완료되기까지의 시간이 2.0시간을 넘어서는 안 된다.

59 고강도 콘크리트 제조방법으로 틀린 것은?

① 실리카 퓸 등과 같은 혼화 재료를 사용한다.
② 단위시멘트량은 가능한 한 적게 되도록 시험에 의해 정한다.
③ 철저히 습윤양생을 하여야 하며, 부득이한 경우 현장 봉함양생 등을 실시할 수 있다.
④ 고강도 콘크리트에 사용되는 굵은골재는 가능한 40mm 이하로 하며, 철근 최소 수평 순간격의 1/3 이내의 것을 사용하도록 한다.

해설 고강도 콘크리트에 사용되는 굵은골재는 25mm 이하로 하며 철근 최소 수평순간격의 3/4 이내의 것을 사용하도록 한다.

60 콘크리트 공장제품의 압축강도시험을 실시한 결과 시험체의 단면적이 7850mm^2, 파괴 시 최대하중이 165kN이었다면, 압축강도는?

① 15MPa ② 18MPa
③ 21MPa ④ 24MPa

해설
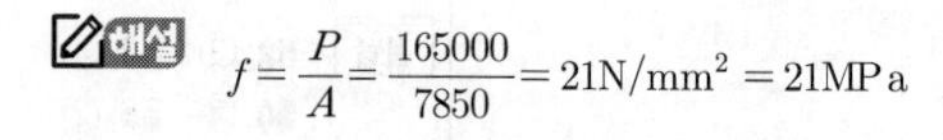
$$f=\frac{P}{A}=\frac{165000}{7850}=21\text{N/mm}^2=21\text{MPa}$$

콘크리트 구조 및 유지관리

답안 표기란				
61	①	②	③	④
62	①	②	③	④
63	①	②	③	④

61 황산염 침투에 의한 열화 방지 방법이 아닌 것은?

① C_3A 함량 증대　② 적절한 공기연행제 첨가
③ 플라이 애시 첨가　④ 고로 슬래그 첨가

해설 C_3A(알루민산 3석회) 함량을 증대하면 수화작용이 빠르며 수화열이 매우 높아 수축균열을 일으키기 때문에 적당하지 않다.

62 그림의 단면에 균형 철근량이 배근되었을 때의 등가압축응력의 깊이(a)를 구하면? (단, f_{ck} =30MPa, f_y =400MPa이다.)

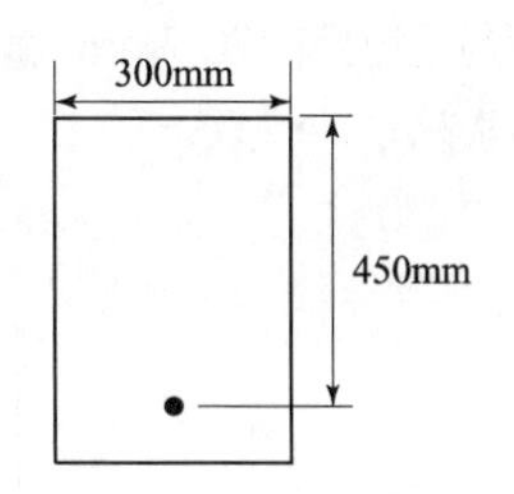

① 270mm
② 236mm
③ 224mm
④ 206mm

해설 (1) 균형 철근량 배근시 중립축의 위치

$$c=\frac{660}{660+f_y}\cdot d=\frac{660}{660+400}\times 450=280\text{mm}$$

$$a=\beta_1 c=0.8\times 280 \fallingdotseq 224\text{mm}$$

여기서, $\beta_1=0.8$

(2) $$\rho_b=\eta(0.85f_{ck})\frac{\beta_1}{f_y}\ \frac{660}{660+f_y}$$

$$=1.0\times(0.85\times 30)\times\frac{0.8}{400}\times\frac{660}{660+400}=0.0318$$

$$A_s=\rho_b\cdot b\cdot d=0.0318\times 300\times 450=4293\text{mm}^2$$

$C=T$에서 $\eta(0.85f_{ck})\,ab=A_s f_y$

$$\therefore\ a=\frac{As\cdot f_y}{\eta(0.85f_{ck})b}=\frac{4293\times 400}{1.0\times(0.85\times 30)\times 300}\fallingdotseq 224\text{mm}$$

63 철근콘크리트 보에서 전단철근에 대한 설명 중 틀린 것은?

① 보의 전단저항 능력의 일부분을 분담한다.
② 경사균열의 증진을 제한하여, 골재의 맞물림에 의한 전단저항력을 증진시킨다.
③ 종방향 철근의 다우얼력을 증진시킨다.
④ 철근콘크리트 보에 전단철근 양은 많을수록 거동에 유리하다.

정답 58. ④ 59. ④ 60. ③ 61. ① 62. ③ 63. ④

해설 철근콘크리트 보에 전단철근 양은 많을수록 거동에 불리하다. 그래서 전단 보강철근이 발휘할 수 있는 전단강도 $V_s=\frac{2}{3}\sqrt{f_{ck}}\,b_w d$ 이하로 하는 이유는 콘크리트의 사압축 파괴를 피하기 위해서이며 만일 초과할 경우는 보의 단면을 크게 늘려야 한다.

64 아래 그림의 직사각형 단철근보에서 공칭 전단강도(V_n)를 구하면? [단, 스터럽은 D13(공칭 단면적 126.7mm^2)을 사용하며, 스터럽 간격은 200mm, f_{yt} =350MPa, λ=1.0, f_{ck} =28MPa이다.]

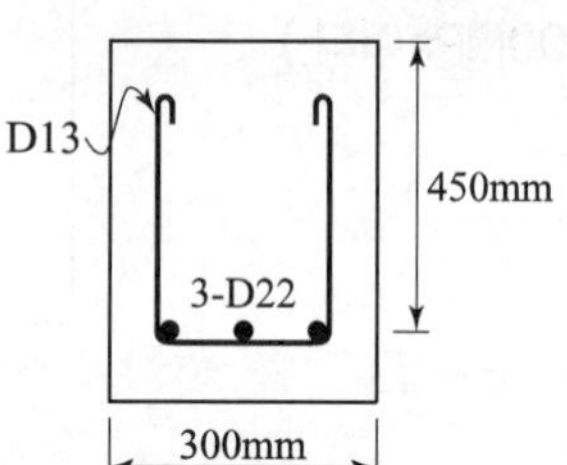

① 158.2 kN
② 318.6 kN
③ 376.3 kN
④ 463.2 kN

해설
- $V_c=\frac{1}{6}\lambda\sqrt{f_{ck}}\,b_w\,d=\frac{1}{6}\times1.0\times\sqrt{28}\times300\times450=119059\text{N}$
- $V_s=\frac{A_v f_{yt}\,d}{s}=\frac{(2\times126.7)\times350\times450}{200}=199552.5\text{N}$

$\therefore\ V_n=V_c+V_s=119059+199552.5=318611.5\text{N}=318.6\text{kN}$

65 보의 폭(b_w)이 350mm인 직사각형 단면 보가 계수 전단력(V_u) 75kN을 전단 보강 철근 없이 지지하고자 한다. 필요한 최소 유효깊이(d)는? (단, f_{ck} = 21MPa, f_y = 400MPa, λ=1.0)

① 749mm ② 702mm
③ 357mm ④ 254mm

해설 전단 보강 철근이 필요하지 않는 경우

$V_u\le\frac{1}{2}\phi V_c$

$V_u=\frac{1}{2}\phi\frac{1}{6}\lambda\sqrt{f_{ck}}\,b_w\,d$

$75000=\frac{1}{2}\times0.75\times\frac{1}{6}\times1.0\times\sqrt{21}\times350\times d$

$\therefore\ d\fallingdotseq749\text{mm}$

답안 표기란

64	①	②	③	④
65	①	②	③	④

66 주입공법의 종류 중 저압, 지속식 주입공법에 대한 내용으로 잘못 된 것은?

① 저압이므로 주입기에 여분의 주입재료가 남지 않아 재료의 손실이 없다.
② 저압이므로 실(seal)부의 파손도 작고 정확성이 높아 시공관리가 용이하다.
③ 주입되는 수지는 다양한 점도의 것을 사용할 수 있다.
④ 주입되는 수지의 양을 관찰하기 용이하므로 주입상황을 비교적 정확하게 파악할 수 있다.

해설
- 저압이므로 주입기에 여분의 주입재료가 남아 있으므로 재료 손실이 크다.
- 주입되는 수지는 동심원상으로 확산되므로 주입압력에 의한 균열이나 들뜸이 확대되지 않는다.
- 주입재는 에폭시 수지 이외에도 무기질재의 슬러리로 사용할 수 있어 습윤부에도 사용이 가능하다.

67 콘크리트와 철근의 부착에 영향을 주는 사항으로 틀린 것은?

① 약간 녹슨 철근이 부착강도면에서 유리하다.
② 수평철근은 콘크리트의 블리딩으로 인해 연직철근보다 부착강도가 떨어진다.
③ 동일한 철근비를 가질 경우 철근의 직경이 가는 것을 여러 개 쓰는 것보다 굵은 것을 쓰는 것이 유리하다.
④ 이형 철근의 부착강도가 원형 철근의 부착강도보다 크다.

해설 동일한 철근비를 가질 경우 철근의 직경이 굵은 것을 여러 개 쓰는 것보다 가는 것을 쓰는 것이 유리하다.

68 아래 표는 인장 이형철근의 겹침이음의 A급 이음에 대한 기준이다. ( )에 적합한 것은?

배치된 철근량이 이음부 전체 구간에서 해석 결과 요구되는 소요철근량의 (㉠)배 이상이고 소요겹침이음 길이 내 겹침이음된 철근량이 전체 철근량의 (㉡) 이하인 경우

① ㉠ 1.0 ㉡ 1/2
② ㉠ 2.0 ㉡ 1/2
③ ㉠ 1.5 ㉡ 1/3
④ ㉠ 2.0 ㉡ 1/3

해설 인장력을 받는 이형철근 및 이형철근의 겹침이음 길이는 A급, B급으로 분류하며 300mm 이상이어야 한다.

답안 표기란				
66	①	②	③	④
67	①	②	③	④
68	①	②	③	④

정답 64. ② 65. ① 66. ① 67. ③ 68. ②

• 수험번호:
• 수험자명:

글자 크기 100% 150% 200% | 화면 배치 | • 전체 문제 수: • 안 푼 문제 수:

답안 표기란				
69	①	②	③	④
70	①	②	③	④
71	①	②	③	④
72	①	②	③	④

69 다음 중 콘크리트의 중성화에 의하여 직접적으로 영향을 받는 열화는 무엇인가?

① 철근의 부식 ② 건조수축
③ 크리프 변형 ④ 레이턴스

해설 중성화에 의해 철근에 녹이 발생하고 이런 녹에 의해 철근이 2.5배 팽창하고 콘크리트의 내부에 균열을 발생하게 한다.

70 콘크리트가 외부로부터 화학작용을 받아 시멘트 경화체를 구성하는 수화생성물이 변질 또는 분해하여 결합 능력을 잃는 열화현상을 화학적 부식이라 하는데 다음 중 극히 심한 침식을 일으키는 화학물질은?

① 파라핀 ② 콜타르
③ 과망간산칼륨 ④ 질산암모늄

해설 콘크리트에는 무기산(황산, 염산, 질산, 불산 등)이 가장 크게 침식작용을 일으킨다.

71 다음 그림과 같은 단철근 직사각형보의 균형철근량을 계산하면? (단, f_{ck}=21MPa, f_y=300MPa)

① 5090mm^2
② 5173mm^2
③ 4415mm^2
④ 5055mm^2

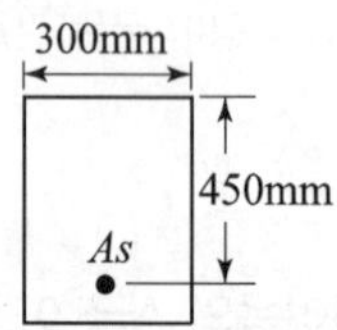

해설

$$\rho_b = \eta(0.85 f_{ck})\frac{\beta_1}{f_y}\frac{660}{660+f_y} = 1.0\times(0.85\times 31)\times\frac{0.8}{300}\times\frac{660}{660+300} = 0.0327$$

$$\rho_b = \frac{As}{bd}$$

$$\therefore\ As = \rho_b \times b \times d = 0.0327\times 300\times 450 ≒ 4415\text{mm}^2$$

72 콘크리트 균열에 대한 설명으로 틀린 것은?

① 상수도 시설물의 허용 휨인장 균열폭은 0.25mm이다.
② 균열 검증은 영구하중(또는 지속하중)을 대상으로 한다.
③ 허용 균열폭 산정 시 피복두께의 영향을 고려하지 않는다.

④ 전 단면이 인장을 받는 경우, 휨인장을 받는 경우보다 허용 균열폭을 더 작게 한다.

해설 콘크리트 표면의 균열폭은 철근에 대한 콘크리트 피복두께에 비례한다.

73 **크리프의 특성에 대한 설명으로 틀린 것은?**

① 하중이 실릴 때 콘크리트 구조물의 재령이 클수록 크리프는 작게 일어난다.
② 재하 후 첫 28일 동안 총 크리프 변형률의 1/2 이하가 진행되며 2~5년 후에 최종값에 근접한다.
③ 콘크리트가 놓이는 주위의 온도가 높을수록, 습기가 낮을수록 크리프 변형은 작아진다.
④ 물–결합재비가 큰 콘크리트는 물–결합재비가 작은 콘크리트보다 크리프가 크게 일어난다.

해설
- 온도가 높을수록 크리프는 증가한다.
- 습도가 높을수록 크리프는 감소한다.

74 **300mm×500mm 직사각형 단면의 띠철근 기둥이 양단 힌지로 구속되어 있을 때, 단주의 한계 높이는? (단, 비횡구속 골조의 압축부재이다.)**

① 1320mm　　② 1980mm
③ 2980mm　　④ 3300mm

- 횡방향 상대변위가 방지되어 있지 않을 경우는 $\frac{kl}{r} < 22$일 때가 단주이다.
- 기둥의 양단이 힌지이므로 $k=1$이다.
- 회전 반지름 $r = 0.3t = 0.3 \times 300 = 90\,\text{mm}$

$\frac{kl}{r} < 22 = \frac{1 \times l}{90} < 22$

$\therefore l < 1980\,\text{mm}$

75 **구조물의 콘크리트에 대한 비파괴 현장시험이 아닌 것은?**

① 내시경 시험
② 레이더 시험
③ 초음파 시험
④ 콘크리트 코어 압축강도 시험

해설 콘크리트 코어를 채취하여 실내에서 압축강도 시험을 한다.

답안 표기란				
73	①	②	③	④
74	①	②	③	④
75	①	②	③	④

week 01

정답 69. ① 70. ④ 71. ③ 72. ③ 73. ③ 74. ② 75. ④

• 수험번호:
• 수험자명:

글자 크기 100% 150% 200% | 화면 배치 | • 전체 문제 수: • 안 푼 문제 수:

답안 표기란				
76	①	②	③	④
77	①	②	③	④
78	①	②	③	④

76 **콘크리트 보수 시 기존 콘크리트와 보수재료의 부착이 잘 되기 위한 조치로 틀린 것은?**

① 부착면을 깨끗하게 한다.
② 바탕 표면을 거칠게 한다.
③ 보수재료를 충분히 압착한다.
④ 바탕의 미세한 구멍을 메운다.

해설 바탕의 미세한 구멍은 메우지 않고 이물질 등을 제거한다.

77 **폭 300mm, 인장철근까지의 유효깊이 550mm, 압축철근까지의 유효깊이 50mm, 인장철근량 5000mm^2, 압축철근량 2000mm^{2}의 복철근 직사각형 단면이 연성파괴를 한다면 설계 휨강도(M_d)는? (단, f_{ck} =20MPa, f_y =300MPa)**

① 516kN · m　　② 548kN · m
③ 576kN · m　　④ 608kN · m

해설

• $a=\dfrac{(A_s-A_s')f_y}{\eta(0.85f_{ck})b}=\dfrac{(5000-2000)\times300}{1.0\times(0.85\times20)\times300}=176.47\,\mathrm{mm}$

• $M_d=\phi\left[(A_s-A_s')f_y\left(d-\dfrac{a}{2}\right)+A_s'f_y(d-d')\right]$

$=0.85\times\left[(5000-2000)\times300\times\left(550-\dfrac{176.47}{2}\right)+2000\times300\times(550-50)\right]$

$=608,250,225\,\mathrm{N\cdot mm}=608\mathrm{kN\cdot m}$

78 **콘크리트 펌프 압송 시에 대한 설명으로 틀린 것은?**

① 보통 콘크리트의 슬럼프는 100~180mm 범위가 적당하다.
② 보통 콘크리트의 굵은골재 최대치수는 40mm 이하로 한다.
③ 펌핑 시의 최대 소요 압력은 유사현장의 실적이나 펌핑 시험을 통해 결정한다.
④ 압송을 수월하게 하기 위하여 슬럼프 값을 가능한 높게 한 유동화 콘크리트를 사용한다.

해설 압송을 수월하게 하기 위하여 슬럼프 값을 가능한 낮게 한 유동화 콘크리트를 사용한다.

79 철근의 부식으로 인해 콘크리트에 나타나는 박리의 원인이 아닌 것은?

① 철근의 지름
② 철근의 항복강도
③ 콘크리트의 인장강도
④ 철근을 피복하고 있는 콘크리트의 품질

해설 철근이 부식되면 철근의 반경방향으로 밀치는 응력이 유발되며 이것은 국부적인 균열을 발생하게 한다. 반경방향의 균열은 철근 길이를 따라서 계속 연결되어 결국 콘크리트가 떨어져 나가는 현상이 초래한다.

80 아래에서 설명하는 균열의 보수 방법은?

> 균열의 양측에 어느 정도 간격을 두고 구멍을 뚫어 철쇠를 박아 넣는 방법으로 균열 직각 방향의 인장강도를 증강시키고자 할 때 사용되며 구조물을 보강하는 효과가 있다.

① 봉합법 ② 짜집기법
③ 드라이 패킹 ④ 보강철근 이용방법

해설
- 짜깁기 보수방법은 균열을 완전히 봉합 할 수는 없지만 더 이상 진전되는 것은 막을 수 있다.
- 봉합법 보수방법은 발생된 균열이 멈추어 있거나 구조적으로 중요하지 않을 경우에는 균열 부위에 봉합재를 채워 넣는 방법으로 비교적 간단하게 할 수 있다.
- 보강철근 이용방법은 교량 거더 등의 균열에 구멍을 뚫고 에폭시를 주입하며 철근을 끼워넣어 보강하는 방법이다.
- 드라이 패킹 보수방법은 물-시멘트비가 아주 작은 모르터를 손으로 채워넣는 방법이다.

답안 표기란				
79	①	②	③	④
80	①	②	③	④

정답 76. ④ 77. ④ 78. ④ 79. ② 80. ②

콘크리트기사

week

2

CBT 모의고사

- Ⅰ 콘크리트 재료 및 배합
- Ⅱ 콘크리트 제조, 시험 및 품질관리
- Ⅲ 콘크리트의 시공
- Ⅳ 콘크리트 구조 및 유지관리

알려드립니다

한국산업인력공단의 저자권법 저촉에 대한 언급(2013년 2회 시험)이 있어 과거에 출제된 동일한 문제나 그 유형의 문제로 재구성하였습니다.

01회 CBT 모의고사

• 수험번호:
• 수험자명:

• 제한 시간:
• 남은 시간:

글자 크기 100% 150% 200% | 화면 배치 | • 전체 문제 수: • 안 푼 문제 수:

1과목 콘크리트 재료 및 배합

01 아래 표는 상수돗물 이외의 물을 혼합수로 사용할 경우에 대한 물의 품질을 나타낸 것이다. 틀린 항목을 모두 나열한 것은?

항 목	품 질
㉠ 현탁 물질의 양	2g/L 이하
㉡ 용해성 증발잔유물의 양	1g/L 이하
㉢ 염소이온(Cl^-)량	300mg/L 이하
㉣ 시멘트 응결시간의 차	초결은 30분 이내, 종결은 60분 이내
㉤ 모르타르 압축강도비	재령 7일 및 재령 28일에서 85% 이상

① ㉠, ㉡　　② ㉠, ㉢
③ ㉡, ㉤　　④ ㉢, ㉤

해설
• **염소이온량**: 250mg/l 이하
• **모르타르의 압축강도비**: 재령 7일 및 28일에서 90% 이상

02 굵은골재의 체가름을 하여 다음 표와 같은 결과를 얻었다. 이 골재의 조립률은 얼마인가?

체의 호칭(mm)	각 체의 남는 양의 누계(%)
50	0
40	5
30	17
25	30
20	42
15	71
10	87
5	100

① 3.52　　② 7.34
③ 8.34　　④ 8.52

해설

$$F \cdot M = \frac{5+42+87+100+500}{100} = 7.34$$

여기서, 500은 2.5, 1.2, 0.6, 0.3, 0.15mm체의 남는 양의 누계(%) 각각 100%값을 합한 것임.

답안 표기란

01	①	②	③	④
02	①	②	③	④

03 콘크리트용 플라이 애시로 사용할 수 없는 것은?

① 이산화규소의 함유량이 48%인 경우
② 강열감량이 6%인 경우
③ 밀도가 2.2g/cm^{3}인 경우
④ 수분이 0.5%인 경우

해설
- 이산화규소 : 45% 이상
- 강열감량 : 3% 이하(플라이 애시 1종), 5% 이하(플라이 애시 2종)
- 밀도 : 1.95g/cm^3 이상
- 수분 : 1% 이하

04 콘크리트 배합설계에서 잔골재의 절대용적이 360l, 굵은골재의 절대용적이 540l인 경우 잔골재율은 얼마인가?

① 30% ② 36%
③ 40% ④ 67%

해설

$$S/a = \frac{360}{360+540} \times 100 = 40\%$$

05 콘크리트 압축강도 시험에서 20개의 공시체를 측정하여 평균값이 27.0MPa, 표준편차가 2.7MPa일 때의 변동계수는 얼마인가?

① 5% ② 8%
③ 10% ④ 15%

해설

$$\text{변동계수} = \frac{\text{표준편차}}{\text{평균값}} \times 100 = \frac{2.7}{27} \times 100 = 10\%$$

06 다음은 콘크리트의 압축강도를 알지 못할 때, 또는 압축강도의 시험횟수가 14회 이하인 경우 콘크리트의 배합강도를 구한 것이다. 틀린 것은?

① 호칭강도가 20 MPa일 때, 배합강도는 27 MPa이다.
② 호칭강도가 25 MPa일 때, 배합강도는 33.5 MPa이다.
③ 호칭강도가 30 MPa일 때, 배합강도는 38.5 MPa이다.
④ 호칭강도가 45 MPa일 때, 배합강도는 56.5 MPa이다.

해설 호칭강도가 35MPa을 초과할 경우

$$f_{cr} = 1.1 f_{cn} + 5.0 = 1.1 \times 45 + 5.0 = 54.5\text{MPa}$$

답안 표기란				
03	①	②	③	④
04	①	②	③	④
05	①	②	③	④
06	①	②	③	④

week 02

정답 01. ④ 02. ②
03. ② 04. ③
05. ③ 06. ④

• 수험번호:
• 수험자명:
• 제한 시간:
• 남은 시간:

글자 크기 100% 150% 200% 화면 배치
• 전체 문제 수:
• 안 푼 문제 수:

07 **KS 규정의 시멘트 시험에 대한 설명으로 부적절한 것은?**

① 분말도는 시멘트의 입자 크기를 비표면적으로 나타내는 것으로서 블레인 공기투과장치에 의해 측정할 수 있다.
② 강열감량은 일반적으로 시멘트를 약 1,450℃로 가열했을 때의 감소되는 질량을 측정하여 백분율로 나타낸다.
③ 시멘트의 강도 시험용 모르타르의 배합은 시멘트 : 표준사=1 : 3, 물/시멘트비는 0.5이다.
④ 길모어 침에 의한 응결시간은 사용한 물의 양이나 온도 또는 반죽의 반죽 정도뿐만 아니라 공기의 온도 및 습도에도 영향을 받으므로 측정한 시멘트의 응결시간은 근사값이다.

해설
- 강열감량은 일반적으로 시멘트를 약 1000℃로 가열했을 때의 감소되는 질량을 측정하여 백분율로 나타낸다.
- 강열감량은 시멘트의 풍화된 정도를 판정하는 데 많이 사용된다.

08 **시방배합 결과 단위수량 165 kg/m³, 잔골재 표면수 3%, 굵은골재 표면수 1%인 현장골재를 사용하여 현장배합한 결과 단위잔골재량 175 kg/m³, 단위굵은골재량 1230 kg/m³을 얻었다. 현장배합에 필요한 단위수량은?**

① 138.2 kg/m³ ② 139.7 kg/m³
③ 147.7 kg/m³ ④ 150.2 kg/m³

해설
- 시방배합의 단위잔골재량 : $175/1.03=170$ kg/m³
- 시방배합의 단위굵은골재량 : $1230/1.01=1218$kg/m³
- 현장 단위수량 : $165-(170\times0.03+1218\times0.01)=147.7$kg/m³

09 **플라이 애시의 품질시험에서 시험 모르타르 제조시 보통 포틀랜드 시멘트와 플라이 애시의 질량비는 얼마인가? (단, 보통 포틀랜드 시멘트 : 플라이 애시)**

① 3 : 1 ② 2 : 1
③ 1 : 1 ④ 1 : 2

해설
- **시험 모르타르** : 플라이 애시의 품질시험에서 보통 포틀랜드 시멘트와 시험의 대상으로 하는 플라이 애시를 질량으로 3 : 1의 비율로 사용하여 만든 모르타르

답안 표기란				
07	①	②	③	④
08	①	②	③	④
09	①	②	③	④

• **기준 모르타르** : 플라이 애시의 품질시험에서 보통 포틀랜드 시멘트를 사용하여 만든 기준으로 하는 모르타르

	답안 표기란			
10	①	②	③	④
11	①	②	③	④
12	①	②	③	④
13	①	②	③	④

10 콘크리트용 강섬유의 인장강도 시험(KS F 2565)에 대한 설명으로 틀린 것은?

① 시료의 장착은 눈금 거리를 10mm로 하고, 시험 중 빠지지 않도록 고정하여야 한다.
② 평균 재하속도는 5MPa/s~10MPa/s의 속도로 한다.
③ 시료의 수는 10개 이상으로 한다.
④ 강섬유의 인장강도(f_t)를 구하는 식은 $f_t = \frac{\text{파단하중(N)}}{\text{단면적(mm}^2\text{)}}$이다.

해설 평균 재하속도는 10MPa/s~30MPa/s의 속도로 한다.

11 포졸란 반응의 특징이 아닌 것은?

① 작업성이 좋아진다.
② 블리딩이 감소한다.
③ 초기강도와 장기강도가 증가한다.
④ 발열량이 적어 단면이 큰 콘크리트에 적합하다.

해설 초기강도가 작으나 수밀성이 크다.

12 방청제에 관한 설명으로 옳지 않은 것은?

① 일반적으로 아질산소다($NaNO_3$)를 주성분으로 한다.
② 방청제의 품질은 KS F 2561에 규정되어 있다.
③ 경미한 균열이 있는 경우에는 사용하기 어렵다.
④ 철근 콘크리트나 프리스트레스트 콘크리트 속의 강재의 방청을 목적으로 하는 혼화제이다.

해설 방청제는 콘크리트의 내부를 치밀하게 하여 부식성 물질의 침투를 막아 주므로 경미한 균열이 있는 경우에도 사용 가능하다.

13 콘크리트용 화학 혼화제 중 공기연행감수제의 품질규정 항목과 관련이 없는 것은?

① 밀도　　② 압축강도비
③ 블리딩양의 비　　④ 응결시간의 차

해설 감수율, 길이 변화비, 동결융해에 대한 저항성이 있다.

정답 07. ② 08. ③ 09. ① 10. ② 11. ③ 12. ③ 13. ①

답안 표기란				
14	①	②	③	④
15	①	②	③	④
16	①	②	③	④
17	①	②	③	④

14 콘크리트 배합설계에서 잔골재율을 작게 할 경우에 대한 설명으로 옳지 않은 것은?

① 콘크리트가 거칠어진다.
② 단위시멘트량이 감소하여 경제적이다.
③ 재료분리가 일어나는 경향이 감소된다.
④ 소요 워커빌리티를 얻기 위한 단위수량이 감소된다.

해설
• 재료분리가 일어나는 경향이 증가된다.
• 잔골재율은 콘크리트 속의 골재 전체용적에 대한 잔골재 전체용적의 중량백분율이다.

15 시멘트의 응결에 대한 설명으로 옳지 않은 것은?

① C_3A 함유량이 많을수록 응결이 빨라진다.
② 위응결은 재비빔한 후 정상적으로 응결된다.
③ 석고의 첨가량이 많을수록 응결이 빨라진다.
④ 시멘트의 분말도가 클수록 응결이 빨라진다.

해설
• 석고의 첨가량이 많을수록 응결은 지연된다.
• 온도가 높을수록 응결은 빨라진다.
• 습도가 낮으면 응결은 빨라진다.
• 물-시멘트비가 많을수록 응결은 지연된다.
• 풍화된 시멘트는 일반적으로 응결이 지연된다.

16 콘크리트 압축강도의 시험횟수가 22회일 경우 배합강도를 결정하기 위해 적용하는 표준편차의 보정계수로 옳은 것은?

① 1.04 ② 1.06
③ 1.08 ④ 1.10

해설 20회의 경우 1.08, 25회의 경우 1.03이므로 직선보간하면 21회 1.07, 22회 1.06, 23회 1.05, 24회 1.04이다.

17 수경성 시멘트 모르타르 압축강도 시험용 시험체의 성형과 관련한 설명으로 틀린 것은?

① 두께 약 25mm 모르타르 층을 모든 입방체 칸 안에 넣는다.
② 플로 시험이 끝나는 즉시 모르타르를 플로 틀로부터 혼합 용기에 쏟는다.

③ 각 입방체 칸 안의 모르타르에 대하여 약 10초 동안에 네 바퀴로 32회 찧는다.
④ 모르타르 배치의 처음 반죽이 끝난 뒤로부터 5분 이내에 시험체의 성형을 시작한다.

해설 모르타르 배치의 처음 반죽이 끝난 뒤로부터 2분 15초 이내에 시험체의 성형을 시작한다.

18 **잔골재의 유기불순물 시험에 대한 설명으로 틀린 것은?**

① 시험 재료로서 수산화나트륨과 탄닌산이 필요하다.
② 모래에 존재하는 부식된 형태의 유기불순물의 존재 여부를 분별하기 위한 것이다.
③ 잔골재 중의 유기불순물은 콘크리트의 경화를 방해하고 강도, 내구성 등에 나쁜 영향을 미친다.
④ 모래 상층부의 시험 용액의 색이 표준색 용액의 색보다 짙은 경우 그 모래는 합격이다.

해설 모래 상층부의 시험 용액의 색이 표준색 용액의 색보다 옅은 경우 그 모래는 합격이다.

19 **일반 콘크리트용으로 사용이 부적합한 잔골재는?**

① 안정성이 8%인 잔골재
② 흡수율이 2.2%인 잔골재
③ 절대건조밀도가 2.6g/cm^{3}인 잔골재
④ 0.08mm체 통과량이 8.0%인 잔골재

해설
- **안정성** : 10% 이하
- **흡수율** : 3% 이하
- **절대건조밀도** : 2.5g/cm^3 이상
- **0.08mm체 통과량** : 콘크리트 표면이 마모를 받는 경우 3% 이하 (기타의 경우 5% 이하)

20 **콘크리트용 순환골재의 물리적 성질에 관한 설명으로 틀린 것은?**

① 순환 굵은골재의 마모율은 40% 이하이다.
② 순환 굵은골재의 입자모양 판정 실적률은 45% 이상이다.
③ 잔골재 및 굵은골재의 흡수율은 각각 4.0% 이하, 3.0% 이하이다.
④ 잔골재 및 굵은골재의 절대건조밀도는 각각 2.3g/cm^3 이상, 2.5g/cm^3 이상이다.

해설 순환 굵은골재의 입자모양 판정 실적률은 55% 이상이다.

답안 표기란

18	①	②	③	④
19	①	②	③	④
20	①	②	③	④

week 02

정답 14. ③ 15. ③ 16. ② 17. ④ 18. ④ 19. ④ 20. ②

2과목 콘크리트 제조, 시험 및 품질관리

답안 표기란				
21	①	②	③	④
22	①	②	③	④
23	①	②	③	④

21 프록터 관입저항시험으로 콘크리트의 응결시간을 측정할 때 초결시간 및 종결시간은 관입저항값이 각각 몇 MPa일 때인가?

① 2.5 MPa, 25.0 MPa
② 2.5 MPa, 28.0 MPa
③ 3.5 MPa, 25.0 MPa
④ 3.5 MPa, 28.0 MPa

해설
• 침의 관입길이가 25mm가 될 때까지 소요된 힘을 침의 지지면으로 나누어 관입저항을 계산한다.
• 6회 이상 시험하며 관입저항 측정값이 적어도 28MPa 이상이 될 때까지 시험을 계속한다.

22 콘크리트의 블리딩 시험방법(KS F 2414)과 블리딩에 대한 설명으로 옳지 않은 것은?

① 잔골재의 조립률이 클수록 블리딩이 작아진다.
② 굵은골재의 최대치수가 40mm 이하인 콘크리트에 대하여 규정한다.
③ 시험중에 실온은 20±3℃로 한다.
④ 처음 60분 동안 10분마다, 콘크리트 표면에 스며나온 물을 빨아낸다.

해설
• 잔골재의 조립률이 클수록 블리딩이 커진다.
• 시멘트의 분말도가 클수록 블리딩이 작아진다.
• 블리딩은 2~4시간 정도에서 종료된다.

23 콘크리트의 제조공정에 있어서의 검사에 관한 설명으로 바르지 못한 것은?

① 시방배합은 공사 중 적절히 실시하는 것이 원칙이다.
② 잔골재의 조립률은 1일 1회 이상 실시한다.
③ 굵은골재의 조립률은 1일 1회 이상 실시한다.
④ 잔골재의 표면수율은 1일 1회 이상 실시한다.

해설 잔골재의 표면수율은 1일 2회 이상 실시한다.

답안 표기란				
24	①	②	③	④
25	①	②	③	④
26	①	②	③	④

24 콘크리트의 크리프에 대한 설명으로 잘못된 것은?

① 배합시 시멘트량이 많을수록 크리프는 크다.
② 보통시멘트를 사용한 콘크리트는 조강시멘트를 사용한 경우보다 크리프가 크다.
③ 물-결합재비가 작을수록 크리프는 크다.
④ 부재치수가 작을수록 크리프는 크다.

해설 물-결합재비가 클수록 크리프는 크다.

25 콘크리트의 압축강도 시험을 실시한 결과가 아래의 표와 같다. 불편분산에 의한 표준편차는 얼마인가?

28, 26, 30, 27 (MPa)

① 1.71 MPa ② 1.90 MPa
③ 2.14 MPa ④ 2.32 MPa

- 평균값($\bar{x}$) $= \dfrac{28+26+30+27}{4} = 27.75$
- 편차 제곱의 합(S)
  $(28-27.75)^2 + (26-27.75)^2 + (30-27.75)^2 + (27-27.75)^2 = 8.75$
- 불편분산(V)
  $V = \dfrac{S}{n-1} = \dfrac{8.75}{4-1} = 2.91$
- 표준편차(σ)
  $\sigma = \sqrt{V} = \sqrt{2.91} = 1.71$

26 일반 콘크리트 제조시 1회 계량분에 대한 허용오차로 옳지 않은 것은?

① 물 : −2%, +1%
② 시멘트 : −1%, +2%
③ 혼화재 : ±3%
④ 골재 : ±3%

해설
- 혼화재 : ±2%
- 골재, 혼화제 : ±3%

week 02

정답 21. ④ 22. ① 23. ④ 24. ③ 25. ① 26. ③

답안 표기란				
27	①	②	③	④
28	①	②	③	④
29	①	②	③	④

27 아래 보기를 보고 품질관리의 순서가 옳은 것은?

> ㉠ 품질의 표준을 정한다.
> ㉡ 관리 한계로 하여 작업을 수행한다.
> ㉢ 데이터를 작성한다.
> ㉣ 품질의 특성을 정한다.
> ㉤ 공정에 이상이 발생하면 수정하여 관리 한계 내에 들어가게 한다.
> ㉥ 관리도에 의한 공정의 안정 여부를 검토한다.
> ㉦ 작업의 표준을 정한다.

① ㉠㉣㉦㉢㉥㉡㉤　② ㉣㉠㉦㉢㉥㉡㉤
③ ㉢㉠㉣㉦㉥㉡㉤　④ ㉦㉣㉠㉢㉥㉡㉤

해설 품질관리의 7가지 기본 도구에는 파레토 그림, 체크시트, 특성요인도, 히스토그램, 그래프, 산점도, 관리도가 있다.

28 재료의 역학적 성질 중 탄성계수를 E, 전단탄성계수를 G, 푸아송수를 m이라 할 때 각 성질의 상호관계식으로 옳은 것은?

① $G=\dfrac{m}{2E(m+1)}$　② $G=\dfrac{mE}{2(m+1)}$
③ $G=\dfrac{m}{2(m+1)}$　④ $G=\dfrac{E}{2(m+1)}$

해설 $G=\dfrac{E}{2(1+v)}=\dfrac{E}{2\left(1+\dfrac{1}{m}\right)}=\dfrac{mE}{2(m+1)}$

29 콘크리트의 슬럼프 시험방법에 대하여 적당하지 않은 것은?

① 슬럼프 콘은 상부 안지름 100mm, 하부 안지름 200mm, 높이 300mm의 강제 콘을 사용한다.
② 시료는 슬럼프 콘 용적의 1/3씩 3층으로 나누어 채운다.
③ 슬럼프 콘에 콘크리트를 채우기 시작하고 나서 슬럼프 콘의 들어올리기를 종료할 때까지의 시간은 1분 30초 이내로 한다.
④ 슬럼프 콘을 연직으로 들어 올리고 콘크리트의 중앙부에서 공시체 높이와의 차를 5mm 단위로 측정하여 이것을 슬럼프 값으로 한다.

해설 슬럼프 콘에 콘크리트를 채우기 시작하고 나서 슬럼프 콘의 들어올리기를 종료할 때까지의 시간은 3분 이내로 한다.

30 지름 150mm, 높이 300mm의 원주형 공시체를 사용하여 쪼갬인장 강도 시험을 한 결과 최대하중이 250kN이라면 이 콘크리트의 쪼갬 인장강도는?

① 2.12 MPa
② 2.53 MPa
③ 3.22 MPa
④ 3.54 MPa

해설 쪼갬 인장강도 $= \frac{2P}{\pi dl} = \frac{2 \times 250{,}000}{3.14 \times 150 \times 300} = 3.54\text{MPa}$

31 콘크리트의 압축강도에 대한 설명으로 틀린 것은?

① 150mm 입방체 공시체는 ∅150×300mm 원주형 공시체의 강도보다 크다.
② 양생온도가 4~40℃ 범위에 있을 때 온도가 높아짐에 따라 재령 28일 강도는 증가한다.
③ 원주형 공시체의 직경(D)과 높이(H)와의 비(H/D)의 값이 클수록 압축강도는 증가한다.
④ 콘크리트의 압축강도가 클수록 취도계수(압축강도와 인장강도의 비)는 증가한다.

해설
- 원주형 공시체의 직경(D)과 높이(H)와의 비(H/D)의 값이 작을수록 압축강도는 증가한다.
- 모양이 다르면 크기가 작은 공시체의 압축강도가 더 크다.
- 150mm 입방체 공시체는 ∅150×300mm 원주형 공시체 강도의 1.16배 정도 된다.
- H/D가 동일하면 원주형 공시체가 각주형 공시체보다 압축강도가 크다.

32 일반 콘크리트에서 압축강도에 의한 콘크리트의 품질검사에 관한 설명으로 틀린 것은?

① 1회 시험값은 공시체 3개의 압축강도 시험값의 평균값이다.
② 1회/일 또는 120m^3마다 1회, 배합이 변경될 때마다 압축강도 시험을 실시한다.
③ 3회 연속한 압축강도 시험값의 평균이 품질기준강도 이상이어야 한다.
④ 압축강도에 의한 콘크리트 품질관리는 일반적인 경우 장기재령에 있어서의 압축강도에 의해 실시한다.

해설 압축강도에 의한 콘크리트 품질관리는 일반적인 경우 조기재령에 있어서의 압축강도에 의해 실시한다.

답안 표기란				
30	①	②	③	④
31	①	②	③	④
32	①	②	③	④

week 02

정답 27. ② 28. ② 29. ③ 30. ④ 31. ③ 32. ④

33 거푸집에 작용하는 콘크리트 측압에 대한 설명으로 틀린 것은?

① 타설 속도가 빠를수록 측압은 증가한다.
② 단위중량이 증가할수록 측압은 증가한다.
③ 타설되는 콘크리트의 온도가 증가할수록 측압은 감소한다.
④ 지연제를 사용하면 사용하지 않는 경우보다 측압은 감소한다.

해설 지연제를 사용하면 사용하지 않는 경우보다 측압은 증가한다.

34 블리딩이 일어나는데 가장 영향이 큰 조건은?

① 단위수량이 큰 경우
② 슬럼프가 작은 경우
③ 잔골재가 많은 경우
④ 배합강도가 낮은 경우

해설 블리딩을 적게 하기 위해서는 단위수량을 적게 하고, 골재 입도가 적당해야 한다. 특히 0.15~0.3mm 정도의 세립부분의 영향이 크다.

35 급속 동결 융해에 대한 콘크리트의 저항시험(KS F 2456)에서 규정하고 있는 시험방법의 종류로 옳은 것은?

① 수중 급속 동결 융해 시험방법, 기중 급속 동결 융해 시험방법
② 수중 급속 동결 융해 시험방법, 기중 급속 동결 후 수중 융해 시험방법
③ 기중 급속 동결 융해 시험방법, 수중 급속 동결 후 기중 융해 시험방법
④ 기중 급속 동결 융해 시험방법, 기중 급속 동결 후 수중 융해 시험방법

해설 수중 급속 동결 융해 시험방법, 기중 급속 동결 후 수중 융해 시험방법 2종류가 있다.

36 경화된 콘크리트의 염화물 함유량 측정 방법(KS F 2717)으로 적합하지 않은 것은?

① 흡광광도법
② 질산은 적정법(전위차 적정법)
③ 페놀프탈레인 용액법
④ 이온크로마토그래피법

답안 표기란				
33	①	②	③	④
34	①	②	③	④
35	①	②	③	④
36	①	②	③	④

해설 페놀프탈레인 용액법은 콘크리트의 중성화(탄산화) 깊이 측정 방법이다.

37 현장에 납품된 콘크리트의 받아들이기 품질검사를 하려고 할 때, 받아들이기 품질 검사의 항목이 아닌 것은?

① 공기량 ② 슬럼프
③ 압축강도 ④ 염화물 함유량

해설
- 콘크리트의 받아들이기 품질관리는 콘크리트를 타설하기 전에 실시하여야 한다.
- 굳지 않는 콘크리트의 상태, 슬럼프, 공기량, 온도, 단위용적질량, 염화물 함유량, 배합, 펌퍼빌리티의 항목이 있다.

38 AE 콘크리트 중에 포함된 유효공기량의 범위로 가장 적당한 것은?

① 1~2% ② 3~6%
③ 7~10% ④ 10~12%

해설 공기량의 범위는 4.5±1.5%이다.

39 레디믹스트 콘크리트의 종류에 따른 굵은골재 최대치수를 나열한 것으로 틀린 것은?

① 고강도 콘크리트 : 13mm, 20mm, 25mm
② 경량골재 콘크리트 : 20mm, 25mm
③ 보통 콘크리트 : 20mm, 25mm, 40mm
④ 포장 콘크리트 : 20mm, 25mm, 40mm

해설 경량골재 콘크리트 : 13mm, 20mm

40 압력법에 의한 굳지 않은 콘크리트의 공기량 시험방법(KS F 2421)에 대한 설명으로 틀린 것은?

① 시험의 원리는 보일의 법칙을 기초로 한 것이다.
② 이 시험 방법은 굵은골재 최대치수 40mm 이하의 보통 골재를 사용한 콘크리트에 대해서 적당하다.
③ 공기량 측정기의 용적은 물을 붓고 시험하는 경우 적어도 7L로 하고, 물을 붓지 않고 시험하는 경우는 5L 정도 이상으로 한다.
④ 용기 교정 시 용기 높이의 약 90%까지 물을 채운 후 연마 유리판을 상부에 얹고 남은 물을 더함과 동시에 연마 유리판을 플랜지에 따라 이동시키면서 물을 채운다.

답안 표기란				
37	①	②	③	④
38	①	②	③	④
39	①	②	③	④
40	①	②	③	④

정답 33. ④ 34. ① 35. ② 36. ③ 37. ③ 38. ② 39. ② 40. ③

week 02

해설
- 공기량 측정기의 용적은 물을 붓고 시험하는 경우 적어도 5L로 하고, 물을 붓지 않고 시험하는 경우는 7L 정도 이상으로 한다.
- 콘크리트 공기량은 콘크리트의 겉보기 공기량에서 골재수정계수를 뺀 값으로 구한다.
- 콘크리트 공기량 시험은 골재의 굵은골재 최대치수 40mm 이하의 보통 골재를 사용한 콘크리트에 대하여 적용한다.

답안 표기란				
41	①	②	③	④
42	①	②	③	④

3과목 콘크리트의 시공

41 다음은 구조물별 시공이음의 위치에 대한 설명이다. 옳지 않은 것은?

① 보의 지간 중앙부에 작은 보가 지날 경우는 작은 보폭의 2배정도 떨어진 곳에 시공이음을 설치한다.
② 아치의 시공이음은 아치축에 직각방향이 되도록 설치한다.
③ 바닥틀의 시공이음은 슬래브 또는 보의 경간 단부에 둔다.
④ 바닥틀과 일체로 된 기둥 혹은 벽의 시공이음은 바닥틀과의 경계부근에 설치하는 것이 좋다.

해설 바닥틀의 시공이음은 슬래브 또는 보의 경간 중앙부 부근에 둔다.

42 숏크리트 작업 사항으로 틀린 것은?

① 리바운드량이 최대가 되도록 하여 리바운드된 재료가 다시 혼입되도록 한다.
② 뿜어 붙인 콘크리트가 소정의 두께가 될 때까지 반복해서 뿜어 붙인다.
③ 강재지보공을 설치한 곳에서는 숏크리트와 강재지보공이 일체가 되도록 한다.
④ 노즐은 항상 뿜어 붙일 면에 직각이 되도록 유지하고 적절한 뿜는 압력을 유지하여야 한다.

해설 리바운드량이 최소가 되도록 하여 리바운드된 재료가 다시 혼입되지 않도록 한다.

43 프리플레이스트 콘크리트의 압송 및 주입에 관한 설명으로 옳지 않은 것은?

① 수송관을 통과하는 모르타르의 평균유속은 0.5~2.0m/sec 정도가 되도록 한다.
② 시공중 모르타르 주입을 주기적으로 중단시켜 시공이음이 발생하도록 유도하여 온도변화 및 건조수축 등에 의한 균열 발생을 제어하여야 하다.
③ 수송관의 연장은 짧게 하여야 하며, 연장이 100m 이상일 경우에는 중계용 펌프를 사용한다.
④ 연직주입관 및 수평주입관의 수평간격은 2m 정도를 표준으로 한다.

해설 모르타르 주입을 중단하여 설계나 시공계획에 없는 시공이음을 두어서는 안 된다.

44 수중 콘크리트의 타설에 대한 설명으로 틀린 것은?

① 수중 불분리성 콘크리트의 타설은 유속이 50mm/s 정도 이하의 정수 중에서 수중낙하높이 0.5m 이하여야 한다.
② 수중 불분리성 콘크리트의 펌프 시공시 압송압력은 보통 콘크리트의 2~3배, 타설속도는 1/2~1/3 정도이다.
③ 일반 수중 콘크리트의 트레미 시공시 트레미의 안지름은 수심 5m 이상의 경우 300~500mm 정도가 좋다.
④ 일반 수중 콘크리트의 타설에서 트레미 1개로 타설할 수 있는 면적은 과다해서는 안되며, $50m^2$ 정도가 좋다.

해설 트레미 1개로 타설할 수 있는 면적은 $30m^2$ 정도이다.

45 서중 콘크리트에 대한 설명 중 옳지 않은 것은?

① 하루 평균기온이 25℃를 초과하는 것이 예상되는 경우에 서중 콘크리트로서 시공을 실시하여야 한다.
② 콘크리트의 운반계획을 수립하여 운반시간을 최소화한다.
③ 지연형 감수제를 사용하는 등의 일반적인 대책을 강구한 경우라도 콘크리트를 비빈 후 2시간 이내에 타설해야 한다.
④ 일반적으로 기온 10℃의 상승에 대하여 단위수량은 2~5% 증가하므로 소요의 압축강도를 확보하기 위해서는 단위수량에 비례하여 단위시멘트량의 증가를 검토하여야 한다.

해설 지연형 감수제를 사용한 경우라도 1.5시간 이내에 타설한다.

답안 표기란				
43	①	②	③	④
44	①	②	③	④
45	①	②	③	④

week 02

정답 41. ③ 42. ① 43. ② 44. ④ 45. ③

답안 표기란				
46	①	②	③	④
47	①	②	③	④
48	①	②	③	④

46 숏크리트 코어 공시체(ϕ10×10cm)로부터 채취한 강섬유의 질량이 61.2g이었다. 강섬유 혼입률을 구하면? (단, 강섬유의 단위질량은 7.85g/cm^3)

① 0.5% ② 1%
③ 3% ④ 5%

• 강섬유의 체적

$\gamma = \frac{W}{V}$ $\therefore V = \frac{W}{\gamma} = \frac{61.2}{7.85} = 7.8\text{cm}^3$

• 채취된 공시체의 체적

$V = A \cdot H = \frac{3.14 \times 10^2}{4} \times 10 = 785\text{cm}^3$

• 강섬유 혼입률

$\frac{7.8}{785} \times 100 = 0.99 \fallingdotseq 1\%$

47 팽창 콘크리트의 팽창률 및 강도에 대한 설명으로 틀린 것은?

① 팽창률은 일반적으로 재령 7일에 대한 시험값을 기준으로 한다.
② 화학적 프리스트레스용 콘크리트의 팽창률은 200×10^{-6} 이상, 700×10^{-6} 이하이어야 한다.
③ 수축보상용 콘크리트의 팽창률은 150×10^{-6} 이상, 250×10^{-6} 이하이어야 한다.
④ 품질기준강도가 35MPa 이하인 경우 3회 연속한 시험값의 평균이 품질기준강도의 90% 이하로 내려갈 확률은 1/100로 정한 것이다.

해설 품질기준강도가 35MPa 이하인 경우 3회 연속한 시험값의 평균이 각 시험값이 품질기준강도 보다 3.5MPa 이하로 내려갈 확률은 1/100로 정한 것이다.

48 일반 콘크리트에서 균열의 제어를 목적으로 균열유발이음을 설치할 경우 이음의 간격 및 단면의 결손율에 대한 설명으로 옳은 것은?

① 균열유발 이음의 간격은 0.3~1m 이내로 하고 단면의 결손율은 30%를 약간 넘을 정도로 하는 것이 좋다.
② 균열유발 이음의 간격은 부재높이의 1배 이상에서 2배 이내 정도로 하고 단면의 결손율은 20%를 약간 넘을 정도로 하는 것이 좋다.

③ 균열유발 이음의 간격은 1~2m 이내로 하고 단면의 결손율은 20%를 약간 넘을 정도로 하는 것이 좋다.
④ 균열유발 이음의 간격은 부재높이의 2배 이상에서 3배 이내 정도로 하고 단면의 결손율은 30%를 약간 넘을 정도로 하는 것이 좋다.

해설
- 수밀 구조물에 균열유발 이음을 설치할 경우에는 미리 지수판을 설치한다.
- 이음부의 철근부식을 방지하기 위해 철근에 에폭시 도포를 한다.
- 수화열이나 외기온도 등에 의해 온도 변화, 건조수축, 외력 등 생기는 변형을 구속되면 균열이 발생하므로 미리 정해진 장소에 균열을 집중시킬 목적으로 소정의 간격으로 단면 결손부를 설치하여 균열을 강제적으로 생기게 하는 균열유발 이음을 설치한다.

49 댐 콘크리트에 관한 설명으로 옳은 것은?

① 롤러다짐 콘크리트에서 반죽질기의 표준은 VC시험으로 20±10초이다.
② 댐 콘크리트의 단기강도 증진을 위해 고발열형 시멘트를 사용하는 것이 적합하다.
③ 댐 콘크리트에는 중용열 포틀랜드 시멘트를 사용하지 않는 것이 좋다.
④ 댐 콘크리트 배합에서는 부배합을 원칙으로 한다.

해설 댐 콘크리트 배합에서는 빈배합으로 하며 수화열 등을 고려한 중용열 포틀랜드 시멘트를 사용한다.

50 매스 콘크리트로 다루어야 하는 구조물 부재치수의 일반적인 표준값으로 옳은 것은?

① 넓이가 넓은 평판구조에서는 두께 0.8m 이상, 하단이 구속된 벽체에서는 두께 0.5m 이상
② 넓이가 넓은 평판구조 및 하단이 구속된 벽체에서 두께 0.8m 이상
③ 넓이가 넓은 평판구조에서는 두께 0.5m 이상, 하단이 구속된 벽체에서는 두께 0.8m 이상
④ 넓이가 넓은 평판구조 및 하단이 구속된 벽체에서 두께 0.5m 이상

해설 매스 콘크리트는 부재 혹은 구조물의 치수가 커서 시멘트의 수화열에 의한 온도 상승을 고려하여 설계 시공해야 한다.

답안 표기란				
49	①	②	③	④
50	①	②	③	④

week 02

정답 46. ② 47. ④ 48. ② 49. ① 50. ①

답안 표기란				
51	①	②	③	④
52	①	②	③	④
53	①	②	③	④

51 **일반 콘크리트의 타설에 대한 설명으로 틀린 것은?**

① 한 구획 내의 콘크리트는 타설이 완료될 때까지 연속해서 타설해야 한다.

② 콘크리트를 2층 이상으로 나누어 타설할 경우, 상층 콘크리트는 하층 콘크리트가 완전히 굳은 뒤에 타설하여야 한다.

③ 슈트, 펌프배관, 버킷, 호퍼 등의 배출구와 타설면의 높이는 1.5m 이하를 원칙으로 한다.

④ 벽 또는 기둥과 같이 높이가 높은 콘크리트를 연속해서 타설할 경우 콘크리트를 쳐올라가는 속도는 일반적으로 30분에 1~1.5m 정도로 하는 것이 좋다.

해설
- 콘크리트를 2층 이상으로 나누어 타설할 경우 상층의 콘크리트 타설은 원칙적으로 하층의 콘크리트가 굳기 시작하기 전에 타설하여야 한다.
- 콘크리트는 그 표면이 한 구획 내에서는 거의 수평이 되도록 타설하는 것을 원칙으로 한다.

52 **잔골재량이 770kg/m³, 굵은골재량이 950kg/m³인 시방배합을, 잔골재 중의 5mm체 잔류율이 3%, 굵은골재 중의 5mm체 통과율이 5%인 현장에서 현장배합으로 고칠 경우 입도보정에 의한 잔골재량은 약 얼마인가?**

① 707kg/m³ ② 743kg/m³
③ 795kg/m³ ④ 826kg/m³

$$X=\frac{100S-b(S+G)}{100-(a+b)}=\frac{100\times770-5(770+950)}{100-(3+5)}=743\text{kg/m}^3$$

53 **레디믹스트 콘크리트의 종류 중 재료를 계량만 한 후 트럭 애지테이터로 혼합하면서 운반하는 방식으로 먼 거리 이동에 적합한 것은?**

① 센트럴 믹스트 콘크리트 ② 쉬링크 믹스트 콘크리트
③ 트랜싯 믹스트 콘크리트 ④ 플랜트 믹스트 콘크리트

해설
- **센트럴 믹스트 콘크리트** : 플랜트에서 완전히 비벼진 콘크리트를 운반중에 교반하면서 공급하는 방식으로 일반적으로 많이 쓰인다.
- **쉬링크 믹스트 콘크리트** : 플랜트에서 어느 정도 콘크리트를 비빈 후 운반하면서 완전히 혼합하여 공급하는 방식

54 거푸집 및 동바리 구조계산에 관한 아래 내용 중 ㉠, ㉡에 들어갈 알맞은 것은?

> 거푸집 및 동바리 구조계산 시 고정하중과 활하중을 합한 연직하중은 슬래브 두께에 관계없이 최소 (㉠) 이상, 전동식 카트 사용시에는 최소 (㉡) 이상을 고려하여야 한다.

① ㉠ : $3.75kN/m^2$, ㉡ : $5.00kN/m^2$
② ㉠ : $3.75kN/m^2$, ㉡ : $6.25kN/m^2$
③ ㉠ : $5.00kN/m^2$, ㉡ : $6.25kN/m^2$
④ ㉠ : $5.00kN/m^2$, ㉡ : $7.25kN/m^2$

해설
- 고정하중은 철근 콘크리트와 거푸집의 중량을 고려하여 합한 하중이며 콘크리트의 단위중량은 철근의 중량을 포함하여 보통 콘크리트 $24kN/m^3$, 거푸집의 하중은 최소 $0.4kN/m^2$ 이상을 적용한다.
- 활하중은 구조물의 수평투영면적당 최소 $2.5kN/m^2$ 이상으로 적용한다.

55 책임기술자가 설계도면과 시방서에 따라 콘크리트의 품질 확보를 위하여 기록 및 보관하여야 하는 항목이 아닌 것은?

① 철근의 종류
② 콘크리트 비비기, 타설, 양생
③ 콘크리트 재료의 품질, 배합 및 강도
④ 거푸집과 동바리의 설치와 제거, 그리고 동바리의 재설치

해설 책임기술자는 설계도서에 기준하여 검사하고 판정 지시한다.

56 경량골재 콘크리트에 관한 설명 중 옳지 않은 것은?

① 경량골재 콘크리트의 기건 단위질량은 $1400\sim2100kg/m^3$이다.
② 경량골재 콘크리트의 설계기준 압축강도는 15MPa 이상으로 한다.
③ 경량골재 콘크리트의 공기량은 일반 골재를 사용한 콘크리트보다 1% 작게 한다.
④ 경량골재의 잔골재 단위용적질량은 $1120kg/m^3$ 이하, 굵은골재 단위용적질량은 $880kg/m^3$ 이하인 것을 말한다.

해설 경량골재 콘크리트의 공기량은 일반 골재를 사용한 콘크리트보다 1% 크게 5.5%로 한다.

답안 표기란				
54	①	②	③	④
55	①	②	③	④
56	①	②	③	④

정답 51. ② 52. ② 53. ③ 54. ③ 55. ① 56. ③

week 02

57 **고강도 콘크리트의 타설 시 주의사항으로 틀린 것은?**

① 고강도 콘크리트는 유동성이 좋아 타설 시 거푸집 변형에 주의한다.
② 벽체와 슬래브를 일체로 타설하는 경우 재료분리 방지를 위해 연속해서 타설한다.
③ 다짐시간 및 진동기의 삽입간격은 사전에 다짐 성상을 확인하여 계획하여야 한다.
④ 콘크리트 타설 후 경화할 때까지 직사광선이나 바람에 의해 수분이 증발하지 않도록 한다.

해설
- 기둥과 벽에 타설한 콘크리트가 침하한 후 슬래브의 콘크리트를 타설한다.
- 콘크리트 타설 낙하고는 1m 이하로 하는 것이 좋다.
- 기둥부재에 타설하는 콘크리트 강도와 슬래브나 보에 타설하는 콘크리트의 강도가 1.4배 이상 차이가 생길 경우에는 기둥에 사용한 콘크리트가 수평부재의 접합면에서 0.6m 정도 충분히 수평 부재 쪽으로 안전한 내민 길이를 확보하면서 콘크리트를 타설하여야 한다.

58 **유동화 콘크리트 제조 시 유동화 시키는 방법이 아닌 것은?**

① 공장첨가 현장유동화 방식
② 공장첨가 공장유동화 방식
③ 현장첨가 현장유동화 방식
④ 현장첨가 공장유동화 방식

해설 유동화하는 방식 중에서 가장 효과적인 방식은 현장첨가 현장유동화 방식이다.

59 **굵은골재의 밀도 및 흡수율 시험방법(KS F 2503)에서 대기 중 시료의 절대 건조상태의 시료질량이 A, 대기 중 시료의 표면 건조 포화상태의 질량이 B, 침지된 시료의 수중 질량이 C일 때 다음 계산 과정 중 틀린 것은?**

① 흡수율$=\{(B-A)/A\}\times 100$
② 겉보기 밀도$=\{A/(A-C)\}\times \rho_w$
③ 표면 건조 포화상태의 밀도$=\{B/(A-C)\}\times \rho_w$
④ 절대 건조 상태의 밀도$=\{A/(B-C)\}\times \rho_w$

해설 표면 건조 포화상태의 밀도$=\{B/(B-C)\}\times \rho_w$

답안 표기란				
57	①	②	③	④
58	①	②	③	④
59	①	②	③	④

60 **방사선 차폐용 콘크리트의 이음 및 이어치기에 관한 설명 중 옳지 않은 것은?**

① 이어치기의 경우 미리 계획을 세워 책임기술자의 승인을 얻을 필요가 있다.
② 이어치기 형상은 방사선의 영향을 고려하여 가급적 평면으로 하는 것이 바람직하다.
③ 시공이음 및 이어치기는 차폐 측면에서 결함이 되기 때문에 가능한 실시하지 않도록 한다.
④ 이어치기 위치는 선원에서의 방사선이 인체 혹은 측정기구가 있는 장소 등으로 직진하지 않도록 계획한다.

해설 이어치기 형상은 방사선의 영향을 고려하여 가급적 요철면으로 하는 것이 바람직하다.

4과목 콘크리트 구조 및 유지관리

61 **피복두께가 100mm 이하이고 건조 환경에 있는 철근콘크리트건물의 허용 균열 폭은 최대 얼마인가?**

① 0.6mm ② 0.3mm
③ 0.2mm ④ 0.15mm

해설 0.4mm와 $0.006C_c$ 중 큰 값으로 $0.006 \times 100 = 0.6$mm

62 **복철근 콘크리트 단면에 압축철근비 $\rho' = 0.015$가 배근된 경우 순간처짐이 30mm일 때 1년이 지난 후의 처짐량은? (단, 작용하중은 지속하중이며 시간경과계수 $\xi = 1.4$임.)**

① 24mm ② 30mm
③ 42mm ④ 54mm

$$\lambda_{\Delta} = \frac{\xi}{1+50\rho'} = \frac{1.4}{1+50\times0.015} = 0.8$$

- 장기 처짐량 : $0.8 \times 30 = 24$mm
- 총 처짐량 : $24 + 30 = 54$mm

답안 표기란				
60	①	②	③	④
61	①	②	③	④
62	①	②	③	④

정답 57. ② 58. ④ 59. ③ 60. ② 61. ① 62. ④

63	①	②	③	④
64	①	②	③	④
65	①	②	③	④

63 **옹벽의 안정에 대한 설명으로 틀린 것은?**

① 전도에 대한 저항휨모멘트는 횡토압에 의한 전도모멘트의 1.5배 이상이어야 한다.

② 활동에 대한 저항력은 옹벽에 작용하는 수평력의 1.5배 이상이어야 한다.

③ 전도 및 지반지지력에 대한 안정조건은 만족하지만, 활동에 대한 안정조건만을 만족하지 못할 경우에는 활동 방지벽 혹은 횡방향 앵커 등을 설치하여 활동저항력을 증대시킬 수 있다.

④ 지반에 유발되는 최대 지반반력이 지반의 허용지지력을 초과하지 않아야 한다.

해설 전도에 대한 저항 휨모멘트는 횡토압에 의한 전도모멘트의 2배 이상이어야 한다.

64 **그림과 같은 단면을 가진 PSC보가 L=15m이고, 자중을 포함한 계수하중 32.5kN/m가 작용할 때 경간 중앙단면의 상연응력은 약 얼마인가? (단, 프리스트레스 힘 P는 3200kN, 편심량 e_p=0.2m이다.)**

① 9 MPa
② 13 MPa
③ 17 MPa
④ 23 MPa

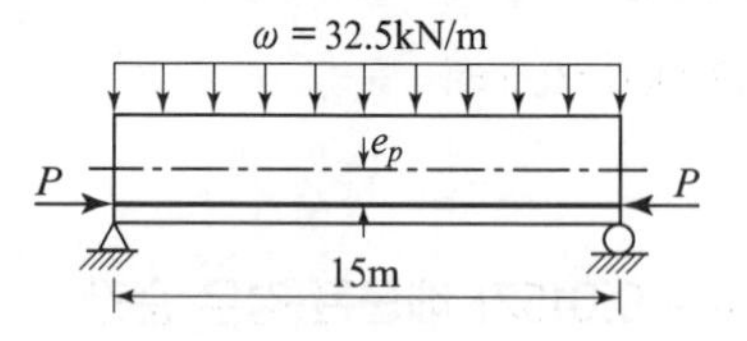

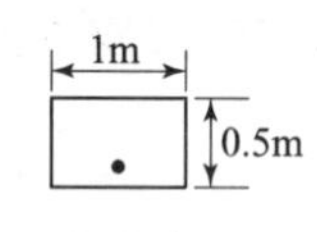

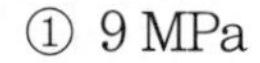

해설
- $M=\dfrac{wl^2}{8}=\dfrac{32.5\times15^2}{8}=914.06\text{kN}\cdot\text{m}$
- $I=\dfrac{bh^3}{12}=\dfrac{1\times0.5^3}{12}=0.01042\text{m}^4$
- $f=\dfrac{P}{A}+\dfrac{M}{I}y-\dfrac{P\cdot e}{I}y=\dfrac{3200}{1\times0.5}+\dfrac{914.06}{0.01042}\times\dfrac{0.5}{2}-\dfrac{3200\times0.2}{0.01042}\times\dfrac{0.5}{2}$

$=12975\text{kN/m}^2=12975000\text{N}/(1000)^2\text{mm}^2\fallingdotseq13\text{N/mm}^2=13\text{MPa}$

65 **인장철근 D25(공칭지름 25.4mm)를 정착시키는 데 필요한 기본 정착길이(l_{db})는? (단, f_{ck}=26MPa, f_y=400MPa, λ=1.0)**

① 982mm
② 1,196mm
③ 1,486mm
④ 1,875mm

 • 기본 정착길이

$$l_{db}=\frac{0.6\,d_b\,f_y}{\lambda\sqrt{f_{ck}}}=\frac{0.6\times25.4\times400}{1.0\times\sqrt{26}}=1196\text{mm}$$

• 인장철근의 정착길이는 300mm 이상이어야 한다.

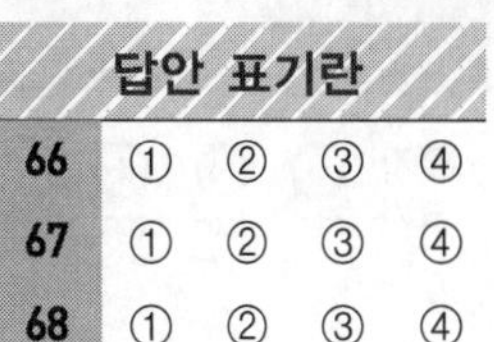

답안 표기란				
66	①	②	③	④
67	①	②	③	④
68	①	②	③	④

66 **화재에 의한 콘크리트 구조물의 열화현상에 대한 설명으로 틀린 것은?**

① 콘크리트는 약 300℃에서 중성화되기 쉽다.
② 콘크리트는 탈수나 단면내의 열응력에 의해 균열이 생긴다.
③ 콘크리트의 가열로 인한 정탄성계수의 감소에 의해 바닥슬래브나 보의 처짐이 증가한다.
④ 급격한 가열시 피복 콘크리트의 폭렬이 발생하기 쉽다.

해설 콘크리트는 750℃ 전후의 가열온도에서 탄산칼슘($CaCO_3$)의 분해가 되어 탄산화가 되기 쉽다.

67 **그림과 같은 정사각형 독립확대기초 저변에 작용하는 지압력이 q=160 kN/m^{2}일 때 휨에 대한 위험단면의 모멘트는 얼마인가?**

① 345.6 kN · m
② 375.4 kN · m
③ 395.7 kN · m
④ 425.3 kN · m

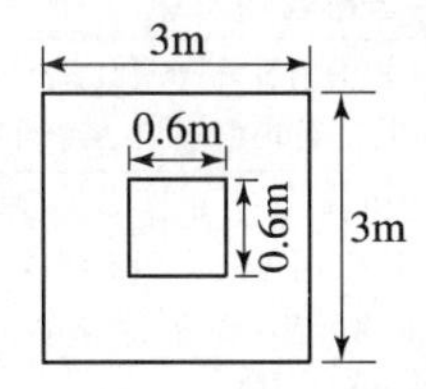

해설 M=(응력)×(단면적)×도심까지의 거리

$$=q\cdot\left\{S\times\frac{(L-t)}{2}\right\}\times\left\{\frac{(L-t)}{2}\times\frac{1}{2}\right\}$$

$$=160\times\left\{3\times\frac{(3-0.6)}{2}\right\}\times\left\{\frac{(3-0.6)}{2}\times\frac{1}{2}\right\}$$

$$=345.6\text{kN}\cdot\text{m}$$

68 **콘크리트 구조물의 재하시험은 하중을 받는 구조부분의 재령이 최소한 며칠이 지난 다음에 재하시험을 시행하여야 하는가?**

① 14일 ② 28일
③ 56일 ④ 84일

해설 최초의 재하시험은 재령 56일이 지난 후에 실시한다.

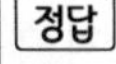 정답 63. ① 64. ② 65. ② 66. ① 67. ① 68. ③

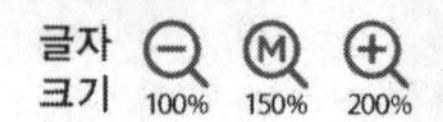

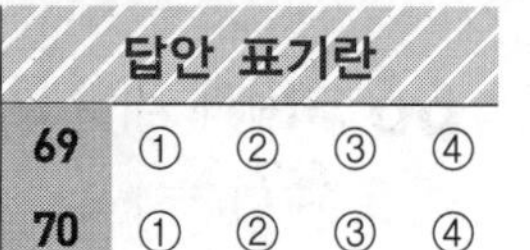

답안 표기란				
69	①	②	③	④
70	①	②	③	④

69 **구조물의 상태평가 ABCDE 5단계 등급에 대한 설명 중 틀린 것은?**

① A등급 : 문제점이 없는 최상의 상태
② B등급 : 보조 부재에 경미한 결함이 발생하였으나 기능 발휘에는 지장이 없으며 내구성 증진을 위하여 일부 보수가 필요한 상태
③ D등급 : 주요 부재에 결함이 발생하여 긴급한 보수·보강이 필요하며 사용 제한 여부를 결정해야 하는 상태
④ E등급 : 주요 부재에 경미한 결함 또는 보조 부재에 광범위한 결함이 발생하였으나 전체적인 구조물의 안전에는 지장이 없으며 주요 부재에 내구성, 기능성 저하방지를 위한 보수가 필요하거나 보조 부재에 간단한 보강이 필요한 상태

해설 안전등급

안전등급	시설물의 상태
A(우수)	문제점이 없는 최상의 상태
B(양호)	보조 부재에 경미한 결함이 발생하였으나 기능 발휘에는 지장이 없으며, 내구성 증진을 위하여 일부 보수가 필요한 상태
C(보통)	주요 부재에 경미한 결함 또는 보조 부재에 광범위한 결함이 발생하였으나 전체적인 시설물의 안전에는 지장이 없으며, 주요 부재에 내구성, 기능성 저하방지를 위한 보수가 필요하거나 보조 부재에 간단한 보강이 필요한 상태
D(미흡)	주요 부재에 결함이 발생하여 긴급한 보수·보강이 필요하며, 사용 제한 여부를 결정해야 상태
E(불량)	주요 부재에 발생한 심각한 결함으로 인하여 시설물의 안전에 위험이 있어 즉각 사용을 금지하고 보강 또는 개축을 해야 하는 상태

70 **철근의 부식상태 조사방법 중 자연전위법에 대한 설명으로 틀린 것은?**

① 피복 콘크리트의 전기저항을 측정함으로써 그 부식성 및 철근의 부식속도에 관계하는 정보를 얻을 수 있으며, 일반적으로 4점 전극법을 사용한다.
② 콘크리트 표면이 건조한 경우에는 물을 뿌려 표면을 습윤상태로 만든 후 전위측정을 한다.
③ 자연전위(E)가 -350mV 이하이면 90% 이상의 확률로 부식이 있다.
④ 염화물의 침투와 중성화로 철근이 활성태로 되어 부식이 진행하면 그 전위는 마이너스(−) 방향으로 변화한다.

해설 철근과 조합전극을 도선으로 전압계의 단자에 접속하고 콘크리트 표면에 조합 전극을 이동시켜 여러 점에서 철근의 전위를 측정한다.

답안 표기란				
71	①	②	③	④
72	①	②	③	④
73	①	②	③	④
74	①	②	③	④

71 단면이 500mm×500mm인 사각형이고, 종방향철근의 전체단면적(A_{st})이 4500mm^{2}인 중심축하중을 받는 띠철근 단주의 설계축하중강도는? (단, f_{ck}=27MPa, f_y=400MPa이고, ϕ=0.65를 적용한다.)

① 2987 kN ② 3866 kN
③ 4163 kN ④ 4754 kN

해설
$$\begin{aligned} P_d &= \phi P_n \\ &= 0.65\times 0.8\{\eta(0.85f_{ck})(A_g-A_{st})+f_yA_{st}\} \\ &= 0.65\times 0.8\{1.0\times(0.85\times 27)(250000-4500)+400\times 4500\} \\ &= 3,865,797\text{N} = 3,866\text{kN} \end{aligned}$$

72 기둥에서 축방향 철근량의 최소한계를 두는 이유로 잘못된 설명은?

① 휨강도보다는 압축단면을 보강하기 위해서
② 시공시 재료분리로 인한 부분적 결함을 보완하기 위해서
③ 콘크리트 크리프 및 건조수축의 영향을 감소시키기 위해서
④ 예상 외의 편심하중이 작용할 가능성에 대비하기 위해서

해설 기둥에서 축방향 철근의 철근비를 1% 이상으로 제한한 이유
- 크리프 및 건조수축의 영향을 줄이기 위해서이다.
- 콘크리트의 부분적인 결함을 보완하기 위해서이다.
- 예상 외의 편심하중에 대비하기 위해서이다.

73 초음파속도법에 대한 설명 중 가장 적절치 않은 것은?

① 측정법은 표면법, 대칭법, 사각법이 있다.
② 콘크리트의 균질성, 내구성 등의 판정에 이용된다.
③ 콘크리트의 종류, 측정대상물의 형상·크기 등에 대한 적용상의 제약이 비교적 적다.
④ 음속만으로 콘크리트 압축강도를 정확하게 알 수 있다.

해설 강도 추정은 미리 구한 음속과 압축강도와 상관관계 도표 및 식을 이용하여 구하는데 정밀도는 그다지 높지 않다.

74 콘크리트의 설계기준 압축강도가 35MPa이고 단위질량이 2100kg/m^{3}일 때, 콘크리트의 탄성계수(E_c)는?

① 23228MPa ② 24231MPa
③ 25129MPa ④ 26550MPa

정답 69. ④ 70. ① 71. ② 72. ① 73. ④ 74. ③

week 02

해설 $E_c = 0.077 m_c^{1.5} \sqrt[3]{f_{cm}} = 0.077 \times 2100^{1.5} \sqrt[3]{(35+4)} = 25129\text{MPa}$

여기서, $f_{cm} = f_{ck} + \Delta f$이며 Δf는 f_{ck}가 40MPa 이하이면 4MPa, 60MPa 이상이면 6MPa, 그 사이는 직선보간으로 구한다.

75 저압 · 저속식 주입공법에서 이용되지 않는 재료는?

① 에폭시 모르타르 ② 플라스틱제 실린더
③ 주입용 에폭시 수지 ④ 에폭시 실링제(Sealing)

해설 무기질재의 슬러리 등이 사용된다.

76 콘크리트의 알칼리 골재반응에 의한 열화가 발생되는 직접적인 원인이 아닌 것은?

① 수분 ② Na_2O, K_2O
③ 반응성 골재 ④ 수산화칼슘

해설 시멘트 중의 알칼리 성분(Na_2O, K_2O)이 골재 중의 실리카 성분과 화학반응에 의해서 생성된 물질이 수분을 흡수하여 과도하게 팽창하면 콘크리트에 균열, 박리, 휨파괴가 생기는 현상을 알칼리 골재반응이라 한다.

77 콘크리트 구조물의 보수 보강공법에 관한 설명 중 틀린 것은?

① 전기를 이용한 공법에는 탈염공법과 전착공법이 있다.
② 강판 접착공법은 내하력을 향상시키기 위한 보강공법이다.
③ 탄소 섬유는 강재보다 인장강도가 낮고, 무게도 강재보다 적다.
④ 콘크리트 중성화로 강재 부식이 나타나 재가설이 불가능한 경우는 재알칼리화 공법을 사용한다.

해설 탄소 섬유는 강재보다 인장강도가 높고, 무게는 강재보다 적다.

78 처짐과 균열에 관한 설명으로 옳지 않은 것은?

① 미관이 중요한 구조는 미관상의 허용균열폭을 설정하여 균열을 검토할 수 있다.
② 균열 제어를 위한 철근은 필요로 하는 부재 단면의 주변에 분산시켜 배치하여야 하고, 이 경우 철근의 지름과 간격을 가능한 한 크게 하여야 한다.

답안 표기란

75	①	②	③	④
76	①	②	③	④
77	①	②	③	④
78	①	②	③	④

③ 처짐을 계산할 때 하중의 작용에 의한 순간처짐은 부재 강성에 대한 균열과 철근의 영향을 고려하여 탄성 처짐 공식을 사용하여 계산하여야 한다.
④ 과도한 처짐에 의해 손상되기 쉬운 비구조 요소를 지지 또는 부착하지 않은 평지붕구조 형태의 최대 허용 처짐은 활하중에 의한 순간처짐을 고려하여야 한다.

해설
- 균열 제어를 위한 철근은 필요로 하는 부재 단면의 주변에 분산시켜 배치하여야 하고, 이 경우 철근의 지름과 간격을 가능한 한 작게 하여야 한다.
- 부재는 하중에 의한 균열을 제어하기 위해 필요한 철근 외에도 필요에 따라 온도변화, 건조수축 등에 의한 균열을 제어하기 위한 추가적인 보강철근을 배치하여야 한다.

79 **직사각형 단철근 보에 배근된 주철근의 설계기준 항복강도가 450MPa이고 이 철근에 0.0075의 변형률이 발생했을 때, 다음 설명 중 옳은 것은? (단, 철근의 탄성계수는 200000MPa이다.)**

① 이 부재는 압축지배단면이다.
② 이 부재의 강도감소계수는 0.65이다.
③ 이 철근의 항복변형률은 0.00125이다.
④ 이 부재의 인장지배 변형률 한계는 0.00563이다.

해설
- 항복변형률 $\varepsilon_y = \frac{f_y}{E_s} = \frac{450}{200000} = 0.0025$
- $f_y > 400\text{MPa}$인 경우 $\varepsilon_t \geq 2.5\,\varepsilon_y = 2.5 \times 0.00225 = 0.00563$
- 인장지배단면으로 강도감소계수는 0.85이다.

80 **경험과 기술을 갖춘 사람에 의한 세심한 외관조사 수준의 점검으로서 시설물의 기능적 상태를 판단하고 시설물이 현재의 사용요건을 계속 만족시키고 있는지 확인하기 위한 점검은?**

① 긴급점검 ② 정기점검
③ 정밀점검 ④ 정밀안전진단

해설 정기점검
- 콘크리트 구조물의 설계, 시공, 유지관리에 관한 지식을 가지는 기술자가 수행하는 것을 원칙으로 한다.
- 육안이나 간단한 측정장비 등으로 점검하며 열화, 손상, 초기결함의 유무 및 그 정도를 파악한다.
- 반기별 1회 이상 정기적으로 수행한다.

답안 표기란				
79	①	②	③	④
80	①	②	③	④

정답 75. ① 76. ④ 77. ③ 78. ② 79. ④ 80. ②

• 수험번호:
• 수험자명:
• 제한 시간:
• 남은 시간:

글자 크기 100% 150% 200% | 화면 배치 | • 전체 문제 수: • 안 푼 문제 수:

1과목 콘크리트 재료 및 배합

답안 표기란

01	①	②	③	④
02	①	②	③	④
03	①	②	③	④
04	①	②	③	④

01 시멘트의 비표면적에 관한 설명 중 틀린 것은?

① 블레인 공기 투과장치를 사용하여 시험할 수 있다.
② 시멘트의 분말도를 나타내는 방법이다.
③ 시멘트 내의 공기량을 측정하는 시험이다.
④ 초기강도는 비표면적이 큰 콘크리트가 높다.

해설 시멘트의 분말도는 시멘트 1g이 가지는 비표면적으로 표시하며 시멘트의 입자가 미세할수록 분말도가 큰 것이다.

02 콘크리트용 골재의 품질시험에 대한 설명으로 옳은 것은?

① 체가름 시험은 콘크리트 배합 시 사용 수향의 조절을 위해 사용된다.
② 알칼리 잠재반응시험은 콘크리트 경화체의 팽창을 일으키는 실리카 성분을 파악하기 위해 실시한다.
③ 밀도시험은 골재의 입도 상태를 판정하는 데 이용한다.
④ 단위용적질량시험은 골재의 흡수율을 판정하는 데 이용된다.

해설 시멘트 속의 알칼리 성분이 골재 속의 실리카 성분과 반응하여 발생하는 화학반응을 알칼리 골재반응이라 한다.

03 시멘트 밀도시험(KS L 5110)에 의해 플라이 애시 밀도시험 결과 르샤틀리에 병에 광유를 넣고 읽은 눈금이 0.4mL였고 플라이 애시 40g을 넣은 후 읽은 눈금이 18.2mL였다. 플라이 애시 밀도는?

① $2.2g/cm^3$ ② $2.25g/cm^3$
③ $3.05g/cm^3$ ④ $3.37g/cm^3$

해설 플라이 애시 밀도 $= \frac{40}{18.2-0.4} = 2.25\,g/cm^3$

04 일반 콘크리트에서 물-결합재비에 대한 설명으로 틀린 것은?

① 압축강도와 물-결합재비와의 관계는 시험에 의해 정하는 것을

원칙으로 한다. 이때 공시체는 재령 28일을 표준으로 한다.

② 제빙화학제가 사용되는 콘크리트의 물-결합재비는 45% 이하로 한다.

③ 비에 맞지 않는 외부 콘크리트의 물-결합재비를 정할 경우 그 값은 40% 이하로 한다.

④ 콘크리트의 탄산화 위험이 보통인 경우 물-결합재비를 정할 경우 55% 이하로 한다.

해설
- 비에 맞지 않는 외부 콘크리트의 물-결합재비를 정할 경우 그 값은 50% 이하로 한다.
- 해수에 노출되는 콘크리트는 최대 물-결합재비를 50%로 한다.

05 **실제 사용한 콘크리트의 15회 시험실적으로부터 구한 압축강도의 표준편차가 2.5 MPa이었다. 이 콘크리트의 내구성 기준 압축강도(f_{cd})가 24 MPa, 설계기준 압축강도(f_{ck})가 21 MPa일 때 배합강도를 구하면?**

① 27.6 MPa　　② 27.9 MPa

③ 28.47 MPa　　④ 28.9 MPa

해설
- 15횟수의 표준편차 보정계수 : 1.16
- 표준편차 $s = 2.5 \times 1.16 = 2.9\text{MPa}$
- 품질기준강도(f_{cq})

  f_{ck}와 f_{cd} 중 큰 값인 24MPa이다.
- 배합강도($f_{cq} \le 35\text{MPa}$)

  $f_{cr} = f_{cq} + 1.34s = 24 + 1.34 \times 2.9 = 27.9\text{MPa}$

  $f_{cr} = (f_{cq} - 3.5) + 2.33s = (24 - 3.5) + 2.33 \times 2.9 = 27.3\text{MPa}$

  ∴ 큰 값인 27.9MPa이다.

06 **콘크리트 배합에서 굵은골재의 최대치수에 관한 규정으로 틀린 것은?**

① 일반적인 구조물의 경우 굵은골재의 최대치수는 20mm 또는 25mm로 한다.

② 굵은골재의 최대치수는 거푸집 양 측면 사이의 최소거리의 1/5을 초과해서는 안 된다.

③ 굵은골재의 최대치수는 개별 철근, 다발철근, 긴장재 또는 덕트 사이 최소 순간격의 3/4을 초과해서는 안 된다.

④ 굵은골재의 최대치수는 슬래브 두께의 2/3을 초과해서는 안 된다.

해설 굵은골재의 최대치수는 슬래브 두께의 1/3을 초과해서는 안 된다.

답안 표기란				
05	①	②	③	④
06	①	②	③	④

week 02

정답 01. ③ 02. ② 03. ② 04. ③ 05. ② 06. ④

답안 표기란				
07	①	②	③	④
08	①	②	③	④

07 다음 콘크리트의 시방배합을 현장배합으로 환산시 단위수량, 잔골재, 굵은골재량으로 적합한 것은? (단, 시방배합의 단위시멘트량이 300kg/m^3, 단위수량이 155kg/m^3, 단위 잔골재량이 695kg/m^3, 단위 굵은골재량이 1285kg/m^{3}이며 현장골재의 상태는 잔골재의 표면수 4.6%, 굵은골재의 표면수 0.8%, 잔골재 중 5mm체 잔유량 3.4%, 굵은골재 중 5mm체 통과량 4.3%이다.)

① 단위수량 : 114kg/m^3, 단위 잔골재량 : 691kg/m^3, 단위 굵은골재량 : 1330kg/m^3
② 단위수량 : 119kg/m^3, 단위 잔골재량 : 691kg/m^3, 단위 굵은골재량 : 1330kg/m^3
③ 단위수량 : 114kg/m^3, 단위 잔골재량 : 721kg/m^3, 단위 굵은골재량 : 1303kg/m^3
④ 단위수량 : 119kg/m^3, 단위 잔골재량 : 721kg/m^3, 단위 굵은골재량 : 1303kg/m^3

해설
• 단위 잔골재량

입도 보정$=\dfrac{100\times695-4.3(695+1285)}{100-(3.4+4.3)}=660.74\text{kg}$

표면수 보정$=660.74\left(1+\dfrac{4.6}{100}\right)=691\text{kg}$

• 단위 굵은골재량

입도 보정$=\dfrac{100\times1285-3.4(695+1285)}{100-(3.4+4.3)}=1319.26\text{kg}$

표면수 보정$=1319.26\left(1+\dfrac{0.8}{100}\right)=1330\text{kg}$

• 단위수량

$155-(660.74\times0.046)-(1319.26\times0.008)=114\text{kg}$

08 다음은 재령별 시멘트 조성광물의 발열량(cal/g)을 표시한 것이다. 이에 가장 적합한 것은?

재령일	2일	7일	28일	90일	180일	360일
발열량	172	190	204	190	220	202

① C_3A ② C_3S
③ C_2S ④ C_4AF

해설

재령일	2일	7일	28일	90일	180일	360일
C_3S	98	110	114	122	121	136
C_2S	19	18	44	55	53	60
C_4AF	29	43	48	47	73	30

답안 표기란				
09	①	②	③	④
10	①	②	③	④
11	①	②	③	④

09 콘크리트 시방배합 설계에서 단위골재의 절대용적이 678l이고, 잔골재율이 40%, 굵은골재의 표건밀도가 0.0026g/mm^{3}인 경우 단위 굵은골재량은?

① 705.12kg ② 806.8kg
③ 1057.68kg ④ 1762.8kg

해설 단위 굵은골재량

$0.678 \times 0.6 \times 2.6 \times 1000 = 1057.68$kg

여기서, 단위골재의 절대용적 0.678m^3, 굵은골재의 표건밀도 2.6g/cm^{3}이다.

10 콘크리트 및 모르타르 혼화재로 사용되는 고로슬래그 미분말의 품질시험에서 활성도 지수를 측정하기 위해 적용되는 재령일이 아닌 것은?

① 재령 91일 ② 재령 28일
③ 재령 7일 ④ 재령 3일

해설
- 활성도 지수(%)는 재령 7일, 28일, 91일 기준을 적용한다.
- 활성도 지수란 기준 모르타르의 압축강도에 대한 시험 므로타르의 압축강도비를 백분율로 표시한 것이다.
- 고로슬래그 미분말의 품질 항목
  밀도, 비표면적, 활성도 지수, 플로값 비, 산화마그네슘, 삼산화황, 강열감량, 염화물 이온

11 콘크리트의 배합설계에 관하여 옳지 않은 것은?

① 작업에 적합한 워커빌리티를 갖는 범위 내에서 단위수량은 가능한 한 작게 하여야 한다.
② 물-결합재비는 소요의 강도, 내구성, 수밀성 및 균열저항성 등을 고려하여 정한다.
③ 콘크리트의 슬럼프는 운반, 타설, 다지기 등의 작업에 알맞은 범위 내에서 가능한 한 작게 하여야 한다.
④ 잔골재율은 소요의 작업성을 얻을 수 있는 범위 내에서 단위수량이 최대가 되도록 시험에 의하여 정한다.

정답 07. ① 08. ① 09. ③ 10. ④ 11. ④

week 02

답안 표기란				
12	①	②	③	④
13	①	②	③	④
14	①	②	③	④

해설
- 잔골재율은 소요의 작업성을 얻을 수 있는 범위 내에서 단위수량이 최소가 되도록 시험에 의하여 정한다.
- 잔골재율은 되도록 작게 한다.
- 공기량은 4.5±1.5% 범위가 적절하다.
- 재료분리의 발생을 방지하기 위하여 굵은골재와 잔골재가 혼합된 골재의 입도는 연속입도라야 한다.
- 공사중에 잔골재의 입도가 변하여 조립률이 ±0.20 이상 차이가 있을 경우에는 워커빌리티가 변화하므로 배합을 수정할 필요가 있다.

12 콘크리트의 수화반응에 대한 설명으로 옳지 않은 것은?

① 분말이 고운 것일수록 단기 재령에서의 수화열이 크다.
② 수화반응은 발열반응으로 시멘트는 수화반응의 진행과 함께 열을 발산한다.
③ 시멘트의 수화열은 수화시멘트와 미수화시멘트의 용해열 차이로 측정한다.
④ 수화열은 시멘트에 C_3A가 많이 포함될수록 낮고, C_2S가 많이 포함될수록 높다.

해설 수화열은 시멘트에 C_3A가 많이 포함될수록 높고, C_2S가 많이 포함될수록 낮다.

13 시멘트의 강도 시험 방법(KS L ISO 679)에 따른 모르타르의 배합을 올바르게 나타낸 것은? (단, ㉠은 시멘트와 표준사의 비, ㉡은 물-시멘트 비)

① ㉠=1 : 2, ㉡=50%　　② ㉠=1 : 2, ㉡=60%
③ ㉠=1 : 3, ㉡=50%　　④ ㉠=1 : 3, ㉡=60%

해설 시멘트의 강도 시험용 모르타르의 배합은 시멘트:표준사 = 1:3, 물/시멘트비는 0.50이다.

14 골재의 조립률 계산 시 필요한 체가 아닌 것은?

① 40mm　　② 15mm
③ 1.2mm　　④ 0.15mm

해설 75, 40, 20, 10, 5, 2.5, 1.2, 0.6, 0.3, 0.15mm 체가 해당된다.

15 **플라이 애시의 품질을 규정하기 위한 시험 항목이 아닌 것은?**

① 응결 시간 ② 총 인산염
③ 플로값 비 ④ 산화마그네슘(MgO)

해설 이산화규소, 수분, 강열감량, 밀도, 분말도, 활성도 지수 등이 있다.

16 **연속 생산되는 콘크리트에서 콘크리트의 품질에 큰 변화를 일으키지 않도록 허용하는 잔골재 조립률의 최대 변화량으로 옳은 것은?**

① ±0.10 ② ±0.15
③ ±0.20 ④ ±0.25

해설 공사 중에 잔골재의 조립률이 ±0.20 이상 차이가 있을 경우에는 콘크리트의 워커빌리티가 변하므로 배합을 수정할 필요가 있다.

17 **콘크리트용 플라이 애시로 사용할 수 없는 것은?**

① 수분이 0.5%인 경우
② 강열감량이 6%인 경우
③ 실리카 함유량이 48%인 경우
④ 실리카 함유량이 84%인 경우

해설
- **수분** : 1% 이하
- **강열감량** : 1종(3% 이하), 2종(5% 이하), 3종(8% 이하), 4종(5% 이하)
- **실리카 함유량** : 60% 정도가 가장 많다.

18 **잔골재의 표면수 측정방법(KS F 2509)에 관한 설명으로 틀린 것은?**

① 잔골재의 표면수 측정방법에는 질량법과 용적법이 있다.
② 시험할 때 시료의 양이 많을수록 정확한 결과가 얻어진다.
③ 잔골재의 표면수율은 일반적으로 절대건조상태의 골재에 대한 질량비(%)로 나타낸다.
④ 시료는 대표적인 것을 400g 이상 채취하여 가능한 한 함수율의 변화가 없도록 주의하여 2분하고 각각을 1회의 시험의 시료로 한다.

해설 잔골재의 표면수율은 일반적으로 표면건조포화상태의 골재에 대한 질량비(%)로 나타낸다.

답안 표기란				
15	①	②	③	④
16	①	②	③	④
17	①	②	③	④
18	①	②	③	④

정답 12. ④ 13. ③ 14. ② 15. ① 16. ③ 17. ② 18. ③

19 **경량골재 콘크리트에 관한 설명으로 틀린 것은?**

① 경량 굵은골재의 부립률은 10%를 최대한도로 한다.
② 경량 굵은골재의 최대치수는 원칙적으로 25mm로 한다.
③ 경량골재의 씻기시험에 의해 손실되는 양은 10% 이하로 한다.
④ 천연 경량 잔골재 및 굵은골재 혼합물의 건조 최대 단위용적질량은 $1040kg/m^3$ 이하로 한다.

해설 경량 굵은골재의 최대치수는 원칙적으로 20mm로 한다.

20 **포틀랜드 시멘트의 품질규격에 관한 설명으로 옳지 않은 것은?**

① 종류에 관계없이 응결시간의 종결시간은 10시간 이하이다.
② 종류에 관계없이 강열감량은 5.0% 이하이다.
③ 1종 포틀랜드 시멘트의 안정도는 0.8% 이하이다.
④ 전 알칼리 함량은 종류에 관계없이 0.5%(Na_2O) 이하로 규정되어 있다.

해설 전 알칼리 함량은 종류에 관계없이 0.6%(Na_2O) 이하로 규정되어 있다.

2과목 콘크리트 제조, 시험 및 품질관리

21 **압력법에 의한 공기량 시험의 적용범위 및 방법에 대한 설명으로 적절하지 않은 것은?**

① 최대골재의 크기 40mm 이하
② 인공경량골재를 사용한 콘크리트
③ 압력계의 바늘을 손으로 두드리고 나서 읽는다.
④ 콘크리트를 3층으로 나누어 각 층 25회씩 다짐봉으로 다진다.

해설 보통 골재를 사용한 콘크리트 또는 모르타르에 대해서는 적당하나 골재 수정계수를 정확히 구할 수 없는 다공질의 골재를 사용한 콘크리트 또는 모르타르에 대해서는 적당하지 않다.

답안 표기란				
19	①	②	③	④
20	①	②	③	④
21	①	②	③	④

22 QC(품질관리)에 사용하는 관리도에 대한 설명으로 틀린 것은?

① 관리한계는 일반적으로 그 통계량의 평균치 $\pm 3\sigma$를 사용한다. (여기서, σ는 표준편차)

② 특성치가 관리한계선의 안쪽에 들어오면 어느 경우에도 공정이 안정한 것이다.

③ 1개의 시험결과를 사용한 x관리도보다 n개의 시험결과 평균치를 사용한 $\bar{x}$관리도가 관리한계의 폭이 넓다.

④ $\bar{x}-R$관리도는 공정의 해석에 매우 유용하다.

해설 특성치가 관계한계선의 안쪽에 들어오더라도 안정한 상태라고 할 수 없는 경우는 중심선 한쪽으로 편중하거나 특성치가 상승 또는 하강을 주기적으로 반복하는 상태이다.

23 수분의 증발이 원인이 되어 타설 후부터 콘크리트의 응결 종결시까지 발생하는 균열을 초기 건조균열이라고 한다. 이러한 균열이 발생되기 쉬운 경우에 대한 설명으로 틀린 것은?

① 콘크리트 노출면의 수분 증발속도가 블리딩 속도보다 빠른 경우

② 바람이 없고 기온이 낮으며, 건조가 심한 경우

③ 바닥판에서 거푸집으로부터의 누수가 심하고 블리딩이 전혀 없으며 초기에 콘크리트 표면에 수분이 부족한 경우

④ 시멘트의 응결 · 경화가 급격하게 일어나 콘크리트 내부에 물이 흡수된 경우

해설 초기 건조 균열은 콘크리트의 응결이 시작한 상태에서, 콘크리트 표면에서 급격한 건조가 발생했을 경우 표면이 수축하여 발생된 균열의 방향성은 불규칙하며, 균열의 폭도 작은 형태로 나타난다.

24 콘크리트의 크리프에 관한 설명 중 틀린 것은?

① 재하기간중의 대기의 습도가 높을수록 크리프가 크다.

② 시멘트량이 많을수록 크리프가 크다.

③ 재하시의 재령이 작을수록 크리프가 크다.

④ 보통시멘트는 조강시멘트에 비하여 크리프가 크다.

해설
- 재하기간 중 대기의 습도가 낮을수록 크리프가 크다.
- 중용열 시멘트나 혼합시멘트는 크리프가 크다.
- 재하기간 중 대기의 온도가 높을수록 크리프가 크다.

답안 표기란				
22	①	②	③	④
23	①	②	③	④
24	①	②	③	④

week 02

정답 19. ② 20. ④ 21. ② 22. ② 23. ② 24. ①

답안 표기란				
25	①	②	③	④
26	①	②	③	④

25 **일반 콘크리트에 사용되는 재료의 계량에 대한 설명으로 틀린 것은?**

① 사용재료는 시방배합을 현장배합으로 고친 다음 현장배합으로 계량하여야 한다.

② 골재가 건조되어 있을 때의 유효 흡수율 값은 골재를 적절한 시간 동안 흡수시켜서 구하여야 한다.

③ 혼화제를 녹이는 데 사용하는 물이나 혼화제를 묽게 하는 데 사용하는 물은 단위수량에서 제외한다.

④ 각 재료는 1배치씩 질량으로 계량하여야 한다. 다만, 물과 혼화제 용액은 용적으로 계량해도 좋다.

해설 혼화제를 녹이는 데 사용하는 물이나 혼화제를 묽게 하는 데 사용하는 물은 단위수량의 일부로 보아야 한다.

26 **급속동결융해 시험에서 150사이클 및 180사이클에서 상대동탄성계수가 각각 65% 및 50%가 되었다면 동결융해에 대한 내구성 지수는 얼마인가? (단, 직선(선형)보간법을 활용한다.)**

① 65　　② 50

③ 32　　④ 16

해설
- 특별한 제한이 없는 한 300사이클 또는 상대동탄성계수가 60%가 될 때까지 시험을 계속하도록 규정하고 있다.
- 상대동탄성계수가 65%일 때 내구성 지수

$$\mathrm{DF}=\frac{PN}{M}=\frac{65\times150}{300}=32.5$$

- 상대동탄성계수가 50%일 때 내구성 지수

$$\mathrm{DF}=\frac{PN}{M}=\frac{50\times180}{300}=30$$

- 상대동탄성계수가 57.5%일 때 내구성 지수

$$\mathrm{DF}=\frac{PN}{M}=\frac{57.5\times175}{300}=33.54$$

- 상대동탄성계수가 60%일 때 내구성 지수

$$\mathrm{DF}=\frac{PN}{M}=\frac{60\times160}{300}=32$$

답안 표기란				
27	①	②	③	④
28	①	②	③	④
29	①	②	③	④
30	①	②	③	④

27 관리도에 관한 설명으로 옳지 않은 것은?

① $\bar{x}-R$ 관리도 : 평균값과 범위의 관리도
② $\bar{x}-\sigma$ 관리도 : 평균값과 표준편차의 관리도
③ x 관리도 : 측정값 자체의 관리도
④ P 관리도 : 단위당 결점수 관리도

• P 관리도 : 불량률 관리도
• U 관리도 : 단위당 결점수 관리도

28 NaCl을 질량으로 0.03% 포함된 해사를 950 kg/m³ 사용하여 콘크리트를 제조할 경우, 해사로 인한 콘크리트의 염화물이온(Cl^-) 함유량을 구하면?

① 0.285 kg/m³ ② 0.143 kg/m³
③ 0.173 kg/m³ ④ 0.346 kg/m³

해설
$$\text{염화물이온량} = 950 \times 0.03\% \times \frac{35.5}{58.5} = 0.173\text{kg/m}^3$$
여기서, NaCl 분자량 : 58.5
Cl^- 분자량 : 35.5

29 지름 150mm, 높이 300mm의 원주형 공시체를 사용하여 쪼갬 인장강도 시험을 한 결과 최대하중이 250kN이라면 이 콘크리트의 쪼갬인장강도는?

① 2.12 MPa ② 2.53 MPa
③ 3.22 MPa ④ 3.54 MPa

해설
$$f_{sp} = \frac{2P}{\pi dl} = \frac{2 \times 250000}{3.14 \times 150 \times 300} = 3.54\text{MPa}$$

30 콘크리트의 압축강도, 슬럼프, 공기량 등의 특성을 관리하는 데 적합한 관리도는?

① 특성 요인도 ② 파레토도
③ 히스토그램 ④ $\bar{x}-R$

해설 계량값 관리도이며 정규분포인 $\bar{x}-R$ 관리도

정답 25. ③ 26. ③ 27. ④ 28. ③ 29. ④ 30. ④

week 02

• 수험번호:
• 수험자명:

• 제한 시간:
• 남은 시간:

글자 크기 100% 150% 200% | 화면 배치 | • 전체 문제 수:
• 안 푼 문제 수:

답안 표기란				
31	①	②	③	④
32	①	②	③	④
33	①	②	③	④

31 균열의 제어를 목적으로 설치하는 균열유발이음에 대한 설명 중 틀린 것은?

① 수밀 구조물에 균열유발이음을 설치할 경우에는 미리 지수판을 설치한다.
② 균열유발이음의 간격은 부재높이의 1배 이상에서 2배 이내 정도로 한다.
③ 균열유발이음에 대한 단면 결손율은 10% 이하로 하는 것이 적합하다.
④ 정해진 장소에 균열을 집중시킬 목적으로 균열유발이음을 설치한다.

해설
• 균열유발이음에 대한 단면 결손율은 20~30% 이상으로 하는 것이 좋다.
• 균열유발이음의 간격은 4~5m 정도를 기준으로 한다.

32 콘크리트 휨강도 시험용 공시체를 4점 재하장치로 시험하였더니, 최대하중 35kN에서 지간의 가운데 부분에서 파괴되었다. 이 콘크리트의 휨강도는 얼마인가? (단, 공시체의 크기는 150×150×530mm이며 지간은 450mm)

① 4.67 MPa
② 4.23 MPa
③ 4.01 MPa
④ 3.69 MPa

해설
$$\text{휨강도} = \frac{Pl}{bd^2} = \frac{35000 \times 450}{150 \times 150^2} = 4.67\text{MPa}$$

33 레디믹스트 콘크리트의 품질 중 공기량에 대한 규정인 아래 표의 내용 중 틀린 것은?

[단위 : %]

콘크리트의 종류	공기량	공기량의 허용오차
보통 콘크리트	㉠ 4.5	±1.5
경량골재 콘크리트	㉡ 5.5	
포장 콘크리트	㉢ 4.0	
고강도 콘크리트	㉣ 3.5	

① ㉠
② ㉡
③ ㉢
④ ㉣

해설 포장 콘크리트의 경우 4.5%이다.

답안 표기란				
34	①	②	③	④
35	①	②	③	④
36	①	②	③	④

34 콘크리트의 압축강도 시험값에 영향을 미치는 시험조건의 설명으로 틀린 것은?

① 공시체의 치수가 클수록 압축강도는 작아진다.
② 재하속도가 빠를수록 압축강도는 커진다.
③ 공시체는 건조상태보다 습윤상태에서 압축강도가 작아진다.
④ 공시체의 지름에 대한 높이의 비(H/D)가 클수록 압축강도는 커진다.

해설 • 공시체의 지름에 대한 높이의 비(H/D)가 클수록 압축강도는 작아진다.
• 공시체의 가압면에 요철이 있는 경우 강도가 작게 측정된다.

35 골재의 함수상태에 관한 설명 중 틀린 것은?

① 절대건조상태란 대기 중에서 완전히 건조된 상태이다.
② 표면건조상태는 콘크리트의 배합설계 시 기준이 된다.
③ 표면건조상태란 내부에는 수분이 있으나 표면수는 없는 상태이다.
④ 유효흡수량이란 공기 중 건조상태로부터 표면건조포화상태로 되는 데 필요한 수량이다.

해설 절대건조상태란 건조로에서 105±5℃의 온도로 무게가 일정하게 될 때까지 건조시킨 것으로서 물기가 전혀 없는 상태이다.

36 시멘트의 일반적인 성질 중 수화열에 관한 설명으로 틀린 것은?

① 내외의 온도차로 인하여 균열 발생의 원인이 된다.
② 물과 완전히 반응하면 125cal/g 정도의 열을 발생한다.
③ 수화열 저감 대책으로 분말도가 높은 시멘트를 사용하여야 한다.
④ 콘크리트의 내부온도를 상승시키므로 한중 콘크리트 공사에 유효하다.

해설 수화열 저감 대책으로 분말도가 낮은 시멘트를 사용하여야 한다.

week 02

정답 31. ③ 32. ① 33. ③ 34. ④ 35. ① 36. ③

37 **레디믹스트 콘크리트의 받아들이기 검사에 있어서 시험 규정에 대한 설명으로 틀린 것은?**

① 콘크리트의 강도 시험 횟수는 원칙적으로 $200m^3$당 1회 비율로 한다.
② 강도시험 1회의 시험 결과는 구입자가 지정한 호칭강도의 85% 이상이어야 한다.
③ 공기량의 허용오차는 특별한 지정이 없는 한 ±1.5%로 한다.
④ 염화물 함유량은 염소 이온(Cl^-)량으로서 $0.3kg/m^3$ 이하로 한다. 다만, 구입자의 승인을 얻은 경우에 $0.6kg/m^3$ 이하로 할 수 있다.

해설 레디믹스트 콘크리트(KS F 4009)의 콘크리트 강도 시험 횟수는 $450m^3$를 1로드로 하여 $150m^3$당 1회의 비율로 한다.

38 **제조 공정의 품질관리 및 검사 시, 시험결과를 바탕으로 시방배합으로부터 현장배합으로 수정하는 항목이 아닌 것은?**

① 골재의 표면수율
② 굵은골재의 실적률
③ 굵은골재의 조립률
④ 5mm 체에 남는 잔골재량

해설 시방배합을 현장배합으로 고칠 경우에는 잔골재의 표면수로 인한 부풀음, 현장에서의 골재 계량방법과 KS F 2505(골재의 단위용적질량 및 실적률 시험방법)에 규정한 방법과 상이로 인한 용적의 차를 고려해야 한다.

39 **굳지 않은 콘크리트의 워커빌리티를 나타내는 하나의 지표이며, 콘크리트의 묽은 정도를 나타내는 콘크리트의 특성으로 보통 슬럼프 값으로 표시되는 것은?**

① 성형성 ② 수밀성
③ 마감성 ④ 반죽질기

해설 콘크리트의 반죽질기(워커빌리티) 측정을 위해 보통 슬럼프 시험을 한다.

답안 표기란				
37	①	②	③	④
38	①	②	③	④
39	①	②	③	④

40 황산염은 수산화칼슘과 반응하여 석고를 생성하고 콘크리트의 체적증대를 유발한다. 이 석고는 다시 시멘트 중의 무엇과 반응하여 현저한 체적팽창을 일으키는가?

① C_2S ② C_3S
③ C_3A ④ C_4AF

해설
- 황산염에 의한 팽창을 억제하기 위해 최대 C_3A량을 규정하고 있다.
- C_3A(알루민산 3석회)량 규정

시멘트 종류	한도
2종(중용열 포틀랜드 시멘트)	8% 이하
4종(저열 포틀랜드 시멘트)	6% 이하
5종(내황산염 포틀랜드 시멘트)	4% 이하

3과목 콘크리트의 시공

41 수밀콘크리트의 시공에 대한 방법으로 옳지 않은 것은?

① 적절한 간격으로 시공이음을 만들었다.
② 일반적인 경우보다 잔골재율을 작게 하였다.
③ 타설구획 내에서 연속으로 타설하였다.
④ 연직시공이음에는 지수판을 설치하였다.

해설
- 일반적인 경우보다 잔골재율을 크게 한다.
- 단위수량 및 물-결합재비를 가급적 작게 하고 단위굵은골재량은 가급적 많게 함으로써 수밀성을 증가시킨다.

42 한중 콘크리트는 소요 압축강도가 얻어질 때까지 콘크리트의 온도를 5℃ 이상으로 유지하는 등 초기양생을 실시하여야 한다. 계속해서 또는 자주 물로 포화되는 부분에 설치된 부재의 단면 두께가 보통의 경우일 때 양생을 종료할 수 있는 소요 압축강도의 표준으로 옳은 것은?

① 15 MPa ② 12 MPa
③ 10 MPa ④ 5 MPa

해설 한중 콘크리트의 양생 종료 때의 소요 압축강도의 표준(MPa)

구조물의 노출 및 단면	얇은 경우	보통의 경우	두꺼운 경우
(1) 계속해서 또는 자주 물로 포화되는 부분	15	12	10
(2) 보통의 노출상태에 있고 (1)에 속하지 않는 부분	5	5	5

답안 표기란				
40	①	②	③	④
41	①	②	③	④
42	①	②	③	④

week 02

정답 37. ① 38. ③ 39. ④ 40. ③ 41. ② 42. ②

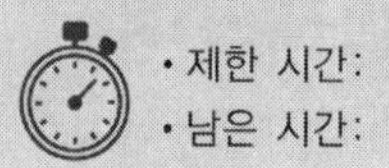

43 **시멘트의 응결을 촉진하는 혼화제로서 주로 숏크리트공법, 그라우트에 의한 누수방지공법 등에 사용되는 혼화제는?**

① 발포제
② 지연제
③ 공기연행제
④ 급결제

해설
• 시멘트의 응결시간을 매우 빨리 하기 위하여 급결제를 사용한다.
• 발포제는 PC용 그라우트에 사용하면 모르타르나 시멘트풀을 팽창시켜 굵은골재의 간극이나 PC 강재의 주위에 충분히 잘 채워지도록 함으로써 부착을 좋게 한다.

44 **일반 콘크리트의 표면마무리에 대한 설명으로 옳지 않은 것은?**

① 시공이음이 미리 정해져 있지 않을 경우에는 직선상의 이음이 얻어지도록 시공하여야 한다.
② 미리 정해진 구획의 콘크리트 타설은 연속해서 일괄작업으로 끝마쳐야 한다.
③ 콘크리트 면의 마무리 두께가 7mm 이상 또는 바탕의 영향을 많이 받지 않는 마무리의 경우 평탄성은 1m당 10mm 이하를 유지하여야 한다.
④ 제물치장 마무리 또는 마무리 두께가 얇은 경우에는 1m당 7mm 이하의 평탄성을 유지하여야 한다.

해설
• 제물치장 마무리 또는 마무리 두께가 얇은 경우에는 3m당 7mm 이하의 평탄성을 유지하여야 한다.
• 콘크리트 면의 마무리 두께가 7mm 이하 또는 양호한 평탄함이 필요한 경우 평탄성은 3m당 10mm 이하를 유지하여야 한다.
• 노출 콘크리트에서 균일한 노출면을 얻기 위해서는 동일 공장제품의 시멘트, 동일한 종류 및 입도를 갖는 골재, 동일한 배합의 콘크리트, 동일한 콘크리트 타설 방법을 사용하여야 한다.

45 **롤러다짐 콘크리트 반죽질기를 초로 나타내는 진동대식 반죽질기 시험값은?**

① 슬럼프값
② VC값
③ 다짐계수값
④ RI값

해설 댐 콘크리트 중 롤러 다짐 콘크리트 반죽질기의 표준값은 20±10초이다.

답안 표기란

43	①	②	③	④
44	①	②	③	④
45	①	②	③	④

46 서중 콘크리트에 대한 설명 중 틀린 것은?

① 일반적으로는 기온 10℃의 상승에 대하여 단위수량은 2~5% 증가하므로 소요의 압축강도를 확보하기 위해서는 단위수량에 비례하여 단위 시멘트량의 증가를 검토하여야 한다.

② 소요의 강도 및 워커빌리티를 얻을 수 있는 범위 내에서 단위수량 및 단위 시멘트량을 최대로 확보하여야 한다.

③ 콘크리트를 타설할 때의 콘크리트 온도는 35° 이하이어야 한다.

④ 콘크리트는 비빈 후 즉시 타설하여야 하며, 지연형 감수제를 사용하는 등의 일반적인 대책을 강구한 경우라도 1.5시간 이내에 타설하여야 한다.

해설
- 소요의 강도 및 워커빌리티를 얻을 수 있는 범위 내에서 단위수량 및 단위 시멘트량을 적게 한다.
- 타설 후 적어도 24시간은 노출면이 건조하는 일이 없도록 습윤상태로 유지한다. 또 양생은 적어도 5일 이상 실시한다.
- 하루 평균기온이 25℃를 초과하는 것이 예상되는 경우 서중 콘크리트로 시공하여야 한다.

47 숏크리트의 뿜어붙이기 성능 평가 항목으로서 적당하지 않은 것은?

① 반발률

② 분진농도

③ 숏크리트의 초기강도

④ 숏크리트의 인장강도

- 일반 숏크리트 장기 설계기준 압축강도는 재령 28일로 설정하며 21MPa 이상이다.
- 숏크리트의 휨강도, 휨인성의 성능 목표는 재령 28일 값을 기준으로 한다.

48 수밀 콘크리트에 대한 설명으로 옳은 것은?

① 콘크리트의 소요 슬럼프는 되도록 적게 하여 100mm를 넘지 않도록 한다.

② 공기연행제, 공기연행 감수제 등을 사용하는 경우라도 공기량은 6% 이하가 되게 한다.

③ 물-결합재비는 50% 이하를 표준으로 한다.

④ 단위 굵은골재량은 되도록 작게 한다.

해설
- 콘크리트의 소요 슬럼프는 되도록 적게 하여 180mm를 넘지 않도록 하며 콘크리트 타설이 용이할 때에는 120mm 이하로 한다.
- 공기연행제, 공기연행 감수제 또는 고성능 공기연행 감수제를 사용하는 경우라도 공기량은 4% 이하가 되게 한다.
- 단위 굵은골재량은 되도록 크게 한다.

답안 표기란				
46	①	②	③	④
47	①	②	③	④
48	①	②	③	④

week 02

정답 43. ④ 44. ④ 45. ② 46. ② 47. ④ 48. ③

답안 표기란				
49	①	②	③	④
50	①	②	③	④
51	①	②	③	④

49 **유동화 콘크리트에 대한 설명으로 틀린 것은?**

① 유동화 콘크리트의 배합에서 슬럼프 증가량은 100mm 이하를 원칙으로 하며, 50~80mm를 표준으로 한다.
② 유동화 콘크리트의 재유동화는 원칙적으로 할 수 없다.
③ 유동화제는 물에 희석하여 사용하고, 미리 정한 소정의 양을 3회 이상 나누어 첨가하여야 한다.
④ 품질관리에서 베이스 콘크리트 및 유동화 콘크리트의 슬럼프 및 공기량 시험은 $50m^3$마다 1회씩 실시하는 것을 표준으로 한다.

해설
- 유동화제는 원액으로 사용하고 미리 정한 소정의 양을 한꺼번에 첨가하며 계량은 질량 또는 용적으로 계량하고 그 계량오차는 1회에 ±3% 이내로 한다.
- 유동화 후에 재료분리, 공기량의 변동 등이 발생할 수 있다.

50 **콘크리트의 이음부 시공에 대한 설명으로 틀린 것은?**

① 바닥틀의 시공이음은 슬래브 또는 보의 경간 중앙부 부근에 두어야 한다.
② 바닥틀과 일체로 된 기둥 또는 벽의 시공이음은 바닥틀과의 경계 부근에 설치하는 것이 좋다.
③ 아치의 시공이음은 아치축에 직각이 되도록 설치하여야 한다.
④ 신축이음은 양쪽의 구조물 혹은 부재가 구속되어 있는 구조이어야 한다.

해설 신축이음은 양쪽의 구조물 혹은 부재가 구속되지 않는 구조라야 한다.

51 **고강도 콘크리트의 특성에 대한 설명으로 틀린 것은?**

① 보통강도를 갖는 콘크리트에 비해 재령에 따른 강도발현이 빠르게 나타나면서 늦게까지 강도증진이 이루어진다.
② 고강도 콘크리트는 부배합이므로 시멘트 대체 재료인 플라이애시, 고로 슬래그 분말 등을 같이 사용하는 경우가 많다.
③ 고강도 콘크리트의 설계기준 압축강도는 일반적으로 40 MPa 이상으로 하며, 고강도 경량골재 콘크리트는 27 MPa 이상으로 한다.

④ 고강도 콘크리트는 설계기준 압축강도가 높은 반면에 내구성은 낮으므로 해양 콘크리트 구조물에는 부적절하다.

해설 고강도 콘크리트는 설계기준 압축강도와 내구성이 커 해양 콘크리트 구조물에는 적절하다.

답안 표기란				
52	①	②	③	④
53	①	②	③	④

52 수중콘크리트에 대한 설명으로 틀린 것은?

① 일반 수중콘크리트의 물–결합재비는 55% 이하, 단위시멘트량은 350kg/m^3 이상으로 한다.

② 일반 수중콘크리트는 수중 시공시의 강도가 표준공시체 강도의 0.6~0.8배가 되도록 배합강도를 설정한다.

③ 지하연속벽에 사용하는 수중콘크리트의 경우, 지하연속벽을 가설만으로 이용할 경우에는 단위시멘트량은 300kg/m^3 이상으로 하는 것이 좋다.

④ 수중콘크리트 타설시 완전히 물막이를 할 수 없는 경우에는 유속은 1초간 50mm 이하로 하여야 한다.

해설 일반 수중콘크리트의 물–결합재비는 50% 이하, 단위 시멘트량은 370kg/m^3 이상으로 한다.

53 콘크리트 타설시 내부진동기의 사용방법에 대한 설명으로 틀린 것은?

① 진동다지기를 할 때에는 내부진동기를 하층의 콘크리트 속으로 0.1m 정도 찔러 넣는다.

② 내부진동기는 연직으로 찔러 넣으며, 삽입간격은 일반적으로 0.5m 이하로 하는 것이 좋다.

③ 1개소당 진동시간 30~40초로 한다.

④ 내부진동기는 콘크리트로부터 천천히 빼내어 구멍이 남지 않도록 한다.

해설
- 1개소당 진동시간은 5~15초로 한다.
- 1개소당 진동시간은 다짐할 때 시멘트 페이스트가 표면 상부로 약간 부상하기까지 한다.
- 내부진동기는 콘크리트를 횡방향으로 이동시킬 목적으로 사용하지 않아야 한다.

정답 49. ③ 50. ④ 51. ④ 52. ① 53. ③

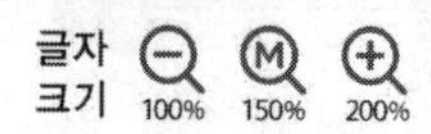

화면 배치
• 전체 문제 수:
• 안 푼 문제 수:

54 **프리캐스트 콘크리트의 강도를 나타내는 방법에 대한 설명으로 옳은 것은?**

① 일반적인 프리캐스트 콘크리트는 재령 28일에서의 압축강도 시험값
② 특수한 촉진양생을 하는 프리캐스트 콘크리트에서는 7일 이전의 적절한 재령에서의 압축강도 시험값
③ 촉진양생을 하지 않은 프리캐스트 콘크리트나 비교적 부재 두께가 큰 프리캐스트 콘크리트에서는 재령 28일에서의 압축강도 시험값
④ 재령에 관계없이 소정의 재령 이내에 출하할 경우 재령 7일의 압축강도 시험값

해설
• 일반적인 프리캐스트 콘크리트는 재령 14일에서의 압축강도 시험값
• 오토클레이브 양생 등의 특수한 촉진 양생을 하는 프리캐스트 콘크리트는 14일 이전의 적절한 재령에서 압축강도 시험값
• 프리캐스트 콘크리트의 탈형, 긴장력 도입, 출하할 때의 콘크리트 압축강도는 단계별 소요강도를 만족시켜야 한다.

55 **매스 콘크리트의 수축이음에 대한 설명으로 틀린 것은?**

① 벽체 구조물의 경우 길이방향에 일정 간격으로 단면감소 부분을 만든다.
② 수축이음의 단면 감소율은 35% 이상으로 하여야 한다.
③ 수축이음의 간격은 1~2m를 기준으로 한다.
④ 수축이음의 위치는 구조물의 내력에 영향을 미치지 않는 곳에 설치한다.

해설 수축이음의 간격은 구조물의 치수, 철근량, 타설온도, 타설 방법 등에 의해 큰 영향을 받으므로 이들을 고려하여 정한다.

56 **콘크리트의 배합과 압송성과의 관계에 대한 다음의 설명 중 틀린 것은?**

① 잔골재, 굵은골재의 입도 분포가 불연속인 경우 또는 잔골재 중의 미립분이 부족한 경우에 관이 막히는 경우가 있다.
② 압송을 용이하게 하기 위해 콘크리트의 단위수량을 가능한 한 크게 하고, 잔골재율을 작게 한다.

답안 표기란				
54	①	②	③	④
55	①	②	③	④
56	①	②	③	④

③ 단위 시멘트량이 적어지면 압송성도 저하한다.
④ 콘크리트 펌프의 압송부하는 콘크리트의 슬럼프가 커지면 작아진다.

해설 압송을 용이하게 하기 위해 콘크리트의 단위수량을 가능한 한 크게 하고, 잔골재율을 크게 한다.

57 **방사선 차폐용 콘크리트에 대한 설명으로 틀린 것은?**

① 주로 생물체의 방호를 위하여 X선, γ선 및 중성자선을 차폐할 목적으로 사용되는 콘크리트를 방사선 차폐용 콘크리트라 한다.
② 콘크리트의 슬럼프는 작업에 알맞은 범위 내에서 가능한 한 적은 값이어야 하며, 일반적인 경우 150mm 이하로 하여야 한다.
③ 물-결합재비는 50% 이하를 원칙으로 한다.
④ 화학혼화제는 사용하지 않는 것을 원칙으로 한다.

해설
- 워커빌리티 개선을 위하여 품질이 입증된 혼화제를 사용할 수 있다.
- 물-결합재비는 단위 시멘트량이 과다가 되지 않는 범위 내에서 가능한 적게 하는 것이 원칙이다.
- 차폐용 콘크리트로서 필요한 성능인 밀도, 압축강도, 설계허용온도, 결합수량, 붕소량 등을 확보하여야 한다.
- 시공 시 설계에 정해져 있지 않은 이음은 설치할 수 없다.

58 **콘크리트의 압축강도 시험을 통하여 거푸집을 해체하고자 한다. 설계기준 압축강도가 24MPa이고, 보의 밑면인 경우 거푸집을 해체할 때 콘크리트 압축강도는 얼마 이상이어야 하는가?**

① 5MPa 이상
② 8MPa 이상
③ 12MPa 이상
④ 16MPa 이상

해설 슬래브 및 보의 밑면, 아치 내면은 설계기준 압축강도의 2/3배 이상 또한 최소 14MPa 이상이므로 $24\times\frac{2}{3}=16\text{MPa}$ 이상이다.

59 **팽창 콘크리트에 대한 설명으로 틀린 것은?**

① 팽창 콘크리트의 강도는 일반적으로 재령 28일의 압축강도를 기준으로 한다.
② 포대 팽창재는 지상 0.3m 이상의 마루 위에 쌓아 운반이나 검사에 편리하도록 배치하여 저장하여야 한다.
③ 포대 팽창재는 12포대 이하로 쌓아야 한다.
④ 콘크리트의 팽창률은 일반적으로 재령 28일에 대한 시험치를 기준으로 한다.

답안 표기란

57	①	②	③	④
58	①	②	③	④
59	①	②	③	④

정답 54. ③ 55. ③ 56. ② 57. ④ 58. ④ 59. ④

week 02

해설 콘크리트의 팽창률은 일반적으로 재령 7일에 대한 시험치를 기준으로 한다.

답안 표기란				
60	①	②	③	④
61	①	②	③	④

60 레디믹스트 콘크리트의 받아들이기 검사로서 현장 콘크리트 품질기술자가 실시하여야 할 사항으로 틀린 것은?

① 기타 받아들이기 검사는 KS F 4009에 따라야 한다.
② 타설 중에는 생산자와 연락을 취하지 않고 품질기술자의 책임하에 콘크리트 타설이 중단되는 일이 없도록 한다.
③ 콘크리트 타설에 앞서 납품 일시, 콘크리트의 종류, 수량, 배출장소 및 트럭 에지테이터의 반입속도 등을 생산자와 충분히 협의한다.
④ 콘크리트 비빔 시작부터 타설 종료까지의 시간의 한도는 외기기온이 25℃ 미만의 경우 120분, 25℃ 이상의 경우에는 90분으로 한다.

해설 콘크리트 타설 중에도 생산자와 긴밀하게 연락을 취하여 콘크리트 타설이 중단되는 일이 없도록 한다.

4과목 콘크리트 구조 및 유지관리

61 표준갈고리를 갖는 인장이형철근 D19(d_b=19.1mm)이 그림과 같이 배치되어 있을 때 정착길이(l_{dh})를 구하면? (단, f_{ck} = 21MPa, f_y = 400MPa, 피복두께로 인한 보정계수 0.7, β=1.5, λ=1.0, 기타의 보정계수는 무시한다.)

① 247mm
② 420mm
③ 330mm
④ 412mm

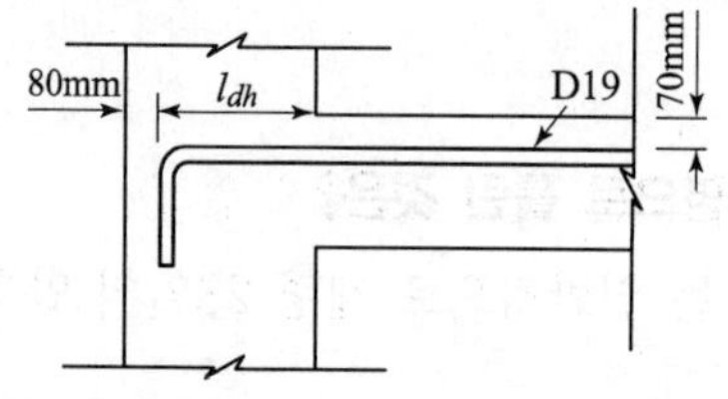

해설 • 기본 정착길이

$$l_{hb} = \frac{0.24\beta\, d_b\, f_y}{\lambda\sqrt{f_{ck}}} = \frac{0.24\times1.5\times19.1\times400}{1.0\times\sqrt{21}} = 600.1\text{mm}$$

• 정착길이

$$l_{dh} = l_{hb}\times\text{보정계수} = 600.1\times0.7 = 420\text{mm}$$

답안 표기란				
62	①	②	③	④
63	①	②	③	④
64	①	②	③	④

62 그림과 같은 단면의 단순보에서 균열모멘트(M_{cr})는? (단, f_{ck} = 24MPa, f_y = 400MPa)

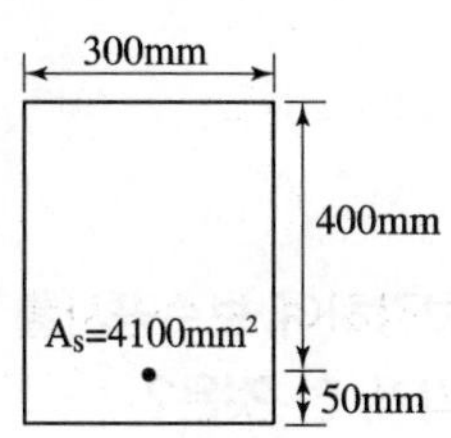

① 25.4kN·m
② 31.6kN·m
③ 40.6kN·m
④ 45.4kN·m

해설
- $f_r = 0.63\lambda\sqrt{f_{ck}} = 0.63\times1.0\times\sqrt{24} = 3.09\text{MPa}$
- $I_g = \dfrac{bh^3}{12} = \dfrac{0.3\times0.45^3}{12} = 0.0023\text{m}^4$
- $y_t = \dfrac{h}{2} = \dfrac{0.45}{2} = 0.225\text{m}$

$\therefore\ M_{cr} = \dfrac{f_r\cdot I_g}{y_t} = \dfrac{3.09\times0.0023}{0.225} = 0.03159\text{MN}\cdot\text{m} = 31.6\text{kN}\cdot\text{m}$

63 보수공법 중 에폭시수지 등을 수동식으로 주입하는 수동식 주입법의 특징으로 잘못된 것은?

① 다량의 수지를 단시간에 주입할 수 있다.
② 폭 0.5mm 이하의 균열에는 주입이 곤란하다.
③ 주입용 수지의 점도에 제약을 받는다.
④ 주입시 압력펌프를 필요로 한다.

해설
- 주입되는 수지는 다양한 점도를 사용할 수 있다.
- 주입되는 에폭시 수지 외에도 무기질제의 슬러리로 사용할 수 있어 습윤부의 사용이 가능하다.
- 들뜸이 매우 작은 부위에도 주입이 가능하다.
- 주입압이나 속도를 조절할 수 있다.
- 주입기 조작이 간단하지 않으며 시공관리가 곤란하다.

64 철근콘크리트보에서 스터럽과 굽힘철근을 배근하는 주된 목적은?

① 압축측의 좌굴을 방지하기 위하여
② 콘크리트의 휨에 의한 인장강도가 부족하기 때문에
③ 보에 작용하는 사인장응력에 의한 균열을 막기 위하여
④ 균열 후 그 균열에 대한 증대를 방지하기 위하여

해설
- 응력을 분포시켜 균열 폭을 최소화하기 위함이다.
- 주철근 간격을 유지시킨다.

정답 60. ② 61. ② 62. ② 63. ③ 64. ③

week 02

• 수험번호:
• 수험자명:

• 제한 시간:
• 남은 시간:

글자 크기 100% 150% 200% | 화면 배치 | • 전체 문제 수: • 안 푼 문제 수:

65 **콘크리트를 각종 섬유로 보강하여 보수공사를 진행할 경우 섬유가 갖추어야 할 조건으로 거리가 먼 것은?**

① 섬유의 압축 및 인장강도가 충분해야 한다.
② 섬유와 시멘트 결합재와의 부착이 우수해야 한다.
③ 시공이 어렵지 않고 가격이 저렴해야 한다.
④ 내구성, 내열성, 내후성 등이 우수해야 한다.

해설 섬유의 인장강도가 충분해야 한다.

66 **일반적으로 슈미트 해머를 사용해서 일정한 충격 에너지를 사용하고 충격을 가하여 움푹 패거나 또는 되밀어치는 크기를 측정하는 비파괴 시험방법은?**

① 표면경도법　　② 관입저항법
③ 인발시험　　④ 머추리티 미터

해설 구조물에 손상을 주지 않고 콘크리트의 반발경도를 측정하여 강도를 추정하는 시험이 슈미트 해머에 의한 콘크리트 강도의 비파괴 시험이다.

67 **구조물 안전성 평가를 위해 재하시험을 실시할 경우에 해당하는 설명으로 틀린 것은?**

① 일반적으로 하중을 받는 콘크리트 구조부분의 재령이 최소한 56일이 지난 다음에 시행하여야 한다.
② 정적재하시험과 동적재하시험으로 크게 구분할 수 있다.
③ 재하시험을 실시하는 구조물에 대해서는 해석적인 평가를 하지 않아도 된다.
④ 건물의 부재 안전성을 재하시험에 의거 직접 평가할 경우에는 보, 슬래브 등과 같은 휨부재의 안전성 검토에만 적용을 할 수 있다.

해설 재하시험을 실시하는 구조물에 대해서는 해석적인 평가를 하여야 한다.

68 **휨 모멘트를 받는 부재의 강도설계에서 f_{ck}=60MPa, f_y=400MPa인 경우 등가 직사각형 응력블록의 깊이를 구할 때 필요한 계수 β_1은 얼마인가?**

① 0.85 ② 0.8
③ 0.76 ④ 0.626

해설
- $f_{ck} \leq 40\text{MPa}$인 경우 $\beta_1 = 0.8$
- $f_{ck} = 50\text{MPa}$인 경우 $\beta_1 = 0.8$
- $f_{ck} = 60\text{MPa}$인 경우 $\beta_1 = 0.76$

답안 표기란				
69	①	②	③	④
70	①	②	③	④
71	①	②	③	④

69 **T형보에서 유효폭을 결정할 때 고려할 사항이 아닌 것은?**

① 보의 경간의 1/4
② 양쪽 슬래브의 중심간 거리
③ (양쪽으로 각각 내민 플랜지 두께의 8배씩)+복부 폭
④ (인접보와의 내측거리의 1/2)+복부 폭

해설 반 T형보에서 유효폭을 결정할 때 고려할 사항
- (한쪽으로 내민 플랜지 두께의 6배)+복부 폭
- (보의 경간의 1/12)+복부 폭
- (인접보와의 내측거리의 1/2)+복부 폭
  위의 값 중에 가장 작은 값을 유효폭으로 결정한다.

70 **콘크리트가 화재에 의해 열화되는 특징으로 틀린 것은?**

① 급격하게 가열되면 피복 콘크리트의 폭렬이 발생하기 쉽다.
② 콘크리트는 약 300℃에서 중성화가 되게 된다.
③ 탈수나 단면내의 열응력에 의해 균열이 발생한다.
④ 가열에 의해 정탄성계수의 감소에 의해 바닥 슬래브나 보의 처짐이 증가한다.

해설 콘크리트는 750℃ 정도에서 중성화 되기 쉽다.

71 **단면이 500mm×500mm인 사각형이고, 종방향철근의 전체단면적(A_{st})이 4500mm²인 중심축하중을 받는 띠철근 단주의 설계축하중강도는? (단, f_{ck}=27MPa, f_y=400MPa이고, ϕ=0.65를 적용한다.)**

① 2987 kN ② 3866 kN
③ 4163 kN ④ 4754 kN

해설
$$\begin{aligned}P_d &= \phi P_n \\ &= 0.65\times 0.8\{\eta(0.85f_{ck})(A_g - A_{st}) + f_y A_{st}\} \\ &= 0.65\times 0.8\{1.0\times(0.85\times 27)(250000-4500)+400\times 4500\} \\ &= 3,865,797\text{N} = 3,866\text{kN}\end{aligned}$$

정답 65. ① 66. ① 67. ③ 68. ③ 69. ④ 70. ② 71. ②

72 **탄산화 방지 대책으로 적절한 것이 아닌 것은?**

① 물-시멘트비(W/C)를 적게
② 밀실한 콘크리트로 타설
③ 철근의 피복두께 확보
④ 콘크리트에 수축줄눈 고려

해설
• 콘크리트를 충분히 다짐하여 타설하고 결함을 발생시키지 않는다.
• 충분한 초기 양생을 실시하며 표면 마감재 또는 도장처리 등을 한다.

73 **콘크리트 구조물의 중성화를 방지하기 위한 신축시의 조치로서 잘못된 것은?**

① 충분한 습윤양생을 실시한다.
② 다공질의 골재를 사용한다.
③ 콘크리트를 충분히 다짐하여 타설하고 결함을 발생시키지 않는다.
④ 투기성, 투수성이 작은 마감재를 사용한다.

해설 중성화 속도는 골재의 밀도가 작을수록 빨라지는 경향이 있으므로 밀도가 큰 양질의 골재를 사용한다.

74 **보의 설계에서 과소철근으로 하는 이유로 타당하는 것은?**

① 파괴되지 않게 하기 위하여
② 취성파괴를 방지하기 위하여
③ 균형파괴를 유도하기 위하여
④ 연성파괴를 방지하기 위하여

해설 과소철근보는 연성파괴가 된다.

75 **직사각형보(b_w = 300mm, d = 550mm)에서 콘크리트가 부담할 수 있는 공칭 전단강도는? (단, f_{ck} = 24MPa, λ = 1.0)**

① 639.2kN ② 741.5kN
③ 968.3kN ④ 134.7kN

해설

$$V_c = \frac{1}{6}\lambda\sqrt{f_{ck}}\,b_w\,d = \frac{1}{6}\times 1.0\times\sqrt{24}\times 300\times 550 = 134,721\text{N} = 134.7\text{kN}$$

답안 표기란				
72	①	②	③	④
73	①	②	③	④
74	①	②	③	④
75	①	②	③	④

76 유기질계, 무기질계 보수재료 선정 시 특히 중요하게 고려할 항목과 거리가 먼 것은?

① 전도성
② 투명성
③ 탄성계수
④ 열팽창계수

해설
- 기존 콘크리트와 동일한 탄성계수의 단면 복구재를 선정하여야 한다.
- 기존 콘크리트와 가능한 한 열팽창계수가 비슷한 재료를 선정하여야 한다.
- 노출 철근을 보수하는 경우는 전도성을 갖는 재료로 수복하는 것이 바람직하다.
- 기존 콘크리트 구조물과 확실하게 일체화시키기 위해서는 경화 시나 경화 후에 수축을 일으키지 않는 재료가 필요하다.

77 동해의 예측에 기초한 평가 중 스켈링 깊이의 진행예측의 상태별 설명이 틀린 것은?

① 잠복기 : 동해깊이율이 작고, 강성이 거의 변화가 없으며, 철근의 부식이 없는 단계
② 진전기 : 동해깊이율이 크게 되고, 미관 등에 의한 주변환경으로의 영향이 일어나고, 철근부식이 발생하는 단계
③ 가속기 : 동해깊이율이 1.0까지 도달하며, 변형과 철근의 부식이 심해지는 단계
④ 열화기 : 동해깊이율이 1.0 이하가 되며, 급속한 변형이 크게 되는 동시에 부재로의 내하력에 영향을 미치는 단계

해설
- 동해깊이율이 1.0 이상으로 급속한 변형이 크게 되는 동시에 부재로의 내하력에 영향을 미치는 단계
- 동해깊이율은 피복두께에 대한 동해길이의 비이다.
- 동해깊이율 1.0은 동해깊이가 철근 표면에 도달한 것을 나타낸다.

78 콘크리트 옹벽 본체설계에 대한 설명으로 틀린 것은?

① 캔틸레버식 옹벽의 벽체는 자중과 토압의 수평분력을 고려해서 설계해야 한다.
② 뒷부벽은 T형 캔틸레버 보로 설계하여야 하며, 앞부벽은 직사각형 보로 설계하여야 한다.
③ 캔틸레버식 옹벽의 뒷판은 뒷판 상부에 재하되는 모든 하중을 지지하도록 설계하여야 한다.
④ 반중력식 옹벽은 지형 및 기타 물리적 제약에 의해 중력식 옹벽의 경우보다 벽체 두께를 얇게 해야 하는 경우에 적용해야 한다.

해설 캔틸레버식 옹벽의 전면벽은 저판에 지지된 캔틸레버로 계산할 수 있다.

답안 표기란				
76	①	②	③	④
77	①	②	③	④
78	①	②	③	④

week 02

정답 72. ④ 73. ② 74. ② 75. ④ 76. ② 77. ④ 78. ①

79 **염해에 대한 콘크리트 구조물의 내구성 평가를 위한 염소이온 농도를 구하는 아래 식에 포함된 X, Y, Z에 대한 설명으로 옳지 않은 것은? (단, $C(x,t)$: 깊이 x, 시간 t에서 염화물이온 농도의 설계값, erf : 오차함수)**

$$C(x,t) = X\left\{1 - erf\left(\frac{x}{2\sqrt{Zt}}\right)\right\} + Y$$

① 해중(海中)이 비말대(splash belt)보다 X가 더 크다.
② 콘크리트의 물-결합재비(W/B)가 작게 되면 Z가 작게 된다.
③ 콘크리트 제조시에 제염처리가 되지 않은 바다모래를 사용하면 Y가 크게 된다.
④ 보통 포틀랜드 시멘트보다 고로 슬래그 시멘트를 사용한 경우가 Z가 작게 된다.

해설
• 해중(海中)이 비말대(splash belt)보다 X가 더 작다.
• 간만대와 비말대(물보라 지역)은 각각 조수간만 작용과 파도에 의해 지속적인 해수의 건습작용이 반복되므로 염화물 침투는 물론 공기의 공급도 충분해 염해에 의한 손상이 가장 크고, 동결융해의 영향도 가장 큰 부위이다.

80 **프리스트레스트 콘크리트의 철근부식 방지를 위한 최대 수용성 염소 이온(Cl^-)량은? (단, 시멘트 질량에 대한 %)**

① 0.3%
② 0.6%
③ 0.03%
④ 0.06%

해설 수용성 염소이온량(결합재 중량비 %)

부재의 종류	노출 범주				
	일반	EC (탄산화)	ES (해양환경, 제설염 등 염화물)	EF (동결융해)	EA (황산염)
철근 콘크리트	1.0	0.30	0.15	0.30	0.30
프리스트레스트 콘크리트	0.06	0.06	0.06	0.06	0.06

답안 표기란				
79	①	②	③	④
80	①	②	③	④

정답 79. ① 80. ④

• 수험번호:
• 수험자명:

• 제한 시간:
• 남은 시간:

글자 크기 100% 150% 200% | 화면 배치 | • 전체 문제 수: • 안 푼 문제 수:

1과목 콘크리트 재료 및 배합

답안 표기란				
01	①	②	③	④
02	①	②	③	④
03	①	②	③	④

01 콘크리트용 잔골재에는 점토를 비롯한 유해물질이 함유될 수 있다. 유해물질로 인한 콘크리트 품질의 저하를 방지하기 위하여 잔골재의 유해물 함유량을 규제하는데 다음 중 항목별 유해물 허용한도(질량백분율)가 틀린 것은?

① 점토 덩어리 – 2.0
② 0.08mm체 통과량(콘크리트의 표면이 마모작용을 받는 경우) – 3.0
③ 석탄, 갈탄 등으로 밀도 $2.0g/cm^3$의 액체에 뜨는 것(콘크리트의 외관이 중요한 경우) – 0.5
④ 염화물(Nacl 환산량) – 0.04

해설 점토 덩어리 함유율 : 1.0%

02 시멘트 모르타르의 압축강도 시험과 관계 없는 것은?

① 시험한 전 시험체 중에서 평균값보다 10% 이상의 강도 차이가 나는 것은 압축강도 계산에 넣지 않는다.
② 흐름판을 1.27cm 낙하높이로 15초 동안 25회 낙하한다.
③ 성형된 시험체는 24~48시간 동안 습기함이나 양생실에 넣고 보관 후 탈형하여 양생수조에서 양생한다.
④ 표준 모르타르의 건조 재료 배합은, 시멘트와 표준사를 1 : 3 무게비로 섞는다.

해설 시험체는 20~24시간 동안 양생시킨다.

03 잔골재량이 $770kg/m^3$, 굵은골재량이 $950kg/m^3$인 시방배합을, 잔골재 중의 5mm체 잔류율이 3%, 굵은골재 중의 5mm체 통과율이 5%인 현장에서 현장배합으로 고칠 경우 입도보정에 의한 잔골재량은 약 얼마인가?

① $707kg/m^3$　② $743kg/m^3$
③ $795kg/m^3$　④ $826kg/m^3$

정답 01. ① 02. ③ 03. ②

week 02

해설 $X=\frac{100S-b(S+G)}{100-(a+b)}=\frac{100\times770-5(770+950)}{100-(3+5)}=743\text{kg/m}^3$

답안 표기란

04	①	②	③	④
05	①	②	③	④

04 콘크리트 배합설계 시 잔골재율 선정에 관한 내용 중 옳지 않은 것은?

① 잔골재율은 사용하는 잔골재의 입도, 콘크리트의 공기량, 단위시멘트량, 혼화재료의 종류 등에 따라 다르므로 시험에 의해 정한다.
② 잔골재율은 소요의 워커빌리티를 얻을 수 있는 범위 내에서 단위수량이 최소가 되도록 시험에 의해 정한다.
③ 고성능 공기연행 감수제를 사용한 콘크리트의 경우 물-결합재비 및 슬럼프가 같으면, 일반적인 공기연행 감수제를 사용한 콘크리트와 비교하여 잔골재율을 3~4% 정도 작게 하는 것이 좋다.
④ 콘크리트 펌프시공의 경우에는 콘크리트 펌프의 성능, 배관, 압송거리 등에 따라 적절한 잔골재율을 시험에 의해 결정한다.

해설 고성능 공기연행 감수제를 사용한 콘크리트의 경우 물-결합재비 및 슬럼프가 같으면 일반적인 공기연행 감수제를 사용한 콘크리트와 비교하여 잔골재율을 1~2% 정도 크게 하는 것이 좋다.

05 아래 표와 같은 조건의 시방배합에서 잔골재와 굵은골재의 단위량은 약 얼마인가?

• 단위수량 = 175kg
• S/a = 41.0%
• W/C = 50%
• 시멘트 밀도 = 3.15g/cm³
• 잔골재 표건밀도 = 2.6g/cm³
• 굵은골재 표건밀도 = 2.65g/cm³
• 공기량 = 1.5%

① 잔골재 : 735kg, 굵은골재 : 989kg
② 잔골재 : 745kg, 굵은골재 : 1093kg
③ 잔골재 : 756kg, 굵은골재 : 1193kg
④ 잔골재 : 770kg, 굵은골재 : 1293kg

해설
- 단위 시멘트량

$\frac{W}{C}=0.5 \quad \therefore\ C=\frac{175}{0.5}=350\text{kg}$

- 단위 골재량의 절대부피

$V_{S+G}=1-\left(\frac{175}{1\times1000}+\frac{350}{3.15\times1000}+\frac{1.5}{100}\right)=0.699\text{m}^3$

- 단위 잔골재량의 절대부피

$V_S=0.699\times0.41=0.2866\text{m}^3$

- 단위 굵은골재량의 절대부피

$V_G=0.699-0.2866=0.4124\text{m}^3$

- 단위 잔골재량

$S=2.6\times0.2866\times1000=745\text{kg}$

- 단위 굵은골재량

$G=2.65\times0.4124\times1000=1093\text{kg}$

06 콘크리트 배합수에 함유된 불순물의 영향으로 옳지 않은 것은?

① 염화나트륨과 염화칼슘은 농도가 증가하면 건조수축을 증가시킨다.

② 후민산나트륨은 응결을 지연시키며, 콘크리트의 강도를 저하시킨다.

③ 탄산나트륨은 응결촉진작용을 나타내며, 농도가 높으면 이상응결을 발생시킨다.

④ 황산칼륨은 응결을 현저히 촉진시키며, 장기강도를 저하시킨다.

해설 황산칼륨은 응결시 영향이 적다. 아울러 강도에도 영향이 적다.

07 굵은골재가 습윤상태에서 515g, 표면건조상태에서 500g, 절건상태에서 485g이었을 때 이 골재의 흡수율(%)은?

① 2.5% ② 3.1%

③ 4.7% ④ 6.2%

해설
- 흡수율 $=\frac{500-485}{485}\times100=3.1\%$
- 표면수율 $=\frac{515-500}{500}\times100=3\%$
- 함수율 $=\frac{515-485}{485}\times100=6.2\%$

답안 표기란				
06	①	②	③	④
07	①	②	③	④

week 02

정답 04. ③ 05. ② 06. ④ 07. ②

08 콘크리트 배합에 관한 다음의 설명 중 적당하지 않은 것은?

① 공기연행제, 공기연행감수제 또는 고성능 공기연행감수제를 사용한 콘크리트의 공기량은 굵은골재 최대치수와 내동해성을 고려하여 정한다.

② 굵은골재의 최대치수는 거푸집 양 측면 사이의 최소 거리의 1/5, 슬래브 두께의 1/3을 초과해서는 안 된다.

③ 단위수량은 작업이 가능한 범위 내에서 될 수 있는 대로 적게 되도록 시험을 통해 정한다.

④ 잔골재율은 소요의 워커빌리티가 얻어지는 범위 내에서 가능한 한 크게 한다.

해설 잔골재율은 소요의 워커빌리티가 얻어지는 범위 내에서 가능한 한 작게 하므로 필요한 단위수량이 적게 되어 단위 시멘트량이 적어져 경제적이 된다.

09 콘크리트의 배합설계에서 내구성 확보를 위한 요구조건을 기준으로 하여 물-결합재비를 정한 경우 아래 표와 같은 조건에서의 최소 내구성 기준 압축강도는?

• 조건 : 항상 해수에 침지되는 콘크리트
• 예 : 해상 교각의 해수 중에 침지되는 부분
• 최대 물-결합재비 : 0.40

① 24 MPa ② 27 MPa
③ 30 MPa ④ 35 MPa

해설 내구성 확보를 위한 요구조건

조건	최대 물-결합재비	내구성 기준 압축강도
보통 정도의 습도에서 대기 중의 염화물에 노출되지만 해수 또는 염화물을 함유한 물에 직접 접하지 않는 콘크리트	0.45	30
습윤하고 드물게 건조되며 염화물에 노출되는 콘크리트	0.45	30
건습이 반복되면서 해수 또는 염화물에 노출되는 콘크리트	0.40	35

답안 표기란

08	①	②	③	④
09	①	②	③	④

10 시멘트 클링커 광물들에 대한 상대비교 설명으로 올바른 것은?

① 알라이트(C_3S)는 육각판상에 가까운 구조로서 수화반응 속도가 빠르다.
② 벨라이트(C_2S)는 시멘트 클링커의 대부분을 차지하며 수화반응 속도가 느리다.
③ 알루미네이트는 C_3A가 주성분으로 장기강도가 크다.
④ 페라이트(C_4AF)는 고온에서 클링커 중에 생성된 액상으로부터 냉각되어 생성되는 것으로 수화에 의한 발열량이 가장 크다.

해설
- 벨라이트(C_2S)는 시멘트 클링커의 미소한 양을 차지하며 수화 반응 속도가 느리다.
- 알루미네이트는 C_3A가 주성분으로 조기강도가 크다.
- 페라이트(C_4AF)는 수화작용이 늦고 수화열도 적어 도로용, 댐용 시멘트에 사용된다.

11 콘크리트용 강섬유의 품질에 대한 설명으로 옳지 않은 것은? (단, KS F 2564에 규정된 값)

① 강섬유 각각의 인장강도는 650MPa 이상이 되어야 한다.
② 강섬유의 평균 인장강도는 600MPa 이상이 되어야 한다.
③ 강섬유는 표면에 유해한 녹이 있어서는 안 된다.
④ 인장강도 시험은 강섬유 5t 마다 10개 이상의 시료를 무작위로 추출하여 시행하여야 한다.

해설 강섬유의 평균 인장강도는 700MPa 이상이 되어야 한다.

12 시멘트 응결시간시험 방법으로 옳은 것은?

① 오토클레이브 방법
② 비비시험
③ 블레인시험
④ 길모어 침에 의한 시험

해설 시멘트의 응결시험 방법에는 길모어 침, 비카 침 시험이 있다.

답안 표기란

10	①	②	③	④
11	①	②	③	④
12	①	②	③	④

정답 08. ④ 09. ④ 10. ① 11. ② 12. ④

week 02

답안 표기란				
13	①	②	③	④
14	①	②	③	④
15	①	②	③	④

13 **콘크리트의 물성을 개선하기 위하여 사용되는 공기연행제에 대한 설명 중 틀린 것은?**

① 미세한 공기포를 다량으로 연행함으로써 콘크리트의 내동해성을 증가시킨다.
② 미세한 공기포를 다량으로 연행함으로써 콘크리트의 워커빌리티를 개선시킨다.
③ 공기연행제에 의해 생성된 연행공기의 영향으로 단위수량을 줄이는 효과가 있다.
④ 공기연행제에 의해 생성된 연행공기의 영향으로 물-결합재비가 같은 일반적인 콘크리트보다 강도를 향상시키는 효과가 있다.

해설 공기연행제에 의해 생성된 연행
공기량이 1% 증가함에 따라 슬러프가 2.5cm 증가하고 압축강도는 4~6% 감소한다.

14 **KS F 4009에는 레디믹스트 콘크리트의 혼합에 사용되는 물에 대해 규정하고 있다. 다음 중 레디믹스트 콘크리트에 사용할 수 없는 혼합수는?**

① 염소 이온(Cl^-)량이 300mg/L의 지하수
② 혼합수로서 품질시험을 실시하지 않은 상수돗물
③ 용해성 증발 잔류물의 양이 1g/L의 하천수
④ 모르타르의 재령 7일 및 28일 압축강도비가 90%인 회수수

해설 염소 이온(Cl^-)량이 250mg/L의 지하수

15 **콘크리트용 화학 혼화제(KS F 2560)시험 방법에 대한 내용으로 틀린 것은?**

① 기준 콘크리트의 공기량은 2.0% 이하로 한다.
② 감수제를 사용한 콘크리트의 공기량은 4~6% 범위로 한다.
③ 단위 시멘트량은 슬럼프가 80mm인 콘크리트에서 300kg/m^3로 한다.
④ 콘크리트를 제조할 때 화학 혼화제는 미리 혼합수에 혼입하여 믹서에 투입한다.

 해설

- 감수제를 사용한 콘크리트의 공기량은 기준 콘크리트의 공기량에 1%를 더 한 것을 넘어서는 안 된다.
- 기준 콘크리트의 잔골재율은 40~50% 범위에서 양호한 작업성이 얻어지는 값으로 한다.

답안 표기란				
16	①	②	③	④
17	①	②	③	④

16 콘크리트 재료의 종류와 특성에 관한 설명으로 틀린 것은?

① 보통 포틀랜드 시멘트는 특수한 경우를 제외하고 일반적으로 사용한다.

② 중용열 포틀랜드 시멘트는 발열량 및 체적변화가 적다.

③ 고로 슬래그 시멘트는 해수작용을 받는 구조물, 터널, 하수도 등에 유리하다.

④ 플라이 애시 시멘트는 화학 물질에 대한 저항성은 크지만 수밀성은 떨어진다.

해설 플라이 애시 시멘트의 특징

- 수밀성이 좋아 수리 구조물에 적합하다.
- 해수에 대한 내화학성이 크다.
- 장기강도가 크며 수화열이 적고 건조수축이 작다.
- 콘크리트 워커빌리티를 증대시키고 단위수량을 감소시킨다.

17 콘크리트의 배합설계 시 물-결합재비에 대한 설명으로 옳은 것은?

① 제빙화학제가 사용되는 콘크리트의 물-결합재비는 50% 이하로 한다.

② 콘크리트의 탄산화 위험이 보통인 경우에 물-결합재비를 정할 경우 60% 이하로 한다.

③ 수밀 콘크리트의 물-결합재비를 정할 경우 그 값은 55% 이하로 한다.

④ 콘크리트의 압축강도를 기준으로 물-결합재비를 정하는 경우 재령 28일 압축강도와 물-결합재비의 관계를 시험에 의하여 정하는 것을 원칙으로 한다.

해설

- 제빙화학제가 사용되는 콘크리트의 물-결합재비는 45% 이하로 한다.
- 콘크리트의 탄산화 위험이 보통인 경우에 물-결합재비를 정할 경우 55% 이하로 한다.
- 수밀 콘크리트의 물-결합재비를 정할 경우 그 값은 50% 이하로 한다.
- 황산염 노출 정도가 보통인 경우 최대 물-결합재비는 50%로 한다.

week 02

정답 13. ④ 14. ① 15. ② 16. ④ 17. ④

답안 표기란

18	①	②	③	④
19	①	②	③	④

18 **콘크리트용 잔골재의 표준입도에 대한 설명으로 틀린 것은?**

① 연속된 두 개의 체 사이를 통과하는 양의 백분율은 45%를 넘지 않아야 한다.

② 잔골재의 입도가 표준범위를 벗어난 경우는 두 종류 이상의 잔골재를 혼합하여 입도를 조정해서 사용하여야 한다.

③ 잔골재의 조립률이 콘크리트 배합을 정할 때 가정한 잔골재의 조립률에 비해 ±0.20 이상 변화되었을 때는 배합을 변경하여야 한다.

④ 0.3mm 체와 0.15mm 체를 통과한 골재량이 부족할 경우 양질의 광물질 분말로 보충한 콘크리트라 할지라도 0.3mm 체와 0.15mm 체 통과 질량 백분율의 최소량은 감소시킬 수 없다.

해설
• 0.3mm 체와 0.15mm 체를 통과한 골재량이 부족할 경우 양질의 광물질 분말로 보충한 콘크리트는 0.3mm 체와 0.15mm 체 통과 질량 백분율의 최소량을 각각 5% 및 0%로 감소시킬 수 있다.
• 빈배합 콘크리트의 경우나 굵은골재의 최대치수가 작은 굵은골재를 쓰는 경우에는 비교적 세립이 많은 잔골재를 사용하면 워커빌리티가 좋은 콘크리트를 얻을 수 있다.

19 **굵은 골재의 밀도 및 흡수율 시험(KS F 2503)에서 각 무더기로 나누어서 시험한 굵은 골재의 밀도가 아래의 표와 같을 때 이 굵은 골재의 평균 밀도는?**

무더기의 크기 (mm)	원시료에 대한 질량 백분율 (%)	시료의 질량 (g)	밀도 (g/cm^3)
5~13	44	2213.0	2.72
13~40	35	5462.5	2.56
40~65	21	12593.0	2.54

① 2.60g/cm^3　② 2.62g/cm^3
③ 2.64g/cm^3　④ 2.66g/cm^3

평균 밀도 $= \dfrac{2.72\times44+2.56\times35+2.54\times21}{100} = 2.62g/cm^3$

20 혼화재료에 관한 설명으로 옳은 것은?

① 감수제와 AE제를 병용하면 기포가 발생하지 않는다.
② AE제는 계면활성제의 일종으로서 일반적인 사용량은 시멘트 질량의 5% 정도이다.
③ 여름철에는 겨울철보다 동일 공기량을 얻기 위한 AE제의 사용량이 증가하는 경향이 있다.
④ 양질의 AE제나 감수제는 규정 사용량의 5~10배를 사용하여도 콘크리트의 물성에 큰 영향을 미치지 않는다.

해설
- 감수제와 AE제를 병용하면 기포가 발생한다.
- AE제는 계면활성제의 일종으로서 일반적인 사용량은 시멘트 질량의 1% 정도이다.
- 양질의 AE제나 감수제는 규정 사용량의 5~10배를 사용하면 콘크리트의 물성에 큰 영향을 미치게 된다.

답안 표기란				
20	①	②	③	④
21	①	②	③	④
22	①	②	③	④

week 02

2과목 콘크리트 제조, 시험 및 품질관리

21 콘크리트 압축강도시험을 할 때 공시체에 충격을 주지 않도록 똑같은 속도로 하중을 가하여야 한다. 이때 하중을 가하는 속도는 압축응력도의 증가율이 매초 얼마정도 되도록 하여야 하는가?

① 0.05±0.03MPa ② 1.2±0.1MPa
③ 0.1±0.02MPa ④ 0.6±0.4MPa

해설 압축강도 시험시 매초 0.6±0.4MPa 속도로 일정하게 하중을 가한다.

22 콘크리트 재료의 비비기에 대한 설명으로 틀린 것은?

① 재료는 반죽된 콘크리트가 균질하게 될 때까지 충분히 비벼야 한다.
② 연속믹서를 사용할 경우, 비비기 시작 후 최초에 배출되는 콘크리트는 사용해서는 안 된다.
③ 일반적으로 물은 다른 재료의 투입이 끝난 후 조금 지난 뒤에 물의 주입을 시작하는 것이 좋다.
④ 비비기를 시작하기 전에 미리 믹서 내부를 모르타르로 부착시켜야 한다.

해설 일반적으로 물은 다른 재료보다 먼저 넣기 시작하여 넣는 속도를 일정하게 하고 다른 재료의 투입이 끝난 후 조금 지난 뒤에 물을 넣는다.

정답 18. ④ 19. ② 20. ③ 21. ④ 22. ③

23 콘크리트의 품질변동을 정량적으로 나타내는 데 있어서, 10개 공시체의 압축강도를 측정한 결과의 평균강도가 25MPa이고, 표준편차가 2.5MPa인 경우의 변동계수는 얼마인가?

① 10% ② 15%
③ 20% ④ 25%

해설 변동계수 $= \frac{표준편차}{평균강도} \times 100 = \frac{2.5}{25} \times 100 = 10\%$

24 하중을 원주형 공시체(지름 100mm, 높이 200mm)가 파괴될 때까지 가압하고, 시험중에 공시체가 받은 최대 하중이 200kN이었다면 콘크리트의 압축강도는 얼마인가?

① 25.5 MPa ② 26.5 MPa
③ 30.1 MPa ④ 34.5 MPa

해설 압축강도
$\frac{P}{A} = \frac{200{,}000}{\frac{3.14 \times 100^2}{4}} ≒ 25.5\text{MPa}$

25 관입 저항침에 의한 콘크리트의 응결시간 시험방법에 관한 설명으로 틀린 것은?

① 콘크리트에서 4.75mm체를 사용하여 습윤 체가름 방법으로 모르타르 시료를 채취한다.
② 침의 관입길이가 20mm가 될 때까지 소요된 힘을 침의 지지면으로 나누어 관입저항을 계산한다.
③ 6회 이상 시험하며, 관입저항 측정값이 적어도 28 MPa 이상이 될 때까지 시험을 계속한다.
④ 초결시간은 모르타르의 관입저항이 3.5 MPa이 될 때까지의 소요 시간이다.

해설 침의 관입길이가 25mm가 될 때까지 소요된 힘을 침의 지지면으로 나누어 관입저항을 계산한다.

답안 표기란				
23	①	②	③	④
24	①	②	③	④
25	①	②	③	④

26 콘크리트의 받아들이기 품질관리에서 염화물 함유량은 원칙적으로 얼마 이하로 규제하는가?

① $0.15kg/m^3$　　② $0.20kg/m^3$
③ $0.30kg/m^3$　　④ $0.60kg/m^3$

해설 원칙적으로 $0.3kg/m^3$ 제한하고 사용자 승인시 $0.6kg/m^3$ 이하로 할 수 있다.

27 AE 콘크리트의 공기량에 대한 일반적인 설명으로 틀린 것은?

① 공기량을 1% 정도 증가시키면 잔골재율을 3~5% 작게 할 수 있다.
② 단위 잔골재량이 많을수록 공기량은 증가한다.
③ 콘크리트의 온도가 낮을수록 공기량은 증가한다.
④ 공기량 1%를 증가시키면 동일 슬럼프의 콘크리트를 만드는데 필요한 단위수량을 약 3% 작게 할 수 있다.

해설
- 공기량을 1% 정도 증가시키면 잔골재율을 0.5~1% 작게 할 수 있다.
- 플라이 애시를 사용한 콘크리트는 플라이 애시를 사용하지 않은 콘크리트에 비해 동일 공기량을 얻기 위해서는 많은 양의 공기연행제가 필요하다.
- 골재의 입형이 좋지 않거나 0.15mm 이하의 미립분이 증가하는 경우 연행공기량은 감소한다.

28 지름 150mm, 높이 300mm의 원주형 공시체를 사용하여 쪼갬인장강도 시험을 한 결과 최대하중이 250kN이라면 이 콘크리트의 쪼갬인장강도는?

① 2.12 MPa　　② 2.53 MPa
③ 3.22 MPa　　④ 3.54 MPa

해설 쪼갬 인장강도 $= \frac{2P}{\pi dl} = \frac{2 \times 250,000}{3.14 \times 150 \times 300} = 3.54\text{MPa}$

29 레디믹스트 콘크리트의 품질 중 공기량에 대한 규정인 아래 표의 내용 중 틀린 것은?

① ㉠
② ㉡
③ ㉢
④ ㉣

[단위 : %]

콘크리트의 종류	공기량	공기량의 허용오차
보통 콘크리트	㉠ 4.5	±1.5
경량골재 콘크리트	㉡ 5.5	
포장 콘크리트	㉢ 4.0	
고강도 콘크리트	㉣ 3.5	

해설 포장 콘크리트의 경우 4.5%이다.

답안 표기란				
26	①	②	③	④
27	①	②	③	④
28	①	②	③	④
29	①	②	③	④

week 02

정답 23. ① 24. ① 25. ② 26. ③ 27. ① 28. ④ 29. ③

30 4점 재하법에 의한 콘크리트의 휨 강도시험(KS F 2408)에 대한 설명으로 틀린 것은?

① 지간은 공시체 높이의 3배로 한다.
② 공시체에 하중을 가할 때는 공시체에 충격을 가하지 않도록 일정한 속도로 하중을 가하여야 한다.
③ 공시체가 인장쪽 표면 지간 방향 중심선의 4점 사이에서 파괴된 경우는 그 시험 결과를 무효로 한다.
④ 재하장치의 설치면과 공시체면과의 사이에 틈새가 생기는 경우는 접촉부의 공시체 표면을 평평하게 갈아서 잘 접촉할 수 있도록 한다.

해설 공시체가 인장쪽 표면 지간 방향 중심선의 4점 바깥쪽에서 파괴된 경우는 그 시험 결과를 무효로 한다.

31 콘크리트용 재료를 계량하고자 한다. 고로슬래그 미분말 50kg을 목표로 계량한 결과 50.6kg이 계량되었다면, 계량오차에 대한 올바른 판정은? (단, 콘크리트표준시방서의 규정을 따른다.)

① 계량오차가 1.2%로 혼화제의 허용오차 2% 내에 들어 합격
② 계량오차가 1.2%로 혼화제의 허용오차 3% 내에 들어 합격
③ 계량오차가 1.2%로 고로슬래그 미분말의 허용오차 1%를 벗어나 불합격
④ 계량오차가 1.2%로 고로슬래그 미분말의 허용오차 3% 내에 들어 합격

해설
• 계량오차 $= \frac{50.6-50}{50} \times 100 = 1.2\%$
• 고로 슬래그 미분말의 계량오차의 최대치는 1%이다.

32 콘크리트의 동결융해 시험에서 300사이클에서 상대동탄성계수가 76%라면, 이 공시체의 내구성 지수는?

① 76%　　② 81%
③ 85%　　④ 92%

해설 $DF = \frac{PN}{M} = \frac{76 \times 300}{300} = 76\%$

답안 표기란				
30	①	②	③	④
31	①	②	③	④
32	①	②	③	④

33 다음 콘크리트 재료 중 재료의 계량 허용오차가 가장 큰 것은?

① 물　　② 골재
③ 시멘트　　④ 혼화재

해설
- 물 : −2%, +1%
- 시멘트 : −1%, +2%
- 혼화재 : ±2%
- 골재, 혼화제 : ±3%

34 순환 굵은 골재의 품질에 대한 설명으로 틀린 것은?

① 마모율은 40% 이하이어야 한다.
② 흡수율은 5.0% 이하이어야 한다.
③ 점토덩어리 함유량은 0.2% 이하이어야 한다.
④ 절대건조밀도는 2.5g/cm^3 이상이어야 한다.

해설
- 흡수율은 3.0% 이하이어야 한다.
- 입자 모양 판정 실적률은 55% 이상이어야 한다.

35 일반 콘크리트 제조설비 및 제조공정에 있어서 검사 시기 및 횟수에 대한 내용으로 틀린 것은?

① 잔골재의 조립률은 1회/일 이상 검사하여야 한다.
② 잔골재의 표면수율은 1회/일 이상 검사하여야 한다.
③ 믹서의 성능은 믹서의 종류에 상관없이 공사시작 전 및 공사 중 1회/6개월 이상 검사하여야 한다.
④ 계량설비의 계량 정밀도는 각 계량 기기별, 재료별로 공사시작 전 및 공사 중 1회/6개월 이상 검사해야 한다.

해설
- 잔골재의 표면수율은 2회/일 이상 검사하여야 한다.
- 굵은 골재의 표면수율은 1회/일 이상 검사하여야 한다.
- 재료의 저장설비는 공사시작 전, 공사 중 검사하여야 한다.

36 거푸집판에 접하지 않은 콘크리트 면의 마무리에 대한 설명으로 틀린 것은?

① 다지기 후 마무리에는 나무흙손이나 적절한 마무리 기계를 사용하는 것이 좋다.
② 콘크리트 윗면으로 스며 올라온 물이 없어지기 전에 마무리하는 것이 좋다.
③ 치밀한 표면이 필요할 때는 가급적 늦은 시기에 쇠손으로 마무리하여야 한다.
④ 마무리 작업 후 발생하는 소성침하균열은 다짐 또는 재마무리로 제거하여야 한다.

답안 표기란				
33	①	②	③	④
34	①	②	③	④
35	①	②	③	④
36	①	②	③	④

정답 30. ③ 31. ③ 32. ① 33. ② 34. ② 35. ② 36. ②

해설 콘크리트 윗면으로 스며 올라온 물이 없어진 후나 물을 처리한 후에 마무리하는 것이 좋다.

37 **콘크리트 블리딩의 시공상 대책으로 틀린 것은?**

① 타설 속도가 빠르면 블리딩이 많게 되므로 1회 타설 높이를 작게 한다.

② 진동 다짐이 과도하면 블리딩이 많게 되므로 다짐이 과도하게 되지 않도록 주의한다.

③ 거푸집의 치수가 작으면 블리딩이 크게 되므로 된비빔 콘크리트를 사용한다.

④ 물이 세지 않는 거푸집은 블리딩이 많이 발생하므로 메탈폼 거푸집, 새로운 합판형 거푸집 등을 사용할 경우에는 블리딩이 적은 콘크리트를 사용한다.

해설 거푸집의 치수가 작으면 블리딩이 적게 되므로 묽은 비빔 콘크리트를 사용한다.

38 **콘크리트의 슬럼프 시험 순서를 올바르게 나열 한 것은?**

㉠ 수밀 평판 위에 슬럼프 콘 놓기
㉡ 슬럼프 콘에 시료를 거의 같은 양의 3층으로 채우기
㉢ 측정자로 슬럼프 높이 측정
㉣ 각 층을 25회씩 다지기
㉤ 슬럼프 콘을 연직방향으로 들어올리기

① ㉠ → ㉡ → ㉢ → ㉣ → ㉤

② ㉠ → ㉡ → ㉣ → ㉢ → ㉤

③ ㉡ → ㉠ → ㉣ → ㉢ → ㉤

④ ㉠ → ㉡ → ㉣ → ㉤ → ㉢

해설 • 시험의 전 작업시간은 3분 이내로 한다.
• 슬럼프 값은 5mm 정밀도로 측정한다.

39 **콘크리트의 강도에 비교적 큰 영향을 미치지 않는 요인은?**

① 타설량
② 단위수량
③ 물-결합재비
④ 단위 시멘트량

해설 물의 양, 시멘트의 양, 물-결합재비 등이 콘크리트의 강도에 큰 영향을 준다.

답안 표기란				
37	①	②	③	④
38	①	②	③	④
39	①	②	③	④

40 길이 300mm, 지름 20mm인 강봉을 길이 방향으로 인장하였다. 인장력이 400kN 작용할 때 강봉의 크기는 길이 309mm, 지름 19.8mm이었다면, 이 강봉의 포아송수는?

① 0.2　② 0.3
③ 3　④ 5

해설

- 포아송비 $\nu=\frac{\beta}{\varepsilon}=\frac{\frac{\Delta d}{d}}{\frac{\Delta l}{l}}=\frac{\Delta d\cdot l}{d\cdot\Delta l}=\frac{0.2\times300}{20\times9}=0.33$
- 포아송수 $m=\frac{1}{\nu}=\frac{1}{0.33}=3$

답안 표기란				
40	①	②	③	④
41	①	②	③	④
42	①	②	③	④

3과목 콘크리트의 시공

41 매스콘크리트의 균열유발줄눈에 대한 설명 중 틀린 것은?

① 균열유발줄눈에 따른 단면감소율은 5~10%가 적당하다.
② 균열유발줄눈의 간격은 4~5m를 기준으로 한다.
③ 균열유발줄눈의 간격은 대략 콘크리트 1회치기 높이의 1~2배 정도가 바람직하다.
④ 균열유발줄눈을 설치할 경우 비교적 쉽게 매스콘크리트의 균열제어를 할 수 있으나, 구조상의 취약부가 될 우려가 있으므로 구조형식 및 위치 등을 잘 선정하여야 한다.

해설 매스콘크리트의 균열유발줄눈의 단면 감소율은 35% 이상으로 한다. 구조물의 길이방향에 일정간격으로 단면 감소부분을 만들어 그 부분에 균열이 집중하도록 한다.

42 콘크리트 타설에 관한 다음의 기술 내용 중 잘못된 것은?

① 한 구획 내의 콘크리트는 타설이 완료될 때까지 연속해서 타설해야 한다.
② 콘크리트 타설의 한층 높이는 2m 이하를 원칙으로 한다.
③ 거푸집의 높이가 높을 경우 슈트, 펌프 배관 등의 배출구와 타설 면까지의 높이는 1.5m 이하를 원칙으로 한다.
④ 외기온도가 25℃가 이하일 경우 허용 이어치기 시간간격은 2.5시간을 표준으로 한다.

해설 콘크리트 타설의 1층 높이는 다짐능력을 고려하여 결정한다.

정답 37. ③ 38. ④ 39. ① 40. ③ 41. ① 42. ②

43 한중 콘크리트에 대한 설명 중 옳지 않은 것은?

① 한중 콘크리트에는 공기연행제(AE제), 공기연행감수제(AE감수제)를 사용하지 않는 것이 좋다.
② 하루의 평균기온이 4℃ 이하가 예상되는 조건일 때는 한중 콘크리트로 시공하여야 한다.
③ 재료를 가열할 경우, 물 또는 골재를 가열하는 것으로 하며, 시멘트는 어떠한 경우라도 직접 가열할 수 없다.
④ 물-결합재비는 원칙적으로 60% 이하로 하여야 한다.

해설 한중 콘크리트에는 공기연행제(AE제), 공기연행감수제(AE감수제)를 사용하는 것이 좋다.

44 콘크리트의 표면 마무리에 대한 설명 중 옳지 않은 것은?

① 노출 콘크리트에서 균일한 노출면을 얻기 위해서는 동일 공장제품의 시멘트, 동일한 종류 및 입도를 갖는 골재, 동일한 배합의 콘크리트, 동일한 콘크리트 타설 방법을 사용하여야 한다.
② 미리 정해진 구획의 콘크리트 타설은 연속해서 일괄작업으로 마쳐야 한다.
③ 제물치장 마무리 또는 마무리 두께가 얇은 경우, 콘크리트 마무리의 평탄성 표준값은 3m당 15mm 이하이다.
④ 시공이음이 미리 정해져 있지 않을 경우에는 직선상의 이음이 얻어지도록 시공하여야 한다.

해설 제물치장 마무리 또는 마무리 두께가 얇은 경우, 콘크리트 마무리의 평탄성 표준값은 3m당 7mm 이하이다.

45 다음 중 촉진 양생의 종류가 아닌 것은?

① 증기 양생
② 습윤 양생
③ 오토클레이브 양생
④ 온수 양생

답안 표기란				
43	①	②	③	④
44	①	②	③	④
45	①	②	③	④

해설
- 습윤 양생
  콘크리트 타설 후 경화가 될 때까지 양생기간 동안 직사광선이나 바람에 의해 수분이 증발하지 않도록 살수, 습포 등으로 습윤상태로 보호한다.
- 촉진 양생
  증기 양생, 오토클레이브 양생, 온수 양생, 전기 양생, 적외선 양생, 고주파 양생 등

답안 표기란				
46	①	②	③	④
47	①	②	③	④

46 팽창 콘크리트에 대한 설명으로 틀린 것은?

① 콘크리트의 팽창률은 일반적으로 재령 7일에 대한 시험값을 기준으로 한다.

② 한중 콘크리트의 경우 타설할 때의 콘크리트 온도는 10℃ 이상 20℃ 미만으로 하여야 한다.

③ 콘크리트를 비비고 나서 타설을 끝낼 때까지의 시간은 기온 · 습도 등의 기상 조건과 시공에 관한 등급에 따라 1~2시간 이내로 하여야 한다.

④ 팽창재는 다른 재료와 별도로 용적으로 계량하며, 그 오차는 1회 계량분량의 3% 이내로 하여야 한다.

해설
- 팽창재는 다른 재료와 별도로 질량으로 계량하며, 그 오차는 1회 계량분량의 1% 이내로 하여야 한다.
- 서중 콘크리트의 경우 비비기 직후 콘크리트 온도는 30℃ 이하, 타설할 때는 35℃ 이하로 하여야 한다.
- 콘크리트 타설 후에는 적당한 양생을 실시하며 콘크리트 온도는 2℃ 이상을 5일간 이상 유지시켜야 한다.

47 고강도 콘크리트의 배합에 관한 설명으로 틀린 것은?

① 물-결합재비의 값은 가능한 45% 이하로 한다.

② 기상의 변화가 심하거나 동결융해가 예상된다면 공기연행제를 사용하여야 한다.

③ 단위 수량은 소요의 워커빌리티를 얻을 수 있는 범위 내에서 가능한 작게 하여야 한다.

④ 단위 시멘트량은 소요의 강도를 얻을 수 있는 범위 내에서 시험을 통해 가능한 많게 한다.

해설
- 단위 시멘트량은 소요의 강도를 얻을 수 있는 범위 내에서 시험을 통해 가능한 적게 한다.
- 일반적으로 공기연행제를 사용하지 않는 것을 원칙으로 한다.
- 잔골재율을 가능한 작게 한다.

정답 43. ① 44. ③ 45. ② 46. ④ 47. ④

week 02

• 수험번호:
• 수험자명:
• 제한 시간:
• 남은 시간:

글자 크기 100% 150% 200% | 화면 배치 | • 전체 문제 수:
• 안 푼 문제 수:

48 **댐 콘크리트와 관련된 용어의 설명으로 틀린 것은?**

① 선행 냉각 : 콘크리트의 타설온도를 낮추기 위하여 타설 전에 콘크리트용 재료의 일부 또는 전부를 냉각시키는 방법
② RI 시험 : 방사선 투과를 통해 콘크리트의 밀도를 계산하는 시험방법으로 진동롤러로 다짐한 후 콘크리트의 다짐정도를 판단하기 위한 시험법
③ 수축이음 : 계속해서 콘크리트를 칠 때, 예기하지 않은 상황으로 인하여 먼저 친 콘크리트와 나중에 친 콘크리트 사이에 완전히 일체가 되지 않은 이음
④ 그린커트 : 이미 타설된 콘크리트 위에 새로운 콘크리트를 타설하는 경우, 구콘크리트 표면에 블리딩에 의해 발생한 레이턴스를 제거하기 위해 타설 이음면에 고압살수청소, 진공흡입청소 등을 실시하는 것

해설 **수축이음** : 콘크리트의 수축으로 인한 균열을 방지하기 위하여 설치하는 이음

49 **해양 콘크리트의 물-결합재비의 결정에 대한 설명으로 틀린 것은? (단, 내구성에 의해 정해지는 물-결합재비로서 일반 현장 시공의 경우)**

① 수영장의 경우 최대 물-결합재비는 50%이다.
② 해안가 구조물의 경우 최대 물-결합재비는 45%이다.
③ 물보라 지역, 간만대 지역인 경우 최대 물-결합재비는 40%이다.
④ 항상 해수에 침지되는 콘크리트의 경우 최대 물-결합재비는 40%이다.

해설
• 수영장의 경우 최대 물-결합재비는 45%이다.
• 해양 콘크리트는 일반 콘크리트보다 적은 값의 물-결합재비를 사용하는 것이 바람직하다.

50 **숏크리트의 시공에 대한 설명으로 틀린 것은?**

① 숏크리트는 타설되는 장소의 대기 온도가 30℃ 이상이 되면 건식 및 습식 숏크리트 모두 뿜어붙이기를 할 수 없다.

답안 표기란

48	①	②	③	④
49	①	②	③	④
50	①	②	③	④

② 숏크리트는 대기 온도가 10℃ 이상일 때 뿜어붙이기를 실시하며, 그 이하의 온도일 때는 적절한 온도 대책을 세운 후 실시한다.

③ 건식 숏크리트는 배치 후 45분 이내에 뿜어붙이기를 실시하여야 하며, 습식 숏크리트는 배치 후 60분 이내에 뿜어붙이기를 실시하여야 한다.

④ 숏크리트는 뿜어붙인 콘크리트가 흘러내리지 않는 범위의 적당한 두께를 뿜어붙이고, 소정의 두께가 될 때까지 반복해서 뿜어붙여야 한다.

해설
- 숏크리트는 타설되는 장소의 대기 온도가 32℃ 이상이 되면 건식 및 습식 숏크리트 모두 뿜어붙이기를 할 수 없다.
- 노즐은 항상 뿜어 붙일 면에 직각이 되도록 유지하고 적절한 뿜는 압력을 유지하여야 한다.
- 숏크리트 재료의 온도가 10℃보다 낮거나 32℃보다 높을 경우 적절한 온도 대책을 세워 재료의 온도가 10℃~32℃ 범위에 있도록 한 후 뿜어붙이기를 실시하여야 한다.

51 콘크리트의 증기양생에서 양생 사이클의 단계별 내용으로 틀린 것은?

① 1단계 : 3시간 정도의 전양생 기간

② 2단계 : 시간당 10℃ 이하의 온도상승 기간

③ 3단계 : 최고온도 65℃ 이후 등온양생 기간

④ 4단계 : 외기와의 온도차가 없을 때까지의 온도저하 기간

해설
- 2단계 : 시간당 20℃ 이하의 온도상승 기간
- 물-결합재비가 낮은 콘크리트는 빈배합의 것보다 증기양생에 대한 효과가 크다.

52 수중 콘크리트에 대한 설명으로 틀린 것은?

① 굵은 골재의 최대치수는 수중 불분리성 콘크리트의 경우 40mm 이하를 표준으로 한다.

② 일반 수중 콘크리트는 수중에서 시공할 때의 강도가 표준공시체 강도의 0.6~0.8배가 되도록 배합강도를 설정하여야 한다.

③ 비비는 시간은 시험에 의해 콘크리트 소요의 품질을 확인하여 정하여야 하며, 강제식 믹서의 경우 비비기 시간은 90~180초를 표준으로 한다.

④ 수중 불분리성 콘크리트는 혼화제의 증점효과와 소정의 유동성을 확보하기 위하여 일반 수중 콘크리트보다도 단위수량이 크게 요구되므로 감수제, 공기연행감수제 또는 고성능 감수제를 사용하여야 한다.

답안 표기란				
51	①	②	③	④
52	①	②	③	④

정답 48. ③ 49. ④ 50. ① 51. ② 52. ①

해설
- 굵은 골재의 최대치수는 수중 불분리성 콘크리트의 경우 20 또는 25mm 이하를 표준으로 한다.
- 수중 불분리성 콘크리트의 공기량은 4% 이하로 하여야 한다.
- 수중 불분리성 콘크리트는 일반 콘크리트에 비하여 믹서에 걸리는 부하가 크기 때문에 소요 품질의 콘크리트을 얻기 위하여 1회 비비기 양은 믹서의 공칭용량의 90% 이하로 하여야 한다.

53 전단력이 큰 위치에 부득이 시공이음을 설치할 경우에 대한 설명으로 틀린 것은?

① 시공이음부에 홈을 둔다.
② 시공이음에 장부(요철)를 둔다.
③ 원형철근으로 보강하는 경우에는 갈고리를 붙여야 한다.
④ 철근으로 보강하는 경우 철근 정착길이는 철근지름의 10배 정도로 한다.

해설
- 철근으로 보강하는 경우 철근 정착길이는 철근지름의 20배 이상으로 한다.
- 시공이음은 부재의 압축력이 작용하는 방향과 직각이 되도록 하는 것이 원칙이다.
- 바닥틀과 일체로 된 기둥이나 벽의 시공이음은 바닥틀과 경계 부근에 설치하는 것이 좋다.
- 아치의 시공이음은 아치축에 직각방향이 되도록 설치하여야 한다.

54 숏크리트 작업 시 갱내 환기를 정지한 환경에서 뿜어붙이기 작업개시 5분 후로부터 2회 측정하고, 뿜어붙이기 작업 개소로부터 5m 지점의 분진 농도의 표준값은?

① $2mg/m^3$ 이하　② $3mg/m^3$ 이하
③ $4mg/m^3$ 이하　④ $5mg/m^3$ 이하

해설 분진 농도의 표준값

환기 및 측정조건	분진농도(mg/m^3)
• 환기조건 : 갱내 환기를 정지한 환경 • 측정방법 : 뿜어붙이기 작업 개시 5분 후로부터 원칙으로 2회 측정 • 측정위치 : 뿜어붙이기 작업 개소로부터 5m 지점	5 이하

답안 표기란

53	①	②	③	④
54	①	②	③	④

55 굳지 않은 콘크리트의 측압에 관한 일반적인 설명으로 틀린 것은?

① 부재의 수평단면이 작을수록 측압은 작다.
② 콘크리트의 타설 높이가 높을수록 측압은 작다.
③ 콘크리트의 타설 속도가 빠를수록 측압은 크다.
④ 타설되는 콘크리트의 온도가 낮을수록 측압은 크다.

해설
- 콘크리트의 타설 높이가 높을수록 측압은 크다.
- 거푸집 설계에서는 굳지 않은 콘크리트의 측압을 고려하여야 한다.

56 방사선 차폐용 콘크리트의 차폐성능에 대한 설명으로 틀린 것은?

① 감마선의 차폐성능은 차폐체의 밀도와 두께에 비례한다.
② 두께가 일정하다면 밀도가 클수록 차폐성능은 향상된다.
③ 생체방호를 위해서 설계할 때에는 X선과 γ선에 대하여 고려한다.
④ 방사선 차폐용 콘크리트 타설 시 이어치기 형상은 평면이 아닌 요철면으로 하는 것이 차폐성능에 유리하다.

해설
- 생체방호를 위해서 설계할 때에는 감마선과 중성자선에 대하여 고려한다.
- 차폐용 콘크리트의 주요한 성능항목에는 밀도, 압축강도, 설계허용온도, 결합수량, 붕소량 등이 있다.
- 방사선 차폐용 콘크리트는 주로 생물체의 방호를 위하여 X선, γ선 및 중성자선을 차폐할 목적으로 사용되는 콘크리트이다.

57 매스 콘크리트를 시공할 때에 콘크리트의 반응온도 상승을 적게 하는 동시에 균등한 온도분포를 하는 방법으로 틀린 것은?

① 콘크리트의 혼합수에 얼음을 넣거나, 골재를 냉각시킨다.
② 매스 콘크리트는 1회에 타설할 구획과 타설 높이를 결정한다.
③ 매스 콘크리트의 양생방법은 콘크리트를 타설하고 있는 주변기온을 급냉시킨다.
④ 매스 콘크리트의 타설 작업을 장시간 계속할 필요가 있는 경우는 응결지연제를 사용하는 것도 좋다.

해설 매스 콘크리트의 양생 시에는 콘크리트 부재의 내부와 표면의 온도차가 커지지 않도록 하여 콘크리트 표면의 급격한 냉각에 의한 수축균열 발생을 방지하여야 한다.

답안 표기란				
55	①	②	③	④
56	①	②	③	④
57	①	②	③	④

정답 53. ④ 54. ④ 55. ② 56. ③ 57. ③

week 02

• 수험번호:
• 수험자명:

글자 크기 100% 150% 200% | 화면 배치 | • 전체 문제 수: • 안 푼 문제 수:

답안 표기란				
58	①	②	③	④
59	①	②	③	④

58 **보통 포틀랜드 시멘트로 제조한 콘크리트의 타설 온도가 20℃일 때, 재령 28일에서의 단열온도 상승량은? (단, $a=0.11$, $b=13$, $g=3.8\times10^{-3}$, $h=-0.036$, $C=230\text{kg/m}^3$이며, $Q(t)=Q_\infty(1-e^{-rt})$, $Q_\infty(C)=aC+b$, $r(C)=gC+h$를 이용)**

① 28.3℃　② 38.3℃
③ 45.4℃　④ 56.7℃

해설
- $Q_\infty(C)=aC+b=0.11\times230+13=38.3℃$
- $r(C)=gC+h=3.8\times10^{-3}\times230+(-0.036)=0.838$

$\therefore\ Q(t)=Q_\infty(1-e^{-rt})=38.3(1-e^{-0.838\times28})=38.3℃$

여기서, e : 자연대수 값 2.718281
r : 온도 상승속도로서 시험에 의해 정해지는 계수
t : 재령(일)
$Q(t)$: 재령 t일에서 단열온도 상승량(℃)

59 **굳지 않은 콘크리트의 시료 채취 방법(KS F 2401)에 대한 설명으로 틀린 것은?**

① 분취 시료를 그대로 사용하는 경우라도 시료의 양은 20L 이상으로 하여야 한다.
② 믹서, 호퍼, 콘크리트 운반 기구, 타설 장소 등에서 굳지 않은 콘크리트의 시료를 채취하는데 대하여 적용한다.
③ 호퍼 또는 버킷에서 분취 시료를 채취하는 경우는 토출되는 중간 부분의 콘크리트 흐름 중 3개소 이상에서 채취한다.
④ 트럭 애지테이터에서 분취 시료를 채취하는 경우는 트럭 애지테이터에서 배출되는 콘크리트에서 규칙적인 간격으로 3회 이상 채취한다.

해설 시료의 양은 20L 이상으로 하고, 시험에 필요한 양보다 5L 이상 많아야 한다. 다만, 분취 시료를 그대로 사용하는 경우에는 20L보다 적어도 좋다.

60 다음과 같은 조건의 프리플레이스트 콘크리트의 최대 측압을 구하면?

- 굵은 골재의 측압계수 : 1
- 굵은 골재의 단위용적질량 : 8.8t/m^3
- 굵은 골재층 상면으로부터의 깊이 : 10m
- 모르타르의 상면으로부터의 깊이 : 10m
- 모르타르의 단위용적질량 : 22t/m^3
- 굵은 골재의 공극률 : 45%
- 응결의 영향은 없는 것으로 한다.

① 0.145MPa　② 0.162MPa
③ 0.187MPa　④ 0.238MPa

해설 최대 측압

$$P_{max} = \left(K_a\, W_a\, h_a + \frac{2\, W_m\, R\, t\, V}{100}\right) \times 10^{-3}$$
$$= \left(1 \times 8.8 \times 10 + \frac{22 \times 10 \times 45}{100}\right) \times 10^{-3} = 0.187\text{MPa}$$

여기서, K_a : 굵은 골재의 측압계수
W_a : 굵은 골재의 단위용적질량(t/m^3)
h_a : 굵은 골재중 상면으로부터의 깊이(m)
W_m: 모르타르의 단위용적질량(t/m^3)
R : 모르타르의 상승속도(m/h)
t : 모르타르의 초결시간(h)
V : 굵은 골재의 공극률(%)
※ 응결의 영향이 없을 경우 $2Rt$를 모르타르의 상면으로부터의 깊이(m)로 한다.

4과목 콘크리트 구조 및 유지관리

61 일반적으로 정사각형 확대기초에서 펀칭 전단에 대한 위험한 단면은? (단, d : 유효깊이)

① 기둥의 전면에서 기둥 두께만큼 양쪽으로 떨어진 면
② 기둥의 전면
③ 기둥의 전면에서 $\frac{d}{2}$만큼 떨어진 면
④ 기둥의 전면에서 만큼 떨어진 면

해설 펀칭 전단이 일어난다고 볼 경우에는 집중하중을 받는 슬래브의 경우와 같으며 위험단면은 기둥 전면에서 $\frac{d}{2}$만큼 떨어진 곳으로 본다.

답안 표기란				
60	①	②	③	④
61	①	②	③	④

정답 58. ② 59. ① 60. ③ 61. ③

week 02

• 수험번호:
• 수험자명:

글자 크기 100% 150% 200% | 화면 배치 | • 전체 문제 수: • 안 푼 문제 수:

답안 표기란				
62	①	②	③	④
63	①	②	③	④
64	①	②	③	④
65	①	②	③	④

62 인장철근이 일렬로 배치되어 있으며, f_{ck}=23MPa, f_y=320MPa인 단철근 직사각형 보의 설계 모멘트강도(ϕM_n)는 얼마인가? (단, 인장지배단면으로 b_w = 250mm, d= 500mm, A_s = 2,000mm²이다.)

① 156.3 kN · m ② 236.4 kN · m
③ 356.3 kN · m ④ 396.4 kN · m

해설
- $a=\dfrac{A_s f_y}{\eta(0.85 f_{ck})b}=\dfrac{2000\times320}{1.0\times(0.85\times23)\times250}=131\text{mm}$
- $\phi M_n=\phi A_s f_y\left(d-\dfrac{a}{2}\right)=0.85\times2000\times320\times\left(500-\dfrac{131}{2}\right)$
  $=236,368,000\text{N}\cdot\text{mm}=236.4\text{kN}\cdot\text{m}$

63 콘크리트 구조물의 재하시험은 하중을 받는 구조부분의 재령이 최소한 며칠이 지난 다음에 재하시험을 시행하여야 하는가?

① 14일 ② 28일
③ 56일 ④ 84일

해설 최초의 재하시험은 재령 56일이 지난 후에 실시한다.

64 옹벽의 설계에 대한 설명 중 옳지 않은 것은?

① 캔틸레버식 옹벽은 보통 높이가 3~6m인 경우에 경제적이다.
② 뒷부벽식 옹벽은 뒷부벽을 T형보의 복부로 보고 전면벽과 저판을 연속 슬래브로 보고 설계한다.
③ 토압은 공인된 공식으로 산정되어 별도의 필요한 계수는 측정할 필요가 없다.
④ 옹벽은 전도, 활동, 침하에 대해 안정해야 한다.

해설 토압은 공인된 공식으로 산정하며, 필요한 계수는 측정하여 정한다.

65 콘크리트 구조물의 탄산화에 대한 설명으로 옳은 것은?

① 콘크리트 중의 수산화칼슘(pH 12~13)이 공기중의 탄산가스와 반응하여 탄산칼슘으로 변화한 부분의 pH가 8.5~10 정도로 낮아지는 현상을 말한다.
② 콘크리트 중의 수산화칼슘(pH 12~13)이 공기중의 탄산가스와

반응하여 탄산칼슘으로 변화한 부분의 pH가 6.5~8 정도로 낮아지는 현상을 말한다.

③ 콘크리트 중의 수산화칼슘(pH 8.5~10)이 공기중의 탄산가스와 반응하여 탄산칼슘으로 변화한 부분의 pH가 12~13 정도로 높아지는 현상을 말한다.

④ 콘크리트 중의 수산화칼슘(pH 6.5~8)이 공기중의 탄산가스와 반응하여 탄산칼슘으로 변화한 부분의 pH가 12~13 정도로 높아지는 현상을 말한다.

해설 콘크리트 중의 수산화칼슘은 pH 12~13의 강알칼리성으로 공기중 이산화탄소와 반응하여 탄산칼슘으로 변한 부분의 pH가 8.5~10 정도로 되는 현상을 탄산화라 한다.

66 콘크리트에 발생하는 소성수축균열을 방지하는 방법으로 적절하지 못한 것은?

① 통풍이 잘 되도록 조치한다.
② 표면을 덮개로 보호한다.
③ 표면에 급격한 온도변화가 생기지 않도록 한다.
④ 직사광선을 받지 않도록 한다.

해설 수분의 증발을 방지하고 콘크리트 표면에 급격한 온도 변화가 일어나지 않도록 해야 한다.

67 단철근 직사각형보에서 f_{ck} =30MPa, f_y =300MPa일 때 균형철근비를 구한 값은?

① 0.025　　② 0.034
③ 0.047　　④ 0.052

해설

$$\rho_b = \eta(0.85 f_{ck}) \frac{\beta_1}{f_y} \frac{660}{660+f_y} = 1.0 \times (0.85 \times 30) \frac{0.8}{300} \times \frac{660}{660+300} = 0.047$$

여기서, $f_{ck} \le 40\text{MPa}$이므로 $\eta = 1.0$, $\beta_1 = 0.8$

68 바닥 슬래브 보강용으로 적합하지 않은 공법은 어느 것인가?

① 보의 증설
② 강판접착
③ 강판 라이닝 보강
④ 탄소 섬유시트 접착

해설 강판 라이닝 보강공법은 보수공법에 속한다.

답안 표기란				
66	①	②	③	④
67	①	②	③	④
68	①	②	③	④

week 02

정답 62. ② 63. ③ 64. ③ 65. ① 66. ① 67. ③ 68. ③

• 수험번호:
• 수험자명:

• 제한 시간:
• 남은 시간:

글자 크기 100% 150% 200% | 화면 배치 | • 전체 문제 수: • 안 푼 문제 수:

답안 표기란				
69	①	②	③	④
70	①	②	③	④
71	①	②	③	④

69 알칼리 골재반응이 원인으로 추정되는 부재의 향후 팽창량을 예측하기 위하여 필요한 시험은?

① SEM시험
② 코어의 잔존팽창량시험
③ 압축강도시험
④ 배합비 추정시험

해설
• SEM시험 : 철 및 비철금속 성분을 조사하는 주사전자 현미경
• 압축강도시험 : 콘크리트의 강도를 알기 위해 실시하는 실험
• 배합비 추정시험 : 재료 배합상태에 따라 강도를 추정하는 시험

70 단경간이 2m, 장경간이 4m인 슬래브에 집중하중 180kN이 슬래브의 중앙에 작용한다. 이 경우 단경간과 장경간이 부담하는 하중은 각각 얼마인가?

① 단경간 부담하중=160kN, 장경간 부담하중=20kN
② 단경간 부담하중=20kN, 장경간 부담하중=160kN
③ 단경간 부담하중=169kN, 장경간 부담하중=11kN
④ 단경간 부담하중=11kN, 장경간 부담하중=169kN

해설
• 단경간 부담하중

$$P_S = \frac{L^3}{L^3+S^3} \cdot P = \frac{4^3}{4^3+2^3} \times 180 = 160\,\text{kN}$$

• 장경간 부담하중

$$P_L = \frac{S^3}{L^3+S^3} \cdot P = \frac{2^3}{4^3+2^3} \times 180 = 20\,\text{kN}$$

71 열화 원인에 따른 보수방법의 선정으로 적절하지 않은 것은?

① 중성화 : 단면복구공, 표면보호공
② 염해 : 단면복구공, 표면보호공
③ 알칼리 골재반응 : 단면복구공
④ 동해 : 균열주입공

해설
• 알칼리 골재반응 : 균열주입공, 표면보호공
• 동해 : 단면복구공, 균열주입공, 표면보호공

72 **콘크리트의 설계기준압축강도(f_{ck})가 40MPa, 철근의 항복강도(f_y)가 400MPa, 폭이 300mm, 유효깊이가 500mm인 단철근 직사각형 보의 최소 철근량은?**

① 515.5mm^2　② 487.6mm^2
③ 450.5mm^2　④ 351.6mm^2

해설 휨부재의 최소 철근량(인장철근 배치)

$\phi M_n \geq 1.2 M_{cr}$

$\phi A_s f_y d = 1.2 f_r \dfrac{I_g}{y_t}$

$\therefore A_{s\,\min} = 1.2 \dfrac{0.63\lambda\sqrt{f_{ck}}}{\phi\, 6\, f_y} b_w\, d = 1.2 \dfrac{0.63 \times 1.0 \times \sqrt{40}}{0.85 \times 6 \times 400} \times 300 \times 500$

$= 351.6\text{mm}^2$

여기서, $I_g = \dfrac{b_w h^2}{12}$, $y_t = \dfrac{h}{2}$, $h \fallingdotseq d$, a는 매우 작아 팔거리 d 적용

73 **구조물의 보강공법 중 강판보강공법의 특징에 대한 설명으로 틀린 것은?**

① 강판을 사용하므로 모든 방향의 인장력에 대응할 수 있다.
② 접착제의 내구성, 내피로성의 확인이 쉬우며, 기존에 타설된 콘크리트의 열화가 진행중인 상황에도 보수 없이 시공할 수 있다.
③ 현장 타설 콘크리트, 프리캐스트 부재 모두에 적용할 수 있으므로 응용범위가 넓다.
④ 시공이 간단하고, 강판의 제작, 조립도 쉬워서 현장작업에는 복잡하지 않다.

해설
- 강판보강공법은 현행의 응력상태의 개선에는 기여하지 못하기 때문에 보강 전에 발생되고 있는 응력이 이미 허용응력을 크게 초과할 경우에는 그 적용에 대하여 검토할 필요가 있다.
- 강판보강공법은 활하중 또는 증가고정하중 등 보강 후에 작용하는 하중에만 유효하게 작용한다.

74 **옹벽의 구조해석에 대한 설명으로 잘못된 것은?**

① 부벽식 옹벽 저판은 정밀한 해석이 사용되지 않는 한, 부벽 간의 거리를 경간으로 가정한 고정보 또는 연속보로 설계할 수 있다.
② 저판의 뒷굽판은 정확한 방법이 사용되지 않는 한, 뒷굽판 상부에 재하되는 모든 하중을 지지하도록 설계하여야 한다.
③ 캔틸레버식 옹벽의 추가철근은 저판에 지지된 캔틸레버로 설계할 수 있다.
④ 뒷부벽식 옹벽의 뒷부벽은 직사각형보로 설계하여야 한다.

답안 표기란				
72	①	②	③	④
73	①	②	③	④
74	①	②	③	④

week 02

정답 69. ② 70. ① 71. ③ 72. ④ 73. ② 74. ④

해설
- 뒷부벽식 옹벽의 뒷부벽은 T형보로 보고 설계한다.
- 앞부벽식 옹벽은 부벽을 직사각형 보로 보고 설계한다.
- 뒷부벽식 옹벽 및 앞부벽식 옹벽의 전면벽은 3변 지지된 2방향 슬래브로 설계하여야 한다.

75 **각 날짜에 친 각 등급의 콘크리트 강도 시험용 시료 채취에 대한 규정으로 틀린 것은?**

① 하루에 1회 이상
② $120m^3$마다 1회 이상
③ 배합이 변경될 때 마다 1회 이상
④ 슬래브나 벽체의 표면적 $300m^2$마다 1회 이상

해설 슬래브나 벽체의 표면적 $500m^2$마다 1회 이상

76 **염화물이 외부로부터 침투하는 환경에 있는 철근 콘크리트 구조물의 수용성 염화물 허용함유량은? (단, 시멘트 첨가량은 $300kg/m^3$이다.)**

① $0.18kg/m^3$ ② $0.30kg/m^3$
③ $0.45kg/m^3$ ④ $0.90kg/m^3$

해설 • 굳은 콘크리트의 최대 수용성 염소이온량

부재의 종류	콘크리트 속의 최대 수용성 염소이온량 [시멘트 질량에 대한 비율(%)]
프리스트레스트 콘크리트	0.06
염화물에 노출된 철근 콘크리트	0.15
공기 중 습도가 매우 낮은 건물 내부의 콘크리트	1.00
기타 철근 콘크리트	0.30

• 염화물에 노출된 철근 콘크리트 구조물이므로 $0.0015 \times 300 = 0.45 kg/m^3$이다.

77 **시험실에서 양생한 공시체의 강도에 관한 규정으로 틀린 것은?**

① 3회의 연속강도 시험의 결과 그 평균값이 호칭강도 품질기준강도 이상일 때 콘크리트의 강도는 만족할 만한 것으로 간주할 수 있다.

답안 표기란
75	①	②	③	④
76	①	②	③	④
77	①	②	③	④

② f_{cn}가 35MPa 초과인 경우에는 개별적인 강도 시험값이 호칭강도의 80% 이상일 때 콘크리트의 강도는 만족할 만한 것으로 간주할 수 있다.
③ f_{cn}가 35MPa 이하인 경우에는 개별적인 강도 시험값이 (호칭강도−3.5MPa) 이상일 때 콘크리트의 강도는 만족할 만한 것으로 간주할 수 있다.
④ 콘크리트 강도가 현저히 부족하다고 판단될 때에는 문제된 부분에서 코어를 채취하고 채취된 코어의 시험을 KS F 2422에 따라 수행하여야 한다.

해설 f_{cn}가 35MPa 초과인 경우에는 개별적인 강도 시험값이 호칭강도의 90% 이상일 때 콘크리트의 강도는 만족할 만한 것으로 간주할 수 있다.

답안 표기란				
78	①	②	③	④
79	①	②	③	④

78 **D16 이하인 스터럽과 띠철근의 90° 표준갈고리의 연장 길이에 대한 기준으로 옳은 것은? (단, d_b는 철근의 공칭지름을 의미한다.)**

① 구부린 끝에서 $6d_b$ 이상 더 연장해야 한다.
② 구부린 끝에서 $8d_b$ 이상 더 연장해야 한다.
③ 구부린 끝에서 $10d_b$ 이상 더 연장해야 한다.
④ 구부린 끝에서 $12d_b$ 이상 더 연장해야 한다.

해설 D19~D25인 스터럽과 띠철근의 90° 표준갈고리의 연장 길이는 구부린 끝에서 $12d_b$ 이상 더 연장해야 한다.

79 **탄산화 시험만을 목적으로 코어를 채취하는 경우 코어의 지름 및 길이로서 가장 적절한 것은?**

① 코어 지름은 굵은골재 최대치수의 1배 이상으로 하고, 코어 길이는 지름의 2배 이상으로 한다.
② 코어 지름은 굵은골재 최대치수의 2배 이상으로 하고, 코어 길이는 지름의 3배 이상으로 한다.
③ 코어 지름은 굵은골재 최대치수의 3배 이상으로 하고, 코어 길이는 철근의 피복두께 정도로 한다.
④ 코어 지름은 굵은골재 최대치수의 4배 이상으로 하고, 코어 길이는 철근의 피복두께의 2배 이상으로 한다.

해설 콘크리트 탄산화 여부를 판단하므로 코어 지름은 굵은골재 최대치수의 3배 이상으로 하고, 코어 길이는 철근의 피복두께 정도로 한다.

정답 75. ④ 76. ③ 77. ② 78. ① 79. ③

• 수험번호:
• 수험자명:

• 제한 시간:
• 남은 시간:

글자 크기 100% 150% 200% | 화면 배치 | • 전체 문제 수:
• 안 푼 문제 수:

답안 표기란

80 ① ② ③ ④

80 b=400mm, d=540mm, h=600mm인 직사각형 보에 인장철근이 1열 배근된 철근 콘크리트 단면의 휨부재 상한한계 공칭휨강도(M_n)는? (단, f_{ck}=28MPa, f_y=500MPa)

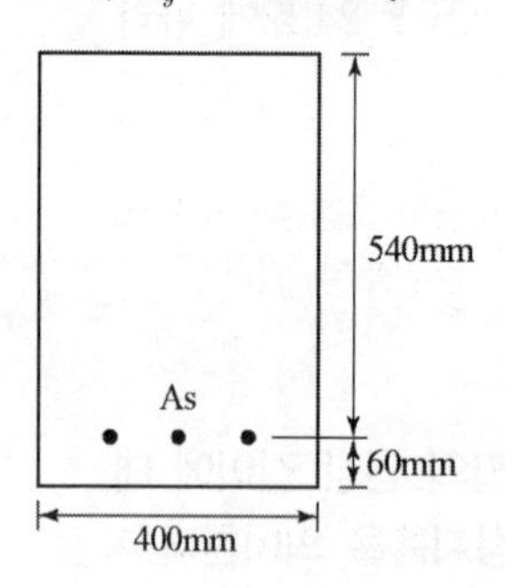

① 660kN · m
② 749kN · m
③ 827kN · m
④ 929kN · m

- $f_{ck} \leq 40\text{MPa}$이므로 $\eta = 1.0,\ \beta_1 = 0.8$
- $\rho_b = \eta(0.85 f_{ck})\dfrac{\beta_1}{f_y}\dfrac{660}{660+f_y} = 1.0\times(0.85\times28)\dfrac{0.8}{500}\times\dfrac{660}{660+500} = 0.022$
- $f_y = 500\text{MPa}$일 때
  $\rho_{\max} = 0.699\rho_b = 0.699\times0.022 = 0.0153$
- $A_s = \rho_{\max}\, b\, d = 0.0153\times400\times540 = 3305\text{mm}^2$
- $a = \dfrac{A_s\, f_y}{\eta(0.85 f_{ck})b} = \dfrac{3305\times500}{1.0\times(0.85\times28)\times400} = 174\text{mm}$

  $\therefore\ M_n = A_s\, f_y\left(d-\dfrac{a}{2}\right) = 3305\times500\times\left(540-\dfrac{174}{2}\right)$

  $= 748{,}582{,}500\text{N}\cdot\text{mm} = 749\text{kN}\cdot\text{m}$

정답 80. ②

콘크리트기사

week

3

CBT 모의고사

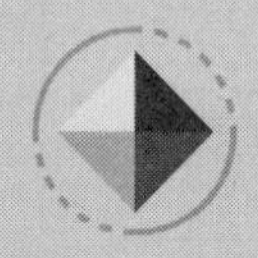

Ⅰ 콘크리트 재료 및 배합

Ⅱ 콘크리트 제조, 시험 및 품질관리

Ⅲ 콘크리트의 시공

Ⅳ 콘크리트 구조 및 유지관리

알려드립니다

한국산업인력공단의 저자권법 저촉에 대한 언급(2013년 2회 시험)이 있어 과거에 출제된 동일한 문제나 그 유형의 문제로 재구성하였습니다.

• 수험번호:
• 수험자명:

• 제한 시간:
• 남은 시간:

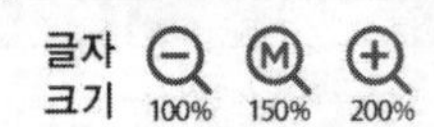

글자 크기 100% 150% 200% | 화면 배치 | • 전체 문제 수:
• 안 푼 문제 수:

1과목 콘크리트 재료 및 배합

답안 표기란

01	①	②	③	④
02	①	②	③	④
03	①	②	③	④

01 단위시멘트량이 $320kg/m^3$, 물-시멘트비가 45%, 잔골재율이 38%인 배합조건에서 콘크리트의 굵은골재량과 잔골재량을 구하면? (단, 공기량 4.5%, 시멘트 밀도, 잔골재, 굵은골재의 밀도는 각각 $3.15g/cm^3$, $2.56g/cm^3$, $2.60g/cm^3$이고, 소수점 이하 4째자리에서 반올림하여 구할 것)

	잔골재량	굵은골재량
①	$670.512kg/m^3$,	$1027.424kg/m^3$
②	$689.715kg/m^3$,	$1142.908kg/m^3$
③	$705.425kg/m^3$,	$1178.112kg/m^3$
④	$714.223kg/m^3$,	$1194.532kg/m^3$

해설

• $\frac{W}{C}=0.45$ $\quad\therefore W=320\times0.45=144kg$

• 단위 골재부피$(V_{S+G})=1-\left(\frac{320}{3.15\times1000}+\frac{144}{1\times1000}+\frac{4.5}{100}\right)=0.709m^3$

• 단위 잔골재량$(S)=0.709\times0.38\times2.56\times1000=689.715kg/m^3$

• 단위 굵은골재량$(G)=0.709\times0.62\times2.6\times1000=1142.908kg/m^3$

02 아래의 르 샤틀리에(Le-Chatelie) 시험 결과에 따른 시멘트 밀도는 얼마인가?

초기눈금(cc)	시료량(g)	시료+광유 눈금(cc)
0.3	64	20.3

① $3.10g/cm^3$ ② $3.15g/cm^3$
③ $3.20g/cm^3$ ④ $3.25g/cm^3$

해설

시멘트 밀도 $=\frac{64}{20.3-0.3}=3.2g/cm^3$

03 시멘트 관련 KS 규격에 관하여 옳지 않은 것은?

① 저열 포틀랜드 시멘트에서는 수화열을 억제하기 위하여 최저 C_2S량을 규정하고 있다.

② 내황산염 포틀랜드 시멘트에서는 황산염에 의한 팽창을 억제하

기 위하여 최대 C_3A량을 규정하고 있다.

③ 고로 슬래그 시멘트에서는 잠재수경성을 확보하기 위하여 염기도의 최소값을 규정하고 있다.

④ 고로 슬래그 시멘트에서는 알칼리 골재반응을 억제하기 위하여 최대 알칼리량을 규정하고 있다.

해설 고로 슬래그 시멘트에서는 알칼리 골재반응을 억제하기 위하여 최소 알칼리량을 규정하고 있다.

04 굵은골재의 체가름 시험결과에서 굵은 최대치수(G_{max})와 조립률(FM)을 바르게 표시한 것은?

체의크기(mm)	30	25	20	15	10	5	2.5
각체잔량누계(%)	2	10	35	53	78	98	100

① 25mm, 7.11 ② 25mm, 7.76

③ 20mm, 7.11 ④ 20mm, 7.76

해설
- **굵은골재 최대치수란** 질량으로 90% 이상 통과시키는 체 중에서 최소치수의 체눈을 공칭치수로 나타내므로 통과율 90%에 해당하는 25mm이다.
- **조립률** $FM=\frac{35+78+98+100+400}{100}=7.11$

05 콘크리트 배합설계에서 굵은골재의 최대치수에 대한 설명으로 틀린 것은?

① 거푸집 양 측면 사이의 최소 거리의 1/5을 초과하지 않아야 한다.

② 슬래브 두께의 1/3을 초과하지 않아야 한다.

③ 개별 철근, 다발철근, 긴장재 또는 덕트 사이 최소 순간격의 1/2을 초과하지 않아야 한다.

④ 일반적인 단면을 가지는 철근콘크리트의 굵은골재 최대치수는 20mm 또는 25mm를 표준으로 한다.

해설
- 개별철근, 다발철근, 긴장재 또는 덕트 사이 최소 순간격의 3/4을 초과하지 않아야 한다.
- 구조물의 단면이 큰 경우 굵은골재의 최대치수는 40mm을 표준으로 한다.

06 시멘트 제조 과정에서 시멘트의 응결을 지연시키는 역할을 하기 위하여 첨가하는 재료는?

① 석고 ② 슬래그

③ 지연제 ④ 실리카(SiO_2)

해설 시멘트의 응결 지연제인 석고를 2~3% 정도 첨가한다.

답안 표기란

04	①	②	③	④
05	①	②	③	④
06	①	②	③	④

week 03

정답 01. ② 02. ③ 03. ④ 04. ① 05. ③ 06. ①

07 분말도(fineness)가 큰 시멘트를 사용할 경우에 대한 설명으로 틀린 것은?

① 수화가 빨리 진행된다.
② 위커블한 콘크리트가 얻어진다.
③ 건조수축이 적다.
④ 풍화하기 쉽다.

해설
• 건조수축이 커져서 균열이 발생하기 쉽다.
• 색이 밝게 되며 비중도 가벼워진다.

08 콘크리트용 화학 혼화제의 품질시험 항목으로 옳지 않은 것은?

① 블리딩량의 비(%)
② 길이 변화비(%)
③ 동결 융해에 대한 저항성(상대 동탄성 계수 %)
④ 휨강도의 비(%)

해설 감수율, 블리딩량의 비, 길이 변화비, 동결 융해에 대한 저항성(상대 동탄성 계수), 경시 변화량(슬럼프, 공기량)

09 실리카 퓸의 품질시험에서 사용되는 시험 모르타르는 보통 포틀랜드 시멘트와 실리카 퓸을 질량비로 얼마로 해야 하는가?

① 9:1 ② 1:9
③ 3:1 ④ 1:3

해설 실리카 퓸의 품질시험에서 사용되는 시험 모르타르는 보통 포틀랜드 시멘트와 실리카 퓸을 질량비 9:1로 하여 제작한다.

10 어떤 배합설계에서 결합재로 시멘트와 고로슬래그가 사용되었다. 결합재 전체 질량이 550kg/m^{3}이라고 할 때, 제빙화학제에 대한 내구성 확보를 위해 필요한 고로슬래그의 최대 혼입량은 얼마인가?

① 68.7 kg/m^3 ② 137.5 kg/m^3
③ 192.5 kg/m^3 ④ 275 kg/m^3

답안 표기란

7	①	②	③	④
8	①	②	③	④
9	①	②	③	④
10	①	②	③	④

해설
- 고로슬래그 미분말을 사용할 경우 : 50%
  즉, $550\,kg/m^3 \times 0.5 = 275kg/m^3$
- 플라이 애시를 사용할 경우 : 25%
- 실리카 퓸을 사용할 경우 : 10%
- 플라이 애시와 실리카 퓸을 합하여 사용할 경우 : 35%

답안 표기란				
11	①	②	③	④
12	①	②	③	④

11 **현장에서 콘크리트 압축강도를 22회 측정한 결과 표준편차는 5MPa이었다. 설계기준 압축강도(f_{ck})가 35MPa이며 내구성 기준 압축강도(f_{cd})가 30MPa일 때 배합강도(f_{cr})는? (단, 시험횟수 20회, 25회일 경우 표준편차의 보정계수는 각각 1.08, 1.03이다.)**

① 38.5MPa ② 42.1MPa
③ 43.9MPa ④ 45.2MPa

해설
- f_{ck}와 f_{cd} 중 큰 값인 35MPa가 품질기준강도(f_{cq})이다.
- **배합강도**
  $f_{cq} \le 35\text{MPa}$이므로
  ① $f_{cr} = f_{cq} + 1.34S = 35 + 1.34 \times (5 \times 1.06) = 42.1\,\text{MPa}$
  ② $f_{cr} = (f_{cq} - 3.5) + 2.33S = (35 - 3.5) + 2.33 \times (5 \times 1.06) = 43.9\,\text{MPa}$
  ∴ 두 식에서 큰 값인 43.9 MPa이다.
- **표준편차의 보정계수**
  시험횟수가 20회 경우 1.08, 25회 경우 1.03이므로
  $\dfrac{1.08 - 1.03}{5} = 0.01$씩 직선 보간한다. 즉, 20회 1.08, 21회 1.07, 22회 1.06, 23회 1.05 24회 1.04, 25회 1.03이 된다.

12 **고로 슬래그 미분말을 사용한 콘크리트에 대한 설명이다. 옳지 않은 것은?**

① 고로 슬래그 미분말을 사용한 콘크리트는 중성화 속도를 저하시키는 효과가 있다.
② 고로 슬래그 미분말을 사용한 콘크리트는 철근 보호성능이 향상된다.
③ 고로 슬래그 미분말을 사용한 콘크리트는 수밀성이 크게 향상된다.
④ 고로 슬래그 미분말을 사용한 콘크리트의 초기강도는 포틀랜드 시멘트 콘크리트보다 작다.

해설 고로 슬래그 미분말을 사용한 콘크리트는 알칼리 골재 반응 억제에 대한 효과가 있다.

week 03

정답 07. ③ 08. ④ 09. ① 10. ④ 11. ③ 12. ①

답안 표기란				
13	①	②	③	④
14	①	②	③	④
15	①	②	③	④

13 **황산나트륨 포화용액을 사용한 골재의 안정성 시험에서 반복 시험을 실시할 경우 황산나트륨 포화용액의 골재에 대한 잔류 유무를 조사하여야 하는데 이때 사용하는 용액에 대한 설명으로 옳은 것은?**

① 탄닌산 용액을 사용하며, 용액의 농도는 2~3%로 한다.
② 수산화나트륨을 사용하며, 용액의 농도는 3%로 한다.
③ 염화바륨을 사용하며, 용액의 농도는 5~10%로 한다.
④ 페놀프탈레인 용액을 사용하며, 용액의 농도는 5~10%로 한다.

해설 정해진 횟수로 시험한 시료를 깨끗한 물로 씻는데 씻은 물에 염화바륨 용액을 넣어 흰색으로 탁해지지 않게 될 때까지 씻는다.

14 **콘크리트의 배합설계에서 잔골재율 보정에 대한 설명으로 옳은 것은?**

① 천연 굵은골재를 사용할 경우 잔골재율은 2~3만큼 크게 한다.
② 공기량이 1%만큼 클 때마다 잔골재율은 0.5~1.0만큼 크게 한다.
③ 물-결합재비가 0.05만큼 작을 때마다 잔골재율은 1만큼 작게 한다.
④ 잔골재의 조립률이 0.1만큼 작을 때마다 잔골재율은 0.5만큼 크게 한다.

해설
• 천연 굵은골재를 사용할 경우 잔골재율은 3~5만큼 작게 한다.
• 공기량이 1%만큼 클 때마다 잔골재율은 0.5~1.0만큼 작게 한다.
• 잔골재의 조립률이 0.1만큼 작을 때마다 잔골재율은 0.5만큼 작게 한다.

15 **절대 건조 상태에서 350g, 표면 건조 포화상태에서 364g, 습윤 상태에서 380g인 잔골재 시료의 흡수율은?**

① 2% ② 3%
③ 4% ④ 5%

해설
• 흡수율 $= \frac{364-350}{350} \times 100 = 4\%$
• 표면수율 $= \frac{380-364}{364} \times 100 = 4.4\%$

16 좋은 품질의 플라이 애시를 적절하게 사용한 콘크리트에서 기대할 수 있는 효과가 아닌 것은?

① 알칼리골재반응을 억제시킬 수 있다.
② 포졸란 반응으로 수화반응 속도를 향상시킨다.
③ 워커빌리티를 개선하여 단위수량을 감소시킬 수 있다.
④ 수밀성이나 화학적 침식에 대한 내구성을 개선시킬 수 있다.

해설 플라이 애시를 사용한 콘크리트는 초기강도는 작으나 포졸란 반응에 의해 장기강도 발현성이 좋다.

17 콘크리트의 배합강도에 대한 설명으로 틀린 것은?

① 콘크리트의 배합강도는 품질기준강도보다 크게 정하여야 한다.
② 압축강도의 시험횟수가 24회일 경우 표준편차의 보정계수는 1.04이다.
③ 압축강도의 시험횟수가 29회 이하이고 15회 이상인 경우 그것으로 계산한 표준편차에 보정계수를 곱한 값을 표준편차로 사용할 수 있다.
④ 콘크리트 압축강도의 표준편차는 실제 사용한 콘크리트의 25회 이상의 시험실적으로부터 결정하는 것을 원칙으로 한다.

해설 콘크리트 압축강도의 표준편차는 실제 사용한 콘크리트의 30회 이상의 시험실적으로부터 결정하는 것을 원칙으로 한다.

18 혼화재료와 그 성능이 잘못 연결된 것은?

① 감수제 - 단위수량 감소
② AE제 - 워커빌리티 개선
③ 방청제 - 콘크리트 부식방지
④ 발포제 - 부재의 경량화 및 단열성 향상

해설 방청제는 철근 콘크리트나 프리스트레스트 콘크리트 속의 강재의 방청을 목적으로 하는 혼화제이다.

답안 표기란				
16	①	②	③	④
17	①	②	③	④
18	①	②	③	④

week 03

정답 13. ③ 14. ③ 15. ③ 16. ② 17. ④ 18. ③

19 **콘크리트 배합설계에서 물–결합재비에 대한 설명으로 틀린 것은?**

① 물–결합재비는 소요의 강도, 내구성, 수밀성 및 균열저항성 등을 고려하여 정하여야 한다.

② 콘크리트의 압축강도를 기준으로 물–결합재비를 정하는 경우, 공시체는 재령 28일을 표준으로 한다.

③ 콘크리트의 압축강도를 기준으로 물–결합재비를 정하는 경우, 압축강도와 물–결합재비와의 관계는 시험에 의하여 정하는 것을 원칙으로 한다.

④ 콘크리트의 압축강도를 기준으로 물–결합재비를 정하는 경우, 배합에 사용할 물–결합재비는 기준 재령의 결합재–물비와 압축강도와의 관계식에서 배합강도에 해당하는 결합재–물비 값으로 한다.

해설 콘크리트의 압축강도를 기준으로 물–결합재비를 정하는 경우, 배합에 사용할 물–결합재비는 기준 재령의 결합재–물비와 압축강도와의 관계식에서 배합강도에 해당하는 결합재–물비 값의 역수로 한다.

20 **각종 시멘트의 용도에 관한 설명으로 옳지 않은 것은?**

① 고로 슬래그 시멘트는 노출 콘크리트로 적합하다.

② 보통 포틀랜드 시멘트는 일반적인 용도로 사용된다.

③ 저열 포틀랜드 시멘트는 매스 콘크리트로 적합하다.

④ 조강 포틀랜드 시멘트는 긴급 공사용 콘크리트로 유리하다.

해설 고로 슬래그 시멘트를 사용한 콘크리트는 초기양생이 충분치 않으면 보통 포틀랜드 시멘트를 사용한 콘크리트에 비해 건조수축이 심해질 수 있다.

2과목 콘크리트 제조, 시험 및 품질관리

21 **콘크리트의 받아들이기 품질관리에서 염화물 함유량은 원칙적으로 얼마 이하로 규제하는가?**

① $0.15kg/m^3$ ② $0.20kg/m^3$

③ $0.30kg/m^3$ ④ $0.60kg/m^3$

해설 원칙적으로 $0.3kg/m^3$ 제한하고 사용자 승인시 $0.6kg/m^3$ 이하로 할 수 있다.

답안 표기란

19	①	②	③	④
20	①	②	③	④
21	①	②	③	④

22 콘크리트는 일반적으로 강알칼리성을 띠고 있으나, 콘크리트중의 수산화칼슘이 공기중의 탄산가스와 접촉하여 콘크리트의 알칼리성을 상실하는 현상을 무엇이라 하는가?

① 알칼리 · 탄산염 반응
② 중성화
③ 염해
④ 알칼리 · 실리카 반응

해설 콘크리트가 중성화가 되면 철근이 부식하기 쉽다.

23 굳지 않은 콘크리트의 워커빌리티 및 반죽질기에 영향을 미치는 요인에 대한 설명 중 옳지 않은 것은?

① 골재 – 둥근 모양의 골재는 모가 난 골재보다 워커빌리티를 좋게 한다.
② 시멘트 – 일반적으로 단위 시멘트량이 많을수록 콘크리트는 워커블해진다.
③ 온도 – 일반적으로 온도가 높을수록 슬럼프는 작아진다.
④ 혼화제 – AE제, 감수제 등의 혼화재료는 콘크리트의 워커빌리티에 영향을 주지 않는다.

해설 AE제, 감수제 등의 혼화재료는 콘크리트의 워커빌리티를 좋게 한다.

24 콘크리트의 배합설계결과 단위시멘트량이 350kg/m^{3}인 경우 1배치가 3m^{3}인 믹서에서 시멘트의 1회 계량값이 1065kg일 때, 계량오차에 대한 판정결과로 옳은 것은?

① 허용 계량오차의 한계인 −1%, +2%를 초과하므로 불합격
② 허용 계량오차의 한계인 −1%, +2% 이내이므로 합격
③ 허용 계량오차의 한계인 ±2% 이내이므로 합격
④ 허용 계량오차의 한계인 ±2%를 초과하므로 불합격

해설
- 시멘트의 계량오차가 -1%,+2% 이내이다.
- $350 \times 3 = 1050\,\text{kg}$
- -1% : $1050 \times (-0.01) = -10.5\,\text{kg}$
  $\therefore\ 1050 - 10.5 = 1039.5\,\text{kg}$
- +2% : $1050 \times (+0.02) = +21\,\text{kg}$
  $\therefore\ 1050 + 21 = 1071\,\text{kg}$

답안 표기란				
22	①	②	③	④
23	①	②	③	④
24	①	②	③	④

week 03

정답 19. ④ 20. ① 21. ③ 22. ② 23. ④ 24. ②

25 **KS F 4009에 규정되어 있는 레디믹스트 콘크리트에 대한 설명으로 잘못된 것은?**

① 골재 저장 설비는 콘크리트 최대 출하량의 1주일분 이상에 상당하는 골재량을 저장할 수 있는 크기로 한다.
② 재료 계량 시 골재에 대한 계량오차의 범위는 ±3% 이내로 한다.
③ 트럭 애지테이터나 트럭 믹서를 사용할 경우, 콘크리트는 혼합하기 시작하고 나서 1.5시간 이내에 공사지점에 배출할 수 있도록 운반한다.
④ 트럭 애지테이터내 콘크리트의 균일성은 콘크리트의 1/4과 3/4부분에서 각각 시료를 채취하여 슬럼프 시험을 하였을 경우 양쪽의 슬럼프 차가 30mm 이내가 되어야 한다.

해설 골재 저장 설비는 콘크리트 최대 출하량의 1일분 이상에 상당하는 골재량을 저장할 수 있는 크기로 한다.

26 **아래의 표에서 설명하고 있는 콘크리트 압축강도 추정방법은?**

> 노르웨이나 스웨덴에서 표준화되어 있는 시험방법으로서 원주 시험체에 휨하중을 가하여 콘크리트의 압축강도를 추정하는 방법이다. 이 방법의 원리는 휨강도가 압축강도와 양호한 상관관계가 있다고 가정한 것이다.

① Pull-off법 ② 관입저항법
③ Break-off법 ④ Tc-To법

해설 Break-off법
콘크리트 표면에 콘크리트 드릴로 원통형의 홈을 파서 휨에 의해 콘크리트 코어를 절단하는 방법으로 휨강도를 직접 구할 수 있고 휨검사 후에 코어의 압축강도를 구할 수 있다.

27 **콘크리트 휨강도 시험에서 공시체에 하중을 가하는 속도는 가장자리 응력도의 증가율이 매초 얼마 정도가 되도록 하여야 하는가?**

① 4±0.6 MPa ② 6±0.4 MPa
③ 0.6±0.4 MPa ④ 0.06±0.04 MPa

해설
• 압축강도 시험시 매초 0.6±0.4MPa 속도로 하중을 가한다.
• 인장강도 및 휨강도 시험시 매초 0.06±0.04MPa 속도로 하중을 가한다.

답안 표기란				
25	①	②	③	④
26	①	②	③	④
27	①	②	③	④

28 콘크리트의 블리딩 시험방법(KS F 2414)과 블리딩에 대한 설명으로 옳지 않은 것은?

① 잔골재의 조립률이 클수록 블리딩이 작아진다.
② 굵은골재의 최대치수가 40mm 이하인 콘크리트에 대하여 규정한다.
③ 시험중에 실온은 20±3℃로 한다.
④ 처음 60분 동안 10분마다, 콘크리트 표면에 스며나온 물을 빨아낸다.

해설
- 잔골재의 조립률이 클수록 블리딩이 커진다.
- 시멘트의 분말도가 클수록 블리딩이 작아진다.
- 블리딩은 2~4시간 정도에서 종료된다.

29 콘크리트의 충격강도는 말뚝이 항타, 충격하중을 받는 기계 기초, 프리캐스트 부재 취급 중의 충동과 같은 경우에 중요하다. 이 충격강도에 대한 설명으로 틀린 것은?

① 굵은골재의 최대치수가 작은 것이 충격강도를 증대시킨다.
② 탄성계수와 프와슨비가 높은 골재가 충격강도에 유리하다.
③ 콘크리트의 충격강도는 압축강도보다는 인장강도와 더 밀접한 관계가 있다.
④ 동일한 압축강도의 콘크리트일지라도 부순골재처럼 골재 표면이 거칠수록 충격강도는 높다.

해설
- 탄성계수와 프와슨비가 작은 골재가 충격강도에 유리하다.
- 부순돌보다 강자갈로 만든 콘크리트의 충격강도가 낮다.
- 너무 가는 잔골재를 사용하면 오히려 충격강도를 다소 저하시키며 반면에 잔골재량이 증가하는 쪽이 충격강도에 유리하다.

30 플로우 시험과 동일하게 플로우 테이블을 사용하나 콘크리트의 형상이 변화하는 데 필요한 일량을 측정함으로써 워커빌리티를 평가하는 시험은?

① 슬럼프 시험　　② 볼관입 시험
③ 리몰딩 시험　　④ 다짐계수시험

해설 **리몰딩 시험**
콘크리트의 플로우 시험 테이블 위에 내외 이중의 원관 용기를 고정해 놓고 그 속에 콘크리트를 넣어 슬럼프 시험을 행한 콘크리트 상면에 추를 재하시키고 플로우 테이블을 상하로 움직여 내외 원관 내의 콘크리트 표면이 같은 높이가 될 때까지 움직인 횟수로 콘크리트의 컨시스턴시를 표시한다.

답안 표기란				
28	①	②	③	④
29	①	②	③	④
30	①	②	③	④

week 03

정답 25. ① 26. ③ 27. ④ 28. ① 29. ② 30. ③

31 품질의 목표를 정해 달성하기 위한 활동은?

① 현장관리 ② 품질관리
③ 자재관리 ④ 인력관리

해설 균질하면서도 소요의 품질을 갖는 콘크리트를 만들기 위해 모든 공정을 표준화하여 품질관리를 실시한다.

32 일반 콘크리트에 사용할 수 있는 부순 굵은골재의 물리적 성질에 대한 규정값을 표기한 것 중 틀린 것은?

① 절대 건조 밀도 – 2.50g/cm^3
② 흡수율 – 3.0% 이하
③ 마모율 – 30% 이하
④ 안정성 – 12% 이하

해설 마모율 – 40% 이하

33 콘크리트의 길이 변화 시험방법(KS F 2424)에서 규정하고 있는 시험방법의 종류가 아닌 것은?

① 버어니어 캘리퍼스 방법 ② 콤퍼레이터 방법
③ 콘택트 게이지 방법 ④ 다이얼 게이지 방법

해설
- **공시체 측면 길이 변화 측정**
  ① 현미경을 부착한 콤퍼레이터를 이용하는 방법
  ② 콘택트 스트레인 게이지를 이용하는 방법
- **공시체 중심축의 길이 변화 측정**
  다이얼 게이지를 부착한 측정기를 이용하는 방법

34 보통 골재를 사용한 콘크리트(단위질량=2300kg/m^3)의 설계기준강도(f_{ck})가 30MPa일 때 이 콘크리트의 할선탄성계수는?

① 16524 MPa ② 20136 MPa
③ 27536 MPa ④ 32315 MPa

해설 $E_c = 8500\sqrt[3]{f_{cm}} = 8500\sqrt[3]{34} = 27536\text{MPa}$
여기서, $f_{cm} = f_{ck} + \Delta f = 30 + 4 = 34\text{MPa}$

답안 표기란				
31	①	②	③	④
32	①	②	③	④
33	①	②	③	④
34	①	②	③	④

35 다음 중 재하시험에 의한 구조물의 성능시험을 실시하여야 하는 경우와 거리가 먼 것은?

① 콘크리트 표면에 미세한 균열이 발생한 경우
② 공사 중에 콘크리트가 동해를 받았을 우려가 있을 경우
③ 공사 중 현장에서 취한 콘크리트의 압축강도시험 결과로부터 판단하여 강도에 문제가 있다고 판단되는 경우
④ 구조물의 안전에 어떠한 근거 있는 의심이 생긴 경우

해설 시험은 정적 또는 재하속도를 느리게 재하하고 또 과대한 하중을 재하하여 구조물에 약점이 생기는 일이 없도록 그 크기를 신중하게 정하는 것이 필요하다.

36 품질관리 7가지 관리기법 중 아래의 표에서 설명하는 것은?

어느 특성에 영향을 주는 요인을 열거하여 정리하고 상호 관련성을 도표화한 것으로 일명 생선뼈 그림이라고도 한다.

① 특성요인도 ② 관리도
③ 체크 시트 ④ 산포도

해설 화살표로 연결하면서 원인을 상세히 분석하여 하나의 그림으로 나타내는 수법이 특성요인도이다. 이는 마치 모양이 생선뼈와 흡사하다고 해서 일명 생선뼈 그림이라고도 한다.

37 콘크리트 공시체의 압축강도에 대한 설명으로 틀린 것은?

① 하중 재하속도가 빠를수록 강도가 크게 나타난다.
② 물-시멘트비가 일정한 콘크리트에서 공기량이 증가하면 강도가 감소한다.
③ 원주형 공시체의 높이 H와 지름 D의 비인 H/D가 커질수록 압축강도는 크게 된다.
④ 일반적으로 양생온도가 4~40℃의 범위에 있어서는 온도가 높을수록 재령 28일의 강도는 커진다.

해설 원주형 공시체의 높이 H와 지름 D의 비인 H/D가 작을수록 압축강도는 크게 된다.

38 레디믹스트 콘크리트(KS F 4009)에서 규정하고 있는 각 재료의 계량 시 허용오차 범위의 크기 비교가 올바른 것은?

① 물=혼화제 < 골재 ② 물 < 시멘트 < 혼화제
③ 시멘트 < 골재=혼화재 ④ 시멘트 < 혼화재 < 혼화제

해설
- 시멘트 : −1%, +2%
- 혼화재 : ±2%
- 혼화제, 골재 : ±3%
- 물 : −2%, +1%

답안 표기란				
35	①	②	③	④
36	①	②	③	④
37	①	②	③	④
38	①	②	③	④

week 03

정답 31. ② 32. ③ 33. ① 34. ③ 35. ① 36. ① 37. ③ 38. ④

39 **콘크리트 속에 많은 미소가 기포를 일정하게 분포시키기 위해 사용하는 혼화제는?**

① AE제 ② 감수제
③ 급결제 ④ 유동화제

해설 AE제 효과
- 콘크리트의 블리딩을 감소시킨다.
- 동결융해의 반복에 대한 저항성이 크게 개선된다.

40 **콘크리트 타설 전날에 현장에 비가 와서 잔골재율을 결정하려고 할 때 가장 적절하게 조치한 것은?**

① 잔골재율은 공기량과 무방하므로 공기량은 시험을 하지 않아도 된다.
② 현장에서 소요의 강도를 얻기 위하여 굵은골재 양을 최소가 되도록 한다.
③ 잔골재율은 혼화재료와 무방하므로 혼화재료는 시험을 하지 않고 사용한다.
④ 현장에서 소요의 워커빌리티(Workability)를 얻는 범위 내에서 단위수량이 최소가 되도록 한다.

해설 잔골재율은 사용하는 잔골재의 입도, 콘크리트의 공기량, 단위 시멘트량, 혼화 재료의 종류 등에 따라 다르므로 시험에 의해 정하여야 한다.

3과목 콘크리트의 시공

41 **매스콘크리트에 대한 설명 중 틀린 것은?**

① 매스콘크리트로 다루어야 하는 구조물의 부재치수는 일반적인 표준으로서 넓이가 넓은 평판구조에서는 두께 0.8m 이상으로 한다.
② 매스콘크리트의 온도상승 저감을 위해서는 단위시멘트량을 줄이는 것보다 단위수량을 줄이는 편이 바람직하다.
③ 온도균열 방지 및 제어방법으로 프리쿨링 및 파이프 쿨링 방법 등이 이용되고 있다.

답안 표기란				
39	①	②	③	④
40	①	②	③	④
41	①	②	③	④

④ 균열유발 줄눈의 간격은 대략 콘크리트 1회 치기 높이의 1~2배 정도, 또는 4~5m 정도를 기준으로 하는 것이 좋다.

해설
- 매스 콘크리트의 온도 상승을 적게 하기 위해 단위시멘트량을 적게 한다.
- 외부구속에 의한 온도균열은 온도가 하강하는 재령 1~2주 후에 생기고 또한 관통되는 균열로 되는 경우가 많다.

42 **서중콘크리트의 시공은 일평균기온이 몇 ℃를 초과하는 것이 예상되는 경우에 실시하는가?**

① 15℃ ② 20℃
③ 25℃ ④ 30℃

해설 하루 평균기온이 25℃를 초과하는 것이 예상되는 경우 서중 콘크리트로 시공하여야 한다.

43 **양질의 콘크리트 구조물을 만들기 위한 콘크리트 치기 작업에 대한 설명으로 잘못된 것은?**

① 콘크리트의 수분을 거푸집이 흡수할 수 있으므로 흡수의 염려가 있는 부분은 미리 습하게 해 두어야 한다.
② 균질한 콘크리트를 얻기 위해서 한 구획 내에서 표면이 거의 수평이 되도록 콘크리트를 타설한다.
③ 콘크리트를 2층 이상으로 나누어 칠 경우, 원칙적으로 하층의 콘크리트가 굳기 시작한 후 상층의 콘크리트를 쳐야 한다.
④ 콘크리트 치기 도중 표면에 떠올라 고인 블라딩수가 있을 경우에는 이 물을 제거한 후가 아니면 그 위에 콘크리트를 쳐서는 안 된다.

해설 콘크리트를 2층 이상으로 나누어 칠 경우 원칙적으로 하층의 콘크리트가 굳기 시작전에 상층의 콘크리트를 쳐야 한다.

44 **신축이음에 대한 설명으로 부적절한 것은?**

① 신축이음은 양쪽의 구조물 혹은 부재가 구속되지 않는 구조이어야 한다.
② 신축이음에는 필요에 따라 줄눈재, 지수판 등을 배치하여야 한다.
③ 신축이음의 단차를 피할 필요가 있는 경우에는 장부나 홈을 두든가 전단 연결재를 사용하는 것이 좋다.
④ 수밀이 필요한 구조물에서는 신축성이 없는 지수판을 사용해야 한다.

해설 수밀이 필요한 구조물에서는 적당한 신축성을 가지는 지수판을 사용한다.

답안 표기란				
42	①	②	③	④
43	①	②	③	④
44	①	②	③	④

정답 39. ① 40. ④ 41. ② 42. ③ 43. ③ 44. ④

45 해양 콘크리트에 대한 설명으로 틀린 것은?

① 육상 구조물 중에 해풍의 영향을 많이 받는 구조물도 해양 콘크리트로 취급하여야 한다.

② PS 강재와 같은 고장력강에 작용응력이 인장강도의 60%를 넘을 경우 응력 부식 및 강재의 부식피로를 검토하여야 한다.

③ 만조위로부터 위로 0.6m, 간조위로부터 아래로 0.6m 사이의 감조부분에는 시공이음이 생기지 않도록 시공계획을 세워야 한다.

④ 시멘트는 보통포틀랜드 시멘트를 사용하는 것을 원칙으로 한다.

해설 해양 콘크리트에서는 고로 시멘트, 중용열 포틀랜드 시멘트, 플라이 애시 시멘트를 사용하는 것이 좋다.

46 한중 콘크리트에 대한 설명으로 틀린 것은?

① 한중 콘크리트의 배합시 물-결합재비는 원칙적으로 60% 이하로 하여야 한다.

② 초기양생에서 소요 압축강도가 얻어질 때까지 콘크리트의 온도를 5℃ 이상으로 유지하여야 하며, 또한 소요 압축강도에 도달한 후 2일간은 구조물의 어느 부분이라도 0℃ 이상이 되도록 유지하여야 한다.

③ 적산온도방식을 적용할 경우 5℃에서 28일간 양생한 콘크리트는 10℃에서 14일간 양생한 콘크리트와 강도가 거의 동일하다.

④ 보통의 노출상태에 있는 콘크리트의 초기양생은 콘크리트 강도가 5MPa 될 때까지 실시한다.

해설 적산온도 방식을 적용할 경우 5℃에서 28일간 양생한 콘크리트는 10℃에서 14일간 양생한 콘크리트와 강도가 다르다.

47 방사선 차폐용 콘크리트에 대한 설명으로 틀린 것은?

① 주로 생물체의 방호를 위하여 X선, γ선 및 중성자선을 차폐할 목적으로 사용되는 콘크리트를 방사선 차폐용 콘크리트라 한다.

② 콘크리트의 슬럼프는 작업에 알맞은 범위 내에서 가능한 한 적은 값이어야 하며, 일반적인 경우 150mm 이하로 하여야 한다.

답안 표기란				
45	①	②	③	④
46	①	②	③	④
47	①	②	③	④

③ 물-결합재비는 50% 이하를 원칙으로 한다.
④ 화학혼화제는 사용하지 않는 것을 원칙으로 한다.

해설
• 워커빌리티 개선을 위하여 품질이 입증된 혼화제를 사용할 수 있다.
• 물-결합재비는 단위 시멘트량이 과다가 되지 않는 범위 내에서 가능한 적게 하는 것이 원칙이다.

48 뿜어 붙이기 작업을 실시하는 구조조건, 시공조건, 보강재 및 환경조건 등이 과거의 시공 사례와 거의 동일한 실적이 충분히 있으며, 리바운드율과 분진농도의 관계가 분명하게 되어 있는 경우에는 숏크리트의 뿜어 붙이기 성능은 분진 농도와 숏크리트의 초기강도로 설정하게 된다. 이때 재령 24시간에서의 숏크리트의 초기강도 표준값의 범위는?

① 1.5~2.0MPa
② 2.0~3.0MPa
③ 5.0~10.0MPa
④ 12.0~15.0MPa

해설
• 재령 3시간에서 1.0~3.0 MPa
• 재령 24시간에서 5.0~10.0 MPa

49 현장 콘크리트 타설 시에 일반적으로 가장 많이 사용하는 다지기 방법은?

① 내부진동기
② 가압다지기
③ 압출성형
④ 원심력다지기

해설 내부진동기가 가장 널리 사용되며 특히 슬럼프가 작은 된반죽 콘크리트에 대해 충전성이 좋고 콜드 조인트를 방지하는 효과가 우수하다.

50 다음 중 롤러다짐용 콘크리트의 반죽질기를 평가할 때 적용하는 값은?

① 슬럼프값
② 흐름값
③ VC값
④ 다짐계수값

해설
• 굳지않은 콘크리트의 반죽질기를 평가하는 데는 일반적으로 슬럼프 시험을 실시한다.
• 롤러다짐용 콘크리트의 반죽질기를 평가할 때는 진동대식 반죽질기 시험방법에 의해 얻어지는 시험값을 초로 나타내는 VC(Vibrating Consistency) 값을 적용한다.

답안 표기란

48	①	②	③	④
49	①	②	③	④
50	①	②	③	④

정답 45. ④ 46. ③ 47. ④ 48. ③ 49. ① 50. ③

51 프리플레이스트 콘크리트에 사용되는 굵은골재에 대한 설명으로 잘못된 것은?

① 일반적인 프리플레이스트 콘크리트용 굵은골재의 최소치수는 15mm 이상으로 하여야 한다.
② 일반적으로 굵은골재의 최대치수는 최소치수의 2~4배 정도로 한다.
③ 대규모 플리플레이스트 콘크리트를 대상으로 할 경우, 굵은골재의 최소치수가 클수록 주입 모르타르의 주입성이 현저하게 개선되므로 굵은골재의 최소치수는 40mm 이상이어야 한다.
④ 굵은골재의 최대치수와 최소치수와의 차이를 적게 하면 굵은골재의 실적률이 커지고 주입 모르타르의 소요량이 적어진다.

해설
- 굵은골재의 최대치수와 최소치수와의 차이를 적게 하면 굵은골재의 실적률이 적어지고 주입 모르타르의 소요량이 많아지므로 적절한 입도분포를 선정할 필요가 있다.
- 잔골재의 조립률은 1.4~2.2 범위가 좋다.
- 굵은골재의 최대치수는 부재단면 최소치수의 1/4 이하, 철근 콘크리트의 경우 철근의 순간격의 2/3 이하로 해야 한다.

52 고온 · 고압의 증기솥 속에서 상압보다 높은 압력으로 고온의 수증기를 사용하여 실시하는 양생방법은?

① 오토클레이브 양생
② 증기양생
③ 촉진양생
④ 고주파양생

해설 오토클레이브 양생은 7~12기압의 고온 · 고압의 증기솥에 의해 양생한다.

53 설계기준 압축강도가 24MPa인 콘크리트의 슬래브 및 보의 밑면, 아치 내면 거푸집을 해체 가능한 압축강도 시험결과 최소값은?

① 5 MPa
② 14 MPa
③ 16 MPa
④ 24 MPa

해설
- 설계기준 압축강도$\times\frac{2}{3}=24\times\frac{2}{3}=16$MPa
- 확대기초, 보 옆, 기둥, 벽 등의 측벽은 콘크리트 압축강도가 5MPa 이상일 때 거푸집 해체가 가능하다.

답안 표기란				
51	①	②	③	④
52	①	②	③	④
53	①	②	③	④

54 고강도 콘크리트의 구성 재료에 대한 설명으로 옳지 않은 것은?

① 잔골재는 크기가 일정한 알갱이로 혼합되어 있는 것을 사용한다.
② 굵은 골재의 최대 치수는 철근 최소 수평순간격의 3/4 이내의 것을 사용하도록 한다.
③ 고성능 감수제는 고강도 콘크리트를 제조하는데 적절한 것인가를 시험배합을 거쳐 확인한 후 사용하여야 한다.
④ 고강도 콘크리트에 사용하는 굵은 골재는 콘크리트 강도 및 워커빌리티 등에 미치는 영향이 크므로 선정에 세심한 주의를 하여야 한다.

해설 잔골재는 대소의 입자가 알맞게 혼입되어 있는 것을 사용한다.

55 섬유보강 콘크리트의 현장 품질관리에 대한 내용으로 옳지 않은 것은?

① 강섬유 혼입률에 대한 품질 검사 중 강섬유 혼입률의 판정기준은 허용오차 ±0.5%이다.
② 강섬유 혼입률에 대한 품질 검사 중 강섬유 혼입률(숏크리트)의 판정기준은 허용오차 ±0.5%이다.
③ 휨강도 및 인성에 대한 품질 검사 중 압축인성의 판정기준은 설계할 때에 고려된 압축인성 값에 미달할 확률이 10% 이하이다.
④ 휨강도 및 인성에 대한 품질 검사 중 휨강도 및 휨인성계수의 판정기준은 설계할 때에 고려된 휨인성지수 값에 미달할 확률이 5% 이하이다.

해설 휨강도 및 인성에 대한 품질 검사 중 압축인성의 판정기준은 설계할 때에 고려된 압축인성 값에 미달할 확률이 5% 이하이다.

56 일반 콘크리트의 시공 시 이음에 대한 일반사항으로 옳지 않은 것은?

① 수밀을 요하는 콘크리트에 있어서는 소요의 수밀성이 얻어지도록 적절한 간격으로 시공이음부를 두어야 한다.
② 시공이음은 될 수 있는 대로 전단력이 작은 위치에 설치하고, 부재의 압축력이 작용하는 방향과 평행이 되도록 하는 것이 원칙이다.
③ 외부의 염분에 의한 피해를 받을 우려가 있는 해양 및 항만 콘크리트 구조물 등에 있어서는 시공이음부를 되도록 두지 않는다.
④ 부득이 전단이 큰 위치에 시공이음을 설치할 경우에는 시공이음에 장부 또는 홈을 두거나 적절한 강재를 배치하여 보강하여야 한다.

해설 시공이음은 될 수 있는 대로 전단력이 작은 위치에 설치하고, 부재의 압축력이 작용하는 방향과 직각이 되도록 하는 것이 원칙이다.

답안 표기란				
54	①	②	③	④
55	①	②	③	④
56	①	②	③	④

정답 51. ④ 52. ① 53. ③ 54. ① 55. ③ 56. ②

week 03

• 수험번호:
• 수험자명:
• 제한 시간:
• 남은 시간:

글자 크기 100% 150% 200% | 화면 배치 | • 전체 문제 수: • 안 푼 문제 수:

57 **경량골재 콘크리트에 사용되는 경량골재에 대한 사항으로 옳지 않은 것은?**

① 경량골재의 입도는 KS F 2527의 표준 입도를 만족해야 한다.
② 단위용적질량은 제시된 값에서 20% 이상 차이가 나지 않도록 하여야 한다.
③ 인공 · 천연 경량 잔골재의 경우 $1120kg/m^3$ 이하의 최대 단위용적질량을 가져야 한다.
④ 경량골재는 함수율이 일정하도록 저장하여야 하며, 저장 장소는 빗물이 들어가지 않고 물이 잘 빠지며 햇빛이 들지 않도록 한다.

해설 단위용적질량은 제시된 값에서 10% 이상 차이가 나지 않도록 하여야 한다.

58 **팽창 콘크리트에 관한 내용으로 옳지 않은 것은?**

① 팽창재는 다른 재료와 별도로 질량으로 계량하며, 그 오차는 1회 계량분량의 1% 이내로 하여야 한다.
② 팽창 콘크리트를 한중 콘크리트로 시공할 경우 타설할 때의 콘크리트 온도는 5℃ 이상 10℃ 미만으로 하여야 한다.
③ 팽창 콘크리트를 서중 콘크리트로 시공할 경우 비비기 직후의 콘크리트 온도는 30℃ 이하, 타설할 때는 35℃ 이하로 하여야 한다.
④ 팽창 콘크리트의 비비기 시간은 강제식 믹서를 사용하는 경우는 1분 이상으로 하고, 가경식 믹서를 사용하는 경우는 1분 30초 이상으로 하여야 한다.

해설 팽창 콘크리트를 한중 콘크리트로 시공할 경우 타설할 때의 콘크리트 온도는 10℃ 이상 20℃ 미만으로 하여야 한다.

59 **유동화 콘크리트의 슬럼프 증가량 표준값은?**

① 10~50mm ② 50~80mm
③ 90~130mm ④ 140~170mm

해설 유동화 콘크리트의 슬럼프 증가량은 100mm 이하를 원칙으로 하며, 50~80mm를 표준으로 한다.

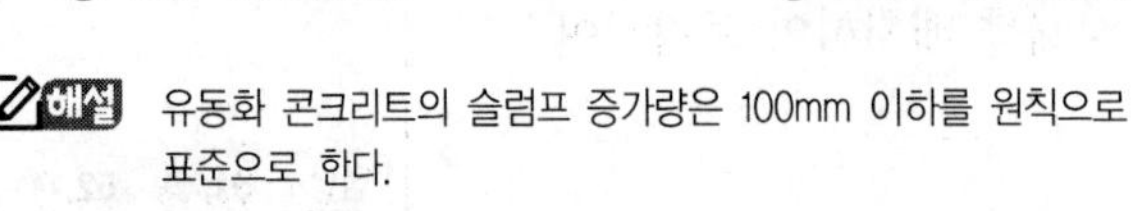

답안 표기란				
57	①	②	③	④
58	①	②	③	④
59	①	②	③	④

60 콘크리트 시방배합설계에서 단위수량 166kg/m^3, 물-시멘트비가 39.4%이고, 시멘트 밀도 3.15g/cm^3, 공기량 1.0%로 하는 경우 골재의 절대용적은?

① 0.690m^3　② 0.620m^3
③ 0.580m^3　④ 0.310m^3

- $W/C = 39.4\%$　　$C = \frac{166}{0.394} = 421.3\text{kg}$
- $V = 1 - \left(\frac{421.3}{3.15 \times 1000} + \frac{166}{1 \times 1000} + \frac{1}{100}\right) = 0.690\text{m}^3$

답안 표기란				
60	①	②	③	④
61	①	②	③	④
62	①	②	③	④
63	①	②	③	④

4과목 콘크리트 구조 및 유지관리

61 1방향 철근 콘크리트 슬래브의 최소 수축온도 철근량은? (f_{ck} = 21MPa, f_y = 300MPa, b = 1,000mm, d = 250mm)

① 250mm^2　② 500mm^2
③ 750mm^2　④ 1,000mm^2

$f_y = 400\text{MPa}$ 이하인 이형철근을 사용한 슬래브 철근비는 0.002이므로
$\therefore A_s = \rho b d = 0.002 \times 1000 \times 250 = 500\text{mm}^2$

62 D25(공칭지름 25.4mm) 철근을 90° 표준갈고리로 제작할 때 90° 구부린 끝에서 연장되는 길이는 최소 얼마인가?

① 355mm　② 330mm
③ 305mm　④ 280mm

해설 **90° 갈고리의 연장길이**
- D16 이하 : $6d_b$ 이상
- 그 외 : $12d_b$ 이상

$\therefore 12 \times 25.4 \fallingdotseq 305\text{mm}$

63 콘크리트를 진단할 때 물리적 성질을 알아보기 위해 시행하는 시험이 아닌 것은?

① 코아추출시험　② 알칼리 골재반응시험
③ 반발경도시험　④ 투수성시험

해설 화학적 성질로서는 콘크리트의 부식(산, 알칼리 골재반응 등) 및 철근의 부식(중성화, 염화물 등)을 알 수 있다.

정답 57. ② 58. ② 59. ② 60. ① 61. ② 62. ③ 63. ②

week 03

• 수험번호:
• 수험자명:
• 제한 시간:
• 남은 시간:

글자 크기 100% 150% 200% | 화면 배치 | • 전체 문제 수: • 안 푼 문제 수:

64 다음 식 중 콘크리트 구조물의 중성화깊이를 예측할 때 일반적으로 적용되고 있는 식은? (단, X를 중성화깊이, A를 중성화 속도계수, t를 경과년수라 한다.)

① $X = A\sqrt{t}$　　② $X = At^3$
③ $X = \sqrt{\dfrac{t^3}{A}}$　　④ $X = At^2$

해설
- 중성화 깊이(mm) $X = A\sqrt{t}$
- 중성화 속도는 실내가 실외보다 빠르다.

65 알칼리 골재반응이 원인으로 추정되는 부재의 향후 팽창량을 예측하기 위하여 필요한 시험은?

① SEM시험
② 코어의 잔존팽창량시험
③ 압축강도시험
④ 배합비 추정시험

해설
- **SEM시험** : 철 및 비철금속 성분을 조사하는 주사전자 현미경
- **압축강도시험** : 콘크리트의 강도를 알기 위해 실시하는 실험
- **배합비 추정시험** : 재료 배합상태에 따라 강도를 추정하는 시험

66 경간 10m의 보를 T형 보로서 설계하려고 한다. 슬래브 중심간의 거리를 2m, 슬래브의 두께를 120mm, 복부의 폭을 250mm로 할 때 플랜지의 유효폭은?

① 4000mm　　② 3750mm
③ 2170mm　　④ 2000mm

해설
- $16t + b_w$
  $16 \times 120 + 250 = 2170\text{mm}$
- 양쪽 슬래브의 중심간 거리 : 2000mm
- 보의 경간의 $\dfrac{1}{4}$
  $\dfrac{10000}{4} = 2500\text{mm}$
  ∴ 가장 작은 값인 2000mm를 유효폭으로 한다.

답안 표기란

64	①	②	③	④
65	①	②	③	④
66	①	②	③	④

67 사용하중하에서 콘크리트에 휨인장응력의 작용을 허용하는 프리스트레싱 방법은?

① 외적 프리스트레싱　　② 내적 프리스트레싱
③ 파셜 프리스트레싱　　④ 풀 프리스트레싱

해설
- **내적 프리스트레싱** : 내부 긴장재, 내부 케이블 사용
- **외적 프리스트레싱** : 외부 긴장재, 외부 케이블 사용
- **풀 프리스트레싱** : 콘크리트의 전단면에서 인장응력이 발생하지 않도록 프리스트레스를 가하는 방법

68 콘크리트에 함유된 염화물 이온량 측정용 지시약으로 적절하지 않은 것은?

① 질산은　　② 크롬산 칼륨
③ 티오시안산 제2수은　　④ 페놀프탈레인

해설 페놀프탈레인 용액은 중성화 판별시 이용된다.

69 콘크리트에 그림과 같은 균열이 발생한 경우 균열원인으로서 가장 관계가 깊은 것은?

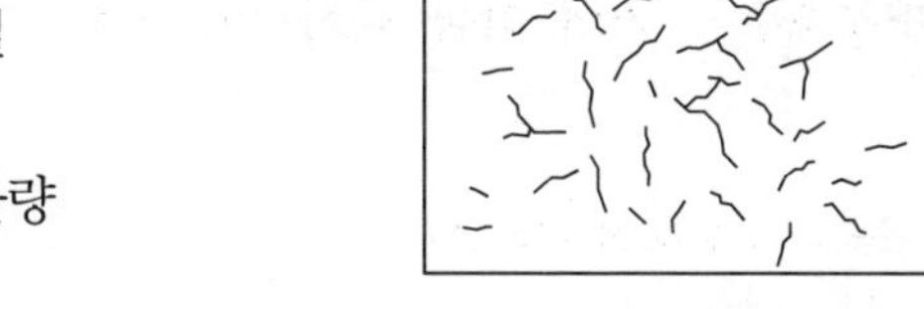

① 시멘트 이상응결
② 소성수축균열
③ 콘크리트 충전불량
④ 블리딩

해설
- 정상응결은 시발 1시간 이상, 종결 10시간 이내이고 그 범위를 벗어나는 것을 이상응결이라 한다.
- 시멘트를 물로 비빈 직후 급속응고를 일으키는 경우가 있는데 이런 현상을 이상응결이라 한다.
- 이상응결로 인해 조기 균열 발생, 이상 분리, 이상 레이턴스 등이 생기기 쉽다.

70 콘크리트를 각종 섬유로 보강하여 보수공사를 진행할 경우 섬유가 갖추어야 할 조건으로 거리가 먼 것은?

① 섬유의 압축 및 인장강도가 충분해야 한다.
② 섬유와 시멘트 결합재와의 부착이 우수해야 한다.
③ 시공이 어렵지 않고 가격이 저렴해야 한다.
④ 내구성, 내열성, 내후성 등이 우수해야 한다.

해설 섬유의 인장강도가 충분해야 한다.

답안 표기란				
67	①	②	③	④
68	①	②	③	④
69	①	②	③	④
70	①	②	③	④

정답 64. ① 65. ② 66. ④ 67. ③ 68. ④ 69. ① 70. ①

답안 표기란				
71	①	②	③	④
72	①	②	③	④
73	①	②	③	④

71 2방향 슬래브의 펀칭 전단에 대한 위험 단면은 다음 중 어느 곳인가? (단, d : 유효깊이)

① 슬래브 경간의 $\frac{1}{8}$인 곳
② 받침부에서 d만큼 떨어진 곳
③ 받침부
④ 받침부에서 $\frac{d}{2}$만큼 떨어진 곳

해설 1방향 슬래브에서 최대 전단응력이 일어나는 곳은 받침부에서 유효깊이 d만큼 떨어진 단면이다.

72 철근 콘크리트가 성립되는 이유로 옳지 않은 것은?

① 철근과 콘크리트의 부착강도가 커서 콘크리트 속의 철근은 이동하지 않는다.
② 콘크리트 속의 철근은 부식하지 않는다.
③ 철근과 콘크리트 두 재료의 탄성계수가 같다.
④ 철근과 콘크리트의 열팽창계수가 거의 같아 내화성이 우수하다.

해설 일반적으로 철근의 탄성계수가 콘크리트의 탄성계수보다 크다.

73 해석적 방법에 의해 구조물의 내하력 평가를 실시할 경우에 대한 설명으로 틀린 것은?

① 구조부재의 치수는 위험단면에서 확인하여야 한다.
② 철근, 용접철망 또는 긴장재의 위치 및 크기는 계측에 의해 위험단면에서 결정하여야 한다.
③ 콘크리트의 강도 검토가 필요한 경우, 코어시험편을 채취하여 시험하거나 공시체에 대한 압축강도 시험 결과로 결정하여야 한다.
④ 철근 강도와 긴장재 강도의 검토가 필요한 경우, 가장 안전한 구조물의 부분에서 채취한 재료의 시료를 사용하여 압축시험으로 결정하여야 한다.

해설 가장 불안전한 구조물의 부분에서 채취한 재료의 시료를 사용하여 압축시험으로 결정하여야 한다.

74 콘크리트 구조물의 보수에 대한 설명으로 옳지 않은 것은?

① 보수재료 선정시 기존 콘크리트 탄성계수보다 2~3배 정도 높은 재료를 사용한다.
② 보수는 열화와 결함으로 인해 손상된 콘크리트 구조물의 내구성, 방수성 등 내력 이외의 기능을 원상복구하는 것이다.
③ 보수는 사용상 지장이 없는 상태까지 회복시키는 것을 말하며 철근부식으로 발생한 부재의 변형과 내하력의 저하를 개선하여 초기 상태로 회복시키는 것이다.
④ 보수로 인해 열화원인을 제거하지만 제거할 수 없는 경우에는 열화방지를 해야 한다.

해설
- 보수하는 목적은 열화와 손상 및 하자에 의한 단면이나 표면상태를 회복시키는 것이다.
- 보수의 요구수준은 시설물의 현재 상태수준 이상으로 하여야 한다.
- 보수재료 선정시 기존 콘크리트와 유사한 탄성계수를 갖는 재료를 사용하여야 한다.
- 탄성계수가 현저하게 다른 보수재료를 동시에 사용하게 되면 수축 및 열팽창으로 접착파괴를 일으킬 가능성이 있다.

75 콘크리트 구조물의 점검(진단)방법 중 음향방출(Acoustic Emission)법에 대한 설명으로 틀린 것은?

① 재료의 동적인 변화를 파악하는 것이 가능하다.
② 구조물의 사용을 중단하지 않고도 검사가 가능하다.
③ Kaiser 효과로 인해 검사횟수에 제한적이다.
④ 기존 구조물에 하중을 가하지 않은 상태에서도 검사가 용이하다.

해설
- 재하에 따른 콘크리트의 균열발생음을 계측한다.
- 이미 존재하고 있는 성장이 멈춰진 결함은 검출할 수 없다.
- 측정부위는 콘크리트의 표층부위뿐만 아니라 내부도 측정이 가능하다.
- 콘크리트에 대한 과거의 재하이력을 추정할 수 있다.

76 프리스트레스트(Prestressed) 콘크리트에 관한 일반적인 내용으로 틀린 것은?

① 고강도 콘크리트 및 고장력강을 유효하게 이용할 수 있다.
② 철근 콘크리트에 비해 일반적인 과대하중을 받은 후의 잔류 변형이 적다.
③ 철근 콘크리트에 비해 보 단면을 적게 할 수 있고 장경간 제조에 적당하다.
④ 도입된 프리스트레스는 콘크리트의 크리프(Creep) 및 건조수축에 의해 증가한다.

해설
- 도입된 프리스트레스는 콘크리트의 크리프(Creep) 및 건조수축에 의해 감소한다.
- 건조수축과 크리프를 최소가 되도록 배합하고 양생하여야 하며 일반적으로 물-결합재비가 45% 이하로 하여야 한다.

답안 표기란

74	①	②	③	④
75	①	②	③	④
76	①	②	③	④

정답 71. ④ 72. ③ 73. ④ 74. ① 75. ④ 76. ④

77 **콘크리트 기초판의 설계 일반 내용으로 틀린 것은?**

① 기초판은 계수하중과 그에 의해 발생되는 반력에 견디도록 설계하여야 한다.
② 기초판 윗면부터 하부철근까지 깊이는 직접기초의 경우는 150mm 이상, 말뚝기초의 경우는 300mm 이상으로 하여야 한다.
③ 기초판의 밑면적은 기초판에 의해 지반에 전달되는 힘과 휨모멘트, 그리고 지반의 허용지지력을 사용하여야 하며, 이때 힘과 휨모멘트는 하중계수를 곱한 계수하중을 적용하여야 한다.
④ 기초판에서 휨모멘트, 전단력 그리고 철근정착에 대한 위험단면의 위치를 정할 경우, 원형 또는 정다각형인 콘크리트 기둥이나 주각은 같은 면적의 정사각형 부재로 취급할 수 있다.

해설 기초판의 밑면적은 기초판에 의해 지반에 전달되는 힘과 휨모멘트, 그리고 지반의 허용지지력을 사용하여야 하며, 이때 힘과 휨모멘트는 하중계수를 곱하지 않은 사용하중을 적용하여야 한다.

78 **유지관리 시설물 중 1종 시설물에 해당하지 않는 것은?**

① 연장 300m의 철도 터널
② 상부 구조형식이 사장교인 교량
③ 수원지 시설을 포함한 광역상수도
④ 총저수용량 3천만톤의 용수전용댐

해설 **제1종 시설물**

- 고속철도 교량, 연장 500미터 이상의 도로 및 철도 교량
- 고속철도 및 도시철도 터널, 연장 1000미터 이상의 도로 및 철도 터널
- 갑문시설 및 연장 1000미터 이상의 방파제
- 다목적댐, 발전용댐, 홍수전용댐 및 총저수용량 1천만톤 이상의 용수전용댐
- 21층 이상 또는 연면적 5만제곱미터 이상의 건축물
- 하구둑, 포용저수량 8천만톤 이상의 방조제
- 광역상수도, 공업용수도, 1일 공급능력 3만톤 이상의 지방상수도

79 **콘크리트 설계기준강도가 24MPa, 철근의 항복강도가 300MPa로 설계된 지간 4m인 단순지지 보가 있다. 처짐을 계산하지 않는 경우의 최소 두께는?**

① 167mm ② 200mm
③ 215mm ④ 250mm

답안 표기란

77	①	②	③	④
78	①	②	③	④
79	①	②	③	④

- f_y가 400MPa인 최소두께(h)

$$\frac{l}{16}=\frac{4000}{16}=250\text{mm}$$

- f_y가 400MPa 이외인 경우 최소두께(h)

$$\frac{l}{16}\times\left(0.43+\frac{f_y}{700}\right)=\frac{4000}{16}\times\left(0.43+\frac{300}{700}\right)=215\text{mm}$$

80 장주의 탄성좌굴하중(Elastic buckling Load) P_{cr}은 아래의 표와 같다. 기둥의 각 지지조건에 따른 n의 값으로 틀린 것은? (단, E : 탄성계수, I : 단면 2차 모멘트, l : 기둥의 높이)

$$\frac{n\pi^2 EI}{l^2}$$

① 양단힌지 : $n=1$
② 양단고정 : $n=4$
③ 일단고정 타단자유 : $n=1/4$
④ 일단고정 타단힌지 : $n=1/2$

해설 일단고정 타단힌지 : $n=2$

정답 77. ③ 78. ① 79. ③ 80. ④

02회 CBT 모의고사

• 수험번호:
• 수험자명:

글자 크기 100% 150% 200% | 화면 배치 | • 전체 문제 수: • 안 푼 문제 수:

1과목 콘크리트 재료 및 배합

답안 표기란				
01	①	②	③	④
02	①	②	③	④
03	①	②	③	④

01 콘크리트 배합설계에서 잔골재율(S/a) 및 단위수량 보정시 잔골재율의 보정에 관련이 없는 조건은?

① 잔골재 조립률 ② 굵은골재 조립률
③ 물-결합재비 ④ 공기량

해설 잔골재율 보정 조건에는 잔골재 조립률, 물-결합재비, 공기량이 포함된다.

02 아래의 표에서 설명하는 혼화재료의 명칭은?

> 그 자체는 수경성이 없으나 콘크리트 중에 물에 용해되어 있는 수산화칼슘과 상온에서 천천히 화합하여 물에 녹지 않는 화합물을 만들 수 있는 실리카질 물질을 함유하고 있는 미분말 상태의 재료

① 감수제 ② 급결제
③ 포졸란 ④ 공기연행제

해설 **포졸란의 특징**
- 워커빌리티가 좋아지고 블리딩이 감소한다.
- 초기강도는 작으나 장기강도, 수밀성 및 화학저항성이 크다.
- 발열량이 적어지므로 단면이 큰 콘크리트에 적합하다.

03 르샤틀리에 병을 이용한 시멘트 밀도시험에 대한 설명으로 틀린 것은?

① 병에 먼저 깨끗이 정제된 3차 증류수를 채우고 초기 눈금 값을 읽는다.
② 일정한 양의 시멘트를 0.05g까지 달아 병에 조금씩 넣는다.
③ 시멘트를 넣은 후 병의 눈금 값을 읽어 증가된 체적을 구한다.
④ 동일 시험자가 동일 재료에 대하여 2회 측정한 결과가 ±0.03 g/cm^3 이내이어야 한다.

해설 병에 눈금 0~1ml 사이에 광유를 넣고 초기 눈금 값을 읽는다.

04 다음 배합수에 포함될 수 있는 불순물 중 응결지연 작용을 나타내는 것은?

① 황산칼슘 ② 질산염
③ 염화암모늄 ④ 탄산나트륨

해설
- 혼합수에 미량의 황산염(황산칼슘, 황산나트륨, 황산마그네슘)이 함유하면 콘크리트의 체적변화를 일으키며 강재 부식의 우려가 있다.
- 인산염, 질산염이 혼합수에 함유하면 응결 경화에 나쁜 영향을 준다.
- 암모늄계 및 알루미늄계 질산염도 염화물과 같이 철근의 부식을 유발하므로 물에 함유해서는 안 된다.

05 다음 중 골재의 시험항목에 사용되는 용액으로 잘못 연결된 것은?

① 유기 불순물 – 수산화나트륨 ② 안정성 – 황산나트륨
③ 염화물 함유량 – 크롬산칼륨 ④ 알칼리 골재반응 – 탄닌산

해설 알칼리 골재반응 – 수산화나트륨

06 다음은 골재 15000g에 대하여 체가름 시험을 수행한 결과이다. 이 골재의 조립률은?

① 3.12
② 4.12
③ 6.26
④ 7.26

골재의 체가름 시험	
체의 호칭치수(mm)	남는 양(g)
75	0
40	450
20	7200
10	3600
5	3300
2.5	450
1.2	0

해설

체의 호칭치수(mm)	남는 양(g)	남는 율(%)	남는 율 누계(%)
75	0	0	0
40	450	3	3
20	7200	48	51
10	3600	24	75
5	3300	22	97
2.5	450	3	100
1.2	0	0	100
0.6	0	0	100
0.3	0	0	100
0.15	0	0	100
계	15000		

$$FM = \frac{3+51+75+97+100+100+100+100+100}{100} = 7.26$$

답안 표기란

04	①	②	③	④
05	①	②	③	④
06	①	②	③	④

정답 01. ② 02. ③ 03. ① 04. ② 05. ④ 06. ④

week 03

07 다음 표는 골재의 함수상태에 따른 질량을 측정한 결과를 나타낸 것이다. 잔골재의 흡수율과 표면수율은 얼마인가?

함수상태 질량	잔골재
절대건조상태 질량(g)	470
공기중 건조상태 질량(g)	480
표면건조 포화상태 질량(g)	500
습윤상태 질량(g)	520

	잔골재 흡수율(%)	잔골재 표면수율(%)
①	5.38	3.85
②	5.38	4.00
③	6.38	3.85
④	6.38	4.00

• **흡수율**$=\frac{500-470}{470}\times 100=6.38\%$

• **표면수율**$=\frac{520-500}{500}\times 100=4\%$

• **전 함수율**$=\frac{520-470}{470}\times 100=10.64\%$

• **유효 흡수율**$=\frac{500-480}{480}\times 100=4.16\%$

08 실리카 퓸을 혼합한 콘크리트 성질에 대한 설명으로 틀린 것은?

① 실리카 퓸을 혼합한 콘크리트의 목표 슬럼프를 유지하기 위해 소요되는 단위수량은 혼합량이 증가함에 따라 거의 선형적으로 증가한다.
② 실리카 퓸은 비표면적이 작고 미연소 탄소를 함유하지 않기 때문에 목표 공기량을 유지하기 위해 혼합률이 증가함에 따라 공기연행제의 사용량을 증가시킬 필요가 없다.
③ 물-결합재비를 낮추기 위하여 고성능 감수제의 사용은 필수적이다.
④ 실리카 퓸을 혼합하면 블리딩과 재료분리를 감소시킬 수 있다.

해설 실리카 퓸은 비표면적(분말도)이 매우 크고 미연소 탄소를 함유하고 있기 때문에 실리카 퓸의 혼합률이 증가함에 따라 소요 공기량을 유지하기 위해 공기연행제의 사용량을 증가해야 한다.

답안 표기란				
07	①	②	③	④
08	①	②	③	④

09 콘크리트의 배합강도를 결정하기 위해서는 압축강도 시험 실적이 필요하다. 시험횟수가 규정횟수 이하인 경우 표준편차의 보정계수를 사용하는데, 다음 중 그 값이 틀린 것은?

① 시험횟수 30회 이상 : 1.00 ② 시험횟수 25회 : 1.04
③ 시험횟수 20회 : 1.08 ④ 시험횟수 15회 : 1.16

해설 **시험횟수 25회** : 1.03

10 콘크리트용 재료에 대해 주어진 상황에 따라 실시한 재료시험으로 틀린 것은?

① 석고를 10% 첨가하여 제조한 시멘트를 사용하면 시멘트 경화체의 이상팽창을 일으킬 수 있으므로 길모어 침에 의한 응결시험을 실시하였다.
② 시멘트의 저장기간이 오래되어 대기 중 수분 및 이산화탄소를 흡수하였을 가능성이 있으므로 밀도시험을 실시하였다.
③ 안정성이 나쁜 골재를 사용하면 콘크리트의 동결융해 작용에 대한 내구성이 저하하므로 황산나트륨 용액에 의한 안정성 시험을 실시하였다.
④ 바닷모래를 사용하면 콘크리트 중의 철근 부식을 일으킬 수 있으므로 골재중의 염화물 함유량 시험을 실시하였다.

해설
- 시멘트가 경화 도중에 체적 팽창을 일으켜 균열이 생기거나 뒤틀림 등의 변형을 일으키지 않는 성질을 안정성이라 한다.
- 안정도는 시멘트의 오토클레이브 팽창도 시험방법에 의한다.
- 시멘트의 불안정한 성질의 원인은 시멘트 클리커 중의 유리석회, MgO(마그네시아), 무수황산(SO_3) 등이 어느 정도 이상 함유되어 있는 경우에 이것들이 굳어가는 도중에 체적이 증가하기 때문이다.

11 금속 재료의 인장시험을 위한 시험편의 준비에 대한 설명으로 틀린 것은?

① 표점은 시험편에 도료를 칠한 위에 줄을 그어 표시하는 것을 원칙으로 한다.
② 시험편 부분의 재질에 변화를 생기게 하는 것과 같은 변형 또는 가열을 해서는 안 된다.
③ 시험편의 교정은 가급적 피하는 것이 좋고, 교정을 필요로 하는 경우에는 가급적 재질에 영향을 미치지 않는 방법을 사용하도록 한다.
④ 전단, 펀칭 등에 의한 가공을 한 시험편에서 시험 결과에 그 가공의 영향이 인정되는 경우에는 가공의 영향을 받은 영역을 절삭 · 제거하여 평행부를 다듬질한다.

답안 표기란

09	①	②	③	④
10	①	②	③	④
11	①	②	③	④

week 03

정답 07. ④ 08. ② 09. ② 10. ① 11. ①

해설 표점은 시험편의 축에 나란하게 금긋기 바늘로 금을 긋는다.

답안 표기란

12	①	②	③	④
13	①	②	③	④
14	①	②	③	④

12 **시멘트 클링커 화합물에 대한 설명 중 옳지 않은 것은?**

① C_3S의 수화열보다 C_2S의 수화열이 적게 발열된다.
② 조기 강도 발현에 가장 큰 영향을 주는 화합물은 C_3S이다.
③ 콘크리트 구조물의 건조수축을 줄이기 위하여 C_2S와 C_3A가 많은 시멘트를 사용해야 한다.
④ 구조물의 화학저항성을 향상시키기 위하여 C_2S와 C_4AF가 많은 시멘트를 사용해야 한다.

해설 콘크리트 구조물의 건조수축을 줄이기 위하여 C_3S와 C_3A를 가능한 한 감소시키고 그 대신 장기강도를 발현하는 C_2S를 충분히 많게 한 중용열 포틀랜드 시멘트를 사용한다.

13 **설계기준 압축강도(f_{ck})가 42 MPa이고, 내구성 기준 압축강도(f_{cd})가 35MPa이다. 30회 이상의 시험실적으로부터 구한 압축강도의 표준편차가 5 MPa일 때 콘크리트의 배합강도는?**

① 47 MPa
② 48.7 MPa
③ 49.5 MPa
④ 50.2 MPa

해설
• f_{ck}와 f_{cd} 중 큰 값인 42MPa가 품질기준강도(f_{cq})이다.
• $f_{cr} = f_{cq} + 1.34s = 42 + 1.34 \times 5 = 48.7\text{MPa}$
• $f_{cr} = 0.9 f_{cq} + 2.33s = 0.9 \times 42 + 2.33 \times 5 = 49.5\text{MPa}$
∴ 큰 값인 49.5MPa이다.

14 **콘크리트 시방배합 설계에서 단위골재의 절대용적이 678l이고, 잔골재율이 40%, 굵은골재의 표건밀도가 0.0026g/mm^{3}인 경우 단위 굵은골재량은?**

① 705.12kg
② 806.8kg
③ 1057.68kg
④ 1762.8kg

해설 단위 굵은골재량 : 0.678×0.6×2.6×1000=1057.68kg
여기서, 단위골재의 절대용적 0.678m^3, 굵은골재의 표건밀도 2.6g/cm^{3}이다.

15 굵은 골재의 단위용적질량 시험에서 용기의 부피가 10L, 용기 중 시료의 절대 건조질량이 20kg이었다. 이 골재의 흡수율이 1.2%이고 표면건조 포화상태의 밀도가 2.65g/cm^{3}라면 실적률은 얼마인가?

① 45.2% ② 54.7%
③ 65.3% ④ 76.4%

해설 $G=\frac{T}{d_s}(100+Q)=\frac{20/10}{2.65}(100+1.2)=76.4\%$

16 시멘트의 응결에 대한 설명으로 틀린 것은?

① 분말도가 크면 응결은 빨라진다.
② 온도가 높을수록 응결은 빨라진다.
③ 물-시멘트비가 클수록 응결은 늦어진다.
④ 풍화된 시멘트는 일반적으로 응결이 빨라진다.

해설
- 풍화된 시멘트는 일반적으로 응결이 늦어진다.
- 시멘트의 응결 시간은 비카트 장치에 의하여 측정한다.
- C_2S가 많을수록 응결은 늦어진다.

17 콘크리트용 화학혼화제(공기 연행제, 감수제, 공기연행 감수제, 고성능 공기연행 감수제)의 성능을 확인하기 위한 콘크리트 시험에 관한 설명으로 옳지 않은 것은?

① 화학혼화제는 혼합수를 넣은 다음 이어서 믹서에 투입한다.
② 공기 연행제 및 공기연행 감수제의 동결융해 저항성 시험에는 슬럼프 80mm의 콘크리트를 적용한다.
③ 고성능 공기연행 감수제의 동결융해 저항성 시험 및 경시변화량 시험에는 슬럼프 180mm의 콘크리트를 적용한다.
④ 압축강도 시험은 재령 3일, 7일 및 28일의 각 재령별로 3개씩 공시체를 만들어 시험하며 그 평균값을 콘크리트 압축강도로 한다.

해설 화학혼화제는 미리 혼합수에 혼입하여 믹서에 투입한다.

18 알루미나 시멘트에 대한 설명으로 옳지 않은 것은?

① 철근 부식에 대한 저항성이 크다.
② 내화성능이 우수하여 내화물용 콘크리트에 적합하다.
③ 보통 포틀랜드 시멘트에 비해 초기강도 발현이 매우 빠르다.
④ 높은 수화열로 낮은 외기온도에서도 강도발현이 좋아서 신속 보수공사나 한중 콘크리트 시공에 적합하다.

답안 표기란				
15	①	②	③	④
16	①	②	③	④
17	①	②	③	④
18	①	②	③	④

week 03

정답 12. ③ 13. ③ 14. ③ 15. ④ 16. ④ 17. ① 18. ①

해설 **알루미나 시멘트**
- 철근 부식에 대한 저항성이 작다.
- 산, 염류, 해수 등의 화학적 침식에 대한 저항성이 크다.

답안 표기란				
19	①	②	③	④
20	①	②	③	④

19 배합설계 방법에 대한 설명으로 옳은 것은?

① 알칼리 골재 반응을 억제하기 위해서는 알칼리 함량이 0.6% 이하인 시멘트를 사용한다.
② 레디믹스트 콘크리트에서 단위수량의 상한치는 생산자와 협의 없이 지정된다.
③ 잔골재의 입도는 워커빌리티와 크게 관련이 없으므로 배합을 수정할 필요가 없다.
④ AE 콘크리트로서의 유효공기량은 일반적으로 2% 이하에서도 동결융해 저항성이 충분히 개선된다.

해설
- 레디믹스트 콘크리트에서 단위수량의 상한치는 생산자와 협의하여 지정된다.
- 잔골재의 입도는 워커빌리티와 크게 관련이 있으므로 배합을 수정할 필요가 있다.
- 콘크리트 속의 적당한 공기량의 범위는 4~7% 정도가 가장 이상적이다.

20 콘크리트 공시체 15개의 압축강도 측정값이 아래와 같을 때, 표준편차는?

(단위 : MPa)

23.5	33	35	28	26
27	32	28.5	29	26.5
23	33	29	26.5	35

① 3.25 ② 3.84
③ 4.24 ④ 4.52

해설 **표준편차**
- 콘크리트 압축강도 측정치 합계 $\Sigma x = 435\text{MPa}$
- 콘크리트 압축강도 평균값 $\bar{x} = \frac{435}{15} = 29\text{MPa}$
- 편차 제곱합

$$S = (23.5-29)^2 + (33-29)^2 + (35-29)^2 + (28-29)^2 + (26-29)^2 + (27-29)^2 + (32-29)^2 + (28.5-29)^2 + (29-29)^2 + (26.5-29)^2 + (23-29)^2 + (33-29)^2 + (29-29)^2 + (26.5-29)^2 + (35-29)^2 = 206\text{MPa}$$

- 표준편차 $\sigma = \sqrt{\frac{S}{n-1}} = \sqrt{\frac{206}{15-1}} = 3.84\text{MPa}$

2과목 콘크리트 제조, 시험 및 품질관리

답안 표기란				
21	①	②	③	④
22	①	②	③	④
23	①	②	③	④
24	①	②	③	④

21 휨강도 시험을 4점 재하장치로 한 결과 지간 사이에서 파괴하중이 40kN이었다. 휨강도는 얼마인가? (단, 공시체의 크기 : 150×150×530mm, 지간 : 450mm)

① 4.0 MPa ② 5.33 MPa
③ 6.33 MPa ④ 8.0 MPa

해설 휨강도 $= \frac{Pl}{bd^2} = \frac{40,000\times450}{150\times150^2} = 5.33\text{MPa}$

22 콘크리트 압축강도 시험에서 하중을 재하하는 속도는 압축응력도 증가율이 매초 얼마 이내로 하는가?

① 0.6±0.4 MPa ② 0.06±0.04 MPa
③ 6±4 MPa ④ 1.2±0.4 MPa

해설
- **압축강도 시험의 경우** : 0.6±0.4 MPa
- **인장강도 시험 및 휨강도 시험의 경우** : 0.06±0.04 MPa

23 압력법에 의한 굳지 않은 콘크리트의 공기량 시험에 관한 내용으로 틀린 것은?

① 시료는 용기에 3층으로 나눠 채우고 각 층마다 다짐봉으로 25회 다진다.
② 굵은골재의 최대치수가 40mm 이하의 보통 골재를 사용한 콘크리트에 적당하다.
③ 다짐 후 용기의 옆면을 10~15회 나무 망치로 두드린다.
④ 압력계의 바늘을 손으로 두드리지 않고 읽는다.

해설 압력계의 바늘을 손으로 두드린 후 읽는다.

24 급속동결융해 시험에서 150사이클 및 180사이클에서 상대동탄성계수가 각각 65% 및 50%가 되었다면 동결융해에 대한 내구성 지수는 얼마인가? (단, 직선(선형)보간법을 활용한다.)

① 65 ② 50
③ 32 ④ 16

정답 19. ① 20. ② 21. ② 22. ① 23. ④ 24. ③

해설 • 특별한 제한이 없는 한 300사이클 또는 상대동탄성계수가 60%가 될 때까지 시험을 계속하도록 규정하고 있다.

• 상대동탄성계수가 65%일 때 내구성 지수

$$\mathrm{DF} = \frac{PN}{M} = \frac{65 \times 150}{300} = 32.5$$

• 상대동탄성계수가 50%일 때 내구성 지수

$$\mathrm{DF} = \frac{PN}{M} = \frac{50 \times 180}{300} = 30$$

• 상대동탄성계수가 57.5%일 때 내구성 지수

$$\mathrm{DF} = \frac{PN}{M} = \frac{57.5 \times 175}{300} = 33.54$$

• 상대동탄성계수가 60%일 때 내구성 지수

$$\mathrm{DF} = \frac{PN}{M} = \frac{60 \times 160}{300} = 32$$

25 다음 중 소성수축균열이 발생할 수 있는 경우는?

① 철근 및 기타 매설물에 의하여 침하가 국부적으로 방해를 받는 경우
② 바람이나 높은 기온으로 인하여 블리딩 발생량보다 표면수의 증발이 빠른 경우
③ 굳지 않은 콘크리트 상태에서 하중을 가한 경우
④ 외부의 구속조건이 큰 경우

해설 콘크리트 친 후 건조한 외기에 노출시 표면건조로 수축현상이 생기며 이 수축현상이 건조되지 않는 내부 콘크리트에 의한 변형구속 때문에 인장응력이 생기는데 이 인장응력이 콘크리트의 초기 인장강도를 초과하여 여러 방향의 미세한 균열인 소성수축균열이 발생한다.

26 콘크리트의 받아들이기 품질검사 항목별 시기 및 횟수로 틀린 것은?

① 펌퍼빌리티는 펌프 압송시 실시한다.
② 염화물 함유량은 바닷모래를 사용할 경우 1회/일 실시한다.
③ 공기량 시험은 압축강도 시험용 공시체 채취시 및 타설 중에 품질변화가 인정될 때 실시한다.
④ 슬럼프 시험은 압축강도 시험용 공시체 채취시 및 타설 중에 품질변화가 인정될 때 실시한다.

해설 염화물 함유량은 바닷모래를 사용할 경우 2회/일 실시한다.

답안 표기란				
25	①	②	③	④
26	①	②	③	④

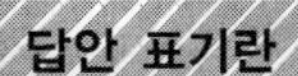

27 ϕ100×200mm 콘크리트 공시체에 축 하중 P=200kN을 가했을 때 세로 방향의 수축량을 구한 값으로 옳은 것은? (단, 콘크리트 탄성계수는 E_c=13,730N/mm²라 한다.)

① 0.07mm ② 0.15mm
③ 0.37mm ④ 0.55mm

$$E=\frac{f}{\varepsilon}$$

$$\varepsilon=\frac{f}{E}=\frac{P/A}{E}$$

$$\frac{\Delta l}{l}=\frac{P}{A\cdot E}$$

$$\therefore\ \Delta l=\frac{P\cdot l}{A\cdot E}=\frac{200000\times200}{\frac{3.14\times100^2}{4}\times13730}=0.37\text{mm}$$

28 어느 레미콘 공장의 콘크리트 압축강도 시험결과 표준편차가 1.5MPa 이었고, 압축강도의 평균값이 39.6MPa이었다면 이 콘크리트의 변동계수는 얼마인가?

① 2.8% ② 3.8%
③ 4.5% ④ 5.5%

$$변동계수=\frac{표준편차}{평균치}=\frac{1.5}{39.6}\times100=3.8\%$$

29 다음 중 계량값 관리도에 포함되지 않는 것은?

① $\bar{x}-R$ 관리도 ② $\bar{x}-\sigma$ 관리도
③ x 관리도 ④ p 관리도

해설 p 관리도(불량률 관리도)는 이항분포 이론을 적용하며 계수값 관리도이다.

30 콘크리트의 비비기에 대한 설명 중 옳지 않은 것은?

① 비비기는 미리 정해둔 비비기 시간의 3배 이상 계속 해서는 안 된다.
② 연속믹서를 사용하면 비비기 시작 후 최초에 배출되는 콘크리트를 사용할 수 있다.
③ 비비기 시간은 시험에 의해 정하는 것을 원칙으로 한다.
④ 재료를 믹서에 투입하는 순서는 믹서의 형식, 비비기 시간 등에 따라 다르기 때문에 시험의 결과 또는 실적을 참고로 정한다.

답안 표기란				
27	①	②	③	④
28	①	②	③	④
29	①	②	③	④
30	①	②	③	④

정답 25. ② 26. ② 27. ③ 28. ② 29. ④ 30. ②

week 03

해설
- 연속믹서를 사용하면 비비기 시작 후 최초에 배출되는 콘크리트는 사용해서는 안 된다.
- 믹서 안의 콘크리트를 전부 꺼낸 후가 아니면 믹서 안에 다음 재료를 넣어서는 안 된다.
- 비비기를 시작하기 전에 미리 믹서 내부를 모르타르로 부착시켜야 한다.
- 재료를 믹서에 투입할 때 일반적으로 물은 다른 재료보다 먼저 넣기 시작하여 넣는 속도를 일정하게 하고 다른 재료의 투입이 끝난 후 조금 지난 뒤에 물을 넣는다.

답안 표기란				
31	①	②	③	④
32	①	②	③	④
33	①	②	③	④

31 레디믹스트 콘크리트의 제조설비에 대한 설명으로 틀린 것은?

① 골재 저장 설비는 콘크리트 최대 출하량의 1일분 이상에 상당하는 골재량을 저장할 수 있는 크기로 한다.
② 계량기는 서로 배합이 다른 콘크리트의 각 재료를 연속적으로 계량할 수 있어야 한다.
③ 믹서는 이동식 믹서로 하여야 하며, 각 재료를 충분히 혼합시켜 균일한 상태로 배출할 수 있어야 한다.
④ 콘크리트 운반차는 트럭믹서나 트럭 애지테이터를 사용한다.

해설
- 믹서는 공장에 설치된 고정믹서에 의해 혼합한다.
- 인공 경량골재 저장설비에는 골재에 살수하는 설비를 갖추어야 한다.
- 골재의 저장 설비는 종류, 품종별로 서로 혼합되지 않도록 한다.

32 콘크리트를 제조하고자 할 때 재료계량의 허용오차가 가장 큰 재료는?

① 혼화재
② 물
③ 혼화제
④ 시멘트

해설
- **물** : −2%, +1%
- **시멘트** : −1%, +2%
- **혼화재** : ±2%
- **혼화제** : ±3%

33 굳지 않은 콘크리트의 시료채취방법(KS F 2401)에서 시료의 양에 대한 설명으로 옳은 것은? (단, 분취 시료를 그대로 시료로 하는 경우는 제외한다.)

① 시료의 양은 20L 이상으로 하고, 시험에 필요한 양보다 5L 이상 많아야 한다.
② 시료의 양은 10L 이상으로 하고, 시험에 필요한 양보다 5L 이상 많아야 한다.

③ 시료의 양은 20L 이상으로 하고, 시험에 필요한 양보다 많아야 한다.

④ 시료의 양은 10L 이상으로 하고, 시험에 필요한 양보다 많아야 한다.

해설 시료의 양은 20L 이상으로 하고, 시험에 필요한 양보다 5L 이상 많아야 한다. 다만, 분취 시료를 그대로 사용하는 경우에는 20L 보다 적어도 좋다.

34 레디믹스트 콘크리트의 품질규정에 대한 설명으로 틀린 것은?

① 슬럼프 25mm인 콘크리트에서 슬럼프의 허용오차는 ±10mm 이다.

② 슬럼프 플로 600mm인 콘크리트에서 슬럼프 플로의 허용오차는 ±75mm이다.

③ 보통 콘크리트의 공기량은 4.5%이며, 공기량의 허용오차는 ±1.5%이다.

④ 경량 콘크리트의 공기량은 5.5%이며, 공기량의 허용오차는 ±1.5%이다.

해설
- 슬럼프 플로 500mm인 콘크리트에서 슬럼프 플로의 허용오차는 ±75mm이다.
- 슬럼프 플로 600mm인 콘크리트에서 슬럼프 플로의 허용오차는 ±100mm이다.

35 콘크리트 탄산화 깊이측정 시험에서 가장 많이 사용되는 용액은?

① 염산 용액　② 페놀프탈레인 용액

③ 황산 용액　④ 마그네슘 용액

해설 1% 페놀프탈레인 용액을 분무하여 무색이면 중성화된 것으로 보며 적색으로 변하면 비중성화(알칼리)로 구분하게 된다.

36 콘크리트의 내구성에 대한 설명으로 틀린 것은?

① 콘크리트의 물-결합재비는 원칙적으로 65% 이하이어야 한다.

② 콘크리트는 원칙적으로 공기연행 콘크리트로 하여야 한다.

③ 콘크리트의 침하균열, 건조수축 균열로 인해 발생하는 균열은 허용 균열폭 이내로 관리하여야 한다.

④ 콘크리트 속의 수산화칼슘과 대기 중의 탄산가스가 반응하는 탄산화는 콘크리트 내구성을 저해한다.

해설 **수밀 콘크리트**
- 콘크리트의 물-결합재비는 원칙적으로 60% 이하로 하며 단위수량은 185kg/m^3을 초과하지 않도록 하여야 한다.
- 콘크리트의 워커빌리티를 개선하기 위해 공기연행제, 공기연행감수제, 또는 고성능 공기연행감수제를 사용하는 경우라도 공기량은 4% 이하가 되게 한다.

답안 표기란				
34	①	②	③	④
35	①	②	③	④
36	①	②	③	④

week 03

정답 31. ③ 32. ③ 33. ① 34. ② 35. ② 36. ①

37 **레디믹스트 콘크리트 품질에 대한 지정으로 각 슬럼프 값에 따른 허용오차 기준이 틀린 것은?**

① 슬럼프 25mm : 허용오차 ±10mm
② 슬럼프 50mm : 허용오차 ±15mm
③ 슬럼프 65mm : 허용오차 ±20mm
④ 슬럼프 80mm : 허용오차 ±25mm

해설 슬럼프의 허용차(mm)

슬럼프	슬럼프 허용차
25	±10
50 및 65	±15
80 이상	±25

38 **콘크리트 제조 공정의 품질관리 및 검사 내용 중 1일에 2회 이상 시험 · 검사를 해야 하는 항목은?**

① 잔골재의 조립률 ② 잔골재의 표면수율
③ 굵은 골재의 조립률 ④ 굵은 골재의 표면수율

해설 잔골재의 표면수율 및 바다 잔골재를 사용할 경우 염소이온량의 검사 횟수는 2회/일 실시한다.

39 **콘크리트의 시공 성능에 대한 설명으로 옳지 않은 것은?**

① 워커빌리티 증진을 위하여, 일반적으로 콘크리트 온도를 상승시킨다.
② 일반적으로 펌퍼빌리티는 수평관 1m당 관내의 압력손실로 정할 수 있다.
③ 굳지 않은 콘크리트의 펌퍼빌리티는 펌프 압송 작업에 적합한 것이어야 한다.
④ 굳지 않은 콘크리트의 워커빌리티는 운반, 타설, 다지기, 마무리 등의 작업에 적합한 것이어야 한다.

해설 일반적으로 콘크리트 온도가 높을 경우 워커빌리티에 지장을 준다.

답안 표기란

37	①	②	③	④
38	①	②	③	④
39	①	②	③	④

40 타설 직전의 콘크리트의 수소이온 농도(pH값)를 측정하였을 때 예상되는 pH값의 범위로 가장 가까운 것은?

① 3~4　　② 5~8
③ 9~11　　④ 12~13

해설
- 수화반응에서 생성되는 수산화칼슘(pH)은 12~13 범위이다.
- 콘크리트가 대기와 접촉하여 탄산칼슘으로 변화한 부분의 pH가 8.5~10 정도로 낮아지는 현상을 탄산화(중성화)라 한다.

답안 표기란				
40	①	②	③	④
41	①	②	③	④
42	①	②	③	④

3과목 콘크리트의 시공

41 거푸집 및 동바리 구조계산에 대한 설명 중 틀린 것은?

① 고정하중은 철근 콘크리트와 거푸집의 중량을 고려하여 합한 하중이다.
② 콘크리트의 단위중량은 철근의 중량을 포함하여 보통 콘크리트의 경우 24 kN/m^3을 적용한다.
③ 거푸집 하중은 최소 4 kN/m^2 이상을 적용한다.
④ 거푸집 설계에서는 굳지 않은 콘크리트의 측압을 고려하여야 한다.

해설
- 거푸집의 하중은 최소 0.4 kN/m^2 이상을 적용한다.
- 특수 거푸집의 경우에는 그 실제의 질량을 적용한다.
- 고정하중과 활하중을 합한 연직하중은 슬래브 두께에 관계없이 최소 5.0 kN/m^2 이상, 전동식 카트 사용시에는 최소 6.25 kN/m^2 이상을 고려한다.

42 경량골재 콘크리트에 대한 설명으로 옳지 않은 것은?

① 최대 물-시멘트비는 45%를 원칙으로 한다.
② 공기량은 보통 골재를 사용한 콘크리트보다 1% 크게 해야 한다.
③ AE 콘크리트로 하는 것을 원칙으로 한다.
④ 슬럼프 값은 80mm에서 210mm를 표준하며, 단위시멘트량의 최소값은 300kg, 물-결합재비의 최대값은 60%로 한다.

해설
- 최대 물-결합재비는 60%를 원칙으로 한다.
- 공기량은 5.5%으로 그 허용오차는 ±1.5%로 한다.
- 강제식 믹서를 사용하여 1분 이상으로 비비기하는 것을 표준한다.

정답 37. ③ 38. ② 39. ① 40. ④ 41. ③ 42. ①

week 03

• 수험번호:
• 수험자명:

글자 크기 100% 150% 200% | 화면 배치 | • 전체 문제 수:
• 안 푼 문제 수:

답안 표기란

43	①	②	③	④
44	①	②	③	④
45	①	②	③	④

43 **고강도 프리플레이스트 콘크리트에 대해 다음 표의 (　) 안에 들어갈 적절한 수치는?**

> 고강도 프리플레이스트 콘크리트라 함은 고성능 감수제에 의하여 주입 모르타르의 물-결합재비를 (A) 이하로 낮추어 재령 91일에 압축강도 (B) 이상이 얻어지는 프리플레이스트 콘크리트를 말한다.

① A : 45%,　B : 45 MPa　　② A : 45%,　B : 40 MPa
③ A : 40%,　B : 40 MPa　　④ A : 40%,　B : 45 MPa

해설 프리플레이스트 콘크리트란 특정한 입도를 가진 굵은골재를 거푸집에 채워놓고 그 공극 속에 특수한 모르타르를 적당한 압력으로 주입하여 만든 콘크리트이다.

44 **트레미를 이용한 일반 수중 콘크리트 타설에 대한 설명으로 틀린 것은?**

① 트레미의 안지름은 수심 3m 이내에서 250mm 정도가 좋다.
② 트레미의 안지름은 굵은골재 최대치수의 8배 이상이 되도록 하여야 한다.
③ 트레미 1개로 타설할 수 있는 면적이 지나치게 크지 않도록 하여야 하며, $30m^2$ 이하로 하여야 한다.
④ 트레미는 콘크리트를 타설하는 동안에 다짐을 좋게 하기 위하여 수시로 수평이동시켜야 한다.

해설
- 트레미는 콘크리트를 타설하는 동안 수평이동시킬 수 없다.
- 콘크리트를 타설하는 동안 트레미의 하단을 타설된 콘크리트 면보다 0.3~0.4m 아래로 유지하면서 가볍게 상하로 움직여야 한다.

45 **한중 콘크리트 시공시 비빈 직후 콘크리트의 온도 및 주위 기온이 아래의 조건과 같을 때, 타설이 완료된 후 콘크리트의 온도를 계산하면?**

> • 비빈 직후의 콘크리트 온도 : 25℃, 주위 온도 : 4℃
> • 비빈 후부터 타설 완료시까지의 시간 : 1시간 30분

① 19.8℃　　② 20.3℃
③ 21.6℃　　④ 22.5℃

해설 $T_2 = T_1 - 0.15(T_1 - T_0)t = 25 - 0.15(25-4) \times 1.5 = 20.3°$

46 포장 콘크리트의 배합기준에서 휨 호칭강도(f_{28})는 몇 MPa 이상이어야 하는가?

① 2.5 MPa ② 4 MPa
③ 4.5 MPa ④ 6 MPa

해설 포장용 콘크리트의 배합기준

항 목	기 준
휨 호칭강도(f_{28})	4.5 MPa 이상
단위수량	150 kg/m³
굵은골재의 최대치수	40mm 이하
슬럼프	40mm 이하
공기연행 콘크리트의 공기량 범위	4~6%

47 콘크리트가 경화될 때까지 습윤상태의 보호기간은 보통포틀랜드 시멘트와 조강포틀랜드 시멘트를 사용한 경우 각각 몇 일 이상을 표준으로 하는가? (단, 일평균기온은 15℃ 이상일 경우)

① 보통포틀랜드 시멘트 : 3일 이상, 조강포틀랜드 시멘트 : 5일 이상
② 보통포틀랜드 시멘트 : 5일 이상, 조강포틀랜드 시멘트 : 7일 이상
③ 보통포틀랜드 시멘트 : 5일 이상, 조강포틀랜드 시멘트 : 3일 이상
④ 보통포틀랜드 시멘트 : 7일 이상, 조강포틀랜드 시멘트 : 5일 이상

해설 일평균기온이 10℃ 이상인 경우에는 보통 포틀랜드 시멘트 : 7일, 조강 포틀랜드 시멘트 : 4일 이상 양생한다.

48 숏크리트 시공의 일반적인 설명으로 틀린 것은?

① 건식 숏크리트는 배치 후 45분 이내에 뿜어붙이기를 실시하여야 한다.
② 습식 숏크리트는 배치 후 60분 이내에 뿜어붙이기를 실시하여야 한다.
③ 숏크리트는 타설되는 장소의 대기온도가 32℃ 이상이 되면 건식 및 습식 숏크리트 모두 뿜어붙이기를 할 수 없다.
④ 숏크리트는 대기 온도가 4℃ 이상일 때 뿜어붙이기를 실시한다.

해설 숏크리트는 대기 온도가 10℃ 이상일 때 뿜어붙이기를 실시한다.

답안 표기란				
46	①	②	③	④
47	①	②	③	④
48	①	②	③	④

week 03

정답 43. ③ 44. ④ 45. ② 46. ③ 47. ③ 48. ④

답안 표기란				
49	①	②	③	④
50	①	②	③	④

49 **서중 콘크리트 제조 및 시공에 대한 설명으로 잘못된 것은?**

① 일반적으로 기온 10℃의 상승에 대하여 단위수량은 2~5% 증가한다.

② 콘크리트를 타설할 때의 콘크리트 온도는 25℃를 넘지 않도록 하여야 한다.

③ KS F 2560의 지연형 감수제를 사용하는 등의 일반적인 대책을 강구한 경우에도 1.5시간 이내에 타설하여야 한다.

④ 콘크리트 타설 후 콘크리트의 경화가 진행되어 있지 않은 시점에서 갑작스러운 건조에 의해 균열이 발생하였을 경우 즉시 재진동 다짐이나 다짐을 실시하여 이것을 없애야 한다.

해설
- 콘크리트를 타설할 때의 콘크리트 온도는 35℃ 이하여야 한다.
- 타설 후 적어도 24시간은 노출면이 건조하는 일이 없도록 습윤상태로 유지하며 양생은 적어도 5일 이상 실시한다.

50 **이미 경화한 매시브한 콘크리트 위에 슬래브를 타설할 때 부재평균 최고온도와 외기온도와의 균형시의 온도차가 12.8℃ 발생하였을 때 아래의 표를 이용하여 온도균열 발생확률을 구하면? (단, 간이법 적용)**

① 약 5%

② 약 15%

③ 약 30%

④ 약 50%

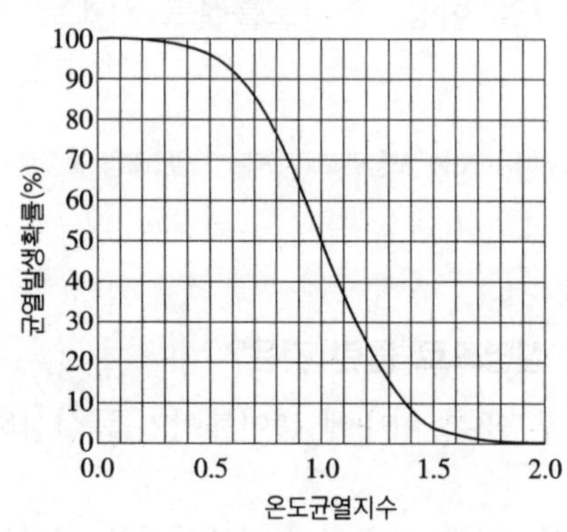

해설
- 암반이나 매시브한 콘크리트 위에 타설된 평판구조 등과 같이 외부 구속응력이 큰 경우 온도균열지수 $= \dfrac{10}{R \cdot \Delta T_o}$

여기서, ΔT_o : 부재 평균 최고온도와 외기온도와의 균형시의 온도차(℃)

R : 외부 구속의 정도를 표시하는 계수로서

㉠ 비교적 연한 암반 위에 콘크리트를 타설할 때 : 0.5

㉡ 중간 정도의 단단한 암반 위에 콘크리트를 타설할 때 : 0.65

㉢ 경암 위에 콘크리트를 타설할 때 : 0.8 ㉣ 이미 경화된 콘크리트 위에 타설할 때 : 0.6

• 온도균열지수 = $\frac{10}{R \cdot \Delta T_o} = \frac{10}{0.6 \times 12.8} = 1.3$

그림에서 온도균열지수가 1.3일 때 해당하는 균열 발생 확률은 약 15%이다.

답안 표기란				
51	①	②	③	④
52	①	②	③	④
53	①	②	③	④
54	①	②	③	④

51 **수중불분리성 콘크리트에 사용하는 굵은골재의 최대치수에 대한 설명으로 틀린 것은?**

① 20 또는 25mm 이하를 표준으로 한다.
② 부재 최소치수의 1/5를 초과해서는 안 된다.
③ 철근의 최소 순간격의 2/3을 초과해서는 안 된다.
④ 현장 타설말뚝 및 지하연속벽에 사용하는 콘크리트의 경우는 25mm 이하를 표준으로 한다.

해설 철근의 최소 순간격의 1/2를 초과해서는 안 된다.

52 **고온 · 고압의 증기솥 속에서 상압보다 높은 압력으로 고온의 수증기를 사용하여 실시하는 양생방법은?**

① 오토클레이브 양생
② 증기양생
③ 촉진양생
④ 고주파양생

해설 오토클레이브 양생은 7~12기압의 고온 · 고압의 증기솥에 의해 양생한다.

53 **표면 마무리에 대한 설명으로 틀린 것은?**

① 시공이음이 미리 정해져 있지 않을 경우 직선상의 이음이 얻어지도록 시공해야 한다.
② 다지기를 끝내고 거의 소정의 높이와 형상으로 된 콘크리트 윗면은 스며 올라온 물이 없어지기 전까지 마무리를 해야 한다.
③ 마무리 작업 후 콘크리트가 굳기 시작할 때까지의 사이에 일어나는 균열은 다짐 또는 재마무리에 의해서 제거하여야 한다.
④ 매끄럽고 치밀한 표면이 필요할 때는 작업이 가능한 범위에서 될 수 있는 대로 늦은 시기에 콘크리트 윗면을 마무리하여야 한다.

해설
• 다지기를 끝내고 거의 소정의 높이와 형상으로 된 콘크리트 윗면은 스며 올라온 물이 없어진 후에 마무리를 해야 한다.
• 마모를 받는 면의 경우에는 물-결합재비를 작게 한다.

54 **숏크리트 코어 공시체(ϕ100×100mm)로부터 채취한 강섬유의 질량이 61.2g일 때, 강섬유 혼입률은? (단, 강섬유의 밀도는 7.85g/cm^3)**

① 0.5%
② 1%
③ 3%
④ 5%

정답 49. ② 50. ② 51. ③ 52. ① 53. ② 54. ②

week 03

해설
- 채취한 강섬유의 밀도

$$\gamma = \frac{W}{V} = \frac{61.2}{\frac{3.14 \times 10^2}{4} \times 10} = 0.077\,\text{g/cm}^3$$

- 강섬유 혼입률

$$\frac{0.077}{7.85} \times 100 = 1\%$$

55 방사선 차폐용 콘크리트에서 확보하여야 하는 필요 성능이 아닌 것은?

① 밀도 ② 수화열
③ 결합수량 ④ 압축강도

해설
- 수화열은 방사선 차폐용 콘크리트에서 확보하여야 하는 필요 성능에 해당되지 않는다.
- 차폐용 콘크리트로서 중성자의 차폐를 필요로 하지 않는 경우에는 결합수량과 붕소량 등은 명시하지 않아도 되는 성능 항목이다.

56 콘크리트의 시공 및 시공 성능과 관련된 일반사항에 대한 설명으로 틀린 것은?

① 콘크리트 구조물의 시공은 시공계획을 따라야 한다.
② 현장에서는 콘크리트 구조물의 시공에 관하여 충분한 지식이 있는 기술자를 배치하여야 한다.
③ 굳지 않은 콘크리트의 워커빌리티는 운반, 타설, 다지기, 마무리 등의 작업에 적합한 것이어야 한다.
④ 일반적인 경우, 워커빌리티는 굵은 골재의 최대치수와 슬럼프를 사용하여 설정하면 안된다.

해설 일반적인 경우, 워커빌리티는 굵은 골재의 최대치수와 슬럼프를 사용하여 설정한다.

57 팽창 콘크리트의 제조, 운반 및 타설과 관련된 설명으로 옳은 것은?

① 내·외부 온도차에 의한 온도균열의 우려가 있으므로 팽창 콘크리트에 급격하게 살수할 수 없다.
② 팽창재는 다른 재료와 별도로 질량으로 계량하며, 그 오차는 1회 계량분량의 10% 이내로 하여야 한다.

답안 표기란				
55	①	②	③	④
56	①	②	③	④
57	①	②	③	④

③ 포대 팽창재를 사용하는 경우에는 포대수로 계산해도 된다. 그러나 1포대 미만의 것을 사용하는 경우에는 반드시 부피 단위로 계량하여야 한다.

④ 콘크리트를 비비고 나서 타설을 끝낼 때까지의 시간은 기온·습도 등의 기상조건과 시공에 관한 등급에 따라 2~3시간 이내로 하여야 한다.

해설
- 팽창재는 다른 재료와 별도로 질량으로 계량하며, 그 오차는 1회 계량분량의 1% 이내로 하여야 한다.
- 포대 팽창재를 사용하는 경우에는 포대수로 계산해도 된다. 그러나 1포대 미만의 것을 사용하는 경우에는 반드시 질량 단위로 계량하여야 한다.
- 콘크리트를 비비고 나서 타설을 끝낼 때까지의 시간은 기온·습도 등의 기상조건과 시공에 관한 등급에 따라 1~2시간 이내로 하여야 한다.

58 시공이음에 대한 일반적인 설명으로 틀린 것은?

① 시공이음은 될 수 있는 대로 전단력이 작은 위치에 설치한다.

② 시공이음은 부재의 압축력이 작용하는 방향과 직각이 되도록 한다.

③ 부득이 전단이 큰 위치에 시공이음을 설치할 경우에는 시공이음에 장부 또는 홈을 두거나 적절한 강재를 배치하여 보강하여야 한다.

④ 외부의 염분에 의한 피해 우려가 있는 해양 콘크리트 구조물은 콘크리트 팽창 및 수축을 최소화 할 수 있도록 시공이음부를 가급적 많이 두는 것이 좋다.

해설 외부의 염분에 의한 피해 우려가 있는 해양 콘크리트 구조물은 콘크리트 팽창 및 수축을 최소화 할 수 있도록 시공이음부를 가급적 적게 두는 것이 좋다.

59 고유동 콘크리트의 품질기준에 대한 아래 표의 설명에서 ( ) 안에 들어갈 숫자로서 옳은 것은?

> 굳지 않은 콘크리트의 유동성은 KS F 2594에 따라 슬럼프 플로 시험에 의하여 정하고, 그 범위는 ( )mm 이상으로 한다.

① 400 ② 500

③ 600 ④ 700

해설
- 굳지 않은 콘크리트의 유동성은 슬럼프 플로 600mm 이상으로 한다.
- 굳지 않은 콘크리트의 재료분리 저항성은 슬럼프 플로 500mm 도달시간 3~20초 범위를 만족하여야 한다.

답안 표기란

58	①	②	③	④
59	①	②	③	④

week 03

정답 55. ② 56. ④ 57. ① 58. ④ 59. ③

60 **아래 표는 프리캐스트 콘크리트 양생방법 중 증기양생 작업 순서를 일반적으로 설명한 것이다. 이 중 틀린 것은?**

> ⓐ 거푸집과 함께 증기양생실에 넣어 양생 온도를 균등하게 올린다.
> ⓑ 비빈 후 2~3시간 이상 경과된 후에 증기양생을 실시한다.
> ⓒ 온도상승 속도는 1시간당 30℃ 이상으로 하고, 최고온도는 120℃로 한다.
> ⓓ 양생실의 온도는 서서히 내려 외기의 온도와 큰 차가 없도록 하고 나서 제품을 꺼낸다.

① ⓐ ② ⓑ
③ ⓒ ④ ⓓ

해설 온도상승 속도는 1시간당 20℃ 이상으로 하고, 최고온도는 65℃로 한다.

4과목 콘크리트 구조 및 유지관리

61 **철근콘크리트 부재의 철근이음에 관한 설명 중 틀린 것은?**

① 철근의 단부 지압이음은 폐쇄띠철근, 폐쇄스터럽 또는 나선철근을 배치한 압축부재에서만 사용하여야 한다.
② 용접이음과 기계적 이음은 철근의 항복강도의 125% 이상을 발휘할 수 있어야 한다.
③ 압축이형철근의 이음에서 f_{ck}가 21MPa 미만일 경우에는 겹침이음길이를 1/3 증가시켜야 한다.
④ 인장이형철근의 겹침이음길이는 A급, B급 이음이 있으며, 두 경우 모두 이음길이는 최소 250mm 이상이어야 한다.

해설
- 인장 이형철근의 겹침이음길이는 300mm 이상이어야 한다.
- D35를 초과하는 철근은 겹침이음을 하지 않고 용접에 의한 맞댐이음을 한다.

62 **교량의 동적 재하시험에서 동적 측정시스템에 의한 자료의 분석에 있어서 중요한 검토사항이 아닌 것은?**

① 부재의 응력 ② 동적 증폭률
③ 고유 진동수 ④ 진동의 크기

답안 표기란				
60	①	②	③	④
61	①	②	③	④
62	①	②	③	④

해설 동적 재하시험 측정 결과를 이용하여 교량의 충격계수, 동적변형률, 가속도, 진동주기, 여진동, 고유 진동수 등을 분석한다.

답안 표기란				
63	①	②	③	④
64	①	②	③	④
65	①	②	③	④

63 계수 전단력 V_u=75kN을 전단보강철근 없이 지지하고자 할 경우 필요한 단면의 유효깊이 최소값은 얼마인가? (단, $b_w = 350$mm, $f_{ck} = 24$MPa, $f_y = 350$MPa, 보통중량콘크리트 사용)

① 700mm ② 650mm
③ 525mm ④ 350mm

해설
- **전단철근이 필요하지 않는 경우**

$$V_u \le \frac{1}{2}\phi V_c = \frac{1}{2}\phi \frac{1}{6}\lambda \sqrt{f_{ck}}\, b_\omega d$$

$$75000 = \frac{1}{2} \times 0.75 \times \frac{1}{6} \times 1.0 \times \sqrt{24} \times 350 \times d$$

$$\therefore\ d = 700\text{mm}$$

64 철근 콘크리트 구조물 단면에 압축철근의 배근에 대한 설명 중 틀린 것은?

① 취성을 증가시킨다.
② 지속하중에 대한 처짐을 적게 한다.
③ 압축파괴에서 인장파괴로 전환시킨다.
④ 스터럽 철근의 고정 등이 용이하다.

해설 연성을 증가시킨다.

65 다음 각 열화 과정과 잠복기에 대한 설명이 틀린 것은?

① 중성화 – 중성화의 진행상태가 철근위치까지 도달하지 않은 상태
② 염해 – 강재의 부식 개시로부터 부식 균열발생까지의 기간
③ 동해 – 열화가 나타나지 않은 상태
④ 화학적 부식 – 콘크리트의 변상이 나타날 때까지의 기간

해설
- 염해의 잠복기(잠재기)는 강재의 피복 위치에 있어서 염소 이온 농도가 부식 발생 한계 농도에 도달할 때까지의 기간이다.
- 염해의 진전기는 강재의 부식 개시로부터 부식 균열 발생까지의 기간이다.
- 염해의 촉진기는 부식 균열 발생으로부터 부식 속도가 증가하는 기간이다.
- 염해의 한계기는 부식량의 증가에 따른 내하력의 저하가 현저한 기간이다.

정답 60. ③ 61. ④ 62. ① 63. ① 64. ① 65. ②

week 03

• 수험번호:
• 수험자명:
• 제한 시간:
• 남은 시간:

글자 크기 100% 150% 200% | 화면 배치 | • 전체 문제 수:
• 안 푼 문제 수:

답안 표기란

66	①	②	③	④
67	①	②	③	④

66 콘크리트 구조물의 성능을 저하시키는 화학적 부식에 대한 설명 중 옳지 않은 것은?

① 일반적으로 산은 다소 정도의 차이는 있으나 시멘트 수화물 및 수산화칼슘을 분해하여 침식한다. 침식의 정도는 유기산이 무기산보다 심하다.

② 콘크리트는 그 자체가 강알칼리이며, 알칼리에 대한 저항력은 상당히 크다. 그러나 매우 높은 농도의 NaOH에는 침식된다.

③ 염류에 의한 화학적 부식의 대표적인 것은 황산염에 의한 화학적 부식이다. 황산염에 의한 시멘트 콘크리트의 열화기구는 일반적인 황산염, 황산마그네슘 및 해수에 의한 작용으로 분류할 수 있다.

④ 콘크리트가 외부로부터의 화학작용을 받아 그 결과 시멘트 경화체를 구성하는 수화생성물이 변질 또는 분해하여 결합 능력을 잃는 열화현상을 총칭하여 화학적 부식이라 한다.

해설 콘크리트의 침식작용은 농도가 일정한 경우에는 무기산은 유기산보다 심하다.

67 알칼리 골재반응은 콘크리트 내부에 국부적인 팽창압력을 발생시켜 구조물에 균열을 발생시킬 수 있다. 이러한 알칼리 골재반응의 대부분을 차지하는 반응은 다음 중 어느 것인가?

① 알칼리-탄산염 반응(alkali-carbonate rock reaction)

② 알칼리-실리카 반응(alkali-silica reaction)

③ 알칼리-실리케이트 반응(alkali-silicate reaction)

④ 알칼리-황산염 반응

해설
- **알칼리-실리케이트 반응**
  암석 중의 층상구조가 알칼리와 수분의 존재하에 팽창하여 발생한다.
- **알칼리 탄산염 반응**
  겔의 형성을 볼 수 없다.

68 직접설계법에 의한 슬래브 설계에서 전체 정적 계수 휨모멘트 M_o=320kN · m로 계산되었을 때, 내부 경간의 부계수 휨모멘트는 얼마인가?

① 208 kN · m ② 195 kN · m
③ 182 kN · m ④ 169 kN · m

해설
- (−) $0.65M_o = 0.65 \times 320 = 208$kN · m
- 정계수 휨모멘트 = $0.35M_o$

69 탄산화 속도에 영향을 미치는 요인에 대한 일반적인 설명으로 틀린 것은?

① 밀도가 작은 골재를 사용한 콘크리트는 중성화가 빨라진다.
② 조강 포틀랜드 시멘트를 사용한 콘크리트는 보통 포틀랜드 시멘트를 사용한 콘크리트에 비해 중성화가 느리다.
③ 경량골재 콘크리트는 보통 중량골재 콘크리트보다 중성화가 빠르다.
④ 옥내는 옥외의 경우보다 중성화가 늦다.

해설
- 옥내는 옥외의 경우보다 중성화가 빠르다.
- 중성화 속도는 물-결합재비가 클수록 빨라진다.
- 온도가 높은 쪽이 온도가 낮은 쪽보다 중성화 진행이 빠르다.
- 수중의 콘크리트보다 습윤의 영향을 받는 콘크리트가 중성화 진행이 빠르다.

70 단면 증설 공법에 의한 구조물 보강 후 평가 방법으로 가장 적합한 것은?

① 누수진단 ② 기포조사
③ 재하시험 ④ 육안조사

해설 재하시험을 통해 구조물의 시공 평가를 할 수 있다.

71 보강에 사용되는 유리섬유에 대한 설명으로 틀린 것은?

① 탄소섬유와 비교하면 밀도가 크다.
② 높은 온도에 견디며 불에 타지 않는다.
③ 흡수성이 없고 전기 절연성이 크다.
④ 유리섬유의 인장강도는 강섬유 인장강도의 1/2정도이다.

해설
- **강섬유 인장강도** : 400~2,000MPa
- **유리섬유 인장강도** : 2,550~3,570MPa

답안 표기란

68	①	②	③	④
69	①	②	③	④
70	①	②	③	④
71	①	②	③	④

week 03

정답 66. ① 67. ② 68. ① 69. ④ 70. ③ 71. ④

72 **옹벽의 안정에 대한 설명으로 틀린 것은?**

① 전도에 대한 저항휨모멘트는 횡토압에 의한 전도모멘트의 1.5배 이상이어야 한다.
② 활동에 대한 저항력은 옹벽에 작용하는 수평력의 1.5배 이상이어야 한다.
③ 전도 및 지반지지력에 대한 안정조건은 만족하지만, 활동에 대한 안정조건만을 만족하지 못할 경우에는 활동 방지벽 혹은 횡방향 앵커 등을 설치하여 활동저항력을 증대시킬 수 있다.
④ 지반에 유발되는 최대 지반반력이 지반의 허용지지력을 초과하지 않아야 한다.

해설 전도에 대한 저항 휨모멘트는 횡토압에 의한 전도모멘트의 2배 이상이어야 한다.

73 **알칼리-실리카 반응의 가능성을 예상하기 위해 콘크리트 중 알칼리량을 측정하는 시험방법에 속하지 않는 것은?**

① 암석학적 시험법 ② 화학법
③ 모르타르바 방법 ④ 초음파법

해설 초음파법은 콘크리트 강도를 추정할 수 있다.

74 **포스트텐션 공법에 의한 프리스트레스트 콘크리트 부재의 제작 과정으로 옳은 것은?**

㉠ 거푸집의 조립과 쉬스의 배치	㉡ 프리스트레스 도입
㉢ 콘크리트 치기	㉣ 그라우팅

① ㉠ → ㉡ → ㉢ → ㉣ ② ㉠ → ㉢ → ㉡ → ㉣
③ ㉠ → ㉣ → ㉡ → ㉢ ④ ㉠ → ㉡ → ㉣ → ㉢

해설 거푸집의 조립과 쉬스의 배치, 콘크리트 치기, 프리스트레스 도입, 그라우팅 순서로 콘크리트 부재를 제작한다.

75 **철근 콘크리트 부재의 강도설계법 개념에 대한 설명으로 옳지 않은 것은?**

① 콘크리트의 응력은 중립축으로부터 떨어진 거리에 비례한다.

답안 표기란

72	①	②	③	④
73	①	②	③	④
74	①	②	③	④
75	①	②	③	④

② 철근의 응력이 설계기준 항복강도 f_y 이하일 때 철근의 응력은 그 변형률에 E_s를 곱한 값으로 한다.
③ 콘크리트 압축응력의 분포와 콘크리트 변형률 사이의 관계는 직사각형, 사다리꼴, 포물선 또는 기타 어떤 형상으로도 가정할 수 있다.
④ 콘크리트의 인장강도는 KDS 14 20 60의 규정에 해당하는 경우를 제외하고는 철근 콘크리트 부재 단면의 압축강도와 휨강도 계산에서 무시할 수 있다.

해설
- 철근 및 콘크리트의 변형률은 중립축으로부터의 거리에 비례한다.
- 압축측 연단에서의 콘크리트의 최대 변형률은 $f_{ck} \le 40\text{MPa}$일 경우 0.0033으로 가정한다.

답안 표기란				
76	①	②	③	④
77	①	②	③	④
78	①	②	③	④

76 강도설계법에서 강도감소계수에 대한 설명으로 틀린 것은?

① 포스트텐션 정착구역에 사용하는 강도감소계수는 0.85이다.
② 나선철근 부재는 띠철근 기둥보다 더 큰 강도감소계수를 적용한다.
③ 압축지배단면의 강도감소계수는 인장지배단면의 강도감소계수보다 더 큰 값을 적용한다.
④ 스트럿-타이 모델에서 절점부에 적용하는 강도감소계수는 전단에 사용된 값과 동일한 값을 사용한다.

해설 압축지배단면의 강도감소계수(0.65)는 인장지배단면의 강도감소계수(0.85)보다 더 작은 값을 적용한다.

77 콘크리트 자체의 변형으로 인해 생기는 수축균열의 원인에 속하지 않는 것은?

① 건조수축　　② 수화열 발생
③ 염화물 침투　　④ 외부의 기온 변화

해설
- 수축균열은 온도에 의한 체적변화, 급격한 건조, 수화열의 변동으로 인해 발생한다.
- 구속된 건조수축에서 발생되는 인장응력이 인장강도 보다 큰 경우에 균열이 발생한다.

78 강교에서 피로균열의 진전을 일시적으로 방지하고 선단부의 국부적인 응력집중을 해소하기 위한 보수공법은?

① pull-out 공법　　② stop-hole 공법
③ 에폭시 주입 공법　　④ 탄소섬유 시트 공법

정답 72. ① 73. ④ 74. ② 75. ① 76. ③ 77. ③ 78. ②

해설 Stop-Hole 공법
피로균열 선단에 구멍(stop-hole)을 설치하여 선단부의 국부적인 응력집중 해소하여 균열의 진행을 일시적으로 방지한다.

답안 표기란

79	①	②	③	④
80	①	②	③	④

79 상재하중 $q=45$kN/m이 작용하고 있는 높이 4.0m인 역T형 옹벽에 작용하는 수평력의 합은? (단, 흙의 단위중량 $\gamma=18$kN/m^3, 흙의 주동토압계수 $C_a=0.3$이며, 옹벽 길이 1m에 대하여 계산한다.)

① 43.2kN/m　② 54.0kN/m
③ 88.2kN/m　④ 97.2kN/m

해설

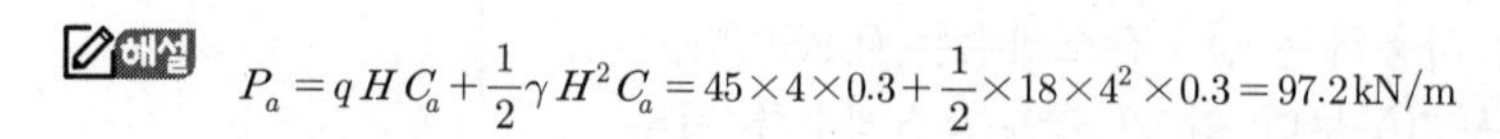

$$P_a = qHC_a + \frac{1}{2}\gamma H^2 C_a = 45\times4\times0.3+\frac{1}{2}\times18\times4^2\times0.3 = 97.2\,\text{kN/m}$$

80 콘크리트의 설계기준 압축강도 $f_{ck}=24$MPa인 콘크리트로 된 기둥이 20MPa의 응력을 장기하중으로 받을 때, 기둥은 크리프로 인하여 그 길이가 얼마나 줄어들겠는가? (단, 콘크리트는 보통 중량골재를 사용했으며, 기둥 길이는 8m, 크리프 계수는 2이고, 철근의 영향은 무시한다.)

① 11.3mm　② 11.8mm
③ 12.3mm　④ 12.8mm

해설
- **콘크리트 탄성계수**
  $E_c = 8500\sqrt[3]{f_{cm}} = 8500\sqrt[3]{(24+4)} = 25811\text{MPa}$
  여기서, $f_{cm}=f_{ck}+\Delta f$　Δf는 f_{ck}가 40MPa 이하이므로 4MPa이다.
- **탄성 변형률**
  $$\varepsilon_e = \frac{f_c}{E_c} = \frac{20}{25811} = 0.00077$$
- **크리프 변형률**
  $\varepsilon_c = \phi\,\varepsilon_e = 2\times0.00077 = 0.00154$
- **변형량**
  $\Delta l = \varepsilon_c\, l = 0.00154\times8000 = 12.3\text{mm}$

정답 79. ④ 80. ③

03회 CBT 모의고사

• 수험번호:
• 수험자명:

• 제한 시간:
• 남은 시간:

글자 크기 100% 150% 200% | 화면 배치 | • 전체 문제 수: • 안 푼 문제 수:

1과목 콘크리트 재료 및 배합

답안 표기란				
1	①	②	③	④
2	①	②	③	④
3	①	②	③	④

01 골재의 절대용적이 780L인 콘크리트에 잔골재율이 39%이고, 잔골재의 표건밀도가 2.62g/cm^{3}이면, 단위 잔골재량은 얼마인가?

① 204 kg/m^3 ② 304 kg/m^3
③ 597 kg/m^3 ④ 797 kg/m^3

해설 단위 잔골재량 $= 0.78 \times 2.62 \times 0.39 \times 1000 = 797\text{kg/m}^3$

02 잔골재의 콘크리트 사용에 있어 현장배합으로 환산하는 데 필요한 시험 방법은 무엇인가?

① 잔골재 표면수 측정시험
② 잔골재 밀도시험
③ 골재의 단위용적질량시험
④ 모래의 유기불순물 시험

해설 시방배합을 현장배합으로 수정할 경우에는 골재의 표면수 시험 및 입도 시험을 한다.

03 AE제의 사용 목적 및 효과에 대한 설명으로 틀린 것은?

① AE제를 사용하면 일반적으로 콘크리트의 동결융해 저항성이 개선된다.
② AE제로 연행된 공기에 의한 볼베어링 효과로 작업성이 개선된다.
③ 공기량이 증가할수록 강도가 저하하기 때문에 공기량은 약 3~6% 정도의 범위가 되도록 하는 것이 좋다.
④ 혼화재로서 플라이 애시를 함께 사용하면 공기 연행 효과를 높일 수 있다.

해설 플라이 애시는 함유 탄소분의 일부가 AE제를 흡착하는 성질을 가지고 있어 소요의 공기량을 얻기 위해서는 AE제 양이 상당히 많이 요구되는 경우가 있으므로 주의해야 한다.

정답 01. ④ 02. ① 03. ④

week 03

04 **일반 콘크리트의 배합에 관한 설명으로 틀린 것은?**

① 수밀 콘크리트에서 물-결합재비를 정할 경우, 그 값은 50%이하로 하여야 한다.

② 무근 콘크리트에서 일반적인 경우 슬럼프 값의 표준은 50~150mm이다.

③ 일반적인 구조물에서 굵은골재의 최대치수는 20mm 또는 25mm를 표준으로 한다.

④ 습윤하고 드물게 건조되며 염화물에 노출되는 콘크리트의 물-결합재비는 55% 이하로 하여야 한다.

해설
- 습윤하고 드물게 건조되며 염화물에 노출되는 콘크리트의 물-결합재비는 45% 이하로 한다.
- 콘크리트의 탄산화 위험이 보통인 경우 물-결합재비는 55% 이하로 한다.

05 **다음 표는 잔골재의 밀도 시험 결과 중의 일부이다. 이 잔골재의 표면건조 포화상태의 밀도는? (단, 시험온도에서의 물의 밀도는 1g/cm^{3}이다.)**

잔골재의 밀도 시험		
측정 번호	1	2
빈 플라스크의 질량(g)	213.0	213.0
(플라스크+물)의 질량(g)	711.4	712.2
표건 시료의 질량(g)	500.5	500.0
(플라스크+물+시료)의 질량(g)	1020.2	1020.8

① 2.61 g/cm^3 ② 2.63 g/cm^3
③ 2.65 g/cm^3 ④ 2.67 g/cm^3

해설
- **1회 표건밀도**

$$\frac{m}{B+m-C}\times\rho_w=\frac{500.5}{711.4+500.5-1020.2}\times1=2.611\text{g/cm}^3$$

- **2회 표건밀도**

$$\frac{m}{B+m-C}\times\rho_w=\frac{500}{712.2+500-1020.8}\times1=2.612\text{g/cm}^3$$

$$\therefore \text{평균 표건밀도}=\frac{2.611+2.612}{2}=2.61\text{g/cm}^3$$

06 시멘트를 구성하는 주요 광물 중 초기강도에 가장 영향을 많이 주는 광물은?

① $3CaO \cdot SiO_2(C_3S)$
② $2CaO \cdot SiO_2(C_2S)$
③ $4CaO \cdot Al_2O_3 \cdot Fe_2O_3(C_4AF)$
④ $3CaO \cdot Al_2O_3(C_3A)$

해설 규산삼석회(C_3S)는 강도가 빨리 나타나고 중용열 포틀랜드 시멘트에서는 이 양을 50% 이하로 제한하고 있다.

07 콘크리트 표준시방서에 의한 다음 조건에서의 배합강도(MPa)로 가장 적합한 것은? (단, $f_{cq}=27$MPa, 30회 이상 압축강도 시험에 의한 표준편차 $S=2.7$MPa이다.)

① 28.0　② 29.0
③ 30.0　④ 31.0

해설
- $f_{cr}=f_{cq}+1.34S=27+1.34\times2.7=30.6\text{MPa}$
- $f_{cr}=(f_{cq}-3.5)+2.33S=(27-3.5)+2.33\times2.7=29.8\text{MPa}$

∴ 두 값 중 큰 값으로 약 31MPa이다.

08 포틀랜드 시멘트의 물리적 특성에 대한 설명으로 옳지 않은 것은?

① 보통 포틀랜드 시멘트의 분말도는 $2800\text{cm}^2/\text{g}$ 이상이어야 한다.
② 분말도가 적을수록 수화작용이 빠르고 조기강도 발현이 커진다.
③ 풍화된 시멘트를 사용하면 응결 및 경화속도가 늦어진다.
④ MgO, SO_3 성분이 과도한 경우 팽창이 발생하기 쉽다.

해설
- 분말도가 클수록 수화작용이 빠르고 조기강도 발현이 커진다.
- 풍화된 시멘트는 비중이 감소하며 강열감량이 증가한다.
- 분말도가 큰 시멘트는 풍화되기 쉽다.
- 저열 포틀랜드 시멘트에서는 수화열을 억제하기 위하여 최저 C_2S량을 규정하고 있다.

09 콘크리트용 혼화재료로 사용되는 고로슬래그 미분말의 활성도 지수에 대한 다음 설명 중 적당하지 않은 것은?

① 기준 모르타르의 압축강도에 대한 시험 모르타르의 압축강도비를 백분율로 표시한 것을 활성도 지수라 한다.
② 활성도 지수는 재령 7일, 28일 및 91일에 측정한다.
③ 시험 모르타르 제작 시 시멘트와 고로슬래그 미분말의 혼합비는 1:1이다.
④ 고로슬래그 미분말 3종에 대한 재령 28일의 활성도 지수는 50% 이상이다.

답안 표기란				
06	①	②	③	④
07	①	②	③	④
08	①	②	③	④
09	①	②	③	④

정답 04. ④ 05. ① 06. ① 07. ④ 08. ② 09. ④

week 03

해설 고로슬래그 미분말 3종에 대한 재령 28일의 활성도 지수는 75% 이상이며 1종은 105% 이상, 2종은 95% 이상이다.

답안 표기란				
10	①	②	③	④
11	①	②	③	④
12	①	②	③	④

10 콘크리트용 화학 혼화제에 대한 일반적 성질의 설명으로 틀린 것은?

① 부배합인 경우가 빈배합인 경우보다 AE제에 의한 워커빌리티 개선효과가 크게 나타난다.
② 감수제는 콘크리트 제조시 단위수량을 감소시키는 효과를 나타내어 압축강도를 증가시킨다.
③ AE제에 의한 연행 공기량은 4~7% 정도가 표준이다.
④ 응결촉진제로서 염화칼슘 또는 염화칼슘을 포함한 감수제가 사용된다.

해설
- 빈배합인 경우가 부배합인 경우보다 AE제에 의한 워커빌리티 개선효과가 크게 나타난다.
- 공기연행제(AE제)는 미세한 기포를 다수 연행하여 콘크리트의 워커빌리티를 개선하는 효과가 있다.
- 공기연행 감수제(AE 감수제)는 시멘트 분산작용 이외에 공기연행 작용을 함께 가지고 있어 콘크리트의 동결융해 저항성을 높여주는 효과가 있다.

11 콘크리트용 혼화재료로서 플라이 애시의 품질을 시험하기 위한 시료의 채취 및 조제에 대한 내용으로 잘못된 것은?

① 시료의 수량 및 채취방법은 인도 · 인수 당사자 사이의 협정에 따른다.
② 시험용 시료는 시험하기 전에 시험실 안에 넣어 실온과 같아지도록 한다.
③ 채취한 시료는 850μm 표준망체로 이물질을 제거한다.
④ 조제된 시료는 시험 시까지 시험실과 비슷한 습도가 되도록 시험실의 대기 중에서 보관한다.

해설 제조된 시료는 시험실 대기 중에 보관해서는 안 된다.

12 콘크리트에 사용하는 혼합수로서 상수돗물 이외의 물에 대한 품질 항목 중 용해성 증발잔류물의 양은 몇 g/L 이하이어야 하는가?

① 1g/L ② 2g/L
③ 3g/L ④ 4g/L

해설 • **용해성 증발 잔류물의 양** : 1g/L 이하
• **현탁 물질의 양** : 2g/L 이하

답안 표기란				
13	①	②	③	④
14	①	②	③	④
15	①	②	③	④

13 다음 중 온도균열지수에 대한 설명으로 옳지 않은 것은?

① 온도균열지수는 그 값이 클수록 균열이 발생하기 어렵고 값이 작을수록 균열이 발생하기 쉽다.
② 온도균열지수는 재령 t에서의 콘크리트 인장강도와 수화열에 의한 온도응력의 비로서 구한다.
③ 철근이 배치된 일반적인 구조물에서 균열 발생을 방지하여야 할 경우 표준적인 온도균열지수는 1.5 이상이어야 한다.
④ 철근이 배치된 일반적인 구조물에서 유해한 균열 발생을 제한할 경우 표준적인 온도균열지수는 1.7~2.2로 하여야 한다.

해설 • **유해한 균열 발생을 제한할 경우 온도균열지수** : 0.7~1.2
• **균열 발생을 제한 할 경우 온도균열지수** : 1.2~1.5

14 제빙화학제에 노출된 콘크리트에서 플라이 애시, 고로 슬래그 미분말 또는 실리카 퓸을 시멘트 재료의 일부로 치환하여 사용하는 경우, 이들 혼화재의 사용량에 대한 설명으로 틀린 것은? (단, 혼화재의 사용량은 시멘트와 혼화재 전체에 대한 혼화재의 질량 백분율로 나타낸다.)

① 혼화재로서 실리카 퓸을 사용하는 경우 그 사용량은 10%를 초과하지 않도록 하여야 한다.
② 혼화재로서 플라이 애시 또는 기타 포졸란을 사용하는 경우 그 사용량은 25%를 초과하지 않도록 하여야 한다.
③ 혼화재로서 고로 슬래그 미분말을 사용하는 경우 그 사용량은 30%를 초과하지 않도록 하여야 한다.
④ 혼화재로서 플라이 애시 또는 기타 포졸란과 실리카 퓸을 합하여 사용하는 경우 그 사용량은 35%를 초과하지 않도록 하여야 한다.

해설 혼화재로서 고로 슬래그 미분말을 사용하는 경우 그 사용량은 50%를 초과하지 않도록 하여야 한다.

15 콘크리트용 굵은 골재로 적합하지 않은 것은?

① 마모율이 38%인 골재
② 안정성이 10%인 골재
③ 흡수율이 3.4%인 골재
④ 절대건조밀도가 2700kg/m^3인 골재

정답 10. ① 11. ④ 12. ① 13. ④ 14. ③ 15. ③

week 03

해설
- **흡수율** : 3% 이하
- **마모율** : 40% 이하
- **안정성** : 12% 이하
- **절대건조밀도** : 2500kg/m^3 이상

16 염화물 침투에 따른 철근 부식으로 발생하는 균열을 억제하기 위한 방법으로 틀린 것은?

① 밀실한 콘크리트를 사용한다.
② 저알칼리 시멘트를 사용한다.
③ 에폭시 수지 도포 철근을 사용한다.
④ 염화물의 침투가 예상되는 구조물에는 피복두께를 크게 한다.

해설 알칼리 골재반응의 억제를 위해 저알칼리 시멘트를 사용한다.

17 KS L 5201에 규정된 포틀랜드 시멘트의 종류가 아닌 것은?

① 조적용 줄눈 시멘트
② 보통 포틀랜드 시멘트
③ 조강 포틀랜드 시멘트
④ 내황산염 포틀랜드 시멘트

해설 **포틀랜드 시멘트 종류(KS L 5201)**
보통 포틀랜드 시멘트, 중용열 포틀랜드 시멘트, 조강 포틀랜드 시멘트, 저열 포틀랜드 시멘트, 내황산염 포틀랜드 시멘트

18 해양 콘크리트 중 물보라 지역에 위치하고 굵은 골재 최대치수가 25mm인 경우 내구성으로 정해지는 최소 단위 결합재량은?

① 280kg/m^3 ② 300kg/m^3
③ 330kg/m^3 ④ 350kg/m^3

해설
- **20mm인 경우** : 340kg/m^3
- **40mm인 경우** : 300kg/m^3

19 알칼리 골재반응에 관한 설명으로 옳지 않은 것은?

① 플라이 애시나 고로 슬래그 미분말을 혼화재로 사용하면 억제 효과가 있다.

답안 표기란				
16	①	②	③	④
17	①	②	③	④
18	①	②	③	④
19	①	②	③	④

② 이 반응이 진행되면 콘크리트가 팽창하여 표면에 거북등과 같은 균열이 발생한다.

③ 시멘트에 함유되어 있는 알칼리 금속 중 나트륨(Na_2O)이나 칼륨(K_2O) 등이 주된 반응이온이다.

④ 알칼리와 반응하는 광물의 종류에 따라 알칼리 실리카반응, 알칼리 탄산염반응, 알칼리 실란트 반응으로 대별된다.

해설 알칼리와 반응하는 광물의 종류에 따라 알칼리 실리카반응, 알칼리 탄산염반응, 알칼리 실리케이트 반응으로 대별된다.

20 **시멘트의 강도시험(KS L ISO 679)에 대한 설명으로 틀린 것은?**

① 압축강도를 먼저 측정한 후 파단된 시험체를 사용하여 휨 강도시험을 실시한다.

② 40mm×40mm×160mm인 각주형 공시체를 사용하여 압축강도 및 휨 강도를 측정한다.

③ 휨 강도시험은 시험체가 파괴에 이를 때까지 50N/s±10N/s의 속도로 시험체에 하중을 가한다.

④ 압축강도 시험의 결과를 구할 때 6개의 측정값 중에서 1개의 결과가 6개의 평균값보다 ±10% 이상 벗어나는 경우에는 이 결과를 버리고 나머지 5개의 평균으로 계산한다.

해설
- 휨 강도를 측정한 후 깨어진 시편으로 압축강도 시험을 한다.
- 휨 강도(N/mm^2) $R_f = \dfrac{1.5\,F_f\,l}{b^3}$

  여기서, F_f : 파괴시에 각주의 중앙에 가한 하중(N)

  l : 지지물 사이의 거리(mm)

  b : 각 기둥의 직각을 이루는 절개면의 변(mm)
- 압축강도 시험기는 2400N/s±200N/s의 재하가 가능한 것으로 한다.

2과목 콘크리트 제조, 시험 및 품질관리

21 **콘크리트의 품질관리에서 관리특성으로 이용되지 않는 것은?**

① 콘크리트의 슬럼프시험

② 콘크리트의 강도시험

③ 골재의 입도시험

④ 침입도시험

해설 침입도는 아스팔트 시험 종류이다.

정답 16. ② 17. ① 18. ③ 19. ④ 20. ① 21. ④

week 03

22 아래 표는 콘크리트 시료의 산-가용성 염소이온 함유량 시험결과를 정리한 것이다. 콘크리트 중에 함유된 염소이온량을 구하면?

질산은 용액의 농도	바탕 적정에 사용된 질산은 용액의 부피	적정시험에 사용된 질산은 용액의 부피	콘크리트 시료의 질량	콘크리트의 단위용적 질량
0.05N	1.4mL	10.2mL	10.5g	2263kg/m³

① 0.15 kg/m³ ② 1.08 kg/m³
③ 2.18 kg/m³ ④ 3.37 kg/m³

해설 • 콘크리트의 질량에 대한 염화물량(%)

$$Cl^-(\%) = \frac{3.545[(V_1 - V_2)N]}{W} = \frac{3.545[(10.2-1.4)\times 0.05]}{10.5} = 0.149\%$$

• 콘크리트 중에 함유된 염소 이온량(kg/m³)

$$\text{염화물량} \times \frac{U}{100} = 0.149 \times \frac{2263}{100} = 3.37\text{kg/m}^3$$

보충 • 시멘트 질량에 대한 염화물량(%)

$\text{염화물량} \times \frac{100}{P}$ 여기서, P : 모르타르나 콘크리트 중의 시멘트 질량비(%)

23 다음 표는 레디믹스트 콘크리트 운반차에 대한 규정이다. ( ) 안에 적합한 것은?

> 콘크리트 운반차는 트럭믹서나 트럭애지테이터를 사용한다. 운반차는 혼합한 콘크리트를 충분히 균일하게 유지하여 재료 분리를 일으키지 않고 쉽고도 완전하게 배출할 수 있는 것이어야 하며 콘크리트의 1/4과 3/4의 부분에서 각각 시료를 채취하여 슬럼프 시험을 하였을 경우 양쪽의 슬럼프 차가 ( ) 이내가 되어야 한다.

① 20mm ② 25mm
③ 30mm ④ 35mm

해설 트럭믹서나 트럭에지테이터를 사용할 경우 콘크리트는 비비기를 시작하여 1.5시간 이내에 공사지점에서 배출할 수 있도록 운반하여야 한다.

답안 표기란

22	①	②	③	④
23	①	②	③	④

24 KS F 2730에 규정되어 있는 콘크리트 압축강도 추정을 위한 반발경도 시험에서 반발경도에 영향을 미치는 요인에 대한 설명으로 옳은 것은?

① 0℃ 이하의 온도에서 콘크리트는 정상보다 높은 반발경도를 나타낸다. 이러한 경우는 콘크리트 내부가 완전히 융해된 후에 시험해야 한다.

② 탄산화의 효과는 콘크리트의 반발경도를 감소시킨다. 따라서 재령 보정계수를 사용하여 탄산화로 인한 반발경도의 변화를 보상할 수 있다.

③ 콘크리트는 함수율이 증가함에 따라 강도가 증가하므로 표면에 충분한 수분을 가한 상태에서 시험을 실시해야 한다.

④ 서로 다른 종류의 테스트 해머를 이용할 경우 시험값은 ±1~5 정도의 차이를 나타내므로 여러 종류의 테스트 해머를 사용하여 평균값으로서 압축강도를 추정한다.

해설
- 탄산화의 효과는 콘크리트의 반발경도를 증가시킨다. 따라서 재령 보정계수에 의해 탄산화로 인한 반발경도의 변화를 보상할 수 있으나 탄산화가 특별히 과대한 경우는 탄산화된 부분을 연마 제거하고 굵은골재를 피해 시험한다.
- 콘크리트는 함수율이 증가함에 따라 강도가 저하되고 반발경도도 저하되므로 표면이 젖어 있지 않은 상태에서 시험을 해야 한다. 단, 테스트 해머 제조사가 제시하는 보정 절차를 따를 수 있다.
- 서로 다른 종류의 테스트 해머를 이용할 경우 시험값은 ±1～±3 정도의 차이를 나타내므로 동일한 테스트 해머를 사용하여야 한다.
- 타격 방향에 따라서는 수평타격 시험값이 가장 안정된 값을 나타내기 때문에 수평타격을 원칙으로 하며 수평타격 이외의 경우에는 장치의 특성에 맞는 보정이 필요하다.
- 반발경도 시험시에는 큰 진동과 시험 대상 콘크리트의 움직임이 없어야 한다.
- 테스트 해머는 1년에 한 번 이상 점검해야 한다.

25 알칼리-골재반응에 대한 설명으로 틀린 것은?

① 알칼리-실리카반응을 일으키기 쉬운 광물은 오팔, 트리디마이트, 옥수 등이다.

② 반응성 골재를 사용할 경우 전 알칼리량 0.6% 이하인 저알칼리형 시멘트를 사용한다.

③ 플라이 애시, 고로 슬래그 미분말 등은 실리카질이 많기 때문에 알칼리 골재반응을 촉진한다.

④ 골재의 알칼리 잠재반응 시험은 모르타르 봉 방법으로 평가한다.

해설 플라이 애시, 고로 슬래그 미분말, 실리카 퓸 등의 포졸란을 사용하면 알칼리 골재반응은 억제된다.

답안 표기란				
24	①	②	③	④
25	①	②	③	④

정답 22. ④ 23. ③ 24. ① 25. ③

• 수험번호:
• 수험자명:

글자 크기 100% 150% 200% | 화면 배치 | • 전체 문제 수:
• 안 푼 문제 수:

26 콘크리트의 압축강도 시험용 공시체 제작에 대한 설명으로 틀린 것은?

① 공시체는 지름의 2배의 높이를 가진 원기둥형으로 하며, 그 지름은 굵은골재의 최대치수의 3배 이상, 100mm 이상으로 한다.

② 콘크리트를 몰드에 채울 때 2층 이상으로 거의 동일한 두께로 나눠서 채우며, 각 층의 두께는 160mm를 초과해서는 안 된다.

③ 다짐봉을 사용하여 콘크리트를 다져 넣을 때 각 층은 적어도 700mm^{2}에 1회의 비율로 다지도록 하고 다짐봉이 바로 아래층에 20mm 정도 들어가도록 다진다.

④ 캐핑용 재료를 사용하여 공시체의 캐핑을 할 때 캐핑층의 두께는 공시체 지름의 2%를 넘어서는 안 된다.

해설 다짐봉을 사용하여 콘크리트를 다져 넣을 때 각 층은 적어도 1,000mm^{2}에 1회의 비율로 다지도록 하고 바로 아래층까지 다짐봉이 닿도록 한다.

27 콘크리트의 블리딩에 관한 설명으로 틀린 것은?

① 일종의 재료분리 현상이다.

② 잔골재의 조립률이 클수록 블리딩이 작아진다.

③ 단위수량이 큰 배합일수록 블리딩이 많아진다.

④ 공기연행제를 사용하면 단위수량을 감소시켜서 블리딩을 줄일 수 있다.

해설
- 잔골재의 조립률이 클수록 블리딩이 커진다.
- 조립률이 크면 골재는 거칠며 굵은모래로 구성되어 있다.
- 시멘트의 분말도가 클수록 블리딩은 작아진다.
- 시멘트 응결시간이 길수록 블리딩은 증가한다.
- 골재의 최대치수가 클수록 블리딩이 적게 된다.

28 콘크리트의 비비기에 대한 설명으로 틀린 것은?

① 시험을 실시하지 않은 경우 강제식 믹서의 비비기 시간은 1분 이상을 표준으로 한다.

② 시험을 실시하지 않은 경우 가경식 믹서의 비비기 시간은 1분 30초 이상을 표준으로 한다.

③ 비비기는 미리 정해둔 비비기 시간의 2배 이상 계속하지 않아야 한다.

답안 표기란				
26	①	②	③	④
27	①	②	③	④
28	①	②	③	④

④ 연속믹서를 사용할 경우, 비비기 시작 후 최초에 배출되는 콘크리트는 사용하지 않아야 한다.

해설
- 비비기는 미리 정해둔 비비기 시간의 3배 이상 계속하지 않아야 한다.
- 콘크리트를 너무 오래 비비면 굵은골재가 파쇄되는 등의 이유로 오히려 콘크리트에 나쁜 영향을 주게 된다.
- 강제혼합식 믹서 중 바닥의 배출구를 완전히 폐쇄시킬 수 없는 경우에는 물을 다른 재료보다 조금 늦게 넣는 것이 좋다.

29 150×150×530mm의 공시체를 4점 재하장치에 의해 휨강도 시험을 한 결과 최대하중 27kN에서 지간의 가운데 부분에서 파괴가 일어났다. 이때 휨강도는 얼마인가? (단, 지간은 450mm이다.)

① 4.4MPa ② 4.0MPa
③ 3.6MPa ④ 3.1MPa

$$\text{휨강도} = \frac{Pl}{bd^2} = \frac{27000 \times 450}{150 \times 150^2} = 3.6\text{N/mm}^2 = 3.6\text{MPa}$$

30 콘크리트의 길이 변화 시험(KS F 2424)에 대한 설명으로 옳지 않은 것은?

① 공시체의 측면 길이 변화를 측정하는 방법으로 다이얼 게이지 방법이 사용된다.
② 콤퍼레이터 방법의 시험에는 표선용 젖빛유리, 각선기, 측정기 등의 기구가 사용된다.
③ 콘크리트 히험편의 길이 변화 측정 방법에는 콤퍼레이터 방법, 콘택트 게이지 방법 또는 다이얼 게이지 방법이 있다.
④ 시험편의 치수는 콘크리트의 경우 너비는 높이와 같게 하되, 굵은 골재의 최대치수의 3배 이상이며, 길이는 너비 또는 높이의 3.5배 이상으로 한다.

해설
- 공시체의 측면 길이 변화를 측정하는 방법으로 콤퍼레이터 방법, 콘택트 게이지 방법이 사용된다.
- 공시체 중심축의 길이 변화를 측정하는 방법으로 다이얼 게이지 방법이 사용된다.

31 보통 콘크리트와 비교할 때 AE 콘크리트의 특성이 아닌 것은?

① 워커빌리티(workability)의 증가
② 동결 융해에 대한 저항성 증가
③ 단위수량 감소
④ 잔골재율 증가

답안 표기란

29	①	②	③	④
30	①	②	③	④
31	①	②	③	④

week 03

정답 26. ③ 27. ② 28. ③ 29. ③ 30. ① 31. ④

해설
- 콘크리트의 블리딩이 감소되며 수밀성이 증대된다.
- 입형이나 입도가 불량한 골재를 사용할 경우에 공기 연행의 효과가 크다.
- 일반적으로 빈배합의 콘크리트일수록 공기연행에 의한 워커빌리티의 개선 효과가 크다.
- 단위 시멘트량 및 컨시스턴시가 일정한 경우 공기량 1%의 증가에 대하여 물-결합재비는 2~4% 정도 감소한다.

32 **콘크리트 균열에 대한 검토 사항 중 옳지 않은 것은?**

① 미관이 중요한 구조라 해도 미관상의 허용 균열폭이 없기 때문에 균열 검토를 하지 않는다.
② 콘크리트에 발생되는 균열이 구조물의 기능, 내구성 및 미관 등의 사용 목적에 손상을 주는가에 대하여 적절한 방법으로 검토해야 한다.
③ 균열 제어를 위한 철근은 필요로 하는 부재 단면의 주변에 분산시켜 배치하여야 하고, 이 경우 철근의 지름과 간격을 가능한 한 작게 하여야 한다.
④ 내구성에 대한 균열의 검토는 콘크리트 표면의 균열 폭을 환경조건, 피복두께, 공용기간으로부터 정해지는 강재부식에 대한 균열 폭 이하로 제어하는 것을 원칙으로 한다.

해설
- 미관이 중요한 구조는 미관상의 허용 균열 폭을 설정하여 균열을 검토할 수 있다.
- 특별히 수밀성이 요구되는 구조는 적절한 방법으로 균열에 대한 검토를 하여야 한다.

33 **KCS 14 20 10에 따른 콘크리트용 재료의 계량에 대한 설명으로 옳은 것은?**

① 혼화제의 1회 계량 허용오차는 ±3%이다.
② 시멘트의 1회 계량 허용오차는 −2%, +1%이다.
③ 골재의 1회 계량 허용오차는 ±2%이다.
④ 물의 1회 계량 허용오차는 ±2%이다.

해설
- 시멘트의 1회 계량 허용오차는 −1%, +2%이다.
- 골재의 1회 계량 허용오차는 ±3%이다.
- 물의 1회 계량 허용오차는 −2%, +1%이다.
- 혼화재의 1회 계량 허용오차는 ±2%이다.

답안 표기란				
32	①	②	③	④
33	①	②	③	④

34 **콘크리트의 타설 시 생기는 재료분리 현상을 증가시키는 요인에 대한 설명으로 틀린 것은?**

① 단위수량이 지나치게 많을 때
② 단위 시멘트량이 많을 때
③ 굵은 골재의 최대치수가 지나치게 클 때
④ 콘크리트의 슬럼프 값이 클 때

해설 입자가 거친 잔골재를 사용하거나 단위 골재량이 너무 많은 경우도 재료분리 현상을 증가시키는 요인이 된다.

35 **콘크리트의 품질관리에 사용되는 관리도에 대한 설명으로 틀린 것은?**

① $\bar{x}-R$ 관리도는 공정해석에 효과적이다.
② $\bar{x}$ 관리도는 품질의 평균치를 보기 위한 것이다.
③ R 관리도는 품질 폭의 변화를 보기 위한 것이다.
④ 계수값 관리도 중 일반적으로 사용되는 것은 x 관리도이다.

해설
- 계량값 관리도 중 일반적으로 사용되는 것은 x 관리도이다.
- **$\bar{x}-R$ 관리도** : 평균값과 범위의 관리도
- **$\bar{x}$ 관리도** : 측정값 자체의 관리도

36 **굵은 골재의 단위용적 질량이 1.45kg/L, 절건밀도가 2.60kg/L일 때, 이 골재의 공극률은?**

① 34.2% ② 44.2%
③ 54.2% ④ 64.2%

해설 공극률 $=(1-\frac{w}{\rho})\times 100=(1-\frac{1.45}{2.6})\times 100=44.2\%$

37 **콘크리트를 타설하기 위해 잔골재와 굵은 골재를 보관하던 중 전날 저녁에 비가 와서 부주위로 인하여 골재들이 비에 젖었다면 가장 적절한 조치 방법은?**

① 잔골재와 굵은 골재를 말려서 제조한다.
② 잔골재와 굵은 골재의 현장 함수비 시험을 하여 시방배합을 현장배합으로 수정 설계하여 사용한다.
③ 잔골재와 굵은 골재가 비에 젖었기 때문에 사용하지 못하고 버린다.
④ 잔골재와 굵은 골재가 비에 젖었다고 해도 시방배합으로 제조하여 타설한다.

답안 표기란				
34	①	②	③	④
35	①	②	③	④
36	①	②	③	④
37	①	②	③	④

정답 32. ① 33. ① 34. ② 35. ④ 36. ② 37. ②

week 03

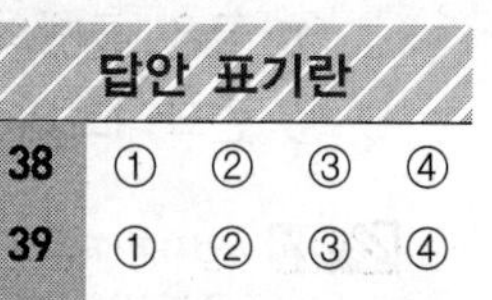

답안 표기란				
38	①	②	③	④
39	①	②	③	④
40	①	②	③	④

해설 잔골재 및 굵은 골재의 표면수를 측정하여 시방배합을 현장배합으로 단위수량을 보정한다.

38 콘크리트용 재료의 계량에 대한 설명으로 틀린 것은?

① 계량은 시방배합에 의해 실시하는 것으로 한다.
② 연속믹서를 사용할 경우, 각 재료는 용적으로 계량한다.
③ 실용상으로 15~30분간의 흡수율을 골재 유효흡수율로 볼 수 있다.
④ 각 재료는 1배치씩 질량으로 계량하여야 하나, 물은 용적으로 계량한다.

해설
- 계량은 현장배합에 의해 실시하는 것으로 한다.
- 1배치량은 콘크리트의 종류, 비비기 설비의 성능, 운반방법, 공사의 종류, 콘크리트의 타설량 등을 고려하여 정하여야 한다.

39 콘크리트의 블리딩 시험 방법(KS F 2414)에 대한 설명으로 틀린 것은?

① 시험 중에는 실온 (20±3)℃로 한다.
② 콘크리트를 채워 넣고 콘크리트의 표면이 용기의 가장자리에서 (30±3)mm 높아지도록 고른다.
③ 최초로 기록한 시각에서부터 60분 동안 10분마다, 콘크리트 표면에서 스며 나온 물을 빨아낸다.
④ 물을 쉽게 빨아내기 위하여 2분 전에 두께 약 50mm의 블록을 용기의 한쪽 밑에 주의깊게 괴어 용기를 기울이고, 물을 빨아 낸 후 수평위치로 되돌린다.

해설 콘크리트를 채워 넣고 콘크리트의 표면이 용기의 가장자리에서 (30±3)mm 낮아지도록 고른다.

40 안지름 25cm, 높이 28.5cm인 블리딩 용기로 콘크리트의 단위수량이 175kg/m^{3}인 배합에 대하여 블리딩 시험을 한 결과, 최종까지 누계한 블리딩에 의한 물의 질량이 736g일 때 블리딩률은 약 얼마인가? (단, 콘크리트의 단위용적 질량은 2350kg/m^3, 시료의 질량은 330kg이다.)

① 3.0%　　② 3.5%
③ 4.0%　　④ 4.5%

해설
- **시료 중의 물의 질량**

$$W_s = \frac{W}{C} \times S = \frac{175}{2350} \times 330 = 24.57\,\text{kg}$$

- **블리딩률**

$$B_r = \frac{B}{W_s} \times 100 = \frac{0.736}{24.57} \times 100 = 3.0\%$$

답안 표기란				
41	①	②	③	④
42	①	②	③	④
43	①	②	③	④

3과목 콘크리트의 시공

41 수중 콘크리트의 타설 공정에 대한 다음의 서술 중 옳지 않은 것은?

① 콘크리트는 밑열림상자나 밑열림포대를 사용하는 것을 원칙으로 한다.
② 콘크리트는 정수중에 타설하는 것을 원칙으로 한다.
③ 콘크리트는 수중에 낙하시켜서는 안 된다.
④ 콘크리트가 경화될 때까지 물의 유동을 방지해야 한다.

해설 수중 콘크리트는 트레미 및 콘크리트 펌프를 사용하는 것을 원칙으로 한다.

42 서중콘크리트의 양생방법으로 옳은 것은?

① 콘크리트 타설 후 콘크리트 표면이 건조하지 않도록 한다.
② 보온양생을 실시하여 국부적인 냉각을 방지한다.
③ 거푸집을 떼어낸 후의 양생기간 동안은 노출면을 습윤상태로 유지시키지 않아도 된다.
④ 콘크리트의 표면온도를 급격히 저하시킨다.

해설
- 타설 후 적어도 24시간은 노출면이 건조하는 일이 없도록 습윤상태로 유지한다.
- 양생은 적어도 5일 이상 실시한다.
- 거푸집을 떼어낸 후에도 양생기간 동안은 노출면을 습윤상태로 유지한다.

43 팽창콘크리트의 팽창률은 일반적으로 재령 몇 일의 시험치를 기준으로 하는가?

① 3일 ② 7일
③ 28일 ④ 90일

해설
- 콘크리트 팽창률은 콘크리트 팽창률 시험에 의하여 재령 7일에 대한 시험치를 기준으로 한다.
- 팽창 콘크리트 강도는 일반적으로 재령 28일 압축강도를 기준으로 한다.

정답 38. ① 39. ② 40. ① 41. ① 42. ① 43. ②

글자 크기 100% 150% 200% | 화면 배치 | • 전체 문제 수: • 안 푼 문제 수:

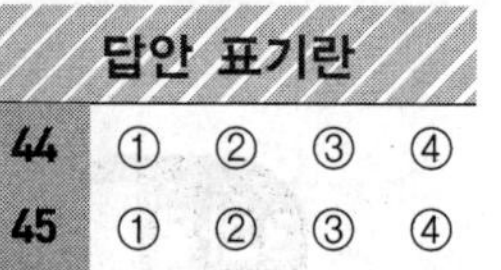

44 **콘크리트 타설시 내부진동기의 사용방법에 대한 설명으로 틀린 것은?**

① 진동다지기를 할 때에는 내부진동기를 하층의 콘크리트 속으로 0.1m 정도 찔러 넣는다.

② 내부진동기는 연직으로 찔러 넣으며, 삽입간격은 일반적으로 0.5m 이하로 하는 것이 좋다.

③ 1개소당 진동시간 30~40초로 한다.

④ 내부진동기는 콘크리트로부터 천천히 빼내어 구멍이 남지 않도록 한다.

해설
- 1개소당 진동시간은 5~15초로 한다.
- 1개소당 진동시간은 다짐할 때 시멘트 페이스트가 표면 상부로 약간 부상하기까지 한다.
- 내부진동기는 콘크리트를 횡방향으로 이동시킬 목적으로 사용하지 않아야 한다.

45 **매스 콘크리트에 대한 설명 중 옳지 않은 것은?**

① 온도균열방지 및 제어 방법으로 프리쿨링 및 파이프쿨링 방법 등이 이용되고 있다.

② 콘크리트의 온도상승을 감소시키기 위해 소요의 품질을 만족시키는 범위 내에서 단위 시멘트량이 적어지도록 배합을 선정하여야 한다.

③ 수축이음을 설치할 경우 계획된 위치에서 균열 발생을 확실히 유도하기 위해서 수축이음의 단면 감소율을 10% 이상으로 하여야 한다.

④ 매스 콘크리트로 다루어야 하는 구조물의 부재치수는 일반적인 표준으로서 넓이가 넓은 평판구조에서는 두께 0.8m 이상으로 한다.

해설 수축이음을 설치할 경우 계획된 위치에서 균열 발생을 확실히 유도하기 위해서 수축이음의 단면 감소율을 35% 이상으로 하여야 한다.

46 **일반 콘크리트의 표면마무리에 대한 설명으로 옳지 않은 것은?**

① 시공이음이 미리 정해져 있지 않을 경우에는 직선상의 이음이 얻어지도록 시공하여야 한다.

② 미리 정해진 구획의 콘크리트 타설은 연속해서 일괄작업으로

끝마쳐야 한다.

③ 콘크리트 면의 마무리 두께가 7mm 이상 또는 바탕의 영향을 많이 받지 않는 마무리의 경우 평탄성은 1m당 10mm 이하를 유지하여야 한다.

④ 제물치장 마무리 또는 마무리 두께가 얇은 경우에는 1m당 7mm 이하의 평탄성을 유지하여야 한다.

해설
- 제물치장 마무리 또는 마무리 두께가 얇은 경우에는 3m당 7mm 이하의 평탄성을 유지하여야 한다.
- 콘크리트 면의 마무리 두께가 7mm 이하 또는 양호한 평탄함이 필요한 경우 평탄성은 3m당 10mm 이하를 유지하여야 한다.
- 노출 콘크리트에서 균일한 노출면을 얻기 위해서는 동일 공장제품의 시멘트, 동일한 종류 및 입도를 갖는 골재, 동일한 배합의 콘크리트, 동일한 콘크리트 타설 방법을 사용하여야 한다.

47 다음 중 동바리의 시공에 대한 설명으로 옳지 않은 것은?

① 거푸집이 곡면일 경우에는 버팀대의 부착 등 당해 거푸집의 변형을 방지하기 위해 조치를 하여야 한다.
② 강관 동바리는 3개 이상을 연결하여 사용하여야 한다.
③ 동바리는 필요에 따라 적당한 솟음을 두어야 한다.
④ 동바리 하부의 받침판 또는 받침목은 2단 이상 삽입하지 않도록 한다.

해설 특수한 경우를 제외하고 강관 동바리는 2개 이상을 연결하여 사용하지 않는다.

48 컴프레서 혹은 펌프를 이용해 노즐 위치까지 호스를 통해 콘크리트를 운반하여 압축공기에 의해 시공면에 뿜어 만든 콘크리트를 무엇이라 하는가?

① 숏크리트 ② 프리플레이스트 콘크리트
③ 프리스트레스트 콘크리트 ④ 유동화 콘크리트

해설
- 숏크리트는 타설되는 장소의 대기 온도가 32℃ 이상이 되면 건식 및 습식 숏크리트 모두 뿜어붙이기를 할 수 없다.
- 건식은 배치 후 45분, 습식은 배치 후 60분 이내에 뿜어붙이기를 실시해야 한다.

49 콘크리트를 타설할 때 다짐작업 없이 자중만으로 철근 등을 통과하여 거푸집의 구석구석까지 균질하게 채워지는 정도를 나타내는 굳지 않은 콘크리트의 성질을 무엇이라고 하는가?

① 유동성 ② 고유동성
③ 슬럼프 플로 ④ 자기 충전성

답안 표기란				
47	①	②	③	④
48	①	②	③	④
49	①	②	③	④

week 03

정답 44. ③ 45. ③ 46. ④ 47. ② 48. ① 49. ④

해설 **자기 충전성**

- 1등급은 최소 철근 순간격 35~60mm 정도의 복잡한 단면형상, 단면치수가 적은 부재 또는 부위에서 자기 충전성을 가지는 성능이다.
- 2등급은 최소 철근 순간격 60~200mm 정도의 철근 콘크리트 또는 부재에서 자기 충전성을 가지는 성능이다. 일반적인 철근 콘크리트 구조물 또는 부재는 자기 충전성 등급을 2등급으로 정하는 것을 표준으로 한다.
- 3등급은 최소 철근 순간격 200mm 정도 이상으로 단면치수가 크고 철근량이 적은 부재 또는 부위, 무근 콘크리트 구조물에서 자기 충전성을 가지는 성능이다.

50 일반 콘크리트의 시공에 대한 주의사항으로 옳지 않은 것은?

① 넓은 장소에서는 콘크리트 공급원으로부터 가까운 쪽에서 시작해서 먼 쪽으로 타설한다.
② 타설까지의 시간이 길어질 경우에는 양질의 지연제, 유동화제 등의 사용을 사전에 검토해야 한다.
③ 비비기로부터 타설이 끝날 때까지의 시간은 외기온도가 25℃ 이상일 때는 1.5시간을 넘어서는 안 된다.
④ 콘크리트를 2층 이상으로 나누어 타설할 경우, 상층의 콘크리트 타설은 원칙적으로 하층의 콘크리트가 굳기 시작하기 전에 해야 한다.

해설 넓은 장소에서는 콘크리트 공급원으로부터 먼 쪽에서 시작해서 가까운 쪽으로 타설한다.

51 방사선 차폐용 콘크리트의 배합에 대한 설명으로 틀린 것은?

① 워커빌리티 개선을 위하여 품질이 입증된 혼화제를 사용할 수 있다.
② 콘크리트 슬럼프는 작업에 알맞은 범위 내에서 가능한 한 작은 값이어야 한다.
③ 방사선 차폐용 콘크리트의 물-결합재비는 일반적으로 55% 이하를 원칙으로 한다.
④ 콘크리트의 배합은 방사선 차폐용 콘크리트로서의 필요한 성능이 얻어지도록 시험비비기에 의해 정하여야 한다.

해설
- 방사선 차폐용 콘크리트의 물-결합재비는 일반적으로 50% 이하를 원칙으로 한다.
- 물-결합재비는 단위 시멘트량이 과다가 되지 않는 범위 내에서 가능한 적게 하는 것이 원칙이다.

답안 표기란

50	①	②	③	④
51	①	②	③	④

52 프리캐스트(공장제품) 콘크리트의 증기양생 방법에 대한 설명으로 틀린 것은?

① 거푸집과 함께 증기양생실에 넣어 양생 온도를 균등하게 올린다.
② 비빈 후 2~3시간 이상 경과된 이후에 증기양생을 실시한다.
③ 온도 상승 속도는 1시간당 15℃ 이하로 하고, 최고온도는 50℃로 한다.
④ 양생실의 온도를 서서히 낮춰 외기 온도와 큰 차가 없도록 한 후 제품을 꺼낸다.

해설 온도 상승속도는 1시간당 20℃ 이하로 하고, 최고온도는 65℃로 한다.

53 콘크리트의 타설에 대한 설명으로 틀린 것은?

① 한 구획내의 콘크리트는 타설이 완료될 때까지 연속해서 타설하여야 한다.
② 슈트, 펌프배관, 버킷, 호퍼 등의 배출구와 타설 면까지의 높이는 1.5m 이하를 원칙으로 한다.
③ 콘크리트 타설 도중 표면에 떠올라 고인 블리딩수가 있을 경우에는 콘크리트 표면에 홈을 만들어 블리딩수를 제거한다.
④ 2층 이상으로 나누어 콘크리트를 타설하는 경우에는 하층의 콘크리트가 굳기 시작하기 전에 상층의 콘크리트를 타설하여야 한다.

해설
- 콘크리트 표면에 고인 물은 홈을 만들어 흐르게 해서는 안 된다.
- 콘크리트는 그 표면이 한 구획 내에서는 거의 수평이 되도록 타설하는 것을 원칙으로 한다.
- 콘크리트 타설의 1층 높이는 다짐능력을 고려하여 결정하여야 한다.
- 타설한 콘크리트는 거푸집 안에서 횡방향으로 이동하여서는 안 된다.

54 콘크리트의 호칭강도(f_{cn})와 결합재-물비(B/W)와 비례식에서 물-결합재비(W/B)에 따른 압축강도를 측정한 결과가 아래 표와 같을 때, 물-결합재비가 40%인 콘크리트의 압축강도는? (단, $f_{28} = a + b \times (B/W)$를 이용한다.)

물-결합재비(W/B)	호칭강도(f_{cn})
60%	21MPa
50%	24MPa

① 27.0MPa
② 28.5MPa
③ 29.0MPa
④ 29.5MPa

답안 표기란

52	①	②	③	④
53	①	②	③	④
54	①	②	③	④

week 03

정답 50. ① 51. ③ 52. ③ 53. ③ 54. ②

해설
- W/B가 60%, 50%일 때 연립으로 a, b값을 구하면
  즉, $W/B=\frac{b}{21-a}$, $W/B=\frac{b}{24-a}$ $a=6$, $b=9$이다.
- W/B가 40%일 경우
  $W/B=\frac{b}{x-a}$
  $(x-a)0.4=b$
  $(x-6)0.4=9$
  $\therefore\ x=28.5\text{MPa}$

55 수밀 콘크리트의 수밀성을 확보하기 위한 시공방안으로 적당하지 않은 것은?

① 혼화재료로서 팽창재는 콘크리트의 누수 원인이 되어 수밀성을 저해한다.
② 소요의 품질을 갖는 수밀 콘크리트를 얻기 위해서는 적당한 간격으로 시공 이음을 두어야 한다.
③ 수밀 콘크리트는 양질의 AE제와 고성능 감수제 또는 포졸란 등을 사용하는 것을 원칙으로 한다.
④ 연직 시공이음에는 지수판 등 물의 통과 흐름을 차단할 수 있는 방수처리재 등의 사용을 원칙으로 한다.

해설
- 일반적인 팽창재는 균열방지 목적으로 사용된다.
- 수밀 콘크리트의 물-결합재비는 50% 이하를 표준으로 한다.
- 콘크리트의 소요 슬럼프는 되도록 적게 하여 180mm를 넘지 않도록 하며 콘크리트 타설이 용이할 때에는 120mm 이하로 한다.
- 단위 굵은골재량은 되도록 크게 한다.

56 한중 콘크리트의 물-결합재비를 적산온도 방식에 의하여 정한 경우, 사용한 콘크리트의 품질검사를 위한 압축강도 시험의 재료은? (단, 배합을 정하기 위하여 사용한 적산온도의 값(M): 420° D · D)

① 7일 ② 14일
③ 21일 ④ 28일

해설 압축강도 재령일수
$Z=\frac{M}{30}=\frac{420}{30}=14$일

답안 표기란				
55	①	②	③	④
56	①	②	③	④

57 **방사선 차폐용 콘크리트 제조에 사용하는 시멘트로 틀린 것은?**

① 알루미나 시멘트
② 플라이 애시 시멘트
③ 중용열 포틀랜드 시멘트
④ 내황산염 포틀랜드 시멘트

해설 방사선 차폐용 콘크리트는 부재 단면이 일반적으로 크기 때문에 수화열이 높은 알루미나 시멘트는 부적합하다.

58 **특정한 입도를 가진 굵은 골재를 거푸집에 미리 채워 넣고, 그 간극에 특수한 모르타르를 적당한 압력으로 주입하여 제조한 콘크리트에 대한 설명으로 틀린 것은?**

① 잔골재의 조립률은 1.4~2.2 범위로 한다.
② 굵은 골재의 최소 치수는 15mm 이상이다.
③ 주입 모르타르의 유하시간은 40~60초를 표준으로 한다.
④ 블리딩률은 시험 시작 후 3시간에서의 값이 3% 이하가 되게 한다.

해설
- 주입 모르타르의 유하시간은 16~20초를 표준으로 한다.
- 굵은골재의 최소 치수는 15 mm 이상, 굵은골재의 최대 치수는 부재단면 최소 치수의 1/4 이하, 철근콘크리트의 경우 철근 순간격의 2/3 이하로 하여야 한다.
- 프리플레이스트 콘크리트의 강도는 원칙적으로 재령 28일 또는 재령 91일의 압축강도를 기준으로 한다.

59 **고강도 콘크리트 제조 시 사용되는 혼화제에 관한 설명으로 옳지 않은 것은?**

① 고성능 감수제는 시험배합을 거쳐 확인한 후 사용하여야 한다.
② 고성능 감수제의 사용은 고강도나 유동성 증가를 위해 필수 불가결하다.
③ 고성능 감수제는 콘크리트 비빔이 끝난 후 타설 직전에 첨가하여 다시 비벼 사용하는 거이 좋다.
④ 물에 희석하여 사용하는 감수제의 경우 희석 시 사용하는 물은 배합수 계산에서 제외시켜야 한다.

해설 물에 희석하여 사용하는 감수제의 경우 희석 시 사용하는 물은 배합수 계산에 포함시켜야 한다.

답안 표기란				
57	①	②	③	④
58	①	②	③	④
59	①	②	③	④

정답 55. ① 56. ② 57. ① 58. ③ 59. ④

답안 표기란				
60	①	②	③	④
61	①	②	③	④
62	①	②	③	④

60 **고강도 콘크리트에 사용되는 굵은 골재의 최대 치수 기준에 대한 설명으로 옳은 것은?**

① 슬래브 두께의 2/3를 초과하지 않아야 한다.
② 부재 최소치수의 1/2을 초과하지 않아야 한다.
③ 일반적인 경우 40mm 이상의 것을 사용하여야 한다.
④ 철근 최소 수평 순간격의 3/4 이내의 것을 사용하도록 한다.

해설 굵은 골재 최대치수는 가능한 25mm 이하로 하며, 철근 최소 수평순간격의 3/4, 그리고 부재 최소치수의 1/5 이내의 것을 사용하도록 한다.

4과목 콘크리트 구조 및 유지관리

61 **경간 10m의 보를 T형 보로서 설계하려고 한다. 슬래브 중심간의 거리를 2m, 슬래브의 두께를 120mm, 복부의 폭을 250mm로 할 때 플랜지의 유효폭은?**

① 4000mm ② 3750mm
③ 2170mm ④ 2000mm

해설
- $16t + b_w$
  $16 \times 120 + 250 = 2170\text{mm}$
- **양쪽 슬래브의 중심간 거리** : 2000mm
- 보의 경간의 $\frac{1}{4}$
  $\frac{10000}{4} = 2500\text{mm}$

∴ 가장 작은 값인 2000mm를 유효폭으로 한다.

62 **내하력에 관해 의심스러운 경우 실시하는 구조물의 안전성 평가에 관한 설명으로 틀린 것은?**

① 해석적 방법에 의해 내하력 평가를 실시하는 경우 구조 부재의 치수는 위험단면에서 확인하여야 한다.
② 해석적 방법에 의해 내하력 평가를 실시하는 경우 철근, 용접철망 또는 긴장재의 위치 및 크기는 계측에 의해 위험단면에서 결정하여야 한다.
③ 재하시험에 의한 구조물의 안전도 및 내하력 평가를 실시하는

경우 재하할 시험하중은 해당 구조부분에 작용하고 있는 설계 하중의 70%, 즉 0.7(1.2D+1.6L) 이상이어야 한다.

④ 재하시험에 의한 구조물의 안전도 및 내하력 평가를 실시하는 경우 시험하중은 4회 이상 균등하게 나누어 증가시켜야 한다.

해설 재하할 시험하중은 해당 구조부분에 작용하고 있는 고정하중을 포함하여 설계하중의 85%, 즉 0.85(1.2D+1.6L) 이상이어야 한다.

63 강판 접착공법의 특징에 대한 설명으로 틀린 것은?

① 모든 방향의 인장력에 대응할 수 있다.
② 강판의 분포, 배치를 똑같이 할 수 있으므로 균열특성이 좋다.
③ 현장 타설콘크리트, 프리캐스트 부재 모두에 적용할 수 있어 응용범위가 넓다.
④ 방청 및 방화의 특성이 뛰어나다.

해설 접착에 이용되는 에폭시 수지는 내수성, 내약품성, 가소성, 내마모성이 우수하나 방화의 특성은 떨어진다.

64 아래 표는 콘크리트의 어떤 균열을 방지하려는 설명인가?

- 콘크리트 표면에 안개 노즐을 사용하여 수분의 증발을 방지한다.
- 외기에 노출되지 않도록 표면을 플라스틱 덮개로 보호한다.

① 소성수축 균열 ② 건조수축 균열
③ 철근 부식으로 인한 균열 ④ 침하 균열

해설 소성수축 균열을 방지하기 위해 표면에 직사광선을 받지 않도록 하며 급격한 온도변화가 생기지 않게 한다.

65 콘크리트가 화재를 받아 피해를 받았을 때, 열화 특징으로서 옳은 것은?

① 500~580℃의 가열온도에서 탄산칼슘이 분해되어 산화칼슘이 된다.
② 750℃ 이상의 가열온도에서 수산화칼슘이 분해되고 탈수되어 산화칼슘이 된다.
③ 300~500℃ 정도의 가열온도에서 열화한 콘크리트는 냉각 후 수분을 주어 양생해도 강도는 회복되지 않는다.
④ 안산암질 골재와 경량골재는 석영질이나 석회암질 골재에 비해 고온까지 안정한 성상을 유지한다.

답안 표기란

63	①	②	③	④
64	①	②	③	④
65	①	②	③	④

week 03

정답 60. ④ 61. ④ 62. ③ 63. ④ 64. ① 65. ④

해설
- 500℃ 전후의 가열온도에서 $Ca(OH)_2$가 분해하여 CaO가 된다.
- 750℃ 전후의 가열온도에서 $CaCO_3$의 분해가 시작된다.
- 인공경량골재 콘크리트가 고온을 받았을 때 압축강도의 감소는 보통 콘크리트보다 작다.
- 화강암, 사암계의 암석보다 석회암계 암석이 고온에서 더 안정적이다.

답안 표기란				
66	①	②	③	④
67	①	②	③	④
68	①	②	③	④

66 다음의 콘크리트 시험 중에 현장시험에 해당되지 않는 것은?

① 코아채취　　② 반발경도시험
③ 초음파시험　　④ 시멘트 함유량시험

해설 현장에서 코아채취, 반발경도시험, 초음파시험 등을 통해 콘크리트 강도를 추정할 수 있다.

67 프리스트레스하지 않는 부재의 현장치기 콘크리트의 최소 피복두께에 대한 설명 중 틀린 것은?

① 수중에서 치는 콘크리트 : 100mm
② 흙에 접하여 콘크리트를 친 후 영구히 흙에 묻혀 있는 콘크리트 : 75mm
③ 옥외의 공기나 흙에 직접 접하지 않는 콘크리트로서 f_{ck}가 40MPa 미만의 보 : 40mm
④ 흙에 접하거나 옥외의 공기에 직접 노출되는 콘크리트로서 D16 이하의 철근 : 50mm

해설 **흙에 접하거나 옥외의 공기에 직접 노출되는 콘크리트로서 D16 이하의 철근** : 40mm

68 발생된 손상이 안전성에 심각한 영향을 주지 않는다고 판단하면 보수 조치를 시행하는데, 다음의 조치 중 보수에 해당하는 것은?

① 보강섬유 접착공법　　② 강판접착 공법
③ 주입공법　　④ 외부케이블 공법

해설
- **보수공법** : 표면처리공법, 주입공법, 충전공법, 전기방식공법, 콘크리트 구체 손상부 보수공법, 표층 취약부 보수공법
- **보강공법** : 콘크리트 단면증설공법, 강판접착공법, 보강섬유접착공법, 외부케이블 공법

69 철근 부식으로 인한 콘크리트의 균열을 방지하기 위한 방법으로 적당하지 않은 것은?

① 철근을 방청처리한다.
② 콘크리트 표면을 코팅처리한다.
③ 콘크리트 중성화가 일어나지 않도록 조치한다.
④ 경량골재를 사용한다.

해설 **철근 부식에 의한 균열을 막는 방법**

- 흡수성이 낮은 콘크리트 사용
- 콘크리트 표면을 추가로 덧씌우는 방법
- 철근을 코팅하여 사용
- 부식을 막는 혼화제를 사용

70 연속보 또는 1방향 슬래브의 철근 콘크리트 구조해석시 근사해법 조건으로 틀린 것은?

① 등분포 하중이 작용하는 경우
② 활하중이 고정하중의 3배를 초과하지 않는 경우
③ 인접 2경간 차이가 짧은 경간의 30% 이하인 경우
④ 부재의 단면 크기가 일정한 경우

해설

- 인접 2경간 차이가 짧은 경간의 20% 이하인 경우
- 2경간 이상인 경우

71 경간 25m인 PS 콘크리트 보에 계수하중 40kN/m이 작용하고, P=2,500kN의 프리스트레스가 주어질 때 등분포 상향력 u를 하중평형(balanced load) 개념에 의해 계산하여 이 보에 작용하는 순수하향 분포하중을 구하면?

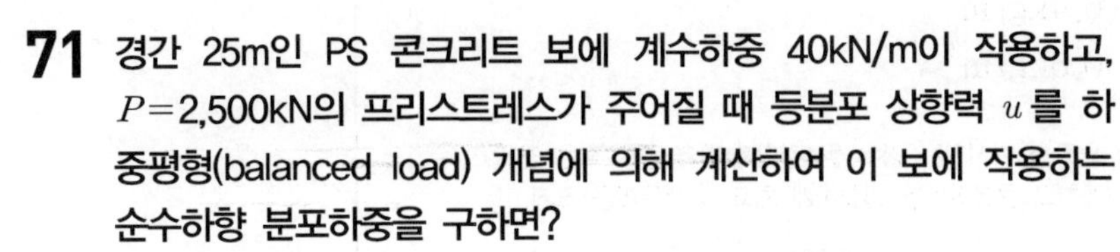

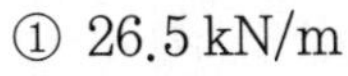

① 26.5 kN/m
② 27.3 kN/m
③ 28.8 kN/m
④ 29.6 kN/m

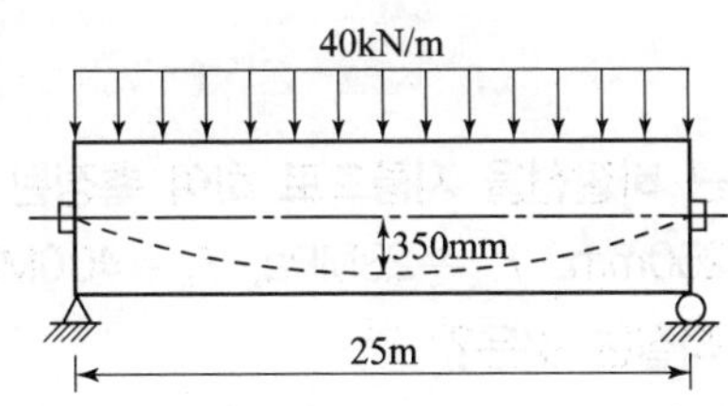

해설

- $\dfrac{ul^2}{8} = P \cdot s$

  $\dfrac{u \times 25^2}{8} = 2500 \times 0.35$

  $\therefore\ u = 11.2\text{kN}$

- 순하향 하중 $= 40 - 11.2 = 28.8\text{kN/m}$

답안 표기란

69	①	②	③	④
70	①	②	③	④
71	①	②	③	④

week 03

정답 66. ④ 67. ④ 68. ③ 69. ④ 70. ③ 71. ③

72 단부에 표준갈고리가 있는 도막되지 않은 인장 이형철근 D25(공칭 지름 25.4mm)를 정착시키는데 필요한 기본정착길이(l_{hb})는? (단, 보통중량 콘크리트이고, f_{ck} =24MPa, f_y =400MPa이며, 보정계수는 고려하지 않는다.)

① 498mm ② 519mm
③ 584mm ④ 647mm

$$l_{hb} = \frac{0.24\beta\, d_b f_y}{\lambda\sqrt{f_{ck}}} = \frac{0.24\times1.0\times25.4\times400}{1.0\sqrt{24}} = 498\,\text{mm}$$

여기서, 도막되지 않는 철근이므로 $\beta = 1.0$, 보통중량 콘크리트이므로 $\lambda = 1.0$ 이다.

73 굳지 않은 콘크리트 중의 전 염소이온량을 원칙적으로 규정하는 값(㉠)과 책임기술자의 승인을 얻어 허용할 수 있는 콘크리트 중의 전 염소이온량의 허용 상한값(㉡)으로 옳은 것은?

① ㉠ : 0.2kg/m^3, ㉡ 0.4kg/m^3
② ㉠ : 0.2kg/m^3, ㉡ 0.6kg/m^3
③ ㉠ : 0.3kg/m^3, ㉡ 0.4kg/m^3
④ ㉠ : 0.3kg/m^3, ㉡ 0.6kg/m^3

해설 허용 상한 값을 0.6kg/m^{3}으로 증가시키는 경우 물-결합재비, 슬럼프 혹은 단위수량을 될 수 있는 한 적게하고 콘크리트를 밀실하게 치고, 피복두께를 크게 고려한다.

74 나선철근 기둥에서 나선철근 바깥선을 지름으로 하여 측정된 나선철근 기둥의 심부 지름이 250mm, f_{ck} =28MPa, f_y =400MPa일 때 기둥의 총 단면적으로 적절한 것은?

① 60000mm^2 ② 100000mm^2
③ 200000mm^2 ④ 300000mm^2

해설

• $A_{ch} = \dfrac{\pi\times250^2}{4} = 49087\,\text{mm}^2$

• 나선 철근비 $\rho_s = 0.45\left(\dfrac{A_g}{A_{ch}} - 1\right)\dfrac{f_{ck}}{f_y}$ 관련식에서

기둥의 총 단면적 A_g가 100000mm^{2}일 경우 나선 철근비가 0.0326이므로 나선 철근비 $0.01 \le \rho_s \le 0.08$ 범위 한계에 적합하다.

75 그림 (a)와 같은 띠철근 기둥단면의 평형재하상태에 대해 해석한 결과 (b)와 같이 콘크리트의 압축력 C_c=900kN, 압축철근의 압축력 C_s=200kN, 인장철근의 인장력 T_s=300kN을 얻었다. 이 기둥의 공칭 편심하중 P의 크기는?

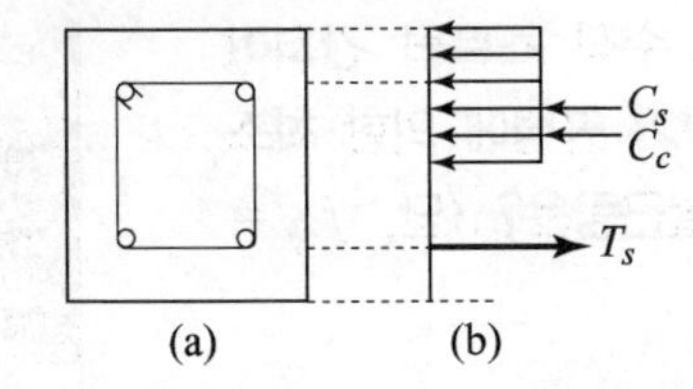

① 1000kN
② 800kN
③ 750kN
④ 700kN

해설 $P_n = C_c + C_s - T = 900 + 200 - 300 = 800\text{kN}$

보충 • 띠철근 기둥의 경우

$P_u = \phi P_n = 0.65 \times 0.8(\eta(0.85 f_{ck}) A_c + A_{st} f_y)$

여기서, $P_n = C_c + C_s = \eta(0.85 f_{ck})(A_g - A_{st}) + A_{st} f_y$

76 철근콘크리트의 염해를 방지하는 방법에 대한 설명으로 옳지 않은 것은?

① 물–결합재비를 55% 이상으로 한다.
② 수분, 산소, 및 Cl^- 등의 부식성 물질을 제거한다.
③ 부식성 물질의 피복콘크리트 속으로의 침입, 확산을 방지한다.
④ 외부로부터의 전류에 의하여 강재의 전위를 변화시켜 방식 영역에 포함시킨다.

해설 물–결합재비를 50% 이하로 한다.

77 콘크리트의 단위질량이 2350kg/m³이며 설계기준 압축강도가 30MPa인 콘크리트의 할선탄성계수는?

① 27525MPa
② 28417MPa
③ 28638MPa
④ 29595MPa

해설 $E_c = 0.077\, m_c^{1.5} \sqrt[3]{f_{cm}} = 0.077 \times 2350^{1.5} \sqrt[3]{30+4} = 28417\text{MPa}$

여기서, $f_{cm} = f_{ck} + \Delta f$

Δf는 f_{ck}가 40MPa 이하이므로 4MPa이다.

답안 표기란				
75	①	②	③	④
76	①	②	③	④
77	①	②	③	④

정답 72. ① 73. ④ 74. ② 75. ② 76. ① 77. ②

week 03

답안 표기란

78	①	②	③	④
79	①	②	③	④
80	①	②	③	④

78 단면의 폭이 300mm, 유효높이가 600mm, 수직 스트럽 간격이 200mm로 설치되어 있는 단철근 직사각형 보가 규정에 의한 최소 전단철근을 설치하여야 할 경우 최소 전단철근량은? (단, f_{ck} = 21MPa, f_y =300MPa)

① 58mm^2　② 70mm^2
③ 86mm^2　④ 116mm^2

해설

$$A_{v\min} = 0.35\frac{b_w\,s}{f_{yt}} = 0.35\frac{300\times200}{300} = 70\,\text{mm}^2$$

79 콘크리트의 설계기준 압축강도가 40MPa 이하인 경우, 휨모멘트를 받는 부재의 콘크리트 압축연단의 극한변형률은 얼마로 가정하는가?

① 0.0011　② 0.0022
③ 0.0033　④ 0.0044

해설 $f_{ck} \le 40\,\text{MPa}$인 경우 압축측 연단의 최대변형률은 0.0033으로 가정한다.

80 유지관리 시설물 중 1종 시설물에 해당하지 않는 것은?

① 상부구조형식이 사장교인 교량
② 수원지 시설을 포함한 광역상수도
③ 총저수용량 3천만톤의 용수전용댐
④ 철도 구조물로서 연장 100m의 터널

해설 1종 시설물
- 광역상수도, 공업용수도, 1일 공급능력 3만톤 이상의 지방상수도
- 다목적댐, 발전용댐, 홍수전용댐 및 총저수용량 1000만톤 이상의 용수전용댐
- 갑문시설, 연장 1000m 이상인 방파제
- 연장 500m 이상의 교량, 고속철도 교량, 도시철도의 교량 및 고가교
- 고속철도 터널, 도시철도 터널, 철도 구조물로서 연장 1000m 이상의 터널
- 상부구조형식이 현수교, 사장교, 아치교 및 트러스교인 교량 등등

정답 78. ② 79. ③ 80. ④

콘크리트기사

week 4

CBT 모의고사

Ⅰ 콘크리트 재료 및 배합
Ⅱ 콘크리트 제조, 시험 및 품질관리
Ⅲ 콘크리트의 시공
Ⅳ 콘크리트 구조 및 유지관리

알려드립니다

한국산업인력공단의 저자권법 저촉에 대한 언급(2013년 2회 시험)이 있어 과거에 출제된 동일한 문제나 그 유형의 문제로 재구성하였습니다.

01회 CBT 모의고사

• 수험번호:
• 수험자명:

• 제한 시간:
• 남은 시간:

글자 크기 100% 150% 200% | 화면 배치 | • 전체 문제 수: • 안 푼 문제 수:

1과목 콘크리트 재료 및 배합

답안 표기란				
01	①	②	③	④
02	①	②	③	④
03	①	②	③	④

01 레디믹스트 콘크리트에서 회수수를 혼합수로 사용할 경우 주의할 사항 중 틀린 것은?

① 고강도 콘크리트의 경우 회수수를 사용하여서는 안 된다.
② 슬러지수의 사용시 단위 슬러지 고형분율은 콘크리트 질량의 3% 이하로 한다.
③ 회수수의 품질시험항목은 4가지로서 염소이온량, 시멘트 응결시간의 차, 모르타르 압축강도의 비, 단위 슬러지 고형분율이다.
④ 콘크리트를 배합할 때, 회수수 중에 함유된 슬러지 고형분은 물의 질량에는 포함되지 않는다.

해설 단위 슬러지 고형분율은 $1m^3$의 콘크리트 배합에 사용되는 슬러지 고형분량을 단위 결합재량으로 나눠 질량 백분율로 표시한 것이다.

02 플라이 애시를 사용한 콘크리트의 성질로 옳은 것은?

① 유동성의 저하
② 장기강도의 저하
③ 수화열의 감소
④ 알칼리 골재 반응의 촉진

해설
• 유동성의 증대(표면이 매끄러운 구형입자로 콘크리트 워커빌리티를 좋게 한다.)
• 장기강도의 증대
• 수밀성 증대
• 알칼리 골재 반응의 억제

03 다음은 골재 15000g에 대하여 체가름 시험을 수행한 결과이다. 이 골재의 조립률은?

① 3.12
② 4.12
③ 6.26
④ 7.26

골재의 체가름 시험	
체의 호칭치수(mm)	남는 양(g)
80	0
40	450
20	7200
10	3600
5	3300
2.5	450
1.2	0

해설

체의 호칭치수(mm)	남는 양(g)	남는 율(%)	남는 율 누계(%)
80	0	0	0
40	450	3	3
20	7200	48	51
10	3600	24	75
5	3300	22	97
2.5	450	3	100
1.2	0	0	100
0.6	0	0	100
0.3	0	0	100
0.15	0	0	100
계	15000		

$$FM = \frac{3+51+75+97+100+100+100+100+100}{100} = 7.26$$

04 아래 표의 시험항목 중 KS F 2561(철근콘크리트용 방청제)의 품질 시험 항목으로 규정되어 있는 것을 옳게 나타낸 것은?

㉠ 콘크리트의 블리딩 시험	㉡ 콘크리트의 압축강도 시험
㉢ 콘크리트의 길이변화 시험	㉣ 전체 알칼리량 시험

① ㉠, ㉡　　② ㉠, ㉣

③ ㉡, ㉢　　④ ㉡, ㉣

해설 **방청제의 성능**

- 부식 상황 : 부식이 안 될 것
- 방청률(%) : 95 이상
- 콘크리트의 응결차(분) : (초결, 종결) ± 60 이내
- 콘크리트 압축강도비(%) : (재령 7일, 28일) 90 이상
- 염화물이온량 : 0.02kg/m^3 이하
- 전체 알칼리량 : 0.02kg/m^3 이하

05 한중콘크리트 배합시 이용하는 일반적인 적산 온도식으로 알맞은 것은? [단, M : 적산온도(°D · D(일), °C · D), θ : Δt 시간 중의 콘크리트의 일평균 양생온도(°C), Δt : 시간(일)]

① $M=\sum_0^t(\Delta t+\theta)\times 30°C$　　② $M=\sum_0^t(\theta+10°C)\Delta t$

③ $M=\sum_0^t(\Delta t+30°C)\times\theta$　　④ $M=\sum_0^t(\Delta t+10°C)\times\theta$

해설 $M=\sum_0^t(\theta+A)\Delta t$

여기서, A : 정수로서 일반적으로 10°C가 사용된다.

답안 표기란

04 ① ② ③ ④
05 ① ② ③ ④

정답 01. ② 02. ③ 03. ④ 04. ④ 05. ②

week 04

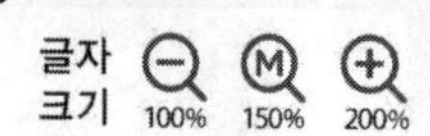

답안 표기란				
06	①	②	③	④
07	①	②	③	④

06 다음 콘크리트의 시방배합을 현장배합으로 환산시 단위수량, 잔골재, 굵은골재량으로 적합한 것은? (단, 시방배합의 단위시멘트량이 300kg/m^3, 단위수량이 155kg/m^3, 단위 잔골재량이 695kg/m^3, 단위 굵은골재량이 1285kg/m^{3}이며 현장골재의 상태는 잔골재의 표면수 4.6%, 굵은골재의 표면수 0.8%, 잔골재 중 5mm체 잔유량 3.4%, 굵은골재 중 5mm체 통과량 4.3%이다.)

① 단위수량 : 114kg/m^3, 단위 잔골재량 : 691kg/m^3, 단위 굵은골재량 : 1330kg/m^3
② 단위수량 : 119kg/m^3, 단위 잔골재량 : 691kg/m^3, 단위 굵은골재량 : 1330kg/m^3
③ 단위수량 : 114kg/m^3, 단위 잔골재량 : 721kg/m^3, 단위 굵은골재량 : 1303kg/m^3
④ 단위수량 : 119kg/m^3, 단위 잔골재량 : 721kg/m^3, 단위 굵은골재량 : 1303kg/m^3

해설
• 단위 잔골재량

입도 보정 $= \dfrac{100 \times 695 - 4.3(695 + 1285)}{100 - (3.4 + 4.3)} = 660.74\text{kg}$

표면수 보정 $= 660.74\left(1 + \dfrac{4.6}{100}\right) = 691\text{kg}$

• 단위 굵은골재량

입도 보정 $= \dfrac{100 \times 1285 - 3.4(695 + 1285)}{100 - (3.4 + 4.3)} = 1319.26\text{kg}$

표면수 보정 $= 1319.26\left(1 + \dfrac{0.8}{100}\right) = 1330\text{kg}$

• 단위수량

$155 - (660.74 \times 0.046) - (1319.26 \times 0.008) = 114\text{kg}$

07 마이크로 필러(micro filler) 효과 및 포졸란 반응이 동시에 작용하여 강도 증진 효과가 뛰어나서 고강도 콘크리트용으로 사용되는 혼화재료는 무엇인가?

① 실리카 퓸 ② 고로 슬래그
③ 플라이 애쉬 ④ 규조토

해설 실리카 퓸은 매우 높은 분말도를 가지고 있으며 양생과정 중 포졸란 반응이 촉진되어 규산칼슘 수화물을 형성시켜 조직을 치밀하게 하여 강도를 증대시킨다.

08 부순 굵은 골재 및 부순 굵은 골재를 사용한 콘크리트의 특징으로 틀린 것은?

① 강자갈을 사용한 콘크리트에 비해 작업성이 떨어진다.
② 물-결합재비가 같은 경우 강자갈을 사용한 콘크리트보다 시멘트 페이스트의 부착력을 높일 수 있다.
③ 강자갈을 사용한 경우와 같은 슬럼프를 얻기 위해서는 단위수량이 증가한다.
④ 입형이 평평하기 때문에 강자갈보다 실적률이 높다.

해설 동일한 입도의 경우에는 일반적으로 각형일수록 실적률이 낮다.

09 골재의 체가름 시험 방법에 대한 설명으로 틀린 것은?

① 시험에 사용되는 저울은 시료질량의 0.1% 이하의 눈금량 또는 감량을 가진 것으로 한다.
② 체가름은 1분간 각 체를 통과하는 것이 전 시료 질량의 0.1% 이하로 될 때까지 작업을 한다.
③ 체가름 계량 결과는 시료 전 질량에 대한 백분율로 소수점 이하 둘째자리까지 계산하여 소수점 이하 첫째자리까지 나타낸다.
④ 체눈에 막힌 알갱이는 파쇄되지 않도록 주의하면서 되밀어 체에 남은 시료로 간주한다.

해설 체가름 계량 결과는 시료 전 질량에 대한 백분율로 소수점 이하 첫째자리까지 계산하여 정수로 끝맺음한다.

10 굵은골재 체가름 시험을 실시한 결과 다음과 같은 성과표를 얻었다. 굵은골재 최대치수는?

체 크기(mm)	40	30	25	20	15	10
통과질량 백분율(%)	98	91	86	74	35	5

① 15mm
② 20mm
③ 25mm
④ 30mm

해설 골재의 체가름 시험을 하였을 때 통과질량 백분율이 90% 이상 통과한 체 중에서 최소치수의 눈금을 굵은골재 최대치수로 한다.

11 특수시멘트 중 수축보상 및 화학적인 프리스트레스트의 도입이 가능한 시멘트는?

① 팽창시멘트
② 콜로이드 시멘트
③ 알루미나 시멘트
④ 초속경 시멘트

답안 표기란

08	①	②	③	④
09	①	②	③	④
10	①	②	③	④
11	①	②	③	④

정답 06. ① 07. ① 08. ④ 09. ③ 10. ④ 11. ①

해설 **팽창시멘트**

- 건조상태에서 생기는 수축을 상쇄시켜 균열 발생을 방지하는 수축보상용 시멘트와 시멘트의 팽창을 이용하여 강재 등을 적당히 구속시키는 화학적 프리스트레스 도입용으로 구분된다.
- 콘크리트의 응결, 경화시에 팽창을 일으켜 수축성을 개선하는 시멘트이다.

답안 표기란				
12	①	②	③	④
13	①	②	③	④
14	①	②	③	④

12 콘크리트용 강섬유의 품질 및 품질관련 시험에 대한 설명 중 틀린 것은?

① 강섬유는 16℃ 이상의 온도에서 지름 안쪽 90°(곡선 반지름 3mm) 방향으로 구부렸을 때 부러지지 않아야 한다.
② 강섬유는 표면에 유해한 녹이 있어서는 안 된다.
③ 강섬유가 5t 보다 작을 경우 1t 당 1개의 비율로 인장강도 시험을 측정한다.
④ 강섬유의 인장강도 시험은 강섬유 5t마다 10개 이상의 시료를 무작위로 추출하여 측정한다.

해설
- 강섬유의 인장강도 시험은 강섬유 5t보다 작을 경우에도 10개 이상의 시료를 무작위로 추출하여 측정한다.
- 강섬유의 평균 인장강도는 700MPa 이상이 되어야 하며 각각의 인장강도 또한 650MPa 이상 이어야 한다.

13 시멘트 성분 중에 Na_2O가 0.5%, K_2O가 0.4% 있었다면 이 시멘트에서 도입되는 전알칼리의 양은?

① 0.52% ② 0.76%
③ 0.91% ④ 1.05%

해설 **전 알칼리량**

$Na_2O + 0.658K_2O = 0.5 + 0.658 \times 0.4 = 0.7632\%$

14 콘크리트의 압축강도 시험을 실시한 결과가 아래의 표와 같다. 불편분산에 의한 표준편차는 얼마인가?

28, 26, 30, 27(MPa)

① 1.71 MPa ② 1.90 MPa
③ 2.14 MPa ④ 2.32 MPa

해설
- 평균값($\bar{x}$)$=\dfrac{28+26+30+27}{4}=27.75$
- 편차 제곱의 합(S)
  $(28-27.75)^2+(26-27.75)^2+(30-27.75)^2+(27-27.75)^2=8.75$
- 불편분산(V)
  $V=\dfrac{S}{n-1}=\dfrac{8.75}{4-1}=2.91$
- 표준편차(σ)
  $\sigma=\sqrt{V}=\sqrt{2.91}=1.71$

15 **콘크리트용 화학혼화제(공기연행제, 공기연행감수제, 고성능 공기연행감수제)의 성능을 확인하기 위한 콘크리트 시험에서 길이변화비(%)를 구하는 데 적용되는 기간은?**

① 28일 ② 3개월
③ 6개월 ④ 1년

해설 보존 기간 6개월에 따른 결과의 평균값을 콘크리트의 길이 변화율로 한다.

16 **콘크리트의 배합강도(f_{cr})를 정하는 방법에 대한 설명으로 옳지 않은 것은? (단, f_{cn} : 호칭강도)**

① f_{cr}는 (20±2)℃ 표준양생한 공시체의 압축강도로 표시하는 것으로 한다.
② 압축강도의 시험 회수가 14회 이하이고, f_{cn}가 21MPa 미만인 경우, f_{cr}는 f_{cn}에 7MPa을 더하여 구할 수 있다.
③ 압축강도의 시험회수가 29회 이하이고 15회 이상인 경우, 계산한 표준편차에 보정계수를 나눈 값을 표준편차로 사용할 수 있다.
④ 콘크리트 압축강도의 표준편차는 실제 사용한 콘크리트의 30회 이상의 시험실적으로부터 결정하는 것을 원칙으로 한다.

해설 압축강도의 시험회수가 29회 이하이고 15회 이상인 경우, 계산한 표준편차에 보정계수를 곱한 값을 표준편차로 사용할 수 있다.

17 **레디믹스트 콘크리트의 혼합에 사용되는 물 중 상수돗물 pH의 허용 범위는?**

① pH 3.1 이하 ② pH 3.5~5.3
③ pH 5.8~8.5 ④ pH 8.7~11.2

해설
- 수소 이온 농도(pH)는 5.8~8.5 범위이다.
- 상수돗물은 시험을 하지 않아도 사용할 수 있다.

답안 표기란

15	①	②	③	④
16	①	②	③	④
17	①	②	③	④

week 04

정답 12. ③ 13. ② 14. ① 15. ③ 16. ③ 17. ③

답안 표기란				
18	①	②	③	④
19	①	②	③	④
20	①	②	③	④

18 콘크리트 배합 설계 시 슬럼프는 구조물의 종류, 부재 치수 및 배근 상태 등을 고려하여 결정한다. 일반적으로 슬럼프 값의 범위가 가장 작은 것은?

① 일반적인 무근 콘크리트 구조물
② 일반적인 철근 콘크리트 구조물
③ 단면이 큰 무근 콘크리트 구조물
④ 단면이 큰 철근 콘크리트 구조물

해설 슬럼프의 표준값

종 류		슬럼프 값(mm)
철근 콘크리트	일반적인 경우	80~150
	단면이 큰 경우	60~120
무근 콘크리트	일반적인 경우	50~150
	단면이 큰 경우	50~100

19 수경성 시멘트 모르타르의 압축강도 시험방법(KS L 5105)에 관한 설명으로 옳은 것은?

① 습기함, 습기실 및 저장 수조의 물 온도는 20±3℃이다.
② 반죽판, 건조 재료, 틀, 밑판 및 혼합 용기 부근의 공기 온도는 20~27.5℃로 유지한다.
③ 100mm의 입방 시험체를 사용한 수경성 시멘트 모르타르의 압축강도 시험방법에 대한 규정이다.
④ 시험실의 상대습도는 40% 이상, 습기함이나 습기실은 97% 이상의 상대습도에서 시험체가 저장되도록 제작되어야 한다.

해설
- 습기함, 습기실 및 저장 수조의 물 온도는 23±2℃이다.
- 50mm의 입방 시험체를 사용한 수경성 시멘트 모르타르의 압축강도 시험방법에 대한 규정이다.
- 시험실의 상대습도는 50% 이상, 습기함이나 습기실은 95% 이상의 상대습도에서 시험체가 저장되도록 제작되어야 한다.

20 콘크리트의 배합설계에서 단위수량의 보정에 대한 내용으로 옳은 것은?

① 부순 잔골재를 사용할 경우 단위수량은 9~15kg 작게 한다.
② 잔골재율이 1% 작을 때마다 단위수량은 1.5kg 크게 한다.

③ 공기량이 1%만큼 클 때마다 단위수량은 3%만큼 작게 한다.
④ 슬럼프 값이 10mm만큼 작을 때마다 단위수량은 1.2%만큼 크게 한다.

답안 표기란				
21	①	②	③	④
22	①	②	③	④

해설

구 분	S/a의 보정(%)	W의 보정
잔골재의 조립률이 0.1만큼 클(작을) 때마다	0.5만큼 크게(작게)한다.	보정하지 않는다.
슬럼프 값이 10mm만큼 클(작을) 때마다	보정하지 않는다.	1.2%만큼 크게(작게) 한다.
공기량이 1%만큼 클(작을) 때마다	0.5~1.0만큼 작게(크게) 한다.	3%만큼 작게(크게) 한다.
물-결합재비가 0.05 클(작을) 때마다	1만큼 크게(작게) 한다.	보정하지 않는다.
S/a가 1%클(작을)때마다	보정하지 않는다.	1.5kg만큼 크게(작게) 한다.
천연 굵은골재를 사용할 경우	3~5만큼 크게 한다.	9~15kg만큼 크게 한다.
부순 잔골재를 사용할 경우	2~3만큼 크게 한다.	6~9kg만큼 크게 한다.

※ 단위굵은골재 용적에 의하는 경우에는 잔골재의 조립률이 0.1만큼 커질(작아질) 때마다 단위굵은골재 용적을 1%만큼 작게(크게) 한다.

2과목 콘크리트 제조, 시험 및 품질관리

21 갇힌 공기(entrapped air)에 대한 설명 중 올바른 것은?

① 일반적으로 1~2%이다.
② 비교적 기포가 작고 규칙적으로 분포된다.
③ 내구성을 향상시킨다.
④ 유동성을 증가시킨다.

해설 갇힌 공기는 일반적으로 콘크리트에 혼화제를 첨가하지 않아도 1~2%의 공기가 포함되어 있으며 비교적 기포가 크고 불규칙하게 분포되어 있다.

22 콘크리트에 일정한 하중이 지속적으로 작용되면, 하중(응력)의 변화가 없어도 콘크리트의 변형은 시간의 경과와 함께 증가하는데, 이와 같은 콘크리트의 성질을 무엇이라고 하는가?

① 피로강도 ② 포와송비
③ 크리프 ④ 응력-변형률 곡선

해설
- 콘크리트가 소정의 반복하중에 견디는 응력의 한도를 피로강도라 한다.
- 조강시멘트는 보통시멘트보다 크리프가 작다.
- 콘크리트 강도가 클수록 크리프는 작다.

정답 18. ③ 19. ② 20. ③ 21. ① 22. ③

23 콘크리트 압축강도 시험(KS F 2405)에서 공시체의 검사에 대한 설명으로 옳지 않은 것은?

① 지름을 0.1mm, 높이를 1mm까지 측정한다.
② 지름은 공시체 높이의 중앙에서 서로 직교하는 2방향에 대하여 측정한다.
③ 질량은 건조로에서 건조시킨 후에 측정한다.
④ 질량은 0.25% 이하의 눈금을 가진 저울로 질량을 측정한다.

해설 질량은 공시체 표면의 물을 모두 닦은 후에 측정한다.

24 콘크리트의 강도에 대한 설명으로 옳지 않은 것은?

① 콘크리트 강도라 함은 일반적으로 압축강도를 말한다.
② 충분한 혼합을 한 경우 일반적으로 강도가 증대된다.
③ 물–결합재비가 일정한 경우 공기량 1% 증가함에 따라 압축강도는 4~6% 감소한다.
④ 시멘트풀의 강도는 골재의 강도보다 크므로 콘크리트 강도를 좌우한다.

해설 골재의 강도는 시멘트풀의 강도보다 크며 콘크리트 강도를 좌우하는 경향이 있다.

25 콘크리트 재료의 1회 계량분의 허용오차로 옳은 것은?

① 물 : ±3%　② 골재 : ±3%
③ 시멘트 : ±2%　④ 혼화제 : ±2%

해설
- **물** : −2%, +1%
- **시멘트** : −1%, +2%
- **혼화재** : ±2%
- **골재, 혼화제** : ±3%

26 콘크리트의 블리딩을 증가시키는 요인으로 적합하지 않은 것은?

① 단위수량의 증가　② 시멘트 분말도의 증가
③ 콘크리트 공기량의 저하　④ 콘크리트 온도의 저하

해설 시멘트의 분말도가 증가하면 블리딩은 감소한다.

답안 표기란				
23	①	②	③	④
24	①	②	③	④
25	①	②	③	④
26	①	②	③	④

27 콘크리트의 반죽질기 정도를 측정하는 시험방법이 아닌 것은?

① 시료의 투과시험
② 켈리볼 관입시험
③ 진동대에 의한 컨시스턴시 시험
④ 다짐 계수 시험

해설 콘크리트 반죽질기 측정방법으로 슬럼프 시험, 흐름 시험, 케리볼 관입시험, 리몰딩 시험, 진동대에 의한 컨시스턴시 시험(Vee-Bee시험), 다짐계수 시험 등이 있다.

28 콘크리트 중의 염화물 함유량에 대한 설명으로 틀린 것은?

① 콘크리트 중의 염화물 함유량은 콘크리트 중에 함유된 염소이온의 총량으로 표시한다.
② 재령 28일이 경과한 굳은 프리스트레스트 콘크리트 속의 최대 수용성 염소이온량은 시멘트 질량에 대한 비율로서 0.06%를 초과하지 않도록 하여야 한다.
③ 굳지 않은 콘크리트 중의 전 염소이온량은 원칙적으로 $0.9kg/m^3$ 이하로 하여야 한다.
④ 상수도 물을 혼합수로 사용할 때 여기에 함유되어 있는 염소이온량이 불분명한 경우에는 혼합수로부터 콘크리트 중에 공급되는 염소이온량을 250mg/L로 가정할 수 있다.

해설
- 굳지 않은 콘크리트 중의 전 염소이온량은 원칙적으로 $0.3kg/m^3$ 이하로 한다. 단, 책임기술자 또는 구입자의 승인을 얻어 콘크리트 중의 전 염화물 이온량의 허용상한치를 $0.6kg/m^3$로 할 수 있다.
- 굳은 콘크리트의 최대 수용성 염화물 이온량
  ① 프리스트레스트 콘크리트 : 0.06%
  ② 염화물에 노출된 철근 콘크리트 : 0.15%
  ③ 건조한 상태이거나 습기로부터 차단된 콘크리트 : 1.0%
  ④ 그 밖의 철근 콘크리트 구조 : 0.3%

29 골재의 알칼리 잠재 반응 시험(모르타르봉 방법 KS F 2546)에 대한 설명으로 틀린 것은?

① 이 시험방법은 알칼리-탄산염 반응을 검출해 내는 수단으로 적합하다.
② 모르타르의 배합은 질량비로서 시멘트 1, 물 0.475, 절건 상태의 잔골재 2.25로 한다.
③ 시험 공시체는 시멘트 골재 배합비가 다른 2개 이상의 배치에서 각각 2개씩 최소한 4개를 만들어야 한다.
④ 모르타르봉 길이 변화를 측정하는 것에 의해 골재의 알칼리 반응성을 판정하는 시험방법이다.

해설 이 시험방법은 알칼리-탄산염 반응을 검출해 내는 수단으로 적합하지 않다.

답안 표기란

27	①	②	③	④
28	①	②	③	④
29	①	②	③	④

정답 23. ③ 24. ④ 25. ② 26. ② 27. ① 28. ③ 29. ①

week 04

30 믹싱 플랜트에서 완전히 반죽된 콘크리트를 에지테이터 트럭 혹은 트럭믹서로 교반하면서 목적지까지 운반하는 방법은 어느 것인가?

① 샌트럴 믹스트 콘크리트 ② 트랜싯 믹스트 콘크리트
③ 쉬링크 믹스트 콘크리트 ④ 드라이 믹스트 콘크리트

해설 트랜싯 믹스트 콘크리트의 경우는 계량된 각 재료를 직접 트럭믹서 안에 투입하고 운반 도중에 소정의 물을 첨가하여 혼합하면서 공사현장에 도착하면 완전한 콘크리트로 공급하는 방법이다.

31 다음에서 콘크리트의 비비기에 사용되는 믹서 중 강제식 믹서가 아닌 것은?

① 드럼 믹서(drum mixer) ② 팬형 믹서(pan type mixer)
③ 1축 믹서(one shaft mixer) ④ 2축 믹서(twin shaft mixer)

해설 드럼 믹서는 가경식 믹서에 해당한다.

32 관입저항침에 의한 콘크리트의 응결시간 시험(KS F 2436)에 사용하는 재하장치에 대한 설명으로 옳은 것은?

① 정확도 20N으로 관입력(penetration force)을 잴 수 있고 최소 용량 600N을 가진 것
② 정확도 10N으로 관입력(penetration force)을 잴 수 있고 최소 용량 600N을 가진 것
③ 정확도 10N으로 관입력(penetration force)을 잴 수 있고 최소 용량 60N을 가진 것
④ 정확도 1N으로 관입력(penetration force)을 잴 수 있고 최소 용량 60N을 가진 것

해설
- **재하장치** : 침의 관입을 일으킬 수 있을 만큼의 힘을 일으킬 수 있어야 하며, 정확도 10N으로 관입력(penetration force)을 잴 수 있고 최소 용량 600N을 가져야 한다.
- **시료의 보관** : 실험실 조건에서 시험할 때에는 시험편을 (20~25)℃ 범위 또는 시험자가 별도로 정한 온도에서 보관한다.

33 다음 중 품질관리 Cycle의 4단계에 속하지 않는 것은?

① Plan ② Do
③ Caution ④ Action

답안 표기란				
30	①	②	③	④
31	①	②	③	④
32	①	②	③	④
33	①	②	③	④

해설 **품질관리의 기본 4단계 순차** : 계획(plan) — 실시(do) — 검토(check) — 조치(action)

답안 표기란				
34	①	②	③	④
35	①	②	③	④
36	①	②	③	④

34 **4점 재하법에 의한 콘크리트의 휨 강도시험(KS F 2408)에 대한 설명으로 틀린 것은?**

① 지간은 공시체 높이의 3배로 한다.
② 공시체에 하중을 가할 때는 공시체에 충격을 가하지 않도록 일정한 속도로 하중을 가하여야 한다.
③ 공시체가 인장쪽 표면 지간 방향 중심선의 4점 사이에서 파괴된 경우는 그 시험 결과를 무효로 한다.
④ 재하장치의 설치면과 공시체면과의 사이에 틈새가 생기는 경우는 접촉부의 공시체 표면을 평평하게 갈아서 잘 접촉할 수 있도록 한다.

해설 공시체가 인장쪽 표면 지간 방향 중심선의 4점 바깥쪽에서 파괴된 경우는 그 시험 결과를 무효로 한다.

35 **콘크리트의 동결융해 시험에서 300사이클에서 상대동탄성계수가 76%라면, 이 공시체의 내구성 지수는?**

① 76% ② 81%
③ 85% ④ 92%

해설 $DF = \frac{PN}{M} = \frac{76 \times 300}{300} = 76\%$

36 **콘크리트의 워커빌리티 및 반죽질기에 영향을 주는 인자에 대한 설명으로 틀린 것은?**

① 단위수량을 증가시키면 재료분리와 블리딩 현상이 줄어들어 워커빌리티가 좋아진다.
② 단위수량이 많을수록 콘크리트의 반죽질기가 질게 되어 유동성이 크게 된다.
③ 단위시멘트량이 많아질수록 콘크리트의 성형성은 증가하므로, 일반적으로 부배합 콘크리트가 빈배합 콘크리트에 비해 워커빌리티가 좋다고 할 수 있다.
④ 일반적으로 분말도가 높은 시멘트의 경우에는 시멘트 풀의 점성이 높아지므로 반죽질기는 작게 된다.

해설
- 단위수량을 증가시키면 재료분리와 블리딩 현상이 커져 워커빌리티가 나빠진다.
- 일반적으로 콘크리트의 비빔온도가 높을수록 반죽질기는 감소하는 경향이 있다.

week 04

정답 30. ① 31. ① 32. ② 33. ③ 34. ③ 35. ① 36. ①

답안 표기란				
37	①	②	③	④
38	①	②	③	④
39	①	②	③	④

37 압력법에 의한 콘크리트의 공기량 시험 결과 겉보기 공기량이 7%, 골재의 수정계수가 2.4%, 사용하는 잔골재의 질량이 2kg일 때, 이 콘크리트의 공기량은?

① 2.2% ② 2.6%
③ 3.8% ④ 4.6%

해설 **콘크리트 공기량** = 겉보기 공기량 − 골재 수정계수 = 7 − 2.4 = 4.6%

38 레디믹스트 콘크리트 운반차와 운반시간에 대한 설명으로 옳지 않은 것은?

① 덤프트럭은 포장 콘크리트 중 슬럼프 25mm의 콘크리트를 운반하는 경우에 한하여 사용할 수 있다.
② 덤프트럭으로 콘크리트를 운반하는 경우, 운반 시간의 한도는 혼합하기 시작하고 나서 1시간 이내에 공사 지점에 배출할 수 있도록 운반한다.
③ 트럭 애지테이터나 트럭 믹서로 콘크리트를 운반하는 경우, 콘크리트는 혼합하기 시작하고 나서 1.5시간 이내에 공사 지점에 배출할 수 있도록 운반한다.
④ 덤프트럭으로 운반 했을 때 콘크리트의 1/4과 3/4의 부분에서 각각 시료를 채취하여 슬럼프 시험을 하였을 경우 양쪽 슬럼프 차이가 30mm 이하여야 한다.

해설 덤프트럭으로 운반 했을 때 콘크리트의 1/3과 2/3의 부분에서 각각 시료를 채취하여 슬럼프 시험을 하였을 경우 양쪽 슬럼프 차이가 20mm 이하여야 한다.

39 콘크리트 품질관리에 사용되는 정규분포의 특성에 대한 설명으로 틀린 것은?

① 가운데 값은 평균이 된다.
② 좌우 대칭의 종(鐘) 모양 분포이다.
③ 표준편차 3배 범위 내에 있을 확률은 95.45%이다.
④ 임의 두 점 사이의 곡선 아래의 면적은 그 구간의 값이 일어날 확률이다.

해설

- 정규분포하는 변수 x가 평균치 m으로부터 표준편차 σ의 몇 배 떨어져 있느냐 나타내는 수치이다.
- $m-1\sigma$, $m-2\sigma$, $m-3\sigma$의 범위 내의 값을 취하는 확률은 68.27%, 95.45%, 99.73%이다. 즉, 분포곡선의 면적은 분포곡선 전체 면적의 68.27%이며, 표준편차 2배 범위 내에 있을 확률은 95.45%, 표준편차 3배 범위 내에 있을 확률은 99.73%이다.
- 정규분포 곡선은 높이가 높고 폭이 좁은 만큼 변동이 작고 관리가 잘 된 것이 된다.

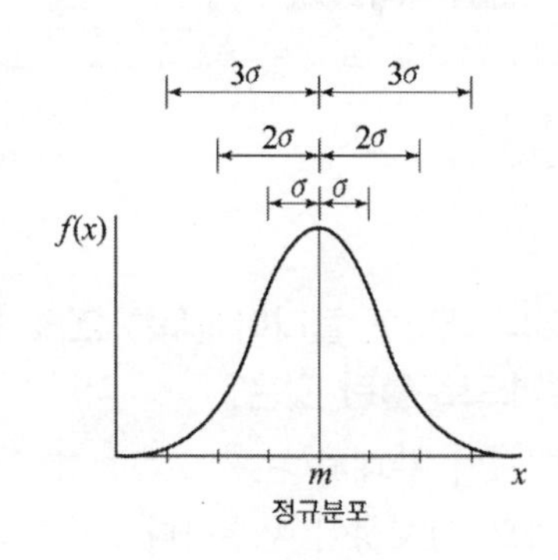

정규분포

답안 표기란				
40	①	②	③	④
41	①	②	③	④
42	①	②	③	④

40 다음과 같이 콘크리트용 유동화제를 혼합하여 사용하는 경우, 콘크리트 품질에 이상이 발생할 수 있는 경우는 어느 것인가?

① 멜라민계 – 리그닌계　② 리그닌계 – 나프탈렌계
③ 멜라민계 – 폴리칼본산계　④ 리그닌계 – 폴리칼본산계

해설 멜라민계와 폴리칼본산계는 서로 응결 지연성이 달라 품질의 이상이 발생할 수 있다.

3과목 콘크리트의 시공

41 콘크리트 시험용 원주형 공시체(ø100mm×200mm)로 쪼갬인장강도 시험을 실시한 결과 150kN에서 파괴되었다. 콘크리트 쪼갬인장강도로 옳은 것은?

① 2.5 Mpa　② 3.6 Mpa
③ 4.8 Mpa　④ 5.7 Mpa

해설 인장강도 $= \dfrac{2P}{\pi dl} = \dfrac{2\times 150000}{3.14\times 100\times 200} \fallingdotseq 4.8\text{MPa}$

42 유동화 콘크리트의 제조방식 중 유동화에 가장 효과적인 방법은?

① 레미콘 공장에서 유동화제를 첨가하고 공장에서 유동화하는 방법
② 레미콘 공장에서 유동화제를 첨가하고 현장에서 유동화하는 방법
③ 현장에서 유동화제를 첨가하고 레미콘 공장에서 유동화하는 방법
④ 현장에서 유동화제를 첨가하고 현장에서 유동화하는 방법

해설 현장 첨가 현장 유동화 방식은 공사현장에서 유동화제를 첨가하여 유동화하는 방법으로 유동화에 가장 효과적인 방법이다.

정답 37. ④ 38. ④ 39. ③ 40. ③ 41. ③ 42. ④

43 무근 시멘트 콘크리트의 배합에 플라이애시를 20% 첨가한 콘크리트의 성질에 대한 설명으로 틀린 것은?

① 콘크리트의 장기강도가 증대된다.
② 플라이애시의 첨가로 경제성이 우수하다.
③ 알칼리 골재반응이 억제되어 내구성이 우수하다.
④ 콘크리트의 초기강도의 증대로 한중 콘크리트에 적합하다.

해설
- 습윤양생이 충분하지 못하면 초기강도의 저하 및 동해에 대한 표면열화가 발생하기 쉽다.
- 수화가 충분히 진행되면 치밀한 조직이 가능하기 때문에 해수에 대한 저항성이 커진다.

44 섬유보강 콘크리트의 배합 및 비비기에 대한 일반적인 설명으로 옳은 것은?

① 믹서는 가경식 믹서를 사용하는 것을 원칙으로 한다.
② 강섬유보강 콘크리트의 경우, 소요 단위수량은 강섬유의 혼입률에 거의 비례하여 증가한다.
③ 강섬유보강 콘크리트에서 강섬유 혼입률 및 강섬유의 형상비가 증가될 경우 잔골재율은 작게 하여야 한다.
④ 일반 콘크리트의 압축강도는 물-결합재비로 결정되나, 섬유보강 콘크리트는 섬유혼입률에 의해 결정된다.

해설
- 믹서는 강제식 믹서를 사용하는 것을 원칙으로 한다.
- 강섬유보강 콘크리트에서 강섬유 혼입률 및 강섬유의 형상비가 증가될 경우 잔골재율을 크게 하여야 한다.
- 섬유보강 콘크리트의 압축강도는 일반 콘크리트와 같이 주로 물-결합재비로 정해지고 섬유 혼입률로는 결정이 되지 않는다.

45 매스 콘크리트의 타설 온도를 낮추는 방법 중 선행 냉각방법에 해당되지 않는 것은?

① 관로식 냉각 ② 혼합전 재료를 냉각
③ 혼합중 콘크리트를 냉각 ④ 타설전 콘크리트를 냉각

해설
- 관로식 냉각은 콘크리트를 타설한 후 콘크리트의 내부온도를 제어하기 위해 미리 묻어둔 파이프 내부에 냉수 또는 공기를 강제적으로 순환시켜 콘크리트를 냉각하는 방법으로 post-cooling 이라고 한다.
- 관로식 냉각은 초기 재령에 내부온도의 최대값을 낮추거나 부재 전체의 평균온도를 낮추기 위해 실시한다.

답안 표기란				
43	①	②	③	④
44	①	②	③	④
45	①	②	③	④

46 방사선 차폐용 콘크리트에 대한 설명으로 잘못된 것은?

① 주로 생물체의 방호를 위하여 X선, γ선 및 중성자선을 차폐할 목적으로 사용되는 콘크리트를 방사선 차폐용 콘크리트라고 한다.
② 물-결합재비는 50% 이하를 원칙으로 하고, 혼화제를 사용하여서는 안 된다.
③ 콘크리트의 슬럼프는 150mm 이하로 한다.
④ 소요의 밀도를 확보하기 위해 일반구조용 콘크리트보다 슬럼프를 작게 하는 것이 바람직하다.

해설
- 물-결합재비는 50% 이하를 원칙으로 하고, 작업성 개선을 위하여 품질이 입증된 혼화제를 사용하여도 된다.
- 1회 타설 높이는 30cm 이하로 한다.
- 차폐용 콘크리트로서 요구되는 밀도, 압축강도, 결합수량, 설계허용온도, 붕소량 등이 확보되어야 한다.

47 콘크리트 부재의 표면에 발생하는 기포에 대한 다음의 기술 내용 중 잘못된 것은?

① 단위 시멘트량이 증가하면 콘크리트 부재 표면의 기포는 감소하는 경향이 있다.
② 경사면의 윗면은 수직면의 경우보다 더 많은 기포가 발생하는 경향이 있다.
③ 거푸집 표면 부근의 진동 다짐은 부재 표면의 기포를 증가시킬 수도 있다.
④ 목재 거푸집의 경우 거푸집이 건조하면 기포가 감소하고, 강재 거푸집의 경우 온도가 높으면(여름철) 기포가 감소하는 경향이 있다.

해설 목재 거푸집의 경우 거푸집이 건조하면 기포가 증가한다.

48 콘크리트의 비비기로부터 타설이 끝날 때까지의 제한시간으로 옳은 것은?

	외기온도가 25℃ 이상	외기온도가 25℃ 미만
①	90분	120분
②	120분	90분
③	60분	90분
④	120분	150분

해설 **일반 콘크리트 허용 이어치기 시간 간격의 한도**
- 외기온도가 25℃ 이상 : 2시간
- 외기온도가 25℃ 미만 : 2.5시간

답안 표기란

46	①	②	③	④
47	①	②	③	④
48	①	②	③	④

정답 43. ④ 44. ② 45. ① 46. ② 47. ④ 48. ①

49 콘크리트 공장제품의 압축강도시험을 실시한 결과 시험체의 단면적이 $7850mm^2$, 파괴 시 최대하중이 165kN이었다면, 압축강도는?

① 15MPa ② 18MPa
③ 21MPa ④ 24MPa

$$f=\frac{P}{A}=\frac{165000}{7850}=21\text{N/mm}^2=21\text{MPa}$$

50 숏크리트의 시공에 대한 일반사항으로 옳지 않은 것은?

① 숏크리트는 대기 온도가 10℃ 이상일 때 뿜어붙이기를 실시하며 그 이하의 온도일 때는 적절한 온도 대책을 세운 후 실시한다.
② 건식 숏크리트는 배치 후 60분 이내에 뿜어붙이기를 실시하여야 하며, 습식 숏크리트는 배치 후 90분 이내에 뿜어붙이기를 실시하여야 한다.
③ 숏크리트는 타설되는 장소의 대기 온도가 32℃ 이상이 되면 건식 및 습식 숏크리트 모두 뿜어붙이기를 할 수 없으며, 적절한 온도 대책을 세운 후 타설하여야 한다.
④ 숏크리트 재료의 온도가 10℃보다 낮거나 32℃보다 높을 경우 적절한 온도 대책을 세워 재료의 온도가 10℃~32℃ 범위에 있도록 한 후 뿜어붙이기를 실시하여야 한다.

해설
- 건식 숏크리트는 배치 후 45분 이내에 뿜어붙이기를 실시하여야 한다.
- 습식 숏크리트는 배치 후 60분 이내에 뿜어붙이기를 실시하여야 한다.

51 포장 콘크리트 배합기준에 대한 설명으로 틀린 것은?

① 슬럼프는 25~65mm 범위 내에서 한다.
② 휨 호칭강도는 4.0~4.5MPa 범위 내에서 한다.
③ 굵은 골재의 최대치수는 25mm 이하이어야 한다.
④ 공기량은 4.5% 이하로 하되, 허용오차 범위는 ±1.5%로 한다.

해설
- 굵은 골재의 최대치수는 40mm 이하이어야 한다.
- 단위수량은 $150kg/m^3$ 이하로 한다.

답안 표기란

49	①	②	③	④
50	①	②	③	④
51	①	②	③	④

52 수축이음에 대한 설명으로 틀린 것은?

① 수밀 구조물에서는 지수판 설치 등의 지수대책이 필요하다.
② 수축이음에 의한 단면 감소율은 10% 이하로 하는 것이 좋다.
③ 수축이음은 정해진 장소에 균열을 집중시킬 목적으로 설치한다.
④ 수축이음 간격은 구조물의 치수, 철근량, 타설온도, 타설방법 등에 의해 큰 영향을 받으므로 이들을 고려하여 정하여야 한다.

해설 수축이음에 의한 유발줄눈의 단면 감소율은 20% 이상으로 하는 것이 좋다.

53 한중 콘크리트에 대한 설명으로 틀린 것은?

① 타설할 때의 콘크리트 온도는 5~20℃의 범위로 한다.
② 배합강도 및 물–결합재비는 적산온도 방식에 의해 결정할 수 있다.
③ 초기양생은 소요 압축강도가 얻어질 때까지 콘크리트의 온도를 5℃ 이상으로 유지한다.
④ 소요 압축강도에 도달한 후 5일간은 구조물의 어느 부분이라도 0℃ 이상이 되도록 유지한다.

해설 소요 압축강도에 도달한 후 2일간은 구조물의 어느 부분이라도 0℃ 이상이 되도록 유지한다.

54 콘크리트를 타설할 때 기포, 곰보 등이 발생하지 않도록 하기 위한 방법으로 적합하지 않은 것은?

① 경사진 경사면의 윗면은 투수 거푸집 등을 이용하여 기포의 발생을 제어한다.
② 낙하 높이가 높은 부재는 배관을 이용하여 가능한 한 콘크리트 타설 높이를 낮게 한다.
③ 벽체의 두께가 얇은 경우나 연속하여 긴 경우에는 콘크리트를 횡방향으로 이동하여 타설한다.
④ 개구부 밑면은 공기가 빠져나가는 길과 콘크리트의 침하를 고려한 콘크리트 타설 및 다짐을 실시한다.

해설 콘크리트를 횡방향으로 이동시키지 않게 타설하는 위치에 콘크리트를 내려서 치도록 한다.

답안 표기란				
52	①	②	③	④
53	①	②	③	④
54	①	②	③	④

week 04

정답 49. ③ 50. ② 51. ③ 52. ② 53. ④ 54. ③

답안 표기란				
55	①	②	③	④
56	①	②	③	④
57	①	②	③	④
58	①	②	③	④

55 고강도 콘크리트의 시공에 관한 설명으로 옳지 않은 것은?

① 부재가 바뀌는 위치에서는 콘크리트가 침하한 후 연속해서 타설한다.
② 운반시간이 길어지거나 운반거리가 멀 때에는 트럭믹서를 이용하는 것이 좋다.
③ 교통체증 등으로 지연 도착이 예상되는 경우 운반 중에 고성능 감수제를 투여해야 한다.
④ 내부 수화온도가 증가되어 수화균열 가능성이 있으므로 양생에 세심한 주의가 필요하다.

해설 운반차량이 교통체증 등으로 지연 도착하여 슬럼프 값이 저하할 가능성이 있기 때문에 현장에서는 콘크리트 타설 직전에 고성능 감수제를 투여할 수 있는 보조장치를 준비해 두어야 한다.

56 콘크리트의 양생에 관한 설명으로 틀린 것은?

① 습윤양생을 길게 하면 장기강도가 커진다.
② 양생온도를 높게 하면 초기강도가 커진다.
③ 습윤양생을 길게 하면 탄산화 속도가 늦어진다.
④ 양생온도를 높게 하면 장기강도의 증가율이 커진다.

해설 양생온도를 높게 하면 장기강도의 증가율은 낮아진다.

57 한중 콘크리트 시공 시 단위수량을 적게 하는 가장 큰 이유는?

① 내화성 증대
② 초기동해 방지
③ 골재의 알칼리반응 감소
④ 염류에 대한 저항성 증대

해설 단위수량은 초기동해 저감 및 방지를 위하여 소요의 워커빌리티를 유지할 수 있는 범위 내에서 되도록 적게 한다.

58 다음 콘크리트 중 단열성, 상 · 하층간의 차음성능, 구조물의 경량화 및 비교적 좁은 면적에서도 제조 및 시공이 가능한 장점을 가진 것은?

① 경량골재 콘크리트　　② 경량기포 콘크리트
③ 무잔골재 콘크리트　　④ 강섬유보강 콘크리트

해설 **경량기포 콘크리트**
발포제에 의해 콘크리트 속에 무수한 기포를 골고루 분산시키거나 기포제를 혼합하여 경량화, 단열 내화의 증대성이 있다.

답안 표기란				
59	①	②	③	④
60	①	②	③	④
61	①	②	③	④

59 **해양 콘크리트의 구성재료 및 시공에 대한 설명으로 틀린 것은?**

① 타설 후 3일간은 직접 해수에 닿지 않도록 보호해야 한다.
② 혼화재료를 혼합한 보통 포틀랜드 시멘트나 중용열 포틀랜드 시멘트를 사용하여야 한다.
③ 시공 이음부를 둘 경우 성능 저하가 생기기 쉬우므로 될 수 있는 대로 피하여야 한다.
④ PS 강재와 같은 고장력강에 작용응력이 인장강도의 60%를 넘을 경우 응력부식 및 강재의 부식피로를 검토하여야 한다.

해설 타설 후 5일간은 직접 해수에 닿지 않도록 보호해야 한다.

60 **프리플레이스트 콘크리트에 사용되는 주입 모르타르의 잔골재 조립률에 대한 설명으로 틀린 것은?**

① 조립률은 1.4~2.2 정도의 범위로 한다.
② 조립률이 지나치게 크면 주입 모르타르의 재료분리가 발생하기 쉽다.
③ 물-결합재비가 일정한 경우 조립률이 크면 같은 유동성을 얻기 위한 단위수량이 증가한다.
④ 일반 콘크리트에서 사용하는 것보다 조립률이 적은 가는 잔골재를 사용하는 것이 일반적이다.

해설
- 물-결합재비가 일정한 경우 조립률이 크면 같은 유동성을 얻기 위한 단위수량이 적게 든다.
- 조립률이 지나치게 적으면 소요의 유동성을 얻기 위한 단위 결합재량과 단위수량이 많아져서 좋지 않다.

4과목 콘크리트 구조 및 유지관리

61 **철근 콘크리트의 교량 바닥판 보강공법으로 적절치 않은 것은?**

① 단면증설공법　② 강판접착공법
③ 세로보 추가 설치공법　④ 에폭시 주입공법

해설 에폭시 주입공법은 보수공법에 해당된다.

정답 55. ③ 56. ④ 57. ② 58. ② 59. ① 60. ③ 61. ④

• 수험번호:
• 수험자명:

• 제한 시간:
• 남은 시간:

글자 크기 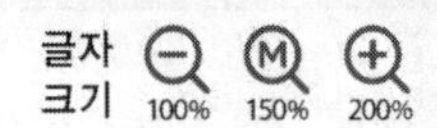 화면 배치 

• 전체 문제 수:
• 안 푼 문제 수:

62 ① ② ③ ④

62 다음 진단 조사 구조물 중 1종 시설물이 아닌 것은?

① 연장 600m 교량
② 30만톤의 선박의 하역시설물
③ 연장 90m의 지하차도
④ 저수용량 3천만톤의 용수전용댐

해설 1종 시설물 및 2종 시설물의 범위

구분	1종 시설물	2종 시설물
1. 도로 • 교량 • 터널 • 지하차도 • 복개 구조물	• 특수교량(현수교, 사장교, 아치교, 최대경간장 50미터 이상의 교량) • 연장 500미터 이상의 교량 • 연장 1천미터 이상의 터널 • 3차선 이상의 터널 • 연장 500미터 이상의 지하차도 • 폭 6미터 이상으로서 연장 500미터 이상인 복개구조물	• 연장 100미터 이상의 교량으로서 1종시설물에 해당하지 아니하는 교량 • 고속국도·일반국도 및 특별시도·광역시도의 터널로서 1종시설물에 해당하지 아니하는 터널 • 연장 100미터 이상의 지하 차도로서 1종시설물에 해당하지 아니하는 지하차도 • 폭 6미터 이상이고 연장 100미터 이상인 복개구조물로서 1종시설물에 해당하지 아니하는 복개구조물

2. 철도
• 고속철도
• 도시철도
• 일반철도
  - 교량
 	
  - 터널
	• 교량, 터널 및 역사
	• 교량, 고가교 및 터널
	
	• 트러스 교량
	• 연장 500미터 이상의 교량
	• 연장 1천미터 이상의 터널
		• 역사(제5호의 건축물에 해당하는 시설물은 제외한다)
		• 연장 100미터 이상의 교량으로서 1종시설물에 해당하지 아니하는 교량
		• 특별시 또는 광역시 안에 있는 터널로서 1종시설물에 해당하지 아니하는 터널
		• 광역철도 역사(제5호의 건축물에 해당하는 시설물을 제외한다)

3. 항만	• 갑문시설 • 20만톤 이상 선박의 하역 시설로서 원유부이(BUOY)식 계류시설 및 그 부대시설인 해저송유관시설 • 말뚝구조의 계류시설(5만톤급 이상)	• 1만톤급 이상의 계류시설로서 1종시설물에 해당하지 아니하는 계류시설
4. 댐	• 다목적댐, 발전용댐 및 총저수용량 1천만톤 이상의 용수전용댐	• 1종시설물에 해당하지 아니하는 댐으로서 지방상수도 전용 댐 및 총저수용량 1백만톤 이상인 용수전용 댐
5. 건축물 • 지하도 상가	• 21층 이상의 공동주택 • 공동주택 외의 건축물로서 21층 이상 또는 연면적 5만제곱미터 이상의 건축물 • 연면적 1만제곱미터 이상의 지하도 상가	• 16층 이상 20층 이하의 공동주택 • 1종시설물에 해당하지 아니하는 공동주택외의 건축물로서 16층 이상 또는 연면적 3만제곱미터 이상의 건축물 • 1종시설물에 해당하지 아니하는 건축물로서 연면적 5천제곱미터 이상의 문화 및 집회시설(전시장 및 동·식물원을 제외한다.) 판매 및 영업시설, 의료시설 중 종합병원 또는 숙박시설 중 관광숙박시설 • 연면적 5천제곱미터 이상의 지하도상가로서 1종시설물에 해당하지 아니하는 지하도상가
6. 하천	• 하구둑 • 국가 하천의 수문 및 통문	• 특별시 또는 광역시(군 지역을 제외한다) 안에 있는 직할하천의 제방 및 그 부속시설(수문을 제외한다.) • 특별시 또는 광역시(군 지역을 제외한다.) 안에 있는 지방1급하천 및 지방2급하천의 수문 • 시(읍·면지역을 제외한다.) 안에 있는 직할·지방1급하천의 수문
7. 상하수도 • 폐기물 매립시설	• 광역상수도(수원지시설을 포함한다) • 공업용수도(수원지시설을 포함한다) • 1일 공급능력 3만톤 이상의 지방사수도(수원지시설을 포함한다) • 폐기물매립시설(매립 면적 40만 제곱미터 이상인 것에 한한다)	• 1종시설물에 해당하지 아니하는 지방상수도 • 하수처리장 • 매립면적 20만제곱미터 이상의 폐기물 매립시설로서 1종 시설물에 해당하지 아니하는 폐기물매립시설

63 다음 식 중 콘크리트 구조물의 탄산화 깊이를 예측할 때 일반적으로 적용되고 있는 식은? (단, X를 중성화 깊이, A를 중성화 속도계수, t를 경과년수라 한다.)

① $X = A\sqrt{t}$　　② $X = At^3$

③ $X = \dfrac{\sqrt{t^3}}{A}$　　④ $X = At^2$

해설 중성화 진행속도는 중성화 깊이와 경과한 시간의 함수로 나타낸다.

64 그림과 같이 경간 L=9m인 연속 슬래브에서 반 T형 단면의 유효 폭(b)은 얼마인가?

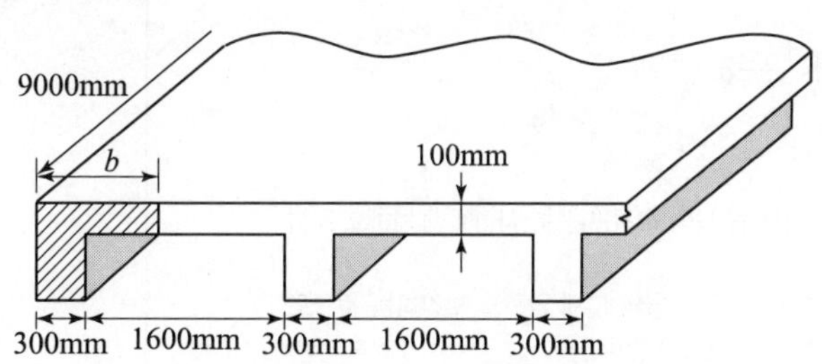

① 1,100mm　　② 1,050mm

③ 900mm　　④ 850mm

- $6t + b_w = 6 \times 100 + 300 = 900\text{mm}$
- $\left(\text{보 경간의 } \dfrac{1}{12}\right) + b_w = \left(\dfrac{9000}{12}\right) + 300 = 1{,}050\text{mm}$
- 인접보와의 내측거리의 $\dfrac{1}{2} + b_w = \dfrac{1600}{2} + 300 = 1{,}100\text{mm}$

∴ 유효 폭은 위의 세 가지 값 중 가장 작은 값인 900mm이다.

65 열화된 콘크리트의 단면보수공법 재료로서 사용되는 폴리머 시멘트 모르타르의 부착강도 기준으로 옳은 것은? (단, 표준조건임.)

① 0.3MPa 이상　　② 0.5MPa 이상

③ 1.0MPa 이상　　④ 1.5MPa 이상

해설 **부착강도**

- 표준조건 : 1MPa 이상
- 습윤시 : 0.8MPa 이상
- 저온시 : 0.5MPa 이상

정답 62. ③ 63. ① 64. ③ 65. ③

66 아래 표에서 설명하는 보강공법은?

> 원래 원형 단면의 교각에 대해서 개발된 것이다. 단면에서 12.5mm~25mm 정도의 큰 반지름으로 강판을 쉘(shell) 모양으로 형성하여 세로로 절반 쪼갠 강판을 교각과의 사이에 틈을 조금 내서 배치하고 세로방향의 이음매를 용접한다.

① 콘크리트 라이닝 공법
② 강판 라이닝 공법
③ 연속섬유를 이용한 라이닝 공법
④ 강판 접착 공법

해설
- 강판 라이닝 공법은 원형단면의 교각과 쉘 모양의 강판을 틈 사이에 배치하고 용접하여 보강한다.
- 강판 접착 공법은 구조적으로 취약한 RC 구조물의 부재 단면을 보강하는 것으로 고강도 에폭시 수지로 강판을 접착하여 일체화한다.

67 콘크리트의 화학적 침식 중 황산염에 의한 침식에 대한 설명으로 틀린 것은?

① 물에 녹은 황산염은 시멘트 수화물 중 $Ca(OH)_2$와 반응하여 석고를 생성하여 콘크리트의 성능을 저하시킨다.
② 글리세린의 에스테르에서 소량의 유리지방산을 함유하며, 유리지방산은 산으로서 직접 콘크리트를 침식시킨다.
③ 에트린가이트 등을 생성하여 큰 팽창압을 일으키기 때문에 콘크리트의 팽창균열 및 조직붕괴를 유발한다.
④ 황산염은 시멘트 경화체 중의 성분과 반응하여 이수석고를 생성하며, 이때 생성된 이수석고는 수용성이기 때문에 용출하여 조직이 다공화되어 침식이 가속된다.

해설 **콘크리트의 화학적 침식 중 유류, 당류 및 가스 등에 의한 침식**
글리세린의 에스테르에서 소량의 유리지방산을 함유하며 유리지방산은 산으로서 직접 콘크리트를 침식시킨다.

68 인장철근 D25(공칭지름 25.4mm)를 정착시키는 데 필요한 기본 정착길이(l_{db})는? (단, f_{ck}=26MPa, f_y=400MPa, λ=1.0)

① 982mm ② 1,196mm
③ 1,486mm ④ 1,875mm

답안 표기란				
66	①	②	③	④
67	①	②	③	④
68	①	②	③	④

해설
• 기본 정착길이

$$l_{db} = \frac{0.6 d_b f_y}{\lambda \sqrt{f_{ck}}} = \frac{0.6 \times 25.4 \times 400}{1.0 \times \sqrt{26}} = 1196\text{mm}$$

• 인장철근의 정착길이는 300mm 이상이어야 한다.

답안 표기란				
69	①	②	③	④
70	①	②	③	④
71	①	②	③	④

69 **콘크리트 압축강도 추정을 위한 반발경도 시험(KS F 2730)에 대한 설명으로 틀린 것은?**

① 시험할 콘크리트 부재는 두께가 100mm 이상이어야 하며, 하나의 구조체에 고정되어야 한다.
② 시험할 때 타격위치는 가장자리로부터 100mm 이상 떨어져야 하고, 서로 30mm 이내로 근접해서는 안 된다.
③ 탄산화가 진행된 콘크리트의 경우 정상보다 낮은 반발경도를 나타낸다.
④ 콘크리트 내부의 온도가 0℃ 이하인 경우 정상보다 높은 반발경도를 나타낸다.

해설
• 탄산화가 진행된 콘크리트의 경우 정상보다 높은 반발경도를 나타낸다.
• 시험영역의 지름은 150mm 이상이 되어야 한다.
• 수평타격 시험값이 가장 안정된 값을 나타내기 때문에 수평타격을 원칙으로 한다.

70 **복철근 콘크리트 단면에 압축철근비 ρ'=0.015가 배근된 경우 순간 처짐이 30mm일 때 1년이 지난 후의 전체 처짐량은? (단, 작용하중은 지속하중이며, 시간 경과계수 ξ=1.4임)**

① 24mm ② 30mm
③ 42mm ④ 54mm

• **장기 처짐** = 순간 처짐(탄성 처짐) × 장기 처짐계수(λ_Δ)
• **장기 처짐계수** $\lambda_\Delta = \frac{\xi}{1+50\rho'} = \frac{1.4}{1+50 \times 0.015} = 0.8$
• **장기 처짐** $= 30 \times 0.8 = 24\text{mm}$
• **총 처짐량** = 순간 처짐(탄성 처짐)+장기 처짐 $= 30 + 24 = 54\text{mm}$

71 **그림의 띠철근 기둥에서 띠철근으로 D13(공칭지름 12.7mm) 및 축방향 철근으로 D35(공칭지름 34.9mm)의 철근을 사용할 때, 띠철근의 최대 수직간격은 얼마인가?**

① 200mm
② 300mm
③ 560mm
④ 610mm

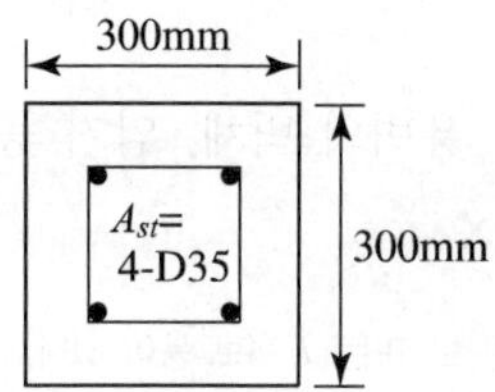

정답 66. ② 67. ② 68. ② 69. ③ 70. ④ 71. ②

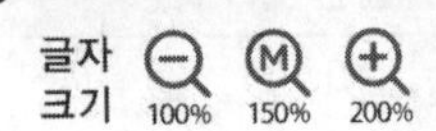

해설
• 종방향 철근 지름 × 16 : 35×16=560mm
• 띠철근이나 철선지름 × 48 : 13×48=624mm
• 기둥 단면의 최소치수 : 300mm
∴ 위의 값 이하로 하여야 하므로 띠철근의 최대 수직간격은 300mm이다.

72 **내하력이 의심스러운 기준 콘크리트 구조물의 안전성 평가 내용 중 틀린 것은?**

① 구조물 또는 부재의 안전이 의심스러운 경우, 해당 구조물 및 부재에 대하여 충분한 조사와 시험이 실시되어야 한다.
② 구조물이나 부재의 안전도에 대한 우려가 있으면, 재하시험에 의해 모든 응답이 허용규정을 만족해도 구조물을 사용해서는 안 된다.
③ 내하력 부족의 요인을 알 수 있거나 해석에서 요구되는 부재치수 및 재료 특성을 측정할 수 있는 경우, 이러한 측정값을 근거로 내하력 해석에 의한 평가를 실시할 수 있다.
④ 내하력 부족의 원인을 알 수 없거나 해석에서 요구되는 부재치수 및 재료 특성을 측정할 수 없는 경우, 사용하중 상태에서 구조물이 유지될 수 있는지를 판단하기 위하여 재하시험을 실시하여야 한다.

해설 구조물이나 부재의 안전도에 대한 우려가 있으면, 재하시험에 의해 모든 응답이 허용규정을 만족하면 구조물을 사용해도 된다.

73 **계수 전단력 V_u가 콘크리트에 의한 설계 전단강도 ϕV_c의 1/2을 초과하는 철근 콘크리트 및 프리스트레스트 콘크리트 휨부재에는 최소 전단철근을 배치하여야 한다. 이때 이 규정을 적용하지 않아도 되는 경우에 속하지 않는 것은?**

① 슬래브와 기초판
② 전체 깊이가 450mm 이하인 보
③ T형보에서 그 깊이가 플랜지 두께의 2.5배 또는 복부폭의 1/2 중 큰 값 이하인 보
④ 교대 벽체 및 날개벽, 옹벽의 벽체, 암거 등과 같이 휨이 주거동인 판부재

해설 전체 깊이가 250mm 이하인 보 또는 I 형보 등이 있다.

74 육안관찰이 가능한 개소에 대하여 성능저하나 열화 및 하자의 발생 부위 파악을 위해 실시하며, 시설물의 전반적인 외관조사를 통하여 심각한 손상인 결함의 유무를 살펴보는 점검은?

① 정기점검　　② 수시점검
③ 정밀안전진단　　④ 긴급점검

해설 정기점검 후 이상기동이 발견되면 정밀진단을 실시한다. 1종 및 2종 시설물에 대해서는 반기별 1회 이상 실시한다.

75 유효프리스트레스(f_{pe})를 결정하기 위하여 고려하여야 하는 프리스트레스 손실 원인으로 틀린 것은?

① 정착장치의 활동
② 콘크리트의 탄성수축
③ 긴장재 응력의 릴랙세이션
④ 프리텐션 긴장재와 덕트 사이의 마찰

해설 프리스트레스를 도입할 때 즉시 손실로 콘크리트의 탄성수축에 의한 손실이 프리텐션 방식에 적용된다.

76 압축부재 설계 시 철근량 제한에 대한 내용으로 옳은 것은?

① 축방향 주철근이 겹침이음되는 경우의 철근비는 0.04를 초과하지 않도록 하여야 한다.
② 압축부재의 축방향 주철근의 최소 개수는 나선철근으로 둘러싸인 철근의 경우 4개로 하여야 한다.
③ 나선철근비 ρ_s 계산 시 나선철근의 설계기준 항복강도 f_{yt}는 400MPa 이하로 하여야 한다.
④ 비합성 압축부재의 축방향 주철근 단면적은 전체 단면적 A_g의 0.03배 이상, 0.05배 이하로 하여야 한다.

해설
- 압축부재의 축방향 주철근의 최소 개수는 사각형이나 원형 띠철근으로 둘러싸인 철근의 경우 4개로 하여야 한다.
- 나선철근비 ρ_s 계산 시 나선철근의 설계기준 항복강도 f_{yt}는 700MPa 이하로 하여야 한다.
- 비합성 압축부재의 축방향 주철근 단면적은 전체 단면적 A_g의 0.01배 이상, 0.08배 이하로 하여야 한다.

77 콘크리트 수축균열 원인 중 화학적 반응에 의한 것은?

① 탄산화　　② 건조수축
③ 온도변화　　④ 수화열 발생

해설 탄산화, 알칼리 골재반응 등이 화학적 반응에 해당된다.

답안 표기란

74	①	②	③	④
75	①	②	③	④
76	①	②	③	④
77	①	②	③	④

정답 72. ② 73. ② 74. ① 75. ② 76. ① 77. ①

week 04

78 KS F 4002에 따른 속 빈 콘크리트 블록 제조 시 단위수량이 $75kg/m^3$일 경우 최소 단위시멘트량은?

① $180kg/m^3$ ② $220kg/m^3$
③ $250kg/m^3$ ④ $300kg/m^3$

해설 물–시멘트비는 30% 이하로 하여야 하므로

$\frac{W}{C}=0.3 \quad \therefore C=\frac{75}{0.3}=250\,kg/m^3$

79 콘크리트 옹벽의 설계 및 구조해석에 대한 설명으로 틀린 것은?

① 뒷부벽식 옹벽의 뒷부벽은 직사각형보로 설계하여야 한다.
② 지진 시 콘크리트 옹벽의 활동에 대한 기준 안전율은 1.2이다.
③ 캔틸레버식 옹벽의 벽체와 기초는 접합부를 고정단으로 하는 캔틸레버로 설계해야 한다.
④ 반중력식 옹벽은 지형 및 기타 물리적 제약에 의해 중력식 옹벽의 경우보다 벽체 두께를 얇게 해야 하는 경우에 적용해야 한다.

해설 뒷부벽식 옹벽의 뒷부벽은 T형보로 설계하여야 한다.

80 휨모멘트 또는 휨모멘트와 축력을 동시에 받는 콘크리트 부재의 압축연단의 극한변형률에 대한 아래 내용 중 ㉠, ㉡, ㉢에 들어갈 알맞은 숫자는?

> 콘크리트의 설계기준 압축강도가 (㉠)MPa 이하인 경우에는 극한변형률을 (㉡)으로 가정하고, (㉢)MPa의 강도 증가에 대하여 0.0001씩 감소시킨다.

① ㉠: 40, ㉡: 0.0033, ㉢: 20
② ㉠: 40, ㉡: 0.0033, ㉢: 10
③ ㉠: 50, ㉡: 0.0044, ㉢: 10
④ ㉠: 50, ㉡: 0.0033, ㉢: 20

해설 휨모멘트 또는 휨모멘트와 축력을 동시에 받는 부재의 콘크리트 압축연단의 극한변형률은 설계기준 압축강도가 40MPa 이하인 경우에는 0.0033으로 가정하며, 40MPa를 초과할 경우에는 매 10MPa의 강도 증가에 대하여 0.0001씩 감소시킨다.

답안 표기란				
78	①	②	③	④
79	①	②	③	④
80	①	②	③	④

정답 78. ③ 79. ① 80. ②

• 수험번호:
• 수험자명:

글자 크기 100% 150% 200% | 화면 배치 | • 전체 문제 수: • 안 푼 문제 수:

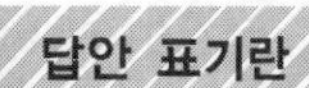

1과목 콘크리트 재료 및 배합

답안 표기란				
01	①	②	③	④
02	①	②	③	④
03	①	②	③	④

01 적당한 입도를 가진 골재를 사용함으로써 얻을 수 있는 콘크리트의 특징을 설명한 것으로 틀린 것은?

① 콘크리트의 워커빌리티가 증대된다.
② 소요의 품질을 얻기 위해 단위시멘트량이 증대된다.
③ 건조수축이 적어지며 내구성이 증대된다.
④ 재료분리 현상이 감소된다.

해설 적당한 입도를 가진 골재 사용 시 단위수량 감소로 단위시멘트량이 감소된다.

02 아래 표는 굵은골재의 밀도 시험 결과 중의 일부이다. 이 굵은골재의 표면건조포화상태의 밀도는? (단, 시험온도에서의 물의 밀도는 1g/cm^{3}이다.)

굵은골재의 밀도시험		
측정 번호	1	2
표면건조포화상태 시료의 질량(g)	4,000	4,000
물 속에서의 철망태와 표면건조포화상태 시료의 질량(g)	3,392	3,391
물 속에서의 철망태의 질량(g)	900	900

① 2.36 g/cm^3
② 2.61 g/cm^3
③ 2.65 g/cm^3
④ 2.77 g/cm^3

해설
• 1회 표건밀도 $= \dfrac{B}{B-C} \times \rho_\omega = \dfrac{4,000}{4,000-(3,392-900)} \times 1 = 2.653\text{g/cm}^3$

• 2회 표건밀도 $= \dfrac{B}{B-C} \times \rho_\omega = \dfrac{4,000}{4,000-(3,391-900)} \times 1 = 2.651\text{g/cm}^3$

∴ 평균 표건밀도 $= \dfrac{2.653+2.651}{2} = 2.65\text{g/cm}^3$

03 다음의 시멘트 중 수경률이 가장 큰 것은?

① 조강 포틀랜드 시멘트
② 중용열 포틀랜드 시멘트
③ 보통 포틀랜드 시멘트
④ 백색 포틀랜드 시멘트

해설 수경률이 높을수록 수화반응 속도가 향상되고 수화열이 증가된다.

정답 01. ② 02. ③ 03. ①

week 04

04 플라이 애시의 품질시험에서 시험 모르타르 제조시 보통 포틀랜드 시멘트와 플라이 애시의 질량비는 얼마인가? (단, 보통 포틀랜드 시멘트 : 플라이 애시)

① 3 : 1　　② 2 : 1
③ 1 : 1　　④ 1 : 2

해설
- 시험 모르타르
  플라이 애시의 품질시험에서 보통 포틀랜드 시멘트와 시험의 대상으로 하는 플라이 애시를 질량으로 3 : 1의 비율로 사용하여 만든 모르타르
- 기준 모르타르
  플라이 애시의 품질시험에서 보통 포틀랜드 시멘트를 사용하여 만든 기준으로 하는 모르타르

05 골재의 절대부피가 0.65m³인 콘크리트에서 잔골재율이 42%이고 잔골재의 밀도가 2.60g/cm³이면 단위 잔골재량은?

① 709.8 kg　　② 712.6 kg
③ 711.4 kg　　④ 707.6 kg

해설 $S = 2.6 \times (0.65 \times 0.42) \times 1000 = 709.8\text{kg}$

06 콘크리트용 모래에 포함되어있는 유기불순물 시험방법에 대한 설명으로 틀린 것은?

① 식별용 표준색용액은 2%의 탄닌산 용액과 3%의 수산화나트륨 용액을 섞어 만든다.
② 시험에 사용되는 모래시료의 양은 약 450g을 채취한다.
③ 시험시료에는 3%의 수산화나트륨 용액을 넣는다.
④ 시험이 끝난 시료의 용액색이 표준색 용액보다 연한 경우에는 콘크리트용 골재로 사용할 수 없다.

해설 시험 후 시료의 용액색이 표준색 용액보다 연한 경우에는 콘크리트용 골재로 사용할 수 있다.

07 시멘트의 밀도시험을 통해 알 수 있는 것은?

① 풍화의 정도　　② 화학저항성
③ 동결융해저항성　　④ 주요 성분의 구성

답안 표기란				
04	①	②	③	④
05	①	②	③	④
06	①	②	③	④
07	①	②	③	④

해설 시멘트 밀도가 작아지는 이유
- 클링커의 소성이 불충분할 때
- 혼합물이 섞여 있을 때
- 시멘트가 풍화되었을 때
- 저장기간이 길었을 때

답안 표기란				
08	①	②	③	④
09	①	②	③	④

08 **다음 콘크리트의 시방배합을 현장배합으로 환산시 단위수량, 잔골재, 굵은골재량으로 적합한 것은? (단, 시방배합의 단위시멘트량이 300kg/m^3, 단위수량이 155kg/m^3, 단위 잔골재량이 695kg/m^3, 단위 굵은골재량이 1285kg/m^{3}이며 현장골재의 상태는 잔골재의 표면수 4.6%, 굵은골재의 표면수 0.8%, 잔골재 중 5mm체 잔유량 3.4%, 굵은골재 중 5mm체 통과량 4.3%이다.)**

① 단위수량 : 114kg/m^3, 단위 잔골재량 : 691kg/m^3, 단위 굵은골재량 : 1330kg/m^3
② 단위수량 : 119kg/m^3, 단위 잔골재량 : 691kg/m^3, 단위 굵은골재량 : 1330kg/m^3
③ 단위수량 : 114kg/m^3, 단위 잔골재량 : 721kg/m^3, 단위 굵은골재량 : 1303kg/m^3
④ 단위수량 : 119kg/m^3, 단위 잔골재량 : 721kg/m^3, 단위 굵은골재량 : 1303kg/m^3

해설
- **단위 잔골재량**

입도 보정 $= \dfrac{100\times 695 - 4.3(695+1285)}{100-(3.4+4.3)} = 660.74\text{kg}$

표면수 보정 $= 660.74\left(1+\dfrac{4.6}{100}\right) = 691\text{kg}$

- **단위 굵은골재량**

입도 보정 $= \dfrac{100\times 1285 - 3.4(695+1285)}{100-(3.4+4.3)} = 1319.26\text{kg}$

표면수 보정 $= 1319.26\left(1+\dfrac{0.8}{100}\right) = 1330\text{kg}$

- **단위수량**

$155-(660.74\times 0.046)-(1319.26\times 0.008) = 114\text{kg}$

09 **바닷물의 영향을 직접 받는 콘크리트의 경우 내구성에 대하여 각별한 주의를 필요로 한다. 이 환경에 처한 콘크리트를 제조하는데 일반적인 경우 적합하지 않은 재료는?**

① 폴리머 시멘트　② 고로 슬래그 시멘트
③ 플라이 애시 시멘트　④ 조강 포틀랜드 시멘트

해설
- 해수의 작용에 대하여 내구적이어야 하므로 보통 포틀랜드 시멘트, 중용열 포틀랜드 시멘트, 고로 슬래그 시멘트, 플라이 애시 시멘트 등 혼합시멘트를 사용하여야 한다.
- 해수에 의한 침식이 심한 경우에는 시멘트 콘크리트 이외에도 폴리머 시멘트 콘크리트와 폴리머 콘크리트 또는 폴리머 함침 콘크리트 등을 사용할 수 있다.

정답 04. ① 05. ① 06. ④ 07. ① 08. ① 09. ④

week 04

답안 표기란				
10	①	②	③	④
11	①	②	③	④
12	①	②	③	④
13	①	②	③	④

10 굵은골재의 밀도 및 흡수율 시험에서 아래 표와 같은 조건인 경우 1회 시험에 사용하는 시료의 최소 질량으로 가장 적합한 것은?

- 사용 골재 : 경량골재
- 굵은골재의 최대치수 : 40mm
- 굵은골재의 추정 밀도 : 1.4 g/cm³

① 1.4 kg　　② 2.3 kg
③ 3.1 kg　　④ 4 kg

- 보통 골재의 1회 시험에 사용하는 시료의 최소 질량은 굵은골재의 최대치수(mm)의 0.1배를 kg으로 나타낸 양으로 한다.
- **경량골재의 경우 최소 질량**

$$m_{\min} = \frac{d_{\max} \times D_e}{25} = \frac{40 \times 1.4}{25} = 2.3\text{kg}$$

여기서, $m_{\min}$: 시료의 최소 질량(kg)
$d_{\max}$: 굵은골재의 최대치수(mm)
D_e : 굵은골재의 추정 밀도(g/cm³)

11 콘크리트의 내구성을 확보하기 위한 물-결합재비의 최대치는 얼마인가? (단, 영구적으로 습윤한 콘크리트인 경우)

① 50%　　② 55%
③ 60%　　④ 65%

해설 콘크리트의 내구성에 영향을 미치는 환경조건에 대한 노출범주 및 등급에 따라 물-결합재비의 최대치가 60%~40%이다.

12 콘크리트용 강섬유(KS F 2564)에서 규정한 강섬유의 평균 인장강도는 얼마 이상의 값을 가져야 하는가?

① 400MPa　　② 500MPa
③ 600MPa　　④ 700MPa

해설
- 강섬유의 평균 인장강도는 700MPa 이상이어야 한다.
- 강섬유 각각의 인장강도는 650MPa 이상이어야 한다.

13 실리카 퓸을 시멘트의 일부로 치환시킨 콘크리트의 성질을 보통 콘크리트와 비교했을 때에 대한 설명으로 틀린 것은?

① 강도가 증가된다. ② 수밀성이 향상된다.
③ 슬럼프가 증가된다. ④ 재료분리 저항성이 향상된다.

해설
- 슬럼프가 감소된다.
- 실리카 퓸을 사용할 경우 고강도, 고내구성을 동시에 만족시키나 단위수량을 증가시켜 줘야 하므로 건조수축 증대의 결점이 있다.

답안 표기란				
14	①	②	③	④
15	①	②	③	④
16	①	②	③	④

14 콘크리트 배합설계 시 고려되어야 하는 사항으로 틀린 것은?

① 콘크리트 시공 시 원활한 작업을 수행할 수 있도록 물–결합재비를 가능한 크게 하여야 한다.
② 기상작용이나 화학작용 등에 의한 침식작용에 대한 내구성을 갖도록 하여야 한다.
③ 콘크리트 구조물은 재하되는 하중에 대하여 파괴의 위험에 저항할 수 있는 소요강도를 가진 콘크리트가 되도록 하여야 한다.
④ 콘크리트는 본질적으로 기공을 가지고 있으므로 흡수 및 투수가 가능하기 때문에 수밀성이 큰 콘크리트가 되도록 하여야 한다.

해설 콘크리트 시공 시 원활한 작업을 수행할 수 있도록 물–결합재비를 가능한 작게 하여야 한다.

15 레디믹스트 콘크리트의 혼합에 사용되는 물에 대한 설명으로 틀린 것은?

① 상수돗물은 시험을 하지 않아도 사용할 수 있다.
② 회수수를 사용하였을 경우 단위 슬러지 고형분율이 3.0%를 초과하면 안 된다.
③ 콘크리트 회수수에서 슬러지수를 일부 활용하고 남은 슬러지를 포함한 물을 상징수라고 한다.
④ 레디믹스트 콘크리트를 배합할 때, 회수수 중에 함유된 슬러지 고형분은 물의 질량에 포함되지 않는다.

해설 슬러지수에서 고형분을 침강 또는 기타 방법으로 제거한 물을 상징수라고 한다.

16 콘크리트 압축강도 시험용 공시체 31개를 압축강도 시험하여 압축강도 잔차 제곱의 합 Σ(실험값 – 평균값)^{2}을 구한 값이 8.58일 때 압축강도의 표준편차는? (단, 불편분산의 개념에 의해 구하며, 압축강도의 단위는 MPa이다.)

① 0.17MPa ② 0.27MPa
③ 0.35MPa ④ 0.53MPa

해설 표준편차 $= \sqrt{\frac{8.58}{31-1}} = 0.53\text{MPa}$

정답 10. ② 11. ③ 12. ④ 13. ③ 14. ① 15. ③ 16. ④

week 04

17 콘크리트용으로 사용되는 각종 골재에 대한 설명으로 틀린 것은?

① 콘크리트용 부순골재는 일반 골재와는 달리 입자 모양 판정 실적률을 검토하여야 한다.
② 인공경량골재를 사용한 콘크리트의 경우 하천 골재를 사용한 경우보다 압축강도는 떨어지지만 동결융해 저항성은 향상된다.
③ 부순모래의 경우 다량의 미분말을 함유하는 경우가 많아 콘크리트의 성능에 영향을 미치기 때문에 미립분 함유량을 검토할 필요가 있다.
④ 고로 슬래그 잔골재는 고온 하에서 장기간 저장해 두면 굳어질 우려가 있기 때문에 동결 방지제를 살포함과 동시에 가능한 1개월 이내에 사용하는 것이 좋다.

해설 인공경량골재를 사용한 콘크리트의 경우 하천 골재를 사용한 경우보다 압축강도가 떨어지며 동결융해 저항성은 저하된다.

18 콘크리트에 사용되는 혼화제에 관한 설명으로 틀린 것은?

① 감수제는 시멘트 입자를 분산하여 콘크리트의 단위수량을 감소시킨다.
② 유동화제는 작업성을 향상시키기 위하여 사용되며 일반적으로 타설 직전 현장에서 첨가한다.
③ AE제는 콘크리트 속에 독립된 미세한 공기포를 연행시켜 작업성 및 동결융해에 대한 저항성을 향상시킨다.
④ 고성능 AE감수제는 시멘트의 수화반응을 화학적으로 촉진하여 콘크리트의 응결시간을 단축시킨다.

해설 고성능 AE감수제는 시멘트의 수화반응을 화학적으로 촉진하며 콘크리트의 응결시간은 거의 변화하지 않는다.

19 시멘트의 수화반응에 대한 설명으로 틀린 것은?

① 석고는 C_3S와 반응하여 에트린자이트를 생성한다.
② C_3A의 성질을 이용하면 팽창시멘트나 급결시멘트를 만들 수 있다.
③ C_4AF는 수화속도가 크지만 강도에는 크게 기여하지 못한다.
④ C_3S는 물과 반응하면 수산화칼슘과 염기성 규산칼슘 수화물을 생성한다.

답안 표기란				
17	①	②	③	④
18	①	②	③	④
19	①	②	③	④

해설 팽창재는 시멘트, 물과 혼합할 경우 수화반응에 의하여 에트린자이트(ettringite) 또는 수산화칼슘 등을 생성시켜 모르타르나 콘크리트를 팽창시키는 작용을 한다.

20 **강재의 눌러 구부리는(굽힘) 시험방법에 대한 설명으로 틀린 것은?**

① 강재 균열로 인한 파괴를 방지하기 위해 강재를 굽혔을 때 외측에 균열발생 여부를 검사는 것이다.
② 시험용 강재시험편은 정사각형 단면 형태의 받침대 2개를 사용하여 올려 놓고 그 크기는 10mm 이상으로 한다.
③ 강재시험편의 중앙부를 누름쇠로 천천히 하중을 가하며 이때 받침부와 누름쇠의 축과는 서로 평행해야 한다.
④ 누름쇠의 끝부는 규정의 안쪽 반지름과 같은 반지름의 원통면을 가지며 원통면의 길이는 시험편의 폭보다 켜야 한다.

해설 원형 또는 다각형 단면 시험편은 지름 또는 내접원 지름이 50mm 이하인 경우 지름과 동일한 단면을 가져야 하며 50mm 초과하는 경우에는 반드시 25mm 보다 작지 않도록 한다.

2과목 콘크리트 제조, 시험 및 품질관리

21 **콘크리트 압축강도 시험 결과 최대하중이 415kN에서 공시체가 파괴하였다. 이때의 압축강도를 구하면? (단, 공시체 지름은 150mm 이다.)**

① 17.1 MPa ② 23.5 MPa
③ 27.4 MPa ④ 34.8 MPa

해설
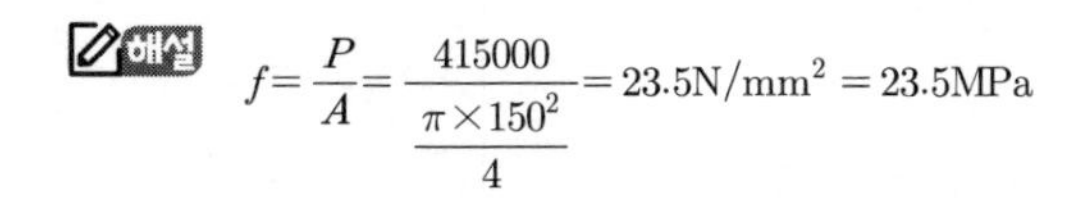
$$f=\frac{P}{A}=\frac{415000}{\frac{\pi\times150^2}{4}}=23.5\text{N/mm}^2=23.5\text{MPa}$$

22 **굳은 콘크리트의 건조수축에 대한 설명으로 틀린 것은?**

① 물-시멘트비가 클수록 건조수축이 커진다.
② 골재의 함량이 많을수록 건조수축이 작아진다.
③ 골재의 입자가 작을수록 건조수축이 작아진다.
④ 시멘트의 화학성분 중에서는 C_3A의 함유량이 많은 콘크리트일수록 수축이 커진다.

해설 골재의 입자가 작을수록 건조수축이 커진다.

답안 표기란				
20	①	②	③	④
21	①	②	③	④
22	①	②	③	④

정답 17. ② 18. ④ 19. ① 20. ② 21. ② 22. ③

week 04

• 수험번호:
• 수험자명:

• 제한 시간:
• 남은 시간:

글자 크기 100% 150% 200% | 화면 배치 | • 전체 문제 수: • 안 푼 문제 수:

답안 표기란				
23	①	②	③	④
24	①	②	③	④
25	①	②	③	④

23 다음 중 콘크리트의 공기량 측정법으로 사용되지 않는 방법은?

① 주수 압력법 ② 초음파법
③ 공기실 압력법 ④ 질량법

해설 질량법, 공기실 압력법, 주수 압력법 등이 있다.

24 콘크리트의 워커빌리티 및 반죽질기에 대한 일반적인 설명으로 틀린 것은?

① 단위 수량이 많을수록 콘크리트의 유동성이 크게 되지만, 단위 수량을 증가시킬수록 재료분리가 발생하기 쉬워지므로 워커빌리티가 좋아진다고는 말할 수 없다.
② 단위 시멘트량이 많아질수록 그 콘크리트의 성형성은 증가하므로, 일반적으로 부배합 콘크리트가 빈배합 콘크리트에 비해 워커빌리티가 좋다고 할 수 있다.
③ 공기량 1%의 증가에 대하여 슬럼프가 30mm 정도 크게 되며, 슬럼프를 일정하게 하면 단위 수량을 약 8% 저감할 수 있다. 이러한 공기량의 워커빌리티 개선효과는 부배합의 경우에 현저하다.
④ 골재 중의 세립분, 특히 0.3mm 이하의 세립분은 콘크리트의 점성을 높이고 성형성을 좋게 한다. 그러나 세립분이 많게 되면 반죽질기가 적게 되므로 골재는 조립한 것부터 세립한 것까지 적당한 비율로 혼합할 필요가 있다.

해설 공기량 1%의 증가에 대하여 슬럼프가 25mm 정도 크게 되며, 슬럼프를 일정하게 하면 단위 수량을 약 3% 저감할 수 있다. 이러한 공기량의 워커빌리티 개선효과는 부배합의 경우에 현저하다.

25 ϕ100×200mm인 원주형 공시체를 사용한 쪼갬 인장강도시험에서 파괴하중이 120kN이면 콘크리트의 쪼갬 인장강도는?

① 1.91 MPa ② 3.0 MPa
③ 3.82 MPa ④ 6.0 MPa

$$\text{인장강도} = \frac{2P}{\pi d l} = \frac{2\times 120000}{3.14\times 100\times 200} = 3.82\text{MPa}$$

26 콘크리트에 대한 설명 중 틀린 것은?

① 콘크리트는 알칼리성이므로 철근 콘크리트로 할 때 철근을 방청하는 이점이 있다.
② 콘크리트의 강도는 대체로 물-결합재비로 결정된다.
③ 일정한 물-시멘트비의 콘크리트에 공기연행제를 첨가하면 시공연도를 증진시키지만 강도는 약간 저하된다.
④ 콘크리트는 화재를 당해도 결정수를 방출할 뿐 강도와는 관련이 없다.

해설 콘크리트는 화재로 인해 결합수가 소실되어 강도가 감소하게 된다.

27 콘크리트 타설 시 침하균열 방지 조치에 대한 설명으로 옳지 않은 것은?

① 단위수량을 가능한 한 크게 하여 슬럼프가 큰 콘크리트로 시공한다.
② 콘크리트 타설 속도를 늦추고 1회의 타설 높이를 낮춘다.
③ 슬래브와 보의 콘크리트가 벽 또는 기둥의 콘크리트와 연속되어 있는 경우에는 벽 또는 기둥의 콘크리트 침하가 거의 끝난 다음 슬래브, 보의 콘크리트를 타설한다.
④ 콘크리트가 굳기 전에 침하균열이 발생할 경우 즉시 다짐이나 재진동을 실시한다.

해설 단위수량을 가능한 한 작게 하여 슬럼프가 작은 콘크리트로 시공한다.

28 혼화재의 저장에 대한 설명 중 틀린 것은?

① 팽창재는 다량의 산화칼슘을 함유하므로 풍화에 강해 통풍이 잘 되는 곳에 저장한다.
② 취급 시에 비산되지 않도록 주의한다.
③ 방습적인 사일로 또는 창고 등에 품종별로 구분 저장하고 입하 순서로 사용한다.
④ 장기간 저장할 경우 사용하기 전에 시험을 실시하여 품질을 확인한다.

해설 혼화재는 습기를 흡수하는 성질이 있어 통풍이 되지 않는 곳에 저장한다.

답안 표기란				
26	①	②	③	④
27	①	②	③	④
28	①	②	③	④

정답 23. ② 24. ③ 25. ③ 26. ④ 27. ① 28. ①

답안 표기란				
29	①	②	③	④
30	①	②	③	④
31	①	②	③	④

29 콘크리트의 블리딩시험(KS F 2414)에 대한 설명으로 틀린 것은?

① 사용하는 용기의 치수는 안지름 250mm, 안높이 285mm로 한다.
② 시험 중에는 실온 (20±3)℃로 한다.
③ 콘크리트를 용기에 채울 때 콘크리트의 표면이 용기의 가장자리에서 (30±3)mm 낮아지도록 고른다.
④ 최초로 기록한 시각에서부터 60분 동안 5분마다 콘크리트 표면에서 스며 나온 물을 빨아낸다.

해설
- 최초로 기록한 시각에서부터 60분 동안 10분마다 콘크리트 표면에서 스며 나온 물을 빨아낸다. 그 후는 블리딩이 정지할 때까지 30분마다 물을 빨아낸다.
- 잔골재의 조립률이 클수록 블리딩이 커진다.
- 콘크리트의 블리딩 시험방법은 굵은골재의 최대치수가 40mm 이하인 콘크리트에 대하여 규정한다.

30 콘크리트의 품질변동을 정량적으로 나타내는 데 있어서 10개 공시체의 압축강도를 측정한 결과의 평균강도가 25MPa이고, 변동계수가 10%인 경우 표준편차는 얼마인가?

① 1MPa ② 1.5MPa
③ 2.0MPa ④ 2.5MPa

$$\text{변동계수} = \frac{\text{표준편차}}{\text{평균강도}} \times 100$$

$$\therefore \text{표준편차} = \frac{\text{변동계수} \times \text{평균강도}}{100} = \frac{10 \times 25}{100} = 2.5\text{MPa}$$

31 콘크리트의 품질관리의 관리도에서 계수값 관리도에 포함되지 않는 것은?

① P관리도 ② C관리도
③ U관리도 ④ x관리도

해설
- 계량값 관리도
  $\overline{x}-R$관리도, $\overline{x}-\sigma$ 관리도, x관리도
- 계수값 관리도
  P관리도, P_n 관리도, C관리도, U관리도

32 콘크리트의 탄산화에 대한 설명으로 틀린 것은?

① 수화반응에서 생성되는 수산화칼슘(pH 12~13 정도)이 대기와 접촉하여 탄산칼슘으로 변화한 부분의 pH가 7~7.5 정도로 낮아지는 현상을 탄산화라고 한다.
② 페놀프탈레인 1%의 에탄올 용액을 분사시키면 탄산화된 부분은 변색하지 않지만 알칼리 부분은 붉은 보라색으로 변한다.
③ 탄산화 속도는 시간의 제곱근에 비례한다.
④ 탄산화를 방지하기 위해서는 양질의 골재를 사용하고 물-시멘트비를 작게 하는 것이 좋다.

해설
- 수화반응에서 생성되는 수산화칼슘(pH 12~13 정도)이 대기와 접촉하여 탄산칼슘으로 변화한 부분의 pH가 8.5~10 정도로 낮아지는 현상을 탄산화라고 한다.
- 공기 중의 탄산가스의 농도가 높을수록 또 온도가 높을수록 탄산화 속도는 빨라진다.
- 콘크리트의 수화반응에서 생성되는 강알칼리성 수산화칼슘이 공기 중의 이산화탄소와 결합 후 탄산칼슘으로 변하여 알칼리성이 약해지는 현상을 탄산화라 한다.

33 골재의 체가름 시험으로부터 파악할 수 없는 사항은?

① 입도 분포 ② 조립률(fineness modulus)
③ 단위용적질량 ④ 굵은골재의 최대치수

해설 골재의 단위용적질량 시험은 골재의 빈틈률을 계산하거나 콘크리트 배합에서 골재의 부피를 알기 위해서 시험을 한다.

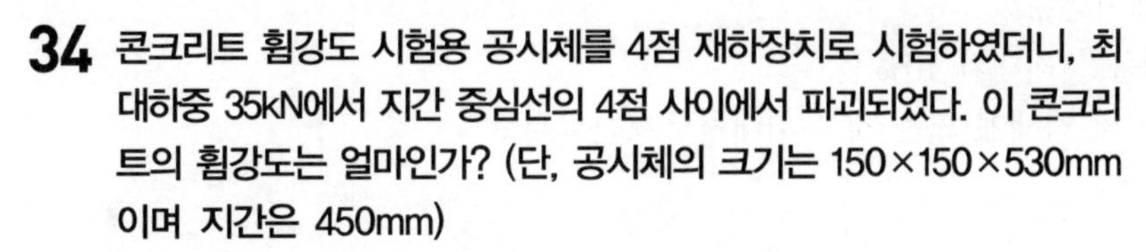

34 콘크리트 휨강도 시험용 공시체를 4점 재하장치로 시험하였더니, 최대하중 35kN에서 지간 중심선의 4점 사이에서 파괴되었다. 이 콘크리트의 휨강도는 얼마인가? (단, 공시체의 크기는 150×150×530mm이며 지간은 450mm)

① 4.67 MPa ② 4.23 MPa
③ 4.01 MPa ④ 3.69 MPa

$$휨강도 = \frac{Pl}{bd^2} = \frac{35000 \times 450}{150 \times 150^2} = 4.67\text{MPa}$$

35 레디믹스트 콘크리트의 특징으로 틀린 것은?

① 공사기간을 단축시킬 수 있다.
② 비교적 균질의 콘크리트를 얻을 수 있다.
③ 압축강도는 운반시간 및 운반방법 등에 따라 변화가 크다.
④ 콘크리트 타설에 따른 가설경비를 절약할 수 있다.

해설 압축강도는 운반시간 및 운반방법 등에 따라 변화가 작다.

답안 표기란				
32	①	②	③	④
33	①	②	③	④
34	①	②	③	④
35	①	②	③	④

week 04

정답 29. ④ 30. ④ 31. ④ 32. ① 33. ③ 34. ① 35. ③

답안 표기란				
36	①	②	③	④
37	①	②	③	④
38	①	②	③	④

36 **레디믹스트 콘크리트(KS F 4009)에 관한 설명으로 틀린 것은?**

① 레디믹스트 콘크리트의 제조 설비로서 믹서는 고정 믹서로 한다.
② 일반적으로 레디믹스트 콘크리트의 염화물 함유량(염소 이온(Cl^-)량)은 $0.3kg/m^3$ 이하로 한다.
③ 덤프트럭으로 콘크리트를 운반하는 경우 운반시간의 한도는 혼합하기 시작하고 나서 1시간 이내에 공사 지점에 배출할 수 있도록 운반하다.
④ 트럭에지테이터로 운반했을 때 콘크리트의 1/3과 2/3의 부분에서 각각 시료를 채취하여 슬럼프 시험을 하였을 경우 슬럼프의 차이가 20mm 이하이어야 한다.

해설 트럭 에지테이터로 운반했을 때 콘크리트의 1/4과 3/4의 부분에서 각각 시료를 채취하여 슬럼프 시험을 하였을 경우 슬럼프의 차이가 30mm 이하이어야 한다.

37 **경량골재 콘크리트용 경량골재의 유해물 함유량 한도에 대한 내용으로 틀린 것은?**

① 강열감량 : 최대치 5%
② 점토덩어리 : 최대치 2%
③ 굵은 골재의 부립률 : 최대치 10%
④ 밀도 $0.002g/mm^3$의 액체에 뜨는 것 : 최대치 5%(콘크리트의 외관이 중요한 경우)

해설 **밀도 $0.002g/mm^3$의 액체에 뜨는 것** : 최대치 0.5%(콘크리트의 외관이 중요한 경우)

38 **콘크리트 생산 시 각 재료의 계량 오차의 허용 범위로 옳은 것은?**

① 골재 : ±3%　　② 물 : ±3%
③ 시멘트 : ±2%　　④ 혼화제 : ±2%

해설 **1회 계량분에 대한 계량 오차**

재료의 종류	측정 단위	허용오차
시멘트	질량	−1%, +2%
골재	질량	±3%
물	질량 또는 부피	−2%, +1%
혼화재	질량	±2%
혼화제	질량 또는 부피	±3%

39 압축강도에 의한 콘크리트의 품질검사에 관한 내용으로 틀린 것은?

① 일반적인 경우 조기재령에 있어서의 압축강도에 의해 실시한다.
② 호칭강도가 35MPa 이하인 경우는 1회 시험값이 호칭강도의 90% 이상이어야 한다.
③ 호칭강도로부터 배합을 정한 경우 연속 3회 시험값의 평균이 호칭강도 이상이어야 한다.
④ 1회/일, 구조물의 중요도와 공사의 규모에 따라 $120m^3$마다 1회 또는 배합이 변경될 때마다 실시한다.

해설

판정 기준	
$f_{cn} \leq 35\,\text{MPa}$	$f_{cn} > 35\,\text{MPa}$
① 연속 3회 시험값의 평균이 호칭강도 이상 ② 1회 시험값이 (호칭강도−3.5MPa) 이상	① 연속 3회 시험값의 평균이 호칭강도 이상 ② 1회 시험값이 호칭강도의 90% 이상

40 AE제를 사용한 경우에 연행되는 공기량의 설명으로 옳은 것은?

① 슬럼프가 작을수록 많게 된다.
② 물-결합재비가 클수록 많게 된다.
③ 단위 잔골재량이 작을수록 많게 된다.
④ 콘크리트의 온도가 높을수록 많게 된다.

해설
- 슬럼프가 클수록 많게 된다.
- 단위 잔골재량이 클수록 많게 된다.
- 콘크리트의 온도가 높을수록 적게 된다.

3과목 콘크리트의 시공

41 한중 콘크리트에 대한 설명 중 옳지 않은 것은?

① 한중 콘크리트에는 공기연행제(AE제), 공기연행감수제(AE감수제)를 사용하지 않는 것이 좋다.
② 하루의 평균기온이 4℃ 이하가 예상되는 조건일 때는 한중 콘크리트로 시공하여야 한다.
③ 재료를 가열할 경우, 물 또는 골재를 가열하는 것으로 하며, 시멘트는 어떠한 경우라도 직접 가열할 수 없다.
④ 물-결합재비는 원칙적으로 60% 이하로 하여야 한다.

해설 한중 콘크리트에는 공기연행제(AE제), 공기연행감수제(AE감수제)를 사용하는 것이 좋다.

답안 표기란				
39	①	②	③	④
40	①	②	③	④
41	①	②	③	④

정답 36. ④ 37. ④ 38. ① 39. ② 40. ② 41. ①

week 04

42 **현장타설 말뚝 또는 지하연속벽에 사용하는 수중 콘크리트의 타설에 대한 설명으로 틀린 것은?**

① 진흙 제거는 굴착 완료 후와 콘크리트 타설 직전에 2회 실시하여야 한다.
② 콘크리트 타설은 일반적으로 안정액 중에서 시행하여야 한다.
③ 트레미의 안지름은 굵은골재의 최대치수의 8배 정도가 적당하다.
④ 콘크리트를 타설하는 도중에는 콘크리트 속의 트레미 삽입깊이는 1m 이하로 하여야 한다.

해설 콘크리트를 타설하는 도중에는 콘크리트 속의 트레미 삽입깊이는 0.3~0.4m 이하로 하여야 한다.

43 **해양 콘크리트에서 고로슬래그 시멘트 등 혼합시멘트를 사용할 경우 콘크리트가 충분히 경화되기 전까지 보호할 기간은?**

① 3일간
② 5일간
③ 설계기준 압축강도의 50% 이상의 강도가 확보될 때까지
④ 설계기준 압축강도의 75% 이상의 강도가 확보될 때까지

해설 보통 포틀랜드 시멘트를 사용할 경우에는 대개 5일간이다.

44 **슬럼프가 20mm 이하의 된반죽 공장제품 콘크리트의 반죽질기를 측정하는 시험으로 가장 적합하지 않은 것은?**

① 슬럼프 시험　② 다짐계수 시험
③ 관입시험　④ 외압 병용VB 시험

해설 슬럼프가 25mm 이하의 된반죽 콘크리트의 경우 슬럼프 시험은 적합하지 않다.

45 **일평균기온이 15℃ 이상일 때 일반콘크리트 습윤양생기간의 표준을 보통 포틀랜드 시멘트, 고로 슬래그 시멘트, 조강 포틀랜드 시멘트의 순서대로 나열한 것으로 옳은 것은?**

① 5일 – 7일 – 3일　② 7일 – 5일 – 3일
③ 7일 – 9일 – 4일　④ 9일 – 7일 – 4일

답안 표기란

42	①	②	③	④
43	①	②	③	④
44	①	②	③	④
45	①	②	③	④

해설 • 일평균기온이 10℃ 이상일 때 : 7일 – 9일 – 4일
• 일평균기온이 5℃ 이상일 때 : 9일 – 12일 – 5일

답안 표기란				
46	①	②	③	④
47	①	②	③	④
48	①	②	③	④

46 일반 콘크리트를 2층 이상으로 나누어 타설할 경우, 외기온도가 25℃를 초과할 때 이어치기 허용시간 간격의 표준으로 옳은 것은?

① 1시간 ② 1시간 30분
③ 2시간 ④ 2시간 30분

해설 외기온도가 25℃ 이하일 때 이어치기 허용시간 간격의 표준은 2시간 30분이다.

47 숏크리트 작업시 분진 및 반발량에 대한 대책으로서 틀린 것은?

① 액체급결제, 분진저감제 등 분진발생을 적게 하는 재료를 선택하고 관리한다.
② 분진발생을 적게 하는 건식 숏크리트 방식을 채용한다.
③ 환기에 의해 분진 확산을 희석시킨다.
④ 집진장치를 설치하고 숏크리트 작업시 발생하는 리바운드된 재료를 경화 전에 제거한다.

해설 • 분진발생을 적게 하는 습식 숏크리트 방식을 채용한다.
• 숏크리트의 건식법은 시공 도중에 분진 발생이 많고 골재가 튀어나오는 등의 단점이 있다.
• 건식법은 습식법에 비하여 작업원의 능력과 숙련도에 따라 품질이 크게 좌우된다.

48 섬유보강 콘크리트의 배합 및 비비기에 대한 설명으로 옳지 않은 것은?

① 섬유보강 콘크리트의 경우, 소요 단위수량은 강섬유의 혼입률에 거의 비례하여 증가한다.
② 믹서는 가경식 믹서를 사용하는 것을 원칙으로 한다.
③ 배합을 정할 때에는 일반 콘크리트의 배합을 정할 때의 고려사항과 아울러 콘크리트의 휨강도 및 인성이 소요의 값으로 되도록 고려할 필요가 있다.
④ 믹서에 투입된 섬유의 분산에 필요한 비비기 시간은 섬유의 종류나 혼입률에 따라 다르다.

해설 믹서는 강제식 믹서를 사용하는 것을 원칙으로 한다.

정답 42. ④ 43. ④ 44. ① 45. ① 46. ③ 47. ② 48. ②

49 일반 콘크리트에서 균열의 제어를 목적으로 균열유발이음을 설치할 경우 이음의 간격 및 단면의 결손율에 대한 설명으로 옳은 것은?

① 균열유발 이음의 간격은 0.3~1m 이내로 하고 단면의 결손율은 30%를 약간 넘을 정도로 하는 것이 좋다.

② 균열유발 이음의 간격은 부재높이의 1배 이상에서 2배 이내 정도로 하고 단면의 결손율은 20%를 약간 넘을 정도로 하는 것이 좋다.

③ 균열유발 이음의 간격은 1~2m 이내로 하고 단면의 결손율은 20%를 약간 넘을 정도로 하는 것이 좋다.

④ 균열유발 이음의 간격은 부재높이의 2배 이상에서 3배 이내 정도로 하고 단면의 결손율은 30%를 약간 넘을 정도로 하는 것이 좋다.

해설
- 수밀 구조물에 균열유발 이음을 설치할 경우에는 미리 지수판을 설치한다.
- 이음부의 철근부식을 방지하기 위해 철근에 에폭시 도포를 한다.
- 수화열이나 외기온도 등에 의해 온도 변화, 건조수축, 외력 등 생기는 변형을 구속되면 균열이 발생하므로 미리 정해진 장소에 균열을 집중시킬 목적으로 소정의 간격으로 단면 결손부를 설치하여 균열을 강제적으로 생기게 하는 균열유발 이음을 설치한다.

50 먼저 타설된 콘크리트와 나중에 타설되는 콘크리트 사이에 완전히 일체화가 되어 있지 않음에 따라 발생하는 이음은?

① 겹침이음 ② 균열유발줄눈
③ 콜드 조인트 ④ 신축줄눈

해설 콜드 조인트는 예기치 않은 시공이음으로 날씨 변동이나 기계 고장 등으로 발생한다.

51 팽창 콘크리트 중 수축보상용 콘크리트의 팽창률 표준으로 옳은 것은?

① 100×10^{-6} 이상, 250×10^{-6} 이하
② 100×10^{-6} 이상, 300×10^{-6} 이하
③ 150×10^{-6} 이상, 250×10^{-6} 이하
④ 150×10^{-6} 이상, 300×10^{-6} 이하

해설
- 화학적 프리스트레스용 콘크리트의 팽창률은 200×10^{-6} 이상, 700×10^{-6} 이하를 표준한다.
- 공장제품에 사용하는 화학적 프리스트레스용 콘크리트의 팽창률은 200×10^{-6} 이상, $1{,}000\times10^{-6}$ 이하를 표준한다.

답안 표기란				
49	①	②	③	④
50	①	②	③	④
51	①	②	③	④

52 방사선 차폐용 콘크리트에 대한 설명으로 틀린 것은?

① 설계에 정해져 있지 않은 이음은 설치할 수 없다.
② 화학혼화제는 차폐 성능에 영향을 주므로 사용하지 않는다.
③ 시멘트는 수화열 발생이 적은 시멘트를 선정하는 것이 유리하다.
④ 소요의 밀도를 확보하기 위해서 일반 콘크리트 보다 슬럼프를 작게 하는 것이 바람직하다.

해설
- 화학혼화제는 콘크리트의 단위수량이나 단위시멘트량을 적게 할 목적으로 감수제나 고성능 공기연행 감수제를 사용할 수 있다.
- 혼화재료는 공사시방의 규정에 따르며 특별히 정한 바가 없을 때에는 시험결과 소요의 차폐 성능을 확보하는 경우에 사용할 수 있다.

53 한중 콘크리트의 시공 시 주의할 사항으로 틀린 것은?

① 응결 및 경화 초기에 동결되지 않도록 할 것
② 공사 중의 각 단계에서 예상되는 하중에 대하여 충분한 강도를 가지게 할 것
③ 양생 종료 후 따뜻해질 때까지 받는 동결융해작용에 대하여 충분한 저항성을 가지게 할 것
④ 매스 콘크리트, 고강도 콘크리트 등은 타설 후 콘크리트에 많은 수화열이 발생하기 때문에 책임기술자 승인과 상관없이 규정에 따라 보온 및 양생 등에 대하여 전부를 적용할 것

해설 매스 콘크리트, 고강도 콘크리트 등은 타설 후 콘크리트에 많은 수화열이 발생하므로 이 경우에는 책임기술자의 승인을 얻어 규정의 일부 또는 전부를 적용하지 않을 수 있다.

54 서중 콘크리트의 시공에 대한 설명으로 옳지 않은 것은?

① 콘크리트는 비빈 후 1.5시간 이내에 타설하여야 한다.
② 콘크리트 타설 후 양생은 3일 정도 실시하는 것이 바람직하다.
③ 콘크리트 타설은 콜드 조인트가 생기지 않도록 하여야 한다.
④ 콘크리트를 타설할 때의 콘크리트 온도는 35℃ 이하여야 한다.

해설 **습윤 양생 기간의 표준**

일평균 기온	보통 포틀랜드 시멘트	고로 슬래그 시멘트(2종) 플라이 애시 시멘트(2종)	조강 포틀랜드 시멘트
15℃ 이상	5일	7일	3일
10℃ 이상	7일	9일	4일
5℃ 이상	9일	12일	5일

답안 표기란

52	①	②	③	④
53	①	②	③	④
54	①	②	③	④

week 04

정답 49. ② 50. ③ 51. ③ 52. ② 53. ④ 54. ②

답안 표기란				
55	①	②	③	④
56	①	②	③	④
57	①	②	③	④

55 고강도 콘크리트에 대한 설명으로 옳지 않은 것은?

① 콘크리트 타설 낙하높이는 1m 이하로 하는 것이 좋다.
② 물-결합재비는 50% 이하, 단위수량은 200kg/m^3 이하로 한다.
③ 단위시멘트량은 소요의 워커빌리티 및 강도를 얻을 수 있는 범위 내에서 가능한 적게 한다.
④ 충분한 수화작용을 할 수 있도록 직사광선에 노출시키거나 바람에 수분이 증발하지 않도록 주의한다.

해설
- 물-결합재비는 45% 이하, 단위수량은 180kg/m^3 이하로 한다.
- 기상의 변화가 심하거나 동결융해에 대한 대책이 필요한 경우를 제외하고는 공기연행제를 사용하지 않는 것을 원칙으로 한다.

56 콘크리트를 타설하고 난 후 연직시공 이음부의 거푸집 제거 시기로 옳은 것은?

① 여름에는 4~6시간 정도, 겨울에는 8~10시간 정도
② 여름에는 4~6시간 정도, 겨울에는 10~15시간 정도
③ 여름에는 6~8시간 정도, 겨울에는 10~15시간 정도
④ 여름에는 6~8시간 정도, 겨울에는 15~20시간 정도

해설 시공 이음면의 거푸집 철거는 콘크리트가 굳은 후 되도록 빠른 시기에 한다.

57 경량골재 콘크리트에 대한 설명으로 틀린 것은?

① 최대 물-결합재비는 60%를 원칙으로 한다.
② 공기량은 보통 콘크리트보다 1% 크게 하여야 한다.
③ 비비기 시간은 강제식 믹서를 사용하는 경우 1분 30초 이상, 가경식 믹서를 사용하는 경우 1분 이상을 표준으로 한다.
④ 골재의 전부 또는 일부를 경량골재를 사용하여 제조한 콘크리트로 기건단위질량이 2100kg/m^3 미만인 콘크리트를 말한다.

해설 비비기 시간은 강제식 믹서를 사용하는 경우 1분 이상, 가경식 믹서를 사용하는 경우 2분 이상을 표준으로 한다.

58 포장용 콘크리트의 배합기준 중 호칭강도의 기준으로 옳은 것은?

① 설계기준 휨 호칭강도 3.5MPa 이상
② 설계기준 휨 호칭강도 4.5MPa 이상
③ 설계기준 압축 호칭강도 20MPa 이상
④ 설계기준 압축 호칭강도 30MPa 이상

해설 설계기준 휨 호칭강도 4.5MPa 이상, 슬럼프 40mm 이하, 공기량 4~6%이다.

59 아래 압축강도(f_{28})와 결합재-물비(B/W)와의 관계식을 이용하여 f_{28}=27MPa의 콘크리트를 제작하기 위해 소요 배합강도를 얻기 위한 물-결합재비는?

$$f_{28} = -7.6 + 19.0B/W$$

① 약 40% ② 약 45%
③ 약 50% ④ 약 55%

해설 $27 = -7.6 + 19.0B/W$
$27 + 7.6 = 19.0B/W$
$\therefore W/B = \frac{19}{27+7.6} = 0.549 \fallingdotseq 55\%$

60 재령 t일에서 콘크리트의 단열온도상승량 $Q(t)$는 콘크리트 타설이 끝난 후 콘크리트 내부의 온도 변화를 해석하기 위한 기본적인 자료로, 일반적으로 $Q(t) = Q_\infty(1-e^{-rt})$로 나타낼 수 있다. 1m^{3}당 시멘트 320kg, 플라이 애시 80kg을 사용한 경우 [표 1]을 이용하여 20℃에서 타설된 콘크리트의 최종단열온도 상승량(Q_∞)과 온도 상승속도(r)의 값을 구하면?

[표 1. Q_∞ 및 r의 표준값]

타설 온도 (℃)	$Q(t) = Q_\infty(1-e^{-rt})$			
	$Q_\infty = aC+b$		$r(C) = gC+h$	
	a	b	g	h
20	0.12	8.0	0.0028	−0.143

① Q_∞ = 46℃, r=0.896 ② Q_∞ = 46℃, r=0.977
③ Q_∞ = 56℃, r=0.896 ④ Q_∞ = 56℃, r=0.977

해설
- $Q_\infty = aC+b = 0.12\times(320+80)+8.0 = 56℃$
- $r(C) = gC+h = 0.0028\times(320+80)+(-0.143) = 0.977$

답안 표기란

58	①	②	③	④
59	①	②	③	④
60	①	②	③	④

정답 55. ② 56. ② 57. ③ 58. ② 59. ④ 60. ④

week 04

· 수험번호:
· 수험자명:

· 제한 시간:
· 남은 시간:

글자 크기 

화면 배치

· 전체 문제 수:
· 안 푼 문제 수:

답안 표기란				
61	①	②	③	④
62	①	②	③	④
63	①	②	③	④

4과목 콘크리트 구조 및 유지관리

61 탄성처짐이 10mm인 철근콘크리트 구조물에서 압축철근이 없다고 가정하면 재하기간이 5년 이상 지속된 구조물의 장기처짐은 얼마인가?

① 12mm ② 15mm
③ 20mm ④ 25mm

해설
- $\lambda_{\Delta} = \dfrac{\xi}{1+50\rho'} = \dfrac{2.0}{1+50\times 0} = 2.0$
- 장기처짐 = 탄성처짐 × λ_{Δ} = 10×2 = 20mm

보충 총처짐 = 탄성처짐 + 장기처짐

62 경간이 15m인 거더에 단면적이 1,115mm²인 PS강재를 사용하여 양단에 1,360kN을 긴장하여 보강하고자 할 때, PS강재에 발생하는 늘음량은? (단, PS강재의 탄성계수는 2×10^5MPa이며, 긴장재의 마찰과 콘크리트의 탄성수축은 무시한다.)

① 73.2mm ② 77.8mm
③ 82.4mm ④ 91.5mm

해설
- $\Delta f_p = \dfrac{P}{A} = \dfrac{1,360,000}{1,115} = 1,219\text{MPa}$
- $\Delta f_p = E_p \cdot \dfrac{\Delta l}{l}$ $\qquad 1219 = 2\times10^5 \times \dfrac{\Delta l}{15000}$

$\therefore\ \Delta l \fallingdotseq 91.5\text{mm}$

63 철근의 부식에 의한 균열을 방지하기 위한 방법에 대한 설명으로 틀린 것은?

① 흡수성이 큰 콘크리트를 타설한다.
② 콘크리트의 피복두께를 증대한다.
③ 에폭시수지 도포 철근을 사용한다.
④ 밀실한 콘크리트 시공을 한다.

해설
- 흡수성이 큰 콘크리트를 타설하면 철근 부식이 촉진되어 균열이 증대된다.
- 균열방지를 위해 철근의 코팅이나 콘크리트 표면의 덧씌우기 등을 실시한다.

64 콘크리트의 진단 시에 화학적 성질을 알아보기 위해 사용하는 시험이 아닌 것은?

① 초음파 시험　　② 중성화 깊이 측정
③ 알칼리골재반응 시험　　④ 염화물함유량 시험

해설 초음파 시험은 물리적 성질을 알아보기 위한 시험으로 콘크리트의 강도 추정을 위한 비파괴 방법으로 콘크리트 내부의 결함이나 균열깊이를 추정한다.

65 코어 채취한 콘크리트의 샘플을 이용하여 측정이 가능하지 않은 것은?

① 인장강도　　② 고유진동수
③ 염화물 이온량　　④ 중성화의 깊이

해설 콘크리트 구조물을 대상으로 안정성의 저하 상태를 알기 위해 고유진동수를 측정한다.

66 아래의 표에서 설명하는 비파괴시험방법은?

> 콘크리트 중에 파묻힌 가력 Head를 지닌 Insert와 반력 Ring을 사용하여 원추 대상의 콘크리트 덩어리를 뽑아낼 때의 최대 내력에서 콘크리트의 압축강도를 추정하는 방법

① RC−Radar Test　　② BS Test
③ Tc−To Test　　④ Pull−out Test

해설 콘크리트 타설시에 매설하는 방법(pull out법)으로 이것을 인발시켜 그 반력을 이용하여 강도를 추정한다.

67 지간 4m의 단순보에 고정하중 20kN/m, 활하중 30kN/m가 작용할 때 하중조합에 의한 계수모멘트(M_u)는?

① 79.3 kN · m　　② 82.0 kN · m
③ 111.2 kN · m　　④ 144.0 kN · m

- $\omega = 1.2D + 1.6L = 1.2 \times 20 + 1.6 \times 30 = 72\text{kN/m}$
- $M_u = \dfrac{\omega l^2}{8} = \dfrac{72 \times 4^2}{8} = 144\text{kN} \cdot \text{m}$

68 교량이 PSC 주거더 외관검사에서 평가항목에 해당되지 않는 것은?

① 포장의 요철　　② 박리
③ 균열　　④ 진동처짐

해설 박리 및 파손상태, 균열 및 강재의 노출상태, 진동처짐 등을 평가한다.

답안 표기란				
64	①	②	③	④
65	①	②	③	④
66	①	②	③	④
67	①	②	③	④
68	①	②	③	④

정답 61. ③ 62. ④ 63. ① 64. ① 65. ② 66. ④ 67. ④ 68. ①

week 04

• 수험번호:
• 수험자명:
• 제한 시간:
• 남은 시간:

글자 크기 100% 150% 200% | 화면 배치 | • 전체 문제 수: • 안 푼 문제 수:

69 열화된 콘크리트의 단면보수공법 재료로서 사용되는 폴리머 시멘트 모르타르의 부착강도 기준으로 옳은 것은? (단, 표준조건임.)

① 0.3MPa 이상 ② 0.5MPa 이상
③ 1.0MPa 이상 ④ 1.5MPa 이상

해설 부착강도
- 표준조건 : 1MPa 이상
- 습윤시 : 0.8MPa 이상
- 저온시 : 0.5MPa 이상

70 외부적 요인에 의해 옥내(실내) 구조물의 중성화 속도가 옥외(실외) 구조물보다 빠르게 진행되었다면 이의 주된 이유는?

① 높은 탄산가스 농도 ② 마감재료의 사용
③ 피복두께의 부족 ④ 과다한 크리프 발생

해설
- 공기중의 탄산가스의 농도가 높을수록 중성화 속도가 빠르다.
- 중성화 반응으로 시멘트의 알칼리성이 상실되어 철근을 부식시킨다.

71 콘크리트 구조물의 재하시험은 하중을 받는 구조부분의 재령이 최소한 며칠이 지난 다음에 재하시험을 시행하여야 하는가?

① 14일 ② 28일
③ 56일 ④ 84일

해설 최초의 재하시험은 재령 56일이 지난 후에 실시한다.

72 강도설계법에서 인장파괴 기둥이란? (단, e : 편심거리, e_b : 균형편심, P_u : 계수축력, P_b : 균형축강도)

① $e > e_b$, $P_u < P_b$인 경우
② $e > e_b$, $P_u > P_b$인 경우
③ $e < e_b$, $P_u < P_b$인 경우
④ $e < e_b$, $P_u > P_b$인 경우

해설
- **압축파괴** : $e < e_b$, $P_u > P_b$인 경우
- **균형파괴** : $e = e_b$, $P_u = P_b$인 경우

답안 표기란				
69	①	②	③	④
70	①	②	③	④
71	①	②	③	④
72	①	②	③	④

73 피로(fatigue)에 대한 안전성 검토 사항을 설명한 것으로 옳지 않은 것은?

① 하중 중에서 변동 하중이 재하되는 비율이나 작용빈도가 높기 때문에 피로에 대한 안전성 검토를 한다.
② 피로의 검토가 필요한 구조 부재는 높은 응력을 받는 부분에서 철근을 구부리지 않도록 한다.
③ 보 및 슬래브의 경우는 휨 및 전단에 대한 피로 검토를 하는 것이 일반적이지만 기둥의 경우는 반드시 피로 검토를 해야 한다.
④ 충격을 포함한 사용 활하중에 의한 철근의 응력범위가 SD300의 경우 130MPa 이내, SD350의 경우 140MPa 이내, SD400의 경우 150MPa 이내일 경우에는 피로에 대하여 검토할 필요가 없다.

해설 기둥의 피로는 검토하지 않아도 좋다. 다만 휨모멘트나 축인장력의 영향이 특히 큰 경우 보에 준하여 검토하여야 한다.

74 열화원인과 보수계획의 관계에 대한 설명으로 틀린 것은?

① 염해 – 단면복구공, 표면보호공
② 탄산화 – 단면복구공, 균열주입공
③ 알칼리 골재반응 – 균열주입공, 표면보호공
④ 화학적 콘크리트 침식 – 단면복구공, 표면보호공

해설 탄산화 – 단면복구공, 표면보호공

75 콘크리트의 구조체에 발생된 균열의 원인이 재료적 원인에 관계된 사항으로 정밀육안조사 결과 나타났다. 재료적 원인에 관계된 사항이 아닌 것은?

① 시멘트의 수화열
② 조절줄눈의 배치간격 불량
③ 골재에 함유되어 있는 이분
④ 반응성 골재 또는 풍화암의 사용

해설 **시공상 원인** : 조절줄눈의 배치간격 불량

답안 표기란				
73	①	②	③	④
74	①	②	③	④
75	①	②	③	④

week 04

정답 69. ③ 70. ① 71. ③ 72. ① 73. ③ 74. ② 75. ②

답안 표기란				
76	①	②	③	④
77	①	②	③	④
78	①	②	③	④

76 철근 콘크리트 휨 부재에서 최소 철근망에 대한 설명으로 틀린 것은?

① 일반적인 휨 부재의 최소 철근량은 설계휨강도가 $\phi M_n \geq 1.2 M_{cr}$을 만족하여야 한다.
② 최소 철근량은 기능 조건상 단면의 치수가 크게 설계되는 경우 너무 적은 철근이 배근되는 것을 막기 위함이다.
③ 해석상 요구되는 철근량보다 1/4 이상 인장철근이 더 배근된 경우에는 최소 철근량의 규정을 적용하지 않는다.
④ 두께가 균일한 구조용 슬래브와 기초판에 대하여 경간방향으로 보강되는 휨철근의 단면적은 수축·온도철근 기준에 규정한 값 이상이어야 한다.

해설 해석상 요구되는 철근량보다 1/3 이상 인장철근이 더 배근된 경우에는 최소 철근량의 규정을 적용하지 않는다.

77 1방향 슬래브의 구조상세에 대한 설명으로 틀린 것은?

① 1방향 슬래브의 두께는 최소 100mm 이상으로 하여야 한다.
② 1방향 슬래브에서는 정모멘트 철근 및 부모멘트 철근에 직각방향으로 수축·온도철근을 배치하여야 한다.
③ 슬래브의 정모멘트 철근 및 부모멘트 철근의 중심 간격은 위험단면에서는 슬래브 두께의 2배 이하이어야 하고, 또한 300mm 이하로 하여야 한다.
④ 슬래브의 단변방향 보의 상부에 부모멘트로 인해 발생하는 균열을 방지하기 위하여 슬래브의 단변방향으로 슬래브 상부에 철근을 배치하여야 한다.

해설 슬래브의 단변방향 보의 상부에 부모멘트로 인해 발생하는 균열을 방지하기 위하여 슬래브의 장변방향으로 슬래브 상부에 철근을 배치하여야 한다.

78 b_w =350mm, d=560mm, h=600mm인 직사각형 단면의 보에서 전단철근이 부담해야 할 전단강도 V_s =400kN이라 할 때, 전단철근의 간격 s는 얼마 이하이어야 하는가? (단, 전단철근의 단면적 A_v =800mm², f_{yt} =300MPa, f_{ck} =25MPa)

① 140mm
② 280mm
③ 360mm
④ 600mm

해설

- $V_c = \frac{1}{3}\sqrt{f_{ck}}\ b_w\ d = \frac{1}{3} \times \sqrt{25} \times 350 \times 560 = 326,667N = 326.7\,\text{kN}$
- $V_s = 400\,\text{kN} > V_c = 326.7\,\text{kN}$이므로 수직 스터럽의 경우 0.5d 이하, 600mm 이하의 1/2을 적용하면 0.25×560=140mm, 300mm 중 작은 값인 140mm이다.

79 $b = 400$mm, $d = 540$mm, $h = 600$mm인 직사각형 보에 인장철근이 1열 배근된 철근 콘크리트 단면의 균형 단면 철근 단면적(A_s)은? (단, 등가 직사각형 압축응력블록을 사용하며, $f_{ck} = 28$MPa, $f_y = 400$MPa이다.)

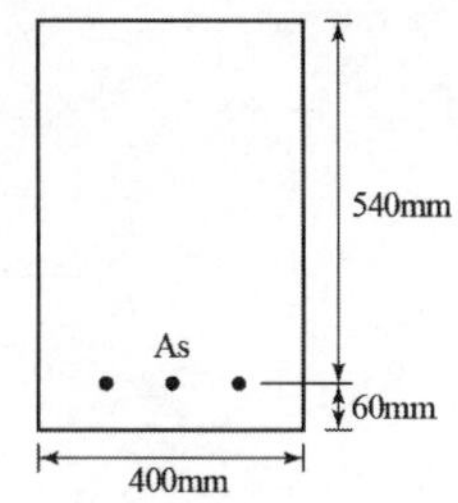

① 5462mm^2
② 5959mm^2
③ 6402mm^2
④ 7283mm^2

해설

- $\rho_b = \eta(0.85 f_{ck})\frac{\beta_1}{f_y}\frac{660}{660+f_y} = 1.0 \times (0.85 \times 28) \times \frac{0.8}{400} \times \frac{660}{660+400} = 0.0296$

여기서, $f_{ck} \le 40\,\text{MPa}$인 경우 $\beta_1 = 0.80$이다.

- $\rho_b = \frac{A_s}{b\ d}$　　　$\therefore\ A_s = \rho_b\ b\ d = 0.0296 \times 400 \times 540 = 6402\,\text{mm}^2$

80 아래 그림과 같은 철근 콘크리트 보의 단면에 생기는 전단응력의 분포 형태로 옳은 것은?

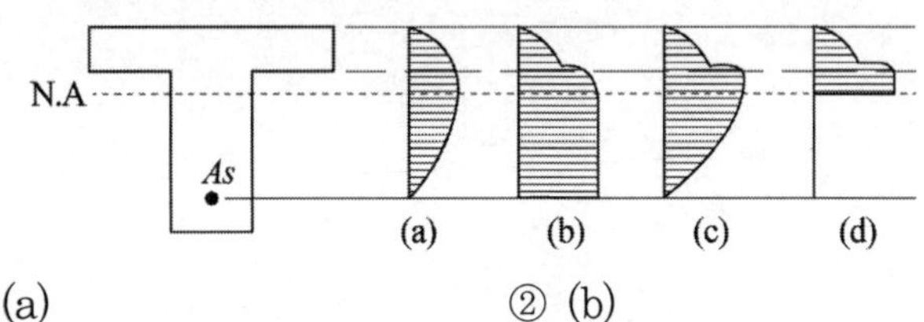

① (a)　　② (b)
③ (c)　　④ (d)

해설 **철근 콘크리트 보의 전단응력 분포**

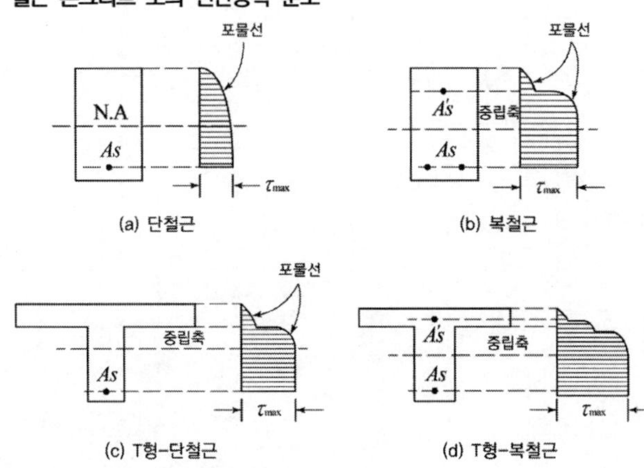

답안 표기란				
79	①	②	③	④
80	①	②	③	④

week 04

정답 76. ③ 77. ④ 78. ① 79. ③ 80. ②

콘크리트기사 필기

정가 | 30,000원

지은이 | 고 행 만
펴낸이 | 차 승 녀
펴낸곳 | 도서출판 건기원

2022년 2월 10일 제1판 제1인쇄발행
2023년 7월 10일 제2판 제1인쇄발행
2024년 2월 20일 제2판 제2인쇄발행

주소 | 경기도 파주시 연다산길 244(연다산동 186-16)
전화 | (02)2662-1874~5
팩스 | (02)2665-8281
등록 | 제11-162호, 1998. 11. 24

ISBN 979-11-5767-777-1 13530